Estatística Aplicada

L334e Larson, Ron.
Estatística aplicada : retratando o mundo / Ron Larson ; tradução: José Fernando Pereira Gonçalves ; revisão técnica: Giovana Oliveira Silva. – 8. ed. – [São Paulo] : Pearson ; Porto Alegre : Bookman, 2023.
xvi, 685 p.: il. ; 28 cm.

ISBN 978-85-8260-613-1

1. Estatística. I. Título.

CDU 519.2

Catalogação na publicação: Karin Lorien Menoncin – CRB 10/2147

Ron Larson
The Pennsylvania State University
The Behrend College

Estatística Aplicada

8ª EDIÇÃO

Retratando O Mundo

Tradução
Fernando Gonçalves

Revisão técnica
Giovana Oliveira Silva
Professora adjunta do Departamento de Estatística da Universidade Federal da Bahia (UFBA).
Mestra em Estatística pela Universidade Federal do Rio de Janeiro (UFRJ).
Doutora em Estatística e Experimentação Agrícola pela
Escola Superior de Arquitetura Luiz de Queiroz da Universidade de São Paulo (ESALQ-USP).

bookman

Pearson

Porto Alegre
2023

Obra originalmente publicada sob o título *Elementary statistics: picturing the world*, 8th edition

ISBN 9780137493326

Gerente editorial: *Letícia Bispo de Lima*

Colaboraram nesta edição:

Consultora editorial: *Arysinha Jacques Affonso*

Editora responsável: *Simone de Fraga*

Editor colaborador e revisor de textos: *Jean Xavier*

Capa: *Márcio Monticelli*

Editoração: *Clic Editoração Eletrônica Ltda.*

Reservados todos os direitos de publicação, em língua portuguesa, à
GRUPO A EDUCAÇÃO S.A.
(Bookman é um selo editorial do GRUPO A EDUCAÇÃO S.A.)
Rua Ernesto Alves, 150 – Bairro Floresta
90220-190 – Porto Alegre – RS
Fone: (51) 3027-7000

SAC 0800 703 3444 – www.grupoa.com.br

IMPRESSO NO BRASIL
PRINTED IN BRAZIL

PREFÁCIO

Bem-vindo à 8ª edição de *Estatística aplicada*. Você verá que este livro foi escrito com equilíbrio entre rigor e simplicidade. Ele combina instruções passo a passo, exemplos e exercícios da vida real, complementos desenvolvidos cuidadosamente, e tecnologia, que torna a estatística acessível a todos.

Sou grato pela grande aceitação das edições anteriores. É bom saber que minha ideia de combinar teoria, didática e planejamento para mostrar como a estatística pode retratar o mundo tem ajudado estudantes a tomar decisões fundamentadas.

Novidades desta edição

O objetivo da 8ª edição era uma completa atualização das principais características, dos exemplos e, também, dos exercícios.

Exemplos Esta edição tem 213 exemplos, 50% deles são novos ou revisados. Além disso, vários dos exemplos agora mostram uma solução alternativa ou uma verificação com o uso da tecnologia.

Tente você mesmo Mais de 40% desses exercícios "Tente você mesmo" são novos ou revisados.

Retratando o mundo Mais de 70% são novos ou revisados.

Telas do Minitab ® Nos exemplos, nas dicas de tecnologia e nos outros recursos que mostram telas do Minitab®, Excel®, a calculadora TI-84 Plus e StatCrunch®, tais telas foram concebidas para serem atraentes, fáceis e de acordo com a versão mais atual do *software*.

Exercícios Aproximadamente 30% dos mais de 2.300 exercícios são novos ou revisados.

Atualização da apresentação dos capítulos 50% dos recursos a seguir são novos ou revisados, tornando esta edição ainda mais relevante.

- Onde estamos e para onde vamos
- Usos e abusos: estatística no mundo real
- Estatística real – Decisões reais: juntando tudo
- Projeto de tecnologia do capítulo

Atividades no applet Foram feitas revisões nas atividades no applet em todo o texto para refletir as alterações nos correspondentes aos applets *on-line* aos quais fazem referência. As atividades no applet são discutidas com mais detalhes adiante.

Estratégias de estudo Na parte inferior de cada página de resumo dos Capítulos 1 a 10, há estratégias de estudo que os estudantes podem usar para ajudar a melhorar seu desempenho nas aulas. Isso inclui dicas sobre como melhorar as habilidades de leitura, evitar a procrastinação, preparar-se para um teste ou fazer anotações.

Características desta 8ª edição

Guiando o aprendizado do estudante

Onde estamos e para onde vamos Cada capítulo começa com uma imagem e uma descrição de duas páginas sobre um problema da vida real. "Onde estamos" conecta o capítulo aos tópicos aprendidos nos capítulos anteriores. "Para onde vamos" fornece aos estudantes uma visão geral do capítulo.

O que você deve aprender Cada seção está organizada por objetivos de aprendizado, apresentado em uma linguagem cotidiana. Os mesmos objetivos são usados como títulos das subseções de cada seção.

Definições e fórmulas São claramente apresentadas em caixas destacadas. Elas são frequentemente seguidas por **Instruções** que explicam "em palavras" e "em símbolos" como aplicar a fórmula ou compreender a definição.

Quadros nas margens ajudam a reforçar o entendimento:

- **Dicas de estudo** mostram como ler uma tabela, interpretar os resultados e conectar diferentes conceitos.
- **Dicas de tecnologia** mostram como usar o Minitab, Excel, a calculadora TI-84 Plus e o StatCrunch para resolver problemas.
- **Retratando o mundo** é um "minicaso" que ilustra conceitos importantes da seção. Cada "Retratando o mundo" é finalizado com uma questão que pode ser usada para discussão em sala de aula ou em trabalho em grupo. As respostas para essas questões estão no *Instructor's manual*.

Exemplos e exercícios

Exemplos Os conceitos apresentados no livro são claramente ilustrados com um ou mais exemplos passo a passo. A maioria dos exemplos possui uma etapa de interpretação, que indica ao estudante como a solução pode ser interpretada no contexto da vida real, além de promover um pensamento crítico e habilidades de escrita. Cada exemplo, numerado e titulado para fácil referência, é seguido de um exercício similar denominado **Tente você mesmo**, de modo que se possa praticar imediatamente o que foi aprendido. As respostas desses exercícios encontram-se no final do livro.

Exemplos de tecnologia Muitas seções trazem exemplos que mostram como a tecnologia pode ser usada no cálculo de fórmulas para realizar testes ou mostrar dados. São apresentadas as telas do Minitab, Excel, da calculadora TI-84 plus e do StatCrunch. Telas adicionais são apresentadas ao final de capítulos selecionados.

Exercícios Os exercícios permitem aos estudantes praticar cálculos, tomada de decisões, explicações e aplicação de resultados em situações da vida real. Os exercícios da seção estão divididos em três partes:

- **Construindo habilidades básicas e vocabulário** são exercícios de respostas curtas, do tipo verdadeiro ou falso e de vocabulário, cuidadosamente escritos para estimular a compreensão dos estudantes.
- **Usando e interpretando conceitos** são problemas que envolvem habilidades ou palavras que variam do desenvolvimento de habilidades básicas a problemas mais desafiadores e interpretativos.
- **Expandindo conceitos** são exercícios que vão além do material apresentado na seção. Tendem a ser mais desafiadores e não são pré-requisitos para as seções subsequentes.
- **Respostas usando tecnologia** as respostas ao final do livro são obtidas por cálculos manuais ou com o uso de tabelas. As respostas encontradas com o uso de tecnologia (normalmente a calculadora TI-84 plus) também são incluídas quando há diferença por causa do arredondamento.

Revisão e avaliação

Resumo do capítulo Cada capítulo é finalizado com um resumo que responde à pergunta "o que você aprendeu?" Os objetivos listados estão relacionados aos exemplos da seção, assim como aos exercícios de revisão.

Exercícios de revisão Um conjunto de exercícios de revisão segue cada resumo do capítulo. A sequência desses exercícios segue a organização do capítulo. Respostas para todos os exercícios ímpares encontram-se no final do livro.

Problemas Cada capítulo possui um conjunto de problemas com as respostas no final do livro.

Teste do capítulo Cada capítulo possui testes cujas perguntas estão em ordem aleatória.

Revisão acumulada Revisões acumuladas constam no final dos Capítulos 2, 5, 8 e 10. Os exercícios da revisão acumulada estão em ordem aleatória e podem incorporar ideias múltiplas. Ao final do livro, são fornecidas as respostas dos exercícios ímpares.

Estatística no mundo real

Usos e abusos: estatística no mundo real Cada capítulo discute como as técnicas estatísticas devem ser usadas, ao mesmo tempo que alerta aos estudantes sobre abusos comuns. A discussão inclui questões éticas, quando apropriadas, e os exercícios ajudam os estudantes a aplicar seus conhecimentos.

Atividades com applet Seções selecionadas contêm atividades que estimulam a investigação interativa conceitual por meio de exercícios que requerem que os estudantes tirem suas próprias conclusões. Os applets estão disponíveis no *site* loja-grupoa.com.br.

Estudo de caso Cada capítulo possui um estudo de caso com dados reais, em um contexto da vida real, e perguntas que ilustram os conceitos importantes do capítulo.

Estatísticas reais – Decisões reais: juntando tudo Esta parte incentiva os estudantes a pensarem criticamente e a tomarem decisões embasadas em dados reais. Os exercícios guiam os estudantes desde a interpretação até a conclusão.

Projeto tecnológico Cada capítulo tem um projeto tecnológico usando Minitab, Excel e a calculadora TI-84 plus, que fornecem aos estudantes uma visão de como a tecnologia é usada para lidar com grandes massas de dados ou situações da vida real.

Mantendo a forte didática característica da obra

Abordagem gráfica Como a maioria dos livros de introdução à estatística, iniciamos o capítulo de Estatística descritiva (Capítulo 2) com uma discussão sobre as diferentes formas de representar dados graficamente. Uma diferença entre este livro e muitos outros é que **continuamos a incorporar a representação gráfica dos dados por toda a obra**. Essa ênfase na representação gráfica é fundamental para todos os estudantes, especialmente àqueles que utilizam estratégias visuais de aprendizagem.

Abordagem ponderada O livro alcança um **equilíbrio entre cálculo, tomada de decisão e entendimento conceitual**. Fornece muitos exemplos e exercícios, incluindo os do tipo "Tente você mesmo", que vão além de meros cálculos.

Variedade de aplicações da vida real Foram escolhidas aplicações da vida real que são representativas para a maioria dos estudantes dos cursos introdutórios de estatística. Quero que a estatística seja viva e relevante para os estudantes, de modo que eles compreendam a importância e a razão fundamental para o estudo da estatística. Quero que as aplicações sejam **autênticas** – mas também precisam ser **acessíveis**.

Dados e fontes Os conjuntos de dados deste livro foram escolhidos propositalmente, variedade e capacidade de ilustrar os conceitos. A maioria dos **mais de 250 conjuntos de dados** contém dados reais e suas fontes. Os conjuntos de dados restantes contêm dados simulados que representam situações da vida real. Todos os conjuntos de dados que possuem 20 ou mais registros estão disponíveis em vários formatos no no *site* loja.grupoa.com.br.

Tecnologia flexível Embora a maioria das fórmulas no livro seja ilustrada com cálculos "manuais", parte-se do pressuposto que a maioria dos estudantes tenha acesso a algum tipo de tecnologia, como Minitab, Excel, StatCrunch ou a calculadora TI-84 plus. Como a tecnologia varia muito, o texto é flexível. **Ele pode ser usado em cursos que utilizam apenas uma calculadora científica ou em cursos que requeiram ferramentas tecnológicas sofisticadas**. Qualquer que seja o seu uso de tecnologia, tenho certeza de que você concorda que o objetivo do curso não é cálculo, mas sim ajudar os estudantes a obter uma compreensão dos conceitos básicos e usos da estatística.

Pré-requisitos As manipulações algébricas são levadas ao mínimo – frequentemente são mostradas versões informais das fórmulas, usando palavras em vez de ou em adição a variáveis.

Escolha das tabelas Minha experiência mostrou que os estudantes acham mais fácil usar uma tabela **de função de**

distribuição acumulada (FDA) do que uma tabela "0 a z". O uso da tabela FDA para encontrar a área sob a curva normal padrão consta como tópico da Seção 5.1. Sabendo que alguns professores preferem usar a tabela "0 a z", fornecemos uma apresentação alternativa desse tópico no Apêndice A.

Esquema das páginas O ensino da estatística é mais acessível quando é apresentado em cada página com um esquema de abertura consistente. Esta obra é o primeiro livro de estatística de nível superior a ser escrito de modo que, quando possível, seu conteúdo não é separado de uma página para outra. Embora esse processo demande um planejamento extra, o resultado é uma apresentação objetiva e clara.

Atendendo aos padrões

Padrões MAA, AMATYC e NCTM Este livro apresenta um **texto acessível ao estudante enfatizando os usos da estatística**. Meu objetivo não é formar estatísticos, mas sim consumidores informados sobre relatórios estatísticos. Por essa razão, incluí exercícios que estimulem os estudantes a interpretarem os seus resultados, que consigam explicar de forma escrita, que encontrem padrões e que possam tomar decisões.

Recomendações GAISE Fundada pela American Statistical Association, o projeto Guias para Avaliação e Instrução na Educação Estatística (do inglês, *Guidelines for Assessmento and Instruction in Statistics Education* – GAISE) desenvolveu seis recomendações para o ensino de estatística introdutória em cursos superiores. São elas:

- Enfatizar a alfabetização estatística e desenvolver o pensamento estatístico.
- Usar dados reais.
- Enfatizar o entendimento conceitual em vez de um mero conhecimento de procedimentos.
- Estimular o aprendizado ativo em sala de aula.
- Usar tecnologia para desenvolver o entendimento conceitual e a análise de dados.
- Usar avaliações para melhorar e mensurar o aprendizado do aluno.

Os exemplos, os exercícios e as características deste livro atendem a todas essas recomendações.

Material complementar

No *site* loja.grupoa.com.br professores e alunos podem acessar os seguintes materiais adicionais a qualquer momento:

Para professores:

O professor interessado em recursos pedagógicos complementares deve acessar o *site* do Grupo A (loja.grupoa.com.br), fazer o seu cadastro, buscar pela página do livro e localizar a área de Material Complementar, para ter acesso a área de Material Complementar.

Para estudantes:

Os estudantes terão disponíveis no *site* do Grupo A (loja.grupoa.com.br):

- Capítulo 11 – Testes não paramétricos
- Acesso aos recursos adicionais para solucionar as atividades indicadas no livro.

AGRADECIMENTOS

Agradeço a todos revisores que ajudaram com o projeto gráfico e refinamento do *Estatística aplicada*, em sua 8ª edição.

Revisores desta edição

Ashley Nicoloff, Glendale Community College
Chris Bendixen, Lake Michigan College
Jason Samuels, Borough of Manhattan Community College
Lohuwa Mamadu, University of South Florida
Nancy Liu, Miami Dade College
Seunghee Lee, Pellissippi State Community College

Revisores das edições anteriores

Abdullah Shuaibi, Harry S. Truman College
Agnes Tuska, California State University–Fresno
Ahmed Adala, Metropolitan Community College
Aileen Solomon, Trident Technical College
Austin Lovenstein, Pulaski Technical College
B.K. Brinkley, Tidewater Community College
Benny Lo, DeVry University, Fremont
Cara DeLong, Fayetteville Technical Community College
Carol Curtis, Fresno City College
Carole Shapero, Oakton Community College
Carrie Elledge, San Juan College
Cathleen Zucco-Teveloff, Rider University
Charles Ehler, Anne Arundel Community College
Christine Curtis, Hillsborough Community College–Dale Mabry
Clark Vangilder, DeVry University
Cyndi Roemer, Union County College
Cynthia McGinnis, Northwest Florida State College
David DiMarco, Neumann College
David Gilbert, Santa Barbara City College
David Kay, Moorpark College
David P. Benzel, Montgomery College
Dawn Dabney, Northeast State Community College
Deborah Swiderski, Macomb Community College
Dex Whittinghall, Rowan University
Diane Long, College of DuPage
Donna Gorton, Butler Community College
Douglas Frank, Indiana University of Pennsylvania
Elisabeth Schuster, Benedictine University
Eric Preibisius, Cuyamaca Community College
Frieda Ganter, California State University
G. Andy Chang, Youngstown State University
Gary Egan, Monroe Community College
Ginger Dewey, York Technical College
Harold W. Ellingsen, Jr., SUNY–Potsdam
Heidi Webb, Horry Georgetown Technical College
Hyune-Ju Kim, Syracuse University
Jack Plaggemeyer, Little Big Horn College
Jane Keller, Metropolitan Community College
Jason Malozzi, Lower Columbia College
Jean Rowley, American Public University and DeVry University
Jean Sells, Sacred Heart University
Jeffrey Linek, St. Petersburg Jr. College
Jennifer Strehler, Oakton Community College
Jill Fanter, Walters State Community College
John Bernard, University of Texas–Pan American
John J. Avioli, Christopher Newport University
John Seppala, Valdosta State University
Julie Norton, California State University–Hayward
Karen Benway, University of Vermont
Keith J. Craswell, Western Washington University
Larry Green, Lake Tahoe Community College
Larry Musolino, Pennsylvania State University
Lindsay Packer, College of Charleston
Lloyd Jaisingh, Morehead State
Lyn A. Noble, Florida Community College at Jacksonville–South Campus
Lynn Meslinsky, Erie Community College
Lynn Onken, San Juan College
Martin Jones, College of Charleston
Melonie Rasmussen, Pierce College
Michael Eurgubian, Santa Rosa Jr. College
Michelle Strager-McCarney, Penn State–Erie, The Behrend College
Mike McGann, Ventura Community College
Millicent Thomas, Northwest University
Mohammad Kazemi, University of North Carolina–Charlotte
Nancy Johnson, Manatee Community College
Neal Rogness, Grand Valley State University
Nishant Patel, Northwest Florida State
Olcay Akman, College of Charleston
Patricia Foard, South Plains College
Polly Amstutz, University of Nebraska, Kearney
Rhonda Magel, North Dakota State University
Rita Kolb, Cantonsville Community College
Rosalie Abraham, Florida Community College at Jacksonville
Rowan Lindley, Westchester Community College
Sandeep Holay, Southeast Community College, Lincoln Campus
Sandra L. Spain, Thomas Nelson Community College
Sonja Hensler, St. Petersburg Jr. College
Susan Kellicut, Seminole Community College
Ting-Xiu Wang, Oakton Community
Vicki McMillian, Ocean County College
William J. Thistleton, SUNY–Institute of Technology, Utica

Muito obrigado a Betsy Farber, por suas contribuições significativas para edições anteriores do livro.

Também gostaria de agradecer à equipe da Larson Texts, Inc., que ajudou na produção do livro. Em nível pessoal, sou grato à minha esposa, Deanna Gilbert Larson, por seu amor, por sua paciência e por seu apoio. Além disso, um agradecimento especial vai para R. Scott O'Neil.

Trabalhei arduamente para tornar este texto claro e agradável para para o ensino e aprendizagem de estatística. Apesar dos meus maiores esforços para garantir precisão e facilidade de uso, muitos usuários, sem dúvida, terão sugestões de melhoria. Aceito suas sugestões!

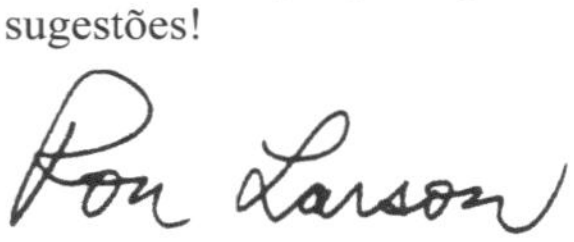

odx@psu.edu

SUMÁRIO

PARTE 1 ESTATÍSTICA DESCRITIVA

PARTE 2 PROBABILIDADE E DISTRIBUIÇÕES DE PROBABILIDADE

5 Distribuição de probabilidade normal 232

PARTE 3 ESTATÍSTICA INFERENCIAL

6 Intervalo de confiança 296

7 Teste de hipóteses com uma amostra 346

8 Teste de hipóteses usando duas amostras 416

PARTE 4 MAIS INFERÊNCIAS ESTATÍSTICAS

11 Testes não paramétricos (apenas no *site*)

Apêndices

CAPÍTULO 1

Introdução à Estatística

Em 2020, o estado que mais cresceu nos Estados Unidos foi Idaho. No mesmo ano, as cidades de Meridian e Nampa, em Idaho, estavam entre as 10 cidades de maior crescimento nos Estados Unidos.

Onde estamos

Você já está familiarizado com muitas das práticas da estatística, tais como entrevista, coleta de dados e descrição de populações. O que você pode não saber é que coletar dados estatísticos acurados é frequentemente difícil e de alto custo. Considere, por exemplo, a tarefa monumental de contar e descrever a população inteira dos Estados Unidos. Se você fosse o responsável por tal censo, como o faria? Como você asseguraria que seus resultados são acurados? Essas e muitas outras preocupações são de responsabilidade do *United States Census Bureau* (Bureau de Censo dos Estados Unidos), que conduz o censo em todas as décadas.

Para onde vamos

No Capítulo 1, você será apresentado aos conceitos básicos e objetivos da estatística. Por exemplo, estatísticas foram usadas para construir os gráficos a seguir, que mostram os estados americanos com maior crescimento, de 2019 para 2020, pelo aumento percentual e absoluto no tamanho da população, juntamente com as regiões onde esses estados estão localizados.

Para o Censo de 2010, o *Census Bureau* (Agência de Censo dos EUA) enviou questionários curtos a cada domicílio, com perguntas a todos os membros, tais como: gênero, idade, raça e etnia. Anteriormente, um questionário maior, que cobria tópicos adicionais, era enviado a cerca de 17% da população. Porém, pela primeira vez desde 1940, o questionário longo foi substituído pela Pesquisa da Comunidade Americana, a qual entrevista mais de 3,5 milhões de domicílios por ano no decorrer da década década. Esses domicílios formam uma amostra. Neste curso, você aprenderá como os dados coletados de uma amostra são usados para inferir características sobre a população inteira.

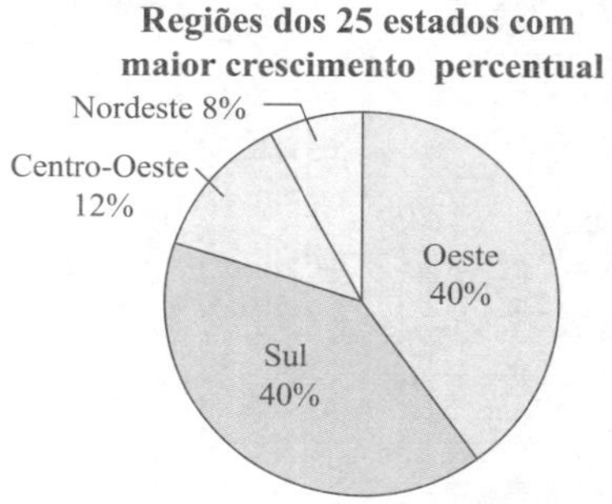

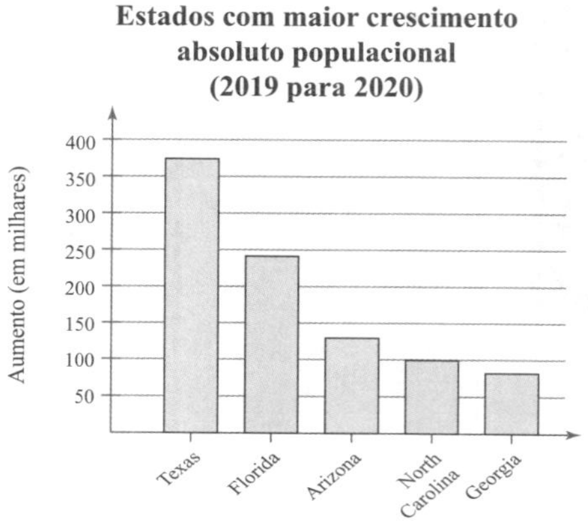

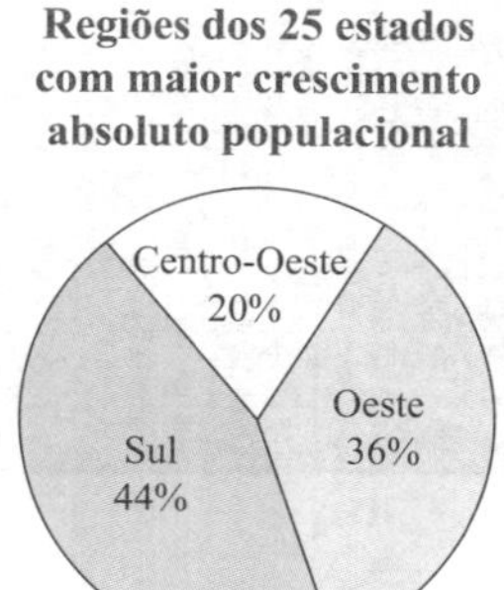

1.1 Uma visão geral da estatística

O que você deve aprender

- Uma definição de Estatística.
- Como distinguir entre uma população e uma amostra e entre um parâmetro e uma estatística.
- Como distinguir entre Estatística descritiva e Estatística inferencial.

Definição de Estatística ■ Conjuntos de dados ■ Ramos da Estatística

Uma definição de Estatística

Quase todos os dias você está exposto à Estatística. Por exemplo, considere as seguintes afirmações:

- "7 em cada 10 estadunidenses acreditam que a arte unifica suas comunidades, e 2 em cada 5 estadunidenses mudaram uma opinião ou percepção com base em uma experiência artística." *(Fonte: American for the Arts.)*
- "Notavelmente, 21% das crianças de 8 a 11 anos têm um perfil de mídia social." *(Fonte: Smart Insights, Ltd.)*

Ao aprender os conceitos apresentados neste livro, você adquirirá as ferramentas para se tornar um consumidor informado, compreender estudos estatísticos, conduzir pesquisa estatística e aprimorar seu pensamento crítico.

Muitas estatísticas são apresentadas graficamente. Por exemplo, considere a Figura 1.1.

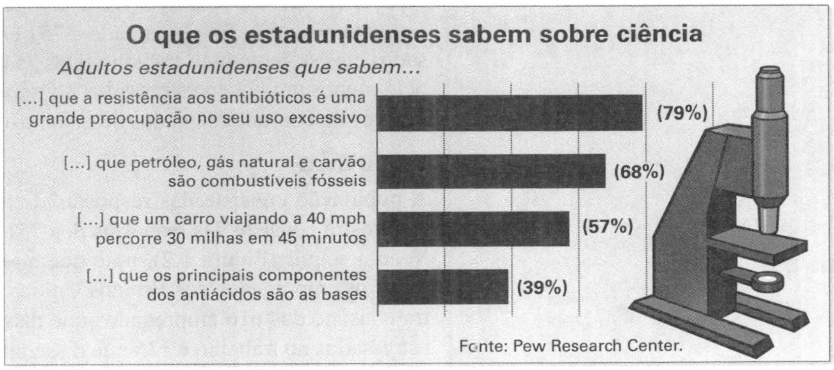

Figura 1.1

A informação na figura é baseada na coleta de **dados**. Nesse caso, os dados são baseados nos resultados de um questionário de ciências aplicado a 4.464 adultos americanos.

DEFINIÇÃO

Dados consistem em informações provenientes de observações, contagens, medições ou respostas.

O uso de dados estatísticos remonta aos censos realizados na antiga Babilônia, Egito e, mais tarde, no Império Romano, quando eram coletados dados sobre assuntos relacionados ao Estado, tais como nascimentos e óbitos. Na verdade, a palavra *estatística* é derivada da palavra latina *status*, que significa "estado". A prática moderna da estatística envolve mais que contar nascimentos e óbitos, conforme você vê na próxima definição.

DEFINIÇÃO

Estatística é a ciência que trata da coleta, organização, análise e interpretação dos dados para a tomada de decisões.

Conjuntos de dados

Há dois tipos de conjuntos de dados usados em Estatística. Esses conjuntos são chamados de **população** e **amostra**.

Dica de estudo

Um *censo* consiste nos dados de uma população inteira. Mas, a menos que a população seja pequena, é normalmente impraticável obter todos os dados da população. Na maioria dos estudos, as informações devem ser obtidas de uma amostra aleatória.

DEFINIÇÃO

Uma **população** é uma coleção de *todos* os elementos como resultados, medições ou contagens a serem estudados. Uma **amostra** é um subconjunto, ou uma parte representativa, de uma população.

Uma amostra é usada para obter informações sobre uma população. Por exemplo, para estimar a taxa de desemprego para a *população* dos Estados Unidos, a Secretaria de Estatísticas Trabalhistas do país usa uma *amostra* de cerca de 60 mil famílias.

Uma amostra deve ser uma parte representativa de uma população, de modo que seus dados possam ser usados para tirar conclusões sobre essa população. Os dados amostrais devem ser coletados usando-se um método apropriado, tal como a *amostragem aleatória*. Quando os dados amostrais são coletados usando-se um método *inapropriado*, estes não podem ser usados para tirar conclusões sobre a população. (Você aprenderá mais sobre amostragem aleatória e coleta de dados na Seção 1.3.)

EXEMPLO 1

Identificando conjuntos de dados

Em uma pesquisa, foi perguntado a 751 empregados nos Estados Unidos quão estressados eles se sentem no trabalho. Dos 751 entrevistados, 616 disseram que se sentem pelo menos um pouco estressados no trabalho. Identifique a população e a amostra, e descreva o conjunto de dados dessa amostra. *(Adaptado de The Marlin Company)*

SOLUÇÃO

A população consiste das respostas de todos os empregados dos Estados Unidos. A amostra consiste das respostas dos 751 empregados pesquisados. No diagrama de Venn a seguir (Figura 1.2), note que a amostra é um subconjunto das respostas de todos os empregados dos Estados Unidos. Além disso, o conjunto de dados da amostra consiste dos 616 empregados que disseram que se sentem pelo menos um pouco estressados no trabalho e 135 que disseram não se sentirem estressados no trabalho.

Respostas de todos os empregados (população)

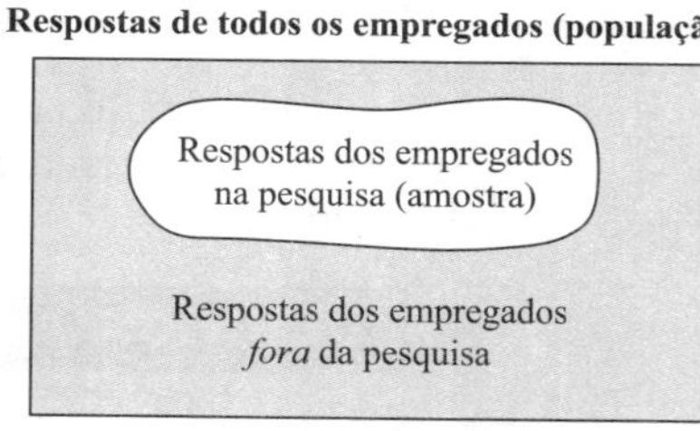

Figura 1.2

TENTE VOCÊ MESMO 1

Em uma pesquisa com 1.516 adolescentes nos Estados Unidos, 1.228 disseram que "a saúde mental é um problema significativo para os jovens nos Estados Unidos". Identifique a população e a amostra. Descreva o conjunto de dados da amostra. *(Adaptado de: National 4-H Concil)*

Um conjunto de dados é definido como uma população ou como uma amostra, dependendo do contexto da vida real. No caso do Exemplo 1, a população é o conjunto de respostas de todos os empregados dos Estados Unidos. Dependendo do propósito da pesquisa, a população poderia ter sido o grupo de respostas de todos os empregados que vivem na Califórnia ou daqueles que trabalham no setor de saúde.

Dois termos importantes usados neste livro são parâmetro e estatística.

DEFINIÇÃO

Um **parâmetro** é uma descrição numérica de uma característica *populacional*.

Uma **estatística** é uma descrição numérica de uma característica *amostral*.

Dica de estudo

Para lembrar os termos *parâmetro* e *estatística*, use o recurso mnemônico de relacionar as primeiras letras em *população* e *parâmetro*, e as primeiras em *amostra estatística*.

É importante notar que uma estatística pois só pode ser da amostra pode diferir de uma amostra para outra, enquanto um parâmetro pois só poder ser da população é constante para uma população. Por exemplo, considere a pesquisa do Exemplo 1. Os resultados mostraram que 616 dos 751 funcionários pesquisados se sentem pelo menos um pouco estressados no trabalho. Outra amostra pode ter um número diferente de funcionários que dizem sentir-se pelo menos um pouco estressados no trabalho. Para a população, no entanto, o número de funcionários que se sentem pelo menos um pouco estressados no trabalho não muda.

Retratando o mundo

Qual é o custo do Censo dos Estados Unidos? De acordo com as estimativas, tem aumentado a cada década. O custo do Censo de 1950 foi de aproximadamente US$ 91,5 milhões. O mais recente Censo dos Estados Unidos, realizado em 2020, foi estimado em impressionantes US$ 15,6 bilhões. (Fonte: U.S. Census Bureau and U.S. Government Accountability Office.)

Custo do Censo dos EUA

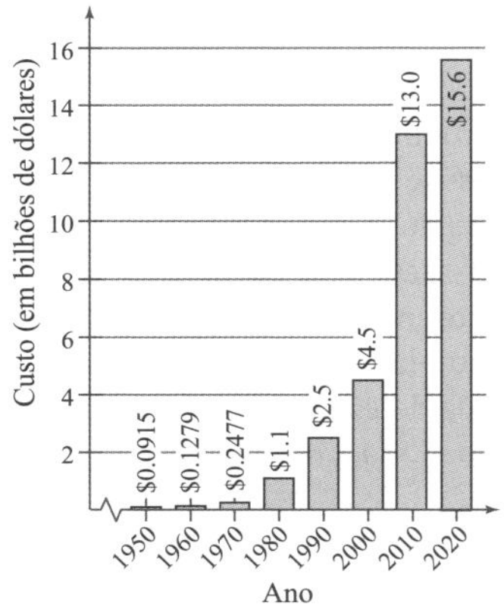

Quais são alguns dos custos envolvidos na realização de um censo?

EXEMPLO 2

Distinguindo entre parâmetro e estatística

Determine se o valor numérico descreve um parâmetro ou uma estatística. Explique seu raciocínio.

1. Nos Estados Unidos, uma pesquisa com cerca de 9.400 indivíduos com 15 anos ou mais constatou que esses indivíduos gastavam em média 5,19 horas por dia envolvidos em atividades de lazer e esportes. *(Fonte: U.S. Bureau of Labor Statistics.)*
2. A nota média obtida pelos calouros de uma universidade na prova de matemática foi 514.
3. Em uma verificação aleatória de várias lojas varejistas, o FDA (*Food and Drug Administration*) descobriu que 34% das lojas não estavam estocando peixes na temperatura apropriada.

SOLUÇÃO

1. Em razão de a média de 5,19 horas ser baseada em um subconjunto da população, ela é uma estatística.
2. Em razão da nota média de matemática de 514 ser baseada em todos os calouros, ela é um parâmetro.
3. Em razão do percentual (34%) ser baseado em um subconjunto da população, esta razão é uma estatística.

TENTE VOCÊ MESMO 2

Determine se cada número descreve um parâmetro ou uma estatística amostral. Explique seu raciocínio.

a. No ano passado, uma pequena empresa gastou um total de US$ 5.150.694 com salários de funcionários.

b. Nos Estados Unidos, uma pesquisa com mais de mil adultos com idades entre 65 e 80 anos descobriu que 47% dos que relatam ouvir música alta ou muito alta na juventude agora relatam ter problemas de audição. *(Fonte: The Harris Poll.)*

Neste curso, você verá como o uso da estatística pode ajudá-lo a tomar decisões fundamentadas. Considere o censo que o governo estadunidense realiza a cada década. O *Census Bureau* tenta contatar todos os moradores dos Estados Unidos. Embora seja impossível contar cada um, é importante que o censo seja o mais acurado possível, pois os funcionários públicos tomam muitas decisões baseados nas informações do censo. Os dados coletados no censo indicarão como atribuir assentos no congresso e como distribuir recursos públicos.

Ramos da estatística

A Estatística tem dois ramos principais: **estatística descritiva** e **estatística inferencial**.

DEFINIÇÃO

Estatística descritiva é o ramo da estatística que envolve a organização, o resumo e a apresentação dos dados.

Estatística inferencial é o ramo da estatística que envolve o uso de uma amostra para chegar a conclusões sobre uma população. Uma ferramenta básica no estudo da estatística inferencial é a probabilidade. (Você verá mais sobre probabilidade no Capítulo 3.)

EXEMPLO 3

Estatística descritiva e inferencial

Para cada estudo, identifique a população e amostra. Em seguida, determine qual parte do estudo representa o ramo descritivo da estatística. Que conclusões podem ser tiradas do estudo usando estatística inferencial?

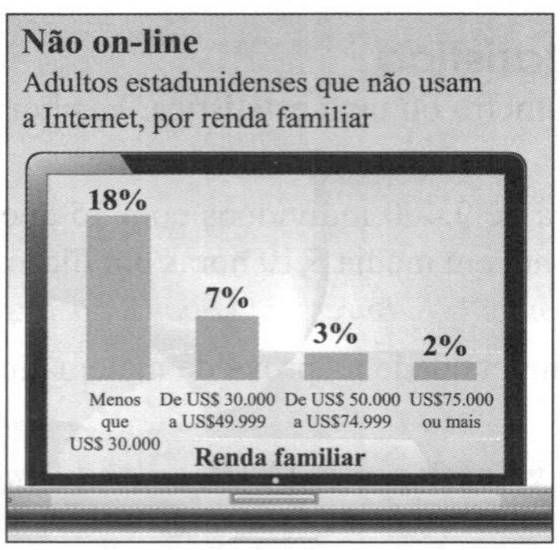

Figura 1.3

1. Um estudo com 1.502 adultos estadunidenses descobriu que 18% dos adultos de famílias que ganham menos de US$ 30 mil por ano não usam a Internet, como mostra a Figura 1.3. *(Fonte: Pew Research Center.)*
2. Um estudo com mil participantes do plano de aposentadoria 401(k) dos Estados Unidos encontrou que a porcentagem dos que não sabem quantos anos suas economias de aposentadoria podem durar é de 32%. *(Fonte: Charles Schwab & co., Inc.)*

SOLUÇÃO

1. A população consiste nas respostas de todos os adultos dos Estados Unidos e a amostra consiste nas respostas dos 1.502 adultos dos Estados Unidos no estudo. A parte deste estudo que representa o ramo descritivo da estatística envolve a afirmação "18% dos adultos de famílias que ganham menos de US$ 30.000 por ano não usam a Internet". Além disso, a figura representa o ramo descritivo da estatística. Uma possível inferência extraída do estudo é que a Internet se tornou inacessível para famílias de baixa renda.
2. A população consiste nas respostas de todos os participantes do plano de aposentadoria 401(k) dos Estados Unidos e a amostra consiste nas respostas dos mil participantes do plano de aposentadoria 401(k) dos Estados Unidos no estudo. A parte deste estudo que representa o ramo descritivo das estatísticas envolve a afirmação "a porcentagem [de participantes do plano de aposentadoria 401(k) dos Estados Unidos] que não sabem quantos anos suas economias de aposentadoria podem durar é de 32%". Uma possível inferência extraída do estudo é que a quantidade de dinheiro que uma pessoa precisa para a aposentadoria é difícil de determinar.

Dica de estudo

Ao longo deste texto, você verá aplicações de ambos os ramos da estatística. Um tema principal será como usar estatísticas amostrais para fazer inferências sobre parâmetros populacionais desconhecidos.

TENTE VOCÊ MESMO 3

Um estudo com 513 entrevistados em uma pesquisa em toda Internet obteve que 97% dos entrevistados disseram que a música é importante para eles, e 83% dos entrevistados disseram que procuram ativamente novas músicas. *(Fonte: Medium.)*

a. Identifique a população e a amostra.
b. Determine que parte do estudo representa o ramo descritivo da Estatística.
c. Que conclusões podem ser tiradas do estudo usando estatística inferencial?

1.1 EXERCÍCIOS

Construindo habilidades básicas e vocabulário

1. Como uma amostra está relacionada a uma população?
2. Por que a amostra é usada mais frequentemente do que a população?
3. Qual é a diferença entre um parâmetro e uma estatística?
4. Quais são os dois ramos principais da Estatística?

Verdadeiro ou falso? *Nos exercícios de 5 a 10, determine se a afirmação é verdadeira ou falsa. Se for falsa, reescreva-a de forma que seja verdadeira.*

5. Uma estatística é uma descrição numérica de uma característica da população.
6. Uma amostra é um subconjunto de uma população.
7. É impossível obter todos os dados do censo sobre a população dos Estados Unidos.
8. A estatística inferencial envolve o uso de uma população para chegar a conclusões sobre uma amostra correspondente.
9. Uma população é a coleção de alguns resultados, respostas, medições ou contagens que são de interesse.
10. Uma estatística não mudará de amostra para amostra.

Classificando um conjunto de dados *Nos exercícios de 11 a 20, determine se o conjunto de dados é uma população ou uma amostra. Explique seu raciocínio.*

11. O salário de cada funcionário de uma empresa de publicidade.
12. A quantidade de energia coletada de cada painel solar em uma usina fotovoltaica.
13. Uma pesquisa com 250 membros de um sindicato organizado com mais de 20 mil membros.
14. A receita anual de cada time de uma liga esportiva profissional.
15. Os níveis de monóxido de carbono de 12 de 49 pessoas que escaparam de um prédio em chamas.
16. O número de votos do colégio eleitoral para cada estado dos Estados Unidos e o Distrito de Columbia.
17. O número de hóspedes em cada quarto de um hotel.
18. O valor gasto por cada décima pessoa sacando em uma loja.
19. A nacionalidade de cada pessoa que passa por uma estação alfandegária.
20. As quantidades de precipitação em 15 localidades de um município.

Análise gráfica *Nos exercícios de 21 a 24, use o diagrama de Venn para identificar a população e a amostra.*

21. **Partidos dos eleitores registrados**

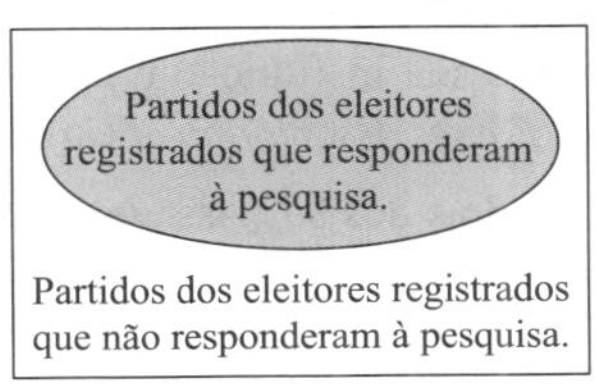

22. **Opções de plano de refeição de universitários**

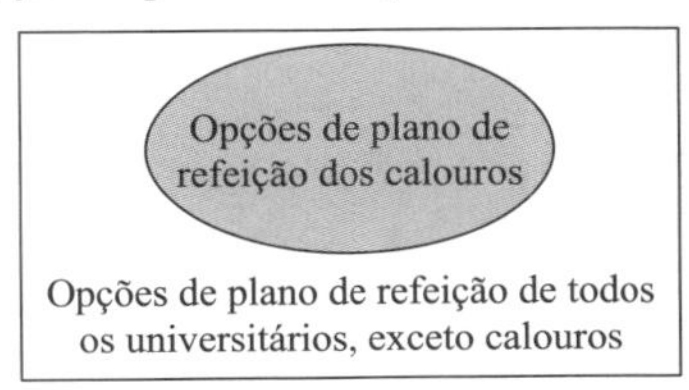

23. **Idade dos adultos nos Estados Unidos que possuem veículos motorizados**

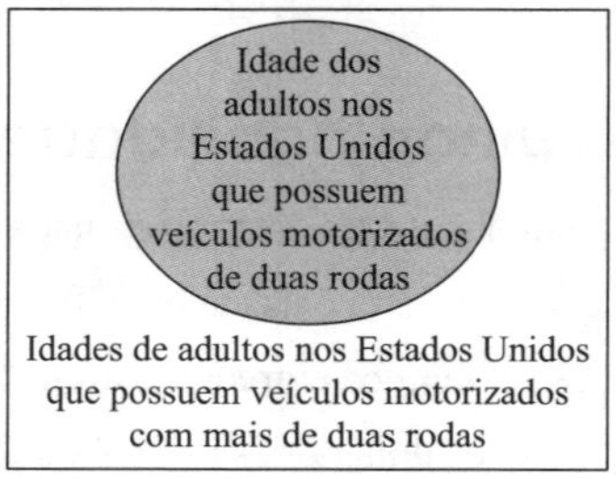

24. **Renda de adultos em Nevada**

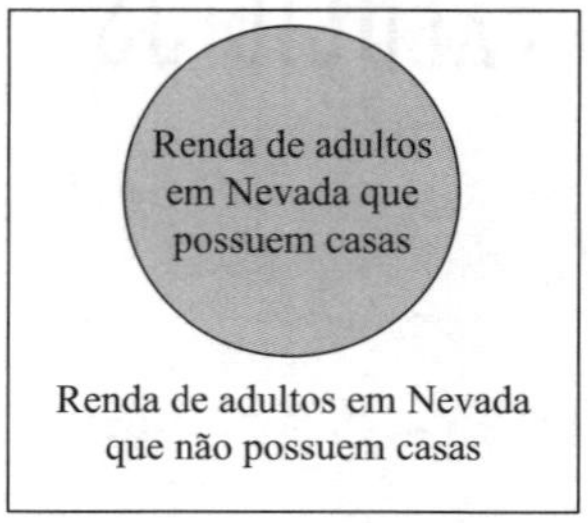

Usando e interpretando conceitos

Identificando conjuntos de dados *Nos exercícios de 25 a 34, identifique a população e a amostra. Descreva o conjunto de dados da amostra.*

25. Uma pesquisa com 1.021 adultos nos Estados Unidos obteve que 45% têm uma visão favorável sobre Cuba. *(Fonte: Gallup.)*

26. Um estudo com 227 crianças nos Estados Unidos foi realizado para explorar os tipos de microbiomas intestinais de crianças saudáveis. *(Fonte: Scientific Reports.)*

27. Uma pesquisa com 1.500 adultos nos Estados Unidos obteve que 59% nunca tiveram uma reação vacinal. *(Fonte: SingleCare.)*

28. Uma pesquisa com 1.028 adultos nos Estados Unidos obteve que 7% dos entrevistados nunca ouviram falar em doação de órgão e tecido. *(Fonte: Research!America.)*

29. Uma pesquisa com 2.111 pequenos empresários nos Estados Unidos obteve que 54% se opõem ao aumento do salário mínimo. *(Fonte: CNBC.)*

30. Uma pesquisa com 214 graduandos em ciências de uma universidade obteve que 15% planejavam obter empregos de nível básico na área de saúde.

31. Uma pesquisa com 1.001 adultos nos Estados Unidos obteve que 47% dos entrevistados sentem bem descansados durante a semana. *(Fonte: National Sleep Foundation.)*

32. Uma pesquisa com 366 proprietários de automóveis que compraram garantias estendidas descobriu que 44% nunca usaram a garantia.

33. Para coletar informação sobre os salários iniciais de empresas listadas entre as 500 da *Standard & Poor*, um pesquisador contatou 74 das 500 empresas.

34. Em uma pesquisa sobre atitudes parentais com 679 membros de um museu infantil local, 575 dos participantes eram do sexo feminino e 423 dos participantes eram pais de duas ou mais crianças. *(Fonte: University of California Press.)*

Distinguindo entre um parâmetro e uma estatística *Nos exercícios de 35 a 42, determine se o número descreve um parâmetro populacional ou uma estatística amostral. Explique seu raciocínio.*

35. O salário médio para 24 das 82 enfermeiras registradas de um hospital é de $ 71 mil.

36. Uma pesquisa com 919 membros do conselho de faculdades obteve que 89% pensam que sua instituição é um bom lugar para membros de minorias raciais e étnicas. *(Fonte: Association of Governing Boards of Universities and Colleges.)*

37. Sessenta e dois dos 97 passageiros a bordo da aeronave *Hinderburg* sobreviveram à sua explosão.

38. Em janeiro de 2021, 54% dos governadores dos 50 estados americanos eram republicanos. *(Fonte: National Governors Association.)*

39. Em uma pesquisa com proprietários de automóveis, 6% disseram que tiveram que trocar o módulo de controle do motor pelo menos uma vez.

40. Os registros eleitorais mostram que 47% de todos os eleitores em um distrito estão registrados como democratas.

41. Uma pesquisa com mil adultos estadunidenses obteve que 79% pensam que a disseminação de doenças infecciosas é uma grande ameaça ao bem-estar dos Estados Unidos. *(Fonte: Pew Reasearch Center.)*

42. Em um ano recente, a nota média da prova de matemática no ACT* para todos os graduandos foi 20,2. *(Fonte: ACT, Inc.)*

43. Estatística descritiva e inferencial Qual parte da pesquisa descrita no Exercício 31 representa o ramo descritivo da estatística? Que conclusões podem ser tiradas da pesquisa usando estatísticas inferenciais?

44. Estatística descritiva e inferencial Qual parte da pesquisa descrita no Exercício 32 representa o ramo descritivo da estatística? Que conclusões podem ser tiradas da pesquisa usando estatísticas inferenciais?

Expandindo conceitos

45. Identificando conjuntos de dados em artigos Encontre um artigo que descreva uma pesquisa.

(a) Identifique a amostra usada na pesquisa.

(b) Qual é a população?

(c) Faça uma inferência sobre a população baseada nos resultados da pesquisa.

46. Escrevendo Escreva um texto sobre a importância da estatística para um dos seguintes itens.

- Um estudo sobre a eficácia de um novo medicamento.
- Uma análise de um processo de fabricação.
- Tirar conclusões sobre as opiniões dos eleitores usando pesquisas.

47. Exercício e imunidade Um estudo mostrou o mesmo nível de produção de células T em idosos que são ciclistas amadores como em adultos jovens, mas um nível significativamente menor de produção de células T em idosos que não se exercitam regularmente. É apropriado inferir que o exercício estimula a produção de células T? Explique. *(Fonte: University of Birmingham.)*

48. Perda de peso e pressão alta Um estudo mostrou uma associação entre a perda de peso intencional e uma diminuição do risco de pressão alta. É apropriado inferir deste estudo que a perda de peso causa uma diminuição do risco de pressão alta? Explique. *(Fonte: European Association for the Study of Obesity.)*

49. Sono e desempenho dos alunos Um estudo com estudantes universitários mostrou que os participantes obtiveram pontuações mais altas nas provas e exames de meio de semestre ao terem sono de qualidade. *(Fonte: The American Journal of Managed Care.)*

(a) Identifique a amostra utilizada no estudo.

(b) Qual é a população?

(c) Qual parte do estudo representa o ramo descritivo da estatística?

(d) Faça uma inferência sobre a população com base nos resultados do estudo.

---

*N. de T.: American College Testing (ACT) é um exame educacional utilizado como critério para admissão nas universidades norte-americanas e que avalia o que o estudante aprendeu na escola.

1.2 Classificação dos dados

O que você deve aprender

- Como distinguir entre dados qualitativos e quantitativos.
- Como classificar dados em relação aos 4 níveis de mensuração: nominal, ordinal, intervalar ou razão.

Tipos de dados ■ Níveis de mensuração

Tipos de dados

Quando realizamos um estudo, é importante saber o tipo de dado envolvido. O tipo dos dados com os quais estamos trabalhando determinará qual procedimento estatístico pode ser usado. Nesta seção, você aprenderá como a classificar dados por tipo e nível de mensuração. Os conjuntos de dados consistem em dois tipos de dados: **qualitativo** e **quantitativo**.

DEFINIÇÃO

Dados qualitativos consistem em atributos, rótulos ou entradas não numéricas.

Dados quantitativos consistem em medidas numéricas ou contagens.

EXEMPLO 1

Classificando dados por tipo

A Tabela 1.1 mostra uma lista parcial de espécies vulneráveis, ameaçadas ou criticamente ameaçadas e o número restante aproximado de cada espécie de cada espécie. Quais dados são qualitativos e quais são quantitativos? Explique seu raciocínio. *(Fonte: American Honda Motor Company, Inc.)*

Tabela 1.1 Espécies vulneráveis, ameaçadas ou criticamente ameaçadas

Nome comum da espécie	Número restante
Elefante africano	415.000
Furão de patas negras	370
Panda gigante	1.864
Golfinho do rio Indo	1.816
Rinoceronte de Java	60
Baleia-franca-do-Atlântico-Norte	400
Tigre da Ilha de Sunda	400
Orangotango tapanuli	800
Vaquita	10

SOLUÇÃO

A informação mostrada na Tabela 1.1 pode ser separada em dois conjuntos de dados. Um conjunto contém os nomes comuns das espécies e o outro, o número restante. Os nomes são registros não numéricos, portanto, são dados qualitativos. Os números restantes são registros numéricos, portanto, são dados quantitativos.

TENTE VOCÊ MESMO 1

As populações de diversas cidades norte-americanas são apresentadas na Tabela 1.2. Quais dados são qualitativos e quais são quantitativos? *(Fonte: US Census Bureau.)*

Tabela 1.2

Cidade	População
Baltimore, MD	593.490
Chicago, IL	2.693.976
Glendale, AZ	252.381
Denver, CO	727.211
Portland, OR	654.741
San Francisco, CA	881.549

Níveis de mensuração

Outra característica dos dados é o seu nível de mensuração. O nível de mensuração determina quais operações estatísticas são apropriadas. Os quatro níveis de medida, em ordem do mais baixo para o mais alto, são: **nominal, ordinal, intervalar e de razão**.

DEFINIÇÃO

Dados no nível nominal de mensuração são apenas qualitativos. Dados nesse nível são categorizados usando-se nomes, rótulos ou qualidades. Não é possível realizar cálculos matemáticos nesse nível.

Dados no nível ordinal de mensuração são qualitativos ou quantitativos. Dados nesse nível podem ser postos em ordem ou classificados, mas as diferenças entre os registros de dados não são significativas.

Quando números estão no nível nominal de mensuração, simplesmente representam um rótulo. Exemplos de números usados como rótulos incluem o número da seguridade social e os números nos uniformes esportivos. Por exemplo, não faria sentido somar os números dos uniformes dos jogadores do Chicago Bears (time de futebol americano).

EXEMPLO 2

Classificando dados por nível

Para cada conjuntos de dados, determine se os dados estão no nível nominal ou ordinal. Explique seu raciocínio. *(Fonte: U.S, Bureau of Labour Statistics.)*

1. **Tabela 1.3**

As cinco principais ocupações nos Estados Unidos com maior crescimento de empregos (projeção para 2029)
1. Auxiliar de saúde e cuidados pessoas
2. Trabalhadores de lanchonete
3. Cozinheiros de restaurante
4. Desenvolvedores de *software* e analista de garantia de qualidade de *software*
5. Enfermeiras registradas

2. **Tabela 1.4**

Gênero de filme
Ação
Aventura
Comédia
Drama
Terror

SOLUÇÃO

1. Esse conjunto de dados lista as cinco principais ocupações nos Estados Unidos com maior crescimento de empregos nos próximos anos. Os dados consistem nas posições 1, 2, 3, 4 e 5. Em razão de as posições poderem ser listadas em ordem, esses dados estão no nível ordinal. Repare que uma diferença entre a posição 1 e 5 não tem significado matemático.
2. O segundo conjunto de dados consiste nos nomes dos gêneros de filmes. Não se pode realizar cálculo matemático com os nomes nem os ordenar. Logo, esses dados estão no nível nominal.

TENTE VOCÊ MESMO 2

Para cada conjunto de dados determine se os dados estão no nível nominal ou ordinal. Explique seu raciocínio.

1. As posições finais para a Divisão do Pacífico da NBA (*National Basketball Association*).
2. Uma coleção de números de telefone.

Retratando o mundo

Por mais de 30 anos, a Harris Poll realizou um estudo anual para determinar as marcas mais fortes, com base na resposta do consumidor, em vários setores. Um estudo recente determinou as cinco principais marcas de saúde sem fins lucrativos, conforme mostrado na tabela a seguir (Fonte: The Harris Poll).

Cinco principais marcas de saúde sem fins lucrativos
1. St. Jude Children's Research Hospital
2. Make-A-Wish
3. American Cancer Society
4. Shriners Hospital for Children
5. The Breast Cancer Research Foundation

Nessa lista, qual é o nível de mensuração?

Os dois níveis de mensuração mais altos consistem somente de dados quantitativos.

DEFINIÇÃO

Dados no **nível de mensuração intervalar** podem ser ordenados e é possível calcular diferenças significativas entre os registros de dados. No nível intervalar, um registro zero representa apenas uma posição em uma escala; o registro não é um zero natural.

Dados no **nível de mensuração de razão** são similares aos dados no nível intervalar, com a propriedade adicional de que, nesse nível, um registro zero é um zero natural. Uma razão de dois valores pode ser formada de modo que um dado possa ser expresso significativamente como um múltiplo de outro.

Um *zero natural* é um zero que significa "nenhum". Por exemplo, a quantidade de dinheiro que você tem em uma conta de poupança pode ser de zero real. Nesse caso, o zero representa nenhum dinheiro; é um zero natural. Por outro lado, a temperatura de 0 °C não representa uma condição na qual não há calor. A temperatura de 0 ºC é simplesmente uma posição na escala Celsius; não é um zero natural.

Para distinguir entre dados no nível intervalar e no nível de razão, determine se a expressão "duas vezes mais" tem algum sentido no contexto dos dados. Por exemplo, $ 2 é duas vezes mais que $ 1, então, esses dados estão no nível de razão. Por outro lado, 2 ºC não é duas vezes mais quente que 1 ºC, então, esses dados estão no nível intervalar.

EXEMPLO 3

Classificando dados por nível

Dois conjuntos de dados são apresentados nas tabelas ao lado. Qual conjunto consiste em dados no nível intervalar? Qual conjunto consiste em dados no nível de razão? Explique seu raciocínio. *(Fonte: Major League Baseball.)*

Tabela 1.5

Anos das vitórias do New York Yankees na Série Mundial
1923, 1927, 1928, 1932, 1936, 1937, 1938, 1939, 1941, 1943, 1947, 1949, 1950, 1951, 1952, 1953, 1956, 1958, 1961, 1962, 1977, 1978, 1996, 1998, 1999, 2000, 2009

Tabela 1.6

Totais de *home runs* da Liga Americana em 2020 (por time)	
Baltimore	77
Boston	81
Chicago	96
Cleveland	59
Detroit	62
Houston	69
Kansas City	68
Los Angeles	85
Minnesota	91
New York	94
Oakland	71
Seattle	60
Tampa Bay	80
Texas	62
Toronto	88

SOLUÇÃO

Ambos os conjuntos contêm dados quantitativos. Considere as datas das vitórias dos Yankees na Série Mundial. Faz sentido encontrar diferenças entre datas específicas. Por exemplo, o tempo entre a primeira e a última vitória dos Yankees é

$$2009 - 1923 = 86 \text{ anos.}$$

Mas não faz sentido dizer que um ano é múltiplo do outro. Então, esses dados estão no nível intervalar. Contudo, usando o total de *home runs*, podemos encontrar diferenças e escrever razões. Por exemplo, o Boston atingiu 22 *home runs* a mais que o Cleveland, pois 81 – 59 = 22 *home runs*. Além disso, o Chicago atingiu cerca de 1,25 vez mais do que o Baltimore, pois

$$\frac{96}{77} \approx 1{,}25.$$

Então, esses dados estão no nível de razão.

TENTE VOCÊ MESMO 3

Para cada conjunto de dados determine se os dados estão no nível intervalar ou de razão. Explique seu raciocínio.

1. A temperatura corporal (em graus Fahrenheit) de um atleta durante uma sessão de exercícios.
2. Os índices cardíacos (em batidas por minuto) de um atleta durante uma sessão de exercícios.

As tabelas a seguir resumem quais operações são apropriadas em cada um dos quatro níveis de mensuração. Quando identificar o nível de mensuração do conjunto de dados, use o nível mais alto que for adequado.

Tabela 1.7

Nível de mensuração	Categorizar os dados	Ordenar os dados	Subtrair os dados	Determinar se um dado é múltiplo do outro
Nominal	Sim	Não	Não	Não
Ordinal	Sim	Sim	Não	Não
Intervalar	Sim	Sim	Sim	Não
Razão	Sim	Sim	Sim	Sim

Tabela 1.8 Resumo dos quatro níveis de mensuração

	Exemplo de conjunto de dados	Cálculos apropriadoss
Nível nominal (dados qualitativos)	*Tipos de programas exibidos por uma rede de televisão* Comédia — Documentários Drama — Culinária *Reality show* — Novelas Esportes — Entrevistas	*Coloque em uma categoria* Por exemplo, um programa exibido pela rede poderia ser colocado em uma das oito categorias mostradas.
Nível ordinal (dados qualitativos ou quantitativos	Descrição da classificação de filmes dada pela Motion Picture Association of América G Livre PG Acompanhamento dos pais é sugerido PG-13 Acompanhamento dos pais é muito necessário R Restrito NC-17 Proibido para menores de 17 anos	Coloque em uma categoria e *ordene*. Por exemplo, uma classificação PG tem uma restrição maior do que uma classificação G.
Nível intervalar (dados quantitativos)	*Temperatura média mensal (em graus Fahrenheit) para Denver, Colorado* Jan 30,9 — Jul 73,6 Fev 32,8 — Ago 71,5 Mar 40,0 — Set 62,4 Abr 47,5 — Out 50,3 Maio 57,2 — Nov 38,6 Jun 67,0 — Dez 30,0 *(Fonte: National Oceanic and Atmospheric Administration.)*	Coloque em uma categoria, ordene e *encontre diferenças entre os valores*. Por exemplo, 71,5 – 62,4 = 9,1°F. Então, agosto é 9,1°F mais quente que setembro.
Nível de razão (dados quantitativos)	*Precipitação média mensal (em polegadas) para Orlando, Flórida* Jan 2,35 — Jul 7,27 Fev 2,38 — Ago 7,13 Mar 3,77 — Set 6,06 Abr 2,68 — Out 3,31 Maio 3,45 — Nov 2,17 Jun 7,58 — Dez 2,58 *(Fonte: National Oceanic and Atmospheric Administration.)*	Coloque em uma categoria, ordene, encontre diferenças entre os valores e *encontre razões de valores*. Por exemplo, $\frac{7,58}{3,77} \approx 2$. Então, há cerca de duas vezes mais chuva em junho do que em março.

1.2 EXERCÍCIOS

Construindo habilidades básicas e vocabulário

1. Nomeie cada nível de mensuração para o qual os dados podem ser qualitativos?

2. Nomeie cada nível de mensuração para o qual os dados podem ser quantitativos?

Verdadeiro ou falso? *Nos exercícios de 3 a 6, determine se a afirmação é verdadeira ou falsa. Se for falsa, reescreva-a de forma que seja verdadeira.*

3. Dados no nível ordinal são somente quantitativos.

4. Para os dados no nível intervalar, você não pode calcular diferenças matemáticas entre os valores dos dados.

5. Mais tipos de cálculos podem ser realizados com dados no nível nominal do que com dados no nível intervalar.

6. Dados no nível de razão não podem ser ordenados.

Usando e interpretando conceitos

Classificando dados por tipo *Nos exercícios de 7 a 14, determine se os dados são qualitativos ou quantitativos. Explique seu raciocínio.*

7. Nacionalidades dos passageiros em um voo.

8. Códigos postais.

9. Idades de cães em um abrigo.

10. Capacidades de congeladores comerciais.

11. Tipos de flores.

12. Nomes de cidades onde os *campi* de uma faculdade estão localizados.

13. Distâncias de eventos de pista.

14. Tempos de resposta para um representante de um serviço de atendimento ao cliente.

Classificando dados por nível *Nos exercícios de 15 a 20, determine o nível de mensuração dos conjuntos de dados. Explique seu raciocínio.*

15. **Seriados de comédia** Os anos em que um programa de televisão da ABC ganhou o prêmio *Emmy* de melhor seriado de comédia estão listados a seguir. *(Fonte: Academy of Television Arts and Sciences.)*

1955	1979	1980	1981	1982	1988
2010	2011	2012	2013	2014	

16. **Faculdades de Administração** As dez melhores faculdades em termos de custo-benefício de acordo com o *U.S. News & World Report* estão listadas a seguir. *(Fonte: U.S. News & World Report.)*

1. Harvard	**6.** Columbia
2. Princeton	**7.** Stanford
3. Gallaudet	**8.** Rice
4. Yale	**9.** Vanderbilt
5. MIT	**10.** Dartmouth

17. Automóveis Os comprimentos (em centímetros) de 22 automóveis Ford estão listados a seguir.

404	407	410	416	421	438	440	443
461	467	471	478	480	483	483	485
487	487	497	505	534	536		

18. Salas de aula Os números das salas de aula em um prédio da faculdade de ciências estão listados a seguir.

112	113	114	116	117	118	122
212	213	214	215	216	217	219

19. Lista dos mais vendidos Os dez livros de ficção de capa dura mais vendidos segundo a lista do *New York Times*, com base nas vendas da semana terminada em 6 de março de 2021, são os seguintes. *(Fonte: The New York Times.)*

1. Life After Death
2. The Four Winds
3. Klara and the Sun
4. Dark Sky
5. The Affair
6. The Midnight Library
7. The Lost Apothecary
8. The Vanishing Half
9. Infinite Country
10. A Court of Silver Flames

20. Horário do sinal Os horários do toque do sinal em um colégio de ensino médio estão listados a seguir.

8:00 a.m.	8:52 a.m.	8:56 a.m.	9:48 a.m.	9:52 a.m.
10:44 a.m.	10:48 a.m.	11:40 a.m.	11:44 a.m.	1:08 p.m.
1:12 p.m.	2:04 p.m.	2:08 p.m.	3:00 p.m.	

Análise gráfica

Nos exercícios de 21 a 24, determine o nível de mensuração dos dados listados nos eixos horizontal e vertical dos gráficos.

21. **Qual plataforma você prefere para receber notícias?**

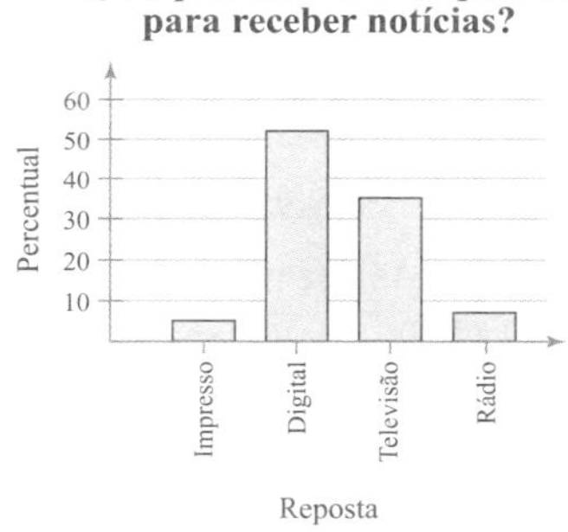

(Fonte: Pew Research Center.)

22. **Qual é a idade das crianças que participam mais do seu planejamento de férias?**

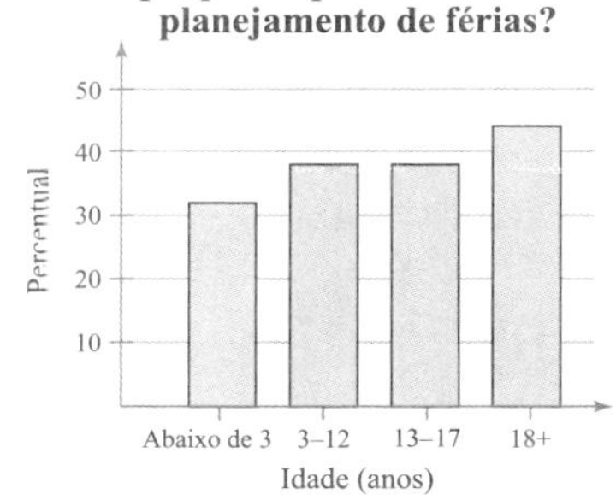

(Fonte: Marriot Bonvoy Bold from chase.)

23. **Perfil de gênero do 117º Congresso**

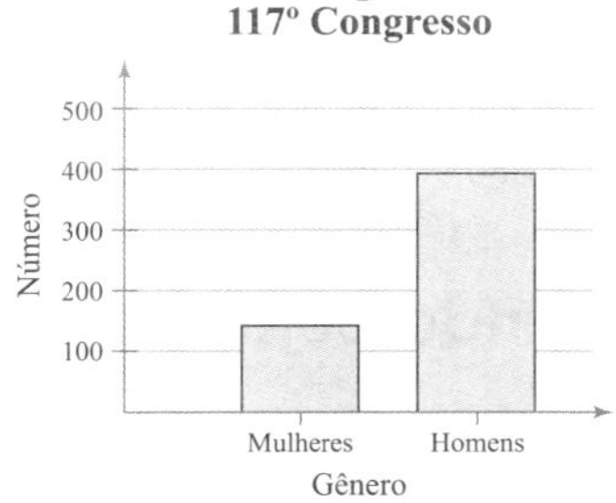

(Fonte: Center for American Women and Politics.)

24. **Mortes por acidente de veículos por ano**

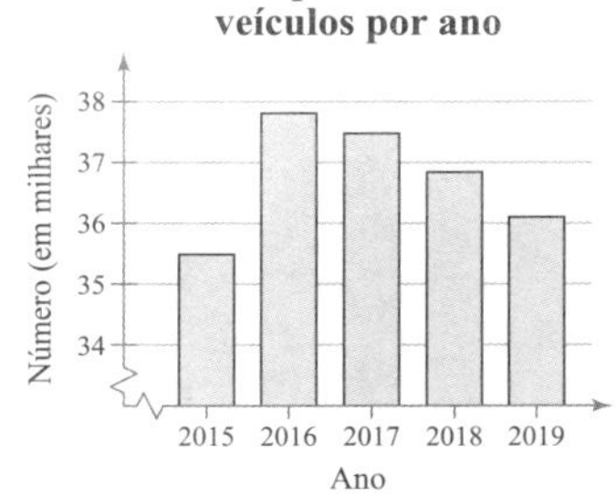

(Fonte: National Highway Traffic Safety Administration.)

25. Os itens a seguir aparecem em uma ficha de admissão de um consultório médico. Determine o nível de mensuração dos dados para cada categoria.

(a) Temperatura
(b) Alergias
(c) Peso
(d) Nível de dor (escala de 0 a 10)

26. Os itens a seguir aparecem em uma ficha de emprego. Determine o nível de mensuração dos dados para cada categoria.

(a) Graduação máxima atingida
(b) Gênero
(c) Ano de graduação universitária
(d) Número de anos no último emprego

Classificando dados por tipo e nível *Nos exercícios de 27 a 32, determine se os dados são qualitativos ou quantitativos e o nível de mensuração.*

27. Futebol americano Os dez melhores times universitários na última pesquisa, divulgada em janeiro de 2021, estão listados a seguir. *(Fonte: Associated Press.)*

1. Alabama
2. Ohio State
3. Clemson
4. Texas A&M
5. Notre Dame
6. Oklahoma
7. Georgia
8. Cincinnati
9. Iowa State
10. Northwestenr

28. Café Os quatro tipos principais de grãos de café estão listados a seguir.

Arábica Robusta Liberica Excelsa

29. Regiões censitárias As quatro regiões geográficas dos Estados Unidos reconhecidas pelo *U.S. Census Bureau* estão listadas a seguir.

Nordeste
Centro-Oeste
Sul
Oeste

30. Patinação artística As seis melhores pontuações finais do Campeonato de Patinação Artística Feminina dos Estados Unidos de 2021 estão listadas a seguir. *(Fonte: NBC Sports.)*

232.61 215.33 214.98

213.39 199.95 178.89

31. Mais ricos As dez pessoas mais ricas do mundo em 30 de março de 2021 estão listadas a seguir. *(Fonte: Bloomberg Reporting.)*

1. Jeff Bezos
2. Elon Musk
3. Bill Gates
4. Bernard Arnault
5. Mark Zuckerberg
6. Warren Buffett
7. Larry Page
8. Sergey Brin
9. Steve Ballmer
10. Larry Ellison

32. Número de apresentações O número de apresentações para as dez séries originais mais antigas de shows da Broadway em 15 de março de 2020 está listado a seguir. *(Fonte:Playbill.)*

13.370 9.692 9.302 7.485 6.836
6.680 6.137 5.959 5.758 5.461

Expandindo conceitos

33. Escrevendo O que é um zero natural? Descreva três exemplos de conjuntos de dados que contenham um zero natural e três exemplos que não contenham.

34. Descreva dois exemplos de conjuntos de dados para cada um dos quatro níveis de mensuração. Justifique sua resposta.

ESTUDO DE CASO

Reputação de empresas nos Estados Unidos

Por mais de 50 anos, a *Harris Poll* realizou pesquisas usando uma amostra representativa de pessoas nos Estados Unidos. As pesquisas têm sido usadas para representar as opiniões das pessoas nos Estados Unidos sobre muitos assuntos, como saúde, política, economia americana e esportes.

Desde 1999, a *Harris Poll* realiza uma pesquisa anual para medir a reputação das empresas mais visíveis nos Estados Unidos, segundo a percepção dos adultos estadunidenses, e utilizou uma amostra de 34.026 adultos estadunidenses para a pesquisa de 2020. Os entrevistados da pesquisa classificam as empresas de acordo com os principais atributos que são classificados em sete categorias: (1) confiança, (2) visão, (3) crescimento, (4) produtos e serviços, (5) cultura, (6) ética e (7) cidadania. Essas informações são usadas para determinar a reputação de uma empresa como Excelente, Muito boa, Boa, Regular, Ruim ou Muito ruim. As reputações (juntamente com algumas informações adicionais) de dez empresas são mostradas na Tabela 1.9.

Figura 1.4 Todos os adultos estadunidenses

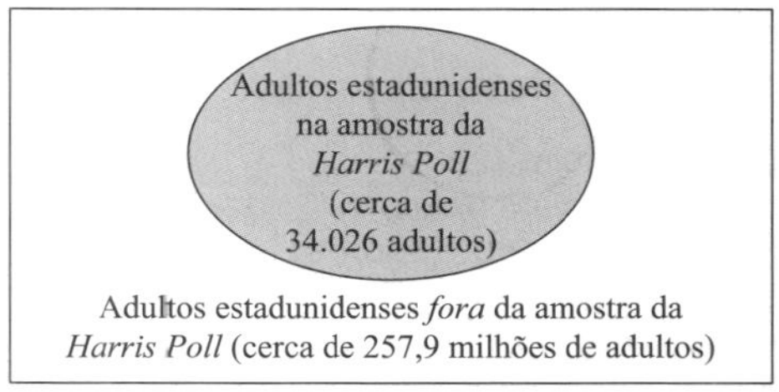

Tabela 1.9 Reputação de dez empresas nos Estados Unidos (2020)

Nome da empresa	Ano de fundação	Reputação	Segmento	Número de empregados
Amazon.com	1994	Excelente	Varejo	798.000
Netflix, Inc.	1999	Muito boa	Televisão digital	8.600
Apple, Inc.	1977	Muito boa	Computadores e periféricos	147.000
The Kraft Heinz Co.	2015	Muito boa	Produtos alimentícios	37.000
Chipotle Mexican Grill, Inc.	1993	Boa	Restaurante	83.000
Exxon Mobile Corp.	1999	Boa	Petróleo (integrado)	71.000
The Boeing Co.	1916	Regular	Fabricação de aeronave	161.000
Comcast Corp.	1963	Ruim	Televisão a cabo	168.000
Wells Fargo & Co.	1998	Ruim	Banco	263.000
Facebook, Inc.	2004	Ruim	Internet	45.000

(Fonte: The Harris Poll; Amazon.com; Netflix, Inc.; Apple, Inc.; The Kraft Heinz Co.; Chipotle Mexican Grill, Inc.; Exxon Mobil Corp.; The Boeing Co.; Comcast Corp.; Wells Fargo & Co.; Facebook, Inc.)

EXERCÍCIOS

1. **Porcentagem na amostra** Qual foi a porcentagem do número total de adultos estadunidenses que compuseram a amostra da pesquisa da Harris Poll? (Considere que o número total de adultos estadunidenses é de 257,9 milhões.)
2. **Nível nominal de mensuração** Identifique qualquer coluna na tabela com dados no nível nominal.
3. **Nível ordinal de mensuração** Identifique qualquer coluna na tabela com dados no nível ordinal. Descreva duas maneiras pelas quais os dados podem ser ordenados.
4. **Nível intervalar de mensuração** Identifique qualquer coluna na tabela com dados no nível intervalar. Como esses dados podem ser ordenados?
5. **Nível de razão** Identifique qualquer coluna na tabela com dados no nível de razão
6. **Inferências** Quais decisões podem ser tomadas com base na pesquisa da Harris Poll que mede a reputação das empresas mais visíveis nos Estados Unidos?

1.3 Coleta de dados e planejamento de experimentos

O que você deve aprender

- Como planejar um estudo estatístico e como distinguir entre um estudo observacional e um experimental.
- Como coletar dados fazendo uma pesquisa ou uma simulação.
- Como planejar um experimento.
- Como criar uma amostra usando amostragens aleatórias, aleatória simples, estratificada, por conglomerado e sistemática, e como identificar uma amostra tendenciosa.

Planejamento de um estudo estatístico ■ Coleta de dados ■ Planejamento de experimentos ■ Técnicas de amostragem

Planejamento de um estudo estatístico

O objetivo de todo estudo estatístico é coletar dados e então usá-los para tomar uma decisão. Qualquer decisão que seja tomada usando os resultados de um estudo estatístico será tão boa quanto o processo utilizado para obtenção desses dados. Quando o processo é falho, a decisão resultante é questionável.

Embora você nunca precise desenvolver um estudo estatístico, é provável que tenha que interpretar os resultados desse estudo. E, antes disso, deve-se determinar se os resultados são confiáveis. Em outras palavras, devemos estar familiarizados com a forma de planejar um estudo estatístico.

INSTRUÇÕES

Planejando um estudo estatístico

1. Identifique a(s) variável(is) de interesse (o foco) e a população do estudo.
2. Desenvolva um plano detalhado para a coleta de dados. Se usar uma amostra, certifique-se de que a amostra é representativa da população.
3. Colete os dados.
4. Descreva os dados usando técnicas de estatística descritiva.
5. Interprete os dados e tome as decisões sobre a população usando estatística inferencial.
6. Identifique quaisquer erros possíveis.

Um estudo estatístico pode, geralmente, ser categorizado como um estudo observacional ou experimental. Em um **estudo observacional**, um pesquisador não influencia as respostas. Em um **experimento**, um pesquisador, deliberadamente, aplica um tratamento antes de observar as respostas. Apresentamos a seguir um breve resumo desses tipos de estudo.

- Em um **estudo observacional**, um pesquisador observa e mede as características de interesse de parte de uma população, mas não muda as condições existentes. Por exemplo, foi realizado um estudo observacional no qual os pesquisadores computaram a quantidade de tempo que as pessoas passavam realizando várias atividades, como voluntariado, trabalho remunerado, assistência à crianças e socialização. *(Fonte: U.S. Bureau of Labour Statistics.)*
- Ao realizar um **experimento**, um **tratamento** é aplicado em uma parte da população, chamada de **grupo de tratamento**, e as respostas são observadas. Outra parte da população pode ser usada como um **grupo de controle**, no qual nenhum tratamento é aplicado. (Os indivíduos em ambos os grupos são chamados de **unidades experimentais**). Em muitos casos, os indivíduos no grupo de controle recebem um **placebo**, que é um tratamento falso, inofensivo, feito para parecer o tratamento real. As respostas dos grupos podem ser comparadas e estudadas. Na maioria dos casos, é uma boa ideia usar o mesmo número de indivíduos em cada grupo. Por exemplo, foi realizado um experimento em que ratos, em um grupo de controle, receberam óxido de trimetilamina, uma substância presente em frutos do mar, enquanto ratos de outro grupo de controle receberam água. Depois de realizados os testes, os pesquisadores concluíram que o óxido de trimetilamina reduziu a mortalidade relacionada a doenças cardíacas nos ratos que tinham essa doença. *(Fonte: eLife.)*

EXEMPLO 1

Distinguindo entre um estudo observacional e um experimento

Determine se o estudo é observacional ou um experimento.

1. Pesquisadores estudam o efeito da complementação de vitamina D_3 em pacientes recém-diagnosticados com uma infecção viral. Para realizar o estudo, os pesquisadores deram a 2.700 adultos estadunidenses um suplemento diário de vitamina D_3 ou um placebo por quatro semanas. *(Fonte: U.S. National Library of Medicine.)*
2. Pesquisadores realizam um estudo para determinar quão confiantes os estadunidenses estão na economia dos Estados Unidos. Para realizar o estudo, os pesquisadores ligaram para 1.019 adultos dos Estados Unidos e pediram que classificassem as condições econômicas atuais país e se a economia norte-americana está melhorando ou piorando. *(Fonte: Gallup.)*

SOLUÇÃO

1. Uma vez que o estudo aplica um tratamento (vitamina D_3) aos indivíduos, o estudo é um experimento.
2. Uma vez que o estudo não tenta influenciar as respostas dos indivíduos (não há tratamento), o estudo é observacional.

TENTE VOCÊ MESMO 1

A comissão de caça da Pensilvânia conduziu um estudo para determinar o percentual da população de alces por idade e sexo. A comissão capturou e soltou alces durante cada ano do estudo e encontrou uma média geral de 16% de machos com chifres, 7% de machos com chifres pontudos, 56% de fêmeas adultas e 21% de filhotes. Esse estudo é observacional ou um experimento? *(Fonte: Pennsylvania Game Commission.)*

Coleta de dados

Há várias maneiras de se coletar dados. Frequentemente, o foco do estudo determina a melhor maneira de fazer a coleta. A seguir, há um resumo de dois métodos de coleta de dados.

- Uma **simulação** é o uso de um modelo matemático ou físico para reproduzir as condições de uma situação ou processo. A coleta de dados frequentemente envolve o uso de computadores. As simulações permitem que você estude situações que são impraticáveis ou mesmo perigosas para serem criadas na vida real e frequentemente economizam tempo e dinheiro. Por exemplo, os fabricantes de automóveis usam simulações com bonecos para estudar os efeitos das colisões em humanos. Nesse livro, você terá a oportunidade de usar *applets* que simulam os processos estatísticos em um computador.
- Uma **pesquisa** é uma investigação de uma ou mais características de uma população. Mais frequentemente, as pesquisas são conduzidas com *pessoas*, por meio de perguntas. Os tipos mais comuns de pesquisas são realizados com entrevistas (Internet, telefone ou correio). Ao planejar uma pesquisa, é importante escolher bem as perguntas para não obter resultados tendenciosos, que não são representativos de uma população. Por exemplo, uma pesquisa é conduzida em uma amostra de médicos para determinar se o argumento principal para a escolha profissional é a estabilidade financeira. Ao planejar a pesquisa, seria aceitável fazer uma lista de razões e pedir a cada indivíduo na amostra para selecionar sua principal razão.

Planejamento experimental

Para produzir resultados significativos e não tendenciosos, os experimentos devem ser cuidadosamente planejados e executados. Além disso, é importante saber quais passos devem ser realizados para que os resultados sejam válidos. Três elementos-chave de um experimento bem planejado são *controle*, *aleatorização* e *replicação*.

Em razão de os resultados poderem ser arruinados por uma variedade de fatores, a capacidade de controlá-los é importante. Um desses fatores é uma **variável de confundimento**.

Dica de estudo

O **efeito Hawthorne** ocorre em um experimento quando os indivíduos mudam seu comportamento simplesmente porque sabem que estão participando de um experimento.

DEFINIÇÃO

Uma **variável de confundimento** ocorre quando um pesquisador não pode distinguir os efeitos de diferentes fatores na variável.

Por exemplo, para atrair mais consumidores, o dono de uma cafeteria realiza um experimento reformando sua loja usando cores vibrantes. Ao mesmo tempo, um *shopping* center da região realiza sua grande inauguração. Se os negócios aumentarem na cafeteria, não podemos determinar se isso ocorreu por causa das novas cores ou do novo *shopping*, pois os efeitos das cores e do shopping center se confundem.

Outro fator que pode afetar os resultados experimentais é o **efeito placebo**, que ocorre quando um indivíduo reage favoravelmente a um placebo quando, na verdade, o tratamento que ele recebeu não era o verdadeiro (ou seja, era um placebo). Para ajudar a controlar ou minimizar o efeito placebo, uma técnica chamada **cegamento** pode ser usada.

DEFINIÇÃO

O **cegamento** é uma técnica na qual os indivíduos não sabem se estão recebendo um tratamento ou um placebo. Em um **experimento duplo-cego**, nem o pesquisador nem os indivíduos sabem quem está recebendo um tratamento ou um placebo. O pesquisador é informado depois que todos os dados forem coletados. Esse tipo de planejamento experimental é preferido pelos pesquisadores.

Um desafio para os pesquisadores é atribuir os indivíduos a grupos de forma que os grupos tenham características semelhantes (como idade, altura, peso e assim por diante). Quando os grupos de tratamento e controle são semelhantes, os pesquisadores podem concluir que quaisquer diferenças entre os grupos se devem ao tratamento. Para formar grupos com características semelhantes, os experimentadores usam a **aleatorização**.

DEFINIÇÃO

Aleatorização é um processo de se designar indivíduos, aleatoriamente, para diferentes grupos de tratamento.

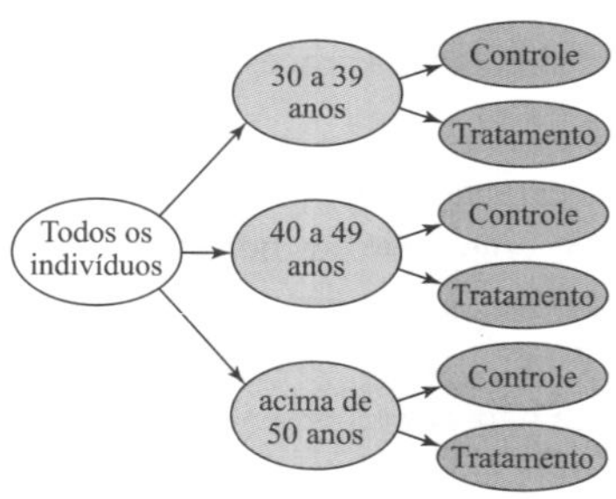

Figura 1.5 Planejamento em blocos aleatorizados

Em um **planejamento completamente aleatório**, os indivíduos são designados para diferentes grupos de tratamento por meio de seleção aleatória. Em alguns experimentos, pode ser necessário usar **blocos**, que são grupos de indivíduos com características similares. Um planejamento experimental comumente usado é o **planejamento em blocos aleatorizados**. Para usá-lo, o pesquisador separa os indivíduos com características similares em blocos e, então, dentro de cada bloco, designa-os aleatoriamente para os grupos de tratamento. Por exemplo, um pesquisador que está testando os efeitos de uma nova bebida para perda de peso pode, primeiro, dividir os indivíduos por faixa etária, tal como 30 a 39 anos, 40 a 49 anos e acima de 50 anos. Então, dentro de cada faixa, designar aleatoriamente os indivíduos ou para o grupo de tratamento ou para o grupo de controle (veja a Figura 1.5).

Outro tipo de planejamento experimental é o **planejamento de pares combinados**, no qual os indivíduos são colocados em pares de acordo com a similaridade. Um indivíduo em cada par é selecionado aleatoriamente para receber um tratamento enquanto o outro indivíduo recebe um tratamento diferente. Por exemplo, dois indivíduos podem ser colocados em pares por causa da idade, da localização geográfica ou de uma característica física em particular.

O **tamanho da amostra**, que é o número de indivíduos em um estudo, é outra parte importante do planejamento experimental. Para melhorar a validade dos resultados experimentais, a **replicação** é necessária.

Dica de estudo

A *validade* de um experimento refere-se à acurácia e à confiabilidade dos resultados. Os resultados de um experimento válido são mais prováveis de serem aceitos na comunidade científica.

DEFINIÇÃO

Replicação é a repetição de um experimento sob condições iguais ou semelhantes.

Por exemplo, suponha que um experimento seja planejado para testar uma vacina contra gripe. No experimento, 10 mil pessoas recebem a vacina e outras 10 mil recebem um placebo. Por conta do tamanho da amostra, a eficácia da vacina seria provavelmente observada, mas, se os indivíduos no experimento não forem selecionados de modo que ambos os grupos sejam similares (de acordo com gênero e idade), os resultados serão de menor valor.

Figura 1.6

EXEMPLO 2

Analisando um planejamento experimental

Uma empresa quer testar a eficácia de um novo chiclete desenvolvido para ajudar as pessoas a pararem de fumar. Identifique um problema em potencial com o planejamento experimental dado e sugira uma maneira de melhorá-lo.

1. A empresa identifica dez adultos que são fumantes há bastante tempo. Cinco deles recebem o novo chiclete e os outros cinco recebem um placebo. Depois de dois meses, eles são avaliados e descobre-se que os cinco indivíduos que estão usando o chiclete pararam de fumar.
2. A empresa identifica mil adultos que são fumantes há bastante tempo, os quais são divididos em blocos de acordo com o gênero. As mulheres recebem o novo chiclete e os homens recebem o placebo. Depois de dois meses, um número significante de mulheres tinha parado de fumar.

SOLUÇÃO

1. O tamanho da amostra usado não é grande o suficiente para validar os resultados. O experimento deve ser replicado para melhorar a validade.
2. Os grupos não são similares, e o novo chiclete pode ter mais efeito nas mulheres do que nos homens ou vice-versa. Os indivíduos podem ser divididos em blocos de acordo com gênero, mas, depois, dentro de cada bloco, eles precisam ser aleatoriamente designados para estar no grupo de tratamento ou no de controle.

TENTE VOCÊ MESMO 2

A empresa do Exemplo 2 identifica 240 adultos fumantes. Eles são aleatoriamente designados para estar em um grupo de tratamento com o chiclete ou em um grupo de controle. Cada indivíduo recebe um DVD sobre os perigos do fumo. Depois de quatro meses, a maioria dos indivíduos no grupo de tratamento parou de fumar. Identifique um problema em potencial com o planejamento experimental e sugira uma forma de melhorá-lo.

Dica de estudo

Uma **amostra tendenciosa** é a que não é representativa da população da qual é extraída. Por exemplo, uma amostra que consiste apenas de estudantes universitários entre 18 e 22 anos não seria representativa de toda a população entre 18 e 22 anos do país.

1.3 Para explorar mais este tópico, veja a **Atividade 1.3** na p. 27.

Dica de tecnologia

Você pode usar tecnologias como Minitab, Excel, StatCrunch ou a calculadora TI-84 Plus para gerar números aleatórios. (Instruções detalhadas para usar Minitab, Excel e TI-84 Plus são mostradas nos manuais de tecnologia que acompanham este texto.) Por exemplo, aqui constam instruções para usar um gerador de números aleatórios inteiros em uma calculadora TI-84 plus para o Exemplo 3.

[MATH]

Escolha o menu PRB.

5: randInt(

[1] [,] [7] [3] [1] [,] [8] [)]

[ENTER]

```
randInt(1,731,8)
        {537 33 249 728...
```

Se você continuar pressionando [ENTER], mais amostras aleatórias de oito números inteiros serão geradas.

Técnicas de amostragem

Um **censo** é uma contagem ou medição de uma população *inteira*. A realização de um censo fornece informações completas, mas é frequentemente caro e difícil de realizar. Uma **amostragem** é uma contagem ou medição de *parte* de uma população e é mais comumente usada nos estudos estatísticos. Para coletar dados não viesados, um pesquisador deve assegurar que a amostra é representativa da população. Técnicas de amostragem apropriadas devem ser utilizadas para garantir que as inferências sobre a população são válidas. Lembre-se de que, quando um estudo é realizado com dados falhos, os resultados são questionáveis, e, mesmo com os melhores métodos de amostragem, um **erro de amostragem** pode acontecer. Um erro de amostragem é a diferença entre os resultados da amostra e os da população. Quando aprendemos sobre estatística inferencial, também aprendemos técnicas para controlar esses erros de amostragem.

Uma **amostragem aleatória** é aquela na qual todos os membros de uma população têm chances iguais de serem selecionados. Uma **amostragem aleatória simples** é aquela na qual cada amostra possível de mesmo tamanho tem a mesma chance de ser selecionada. Uma maneira de coletar uma amostra aleatória simples é designar um número diferente para cada membro da população e, então, usar uma tabela de números aleatórios, como a Tabela 1 do Apêndice B. As respostas, contagens ou medições provenientes de elementos da população cujos números correspondem àqueles gerados com o uso da tabela farão parte da amostra. Calculadoras e programas de computador também são utilizados para gerar números aleatórios (veja a p. 36).

Tabela 1 – Números aleatórios

92630	78240	19267	95457	53497	23894	37708	79862
79445	78735	71549	44843	26104	67318	00701	34986
59654	71966	27386	50004	05358	94031	29281	18544
31524	49587	76612	39789	13537	48086	59483	60680
06348	76938	90379	51392	55887	71015	09209	79157

Parte da Tabela 1 encontrada do Apêndice B

Considere um estudo do número de pessoas que moram no Condado de West Ridge. Para usar uma amostra aleatória simples para contar o número de pessoas que moram nos domicílios do condado, você poderia designar um número diferente para cada domicílio, usar uma ferramenta tecnológica ou uma tabela de números aleatórios para gerar uma amostra de números e então contar o número de pessoas que moram em cada domicílio selecionado.

EXEMPLO 3

Usando uma amostra aleatória simples

Há 731 estudantes matriculados em um curso de estatística numa faculdade. Você deseja formar uma amostra de oito estudantes para responder às questões de uma pesquisa. Selecione os estudantes que pertencerão à amostra aleatória simples.

SOLUÇÃO

Designe números de 1 a 731 para cada estudante do curso. Na tabela de números aleatórios, escolha um ponto de partida aleatoriamente e leia os dígitos em grupos de 3 (porque 731 é um número de 3 dígitos). Por exemplo, se você começar na terceira fileira da tabela, no começo da segunda coluna, você agruparia os números como a seguir:

719 | 66   2 | 738 | 6   50 | 004 | 053 | 58   9 | 403 | 1   29 | 281 | 185 | 44

Ignorando os números maiores do que 731, os primeiros oito números são 719, 662, 650, 4, 53, 589, 403 e 129. Os estudantes que receberam esses números formarão a amostra. Para encontrar a amostra usando a calculadora TI-84 plus, siga as instruções do box “Dica de tecnologia”.

TENTE VOCÊ MESMO 3

Uma empresa contrata 79 pessoas. Escolha uma amostra aleatória simples composta de cinco para pesquisar.

Quando você escolhe os elementos de uma amostra, você deve decidir se é aceitável ter o mesmo elemento da população selecionado mais de uma vez. Se for aceitável, então o processo amostral é *com reposição*. Se não for aceitável, o processo é *sem reposição*.

Existem muitas outras técnicas de amostragem comumente usadas. Cada uma tem vantagens e desvantagens.

- **Amostragem estratificada** Quando é importante que uma amostra tenha elementos de cada segmento da população, deve-se usar uma amostra estratificada. Dependendo do foco do estudo, elementos de uma população são divididos em dois ou mais subconjuntos, chamados de *estratos*, que compartilham uma característica similar como idade, sexo, grupo étnico ou até mesmo preferência política. Uma amostra é então selecionada aleatoriamente de cada um dos estratos. O uso de uma amostra estratificada assegura que cada segmento da população está representado. Por exemplo, para coletar uma amostra estratificada do número de pessoas que moram nos domicílios do Condado de West Ridge, você poderia dividir os domicílios em níveis socioeconômicos e, então, selecionar aleatoriamente domicílios de cada nível. Ao usar uma amostra estratificada, alguns cuidados devem ser tomados, de modo a assegurar que todos os estrados sejam amostrados na proporção de suas porcentagens reais de ocorrência na população. Por exemplo, se 40% das pessoas no Condado de West Ridge pertencem ao grupo de renda mais baixa então a amostra deve ter uma proporção de 40% desse grupo.

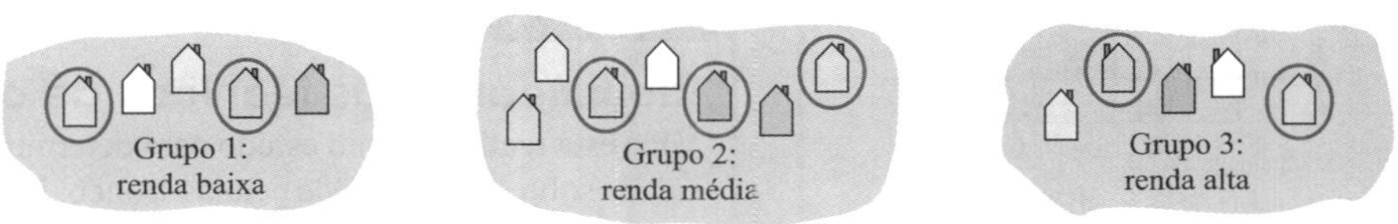

Figura 1.7 Amostragem estratificada.

Dica de estudo

Certifique-se de entender que a amostragem estratificada seleciona aleatoriamente uma *amostra de elementos* de todos os estratos. A amostragem por conglomerados usa todos os elementos de uma amostra de *conglomerados* selecionados aleatoriamente (mas não todos, portanto, alguns conglomerados não farão parte da amostra). Por exemplo, na Figura da "Amostragem Estratificada", uma amostra de domicílios no condado de West Ridge é selecionada aleatoriamente de todos os três grupos de renda. Na Figura da "Amostragem por Conglomerado" são usados todos os domicílios em um conglomerado selecionado aleatoriamente (Zona 1). (Observe que as outras zonas não fazem parte da amostra.)

- **Amostragem por conglomerado** Quando a população recai em subgrupos que ocorrem naturalmente, cada um tendo características similares, uma amostra por conglomerado pode ser a mais apropriada. Para selecionar uma amostra em tal procedimento, divida a população em grupos, chamados *conglomerados*, e selecione todos os membros em um ou mais (mas não em todos) os conglomerados. Tipos de conglomerados poderiam ser seções diferentes do mesmo curso ou diferentes filiais de um banco. Por exemplo, para coletar uma amostra por conglomerado do número de pessoas que moram nos domicílios do Condado de West Ridge, divida os domicílios em grupos de acordo com os códigos postais e, então, selecione todas as residências em um ou mais, mas não todos, os códigos postais e conte o número de pessoas que vivem em cada domicílio. Ao usar uma amostra por conglomerado, deve-se ter cuidado para assegurar que todos tenham características similares. Por exemplo, se um dos conglomerados de código postal tem uma proporção maior de pessoas de alta renda, os dados podem não ser representativos da população.

Zonas de códigos postais no Condado de West Ridge

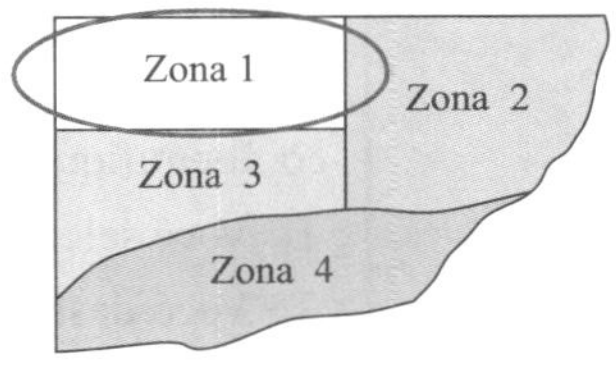

Figura 1.8 Amostragem por conglomerado.

> ## Retratando o mundo
>
> A organização Gallup conduz muitas pesquisas (ou levantamentos) sobre o presidente, o congresso e assuntos políticos e não políticos. Uma pesquisa Gallup comumente citada é o índice de aprovação pública do presidente. Por exemplo, os índices de aprovação para o Presidente Donald Trump para alguns meses de 2020 são mostrados no gráfico a seguir. (O índice é da pesquisa conduzida ao final de cada mês.)
>
> 
>
>
> **Discuta algumas maneiras nas quais a Gallup poderia selecionar uma amostra tendenciosa para conduzir a pesquisa. Como a Gallup poderia selecionar uma amostra que não seja tendenciosa?**

- **Amostragem sistemática** Uma amostragem sistemática é aquela na qual é atribuído um número a cada elemento da população. Os elementos são ordenados de alguma maneira, um número inicial é selecionado aleatoriamente e, então, os elementos da amostra são selecionados em intervalos regulares a partir do número inicial. (Isto é, cada 3º, 5º ou 100º elemento é selecionado.) Por exemplo, para selecionar uma amostra sistemática do número de pessoas que moram nos domicílios do Condado de West Ridge, pode-se designar um número diferente para cada domicílio, escolher aleatoriamente um número inicial, selecionar cada 100º domicílio e contar o número de pessoas vivendo em cada um. Uma vantagem da amostragem sistemática é que ela é fácil de ser usada. Contudo, caso ocorra qualquer padrão de regularidade nos dados, esse tipo de amostragem deve ser evitado

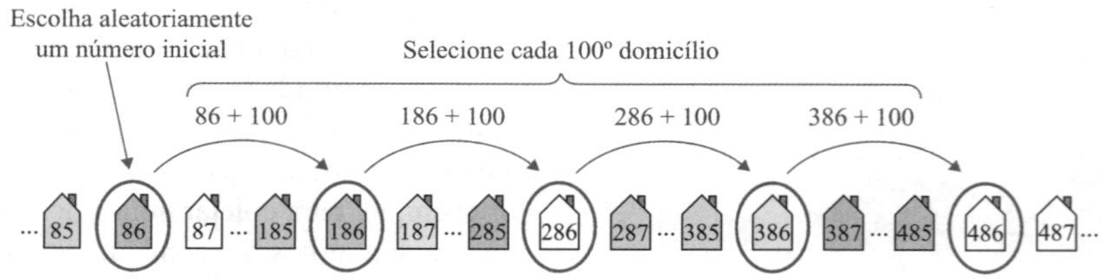

Figura 1.9 Amostragem sistemática.

Um tipo de amostra que frequentemente leva a estudos tendenciosos (portanto, não é recomendada) é a **amostragem por conveniência**. Uma amostragem por conveniência consiste somente de elementos da população que são fáceis de contatar.

EXEMPLO 4

Identificando as técnicas de amostragem

Você está realizando um estudo para determinar a opinião dos estudantes em sua universidade sobre a pesquisa de células-tronco. Identifique a técnica de amostragem que você usaria ao selecionar as amostras listadas. Discuta potenciais fontes de viés (se houver).

1. Você divide a população de estudantes com relação às graduações e, aleatoriamente, seleciona e questiona alguns estudantes em cada curso de graduação.
2. Você designa um número para cada estudante e gera números aleatórios. Então, questiona cada estudante cujo número é selecionado aleatoriamente.
3. Você seleciona estudantes que são da sua turma de biologia.

SOLUÇÃO

1. Como os estudantes são divididos em estratos (graduações) e uma amostra é selecionada de cada graduação, esta é uma amostragem estratificada.
2. Cada amostra de mesmo tamanho tem chances iguais de ser selecionada e cada estudante tem chances iguais de ser selecionado, então, esta é uma amostragem aleatória simples.
3. Uma vez que a amostra é tomada de estudantes que estão prontamente disponíveis, esta é uma amostragem por conveniência. A amostra pode ser tendenciosa porque estudantes de biologia podem estar mais familiarizados com pesquisa de células-tronco que os demais e podem ter opiniões mais firmes.

TENTE VOCÊ MESMO 4

Você quer determinar a opinião dos estudantes com relação à pesquisa de células-tronco. Identifique a técnica de amostragem que você usaria ao selecionar as amostras.

1. Você seleciona uma turma aleatoriamente e questiona cada estudante.
2. Você designa um número para cada estudante e, depois de escolher um número inicial, questiona cada 25º aluno.

1.3 EXERCÍCIOS

Construindo habilidades básicas e vocabulário

1. Qual a diferença entre um estudo observacional e um experimento?
2. Qual a diferença entre um censo e uma amostragem?
3. Qual a diferença entre uma amostragem aleatória e uma amostragem aleatória simples?
4. O que é a replicação em um experimento? Por que a replicação é importante?

Verdadeiro ou falso? *Nos exercícios de 5 a 10, determine se a afirmação é verdadeira ou falsa. Se for falsa, reescreva-a de forma que seja verdadeira.*

5. Um placebo é um tratamento real.
6. Um experimento duplo-cego é usado para aumentar o efeito placebo.
7. Usar amostras sistemáticas garante que membros de cada grupo dentro de uma população serão amostrados.
8. Uma amostragem por conveniência é sempre representativa de uma população.
9. O método para seleção de uma amostra estratificada é ordenar uma população de alguma maneira e, então, selecionar elementos da população em intervalos regulares.
10. Para selecionar uma amostra por conglomerado, divide-se a população em grupos e, então, seleciona-se todos os elementos em pelo menos um (mas não todos) dos grupos.

Distinguindo entre um Estudo observacional e um experimento

Nos exercícios de 11 a 14, determine se o estudo é observacional ou um experimento. Explique.

11. Um estudo de pesquisa comparou a retenção de memória de indivíduos quando uma atividade de aprendizado foi seguida por um breve período de descanso acordado e quando uma atividade de aprendizado foi seguida por um breve período de distração. *(Fonte: Springer Nature.)*
12. Em uma pesquisa com funcionários dos Estados Unidos, 42% das mulheres negras dizem que se sentem desconfortáveis em compartilhar pensamentos sobre a desigualdade racial. *(Fonte: McKinsey & Company.)*
13. Um estudo usou leituras periódicas de pressão arterial e ressonâncias magnéticas cerebrais de adultos para descobrir que adultos com longos períodos de pressão alta eram mais propensos a desenvolver doença cerebral de pequenos vasos sanguíneos. *(Fonte: American Heart Association.)*
14. Para estudar os efeitos da música na imagem corporal, os pesquisadores tocaram uma música com uma mensagem corporal positiva ou uma música com uma mensagem corporal negativa para diferentes grupos de mulheres. *(Fonte: Psychology of Popular Media.)*
15. **Tabela de números aleatórios** Use a sexta linha da Tabela 1 no Apêndice B para gerar 12 números aleatórios entre 1 e 99.
16. **Tabela de números aleatórios** Use a décima linha da Tabela 1 no Apêndice B para gerar 10 números aleatórios entre 1 e 920.

Números aleatórios *Nos exercícios 17 e 18, use a tecnologia para gerar os números aleatórios.*

17. Quinze números entre 1 e 150.

18. Dezenove números entre 1 e 1.000.

Usando e interpretando conceitos

19. **Tratamento da acne** Uma empresa quer testar a eficácia de um novo creme para acne e recruta 500 meninas de 13 a 17 anos que têm acne. Os indivíduos são distribuídos aleatoriamente em dois grupos. Um grupo recebe o creme para acne e o outro recebe um placebo que se parece exatamente com o creme para acne. Ambos os grupos aplicam o creme diariamente durante dois meses. Fotos faciais são tiradas no início e no final do tratamento para comparar os resultados.

(a) Identifique as unidades experimentais e os tratamentos usados neste experimento.

(b) Identifique um problema potencial com o planejamento do experimento que está sendo usado e sugira uma maneira de melhorá-lo.

(c) Como esse experimento poderia ser planejado para ser duplo-cego?

20. **Transtorno de Ansiedade Social** Pesquisadores no Japão testaram o efeito do canabidiol (CBD) no tratamento de adolescentes com transtorno de ansiedade social (TAS). Trinta e sete adolescentes de 18 a 19 anos com TAS participaram do estudo. Os pacientes foram distribuídos aleatoriamente para receber uma dose diária de CBD ou um placebo por 4 semanas. Os sintomas foram medidos usando o Questionário de Avaliação do Medo do Negativo e a Escala de Ansiedade Social de Liebowitz no início e no final do tratamento. *(Fonte: Frontiers in Psychology.)*

(a) Identifique as unidades experimentais e os tratamentos usados neste experimento.

(b) Identifique um problema potencial com o planejamento do experimento que está sendo usado e sugira uma maneira de melhorá-lo.

(c) O experimento é descrito como um estudo duplo-cego controlado por placebo. Explique o que isso significa.

(d) Como os blocos poderiam ser usado no planejamento desse experimento?

21. **Privação de sono** Um pesquisador quer estudar os efeitos da privação de sono nas habilidades motoras. Dezoito pessoas foram voluntárias para o experimento: Jake, Arya, Xavier, Nyla, Shaniece, Chen, Juan, Hana, Nia, Ansel, Liam, Bruno, Mei, Zoey, Kayla, Liam, Sofia e Kai. Use um gerador de números aleatórios para escolher nove indivíduos para o grupo de tratamento. Os outros nove farão parte do grupo de controle. Liste os indivíduos em cada grupo e diga qual método foi utilizado para gerar os números aleatórios.

22. **Usando uma amostra aleatória simples** Voluntários de um experimento são numerados de 1 a 90 e devem ser aleatoriamente distribuídos em dois grupos de tratamento diferentes. Use um gerador de números aleatórios, diferente do utilizado no Exercício 21, para escolher 45 indivíduos para o grupo de tratamento. Os outros 45 farão parte do grupo de controle. Liste os indivíduos, de acordo com o número, em cada grupo. Diga qual método foi usado para gerar os números aleatórios.

Identificando técnicas de amostragem *Nos exercícios de 23 a 28, identifique a técnica de amostragem usada e discuta fontes potenciais de viés (se houver). Explique.*

23. Selecionando alunos aleatoriamente de uma lista do *campus*, os pesquisadores entram em contato com 300 pessoas e perguntam quais obstáculos (as festas são mencionadas como exemplo) os impedem de concluir sua lição de casa.

24. Questionando estudantes ao saírem da lanchonete, um pesquisador perguntou a 342 deles sobre seus hábitos alimentares.

25. Depois de um furacão, uma área do desastre foi dividida em 200 áreas iguais. Trinta das áreas são selecionadas, e cada domicílio ocupado é entrevistado para ajudar a concentrar os esforços de socorro no que os residentes mais necessitam.

26. Cada décima pessoa que entra em um *shopping* é perguntada sobre o nome da sua loja favorita.

27. Sementes de soja são plantadas em um campo de 48 acres. O campo é dividido em subáreas de um acre. Uma amostra é retirada de cada subárea para estimar a colheita.

28. A partir de ligações feitas para números selecionados aleatoriamente, 1.012 entrevistados foram questionados se são locatários ou proprietários de suas residências.

Escolhendo entre um censo e uma amostragem *Nos exercícios 29 e 30, determine se você faria um censo ou usaria amostragem. Se escolhesse amostragem, decida qual técnica usaria. Explique.*

29. O CR médio dos 85 alunos em uma lista do time de futebol americano.

30. A distância média percorrida até um estádio por 55 mil espectadores.

Reconhecendo uma questão tendenciosa *Nos exercícios de 31 a 34, determine se a pergunta da pesquisa é tendenciosa. Se for, sugira uma redação melhor.*

31. Por que ingerir alimentos integrais melhora a sua saúde?

32. Por que digitar no celular ao dirigir aumenta o risco de acidente?

33. Quanto você se exercita, em média, em uma semana?

34. Como a mídia influencia a opinião dos eleitores?

Expandindo conceitos

35. **Analisando um estudo** Encontre um artigo ou uma notícia que descreva um estudo estatístico.
    (a) Identifique a população e a amostra.
    (b) Classifique os dados como qualitativos ou quantitativos. Determine o nível de mensuração.
    (c) O estudo é observacional ou um experimento? Se for um experimento, identifique o tratamento.
    (d) Identifique a técnica de amostragem usada para coletar os dados

36. **Planejando e analisando um estudo** Planeje um estudo para um assunto que lhe interessa. Responda as partes (a)-(d) do Exercício 35 para este estudo.

37. **Perguntas fechadas e abertas** Dois tipos de perguntas em uma pesquisa são as abertas e as fechadas. Uma pergunta aberta permite qualquer tipo de resposta; uma pergunta fechada permite somente uma resposta fixa tal como "sim" ou "não", ou uma resposta de múltipla escolha. Uma pergunta aberta e uma pergunta fechada são apresentadas a seguir. Liste uma vantagem e uma desvantagem de cada tipo de pergunta.

    Pergunta aberta. O que pode ser feito para que os estudantes comam alimentos mais saudáveis?

    Pergunta fechada Um curso obrigatório de nutrição seria uma forma eficaz de levar os alunos a comer alimentos mais saudáveis?

38. **Experimentos naturais** Estudos observacionais algumas vezes são chamados de *experimentos naturais*. Explique, com suas próprias palavras, o que isso significa.

1.3 ATIVIDADE Números aleatórios

APPLET

O *applet Random Numbers* é projetado para permitir a geração de números aleatórios a partir de um intervalo de valores. Você pode especificar valores inteiros para o valor máximo (*maximum*), o valor mínimo (*minimum*), e o tamanho da amostra (*sample size*) nos campos apropriados (veja a Figura 1.10). Você não deve usar pontos decimais ao preencher os campos. Quando o botão SAMPLE (amostra) é clicado, o *applet* gera valores aleatórios, que são mostrados como uma lista na área de texto.

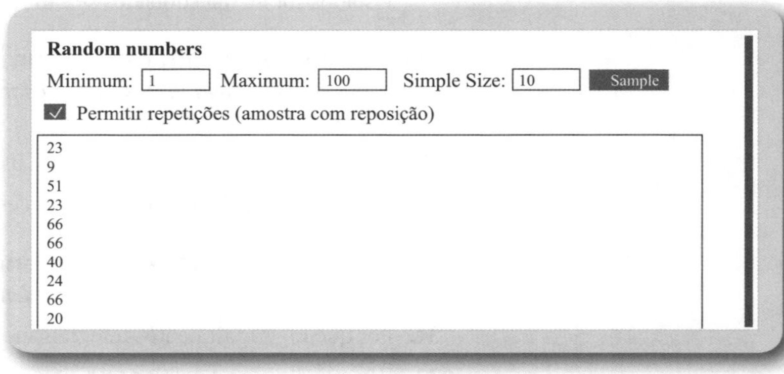

Figura 1.10

EXPLORE

Passo 1 Especifique um valor **mínimo**.
Passo 2 Especifique um valor **máximo**.
Passo 3 Especifique o **tamanho da amostra**.
Passo 4 Clique **SAMPLE** para gerar uma lista de valores aleatórios.

CONCLUA

APPLET

1. Especifique o valor **mínimo**, **máximo** e o **tamanho da amostra** como sendo 1, 20 e 8, respectivamente, conforme mostrado a seguir. Execute o *applet*. Continue gerando listas até que obtenha uma que mostre que a amostra aleatória é retirada com reposição. Escreva essa lista. Como você sabe que a lista é uma amostra aleatória com reposição? Explique como as amostras serão alteradas quando você desmarcar ***Allow repeats*** (permitir repetições).

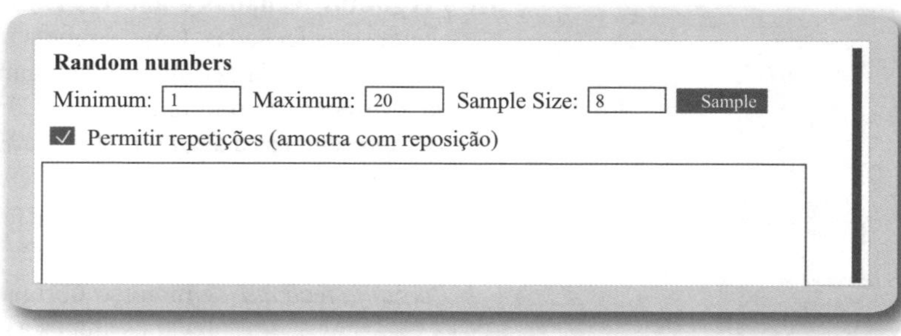

Figura 1.11

2. Use o *applet* para repetir o Exemplo 3 na página. 21. Quais valores você usou para o mínimo, máximo e tamanho da amostra? Qual método você prefere? Explique.

USOS E ABUSOS

Estatística no mundo real

Usos

Um experimento estudou 321 mulheres com câncer de mama em estágio avançado. Todas foram tratadas previamente com outras drogas, mas o câncer parou de responder às medicações. Então, foi dada a esse grupo de mulheres a oportunidade de experimentar uma nova droga combinada com um quimioterápico.

Os indivíduos foram divididos em dois grupos, um que tomou a nova droga combinada com um quimioterápico e outro que tomou somente o quimioterápico. Depois de três anos, os resultados mostraram que a nova droga, em combinação com o quimioterápico, postergou a progressão do câncer nos indivíduos. Os resultados foram tão significativos que o estudo foi interrompido e a nova droga foi oferecida para todas as mulheres no estudo. O *Food and Drug Administration* (FDA), então, aprovou o uso da nova droga em conjunto com um quimioterápico.

Abusos

Por quatro anos, 180 mil adolescentes na Noruega foram usados para testar uma nova vacina contra a bactéria mortal *meningococcus b*. Uma cartilha descrevendo os possíveis efeitos da vacina afirmava: "é improvável que haja complicações sérias", enquanto informações fornecidas para o parlamento norueguês afirmavam: "efeitos colaterais sérios não podem ser excluídos". A vacina experimental teve alguns resultados desastrosos: mais de 500 efeitos colaterais foram reportados, sendo alguns considerados sérios, e muitos indivíduos desenvolveram doenças neurológicas graves. Os resultados mostraram que a vacina forneceu imunidade em somente 57% dos casos. Esse resultado não foi suficiente para que a vacina fosse adicionada ao programa de vacinação norueguês. Desde então, indenizações foram pagas às vítimas da vacina.

Ética

Os experimentos nos ajudam a entender melhor o mundo que nos rodeia. Mas, em alguns casos, eles podem causar mais mal do que bem. Nos experimentos na Noruega, surgem algumas questões éticas. O experimento norueguês foi antiético se os interesses dos indivíduos foram negligenciados? Quando o experimento deveria ter parado? O experimento deveria mesmo ter sido conduzido? Quando os efeitos colaterais graves não são reportados e são escondidos dos indivíduos, não há o que ser discutido sobre ética, ele está errado.

Por outro lado, os pesquisadores do câncer de mama não queriam negar o novo medicamento a um grupo de pacientes com uma doença fatal. Mas, novamente, surgem algumas questões. Por quanto tempo um pesquisador deve manter um experimento que mostra resultados melhores dos que os esperados? Quando um pesquisador pode concluir que um medicamento é seguro para os indivíduos envolvidos?

EXERCÍCIOS

1. Encontre um exemplo de um experimento da vida real, diferente do descrito anteriormente, que possa ser considerado um "abuso". O que poderia ter sido feito para evitar o resultado do experimento?
2. **Interrompendo um experimento** Na sua opinião, quais seriam alguns dos problemas que podem surgir quando testes clínicos de um remédio ou vacina são interrompidos precocemente e então o remédio ou vacina é distribuído a outros indivíduos ou pacientes?

1 Resumo do capítulo

O que você aprendeu	Exemplo(s)	Exercícios de revisão
Seção 1.1		
▶ Como distinguir entre uma população e uma amostra.	1	1 – 4
▶ Como distinguir entre um parâmetro e uma estatística.	2	5 – 8
▶ Como distinguir entre estatística descritiva e estatística inferencial.	3	9, 10
Seção 1.2		
▶ Como distinguir entre dados qualitativos e quantitativos.	1	11 – 14
▶ Como classificar os dados com relação aos quatro níveis de mensuração: nominal, ordinal, intervalar e de razão.	2, 3	15 – 18
Seção 1.3		
▶ Como planejar um estudo estatístico e distinguir entre um estudo observacional e um experimento.	1	19, 20
▶ Como planejar um experimento.	2	21, 22
▶ Como criar uma amostra usando amostragem aleatória, amostragem aleatória simples, amostragem estratificada, amostragem por conglomerado e amostragem sistemática. Como identificar uma amostra tendenciosa.	3, 4	23 – 29

Estratégias de estudo

Transição para a faculdade Você pode se perguntar como vai se encaixar na cultura da sua faculdade. A cultura da faculdade normalmente consiste nas regras e expectativas da instituição e nos comportamentos, nas atitudes e nos valores da comunidade de sua faculdade. Compreender a cultura da sua faculdade aumentará suas chances de fazer a transição de forma eficaz, estar mais bem preparado e conectar-se prontamente a pessoas e recursos. Tudo isso vai encaminhar você em seu caminho para o sucesso.

- Uma diferença entre o ensino médio e a faculdade é que, na faculdade, espera-se que você aprenda não apenas com as aulas, mas também com outras fontes, como leitura e pesquisa independentes, trabalho de laboratório, relatórios e projetos. O que se espera que você aprenda na faculdade aumenta em nível de dificuldade, ritmo e volume quando comparado ao ensino médio, e, portanto, o gerenciamento do tempo é importante.
- As provas universitárias se concentram mais no pensamento crítico do que na memorização de fórmulas, fatos, pessoas e datas. Embora as provas possam incluir a avaliação de quão bem você se lembra de certas coisas, os professores universitários esperam que você compare ou destaque, avalie o material, suporte suas opiniões, aplique conceitos a novas situações e faça recomendações ou julgamentos.
- A maior diferença entre o ensino médio e a faculdade é quanta responsabilidade pessoal você precisará ter quanto à sua educação. Assumir a responsabilidade pessoal pode ajudá-lo a desenvolver habilidades que são transferidas para o local de trabalho, como trabalhar bem em grupo, resolver problemas pensando criticamente, gerenciar seu tempo para realizar seus trabalhos de classe e lidar com pessoas diferentes de você.

1 Exercícios de revisão

Seção 1.1

Nos exercícios de 1 a 4, identifique a população e a amostra. Descreva o conjunto de dados da amostra.

1. Uma pesquisa com 1.025 adultos estadunidenses descobriu que eles visitaram a biblioteca uma média de 10,5 vezes nos últimos 12 meses. *(Fonte: Gallup.)*

2. Oitenta e três médicos que trabalham na área de St. Louis foram perguntados sobre suas opiniões sobre a reforma do sistema de saúde.

3. Em uma pesquisa com 23.503 adultos estadunidenses, 59% disseram que, se fossem solteiros, procurariam sobre alguém na internet antes de ter um encontro pessoal. *(Fonte: YouGov.)*

4. Uma pesquisa com 1.508 adultos estadunidenses com idade entre 40 e 64 anos descobriu que 32% haviam fornecido apoio regular aos pais no ano anterior. *(Fonte: AARP.)*

Nos exercícios de 5 a 8, determine se o valor numérico descreve um parâmetro ou uma estatística. Explique o seu racioninio.

5. Em 2019, os Estados Unidos importou mais de US$ 4,8 bilhões em equipamentos de proteção individual. *(Fonte: Office of Textiles and Apparel.)*

6. Em uma pesquisa com mil donas de casa, 24,7% disseram que evitam carnes, laticínios e ovos produzidos por animais que vivem em condições de confinamento. *(Fonte: FoodPrint.)*

7. Em uma amostra de 2.061 trabalhadores dos Estados Unidos, 39% dizem que estão engajados em seu trabalho. *(Fonte: Gallup.)*

8. Os alunos que receberam diplomas de bacharel na área de ciências de uma universidade incluem 52 graduados em Biologia.

9. Que parte da pesquisa descrita no Exercício 3 representa o ramo descritivo da estatística? Faça uma inferência baseada nos resultados da pesquisa.

10. Que parte da pesquisa descrita no Exercício 4 representa o ramo descritivo da estatística? Faça uma inferência baseada nos resultados da pesquisa.

Seção 1.2

Nos exercícios de 11 a 14, determine se os dados são qualitativos ou quantitativos. Explique seu raciocínio.

11. As idades de uma amostra de 350 funcionários de uma empresa de *software*.

12. Os códigos postais de uma amostra de 200 clientes de uma loja de artigos esportivos.

13. As receitas das 500 maiores empresas na lista da *Forbes*.

14. O estado civil dos funcionários de um cassino.

Nos exercícios de 15 a 18, determine o nível de mensuração dos conjuntos de dados. Explique.

15. As temperaturas máximas diárias (em graus Fahrenheit) em Phoenix, Arizona, para uma semana de março estão listadas a seguir. *(Fonte: NOAA.)*

89 87 80 70 69 59 61

16. As classes de tamanhos de automóveis para uma amostra de sedans estão listadas a seguir.

Minicompacto Subcompacto Compacto Médio Grande

17. Os quatro departamentos de uma gráfica estão listados a seguir.

Administração Vendas Produção Faturamento

18. As remunerações totais (em milhões de dólares) dos dez executivos mais bem pagos das empresas públicas dos Estados Unidos estão listadas a seguir. *(Source: 24/7 Wall St.)*

280,6 66,9 42,9 36,5 34,3 31,6 31,6 28,8 26,4 25,8

Seção 1.3

Nos exercícios 19 e 20, determine se o estudo é observacional ou um experimento. Explique.

19. Pesquisadores realizam um estudo para determinar se um medicamento à base de óleo de peixe conhecido como ácidos carboxílicos ômega-3 é eficaz na redução do risco de eventos cardíacos em pessoas já em risco. No estudo, 13.078 pacientes são escolhidos aleatoriamente para receber ácidos carboxílicos ômega-3 ou um placebo de óleo de milho diariamente. Os pesquisadores comparam o número de eventos cardíacos dos dois grupos em períodos de acompanhamento semelhantes. *(Fonte:American Heart Association.)*

20. Pesquisadores realizam um estudo para comparar as atitudes de estudantes de medicina do primeiro e do último ano com relação à doença mental. Para realizar o estudo, os pesquisadores entrevistaram 111 alunos do primeiro e último ano da Faculdade de Medicina da Universidade do Porto, Portugal. *(Fonte: Porto Biomedical Journal.)*

Nos exercícios 21 e 22, 200 estudantes voluntariaram em um experimento para testar os efeitos da privação do sono na recuperação de memórias. Os estudantes serão colocados em um dos cinco diferentes grupos de tratamento, incluindo o grupo de controle.

21. Explique como você faria um experimento de modo que ele usasse um planejamento em blocos aleatórios.

22. Explique como você faria um experimento de modo que ele usasse um planejamento completamente aleatório.

Nos exercícios de 23 a 28, identifique as técnicas de amostragem usadas, e discuta fontes potenciais de tendenciosidade (se houver). Explique.

23. Ligando para números de telefone gerados aleatoriamente, pesquisadores perguntaram a 987 adultos estadunidenses se eles se sentem confortáveis com seus planos financeiros atuais para a aposentadoria.

24. Um estudante pediu a 18 amigos para participarem em um experimento psicológico.

25. Um estudo em um distrito do norte da Etiópia foi planejado para investigar o nível de conscientização das mulheres grávidas sobre os sinais de perigo da obstetrícia. Os pesquisadores entrevistam todas as mulheres grávidas em onze bairros selecionados aleatoriamente no distrito. *(Fonte: Springer Nature.)*

26. Oficiais de polícia param e checam o motorista de cada terceiro veículo para verificar o teor de álcool no sangue.

27. Vinte e cinco estudantes são selecionados aleatoriamente de cada ano em uma escola de ensino médio e pesquisados sobre seus hábitos de estudo.

28. Um jornalista entrevista 154 pessoas que esperam por suas bagagens no aeroporto e pergunta o quão segura elas se sentem durante o voo.

29. Você deseja saber o destino favorito durante o recesso escolar de 15 mil estudantes de uma universidade. Determine se você realizaria um censo ou usaria uma amostra. Se usar uma amostra, decida qual técnica de amostragem aplicará. Explique seu raciocínio.

1 Problemas

Solucione estas questões como se estivesse fazendo em sala de aula. Depois, compare suas respostas com as respostas dadas no final do livro.

1. Um estudo com 1.622 alunos do último ano do ensino médio de quatro escolas públicas do nordeste dos Estados Unidos comparou as médias de notas do ensino médio com as pontuações do SAT e do ACT como preditores de formatura na faculdade dentro do prazo. Identifique a população e a amostra em estudo. *(Fonte: SAGE Journals.)*

2. Determine se cada número descreve um parâmetro ou uma estatística. Explique seu raciocínio.

(a) Uma pesquisa com 1.301 adultos estadunidenses descobriu que 42% se sentiriam mais seguros ao entrar em um carro sem motorista se recebessem uma demonstração primeiro. *(Fonte: AAA.)*

(b) Em uma faculdade, 90% dos membros do Conselho de Curadores aprovaram a contratação do novo presidente.

(c) Uma pesquisa com 500 pequenos empresários descobriu que 48% não sentem mais necessidade de uma loja física. *(Fonte: Entrepreneur.)*

3. Determine se os dados são qualitativos ou quantitativos. Explique.

(a) Uma lista de números de identificação pessoal de cartões de débito.

(b) As pontuações finais em um jogo de videogame.

4. Determine o nível de mensuração dos conjuntos de dados. Explique seu raciocínio.

(a) Uma lista dos números dos distintivos de policiais em um distrito policial.

(b) A quantidade de cavalos-vapor (cv) dos motores de carros de corrida.

(c) Os 10 filmes de maior bilheteria lançados em determinado ano.

(d) Os anos de nascimento dos corredores da maratona de Boston.

5. Determine se o estudo é observacional ou um experimento. Explique.

(a) Pesquisadores realizam um estudo para determinar se os pacientes de cirurgia de catarata experimentam diferentes níveis de conforto durante a primeira e a segunda cirurgia. Os pesquisadores basearam seus resultados em um questionário verbal. *(Fonte: Medicine)*

(b) Em um estudo sobre fumo e cigarro eletrônico, os pesquisadores designam aleatoriamente 936 fumantes ou ex-fumantes ou usuários de cigarro eletrônico para assistir a um vídeo que envolve fumar, vaporizar ou nenhum dos dois. Os indivíduos são então solicitados a relatar seu nível de desejo de fumar ou vaporizar. *(Fonte: The Springer Nature.)*

6. Um experimento é realizado para testar os efeitos de uma nova droga no transtorno de déficit de atenção com hiperatividade (TDAH). O experimentador identifica 320 pessoas com idades entre 7 e 44 anos com TDAH para participar do experimento. Os indivíduos são divididos em grupos iguais de acordo com a idade. Dentro de cada grupo, os indivíduos são então selecionados aleatoriamente para estarem no grupo de tratamento ou no grupo de controle. Que tipo de planejamento foi utilizado nesse experimento?

7. Identifique a técnica de amostragem usada em cada estudo. Explique seu raciocínio.

(a) Um jornalista pergunta às pessoas em um local de acampamento sobre poluição do ar.

(b) Para garantia de qualidade, cada décima peça de uma máquina é selecionada de uma linha de montagem e medida sua precisão.

(c) Um estudo sobre atitudes em relação ao fumo é conduzido em uma faculdade. Os estudantes são divididos por classe (calouros, alunos do segundo, terceiro e último anos). Então, uma amostra aleatória é selecionada de cada classe e entrevistada.

8. Qual técnica usada no Exercício 7 poderia levar a um estudo tendencioso? Explique.

1 Teste do capítulo

Faça este teste como se estivesse fazendo uma prova em sala.

1. Determine se você faria um censo ou usaria uma amostra. Se fosse usar uma amostra, decida qual técnica de amostragem você empregaria. Explique.

(a) O tipo de investimento mais popular entre os investidores em Nova Jersey.

(b) A idade média de 30 empregados de uma empresa.

2. Determine se cada número descreve um parâmetro ou uma estatística. Explique.

(a) Uma pesquisa com 4.272 adultos estadunidenses descobriu que 27% dos proprietários de relógios ou pulseiras inteligentes são graduados. *(Fonte: Pew Research Center.)*

(b) Em um ano recente, a nota média de leitura e escrita no SAT* foi de 528. *(Fonte: College Board.)*

3. Identifique a técnica de amostragem usada e discuta potenciais fontes de tendenciosidade (se houver). Explique.

(a) Escolhidos aleatoriamente, 200 rapazes e 200 moças estudantes do ensino médio foram perguntados sobre seus planos para após a conclusão dos estudos.

(b) Escolhidos aleatoriamente, 625 consumidores de uma loja de produtos eletrônicos são contatados e perguntados sobre o serviço que receberam.

(c) Questionando docentes enquanto saem da sala dos professores, um pesquisador pergunta para 45 deles sobre seu estilo de ensino.

4. Determine se os dados são qualitativos ou quantitativos e o nível de mensuração do conjunto de dados. Explique seu raciocínio.

(a) O número de empregados em restaurantes *fast-food* em uma cidade estão listados a seguir.

20	11	6	31	17	23	12	18	40	22
13	8	18	14	37	32	25	27	25	18

(b) Os coeficientes de rendimento (CRs) dos alunos de uma turma estão listados a seguir.

3,6	3,2	2,0	3,8	3,0	3,5	1,7	3,2
2,2	4,0	2,5	1,9	2,8	3,6	2,5	3,7

5. Determine se as perguntas da pesquisa são tendenciosas. Caso afirmativo, sugira uma melhor redação.

(a) Quantas horas você dorme em uma noite normal?

(b) Você concorda que a proibição da prática de skate em parques da cidade é injusta?

6. Em um estudo, os pesquisadores entrevistaram 17.461 médicos dos Estados Unidos, perguntando pelas seguintes informações. *(Fonte: Medscape from WebMD.)*

sexo (masculino ou feminino) — idade (anos)
localização (região dos Estados Unidos) — renda (dólares)
status de ocupação (consultório particular ou empregado)
especialidade (cardiologia, medicina da família, radiologia etc.)
tempo assistindo pacientes por semana (horas)
Você escolheria a medicina novamente? (sim ou não)

(a) Identifique a população e a amostra.

(b) Os dados coletados são qualitativos, quantitativos ou ambos? Explique seu raciocínio.

(c) Determine o nível de mensuração para cada item acima.

(d) Determine se o estudo é observacional ou um experimento. Explique.

---

*N. de T.: S*cholastic Aptitude Test* (SAT) é um exame educacional utilizado como critério para admissão nas universidades norte-americanas que testa o raciocínio e as habilidades de leitura e escrita dos alunos.

ESTATÍSTICA REAL DECISÕES REAIS

Juntando tudo

Você trabalha em uma empresa de pesquisas. Sua empresa venceu uma concorrência e realizará um estudo para uma publicação tecnológica. Os editores da publicação gostariam de saber a opinião de seus leitores sobre o uso de *smartphones* para realizar e receber pagamentos, resgatar cupons e como ingresso para eventos. Eles também gostariam de saber se as pessoas estão interessadas em usar o *smartphone* como uma carteira digital, que armazena dados da carteira de motorista, cartão do plano de saúde entre outros.

Os editores forneceram seu banco de dados de leitores e 20 questões que gostariam que fossem aplicadas (duas questões amostrais de um estudo anterior são fornecidas nas figuras a seguir). Você sabe que o custo para contatar todos os leitores é muito alto. Então, precisa determinar uma maneira de contatar uma amostra representativa da população inteira de leitores.

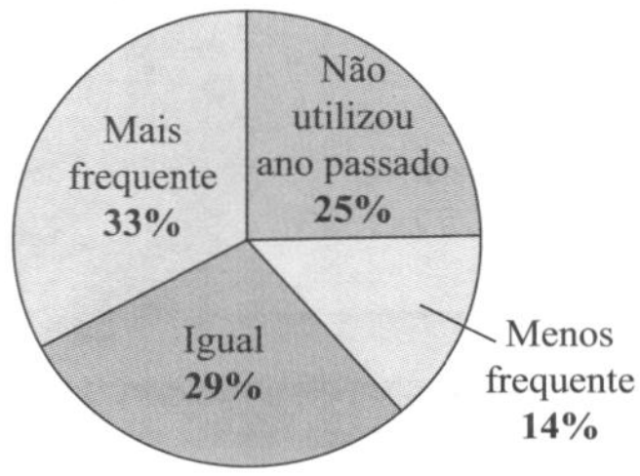

Figura 1.12 Usuários de aplicativos de pagamento: como seu comportamento atual de pagamento por aplicativo se compara a este período do ano passado? (Fonte: Fluent Pulse.)

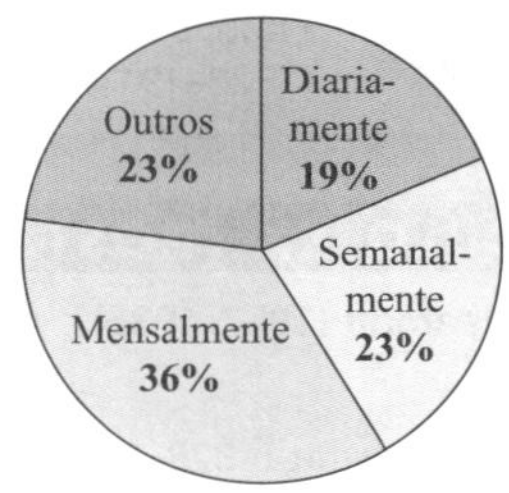

Figura 1.13 Usuários de aplicativos de pagamento: como que frequência você utiliza aplicativos de pagamento? (Fonte: Fluent Pulse.)

EXERCÍCIOS

1. ***Como você faria isso?***
   - **(a)** Que técnica de amostragem você usaria para selecionar uma amostra para o estudo? Por quê?
   - **(b)** A técnica que você escolheu na questão (a) fornecerá uma amostra representativa da população?
   - **(c)** Descreva o método para coleta de dados.
   - **(d)** Identifique possíveis falhas e vieses no seu estudo.
2. ***Classificação de dados.***
   - **(a)** Que tipo de dados você espera coletar: qualitativos, quantitativos ou ambos? Por quê?
   - **(b)** Em quais níveis de mensuração você acha que os dados do estudo estarão? Por quê?
   - **(c)** Os dados coletados para o estudo representarão uma população ou uma amostra?
   - **(d)** As descrições numéricas dos dados serão parâmetros ou estatísticas?
3. ***Como eles fizeram isso.***

   Quando a *Fluent Pulse* realizou um estudo sobre o uso de aplicativos de pagamento, ela utilizou uma pesquisa via Internet.
   - **(a)** Descreva alguns erros possíveis na coleta de dados por meio de pesquisas via Internet.
   - **(b)** Compare seu método de coleta de dados no Exercício 1 a esse método.

HISTÓRIA DA ESTATÍSTICA – LINHA DO TEMPO

SÉCULO XVII

John Graunt (1620–1674)

Estudou os registros de óbitos em Londres no início de 1600. Foi o primeiro a realizar extensas observações estatísticas a partir de grandes quantidades de dados (Capítulo 2), e seu trabalho preparou a fundação para a estatística moderna.

Blaise Pascal (1623–1662)
Pierre de Fermat (1601–1665)

Pascal e Fermat trocaram correspondências sobre problemas básicos de probabilidade (Capítulo 3) – especialmente aqueles relacionados a apostas e jogo.

SÉCULO XVIII

Pierre Laplace (1749–1827)

Estudou probabilidade (Capítulo 3), e é creditada a ele a inserção da probabilidade em uma posição matemática.

► **Carl Friedrich Gauss** (1777–1855)

Estudou regressão e método dos mínimos quadrados (Capítulo 9) por meio da astronomia. Em sua honra, a distribuição normal (Capítulo 5) é, às vezes, chamada de distribuição Gaussiana.

SÉCULO XIX

Lambert Quetelet (1796–1874)

Usou estatística descritiva (Capítulo 2) para analisar dados de crimes e mortalidade, e estudou técnicas de censo. Descreveu distribuições normais (Capítulo 5) em conexão com características humanas, como altura.

◄ **Florence Nightingale** (1820–1910)

Enfermeira durante a Guerra da Crimeia, ela foi uma das primeiras a defender a importância do saneamento nos hospitais. Uma das primeiras estatísticas a usar a estatística descritiva (Capítulo 2) como forma de argumentar a favor da mudança social, sendo creditada por ter desenvolvido o gráfico de Coxcomb (Diagrama da Rosa).

Francis Galton (1822–1911)

Usou regressão e correlação (Capítulo 9) para estudar variação genética em humanos. A ele é creditada a descoberta do Teorema do Limite Central (Capítulo 5).

SÉCULO XX (POSTERIORMENTE)

Karl Pearson (1857–1936)

Estudou a seleção natural usando correlação (Capítulo 9). Formou o primeiro departamento acadêmico de estatística e ajudou a desenvolver a análise qui-quadrado (Capítulo 6).

William Gosset (1876–1937)

Estudou o processo de produção de cerveja e desenvolveu o teste-*t* para corrigir problemas relacionados a amostras de tamanho pequeno (Capítulo 6).

Charles Spearman (1863–1945)

Psicólogo britânico, foi um dos primeiros a desenvolver testes de inteligência usando análise fatorial (Capítulo 10).

Ronald Fisher (1890–1962)

Estudou biologia e seleção natural, desenvolveu a ANOVA (Capítulo 10), salientou a importância do planejamento experimental (Capítulo 1) e foi o primeiro a identificar as hipóteses nula e alternativa (Capítulo 7).

SÉCULO XX

Frank Wilcoxon (1892–1965)

Bioquímico que usou estatística para estudar patologias de plantas. Introduziu os testes de duas amostras (Capítulo 8), o que levou ao desenvolvimento de estatísticas não paramétricas.

John Tukey (1915–2000)

Trabalhou em Princeton durante a Segunda Guerra Mundial. Apresentou técnicas de análise exploratória de dados, tal como o diagrama de ramo e folhas (Capítulo 2). Além disso, trabalhou nos Laboratórios Bell e é mais conhecido por seu trabalho com estatística inferencial (Capítulos 6 a 11).

◄ **David Blackwell** (1919–2010)

Trabalhou nas Universidades de Howard e Califórnia Berkeley. Deu significativas contribuições para a estatística Bayesiana, teoria dos jogos e teoria da probabilidade (Capítulo 3), além de várias outras áreas da matemática. Autor de um dos primeiros textos sobre estatística Bayesiana. Co-criador do Teorema de Rao-Blackwell.

Usando a tecnologia na estatística

Com grandes conjuntos de dados, você descobrirá que calculadoras e *softwares* de computador podem ajudar a realizar cálculos e criar gráficos. Esses cálculos podem ser realizados em muitas calculadoras e *softwares* estatísticos como o Minitab, o Excel e a TI-84 Plus.

O exemplo a seguir mostra como usar essas três ferramentas tecnológicas para gerar uma lista de números aleatórios. Essa lista pode ser usada para selecionar elementos da amostra ou realizar simulações.

EXEMPLO

Gerando uma lista de números aleatórios

Um departamento de controle de qualidade inspeciona uma amostra aleatória de 15 dos 167 carros que são montados em uma fábrica de automóveis. Como os carros devem ser escolhidos?

SOLUÇÃO

Uma maneira de selecionar a amostra é, primeiro, numerar os carros de 1 a 167. Então, você pode usar a tecnologia para formar uma lista de números aleatórios de 1 a 167. Cada uma das ferramentas tecnológicas apresentadas requer diferentes passos para gerar a lista. Cada uma, entretanto, exige que você identifique o valor mínimo como 1 e o valor máximo como 167. Consulte o manual do usuário para instruções específicas.

MINITAB

↓	C1
1	167
2	11
3	74
4	160
5	18
6	70
7	80
8	56
9	37
10	6
11	82
12	126
13	98
14	104
15	137

EXCEL

	A
1	41
2	16
3	91
4	58
5	151
6	36
7	96
8	154
9	2
10	113
11	157
12	103
13	64
14	135
15	90

TI-84 PLUS

```
randInt (1, 167, 15)
{17 42 152 59 5 116
125 64 122 55 58 60
82 152 105}
```

Lembre-se que, quando você gera uma lista de números aleatórios, deve decidir se é aceitável ter números que se repetem. Se for aceitável, então o processo de amostragem é dito com reposição. Se não for, então o processo é dito sem reposição.

Com cada uma das três ferramentas tecnológicas mostradas no exemplo anterior, você tem a capacidade de classificar a lista de modo que os números apareçam em ordem. A ordenação ajuda a ver se qualquer um dos números na lista se repete. Se não for aceitável ter repetições, você deve especificar que a ferramenta gere mais números aleatórios do que você precisa.

EXERCÍCIOS

1. O SEC (*Securities and Exchange Comission*) está investigando uma empresa de serviços financeiros que tem 86 corretores. O SEC decide revisar os registros de uma amostra aleatória de 10 corretores. Descreva como essa investigação poderia ser feita. Então, use a tecnologia para gerar uma lista de 10 números aleatórios de 1 a 86 e ordene a lista.
2. Um departamento de controle de qualidade está testando 25 *smartphones* de um carregamento de 300. Descreva como esse teste poderia ser feito. Então, use a tecnologia para gerar uma lista de 25 números aleatórios de 1 a 300 e ordene a lista.
3. Considere a população de dez dígitos: 0, 1, 2, 3, 4, 5, 6, 7, 8 e 9. Selecione três amostras aleatórias de cinco dígitos dessa lista. Encontre a média de cada amostra. Compare seus resultados com a média da população. Comente seus resultados. (Dica: para encontrar a média, some os dados e divida o resultado pelo número de elementos.)
4. Considere a população de 41 números inteiros de 0 a 40. Qual é a média desses números? Selecione dessa lista três amostras aleatórias de sete números. Encontre a média de cada amostra. Compare seus resultados com a média da população. Comente seus resultados. (Dica: para encontrar a média, some os dados e divida o resultado pelo número de elementos.)
5. Use números aleatórios para simular a jogada de um dado de seis lados 60 vezes. Quantas vezes você obteve cada número de 1 a 6? Os resultados são os que você esperava?
6. Você jogou um dado de seis lados 60 vezes e obteve a seguinte contagem:

20 uns	15 três	2 cincos
20 dois	3 quatros	0 seis

   Esse parece um resultado razoável? Que inferências você pode fazer do resultado?
7. Use números aleatórios para simular o lançamento de uma moeda 100 vezes, onde 0 representa cara e 1 coroa. Quantas vezes você obteve cada número? Os resultados são os que você esperava?
8. Você jogou uma moeda 100 vezes e obteve 77 caras e 23 coroas. Esse parece um resultado razoável? Que inferências você pode fazer do resultado?
9. Um analista político gostaria de pesquisar uma amostra de eleitores registrados de uma região que possui 47 zonas eleitorais. Como ele poderia usar números aleatórios para obter uma amostra por conglomerado?

CAPÍTULO 2

Estatística descritiva

Desde a temporada de 1966, a *National Football League* determina seu campeão no *Super Bowl*. A equipe vencedora recebe o Troféu Lombardi.

Onde estamos

No Capítulo 1, você aprendeu que há muitas maneiras de coletar dados. Normalmente, os pesquisadores precisam trabalhar com dados amostrais para analisar populações, mas, algumas vezes, é possível coletar todos os dados para certa população. Por exemplo, os dados a seguir representam os pontos marcados pelas equipes vencedoras nos primeiros 55 *Super Bowls*. *(Fonte: ESPN.com)*

35, 33, 16, 23, 16, 24, 14, 24, 16, 21, 32, 27, 35, 31, 27, 26, 27, 38, 38, 46, 39, 42, 20, 55, 20, 37, 52, 30, 49, 27, 35, 31, 34, 23, 34, 20, 48, 32, 24, 21, 29, 17, 27, 31, 31, 21, 34, 43, 28, 24, 34, 41, 13, 31, 31

Para onde vamos

No Capítulo 2, você aprenderá maneiras de organizar e descrever conjuntos de dados. O objetivo é tornar os dados mais fáceis de serem entendidos descrevendo tendências, médias e variações. Por exemplo, nos dados brutos que mostram os pontos marcados pelas equipes vencedoras nos primeiros 55 *Super Bowls*, não é fácil ver um padrão ou característica em especial. Na Tabela 2.1 e na Figura 2.2 estão algumas maneiras de organizar e descrever os dados.

Faça uma distribuição de frequência

Classe	Frequência, f
13–19	6
20–26	13
27–33	17
34–40	11
41–47	4
48–54	3
55–61	1

Construa um histograma

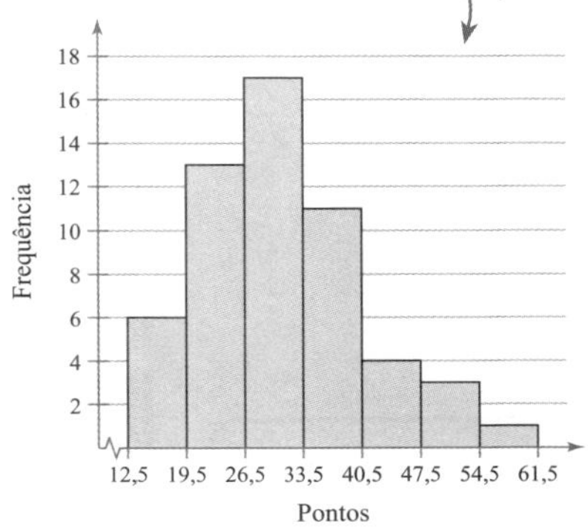

$$\text{Média} = \frac{35 + 33 + 16 + 23 + 16 + \cdots + 41 + 13 + 31 + 31}{55}$$

$$= \frac{1657}{55}$$

$$\approx 30{,}1 \text{ Pontos}$$ Encontre a média.

$$\text{Amplitude} = 55 - 13$$

$$= 42 \text{ Pontos}$$ Descubra como os dados variam.

2.1 Distribuições de frequência e seus gráficos

O que você deve aprender

- Como construir uma distribuição de frequência incluindo limites, pontos médios, frequências relativas, frequências acumuladas e fronteiras.
- Como construir histogramas de frequência, polígonos de frequência, histogramas de frequência relativa e ogivas.

Distribuições de frequência ■ Gráficos de distribuições de frequência

Distribuição de frequência

Há muitas maneiras para se organizar e descrever um conjunto de dados. Algumas características importantes que devem ser consideradas quando organizamos e descrevemos um conjunto de dados são seu **centro**, sua **variabilidade** (ou dispersão) e sua **forma**. As medidas centrais e as formas das distribuições serão abordadas na Seção 2.3, ao passo que as medidas de variabilidade serão descritas na Seção 2.4

Quando um conjunto de dado tem muitos valores, pode ser difícil observar padrões. Nesta seção, você aprenderá como organizar conjuntos de dados agrupando os dados em **intervalos** chamados de **classes** e formando uma **distribuição de frequência**. Você também aprenderá como usar as distribuições de frequência para a construção de gráficos.

DEFINIÇÃO

Uma **distribuição de frequência** é uma tabela que mostra **classes** ou **intervalos** dos valores dos dados com uma contagem do número de ocorrências em cada classe. A **frequência** f de uma classe é o número de ocorrências de dados na classe.

Tabela 2.1 Exemplo de uma distribuição de frequência

Classe	Frequência, f
1–5	5
6–10	8
11–15	6
16–20	8
21–25	5
26–30	4

Na distribuição de frequência mostrada na Tabela 2.1 há seis classes. As frequências para cada uma das seis classes são 5, 8, 6, 8, 5 e 4. Cada classe tem um **limite inferior de classe**, que é o menor número que pode pertencer à classe, e um **limite superior de classe**, que é o maior número que pode pertencer à classe. Na distribuição de frequência mostrada, os limites inferiores de classe são 1, 6, 11, 16, 21 e 26, e os limites superiores de classe são 5, 10, 15, 20, 25 e 30. A **amplitude de classe** é a distância entre os limites inferiores (ou superiores) de classes consecutivas. Por exemplo, a amplitude de classe na distribuição de frequência mostrada é 6 – 1 = 5. Note que as classes não se sobrepõem.

A diferença entre os valores máximo e mínimo dos dados é chamada de **amplitude**. Na tabela de frequência mostrada, suponha que o valor máximo seja 29, e o mínimo seja 1. A amplitude é, então, 29 – 1 = 28. Você aprenderá mais sobre amplitude na Seção 2.4.

Dica de estudo

Em geral, as distribuições de frequência mostradas neste texto usarão o menor valor dos dados para o limite inferior da primeira classe. Às vezes, pode ser mais conveniente escolher um limite inferior que seja um pouco menor que o valor mínimo dos dados. A distribuição de frequência produzida irá variar ligeiramente.

INSTRUÇÕES

Construindo uma distribuição de frequência a partir de um conjunto de dados

1. Decida o número de classes para serem incluídas na distribuição de frequência. O número de classes deve situar-se entre 5 e 20; caso contrário, pode ser difícil detectar padrões.
2. Encontre a amplitude de classe da seguinte forma: determine a amplitude dos dados, divida a amplitude pelo número de classes e *arredonde para um número próximo mais conveniente.*
3. Encontre os limites de classe. Você pode usar o menor valor dos dados como o limite inferior da primeira classe. Para encontrar os demais limites inferiores, adicione a amplitude de classe ao limite inferior da classe precedente. Então, encontre o limite superior da primeira classe. Lembre-se que as classes não podem se sobrepor. Encontre os limites superiores de classe restantes.
4. Faça uma marca de contagem para cada registro na linha da classe apropriada.
5. Conte as marcas para encontrar a frequência total f para cada classe.

EXEMPLO 1

Construindo uma distribuição de frequência com base em um conjunto de dados

O conjunto de dados a seguir lista os tempos de uso do celular (em minutos) para 30 adultos dos Estados Unidos em um dia recente. Construa uma distribuição de frequência que tenha sete classes.

200	239	155	252	384	165	296	405	303	400
307	241	256	315	330	317	352	266	276	345
238	306	290	271	345	312	293	195	168	342

SOLUÇÃO

1. O número de classes (7) é determinado no problema.
2. O valor mínimo é 155 e o máximo é 405, então, a amplitude é 405 – 155 = 250. Divida a amplitude pelo número de classes e arredonde para encontrar a amplitude de classe.

$$\text{Amplitude de classe} = \frac{250}{7} \qquad \frac{\text{Amplitude}}{\text{Número de classes}}$$

$$\approx 35{,}71 \qquad \text{arredondar para o número próximo mais conveniente, 36.}$$

3. O valor mínimo é um limite inferior conveniente para a primeira classe. Para encontrar os limites inferiores das seis classes restantes, adicione a amplitude de classe, 36, ao limite inferior de cada classe precedente. Logo, os limites inferiores das demais classes são: 155 + 36 = 191, 191 + 36 = 227, e assim por diante. O limite superior da primeira classe é 190, que é uma unidade a menos que o limite inferior da segunda classe. Os limites superiores das outras classes são: 190 + 36 = 226, 226 + 36 = 262, e assim por diante. Os limites inferiores e superiores para todas as sete classes são mostrados na Tabela 2.2.
4. Faça uma marca de contagem para cada registro de dados na classe apropriada. Por exemplo, o valor 168 está na classe 155–190, então, faça uma marca de contagem nessa classe. Continue até que você tenha feito uma marca para cada um dos 30 valores.
5. O número de marcas de contagem para uma classe é a frequência desta classe.

A distribuição de frequência é mostrada na Tabela 2.3. A primeira classe, 155–190, tem três marcas de contagem. Então, a frequência desta classe é 3. Note que a soma das frequências é 30, que é o número de valores no conjunto de dados. A soma é denotada por Σf, em que Σ é a letra grega maiúscula **sigma**.

Tabela 2.3 Distribuição de frequência para os tempos de uso do celular

Tempos — Número adultos

Classes	Marcas	Frequência, f
155–190	|||	3
191–226	||	2
227–262	卌	5
263–298	卌 |	6
299–334	卌 ||	7
335–370	||||	4
371–406	|||	3
		$\Sigma f = 30$

Verifique se a soma das frequências é igual ao número (tamanho) da amostra.

Dica de estudo

Se você obtiver um número inteiro ao calcular a amplitude de classe de uma distribuição de frequência, use o próximo número inteiro como a amplitude de classe, pois fazer isso garante que você terá espaço suficiente em sua distribuição de frequência para todos os valores dos dados.

Tabela 2.2

Limite inferior	Limite superior
155	190
191	226
227	262
263	298
299	334
335	370
371	406

Dica de estudo

A letra grega maiúscula sigma (Σ) é usada pela estatística para indicar um somatório de valores.

TENTE VOCÊ MESMO 1

Construa uma distribuição de frequência usando os pontos marcados pelas 55 equipes vencedoras listadas na abertura deste capítulo. Use seis classes.

Tabela 2.4 População de Iowa

Idades	Frequência
0–9	396.037
10–19	418.823
20–29	422.774
30–39	399.314
40–49	363.809
50–59	392.536
60–69	385.737
70–79	229.536
80 ou mais	146.504

A última classe, 80 ou mais, é aberta.
(Fonte: U.S. Census Bureau.)

Observe, no Exemplo 1, que as classes não se sobrepõem, portanto, cada um dos valores dos dados originais pertence a exatamente uma classe. Além disso, as classes são de igual amplitude. Em geral, todas as classes em uma distribuição de frequência têm a mesma amplitude. No entanto, isso nem sempre é possível, porque uma classe pode ser aberta. Por exemplo, a distribuição de frequência para a população de Iowa mostrada na Tabela 2.4 tem uma classe aberta, "80 ou mais".

Depois de construir uma distribuição de frequência padrão tal como a do Exemplo 1, você pode incluir diversas características adicionais que ajudarão a fornecer um melhor entendimento dos dados. Essas características (**ponto médio**, **frequência relativa** e frequência acumulada de cada classe cada classe) podem ser incluídas como colunas adicionais em sua tabela.

DEFINIÇÃO

O **ponto médio** de uma classe é a soma dos limites inferiores e superiores da classe dividida por dois. O ponto médio é, às vezes, chamado de *marca da classe (representante da classe)*.

$$\text{Ponto médio} = \frac{(\text{limite inferior da classe}) + (\text{limite superior da classe})}{2}$$

A **frequência relativa** de uma classe é a proporção, ou porcentagem, de dados que está nesta classe. Para encontrar a frequência relativa de uma classe, divida a frequência f pelo tamanho n da amostra.

$$\text{Frequência relativa} = \frac{\text{Frequência da classe}}{\text{Tamanho da amostra}} = \frac{f}{n}$$ Note que $n = \Sigma f$.

A **frequência acumulada** de uma classe é a soma das frequências dessa classe com todas as anteriores. A frequência acumulada da última classe é igual ao tamanho n da amostra.

Você pode usar a fórmula mostrada anteriormente para encontrar o ponto médio de cada classe ou, após encontrar o primeiro ponto médio, você pode encontrar os demais adicionando a amplitude de classe ao ponto médio anterior. Por exemplo, o ponto médio da primeira classe no Exemplo 1 é:

$$\text{Ponto médio} = \frac{155 + 190}{2} = 172{,}5.$$ Ponto médio da primeira classe.

Usando a amplitude de classe de 36, os pontos médios restantes são:

$172{,}5 + 36 = 208{,}5$ Ponto médio da segunda classe.

$208{,}5 + 36 = 244{,}5$ Ponto médio da terceira classe.

$244{,}5 + 36 = 280{,}5$ Ponto médio da quarta classe.

e assim por diante.

Você pode escrever a frequência relativa como uma fração, um decimal ou porcentagem. A soma das frequências relativas de todas as classes deve ser igual a 1 ou 100%. Devido a arredondamentos, a soma pode ser ligeiramente menor ou maior do que 1. Então, valores como 0,99 e 1,01 são adequados.

EXEMPLO 2

Encontrando pontos médios, frequências relativas e frequências acumuladas

Usando a distribuição de frequência construída no Exemplo 1, encontre o ponto médio e as frequências relativa e acumulada para cada classe. Descreva quaisquer padrões.

SOLUÇÃO

O ponto médio e as frequências relativa e acumulada para as cinco primeiras classes são:

Classe	f	Ponto médio	Frequência relativa	Frequência acumulada
155–190	3	$\frac{155 + 190}{2} = 172{,}5$	$\frac{3}{30} = 0{,}1$	3
191–226	2	$\frac{191 + 226}{2} = 208{,}5$	$\frac{2}{30} \approx 0{,}07$	$3 + 2 = 5$
227–262	5	$\frac{227 + 262}{2} = 244{,}5$	$\frac{5}{30} \approx 0{,}17$	$5 + 5 = 10$
263–298	6	$\frac{263 + 298}{2} = 280{,}5$	$\frac{6}{30} = 0{,}2$	$10 + 6 = 16$
299–334	7	$\frac{299 + 334}{2} = 316{,}5$	$\frac{7}{30} \approx 0{,}23$	$16 + 7 = 23$

Os demais pontos médios e frequências relativas e acumuladas são mostradas na distribuição de frequência expandida na Tabela 2.5.

Tabela 2.5 Distribuição de frequência para os tempos de uso do celular (em minutos)

Tempos

Número de adultos

Proporção de adultos

Classe	Frequência, f	Ponto médio	Frequência relativa	Frequência acumulada
155–190	3	172,5	0,1	3
191–226	2	208,5	0,07	5
227–262	5	244,5	0,17	10
263–298	6	280,5	0,2	16
299–334	7	316,5	0,23	23
335–370	4	352,5	0,13	27
371–406	3	388,5	0,1	30
	$\Sigma f = 30$		$\Sigma \frac{f}{n} = 1$	

Interpretação Há diversos padrões no conjunto de dados. Por exemplo, o tempo de uso mais comum encontra-se no intervalo de 299 a 334 minutos. Além disso, metade dos tempos são menos que 299 minutos.

TENTE VOCÊ MESMO 2

Usando a distribuição de frequência construída no Tente você mesmo 1, encontre o ponto médio e as frequências relativa e acumulada para cada classe. Descreva quaisquer padrões.

Gráficos de distribuições de frequência

Às vezes, é mais fácil identificar padrões de um conjunto de dados olhando um gráfico da distribuição de frequência. Um desses gráficos é o **histograma de frequência**.

DEFINIÇÃO

Um **histograma de frequência** utiliza barras para representar a distribuição de frequência de um conjunto de dados. Um histograma tem as seguintes propriedades:

1. A escala horizontal é quantitativa e indica os valores dos dados.
2. A escala vertical mede as frequências das classes.
3. Barras consecutivas devem estar unidas umas às outras.

Em virtude de as barras consecutivas do histograma estarem unidas, elas devem começar e terminar nas fronteiras da classe em vez de em seus limites. As **fronteiras das classes** são os números que separam as classes *sem* formar lacunas entre elas. Para valores de dados inteiros, subtrair 0,5 de cada limite inferior para encontrar as fronteiras inferiores das classes. Para encontrar as fronteiras superiores das classes, adicione 0,5 a cada limite superior. A fronteira superior de uma classe será igual a fronteira inferior da classe seguinte.

EXEMPLO 3

Construindo um histograma de frequência

Faça um histograma de frequência para a distribuição de frequência do Exemplo 2. Descreva qualquer padrão.

SOLUÇÃO

Primeiro, encontre as fronteiras das classes. Uma vez que os valores dos dados são inteiros, subtraia 0,5 de cada limite inferior para achar as fronteiras inferiores das classes e adicione 0,5 em cada limite superior para achar as fronteiras superiores das classes. Logo, as fronteiras inferiores e superiores da primeira classe são as seguintes:

Fronteira inferior da primeira classe = 155-0,5 = 154,5

Fronteira superior da primeira classe = 190 + 0,5 = 190,5

As fronteiras das demais classes são mostradas na Tabela 2.6. Para construir o histograma, escolha valores de frequência possíveis para a escala vertical. Você pode marcar a escala horizontal ou nos pontos médios ou nas fronteiras das classes. Ambos os histogramas são mostrados nas Figuras 2.1 (a) e (b).

Tabela 2.6

Classe	Fronteiras das classes	Frequência, f
155–190	154,5–190,5	3
191–226	190,5–226,5	2
227–262	226,5–262,5	5
263–298	262,5–298,5	6
299–334	298,5–334,5	7
335–370	334,5–370,5	4
371–406	370,5–406,5	3

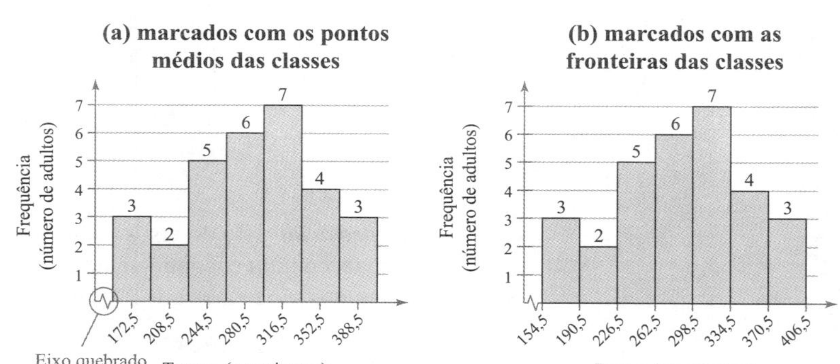

Figura 2.1 Tempos de uso do celular.

Interpretação De qualquer histograma, podemos determinar que dois terços dos adultos passam mais que 262,5 minutos por dia usando o telefone celular.

Dica de estudo

É costumeiro, em diagramas de barras, deixar espaços entre as barras; já em histogramas, costuma-se não deixar esses espaços.

TENTE VOCÊ MESMO 3

Use a distribuição de frequência do Tente você mesmo 2 para construir um histograma de frequência que represente os pontos marcados pelas 55 equipes vencedoras listadas na abertura deste capítulo. Descreva quaisquer padrões.

Outra maneira de representar graficamente uma distribuição de frequência é usar um polígono de frequência. Um **polígono de frequência** é um gráfico de linha que enfatiza as mudanças contínuas nas frequências.

EXEMPLO 4

Construindo um polígono de frequência

Faça um polígono de frequência para a distribuição de frequência do Exemplo 2. Descreva quaisquer padrões.

SOLUÇÃO

Para construir o polígono de frequência, use as mesmas escalas horizontal e vertical que foram usadas no histograma com os pontos médios no Exemplo 3. Então, assinale pontos que representam o ponto médio e a frequência de cada classe e conecte-os em ordem, da esquerda para a direita, com segmentos lineares. Já que o gráfico deve começar e terminar no eixo horizontal, prolongue o lado esquerdo a uma amplitude de classe antes do ponto médio da primeira classe e prolongue o lado direito a uma amplitude de classe depois do ponto médio da última classe.

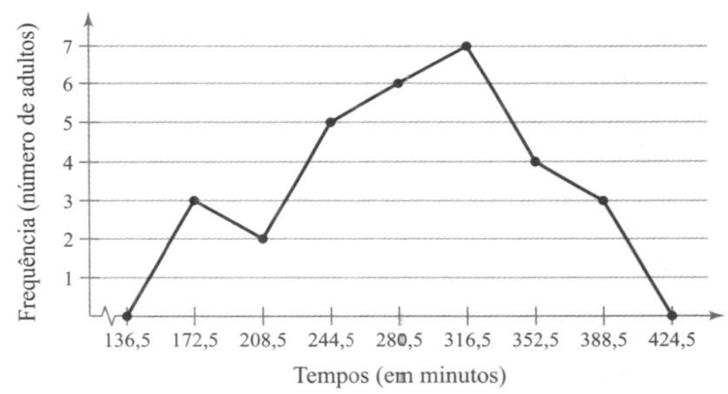

Figura 2.2 Tempos de uso do celular.

Você pode verificar sua resposta usando a tecnologia, como mostrado na Figura 2.3.

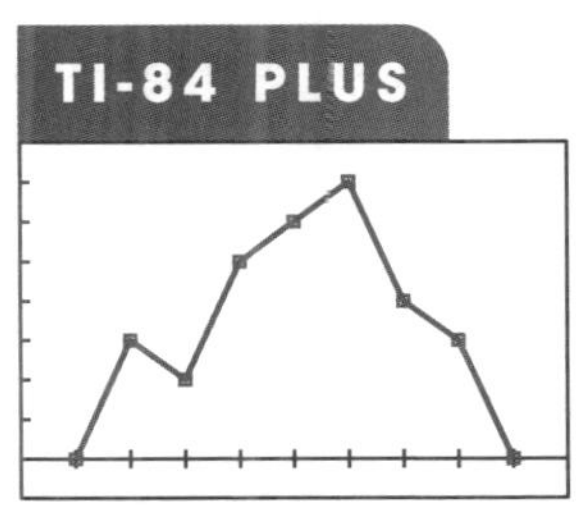

Figura 2.3

Interpretação Podemos observar que a frequência de adultos aumenta até o tempo de 316,5 minutos e depois decresce.

TENTE VOCÊ MESMO 4

Use a distribuição de frequência do Tente você mesmo 2 para construir um polígono de frequência que represente os pontos marcados pelas 55 equipes vencedoras listadas na abertura deste capítulo. Descreva quaisquer padrões.

EXCEL

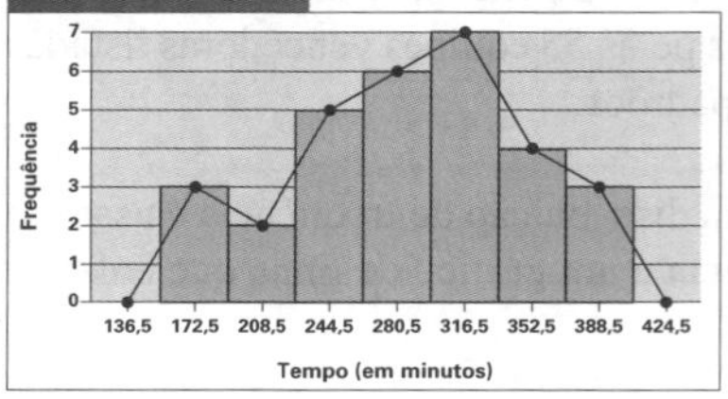

Figura 2.4

Um histograma e seu polígono de frequência correspondente costumam ser feitos juntos, conforme mostrado na Figura 2.4, usando o Excel. Para fazer isso à mão, primeiro construa o polígono de frequência escolhendo as escalas horizontal e vertical apropriadas. A escala horizontal deve consistir dos pontos médios da classe, e a escala vertical deve consistir dos valores de frequência apropriados. Então, assinale os pontos que representam o ponto médio e a frequência de cada classe. Após conectar os pontos com segmentos lineares, conclua desenhando as barras para o histograma.

Um **histograma de frequência relativa** tem a mesma forma e a mesma escala horizontal do correspondente histograma de frequência. A diferença é que a escala vertical mede as frequências *relativas*, e não as frequências (absolutas).

EXEMPLO 5

Construindo um histograma de frequência relativa

Faça um histograma de frequência relativa para a distribuição de frequência do Exemplo 2.

SOLUÇÃO

O histograma de frequência relativa é mostrado na Figura 2.5. Note que a forma do histograma é a mesma do histograma de frequência construído no Exemplo 3. A única diferença é que a escala vertical mede as frequências relativas.

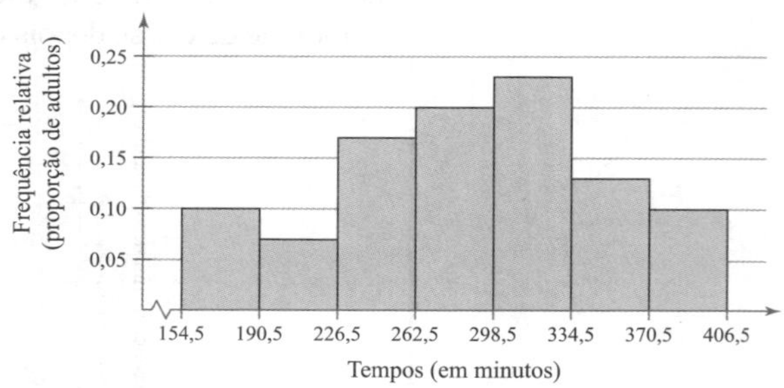

Figura 2.5 Tempos de uso do celular.

Interpretação Deste gráfico, podemos rapidamente verificar que 0,2 ou 20% dos adultos apresentam tempos de uso entre 262,5 minutos e 298,5 minutos, informação que não é imediatamente óbvia no histograma de frequência no Exemplo 3.

TENTE VOCÊ MESMO 5

Use a distribuição de frequência do Tente você mesmo 2 para construir um histograma de frequência relativa que represente os pontos marcados pelas 55 equipes vencedoras listadas na abertura deste capítulo.

Retratando o mundo

O Old Faithful, um gêiser no parque nacional de Yellowstone, entra em erupção regularmente. Os intervalos de tempo de uma amostra das erupções são mostrados no histograma de frequência relativa. (Fonte: Yellowstone National Park.)

Cerca de 50% das erupções duram menos do que quantos minutos?

Para descrever o número de registros de dados que são menores que ou iguais a certo valor, construa um **gráfico de frequência acumulada**.

DEFINIÇÃO

Um **gráfico de frequência acumulada** ou ogiva, é um gráfico de linhas que mostra a frequência acumulada em cada classe na sua fronteira superior. As fronteiras superiores são marcadas no eixo horizontal e as frequências acumuladas são marcadas no eixo vertical.

INSTRUÇÕES

Construindo uma ogiva (gráfico de frequência acumulada)

1. Construa uma distribuição de frequência que inclua uma coluna com as frequências acumuladas.
2. Especifique as escalas horizontal e vertical. A escala horizontal consiste nas fronteiras superiores das classes e a escala vertical mede as frequências acumuladas.
3. Assinale os pontos que representam as fronteiras superiores das classes e as correspondentes frequências acumuladas.
4. Conecte os pontos em ordem da esquerda para a direita com segmentos lineares.
5. O gráfico deve começar na fronteira inferior da primeira classe (a frequência acumulada é zero) e deve terminar na fronteira superior da última classe (a frequência acumulada é igual ao tamanho da amostra).

EXEMPLO 6

Construindo uma ogiva

Desenhe uma ogiva para a distribuição de frequência do Exemplo 2.

SOLUÇÃO

Usando as frequências acumuladas, podemos construir a ogiva mostrada na Figura 2.6. As fronteiras superiores das classes, as frequências e as frequências acumuladas são mostradas na Tabela 2.7. Note que o gráfico começa em 154,5, onde a frequência acumulada é 0 e termina em 406,5, onde a frequência acumulada é 30.

Tabela 2.7

Fronteira superior da classe	*f*	Frequência acumulada
190,5	3	3
226,5	2	5
262,5	5	10
298,5	6	16
334,5	7	23
370,5	4	27
406,5	3	30

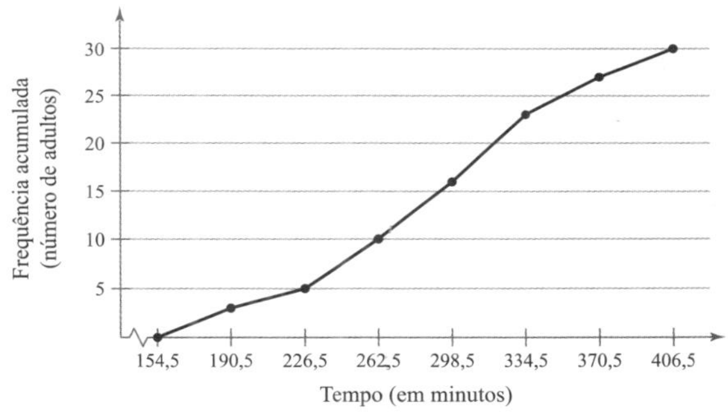

Figura 2.6 Tempos de uso do celular.

Interpretação Com base na ogiva, podemos ver que 10 adultos apresentam tempos de uso de 262,5 minutos ou menos. Além disso, o maior aumento na frequência acumulada ocorre entre 298,5 minutos e 334,5 minutos, uma vez que a linha do segmento é mais inclinada entre essas duas fronteiras de classe.

TENTE VOCÊ MESMO 6

Use a distribuição de frequência do Tente você mesmo 2 para construir uma ogiva que represente os pontos marcados pelas 55 equipes vencedoras listadas na abertura deste capítulo.

Outro tipo de ogiva usa porcentagem como eixo vertical em vez de frequência (veja o Exemplo 5 na Seção 2.5).

Se você tem acesso a ferramentas tecnológicas como Minitab, Excel, StatCrunch ou a TI-84 Plus, você pode utilizá-los para construir os gráficos discutidos nesta seção.

EXEMPLO 7

Usando a tecnologia para construir histogramas

Use uma ferramenta tecnológica para construir um histograma para a distribuição de frequência do Exemplo 2.

SOLUÇÃO

Usando as instruções para uma TI-84 Plus mostradas na Dica de tecnologia, você pode desenhar um histograma semelhante ao mostrado na Figura 2.7 (a). Para examinar o gráfico, você pode usar o recurso de rastreamento TRACE. Após pressionar TRACE, o ponto médio e a frequência da primeira classe são exibidos, conforme mostrado na Figura 2.7 (b). Use as teclas de seta para a direita e para a esquerda para percorrer cada barra.

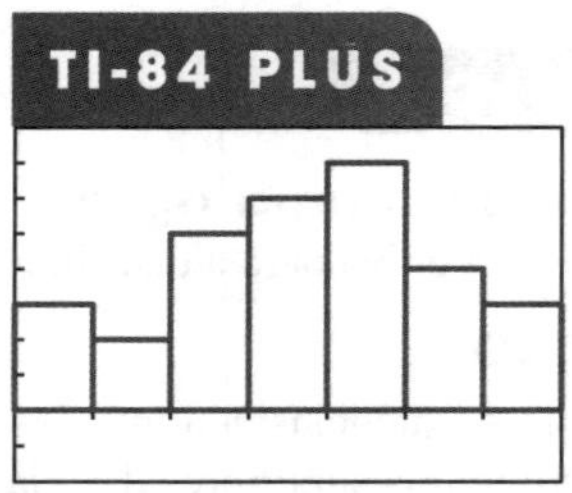

Figura 2.7 (a)

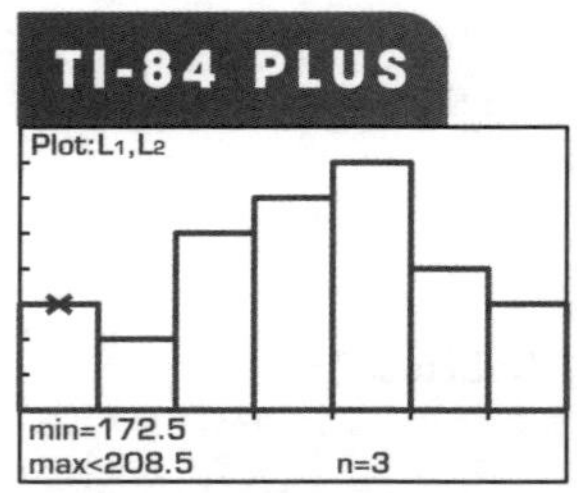

Figura 2.7 (b)

Histogramas feitos usando Minitab, Excel ou StatCrunch são mostrados nas Figuras 2.8 (a), (b) e (c).

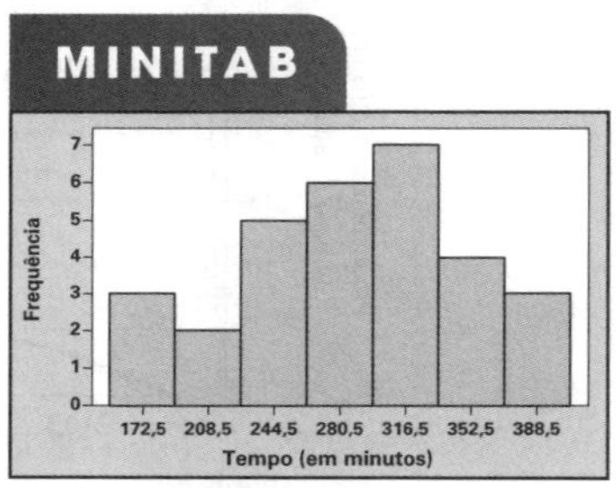

Figura 2.8 (a)

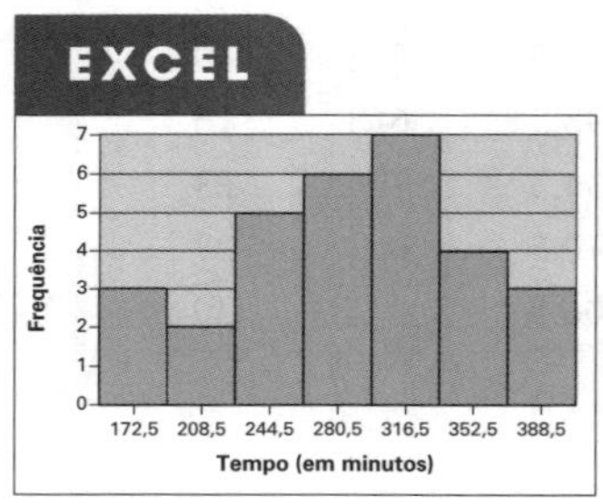

Figura 2.8 (b)

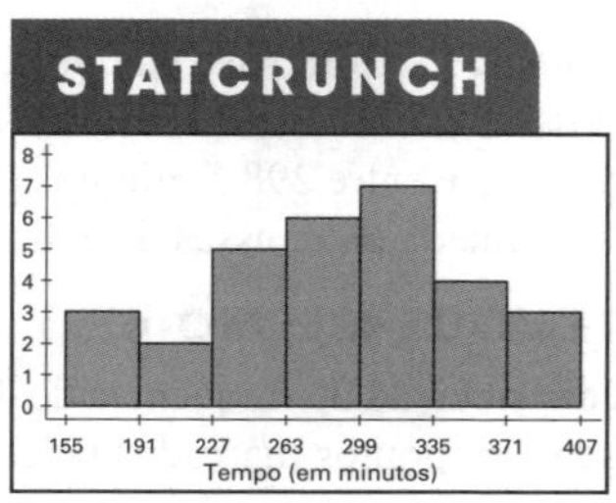

Figura 2.8 (c)

TENTE VOCÊ MESMO 7

Use uma ferramenta tecnológica e a distribuição de frequência do Tente você 2 para construir um histograma de frequência que represente os pontos marcados pelas 55 equipes vencedoras listadas na abertura deste capítulo.

Dica de tecnologia

Você pode usar ferramentas tecnológicas como Minitab, Excel, StatCrunch ou a TI-84 Plus para cria histogramas. (Instruções detalhadas sobre o uso do Minitab, do Excel e da TI-84 Plus são mostrados nos manuais de tecnologia que acompanham esse texto.) Por exemplo, aqui temos instruções para criar um histograma na TI-84 Plus.

STAT ENTER

Digite os pontos médios em L1.

Digite as frequências em L2.

2nd STAT PLOT

Ative o Plot 1.

Destaque histograma.

Xlist: L1

Freq: L2

ZOOM 9

2.1 EXERCÍCIOS

Construindo habilidades básicas e vocabulário

1. Quais são os benefícios de representar conjuntos de dados usando as distribuições de frequência? Quais são os benefícios de usar gráficos de distribuições de frequência?
2. Por que o número de classes em uma distribuição de frequência deve estar entre 5 e 20?
3. Qual a diferença entre limites de classe e fronteiras de classe?
4. Qual a diferença entre frequência relativa e frequência acumulada?
5. Após construir uma distribuição de frequência expandida, qual deve ser a soma das frequências relativas? Explique.
6. Qual a diferença entre um polígono de frequência e uma ogiva?

Verdadeiro ou falso? *Nos exercícios 7 a 10, determine se a frase é verdadeira ou falsa. Se for falsa, reescreva-a de forma que seja verdadeira.*

7. Em uma distribuição de frequência, a amplitude de classe é a distância entre os limites superior e inferior de uma classe.
8. A diferença entre dois pontos médios consecutivos é igual à amplitude de classe.
9. Um gráfico das frequências acumuladas pode decrescer da esquerda para a direita.
10. As fronteiras de classes garantem que as barras consecutivas de um histograma se encostem.

Nos exercícios 11 a 14, use as informações dadas sobre o conjunto de dados e o número de classes para encontrar a amplitude da classe e os limites inferior e superior.

11. mínimo = 9, máximo = 64, 7 classes.
12. mínimo = 12, máximo = 88, 6 classes.
13. mínimo = 17, amplitude = 118, 8 classes.
14. máximo = 247, amplitude = 93, 10 classes.

Lendo uma distribuição de frequência *Nos exercícios 15 e 16, use a distribuição de frequência para encontrar (a) a amplitude das classes, (b) os pontos médios das classes e (c) as fronteiras das classes.*

15. Tempo de deslocamento até o trabalho (em minutos)

Classe	Frequência, f
0–10	188
11–21	372
22–32	264
33–43	205
44–54	83
55–65	76
66–76	32

16. Temperaturas médias (°F) em Toledo, Ohio

Classe	Frequência, f
25–32	86
33–40	39
41–48	41
49–56	48
57–64	43
65–72	68
73–80	40

17. Use a distribuição de frequência do Exercício 15 para construir uma distribuição de frequência expandida, como mostrada no Exemplo 2.
18. Use a distribuição de frequência do Exercício 16 para construir uma distribuição de frequência expandida, como mostrada no Exemplo 2.

Análise gráfica *Nos exercícios 19 e 20, use o histograma de frequência para:*

(a) determinar o número de classes.

(b) estimar a maior e a menor frequência.

(c) determinar a amplitude de classe.

(d) descrever quaisquer padrões com os dados.

19. **Salário de funcionários**

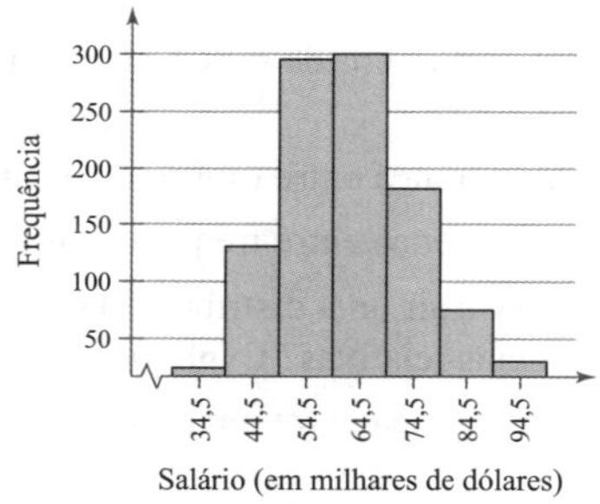

20. **Altura de montanhas-russas**

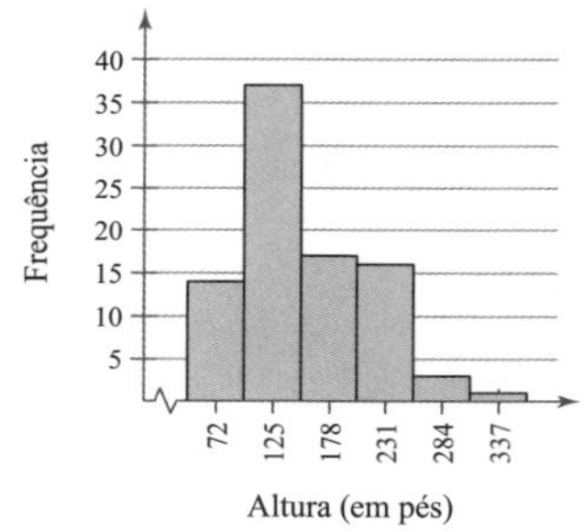

Análise gráfica *Nos exercícios 21 e 22, use o polígono de frequência para identificar a classe com a maior e a classe com a menor frequência.*

21. **Notas do MCAT* de 60 candidatos**

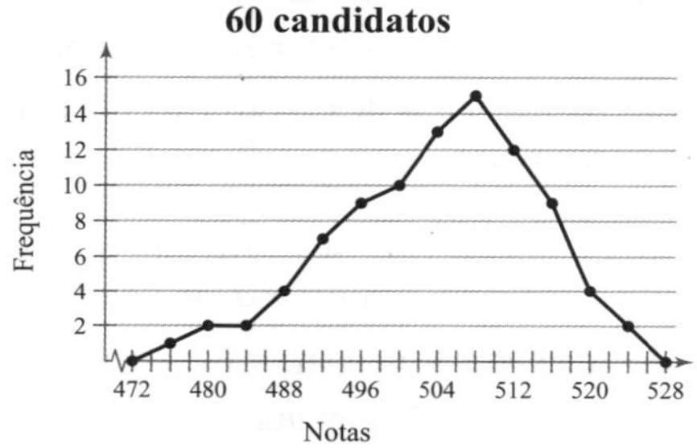

22. **Distâncias percorridas por 70 alunos com Idades entre 18-24**

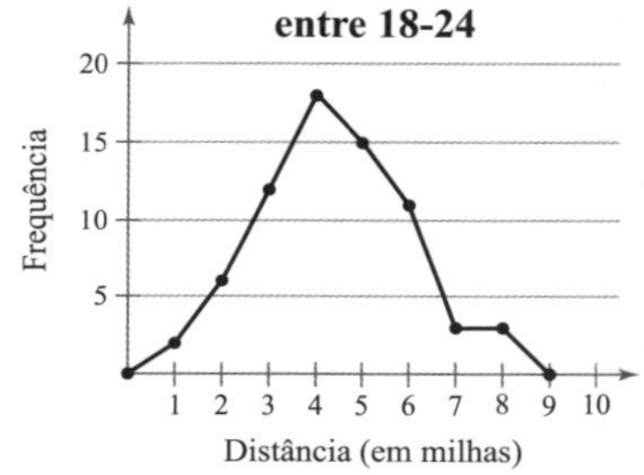

Análise gráfica *Nos exercícios 23 e 24, use o histograma de frequência relativa para:*

(a) identificar as classes com maior e menor frequência relativa.

(b) obter aproximações para a maior e a menor frequência relativa.

(c) descrever quaisquer padrões com os dados.

23. **Comprimentos da fíbula de mulheres**

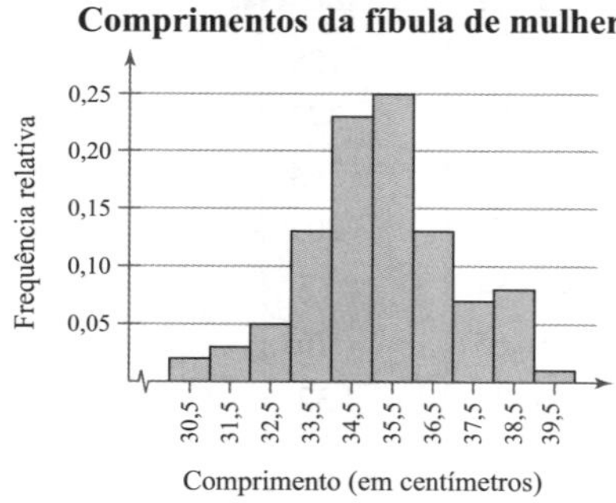

24. **Tempos de resposta da segurança do campus**

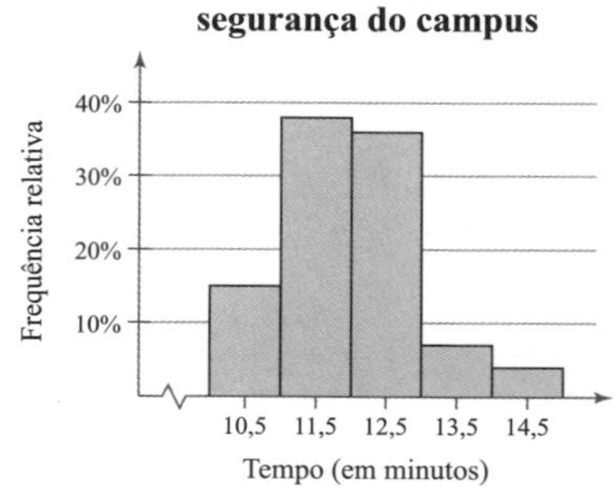

*MCAT (Medical College Admission Test) é um teste para admissão na faculdade de medicina.

Análise gráfica *Nos exercícios 25 e 26, use a ogiva para aproximar:*

(a) o tamanho da amostra.

(b) a localização do maior aumento na frequência.

25. **Ursos pretos**

26. **Homens adultos**

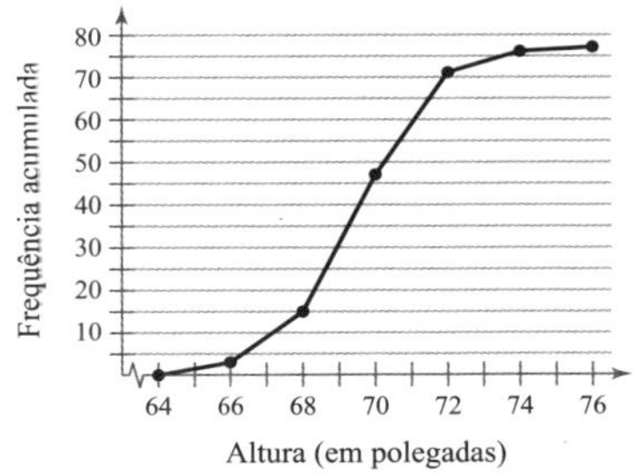

27. Use a ogiva do Exercício 25 para aproximar:

(a) a frequência acumulada para um peso de 201,5 libras.

(b) o peso para o qual a frequência acumulada é 68.

(c) o número de ursos pretos que pesa entre 158,5 e 244,5 libras.

(d) o número de ursos pretos que pesa mais que 330,5 libras.

28. Use a ogiva do Exercício 26 para aproximar:

(a) a frequência acumulada para uma altura de 72 polegadas.

(b) a altura para o qual a frequência acumulada é 15.

(c) o número de homens adultos que mede entre 68 e 72 polegadas.

(d) o número de homens adultos que mede mais que 70 polegadas.

Usando e interpretando conceitos

Construindo uma distribuição de frequência *Nos exercícios 29 e 30, construa uma distribuição de frequência para o conjunto de dados, usando o número de classes indicado. Na tabela, inclua os pontos médios e as frequências relativas e acumuladas. Qual classe tem a maior frequência e qual tem a menor?*

29. Tempo assistindo YouTube

Número de classes: 5

Conjunto de dados: Tempos (em minutos) gastos assistindo a vídeos do YouTube em um dia.

100	32	125	164	123	149	73	88	87	104	110	98
122	28	177	69	90	68	125	90	118	123	139	175

30. Gasto com livros didáticos

Número de classes: 6

Conjunto de dados: Valores (em dólares) gastos em livros didáticos por um semestre.

91	472	279	249	530	376	188	341	266	199
142	273	189	130	489	266	248	101	375	486
190	398	188	269	43	30	127	354	84	319

Indica que o conjunto de dados para este exercício está disponível no *site* de apoio do livro.

Construindo uma distribuição de frequência e um histograma de frequência *Nos exercícios de 31 a 34, construa uma distribuição de frequência e um histograma de frequência para o conjunto de dados usando o número de classes indicado. Descreva quaisquer padrões.*

31. Vendas

Número de classes: 6

Conjunto de dados: vendas em julho (em dólares) para 21 representantes de vendas em uma empresa.

2114 2468 7119 1876 4105 3183 1932
1355 4278 2000 1077 5835 1512 1697
2478 3981 1643 1858 1500 4608 1000

32. Ardência de pimentas

Número de classes: 5

Conjunto de dados: ardência (em milhares de unidades na escala de Scoville) de 24 pimentas do tipo tabasco.

35 51 44 42 37 38 36 39 44 43 40 40
32 39 41 38 42 39 40 46 37 35 41 39

33. Tempos de reação

Número de classes: 8

Conjuntos de dados: tempos de reação (em milissegundos) de 30 mulheres adultas a um estímulo auditivo.

507 389 305 291 336 310 514 442 373 428
387 454 323 441 388 426 411 382 320 450
309 416 359 388 307 337 469 351 422 413

34. Tempos de prova

Número de classes: 8

Conjunto de dados: Tempos de prova (em segundos) de 21 participantes em uma corrida de 10 quilômetros.

3449 2645 3255 3712 4183 3896 3760
5008 3983 2855 3789 3176 2923 2281
2574 2252 4223 2588 2243 2837 3292

Construindo uma distribuição de frequência e um polígono de frequência *Nos exercícios de 35 e 36, construa uma distribuição de frequência e um polígono de frequência para o conjunto de dados usando o número de classes indicado. Descreva quaisquer padrões.*

35. Idades dos presidentes

Número de classes: 7

Conjuntos de dados: idades dos presidentes dos Estados Unidos na posse. *(Fonte: The White House.)*

57 61 57 57 58 57 61 54 68 51 49 64 50 48 65 52
56 46 54 49 51 47 55 55 54 42 51 56 55 51 54 51
60 62 43 55 56 61 52 69 64 46 54 47 70 78

36. Declaração de Independência

Número de classes: 5

Conjunto de dados: número de filhos de quem assinou a Declaração de Independência. *(Fonte: The U.S. National Archives & Records Administration.)*

5 2 12 18 7 4 10 8 16 3 3 7 3 1
2 7 13 0 8 3 7 5 2 6 0 6 7 9
0 11 9 10 7 8 13 5 8 3 5 0 3 13
3 15 5 6 3 2 5 2 0 3 7 12 4 1

Construindo uma distribuição de frequência e um histograma de frequência relativa

Nos exercícios 37 a 40, construa uma distribuição de frequência e um histograma de frequência relativa para os conjuntos de dados usando 5 classes. Qual classe tem a maior frequência relativa e qual tem a menor?

37. Teste de paladar

Conjunto de dados: pontuação de 1 (mais baixa) a 10 (mais alta) dada por 36 pessoas após testar o sabor de uma nova barra de cereais.

2	6	9	2	9	9	6	10	5
8	7	6	5	10	1	4	9	3
4	5	3	6	5	2	4	9	2
9	3	3	6	5	1	9	4	2

38. Anos de serviço

Conjunto de dados: anos de serviço de 28 funcionários do governo do estado de Ohio.

13	8	10	9	10	9	13
11	10	11	7	9	14	13
11	12	8	15	13	10	9
11	10	12	14	9	15	19

39. Iguanas de Fiji

Conjunto de dados: comprimento (em centímetros) de 28 iguanas adultas de Fiji.

68	65	70	61	60	60	69
61	64	74	64	62	70	70
63	75	74	71	70	66	72
64	67	66	70	73	72	70

40. Níveis de triglicerídeos

Conjunto de dados: níveis de triglicerídeos (em miligramas por decilitro de sangue) de 28 pacientes.

209	140	155	170	265	138	180
295	250	320	270	225	215	390
420	462	150	200	400	295	240
200	190	145	160	175	195	223

Construindo uma distribuição de frequência acumulada e uma ogiva

Nos exercícios 41 e 42, construa uma distribuição de frequência acumulada e uma ogiva para os conjuntos de dados usando 6 classes. Então, descreva a localização do maior aumento na frequência.

41. Idades de aposentadoria

Conjunto de dados: idades de aposentadoria de 35 professores de inglês.

72	62	55	61	53	62	65
66	69	55	66	63	67	69
55	65	67	57	67	68	73
75	65	54	71	57	52	58
58	71	72	67	63	65	61

42. Ingestão de gordura saturada

Conjunto de dados: ingestão diária de gordura saturada (em gramas) de 28 pessoas.

18	12	14	19	20	26	12
17	19	13	8	20	25	16
13	14	22	16	11	13	17
14	15	11	13	15	23	7

Nos exercícios 43 e 44, use os conjuntos de dados e o número de classes indicado para construir (a) uma distribuição de frequência expandida, (b) um histograma de frequência, (c) um polígono de frequência, (d) um histograma de frequência relativa e (e) uma ogiva.

43. Pulsação

Número de classes: 6

Conjuntos de dados: pulsação de todos os estudantes de uma turma.

68	105	95	80	90	100	75	70	84	98	102	70
65	88	90	75	78	94	110	120	95	80	76	108

44. Hospitais

Número de classes: 8

Conjunto de dados: número de hospitais em cada um dos 50 estados norte-americanos e 5 territórios habitados. *(Fonte: American Hospital Directory.)*

10	90	51	1	77	341	56	34	8	214	111
3	14	40	18	142	102	55	75	108	72	53
19	105	55	83	1	69	19	108	10	27	14
78	37	31	186	146	90	37	177	52	11	67
25	100	361	35	91	2	7	61	78	33	14

Expandindo conceitos

45. O que você faria? Você trabalha em um banco e deve recomendar a quantia de dinheiro que será colocada em um caixa eletrônico a cada dia. Você não quer colocar dinheiro em excesso (por questões de segurança) ou pouco dinheiro (por problemas com clientes). As quantias retiradas diariamente (em centenas de dólares) em um período de 30 dias são mostradas a seguir.

72	84	61	76	104	76	86	92	80	88	98	76	97	82	84
67	70	81	82	89	74	73	86	81	85	78	82	80	91	83

(a) Construa um histograma de frequência relativa para os dados. Use 8 classes.

(b) Se você colocar $ 9.000 no caixa eletrônico a cada dia, qual a porcentagem de dias em um mês que você espera ficar sem dinheiro no caixa? Explique.

(c) Se você está disposto a ficar sem dinheiro em 10% dos dias, quanto dinheiro deveria colocar no caixa eletrônico a cada dia? Explique.

46. O que você faria? O departamento de admissão de uma faculdade deve recomendar as notas mínimas no vestibular que a faculdade aceitará para estudantes em tempo integral. As notas no vestibular de 50 candidatos são mostradas a seguir.

1.170	1.000	910	870	1.070	1.290	920	1.470	1.080	1.180
770	900	1.120	1.070	1.370	1.160	970	930	1.240	1.270
1.250	1.330	1.010	1.010	1.410	1.130	1.210	1.240	960	820
650	1.010	1.190	1.500	1.400	1.270	1.310	1.050	950	1.150
1.450	1.290	1.310	1.100	1.330	1.410	840	1.040	1.090	1.080

(a) Construa um histograma de frequência relativa para os dados. Use 10 classes.

(b) Se você estabelecer uma nota mínima de 1.070, qual porcentagem de candidatos cumprirão essa exigência? Explique.

(c) Se você quiser aceitar os 88% melhores candidatos, qual deveria ser a nota mínima? Explique.

47. Escrevendo Use o conjunto de dados a seguir e uma ferramenta tecnológica para criar histogramas de frequência com 5, 10 e 20 classes. Qual gráfico melhor representa os dados? Explique

2	7	3	2	11	3	15	8	4	9	10	13	9
7	11	10	1	2	12	5	6	4	2	9	15	14

2.2 Mais gráficos e representações

O que você deve aprender

- Como representar graficamente e interpretar conjuntos de dados quantitativos usando diagrama de ramo e folha e diagramas de pontos.
- Como representar graficamente e interpretar conjuntos de dados qualitativos usando gráficos de setores (gráfico de pizza) e gráficos de Pareto.
- Como representar graficamente e interpretar conjuntos de dados emparelhados usando diagramas de dispersão e gráficos de séries temporais.

Representando graficamente conjuntos de dados quantitativos ■ Representando graficamente conjuntos de dados qualitativos ■ Representando graficamente conjuntos de dados emparelhados

Representando graficamente conjuntos de dados quantitativos

Na Seção 2.1, você aprendeu diversas maneiras de se representar graficamente dados quantitativos. Nesta seção, você aprenderá outras maneiras de representar dados quantitativos, começando com o **diagrama de ramo e folha**. Diagramas de ramo e folha são recursos da **análise exploratória de dados (AED)**, que foi desenvolvida por John Turkey em 1977.

Em um diagrama de ramo e folha, cada número é separado em um **ramo** (p. ex., os dígitos mais à esquerda de um valor) e uma **folha** (p. ex., o dígito mais à direita). Você deve ter tantas folhas quanto a quantidade de valores no conjunto de dados original e estas devem ter um único dígito. Um diagrama de ramo e folha é similar a um histograma, mas tem a vantagem de que o gráfico ainda contém os valores originais dos dados. Outra vantagem de um diagrama de ramo e folha é que ele fornece uma maneira fácil de se ordenar os dados.

Tabela 2.8

Número de mensagens de texto enviadas				
75	49	104	59	88
123	75	109	68	81
66	80	78	69	55
76	114	98	73	18
42	84	46	52	25
25	26	33	25	20
32	24	43	17	49
27	32	29	29	40
23	33	30	41	35
38	36	54	30	148

Dica de estudo

É importante incluir uma chave para o diagrama de ramo e folha para identificar os valores dos dados. Isso é feito mostrando um valor representado por um ramo e uma folha.

EXEMPLO 1

Construindo um diagrama de ramo e folha

O conjunto de dados na Tabela 2.8 lista o número de mensagens de texto enviadas, em um dia, por 50 adultos estadunidenses. Coloque os dados em um diagrama de ramo e folha, e descreva quaisquer padrões.

SOLUÇÃO

Em razão de os valores dos dados variarem de um mínimo de 17 a um máximo de 148, você deve usar valores de ramo de 1 a 14. Para construir o diagrama, liste esses ramos à esquerda de uma linha vertical. Para cada registro, liste uma folha à direita de seu ramo. Por exemplo, o valor 104 tem um ramo de 10 e uma folha de 4. Faça o diagrama com as folhas em ordem crescente, da esquerda para a direita. Certifique-se de incluir uma chave.

Chave: $10|4 = 104$

Ramo	Folhas
1	7 8
2	0 3 4 5 5 5 6 7 9 9
3	0 0 2 2 3 3 5 6 8
4	0 1 2 3 6 9 9
5	2 4 5 9
6	6 8 9
7	3 5 5 6 8
8	0 1 4 8
9	8
10	4 9
11	4
12	3
13	
14	8

Figura 2.9 Número de mensagens de texto enviadas.

Interpretação Do gráfico mostrado, podemos perceber que mais de 50% dos usuários de telefone celular enviaram entre 20 e 50 mensagens de texto.

Dica de tecnologia

Você pode usar ferramentas tecnológicas como Minitab, StatCrunch ou Excel (com o complemento XLSTAT) para construir um diagrama de ramo e folha. Por exemplo, um diagrama de ramo e folha no StatCruch para os dados do Exemplo 1 encontra-se na figura a seguir.

STATCRUNCH

Variável: número de mensagens de texto enviadas

O ponto decimal é 1 dígito(s) à direita dos dois pontos.
Unidade de folha = 1

```
 1 : 78
 2 : 0345556799
 3 : 002233568
 4 : 0123699
 5 : 2459
 6 : 689
 7 : 35568
 8 : 0148
 9 : 8
10 : 49
11 : 4
12 : 3
13 :
14 : 8
```

Dica de estudo

Você pode usar os diagramas de ramo e folha para identificar valores de dados incomuns chamados de *outliers*. Nos Exemplos 1 e 2, o valor 148 é um *outlier*. Você aprenderá mais sobre *outliers* na Seção 2.3.

TENTE VOCÊ MESMO 1

Use um diagrama de ramo e folha para organizar os pontos marcados pelas 55 equipes vencedoras listadas na abertura deste capítulo. Descreva quaisquer padrões.

EXEMPLO 2

Construindo variações do diagrama de ramo e folha

Organize o conjunto de dados do Exemplo 1 usando um diagrama de ramo e folha que tenha duas fileiras para cada ramo. Descreva quaisquer padrões.

SOLUÇÃO

Construa o diagrama de ramo e folha do Exemplo 1, mas agora liste cada ramo duas vezes. Use as folhas 0, 1, 2, 3 e 4 na primeira fileira do ramo e as folhas 5, 6, 7, 8 e 9 na segunda fileira do ramo. O diagrama de ramo e folha revisado é exibido na Figura 2.10. Note que, ao usar duas fileiras por ramo, obtemos um retrato mais detalhado dos dados.

Ramo	Folhas
1	Chave: 10|4 = 104
1	7 8
2	0 3 4
2	5 5 5 6 7 9 9
3	0 0 2 2 3 3
3	5 6 8
4	0 1 2 3
4	6 9 9
5	2 4
5	5 9
6	
6	6 8 9
7	3
7	5 5 6 8
8	0 1 4
8	8
9	
9	8
10	4
10	9
11	4
11	
12	3
12	
13	
13	
14	
14	8

Figura 2.10 Número de mensagens de texto enviadas.

Interpretação Do gráfico mostrado, podemos perceber que a maioria dos usuários de telefone celular enviou entre 20 e 80 mensagens de texto.

TENTE VOCÊ MESMO 2

Usando duas fileiras para cada ramo, revise o diagrama de ramo e folha que você construiu no Tente você mesmo 1. Descreva quaisquer padrões.

Você também pode usar um diagrama de pontos para representar graficamente dados quantitativos. Em um **diagrama de pontos**, cada valor de dado é representado usando um ponto acima do eixo horizontal. Como no diagrama de ramo e folha, um diagrama de pontos permite que se veja como os dados estão distribuídos, bem como determinar valores de dados específicos e identificar valores incomuns de dados.

EXEMPLO 3

Construindo um diagrama de pontos

Use um diagrama de pontos para organizar o conjunto de dados do Exemplo 1. Descreva quaisquer padrões.

Tabela 2.9

Número de mensagens de texto enviadas									
75	49	104	59	88	123	75	109	68	81
66	80	78	69	55	76	114	98	73	18
42	84	46	52	25	25	26	33	25	20
32	24	43	17	49	27	32	29	29	40
23	33	30	41	35	38	36	54	30	148

SOLUÇÃO

A fim de que todos os dados sejam incluídos no diagrama de pontos, o eixo horizontal deve iniciar em 15 e terminar em 150. Para representar um dado, assinale um ponto acima da posição do seu valor no eixo. Quando um valor for repetido, assinale outro ponto acima do anterior.

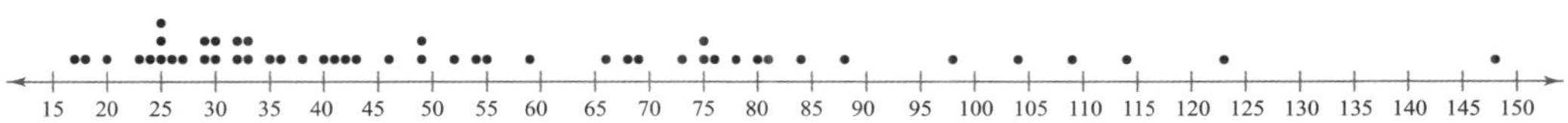

Figura 2.11 Número de mensagens de texto enviadas.

Interpretação No diagrama de pontos, podemos ver que a maioria dos valores se agrupa entre 20 e 80, e apenas 5 pessoas enviaram mais de 100 mensagens de texto. Você também pode ver que148 é um valor incomum.

TENTE VOCÊ MESMO 3

Use um diagrama de pontos para organizar os pontos marcados pelas 55 equipes vencedoras listadas na abertura deste capítulo e descreva quaisquer padrões.

A tecnologia pode ser usada para construir diagramas de pontos. Por exemplo, a Figura 2.12 a seguir mostra um diagrama de pontos feito com Minitab e com o StatCrunch para os dados das mensagens de texto.

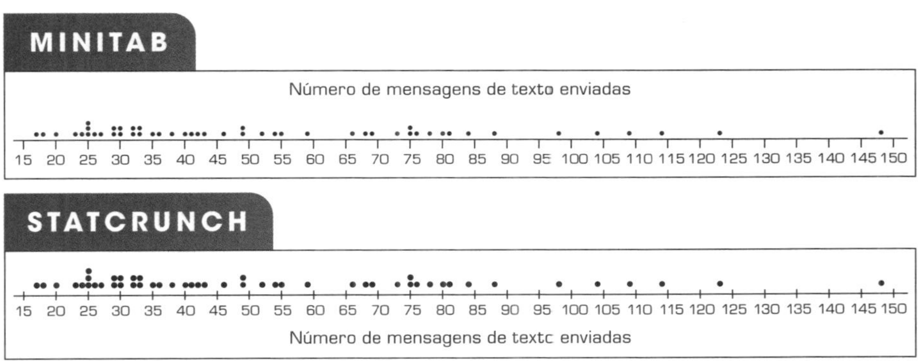

Figura 2.12

Representando graficamente conjuntos de dados qualitativos

Gráficos de pizza (de setores) fornecem uma maneira conveniente de se apresentar graficamente dados qualitativos como porcentagens de um todo. **Um gráfico de pizza** é um círculo dividido em setores que representam categorias. A área de cada setor é proporcional à frequência de cada categoria. Na maioria dos casos, você interpretará um gráfico de pizza ou irá construí-lo usando tecnologia. O Exemplo 4 mostra como construir um gráfico de pizza à mão.

EXEMPLO 4

Construindo um gráfico de pizza

O número de títulos conferidos (em milhares) em 2019 constam na Tabela 2.10. Use um gráfico de pizza para organizar os dados *(Fonte: U.S. National Center for Education Statistics.)*

Tabela 2.10 Títulos conferidos em 2019

Tipo de título	Número (em milhares)
Tecnólogo	1037
Bacharelado	2013
Mestrado	834
Doutorado	188

SOLUÇÃO

Comece encontrando a frequência relativa, ou porcentagem, de cada categoria. Então, construa um gráfico de pizza usando o ângulo central que corresponda a cada categoria. Para encontrar o ângulo central, multiplique 360º pela frequência relativa da categoria. Por exemplo, o ângulo central para o título de tecnólogo é 360º (0,255) ≈ 91,8º.

Tabela 2.11

Tipo de título	f	Frequência relativa	Ângulo
Tecnólogo	1037	0,255	91,8º
Bacharelado	2013	0,494	177,8º
Mestrado	834	0,205	73,8º
Doutorado	188	0,046	16,6º

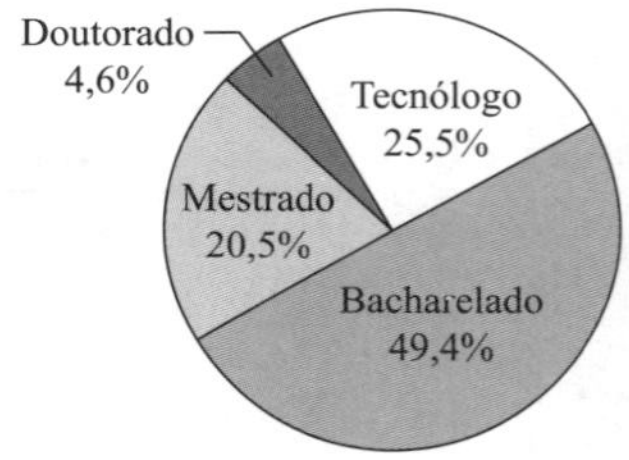

Figura 2.13 Títulos conferidos em 2019.

Interpretação No gráfico de pizza (Figura 2.13), podemos ver que quase a metade dos títulos conferidos em 2019 foram de bacharel.

TENTE VOCÊ MESMO 4

O número de títulos conferidos (em milhares) em 2010 são mostrados na Tabela 2.12. Use um gráfico de pizza para organizar os dados. Compare os dados de 2010 com os dados de 2019. *(Fonte: U.S. National Center for Education Statistics.)*

Tabela 2.12 Títulos conferidos em 2010

Tipo de título	Número (em milhares)
Tecnólogo	849
Bacharelado	1650
Mestrado	693
Doutorado	159

EXCEL

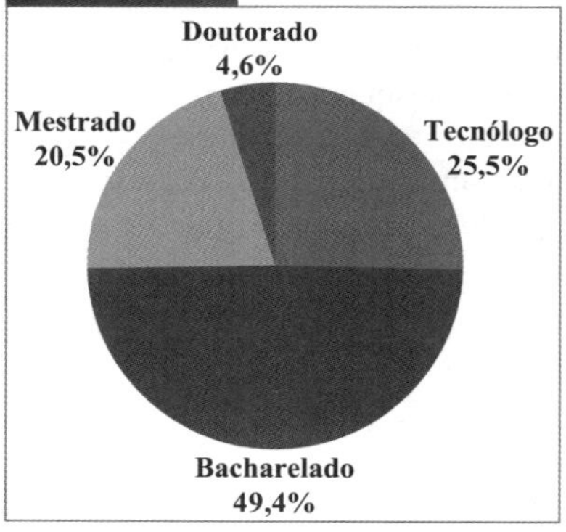

Figura 2.14 Títulos conferidos em 2019.

Você pode usar a tecnologia para construir um gráfico de pizza. Por exemplo, um gráfico de pizza do Excel para os graus conferidos em 2019 é mostrado na Figura 2.15.

Outra maneira de representar graficamente dados qualitativos é usando um gráfico de Pareto. Um **gráfico de Pareto** é um gráfico de barras verticais no qual a altura de cada barra representa a frequência ou a frequência relativa. As barras são posicionadas em ordem decrescente de altura, com a barra mais alta posicionada à esquerda. Tal posicionamento ajuda a destacar dados importantes e é frequentemente usado em negócios.

Retratando o mundo

De acordo com dados do *U.S. Bureau of Labor Statistics*, os rendimentos aumentam à medida que a escolaridade aumenta. Os dados de rendimentos médios semanais por escolaridade são mostrados no gráfico de Pareto. (Fonte: U.S Bureau of Labor Statistics.)

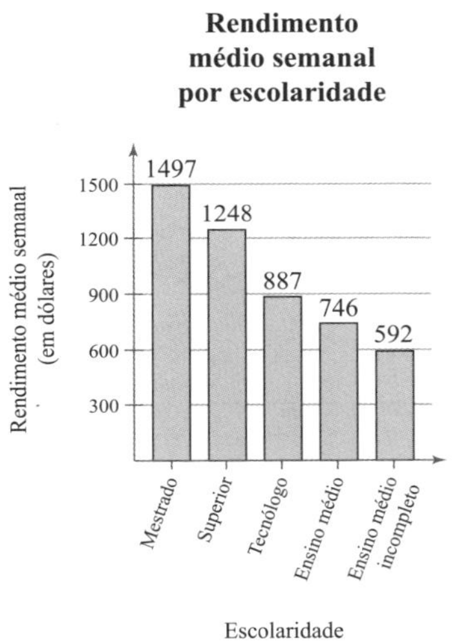

O funcionário com um grau de tecnólogo ganha quanto a mais em um ano (52 semanas) do que o funcionário com diploma de ensino médio?

EXEMPLO 5

Construindo um gráfico de Pareto

As cinco principais causas de mortes nos Estados Unidos em 2019 foram:

Acidentes: 173.040

Câncer: 599.601

Doenças crônicas do trato respiratório inferior: 156.979

Doença cardíaca: 659.041

AVC (doenças cerebrovasculares): 150.005

Use um gráfico de Pareto para organizar os dados. Qual foi a principal causa de morte nos Estados Unidos em 2019? *(Fonte: National Center for Health Statistics.)*

SOLUÇÃO

Usando as frequências para os eixos verticais, podemos construir o gráfico de Pareto como mostrado na Figura 2.15.

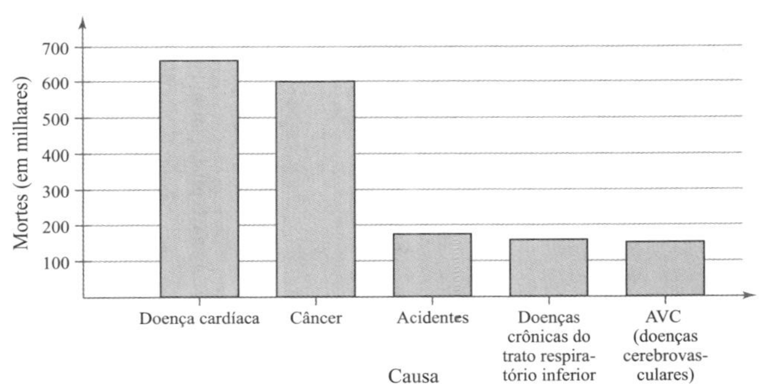

Figura 2.15 Cinco principais causas de mortes nos Estados Unidos.

Interpretação Do gráfico de Pareto, é fácil ver que a principal causa de morte nos Estados Unidos em 2019 foi doença cardíaca. Além disso, doença cardíaca e câncer causaram mais mortes que as outras três causas juntas.

TENTE VOCÊ MESMO 5

A cada ano, o *Better Business Bureau** (BBB) recebe reclamações de clientes. Em 2019, o BBB recebeu as seguintes reclamações:

5.987 reclamações sobre empreiteiros de telhados.

14.878 reclamações sobre agência de cobrança.

10.871 reclamações sobre seguradoras.

23.848 reclamações sobre concessionárias de veículos novos.

1.687 reclamações sobre serviços de marketing na Internet.

Use um gráfico de Pareto para organizar os dados. Qual segmento é a maior fonte de reclamações? *(Fonte: Better Business Bureaus.)*

*N. de T.:O BBB é uma organização sem fins lucrativos que atua em prol de melhores práticas de negócio.

Representando graficamente conjuntos de dados emparelhados

Quando cada registro em um conjunto de dados corresponde a um valor em um segundo conjunto de dados, tais conjuntos são chamados de **conjuntos de dados emparelhados**. Por exemplo, um conjunto de dados contém os custos de um item e um segundo conjunto de dados contém as quantidades de vendas correspondentes. Já que cada custo corresponde a uma quantidade de vendas, os conjuntos de dados são emparelhados. Uma maneira de representar graficamente conjuntos de dados emparelhados é usando um **gráfico de dispersão**, onde os pares ordenados são representados como pontos em um plano coordenado. Um gráfico de dispersão é usado para mostrar a relação entre duas variáveis quantitativas.

EXEMPLO 6

Interpretando um gráfico de dispersão

O estatístico britânico Ronald Fisher (veja a p. 35) apresentou um famoso conjunto de dados chamado de conjunto de dados de Íris de Fisher. Esse conjunto de dados descreve várias características físicas tais como o comprimento e a largura das pétalas (em milímetros), para três espécies da flor íris. No gráfico de dispersão da Figura 2.16, o comprimento das pétalas forma o primeiro conjunto de dados e a largura forma o segundo. Conforme o comprimento da pétala aumenta, o que tende a acontecer com a largura? *(Fonte: Fisher, R. A., 1936.)*

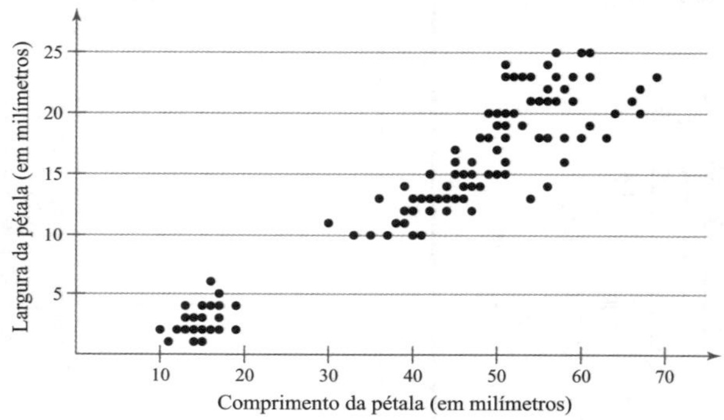

Figura 2.16 Conjunto de dados de Íris de Fisher.

SOLUÇÃO

O eixo horizontal representa o comprimento da pétala e o vertical a largura. Cada ponto no gráfico de dispersão corresponde ao comprimento e a largura da pétala de uma flor.

Interpretação Com base no gráfico de dispersão, você pode ver que, conforme o comprimento da pétala aumenta, a largura também tende a aumentar.

TENTE VOCÊ MESMO 6

O tempo de serviço e os salários de 10 funcionários estão listados na Tabela 2.13. Faça um gráfico de dispersão para os dados. Descreva quaisquer tendências.

Tabela 2.13

Tempo de serviço (em anos)	5	4	8	4	2
Salário (em dólares)	36.000	36.500	45.000	31.350	28.000

Tempo de serviço (em anos)	10	7	6	9	3
Salário (em dólares)	48.000	46.650	44.225	50.100	32.000

Você aprenderá mais sobre gráficos de dispersão e como analisá-los no Capítulo 9.

Um conjunto de dados qualitativos cujos valores são obtidos em intervalos regulares, durante um período de tempo, é chamado de **série temporal**. Por exemplo, a quantidade de precipitação medida a cada dia por um mês é uma série temporal. Você pode usar um **gráfico de série temporal** para representar uma série desse tipo.

EXEMPLO 7

Ver os passos para o Minitab e da TI-84 Plus nas páginas. 124 e 125.

Construindo um gráfico de série temporal

A Tabela 2.14 lista o número de arrombamentos (em milhões) e de roubos (em milhares) nos Estados Unidos para os anos de 2009 a 2019. Construa um gráfico de série temporal para o número de arrombamentos. Descreva quaisquer tendências. *(Fonte: Federal Bureau of Investigation, Crime in the Unites States.)*

Tabela 2.14

Ano	Arrombamentos (em milhões)	Roubos (em milhares)
2009	2,20	409
2010	2,17	369
2011	2,19	355
2012	2,11	355
2013	1,93	345
2014	1,71	323
2015	1,59	328
2016	1,52	333
2017	1,40	321
2018	1,24	281
2019	1,12	268

SOLUÇÃO

Faça o eixo horizontal representar os anos e o vertical o número de arrombamentos (em milhões). Então, assinale os dados emparelhados e conecte-os com segmentos de reta.

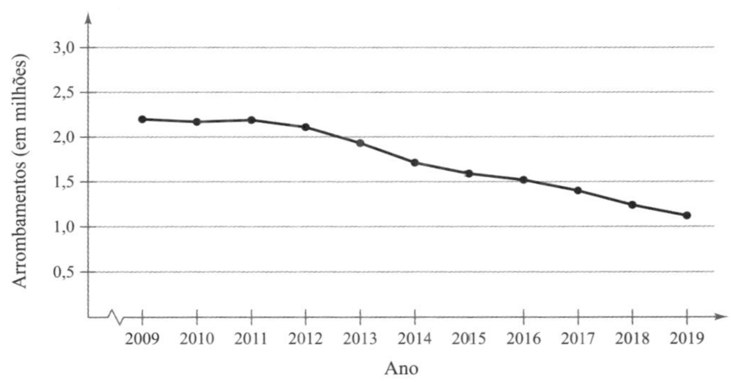

Figura 2.17 Arrombamentos.

Interpretação O gráfico de série temporal mostra que o número de arrombamentos permaneceu praticamente o mesmo até 2011, diminuindo até 2019.

TENTE VOCÊ MESMO 7

Use a tabela do Exemplo 7 para construir um gráfico de série temporal para o número de roubos para os anos de 2009 a 2019. Descreva quaisquer padrões.

2.2 EXERCÍCIOS

Construindo habilidades básicas e vocabulário

1. Cite algumas maneiras de representar graficamente dados quantitativos e qualitativos.

2. Qual é a vantagem de se usar um diagrama de ramo e folha em vez de um histograma? Qual a desvantagem?

3. Em termos de representação de dados, como um diagrama de ramo e folha se assemelha a um diagrama de pontos?

4. Como um gráfico de Pareto difere de um gráfico de barras verticais padrão?

Contextualizando os gráficos *Nos exercícios de 5 a 8, relacione o gráfico com a descrição da amostra.*

5. Chave: 0|8 = 0,8

Ramo	Folhas
0	8
1	5 6 8
2	1 3 4 5
3	0 9
4	0 0

6. Chave: 6|7 = 67

Ramo	Folhas
6	7 8
7	4 5 5 8 8 8
8	1 3 5 5 8 8 9
9	0 0 0 2 4

7.

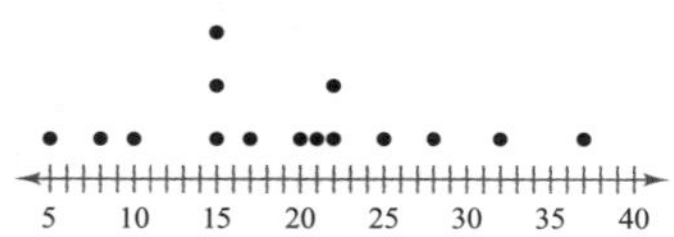

8.

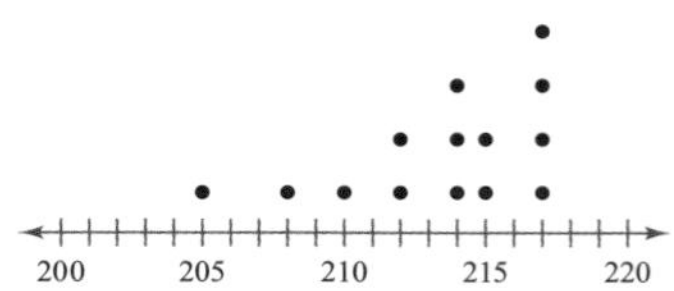

(a) Tempos (em minutos) que uma amostra de funcionários leva para chegar ao trabalho.

(b) Coeficientes de rendimento de uma amostra de estudantes com graduação em finanças.

(c) Velocidades máximas (em milhas por hora) de uma amostra de carros esportivos de alto desempenho.

(d) Idades (em anos) de uma amostra de residentes em um asilo.

Análise gráfica *Nos exercícios 9 a 12, use um diagrama de ramo e folha ou um diagrama de pontos para listar os reais valores dos dados. Qual é o valor máximo? E o mínimo?*

9. Chave: 2|7 = 27

Ramo	Folhas
2	7
3	2
4	1 3 3 4 7 7 8
5	0 1 1 2 3 3 3 4 4 4 4 5 6 6 8 9
6	8 8 8
7	3 8 8
8	5

10. Chave: 12|9 = 12,9

Ramo	Folhas
12	
12	9
13	3
13	6 7 7
14	1 1 1 1 3 4 4
14	6 9 9
15	0 0 0 1 2 4
15	6 7 8 8 8 9
16	1
16	6 7

11.

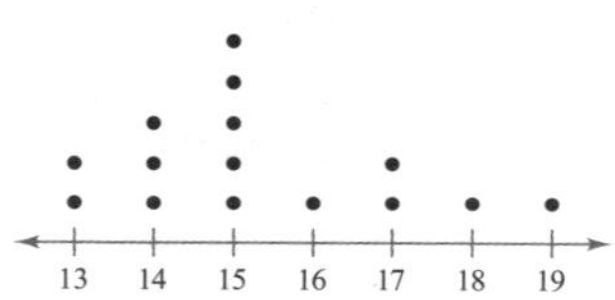

12.

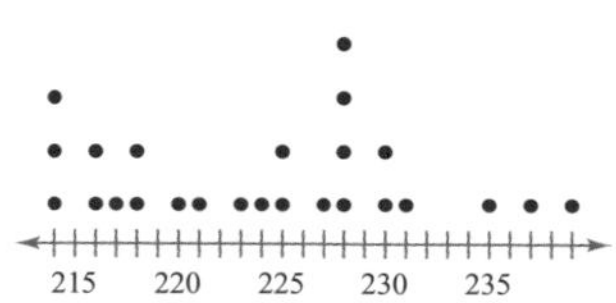

Usando e interpretando conceitos

Análise gráfica *Nos exercícios 13 a 16, faça três observações a partir da análise dos gráficos.*

13. **Usuários ativos mensais em todo o mundo em 5 redes sociais, em janeiro de 2021**

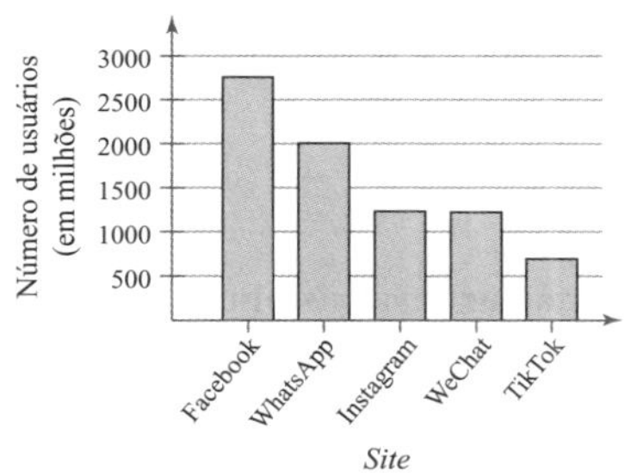

(Fonte: Statista.)

14. **Vendas automotivas anuais dos Estados Unidos**

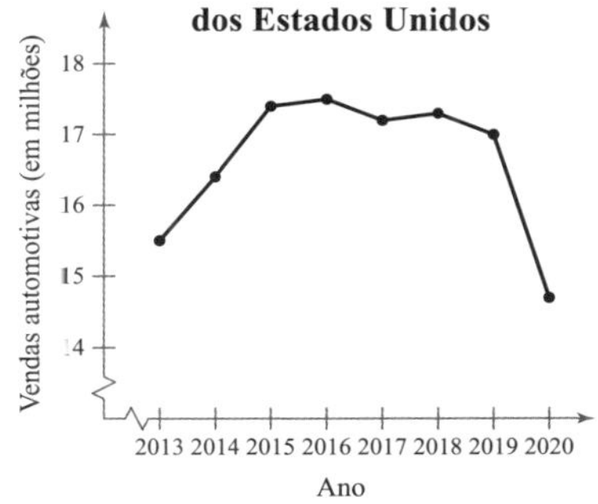

(Fonte: U.S. Bureau of Economic Analysis.)

15. **Motoristas estadunidenses menos populares**

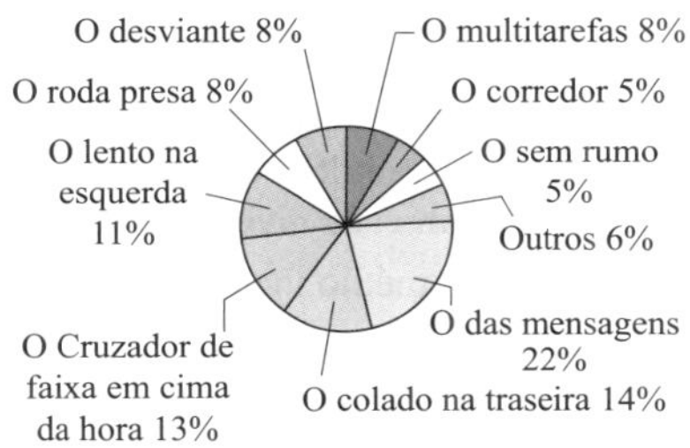

(Fonte: Expedia.)

16. **Número de famílias americanas com animal de estimação**

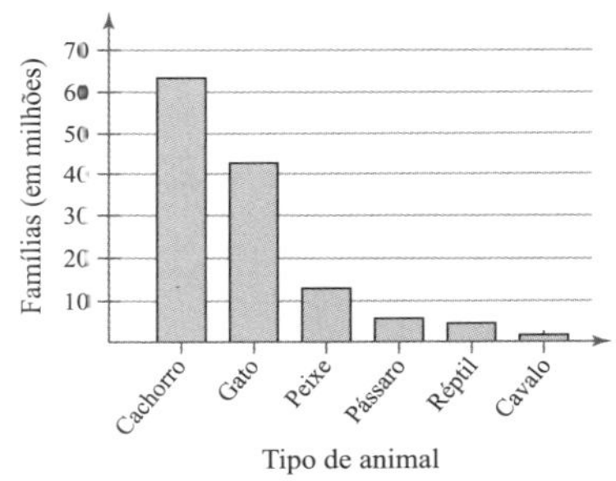

(Fonte: American Pet Products Association.)

Representando graficamente conjuntos de dados *Nos exercícios de 17 a 32, organize os dados usando o tipo de gráfico indicado. Descreva quaisquer padrões.*

17. Notas de provas Use um diagrama de ramo e folha para retratar os dados referentes às notas de uma turma em um teste de biologia.

75 85 90 80 87 67 82 88 95 91 73 80
83 92 94 68 75 91 79 95 87 76 91 85

18. Enfermagem Use um diagrama de ramo e folha para retratar os dados referentes ao número de horas que 24 enfermeiras trabalham por semana.

40 40 35 48 38 40 36 50 32 36 40 35
30 24 40 36 40 36 40 39 33 40 32 38

19. Espessura do gelo Use um diagrama de ramo e folha para retratar os dados referentes à espessura (em centímetros) do gelo medido em 20 localidades diferentes em um lago congelado.

5,8 6,4 6,9 7,2 5,1 4,9 4,3 5,8 7,0 6,8
8,1 7,5 7,2 6,9 5,8 7,2 8,0 7,0 6,9 5,9

20. Preços do tomate Use um diagrama de ramo e folha para retratar os dados da tabela, que representam os preços médios mensais (em dólares por libra) cobrados em 30 pontos de vendas de tomates frescos.

Preços do tomate (em dólares por libra)				
1,71	1,60	1,83	1,64	2,07
2,08	1,54	1,78	1,82	1,91
1,57	1,64	1,74	1,87	1,61
2,13	1,63	1,79	2,07	1,68
1,97	1,61	1,93	1,98	1,66
2,11	1,77	1,89	1,86	1,78

TABELA PARA O EXERCÍCIO 20

21. Atletas mais bem pagos Use um diagrama de ramo e folha com duas fileiras para cada ramo para retratar os dados referentes aos rendimentos (em milhões) dos 30 atletas mais bem pagos. *(Fonte: Forbes Media LLC.)*

39	42	41	45	48	48	106	45	88	54	61	37	62	74	40
47	56	57	105	96	37	48	41	64	52	47	45	59	49	104

22. Votos eleitorais Use um diagrama de ramo e folha com duas fileiras para cada ramo para retratar os dados referentes ao número votos eleitorais para cada um dos 50 estados e o Distrito de Columbia. *(Fonte: U.S. Census Bureau.)*

9	3	11	6	55	9	7	3	3	29	16	4	4	20	11	6	6
8	8	4	10	11	16	10	6	10	3	5	6	4	14	5	29	15
3	18	7	7	20	4	9	3	11	38	6	3	13	12	5	10	3

23. Pressão arterial sistólica Use um gráfico de pontos para retratar os dados referentes à pressão arterial sistólica (em milímetros de mercúrio) de 24 pacientes em um consultório médico.

120	135	140	145	130	150	120	170	145	125	130	110
160	180	200	150	200	135	140	120	130	170	165	140

24. Tempo de vida de moscas-domésticas Use um diagrama de pontos para retratar os dados referentes ao tempo de vida (em dias) de 30 moscas-domésticas.

9	9	4	11	10	5	13	9	7	11	6	8	14	10	6
10	10	7	14	11	7	8	6	13	10	14	14	8	13	10

25. Nível de escolaridade Use um gráfico de pizza para retratar os dados referentes ao número de adultos civis estadunidenses não institucionalizados (em milhões), que obtiveram cada nível de educação. *(Fonte: U.S. Census Bureau.)*

Ensino médio incompleto	26,6	Ensino médio	70,9
Superior incompleto	45,0	Tecnólogo	24,5
Bacharelado	53,3	Mestrado	22,5
Doutorado	7,7		

26. Maratona de Londres Use um gráfico de pizza para retratar os dados referentes ao número de homens vencedores da maratona de Londres, de cada país, até 2020. *(Fonte: New York Road Runners.)*

Estados Unidos	2	Noruega	1	Grã-Bretanha	6
Japão	2	Dinamarca	1	Quênia	15
União Soviética	1	Portugal	3	México	3
Espanha	1	Marrocos	2	Etiópia	4

27. Vendas de *smartphones* Os cinco fabricantes de *smartphones* mais vendidos de 2020 foram Apple (206,1 milhões de unidades), Huawei (189 milhões de unidades), Samsung (266,7 milhões de unidades), Vivo (111,7 milhões de unidades) e Xiaomi (147,8 milhões de unidades). Use um gráfico de Pareto para retratar os dados. *(Fonte: International Data Corporation.)*

28. Causas de morte As cinco principais causas de morte em todo o mundo de 1º de janeiro de 2020 a 11 de março de 2021 foram: infecções respiratórias inferiores (cerca de 2.971.000), acidente vascular cerebral (cerca de 7.809.000), doença pulmonar obstrutiva crônica (cerca de 3.910.000), doença cardíaca isquêmica (cerca de 10.890.000) e covid-19 (cerca de 3.068.000). Use um gráfico de Pareto para retratar os dados. *(Fonte: Institute for Health Metrics and Ecaluation.)*

29. Salário por hora Use um gráfico de dispersão para retratar os dados da tabela. Os dados representam o número de horas trabalhadas e o salário por hora (em dólares) de 12 trabalhadores.

Horas	Salário por hora
33	17,16
37	14,98
34	15,79
40	16,71
35	16,80
33	16,51
40	18,65
33	17,05
28	15,54
45	15,33
37	16,57
28	15,17

TABELA PARA O EXERCÍCIO 29

Número de alunos por professor	Salário médio dos professores
16,6	66,4
22,8	45,4
24,3	72,5
16,2	50,9
15,6	55,2
20,6	56,7
13,2	77,0
22,2	59,8
23,0	46,0
14,1	45,4

TABELA PARA O EXERCÍCIO 30

30. Salários Use um gráfico de dispersão para retratar os dados mostrados na Tabela 2.19. Os dados representam o número de alunos, por professor, e o salário médio dos professores (em milhares de dólares) em 10 escolas.

31. Graduação em engenharia Use um gráfico de série temporal para retratar os dados mostrados na tabela a seguir. Os dados representam o número de diplomas de bacharel em engenharia (em milhares) conferidos nos Estados Unidos. *(Fonte: U.S. Department of Education.)*

Ano	2011	2012	2013	2014	2015	2016	2017	2018	2019
Graduados	93,1	98,7	103,0	109,0	115,1	123,9	133,8	140,7	146,3

32. Industria Use um gráfico de série temporal para retratar os dados mostrados na tabela. Os dados representam o percentual do produto interno bruto (PIB) dos Estados Unidos relativo ao setor industrial. *(Fonte: U.S. Bureau of Economic Analysis.)*

Ano	2008	2009	2010	2011	2012	2013
Graduados	12,2%	11,8%	12,0%	12,0%	11,9%	11,9%

Ano	2014	2015	2016	2017	2018	2019
Graduados	11,7%	11,7%	11,2%	11,2%	11,2%	10,9%

33. Basquete Represente os dados a seguir em um diagrama de ramo e folha. Descreva as diferenças de como o diagrama de pontos e o diagrama de ramo e folha exibem padrões nos dados.

Altura dos jogadores em um time de basquete universitário

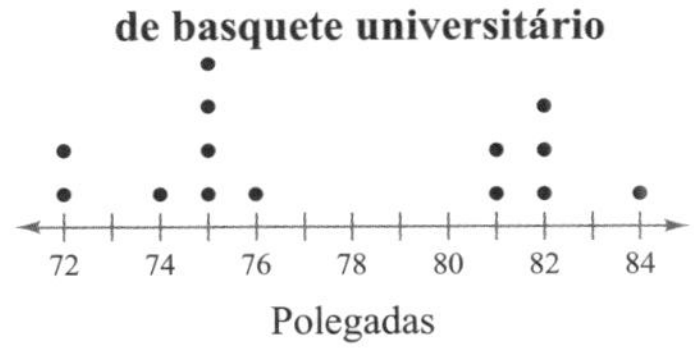

34. Tamanhos de tela de telefones Represente os dados a seguir em um diagrama de pontos. Descreva as diferenças de como o diagrama de ramo e folha e o diagrama de pontos exibem padrões nos dados.

Tamanhos da tela de telefones (em polegadas)

Ramo	Folhas
5	0 0 Chave: 5|0 = 5,0
5	5 5 5 6 7 8 8 9
6	0 0 0 1 2 3 4 4
6	5 5 6 8 8 9
7	0
7	

35. Estação favorita Represente os dados a seguir em um gráfico de Pareto. Descreva as diferenças de como o gráfico de pizza e o gráfico de Pareto exibem padrões nos dados. *(Fonte: Ipsos Public Affairs.)*

Estação favorita de adultos norte-americanos com idade acima de 18 anos

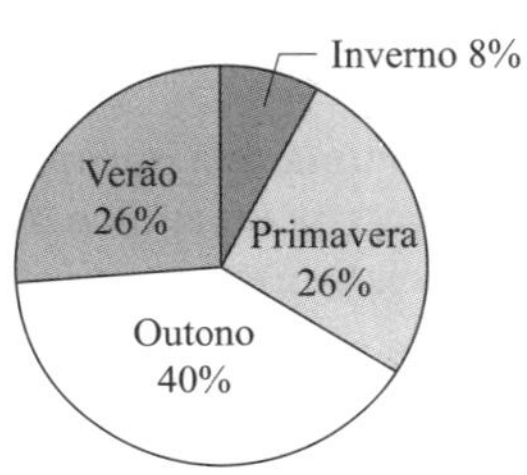

36. Dia da semana favorito Represente os dados a seguir em um gráfico de pizza. Descreva as diferenças de como o gráfico de Pareto e o gráfico de pizza exibem padrões nos dados.

Dia da semana favorito

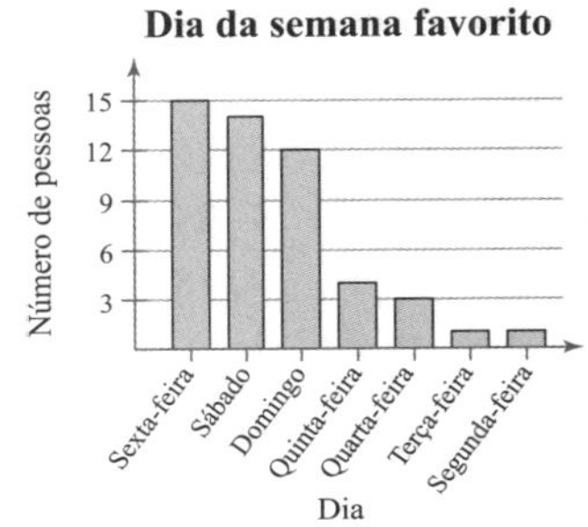

Expandindo conceitos

Um gráfico enganoso? *Um gráfico enganoso não está representado apropriadamente, o que pode distorcer os dados e levar a conclusões equivocadas. Nos exercícios 37 a 34, (a) explique por que o gráfico é enganoso e, (b) redesenhe o gráfico de modo que ele não seja enganoso.*

37. **Vendas da Companhia A**

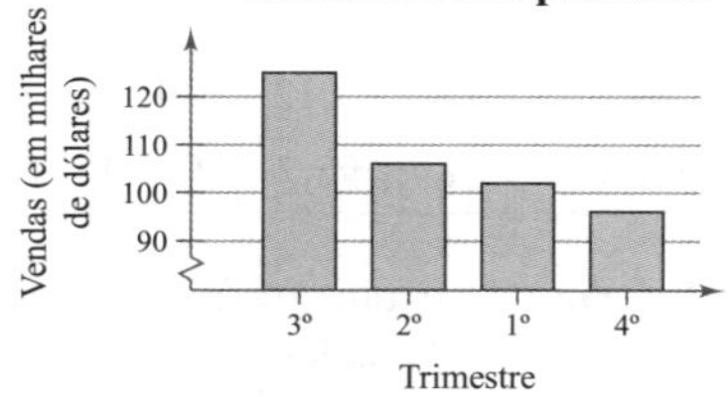

38. **Resultados de uma pesquisa**

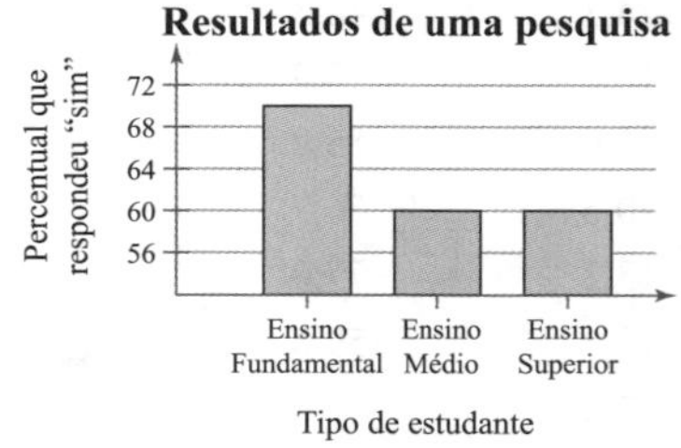

39. **Vendas da Companhia B**

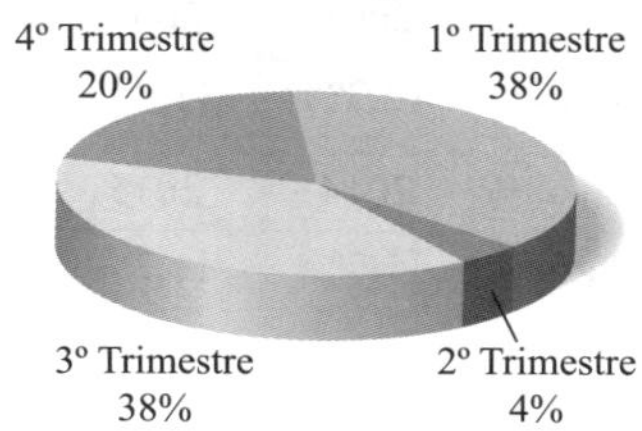

40. **Importações americanas de óleo cru, por país de origem, janeiro-dezembro 2020**

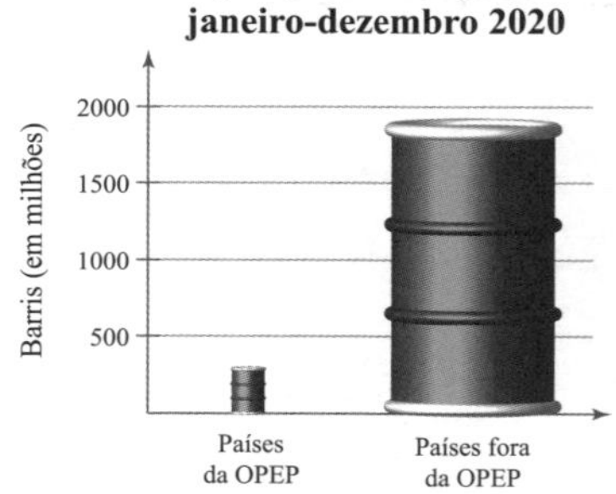

(Fonte: U.S. Energy Information Administration.)

Escritório A		Escritório B
5 0	9	0 3
8 5 2 2 2	10	5 7
9 9 7 0 0	11	0 0 5
1 1	12	0 3 3 5
	13	2 2 5 9
	14	1 3 3 3 9
	15	5 5 5 6
	16	4 9 9
9 9 5 1 0	17	1 2 5
5 5 5 2 1	18	9
9 9 8 7 5	19	0
3	20	

Chave: 5|19|0 = $ 195.000 para o escritório A e $ 190.000 para o escritório B

FIGURA PARA O EXERCÍCIO 41

41. **Salários de escritório de advocacia** Um **diagrama de ramo e folha lado a lado** compara dois conjuntos de dados usando os mesmos ramos para cada conjunto. As folhas para o primeiro conjunto estão em um lado e as folhas para o segundo conjunto estão do outro lado. O diagrama de ramo e folha lado a lado a seguir mostra os salários (em milhares de dólares) de todos os advogados de dois pequenos escritórios de advocacia.

(a) Quais são os salários mais altos e mais baixos no escritório A? E no escritório B? Quantos advogados há em cada escritório?

(b) Compare a distribuição dos salários de cada escritório. O que podemos perceber?

Aula das 15h				Aula das 20h			
40	60	73	77	19	18	20	29
51	68	68	35	39	43	71	56
68	53	64	75	44	44	18	19
76	69	59	55	19	18	18	20
38	57	68	84	25	29	25	22
75	62	73	75	31	24	24	23
85	77			19	19	18	28
				20	31		

TABELA PARA O EXERCÍCIO 42

42. **Aulas de ioga** Os conjuntos de dados mostram as idades de todos os participantes em duas aulas de ioga.

(a) Faça um diagrama de ramo e folha lado a lado, conforme descrito no exercício 41, para representar os dados.

(b) Quais são as maiores e menores idades dos participantes da aula das 15h? E das 20h? Quantos participantes há em cada aula?

(c) Compare a distribuição das idades em cada aula. Que observação(ões) pode(m) ser feita(s)?

43. **Escolhendo uma tela apropriada** Use a tecnologia para criar (a) um gráfico de ramo e folha, (b) um gráfico de pontos, (c) um gráfico de pizza, (d) um histograma de frequência e (e) uma ogiva para os dados. Qual gráfico exibe melhor os dados? Explique.

64 46 40 55 70 31 47 44 55 63
49 49 26 72 64 55 44 71 45 72

2.3 Medidas de tendência central

O que você deve aprender

- Como encontrar a média, a mediana e a moda de uma população e de uma amostra.
- Como encontrar uma média ponderada de um conjunto de dados e como estimar a média amostral de dados agrupados.
- Como descrever a forma de uma distribuição como simétrica, uniforme ou assimétrica, e como comparar a média e a mediana para cada uma.

Média, mediana e moda ■ Média ponderada e média de dados agrupados ■ As formas das distribuições

Média, Mediana e Moda

Nas Seções 2.1 e 2.2, aprendemos sobre as representações gráficas dos dados quantitativos. Nas Seções 2.3 e 2.4, aprenderemos sobre como complementar as representações gráficas com estatísticas numéricas que descrevem o centro e a variabilidade de um conjunto de dados.

Uma **medida da tendência central** é um valor que representa uma observação típica ou central de um conjunto de dados. As três medidas da tendência central mais comumente usadas são a **média**, a **mediana** e a **moda**.

DEFINIÇÃO

A **média** de um conjunto de dados é a soma dos valores dos dados dividida pelo número de observações. Para determinar a média de um conjunto de dados, use uma das fórmulas a seguir.

Média populacional: $\mu = \dfrac{\Sigma x}{N}$ Média amostral: $\bar{x} = \dfrac{\Sigma x}{n}$

A letra grega minúscula μ (pronuncia-se mi) representa a média populacional e (lê-se "x" barra) representa a média amostral. Note que N representa o número de observações em uma população e n representa o número de observações em uma amostra. Lembre-se que a letra maiúscula sigma (Σ) indica uma soma de valores.

EXEMPLO 1

Encontrando a média amostral

Os pesos (em libras) de uma amostra de adultos antes de iniciarem um estudo sobre perda de peso estão listados. Qual é o peso médio dos adultos?

274 235 223 268 290 285 235

SOLUÇÃO

A soma dos pesos é:

$$\Sigma x = 274 + 235 + 223 + 268 + 290 + 285 + 235 = 1.810$$

Há 7 adultos na amostra, logo, $n = 7$. Para encontrar o peso médio, divida a soma dos pesos pelo número de adultos na amostra.

$$\bar{x} = \frac{\Sigma x}{n} = \frac{1810}{7} \approx 258{,}6.$$

Resultado arredondado para uma casa decimal.

Então, o peso médio dos adultos é aproximadamente 258,6 libras.

TENTE VOCÊ MESMO 1

Os pontos marcados pelas equipes vencedoras no *Super Bowl* nas temporadas de 2005 a 2020 da *National Football League* estão listados. Encontre a média.

21 29 17 27 31 31 21 34
43 28 24 34 41 13 31 31

Dica de estudo

Note que a média no Exemplo 1 tem uma casa decimal a mais do que o conjunto original de valores dos dados. Quando a média precisar ser arredondada, essa regra de arredondamento será usada no livro. Outra regra importante é que o arredondamento não deve ser feito até o último cálculo.

DEFINIÇÃO

A **mediana** de um conjunto de dados é um valor que está no meio dos dados quando o conjunto está ordenado. A mediana indica o centro de um conjunto de dados ordenado, dividindo-o em duas partes iguais. Quando o conjunto de dados tem um número ímpar de observações, a mediana é o elemento do meio. Se o conjunto de dados tem um número par de observações, a mediana é a média dos dois elementos que ocupam as posições centrais.

Dica de tecnologia

Você pode usar tecnologias, como Minitab, Excel, StarCrunch ou TI-84 Plus para encontrar a média e a mediana de um conjunto de dados. Por exemplo, encontrar dos pesos listados no Exemplo 1 em uma TI-84 Plus, insira os dados em L1. Em seguida, pressione **2nd** LIST e, no menu MATH, escolha *média*. Em seguida, pressione **2nd** LIST e, no mnu VVocMATH, escolha *mediana*.

TI-84 PLUS

```
mean(L1)
                258.5714286
median(L1)
                        268
```

EXEMPLO 2

Encontrando a mediana

Encontre a mediana para os pesos listados no Exemplo 1.

SOLUÇÃO

Para encontrar o peso mediano, primeiro ordene os dados.

223 235 235 268 274 285 290

Em razão de termos sete observações (um número ímpar), a mediana está no meio, é a quarta observação. Então, o peso mediano é 268 libras.

TENTE VOCÊ MESMO 2

Encontre a mediana dos pontos marcados pelas 55 equipes vencedoras listadas na abertura deste capítulo.

Em um conjunto de dados, o número de observações acima da mediana é o mesmo que há abaixo dela. Por exemplo, no Exemplo 2, três dos pesos estão abaixo e três estão acima de 268 libras.

EXEMPLO 3

Encontrando a mediana

No Exemplo 2, o adulto pesando 285 libras decide não participar do estudo. Qual é o peso mediano dos adultos restantes?

SOLUÇÃO

Os pesos restantes em ordem são:

223 235 235 268 274 290

Em razão de termos seis observações (um número par), a mediana é a média dos dois elementos centrais.

$$\text{Mediana} = \frac{235 + 268}{2} = 251{,}5$$

Então, o peso mediano dos adultos restantes é 251,5 libras. Você pode verificar sua resposta usando a tecnologia, conforme mostrado na Figura 2.18 usando o Excel.

Figura 2.18

	A	B	C	D	E	F
1	223	235	235	268	274	290
2						251.5

← =MEDIAN(A1:F1)

TENTE VOCÊ MESMO 3

Os pontos marcados pelas equipes vencedoras no *Super Bowl* nas temporadas de 2005 a 2020 da *National Football League* estão listados. Encontre a mediana.

21 29 17 27 31 31 21 34
43 28 24 34 41 13 31 31

DEFINIÇÃO

A **moda** de um conjunto de dados é o valor que ocorre com a maior frequência. Um conjunto de dados pode ter uma moda, mais de uma moda ou não ter moda. Quando nenhum valor se repete, o conjunto de dados não tem moda. Quando dois valores ocorrem com a mesma maior frequência, cada um é uma moda e o conjunto é chamado de **bimodal**.

EXEMPLO 4

Encontrando a moda

Encontre a moda dos pesos listados no Exemplo 1.

SOLUÇÃO

Para encontrar a moda, primeiro ordene os dados.

223 235 235 268 274 285 290

A partir dos dados ordenados, podemos ver que o valor 235 ocorre duas vezes, enquanto os demais ocorrem somente uma vez. Então, a moda dos pesos é 235 libras.

TENTE VOCÊ MESMO 4

Encontre a moda dos pontos marcados pelas 55 equipes vencedoras listadas na abertura deste capítulo.

EXEMPLO 5

Encontrando a moda

Em um debate político nos Estados Unidos, pede-se a uma amostra dos membros da plateia que indique o partido político ao qual pertencem. Suas respostas são mostradas na Tabela 2.15. Qual é a moda das respostas?

Tabela 2.15

Partido político	Frequência, f
Democrata	46
Republicano	34
Independente	39
Outro/não sabe	5

SOLUÇÃO

A resposta que ocorre com maior frequência é Democrata. Então, a moda é Partido Democrata.

Interpretação Nessa amostra, havia mais democratas do que pessoas de qualquer outra afiliação.

TENTE VOCÊ MESMO 5

Em uma pesquisa, 12.648 adultos foram questionados: "Quanta confiança, se houver, você tem nas pessoas eleitas para agir no melhor interesse do público?" Dos entrevistados, 531 disseram "muita", 4.073 disseram "bastante", 5.970 disseram "não muito", 1.922 disseram "nada" e 152 não responderam. Qual é a moda das respostas? *(Adaptado de Pew Research Center.)*

A moda é a única medida de tendência central que pode ser usada para descrever dados no nível nominal de mensuração. Mas, quando trabalhamos com dados quantitativos, ela é raramente utilizada.

Embora a média, a mediana e a moda descrevam, cada uma, um valor típico de um conjunto de dados, há vantagens e desvantagens em seus usos. A média é uma medida confiável, pois leva em conta cada elemento de um conjunto de dados. Contudo, a média pode ser muito afetada quando o conjunto de dados contém **valores discrepantes (*outliers*)**.

DEFINIÇÃO

Um ***outlier*** é um valor que está muito afastado dos demais valores do conjunto de dados. (Você aprenderá uma maneira forma de determinar um *outlier* na Seção 2.5.)

Enquanto alguns *outliers* são dados válidos, outros podem ocorrer devido a erros no registro dos dados. Um conjunto de dados pode ter um ou mais *outliers*, causando **lacunas** em uma distribuição. As conclusões que são tomadas de um conjunto de dados que contém *outliers* podem ser falhas.

Tabela 2.16

Idades em uma turma						
20	20	20	20	20	20	21
21	21	21	22	22	22	23
23	23	23	24	24	65	

Retratando o mundo

A *National Association of Realtors* (Associação Nacional de Corretores de Imóveis dos Estados Unidos) mantém um controle das vendas de casas. Uma lista usa o *preço mediano* das casas vendidas e outra usa o *preço médio*. Os preços médio e mediano de venda das casas em um período de três meses são mostrados no gráfico de barras duplas. (Fonte: National Association of Realtors.)

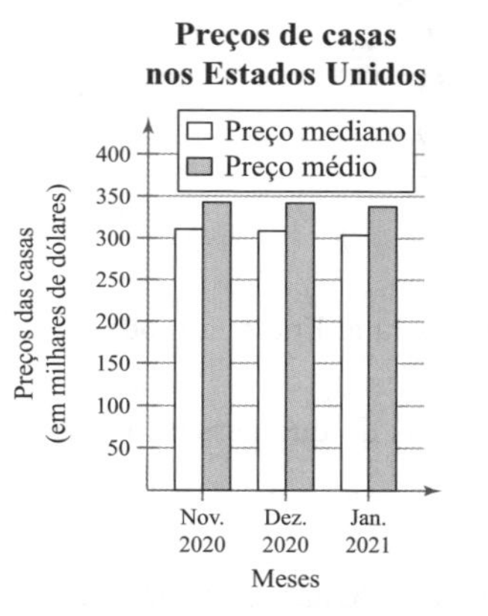

Note no gráfico que a cada mês o preço médio é maior que o preço mediano. Identifique um fator que faria com que o preço médio fosse maior que o preço mediano?

EXEMPLO 6

Comparando a média, a mediana e a moda

A Tabela 2.16 mostra as idades na amostra de alunos em uma turma. Encontre a média, a mediana e a moda das idades. Há *outliers*? Qual medida da tendência central melhor descreve um valor típico desse conjunto de dados?

SOLUÇÃO

Média: $\bar{x} = \dfrac{\Sigma x}{n} = \dfrac{475}{20} \approx 23{,}8$ anos

Mediana: $\text{Mediana} = \dfrac{21 + 22}{2} = 21{,}5$ anos

Moda: O valor que ocorre com maior frequência é 20 anos.

Interpretação A média leva em consideração todos os valores, mas é influenciada pelo *outlier* de valor 65. A mediana também leva em consideração todos os valores, e não é afetada pelo *outlier*. Nesse caso, a moda existe, mas não parece representar um valor típico. Algumas vezes, uma comparação gráfica pode ajudar a decidir qual medida de tendência central melhor representa o conjunto de dados. O histograma mostra a distribuição dos dados e a localização da média, da mediana e da moda. Nesse caso, a mediana parece descrever melhor o conjunto de dados.

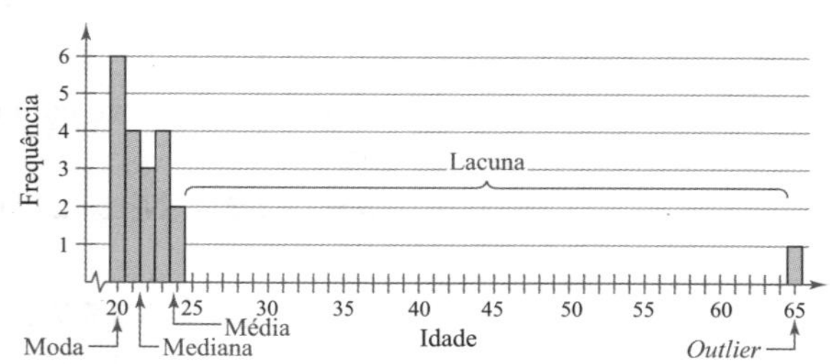

Figura 2.19 Idades dos alunos em uma turma.

TENTE VOCÊ MESMO 6

Remova o valor 65 do conjunto de dados do Exemplo 6. Então, refaça o exemplo. Como a ausência desse *outlier* muda cada uma das medidas?

Média ponderada e média de dados agrupados

Às vezes, os conjuntos de dados possuem valores que têm um efeito maior na média do que outros. Para encontrar a média de tais conjuntos, você deve calcular a **média ponderada**.

DEFINIÇÃO

Uma **média ponderada** é a média de um conjunto de dados cujos valores têm pesos variados. A média ponderada é dada por:

$$\bar{x} = \frac{\Sigma xw}{\Sigma w} \qquad \frac{\text{Soma dos produtos dos valores e dos pesos}}{\text{Soma dos pesos}}$$

onde w é o peso de cada valor de x.

EXEMPLO 7

Encontrando a média ponderada

Suas notas do semestre passado estão na Tabela 2.17. O sistema de pontuação atribui pontos da seguinte forma: A = 4, B = 3, C = 2, D = 1, F = 0. Determine sua nota média (média ponderada).

Tabela 2.17

Nota final	Horas de crédito
C	3
C	4
D	1
A	3
C	2
B	3

SOLUÇÃO

Sejam x os pontos atribuídos à letra da nota e w as horas de crédito. Você pode organizar os pontos e horas como na Tabela 2.18.

Tabela 2.18

Pontos, x	Horas de crédito, w	xw
2	3	6
2	4	8
1	1	1
4	3	12
2	2	4
3	3	9
	$\Sigma w = 16$	$\Sigma(x \cdot w) = 40$

No último semestre, sua nota média ponderada foi 2,5.

TENTE VOCÊ MESMO 7

No Exemplo 7, sua nota no curso de dois créditos é alterada para B. Qual é sua nova média ponderada?

Dica de tecnologia

Você pode usar tecnologias como Minitab, Excel, StatCrunch ou TI-84 Plus para encontrar a média ponderada. Por exemplo, para encontrar a média ponderada no Exemplo 7 em uma TI-84 Plus, insira os pontos em L1 e as horas de crédito em L2. Em seguida, use o recurso *1-Var Stats* com L1 como lista e L2 como lista de frequência para calcular a média (e outras estatísticas), conforme mostrado na figura.

TI-84 PLUS

1-Var Stats
x̄=2.5 ← Média
Σx=40
Σx²=112
Sx=.894427191
σx=.8660254038
↓n=16

Para dados apresentados em uma distribuição de frequência, você pode estimar a média como mostrado na próxima definição.

Dica de estudo

Para uma distribuição de frequência que representa uma população, a média é estimada por:

$$\mu = \frac{\Sigma xf}{N}$$

onde $N = \Sigma f$.

DEFINIÇÃO

A **média de uma distribuição** de frequência para uma amostra é estimada por:

$$\bar{x} = \frac{\Sigma xf}{n} \qquad \text{Note que } n = \Sigma f.$$

onde x e f são os pontos médios e as frequências de cada classe, respectivamente.

INSTRUÇÕES

Encontrando a média de uma distribuição de frequência

Em palavras	Em símbolos
1. Determine o ponto médio de cada classe.	$x = \frac{(\text{Limite inferior}) + (\text{Limite superior})}{2}$
2. Calcule a soma dos produtos dos pontos médios pelas frequências.	Σxf
3. Calcule a soma das frequências.	$n = \Sigma f$
4. Determine a média da distribuição de frequência.	$\bar{x} = \frac{\Sigma xf}{n}$

EXEMPLO 8

Encontrando a média de uma distribuição de frequência

A distribuição de frequência da Tabela 2.19 mostra os tempos de uso do celular (em minutos) para 30 adultos dos Estados Unidos em um dia recente. Use a distribuição de frequência para estimar o tempo médio de uso. Usando a fórmula da média da amostra da página 67 com o conjunto de dados original (consulte o Exemplo 1 na Seção 2.1), o tempo médio de uso é de cerca de 285,5 minutos. Compare-o com a média estimada.

Tabela 2.19

Ponto médio das classes, x	Frequência, f	xf
172,5	3	517,5
208,5	2	417,0
244,5	5	1222,5
280,5	6	1683,0
316,5	7	2215,5
352,5	4	1410,0
388,5	3	1165,5
	$n = 30$	$\Sigma = 8631$

SOLUÇÃO

$$\bar{x} = \frac{\Sigma xf}{n} = \frac{8631}{30} = 287,7$$

Interpretação O tempo médio de uso é de 287,7 minutos. Esse valor é uma estimativa, porque se baseia em pontos médios de classes em vez do conjunto de dados original. Embora não seja substancialmente diferente, a média de cerca de 285,5 minutos encontrada usando o conjunto de dados original é um resultado mais preciso.

TENTE VOCÊ MESMO 8

Use uma distribuição de frequência para a estimar a média dos pontos marcados pelas 55 equipes vencedoras listadas na abertura deste capítulo. (Consulte o Tente você mesmo 2 na página 43). Usando a fórmula da média da população da página 67 com o conjunto de dados original, a média é de cerca de 30,1 pontos. Compare-a com a média estimada.

As formas das distribuições

Um gráfico revela diversas características de uma distribuição de frequência. Uma delas é a forma da distribuição.

Dica de estudo

O gráfico de uma distribuição simétrica nem sempre tem a forma de sino [veja as Figuras 2.53 (a) e (b)]. Algumas das outras formas possíveis para o gráfico de uma distribuição simétrica são U, M ou W.

DEFINIÇÃO

Uma distribuição de frequência é **simétrica** quando uma linha vertical pode ser desenhada pelo meio do gráfico da distribuição e as metades resultantes são aproximadamente imagens espelhadas.

Uma distribuição de frequência é **uniforme** (ou **retangular**) quando todas os valores ou classes na distribuição têm frequências iguais ou aproximadamente iguais. Uma distribuição uniforme também é simétrica.

Uma distribuição de frequências é assimétrica quando a "cauda" do gráfico se alonga mais em um dos lados. Uma distribuição é **assimétrica à esquerda** (**negativamente assimétrica**) quando sua cauda se estende para a esquerda, e **assimétrica à direita** (**positivamente assimétrica**) quando sua cauda se estende para a direita.

2.3 Para explorar mais este tópico, veja a **Atividade 2.3** na página 81.

Quando uma distribuição é simétrica e unimodal, a média, a mediana e a moda são iguais. Quando a distribuição é assimétrica à esquerda, a média é menor que a mediana, que é, geralmente, menor que a moda. Quando a distribuição é assimétrica à direita, a média é maior que a mediana que é, geralmente, maior que a moda. Exemplos dessas distribuições comuns são mostrados na Figura 2.20.

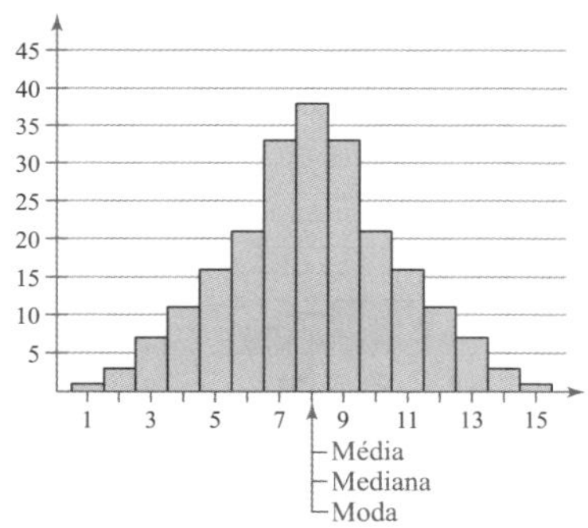

(a) Distribuição Simétrica

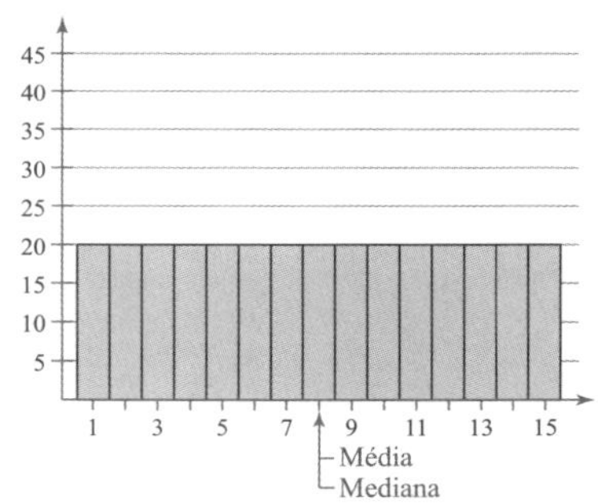

(b) Distribuição Uniforme

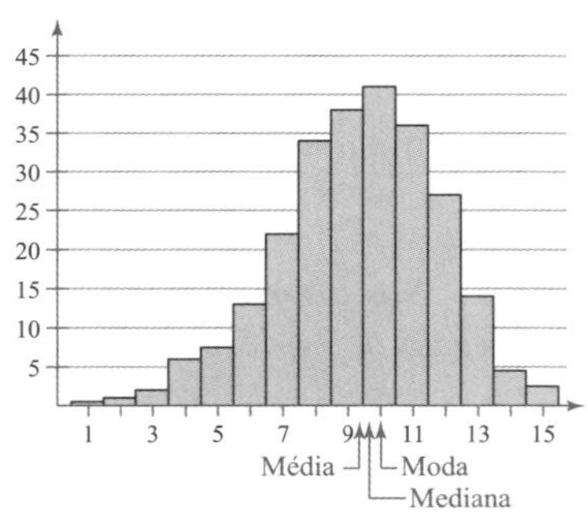

(c) Distribuição Assimétrica à esquerda

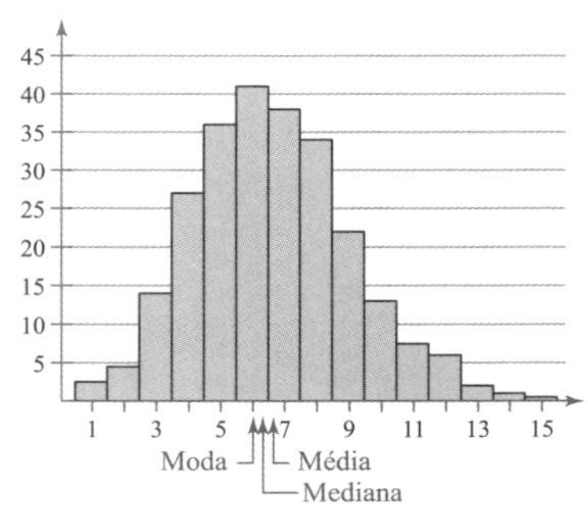

(d) Distribuição Assimétrica à direita

Figura 2.20

Dica de estudo

Fique atento que há muitas formas diferentes de distribuições. Em alguns casos, a forma pode não ser classificada como simétrica, uniforme ou assimétrica. Uma distribuição pode ter várias lacunas causadas por *outliers* ou por **agrupamentos** de dados. Os agrupamentos podem ocorrer quando diversos tipos de dados são incluídos em um conjunto de dados. Por exemplo, um conjunto de dados do rendimento de caminhões (que é baixo) e de carros híbridos (que é alto) teria dois agrupamentos.

A média sempre cairá na direção em que a distribuição for assimétrica. Por exemplo, quando uma distribuição é assimétrica à esquerda, a média está à esquerda da mediana.

2.3 EXERCÍCIOS

Construindo habilidades básicas e vocabulário

Verdadeiro ou falso? *Nos exercícios de 1 a 4, determine se a frase é verdadeira ou falsa. Se for falsa, reescreva-a de forma que seja verdadeira.*

1. A média é a medida de tendência central que mais pode ser afetada por um *outlier*.
2. Alguns conjuntos de dados quantitativos não têm mediana.
3. Um conjunto de dados pode ter a mesma média, mediana e moda.
4. Quando cada classe de dados tem a mesma frequência, a distribuição é simétrica.

Construindo conjuntos de dados *Nos exercícios de 5 a 8, construa o conjunto de dados descrito. Os valores no conjunto de dados não podem ser os mesmos.*

5. A mediana e a moda são as mesmas.
6. A média e a mediana são as mesmas e o conjunto é bimodal.
7. A média *não* representa um número típico no conjunto de dados.
8. A média, a mediana e a moda são as mesmas.

Análise gráfica *Nos exercícios 9 a 12, determine se a forma aproximada da distribuição no histograma é simétrica, uniforme, assimétrica à esquerda, assimétrica à direita ou nenhuma das anteriores. Justifique sua resposta.*

9.

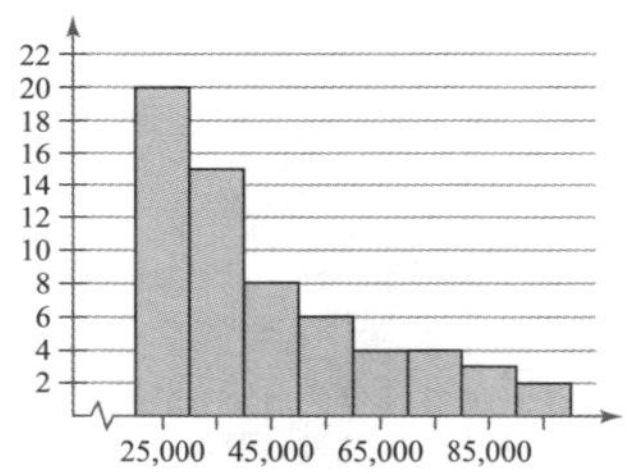

10.

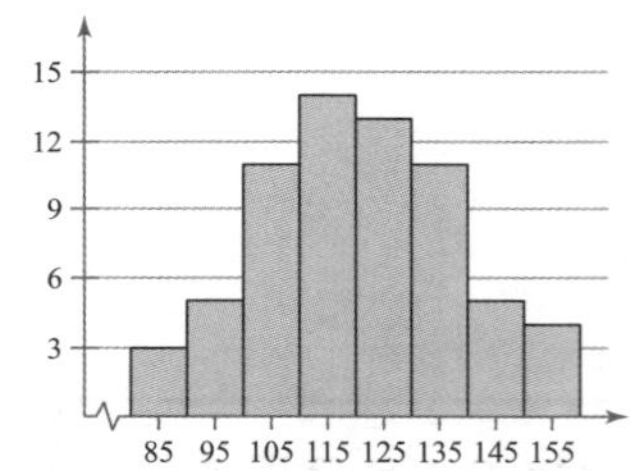

11.

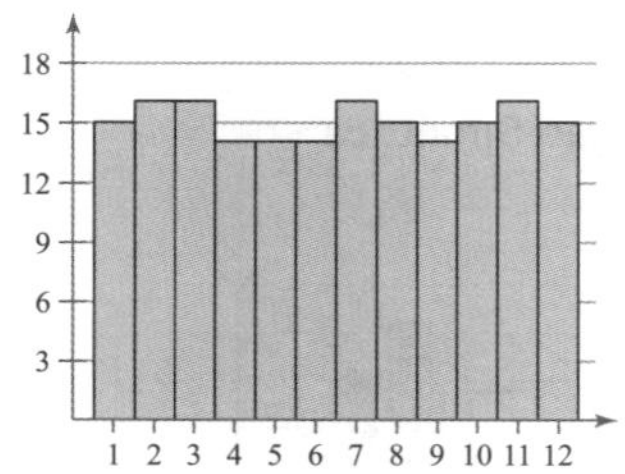

12.

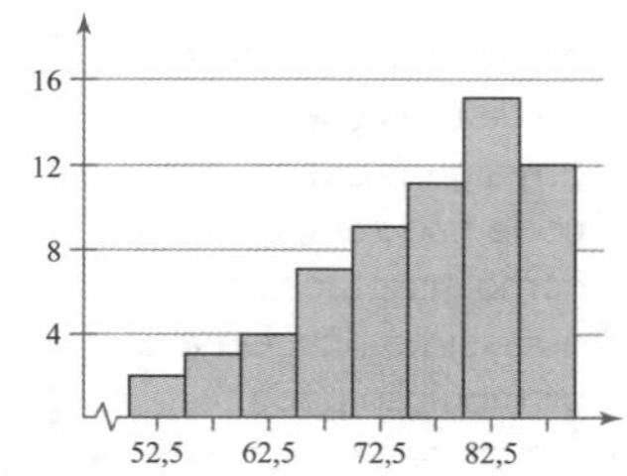

Relacionando *Nos exercícios de 13 a 16, relacione a distribuição com um dos gráficos dos exercícios de 9 a 12. Justifique sua decisão.*

13. A distribuição de frequência de 180 lançamentos de um dodecágono (dado de 12 faces).
14. A distribuição de frequência de quilometragem de veículos de serviço em uma empresa onde alguns veículos têm quilometragem muito maior do que a maioria.
15. A distribuição de frequência das notas em um teste de 90 pontos onde alguns estudantes tiveram nota muito menor do que a maioria.
16. A distribuição de frequência dos pesos para uma amostra de meninos do sétimo ano.

Usando e interpretando conceitos

Encontrando e discutindo a média, a mediana e a moda *Nos exercícios de 17 a 34, encontre a média, a mediana e a moda dos dados, se possível. Se quaisquer dessas medidas não puderem ser encontradas ou não representarem o centro dos dados, explique o porquê.*

17. Créditos da faculdade O número de créditos cursados por uma amostra de 14 estudantes de tempo integral em uma faculdade para um semestre.

12 14 16 15 13 14 15
18 16 16 12 16 15 17

18. Notas no LSAT* As notas no *Law School Admission Test* (LSAT) para uma amostra de sete estudantes aceitos na faculdade de direito.

174 172 169 176 169 170 175

19. Durações de vídeo A duração (em minutos) de sete vídeos educacionais do *Public Broadcasting Service*** (PBS). *(FontePBS.)*

83 67 90 55 56 119 52

20. Contagem de páginas O tamanho (em páginas) dos 10 livros mais vendidos de 2020 na Amazon. *(Fonte: Amazon)*

768 240 384 84 672 352 34 192 320 592

21. Mensalidade As mensalidades e taxas de 2020-2021 (em milhares de dólares) para as 14 universidades norte-americanas mais bem classificadas, de acordo com o *U.S. News & World Report*. *(Fonte: U.S. News & World Report.)*

54 54 64 54 58 56 59
60 57 57 59 60 59 61

22. Colesterol Os níveis de colesterol para uma amostra de 10 funcionárias.

154 240 171 188 235 203 184 173 181 275

23. Portos de entrada O número máximo de pistas de veículos de passageiros em 16 portos de entrada na fronteira canadense. *(Fonte: U.S Customs and Border Protection.)*

8 7 10 3 9 17 1 2
2 6 1 10 4 19 10 5

24. Tratamento da depressão O número de pacientes que responderam a várias combinações de terapia eletroconvulsiva, medicação e terapia cognitivo-comportamental para tratar a depressão aguda em diferentes períodos de tempo. *(Fonte: Adated from Bipolar Network News.)*

42 15 8 9 13 6 7

25. Falhas de energia A duração (em minutos) das falhas de energia em uma residência nos últimos 10 anos.

18 26 45 75 125 80 33
40 44 49 89 80 96 125
12 61 31 63 103 28 19

26. Músicas número um O número de semanas que as 39 músicas mais tocadas ficaram como número um em 24 de março de 2020. *(Fonte:Billboard.)*

10 10 13 14 11 14 16 14 11 11 14 10 11
13 12 10 11 10 10 12 12 14 10 10 11 19
10 12 14 10 12 10 14 12 10 10 12 16 12

---

*N. de T.: O LSAT é uma prova de admissão para a faculdade de direito.

**N. de T.: A PBS é uma rede de televisão de caráter educativo.

Onde ocorreu o assédio *online*	Frequência, *f*
Site de mídia social	3104
Site do fórum/ discussão	1035
Aplicativo de texto/ mensagem	993
Jogo *online*	662
Conta de e-mail	455
Namoro virtual	414

TABELA PARA O EXERCÍCIO 27

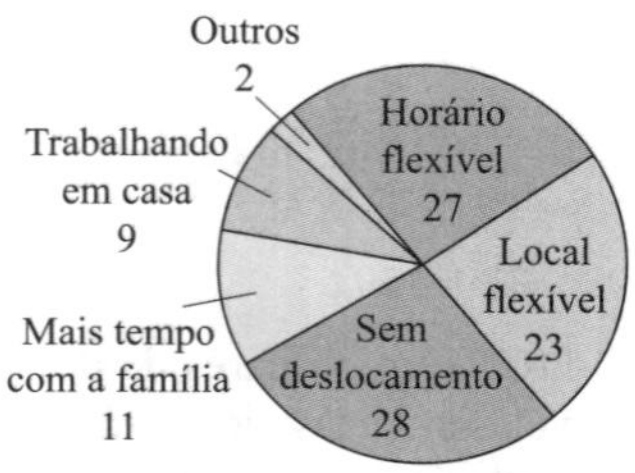

FIGURA PARA O EXERCÍCIO 30

27. Assédio *online* Uma amostra de 4.138 adultos estadunidenses assediados *online* foram questionados em que ambiente o assédio ocorreu. As respostas são mostradas na tabela. *(Fonte: Adapted from Pew Research.)*

28. Sistema judicial As respostas de uma amostra de 34 jovens adultos do sexo masculino do Reino Unido em sentenças privativas de liberdade a quem foi perguntado o que é afetado por tais sentenças. *(Adaptado de: User Voice.)*

Saúde mental: 8
Confiança: 3
Educação: 8
Desenvolvimento pessoal: 5
Família: 3
Oportunidades futuras: 3
Outros: 4

29. Nível da turma Os níveis da turma de 25 estudantes de um curso de física.

Primeiro ano: 8% Segundo ano: 40%
Terceiro ano: 20% Quarto ano: 32%

30. Trabalho remoto O gráfico de pizza na figura mostra as respostas dos funcionários que trabalham em casa devido ao covid-19 que foram questionados sobre o maior benefício de trabalhar remotamente. *(Fonte: Buffer.)*

31. **Pesos (em libras) de pacotes em um caminhão de entrega**

Chave: 3|0 = 30

0	5 8
1	0 1 3 6
2	1 3 3 3 6 7 7
3	0 1 2 4 4 4 5 7 8
4	3 4 5 6 9
5	2

32. **Coeficientes de rendimento de alunos de uma turma**

Chave: 0|8 = 0,8

0	8
1	5 6 8
2	1 3 4 5
3	0 9
4	0 0

33. **Tempo (em minutos) que levam os empregados para chegar ao trabalho**

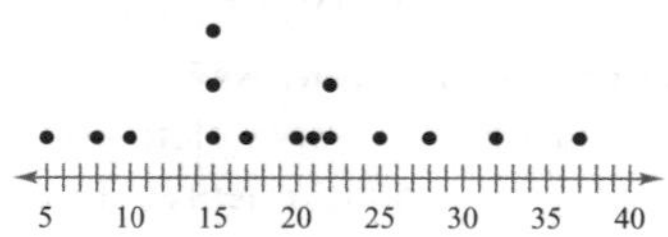

34. **Preço (em dólares) de voos de Chicago para Atlanta**

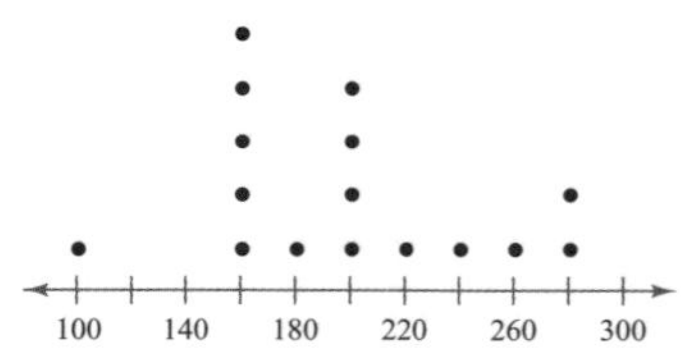

Análise gráfica

Nos exercícios 35 e 36, identifique quaisquer agrupamentos, lacunas ou outliers.

Veículos elétricos híbridos modelo ano 2020

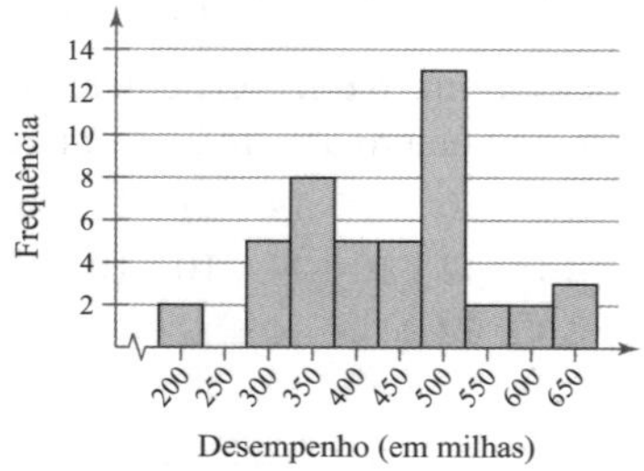

35. *(Fonte: Unites States Environmental Protection Agency.)*

Veículos totalmente elétricos modelo ano 2020

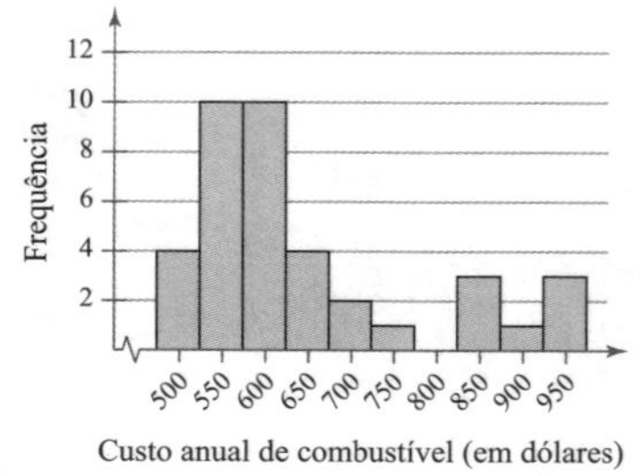

36. *(Fonte: Unites States Environmental Protection Agency.)*

Nos exercícios de 37 a 40, sem realizar nenhum cálculo, determine qual medida de tendência central melhor representa os dados dos gráficos. Explique seu raciocínio.

37. **Com que frequência você muda de emprego?**

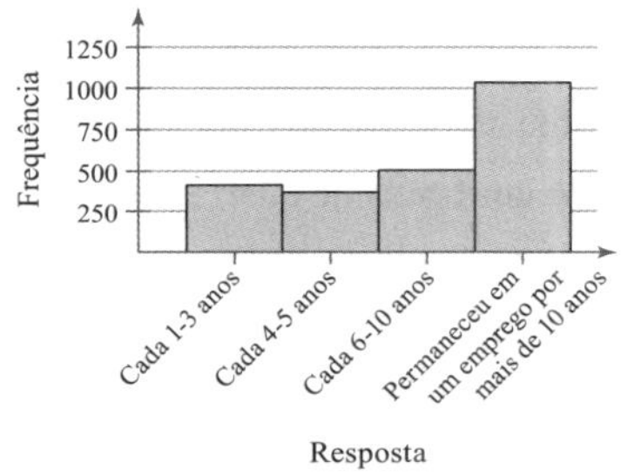

(Fonte: Jobvite.)

38. **Alturas de jogadores de dois times adversários de vôlei**

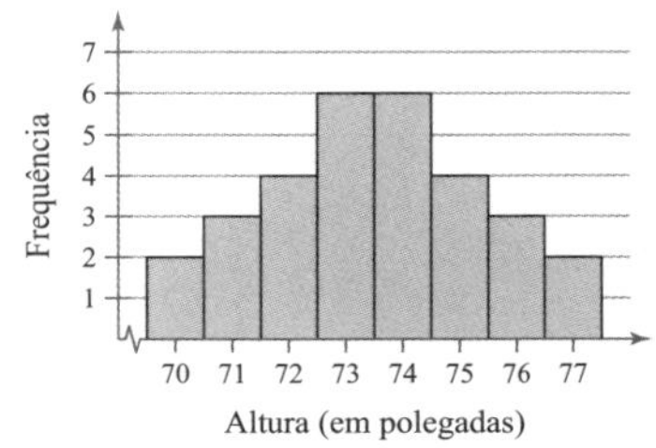

39. **Frequência cardíaca de uma amostra de adultos**

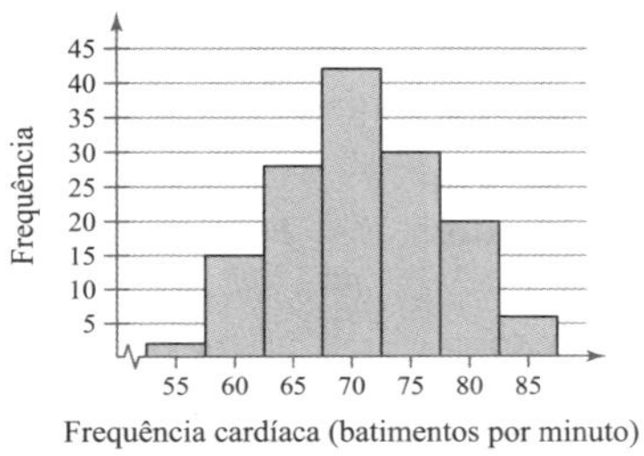

40. **Índice de Massa Corporal (IMC) de pessoas em uma academia**

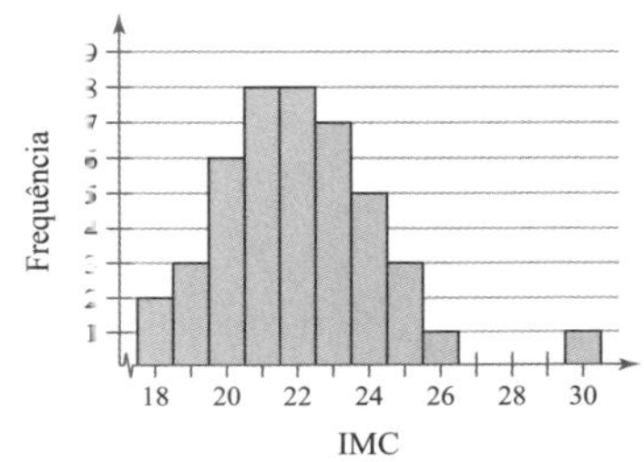

Encontrando a média ponderada

Nos exercícios de 41 a 46, encontre a média ponderada dos dados.

41. Nota final As notas e seus percentuais na nota final para um aluno de estatística são apresentados a seguir. Qual é a nota média do aluno?

	Nota	Percentual da nota final
Dever de casa	85	5%
Testes	80	35%
Projeto/apresentação	100	35%
Prova final	93	25%

42. Nota final As notas, e seus percentuais na nota final para um aluno de arqueologia são apresentadas a seguir. Qual é a nota média do aluno?

	Nota	Percentual da nota final
Testes	100	20%
Prova bimestral	89	30%
Apresentações	100	10%
Prova final	92	40%

43. Saldo de conta Para o mês de abril, uma conta bancária tem saldo de US$ 523 por 24 dias, US$ 2.415 por 2 dias e US$ 250 por 4 dias. Qual é o saldo médio diário para abril?

44. Saldo de cartão de crédito Para o mês de outubro, um cartão de crédito tem um saldo de US$ 115,63 por 12 dias, US$ 637,19 por 6 dias, US$ 1.225,06 por 7 dias, US$ 0 por 2 dias e US$ 34,88 por 4 dias. Qual é o saldo médio diário para outubro?

45. Notas As notas médias para estudantes de um curso de estatística (por graduação) são dadas a seguir. Qual é a nota média da turma?

9 alunos de engenharia: 85 — 5 alunos de matemática: 90 — 13 alunos de administração: 81

46. Graus Um estudante recebe os seguintes graus, com A valendo 4 pontos, B valendo 3 pontos, C valendo 2 pontos e D valendo 1 ponto. Qual é o coeficiente de rendimento médio do estudante?

A em 1 aula de quatro créditos — C em 1 aula de três créditos

B em 2 aulas de três créditos — D em 1 aula de dois créditos

47. Nota final No exercício 41, foi cometido um erro no lançamento de sua nota na prova final. Em vez de 93, sua nota foi 85. Qual é a sua nova média ponderada

48. Notas No exercício 46, um dos graus B foi alterado para A. Qual é o novo coeficiente de rendimento médio do estudante?

Encontrando a média de uma distribuição de frequência

Nos exercícios de 49 a 52, aproxime a média da distribuição de frequência.

49. Redes sociais A média diária de tempo (em minutos) gasto no Instagram.

Tempo gasto (em minutos)	Frequência
0-29	9
30-59	23
60-89	12
90-119	6

50. Redes sociais A média diária de tempo (em minutos) gasto no Snapchat.

Tempo gasto (em minutos)	Frequência
0-19	8
20-39	8
40-59	15
60-79	10
80-99	7

51. Idades As idades (em anos) dos moradores de uma pequena cidade em 2021.

Idade (em anos)	Frequência
0-9	78
10-19	97
20-29	54
30-39	63
40-49	69
50-59	86
60-69	73
70-79	53
80-89	43
90-99	15

52. Populações As populações (em milhares) dos condados de Montana, em 2019. *(Fonte: U.S. Census Bureau.)*

População (em milhares)	Frequência
0-9	46
20-39	3
40-59	1
60-79	1
80-99	1
100-119	3
120-139	0
140-159	1

Identificando a forma de uma distribuição

Nos exercícios 53 a 56, construa uma distribuição de frequência e um histograma de frequência para os dados usando o número de classes indicado. Descreva a forma do histograma como simétrico, uniforme, assimétrico negativo, assimétrico positivo ou nenhum dos anteriores.

53. Leitos de hospitais

Número de classes: 5

Conjunto de dados: o número de leitos em uma amostra de 20 hospitais.

167 162 127 130 180 160 167 221 145 137
194 207 150 254 262 244 297 137 204 180

54. Pronto-socorro

Número de classes: 6

Conjunto de dados: o número de pacientes que visitam um pronto-socorro por dia durante um período de duas semanas.

256	317	237	182	382	106	162
112	162	264	104	194	236	227

55. Altura de homens

Número de classes: 5

Conjunto de dados: as alturas (aproximadas para a polegada mais próxima) de 30 homens.

67	76	69	68	72	68	65	63	75	69
66	72	67	66	69	73	64	62	71	73
68	72	71	65	69	66	74	72	68	69

56. Dado de seis lados

Número de classes: 6

Conjunto de dados: os resultados do lançamento de um dado de seis lados 30 vezes.

1	4	6	1	5	3	2	5	4	6
1	2	4	3	5	6	3	2	1	1
5	6	2	4	4	3	1	6	2	4

57. Proteína em pó Durante uma verificação de garantia de qualidade, o conteúdo real (em gramas) de seis recipientes de proteína em pó foi registrado como 1.525, 1.526, 1.502, 1.516, 1.529 e 1.511.

(a) Calcule a média e a mediana dos conteúdos.

(b) O terceiro valor foi medido incorretamente e é na verdade 1.520. Calcule novamente a média e a mediana dos conteúdos.

(c) Qual medida de tendência central, a média ou a mediana, foi mais afetada pelo erro de medição?

58. Déficits comerciais dos Estados Unidos A tabela mostra os déficits comerciais dos Estados Unidos (em bilhões de dólares) com 18 países em 2020. *(Fonte: U. S. Department of Commerce.)*

(a) Calcule a média e a mediana dos déficits comerciais.

(b) Calcule a média e a mediana sem o déficit comercial chinês. Qual medida de tendência central, a média ou a mediana, foi mais afetada pela eliminação do déficit comercial chinês?

(c) O déficit comercial austríaco foi de US$ 8,2 bilhões. Calcule a média e a mediana acrescentando o déficit comercial austríaco aos dados originais. Qual medida de tendência central foi mais afetada?

Déficits comerciais dos Estados Unido (em bilhões de dólares)	
China: 310,8	Taiwan: 29,9
México: 112,7	Itália: 29,5
Canadá: 280,9	Tailândia: 26,4
Vietnã: 69,7	Coreia do Sul: 24,8
Alemanha: 57,3	Índia: 23,8
Suíça: 56,7	França: 15,6
Irlanda: 55,9	Canadá: 15,2
Japão: 55,4	Indonésia: 12,8
Malásia: 31,7	
Federação Russa: 12,0	
Dinamarca: 8,6	

TABELA PARA O EXERCÍCIO 58

Análise gráfica *Nos exercícios 59 e 60, as letras A, B e C estão indicadas no eixo horizontal. Descreva a forma dos dados. Em seguida, determine qual é a média, a mediana e a moda. Justifique suas respostas.*

59. Número de dias ausentes por doença

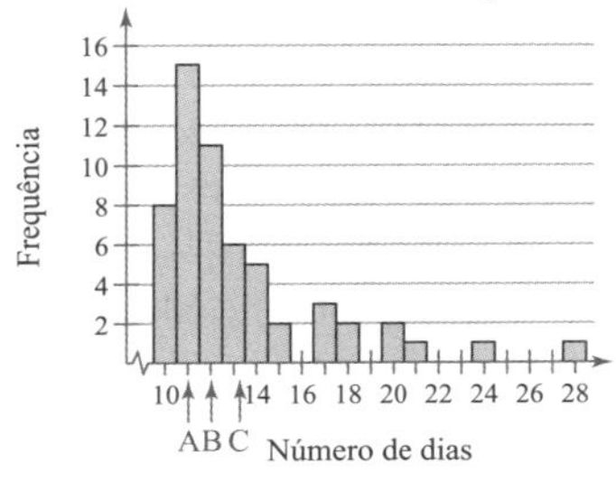

60. Salário por hora dos funcionários

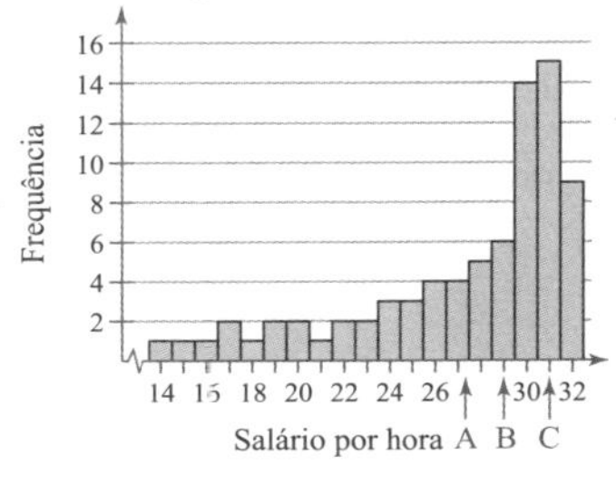

Expandindo conceitos

61. Escrevendo Em um ano letivo, um aluno recebe as notas mostradas a seguir, com um A valendo 4 pontos, um B valendo 3 pontos e um C valendo 2 pontos.

A em 2 aulas de quatro créditos e 3 aulas de três créditos;
B em 2 aulas de três créditos e 2 aulas de dois créditos;
C em 1 aula de dois créditos.

O aluno pode aumentar um dos Bs ou Cs em uma nota de letra. Qual delas o aluno deve escolher? Explique seu raciocínio.

62. Golfe As distâncias (em jardas) para nove buracos de um jogo de golfe são listadas a seguir.

336 393 408 522 147 504 177 375 360

(a) Calcule a média e a mediana dos dados.

(b) Converta as distâncias para pés. Refaça a parte (a).

(c) Compare as medidas encontradas na parte (b) com os resultados da parte (a). O que podemos notar?

(d) Use os resultados da parte (c) para explicar como encontrar rapidamente a média e a mediana do conjunto de dados original quando as distâncias são convertidas para polegadas.

63. Análise de dados Um serviço de teste ao consumidor obteve as distâncias percorridas (em milhas por galão), mostradas na tabela, em cinco testes de desempenho com três tipos de carros compactos.

(a) O fabricante do carro A quer anunciar que seu carro teve o melhor desempenho no teste. Que medida da tendência central – média, mediana ou moda – deveria ser usada para essa afirmação? Explique seu raciocínio.

(b) O fabricante do carro B quer anunciar que seu carro teve o melhor desempenho no teste. Que medida da tendência central – média, mediana ou moda – deveria ser usada para essa afirmação? Explique seu raciocínio.

(c) O fabricante do carro C quer anunciar que seu carro teve o melhor desempenho no teste. Que medida da tendência central – média, mediana ou moda – deveria ser usada para essa afirmação? Explique seu raciocínio.

	Carro		
	A	B	C
Teste 1	28	31	29
Teste 2	32	29	32
Teste 3	28	31	28
Teste 4	30	29	32
Teste 5	34	31	30

TABELA PARA O EXERCÍCIO 63

64. Amplitude média Outra medida da tendência central que é raramente usada é a **amplitude média**. Ela pode ser encontrada pela fórmula.

$$\text{Amplitude máxima} = \frac{(\text{Valor máximo dos dados}) + (\text{Valor mínimo dos dados})}{2}.$$

Qual dos fabricantes do Exercício 63 iria preferir usar a estatística amplitude média em seus anúncios? Explique seu raciocínio.

65. Análise de dados Estudantes em uma aula de psicologia experimental realizaram uma pesquisa sobre a depressão como sinal de estresse. Um teste foi aplicado em uma amostra de 30 estudantes. As pontuações são mostradas na tabela.

(a) Calcule a média e a mediana dos dados.

(b) Elabore um diagrama de ramo e folha para os dados usando uma fileira por ramo. Localize a média e a mediana no diagrama.

(c) Descreva a forma da distribuição.

Pontuações no teste							
44	51	11	90	76	36	64	37
43	72	53	62	36	74	51	72
37	28	38	61	47	63	36	41
22	37	51	46	85	13		

TABELA PARA O EXERCÍCIO 65

66. Média aparada Para encontrar a média aparada a 10% de um conjunto de dados, ordene os dados, exclua os 10% menores e os 10% maiores valores e encontre a média dos valores restantes.

(a) Encontre a média aparada a 10% para os dados do Exercício 65.

(b) Compare as quatro medidas da tendência central, incluindo a amplitude média.

(c) Qual é o benefício de se usar uma média aparada *versus* uma média usando todos os valores dos dados? Explique seu raciocínio.

2.3 ATIVIDADE

Média *versus* Mediana

APPLET

O *applet Mean versus median* é planejado para permitir que você investigue, interativamente, a média e a mediana como medidas do centro do conjunto de dados. Você pode gerar um conjunto de dados inserindo um **tamanho de amostra** (*Sample size*) e clicando em **Simular** (*Simulate*). Você também pode gerar valores de dados clicando em **Adicionar ponto** (*Add point*) ou clicando acima do eixo horizontal. A média dos pontos é mostrada como uma seta verde e a mediana como uma seta vermelha. Quando os dois valores são iguais, uma única seta verde é exibida. Os valores numéricos para a média (*Mean*) e a mediana (*Median*) são mostrados na tabela à direita. Remova um valor arrastando o ponto correspondente para fora do intervalo do eixo. Remova todos os valores de dados e seus pontos correspondentes do conjunto de dados clicando em **Redefinir** (*Reset*).

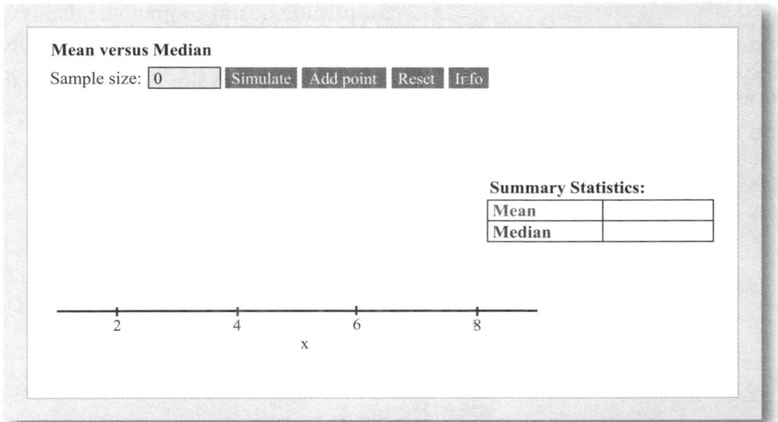

EXPLORE

Passo 1 Especifique um **Tamanho de amostra** (*sample size*).
Passo 2 Clique em **Simular** (*Simulate*).
Passo 3 Adicione e remova vários pontos no e do diagrama.
Passo 4 Remova todos os pontos do diagrama.

CONCLUA

APPLET

1. Simule vários conjuntos de dados usando um **Tamanho de amostra** (*sample size*) de 5. Você percebe alguma tendência dos pontos representados em um conjunto de dados quando a média e a mediana são iguais (ou muito próximas)? Você percebe alguma tendência dos pontos representados em um conjunto de dados quando a média e a mediana não são muito próximas? Explique.

2. Crie um diagrama de 10 pontos simétricos em relação ao valor $x = 5$. O que você observa sobre a média e a mediana do conjunto de dados? É possível adicionar um único ponto sem alterar a média ou a mediana? Explique. É possível adicionar um único ponto a qualquer conjunto de dados sem alterar a média ou a mediana? Explique

2.4 Medidas de variação

O que você deve aprender

- Como encontrar a amplitude de um conjunto de dados.
- Como encontrar a variância e o desvio padrão de uma população e de uma amostra.
- Como usar a Regra Empírica e o teorema de Chebychev para interpretar o desvio padrão.
- Como estimar o desvio padrão amostral para dados agrupados.
- Como usar o coeficiente de variação para comparar a variação em conjuntos de dados diferentes.

Amplitude ■ Variância e desvio padrão ■ Interpretando o desvio padrão ■ Desvio padrão para dados agrupados ■ Coeficiente de variação

Amplitude

Nesta seção, você aprenderá diferentes maneiras de medir a variação (ou dispersão) de um conjunto de dados. A medida mais simples é a **amplitude** do conjunto.

DEFINIÇÃO

A **amplitude** de um conjunto de dados é a diferença entre os valores máximo e mínimo. Para encontrar a amplitude, os dados devem ser quantitativos.

Amplitude = (Valor máximo) – (Valor mínimo)

EXEMPLO 1

Encontrando a amplitude de um conjunto de dados

Duas empresas contrataram 10 formandos cada. O salário inicial para cada formando é mostrado nas Tabelas 2.20 (a) e (b). Determine a amplitude dos salários iniciais para a empresa A.

Tabela 2.20 Salários iniciais para as empresas A e B

(a) Salários iniciais para a empresa A (em milhares de dólares)

Salário	51	48	49	55	57	51	54	51	47	52

(b) Salários iniciais para a empresa B (em milhares de dólares)

Salário	50	33	51	60	59	42	51	39	62	68

SOLUÇÃO

Ordenar os dados ajuda a encontrar os salários mínimos e máximos.

Mínimo → 47 48 49 51 51 51 52 54 55 57 ← Máximo

Amplitude = (Salário máximo) – (Salário mínimo)
= 57 – 47
= 10.

Então, a amplitude dos salários iniciais para a Empresa A é 10 ou US$ 10.000.

TENTE VOCÊ MESMO 1

Encontre a amplitude dos salários iniciais para a Empresa B. Compare o resultado com o obtido no Exemplo 1.

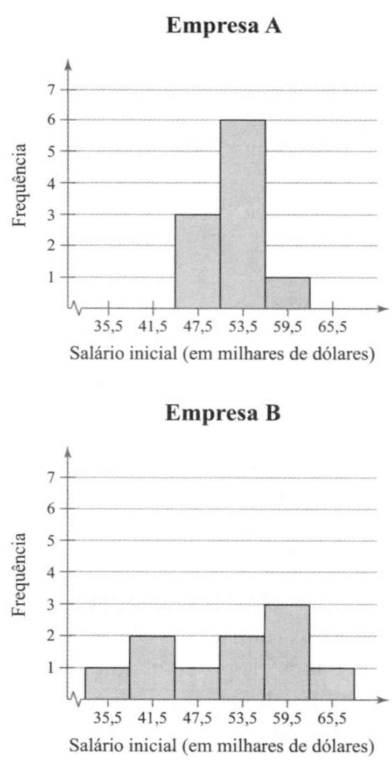

Figura 2.21 Histogramas dos salários iniciais das empresas A e B.

Ambos os conjuntos de dados no Exemplo 1 têm média de 51,5, ou US$ 51.500, mediana de 51, ou US$ 51.000, e moda de 51, ou US$ 51.000. E ainda os dois conjuntos diferem significantemente. A diferença é que os valores no segundo conjunto têm uma variação maior. Como pode ser observado nas Figuras 2.21 (a) e (b), os salários iniciais para a empresa B estão mais dispersos que os da empresa A.

Variância e desvio padrão

Como uma medida de variação, a amplitude tem a vantagem de ser fácil de calcular. Sua desvantagem, entretanto, é que ela usa somente dois valores do conjunto de dados. Duas medidas de variação que usam todos os valores do conjunto de dados são a *variância* e o *desvio padrão*. Porém, antes de aprendermos sobre essas medidas, precisamos entender o que chamamos **desvio** de um valor no conjunto de dados.

DEFINIÇÃO

O **desvio** de um valor x em uma população é a diferença entre o valor e a média μ do conjunto de dados.

Desvio de $x = x - \mu$.

Tabela 2.21 Desvios dos salários iniciais para a empresa A

Salário (em milhares de dólares) x	**Desvio (em milhares de dólares) $x - \mu$**
51	–0,5
48	–3,5
49	–2,5
55	3,5
57	5,5
51	–0,5
54	2,5
51	–0,5
47	–4,5
52	0,5
$\Sigma x = 515$	$\Sigma(x - \mu) = 0$

A soma dos desvios é 0

Considere os salários iniciais da empresa A do exemplo 1. O salário inicial médio é $\mu = 515/10 = 51{,}5$ ou US$ 51.500. A Tabela 2.21 lista os desvios de casa salário em relação à média. Por exemplo, o desvio de 51 é $51 - 51{,}5 = -0{,}5$. Note que a soma dos desvios é 0. De fato, a soma dos desvios para *qualquer* conjunto de dados é 0, não fazendo sentido encontrar a média dos desvios. Para superar esse problema, tomamos o quadrado de cada desvio. A soma dos quadrados dos desvios, ou **soma dos quadrados**, é indicada por SS_x. Em uma população, a média dos quadrados dos desvios é a **variância populacional**.

DEFINIÇÃO

A **variância populacional** de um conjunto de dados com N elementos é:

$$\text{Variância populacional} = \sigma^2 = \frac{\Sigma(x - \mu)^2}{N}.$$

O símbolo σ é a letra minúscula grega sigma.

Como uma medida de variação, uma desvantagem da variância é que sua unidade de medida é diferente da unidade de medida do conjunto de dados. Por exemplo, a variância para os salários iniciais (em milhares de dólares) no exemplo 1 é medida em "milhares de dólares quadrados". Para superar esse problema, tiramos a raiz quadrada da variância para obter o **desvio padrão**.

DEFINIÇÃO

O **desvio padrão populacional** de um conjunto de dados com N elementos é a raiz quadrada da variância populacional.

$$\text{Variação padrão populacional} = \sigma = \sqrt{\sigma^2} = \sqrt{\frac{\Sigma(x - \mu)^2}{N}}$$

Algumas observações sobre o desvio padrão.

- O desvio padrão mede a variação dos dados em relação à média e tem a mesma unidade de medida que o conjunto de dados.
- O desvio padrão é sempre maior ou igual a 0. Quando $\sigma = 0$, o conjunto de dados não apresenta variação e todos os elementos têm o mesmo valor.
- À medida que os valores se afastam da média (i.e., estão mais dispersos), o valor de σ aumenta.

Para encontrar a variância e o desvio padrão de uma população, siga as seguintes instruções:

INSTRUÇÕES

Encontrando a variância e o desvio padrão populacional

Em palavras	Em símbolos
1. Encontre a média populacional	$\mu = \dfrac{\Sigma x}{N}$
2. Encontre o desvio de cada valor.	$x - \mu$
3. Eleve cada desvio ao quadrado.	$(x - \mu)^2$
4. Some para obter a soma dos quadrados.	$SS_x = \Sigma(x - \mu)^2$
5. Divida por N para obter a variância populacional.	$\sigma^2 = \dfrac{\Sigma(x - \mu)^2}{N}$
6. Encontre a raiz quadrada da variância para obter o desvio padrão populacional.	$\sigma = \sqrt{\dfrac{\Sigma(x - \mu)^2}{N}}$

Tabela 2.22 Soma dos quadrados dos salários iniciais para a empresa A

Salário x	Desvio $x - \mu$	Quadrados $(x - \mu)^2$
51	–0,5	0,25
48	–3,5	12,25
49	–2,5	6,25
55	3,5	12,25
57	5,5	30,25
51	–0,5	0,25
54	2,5	6,25
51	–0,5	0,25
47	–4,5	20,25
52	0,5	0,25
$\Sigma x = 515$		$SS_x = 88,5$

EXEMPLO 2

Encontrando a variância e o desvio padrão populacional

Encontre a variância e o desvio padrão populacional dos salários iniciais para a Empresa A listados no Exemplo 1.

SOLUÇÃO

Para esse conjunto de dados, $N = 10$ e $\Sigma x = 515$. A média é

$$\mu = \frac{515}{10} = 51,5. \qquad \text{Média}$$

A Tabela 2.22 resume os passos usados para encontrar SS_x como

$$SS_x = 88,5 \qquad \text{Soma dos quadrados}$$

Você pode encontrar a variância e o desvio padrão da seguinte maneira:

$$\sigma^2 = \frac{88,5}{10} \approx 8,9$$ Arredonde para uma casa decimal a mais do que os dados originais.

$$\sigma = \sqrt{\frac{88,5}{10}} \approx 3,0$$ Arredonde para uma casa decimal a mais do que os dados originais.

Assim, a variância populacional é de aproximadamente 8,9, e o desvio padrão populacional é de aproximadamente 3,0 ou US$ 3.000.

TENTE VOCÊ MESMO 2

Encontre a variância e o desvio padrão populacional dos salários iniciais para a empresa B no Exemplo 1.

Dica de estudo

Note que a variância e o desvio padrão do Exemplo 2 têm uma casa decimal a mais do que o conjunto de dados original. Esta é a mesma *regra de arredondamento* usada para calcular a média.

As fórmulas exibidas no quadro Definição a seguir para a variância amostral s^2 e o desvio padrão amostral s diferem ligeiramente daquelas para a população. Por exemplo, para encontrar s, a fórmula usa $\bar{x}$. Além disso, SS_x é dividido por $n - 1$. Por que dividir por uma unidade a menos do total de elementos? Em muitos casos, uma estatística é calculada para estimar o parâmetro correspondente, tal como usar $\bar{x}$ para estimar μ. A teoria estatística tem mostrado que as melhores estimativas de σ^2 e σ são obtidas ao dividir SS_x por $n - 1$ nas fórmulas para s^2 e s.

DEFINIÇÃO

A **variância amostral** e o **desvio padrão amostral** de um conjunto de dados amostral de n elementos estão listados a seguir.

$$\text{Variância amostral} = s^2 = \frac{\Sigma(x - \bar{x})^2}{n - 1}$$

$$\text{Desvio Padrão Amostral} = s = \sqrt{s^2} = \sqrt{\frac{\Sigma(x - \bar{x})^2}{n - 1}}$$

Tabela 2.23 Símbolos nas fórmulas da variância e do desvio padrão

	População	Amostra
Variância	σ^2	s^2
Desvio padrão	σ	s
Média	μ	$\bar{x}$
Número de observações	N	n
Desvio	$x - \mu$	$x - \bar{x}$
Soma dos quadrados	$\Sigma(x - \mu)^2$	$\Sigma(x - \bar{x})^2$

INSTRUÇÕES

Encontrando a variância e o desvio padrão amostral

Em Palavras	Em Símbolos
1. Encontre a média amostral.	$\bar{x} = \frac{\Sigma x}{N}$
2. Encontre o desvio de cada valor.	$x - \bar{x}$
3. Eleve cada desvio ao quadrado.	$(x - \bar{x})^2$
4. Some para obter a soma dos quadrados.	$SS_x = \Sigma(x - \bar{x})^2$
5. Divida por $n - 1$ para obter a variância amostral.	$s^2 = \frac{\Sigma(x - \bar{x})^2}{n - 1}$
6. Encontre a raiz quadrada da variância para obter o desvio padrão amostral.	$s = \sqrt{\frac{\Sigma(x - \bar{x})^2}{n - 1}}$

EXEMPLO 3

Veja os passos para o Minitab e TI-84 plus nas páginas 124 e 125.

Encontrando a variância e o desvio padrão amostral

Em um estudo com jogadores de futebol americano do ensino médio que sofreram lesões, os pesquisadores os colocaram em dois grupos. Jogadores que se recuperaram das lesões em 14 dias ou menos foram colocados no grupo 1. Aqueles que levaram mais de 14 dias foram para o grupo 2. Os tempos de recuperação (em dias) para o grupo 1 estão listados na Tabela 2.24. Calcule a variância e o desvio padrão amostral dos tempos de recuperação. *(Adaptado de: The American Journal of Sports Medicine.)*

8 10 4 6 7 7 9 10 7 6 5 11

Tabela 2.24

Tempo x	Desvio $x - \bar{x}$	Quadrados $(x - \bar{x})^2$
8	0,5	0,25
10	2,5	6,25
4	–3,5	12,25
6	–1,5	2,25
7	–0,5	0,25
7	–0,5	0,25
9	1,5	2,25
10	2,5	6,25
7	–0,5	0,25
6	–1,5	2,25
5	–2,5	6,25
11	3,5	12,25
$\Sigma x = 90$		$SS_x = 51$

SOLUÇÃO

Para esse conjunto de dados, $n = 12$ e $\Sigma x = 90$. A média é $\bar{x} = 90/12 = 7{,}5$. Para calcular s^2 e s, note que $n - 1 = 12 - 1 = 11$.

$SS_x = 51$ A soma dos quadrados (veja a Tabela 2.36)

$s^2 = \frac{51}{11} \approx 4{,}6$ Variância amostral (divida SS_x por $n - 1$)

$s = \sqrt{\frac{51}{11}} \approx 2{,}2$ Desvio padrão amostral

Logo, a variância amostral é, aproximadamente, 4,6 e o desvio padrão amostral é, aproximadamente, 2,2 dias.

TENTE VOCÊ MESMO 3

Veja o estudo do exemplo 3. Os tempos de recuperação (em dias) para o grupo 2 estão listados a seguir. Calcule a variância e o desvio padrão amostral dos tempos de recuperação.

53 25 41 36 19 22 42 34

EXEMPLO 4

Usando tecnologia para encontrar o desvio padrão

Na Tabela 2.25 são mostradas as taxas de aluguel (em dólares por pés quadrados por ano) para uma amostra de escritórios em Los Angeles. Use uma ferramenta tecnológica para encontrar a taxa de aluguel média e o desvio padrão amostral. *(Fonte: LoopNet.com.)*

Tabela 2.25

Taxas de aluguel de escritório		
42	14	46
30	23	50
26	39	13
48	42	24
30	35	36
45	23	72
35	34	30
60	30	64
14	36	23
42	35	72

SOLUÇÃO

O Minitab, o Excel e a TI-84 plus têm funções que calculam a média e o desvio padrão de conjuntos de dados. Tente usar essa tecnologia para encontrar a média e o desvio padrão das taxas de aluguel de escritórios. Nas Figuras 2.22 (a) a (c), você pode verificar que

$\bar{x} = 37{,}1$ e $s \approx 15{,}5$.

MINITAB

Descriptive Statistics: Rental Rates

Variable	N	Mean	SE Mean	StDev	Minimum
Rental Rates	30	37.10	2.83	15.48	13.00

Variable	Q1	Median	Q3	Maximum
Rental Rates	26.00	35.00	45.00	72.00

EXCEL

	A	B
1	Mean	37.1
2	Standard Error	2.826943
3	Median	35
4	Mode	30
5	Standard Deviation	15.48381
6	Sample Variance	239.7483
7	Kurtosis	0.2787
8	Skewness	0.689938
9	Range	59
10	Minimum	13
11	Maximum	72
12	Sum	1113
13	Count	30

TI-84 PLUS

1-Var Stats
$\bar{x}$=37.1
Σx=1113
Σx²=48245
Sx=15.48380689
σx=15.22355631
↓n=30

Média amostral
Desvio padrão amostral

Figura 2.22 Resultados diretos obtidos por cada ferramenta.

TENTE VOCÊ MESMO 4

A seguir são mostradas as taxas de aluguel (em dólares por pés quadrados por ano) para uma amostra de escritórios em Dallas. Use a tecnologia para encontrar a taxa de aluguel média e o desvio padrão amostral. *(Adaptado de LoopNet.com.)*

29 27 25 32 14 18 24 26 25 17
15 19 16 19 14 14 13 26 24 20
22 20 14 15 16 38 26 26 25 6

Dica de estudo

Você pode usar o desvio padrão para comparar a variação em conjuntos de dados que têm a mesma unidade de medida e suas médias são aproximadamente as mesmas. Por exemplo, nos conjuntos de dados com $\bar{x} = 5$, mostrados na Figura 2.23, o conjunto (c) é mais disperso que os demais conjuntos. Nem todos os conjuntos de dados, contudo, utilizam a mesma unidade de medida ou tem médias aproximadamente iguais. Para comparar variações nesses conjuntos, utilize o *coeficiente de variação*, que será discutido mais adiante nesta seção.

Interpretando o desvio padrão

Ao interpretar o desvio padrão, lembre-se de que ele é uma medida que indica o quanto, em média, os valores se desviam da média desse conjunto. Quanto mais espalhados estiverem os valores, maior será o desvio padrão.

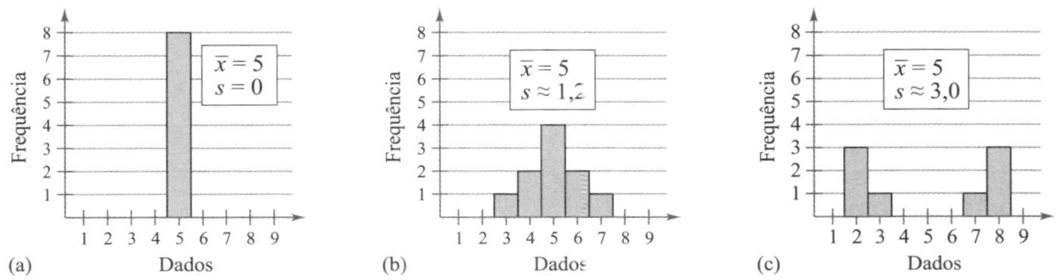

Figura 2.23 Representações gráficas para visualizar a interpretação do desvio padrão.

EXEMPLO 5

Estimando o desvio padrão

Sem calcular, estime o desvio padrão populacional de cada conjunto de dados.

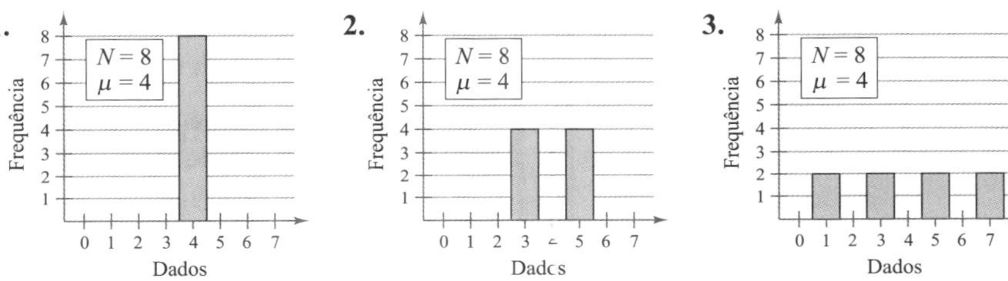

Figura 2.24

SOLUÇÃO

1. Cada um dos oito elementos tem valor 4. O desvio de cada um é 0, então

   $\sigma = 0.$ Desvio padrão

2. Cada um dos oito elementos tem desvio de ± 1. Então, o desvio padrão populacional deve ser 1. Calculando, você pode ver que

   $\sigma = 1.$ Desvio padrão

3. Cada um dos oito elementos tem desvio de ± 1 ou ± 3. Então, o desvio padrão populacional deve ser aproximadamente 2. Calculando, você pode ver que σ é maior que 2, com

   $\sigma \approx 2,2.$ Desvio padrão

TENTE VOCÊ MESMO 5

Escreva um conjunto de dados que tenha 10 elementos, uma média de 10 e um desvio padrão populacional de aproximadamente 3. (Há várias respostas corretas.)

2.4 Para explorar mais esse tópico, veja a **Atividade 2.4** na página 100.

Valores de dados que se encontram a mais de dois desvios padrão da média são considerados incomuns, enquanto aqueles que se encontram a mais de três desvios padrão da média são muito incomuns. Valores incomuns e muito incomuns têm uma influência maior no desvio padrão do que aqueles que estão mais próximos da média. Isso acontece porque os desvios são elevados ao quadrado. Considere os valores do Exemplo 5, parte 3 (veja a Tabela 2.26). Os quadrados dos desvios dos valores mais afastados da média (1 e 7) têm maior influência no valor do desvio padrão do que os que estão mais próximos da média (3 e 5).

Tabela 2.26

Valor x	Desvio $x - \mu$	Quadrados $(x - \mu)^2$
1	–3	9
3	–1	1
5	1	1
7	3	9

Retratando o mundo

Uma pesquisa foi conduzida pelo *National Center for Health Statistics* para encontrar a altura média dos homens nos Estados Unidos. O histograma mostra a distribuição das alturas para uma amostra de homens com idades entre 20 e 29 anos. Nesse grupo, a média foi de 69,2 polegadas e o desvio padrão foi 2,8 polegadas. (Adaptado de: National Center for Health Statistics)

Alturas dos homens nos Estados Unidos com idades entre 20 e 29 anos

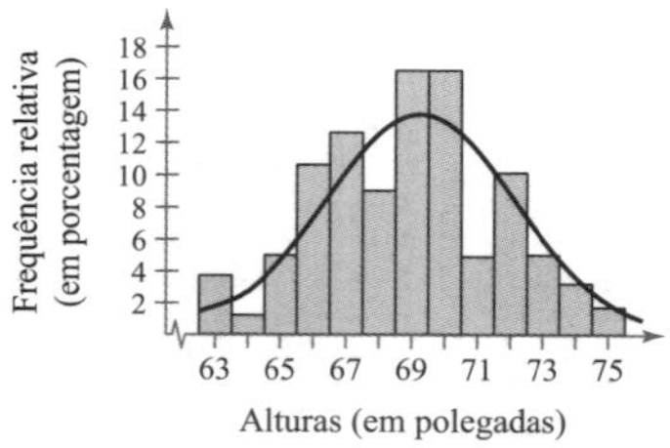

Estime quais duas alturas limitam o intervalo com 95% dos dados centrais. A altura de um homem de vinte e cinco anos é de 74 polegadas. Essa altura é incomum? Por que ou por que não?

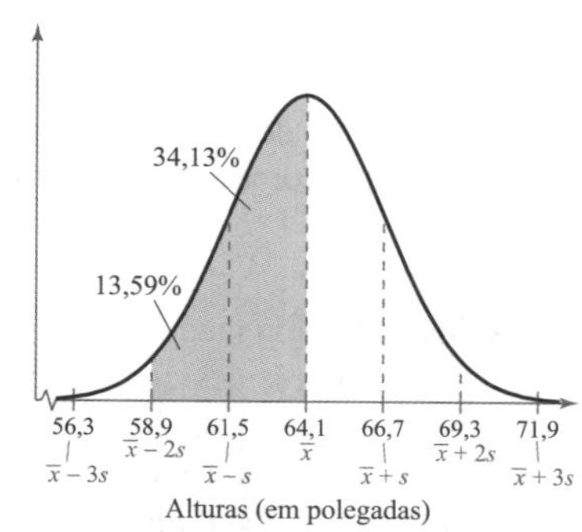

Figura 2.26 Alturas das mulheres nos Estados Unidos com idade entre 20 e 29 anos.

Muitos conjuntos de dados da vida real têm distribuições que são aproximadamente simétricas e em forma de sino (veja a Figura 2.25). Por exemplo, as distribuições das alturas dos homens e das mulheres nos Estados Unidos são aproximadamente simétricas e em forma de sino (veja a figura do quadro Retratando o mundo e a Figura 2.26). Mais adiante neste livro, estudaremos distribuições em forma de sino com mais detalhes. Agora, entretanto, a **Regra Empírica** pode ajudá-lo a ver quão valioso é o desvio padrão como uma medida de variação.

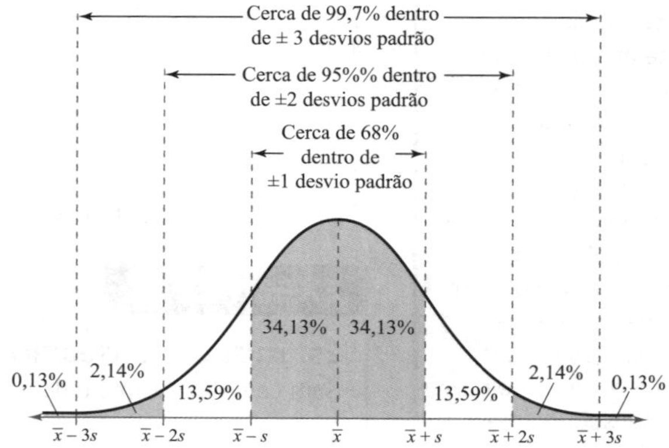

Figura 2.25 Distribuição em forma de sino.

Regra empírica (ou regra 68-95-99,7)

Para conjuntos de dados com distribuições que são aproximadamente simétricas e com forma de sino (veja a Figura 2.77), o desvio padrão tem estas características.

1. Cerca de 68% dos dados encontram-se dentro de ±1 desvio padrão em relação à média.
2. Cerca de 95% dos dados encontram-se dentro de ±2 desvios padrão em relação à média.
3. Cerca de 99,7% dos dados encontram-se dentro de ±3 desvios padrão em relação à média.

EXEMPLO 6

Usando a regra empírica

Uma pesquisa foi conduzida pelo *National Center for Health Statistics*, para encontrar a altura média amostral das mulheres nos Estados Unidos. Para uma amostra de mulheres com idades entre 20 e 29 anos, a altura média era 64,1 polegadas, e o desvio padrão 2,6 polegadas. Estime a porcentagem de mulheres cujas alturas estão entre 58,9 e 64,1 polegadas. *(Adaptado de: National Center for Health Statistics.)*

SOLUÇÃO

A distribuição das alturas das mulheres é mostrada na Figura 2.26. Em razão de a distribuição ter formato de sino, você pode usar a regra empírica. A altura média é 64,1, então, quando você subtrai dois desvios padrão da altura média, você obtém:

$$x - 2s = 64{,}1 - 2(2{,}6) = 58{,}9.$$

Já que 58,9 situa-se a dois desvios padrão abaixo da altura média, a porcentagem das alturas entre 58,9 e 64,1 polegadas é cerca de 13,59% + 34,13% = 47,72%.

Interpretação Então, cerca de 47,72% das mulheres têm entre 58,9 e 64,1 polegadas de altura.

TENTE VOCÊ MESMO 6

Estime a porcentagem de mulheres com idades entre 20 e 29 anos, cujas alturas estão entre 64,1 e 66,7 polegadas.

A regra empírica se aplica somente às distribuições em forma de sino (simétricas). Mas e se a distribuição não for em forma de sino ou se a forma da distribuição for desconhecida? O teorema a seguir fornece uma afirmação de desigualdade que se aplica a *todas* as distribuições. Seu nome é em homenagem ao estatístico russo Pafnuti Chebychev (1821-1894).

Teorema de Chebychev

A porção de qualquer conjunto de dados que se encontra dentro de ±k desvios padrão (k >1) da média é, pelo menos:

$$1 - \frac{1}{k^2}.$$

- k = 2: Em qualquer conjunto de dados, pelo menos $1 - \frac{1}{2^2} = \frac{3}{4}$, ou 75%, dos dados estão dentro de ±2 desvios padrão em relação à média.
- k = 3: Em qualquer conjunto de dados, pelo menos $1 - \frac{1}{3^2} = \frac{8}{9}$, ou cerca de 88,9% dos dados encontram-se dentro de ±3 desvios padrão em relação à média.

EXEMPLO 7

Usando o teorema de Chebychev

As distribuições das idades para a Georgia e Iowa são mostradas nos histogramas da Figura 2.27. Aplique o teorema de Chebychev aos dados da Georgia usando $k = 2$. O que você pode concluir? Uma idade de 90 anos é incomum para um residente da Geórgia? Explique. *(Fonte: Baseado em U.S. Census Bureau.)*

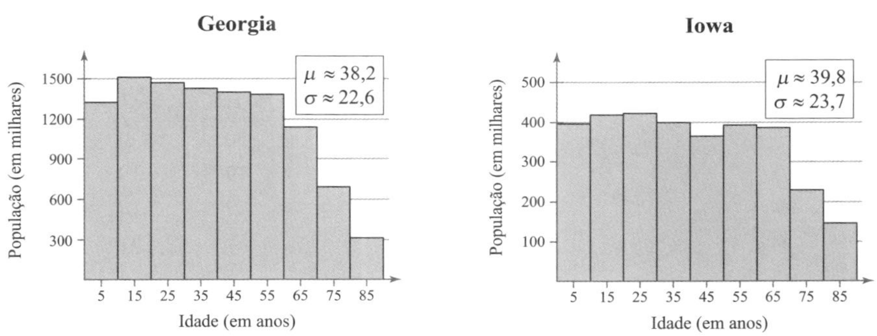

Figura 2.27 Histogramas das distribuições das idades dos habitantes da Georgia e de Iowa.

SOLUÇÃO

A Figura 2.79 (a) mostra o histograma da distribuição de idades da Georgia. Movendo dois desvios padrão para a esquerda da média nos coloca abaixo de 0, porque $\mu - 2\sigma \approx 38{,}2 - 2(22{,}6) = -7{,}0$. Movendo dois desvios padrão para a direita da média nos coloca em

$$\mu - 2\sigma \approx 38{,}2 + 2(22{,}6) = 83{,}4.$$

Pelo teorema de Chebychev, podemos dizer que pelo menos 75% da população da Georgia está entre nascimento (0) e 83,4 anos de idade. Além disso, como 90 > 83,4, uma idade de 90 anos fica a mais de dois desvios padrão da média. Logo, essa idade é incomum.

TENTE VOCÊ MESMO 7

Aplique o teorema de Chebychev aos dados do Iowa usando $k = 2$. O que você pode concluir? A idade de 80 anos é incomum para um residente de Iowa? Explique.

Dica de estudo

No Exemplo 7, o teorema de Chebychev fornece uma afirmação de desigualdade que diz que pelo menos 75% da população da Georgia tem idade abaixo de 83,4. Essa é uma afirmação verdadeira, mas não é tão forte quanto poderia ser uma afirmação feita com base no histograma. Em geral, o teorema de Chebychev fornece a porcentagem mínima dos valores que estão dentro do intervalo construído a partir do número de desvios padrão tomados em relação à média. Dependendo da distribuição, há, provavelmente, uma maior porcentagem de dados nesse intervalo.

Dica de estudo

Lembre-se que as fórmulas para dados agrupados precisam que você multiplique pelas frequências.

Desvio padrão para dados agrupados

Na Seção 2.1 aprendemos que grandes conjuntos de dados são melhor representados por uma distribuição de frequência. A fórmula para o desvio padrão amostral para uma distribuição de frequência é:

$$\text{Desvio Padrão Amostral} = s = \sqrt{\frac{\Sigma(x-\bar{x})^2 f}{n-1}}$$

onde $n = \Sigma f$ é o número de elementos no conjunto de dados.

EXEMPLO 8

Encontrando o desvio padrão para dados agrupados

Você coletou uma amostra aleatória do número de crianças por domicílio em certa região. Os resultados estão listados a seguir. Calcule a média amostral e o desvio padrão amostral do conjunto de dados.

1	3	1	1	1	1	2	2	1	0
1	1	0	0	0	1	5	0	3	6
3	0	3	1	1	1	1	6	0	1
3	6	6	1	2	2	3	0	1	1
4	1	1	2	2	0	3	0	2	4

SOLUÇÃO

Esses dados poderiam ser tratados como 50 valores individuais e poderíamos usar as fórmulas para a média e o desvio padrão. Mas, como há muitos números repetidos, é mais fácil usarmos uma distribuição de frequência.

Tabela 2.27

x	f	xf
0	10	0
1	19	19
2	7	14
3	7	21
4	2	8
5	1	5
6	4	24
	$\Sigma = 50$	$\Sigma = 91$

Tabela 2.28

$x-\bar{x}$	$(x-\bar{x})^2$	$(x-\bar{x})^2 f$
–1,82	3,3124	33,1240
–0,82	0,6724	12,7756
0,18	0,0324	0,2268
1,18	1,3924	9,7468
2,18	4,7524	9,5048
3,18	10,1124	10,1124
4,18	17,4724	69,8896
		$\Sigma = 145,38$

$$\bar{x} = \frac{\Sigma xf}{n} = \frac{91}{50} = 1,82 \approx 1,8$$ média amostral

Use a soma dos quadrados para encontrar o desvio padrão amostral.

$$s = \sqrt{\frac{\Sigma(x-\bar{x})^2 f}{n-1}} = \sqrt{\frac{145,38}{49}} \approx 1,7$$ desvio padrão amostral

Então, a média amostral é aproximadamente 1,8 crianças e o desvio padrão é aproximadamente 1,7 crianças.

TENTE VOCÊ MESMO 8

Altere para 4, exatamente, três valores 6 do conjunto de dados. Como essa mudança afeta a média amostral e o desvio padrão amostral?

Quando uma distribuição de frequência tem classes, podemos estimar a média amostral e o desvio padrão amostral usando o ponto médio de cada classe.

EXEMPLO 9

Usando pontos médios das classes

A Figura 2.28 mostra as faixas de preço (em milhares de dólares) e o número correspondente de casas recentemente listadas para venda em uma cidade de médio porte dos Estados Unidos. Construa uma distribuição de frequência para os dados. Em seguida, use a tabela para estimar a média amostral e o desvio padrão amostral do conjunto de dados. *(Adaptado de: National Association of Realtors and Move, Inc.)*

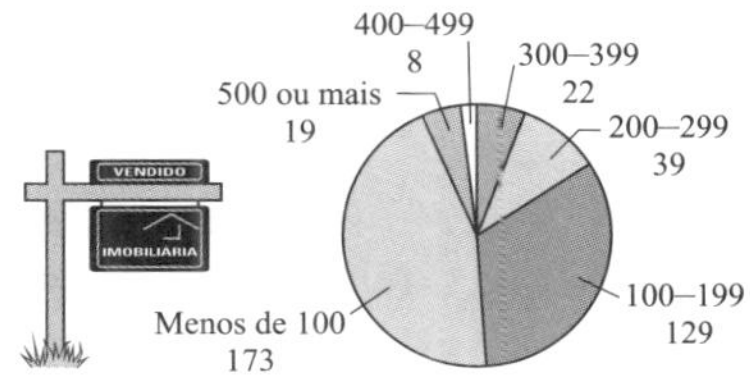

Figura 2.28 Preço de venda de casas. (em milhares de dólares) em uma cidade de médio porte.

SOLUÇÃO

Comece usando uma distribuição de frequência para organizar os dados. Como na classe de US$ 500 mil ou mais é aberta, devemos escolher um valor para representar o ponto médio, como 599,5 mil.

Tabela 2.29

Preço de venda (em milhares de dólares)	x	f	xf
0–99	49,5	173	8.563,5
100–199	149,5	129	19.285,5
200–299	249,5	39	9.730,5
300–399	349,5	22	7.689,0
400–499	449,5	8	3.596,0
500+	599,5	19	11.390,5
		$\Sigma = 390$	$\Sigma = 60.255,0$

Tabela 2.30

$x-\bar{x}$	$(x-\bar{x})^2$	$(x-\bar{x})^2 f$
–105	11.025	1.907.325
–5	25	3225
95	9.025	351.975
195	38.025	836.550
295	87.025	696.200
445	198.025	3.762.475
		$\Sigma = 7.557.750$

$$\bar{x} = \frac{\Sigma xf}{n} = \frac{60.255,0}{390} = 154,5 \qquad \text{média amostral}$$

Use a soma dos quadrados para encontrar o desvio padrão amostral.

$$s = \sqrt{\frac{\Sigma(x-\bar{x})^2 f}{n-1}} = \sqrt{\frac{7.557.750}{389}} \approx 139,4 \qquad \text{desvio padrão amostral}$$

Então, a média amostral é US$ 154.500 por ano, e uma estimativa para o desvio padrão amostral é US$ 139.400.

TENTE VOCÊ MESMO 9

Na distribuição de frequência do exemplo 9.599,5 foi escolhido como o ponto médio para a classe de US$ 500 ou mais. Como a média e o desvio padrão amostral mudam quando o ponto médio da classe é 650?

Coeficiente de variação

Para comparar variação em conjuntos de dados diferentes, podemos usar o desvio padrão quando os elementos dos conjuntos têm a mesma unidade de medida e suas médias são aproximadamente iguais. Para conjuntos de dados com unidades de medida diferentes ou médias diferentes, usa-se o **coeficiente de variação**.

DEFINIÇÃO

O **coeficiente de variação (CV)** de um conjunto de dados descreve o desvio padrão como uma porcentagem da média.

População: $CV = \frac{\sigma}{\mu} \cdot 100\%$ Amostra: $CV = \frac{s}{\bar{x}} \cdot 100\%$

Note que o coeficiente de variação mede a variação de um conjunto de dados com relação à média dos dados.

EXEMPLO 10

Comparando a variação em conjuntos de dados diferentes

A Tabela 2.31 mostra as alturas (em polegadas) e pesos (em libras) populacionais dos jogadores de um time de basquete. Calcule o coeficiente de variação para as alturas e os pesos, e, depois, compare os resultados.

Tabela 2.31 Alturas e pesos de um time de basquete

Alturas	72	74	68	76	74	69	72	79	70	69	77	73
Pesos	180	168	225	201	189	192	197	162	174	171	185	210

SOLUÇÃO

A altura média é $\mu \approx 72{,}8$ polegadas com um desvio padrão de $\sigma \approx 3{,}3$ polegadas. O coeficiente de variação para as alturas é:

$$\begin{aligned} CV_{\text{altura}} &= \frac{\sigma}{\mu} \cdot 100\% \\ &= \frac{3{,}3}{72{,}8} \cdot 100\% \\ &\approx 4{,}5\%. \end{aligned}$$

O peso médio é $\mu \approx 187{,}8$ libras com um desvio padrão de $\sigma \approx 17{,}7$ libras. O coeficiente de variação para os pesos é:

$$\begin{aligned} CV_{\text{peso}} &= \frac{\sigma}{\mu} \cdot 100\% \\ &= \frac{17{,}7}{187{,}8} \cdot 100\% \\ &\approx 9{,}4\%. \end{aligned}$$

Interpretação Os pesos (9,4%) são mais variáveis que as alturas (4,5%).

TENTE VOCÊ MESMO 10

Encontre o coeficiente de variação para as taxas de aluguel de escritórios em Los Angeles (veja o Exemplo 4) e para as taxas de Dallas (veja o Tente você mesmo 4). Após, compare os resultados.

2.4 EXERCÍCIOS

Construindo habilidades básicas e vocabulário

1. Explique como encontrar a amplitude de um conjunto de dados. Qual a vantagem de usarmos a amplitude como uma medida de variação? Qual a desvantagem?
2. Explique como encontrar o desvio de um valor em um conjunto de dados. Qual é a soma de todos os desvios em qualquer conjunto de dados?
3. Por que o desvio padrão é usado com mais frequência do que a variância?
4. Explique a relação entre a variância e o desvio padrão. Pode uma dessas duas medidas ser negativa? Explique.
5. Descreva a diferença entre o cálculo do desvio padrão populacional e do desvio padrão amostral.
6. Dado um conjunto de dados, como você sabe se deve calcular σ ou s?
7. Discuta as diferenças e semelhanças entre a Regra Empírica e o teorema de Chebychev.
8. O que você deve saber sobre o conjunto de dados antes de usar a Regra Empírica?

Usando e interpretando conceitos

Encontrando a amplitude de um conjunto de dados *Nos exercícios 9 e 10, calcule a amplitude do conjunto de dados representado pelo gráfico.*

9. **Renda mediana anual por estado**

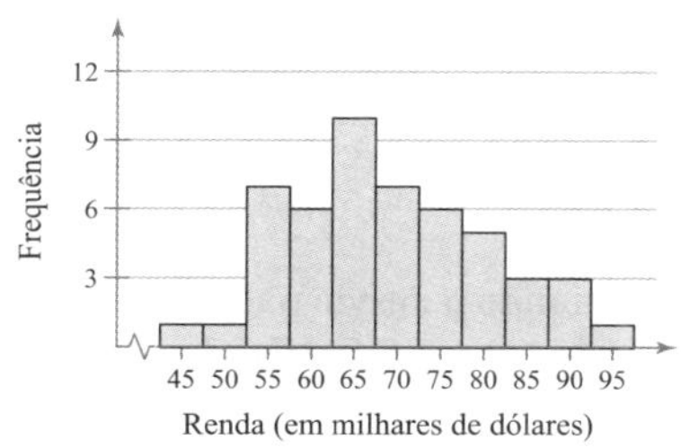

Fonte: U.S. Census Bureau.

10.

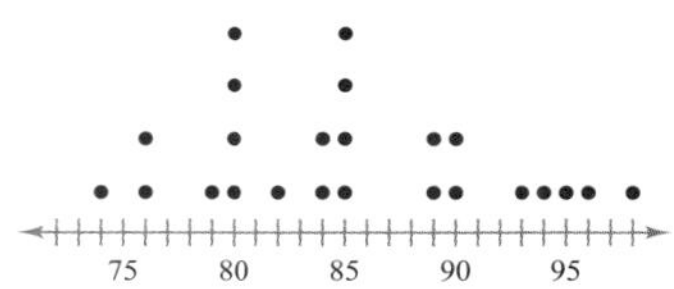

11. **Arqueologia** As profundidades (em polegadas) às quais 10 artefatos foram encontrados estão listadas.

    20,7 24,8 30,5 26,2 36,0 34,3 30,3 29,5 27,0 38,5

    (a) Calcule a amplitude do conjunto de dados.

    (b) Altere o valor 38,5 para 60,5 e calcule a amplitude do novo conjunto de dados.
12. No exercício 11, compare sua resposta na parte (a) com a resposta da parte (b). Como *outliers* afetam a amplitude de um conjunto de dados?

Encontrando estatísticas populacionais *Nos exercícios 13 e 14, calcule a amplitude, a média, a variância e o desvio padrão para a população dada.*

13. **Dirigir embriagado** O número de mortes em acidentes causados pelo álcool (em milhares) por ano de 2010 a 2019. *(Fonte: National Highway Traffic Safety Administration.)*

    10,1 9,9 10,3 10,1 9,9 10,3 11,0 10,9 10,7 10,1

14. Densidade As densidades (em quilogramas por metro cúbico) dos dez elementos mais abundantes em peso na crosta terrestre.

1,4	2330	2700	7870	1500
970	900	1740	4500	0,09

Encontrando estatísticas amostrais

Nos exercícios 15 e 16, calcule a amplitude, a média, a variância e o desvio padrão para a amostra dada.

15. Idade dos alunos As idades (em anos) de uma amostra aleatória de alunos em um refeitório do campus.

19	20	17	19	17	21	23	21	17	17
19	19	17	20	23	18	18	18	18	19

16. Tempo de gestação A duração (em dias) da gravidez para uma amostra aleatória de gestantes.

277	291	295	280	268	278	291
277	282	279	296	285	269	293
267	281	286	269	264	299	275

17. Estimando o desvio padrão Ambos os conjuntos de dados mostrados nos histogramas têm uma média de 50. Um tem um desvio padrão de 2,4 e o outro tem um desvio padrão de 5. Observando os histogramas, qual é qual? Explique seu raciocínio.

(a)

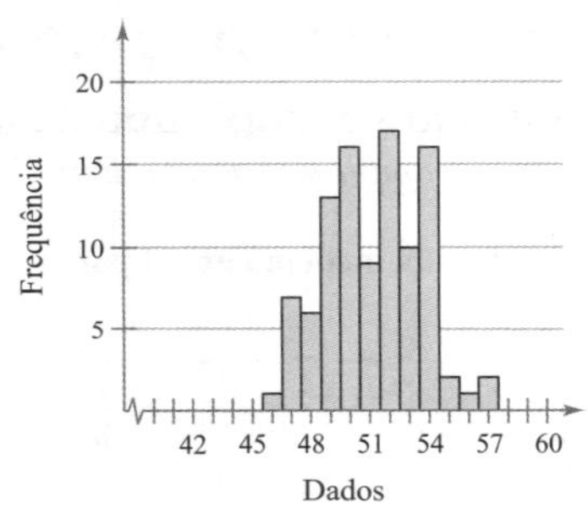

(b)

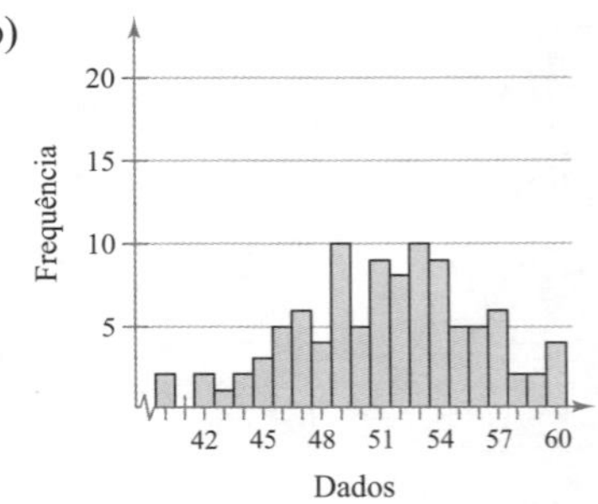

18. Estimando o desvio padrão Ambos os conjuntos de dados mostrados nos diagramas de ramo e folha têm uma média de 165. Um tem um desvio padrão de 16 e o outro tem um desvio padrão de 24. Observando os diagramas de ramo e folha, qual é qual? Explique seu raciocínio.

(a) Chave: 12|8 = 1

Ramo	Folhas
12	8 9
13	5 5 8
14	1 2
15	0 0 6 7
16	4 5 9
17	1 3 6 8
18	0 8 9
19	6
20	3 5 7

(b) Chave: 13|1 = 131

Ramo	Folhas
12	
13	1
14	2 3 5
15	0 4 5 6 8
16	1 1 2 3 3 3
17	1 5 8 8
18	2 3 4 5
19	0 2
20	

19. Ofertas salariais Você está se candidatando a um emprego em duas empresas. A empresa A oferece salários iniciais com μ = $ 41.000 e σ = $ 1.000. A empresa B oferece salários iniciais com μ = $ 41.000 e σ = $ 5.000. Em qual empresa é mais provável que você consiga uma oferta de $ 43.000 ou mais? Explique seu raciocínio.

20. Ofertas salariais Você está se candidatando a um emprego em duas empresas. A Empresa C oferece salários iniciais com μ = US$ 59.000 e σ = US$ 1.500. A empresa D oferece salários iniciais com μ = US$ 59.000 e σ = US$ 1.000. Em qual empresa é mais provável que você consiga uma oferta de US$ 62.000 ou mais? Explique seu raciocínio.

Análise gráfica

Nos exercícios de 21 a 24, compare os três conjuntos de dados. (a) Sem calcular, determine qual conjunto de dados tem o maior desvio padrão amostral e qual tem o menor. Explique seu raciocínio (b) De que maneira os conjuntos de dados se assemelham? Como eles diferem? (c) Estime os desvios padrão amostrais. Em seguida, determine o quão próximo cada uma de suas estimativas está, calculando os desvios padrão da amostra.

21. (i)

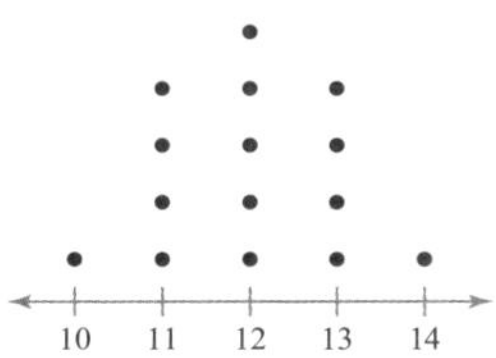

(ii)

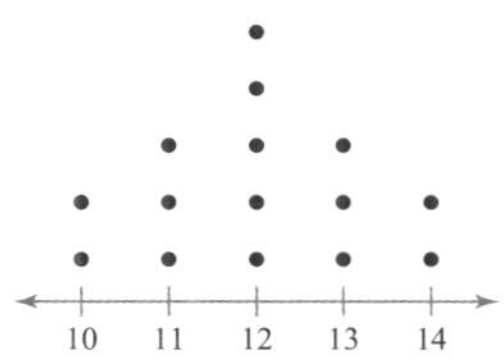

(iii)

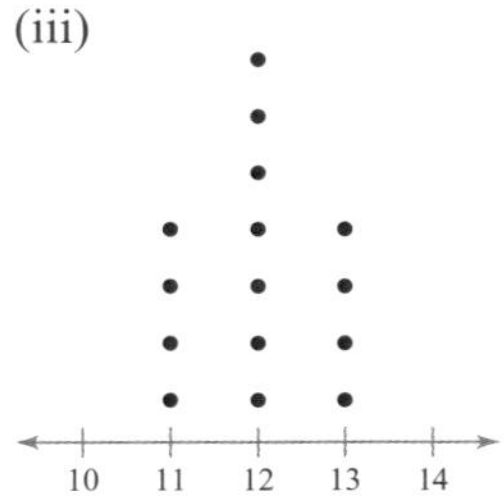

22. (i)

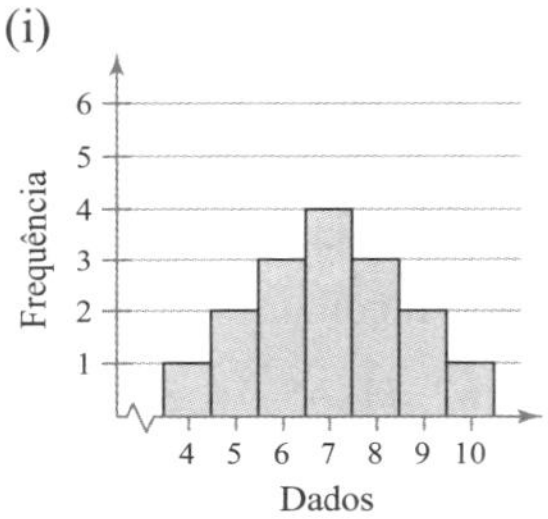

(ii)

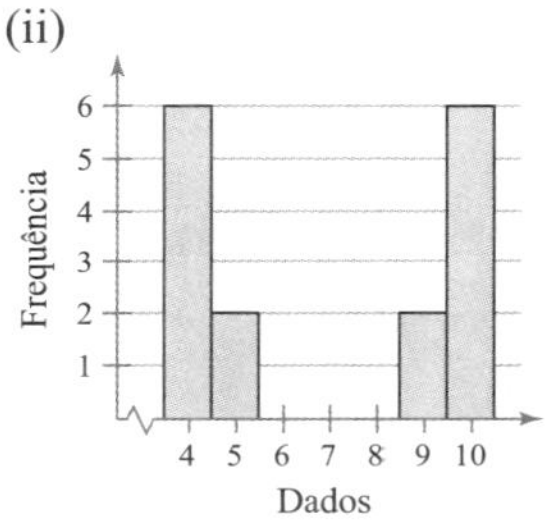

(iii)

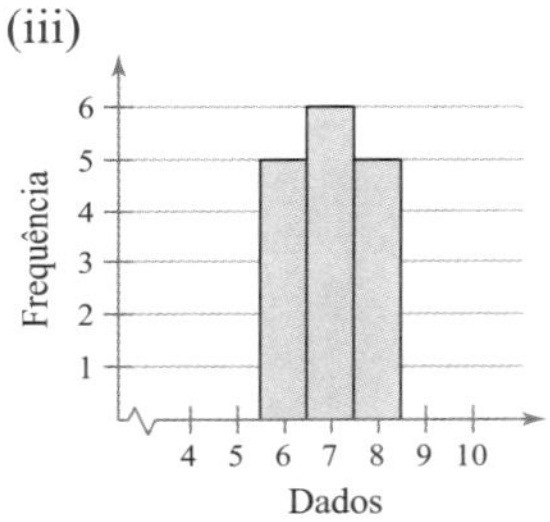

23. (i)

0	9
1	5 8
2	3 3 7 7
3	2 5
4	1

Chave: 1|5 = 15

(ii)

0	9
1	5
2	3 3 3 7 7 7
3	5
4	1

Chave: 1|5 = 15

(iii)

0	
1	5
2	3 3 3 3 7 7 7 7
3	5
4	

Chave: 1|5 = 15

24. (i)

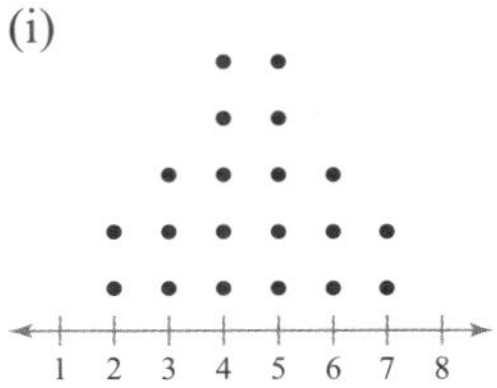

(ii)

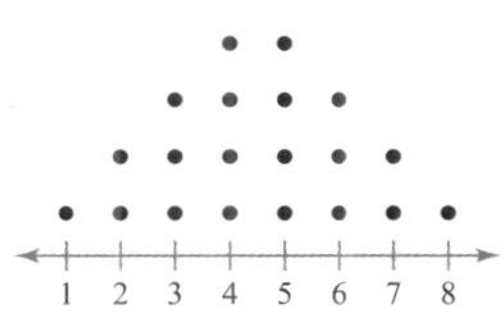

(iii)

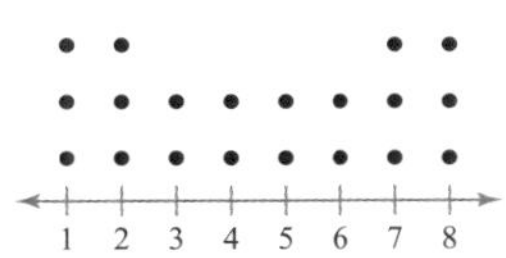

Construindo conjuntos de dados

Nos exercícios de 25 a 28, construa um conjunto de dados que tenha as seguintes estatísticas.

25. $N = 6$
$\mu = 5$
$\sigma \approx 2$

26. $N = 8$
$\mu = 6$
$\sigma \approx 3$

27. $n = 7$
$\bar{x} = 9$
$s \approx 0$

28. $n = 6$
$\bar{x} = 7$
$s \approx 2$

Usando a regra empírica *Nos exercícios de 29 a 34, use a regra empírica.*

29. A velocidade média de uma amostra de veículos ao longo de um trecho de uma rodovia é 67 milhas por hora, com um desvio padrão de 4 milhas por hora. Estime o percentual de veículos cujas velocidades estão entre 63 e 71 milhas por hora. (Admita que o conjunto de dados possui uma distribuição em forma de sino.)

30. A média mensal das contas de serviços públicos para uma amostra de domicílios em uma cidade é US$ 70, com um desvio padrão de US$ 8. Entre quais dois valores se encontram 95% dos dados? (Admita que o conjunto de dados possui uma distribuição em forma de sino.)

31. Usando as estatísticas amostrais do Exercício 29, e admitindo que o número de veículos na amostra é de 75:

(a) Estime o número de veículos cujas velocidades estão entre 63 e 71 milhas por hora.

(b) Em uma amostra de 25 veículos adicionais, quantos você esperaria ter velocidades entre 63 e 71 milhas por hora?

32. Usando as estatísticas amostrais do Exercício 30, e admitindo que o número de domicílios na amostra é de 40:

(a) Estime o número de domicílios cujas contas mensais estão entre US$ 54 e US$ 86.

(b) Em uma amostra de 20 domicílios adicionais, quantos você esperaria ter contas mensais entre US$ 54 e US$ 86?

33. As velocidades de mais oito veículos estão listadas a seguir. Usando as estatísticas amostrais do Exercício 29, determine quais dos valores são incomuns. Algum dos valores é muito incomum? Explique seu raciocínio.

70, 78, 62, 71, 65, 76, 82, 64

34. As contas mensais de mais oito domicílios estão listadas a seguir. Usando as estatísticas amostrais do Exercício 30, determine quais dos valores são incomuns. Algum dos valores é muito incomum? Explique seu raciocínio.

US$ 65, US $ 52, US $ 63, US $ 83, US $ 77, US $ 98, US $ 84, US $70

35. **Aplicando o Teorema de Chebychev** Você está conduzindo uma pesquisa sobre o número de animais de estimação por domicílio em certa região. De uma amostra com $n = 40$, o número médio de animais por domicílio é 2 e o desvio padrão 1. Usando o teorema de Chebychev, determine, no mínimo, quantos domicílios têm de 0 a 4 animais.

36. **Aplicando o Teorema de Chebychev** O *Old Faithful* é um famoso gêiser no Parque Nacional Yellowstone. De uma amostra com $n = 100$, o intervalo médio entre as erupções do *Old Faithful* é de 101,56 minutos e o desvio padrão é de 42,69 minutos. Usando o teorema de Chebychev, determine, no mínimo, quantos intervalos duraram entre 16,18 e 186,94 minutos. *(Adaptado de Geyser Times.)*

37. **Aplicando o Teorema de Chebychev** A nota média de uma prova de estatística é 82 pontos, com um desvio padrão de 3 pontos. Aplique o teorema de Chebychev aos dados usando $k = 4$. Interprete os resultados.

38. **Aplicando o Teorema de Chebychev** O número médio de corridas (pontos) marcado por jogo pelo Los Angeles Dodgers durante a série mundial de 2020 foi de 5,3 corridas, com desvio padrão de 1,8 corridas. Aplique o Teorema de Chebychev aos dados usando k = 2. Interprete os resultados. *(Fonte: Major League Baseball.)*

Calculando a média e o desvio padrão amostrais para dados agrupados *Nos exercícios 39 e 40, construa uma distribuição de frequência para os dados. A seguir, use a tabela para calcular a média e o desvio padrão amostrais do conjunto de dados.*

39. 3 3 5 3 8 0 3 9 6 6 7 1 6 3 2 6 9 1 8 5 0 2 3 4 9
5 8 1 9 7 6 9 6 7 0 6 3 8 6 8 7 3 8 9 3 7 2 4 4 1

40. 1 1 1 0 0 0 0 0 1 0 1 0 0 1 0 1 1 0 0 0 0 1 0 0 1
1 1 0 0 1 1 0 0 0 0 0 1 0 1 1 1 0 0 0 0 1 1 0 0 0

Estimando a média e o desvio padrão amostrais para dados agrupados *Nos exercícios de 41 a 44, construa uma distribuição de frequência para os dados. Em seguida, use a tabela para estimar a média e o desvio padrão amostrais do conjunto de dados.*

41. Despesas com faculdade A distribuição das mensalidades, taxas e despesas de moradia e alimentação de uma amostra aleatória de instituições públicas de ensino superior de 4 anos de graduação **é mostrada no gráfico de pizza** da figura. Use US$ 28.249,50 como ponto médio para "US$ 27.000 ou mais".

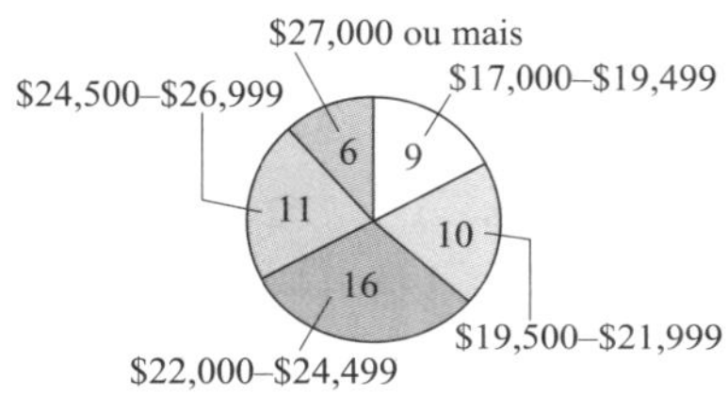

FIGURA PARA O EXERCÍCIO 41

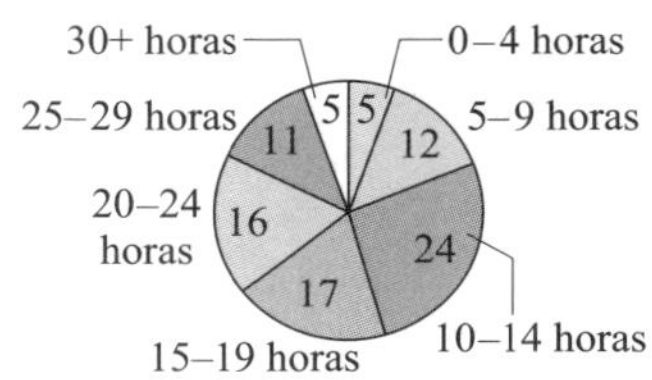

FIGURA PARA O EXERCÍCIO 42

42. Horas semanais de estudo A distribuição do número de horas semanais de estudo de uma amostra aleatória de estudantes universitários é mostrada no gráfico de pizza da figura. Use 32 como o ponto médio para "30 horas ou mais".

43. Carga de Ensino O número de disciplinas ministradas por semestre para uma amostra aleatória de professores universitários é mostrado no histograma da figura.

44. Quantidade de cafeína As quantidades de cafeína em uma amostra de porções de cinco onças de café são mostradas no histograma da figura.

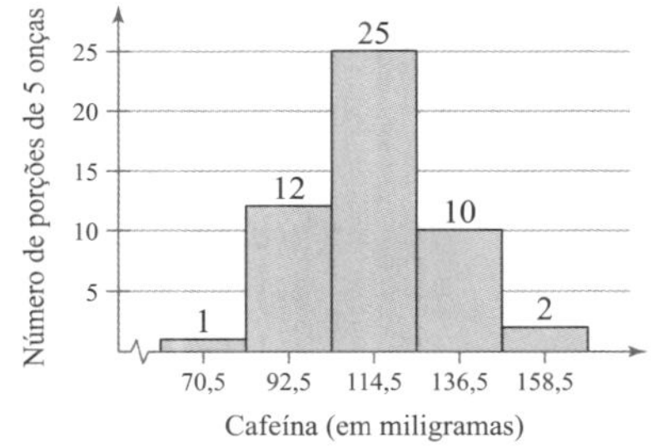

Comparando variação em conjuntos de dados diferentes *Nos exercícios de 45 a 50, calcule o coeficiente de variação para cada um dos conjuntos de dados. Então, compare os resultados.*

45. Salários anuais Uma amostra dos salários anuais (em milhares de dólares) para arquitetos recém-formados em Denver, CO e Los Angeles, CA está listada a seguir.

Denver	55,2	55,8	53,8	50,1	60,9	48,9
	53,6	62,5	54,2	61,0	50,7	58,4
Los Angeles	68,4	62,3	67,7	60,2	67,4	67,3
	59,3	68,0	59,8	58,0	63,6	72,9

46. Salários anuais Uma amostra dos salários anuais (em milhares de dólares) para engenheiros de *software* recém-formados em Raleigh, NC e Whichita, KS está listada a seguir.

Raleigh	69,5	74,2	65,1	56,5	65,6	62,1	79,5	72,4	58,3
Wichita	59,7	76,0	57,1	79,7	55,2	70,7	80,0	78,8	64,2

47. Idades e partidas As idades (em anos) e o número de partidas jogadas por todas as integrantes do time de futebol feminino dos Estados Unidos de 2021 estão listadas a seguir. *(Fonte: ESPN.)*

Idades	26	23	27	22	28	28	26	25	38	21	30	28
	31	24	32	32	32	25	35	35	20	27	27	
Partidas	5	2	65	28	109	108	91	51	299	3	21	70
	173	0	67	134	142	6	173	182	3	51	33	

48. Alturas e pesos As alturas (em polegadas) e os pesos (em libras) de todos os jogadores da seleção francesa de futebol que começaram a final da Copa do Mundo Masculina da FIFA 2018 estão listados a seguir. *(Fonte: ESPN.)*

Alturas	74	73	75	72	72	76	66	70	69	69	76
Pesos	181	168	179	163	168	183	150	161	161	152	203

49. Notas no SAT Uma amostra das notas no SAT para oito homens e oito mulheres está listada a seguir.

Homens	1.520	1.750	2.120	1.380	1.980	1.650	1.030	1.710
Mulheres	1.790	1.510	1.500	1.950	2.210	1.870	1.260	1.590

50. Coeficiente de rendimento Uma amostra dos coeficientes de rendimento de 10 alunos e de 10 alunas está listada a seguir.

Homens	2,4	3,7	3,8	3,9	2,8	2,6	3,6	3,3	4,0	1,9
Mulheres	2,8	3,7	2,1	3,9	3,6	4,0	2,0	3,9	3,7	2,3

Expandindo conceitos

51. Fórmula alternativa Você usava $SS_x = (x - \bar{x})^2$ quando calculava a variância e o desvio padrão. Uma fórmula alternativa que, às vezes, pode ser mais conveniente para cálculos à mão é:

$$SS_x = \Sigma x^2 - \frac{(\Sigma x)^2}{n}.$$

Você pode calcular a variância amostral dividindo a soma dos quadrados por $n - 1$ e o desvio padrão amostral calculando a raiz quadrada da variância amostral.

(a) Mostre como obter a fórmula alternativa.

(b) Use a fórmula alternativa para calcular o desvio padrão amostral para os dados do Exercício 15.

(c) Compare seus resultados com os obtidos no Exercício 15.

52. Desvio médio absoluto Uma outra medida de variação útil para um conjunto de dados é o **desvio médio absoluto (DMA)**. Ele é calculado pela fórmula:

$$MAD = \frac{\Sigma|x - \bar{x}|}{n}.$$

(a) Calcule o desvio médio absoluto do conjunto de dados do Exercício 15. Depois, compare o resultado com o desvio padrão amostral.

(b) Calcule o desvio médio absoluto do conjunto de dados do Exercício 16. Depois, compare o resultado com o desvio padrão amostral.

53. Alterando dados Uma amostra dos salários anuais (em milhares de dólares) dos funcionários de uma empresa está listada a seguir.

42 36 48 51 39 39 42

36 48 33 39 42 45 50

(a) Calcule a média amostral e o desvio padrão amostral.

(b) Cada funcionário na amostra recebe 5% de aumento. Encontre a média amostral e o desvio padrão amostral para o conjunto de dados revisado.

(c) Calcule cada salário mensal. Em seguida, calcule a média amostral e o desvio padrão amostral para os salários mensais.

(d) O que se pode concluir dos resultados?

54. Alterando dados Uma amostra dos salários anuais (em milhares de dólares) dos funcionários de uma empresa é listada a seguir.

40 35 49 53 38 39 40

37 49 34 38 43 47 35

(a) Calcule a média amostral e o desvio padrão amostral.

(b) Cada funcionário na amostra recebe US$ 1.000 de aumento. Calcule a média amostral e o desvio padrão amostral para o conjunto de dados revisado.

(c) Cada funcionário na amostra tem uma redução de US$ 2.000 em seu salário original. Calcule a média amostral e o desvio padrão amostral para o conjunto de dados revisado.

(d) O que se pode concluir dos resultados de (a), (b) e (c)?

55. Índice de assimetria de Pearson O estatístico inglês Karl Pearson (1857–1936) apresentou uma fórmula para a assimetria de uma distribuição.

$$P = \frac{3(\bar{x} - \text{median})}{s}$$ Índice de assimetria de Pearson

A maioria das distribuições tem um índice de simetria entre –3 e 3. Quando $P > 0$, os dados são assimétricos à direita. Quando $P < 0$, os dados são assimétricos à esquerda. Quando $P = 0$, os dados são simétricos. Calcule o coeficiente de assimetria para cada distribuição. Descreva a forma de cada uma.

(a) $\bar{x} = 17$, $s = 2{,}3$, mediana = 19

(b) $\bar{x} = 32$, $s = 5{,}1$, mediana = 25

(c) $\bar{x} = 9{,}2$, $s = 1{,}8$, mediana = 9,2

(d) $\bar{x} = 42$, $s = 6{,}0$, mediana = 40

(e) $\bar{x} = 155$, $s = 20{,}0$, mediana = 175

56. Teorema de Chebychev Pelo menos 99% dos dados em qualquer conjunto de dados encontra-se dentro de quantos desvios padrão da média? Explique como você obteve sua resposta.

2.4 ATIVIDADE

Desvio padrão

O *applet Standard deviation* foi desenvolvido para permitir que você investigue interativamente o desvio padrão como medida de dispersão para um conjunto de dados. Você pode gerar um conjunto de dados inserindo um **Tamanho de amostra** (*Sample size*) e clicando em **Simular** (*Simulate*); você pode gerar valores de dados clicando em **Adicionar ponto** (*Add point*). A média dos pontos é mostrada como uma seta verde, e a mediana como uma sete vermelha. Uma linha azul abaixo do eixo horizontal mostra a faixa de um desvio padrão abaixo da média a um desvio padrão acima da média. Os valores numéricos para o desvio padrão e outras estatísticas resumo são mostrados na tabela à direita. Remova um valor de dados arrastando o ponto correspondente para fora do intervalo do eixo. Remova todos os valores de dados e seus pontos correspondentes do conjunto de dados clicando em **Redefinir** (*Reset*).

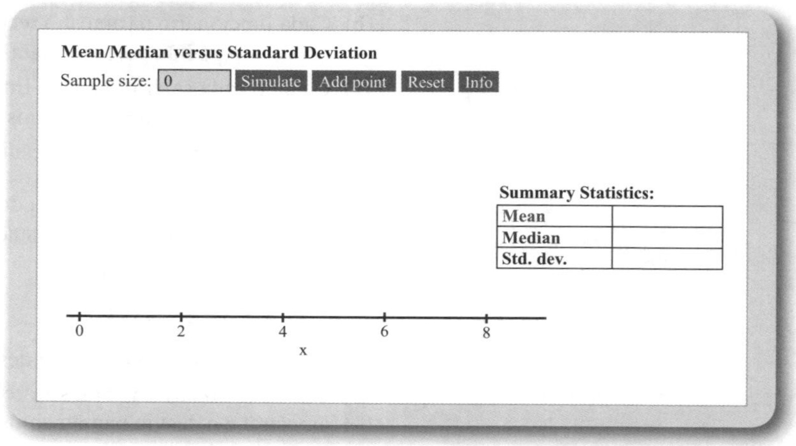

EXPLORE

Passo 1 Especifique um **Tamanho de amostra** (*Sample size*).
Passo 2 Clique em **Simular** (*Simulate*).
Passo 3 Adicione e remova vários pontos no e do diagrama.
Passo 4 Remova todos os pontos do diagrama.

CONCLUA

1. Crie um diagrama de 10 pontos que tenham uma média de cerca de 5 e um desvio padrão de cerca de 1. Escreva as estimativas dos valores dos pontos. Acrescente um ponto com um valor de 15. O que acontece com a média e o desvio padrão? Acrescente um ponto com um valor de 20. O que acontece com a média e o desvio padrão?

2. Como você pode representar oito pontos de modo que eles tenham o maior desvio padrão possível? Use o *applet* para criar um diagrama o conjunto de pontos e, em seguida, use a fórmula do desvio padrão para confirmar o valor fornecido no *applet*. Como você pode representar oito pontos de modo que eles tenham o menor desvio padrão possível? Explique.

ESTUDO DE CASO

Tamanho do negócio

O número de colaboradores nas empresas pode variar desde um único colaborador até mais de 1.000. Os dados mostrados nas Tabelas 2.32 e 2.33 são os números das indústrias de manufatura, para nove estados, em um ano recente. *(Fonte: U.S. Census Bureau.)*

Tabela 2.32

Estado	Número de indústrias de manufatura
Califórnia	37.849
Illinois	13.154
Indiana	8.045
Michigan	12.400
Nova Iorque	15.488
Ohio	13.902
Pensilvânia	13.502
Texas	19.764
Wisconsin	8.817

Tabela 2.33 Número de indústrias de manufatura por estado e por número de empregados

Estado	1-4	5-9	10-19	20-49	50-99	100-249	250-499	500-999	1.000+
Califórnia	15.464	6.929	5.690	5.253	2.212	1.599	456	161	85
Illinois	4.513	2.239	2.000	2.105	1.074	839	257	92	35
Indiana	2.213	1.288	1.266	1.370	797	701	244	120	46
Michigan	4.007	2.062	2.043	1.952	1.039	858	282	105	52
Nova Iorque	6.809	2.726	2.245	2.030	838	565	188	60	27
Ohio	4.079	2.410	2.283	2.370	1.266	989	326	126	53
Pensilvânia	4.323	2.374	2.213	2.269	1.054	879	274	82	34
Texas	7.171	3.472	2.990	3.157	1.376	1.079	312	140	67
Wisconsin	2.581	1.371	1.311	1.520	900	757	241	102	34

EXERCÍCIOS

Utilize as informações fornecidas nas Tabelas 2.34 e 2.35.

1. **Empregados** Qual estado tem o maior número de empregados na indústria? Explique seu raciocínio.
2. **Tamanho médio do negócio** Estime o número médio de empregados em uma indústria de manufatura para cada estado. Use 1.500 como o ponto médio para "1.000+".
3. **Empregados** Qual estado tem o maior número de empregados por indústria de manufatura? Explique seu raciocínio.
4. **Desvio padrão** Estime o desvio padrão para o número de empregados em uma indústria de manufatura para cada estado. Use 1.500 como o ponto médio para "1.000+".
5. **Desvio padrão** Qual estado tem o maior desvio padrão? Explique seu raciocínio.
6. **Distribuição** Descreva a distribuição do número de empregados em indústrias de manufatura para cada estado.

2.5 Medidas de posição

O que você deve aprender

- Como encontrar o primeiro, o segundo e o terceiro quartis de um conjunto de dados, como encontrar a amplitude interquartil e como representar um conjunto de dados graficamente usando um diagrama de caixa (*boxplot*).
- Como interpretar outras separatrizes, como o percentil, e como encontrar percentis para um valor específico.
- Como encontrar e interpretar o escore padrão (escore-*z*).

Quartis ■ Percentis e outras separatrizes ■ O escore padrão

Quartis

Nesta seção, você aprenderá como usar as separatrizes para especificar a posição de um elemento dentro de um conjunto de dados. **Separatrizes** são números que partilham, ou dividem, um conjunto de dados ordenado em partes iguais (cada parte tem o mesmo número de elementos). Por exemplo, a mediana é uma separatriz porque divide um conjunto de dados ordenado em duas partes iguais.

DEFINIÇÃO

Os três **quartis**, Q_1, Q_2 e Q_3, dividem um conjunto de dados ordenado em quatro partes iguais. Aproximadamente 1/4 dos dados recai sobre ou abaixo do **primeiro quartil** Q_1. Aproximadamente metade dos dados recai sobre ou abaixo do **segundo quartil** Q_2 (o segundo quartil é o mesmo que a mediana do conjunto de dados). Aproximadamente 3/4 dos dados recai sobre ou abaixo **do terceiro quartil** Q_3.

EXEMPLO 1

Encontrando os quartis de um conjunto de dados

As quantidades de combustível (em galões por ano) que os motoristas desperdiçam por causa do congestionamento do tráfego nas 15 maiores áreas urbanas dos Estados Unidos (onde as populações são mais de 3 milhões) estão listadas a seguir. Encontre o primeiro, segundo e terceiro quartis do conjunto de dados. O que você observa? *(Fonte: Texas A&M Transportation Institute.)*

34 30 31 31 25 31 25 24 38 26 39 26 38 31 35

SOLUÇÃO

Primeiro, ordene o conjunto de dados e encontre a mediana Q_2. O primeiro quartil, Q_1, é a mediana dos valores à esquerda de Q_2. O terceiro quartil, Q_3, é a mediana dos valores à direita de Q_2.

Q_2 Valores à direita de Q_2

Valores à esquerda de Q_2 | Valores à direita de Q_2

24 25 25 **26** 26 30 31 **31** 31 31 34 **35** 38 38 39

↑ Q_1 (26) ↑ Q_2 (31) ↑ Q_3 (35)

Interpretação Em cerca de um quarto das grandes áreas urbanas, os motoristas desperdiçam 26 galões de combustível ou menos, cerca de metade desperdiça 31 galões ou menos, e aproximadamente três quartos desperdiçam 35 galões ou menos.

TENTE VOCÊ MESMO 1

Encontre o primeiro, o segundo e o terceiro quartis para os pontos marcados pelas 55 equipes vencedoras usando o conjunto de dados listados na abertura deste capítulo. O que você observa?

EXEMPLO 2

Usando tecnologia para encontrar os quartis

Os custos com mensalidade e taxas (em milhares de dólares) de 25 faculdades estão listados a seguir. Use uma ferramenta tecnológica para encontrar o primeiro, o segundo e o terceiro quartis. O que você observa? *(Fonte: U.S. News & World Report.)*

55 59 55 56 57 55 60 59 61 58 57 61 59

48 44 30 39 58 48 46 19 55 45 48 48

Dica de tecnologia

Note que você pode obter resultados ligeiramente diferentes ao comparar as respostas obtidas usando as ferramentas tecnológicas. Por exemplo, no Exemplo 2, o primeiro quartil determinado pelo Minitab e pela TI-84 Plus e a função do Excel (QUARTIL.EXC) é 47, enquanto que o resultado usando StatCrunch e a função do Excel (QUANTIL.INC) é 48.

EXCEL

	A	B	
1	55	47	←=Quartile.exc(A1:A25,1)
2	59		
3	55	55	←=Quartile.exc(A1:A25,2)
4	56		
5	57	58.5	←=Quartile.exc(A1:A25,3)
6	55		
7	60	48	←=Quartile.inc(A1:A25,1)
8	59		
9	61	55	←=Quartile.inc(A1:A25,2)
10	58		
11	57	58	←=Quartile.inc(A1:A25,3)
12	61		
13	59		
14	48		
15	44		
16	30		
17	39		
18	58		
19	48		
20	46		
21	19		
22	55		
23	45		
24	48		
25	48		

Figura 2.30

SOLUÇÃO

O Minitab e a TI-84 Plus, por exemplo, têm características que calculam quartis. Tente usar essa tecnologia para encontrar o primeiro, o segundo e o terceiro quartis para os dados dos custos com ensino. Das Figuras 2.29 (a) a (c) você pode ver que

$Q_1 = 47$; $Q_2 = 55$ e $Q_3 = 58{,}5$.

MINITAB

Descriptive Statistics: Tuition

Variable	N	Mean	SE Mean	StDev	Minimum
Tuition	25	51.20	2.04	10.18	19.00

Variable	Q1	Median	Q3	Maximum
Tuition	47.00	55.00	58.50	61.00

(a)

TI-84 PLUS

```
1-Var Stats
↑n=25
minX=19
Q1=47
Med=55
Q3=58.5
maxX=61
```

(b)

STATCRUNCH

Summary statistics:

Column	Q1	Median	Q3
Tuition	48	55	58

(c)

Figura 2.29

Interpretação Aproximadamente 1/4 dessas faculdades cobra US$ 47.000 ou menos, aproximadamente metade cobra US$ 55.000 ou menos e cerca de 3/4 cobram US$ 58.500 ou menos.

TENTE VOCÊ MESMO 2

Os custos com mensalidades e taxas (em milhares de dólares) de 25 universidades estão listados a seguir. Use uma ferramenta tecnológica para encontrar o primeiro, o segundo e o terceiro quartis. O que você observa? *(Fonte: U.S. News & World Report.)*

58 35 49 11 31 56 25 18 36 31 10 32 35

19 39 49 33 27 55 33 55 46 28 54 57

A mediana (o segundo quartil) é uma medida de tendência central baseada na posição. Uma medida de variação que é baseada na posição é a **amplitude interquartil**. Essa medida indica a dispersão da metade central dos dados, conforme mostra a próxima definição.

DEFINIÇÃO

A **amplitude interquartil (AIQ)** de um conjunto de dados é uma medida de variação que fornece a amplitude da porção central (aproximadamente metade) dos dados. A AIQ é a diferença entre o terceiro e o primeiro quartis.

$$\text{AIQ} = Q_3 - Q_1$$

Na Seção 2.3, um *outlier* foi descrito como um valor que está muito distante dos demais valores do conjunto de dados. Uma forma de identificar *outliers* é usando a amplitude interquartil.

INSTRUÇÕES

Usando a amplitude interquartil para identificar *outliers*

1. Encontre o primeiro (Q_1) e o terceiro (Q_3) quartis do conjunto de dados.
2. Encontre a amplitude interquartil: AIQ = $Q_3 - Q_1$.
3. Multiplique a AIQ por 1,5: 1,5 (AIQ).
4. Subtraia 1,5 (AIQ) de Q_1. Qualquer valor menor que Q_1 – 1,5 (AIQ) é um *outlier*.
5. Adicione 1,5 (AIQ) à Q_3. Qualquer valor maior que Q_3 + 1,5 (AIQ) é um *outlier*.

EXEMPLO 3

Usando a amplitude interquartil para identificar um *outlier*

Encontre a amplitude interquartil dos dados do Exemplo 2. Há algum *outlier*?

SOLUÇÃO

Do Exemplo 2, sabemos que $Q_1 = 47$ e $Q_3 = 58{,}5$. Então, a amplitude interquartil é AIQ = $Q_3 - Q_1 = 58{,}5 - 47 = 11{,}5$. Para identificar quaisquer *outliers*, primeiro devemos notar que 1,5 (AIQ) = 1,5 (11,5) = 17,25. Há um valor, 19, menor que:

Q_1 – 1,5 (AIQ) = 47 – 17,25   Subtraia 1,5 (AIQ) de Q_1.

= 29,75   Um valor menor que 29,75 é um *outlier*.

mas não existe valor maior que

Q3 + 1,5 (AIQ) = 58,5 + 17,25   Adicione 1,5 (AIQ) a Q_3.

= 75,75.   Um valor maior que 75,75 é um *outlier*.

Logo, 19 é um *outlier*.

Interpretação Os custos das mensalidades e taxas das faculdades na porção central do conjunto de dados variam em, no máximo, US$ 17.250. Observe que o *outlier*, 19 (ou US$ 19.000), não afeta o AIQ.

TENTE VOCÊ MESMO 3

Encontre a amplitude interquartil para os pontos marcados pelas 55 equipes vencedoras listados na abertura deste capítulo. Há *outliers*?

Outra aplicação importante dos quartis é representar conjuntos de dados usando diagramas em caixa. Um **diagrama de caixa-e-bigode** (ou ***boxplot***) é uma ferramenta de análise exploratória de dados que destaca as características importantes de um conjunto de dados. Para representar o *boxplot*, você deve conhecer os valores mostrados a seguir:

Retratando o mundo

De 1970 a 2019, houve 2.939 mortes nos Estados Unidos atribuídas a raios. O *boxplot* resume as fatalidades para cada um desses anos. (Fonte: National Weather Service.)

Mortes por raios

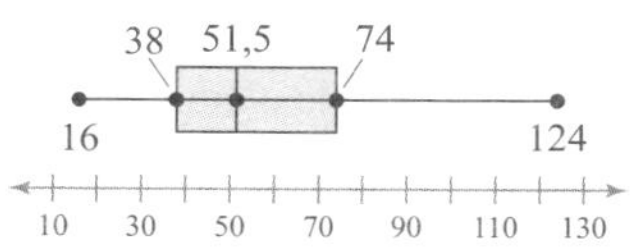

Mortes por ano de 1970 a 2019

Cerca de quantas mortes são representadas pelo bigode direito? Houve 20 mortes por raios em 2019. Em que quartil esse número de mortes cai?

1. O valor mínimo
2. O primeiro quartil Q_1
3. A mediana Q_2
4. O terceiro quartil Q_3
5. O valor máximo

Esses cinco números são chamados **resumo dos cinco números** do conjunto de dados.

INSTRUÇÕES

Desenhando um boxplot

1. Encontre o resumo dos cinco números do conjunto de dados.
2. Construa uma escala horizontal que se estenda sobre a amplitude dos dados.
3. Represente os cinco números sobre a escala horizontal.
4. Desenhe uma caixa em cima da escala horizontal de Q_1 a Q_3, e desenhe uma linha vertical na caixa, em Q_2.
5. Desenhe bigodes da caixa para os valores mínimo e máximo.

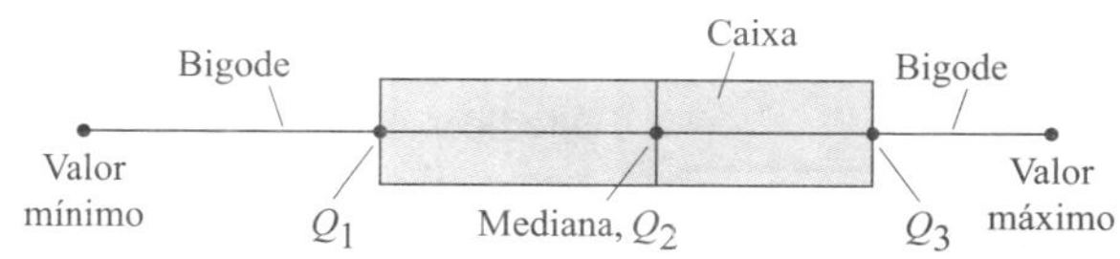

EXEMPLO 4

Ver os passos para o Minitab e da TI-84 Plus nas páginas. 124 e 125.

Desenhando um *boxplot*

Desenhe um *boxplot* que represente o conjunto de dados do Exemplo 2. O que você observa?

SOLUÇÃO

O esquema dos cinco números é apresentado a seguir.

Mínimo = 19 $\quad Q_1 = 47 \quad Q_2 = 55 \quad Q_3 = 58{,}5 \quad$ Máximo = 61

Usando esses cinco números, você pode construir o *boxplot* mostrado a seguir.

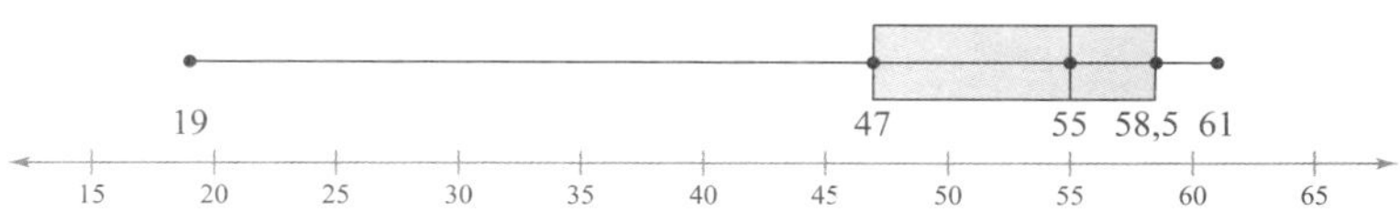

Figura 2.31 Mensalidades e taxas.

Interpretação A caixa representa aproximadamente metade dos dados, o que significa que cerca de 50% dos valores estão entre 47 e 58,5. O bigode esquerdo representa cerca de 1/4 dos dados então, aproximadamente 25% dos valores são menores que 47. O bigode direito representa creca de 1/4 dos dados, então, aproximadamente 25% dos valores são maiores que 58,5. Além disso, o comprimento do bigode esquerdo é muito maior do que o direito. Isso indica que o conjunto de dados tem um possível *outlier* à esquerda. (Você já sabe, do Exemplo 3, que o valor de 19 é um *outlier.*).

TENTE VOCÊ MESMO 4

Desenhe um *boxplot* que represente os pontos marcados pelas 55 equipes vencedoras listados na abertura deste capítulo. O que você observa?

Dica de estudo

Para conjuntos de dados com *outliers*, você pode representá-los graficamente usando um *boxplot* modificado. Um *boxplot* modificado é um gráfico que usa símbolos (como um asterisco ou um ponto) para indicar *outliers*. A linha horizontal de um *boxplot* modificado se estende até o valor mínimo e o valor máximo dos dados que não sejam *outliers*. Por exemplo, nas páginas 124 e 125, o Minitab e a TI-84 Plus foram usados para desenhar *boxplots* modificados que representam o conjunto de dados do Exemplo 2. Compare esses resultados com o do Exemplo 4.

Você pode usar um *boxplot* para determinar a forma de uma distribuição. Observe que o *boxplot* no Exemplo 4 representa uma distribuição que é assimétrica à esquerda.

Dica de estudo

Note que o 25° percentil é o mesmo que Q_1; o 50° percentil é o mesmo que Q_2, ou a mediana; e o 75° percentil é o mesmo que Q_3.

Percentis e outras separatrizes

Além de usar quartis para especificar uma medida de posição, podemos também usar os percentis e os decis. A seguir um resumo dessas separatrizes.

Tabela 2.34

Separatriz	Resumo	Símbolos
Quartis	Dividem um conjunto de dados em 4 partes iguais	Q_1, Q_2, Q_3
Decis	Dividem um conjunto de dados em 10 partes iguais	$D_1, D_2, D_3, \ldots, D_9$
Percentis	Dividem um conjunto de dados em 100 partes iguais	$P_1, P_2, P_3, \ldots, P_{99}$

Os percentis são geralmente usados nas áreas relacionadas à saúde e educação para indicar como um indivíduo se compara a outros em um grupo. Os percentis também podem ser usados para identificar valores excepcionalmente altos ou baixos. Por exemplo, as medidas de crescimentos de crianças são normalmente expressas em percentis. Medidas no 95° percentil ou acima são excepcionalmente altas, enquanto aquelas no 5° percentil ou abaixo são excepcionalmente baixas.

Dica de estudo

É importante entender o que significa o percentil. Por exemplo, o peso de uma criança de 6 meses de idade está no 78° percentil. Isso significa que a criança pesa o mesmo ou mais que 78% de todas as crianças de seis meses. Isso não significa que a criança pese 78% de algum peso ideal.

EXEMPLO 5

Interpretando percentis

A ogiva na Figura 2.32 representa a distribuição de frequência acumulada para as notas em um teste SAT de alunos pré-universitários em um ano recente. Qual nota representa o 90° percentil? *(Fonte: The College Board.)*

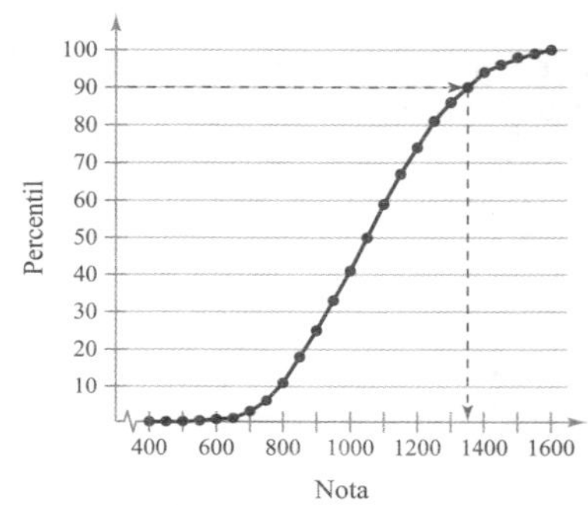

Figura 2.32 Notas no SAT.

SOLUÇÃO

Com base na ogiva, podemos ver que o 90° percentil corresponde a uma nota de 1.350.

Interpretação Isso significa que, aproximadamente, 90% dos estudantes obtiveram no teste uma nota de 1.350 ou menos.

TENTE VOCÊ MESMO 5

Os pontos marcados pelas 55 equipes vencedoras no *Super Bowl* (veja a página 39) estão representadas na ogiva da Figura 2.33. Qual pontuação representa o 65° percentil? Como você deve interpretar isso?

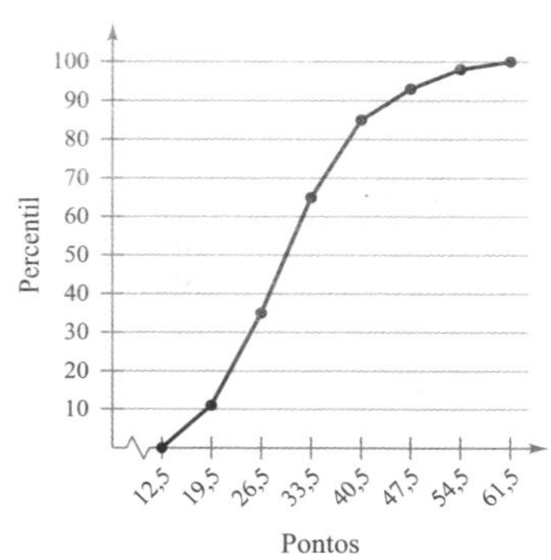

Figura 2.33 Pontos marcados pelos vencedores do *Super Bowl*.

No Exemplo 5, foi utilizada uma ogiva para aproximar um valor que corresponde a um percentil. Também é possível utilizar a ogiva para aproximar um percentil que corresponde a um valor. Outra forma de encontrar um percentil é por meio de uma fórmula.

DEFINIÇÃO

Para encontrar o **percentil que corresponde a um valor específico *x***, use a fórmula:

$$\text{Percentil de } x = \frac{\text{número de elementos menores que } x}{\text{número total de elementos}} \cdot 100$$

e então arredonde o resultado para o valor inteiro mais próximo.

EXEMPLO 6

Encontrando um percentil

Para o conjunto de dados do Exemplo 2, encontre o percentil que corresponde a US$ 57.000.

SOLUÇÃO

Os custos com mensalidade e taxas estão em milhares de dólares, então, o valor US$ 57.000 corresponde a 57. Comece ordenando os dados:

19 30 39 44 45 46 48 48 48 48 55 55 55

55 56 57 57 58 58 59 59 59 60 61 61

Existem 15 valores menores que 57 e o número total de elementos é 25.

$$\text{Percentil de } 57 = \frac{\text{Número de elementos menores que } 57}{\text{Número total de elementos}} \cdot 100$$
$$= \frac{15}{25} \cdot 100$$
$$= 60$$

O custo de US$57.000 corresponde ao 60º percentil.

Interpretação O custo de US$57.000 é maior que 60% dos demais custos.

TENTE VOCÊ MESMO 6

Para os dados do Tente você mesmo 2, encontre o percentil que corresponde a US$ 31.000, que é o elemento 31.

O escore padrão

Quando conhecemos a média e o desvio padrão de um conjunto de dados, podemos medir a posição de um elemento no conjunto de dados com um **escore padrão** ou **escore-*z***.

DEFINIÇÃO

O **escore padrão** ou **escore-*z*** representa o número de desvios padrão que um valor x encontra-se a partir da média μ. Para encontrar o escore-z para um valor, use a fórmula a seguir:

$$z = \frac{\text{Valor} - \text{Média}}{\text{Desvio padrão}} = \frac{x - \mu}{\sigma}.$$

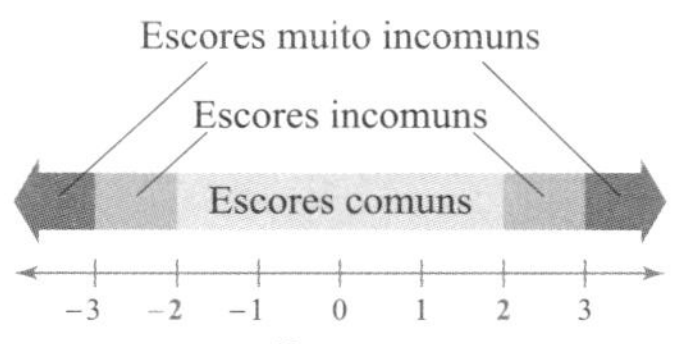

Figura 2.34

Um escore-z pode ser negativo, positivo ou zero. Quando z é negativo, o valor x correspondente é menor do que a média. Quando z é positivo, o valor x correspondente é maior que a média. E, para $z = 0$, o valor x correspondente é igual a média. Um escore-z pode ser usado para identificar valores incomuns de um conjunto de dados que seja aproximadamente em formato de sino.

Quando uma distribuição é aproximadamente em formato de sino sabemos, da Regra Empírica, que cerca de 95% dos dados encontram-se dentro do intervalo de ±2 desvios padrão da média. Então, quando os valores dessa distribuição são padronizados, cerca de 95% dos escores-z devem estar entre –2 e 2. Um escore-z fora desse intervalo ocorrerá em cerca de 5% das vezes e seria considerado incomum. Assim, de acordo com a Regra Empírica, um escore-z menor que –3 ou maior que 3 seria muito incomum, com tal escore ocorrendo em cerca de 0,3% das vezes.

EXEMPLO 7

Encontrando escores-z

A velocidade média de veículos em um trecho de uma rodovia é de 56 milhas por hora (mph), com um desvio padrão de 4 mph. A velocidade de três carros nesse trecho é 62 mph, 47 mph e 56 mph. Encontre o escore-z que corresponde a cada velocidade. Admita que a distribuição das velocidades é aproximadamente em formato de sino.

SOLUÇÃO

O escore-z que corresponde a cada velocidade é calculado a seguir.

$$x = 62 \text{ mph} \qquad x = 47 \text{ mph} \qquad x = 56 \text{ mph}$$

$$z = \frac{62 - 56}{4} = 1{,}5 \qquad z = \frac{47 - 56}{4} = -2{,}25 \qquad z = \frac{56 - 56}{4} = 0$$

Interpretação A partir dos escores-z, podemos concluir que a velocidade de 62 mph está 1,5 desvio padrão acima da média; a velocidade 47 mph está 2,25 desvios padrão abaixo da média e a velocidade 56 mph é igual à média. O carro que viaja a 47 mph está excepcionalmente devagar, pois sua velocidade corresponde a um escore-z de –2,25.

TENTE VOCÊ MESMO 7

As contas mensais de serviços públicos em uma cidade têm média de US$ 70 e desvio padrão de US$ 8. Encontre os escores-z que correspondem às contas de US$ 60, US$ 71 e US$ 92. Admita que a distribuição das contas é aproximadamente em formato de sino.

EXEMPLO 8

Comparando escores-z de conjuntos de dados diferentes

A Tabela 2.35 mostra a média das alturas e o desvio padrão para uma população de homens e uma população de mulheres. Compare os escores-z de um homem e uma mulher com 6 pés de altura. Admita que as distribuições das alturas sejam aproximadamente em formato de sino.

Tabela 2.35

Altura dos homens	Altura das mulheres
μ = 69,9 polegadas	μ = 64,3 polegadas
σ = 3,0 polegadas	σ = 2,6 polegadas

SOLUÇÃO

Note que 6 pés = 72 polegadas. Encontrando o escore-z para cada altura.

Escore-z para homem com 6 pés de altura

$$z = \frac{x - \mu}{\sigma} = \frac{72 - 69{,}9}{3{,}0} = 0{,}7$$

Escore-z para mulher com 6 pés de altura

$$z = \frac{x - \mu}{\sigma} = \frac{72 - 64{,}3}{2{,}6} \approx 3{,}0$$

Interpretação O escore-z para o homem com 6 pés de altura está dentro de 1 desvio padrão da média (69,9 polegadas), o que é uma altura típica para um homem. O escore-z para a mulher com 6 pés de altura é cerca de 3 desvios padrão da média (64,3 polegadas), o que é uma altura incomum para uma mulher

TENTE VOCÊ MESMO 8

Use a informação do Exemplo 8 para comparar o escore-z de um homem e uma mulher com 5 pés de altura.

2.5 EXERCÍCIOS

Construindo habilidades básicas e vocabulário

1. A duração de uma determinada palestra representa o terceiro quartil em uma série de palestras. Faça uma observação sobre a duração da palestra.
2. O rendimento de combustível de uma moto representa o nono decil dos veículos de sua classe. Faça uma observação sobre o rendimento de combustível da moto.
3. A nota de um estudante em uma prova de engenharia possui um escore-z de $-0{,}5$. Faça uma observação sobre a nota do estudante.
4. A pontuação de QI de um estudante está no 91º percentil na escala Weschler de inteligência para adultos. Faça uma observação sobre a pontuação de QI do estudante.
5. Explique como identificar *outliers* usando a amplitude interquartil.
6. Descreva a relação entre quartis e percentis.

Verdadeiro ou falso? *Nos exercícios de 7 a 10, determine se as afirmações são verdadeiras ou falsas. Se forem falsas, reescreva-as de forma que seja verdadeira.*

7. Em um *boxplot*, 1/4 de um conjunto de dados recai no bigode esquerdo.
8. O segundo quartil é a média de um conjunto de dados ordenado.
9. Um *outlier* é qualquer número acima de Q_3 ou abaixo de Q_1.
10. É impossível ter um escore-z de 0.

Usando e interpretando conceitos

Encontrando quartis, Amplitude interquartil e *Outliers* *Nos exercícios 11 e 12, (a) encontre os quartis, (b) encontre a amplitude interquartil e (c) identifique quaisquer* outliers.

11. 56 63 51 60 57 60 60 54 63 59 80 63 60 62 65
12. 22 25 22 24 20 24 19 22 29 21
    21 20 23 25 23 23 21 25 23 22

Análise gráfica *Nos exercícios 13 e 14, use o* boxplot *para identificar o esquema dos cinco números.*

13.
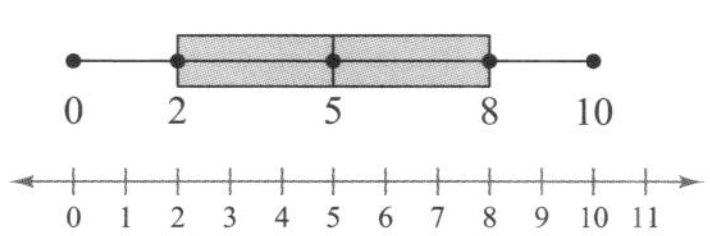

14.
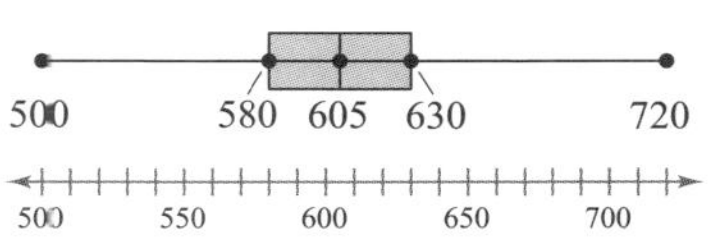

Construindo um *boxplot* *Nos exercícios de 15 a 18, (a) encontre o esquema dos cinco números e (b) construa um* boxplot *que represente o conjunto de dados.*

15. 39 36 30 27 26 24 28 35 39 60 50 41 35 32 51
16. 171 176 182 150 178 180 173 170 174 178 181 180
17. 4 7 7 5 2 9 7 6 8 5 8 4 1 5 2 8 7 6 6 9
18. 2 7 1 3 1 2 8 9 9 2 5 4 7 3 7 5 4
    2 3 5 9 5 6 3 9 3 4 9 8 8 2 3 9 5

Análise gráfica *Nos exercícios de 19 a 22, use o* boxplot *para determinar se a forma da distribuição representada é simétrica, assimétrica à esquerda, assimétrica à direita ou nenhuma das anteriores. Justifique sua resposta.*

19.

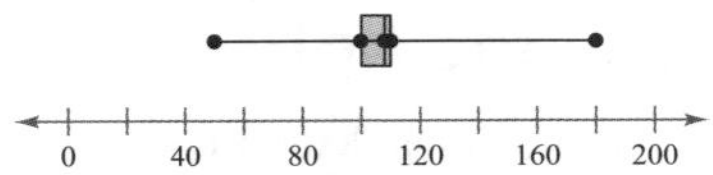

20.

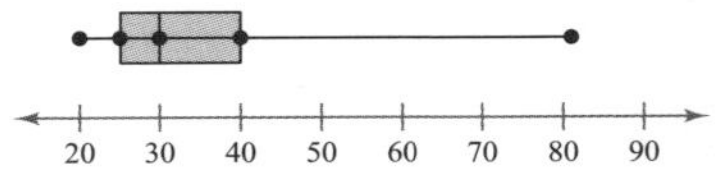

21.

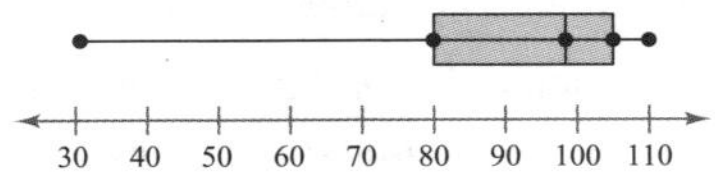

22.

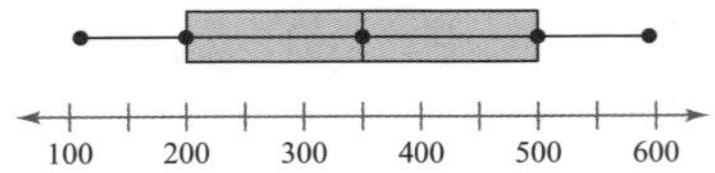

Usando tecnologia para encontrar quartis e fazer gráficos *Nos exercícios de 23 a 26, use a tecnologia para desenhar um* boxplot *que represente o conjunto de dados.*

23. Estudando O número de horas diárias de estudo em uma amostra de 28 estudantes.

2 8 7 2 3 3 3 2 2 7 8 3 5 1
1 2 6 1 5 7 3 8 5 3 3 7 6 2

24. Dias de férias O número de dias de férias gozados por uma amostra de 20 funcionários em um ano recente.

3 9 2 1 7 5 3 2 2 6
4 0 10 0 3 5 7 8 6 5

25. Distância de descolamento As distância de deslocamento (em milhas) de uma amostra de 30 funcionários.

7	6	7	5	2	1	1	2	3	8
15	24	3	8	9	19	12	17	45	4
4	3	11	26	10	4	21	1	5	12

26. Ganhos por hora Os ganhos por hora (em dólares) de uma amostra de 21 funcionários de uma firma de consultoria.

25,89	27,09	31,76	28,28	26,19	27,43	24,06
25,61	22,56	29,76	18,01	23,66	38,24	37,27
32,70	31,12	25,87	15,06	23,12	30,62	19,85

27. Estudando Reporte-se ao conjunto de dados do Exercício 23 e ao *boxplot* que você desenhou para representar os dados.

(a) Aproximadamente 75% dos estudantes estudam não mais que quantas horas por dia?

(b) Qual porcentagem de estudantes estuda mais do que 3 horas por dia?

(c) Se selecionarmos aleatoriamente um estudante da amostra, qual é a probabilidade de ele estudar menos do que 2 horas por dia? Escreva sua resposta em porcentagem.

28. Ganhos por hora Reporte-se ao conjunto de dados do Exercício 26 e ao *boxplot* que você desenhou para representar o conjunto de dados.

(a) Aproximadamente 50% dos funcionários ganharam menos do que qual quantia por hora?

(b) Qual a porcentagem de funcionários que ganharam mais de US$ 23,39 por hora?

(c) Qual a porcentagem de funcionários que ganharam entre US$ 23,39 e US$ 38,24 por hora?

(d) Se selecionarmos aleatoriamente um dos fabricantes da amostra, qual é a probabilidade de ele ter ganho mais de US$ 30,87 por hora? Escreva sua resposta em porcentagem.

Interpretando percentis *Nos exercícios de 29 a 32, use a ogiva que representa a distribuição de frequência acumulada para as pontuações de raciocínio quantitativo no Graduate Record Examination*, em um período recente de anos. (Adaptado de: Educational Testing Service.)*

Pontuações de raciocínio quantitativo

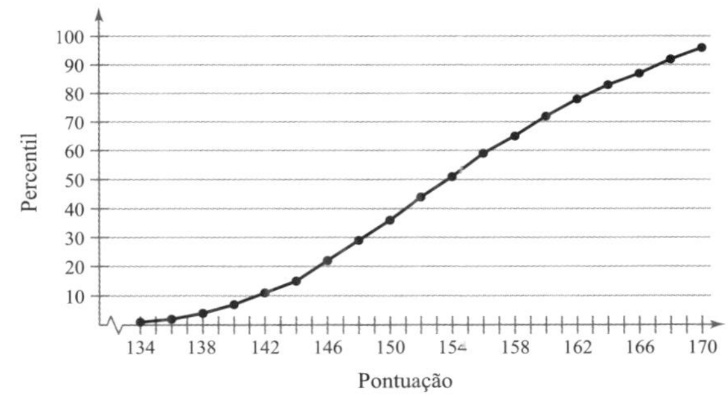

29. Qual pontuação representa o 65º percentil? Como você deve interpretar isso?

30. Qual pontuação representa o 50º percentil? Como você deve interpretar isso?

31. Qual percentil é uma pontuação de 140? Como você deve interpretar isso?

32. Qual percentil é uma pontuação de 170? Como você deve interpretar isso?

Encontrando um Percentil *Nos exercícios de 33 a 36, use o conjunto de dados que representa as idades de 30 executivos.*

43 57 65 47 57 41 56 53 61 54

56 50 66 56 50 61 47 40 50 43

54 41 48 45 28 35 38 43 42 44

33. Encontre o percentil que corresponde a uma idade de 40 anos.

34. Encontre o percentil que corresponde a uma idade de 56 anos.

35. Quais idades estão acima do 75º percentil?

36. Quais idades estão abaixo do 25º percentil?

Encontrando e interpretando percentis *Nos Exercícios de 37 a 40, use o conjunto de dados, que representa os tempos de espera (em minutos) para vários serviços em uma unidade do Departamento de veículos motorizados de um estado.*

6 10 1 22 23 10 6 7 2 1 6 6 2 4 14 15 16 4

19 3 19 26 5 3 4 7 6 10 9 10 20 18 3 20 10 13

14 11 14 17 4 27 4 8 4 3 26 18 21 1 3 3 5 5

37. Desenhe uma ogiva para mostrar os percentis correspondentes para os dados.

38. Qual tempo de espera representa o percentil 50? Como você interpretaria isso?

39. Encontre o percentil que corresponde a um tempo de espera de 20 minutos.

40. Quais tempos de espera estão entre os percentis 25 e 75?

Análise gráfica *Nos exercícios de 41 e 42, os pontos médios A, B e C estão marcados nos histogramas das Figuras 2.117 e 2.118. Relacione-os aos escores-z indicados. Qual escore-z, se houver, seria considerado incomum?*

41. $z = 0, z = 2.14, z = -1.43$

42. $z = 0.77, z = 1.54, z = -1.54$

Notas em teste de estatística aplicada

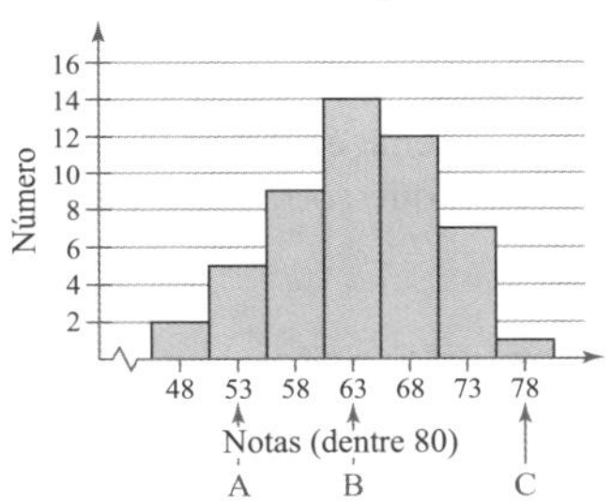

FIGURA PARA O EXERCÍCIO 41

Notas em teste de física

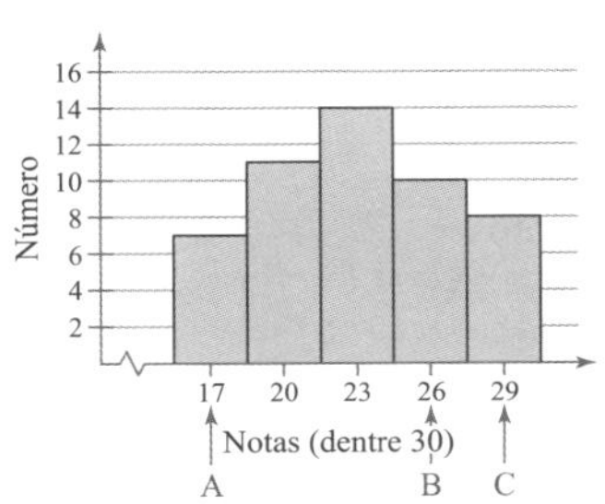

FIGURA PARA O EXERCÍCIO 42

*O Graduate Record Examination (GRE) é um teste utilizado como critério de admissão em programas de pós-graduação *stricto sensu*.

Encontrando escores-*z* *A distribuição das idades dos vencedores do Tour de France de 1903 a 2020 é aproximadamente em forma de sino. A idade média é 27,9 anos, com desvio padrão de 3,4 anos. Nos exercícios de 43 a 48, use os correspondentes escores-z para determinar se a idade é comum. Explique seu raciocínio. (Fonte: Le Tour de France.)*

	Vencedor	Ano	Idade
43.	Christopher Froome	2016	31
44.	Jan Ullrich	1997	24
45.	Antonin Magne	1931	27
46.	Firmin Lambot	1922	36
47.	Henri Cornet	1904	20
48.	Tadej Pogačar	2020	21

49. Vida útil de pneus Certa marca de pneus automotivos tem de uma vida útil média de 35.000 milhas e desvio padrão de 2.250 milhas. Admita que a vida útil dos pneus tem distribuição em formato de sino.

(a) A vida útil de três pneus selecionados aleatoriamente é 34.000 milhas, 37.000 milhas e 30.000 milhas. Encontre o escore-*z* que corresponde a cada vida útil. Determine se alguma dessas vidas úteis pode ser considerada incomum?

(b) A vida útil de três pneus selecionados aleatoriamente é 30.500 milhas, 37.250 milhas e 35.000 milhas. Usando a Regra Empírica, encontre o percentil que corresponde a cada vida útil.

50. Tempo de vida da mosca-das-frutas O tempo de vida de uma espécie de mosca-da-fruta tem uma distribuição em formato de sino, com média de 33 dias e desvio padrão de 4 dias.

(a) O tempo de vida de três moscas selecionadas aleatoriamente é 34 dias, 30 dias e 42 dias. Encontre o escore-*z* que corresponde a cada tempo de vida e determine se qualquer um desses tempos é incomum.

(b) O tempo de vida de três moscas selecionadas aleatoriamente é 29 dias, 41 dias e 25 dias. Usando a Regra Empírica, encontre o percentil que corresponde a cada tempo de vida.

Comparando escores-*z* de Conjuntos de dados diferentes *A tabela a seguir mostra as estatísticas populacionais para as idades dos vencedores do Oscar de melhor ator e melhor ator coadjuvante de 1929 a 2020. As distribuições das idades são aproximadamente em formato de sino. Nos exercícios de 51 a 54, compare o escore-z para os atores.*

Melhor ator	Melhor ator coadjuvante
$\mu \approx 43{,}8$ anos	$\mu \approx 50{,}2$ anos
$\sigma \approx 8{,}7$ anos	$\sigma \approx 13{,}5$ anos

51. Melhor ator 2018: Gary Oldman, idade: 59
Melhor ator coadjuvante 2018: Sam Rockwell, idade: 49

52. Melhor ator 2005: Jamie Foxx, idade: 37
Melhor ator coadjuvante 2005: Morgan Freeman, idade: 67

53. Melhor ator 1970: John Wayne, idade: 62
Melhor ator coadjuvante 1970: Gig Young, idade: 56

54. Melhor ator 1982: Henry Fonda, idade: 76
Melhor ator coadjuvante 1982: John Gielgud, idade: 77

Expandindo conceitos

Média dos quartis *Outra medida de posição é chamada de **média dos quartis**. Você pode encontrar a média dos quartis de um conjunto de dados usando a fórmula a seguir.*

$$\text{Média dos quartis} = \frac{Q_1 + Q_3}{2}$$

Nos exercícios 55 e 56, encontre a média dos quartis dos conjuntos de dados.

55. 5 7 1 2 3 10 8 7 5 3

56. 23 36 47 33 34 40 39 24 32 22 38 41

57. Duração das músicas *boxplots* lado a lado podem ser usados para comparar dois ou mais conjuntos de dados. Cada *boxplot* é desenhado sobre a mesma linha numérica para comparar os conjuntos de dados mais facilmente. A seguir, são mostradas as durações (em segundos) de músicas tocadas em dois concertos diferentes.

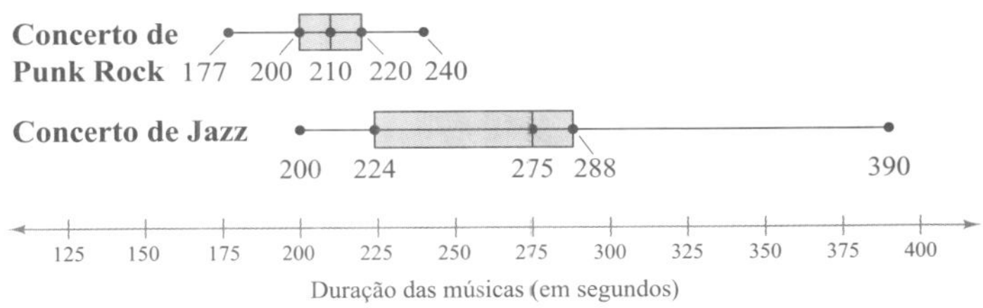

(a) Descreva a forma de cada distribuição. Qual concerto tem menos variação na duração das músicas?

(b) Qual distribuição é mais propensa a ter *outliers*? Explique.

(c) Qual concerto você acha que tem um desvio padrão de 16,3? Explique.

(d) Você pode determinar qual concerto dura mais? Explique.

58. Compras com cartão de crédito As compras com cartão de crédito (arredondadas para o dólar mais próximo) realizadas nos últimos três meses por você e um amigo estão listadas a seguir.

Você	60	95	102	110	130	130	162	200	215	120	124	28
	58	40	102	105	141	160	130	210	145	90	46	76
Amigo	100	125	132	90	85	75	140	160	180	190	160	105
	145	150	151	82	78	115	170	158	140	130	165	125

Use uma ferramenta tecnológica para desenhar um *boxplot* lado a lado que represente os conjuntos de dados. A seguir, descreva a forma das distribuições.

***Boxplot* modificado** *Nos exercícios 59 e 62, (a) identifique qualquer* outlier *e (b) desenhe um* boxplot *modificado que represente o conjunto de dados. Use um asterisco (*) para identificar* outliers.

59. 16 9 11 12 8 10 12 13 11 10 24 9 2 15 7

60. 75 78 80 75 62 72 74 75 80 95 76 72

61. 47 29 59 83 46 1 46 23 52 53 35 37 49

62. 36 38 47 50 53 54 19 27 30 47 48 50 56 60 90 62

63. Projeto Encontre um conjunto de dados real e aplique as técnicas apresentadas no Capítulo 2, incluindo gráficos e quantidades numéricas, para discutir o centro, variações e formato do conjunto de dados. Descreve quaisquer padrões.

USOS E ABUSOS

Estatística no mundo real

Usos

A estatística descritiva nos ajuda a ver tendências ou padrões em um conjunto de dados brutos. Uma boa descrição de um conjunto de dados consiste em (1) uma medida do centro dos dados, (2) uma medida da variabilidade (ou dispersão) dos dados e (3) a forma (ou distribuição) dos dados. Quando lemos relatórios, notícias ou anúncios preparados por outras pessoas, raramente recebemos os dados brutos usados no estudo. Em vez disso, vemos gráficos, medidas da tendência central e medidas de variabilidade. Para sermos leitores perspicazes, precisamos entender os termos e técnicas da estatística descritiva.

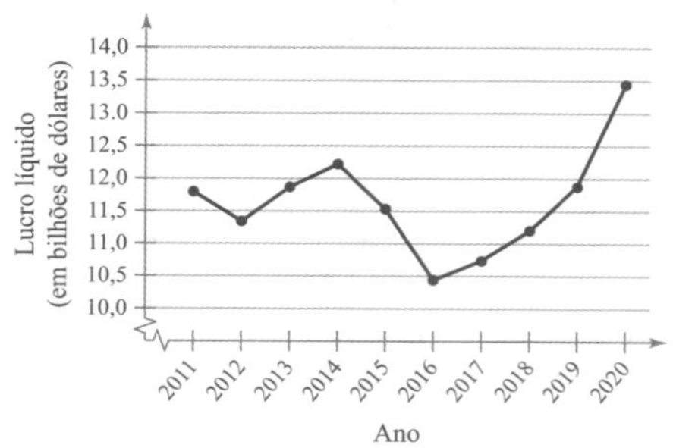

Figura 2.35 Lucro líquido da Procter & Gamble.

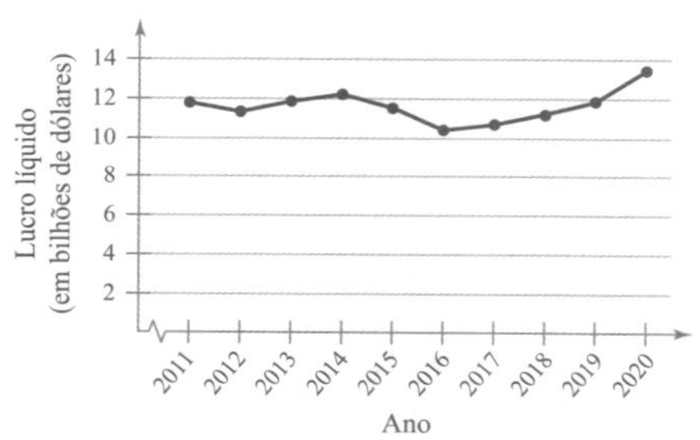

Figura 2.36 Lucro líquido da Procter & Gamble.

Abusos

Saber como as estatísticas são calculadas pode ajudar a analisar estatísticas questionáveis. Por exemplo, suponha que você esteja em uma entrevista para uma posição de vendas e a empresa informa que a comissão média anual recebida pelas cinco pessoas de sua equipe de vendas é US$ 60.000. Essa é uma afirmação enganosa se for baseada em quatro comissões de US$ 25.000 e uma de US$ 200.000. A mediana descreveria mais corretamente a comissão anual, mas a empresa usou a média, pois é uma quantia maior.

Os gráficos estatísticos também podem ser enganosos. Compare os dois gráficos de série temporal nas Figuras 2.35 e 2.36, que mostram os lucros líquidos da Procter & Gamble Corporation de 2011 a 2020. Os dados são os mesmos para cada gráfico. O primeiro gráfico, entretanto, tem um eixo vertical cortado, o que faz com que pareça que o lucro líquido diminuiu muito de 2011 para 2012 e de 2014 a 2016, e aumentou muito de 2012 a 2014 e de 2016 a 2020. No segundo gráfico, a escala no eixo vertical começa no zero. Esse gráfico mostra corretamente que o lucro líquido variou modestamente durante esse período e tem aumentado constantemente nos últimos anos. *(Fonte: Procter & Gamble Corporation.)*

Ética

Mark Twain ajudou a popularizar o ditado "Há três tipos de mentiras: mentiras, mentiras deslavadas e estatísticas". Resumindo, até mesmo a estatística mais precisa pode ser usada para apoiar estudos ou afirmações que são incorretas. Pessoas inescrupulosas podem usar estatísticas enganosas para "provar" seus pontos de vista, por isso ser informado de como as estatísticas são calculadas e questionar os dados são formas de evitar ser enganado.

EXERCÍCIOS

1. Use a Internet ou outro recurso para encontrar um exemplo de um gráfico que pode levar a conclusões incorretas.
2. Você está publicando um artigo que discute como beber vinho tinto pode ajudar a prevenir doenças cardíacas. Uma vez que beber vinho tinto pode ajudar as pessoas em risco de doenças cardíacas, você inclui um gráfico que exagera os efeitos de beber vinho tinto e prevenir doenças cardíacas. Você acha que é ético publicar este gráfico? Explique.

2 Resumo do capítulo

O que você aprendeu

	Exemplo(s)	Exercícios de revisão
Seção 2.1		
▶ Como construir distribuições de frequência, histogramas de frequência, polígonos de frequência, histogramas de frequência relativa e ogivas.	1-7	1-6
Seção 2.2		
▶ Como representar graficamente e interpretar (1) conjuntos de dados quantitativos usando diagramas de ramo e folha e diagramas de pontos, (2) conjuntos de dados qualitativos usando gráficos de pizza e gráficos de Pareto e (3) conjuntos de dados emparelhados usando diagramas de dispersão e gráficos de séries temporais.	1-7	7-12
Seção 2.3		
▶ Como encontrar a média, a mediana e a moda de uma população e de uma amostra.	1-6	13, 14
▶ Como encontrar uma média ponderada de um conjunto de dados e como estimar a média amostral de dados agrupados.	7, 8	15-18
▶ Como descrever o formato de uma distribuição como simétrica, uniforme ou assimétrica, e como comparar a média e a mediana para cada uma.		19-24
Seção 2.4		
▶ Como encontrar a amplitude de um conjunto de dados e como encontrar a variância e o desvio padrão de uma população e de uma amostra.	1-4	25-28
▶ Como usar a Regra Empírica e o teorema de Chebychev para interpretar o desvio padrão.	5-7	29-32
▶ Como estimar o desvio padrão amostral para dados agrupados.	8, 9	33, 34
▶ Como usar o coeficiente de variação para comparar a variação em conjuntos de dados diferentes.	10	35, 36
Seção 2.5		
▶ Como encontrar o primeiro, o segundo e o terceiro quartis de um conjunto de dados, como encontrar a amplitude interquartil e como representar um conjunto de dados graficamente usando um *boxplot*.	1-4	37-42
▶ Como interpretar outras separatrizes tais como os percentis e como encontrar percentis para um valor específico.	5, 6	43-44
▶ Como encontrar e interpretar o escore padrão (escore-z)	7, 8	45-48

Estratégias de estudo

Estratégias básicas de leitura A leitura é uma habilidade importante para seus cursos universitários, e você pode melhorar suas habilidades de leitura se estiver motivado e disposto a praticar.

- Encontre um ambiente o mais livre de distrações possível. Leia em sessões curtas para aumentar a retenção.
- Visualize o que você está prestes a ler. Ajuste sua estratégia de leitura com base no material que você está lendo.
- Para estimular a compreensão, faça perguntas durante a leitura. Tome notas ou faça anotações. Conecte-se a informações que você já conhece, use imagens e encontre exemplos para ilustrar conceitos e releia o material que você não entende.

Para obter mais informações, visite *Skills for Success* no curso *MyLab* associado.

2 Exercícios de revisão

Seção 2.1

Nos exercícios 1 e 2, use o conjunto de dados, que representa o tamanho médio geral das turmas para 20 universidades. (Adaptado de Public University Honors)

37 34 42 44 39 40 41 51 49 31
52 26 31 40 30 27 36 43 48 35

1. Construa uma distribuição de frequência para o conjunto de dados usando cinco classes. Inclua os limites de classe, pontos médios, fronteiras, frequências, frequências relativas e frequências acumuladas.
2. Construa um histograma de frequência relativa usando a distribuição de frequência do Exercício 1. Em seguida, determine qual classe tem a maior frequência relativa e qual tem a menor.

Nos exercícios 3 e 4 use o conjunto de dados da tabela, que representa os volumes líquidos reais (em onças) em 25 latinhas de 12 onças.

3. Construa um histograma de frequência para o conjunto de dados usando sete classes.
4. Construa um histograma de frequência relativa para o conjunto de dados usando sete classes.

Volumes (em onças)				
11,95	11,91	11,86	11,94	12,00
11,93	12,00	11,94	12,10	11,95
11,99	11,94	11,89	12,01	11,99
11,94	11,92	11,98	11,88	11,94
11,98	11,92	11,95	11,93	12,04

TABELA PARA OS EXERCÍCIOS 3 E 4

Nos exercícios 5 e 6, use este conjunto de dados, que representa o número de quartos reservados durante uma noite de negócios em uma amostra de hotéis.

153 104 118 166 89 104 100 79 93 96 116
94 140 84 81 96 108 111 87 126 101 111
122 108 126 93 108 87 103 95 129 93 124

5. Construa uma distribuição de frequência para o conjunto de dados com seis classes e desenhe um polígono de frequência.
6. Construa uma ogiva para o conjunto de dados usando seis classes.

Seção 2.2

Nos exercícios 7 e 8, use o conjunto de dados da tabela, que representa os índices de poluição (uma medida de poluição, sem unidade, variando de 0 a 100) para 24 cidades americanas. (Adaptado de Numbeo)

7. Use um diagrama de ramo e folha para exibir o conjunto de dados. Descreva quaisquer padrões.
8. Use um diagrama de pontos para exibir o conjunto de dados. Descreva quaisquer padrões.

Índices de poluição							
52	63	31	27	30	45	25	50
45	43	36	42	47	30	32	23
39	31	45	29	44	20	37	39

TABELA PARA OS EXERCÍCIOS 7 E 8

Nos exercícios 9 e 10, use o conjunto de dados, que representa os resultados de uma pesquisa que perguntou a estudantes universitários de meio período e de tempo integral sobre suas atividades e uso do tempo em um dia útil habitual. (Fonte: Bureau of Labor Statistics.)

Resposta	Dormindo	Lazer e esportes	Trabalhando	Atividades educacionais	Outros
Tempo (em horas)	8,8	4,0	2,3	3,5	5,4

9. Use um gráfico de pizza para exibir o conjunto de dados e descreva quaisquer padrões.
10. Use um gráfico de Pareto para exibir o conjunto de dados e descreva quaisquer padrões.

11. A seguir estão listadas as alturas (em pés) e o número de andares dos dez edifícios mais altos de Nova Iorque. Use um diagrama de dispersão para exibir os dados. Descreva quaisquer padrões. *(Fonte: Emporis.)*

Altura (em pés)	1.776	1.550	1.428	1.401	1.397	1.270	1.250	1.200	1.079	1.050
Número de andares	104	95	84	59	85	73	102	54	71	77

12. As taxas reais de desemprego nos Estados Unidos em um período de 12 anos estão listadas a seguir. Use um gráfico de série temporal para exibir os dados. Descreva quaisquer padrões. *(Fonte: U.S. Bureau of Labor Statistics.)*

Ano	2010	2011	2012	2013	2014	2015
Taxa	16,7%	16,2%	15,2%	14,5%	12,7%	11,3%

Ano	2016	2017	2018	2019	2020	2021
Taxa	9,9%	9,4%	8,2%	8,1%	6,9%	11,1%

Seção 2.3

Nos exercícios 13 e 14, encontre a média, a mediana e a moda dos dados, se possível. Se alguma medida não puder ser encontrada ou não representar o centro da distribuição, explique o porquê.

13. Os saltos verticais (em polegadas) de uma amostra de 10 jogadores universitários de basquete na seleção do NBA de 2020. *(Fonte: National Basketball Association.)*

37,5 30,0 31,5 29,5 24,0 29,0 29,0 30,0 30,0 28,0

14. As respostas de 1.019 adultos que foram questionados sobre quanto dinheiro eles acham que vão gastar em presentes de Natal, em um ano recente. *(Fonte: Gallup.)*

US$1.000 ou mais: 306 US$250-999: 336 Menor de US$250: 234
Não sabe: 51 Nada/não comemora o Natal: 92

15. Para as seis notas 78, 72, 86, 91, 87 e 80, as 5 primeiras têm peso de 15% da nota final, e a última nota, 25%. Calcule a média ponderada das notas.

16. Para as quatro notas 96, 85, 91 e 86, as 3 primeiras tem peso de 20% da nota final e a última nota, 40%. Calcule a média ponderada das notas.

17. Estime a média da distribuição de frequência que você construiu no Exercício 1.

18. A distribuição de frequência da Tabela 2.55 mostra o número de assinaturas de revista por domicílio para uma amostra de 60 domicílios. Encontre o número médio de assinaturas por domicílio.

Número de revistas	0	1	2	3	4	5	6
Frequência	13	9	19	8	5	2	4

19. Descreva a forma da distribuição para o histograma construído no Exercício 3 como simétrica, uniforme, assimétrica à esquerda, assimétrica à direita ou nenhuma dessas.

20. Descreva a forma da distribuição para o histograma construído no Exercício 4 como simétrica, uniforme, assimétrica à esquerda, assimétrica à direita ou nenhuma dessas.

Nos exercícios 21 e 22, determine se a forma aproximada da distribuição no histograma é simétrica, uniforme, assimétrica à esquerda, assimétrica à direita ou nenhuma dessas.

21.

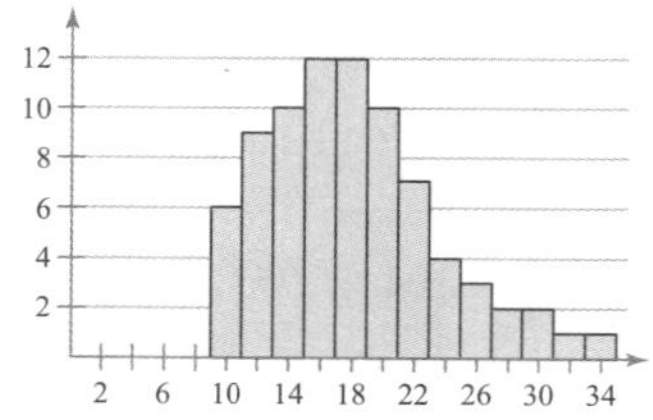

22.

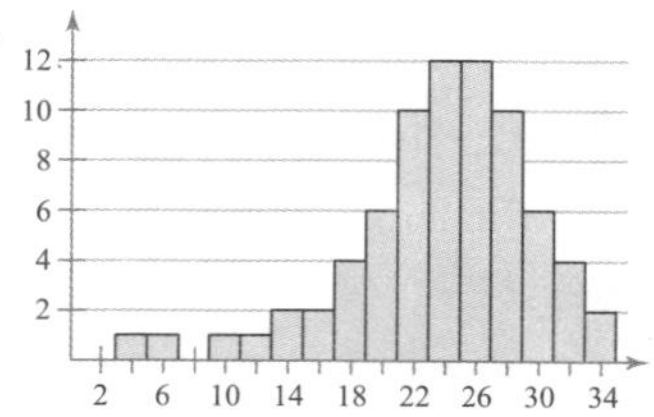

23. Para o histograma do Exercício 21, qual é maior: a média ou a mediana? Explique seu raciocínio.

24. Para o histograma do Exercício 22, qual é maior: a média ou a mediana? Explique seu raciocínio.

Seção 2.4

Nos exercícios 25 e 26, encontre a amplitude, a média, a variância e o desvio padrão da população.

25. As distâncias percorridas (em milhares de milhas) para a frota de uma empresa de aluguel de carros.

4 2 9 12 15 3 6 8 1 4 14 12 3 3

26. As idades dos membros da Suprema Corte de Justiça dos Estados Unidos em 7 de abril de 2021. *(Fonte: Supreme Court of the United States.)*

66 56 72 49 82 71 66 60 53

Nos exercícios 27 e 28, encontre a amplitude, a média, a variância e o desvio padrão da amostra.

27. Os preços (em dólares) dos dormitórios, para um ano escolar, para uma amostra aleatória de universidades com quatro anos de duração.

5.816 6.045 5.612 6.341 6.106 7.361 6.320 6.265
7.220 7.439 5.395 6.908 5.561 5.710 5.538 6.632

28. Os salários (em dólares) de uma amostra aleatória de professores:

62.222 56.719 50.259 45.120 47.692 45.985 53.489 71.534

Nos exercícios 29 e 30, use a Regra Empírica.

29. A tarifa média de eletricidade para uma amostra de domicílios foi de US$ 110,00 por mês, com desvio padrão de US$ 17,50 por mês. Entre quais dois valores encontram-se 95% dos dados? (Admita que o conjunto de dados tem uma distribuição em formato de sino.)

30. O valor médio da TV via satélite para uma amostra de domicílios foi de US$ 87,50 por mês, com desvio padrão de US$ 14,50 por mês. Estime a porcentagem de valores de televisão via satélite entre $ 73,00 e $ 102,00. (Admita que o conjunto de dados tem uma distribuição em formato de sino.)

31. A média de vendas por cliente para 40 clientes de um posto de gasolina é US$ 32,00, com desvio padrão de US$ 4,00. Usando o teorema de Chebychev, determine, no mínimo, quantos clientes gastam entre $ 24,00 e $ 40,00.

32. A duração média dos 135 voos do ônibus espacial foi de cerca de 9,9 dias e o desvio padrão foi de aproximadamente 3,8 dias. Usando o teorema de Chebychev, determine, no mínimo, quantos voos duraram entre 2,3 e 17,5 dias. *(Fonte: NASA.)*

33. De uma amostra aleatória de domicílios, listamos número de aparelhos de televisão. Encontre a média e o desvio padrão amostrais dos dados.

Número de televisores	0	1	2	3	4	5
Número de domicílios	1	8	13	10	5	3

34. De uma amostra aleatória de aviões, listamos o número de defeitos encontrados em suas fuselagens. Encontre a média e o desvio padrão amostrais dos dados.

Número de defeitos	0	1	2	3	4	5	6
Número de aviões	4	5	2	9	1	3	1

Nos exercícios 35 e 36, encontre o coeficiente de variação para cada um dos conjuntos de dado. Depois, compare os resultados.

35. Uma amostra dos coeficientes de rendimento médios para calouros e veteranos encontra-se a seguir.

Calouros	2,8	1,8	4,0	3,8	2,4	2,0	0,9	3,6	1,8
Veteranos	2,3	3,3	1,8	4,0	3,1	2,7	3,9	2,6	2,9

36. As idades e anos de experiência para todos os advogados de uma firma encontram-se a seguir.

Idades	66	54	47	61	36	59	50	33
Anos de experiência	37	20	23	32	14	29	22	8

Seção 2.5

Nos exercícios de 37 a 40, use o conjunto de dados que representa os veículos do modelo 2020 com as maiores economias de combustível (em milhas por galão) nas classes mais populares. *(Fonte: U.S. Environmental Protection Agency.)*

36 30 30 45 31 113 113 33 33 33 52 141 56 117 58
118 50 26 23 23 27 48 22 22 22 121 41 105 35 35

37. Determine os elementos do resumo dos cinco números do conjunto de dados.

38. Determine a amplitude interquartil do conjunto de dados.

39. Faça um *boxplot* que represente o conjunto de dados.

40. Aproximadamente quantos veículos recaem sobre ou abaixo do terceiro quartil?

41. Determine a amplitude interquartil do conjunto de dados do Exercício 13.

42. Os pesos (em libras) dos jogadores da defesa de um time de futebol colegial estão a seguir. Faça um *boxplot* que represente o conjunto de dados e descreva a forma da distribuição.

173 145 205 192 197 227 156 240 172
208 185 190 167 212 228 190 184 195

43. A nota 75 de um estudante representa o 65º percentil das notas. Qual o percentual de estudantes que obteve nota maior que 75?

44. Em abril de 2021, havia 682 estações de rádio entre as 40 principais nos Estados Unidos. Uma estação descobre que outras 115 têm audiência diária maior do que a dela. De qual percentil essa estação mais se aproxima na classificação diária de audiência? *(Fonte: Radio-locator.com.)*

A capacidade de reboque (em libras) de todas as caminhonetes em uma concessionária têm uma distribuição em formato de sino, com média de 11.830 libras e desvio padrão de 2.370 libras. Nos exercícios de 45 a 48 (a,) use o correspondente escore-z para determinar se a capacidade de reboque é incomum. Explique seu raciocínio.

45. 16.500 libras **46.** 5.500 libras **47.** 18.000 libras **48.** 11.300 libras

2 Problemas

Faça estes problemas como se estivesse fazendo em sala. Depois, compare suas respostas com as respostas dadas no final do livro.

1. O conjunto de dados representa o número de minutos que 27 pessoas de uma amostra se exercitam a cada semana.

108 139 120 123 120 132 123 131 131
157 150 124 111 101 135 119 116 117
127 128 139 119 118 114 127 142 130

(a) Construa uma distribuição de frequência para o conjunto de dados usando cinco classes. Inclua limites de classe, pontos médios, fronteiras, frequências, frequências relativas e frequências acumuladas.
(b) Represente os dados usando um histograma de frequência e um polígono de frequência nos mesmos eixos.
(c) Represente os dados usando um histograma de frequência relativa.
(d) Descreva a forma da distribuição como simétrica, uniforme, assimétrica à esquerda, assimétrica à direita ou nenhuma delas.
(e) Represente os dados utilizando uma ogiva.
(f) Represente os dados usando um diagrama de ramo e folha. Use uma linha por ramo.
(g) Represente os dados usando um *boxplot*.

2. Use as fórmulas da distribuição de frequência para aproximar a média e o desvio padrão amostrais do conjunto de dados no Exercício 1.

3. Os elementos com propriedades conhecidas podem ser classificados como metais (55 elementos), metaloides (6 elementos), halogênios (5 elementos), gases nobres (6 elementos), elementos de terras raras (30 elementos) e outros não metais (7 elementos). Represente os dados usando (a) um gráfico de pizza e (b) gráfico de Pareto.

4. Listamos os salários semanais (em dólares) para uma amostra de trabalhadores da construção.

1.100 720 1.384 1.124 1.255 976 718 1.316
749 1.062 1.248 891 969 790 860 1.100

(a) Encontre a média, a mediana e a moda dos salários. Qual medida descreve melhor um salário típico?
(b) Encontre a amplitude, a variância e desvio padrão do conjunto de dados.
(c) Encontre o coeficiente de variação do conjunto de dados.

5. O preço médio de residências novas de uma amostra de casas é US$ 180.000, com desvio padrão de US$ 15.000. O conjunto de dados tem distribuição em forma de sino. Usando a Regra Empírica, entre quais dois preços estão 95% das casas?

6. Refira-se às estatísticas amostrais do Exercício 5 e determine se algum dos preços das casas a seguir são incomuns. Explique seu recioncínio
(a) US$ 225.000 **(b)** US$ 80.000 **(c)** US$ 200.000 **(d)** US$ 147.000

7. O número de vitórias da temporada regular para cada equipe da *Major League Baseball* em 2020 está listado a seguir. Represente os dados usando um *boxplot*. *(Fonte: Major League Baseball.)*

43 25 26 26 23 27 31 32 36 40
30 26 35 31 26 26 29 24 29 29
22 36 19 35 25 37 33 28 35 34

2 Teste do capítulo

Faça este teste como se estivesse fazendo uma prova em sala de aula.

1. As médias gerais de 12 alunos em uma turma de estatística antes de fazer o exame final estão listadas a seguir.

2.

67 72 88 73 99 85 81 87 63 94 68 87

(a) Encontre a média, a mediana e a moda do conjunto de dados. Qual medida melhor representa o centro dos dados?

(b) Encontre a amplitude, a variância e desvio padrão do conjunto de dados.

(c) Encontre o coeficiente de variação do conjunto de dados.

(d) Represente os dados usando um diagrama de ramo e folha. Use uma linha por ramo.

3. O conjunto de dados representa o número de filmes assistidos em um ano por uma amostra de 20 pessoas.

121 148 94 142 170 88 221 106 18 67
149 28 60 101 134 168 92 154 53 66

(a) Construa uma distribuição de frequência para o conjunto de dados usando seis classes. Inclua limites de classe, pontos médios, fronteiras, frequências, frequências relativas e frequências acumuladas.

(b) Represente os dados usando um histograma de frequência e um polígono de frequência nos mesmos eixos.

(c) Represente os dados usando um histograma de frequência relativa.

(d) Descreva a forma da distribuição como simétrica, uniforme, assimétrica à esquerda, assimétrica à direita ou nenhuma delas.

(e) Represente os dados utilizando uma ogiva.

4. Use as fórmulas da distribuição de frequência para estimar a média e o desvio padrão amostrais do conjunto de dados no Exercício 2.

5. Para o conjunto de dados do Exercício 2, encontre o percentil que corresponde a 149 filmes assistidos em um ano.

6. A tabela apresenta o número de álbuns dos Beatles que receberam certificações de vendas. Represente os dados usando (a) um gráfico de pizza e (b) um gráfico de Pareto. *(Fonte: Recording Industry Association of America.)*

Certificação	Número de discos
Diamante	6
Multiplatina	26
Platina	42
Ouro	48

TABELA PARA O EXERCÍCIO 5

7. A seguir, encontra-se o número de minutos que 12 alunos em uma turma de estatística levaram para terminar o exame final. Use um gráfico de dispersão para exibir este conjunto de dados e o conjunto de dados do Exercício 1. Os conjuntos de dados estão na mesma ordem. Descreva quaisquer padrões

61 85 67 48 54 61 59 80 67 55 88 84

8. O conjunto de dados representa as idades de 15 professores universitários.

46 51 60 58 37 65 40 55 30 68 28 62 56 42 59

(a) Represente os dados em um *boxplot*.

(b) Aproximadamente, qual percentual de professores está acima de 40 anos de idade?

9. A duração gestacional média de uma amostra de 208 éguas é de 343,7 dias, com desvio padrão de 10,4 dias. O conjunto de dados tem uma distribuição em forma de sino.

(a) Estime o número de durações gestacionais entre 333,3 e 354,1 dias.

(b) Determine se uma duração gestacional de 318,4 dias é incomum.

ESTATÍSTICA REAL DECISÕES REAIS

Juntando tudo

Você é membro de uma associação de imobiliárias que representa proprietários e gerentes de imóveis que operam imóveis residenciais para alugar em toda a região metropolitana. Recentemente, a associação recebeu diversas reclamações de inquilinos de uma determinada área da cidade que estão achando que suas taxas mensais de aluguel estão muito mais altas se comparadas com as de outras partes da cidade.

Você quer investigar as taxas de aluguel, e, para isso, reúne os dados mostrados na Tabela 2.36. A área A representa a área da cidade onde os inquilinos estão insatisfeitos com seus aluguéis mensais. Os dados representam os aluguéis mensais pagos por uma amostra aleatória de inquilinos da área A e as três outras áreas de tamanho similar. Considere que todos os apartamentos representados são, aproximadamente, do mesmo tamanho e com as mesmas comodidades.

Tabela 2.36 Os aluguéis mensais (em dólares) pagos por 12 inquilinos selecionados aleatoriamente em 4 áreas da sua cidade

Área A	Área B	Área C	Área D
1.435	1.265	1.221	1.044
1.249	1.074	931	1.234
1.097	917	893	970
970	1.213	1.317	827
1.171	949	1.034	898
1.122	839	1.061	914
1.259	896	851	1.387
1.022	918	861	1.166
1.002	1.056	911	1.123
1.187	1.218	1.148	1.029
968	844	799	1.131
1.097	791	872	1.047

EXERCÍCIOS

1. **Como você faria isso?**
   (a) Como você investigaria as reclamações dos inquilinos que estão insatisfeitos com seus aluguéis mensais?
   (b) Que medida estatística você acha que melhor representaria o conjunto de dados para as quatro áreas da cidade?
   (c) Calcule a medida da parte (b) para cada uma das quatro áreas.

2. **Representando os dados**
   (a) Que tipo de gráfico você escolheria para representar os dados? Explique o seu raciocínio.
   (b) Construa o gráfico da parte (a).
   (c) Com base na sua representação dos dados, parece que os aluguéis mensais na área A são mais altos que os das outras áreas da cidade? Explique.

3. **Medindo os dados**
   (a) Que outras medidas estatísticas desse capítulo você poderia usar para analisar os dados de aluguel mensal?
   (b) Calcule as medidas da parte (a).
   (c) Compare as medidas da parte (b) com o gráfico construído no Exercício 2. As medidas suportam sua conclusão no Exercício 2? Explique.

4. **Discutindo os dados**
   (a) Você acha que as reclamações da área A são legitimas? Como você acha que elas deveriam ser tratadas?
   (b) Que razões você poderia dar para explicar o porquê dos aluguéis variarem entre diferentes áreas da cidade?

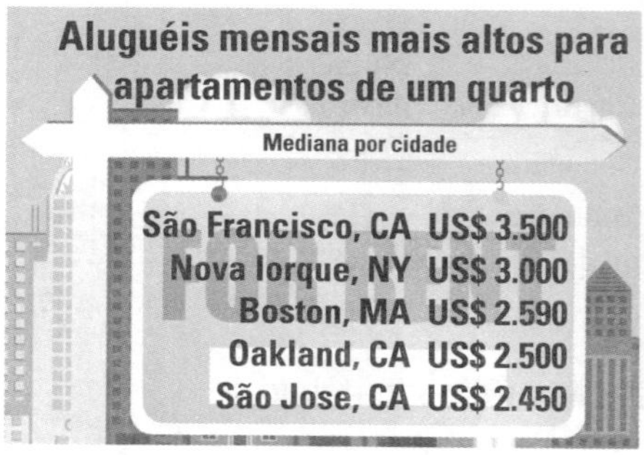

Figura 2.37 Aluguéis mensais mais altos para apartamentos de um quarto.
(Fonte: FortuneBuilders.)

TECNOLOGIA

MINITAB | EXCEL | TI-84 PLUS

Bilhetes de estacionamento

De acordo com dados da cidade de Toronto, Ontário, Canadá, mostrados na Figura 2.37, em dezembro de 2020 havia cerca de 112.000 infrações de estacionamento na cidade, com multas totalizando mais de 5.500.000 de dólares canadenses.

As multas (em dólares canadenses) para uma amostra aleatória de 105 infrações de estacionamento em Toronto, Ontário, Canadá, em dezembro de 2020 estão listadas a seguir. *(Fonte: City of Toronto.)*

30	250	100	40	30	30	100
30	30	50	100	100	30	30
100	100	30	30	100	30	30
30	30	40	50	50	40	50
40	50	30	30	30	30	30
30	40	100	150	30	50	40
50	30	60	40	30	40	150
50	100	30	50	100	40	30
30	30	30	100	150	30	150
30	50	50	50	30	50	30
30	40	30	40	30	100	50
30	40	30	50	50	30	30
50	40	30	50	40	30	30
30	40	30	100	100	30	50
30	50	30	40	150	30	30

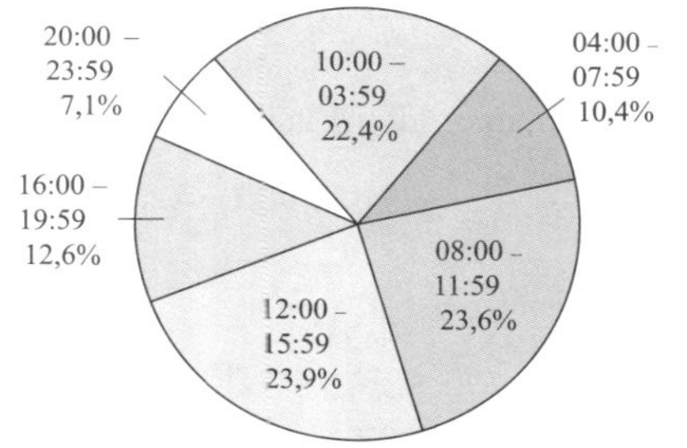

Figura 2.38 Infrações de estacionamento por hora do dia.
(Fonte: City of Toronto.)

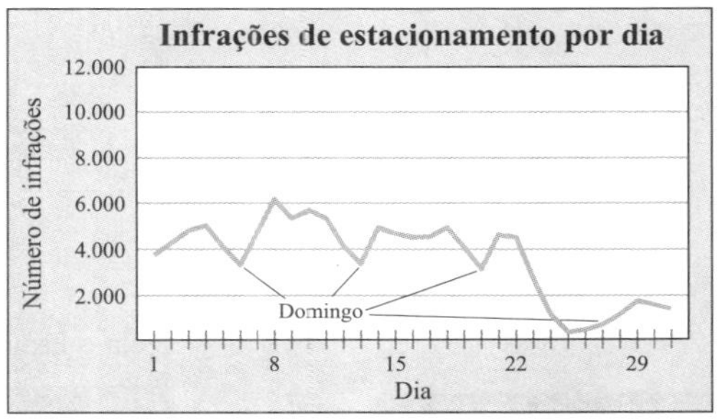

Figura 2.39 Infrações de estacionamento por dia.
(Fonte: City of Toronto.)

As figuras apresentadas anteriormente mostram infrações de estacionamento em Toronto, Ontário, Canadá, em dezembro de 2020 por hora do dia e por dia.

EXERCÍCIOS

Nos exercícios de 1 a 5, use uma ferramenta tecnológica. Se possível, imprima seus resultados.

1. Determine a média amostral dos dados.
2. Determine o desvio padrão amostral dos dados.
3. Determine os elementos do resumo dos cinco números para os dados.
4. Faça uma distribuição de frequência para os dados. Use uma amplitude de classe de 15.
5. Faça um histograma para os dados. A distribuição tem formato de sino?
6. Qual porcentagem da distribuição encontra-se dentro de um desvio padrão da média? Dentro de dois desvios padrão da média? Dentro de três desvios padrão da média?
7. Faz sentido estimar as respostas do exercício 6 usando a Regra Empírica? Em caso afirmativo, compare as estimativas com suas respostas. Caso contrário, explique o porquê.
8. Faz sentido estimar as respostas do exercício 6 usando o teorema de Chebychev? Em caso afirmativo, compare as estimativas com suas respostas. Caso contrário, explique o porquê.
9. Use a distribuição de frequência do Exercício 4 para estimar a média e o desvio padrão amostrais dos dados. As fórmulas para dados agrupados apresentam resultados que são tão precisos quanto as fórmulas para dados não agrupados?
10. **Escrevendo** Você acha que a média ou a mediana representa melhor os dados? Explique o seu raciocínio.

2 Usando tecnologia para determinar estatísticas descritivas

Aqui, apresentamos algumas impressões no Minitab e da calculadora Ti-84 Plus para três exemplos desse capítulo.

Veja o Exemplo 7, página 61.

MINITAB

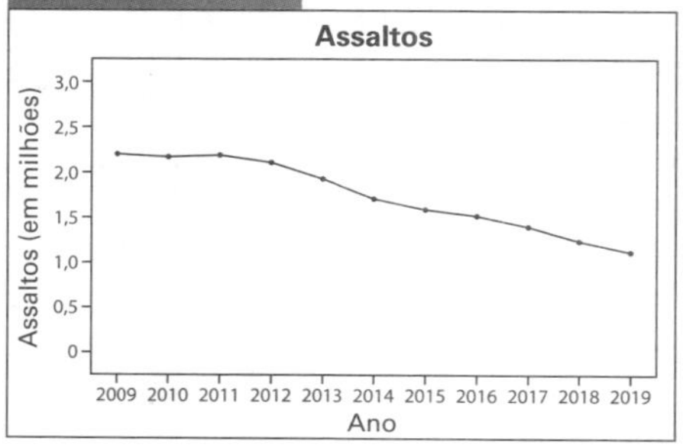

Veja o Exemplo 3, página 85.

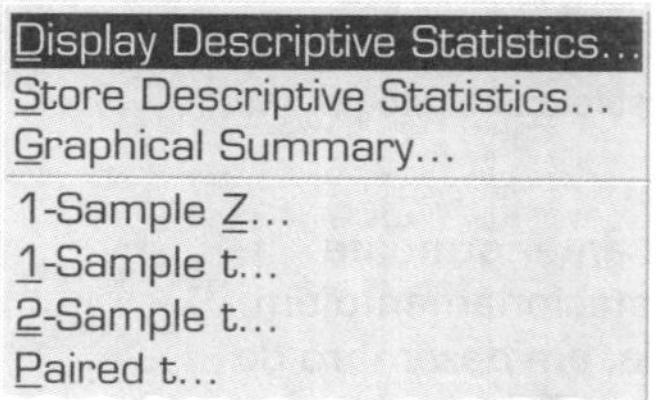

MINITAB

Estatísticas descritivas: tempos de recuperação

Variable	N	Mean	SE Mean	StDev	Minimum
Recovery times	12	7.500	0.622	2.153	4.000

Variable	Q1	Median	Q3	Maximum
Recovery times	6.000	7.000	9.750	11.000

Veja o Exemplo 4, página 105.

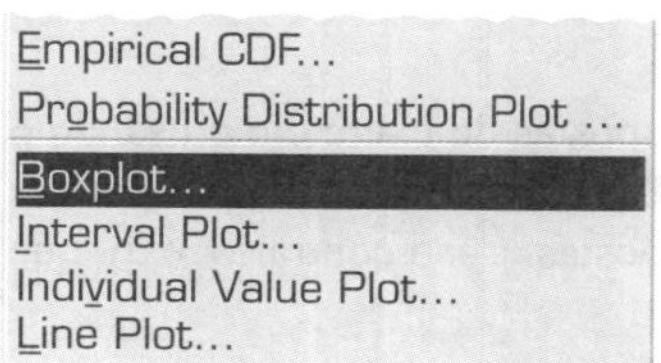

MINITAB

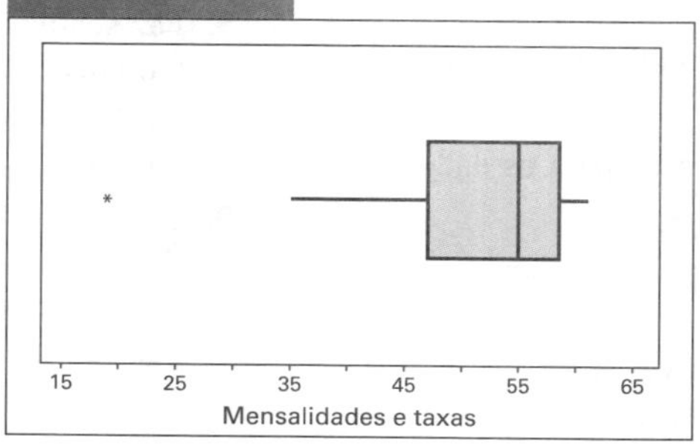

Veja o Exemplo 7, página 61.

TI-84 PLUS

```
STAT PLOTS
1: Plot1...Off
   L1 L2 ▫
2: Plot2...Off
   L1 L2 ▫
3: Plot3...Off
   L1 L2 ▫
4↓ PlotsOff
```

↓

TI-84 PLUS

```
Plot1 Plot2 Plot3
On Off
Type:
Xlist: L1
Ylist: L2
Mark: ▫ + .
```

↓

TI-84 PLUS

```
ZOOM MEMORY
4↑ ZDecimal
5: ZSquare
6: ZStandard
7: ZTrig
8: ZInteger
9: ZoomStat
0↓ ZoomFit
```

↓

TI-84 PLUS

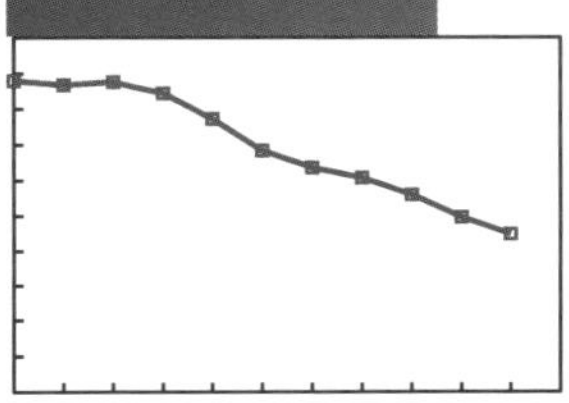

Veja o Exemplo 3, página 85.

TI-84 PLUS

```
EDIT CALC TESTS
1: 1-Var Stats
2: 2-Var Stats
3: Med-Med
4: LinReg(ax+b)
5: QuadReg
6: CubicReg
7↓ QuartReg
```

↓

TI-84 PLUS

```
1-Var Stats
List:L1
FreqList:
Calculate
```

↓

TI-84 PLUS

```
1-Var Stats
x̄=7,5
Σx=90
Σx²=726
Sx=2,153221688
σx=2,061552813
↓n=12
```

Veja o Exemplo 4, página 105.

TI-84 PLUS

```
STAT PLOTS
1: Plot1...Off
   L1 L2 ▫
2: Plot2...Off
   L1 L2 ▫
3: Plot3...Off
   L1 L2 ▫
4↓ PlotsOff
```

↓

TI-84 PLUS

```
Plot1 Plot2 Plot3
On Off
Type:
Xlist: L1
Freq: 1
Mark: ▫ + .
```

↓

TI-84 PLUS

```
ZOOM MEMORY
4↑ ZDecimal
5: ZSquare
6: ZStandard
7: ZTrig
8: ZInteger
9: ZoomStat
0↓ ZoomFit
```

↓

TI-84 PLUS

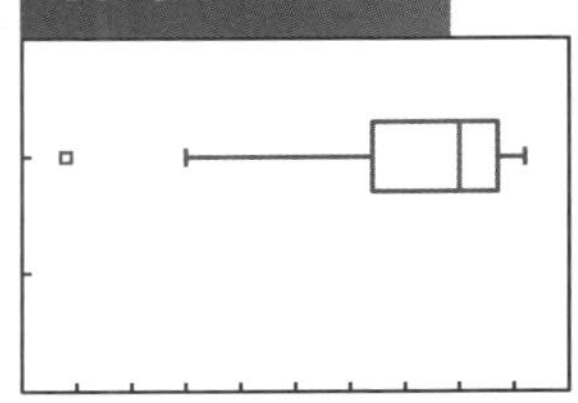

CAPÍTULOS 1 E 2
REVISÃO ACUMULADA

Nos exercícios 1 e 2, identifique a técnica de amostragem usada e discuta fontes potenciais de tendenciosidade (se houver). Explique.

1. Para assegurar qualidade, cada quadragésima escova de dentes é retirada de cada uma das quatro linhas de produção e testada para certificar que as cerdas não se soltam da escova.

2. Usando discagem aleatória, pesquisadores perguntaram a 1.090 adultos estadunidenses o nível de instrução.

3. Em 2020, um estudo mundial sobre fraude no local de trabalho descobriu que as detecções iniciais de fraude resultaram de uma dica (43%), uma auditoria interna (15%), revisão da gestão (12%), por acidente (5%), reconciliação de contas (4 %), auditoria externa (4%), exame de documentos (3%), vigilância/monitoramento (3%), notificado pela aplicação da lei (2%), controles de TI (2%), confissão (1%) ou algum outro meio (6%). Use um gráfico de Pareto para organizar os dados. *(Fonte: Association of Certified Fraud Examiners.)*

Nos exercícios 4 e 5, determine se o valor numérico é um parâmetro ou uma estatística. Explique seu raciocínio.

4. Em 2021, o salário médio de um químico recém-formado era de US$ 58.700.

5. Em uma pesquisa com 1.002 adultos estadunidenses, 64% disseram que notícias falsas (*fake news*) causaram muita confusão ou alguma confusão. *(Fonte: Pew Research Center.)*

6. O salário médio anual para uma amostra de engenheiros elétricos é US$ 86.500, com desvio padrão de US$ 1.500. O conjunto de dados tem distribuição em formato de sino.

(a) Use a Regra Empírica para estimar o percentual de engenheiros elétricos cujos salários anuais estão entre US$ 83.500 e $ 89.500.

(b) Os salários de três engenheiros elétricos selecionados aleatoriamente são US$ 93.500, US$ 85.600 e US$ 82.750. Determine o escores-z que corresponde a cada salário. Determine se algum desses salários é incomum.

Nos exercícios 7 e 8, identifique a população e a amostra.

7. Uma pesquisa com 3.941 estudantes universitários em programas de bacharelado descobriu que 49% acham que a pandemia do covid-19 provavelmente afetará negativamente sua capacidade de concluir o curso. *(Fonte: Gallup.)*

8. Uma pesquisa com 182 estudantes de graduação e pós-graduação constatou que 60% tiveram dificuldade em lidar com o estresse de forma saudável. *(Fonte: The JED Fundation.)*

Nos exercícios 9 e 10, determine se o estudo é observacional ou um experimento. Explique.

9. Para estudar o efeito do uso de dispositivos digitais em sala de aula sobre o desempenho nos exames, os pesquisadores dividiram 726 alunos de graduação em três grupos, incluindo um grupo que teve permissão para usar dispositivos digitais, um grupo que teve acesso restrito a *tablets* e um grupo de controle que foi “sem tecnologia”. *(Fonte: Massachusetts Institute of Technology.)*

10. Em um estudo com 7.847 crianças do primeiro ao quinto ano, 15,5% apresentaram transtorno de déficit de atenção e hiperatividade. *(Fonte: Journal of Attention Disorders.)*

Nos exercícios 11 e 12, determine se os dados são qualitativos ou quantitativos e o nível de mensuração do conjunto de dados.

11. A quantidade de tempo (em meses) que 16 estrelas do programa *The Bachelorette* e seu parceiro escolhido ficaram juntos em abril de 2021, encontra-se a seguir.

208 12 3 12 18 94 3 75 8 36 75 20 24 0 4 5

12. Os seis estados com maior rendimento, em 2019, por mediana do rendimento do domicílio estão listados. *(Fonte: U. S. Census Bureau.)*

1. Maryland 2. Nova Jersey 3. Havaí
4. Massachusetts 5. Connecticut 6. Alasca

13. Os números de tornados por Estado em 2020 estão listados. (a) Faça um *boxplot* que represente o conjunto de dados e (b) descreva a forma da distribuição. *(Fonte: National Oceanic and Atmospheric Administration.)*

78 0 4 41 7 34 6 7 65 75
0 0 71 18 28 27 23 55 2 21
3 2 69 127 27 2 35 0 2 5
6 10 54 22 19 31 3 6 0 57
21 38 102 0 0 15 2 0 22 1

14. Cinco notas de testes são apresentadas a seguir. As quatro primeiras notas equivalem a 15% da nota final e a última é 40% da nota final. Encontre a média ponderada das notas.

85 92 84 89 91

15. Os comprimentos (em pés) das caudas de uma amostra de jacarés americanos estão listados.

6,5 3,4 4,2 7,1 5,4 6,8 7,5 3,9 4,6

(a) Encontre a média, a mediana e a moda do comprimento das caudas. Qual descreve melhor o tamanho da cauda de um típico jacaré americano? Explique seu raciocínio.

(b) Encontre a amplitude, a variância e o desvio padrão do conjunto de dados.

16. Um estudo mostra que a expectativa de vida dos estadunidenses aumentou ou permaneceu estável a cada ano nos últimos cinco anos.

(a) Faça uma inferência baseada nos resultados do estudo.

(b) O que há de errado com esse tipo de raciocínio?

Nos exercícios de 17 a 19, use o conjunto de dados a seguir, que representa os pontos marcados por cada jogador do Winnipeg Jets na temporada 2019-2020 do NHL. (Fonte: National Hockey League.)

8 8 8 6 0 73 26 1
0 5 58 1 7 5 10 63
0 5 10 0 31 5 15 45
16 29 10 73 5 3 0 65

17. Construa uma distribuição de frequência para o conjunto de dados usando oito classes. Inclua os limites de classe, pontos médios, fronteiras, frequências, frequências relativas e frequências acumuladas.

18. Descreva a forma da distribuição.

19. Construa um histograma de frequência relativa usando a distribuição de frequência do Exercício 17. Em seguida, determine qual classe tem a maior frequência relativa e qual tem a menor.

CAPÍTULO 3

Probabilidade

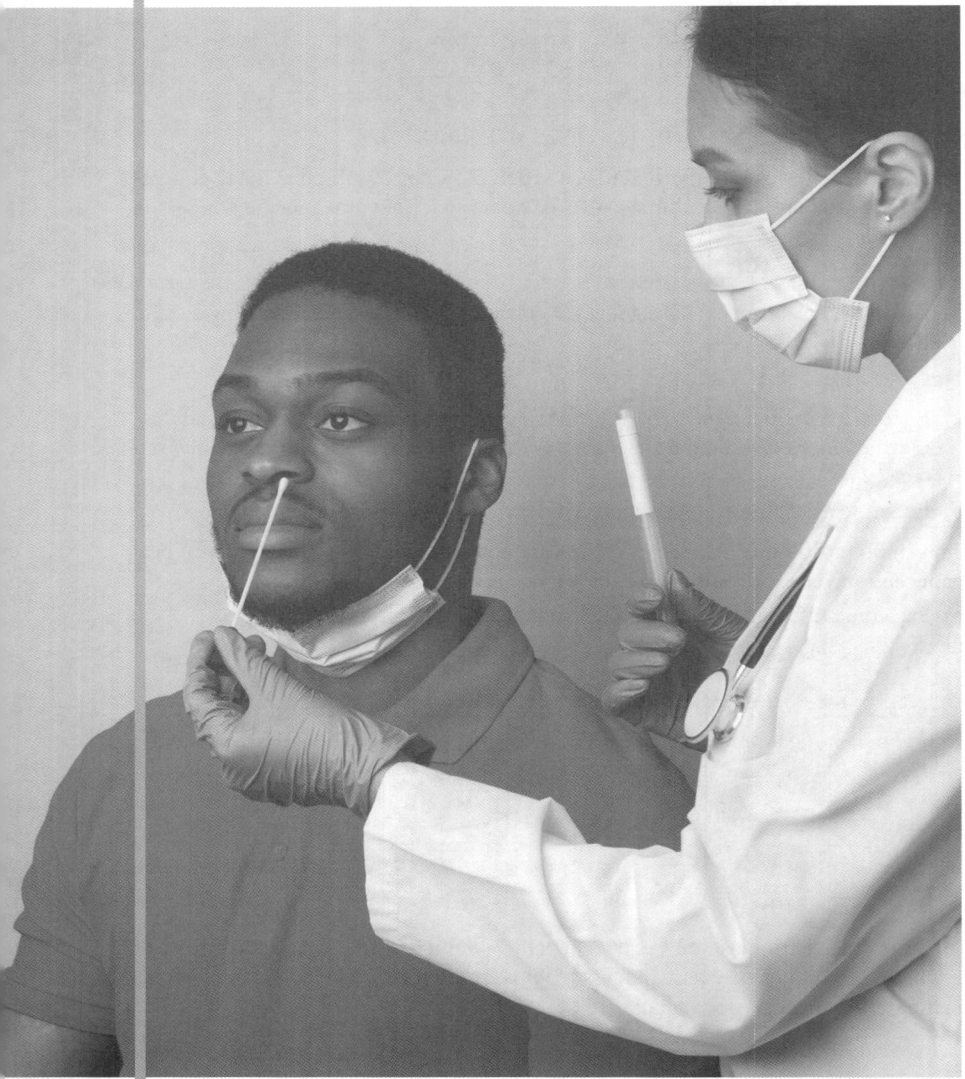

A pandemia do coronavírus atingiu os Estados Unidos no início de 2020. Em maio de 2021, mais de 400 milhões de testes para coronavírus haviam sido realizados no país.

Onde estamos

Nos capítulos 1 e 2, você aprendeu a coletar e descrever dados. Com os dados coletados e descritos, você pode usar o resultado para escrever resumos, tirar conclusões e tomar decisões. Por exemplo, durante os estágios iniciais da pandemia do coronavírus (covid-19), a testagem era o principal meio de minimizar a propagação da doença, identificando as pessoas infectadas e isolando-as. Como a maioria dos testes de laboratório, os testes de covid-19 têm a chance de produzir resultados falsos. Ao coletar e analisar dados, os cientistas determinaram a acurácia de vários testes para ajudar a decidir quais testes usar em diferentes situações.

Para onde vamos

No Capítulo 3, você aprenderá como determinar a probabilidade de um evento. Por exemplo, você estudará probabilidade condicional na Seção 3.2. Uma probabilidade condicional importante no teste de covid-19 é a probabilidade P(teste negativo|infectado) que uma pessoa teste negativo para covid-19 dado que ela está infectada. Isso é conhecido como um resultado falso negativo. Resultados falsos negativos permitem que as pessoas acreditem que não são contagiosas quando são.

A probabilidade de um resultado falso negativo é afetada tanto pela sensibilidade do teste quanto pela porcentagem de pessoas infectadas. Um teste para covid-19 tem uma sensibilidade de cerca de 75%, o que significa que 75% das pessoas infectadas testam positivo para infecção. Os restantes 25% das pessoas infectadas têm resultados falsos negativos.

Para uma sensibilidade de teste de 75%, a tabela a seguir mostra como a probabilidade de uma pessoa estar infectada afeta a probabilidade de um resultado falso negativo. A última coluna mostra quantos resultados falsos negativos você pode esperar para 100 testes.

P(infectado)	Probabilidade de um teste falso negativo	Falso negativo esperado para 100 testes
0,2	0,05	5
0,4	0,10	10
0,6	0,15	15
0,8	0,20	20

3.1 Conceitos básicos de probabilidade e contagem

O que você deve aprender

- Como identificar o espaço amostral de um experimento probabilístico e como identificar eventos simples.
- Como usar o princípio fundamental da contagem para encontrar o número de maneiras em que dois ou mais eventos podem ocorrer.
- Como distinguir entre probabilidade clássica, probabilidade empírica e probabilidade subjetiva.
- Como encontrar a probabilidade do complemento de um evento.
- Como usar um diagrama de árvore e o princípio fundamental de contagem para encontrar probabilidades.

Experimentos probabilísticos ■ O princípio fundamental da contagem ■ Tipos de probabilidade ■ Eventos complementares ■ Aplicações da probabilidade

Experimentos de probabilidade

Quando meteorologistas dizem que há uma chance de 90% de chuva ou um médico diz que há 35% de chance de sucesso em uma cirurgia, eles estão afirmando a possibilidade, ou *probabilidade*, de que um evento específico ocorra. Decisões do tipo "você deveria ir jogar golfe?" ou "você deveria realizar a cirurgia?" são frequentemente baseadas nessas probabilidades. No capítulo anterior, você aprendeu sobre o papel do ramo descritivo da estatística. O segundo ramo, estatística inferencial, tem a probabilidade como seu fundamento. Então, é necessário aprender sobre probabilidade antes de seguirmos.

DEFINIÇÃO

Um **experimento aleatório** é uma ação, ou tentativa, pela qual resultados específicos (contagens, medições ou respostas) são obtidos. O produto de uma única tentativa em um experimento aleatório é um **resultado**. O conjunto de todos os resultados possíveis de um experimento aleatório é o **espaço amostral**. Um **evento** é um subconjunto do espaço amostral. Ele pode consistir em um ou mais resultados.

Dica de estudo

Aqui, temos um exemplo simples do uso dos termos *experimento aleatório, espaço amostral, evento* e *resultado.*

Experimento aleatório:

lançamento de um dado de seis faces.

Espaço amostral:

{1, 2, 3, 4, 5, 6}

Evento:

obter um número par, {2, 4, 6}.

Resultado:

obter um 2, {2}.

EXEMPLO 1

Identificando o espaço amostral de um experimento aleatório

Uma pesquisa consiste em perguntar às pessoas seus tipos sanguíneos (O, A, B e AB), incluindo se elas são Rh-positivas ou Rh-negativas. Determine o número de resultados e identifique o espaço amostral.

SOLUÇÃO

Existem quatro tipos sanguíneos: O, A, B e AB. Para cada pessoa, eles são Rh-positivos ou Rh-negativos. Um **diagrama de árvore** (Figura 3.1) fornece uma visualização dos possíveis resultados de um experimento aleatório usando ramos originados de um ponto inicial. O diagrama pode ser usado para encontrar o número de resultados possíveis em um espaço amostral, assim como resultados individuais.

Diagrama de árvore para tipos sanguíneos

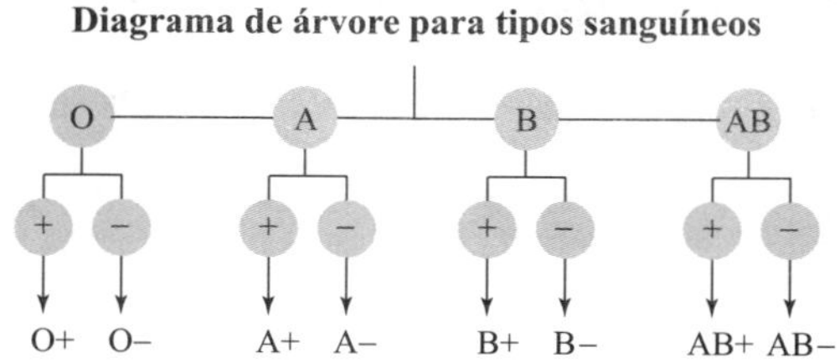

Figura 3.1

Do diagrama de árvore, podemos ver que o espaço amostral tem oito resultados possíveis, listados a seguir.

{O+, O–, A+, A–, B+, B–, AB+, AB–} Espaço amostral

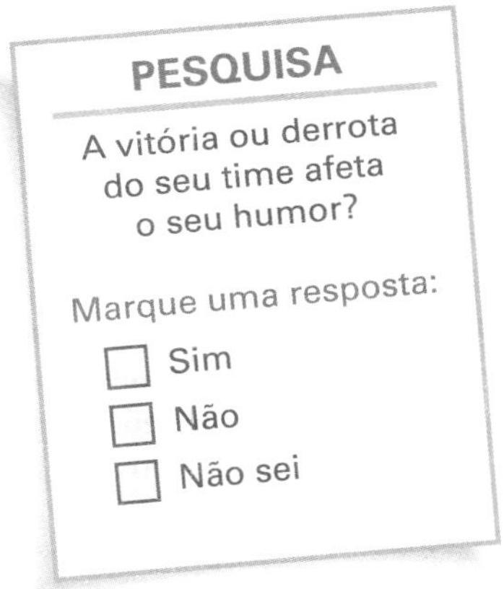

Figura 3.2

TENTE VOCÊ MESMO 1

Para cada experimento aleatório, determine o número de resultados e identifique o espaço amostral.

1. Um experimento aleatório consiste em assinalar uma resposta para a pesquisa apresentada na Figura 3.2 e o gênero da pessoa que está respondendo.
2. Um experimento aleatório consiste em assinalar uma resposta para a pesquisa da Figura 3.2 e a idade (18-34, 35-49, 50 ou mais) da pessoa que está respondendo.
3. Um experimento aleatório consiste em assinalar uma resposta para a pesquisa da Figura 3.2 e a localização geográfica (nordeste, sul, centro-oeste ou oeste) da pessoa que está respondendo.

Neste capítulo, você aprenderá como calcular a probabilidade ou possibilidade de ocorrência de um evento. Eventos são frequentemente representados por letras maiúsculas, tais como A, B e C. Um evento que consista em um único resultado é chamado de **evento simples**. Por exemplo, considere um experimento aleatório que consiste em lançar uma moeda e depois lançar um dado de seis faces, conforme mostrado no diagrama de árvore da Figura 3.3. O evento "sair cara e face 3" é um evento simples e pode ser representado como

A = {H3} O evento A tem um resultado, logo é um evento simples.

Por outro lado, o evento de "sair cara e um número par" não é simples, pois consiste em três resultados possíveis, que podem ser representados como

B = {H2, H4, H6} O evento B tem mais de um resultado, logo, não **é um evento simples.**

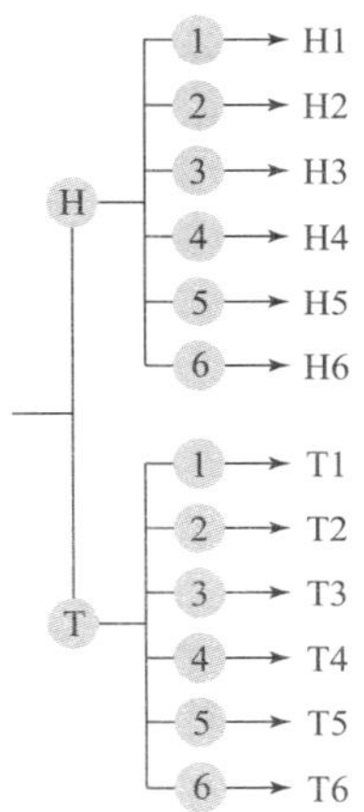

Figura 3.3 Diagrama para o experimento da moeda e do dado.

EXEMPLO 2

Identificando eventos simples

Determine o número de resultados em cada evento. Então, decida se cada evento é simples ou não. Explique seu raciocínio.

1. Para controle de qualidade, você seleciona aleatoriamente uma peça de um lote que foi fabricado naquele dia. O evento *A* é selecionar uma peça com um defeito específico.
2. Você lança um dado de seis faces. O evento *B* é obter pelo menos um 4.

SOLUÇÃO

1. O evento *A* tem somente um resultado: escolher a peça com defeito específico. Então, o evento é simples.
2. O evento *B* tem três resultados: sair 4, 5 ou 6. Como o evento ter mais de um resultado, ele não é simples.

TENTE VOCÊ MESMO 2

Você pergunta a idade de um(a) estudante em seu último aniversário. Determine o número de resultados em cada evento. Em seguida, decida se cada evento é simples ou não. Explique seu raciocínio.

1. Evento C: a idade do(a) estudante está entre 18 e 23 anos, inclusive.
2. Evento D: a idade do(a) estudante é 20 anos.

O princípio fundamental da contagem

Em alguns casos, um evento pode ocorrer de diversas maneiras diferentes, fazendo com que não seja prático escrever todos os resultados. Quando isso ocorre, você pode confiar no **princípio fundamental da contagem**. Ele pode ser usado para encontrar o número de maneiras em que dois ou mais eventos podem ocorrer em sequência.

O princípio fundamental da contagem

Se um evento pode ocorrer de m maneiras e um segundo evento pode ocorrer de n maneiras, o número de maneiras que os dois eventos podem ocorrer em sequência é $m \cdot n$. Essa regra pode ser estendida para qualquer número de eventos ocorrendo em sequência.

Em palavras, o número de maneiras que eventos podem ocorrer em sequência é encontrado multiplicando-se o número de maneiras que um evento pode ocorrer pelo número de maneiras que o(s) outro(s) evento(s) pode(m) ocorrer.

EXEMPLO 3

Usando o princípio fundamental da contagem

Você está comprando um carro novo. Os fabricantes possíveis, tamanhos dos carros e cores estão apresentados na Tabela 3.1.

Tabela 3.1

Fabricante	Tamanho	Cor
Ford	compacto	branco (W)
GM	médio	vermelho (R)
Honda		preto (B)
		verde (G)

De quantas maneiras diferentes você pode selecionar um fabricante, um tamanho e uma cor? Use um diagrama de árvore para verificar seu resultado.

SOLUÇÃO

Há três escolhas de fabricantes, duas de tamanhos e quatro de cores. Usando o princípio fundamental da contagem, podemos determinar que o número de maneiras para selecionarmos um fabricante, um tamanho e uma cor é:

$3 \cdot 2 \cdot 4 = 24$ maneiras.

Usando um diagrama de árvore, você pode verificar por que há 24 opções.

Diagrama de árvore para seleção do carro

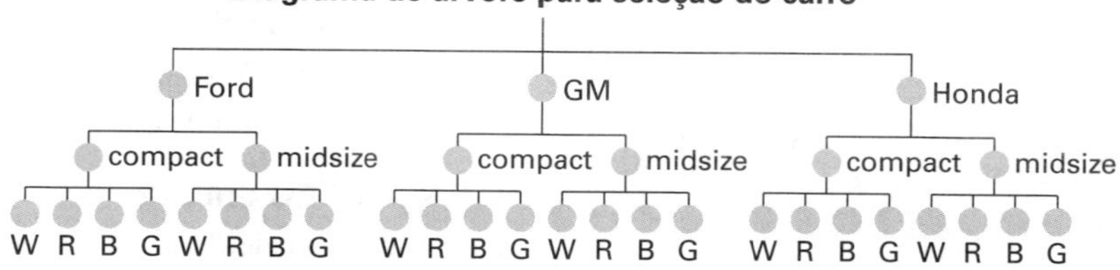

Figura 3.4

TENTE VOCÊ MESMO 3

Você acrescenta outro fabricante, Toyota, e outra cor, marrom (T), nas opções do Exemplo 3. De quantas maneiras diferentes você pode selecionar um fabricante, um tamanho e uma cor? Utilize um diagrama de árvore para checar seu resultado.

EXEMPLO 4

Usando o princípio fundamental da contagem

O código de acesso para o sistema de segurança de um carro consiste em quatro dígitos, e cada dígito pode ser qualquer número de 0 a 9.

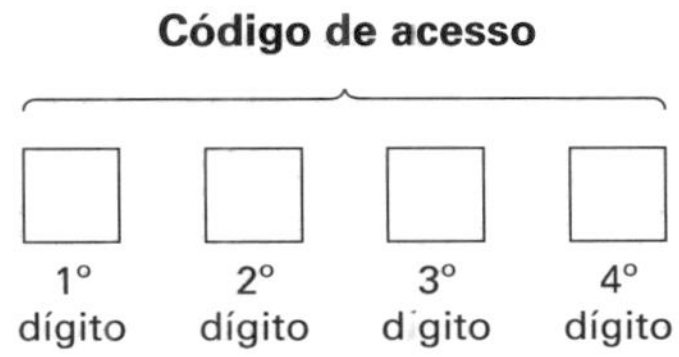

Figura 3.5

Quantos códigos de acesso são possíveis se:

1. Cada dígito pode ser usado somente uma vez e não pode ser repetido?
2. Cada dígito pode ser repetido?
3. Cada dígito pode ser repetido, mas o primeiro dígito não pode ser 0 ou 1?

SOLUÇÃO

1. Já que cada dígito só pode ser usado uma vez, há 10 escolhas para o primeiro dígito, 9 escolhas restantes para o segundo dígito, 8 escolhas restantes para o terceiro dígito e 7 escolhas restantes para o quarto dígito. Usando o princípio fundamental da contagem, podemos concluir que há:

   $10 \cdot 9 \cdot 8 \cdot 7 = 5.040$

   códigos de acesso possíveis.

2. Uma vez que cada dígito poder ser repetido, há 10 escolhas para cada um dos 4 dígitos. Então, há:

   $$10 \cdot 10 \cdot 10 \cdot 10 = 10^4 = 10.000$$

   códigos de acesso possíveis.

3. Como o primeiro dígito não poder ser 0 ou 1, há 8 escolhas para o primeiro dígito. Em seguida, há 10 escolhas para cada um dos três dígitos restantes. Então há:

   $8 \cdot 10 \cdot 10 \cdot 10 = 8.000$

   códigos de acesso possíveis.

Lembre-se de que você pode usar a tecnologia para verificar suas respostas. Por exemplo, a Figura 3.7 mostra o resultado do Exemplo 4 usando uma TI-84 Plus (Figura 3.6).

TI-84 PLUS

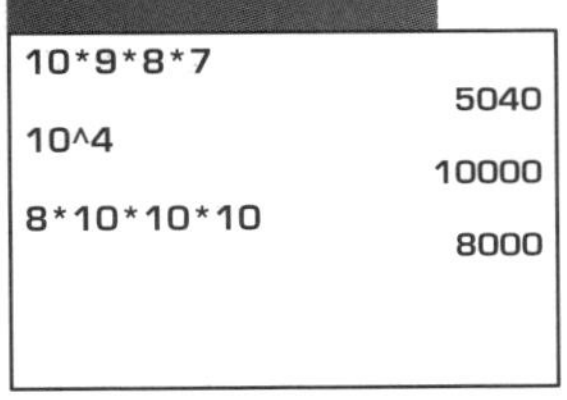

Figura 3.6

TENTE VOCÊ MESMO 4

Quantas placas de automóvel você pode formar, se cada placa consiste em:

1. Seis (de 26) letras do alfabeto, cada uma podendo ser repetida?
2. Seis (de 26) letras do alfabeto, cada uma não podendo ser repetida?
3. Seis (de 26) letras do alfabeto, cada letra podendo ser repetida, mas a primeira não pode ser A, B, C ou D?
4. Um dígito (qualquer número de 1 a 9) e cinco (de 26) letras do alfabeto, cada um podendo ser repetido?

Tipos de probabilidade

O método que você utilizará para calcular uma probabilidade depende do tipo de probabilidade. Há três tipos de probabilidade: **probabilidade clássica**, **probabilidade empírica** e **probabilidade subjetiva**. A probabilidade de que o evento *E* ocorrerá é escrita como *P(E)* e lê-se "probabilidade do evento *E*".

Dica de estudo

Probabilidades podem ser escritas como frações, decimais ou porcentagens. No Exemplo 5, as probabilidades são escritas como frações reduzidas e decimais, arredondadas quando necessário para três casas decimais. Para probabilidades muito pequenas, arredonde para o primeiro dígito diferente de zero. Por exemplo, 0,0000271 seria 0,00003. Em geral, essas *regras de arredondamento* serão usadas ao longo do texto. (Observe que alguns resultados podem ser arredondados de forma diferente para maior precisão.)

DEFINIÇÃO

Probabilidade clássica (ou **teórica**) é usada quando cada resultado em um espaço amostral é igualmente possível de ocorrer. A probabilidade clássica para um evento *E* é dada por:

$$P(E) = \frac{\text{Número de resultados no evento E}}{\text{Número total de resultados no espaço amostral}}.$$

EXEMPLO 5

Encontrando probabilidades clássicas

Você joga um dado de seis faces. Encontre a probabilidade de cada evento.

1. Evento *A*: sair um 3
2. Evento *B*: sair um 7
3. Evento *C*: sair um número menor que 5

SOLUÇÃO

Quando um dado de seis faces é lançado, o espaço amostral consiste em seis resultados: $\{1, 2, 3, 4, 5, 6\}$. Como cada resultado no espaço amostral tem a mesma probabilidade de ocorrer, você pode usar a fórmula da probabilidade clássica.

1. Há um resultado no evento $A = \{3\}$. Então,

   $$\text{P(sair um 3)} = \frac{1}{6} \approx 0{,}167.$$ Arredondado para 3 casas decimais.

   A probabilidade de sair um 3 é 1/6, ou 0,167.

2. Em razão de 7 não estar no espaço amostral, não há resultados no evento *B*. Então,

   $$\text{P(sair um 7)} = \frac{0}{6} = 0.$$ Evento impossível.

   A probabilidade de sair um 7 é 0, portanto, não é possível que o evento ocorra.

3. Há quatro resultados no evento $C = \{1, 2, 3, 4\}$. Então,

   $$\text{P(sair um número menor que 5)} = \frac{4}{6} = \frac{2}{3} \approx 0{,}667.$$

   A probabilidade de sair um número menor que 5 é 2/3, ou 0,667.

TENTE VOCÊ MESMO 5

Você seleciona uma carta de um baralho normal (veja a Figura 3.7). Encontre a probabilidade de cada evento.

1. Evento *D*: selecionar o nove de paus.
2. Evento *E*: selecionar uma carta de copas.
3. Evento *F*: selecionar uma carta de ouros, uma de copas, uma de paus ou um de espadas.

Copas	Ouros	Espadas	Paus
A ♥	A ♦	A ♠	A ♣
K ♥	K ♦	K ♠	K ♣
Q ♥	Q ♦	Q ♠	Q ♣
J ♥	J ♦	J ♠	J ♣
10 ♥	10 ♦	10 ♠	10 ♣
9 ♥	9 ♦	9 ♠	9 ♣
8 ♥	8 ♦	8 ♠	8 ♣
7 ♥	7 ♦	7 ♠	7 ♣
6 ♥	6 ♦	6 ♠	6 ♣
5 ♥	5 ♦	5 ♠	5 ♣
4 ♥	4 ♦	4 ♠	4 ♣
3 ♥	3 ♦	3 ♠	3 ♣
2 ♥	2 ♦	2 ♠	2 ♣

Figura 3.7 Baralho de cartas padrão.

Quando um experimento é repetido muitas vezes, são formados padrões regulares. Esses padrões permitem encontrar a probabilidade empírica, a qual pode ser usada mesmo quando cada resultado de um evento não é igualmente provável de ocorrer.

DEFINIÇÃO

Probabilidade empírica (ou **estatística**) é baseada em observações obtidas de experimentos probabilísticos. A probabilidade empírica de um evento E é a frequência relativa do evento E.

$$P(E) = \frac{\textit{Frequência do evento } E}{\textit{Frequência total}} = \frac{f}{n}$$

EXEMPLO 6

Encontrando probabilidades empíricas

Um instituto de pesquisa está realizando uma sondagem com adultos estadunidenses selecionados aleatoriamente para determinar como eles leram livros durante o ano passado, se leram. Até agora, 1.502 adultos foram pesquisados. O gráfico de pizza da Figura 3.8 mostra os resultados. (Observe que os livros digitais incluem *e-books*, bem como audiolivros). Qual é a probabilidade de que o próximo adulto pesquisado tenha lido apenas livros impressos durante o último ano? *(Adaptado de Pew Research Center.)*

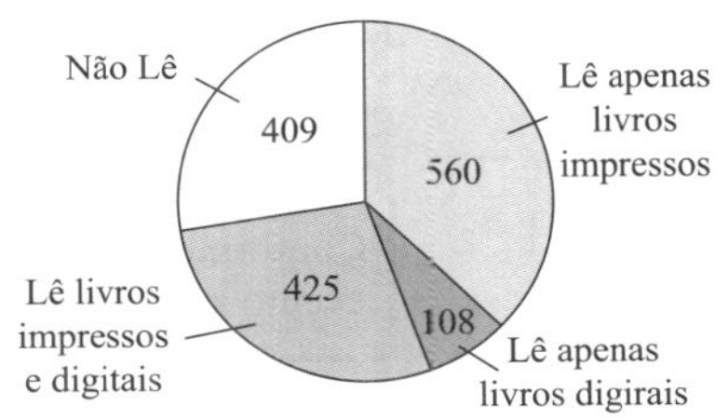

Figura 3.8 Leitura de livros por adultos americanos.

SOLUÇÃO

Observe que as respostas *não* têm a mesma probabilidade de ocorrer e são baseadas em observações. Portanto, você *não* pode usar a fórmula para probabilidade clássica, mas pode usar a fórmula para probabilidade empírica. O evento é uma resposta de "lê apenas livros impressos". A frequência desse evento é 560. O total das frequências é:

$n = 560 + 108 + 425 + 409$ Some as frequências de cada resposta.

$= 1.502.$ Frequência total.

A probabilidade empírica de que a resposta do próximo adulto seja "lê apenas livros impressos é:

$P(\text{"lê apenas livros impressos"}) = \frac{560}{1502}$ Encontre a probabilidade empírica.

$\approx 0{,}373.$ Arredondado para 3 casas decimais.

TENTE VOCÊ MESMO 6

No Exemplo 6, determine a probabilidade de que o próximo adulto pesquisado tenha lido apenas livros digitais durante o último ano.

Retratando o mundo

Parece que não importa o quão improvável um evento possa ser, alguém quer saber a probabilidade de ele ocorrer. A tabela a seguir lista a probabilidade de alguns eventos raros ocorrerem. *(Adaptado de Life: The Odds by Gregory Arthur Baer)*

Evento	Probabilidade
Ser auditado pelo IRS*	0,6%
Escrever um best-seller da lista do New York Times	0,005
Ganhar um Oscar	0,00009
Ter sua identidade roubada	0,5%
Ver um OVNI	0,0000003

*N. de T.: Internal Revenue Service (IRS) é a Receita Federal dos Estados Unidos.

Qual desses eventos tem maior chance de ocorrer? E a menor?

3.1 Para explorar mais esse tópico, veja **Atividade 3.1** na página 146.

Tabela 3.2

Idades	Frequência, f
13 a 17	84
18 a 24	459
25 a 34	765
35 a 44	546
45 a 54	432
55 a 64	369
acima de 65	345
	$\Sigma f = 3.000$

EXEMPLO 7

Usando uma distribuição de frequência para encontrar probabilidades

Um instituto de pesquisa está realizando uma sondagem com indivíduos selecionados aleatoriamente para determinar as idades dos usuários de um aplicativo de mídia social. Até agora, 3.000 usuários do aplicativo foram pesquisados. A distribuição de frequência com os resultados está na Tabela 3.2. Qual é a probabilidade de que o próximo usuário pesquisado tenha de 25 a 34 anos? *(Adaptado de Statista.)*

SOLUÇÃO

Como as respostas *não* têm a mesma probabilidade de ocorrer e são baseadas em observações, use a fórmula para probabilidade empírica. O evento é uma resposta de "25 a 34 anos". A frequência desse evento é 765. Como o total de frequências é 3.000, a probabilidade empírica de que o próximo usuário tenha de 25 a 34 anos é:

$$P(\text{idade entre 25 e 34 anos}) = \frac{765}{3000} = 0{,}255$$

TENTE VOCÊ MESMO 7

Encontre a probabilidade de que o próximo usuário entrevistado tenha de 35 a 44 anos.

Conforme aumentamos o número de vezes que um experimento aleatório é repetido, a probabilidade empírica (frequência relativa) de um evento aproxima-se de sua probabilidade teórica. Isso é conhecido **como lei dos grandes números**.

Lei dos grandes números

Conforme um experimento é repetido várias vezes, a probabilidade empírica de um evento se aproxima de sua probabilidade teórica (real).

Como exemplo dessa lei, suponha que você queira determinar a probabilidade de obter uma cara com uma moeda honesta. Você lança a moeda 10 vezes e obtém 3 caras; dessa forma, obtém uma probabilidade empírica de 3/10. Como você lançou a moeda apenas algumas vezes, sua probabilidade empírica não é representativa da probabilidade teórica, que é 1/2. A lei dos grandes números diz que a probabilidade empírica, após lançar a moeda alguns milhares de vezes, será bem próxima à probabilidade teórica ou real.

O diagrama de dispersão da Figura 3.9 mostra os resultados da simulação do lançamento de uma moeda 150 vezes. Note que, conforme o número de lançamento aumenta, a probabilidade de obter uma cara se torna cada vez mais próxima da probabilidade teórica de 0,5.

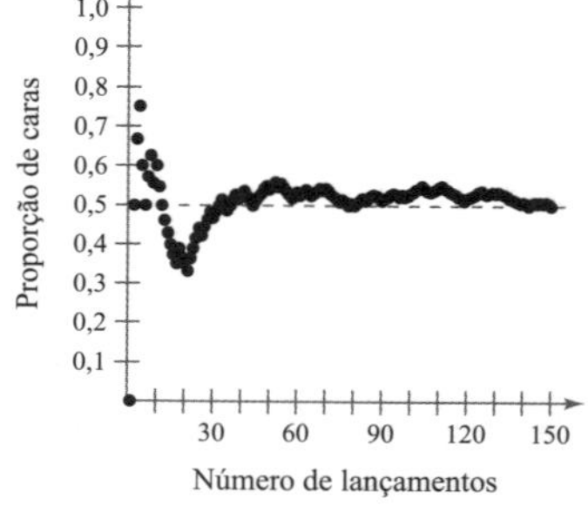

Figura 3.9 Probabilidade de obter cara.

O terceiro tipo de probabilidade é a **probabilidade subjetiva**, que resulta da intuição, de conjeturas e de estimativas. Por exemplo, dada a saúde de um paciente e a extensão dos ferimentos, um médico pode sentir que o paciente tem 90% de chance de recuperação total. Ou um analista de negócios pode prever que a chance dos funcionários de certa empresa entrarem em greve é de 0,25.

EXEMPLO 8

Classificando tipos de probabilidade

Classifique cada afirmação como um exemplo de probabilidade clássica, empírica ou subjetiva. Explique seu raciocínio

1. A probabilidade de que você tirar um A na sua próxima prova é 0,9.
2. A probabilidade de que um eleitor escolhido aleatoriamente tenha menos de 35 anos é 0,3.
3. A probabilidade de ganhar com um bilhete em um sorteio de 1.000 bilhetes é de 1/1.000.

SOLUÇÃO

1. Essa probabilidade é provavelmente baseada em uma conjetura. É um exemplo de probabilidade subjetiva.
2. Essa afirmação é provavelmente baseada em uma pesquisa de uma amostra de eleitores, então, é um exemplo de probabilidade empírica.
3. Como você sabe o número de resultados e cada um é igualmente provável, esse é um exemplo de probabilidade clássica.

TENTE VOCÊ MESMO 8

Baseado em contagens anteriores, a probabilidade de que um salmão passe com sucesso através de uma barragem no rio Columbia é de 0,85. Essa afirmação é um exemplo de probabilidade clássica, empírica ou subjetiva? *(Fonte: Army Corps of Engineers.)*

Uma probabilidade não pode ser negativa ou maior que 1, conforme estabelecido na regra a seguir.

Regra da amplitude das probabilidades

A probabilidade de um evento E está entre 0 e 1, inclusive. Ou seja,

$$0 \leq P(E) \leq 1.$$

Quando a probabilidade de um evento é 1, o evento é certo de ocorrer. Quando a probabilidade de um evento é 0, o evento é impossível. Uma probabilidade de 0,5 indica que um evento tem uma chance igual de ocorrer ou não ocorrer.

A Figura 3.10 mostra a amplitude possível das probabilidades e seus significados.

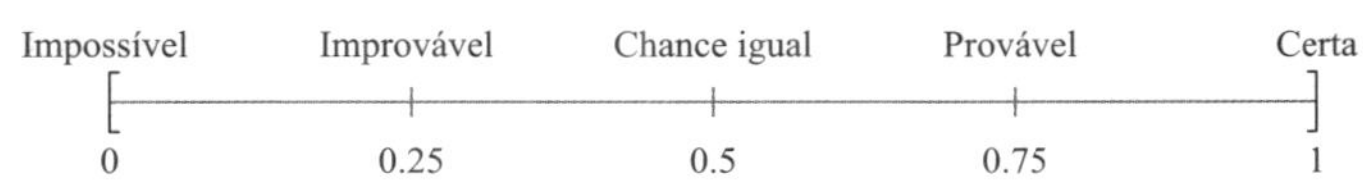

Figura 3.10

Um evento que ocorra com probabilidade de 0,05 ou menos é tipicamente considerado incomum. Eventos incomuns são altamente improváveis de ocorrer. Mais adiante neste livro, você irá identificar eventos incomuns quando estudar estatística inferencial.

Eventos complementares

A soma das probabilidades de todos os resultados em um espaço amostral é 1 ou 100%. Um resultado importante desse fato é que, quando sabemos a probabilidade de um evento *E*, podemos encontrar a probabilidade do **complemento do evento *E***.

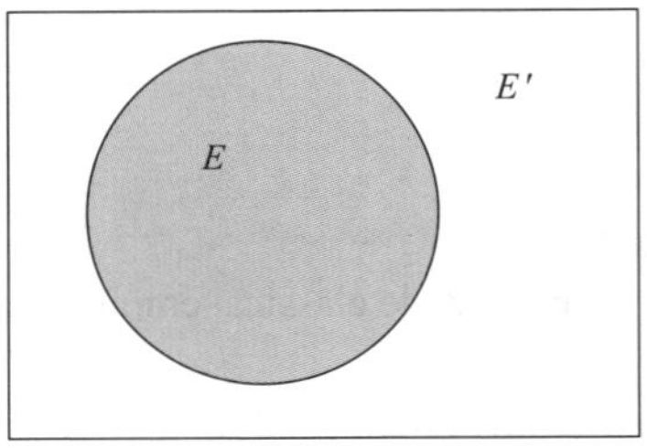

Figura 3.11 Espaço amostral.

A área do retângulo representa a probabilidade total do espaço amostral (1 = 100%). A área do círculo representa a probabilidade do evento *E* e a área fora do círculo representa a probabilidade do complemento do evento *E*.

DEFINIÇÃO

O **complemento do evento *E*** é o conjunto de todos os resultados em um espaço amostral que não estão incluídos no evento *E*. O complemento do evento *E* é denotado por *E'* e é lido como "E linha". O diagrama de Venn na Figura 3.11 ilustra a relação entre o espaço amostral, o evento *E* e seu complemento *E'*.

Por exemplo, quando você joga um dado e, sendo *E* o evento "o número é ao menos 5", o complemento de *E* é o evento "o número é menor que 5". Em símbolos, $E = \{5, 6\}$ e $E' = \{1, 2, 3, 4\}$.

Usando a definição do complemento de um evento e o fato de a soma das probabilidades de todos os resultados ser 1, podemos determinar as fórmulas a seguir:

$$P(E) + P(E') = 1$$

$$P(E) = 1 - P(E')$$

$$P(E') = 1 - P(E)$$

EXEMPLO 9

Encontrando a probabilidade do complemento de um evento

A distribuição de frequência do Exemplo 7 é mostrada na Tabela 3.3. Encontre a probabilidade de selecionar, aleatoriamente, um usuário de um aplicativo de mídia social que não tenha entre 25 e 34 anos.

Tabela 3.3

Idade	Frequência, *f*
13 a 17	84
18 a 24	459
25 a 34	765
35 a 44	546
45 a 54	432
55 a 64	369
65 e acima	345
	$\Sigma f = 3.000$

SOLUÇÃO

Com base no Exemplo 7, sabemos que

$$P(\text{idade entre 25 e 34 anos}) = \frac{765}{3000} = 0{,}255.$$

Então, a probabilidade de que um usuário não tenha entre 25 e 34 anos é de:

$$P(\text{idade não estar entre 25 e 34 anos}) = 1 - \frac{765}{3000} = 1 - 0{,}255 = 0{,}745.$$

TENTE VOCÊ MESMO 9

Use a distribuição de frequência do Exemplo 7 para encontrar a probabilidade de se selecionar aleatoriamente um usuário que não tenha entre 18 e 24 anos.

Aplicações da probabilidade

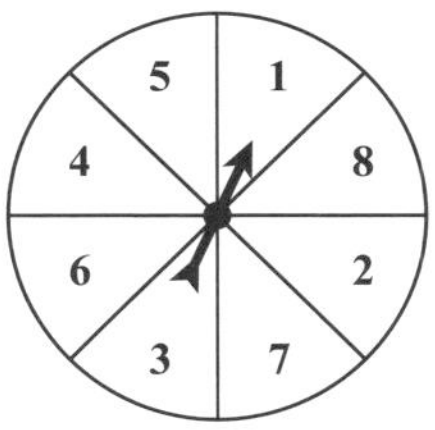

Figura 3.12

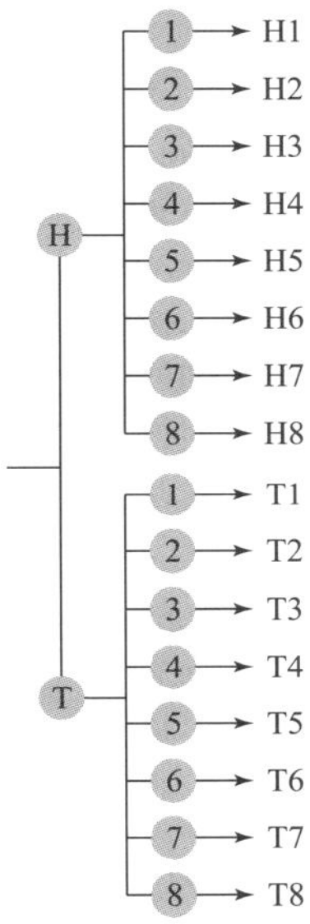

Figura 3.13 Diagrama de árvore para o experimento da moeda e da roleta.

EXEMPLO 10

Usando um diagrama de árvore

Um experimento aleatório consiste em lançar uma moeda e girar a roleta mostrada na Figura 3.12. A roleta tem a mesma chance de parar em cada um dos números. Use um diagrama de árvore para encontrar a probabilidade de cada evento.

1. Evento A: sair coroa (T) e indicar um número ímpar.
2. Evento B: sair cara (H) ou indicar um número maior que 3.

SOLUÇÃO

Com base no diagrama de árvore da Figura 3.13, você pode ver que há 16 resultados igualmente prováveis do ocorrer, o que leva ao uso da fórmula da probabilidade clássica.

1. Há quatro resultados no evento $A = \{T1, T3, T5, T7\}$. Então,

$$P(\text{sair coroa e indicar um número ímpar}) = \frac{4}{16} = \frac{1}{4} = 0,25.$$

2. Há 13 resultados no evento $B = \{H1, H2, H3, H4, H5, H6, H7, H8, T4, T5, T6, T7, T8\}$. Então,

$$P(\text{sair cara e indicar um número maior que 3}) = \frac{13}{16} \approx 0,813.$$

TENTE VOCÊ MESMO 10

Encontre a probabilidade de sair uma coroa (T) e indicar um número menor que 6.

EXEMPLO 11

Usando o princípio fundamental da contagem

Seu número de identificação na faculdade consiste em 8 dígitos. Cada dígito pode ser um número de 0 até 9, o qual pode ser repetido. Qual é a probabilidade de obter seu número de identificação quando geramos aleatoriamente oito dígitos?

SOLUÇÃO

Uma vez que cada dígito pode ser repetido, há 10 escolhas para cada um dos 8 dígitos. Então, usando o princípio fundamental da contagem, há

$$10 \cdot 10 \cdot 10 \cdot 10 \cdot 10 \cdot 10 \cdot 10 \cdot 10 = 10^8 = 100.000.000$$

possíveis números de identificação. Mas somente um desses números corresponde ao seu número de identificação. Então, a probabilidade de gerar aleatoriamente 8 dígitos e obter seu número de identificação é

$$\frac{1}{100.000.000}, \text{ ou } 0,00000001.$$

TENTE VOCÊ MESMO 11

Seu número de identificação na faculdade consiste em 9 dígitos. Os dois primeiros dígitos de cada número serão os dois últimos dígitos do ano previsto para sua graduação. Os outros dígitos podem ser quaisquer números de 0 a 9, e cada dígito pode ser repetido. Qual é a probabilidade de obter seu número de identificação quando geramos aleatoriamente os outros sete dígitos?

3.1 EXERCÍCIOS

Construindo habilidades básicas e vocabulário

1. Qual é a diferença entre um resultado e um evento?
2. Determine qual dos números a seguir poderia representar a probabilidade de um evento. Explique seu raciocínio.

   (a) 25/25 **(b)** 333.3% **(c)** 2,3 **(d)** –0,0004 **(e)** 0 **(f)** 320/105
3. Explique por que a afirmação a seguir está incorreta: *A probabilidade de chover é 150%.*
4. Quando você utiliza o princípio fundamental da contagem, o que está contando?
5. Descreva a lei dos grandes números com suas próprias palavras. Dê um exemplo.
6. Liste as três fórmulas que podem ser usadas para descrever eventos complementares.

Verdadeiro ou falso? *Nos exercícios de 7 a 10, determine se a afirmativa é verdadeira ou falsa. Se for falsa, reescreva-a de forma que seja verdadeira.*

7. Você está fazendo um teste que possui questões de múltipla escolha e de verdadeiro ou falso. O evento "escolher falso em uma questão de verdadeiro ou falso e escolher A ou B em uma questão de múltipla escolha" é um evento simples.
8. Você lança uma moeda honesta nove vezes e dá coroa em todas. A probabilidade de que dê cara no décimo lançamento é maior do que 0,5.
9. A probabilidade de 1/10 indica um evento incomum.
10. Quando um evento é quase certo de acontecer, seu complemento será um evento incomum.

Relacionando probabilidades *Nos exercícios de 11 a 16, relacione o evento com sua probabilidade.*

(a) 0,95 **(b)** 0,005 **(c)** 0,25 **(d)** 0 **(e)** 0,375 **(f)** 0,5

11. Um gerador de números aleatórios é usado para selecionar um número de 1 a 100. Qual é a probabilidade de selecionar o número 153?
12. Um gerador de números aleatórios é usado para selecionar um número de 1 a 100. Qual é a probabilidade de selecionar um número par?
13. Você seleciona aleatoriamente um número de 0 a 9 e, na sequência, seleciona um número de 0 a 19. Qual a probabilidade de obter o 3 nas duas seleções?
14. Uma participante de um programa deve selecionar aleatoriamente uma porta. Uma porta dobra seu prêmio em dinheiro enquanto as outras três a deixam sem prêmio. Qual é a probabilidade de que ela escolha a porta que dobre seu dinheiro?
15. Cinco de 100 gravadores digitais de vídeo em um inventário têm defeitos. Qual é a probabilidade de você selecionar aleatoriamente um item que não tenha defeito?
16. Você joga uma moeda 4 vezes. Qual a probabilidade de obter coroa exatamente metade das vezes?

Encontrando a probabilidade do complemento de um evento *Nos exercícios de 17 a 20, a probabilidade de um evento acontecer é dada. Encontre a probabilidade de que o evento não aconteça.*

17. $P(E) = 5/6$ **18.** $P(E) = 0,55$ **19.** $P(E) = 0,03$ **20.** $P(E) = 2/7$

Encontrando a probabilidade de um evento *Nos exercícios de 21 a 24, a probabilidade de um evento não acontecer é dada. Encontre a probabilidade de que o evento aconteça.*

21. $P(E') = 0{,}95$ **22.** $P(E') = 0{,}13$ **23.** $P(E') = 3/4$ **24.** $P(E') = 21/61$

Usando e interpretando conceitos

Identificando um espaço amostral e um experimento aleatório

Nos exercícios de 25 a 32, identifique o espaço amostral do experimento aleatório e determine o número de resultados no espaço amostral. Faça um diagrama de árvore quando apropriado.

25. Supor a inicial do nome do meio de um estudante.

26. Supor a nota de um estudante (A, B, C, D, F).

27. Tirar uma carta de um baralho normal.

28. Identificar a cor dos olhos de uma pessoa (castanho, azul, verde, mel, cinza, outro) e a cor do cabelo (preto, castanho, loiro, vermelho, outro).

29. Lançar duas moedas.

30. Lançar três moedas

31. Lançar um par de dados de seis faces.

32. Lançar um dado de seis faces, duas moedas e rodar a roleta da Figura 3.12.

FIGURA PARA O EXERCÍCIO 32

Identificando eventos simples *Nos exercícios de 33 a 36, determine o número de resultados no evento. Então, decida se o evento é um evento simples ou não. Explique seu raciocínio.*

33. Uma planilha eletrônica é usada para gerar, aleatoriamente, um número entre 1 e 2.000. O evento A é gerar o número 253.

34. Uma planilha eletrônica é usada para gerar, aleatoriamente, um número entre 1 e 4.000. O evento B é gerar um número menor que 500.

35. Você seleciona aleatoriamente uma carta de um baralho normal de 52 cartas. O evento A é selecionar uma carta de ouros.

36. Você seleciona aleatoriamente uma carta de um baralho normal de 52 cartas. O evento B é selecionar o ás de espadas.

Usando o princípio fundamental da contagem *Nos exercícios de 37 a 40, use o princípio fundamental da contagem.*

37. Menu Um restaurante oferece um jantar especial ao preço de $15 com 6 opções de entrada, 12 opções de prato principal e 8 opções de sobremesa. Quantas refeições diferentes estão disponíveis quando você escolhe uma entrada, um prato principal e uma sobremesa?

38. *Tablet* Um *tablet* tem quatro opções de sistema operacional, três de tamanho de tela, quatro de processador, seis escolhas de capacidade de memória e três para a bateria. De quantas formas você pode montar o *tablet*?

39. Imóvel Um corretor de imóveis utiliza uma caixa com segredo para guardar as chaves de uma casa que está à venda. O código do segredo da caixa consiste em quatro dígitos. O primeiro dígito não pode ser zero e o último deve ser par. Quantos códigos diferentes estão disponíveis?

40. Teste verdadeiro ou falso Assumindo que todas as questões são respondidas, de quantas formas um teste de seis perguntas do tipo verdadeiro ou falso pode ser respondido?

Encontrando probabilidades clássicas *Nos exercícios de 41 a 46, um experimento aleatório consiste de lançar um dado de 12 faces. Encontre a probabilidade do evento.*

41. Evento *A*: Sair um 2.

42. Evento *B*: Sair um 10.

43. Evento *C*: Sair um número maior que 4.

44. Evento *D*: Sair um número menor que 8.

45. Evento *E*: Sair um número divisível por 3.

46. Evento *F*: Sair um número divisível por 5.

Encontrando probabilidades empíricas *Uma pesquisa perguntou aos adultos estadunidenses quantas tatuagens eles têm. Use os resultados da distribuição de frequência da tabela nos exercícios 47 e 48. (Fonte: Ipsos.)*

Resposta	número de vezes, *f*
Nenhuma	704
Uma	131
Duas	57
Três	34
Quatro ou mais	79

TABELA PARA OS EXERCÍCIOS 47 E 48

47. Qual a probabilidade de que a próxima pessoa pesquisada não tenha uma tatuagem?

48. Qual a probabilidade de que a próxima pessoa pesquisada tenha duas tatuagens?

Usando uma distribuição de frequência para encontrar probabilidades *Nos exercícios de 49 a 52, use a distribuição de frequência da tabela, que mostra a população dos Estados Unidos por faixa etária, para encontrar a probabilidade de que um residente do país escolhido aleatoriamente esteja na faixa etária. (Fonte: U.S. Census Bureau.)*

Idades	Frequência, *f* (em milhões)
Menor que 18	73,0
18 a 24	30,2
25 a 44	87,6
45 a 64	83,3
65 ou mais	54,1

TABELA PARA OS EXERCÍCIOS 49-52

49. entre 18 e 24 anos.

50. entre 25 e 44 anos.

51. entre 45 e 64 anos.

52. 65 anos ou mais.

Classificando os tipos de probabilidade *Nos exercícios de 53 a 58, classifique a afirmação como um exemplo de probabilidade clássica, empírica ou subjetiva. Explique seu raciocínio.*

53. De acordo com os registros de uma empresa, a probabilidade de que um automóvel precise de reparos durante o período de garantia de três anos é de 0,46.

54. A probabilidade de escolher 6 números de 1 a 40 que sejam os seis números sorteados na loteria é de $1/3.838.380 \approx 0{,}00000026$.

55. Um analista acredita que a probabilidade de um time vencer o próximo jogo é de 60%.

56. De acordo com uma pesquisa, a probabilidade de um conselheiro de ensino médio escolhido aleatoriamente dizer que são necessárias mudanças significativas nas escolas dos Estados Unidos é de 55%.

57. A probabilidade de que um número selecionado aleatoriamente de 1 a 100 seja divisível por 6 é 0,16.

58. Você estima que a probabilidade de conseguir todas as aulas que deseja no seu próximo planejamento é de cerca de 25%.

Encontrando a probabilidade do complemento de um evento *A distribuição etária dos moradores de Ithaca, Nova Iorque, encontra-se na tabela. Nos exercícios de 59 a 62, encontra a probabilidade do evento. (Fonte: U.S. Census Bureau.)*

Idades	Frequência, *f*
0-17	2.416
18-24	16.598
25-39	5.293
40-54	2.726
55-69	2.140
70 ou mais	1.3965

TABELA PARA OS EXERCÍCIOS 59-62

59. Evento *A*: escolher aleatoriamente um morador de Ithaca que não tenha de 18 a 24 anos.

60. Evento *B*: escolher aleatoriamente um morador de Ithaca que não tenha de 25 a 39 anos.

61. Evento *C*: escolher aleatoriamente um morador de Ithaca que não tenha menos 18 anos.

62. Evento *D*: escolher aleatoriamente um morador de Ithaca que não tenha 70 anos ou mais.

Eleitores das eleições para governador da Virgínia Ocidental em 2020

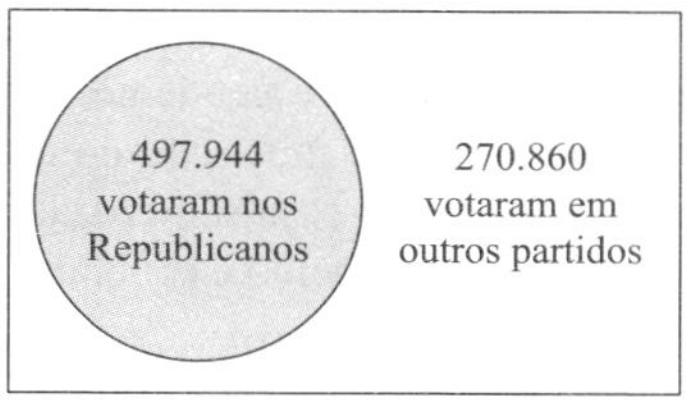

FIGURA PARA O EXERCÍCIO 63

Todos os eleitores registrados no Texas

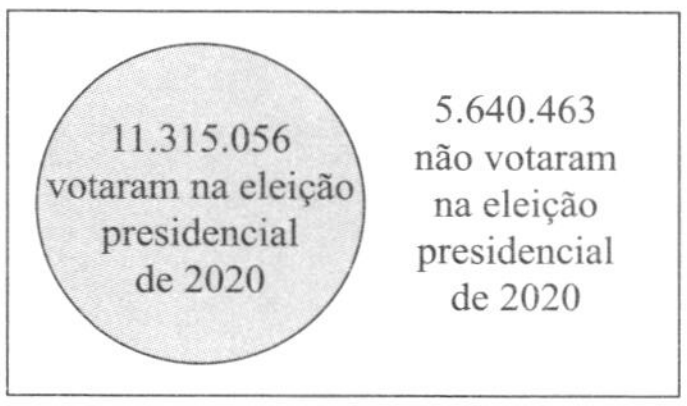

FIGURA PARA O EXERCÍCIO 64

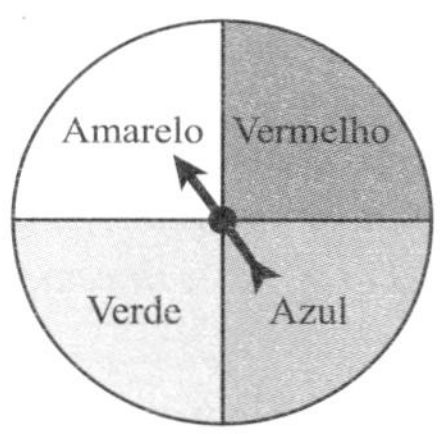

FIGURA PARA O EXERCÍCIO 67-70

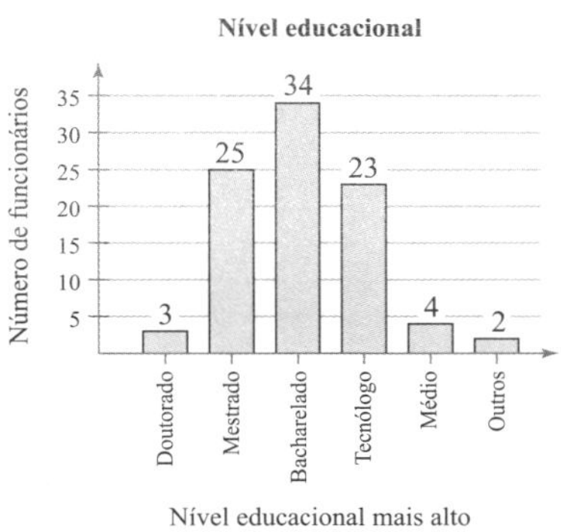

FIGURA PARA OS EXERCÍCIOS 75-78

Análise gráfica *Nos Exercícios 63 e 64, use os diagramas das figuras.*

63. Qual é a probabilidade de que um eleitor da Virgínia Ocidental, escolhido aleatoriamente, tenha votado nos republicanos nas eleições para governador de 2020? *(Fonte: West Virginia State.)*

64. Qual é a probabilidade de que um eleitor registrado no Texas, escolhido aleatoriamente, não tenha votado nas eleições presidenciais de 2020? *(Fonte: Texas Secretary of State.)*

65. Código de acesso Um código de acesso consiste em três dígitos. Cada dígito pode ser qualquer número de 0 a 9 e pode haver dígitos repetidos.

(a) Qual a probabilidade de selecionar aleatoriamente o código de acesso correto na primeira tentativa?

(b) Qual a probabilidade de não selecionar o código de acesso correto na primeira tentativa?

66. Código de acesso Um código de acesso consiste de seis caracteres. Para cada caractere, pode ser usado qualquer letra ou número, com a exceção de que o primeiro caractere não pode ser 0 e os dois últimos caracteres devem ser números ímpares.

(a) Qual a probabilidade de selecionar aleatoriamente o código de acesso correto na primeira tentativa?

(b) Qual a probabilidade de não selecionar o código de acesso correto na primeira tentativa?

Usando um diagrama de árvore *Nos exercícios de 67 a 70, um experimento aleatório consiste em lançar um dado de seis faces e rodar o disco mostrado na figura. O disco apresenta a mesma chance de parar sobre cada cor. Use um diagrama de árvore para encontrar a probabilidade do evento e, em seguida, diga se o evento pode ser considerado incomum.*

67. Evento A: sair face 5 e cor azul no disco.

68. Evento B: sair um número ímpar e cor verde no disco.

69. Evento C: sair um número menor que 6 e cor amarela no disco.

70. Evento D: não sair um número menor que 6 e cor amarela no disco.

Menino ou menina? *Nos Exercícios de 71 a 74, um casal planeja ter três filhos. Cada criança tem a mesma probabilidade de ser menino ou menina.*

71. Qual é a probabilidade de que todas as três crianças sejam meninas?

72. Qual é a probabilidade de que todas as três crianças sejam meninos?

73. Qual é a probabilidade de que exatamente uma criança seja uma menina?

74. Qual é a probabilidade de que pelo menos uma criança seja um menino?

Usando um gráfico de barras para encontrar probabilidades *Nos exercícios de 71 a 74, use o gráfico de barras da figura, que mostra o maior nível educacional atingido pelos funcionários de uma empresa. Encontre a probabilidade de que o maior nível educacional de um funcionário escolhido aleatoriamente seja:*

75. Doutorado

76. Tecnólogo

77. Mestrado

78. Ensino Médio

79. Evento incomum Algum dos eventos dos exercícios de 49 a 52 pode ser considerado incomum? Explique.

80. Evento incomum Algum dos eventos dos exercícios de 75 a 78 pode ser considerado incomum? Explique.

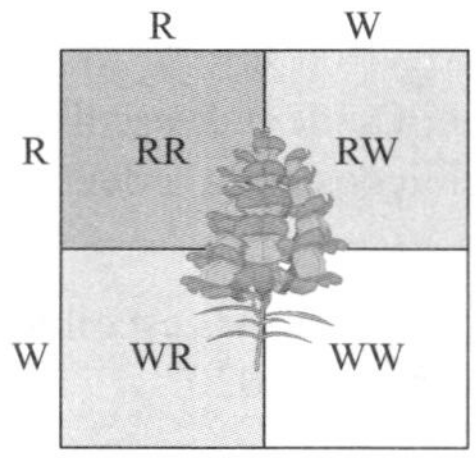

FIGURA PARA O EXERCÍCIO 81

81. **Genética** Um *quadrado de Punnett* é um diagrama que mostra todas as possibilidades de combinação genética em um cruzamento de pais cujos genes são conhecidos. Quando duas flores boca-de-leão cor-de-rosa (RW) são cruzadas, há quatro resultados igualmente possíveis para a composição genética dos descendentes: vermelho (RR), rosa (RW), rosa (WR) e branco (WW), conforme mostrado no quadrado de Punnett na figura. Quando duas bocas-de-leão cor-de-rosa são cruzadas, qual a probabilidade de que o descendente seja (a) rosa, (b) vermelho e (c) branco?

82. **Genética** Há seis tipos básicos de coloração em cães da raça Collie registrados: negro (SSmm), tricolor (ssmm), negro trifatorial (Ssmm), azul merle (ssMm), negro merle (SSMm) e negro merle trifatorial (SsMm). O quadrado de Punnett na figura a seguir mostra as colorações possíveis dos filhotes de um Collie negro merle trifatorial com um Collie negro trifatorial. Qual a probabilidade de que o filhote tenha a mesma cor de um de seus pais?

Pais: Ssmm e SsMm

	SM	**Sm**	**sM**	**sm**
Sm	SSMm	SSmm	SsMm	Ssmm
Sm	SSMm	SSmm	SsMm	Ssmm
sm	SsMm	Ssmm	ssMm	ssmm
sm	SsMm	Ssmm	ssMm	ssmm

Trabalhadores (em milhões) por ocupação nos Estados Unidos

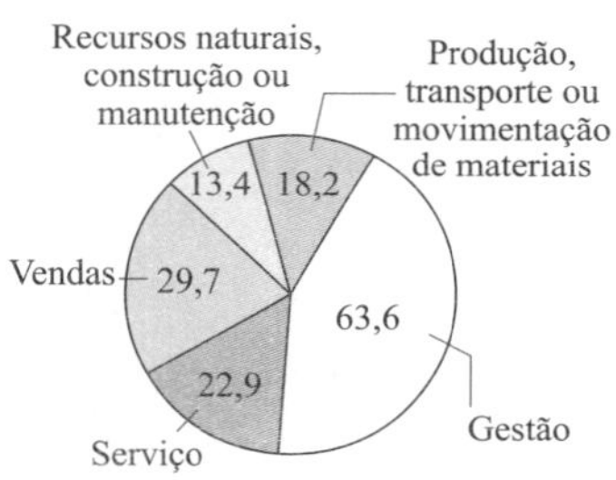

FIGURA PARA OS EXERCÍCIOS 83-86

Usando um gráfico de pizza para encontrar probabilidades

Nos exercícios de 83 a 86, use o gráfico de pizza da figura, que mostra o número de trabalhadores (em milhões) por ocupação nos Estados Unidos. (Fonte: U.S. Bureau of Labor Statistics.)

83. Encontre a probabilidade de que um trabalhador escolhido aleatoriamente esteja empregado em recursos naturais, construção ou manutenção.

84. Encontre a probabilidade de que um trabalhador escolhido aleatoriamente não esteja empregado em serviços.

85. Encontre a probabilidade de que um trabalhador escolhido aleatoriamente esteja empregado em vendas.

86. Encontre a probabilidade de que o trabalhador escolhido aleatoriamente não esteja empregado em produção, transporte ou movimentação de materiais.

87. **Futebol universitário** Um diagrama de ramo e folha para o número de pontos marcados pelos 127 times da 1ª subdivisão de futebol americano da temporada de 2020-2021 é mostrado na figura a seguir. Encontre a probabilidade de que um time escolhido aleatoriamente tenha marcado (a) pelo menos 51 pontos, (b) de 21 a 31 pontos e (c) menos do que 14 pontos. Algum desses eventos é incomum? Explique. *(Fonte: National Collegeiate Athletic Association.)*

Chave: 1|1 = 11

0	6
1	1 1 2 3 4 4 4 5 5 6 6 6 7 7 8 8 8 9 9 9
2	0 0 1 1 1 1 1 2 2 3 3 3 3 3 3 4 5 5 5 6 6 6 6 6 7 7 7 7 7 7 7 8 8 8 8 8 9 9 9
3	0 0 0 0 0 0 0 0 1 1 1 2 2 3 3 3 3 4 4 4 4 4 4 5 5 5 6 6 7 7 7 7 7 8 8 9 9 9
4	0 1 1 1 2 2 2 2 3 3 3 4 4 4 5 5 5 5 5 5 6 7 7 8
5	0 2 3 6 6 8 8

88. **Preço individual de ação** Uma ação individual é selecionada aleatoriamente de um portfólio representado pelo *boxplot* mostrado na figura a seguir. Encontre a probabilidade de que o preço da ação seja (a) menor que US$ 21, (b) entre US$ 21 e US$ 50 e (c) US$ 30 ou mais.

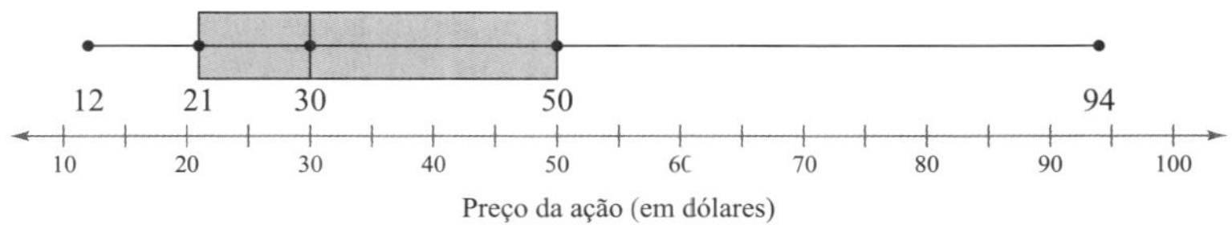

Escrevendo *Nos exercícios 89 e 90, escreva uma afirmação que represente o complemento da probabilidade.*

89. A probabilidade de selecionar aleatoriamente um fumante cuja mãe também fumou, da população de todas as pessoas que fumam.

90. A probabilidade de selecionar aleatoriamente um carro com mais de uma causa para mostrar sua luz "VERIFICAR O MOTOR", da população e veículos que mostram as luzes "VERIFICAR O MOTOR".

Expandindo conceitos

Chances. *As possibilidades de ganhar são frequentemente escritas em termos de chances em vez de probabilidades. A* ***chance de ganhar*** *é a razão do número de resultados bem-sucedidos pelo número de resultados malsucedidos. A* ***chance de perder*** *é a razão do número de resultados malsucedidos pelo número de resultados bem-sucedidos. Por exemplo, quando o número de resultados bem-sucedidos é 2 e o número de resultados malsucedidos é 3, as chances de ganhar são 2 : 3 (lê-se "2 para 3"). Nos exercícios de 91 a 96, use a informação sobre chances.*

91. Uma indústria de bebidas coloca peças de jogo debaixo das tampinhas de suas bebidas e afirma que uma em cada seis peças do jogo é premiada. As regras oficiais do concurso afirmam que a chance de ganhar um prêmio são 1 : 6. A afirmação "uma em cada seis peças é premiada" é correta? Explique seu raciocínio.

92. A probabilidade de ganhar um prêmio instantâneo em um jogo é 1/10. A chance de ganhar um outro prêmio instantâneo em um jogo diferente são 1 : 10. Você quer a melhor chance de ganhar. Qual jogo você deveria jogar? Explique seu raciocínio.

93. A chance de um evento ocorrer são 4 : 5. Encontre (a) a probabilidade de que o evento ocorrerá e (b) a probabilidade de que o evento não ocorrerá.

94. Uma carta é escolhida aleatoriamente de um baralho normal de 52 cartas. Encontre a chance de que seja uma carta de espadas.

95. Uma carta é escolhida aleatoriamente de um baralho normal de 52 cartas. Encontre a chance de que não seja uma carta de espadas.

96. A chance de ganhar um evento A são $p : q$. Mostre que a probabilidade do evento A é dada por $P(A) = \dfrac{p}{p+q}$.

97. **Jogando um par de dados** Você joga um par de dados de seis faces e registra a soma.

(a) Liste todas as somas possíveis e determine a probabilidade de cada uma das somas.

(b) Use uma ferramenta tecnológica para simular a jogada de um par de dados e registrar a soma 100 vezes. Faça uma contagem das 100 somas e use esses resultados para listar a probabilidade de cada soma.

(c) Compare as probabilidades da parte (a) com as probabilidades da parte (b). Explique quaisquer similaridades ou diferenças.

3.1 ATIVIDADE Simulando o mercado de ações

APPLET

O *applet Simulating the stock market* permite que você investigue a probabilidade de que o mercado de ações subirá em certo dia. Quando os botões de **1 dia** (*1 day*) ou **5 dias** (*5 days*) são clicados, os registros do número correspondente de resultados diários são adicionados à coluna **Dias** (*Days*). Para cada dia, uma seta verde indica o mercado subindo e uma seta vermelha indica o mercado caindo. Clicar no botão **1.000 dias** (*1000 days*) adicionará os 1.000 resultados diários o mais rápido possível, pulando a animação. O acumulado dos resultados diários é apresentado no gráfico que mostra a proporção cumulativa de resultados ascendentes *versus* o número total de dias. Os resultados contabilizados também são armazenados na tabela acima do gráfico. A linha verde no gráfico reflete a verdadeira probabilidade de o mercado subir em qualquer dia, que é definido como 1/2 = 0,5. Nesse caso, o mercado tem 50% de chance de subir em qualquer dia. À medida que mais e mais resultados são simulados, a proporção cumulativa de dias "subindo" deve convergir para esse valor.

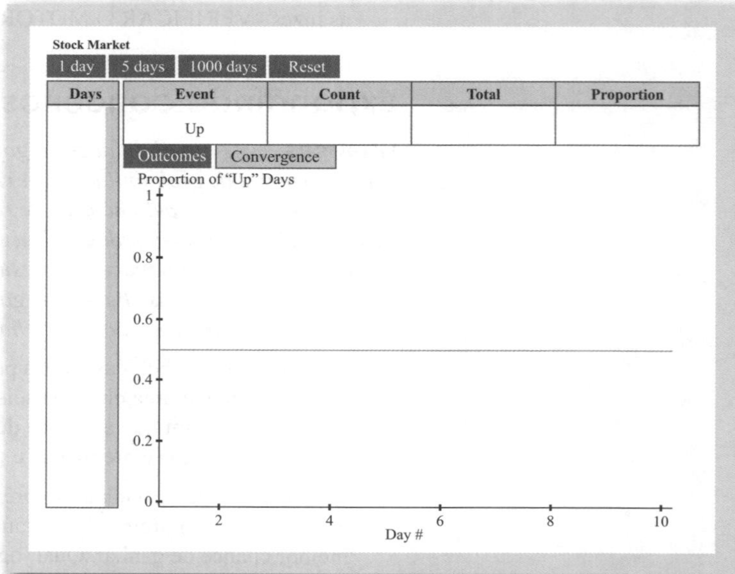

EXPLORE

Passo 1 Clique em ***1 day*** doze vezes. Crique em **Resultados** (*Outcomes*) e **Convergência** (*Convergence*).

Passo 2 Clique em **Reset**.

Passo 3 Clique em ***5 days*** quatro vezes. Clique **Reset**.

Passo 4 Clique em **1000 *days*** quatro vezes.

CONCLUA

APPLET

1. Execute uma simulação clicando ***1 day*** diversas vezes sem clicar em ***Reset***. Quantos dias foram necessários até que houvesse três dias seguidos em que o mercado de ações subisse? Três dias seguidos em que o mercado de ações caiu?
2. Execute uma simulação do mercado de ações para 35 dias úteis. Encontre a probabilidade empírica de que o mercado suba no 36º dia.

3.2 Probabilidade condicional e a regra da multiplicação

O que você deve aprender

- Como encontrar a probabilidade de um evento dado que outro evento ocorreu.
- Como distinguir entre eventos dependentes e independentes.
- Como usar a regra de multiplicação para encontrar a probabilidade de dois ou mais eventos ocorrendo em sequência, e encontrar probabilidades condicionais.

Probabilidade condicional ■ Eventos dependentes e independentes ■ A regra da multiplicação

Probabilidade condicional

Nesta seção, você aprenderá como encontrar a probabilidade de dois eventos ocorrerem em sequência. Antes que você possa encontrar essa probabilidade, entretanto, você deve saber como encontrar **probabilidades condicionais**.

DEFINIÇÃO

Uma **probabilidade condicional** é a probabilidade de um evento ocorrer, dado que outro evento já tenha ocorrido. A probabilidade condicional de o evento B ocorrer, dado que o evento A tenha ocorrido, é denotada por $P(B|A)$, e lê-se "probabilidade de B, dado A".

EXEMPLO 1

Encontrando probabilidades condicionais

1. Duas cartas são selecionadas em sequência de um baralho normal de 52 cartas. Encontre a probabilidade de que a segunda carta seja uma dama, dado que a primeira carta é um rei. (Considere que o rei não seja reposto).
2. A Tabela 3.4 mostra os resultados de um estudo no qual 970 adultos estadunidenses foram questionados se eles já andaram como passageiros em um veículo autônomo. Encontre a probabilidade de um adulto ter de 18 a 64 anos, dado que o adulto viajou como passageiro em um veículo autônomo. *(Adaptado de The Harris Poll)*

Tabela 3.4

	Você já andou como passageiro em um veículo autônomo?		
Idade	**Sim**	**Não**	**Total**
18–64	202	549	751
65+	23	196	219
Total	225	745	970

SOLUÇÃO

1. Em razão de a primeira carta ser um rei e ela não ser reposta, restam 51 cartas no baralho, 4 das quais são damas. Então,

$$P(B|A) = \frac{4}{51} \approx 0{,}078.$$

A probabilidade de que a segunda carta seja uma dama, dado que a primeira é um rei, é de aproximadamente 0,078.

2. Há 225 adultos que disseram ter viajado como passageiro em um veículo autônomo. Assim, o espaço amostral consiste nesses 225 adultos, conforme mostrado na Tabela 3.5. Destes, 202 têm entre 18 e 64 anos. Então,

Tabela 3.5 Espaço amostral

Idade	Sim
18-64	202
65+	23
Total	225

$$P(B|A) = \frac{202}{225} \approx 0{,}898.$$

A probabilidade de um adulto ter entre 18 e 64 anos, considerando que o adulto tenha viajado como passageiro em um veículo autônomo, é de cerca de 0,898.

TENTE VOCÊ MESMO 1

Retomando a pesquisa na segunda parte do Exemplo 1, encontre a probabilidade de que um adulto ter 65 anos ou mais, dados que o adulto não andou como passageiro em um veículo autônomo.

Retratando o mundo

Truman Collins, um entusiasta da probabilidade e da estatística, escreveu um programa que encontra a probabilidade de se cair em cada casa do tabuleiro do Banco Imobiliário® durante o jogo. Collins explorou vários cenários, incluindo a carta sorte ou revés e as várias maneiras de cair ou sair da prisão. Curiosamente, Collins descobriu que o tempo de permanência na prisão afeta as probabilidades. (Observe que as probabilidades são arredondadas para mais de três casas decimais para que seja mais fácil ver como a prisão afeta as probabilidades.)

Casa do jogo	Probabilidade com tempo curta na prisão	Probabilidade com tempo longo na prisão
Início	0,0310	0,0291
Sorte ou revés	0,0087	0,0082
Prisão	0,0395	0,0946
Parada livre	0,0288	0,0283
Localidades	0,0219	0,0206
Estação	0,0307	0,0289
Sistema de água	0,0281	0,0265

Por que as probabilidades dependem de quanto tempo você fica na prisão?

Eventos dependentes e independentes

Em alguns experimentos, um evento não afeta a probabilidade de outro. Por exemplo, quando você joga um dado e uma moeda, o resultado do dado não afeta a probabilidade de no lançamento da moeda cair cara. Esses dois eventos são *independentes*. A questão da independência de dois ou mais eventos é importante para pesquisadores em áreas como *marketing*, medicina e psicologia. Você pode usar probabilidades condicionais para determinar se os eventos são **independentes**.

DEFINIÇÃO

Dois eventos são **independentes** quando a ocorrência de um deles não afeta a probabilidade de ocorrência do outro. Dois eventos A e B são independentes quando:

$P(B|A) = P(B)$ A ocorrência de A não afeta a probabilidade de B.

ou quando

$P(A|B) = P(A)$. A ocorrência de A não afeta a probabilidade de A.

Eventos que não são independentes são **dependentes**.

Para determinar se A e B são independentes, primeiro calcule $P(B)$, a probabilidade do evento B. Então, calcule $P(B|A)$, a probabilidade de B, dado A. Se os valores forem iguais, os eventos são independentes. Se $P(B) \neq P(B|A)$, então A e B são eventos dependentes.

EXEMPLO 2

Classificando eventos como independentes ou dependentes

Determine se os eventos são independentes ou dependentes.

1. Selecionar um rei (A) de um baralho normal com 52 cartas, sem reposição, e então selecionar uma dama (B) do baralho.
2. Jogar uma moeda e tirar cara (A) e, então, jogar um dado de seis faces e tirar um 6 (B).
3. Dirigir a mais de 85 milhas por hora (A) e então sofrer um acidente de carro (B).

SOLUÇÃO

1. $P(B) = 4/52$. $P(B|A) = 4/51$ A ocorrência de A muda a probabilidade da ocorrência de B, então, os eventos são dependentes.
2. $P(B) = 1/6$ e $P(B|A) = 1/6$. A ocorrência de A não muda a probabilidade da ocorrência de B, então, os eventos são independentes.
3. Dirigir a mais de 85 milhas por hora aumenta as chances de se envolver em um acidente, então, os eventos são dependentes.

TENTE VOCÊ MESMO 2

Determine se os eventos são independentes ou dependentes.

1. Fumar um maço de cigarros por dia (A) e desenvolver enfisema, uma doença crônica do pulmão (B).
2. Lançar uma moeda e tirar cara (A) e, depois, lançar a moeda novamente e tirar coroa (B).

A regra da multiplicação

Para encontrar a probabilidade de dois eventos ocorrendo em sequência, podemos usar a **regra de multiplicação.**

Dica de estudo

Em palavras, para usar a regra de multiplicação:

1. Encontre a probabilidade de que o primeiro evento ocorra;
2. Encontre a probabilidade de que o segundo evento ocorra, dado que o primeiro tenha ocorrido; e
3. Multiplique essas duas probabilidades.

A regra da multiplicação para a probabilidade de *A* e *B*

A probabilidade de que dois eventos A e B ocorram em sequência é:

$P(A \text{ e } B) = P(A) \cdot P(B|A)$. Os eventos A e B **são dependentes.**

Se os eventos A e B forem independentes, então a regra pode ser simplificada para

$P(A \text{ e } B) = P(A) \cdot P(B)$. Os eventos A e B **são independentes.**

Essa regra simplificada pode ser estendida para qualquer número de eventos independentes.

EXEMPLO 3

Usando a regra da multiplicação para encontrar probabilidades

1. Duas cartas são selecionadas, sem reposição da primeira carta, de um baralho normal de 52 cartas. Encontre a probabilidade de selecionar um rei e depois uma dama.
2. Uma moeda é jogada e um dado é lançado. Encontre a probabilidade de se obter uma cara (H) e um 6.

SOLUÇÃO

1. Como a primeira carta não é reposta, os eventos são dependentes.

$$\begin{aligned} P(K \text{ e } Q) &= P(K) \cdot P(Q|K) \\ &= \frac{4}{52} \cdot \frac{4}{51} \\ &= \frac{16}{2652} \\ &\approx 0{,}006 \end{aligned}$$

Então, a probabilidade de selecionar um rei e, em seguida, uma dama, sem reposição, é de aproximadamente 0,006.

2. Os eventos são independentes.

$$\begin{aligned} P(H \text{ e } 6) &= P(H) \cdot P(6) \\ &= \frac{1}{2} \cdot \frac{1}{6} \\ &= \frac{1}{12} \\ &\approx 0{,}083 \end{aligned}$$

Então, a probabilidade de tirar uma cara e, em seguida, um 6 é de aproximadamente 0,083.

Dica de estudo

Na Seção 3.1 vimos que uma probabilidade de 0,05 ou menos é considerada incomum. Na primeira parte do exemplo 3, $0{,}006 < 0{,}05$. Isso significa que, selecionar de um baralho um rei e depois uma dama (sem reposição) é um evento incomum.

TENTE VOCÊ MESMO 3

1. A probabilidade de que um salmão nade, com sucesso, através de uma barragem é de 0,85. Encontre a probabilidade de dois salmões atravessarem a barragem com sucesso.
2. Duas cartas são selecionadas de um baralho normal de 52 cartas, sem reposição. Encontre a probabilidade de ambas serem de copas.

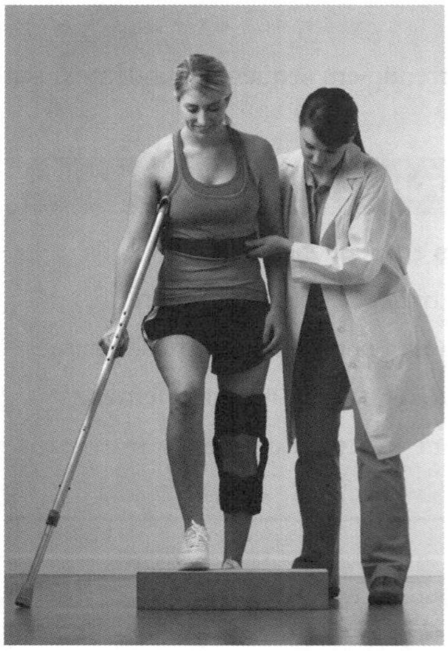

EXEMPLO 4

Usando a regra da multiplicação para encontrar probabilidades

A probabilidade de que uma cirurgia reconstrutiva do ligamento cruciforme anterior (LCA) seja bem-sucedida é de 0,95. *(Fonte: The Orthopedic Center of St. Louis.)*

1. Encontre a probabilidade de que três cirurgias do LCA sejam bem-sucedidas.
2. Encontre a probabilidade de que nenhuma das três cirurgias do LCA sejam bem-sucedidas.
3. Encontre a probabilidade de que pelo menos uma das três cirurgias do LCA seja bem-sucedidas.

SOLUÇÃO

1. A probabilidade de que cada cirurgia do LCA seja bem-sucedida é 0,95. A chance de sucesso em uma cirurgia independe da chance de sucesso nas outras cirurgias.

   $P(\text{sucesso nas três cirurgias}) = (0{,}95) \cdot (0{,}95) \cdot (0{,}95) \approx 0{,}857$

   Então, a probabilidade de que todas as três cirurgias sejam bem-sucedidas é de aproximadamente 0,857.

2. Como a probabilidade de sucesso em uma cirurgia é 0,95, a probabilidade de fracasso em uma cirurgia é $1 - 0{,}95 = 0{,}05$.

   $P(\text{nenhum sucesso nas três cirurgias}) = (0{,}05) \cdot (0{,}05) \cdot (0{,}05) \approx 0{,}0001$

   Então, a probabilidade de que nenhuma das cirurgias seja bem-sucedidas é de aproximadamente 0,0001. Note que, como 0,0001 é menor que 0,05, isso pode ser considerado um evento incomum.

3. A frase "pelo menos um" significa um ou mais. O complemento do evento "pelo menos um sucesso" é o evento "nenhum sucesso". Use o complemento encontrado na parte 2 para encontrar a probabilidade. (Para evitar arredondamento no segundo passo a seguir, use $(0{,}05) \cdot (0{,}05) \cdot (0{,}05)$, e não o resultado arredondado.)

   $$\begin{aligned} P(\text{pelo menos um sucesso}) &= 1 - P(\text{nenhum sucesso}) \\ &= 1 - (0{,}05) \cdot (0{,}05) \cdot (0{,}05) \\ &\approx 0{,}9999. \end{aligned}$$

   Assim, a probabilidade de que pelo menos uma das três cirurgias seja bem-sucedida é de cerca de 0,9999. Observe que essa probabilidade não é arredondada para três casas decimais porque o resultado seria 1.000, o que implica que o evento é certo. Embora seja altamente provável que pelo menos uma das três cirurgias seja bem-sucedida, não é um evento certo.

TENTE VOCÊ MESMO 4

A probabilidade de que uma cirurgia no manguito rotador seja bem-sucedida é 0,9. *(Fonte: The Orthopedic Center of St. Louis.)*

1. Encontre a probabilidade de que três cirurgias do manguito rotador sejam bem-sucedidas.
2. Encontre a probabilidade de que nenhuma das três cirurgias do manguito rotador sejam bem-sucedidas.
3. Encontre a probabilidade de que pelo menos uma das três cirurgias do manguito rotador seja bem-sucedidas.

No Exemplo 4, pediu-se que você encontrasse a probabilidade usando a frase "pelo menos um". Note que foi mais fácil encontrar a probabilidade de seu complemento "nenhum" e, então, subtraí-la de 1. Em geral, essa probabilidade pode ser escrita como:

$$P(\text{pelo menos uma ocorrência do evento } A) = 1 - P(\text{nenhuma ocorrência do evento } A)$$

EXEMPLO 5

Usando a regra da multiplicação para encontrar probabilidades

Em um ano recente, havia 19.326 alunos do último ano de faculdades de medicina dos Estados Unidos que se inscreveram nos programas de residência de pós-graduação do primeiro ano e enviaram suas opções de programa de residência. Desses alunos, 18.108 foram combinados com posições de residência, com cerca de 75,6% recebendo uma das suas três opções principais. Os estudantes de medicina classificam os programas de residência em sua ordem de preferência e são classificados pelos recrutadores em todo o país. O termo "combinar" refere-se ao processo pelo qual a lista de preferências de um aluno e a lista de preferências do recrutador se sobrepõem, resultando na colocação do estudante para uma vaga de residente. *(Fonte: National Resident Matching Program.)*

1. Encontre a probabilidade de que um estudante selecionado aleatoriamente tenha sido combinado com uma vaga de residência *e* essa era uma de suas três opções principais.
2. Encontre a probabilidade de que um estudante selecionado aleatoriamente que tenha sido combinado com uma vaga de residência *não* tenha sido combinado com uma de suas três opções principais.
3. Seria incomum para um estudante selecionado aleatoriamente ser combinado com uma vaga de residência *e* que esta seja uma de suas três opções principais?

SOLUÇÃO

Seja A = {combinado com uma vaga de residência} e B = {combinado com uma de suas três opções principais}. Então,

$$P(A) = \frac{18.108}{19.326} \quad \text{e} \quad P(B|A) = 0{,}756.$$

1. Os eventos são dependentes.

   $$P(A \text{ e } B) = P(A) \cdot P(B|A) = \left(\frac{18.108}{19.326}\right) \cdot (0{,}756) \approx 0{,}708$$

   Então, a probabilidade de que um estudante selecionado aleatoriamente tenha sido combinado com uma de suas três opções principais é de aproximadamente 0,708.
2. Para encontrar essa probabilidade, use o complemento.

   $$P(B'|A) = 1 - P(B|A) = 1 - 0{,}756 = 0{,}244$$

   Então, a probabilidade de que um estudante selecionado aleatoriamente tenha sido combinado com uma vaga de residência que não era uma de suas três opções principais é de 0,244.
3. Não é incomum pois a probabilidade de um estudante ser combinado com uma vaga de residência que seja uma de suas três opções principais é de aproximadamente 0,708, o que é maior do que 0,05. De fato, com uma probabilidade de 0,708, esse evento é *provável* de ocorrer.

TENTE VOCÊ MESMO 5

Em um processo para seleção de júri, 65% das pessoas são mulheres. Dessas, uma em cada quatro trabalha na área da saúde.

1. Encontre a probabilidade de que uma pessoa selecionada aleatoriamente do júri seja mulher e trabalhe na área da saúde. Esse evento é incomum?
2. Encontre a probabilidade de que uma pessoa selecionada aleatoriamente do júri seja mulher e não trabalhe na área de saúde. Esse evento é incomum?

3.2 EXERCÍCIOS

Construindo habilidades básicas e vocabulário

1. Qual a diferença entre eventos dependentes ou independentes?
2. Dê um exemplo de:
   (a) Dois eventos que são independentes
   (b) Dois eventos que são dependentes
3. O que significa a notação $P(B|A)$?
4. Explique como usar o complemento para encontrar a probabilidade de obter pelo menos um item de um tipo particular.

Verdadeiro ou falso? *Nos exercícios 5 e 6, determine se a afirmação é verdadeira ou falsa. Se for falsa, reescreva-a como uma sentença verdadeira.*

5. Se dois eventos são independentes, então $P(A|B) = P(B)$.
6. Se os eventos A e B são dependentes, então $P(A \text{ e } B) = P(A) \cdot P(B)$.

Usando e interpretando conceitos

Encontrando Probabilidades Condicionais *Nos Exercícios 7 e 8, use as tabelas a seguir, respectivamente, para encontrar cada probabilidade condicional.*

7. **Grau de negócios** A tabela mostra o número de estudantes homens e mulheres nos Estados Unidos que receberam diploma de bacharel em administração ou em outras áreas, em um semestre recente. *(Fonte: National Center for Educational Statistics.)*

	Administração	Outras áreas	Total
Homens	204.839	640.121	844.960
Mulheres	181.362	954.322	1.135.684
Total	386.201	1.594.443	1.980.644

   (a) Encontre a probabilidade de que um estudante selecionado aleatoriamente seja homem, dado que é bacharel em administração.
   (b) Encontre a probabilidade de que um estudante selecionado aleatoriamente seja bacharel em administração, dado que é mulher.

8. **Poupança para aposentadoria** A tabela mostra os resultados de uma pesquisa na qual 250 homens e 250 mulheres, trabalhadores com idades entre 25 e 64 anos, foram questionados se contribuem para um plano de aposentadoria no trabalho.

	Contribui	Não contribui	Total
Homens	116	134	250
Mulheres	143	107	250
Total	259	241	500

   (a) Encontre a probabilidade de que um trabalhador selecionado aleatoriamente contribua para um plano de aposentadoria no trabalho, dado que é homem.
   (b) Encontre a probabilidade de que um trabalhador selecionado aleatoriamente seja mulher, dado que contribua para um plano de aposentadoria no trabalho.

Classificando eventos como independentes ou dependentes *Nos exercícios de 9 a 14, determine se os eventos são independentes ou dependentes. Explique seu raciocínio.*

9. Selecionar um rei de um baralho normal de 52 cartas, recolocá-lo e, então, selecionar uma dama.

10. Um pai com olhos castanhos e a filha com olhos castanhos.

11. Devolver um filme alugado depois da data correta e receber uma multa por atraso.

12. Não colocar dinheiro em um parquímetro e receber um bilhete de estacionamento.

13. Jogar um dado de seis faces e então jogá-lo uma segunda vez de modo que soma das duas jogadas seja cinco.

14. Uma bola é selecionada de uma urna de bolas numeradas de 1 a 52, recolocada e, em seguida, uma segunda bola numerada é selecionada da urna.

Classificando eventos baseados em estudos *Nos exercícios de 15 a 18, identifique os dois eventos descritos no estudo. Os resultados indicam que os eventos são independentes ou dependentes? Explique seu raciocínio.*

15. Foi realizado um estudo para desmascarar a ideia de que habilidades em música e matemática estão relacionadas. Em vez disso, o estudo mostrou uma forte relação entre conquistas em música e matemática. *(Fonte: University of Kansas.)*

16. Um estudo não encontrou associação significativa entre o uso de talco em pó e a incidência de câncer de ovário em mulheres. *(Fonte: JAMA.)*

17. Um estudo descobriu que não há relação entre jogar *videogames* violentos e comportamento agressivo ou *bullying* em adolescentes. *(Fonte: The Royal Society Publishing.)*

18. Um estudo descobriu que executivos de negócios com altos níveis de traços de autoliderança são mais propensos a atribuir sucessos a seus próprios esforços. *(Fonte: Pollack Peacebuilding Systems.)*

Usando a regra da multiplicação *Nos exercícios de 19 a 32, use a regra da multiplicação.*

19. Cartas Duas cartas são selecionadas de um baralho normal com 52 cartas. A primeira carta não é reposta antes de a segunda ser selecionada. Encontra a probabilidade de selecionar uma carta de ouros e depois uma carta de paus.

20. Moeda e dado Uma moeda e um dado são lançados. Encontre a probabilidade de sair coroa e um número maior que 2.

21. Gene BRCA1 Uma pesquisa mostrou que aproximadamente 1 em 400 mulheres carregam uma mutação do gene BRCA1. Cerca de 64% das mulheres com essa mutação desenvolvem câncer de mama. Encontre a probabilidade de que uma mulher selecionada aleatoriamente carregará a mutação do gene BRCA1 e desenvolverá câncer de mama. *(Fonte: National Câncer Institute.)*

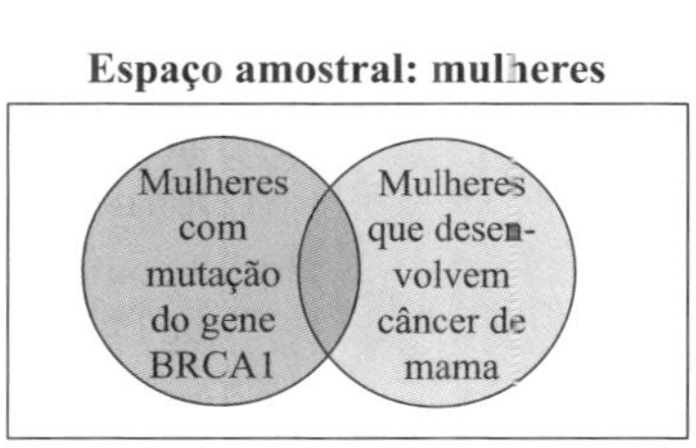

22. **Picape** Em uma pesquisa, 510 adultos estadunidenses foram questionados se dirigem uma picape e se dirigem um Ford. Os resultados mostraram que três em vinte adultos pesquisados dirigem um Ford. Dos adultos pesquisados que dirigem Fords, nove em vinte dirigem uma picape. Encontre a probabilidade de que um adulto selecionado aleatoriamente dirija um Ford e uma picape.

Espaço amostral: adultos estadunidenses

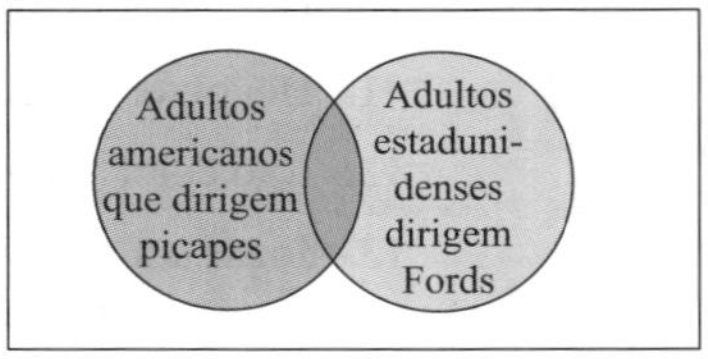

23. **Celebridades como modelos** Em uma amostra de 1.103 prováveis eleitores, três em cada quatro dizem que gostariam que artistas abordassem questões sociais e políticas. Dois prováveis eleitores são selecionados aleatoriamente. *(Fonte: The Hollywood Reporter.)*
    (a) Encontre a probabilidade de que ambos os prováveis eleitores gostariam que os artistas abordassem questões sociais e políticas.
    (b) Encontre a probabilidade de que nenhum dos prováveis eleitores gostaria que os artistas abordassem questões sociais e políticas.
    (c) Encontre a probabilidade de que pelo menos um dos dois prováveis eleitores gostaria que os artistas abordassem questões sociais e políticas.

24. **Conhecendo uma pessoa que foi assassinada** Em uma amostra de 11.771 crianças de 2 a 17 anos, 8% perderam um amigo ou parente por assassinato. Quatro crianças são selecionadas ao acaso. *(Adaptado de University of New Hampshire.)*
    (a) Encontre a probabilidade de que todas as quatro tenham perdido um amigo ou parente por assassinato.
    (b) Encontre a probabilidade de que nenhuma das quatro tenha perdido um amigo ou parente por assassinato.
    (c) Encontre a probabilidade de que pelo menos uma das quatro tenha perdido um amigo ou parente por assassinato.

25. **Melhor presidente** Em uma amostra de 1.500 adultos estadunidenses, 270 disseram que Barack Obama foi o melhor presidente da história dos Estados Unidos. Dois adultos americanos são selecionados aleatoriamente. *(Adaptado de: YouGov.)*
    (a) Encontre a probabilidade de que ambos os adultos americanos digam que Barack Obama foi o melhor presidente da história dos Estados Unidos.
    (b) Encontre a probabilidade de que nenhum dos adultos estadunidenses diga que Barack Obama foi o melhor presidente da história dos Estados Unidos.
    (c) Encontre a probabilidade de que pelo menos um dos dois adultos estadunidenses diga que Barack Obama foi o melhor presidente da história dos Estados Unidos.
    (d) Qual dos eventos pode ser considerado incomum? Explique.

26. **Pior presidente** Em uma amostra de 1.500 adultos estadunidenses, 690 disseram que Donald Trump foi o pior presidente da história dos Estados Unidos. Três adultos estadunidenses são selecionados aleatoriamente. *(Adaptado de: YouGov.)*
    (a) Encontre a probabilidade de que todos os três adultos estadunidenses digam que Donald Trump foi o pior presidente da história dos Estados Unidos.
    (b) Encontre a probabilidade de que nenhum dos três adultos estadunidenses diga que Donald Trump foi o pior presidente da história dos Estados Unidos.
    (c) Encontre a probabilidade de que no máximo dois dos três adultos estadunidenses digam que Donald Trump foi o pior presidente da história dos Estados Unidos.
    (d) Qual dos eventos pode ser considerado incomum? Explique.

27. Tipos sanguíneos A probabilidade de que uma pessoa de ascendência asiática nos Estados Unidos ter tipo sanguíneo O+ é de 39%. Seis pessoas de ascendência asiática nos Estados Unidos são selecionadas aleatoriamente. *(Fonte: American National Red Cross.)*

(a) Encontre a probabilidade de que todas as seis pessoas tenham tipo sanguíneo O+.

(b) Encontre a probabilidade de que nenhuma das seis tenha tipo sanguíneo O+.

(c) Encontre a probabilidade de que pelo menos uma das seis pessoas tenha tipo sanguíneo O+.

(d) Qual dos eventos pode ser considerado incomum? Explique.

28. Tipos sanguíneos A probabilidade de que uma pessoa latina nos Estados Unidos ter tipo sanguíneo A+ é de 29%. Quatro latinos nos Estados Unidos são selecionados aleatoriamente. *(Fonte: American National Red Cross.)*

(a) Encontre a probabilidade de que todas as quatro pessoas tenham tipo sanguíneo A+.

(b) Encontre a probabilidade de que nenhuma das quatro pessoas tenha tipo sanguíneo A+.

(c) Encontre a probabilidade de que pelo menos uma das quatro pessoas tenha tipo sanguíneo A+.

(d) Qual dos eventos pode ser considerado incomum? Explique.

29. Fertilização *in vitro* Em um ano recente, cerca de 1,9% de todos os bebês nascidos nos Estados Unidos foram concebidos por meio de tecnologia de reprodução assistida (TRA). Dos partos de TRA, aproximadamente 26,4% resultaram em nascimentos múltiplos. *(Fonte: Mobility and Mortality Weekly Report.)*

(a) Encontre a probabilidade de que um bebê selecionado aleatoriamente foi concebido por meio de TRA *e* tenha sido parte de um nascimento múltiplo.

(b) Encontre a probabilidade de que um bebê concebido por meio de TRA *não* era parte de um nascimento múltiplo.

(c) Seria incomum para um bebê selecionado aleatoriamente ter sido concebido por meio de TRA e ter feito parte de um nascimento múltiplo? Explique.

30. Pontuações de testes padronizados De acordo com uma pesquisa, 57,8% dos alunos do último ano do Ensino Médio que procuram faculdade dizem ter feito um dos testes padronizados para potenciais estudantes universitários. Destes, 35,6% dizem que *não* planejam enviar sua pontuação com suas inscrições na faculdade. *(Adaptado de Niche.)*

(a) Encontre a probabilidade de que um aluno do último ano do Ensino Médio selecionado aleatoriamente tenha feito um dos testes padronizados e *não* planeje enviar essa pontuação com suas inscrições para a faculdade.

(b) Encontre a probabilidade de que um aluno do último ano do Ensino Médio selecionado aleatoriamente tenha feito um dos testes padronizados *e* planeje enviar essa pontuação com suas inscrições para a faculdade.

(c) Algum dos eventos da parte (a) ou (b) seria considerado incomum? Explique.

31. Usando redes sociais para explorar faculdades De acordo com uma pesquisa com mais de 31.000 alunos do último ano do ensino médio, 31,2% nunca usaram redes sociais para procurar uma faculdade. Daqueles que *usaram* as redes sociais para procurar uma faculdade, 89% usaram o Instagram. Encontre a probabilidade de que um aluno do último ano do Ensino Médio selecionado aleatoriamente tenha usado o Instagram para procurar uma faculdade. *(Adaptado de Niche.)*

32. Sobrevivência à cirurgia Um paciente tem 60% de chance de sobrevivência a uma cirurgia de ponte de safena após um ataque cardíaco. Se o paciente sobrevive à cirurgia, ele tem 70% de chances de uma recuperação total. Encontre a probabilidade de que o paciente sobreviva à cirurgia, mas não tenha uma recuperação total.

Expandindo conceitos

*De acordo com o **teorema de Bayes**, a probabilidade do evento A, dado que o evento B tenha ocorrido, é:*

$$P(A \mid B) = \frac{P(A) \cdot P(B \mid A)}{P(A) \cdot P(B \mid A) + P(A') \cdot P(B \mid A')}$$

Nos exercícios de 33 a 38, use o teorema de Bayes para encontrar P(A|B).

33. $P(A) = \frac{2}{3}, P(A') = \frac{1}{3}, P(B \mid A) = \frac{1}{5}$, e $P(B \mid A') = \frac{1}{2}$

34. $P(A) = \frac{3}{8}, P(A') = \frac{5}{8}, P(B \mid A) = \frac{2}{3}$, e $P(B \mid A') = \frac{3}{5}$

35. $P(A) = 0{,}25, P(A') = 0{,}75, P(B \mid A) = 0{,}3$, e $P(B \mid A') = 0{,}5$

36. $P(A) = 0{,}62, P(A') = 0{,}38, P(B \mid A) = 0{,}41$, e $P(B \mid A') = 0{,}17$

37. $P(A) = 73\%, P(A') = 17\%, P(B \mid A) = 46\%$, e $P(B \mid A') = 52\%$

38. $P(A) = 12\%, P(A') = 88\%, P(B \mid A) = 66\%$, e $P(B \mid A') = 19\%$

37. Confiabilidade do teste Um vírus infecta uma em cada 200 pessoas. Um teste usado para detectar o vírus em uma pessoa dá positivo 80% das vezes quando a pessoa tem o vírus e 5% das vezes quando a pessoa não tem o vírus. (Este resultado de 5% é chamado de *falso positivo*.) Seja *A* o evento "a pessoa está infectada" e *B* o evento "o teste dá positivo".

(a) Usando o teorema de Bayes, se o teste dá positivo, determine a probabilidade de a pessoa estar infectada.

(b) Usando o teorema de Bayes, se o teste dá negativo, determine a probabilidade de a pessoa *não* estar infectada.

38. Problema do aniversário Você está em uma sala que tem 24 estudantes. Você quer encontrar a probabilidade de que pelo menos dois estudantes compartilham o mesmo aniversário.

(a) Encontre a probabilidade de que cada estudante tenha um aniversário diferente.

(b) Use o resultado da parte (a) para encontrar a probabilidade de que pelo menos dois estudantes tenham o mesmo aniversário.

(c) Use uma ferramenta de tecnologia para simular o "problema do aniversário", gerando 24 números aleatórios de 1 a 365. Repita a simulação 10 vezes. Em quantas você obteve pelo menos duas pessoas com o mesmo aniversário?

A regra da multiplicação e a probabilidade condicional *Reescrevendo a fórmula para a regra da multiplicação, podemos escrever uma fórmula para encontrar probabilidades condicionais. A probabilidade condicional do evento B ocorrer, dado que o evento A tenha ocorrido, é:*

$$P(B \mid A) = \frac{P(A \text{ e } B)}{P(A)}.$$

Nos exercícios 41 e 42, use as informações a seguir.

- *A probabilidade de que um voo parta no horário é de 0,89.*
- *A probabilidade de que um voo chegue na hora é de 0,87.*
- *A probabilidade de que um voo parta e chegue na hora é de 0,83.*

41. Encontre a probabilidade de que um voo tenha partido na hora, dado que ele chega na hora.

42. Encontre a probabilidade de que um voo chegue na hora, dado que ele partiu na hora.

3.3 A regra da adição

O que você deve aprender

- Como determinar se dois eventos são mutuamente exclusivos.
- Como usar a regra de adição para encontrar a probabilidade de dois eventos.

Eventos mutuamente exclusivos ■ A regra da adição ■ Um resumo de probabilidade

Eventos mutuamente exclusivos

Na Seção 3.2, aprendemos como encontrar a probabilidade de dois eventos A e B, ocorrendo em sequência. Tais probabilidades são denotadas por $P(A \text{ e } B)$. Nesta seção, aprenderemos como encontrar a probabilidade de que ao menos um de dois eventos ocorra. Probabilidades como essas são denotadas por $P(A \text{ ou } B)$, e dependem se os eventos são **mutuamente exclusivos.**

DEFINIÇÃO

Dois eventos A e B são **mutuamente exclusivos** quando A e B não puderem ocorrer ao mesmo tempo. Isto é, A e B não têm resultados em comum.

Dica de estudo

Em probabilidade e estatística, a palavra *ou* é geralmente usada como um "ou inclusivo" em vez de um "ou exclusivo". Por exemplo, há três maneiras para o "evento A ou B" ocorrer.

(1) A ocorre e B não ocorre.

(2) B ocorre e A não ocorre.

(3) A e B ocorrem.

Os diagramas de Venn nas Figuras 3.14 e 3.15 mostram a relação entre eventos que são mutuamente exclusivos e eventos que não são mutuamente exclusivos. Note que, quando eventos A e B são mutuamente exclusivos, eles não possuem resultados em comum, então $P(A \text{ e } B) = 0$.

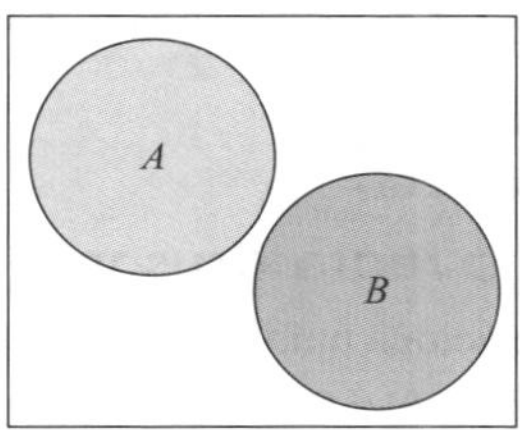

Figura 3.14 Espaço amostral.

A e *B* são mutuamente exclusivos

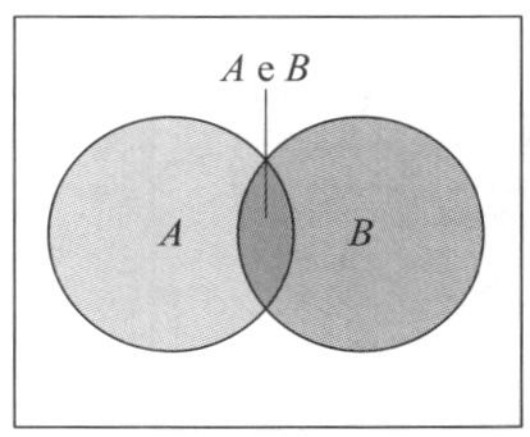

Figura 3.15 Espaço amostral.

A e *B* não são mutuamente exclusivos

EXEMPLO 1

Reconhecendo eventos mutuamente exclusivos

Determine se os eventos são mutuamente exclusivos. Explique seu raciocínio.

1. Evento A: obter um 3 no lançamento de um dado.
   Evento B: obter um 4 no lançamento de um dado.
2. Evento A: selecionar aleatoriamente um estudante do sexo masculino.
   Evento B: selecionar aleatoriamente um graduando em enfermagem.
3. Evento A: selecionar aleatoriamente um doador de sangue com tipo O.
   Evento B: selecionar aleatoriamente um doador de sangue do sexo feminino.

SOLUÇÃO

1. O evento A tem um resultado, 3. O evento B também tem um resultado, 4. Esses resultados não podem ocorrer ao mesmo tempo, então, os eventos são mutuamente exclusivos.
2. Como o estudante pode ser um homem graduando de enfermagem, os eventos não são mutuamente exclusivos.
3. Como o doador pode ser mulher com tipo sanguíneo O, os eventos não são mutuamente exclusivos.

TENTE VOCÊ MESMO 1

Determine se os eventos são mutuamente exclusivos. Explique seu raciocínio.

1. Evento A: selecionar aleatoriamente um valete de um baralho de 52 cartas.
   Evento B: selecionar aleatoriamente uma carta de figura de um baralho de 52 cartas.
2. Evento A: selecionar aleatoriamente um veículo Ford.
   Evento B: selecionar aleatoriamente um veículo Toyota.

A regra da adição

3.3 Para explorar mais esse tópico, veja **Atividade 3.3** na página 166.

A regra da adição para a probabilidade de A ou B

A probabilidade de que os eventos A ou B ocorram, $P(A \text{ ou } B)$, é dada por:

$$P(A \text{ ou } B) = P(A) + P(B) - P(A \text{ e } B).$$

Se os eventos A e B forem mutuamente exclusivos, então a regra pode ser simplificada para

$$P(A \text{ ou } B) = P(A) + P(B).$$ Os eventos A e B **são mutuamente exclusivos.**

Essa regra simplificada pode ser estendida para qualquer número de eventos mutuamente exclusivos.

Em palavras, para encontrar a probabilidade de um evento ou o outro ocorrer, some as probabilidades individuais de cada evento e subtraia a probabilidade de ambos ocorrerem. Conforme mostrado no diagrama de Venn da Figura 3.16, subtrair $P(A \text{ e } B)$ evita a dupla contagem da probabilidade dos resultados que ocorrem em A e B.

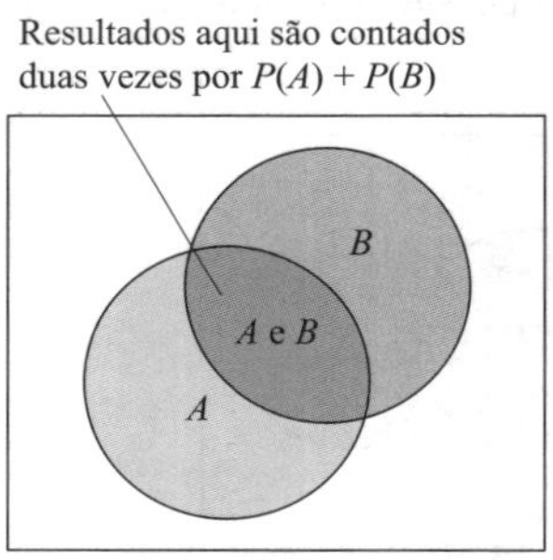

Figura 3.16

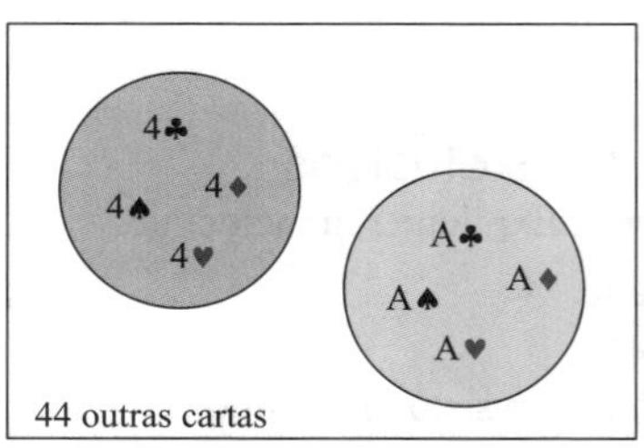

Figura 3.17 Baralho de 52 cartas.

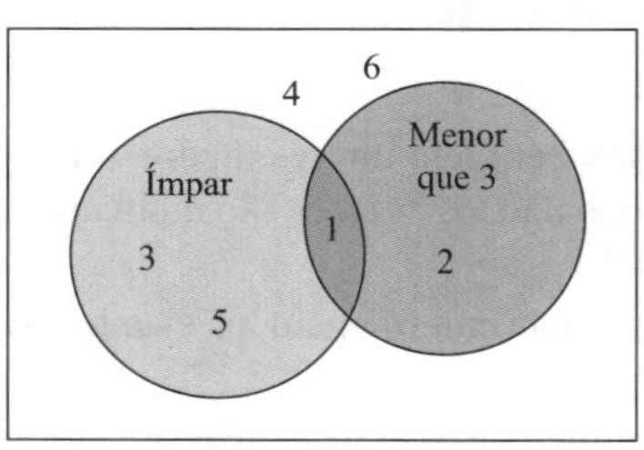

Figura 3.18 Lançamento de um dado.

EXEMPLO 2

Usando a regra da soma para encontra probabilidades

1. Você seleciona uma carta de um baralho de 52 cartas. Encontre a probabilidade de a carta ser um 4 ou um ás.
2. Você joga um dado. Encontre a probabilidade de sair um número menor que três ou um número ímpar.

SOLUÇÃO

1. Se a carta for um 4, não pode ser um ás. Então, os eventos são mutuamente exclusivos conforme mostra o diagrama de Venn na Figura 3.17. A probabilidade de selecionar um 4 ou um ás é:

$$P(4 \text{ ou } ás) = P(4) + P(ás) = \frac{4}{52} + \frac{4}{52} = \frac{8}{52} = \frac{2}{13} \approx 0{,}154.$$

2. Os eventos não são mutuamente exclusivos porque 1 é um resultado de ambos os eventos, como mostra o diagrama de Venn na Figura 3.18. Então, a probabilidade de sair um número menor que 3 ou um número ímpar é:

$$\begin{aligned} P(\text{menor que 3 ou ímpar}) &= P(\text{menor que 3}) + P(\text{ímpar}) - P(\text{menor que 3 e impar}) \\ &= \frac{2}{6} + \frac{3}{6} - \frac{1}{6} \\ &= \frac{4}{6} \\ &= \frac{2}{3} \\ &\approx 0{,}667. \end{aligned}$$

Retratando o mundo

Uma pesquisa com 10.121 participantes perguntou com que frequência eles tiveram problemas para dormir em um período recente de sete dias. No geral, 37% disseram menos de um dia; 30% disseram um a dois dias; 19% disseram três a quatro dias; e 14% disseram de cinco a sete dias, conforme mostrado no gráfico de pizza da Figura. *(Fonte: Pew Research.)*

Com que frequência você teve problemas para dormir nos últimos sete dias?

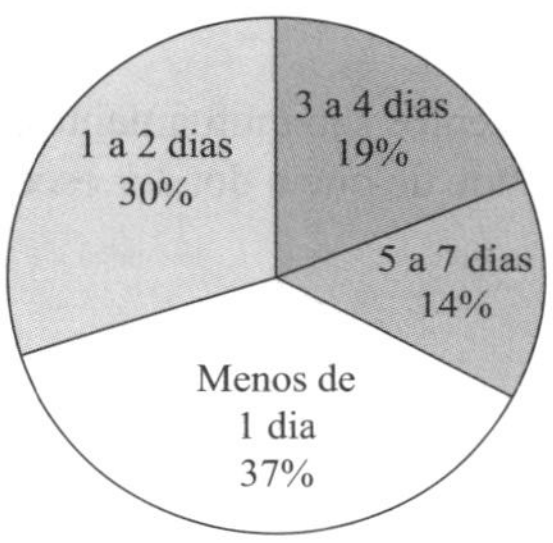

Um adulto estadunidense é selecionado aleatoriamente. Qual é a probabilidade de que, quando perguntado com que frequência teve problemas para dormir nos últimos sete dias, a resposta seja "menos de um dia" ou "um a dois dias?"

TENTE VOCÊ MESMO 2

1. Um dado é lançado. Encontre a probabilidade de sair 6 ou um número ímpar.
2. Uma carta é selecionada de um baralho de 52 cartas. Encontre a probabilidade de que seja uma carta de figura ou uma carta de copas.

EXEMPLO 3

Encontrando probabilidades de eventos mutuamente exclusivos

A distribuição de frequência da Tabela 3.6 mostra o volume de vendas (em dólares) e o número de meses em que um representante de vendas atingiu cada nível de vendas nos últimos três anos. Usando esse padrão de vendas, encontre a probabilidade de que o representante venderá entre US$ 75.000 e US$ 124.999 no próximo mês.

Tabela 3.6

Volume de vendas (em dólares)	Meses
0 – 24.999	3
25.000 – 49.999	5
50.000 – 74.999	6
75.000 – 99.999	7
100.000 – 124.999	9
125.000 – 149.999	2
150.000 – 174.999	3
175.000 – 199.999	1

SOLUÇÃO

Para resolver o problema, defina os eventos A e B como:

A = {vendas mensais entre $ 75.000 e 99.999}

e

B = {vendas mensais entre $ 100.000 e 124.999}

Os eventos são mutuamente exclusivos, conforme mostrado no diagrama de Venn da Figura 3.19.

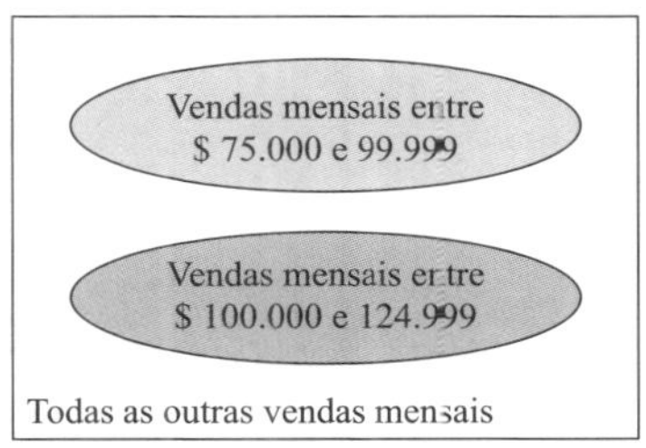

Figura 3.19 Volume de vendas mensais.

Como os eventos A e B são mutuamente exclusivos, a probabilidade de que o representante venderá entre $ 75.000 e 124.999 no próximo mês é

$$P(A \text{ ou } B) = P(A) + P(B) = \frac{7}{36} + \frac{9}{36} = \frac{16}{36} = \frac{4}{9} \approx 0{,}444.$$

TENTE VOCÊ MESMO 3

Encontre a probabilidade de o representante de vendas vender entre $ 0 e $ 49.999.

EXEMPLO 4

Usando a regra da adição para encontrar probabilidades

Um banco de sangue cataloga os tipos de sangue, incluindo fator Rh positivo ou negativo, doado nos últimos cinco dias. O número de doadores de cada tipo sanguíneo é mostrado na Tabela 3.7.

1. Encontre a probabilidade de que o doador selecionado aleatoriamente tenha sangue tipo O ou tipo A.
2. Encontre a probabilidade de que o doador selecionado aleatoriamente tenha sangue tipo B ou que seja Rh negativo.

Tabela 3.7

		Tipo sanguíneo				
		O	**A**	**B**	**AB**	**Total**
Fator Rh	**Positivo**	156	139	37	12	344
	Negativo	28	25	8	4	65
	Total	184	164	45	16	409

SOLUÇÃO

1. Como o doador não pode ter tipo O e tipo A, esses eventos são mutuamente exclusivos. Então, usando a regra de adição, a probabilidade de que o doador escolhido aleatoriamente tenha tipo O ou tipo A é:

$$\begin{aligned} P(\text{tipo O ou tipo A}) &= P(\text{tipo O}) + P(\text{tipo A}) \\ &= \frac{184}{409} + \frac{164}{409} \\ &= \frac{348}{409} \\ &\approx 0{,}851. \end{aligned}$$

2. Em razão de o doador poder ter tipo B e o seu Rh ser negativo, esses eventos não são mutuamente exclusivos. Então, usando a regra de adição, a probabilidade de que um doador escolhido aleatoriamente tenha sangue tipo B ou que seja Rh negativo é:

$$\begin{aligned} P(\text{tipo B ou Rh neg}) &= P(\text{tipo B}) + P(\text{Rh neg}) - P(\text{tipo B e Rh neg}) \\ &= \frac{45}{409} + \frac{65}{409} - \frac{8}{409} \\ &= \frac{102}{409} \\ &\approx 0{,}249. \end{aligned}$$

TENTE VOCÊ MESMO 4

1. Encontre a probabilidade de que um doador selecionado aleatoriamente tenha tipo sanguíneo B ou AB.
2. Encontre a probabilidade de que um doador selecionado aleatoriamente não tenha tipo sanguíneo O ou A.
3. Encontre a probabilidade de que um doador selecionado aleatoriamente tenha tipo sanguíneo O ou que seja Rh positivo.
4. Encontre a probabilidade de que um doador selecionado aleatoriamente tenha tipo sanguíneo A ou que seja Rh negativo.

Um resumo de probabilidade

A Tabela 3.8 apresenta um resumo dos pontos abordados sobre probabilidade.

Tabela 3.8

Tipos de Probabilidade e regras de probabilidade	Em palavras	Em símbolos
Probabilidade clássica	O número de resultados no espaço amostral é conhecido e cada resultado é igualmente provável de ocorrer.	$P(E) = \dfrac{\text{Número de resultados no evento } E}{\text{Número de resultados no espaço amostral}}$
Probabilidade empírica	A frequência de cada resultado no espaço amostral é estimada a partir de experimentação.	$P(E) = \dfrac{\text{Frequência do evento } E}{\text{Frequência total}} = \dfrac{f}{n}$
Amplitude das regras de probabilidade	A probabilidade de um evento está entre 0 e 1, inclusive.	$0 \le P(E) \le 1$
Eventos complementares	O complemento do evento E é o conjunto de todos os resultados em um espaço amostral que não estão incluídos em E, e é indicado por E'.	$P(E') = 1 - P(E)$
Regra de multiplicação	A regra da multiplicação é usada para encontrar a probabilidade de dois eventos ocorrerem em sequência.	$P(A \text{ e } B) = P(A) \cdot P(B\|A)$ **Eventos dependentes** $P(A \text{ e } B) = P(A) \cdot P(B)$ **Eventos independentes**
Regra da adição	A regra da adição é usada para encontrar a probabilidade de que pelo menos um de dois eventos irá ocorrer.	$P(A \text{ ou } B) = P(A) + P(B) - P(A \text{ e } B)$ $P(A \text{ ou } B) = P(A) + P(B)$ **Eventos mutuamente exclusivos**

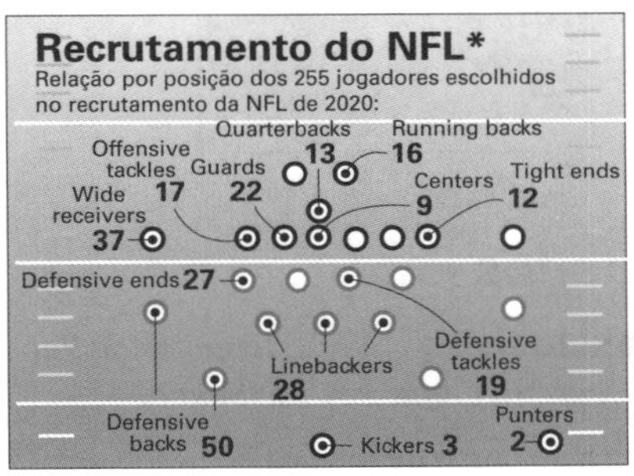

Figura 3.20

EXEMPLO 5

Combinando regras para encontrar probabilidades

Use a Figura 3.20 para encontrar a probabilidade de que um jogador selecionado aleatoriamente, durante o recrutamento de jogadores, não seja um *running back* ou um *wide receiver*.

SOLUÇÃO

Defina os eventos A e B.

A: O jogador escolhido é um *running back*.

B: O jogador escolhido é um *wide receiver*.

Esses eventos são mutuamente exclusivos, então, a probabilidade de que o jogador selecionado seja um *running back* ou um *wide receiver* é:

$$P(A \text{ ou } B) = P(A) + P(B) = \frac{16}{255} + \frac{37}{255} = \frac{53}{255}.$$

Obtendo-se o complemento de $P(A \text{ ou } B)$, podemos determinar que a probabilidade de selecionarmos aleatoriamente um jogador que não seja um *running back* ou um *wide receiver* é:

$$1 - P(A \text{ ou } B) = 1 - \frac{53}{255} = \frac{202}{255} \approx 0{,}792.$$

TENTE VOCÊ MESMO 5

Encontre a probabilidade de um jogador selecionado aleatoriamente não ser um *linebacker* ou um *quarterback*.

*N. de T.: NFL (National Football League) é a liga de futebol americano dos Estados Unidos.

3.3 EXERCÍCIOS

Construindo habilidades básicas e vocabulário

1. Quando dois eventos são mutuamente exclusivos, por que $P(A \text{ e } B) = 0$?
2. Dê um exemplo de (a) dois eventos que sejam mutuamente exclusivos e (b) dois eventos que não sejam mutuamente exclusivos.

Verdadeiro ou falso? *Nos exercícios de 3 a 6, determine se a afirmação é verdadeira ou falsa. Se for falsa, explique.*

3. Quando dois eventos são mutuamente exclusivos, eles não têm resultados em comum.
4. Quando dois eventos são independentes, eles também são mutuamente exclusivos.
5. A probabilidade de o evento A ou o evento B ocorrer é:
   $P(A \text{ ou } B) = P(A) + P(B) + P(A \text{ e } B)$.
6. Se os eventos A e B são mutuamente exclusivos, então:
   $P(A \text{ ou } B) = P(A) + P(B)$.

Análise gráfica *Nos exercícios 7 e 8, determine se os eventos mostrados no diagrama de Venn são mutuamente exclusivos. Explique seu raciocínio.*

7. **Espaço amostral: roupas**

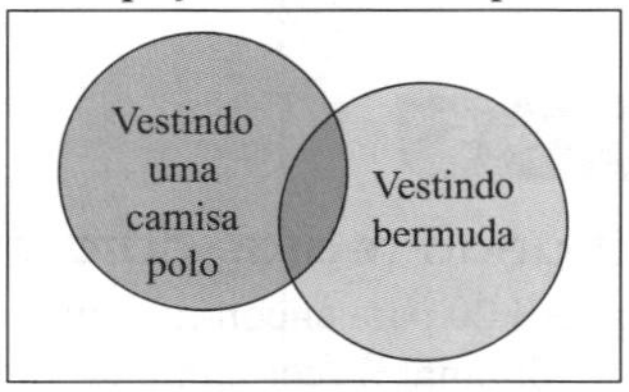

8. **Espaço amostral: notas**

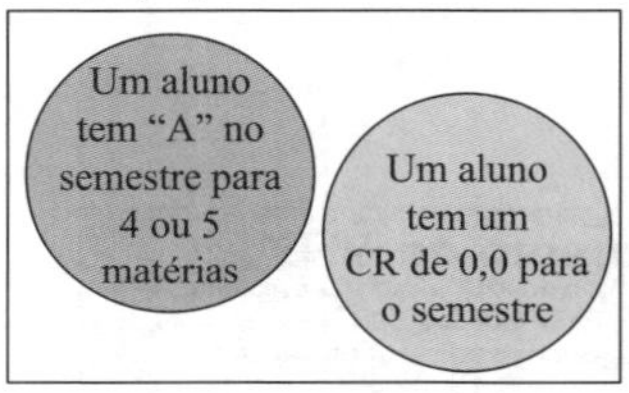

Usando e interpretando conceitos

Reconhecendo eventos mutuamente exclusivos *Nos Exercícios de 9 a 12, determine se os eventos são mutuamente exclusivos. Explique seu raciocínio.*

9. Evento A: Selecionar aleatoriamente um calouro do curso de música.
   Evento B: Selecionar aleatoriamente um graduado em música que tenha 20 anos.
10. Evento A: Selecionar aleatoriamente um estudante com aniversário em abril.
    Evento B: Selecionar aleatoriamente um estudante com aniversário em maio.
11. Evento A: Selecionar aleatoriamente uma pessoa que seja republicana.
    Evento B: Selecionar aleatoriamente uma pessoa que seja democrata.
12. Evento A: Selecionar aleatoriamente um membro do congresso americano.
    Evento B: Selecionar aleatoriamente um senador americano do sexo masculino.
13. **Estudantes** Uma turma de física tem 40 alunos. Desses, 12 são formandos em física e 16 são especializados em matemática. Dos formandos, 3 são especializados em matemática. Encontre a probabilidade de que um estudante selecionado aleatoriamente seja especializado em matemática ou formando em física.
14. **Conferência** Uma conferência de ensino tem um público de 6.855 pessoas. Dessas, 3.120 são professores universitários e 3.595 são homens. Dos professores universitários, 1.505 são homens. Encontra a probabilidade de que um participante selecionado aleatoriamente seja homem ou professor universitário.

15. Defeitos em caixas Das caixas produzidas por uma empresa, 5% têm um furo, 8% têm um canto amassado e 0,4% têm um furo e um canto amassado. Encontre a probabilidade de que uma caixa selecionada aleatoriamente tenha um furo ou um canto amassado.

16. Defeitos em latas Das latas produzidas por uma empresa, 96% não têm furo, 93% não têm uma borda amassada e 89,3% não têm um furo e não têm uma borda amassada. Encontre a probabilidade de que uma lata selecionada aleatoriamente não tenha um furo ou não tenha uma borda amassada.

17. Selecionado uma carta Uma carta é selecionada aleatoriamente de um baralho normal de 52 cartas. Encontre a probabilidade de cada evento.

(a) Selecionar aleatoriamente uma carta de paus ou um 3.

(b) Selecionar aleatoriamente um naipe vermelho ou um rei.

(c) Selecionar aleatoriamente um 9 ou uma carta de figura.

18. Lançando um dado Você lança um dado. Encontre a probabilidade de cada evento.

(a) Sair face 5 ou um número maior que 3.

(b) Sair face 2 ou um número ímpar.

(c) Sair um número menor que 4 ou um número par.

19. Distribuição de idades nos Estados Unidos A distribuição porcentual projetada da população dos Estados Unidos para 2025 é mostrada no gráfico de pizza da figura. Encontre a probabilidade de cada evento. *(Fonte: U.S. Census Bureau.)*

(a) Selecionar aleatoriamente uma pessoa com menos de 10 anos.

(b) Selecionar aleatoriamente uma pessoa que tenha 50 anos ou mais.

(c) Selecionar aleatoriamente uma pessoa que não tenha 60 anos ou mais.

(d) Selecionar aleatoriamente uma pessoa que não tenha entre 20 e 39 anos.

Distribuição etária dos Estados Unidos

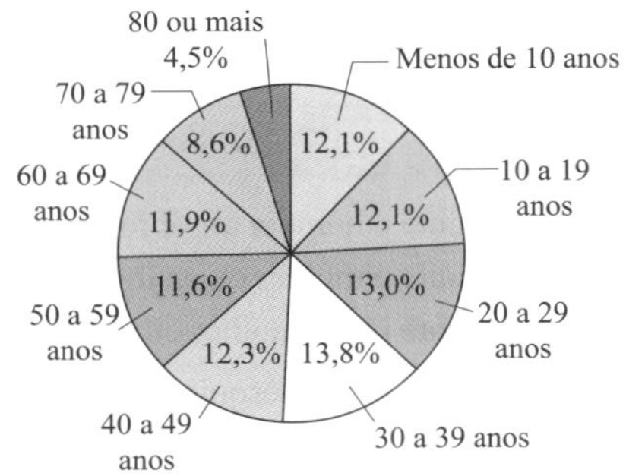

FIGURA PARA O EXERCÍCIO 19

Último uso de maconha

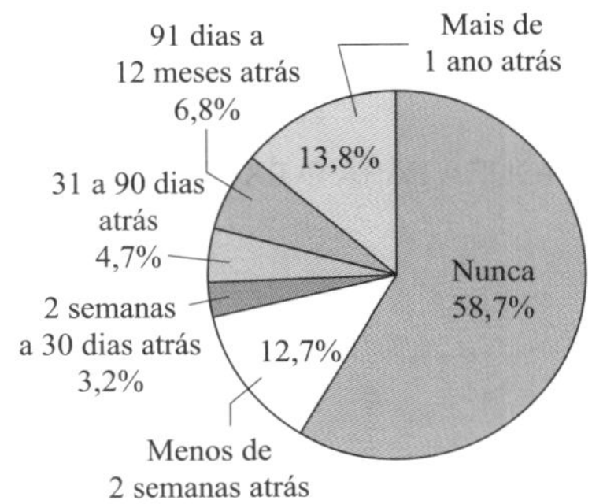

FIGURA PARA O EXERCÍCIO 20

20. Uso de maconha A distribuição percentual do último uso de maconha (seja medicinal ou não) para uma amostra de 13.373 estudantes universitários é mostrada no gráfico de pizza da figura. Encontre a probabilidade de cada evento. *(Fonte: American College Health Association.)*

(a) Selecionar aleatoriamente um estudante que nunca usou maconha.

(b) Selecionar aleatoriamente um estudante que usou maconha.

(c) Selecionar aleatoriamente um estudante que usou maconha nos últimos 30 dias.

(d) Selecionar aleatoriamente um estudante que não usou maconha nos últimos 12 meses.

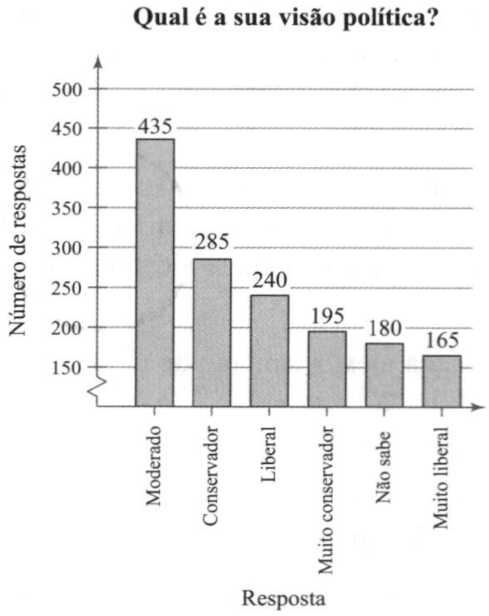

FIGURA PARA O EXERCÍCIO 21

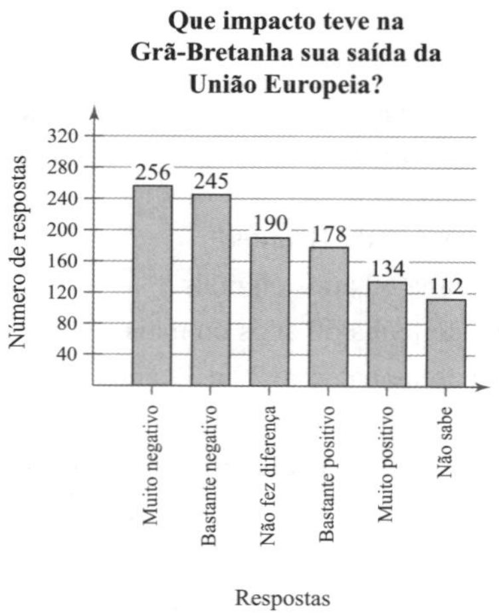

FIGURA PARA O EXERCÍCIO 22

21. Política As respostas de 1.500 adultos estadunidenses a uma pesquisa que pedia que declarassem seus próprios pontos de vista políticos são mostradas no gráfico de Pareto da figura. Encontre a probabilidade de cada evento. *(Adaptado de YouGov)*

(a) Selecionar aleatoriamente uma pessoa da amostra que não se considera liberal ou muito liberal.

(b) Selecionar aleatoriamente uma pessoa da amostra que seja conservadora ou muito conservadora.

(c) Selecionar aleatoriamente uma pessoa da amostra que não seja muito liberal ou muito conservadora.

(d) Selecionar aleatoriamente uma pessoa da amostra que não sabe ou é moderada.

22. Brexit Uma pesquisa perguntou a 1.115 adultos britânicos como a decisão do Reino Unido de deixar a União Europeia impactou o país. Os resultados são mostrados no gráfico de Pareto da figura. Encontre a probabilidade de cada evento. *(Adaptado de Ipsos.)*

(a) Selecionar aleatoriamente um adulto britânico que sinta que a mudança não fez diferença.

(b) Selecionar aleatoriamente um adulto britânico que sente que a saída teve um impacto muito negativo na Grã-Bretanha.

(c) Selecionar aleatoriamente um adulto britânico que sinta que a saída *não* teve um impacto muito positivo na Grã-Bretanha.

(d) Selecionar aleatoriamente um adulto britânico que sinta que a saída teve um impacto bastante positivo ou muito positivo na Grã-Bretanha.

23. Graduações em engenharia A tabela mostra o número de estudantes homens e mulheres nos Estados Unidos que se formaram em engenharia em um ano recente. Um desses estudante é selecionado aleatoriamente. Encontre a probabilidade de cada evento. *(Fonte: National Center forEducational Statistics.)*

	Engenharia mecânica	Engenharia (outras)	Total
Homens	30.150	64.697	94.847
Mulheres	5.032	22.070	27.100
Total	35.182	86.774	121.956

(a) O estudante é homem ou se formou em engenharia mecânica.

(b) O estudante é mulher ou se formou em engenharia mecânica.

(c) O estudante não é mulher ou a não se formou e engenharia mecânica.

24. Saúde mental Uma pesquisa perguntou a 4.805 pais e mães a gravidade dos problemas mentais que experimentaram com a pandemia de coronavírus. Os resultados são mostrados na tabela a seguir. Um responsável é selecionado aleatoriamente da amostra. Encontre a probabilidade de cada evento. *(Adaptado de Kaiser Family Fundation.)*

	Grave	Moderada	Leve	Nenhuma	Total
Mães	415	1.048	514	1.684	3.661
Pais	76	144	180	744	1.144
Total	491	1.192	694	2.428	4.805

(a) O responsável não foi afetado mentalmente ou é um pai.

(b) O responsável teve graves problemas de saúde mental ou é uma mãe.

(c) O responsável não teve graves problemas de saúde mental ou é uma mãe.

25. Trabalhando de casa A tabela a seguir mostra os resultados de uma pesquisa que perguntou a 1.811 pessoas com que frequência elas trabalham de casa. Uma pessoa é selecionada ao acaso da amostra. Encontre a probabilidade de cada evento.

	Frequentemente	Ocasionalmente	Nunca	Total
Homem	346	297	441	1.084
Mulher	217	198	312	727
Total	563	495	753	1.811

(a) A pessoa é homem ou frequentemente trabalha de casa.

(b) A pessoa é mulher ou não trabalha de casa.

(c) A pessoa frequentemente ou ocasionalmente trabalha de casa.

(d) A pessoa é mulher ou não trabalha frequentemente de casa.

26. Pesquisa sobre os olhos A tabela a seguir mostra os resultados de uma pesquisa com 3.203 pessoas que questionou se elas usam lentes de contato ou óculos. Uma pessoa é selecionada aleatoriamente da amostra. Encontre a probabilidade de cada evento.

	Lente de contato	Óculos	Ambos	Nenhum	Total
Homem	64	841	177	456	1.538
Mulher	189	427	368	681	1.665
Total	253	1.268	545	1.137	3.203

(a) A pessoa usa lentes de contato ou óculos.

(b) A pessoa é homem ou usa lentes de contato e óculos.

(c) A pessoa é mulher ou não usa nem óculos nem lentes de contato.

(d) A pessoa é homem ou não usa óculos.

Expandindo conceitos

Regra da adição para três eventos *A regra de adição para a probabilidade de que os eventos A ou B ou C ocorram, P(A ou B ou C), é dada por:*

$$P(A \text{ ou } B \text{ ou } C) = P(A) + P(B) + P(C) - P(A \text{ e } B) - P(A \text{ e } C) - P(B \text{ e } C) + P(A \text{ e } B \text{ e } C).$$

No diagrama de Venn da figura, P(A ou B ou C) é representado pelas áreas em cinza. Nos exercícios 27 e 28, encontre P(A ou B ou C)

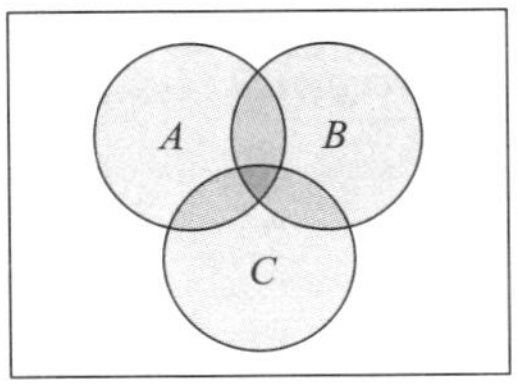

Diagrama de Venn

27. $P(A) = 0{,}40$, $P(B) = 0{,}10$ e $P(C) = 0{,}50$
$P(A \text{ e } B) = 0{,}05$, $P(A \text{ e } C) = 0{,}25$ e $P(B \text{ e } C) = 0{,}10$
$P(A \text{ e } B \text{ e } C) = 0{,}03$

28. $P(A) = 0{,}38$, $P(B) = 0{,}26$ e $P(C) = 0{,}14$
$P(A \text{ e } B) = 0{,}12$, $P(A \text{ e } C) = 0{,}03$ e $P(B \text{ e } C) = 0{,}09$
$P(A \text{ e } B \text{ e } C) = 0{,}01$

29. Explique, com suas palavras, por que, na regra da adição, para *P(A ou B ou C)*, *P(A e B e C)* é somado ao final da fórmula.

30. Escrevendo Dois eventos, com probabilidades diferentes de zero, podem ser tanto independentes como mutuamente exclusivos? Explique seu raciocínio.

3.3 ATIVIDADE

Simulando a probabilidade de sair face 3 ou 4

APPLET

O *applet Simulando a probabilidade de sair um 3 ou um 4* (*Simulating the probability of rolling a 3 or a 4*) permite que você investigue a probabilidade de sair um 3 ou um 4 com um dado honesto. Quando são clicados os botões de ***1 lançamento*** (*1 roll*) ou ***5 lançamentos*** (*5 rolls*), os resultados do correspondente número de lançamentos são acrescentados na coluna **lançamentos** (*Rolls*). Clicando no botão **1.000 lançamentos** (*1000 rolls*), adicionará os resultados dos 1.000 lançamentos o mais rápido possível, pulando a animação. Os resultados acumulados dos lançamentos são dados no gráfico que mostra a proporção acumulada de vezes que saiu um 3 ou 4 versus o número total de lançamentos. Os resultados contabilizados também são armazenados na tabela acima do gráfico. A linha verde no gráfico reflete a verdadeira probabilidade de sair um 3 ou 4, que é $1/3 \approx 0{,}333333$. À medida que o dado virtual é lançado mais e mais vezes, a proporção acumulada de vezes que sai um 3 ou 4 deve convergir para esse valor.

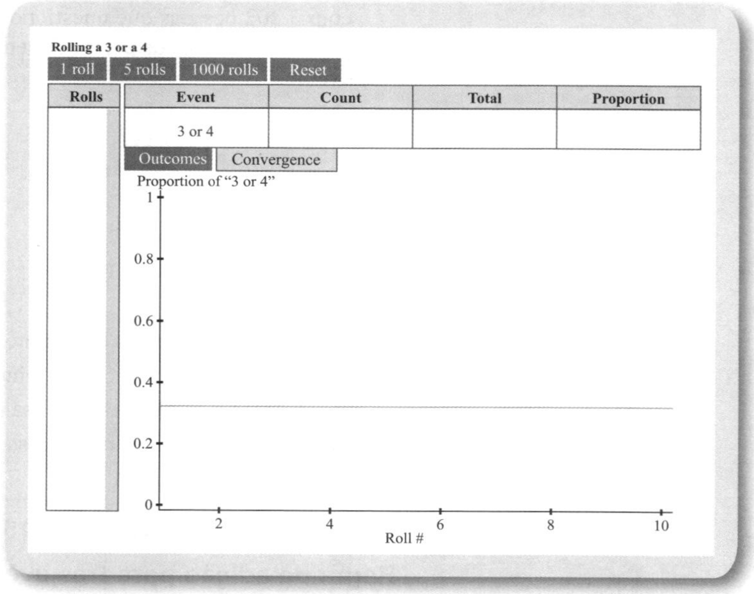

EXPLORE

Passo 1 Clique ***1 Roll*** oito vezes. Clique ***Outcomes***. Clique ***Convergence***.
Passo 2 Clique ***Reset***.
Passo 3 Clique ***5 Rolls*** quatro vezes. Clique ***Reset.***
Passo 4 Clique ***1000 Rolls*** quatro vezes.

CONCLUA

APPLET

1. Faça uma simulação de ***1 Roll***, uma simulação de ***5 Rolls*** e uma simulação de ***1000 Rolls***. Limpe os resultados após cada simulação. Compare a proporção acumulada de sair "3 ou 4" para cada tentativa com a probabilidade teórica de sair um 3 ou um 4.
2. Você reprograma o *applet* de modo a encontrar a probabilidade de sair um número menor que 4. Como você deve mudar a linha verde?

ESTUDO DE CASO Congresso dos Estados Unidos

O congresso é formado pela Câmara dos Deputados e pelo Senado. Membros da Câmara dos Deputados têm mandato de dois anos e representam um distrito de um estado. O número de deputados para cada estado é determinado pela população. Estados com populações maiores possuem mais deputados que aqueles com populações menores. O número total de deputados é definido por lei em 435 membros. Membros do senado têm mandato de 6 anos e representam um estado. Cada estado tem 2 senadores, para um total de 100 cenadores. As Tabelas 3.9 e 3.10 mostram a composição do 117º Congresso, por gênero e partido político em 21 de janeiro de 2021. Há três cadeiras vagas na Câmara dos Deputados.

Tabela 3.9 Câmara dos Deputados

		Partido político			
		Republicano	**Democrata**	**Independente**	**Total**
Gênero	**Masculino**	182	132	0	314
	Feminino	29	89	0	118
	Total	211	221	0	432

Tabela 3.10 Senado

		Partido político			
		Republicano	**Democrata**	**Independente**	**Total**
Gênero	**Masculino**	42	32	2	76
	Feminino	8	16	0	24
	Total	50	48	2	100

EXERCÍCIOS

1. Encontre a probabilidade de que um deputado selecionado aleatoriamente seja do sexo feminino. Encontre a probabilidade de que um senador selecionado aleatoriamente seja mulher.

2. Compare as probabilidades do Exercício 1.

3. Um deputado é selecionado aleatoriamente. Encontre a probabilidade de cada evento.

(a) O deputado é do sexo masculino.

(b) O deputado é republicano.

(c) O deputado é do sexo masculino, dado que é republicano.

(d) O deputado é do sexo feminino e democrata.

4. Entre os membros da Câmara dos Deputados, os eventos "ser do sexo feminino" e "ser democrata" são independentes ou dependentes? Explique.

5. Um senador é selecionado aleatoriamente. Encontre a probabilidade de cada evento.

(a) O senador é do sexo masculino.

(b) O senador não é democrata.

(c) O senador é do sexo feminino ou republicano.

(d) O senador é do sexo masculino ou democrata.

6. Entre os membros do Senado, os eventos "ser do sexo feminino" e "ser independente" são mutuamente exclusivos? Explique.

7. Usando as mesmas linhas e colunas indicativas como nas Tabelas 3.9 e 3.10, criar uma tabela combinadas para o congresso.

8. Um membro do congresso é selecionado aleatoriamente. Use a tabela do Exercício 7 para encontrar a probabilidade de cada evento.

(a) O membro do congresso é independente.

(b) O membro do congresso é do sexo feminino e republicano.

(c) O membro do congresso é do sexo masculino ou democrata.

3.4 Tópicos adicionais sobre probabilidade e contagem

O que você deve aprender

- Como encontrar o número de maneiras que um grupo de objetos pode ser ordenado.
- Como encontrar o número de maneiras de escolher diversos objetos de um grupo sem considerar a ordem.
- Como usar os princípios de contagem para encontrar probabilidades.

Permutação ■ Combinação ■ Aplicações dos princípios de contagem

Permutações

Na Seção 3.1, aprendemos que o princípio fundamental da contagem é usado para encontrar o número de maneiras nas quais dois ou mais eventos podem ocorrer em sequência. Uma aplicação importante do princípio fundamental da contagem é determinar o número de maneiras nas quais n objetos podem ser organizados em ordem. Uma ordenação de n objetos é chamada de **permutação**.

DEFINIÇÃO

Uma **permutação** é uma organização ordenada de objetos. O número de diferentes permutações de n objetos distintos é $n!$.

Dica de estudo

Note que valores pequenos de n podem produzir valores muito grandes de $n!$. Por exemplo, $10! = 3.628.800$. Certifique-se de saber usar a tecla fatorial de sua calculadora.

A expressão $n!$ é lida como ***n* fatorial**. Se n é um inteiro positivo, então $n!$ é definido da seguinte forma:

$$n! = n \cdot (n-1) \cdot (n-2) \cdot (n-3) \cdots 3 \cdot 2 \cdot 1.$$

Como caso especial, $0! = 1$. Aqui temos outros valores de $n!$:

$$1! = 1 \qquad 2! = 2 \cdot 1 = 2 \qquad 3! = 3 \cdot 2 \cdot 1 = 6 \qquad 4! = 4 \cdot 3 \cdot 2 \cdot 1 = 24.$$

EXEMPLO 1

Encontrando o número de permutações de *n* objetos

O objetivo de um Sudoku 9×9 é preencher o quadriculado de modo que cada fileira, cada coluna e cada quadriculado 3×3 contenha os dígitos de 1 a 9 sem repetição. De quantas maneiras diferentes podemos preencher a primeira fileira, que está em branco, de um quadriculado de Sudoku 9×9?

SOLUÇÃO

O número de permutações é

$$9! = 9 \cdot 8 \cdot 7 \cdot 6 \cdot 5 \cdot 4 \cdot 3 \cdot 2 \cdot 1 = 362.880.$$

Então, há 362.880 maneiras diferentes nas quais a primeira fileira pode ser preenchida.

6	7	1				2	4	9
8			7		2			1
2				6				3
	5		6		3		2	
		8				7		
	1		8		4		6	
9				1				6
1			5		9			7
5	8	7				9	1	2

Figura 3.21 Sudoku

TENTE VOCÊ MESMO 1

O *Big* 12 é uma associação atlética colegial com 10 escolas: Baylor, Iowa State, Kansas, Kansas State, Oklahoma, Oklahoma State, Texas, Texas Christian, Texas Tech e West Virginia. Quantas classificações finais diferentes são possíveis para os times de futebol do *Big* 12?

Você pode querer escolher alguns objetos em um grupo e colocá-los em ordem. Tal ordenação é chamada **de arranjo de *n* objetos tomados *r* a *r*.**

Arranjo de *n* objetos tomados r a r.

O número de arranjos de n objetos distintos tomados r a r é:

$${}_nP_r = \frac{n!}{(n-r)!}, \text{ em que } r \leq n.$$

Dica de tecnologia

Você pode usar ferramentas tecnológicas como o Minitab, Excel, StatCrunch e a calculadora TI-84 Plus para encontrar o número de arranjos de *n* objetos tomados *r* a *r*. Por exemplo, vejamos aqui como encontrar o *An,r* do exemplo 2 usando uma TI-84 Plus.

Insira o número total de objetos *n* = 10.

MATH

Escolha o menu PRB.

2: nPr

Insira o número de objetos tomados *r* = 4.

ENTER

TI-84 PLUS

```
10 nPr 4
                5040
```

EXEMPLO 2

Encontrando *An,r*

Encontre o número de maneiras de se formar códigos de quatro dígitos em que nenhum dígito é repetido.

SOLUÇÃO

Para formarmos um código de quatro dígitos sem dígitos repetidos, precisamos selecionar 4 dígitos de um grupo de 10, então $n = 10$ e $r = 4$.

$$
\begin{aligned}
{}_nP_r &= {}_{10}P_4 \\
&= \frac{10!}{(10-4)!} \\
&= \frac{10!}{6!} \\
&= \frac{10\cdot 9\cdot 8\cdot 7\cdot \cancel{6!}}{\cancel{6!}} \\
&= 5040
\end{aligned}
$$

Então, é possível formar 5.040 códigos de quatro dígitos sem repeti-los.

TENTE VOCÊ MESMO 2

Uma psicóloga mostra uma lista de oito atividades para um indivíduo em um experimento. De quantas maneiras possíveis o indivíduo pode escolher uma primeira, uma segunda e uma terceira atividades?

EXEMPLO 3

Encontrando *An,r*

A cada ano, 33 carros de corrida começam as 500 Milhas de Indianápolis. De quantas maneiras os carros podem terminar em primeiro, segundo ou terceiro lugar?

SOLUÇÃO

Precisamos selecionar três carros de corrida de um grupo de 33, então

$n = 33$ e $r = 3$.

Como a ordem é importante, o número de maneiras nas quais os carros podem terminar em primeiro, segundo ou terceiro é:

$$
{}_nP_r = {}_{33}P_3 = \frac{33!}{(33-3)!} = \frac{33!}{30!} = \frac{33\cdot 32\cdot 31\cdot \cancel{30!}}{\cancel{30!}} = 32.736.
$$

TENTE VOCÊ MESMO 3

O conselho administrativo de uma empresa tem 12 membros. Um membro é o presidente, outro é o vice-presidente, outro é o secretário e outro, tesoureiro. De quantas maneiras essas posições podem ser ocupadas?

Perceba que, no Exemplo 3, o Princípio fundamental da contagem pode ser utilizado para obter o mesmo resultado. Há 33 escolhas para o primeiro lugar, 32 escolhas para o segundo lugar e 31 escolhas para o terceiro lugar. Então, temos

$$33 \cdot 32 \cdot 31 = 32.736$$

maneiras pelas quais os carros podem terminar em primeiro, segundo e terceiro.

Você pode querer ordenar um grupo de n objetos, sendo que alguns deles são os mesmos. Por exemplo, considere o grupo de letras

AAAABBC.

Esse grupo tem quatro As, dois Bs e um C. De quantas maneiras você pode ordenar tal grupo? Usando a fórmula nPr, você pode concluir que há

$$_7P_7 = 7! = 5.040$$

ordens possíveis. Entretanto, como alguns objetos são os mesmos, nem todos esses arranjos são *distinguíveis*. Quantos arranjos distinguíveis são possíveis? A resposta pode ser encontrada usando a fórmula da **permutação com elementos repetidos.**

Permutação com elementos repetidos

O número de **permutações com elementos repetidos** de n objetos, onde n_1 são de um tipo, n_2 de outro tipo, e assim por diante é:

$$\frac{n!}{n_1! \cdot n_2! \cdot n_3! \cdots n_k!}$$

em que

$$n_1 + n_2 + n_3 + \cdots + n_k = n.$$

Usando a fórmula para permutação com elementos repetidos, você pode determinar que o número de permutações das letras AAAABBC é:

$$\frac{7!}{4! \cdot 2! \cdot 1!} = \frac{7 \cdot 6 \cdot 5}{2}$$

$$= 105 \text{ permutações com elementos repetidos.}$$

EXEMPLO 4

Encontrando o número de permutações com elementos repetidos

Um empreiteiro planeja desenvolver um loteamento que consiste em 6 casas térreas, 4 de dois andares e 2 casas com vários níveis. De quantas maneiras distintas as casas podem ser organizadas?

SOLUÇÃO

Haverá 12 casas no loteamento, 6 das quais são de um tipo (térreas), 4 de outro tipo (dois andares) e 2 de um terceiro tipo (vários níveis). Então, há:

$$\frac{12!}{6! \cdot 4! \cdot 2!} = \frac{12 \cdot 11 \cdot 10 \cdot 9 \cdot 8 \cdot 7 \cdot 6!}{6! \cdot 4! \cdot 2!}$$

$$= 13.860 \text{ maneiras diferentes.}$$

TI-84 PLUS

```
12!/(6!4!2!)
                13860
```

Figura 3.22

Você pode verificar sua resposta usando uma ferramenta tecnológica, conforme mostrado na Figura 3.22 para uma TI-84 Plus.

Interpretação Há 13.860 maneiras distintas de organizar as casas no loteamento.

TENTE VOCÊ MESMO 4

O empreiteiro quer plantar seis carvalhos, nove bordos e cinco álamos ao longo da rua do loteamento. As árvores devem estar uniformemente espaçadas. De quantas maneiras distintas elas podem ser plantadas?

Combinação

Um parque estadual administra cinco praias identificadas como A, B, C, D e E. Em virtude das restrições orçamentárias, novas instalações sanitárias serão construídas somente em três praias. Há 10 maneiras de serem selecionadas as três praias:

ABC, ABD, ABE, ACD, ACE, ADE, BCD, BCE, BDE, CDE

Em cada seleção, a ordem não importa (ABC é o mesmo que BAC). O número de maneiras de selecionar r dos n objetos sem levar em consideração a ordem é chamada de **combinação de n objetos tomados r a r.**

Combinação de *n* objetos tomados *r* a *r*

O número de combinações de r objetos selecionados de um grupo de n objetos *sem considerar a ordem* é:

$$_nC_r = \frac{n!}{(n-r)!r!}$$

em que $r \leq n$.

Você pode pensar em uma combinação de n objetos escolhidos r a r como uma permutação com elementos repetidos em que, dos n objetos, os r selecionados são iguais (n_1) e os $n - r$ restantes, não selecionados, são iguais (n_2).

Dica de tecnologia

Você pode usar ferramentas tecnológicas como o Minitab, Excel, StatCrunch e a calculadora TI-84 Plus para encontrar o número de combinações de n objetos tomados r a r. Por exemplo, veja como encontrar a $C_{n,r}$ do exemplo 5 na TI-84 Plus.

Insira o número total de objetos $n = 16$.

MATH

Escolha o menu PRB.

3: nCr

Insira o número de objetos tomados $r = 4$.

ENTER

TI-84 PLUS

```
16 nCr 4
                 1820
```

EXEMPLO 5

Encontrando o número de combinações

Um Departamento de Transportes Estadual planeja desenvolver uma nova seção de uma rodovia interestadual e recebe 16 propostas para o projeto. O Estado planeja contratar quatro das empresas na concorrência. Quantas combinações diferentes de quatro empresas podem ser selecionadas das 16 empresas na concorrência?

SOLUÇÃO

O Estado está selecionando 4 empresas de um grupo de 16, então

$n = 16$ e $r = 4$.

Como a ordem não é importante, há:

$$\begin{aligned} _nC_r &= {}_{16}C_4 \\ &= \frac{16!}{(16-4)!4!} \\ &= \frac{16!}{12!4!} \\ &= \frac{16 \cdot 15 \cdot 14 \cdot 13 \cdot 12!}{12! \cdot 4!} \\ &= 1820 \text{ combinações diferentes.} \end{aligned}$$

Interpretação Há 1.820 diferentes combinações de quatro empresas que podem ser selecionadas a partir de 16 empresas na concorrência.

TENTE VOCÊ MESMO 5

O gerente de um departamento de contabilidade quer formar um comitê consultivo de três pessoas dos 20 funcionários do departamento. De quantas maneiras possíveis o gerente pode formar esse comitê?

Dica de estudo

Para resolver um problema usando um princípio de contagem, certifique-se de escolher o método apropriado. Para ajudá-lo, considere estas perguntas:

- *Há dois ou mais eventos separados?* Princípio fundamental da contagem.
- *A ordem dos objetos é importante?* Arranjo / permutação.
- *Os objetos escolhidos são de um grupo maior, no qual a ordem não é importante?* Combinação.

Note que alguns problemas podem requerer o uso de mais de um princípio de contagem (veja o Exemplo 8).

Aplicações dos princípios de contagem

A Tabela 3.11 resume os princípios de contagem

Tabela 3.11

Princípio	Descrição	Fórmula
Princípio fundamental da contagem	Se um evento pode ocorrer de m maneiras e um segundo evento pode ocorrer de n maneiras então, o número de maneiras que os dois eventos podem ocorrer em sequência é $m \cdot n$.	$m \cdot n$
Permutação	O número de organizações ordenadas de n objetos distintos.	$n!$
Arranjo	O número de arranjos de n objetos distintos tomados r a r, $r \leq n$	${}_nP_r = \dfrac{n!}{(n-r)!}$
Permutação com elementos repetidos	O número de permutações com elementos repetidos de n objetos, onde n_1 são de um tipo, n_2 de outro tipo, e assim por diante e, $n_1 + n_2 + n_3 + \cdots + n_k = n$	$\dfrac{n!}{n_1! \cdot n_2! \cdots n_k!}$
Combinação	O número de combinações de r objetos selecionados de um grupo de n objetos sem considerar a ordem, em que $r \leq n$	${}_nC_r = \dfrac{n!}{(n-r)!r!}$

EXEMPLO 6

Encontrando Probabilidades

Um conselho consultivo de estudantes é formado por 17 membros. Três membros serão escolhidos para ocupar as posições de presidente, secretário e *webmaster*. Cada membro tem a mesma possibilidade de ocupar qualquer uma das posições. Qual a probabilidade de selecionarmos aleatoriamente os três membros que serão escolhidos para o conselho?

SOLUÇÃO

Note que a ordem é importante, pois as posições (presidente, secretário e *webmaster*) são objetos distintos. Há um resultado favorável e há:

$$_{17}P_3 = \frac{17!}{(17-3)!} = \frac{17!}{14!} = \frac{17 \cdot 16 \cdot 15 \cdot 14!}{14!} = 17 \cdot 16 \cdot 15 = 4.080$$

maneiras de preencher as três posições. Então, a probabilidade de selecionarmos corretamente os três membros que ocupam cada posição é:

$$P(\text{selecionar os três membros}) = \frac{1}{4.080} \approx 0{,}0002.$$

Você pode verificar sua resposta usando a tecnologia. Por exemplo, usando a função PERMUT do Excel, você pode encontrar a probabilidade de selecionar os três membros, conforme mostrado na Figura 3.23.

EXCEL

	A	
1	4080	←=PERMUT(17,3)
2	0.000245098	←=1/A2

Figura 3.23

TENTE VOCÊ MESMO 6

Um conselho consultivo de estudantes tem 20 membros. Dois membros serão escolhidos para ocupar as posições de presidente e secretário. Cada membro tem a mesma possibilidade de ocupar qualquer uma das posições. Qual a probabilidade de selecionarmos aleatoriamente os dois membros que serão escolhidos para o conselho.

Retratando o mundo

Um dos maiores prêmio de loteria de todos os tempos, US$ 1,6 bilhão, foi ganho da loteria Powerball. Nesse sorteio, cinco números diferentes foram escolhidos de 1 a 69 e um número, o Mega Bola, foi escolhido entre 1 e 26. Os números vencedores são mostrados a seguir.

Em 2015, a loteria mudou suas regras. Anteriormente, um jogador escolheria cinco números diferentes de 1 a 59 e um número de 1 a 35. Um jogador ganha o prêmio acertando todos os seis números vencedores em um sorteio.

Você compra um bilhete na loteria Powerball. Encontre a probabilidade de ganhar o prêmio usando as regras antigas e as novas. Qual conjunto de regras oferece mais chances de ganhar o prêmio? Qual a probabilidade de você ganhar?

EXEMPLO 7

Encontrando probabilidades

Encontre a probabilidade de receber 5 cartas de ouros de um baralho normal de 52 cartas.

SOLUÇÃO

Um baralho normal possui 13 cartas de ouros. Note que não importa qual a ordem em que as cartas são selecionadas. O número de maneiras possíveis de se selecionar 5 dentre 13 cartas de ouros é $C_{13,5}$. O número possível de 5 mãos de cartas é $C_{52,5}$. Logo, a probabilidade de receber 5 cartas de ouros é:

$$\begin{aligned} P(5 \text{ ouros}) &= \frac{C_{13,5}}{C_{52,5}} \\ &= \frac{1287}{2.598.960} \\ &\approx 0{,}0005. \end{aligned}$$

TENTE VOCÊ MESMO 7

Encontre a probabilidade de receber cinco cartas de ouros de um baralho normal que também inclui dois coringas. Nesse caso, o coringa é considerado uma carta que pode ser usada para representar qualquer outra do baralho.

EXEMPLO 8

Encontrando probabilidades

Um fabricante de alimentos está analisando uma amostra de 400 grãos de milho quanto a presença de uma toxina. Nessa amostra, três grãos têm níveis perigosamente altos da toxina. Quatro grãos são selecionados aleatoriamente da amostra. Qual a probabilidade de que exatamente um grão tenha um nível perigosamente alto da toxina?

SOLUÇÃO

Note que não importa a ordem em que os grãos são selecionados. O número possível de maneiras de escolhermos um grão tóxico dentre três grãos tóxicos é $C_{3,1}$. O número possível de maneiras de escolhermos 3 grãos não tóxicos a partir de 397 grãos não tóxicos é $C_{397,3}$. Então, usando o princípio fundamental de contagem, o número de maneiras de escolhermos um grão tóxico e três não tóxicos é:

$${}_3C_1 \cdot {}_{397}C_3 = 3 \cdot 10.349.790 = 31.049.370.$$

O número de maneiras possíveis de escolhermos 4 grãos de 400 é

$$C_{400,4} = 1.050.739.900.$$

Então, a probabilidade de selecionarmos exatamente um grão tóxico é:

$$\begin{aligned} P(1 \text{ grão tóxico}) &= \frac{C_{3,1} \cdot C_{397,3}}{C_{400,4}} \\ &= \frac{31.049.370}{1.050.739.900} \\ &\approx 0{,}030. \end{aligned}$$

TENTE VOCÊ MESMO 8

Um júri consiste de cinco homens e sete mulheres. Três jurados são selecionados aleatoriamente para uma entrevista. Encontre a probabilidade de que os três sejam homens.

3.4 EXERCÍCIOS

Construindo habilidades básicas e vocabulário

1. Quando calculamos o número de arranjos de *n* objetos distintos tomados *r* a *r*, o que estamos contando? Dê um exemplo.

2. Quando calculamos o número de combinações de *r* objetos de um grupo de *n* objetos, o que estamos contando? Dê um exemplo.

Verdadeiro ou falso? *Nos exercícios de 3 a 6, determine se as frases são verdadeiras ou falsas. Se forem falsas, reescreva-as de forma que sejam verdadeiras.*

3. Uma combinação é uma organização ordenada de objetos.

4. O número de diferentes organizações ordenadas de *n* objetos distintos é *n*!.

5. Quando você divide o número de arranjos de 11 objetos tomados 3 a 3 por 3!, você obterá o número de combinações de 11 objetos tomados 3 a 3.

6. $C_{7,5} = C_{7,2}$

Nos exercícios de 7 a 14, faça os cálculos indicados:

7. $A_{9,5}$

8. $A_{14,3}$

9. $C_{8,3}$

10. $C_{21,8}$

11. $\dfrac{C_{8,4}}{C_{12,6}}$

12. $\dfrac{C_{10,7}}{C_{14,7}}$

13. $\dfrac{A_{3,2}}{A_{13,1}}$

14. $\dfrac{A_{7,3}}{A_{12,4}}$

Nos exercícios de 15 a 18, determine se a situação envolve permutações, arranjos, combinações ou nenhuma delas. Explique seu raciocínio.

15. O número de maneiras que 16 carros alegóricos podem se alinhar em fileira para um desfile.

16. O número de maneiras que um comitê de quatro membros pode ser escolhido dentre 10 pessoas.

17. O número de maneiras que 2 capitães podem ser escolhidos dentre 28 jogadores de um time de lacrosse.

18. O número de senhas de quatro letras que podem ser criadas quando nenhuma letra pode ser repetida.

Usando e interpretando conceitos

19. ***Videogames*** Você tem sete *videogames* diferentes. De quantos modos distintos você pode organizá-los lado a lado em uma prateleira?

20. **Patinação** Oito pessoas competem em uma corrida de patinação de velocidade em pista curta. Considerando que não há empates, de quantas maneiras diferentes os patinadores podem terminar a corrida?

21. **Código de segurança** De quantas maneiras as letras A, B, C, D, E e F podem ser organizadas para um código de segurança de seis letras?

22. **Formação inicial** A formação inicial para um time de *softball* consiste em 10 jogadores. Quantas ordens diferentes de rebatidas são possíveis usando a organização inicial?

23. **Corrida** Há 72 corredores em uma corrida de 10 quilômetros. De quantos modos os corredores podem terminar em primeiro, segundo e terceiro lugares?

24. **Competição de canto** Há 16 finalistas em uma competição de canto. Os cinco primeiros colocados recebem prêmios. De quantos modos os cantores podem terminar do primeiro ao quinto lugar?

25. **Lista de músicas** Uma banda está preparando uma lista com 21 músicas para um show. De quantos modos distintos a banda pode tocar as seis primeiras músicas?

26. **Clube de arqueologia** Um clube de arqueologia tem 38 membros. De quantos modos distintos o clube pode escolher um presidente, um vice-presidente, um tesoureiro e um secretário?

27. **Doadores de sangue** Em uma doação de sangue, chegam oito doadores com sangue tipo O+, seis com sangue tipo A+ e três com sangue tipo B+. De quantas maneiras distintas os doadores podem ficar na fila?

28. **Colares** Você está colocando 9 pedras azuis, 3 vermelhas e 7 verdes em um colar. De quantas maneiras distintas as pedras podem ser colocadas no colar?

29. **Letras** De quantas maneiras distintas as letras da palavra *statistics* podem ser escritas?

30. **Ciência da computação** Um byte é uma sequência de oito bits. Um bit pode ser 0 ou 1. De quantas maneiras distintas podemos ter um byte com cinco zeros e três uns?

31. **Experimento** Um pesquisador está selecionando aleatoriamente um grupo de tratamento de 10 indivíduos, de um grupo de 20 pessoas que participam de um experimento. De quantas maneiras diferentes o grupo de tratamento pode ser selecionado?

32. **Seleção de júri** Um júri de 12 pessoas é selecionado de um grupo de 36 pessoas. De quantas maneiras diferentes o júri de 12 pessoas pode ser selecionado?

33. **Alunos** Uma turma tem 40 alunos. De quantos modos diferentes 3 alunos podem ser selecionados para trabalharem juntos em um projeto. (Considere que a ordem dos alunos não seja importante.)

34. **Seleção de números de loteria** Uma loteria tem 52 números. De quantas maneiras diferentes 6 desses números podem ser selecionados? (Considere que a ordem de seleção não seja importante.)

35. **Cardápio** Um restaurante oferece um jantar especial que permite a escolha de 10 pratos principais, 8 acompanhamentos e 13 sobremesas. O jantar inclui um prato principal, dois acompanhamentos e uma sobremesa. Considere que os acompanhamentos não são os mesmos. Quantas refeições diferentes são possíveis?

36. **Arranjos florais** Para criar um arranjo floral com seis rosas de cores diferentes, três cravos de cores diferentes e três margaridas de cores diferentes, você escolhe entre oito cores diferentes de rosas, seis cores diferentes de cravos e sete cores diferentes de margaridas. Quantos arranjos diferentes são possíveis?

37. **Poluição da água** Uma agência ambiental está analisando amostras de água de 80 lagos. Cinco deles têm níveis perigosamente altos de dioxina. Seis lagos são selecionados aleatoriamente da amostra. Use uma ferramenta tecnológica para determinar de quantos modos um lago poluído e cinco não poluídos podem ser escolhidos.

38. **Inspeção de propriedades** Um inspetor de propriedades está visitando 24 propriedades. Seis das propriedades têm um acre ou menos de tamanho, e o restante tem mais de um acre de tamanho. Oito propriedades são selecionadas aleatoriamente. Use uma ferramenta tecnológica para determinar de quantas maneiras três propriedades com um acre ou menos e cinco propriedades maiores que um acre podem ser escolhidas.

39. **Conselho de zoneamento** O Conselho de Apelações de Zoneamento de Saratoga Springs, Nova Iorque, tem sete membros. Um membro atua como presidente do conselho e outro como vice-presidente. Dados os nomes dos sete membros do conselho, qual é a probabilidade de selecionar aleatoriamente o nome do presidente e vice-presidente? *(Fonte: City of Saratoga Springs.)*

40. **Conselho de Administração** O Conselho de Administração da Universidade do Colorado tem 23 membros. Um membro atua como presidente do conselho e outro como vice-presidente. Dados os nomes dos 23 membros do conselho, qual é a probabilidade de selecionar aleatoriamente o nome do presidente e do vice-presidente? *(Fonte: University of Colorado.)*

41. **Corrida de cavalos** Uma corrida de cavalos tem 10 inscritos. Sem qualquer informação sobre os cavalos e os jóqueis, qual é a probabilidade de selecionar aleatoriamente (sem ordem específica) os três primeiros finalistas da corrida?

42. **Coberturas de pizzas** Uma pizzaria oferece nove tipos de coberturas. Nenhuma cobertura é usada mais de uma vez. Qual é a probabilidade de que uma escolha aleatória de três coberturas seja linguiça, cebola e pimentão?

43. **Reprodução aleatória** Você usa um recurso de reprodução aleatória para tocar aleatoriamente músicas de um catálogo de 56 músicas, sendo 15 delas instrumentais.
    (a) Qual é a probabilidade de que as três primeiras músicas tocadas sejam instrumentais? (Considere que uma música não possa ser repetida.)
    (b) Qual é a probabilidade de que as três primeiras músicas tocadas *não* sejam instrumentais? (Considere que uma música não possa ser repetida.)

44. **Administradores** As posições de presidente, vice-presidente, secretário e tesoureiro de uma sociedade ambiental serão preenchidas de um grupo de 14 candidatos. Seis dos candidatos são membros de um grupo de debates.
    (a) Qual é a probabilidade de que todas as posições sejam preenchidas pelos membros do grupo de debate?
    (b) Qual é a probabilidade de que nenhuma das posições seja preenchida pelos membros do grupo de debate?

Fonte primária de novas músicas

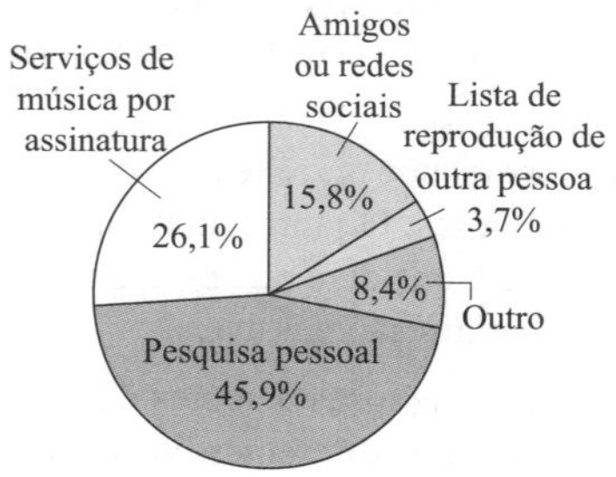

FIGURA PARA OS EXERCÍCIOS 45-48

Encontrando novas músicas

Nos exercícios de 45 a 48, use o gráfico de pizza da Figura, que mostra os resultados de uma pesquisa com 513 ouvintes de música que foram questionados sobre sua fonte primária de novas músicas. (Fonte: The Sound of AI).

45. Você escolhe dois ouvintes aleatoriamente. Qual é a probabilidade de que ambos digam que sua fonte primária de novas músicas é a lista de reprodução de outra pessoa?

46. Você escolhe três ouvintes aleatoriamente. Qual é a probabilidade de que todos digam que sua fonte primária de novas músicas são serviços de música por assinatura?

47. Você escolhe nove ouvintes aleatoriamente. Qual é a probabilidade de que nenhum deles diga que sua fonte primária de novas músicas são amigos ou redes sociais?

48. Você escolhe cinco ouvintes aleatoriamente. Qual é a probabilidade de que nenhum deles diga que sua fonte primária de novas músicas é pesquisa pessoal?

49. **Loteria** Em uma loteria estadual, você deve selecionar corretamente 5 números (em qualquer ordem) de 40 para ganhar o prêmio máximo. Você compra um bilhete de loteria. Qual é a probabilidade de você ganhar o prêmio máximo?

50. Comitê de investimentos Uma empresa que tem 200 funcionários, sendo 144 mulheres e 56 homens. A empresa quer selecionar 5 funcionários para atuar como um comitê de investimentos.

(a) Use uma ferramenta tecnológica para encontrar o número de maneiras que 5 funcionários podem ser escolhidos de 200.

(b) Use uma ferramenta tecnológica para encontrar o número de maneiras que 5 funcionários podem ser escolhidos dos 56 homens.

(c) Encontre a probabilidade de que nenhum homem seja escolhido, selecionando aleatoriamente 5 dos 200 funcionários. Esta seria uma amostra tendenciosa? Explique.

(d) Explique como a empresa pode selecionar uma amostra representativa da população masculina e feminina de funcionários.

Armazém *Nos exercícios de 51 a 54, um armazém emprega 24 trabalhadores no primeiro turno, 17 no segundo e 13 no terceiro. Oito trabalhadores são escolhidos aleatoriamente para serem entrevistados sobre seu ambiente de trabalho.*

51. Encontre a probabilidade de escolher cinco trabalhadores do primeiro turno.

52. Encontre a probabilidade de escolher três trabalhadores do segundo turno.

53. Encontre a probabilidade de escolher quatro trabalhadores do terceiro turno.

54. Encontre a probabilidade de escolher dois trabalhadores do segundo turno e dois do terceiro.

Expandindo conceitos

55. Unidades defeituosas Um carregamento de 10 fornos de micro-ondas contém 2 unidades defeituosas. Um restaurante compra três unidades. Qual é a probabilidade de o restaurante comprar pelo menos duas unidades não defeituosas?

56. Discos defeituosos Um pacote de 100 DVDs graváveis contém 5 discos defeituosos. Você seleciona quatro discos. Qual é a probabilidade de selecionar pelo menos três discos não defeituosos?

57. Seleção de funcionários Uma empresa tem oito representantes de vendas, dois em cada uma de quatro regiões. A empresa seleciona aleatoriamente quatro dos oito representantes para participar de um programa de treinamento. Qual é a probabilidade de que os quatro representantes de vendas escolhidos sejam de apenas duas das quatro regiões?

58. Seleção de funcionários No Exercício 57, qual a probabilidade de que os quatro representantes de vendas escolhidos para participar do programa de treinamento sejam de três das quatro regiões?

Cartas *Nos exercícios de 59 a 62, você recebe uma mão de cinco cartas de um baralho normal de 52 cartas.*

59. Encontre a probabilidade de que sua mão contenha duas cartas de paus e uma de cada um dos outros naipes.

60. Encontre a probabilidade de que sua mão contenha uma quadra (quatro cartas do mesmo tipo).

61. Encontre a probabilidade de que sua mão contenha um *full house* (três cartas de um tipo e duas de outro tipo).

62. Encontre a probabilidade de que sua mão contenha uma trinca (três cartas de um mesmo tipo e as outras duas diferentes entre si).

Estatística no mundo real

Usos

A probabilidade afeta decisões quando o tempo é previsto, quando medicamentos são selecionados e até mesmo quando jogadores são selecionados para times profissionais. Embora a intuição seja frequentemente usada para determinar probabilidades, seremos capazes de avaliar melhor a probabilidade de que um evento ocorra aplicando as regras de probabilidade.

Por exemplo, suponha que você trabalhe para uma corretora de imóveis e deve estimar a probabilidade de que certa casa seja vendida por certo preço dentro dos próximos 90 dias. Você poderia usar sua intuição, mas poderia avaliar melhor a probabilidade olhando os registros de vendas para casas similares.

Abusos

Um abuso comum da probabilidade é achar que as probabilidades têm "memória". Por exemplo, a probabilidade de que uma moeda lançada oito vezes cairá com a face cara para cima em todas as vezes é de, aproximadamente, 0,004. Entretanto, se já tiverem saído cara sete vezes seguidas, a probabilidade de que a moeda mostrará cara no oitavo lançamento é 0,5. Cada lançamento é independente de todos os outros. A moeda não "lembra" que já saiu cara sete vezes.

Um exemplo famoso desse abuso aconteceu em um cassino em Monte Carlo, Mônaco, em 1913. Depois que uma roleta parou no preto 15 vezes seguidas, as pessoas começaram a correr para apostar no vermelho, pensando que a roleta iria parar no vermelho em breve. A roleta continuou caindo no preto e os jogadores dobraram e triplicaram suas apostas, usando o mesmo raciocínio. A roleta acabou parando no preto um recorde de 26 vezes seguidas, custando milhões aos jogadores.

Ética

Um estudo dos economistas Daniel Chen, Tobias Moskowitz e Kelly Shue encontrou evidências de que a falácia do jogador ocasionalmente leva árbitros de beisebol, agentes de crédito e juízes em tribunais de asilo de refugiados a cometer erros. Por exemplo, quando os agentes de crédito aprovaram cinco pedidos de empréstimo consecutivos, eles podem pensar que seis empréstimos merecedores consecutivos são improváveis e rejeitam o sexto pedido com base em uma pequena falha quando objetivamente deveria ser aprovado. O estudo concluiu que até 9% das decisões de empréstimo são influenciadas por essa falácia.

Da mesma forma, quando os juízes estão analisando um pedido de asilo, é mais provável que neguem o caso se aprovarem os dois últimos casos. Os autores do estudo estimaram que até 2% dos casos de refúgio podem ser afetados. Embora não seja uma injustiça tão séria quanto os dois primeiros exemplos, o estudo também descobriu que os árbitros de beisebol são cerca de 1,5% menos propensos a marcar um *strike* no arremesso quando marcaram *strike* no arremesso anterior. Para os tomadores de decisão, como os juízes, tomarem decisões éticas, eles devem tentar ver cada caso como independente dos casos anteriores.

EXERCÍCIOS

Uma loteria de números com sorteios diários vende bilhetes com números de três dígitos, de 000 a 999. Você compra a cada dia o bilhete de número 389.

1. Qual é a probabilidade de ganhar na próxima terça e quarta-feira?
2. Você ganhou na terça-feira. Qual é a probabilidade de ganhar na quarta-feira?
3. Você não ganhou na terça-feira. Qual é a probabilidade de ganhar na quarta-feira?

3 Resumo do capítulo

O que você aprendeu	Exemplo(s)	Exercícios de revisão
Seção 3.1		
▶ Como identificar o espaço amostral de um experimento aleatório e eventos simples.	1, 2	1-4
▶ Como usar o princípio fundamental da contagem para encontrar o número de maneiras em que dois ou mais eventos podem ocorrer.	3, 4	5, 6
▶ Como distinguir entre probabilidade clássica, empírica e subjetiva.	5-8	7-12
▶ Como encontrar a probabilidade do complemento de um evento e como usar o diagrama de árvore e o princípio fundamental da contagem para encontrar probabilidades.	9-11	13-16
Seção 3.2		
▶ Como encontrar a probabilidade de um evento dado que outro evento ocorreu.	1	17, 18
▶ Como distinguir entre eventos dependentes e independentes.	2	19-22
▶ Como usar a regra de multiplicação para encontrar a probabilidade de dois ou mais eventos ocorrerem em sequência e encontrar probabilidades condicionais.	3-5	23, 24
Seção 3.3		
▶ Como determinar se dois eventos são mutuamente exclusivos.	1	25, 26
▶ Como usar a regra de adição para encontrar a probabilidade de dois eventos.	2-5	27-40
Seção 3.4		
▶ Como encontrar o número de maneiras que um grupo de objetos pode ser organizado em ordem e o número de maneiras de escolher diversos objetos de um grupo sem considerar a ordem.	1-5	41-48
▶ Como usar os princípios de contagem para encontrar probabilidades	6-8	49-53

Estratégias de estudo

Gestão do tempo Um dos maiores desafios que você enfrentará na faculdade é gerenciar seu tempo. Por esse motivo, aprender algumas habilidades de gerenciamento de tempo pode ajudá-lo a equilibrar as demandas acadêmicas, profissionais e pessoais, que competem pelo seu tempo.

- O programa de um curso pode ser uma ferramenta valiosa de gerenciamento de tempo. Normalmente, ele fornece datas de tarefas e testes, e prazos para trabalhos. Leia seu programa com atenção e destaque as datas importantes. Em seguida, use o *planejamento regressivo,* marcando em um calendário cada data e as tarefas que você precisa concluir. Certifique-se de incluir outras responsabilidades em seu calendário, como seu horário de trabalho.
- As listas de tarefas também podem ser ferramentas valiosas de gerenciamento de tempo. Elas são rápidas e fáceis de fazer, e você pode facilmente atualizá-las ou alterá-las. Você pode fazer uma lista de tarefas para cobrir as tarefas do dia ou de uma semana, e também pode incluir trabalhos acadêmicos ou todas as suas tarefas. Preste atenção às tarefas que permanecem na sua lista de tarefas. Estes podem indicar procrastinação. Algumas dicas para lidar com a procrastinação são dadas no Resumo do Capítulo 4.
- Use uma grade ABC para priorizar tarefas. A categoria A inclui tarefas que devem ser concluídas em 24 horas. A categoria B inclui tarefas que podem ser concluídas em um ou dois dias. A categoria C inclui tarefas que podem ser adiadas por vários dias.

3 Exercícios de revisão

Seção 3.1

Nos exercícios de 1 a 4, identifique o espaço amostral do experimento aleatório e determine o número de resultados no evento. Desenhe o diagrama de árvore quando apropriado.

1. Experimento: jogar quatro moedas.
Evento: obter três caras.

2. Experimento: jogar dois dados de seis faces.
Evento: obter soma 4 ou 5.

3. Experimento: escolher um mês do ano.
Evento: escolher um mês que comece com a letra J.

4. Experimento: adivinhar o sexo de três crianças em uma família.
Evento: adivinhar que a família tem dois meninos.

Nos exercícios 5 e 6, use o princípio fundamental da contagem.

5. Um estudante deve escolher entre sete aulas às 8 da manhã, quatro aulas às 9 da manhã e três às 10 da manhã. De quantas maneiras o estudante pode montar seu horário?

6. As placas de carros do estado da Virgínia têm três letras e quatro algarismos. Considerando que qualquer letra ou algarismo pode ser usado, quantas placas diferentes são possíveis?

Nos exercícios de 7 a 12, classifique a frase como exemplo de probabilidade clássica, empírica ou subjetiva. Explique seu raciocínio.

7. Com base em contagens anteriores, um inspetor de controle de qualidade diz que há uma probabilidade de 0,05 de que uma peça escolhida aleatoriamente seja defeituosa.

8. A probabilidade de selecionarmos aleatoriamente cinco cartas de um mesmo naipe de um baralho normal de 52 cartas é de aproximadamente 0,002.

9. A chance das ações da corporação A caírem hoje é de 75%.

10. A probabilidade de que uma pessoa possa enrolar sua língua é 70%.

11. A probabilidade de jogar dois dados de seis faces e obter soma 9 é de 1/6.

12. A chance de que uma pessoa selecionada aleatoriamente nos Estados Unidos tenha entre 12 e 18 anos é de aproximadamente 8,9%. *(Fonte: U.S. Census Bureau.)*

Nos exercícios 13 e 14, use a tabela a seguir, que mostra a distribuição aproximada dos tamanhos de empresas em um ano recente. (Adaptado de: North American Industry Classification system.)

Número de funcionários	1 a 4	5 a 9	10 a 19	20 a 99	100 ou mais
Porcentagem de firmas	78,5%	11,5%	4,9%	4,0%	1,1%

13. Encontre a probabilidade de que uma empresa selecionada aleatoriamente tenha mais de quatro funcionários.

14. Encontre a probabilidade de que uma empresa selecionada aleatoriamente tenha menos que 10 funcionários.

Números de telefone. *Os números de telefone para uma região da Pensilvânia têm código de área 570. Os próximos sete dígitos representam os números de telefone locais para aquela região, que não podem começar com 0 ou 1. Nos exercícios 15 e 16, considere que seu primo mora dentro da região com o código de área dado.*

15. Qual é a probabilidade de gerar aleatoriamente o número de telefone de seu primo na primeira tentativa?

16. Qual é a probabilidade de não gerar aleatoriamente o número de telefone de seu primo na primeira tentativa?

Seção 3.2

Nos exercícios 17 e 18, use a tabela a seguir, que mostra o número de estudantes que passaram ou reprovaram ao fazer pela primeira vez e repetindo o exame de licenciamento do conselho nacional (exame NCLEX-RN®), em um ano recente. *(Adaptado de National Council Licensure Examinations)*

	Aprovado	Reprovado	Total
Primeira vez	177.407	27.522	204.929
Repetiram	44.983	59.775	104.758
Total	222.390	87.297	309.687

17. Encontre a probabilidade de que um estudante ter feito o exame pela primeira vez, dado que foi reprovado.

18. Encontre a probabilidade de que um estudante ser aprovado, dado que repetiu o exame.

Nos exercícios de 19 a 22, determine se os eventos são dependentes ou independentes. Explique seu raciocínio.

19. Jogar uma moeda quatro vezes, obter quatro caras, jogá-la uma quinta vez e obter uma cara.

20. Selecionar um ás de um baralho normal de 52 cartas e, em seguida, selecionar um valete sem repor o ás.

21. Fazer um curso de educação para motoristas e passar no exame de direção.

22. Tirar notas altas e receber uma bolsa de estudos.

23. Seu colega de quarto pediu que você comprasse pasta de dentes e antisséptico bucal, sem informar as marcas que deseja. A loja tem oito marcas de pasta de dentes e cinco de antisséptico bucal. Qual é a probabilidade de você comprar as marcas corretas de ambos os produtos? Esse evento é incomum? Explique.

24. Sua gaveta de meias tem 18 pares de meias dobradas, com 8 pares de meias brancas, 6 pares de meias pretas e 4 pares de meias azuis. Qual é a probabilidade de, sem olhar na gaveta, você primeiro selecionar e remover um par preto e, em seguida, selecionar um par azul ou um par branco? Esse evento é incomum? Explique.

Seção 3.3

Nos exercícios 25 e 26, determine se os eventos são mutuamente exclusivos. Explique seu raciocínio.

25. Evento A: selecione aleatoriamente de um pote uma bala de goma vermelha.
Evento B: selecione aleatoriamente do mesmo pote uma bala de goma amarela.

26. Evento A: selecione aleatoriamente uma pessoa que ame gatos.
Evento B: selecione aleatoriamente uma pessoa que tenha um cachorro.

27. Uma amostra aleatória de 250 trabalhadores adultos descobriu que 74% acessam a Internet no trabalho, 88% acessam à Internet em casa e 72% acessam a Internet em casa e no trabalho. Encontre a probabilidade de que uma pessoa nesta amostra, selecionada aleatoriamente, acesse a Internet em casa ou no trabalho?

28. Uma amostra de 6.500 automóveis mostrou que 1.560 dos automóveis eram pretos, 3.120 eram sedãs e 1.170 eram sedãs pretos. Encontre a probabilidade de que um automóvel escolhido aleatoriamente desta amostra seja preto ou um sedã.

Nos exercícios de 29 a 32, encontre a probabilidade.

29. Uma carta é selecionada aleatoriamente de um baralho normal de 52 cartas. Encontre a probabilidade da carta estar entre 4 e 8, inclusive, ou ser de paus.

30. Uma carta é selecionada aleatoriamente de um baralho normal de 52 cartas. Encontre a probabilidade da carta ser vermelha ou dama.

31. Um dado de 12 faces, numerado de 1 a 12, é jogado. Encontre a probabilidade de que a jogada resulte em um número ímpar ou um número menor que 4.

32. A roleta mostrada na figura é girada. Sabendo que ela é igualmente provável de parar em cada número, encontre a probabilidade da roleta parar em um múltiplo de 3 ou em um número maior que 5.

FIGURA PARA O EXERCÍCIO 32

Nos exercícios 33 e 34, use o gráfico de pizza da figura, que mostra a distribuição percentual do número de estudantes em escolas públicas nos Estados Unidos em um ano recente. (Fonte: U.S. National Center for Education Statistics.)

33. Encontre a probabilidade de selecionar aleatoriamente uma escola com menos de 500 estudantes.

34. Encontre a probabilidade de selecionar aleatoriamente uma escola com 300 estudantes ou mais.

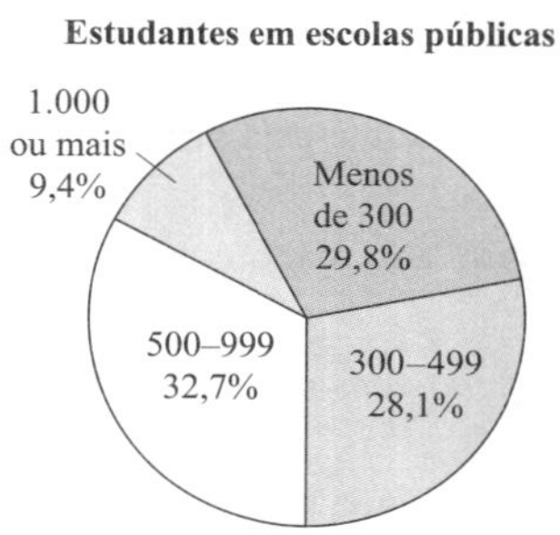

FIGURA PARA OS EXERCÍCIOS 33 E 34

Nos exercícios 35 a 38, o gráfico de barras da figura mostra o resultado de uma pesquisa na qual 8.806 estudantes de graduação foram perguntados sobre quantas horas eles passam estudando e em outras atividades acadêmicas fora da sala de aula, em uma semana típica. (Fonte: American College Health Association).

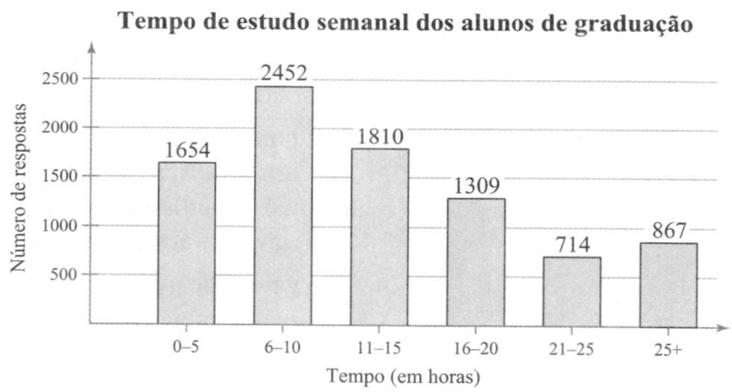

35. Encontre a probabilidade de selecionar aleatoriamente um graduando que estude mais de 20 horas por semana.

36. Encontre a probabilidade de selecionar aleatoriamente um graduando que estude menos de 11 horas por semana.

37. Encontre a probabilidade de selecionar aleatoriamente um graduando que não estude de 6 a 10 horas por semana.

38. Encontre a probabilidade de selecionar aleatoriamente um graduando que não estude mais de 15 horas por semana.

39. Foi dado que $P(A) = 0{,}15$ e $P(B) = 0{,}40$. Há informação suficiente para encontrar $P(A \text{ ou } B)$? Explique.

40. Foi dado que $P(A \text{ ou } B) = 0{,}55$ e $P(A) + P(B) = 1$. Há informação suficiente para encontrar $P(A \text{ e } B)$? Explique.

Seção 3.4

Nos exercícios de 41 a 44, realize os cálculos indicados.

41. $A_{11,2}$ **42.** $A_{8,6}$ **43.** $C_{7,4}$ **44.** $\dfrac{C_{5,3}}{C_{10,3}}$

Nos exercícios de 45 a 48, use combinações e arranjos.

45. Quinze ciclistas participam de uma corrida. De quantas maneiras eles podem terminar em primeiro, segundo ou terceiro lugares?

46. Cinco jogadores de um time de basquete devem escolher um dos cinco jogadores do time adversário para defender. De quantas maneiras eles podem escolher seu oponente a ser defendido?

47. Um editor de uma revista deve escolher, dentre 17 contos, 4 para a edição deste mês. De quantas maneiras o editor pode escolher os contos do mês?

48. Um empregador deve contratar 2 pessoas de uma lista de 13 candidatos. De quantas maneiras o empregador pode escolher as duas pessoas?

Nos exercícios de 49 a 53, use os princípios de contagem para encontrar a probabilidade.

49. No pôquer, um *full house* consiste em três cartas de um tipo e duas de outro. Você recebe uma mão de cinco cartas de um baralho normal de 52 cartas. Encontre a probabilidade de ter recebido um *full house* com três reis e duas damas.

50. Um código de segurança consiste em 3 letras e um dígito. A primeira letra não pode ser A, B ou C. Qual é a probabilidade de adivinhar o código na primeira tentativa?

51. Um carregamento com 200 calculadoras tem três unidades defeituosas. Qual é a probabilidade de que uma amostra de três calculadoras tenha:
(a) nenhuma com defeito.
(b) todas defeituosas.
(c) pelo menos uma com defeito.
(d) pelo menos uma sem defeito.

Letra da nota	Número de alunos
A	8
B	10
C	12
D	6
F	4

TABELA PARA O EXERCÍCIO 52

52. Uma turma de 40 alunos faz um exame de estatística. Os resultados são mostrados na tabela. Três alunos são selecionados aleatoriamente. Qual é a probabilidade de que:
(a) todos os três alunos receberam um A?
(b) todos os três alunos receberam um C ou mais?
(c) todos os três alunos receberam um D ou um F?
(d) todos os três alunos receberam um B ou um C?

53. Uma empresa tem seis executivos sênior homens e quatro executivos sênior mulheres. Quatro executivos sênior são selecionados aleatoriamente para comparecer a um seminário de tecnologia. Qual a probabilidade de escolher:
(a) quatro homens? **(b)** quatro mulheres?
(c) dois homens e duas mulheres? **(d)** um homem e três mulheres?

3 Problemas

Faça estes problemas como se estivesse fazendo em sala. Depois, compare suas respostas com as respostas dadas no final do livro.

1. O código de acesso ao sistema de segurança de um armazém é composto de seis dígitos. O primeiro dígito não pode ser 0 e o último deve ser um número par. Quantos códigos de acesso são possíveis?

2. A tabela a seguir mostra os números (em milhares) de diplomas conferidos nos Estados Unidos, por nível, em duas áreas diferentes em um ano recente. *(Fonte: U.S. National Center for Education Statistics).*

		Área		
		Ciências da natureza/ Matemática	**Ciência da computação/ Engenharia**	**Total**
Diploma	**Bacharel**	175,5	220,3	395,8
	Mestrado	34,8	105,4	140,2
	Doutorado	16,4	13,0	29,4
	Total	226,7	338,7	565,4

Uma pessoa que obteve um diploma em um ano recente é selecionada aleatoriamente. Encontre a probabilidade de que o diploma recebido por essa pessoa seja:

(a) de bacharel.
(b) de bacharel, dado que é na área de Ciência da computação/Engenharia.
(c) de bacharel, dado que não é na área de Ciência da computação/Engenharia.
(d) de bacharel ou mestrado.
(e) de doutorado, dado que é na área de Ciência da computação/Engenharia.
(f) de mestrado ou na área de Ciências da natureza/Matemática.
(g) de bacharel e na área de Ciências da natureza/Matemática.
(h) na área de Ciência da computação/Engenharia, dado que é bacharel.

3. Qual(is) evento(s) no Exercício 2 pode(m) ser considerado(s) incomum(ns)? Explique.

4. Determine se os eventos são mutuamente exclusivos. Então, determine se são independentes ou dependentes. Explique seu raciocínio.
Evento A: um jogador de boliche com mais pontos em um torneio de 40 jogos.
Evento B: perder o torneio de boliche.

5. De um grupo de 40 candidatos, as funções de presidente, vice-presidente, secretário e tesoureiro serão preenchidas. De quantos modos diferentes as funções podem ser preenchidas?

6. Um carregamento de 250 computadores contém 3 unidades defeituosas. Determine de quantas maneiras uma empresa de vendas pode comprar três dessas unidades e receber:
(a) nenhuma unidade defeituosa. **(b)** todas as unidades defeituosas
(c) pelos menos uma unidade boa.

7. No Exercício 6, encontre a probabilidade de a empresa receber:
(a) nenhuma unidade defeituosa. **(b)** todas as unidades defeituosas.
(c) pelo menos uma unidade boa.

3 Teste do capítulo

Faça este teste como se estivesse fazendo uma prova em sala.

1. Sua turma inscreve 15 de 65 patos de plástico numerados em uma disputa. Os patos são todos jogados em um riacho e flutuam para a linha de chegada. Qual é a probabilidade de que três dos patos da sua turma terminem em primeiro, segundo e terceiro lugar?

2. Um código de acesso ao edifício de uma pessoa é a primeira e última letra do seu nome e quatro dígitos.

(a) Qual é a probabilidade de adivinhar aleatoriamente o código de uma pessoa na primeira tentativa?

(b) Qual é a probabilidade de que uma tentativa aleatória não forneça o código de acesso da pessoa?

(c) Você sabe apenas o primeiro nome de uma pessoa e que o último dígito é ímpar. Qual é a probabilidade de adivinhar o código dessa pessoa na primeira tentativa?

(d) As sentenças dos itens (a) a (c) são exemplos de probabilidade clássica, empírica ou subjetiva? Explique seu raciocínio.

3. Determine se os eventos são mutuamente exclusivos. Explique seu raciocínio.
Evento A: Selecionar aleatoriamente um estudante nascido no dia 30 de um mês.
Evento B: Selecionar aleatoriamente um estudante com aniversário em fevereiro.

4. A tabela mostra os anos de matrícula dos alunos do ensino médio (em milhares por série) nas escolas de Oklahoma e Texas em um ano recente. *(Fonte: U.S. National Center for Education Statistics.)*
Um aluno de um dos anos e estados indicados é selecionado aleatoriamente dessa amostra. Encontre a probabilidade de selecionar um aluno que.

(a) está no nono ou décimo ano.

(b) está no décimo primeiro ano, dado que é aluno matriculado em Oklahoma.

(c) está matriculado no Texas, dado que o aluno está no décimo segundo ano.

(d) está no décimo primeiro ano ou está matriculado em Oklahoma.

(e) está no décimo segundo ano e está matriculado em Oklahoma.

	Oklahoma	Texas	Total
Nono ano	52,3	437,2	489,5
Décimo ano	50,4	401,2	451,6
Décimo primeiro ano	46,7	373,4	420,1
Décimo segundo ano	44,1	353,3	397,4
Total	193,5	1565,1	1758,6

TABELA PARA O EXERCÍCIO 4

5. Qual(is) evento(s) no Exercício 4 pode(m) ser considerado(s) incomum(ns)? Explique seu raciocínio.

6. Uma pessoa é selecionada aleatoriamente da amostra do Exercício 4. Os eventos "o aluno está no nono ano" e "o aluno está matriculado no Texas" são independentes ou dependentes? Explique seu raciocínio.

7. Há 16 estudantes fazendo apresentação de trabalho em sua turma de história.

(a) Três estudantes se apresentam no primeiro dia. Quantas ordens de apresentação são possíveis para o primeiro dia?

(b) Os temas das apresentações são baseados nas unidades do curso. A unidade B é coberta por três estudantes, a unidade C é coberta por cinco estudantes e as unidades A e D são, cada uma, cobertas por quatro estudantes. Quantas ordens de apresentação são possíveis quando as apresentações sobre a mesma unidade não são distintas entre si?

ESTATÍSTICA REAL DECISÕES REAIS

Decisões reais: juntando tudo

Você tralha no departamento de segurança do *site* de um banco. Para acessar suas contas, os clientes devem criar uma senha de 8 dígitos. Sua função é determinar os requisitos de senha para as contas. Os procedimentos de segurança determinam que, para que o site seja seguro, a probabilidade de uma senha de 8 dígitos ser adivinhada em uma tentativa deve ser menor que $\frac{1}{60^8}$, considerando que todas as senhas são igualmente prováveis.

Seu trabalho consiste em usar as técnicas de probabilidade que você aprendeu neste capítulo para decidir quais requisitos um cliente deve atender ao escolher sua senha, incluindo que conjunto de caracteres são permitidos de modo que o site seja seguro de acordo com os procedimentos de segurança.

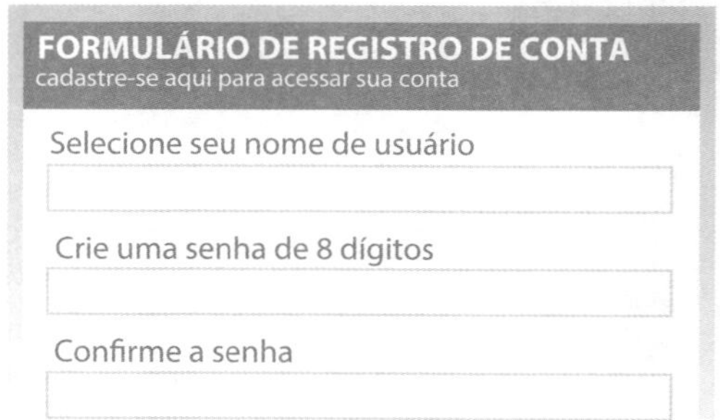

Figura 3.24

EXERCÍCIOS

1. **Como você faria isso?**
   (a) Como você investigaria a pergunta de quais requisitos de senha devem ser estabelecidos para atender aos procedimentos de segurança.
   (b) Que métodos estatísticos ensinados neste capítulo você usaria?
2. **Representando à pergunta**
   (a) Quais requisitos de senha você estabeleceria? Quais caracteres seriam permitidos?
   (b) Mostre que a probabilidade de uma senha ser adivinhada em uma tentativa é menor que $\frac{1}{60^8}$, quando os requisitos na parte (a) são usados e todas as senhas são igualmente prováveis.
3. **Segurança adicional**
   Para segurança adicional, cada cliente cria um código PIN (número de identificação pessoal) de 5 dígitos. A Tabela 3.12 mostra os 10 códigos PIN de 5 dígitos mais comumente escolhidos. Da tabela, pode ser verificado que mais de um terço de todos os códigos de 5 dígitos poderiam ser adivinhados tentando esses 10 números. Para desencorajar os clientes de utilizar códigos previsíveis, você considera proibir códigos PIN que usam o mesmo dígito mais de uma vez.
   (a) Como essa exigência afetaria o número de códigos PIN possíveis?
   (b) Você decidiria proibir PINs que usam o mesmo dígito mais de uma vez? Explique.

Tabela 3.12 Códigos PIN de 5 dígitos mais populares

Posição	PIN	Percentual
1	12345	22,80%
2	11111	4,48%
3	55555	1,77%
4	00000	1,26%
5	54321	1,20%
6	13579	1,11%
7	77777	0,62%
8	22222	0,45%
9	12321	0,41%
10	99999	0,40%

(Fonte: Datagenetics.com)

TECNOLOGIA

MINITAB | EXCEL | TI-84 PLUS

Simulação: compondo variações de Mozart com dados

Wolfgang Mozart (1756-1791) compôs uma grande variedade de peças musicais. Em seu jogo de dados musical, ele escreveu um minueto com um número quase infinito de variações. Cada minueto tem 16 barras. Nas oitavas e décimas sextas barras, o músico tem uma escolha de duas expressões musicais. Em cada uma das outras 14 barras, o músico tem uma escolha de 11 expressões.

Para criar um minueto, Mozart sugeriu que o músico jogue dois dados de seis faces por 16 vezes. Para as oitavas e décimas sextas barras, escolha a opção 1 quando o total dos dados for ímpar e a opção 2 quando for par. Para cada uma das outras 14 barras, subtraia 1 do total dos dados. O minueto a seguir é o resultado da seguinte sequência de números:

5	7	1	6	4	10	5	1
6	6	2	4	6	8	8	2

Figura 3.25

EXERCÍCIOS

1. Quantas expressões Mozart escreveu para criar o minueto do jogo de dados musical? Explique.
2. Quantas variações possíveis há no minueto do jogo dos dados musical de Mozart? Explique.
3. Use a tecnologia para selecionar aleatoriamente um número de 1 a 11.
   (a) Qual é a probabilidade teórica de cada número de 1 a 11 ocorrer?
   (b) Use esse procedimento para selecionar 100 números inteiros entre 1 e 11. Registre seus resultados e compare com as probabilidades da parte (a).
4. Qual a probabilidade de selecionar aleatoriamente as opções 6, 7 ou 8 para a primeira barra? E para todas as 14 barras? Encontre cada probabilidade usando (a) probabilidade teórica e (b) os resultados do Exercício 3(b).
5. Use a tecnologia para selecionar aleatoriamente dois números de 1 a 6. Encontre a soma e subtraia 1 para obter um total.
   (a) Qual a probabilidade teórica de cada total de 1 a 11?
   (b) Use esse procedimento para selecionar 100 totais entre 1 e 11. Registre os resultados e compare com as probabilidades em (a).
6. Repita o Exercício 4 usando os resultados do Exercício 5.

CAPÍTULO 4

Distribuições de probabilidade discretas

O National Centers for Environmental Informations (NCEI) é o maior arquivo mundial de dados meteorológicos em atividade. Os arquivos do NCDC são compostos de dados da guarda costeira, da administração federal de aviação, dos serviços militares, do serviço nacional do clima e de observadores voluntários.

Onde estamos

Do capítulo 1 ao 3, você aprendeu como coletar e descrever dados e como encontrar a probabilidade de um evento, habilidades que são usadas em diferentes tipos de carreiras. Dados sobre as condições climáticas, por exemplo, são usados para analisar e prever o tempo por todo o mundo. Em um dia típico, os meteorologistas usam dados de aeronaves, serviços nacionais de meteorologia, radares, sistemas de sensoriamento remoto, satélites, navios, balões meteorológicos e uma variedade de outros aparelhos coletores na previsão do tempo. Mesmo com todos esses dados, os meteorologistas não conseguem prever o tempo com exatidão. Em vez disso, eles conseguem atribuir probabilidades para certas condições climáticas. Por exemplo, um meteorologista pode determinar que há 40% de chance de chuva (baseado na frequência relativa de chuva sob condições climáticas similares).

Para onde vamos

No Capítulo 4, você aprenderá como criar e usar distribuições de probabilidade. Conhecer a forma, o centro e a variabilidade de uma distribuição de probabilidade lhe permite tomar decisões em inferência estatística. Por exemplo, considere um meteorologista trabalhando em uma previsão de tempo de três dias. Supondo que a ocorrência de chuva em um dia é independente da ocorrência de chuva em outro dia, o meteorologista determina que exista 40% de probabilidade de chover (e uma probabilidade de 60% de não chover) em cada um dos três dias. Qual é a probabilidade de chover em 0, 1, 2 ou 3 dos dias? Para responder a essa questão você pode criar uma distribuição de probabilidade para os resultados possíveis.

Usando as *regras da multiplicação e da adição* com as probabilidades no diagrama de árvore, você poderá determinar a probabilidade de ocorrência de chuva em vários dias (veja a figura). Você poderá usar essa informação para construir e representar graficamente uma distribuição de probabilidade.

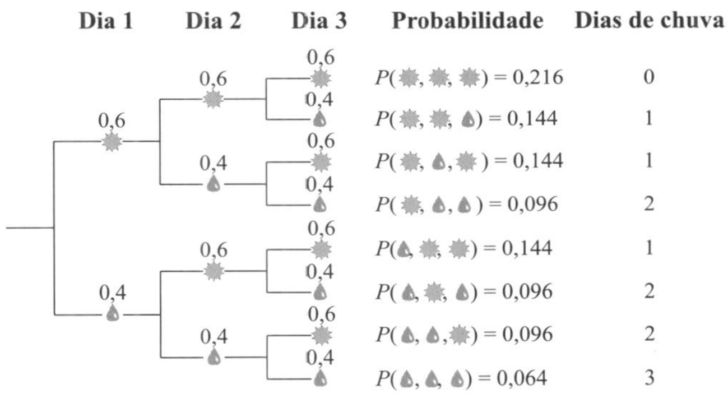

Distribuição de probabilidade de chuva para três dias

Dias de chuva	Contagem	Probabilidade
0	1	0,216
1	3	0,432
2	3	0,288
3	1	0,064

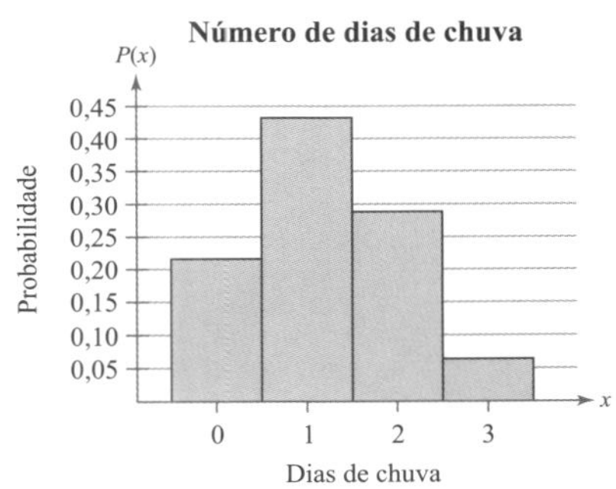

4.1 Distribuições de probabilidade

O que você deve aprender

- Como diferenciar entre variáveis aleatórias discretas e variáveis aleatórias contínuas.
- Como construir e representar graficamente uma distribuição de probabilidade discreta e como determinar se uma distribuição é uma distribuição de probabilidade.
- Como encontrar a média, a variância e o desvio padrão de uma distribuição de probabilidade discreta.
- Como encontrar o valor esperado de uma distribuição de probabilidade discreta.

Variáveis aleatórias ■ Distribuições de probabilidade discretas ■ Média, variância e desvio padrão ■ Valor esperado

Variáveis aleatórias

O resultado de um experimento aleatório geralmente é uma contagem ou uma medida. Quando isso ocorre, o resultado é chamado de **variável aleatória**.

DEFINIÇÃO

Uma **variável aleatória** x representa um valor associado a cada resultado de um experimento aleatório.

A palavra *aleatória* indica que x é determinado pelo acaso. Há dois tipos de variáveis aleatórias: **discreta** e **contínua**.

DEFINIÇÃO

Uma variável aleatória é **discreta** quando tem um número finito ou contável de resultados possíveis que podem ser listados.

Uma variável aleatória é **contínua** quando tem um número incontável de resultados possíveis, representados por um intervalo na reta numérica.

Na maioria das aplicações práticas, as variáveis aleatórias discretas representam dados contáveis, enquanto as variáveis aleatórias contínuas representam dados mensuráveis. Considere o seguinte exemplo: você conduz um estudo do número de ligações que uma empresa faz em um dia. Os valores possíveis da variável aleatória x são 0, 1, 2, 3, 4, e assim por diante. Uma vez que o grupo de resultados possíveis {0, 1, 2, 3, ...} pode ser listado, x é uma variável aleatória discreta. Você pode representar esses valores como pontos na reta numérica.

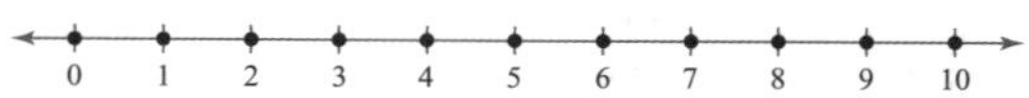

x pode ser qualquer número inteiro: 0, 1, 2, 3, ...

Figura 4.1 Número de ligações (discreta).

Uma forma diferente de conduzir o estudo seria medir o tempo (em horas) que a empresa passa fazendo ligações em um dia. O tempo gasto fazendo ligações pode ser qualquer número entre 0 e 24 (incluindo frações e decimais), portanto, x é uma variável aleatória contínua. Você pode representar esses valores como um intervalo na reta numérica.

x pode ser qualquer valor entre 0 e 24.

Figura 4.2 Horas gastas em ligações (contínua).

Quando uma variável aleatória é discreta, você pode listar os valores possíveis que ela pode assumir. Porém, é impossível listar todos os valores para uma variável aleatória contínua.

Dica de estudo

Valores de variáveis como volume, idade, altura e peso geralmente são arredondados para o inteiro mais próximo. Esses valores representam dados medidos, portanto são variáveis aleatórias contínuas.

EXEMPLO 1

Variáveis discretas e variáveis contínuas

Determine se a variável aleatória x é discreta ou contínua. Explique seu raciocínio.

1. x representa o número de empresas, da lista das 500 maiores, que perderam dinheiro no ano passado.
2. x representa o volume de gasolina em um tanque de 21 galões.

SOLUÇÃO

1. O número de empresas que perderam dinheiro no ano passado pode ser contado. O conjunto de resultados possíveis é

   $\{0, 1, 2, 3, ..., 500\}$

   Logo, x é uma variável aleatória *discreta*.
2. A quantidade de gasolina no tanque pode ser qualquer volume entre 0 e 21 galões. Portanto, x é uma variável aleatória *contínua*

TENTE VOCÊ MESMO 1

Determine se a variável aleatória x é discreta ou contínua. Explique seu raciocínio.

1. x representa a velocidade de um foguete.
2. x representa o número de bezerros nascidos em uma fazenda em um ano.
3. x representa o número de dias de chuva para os próximos três dias.

É importante que você consiga diferenciar entre variáveis aleatórias discretas e contínuas, porque técnicas estatísticas diferentes são usadas para analisar cada uma. O restante deste capítulo concentra-se nas variáveis aleatórias discretas e suas distribuições de probabilidade. O estudo das distribuições de probabilidade contínuas iniciará no Capítulo 5.

Distribuições discretas de probabilidade

Para cada valor de uma variável aleatória discreta pode ser atribuída uma probabilidade. Ao listar cada valor da variável aleatória com sua probabilidade correspondente, você formará uma **distribuição de probabilidade discreta**.

DEFINIÇÃO

Uma **distribuição de probabilidade discreta** lista cada valor possível que a variável aleatória pode assumir, com sua respectiva probabilidade. Uma distribuição de probabilidade discreta deve satisfazer às seguintes condições:

	Em palavras	**Em símbolos**
1.	A probabilidade de cada valor da variável aleatória discreta está entre 0 e 1, inclusive.	$0 \leq P(x) \leq 1$
2.	A soma de todas as probabilidades é 1.	$\Sigma P(x) = 1$

Como probabilidades representam frequências relativas, uma distribuição discreta de probabilidade pode ser representada graficamente com um histograma de frequência relativa.

INSTRUÇÕES

Construindo uma distribuição de probabilidade discreta

Seja x uma variável aleatória discreta com resultados possíveis $x_1, x_2, ..., x_n$.

1. Construa uma distribuição de frequências para os resultados possíveis.
2. Calcule a soma das frequências.
3. Determine a probabilidade de cada resultado possível dividindo sua frequência pela soma das frequências.
4. Verifique que cada probabilidade esteja entre 0 e 1, inclusive, e que a soma seja 1.

Tabela 4.1 Distribuição de frequência dos resultados de um teste de personalidade

Pontuação, x	Frequência, f
1	24
2	33
3	42
4	30
5	21

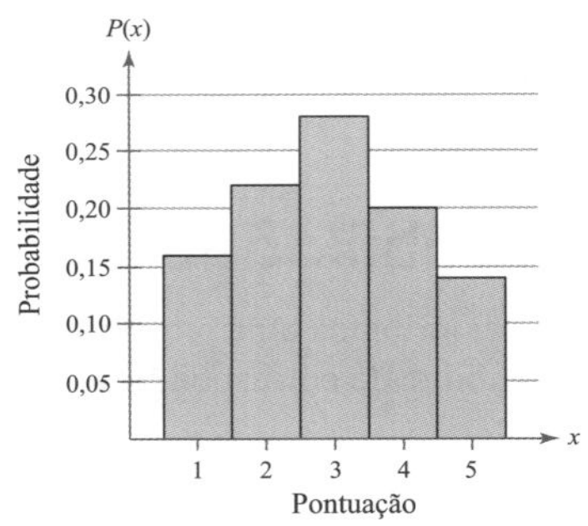

Figura 4.3 Características passivo-agressivas.

Tabela 4.3 Distribuição de frequência

Vendas por dia, x	Número de dias, f
0	16
1	19
2	15
3	21
4	9
5	10
6	8
7	2

EXEMPLO 2

Construindo e representando graficamente uma distribuição de probailidade discreta

Um psicólogo industrial aplicou um teste de personalidade para identificar características passivo-agressivas em 150 colaboradores. Os indivíduos recebiam uma pontuação, em número inteiro, de 1 a 5, sendo 1 extremamente passivo e 5 extremamente agressivo. Uma pontuação 3 não indicava nenhuma das duas características. Os resultados estão na Tabela 4.1. Construa uma distribuição de probabilidade para a variável aleatória x. Depois, represente graficamente a distribuição, usando um gráfico de colunas.

SOLUÇÃO

Divida a frequência de cada pontuação pelo número total de indivíduos no estudo para determinar a probabilidade para cada valor da variável aleatória.

$$P(1) = \frac{24}{150} = 0{,}16 \qquad P(2) = \frac{33}{150} = 0{,}22 \qquad P(3) = \frac{42}{150} = 0{,}28$$

$$P(4) = \frac{30}{150} = 0{,}20 \qquad P(5) = \frac{21}{150} = 0{,}14$$

A distribuição de probabilidade discreta é apresentada na tabela a seguir:

Tabela 4.2 Distribuição de probabilidade discreta para as possíveis pontuações

x	1	2	3	4	5
$P(x)$	0,16	0,22	0,28	0,20	0,14

Observe que a probabilidade de cada valor de x está entre 0 e 1, e a soma das probabilidades é 1. Portanto, a distribuição é uma distribuição de probabilidade. O gráfico da distribuição é mostrado no histograma da Figura 4.3. Como a largura de cada barra é um, a área de cada barra é igual à probabilidade de um resultado particular. Além disso, a probabilidade de um evento corresponde à soma das áreas dos resultados incluídos no evento. Por exemplo, a probabilidade do evento "ter pontuação 2 ou 3" é igual à soma das áreas da segunda e terceira barras.

$$(1) \cdot (0{,}22) + (1) \cdot (0{,}28) = 0{,}22 + 0{,}28 = 0{,}50.$$

Interpretação É possível verificar que a distribuição é aproximadamente simétrica.

TENTE VOCÊ MESMO 2

Uma empresa rastreia o número de vendas que os novos colaboradores fazem todos os dias, durante um período de experiência de 100 dias. Os resultados de um novo colaborador estão indicados na Tabela 4.3. Construa uma distribuição de probabilidades para a variável aleatória x e faça sua representação gráfica usando um histograma.

EXEMPLO 3

Verificando uma distribuição de probabilidade

Verifique se a distribuição da previsão para três dias (veja a abertura do capítulo) e o número de dias de chuva é uma distribuição de probabilidade.

Tabela 4.4 Distribuição de chuva para três dias

Tabela 4.4

Dias de chuva, x	0	1	2	3
Probabilidade, $P(x)$	0,216	0,432	0,288	0,064

SOLUÇÃO

Se a distribuição é uma distribuição de probabilidade, então (1) cada probabilidade está entre 0 e 1, inclusive, e (2) a soma de todas as probabilidades é igual a 1.

1. Cada probabilidade está entre 0 e 1.
2. $\Sigma P(x) = 0{,}216 + 0{,}432 + 0{,}288 + 0{,}064$
   $= 1.$

Interpretação Como ambas as condições são preenchidas, a distribuição é uma distribuição de probabilidades.

TENTE VOCÊ MESMO 3

Verifique se a distribuição que você montou no Tente você 2 é uma distribuição de probabilidades.

Retratando o mundo

Um estudo foi conduzido para determinar quantos cartões de crédito as pessoas têm. Os resultados estão no histograma a seguir. *(Adaptado de: YouGov Pic)*

Quantos cartões de crédito você tem?

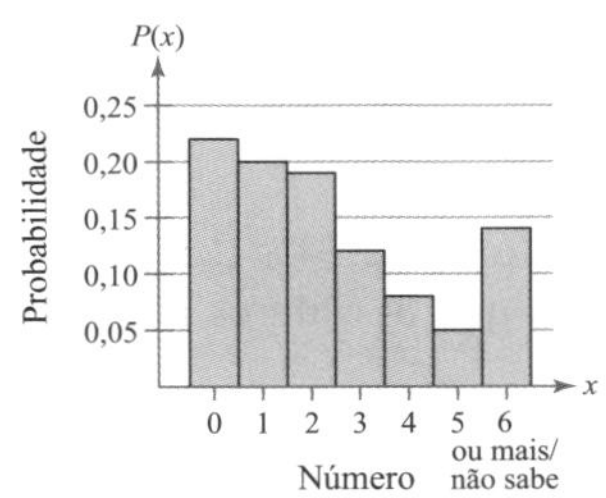

Estime a probabilidade de que uma pessoa selecionada aleatoriamente tenha dois ou três cartões de crédito.

EXEMPLO 4

Identificando distribuições de probabilidade

Determine se cada distribuição a seguir é uma distribuição de probabilidade. Explique seu raciocínio.

1.

x	5	6	7	8
$P(x)$	0,28	0,21	0,43	0,15

2.

x	1	2	3	4
$P(x)$	$\frac{1}{2}$	$\frac{1}{4}$	$\frac{5}{4}$	-1

SOLUÇÃO

1. Cada probabilidade está entre 0 e 1, mas a soma de todas as probabilidades é 1,07, que é maior que 1. A soma de todas as probabilidades em uma distribuição de probabilidade é sempre igual a 1. Portanto, essa distribuição *não* é uma distribuição de probabilidade.
2. A soma de todas as probabilidades é igual a 1, mas *P(3)* e *P(4)* não estão entre 0 e 1. As probabilidades nunca podem ser negativas ou maiores que 1. Portanto, essa distribuição *não* é uma distribuição de probabilidade.

TENTE VOCÊ MESMO 4

Determine se cada distribuição a seguir é uma distribuição de probabilidade e explique seu raciocínio.

1.

x	5	6	7	8
$P(x)$	$\frac{1}{16}$	$\frac{5}{8}$	$\frac{1}{4}$	$\frac{1}{16}$

2.

x	1	2	3	4
$P(x)$	0,09	0,36	0,49	0,10

Média, variância e desvio padrão

Você pode indicar o centro de uma distribuição de probabilidade com sua média e medir a variabilidade com sua variância e desvio padrão. A média de uma variável aleatória discreta é definida da seguinte maneira.

Média de uma variável aleatória discreta

A **média** de uma variável aleatória discreta é dada por:

$$\mu = \Sigma x P(x).$$

Cada valor de x é multiplicado por sua correspondente probabilidade e os produtos são somados.

A média de uma variável aleatória representa a "média teórica" de um experimento aleatório e, às vezes, não é um resultado possível. Se o experimento fosse feito milhares de vezes, a média de todos os resultados seria próxima à média da variável aleatória.

EXEMPLO 5

Encontrando a média de uma distribuição de probabilidade

A distribuição de probabilidade para o teste de personalidade discutido no Exemplo 2 está apresentada na Tabela 4.5. Encontre a pontuação média.

Tabela 4.5 Distribuição de probabilidade para o teste de personalidade

Pontuação, x	1	2	3	4	5
Probabilidade, $P(x)$	0,16	0,22	0,28	0,20	0,14

SOLUÇÃO

Use uma tabela para organizar seu trabalho, como indicado na Tabela 4.6.

Tabela 4.6

x	$P(x)$	$xP(x)$
1	0,16	1 (0,16) = 0,16
2	0,22	2 (0,22) = 0,44
3	0,28	3 (0,28) = 0,84
4	0,20	4 (0,20) = 0,80
5	0,14	5 (0,14) = 0,70
	$\Sigma P(x) = 1$	$\Sigma xP(x) = 2{,}94 \approx 2{,}9$ ← Média

Da tabela, você pode verificar que a pontuação média é $\mu = 2{,}94 \approx 2{,}9$. (Note que a média é arredondada para uma casa decimal a mais que os valores possíveis da variável aleatória x.)

Interpretação Lembre que uma pontuação de 3 representa um indivíduo que não exibe nem características passivas nem agressivas, e a média é ligeiramente menor que 3. Então, a característica de personalidade média não é nem extremamente passiva, nem extremamente agressiva, mas é levemente mais próxima à passividade.

TENTE VOCÊ MESMO 5

Encontre a média da distribuição de probabilidade que você construiu no Tente você 2. O que consegue concluir?

Dica de estudo

A média no Exemplo 5 foi arredondada para uma casa decimal porque a média de uma distribuição de probabilidade deve ser arredondada para uma casa decimal a mais do que a que foi usada por uma variável aleatória x. Essa regra de arredondamento também é usada para a variância e o desvio padrão de uma distribuição de probabilidade.

Embora a média da distribuição de probabilidade de uma variável aleatória descreva um resultado típico, ela não dá informações sobre a maneira como os resultados variam. Para estudar a variação dos resultados, você pode usar a variância e o desvio padrão da distribuição de probabilidade de uma variável aleatória.

Dica de estudo

Uma fórmula abreviada para a variância de uma distribuição de probabilidade é:

$$\sigma^2 = [\Sigma x^2 P(x)] - \mu^2.$$

Variância e desvio padrão de uma variável aleatória discreta

A **variância** de uma variável aleatória discreta é:

$$\sigma^2 = \Sigma(x - \mu)^2 P(x).$$

O **desvio padrão** é:

$$\sigma = \sqrt{\sigma^2} = \sqrt{\Sigma(x - \mu)^2 P(x)}.$$

EXEMPLO 6

Encontrando a variância e o desvio padrão

A distribuição de probabilidade para o teste de personalidades discutido no Exemplo 2 é mostrada na Tabela 4.7. Encontre a variância e o desvio padrão da distribuição de probabilidade.

Tabela 4.7 Distribuição de probabilidade para o teste de personalidade

Pontuação, *x*	1	2	3	4	5
Probabilidade, *P*(*x*)	0,16	0,22	0,28	0,20	0,14

SOLUÇÃO

Para encontrar a variância e o desvio padrão observe que, do Exemplo 5, antes do arredondamento, a média da distribuição é $\mu = 2{,}94$. (Use esse valor para evitar arredondamentos até o último cálculo.) Construa uma tabela para organizar seu trabalho, conforme mostrado na Tabela 4.8:

Tabela 4.8 Cálculo da variância e do desvio padrão para o teste de personalidade

x	$P(x)$	$x-\mu$	$(x-\mu)^2$	$(x-\mu)^2P(x)$
1	0,16	−1,94	3,7636	0,602176
2	0,22	−0,94	0,8836	0,194392
3	0,28	0,06	0,0036	0,001008
4	0,20	1,06	1,1236	0,224720
5	0,14	2,06	4,2436	0,594104
	$\Sigma P(x) = 1$			$\Sigma(x - \mu)^2 P(x) = 1{,}6164$ ← Variância

Então, a variância é

$$\sigma^2 = 1{,}6164 \approx 1{,}6$$

E o desvio padrão é:

$$\sigma = \sqrt{\sigma^2} = \sqrt{1{,}6164} \approx 1{,}3.$$

Interpretação Os valores dos dados "usuais" estarão dentro de 2 (1,3) = 2,6 da média.

TENTE VOCÊ MESMO 6

Encontre a variância e o desvio padrão da distribuição de probabilidade construída no Tente você mesmo 2.

Dica de tecnologia

Você pode usar uma ferramenta tecnológica como o Minitab, Excel, StatCrunch ou a TI-84 Plus para encontrar a média e o desvio padrão de uma variável aleatória discreta.

Por exemplo, para encontrar a média e o desvio padrão da variável aleatória discreta no Exemplo 6 com a TI-84 Plus, insira os valores possíveis da variável aleatória discreta *x* em L1. Em seguida, insira as probabilidades *P(x)* em L2. Então, use *1-Var stats* com L1 como a lista e L2 com a lista de frequência para calcular a média e o desvio padrão (e outras estatísticas), conforme a figura a seguir.

TI-84 PLUS

```
1-Var Stats
x̄=2.94
Σx=2.94
Σx²=10.26
Sx=
σx=1.271377206
↓n=1
```

Valor esperado

A média de uma variável aleatória representa o que você esperaria acontecer em milhares de testes. Ela também é chamada de **valor esperado**.

DEFINIÇÃO

O **valor esperado** de uma variável aleatória discreta é igual à média da variável aleatória.

Valor esperado = $E(x) = \mu = \Sigma x P(x)$.

Na maioria das aplicações, um valor esperado de 0 tem uma interpretação prática. Por exemplo, em jogos de azar, um valor esperado de 0 implica que um jogo é justo (uma ocorrência improvável). Em uma análise de lucros e perdas, um valor esperado de 0 representa o ponto de equilíbrio.

Embora as probabilidades nunca possam ser negativas, o valor esperado de uma variável aleatória pode ser negativo, conforme mostrado no próximo exemplo.

EXEMPLO 7

Encontrando um valor esperado

Em um sorteio, 1.500 bilhetes são vendidos a \$ 2 cada, para quatro prêmios de \$ 500, \$ 250, \$ 150 e \$ 75. Você compra um bilhete. Encontre o valor esperado e interprete o seu significado.

SOLUÇÃO

Para encontrar o ganho para cada prêmio, subtraia o preço do bilhete do prêmio. Por exemplo, o seu ganho para o prêmio de \$ 500 é:

$\$ 500 - \$ 2 = \$ 498$

e o seu ganho para o prêmio de \$ 250 é:

$\$ 250 - \$ 2 = \$ 248$.

Escreva a distribuição de probabilidade para os ganhos possíveis (ou resultados). Note que um ganho representado por um número negativo é uma perda.

Tabela 4.9

Ganho, x	\$498	\$248	\$148	\$73	–\$2
Probabilidade, *P*(*x*)	$\frac{1}{1500}$	$\frac{1}{1500}$	$\frac{1}{1500}$	$\frac{1}{1500}$	$\frac{1496}{1500}$

–\$ 2 representa uma perda de \$ 2

Agora, usando a distribuição de probabilidade, você pode encontrar o valor esperado.

$$\begin{aligned} E(x) &= \Sigma x P(x) \\ &= \$498 \cdot \frac{1}{1500} + \$248 \cdot \frac{1}{1500} + \$148 \cdot \frac{1}{1500} + \$73 \cdot \frac{1}{1500} + (-\$2) \cdot \frac{1496}{1500} \\ &= -\$1{,}35 \end{aligned}$$

Interpretação Como o valor esperado é negativo, você pode esperar perder uma média de \$ 1,35 por cada bilhete que comprar.

TENTE VOCÊ MESMO 7

Em um sorteio, 2.000 bilhetes são vendidos por \$ 5 cada, para cinco prêmios de \$ 2.000, \$ 1.000, \$ 500, \$ 250 e \$ 100. Você compra um bilhete. Encontre o valor esperado e interprete o seu significado.

4.1 EXERCÍCIOS

Construindo habilidades básicas e vocabulário

1. O que é uma variável aleatória? Dê um exemplo de uma variável aleatória discreta e de uma variável aleatória contínua. Justifique sua resposta.
2. O que é uma distribuição de probabilidade discreta? Quais são as duas condições que uma distribuição de probabilidade discreta deve satisfazer?
3. O valor esperado da distribuição de probabilidade de uma variável aleatória é sempre um dos valores possíveis de x? Explique.
4. O que representa a média de uma distribuição de probabilidade?

Verdadeiro ou falso? *Nos exercícios de 5 a 8, determine se a afirmação é verdadeira ou falsa. Se for falsa, reescreva-a de forma que seja verdadeira.*

5. Na maioria das aplicações, variáveis aleatórias contínuas representam dados contáveis, ao passo que variáveis aleatórias discretas representam dados medidos.
6. Para uma variável aleatória x, a palavra *aleatória* indica que o valor de x é determinado pelo acaso.
7. A média da variável aleatória de uma distribuição de probabilidade descreve como os resultados variam.
8. O valor esperado de uma variável aleatória não pode ser negativo.

Análise gráfica *Nos exercícios de 9 a 12, determine se a representação na reta numérica corresponde a uma variável aleatória discreta ou uma variável aleatória contínua. Explique seu raciocínio.*

9. O público em uma apresentação de um grupo de rock.

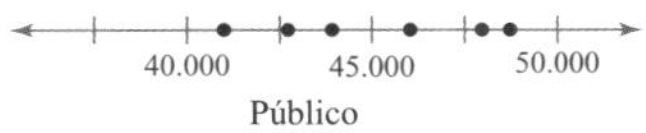

10. A quantidade de tempo que estudantes de música praticam por semana.

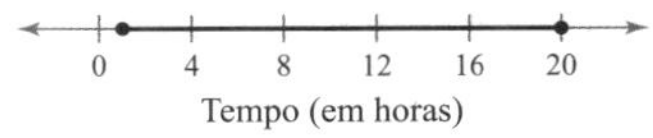

11. A distância que uma bola de beisebol percorre após ser acertada.

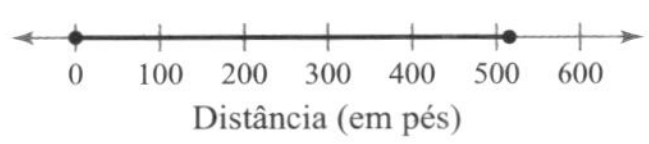

12. O total de prisões anuais (em milhões) nos Estados Unidos. *(Fonte: U. S. Department of Justice.)*

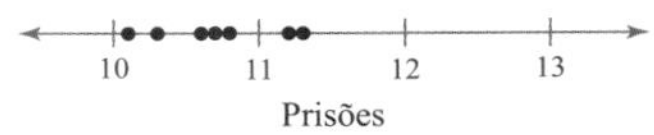

Usando e interpretando conceitos

Variáveis discretas e variáveis contínuas *Nos exercícios de 13 a 18, determine se a variável aleatória x é discreta ou contínua. Explique.*

13. x representa o número de carros no estacionamento de uma universidade.
14. x representa o tempo necessário para terminar uma prova.
15. x representa o volume de sangue coletado para um exame.
16. x representa a população dos 50 estados dos Estados Unidos.
17. x representa os tamanhos dos chapéus ajustados dos membros de uma equipe de *softball*.
18. x representa a quantidade de neve (em polegadas) que caiu em Nome, Alasca, no inverno passado.

Construindo e representando graficamente distribuições discretas de probabilidade *Nos exercícios 19 e 20, (a) construa uma distribuição de probabilidade e (b) faça um gráfico da distribuição de probabilidade usando um histograma e descreva seu formato.*

19. **Televisores** O número de televisores de alta definição por domicílio, em uma cidade pequena.

Televisores	0	1	2	3 ou mais
Domicílios	56	511	679	754

20. **Hora extra** O número de horas extras trabalhadas em uma semana por funcionário.

Horas extras	0	1	2	3	4	5	6
Funcionários	6	12	29	57	42	30	16

21. **Encontrando probabilidades** Use a distribuição de probabilidade que você construiu no Exercício 19 para encontrar a probabilidade de selecionar aleatoriamente um domicílio que tenha (a) um ou dois televisores de alta definição, (b) dois ou mais televisores de alta definição, (c) de um a três televisores de alta definição e (d) no máximo dois televisores de alta definição.

22. **Encontrando probabilidades** Use a distribuição de probabilidade que você construiu no Exercício 20 para encontrar a probabilidade de selecionar aleatoriamente um funcionário que tenha feito (a) uma ou duas horas extras, (b) duas horas extras ou menos, (c) de três a seis horas extras, (d) de uma a três horas extras e (e) no máximo quatro horas extras.

23. **Eventos incomuns** No exercício 19, seria incomum para um domicílio não ter televisor de alta definição? Explique seu raciocínio.

24. **Eventos incomuns** No exercício 20, seria incomum para um funcionário trabalhar duas horas extras? Explique seu raciocínio.

Determinando uma probabilidade faltante *Nos exercícios 25 e 26, determine o valor da probabilidade faltante na distribuição de probabilidade.*

25.

x	0	1	2	3	4
$P(x)$	0,06	0,12	0,18	?	0,30

26.

x	0	1	2	3	4	5	6
$P(x)$	0,05	?	0,23	0,21	0,17	0,11	0,08

Identificando distribuições de probabilidade *Nos exercícios 27 e 28, determine se a distribuição é uma distribuição de probabilidade. Se não for, explique o porquê.*

27.

x	0	1	2	3	4
$P(x)$	0,30	0,25	0,25	0,15	0,05

28.

x	0	1	2	3	4	5
$P(x)$	$\frac{3}{4}$	$\frac{1}{10}$	$\frac{1}{20}$	$\frac{1}{25}$	$\frac{1}{50}$	$\frac{1}{100}$

Encontrando a média, a variância e o desvio padrão

Nos exercícios de 29 a 34, (a) encontre a média, a variância e o desvio padrão da distribuição de probabilidade e (b) interprete os resultados.

29. Cachorros O número de cachorros por domicílio em um bairro.

Cachorros	0	1	2	3	4	5
Probabilidade	0,686	0,195	0,077	0,022	0,013	0,007

30. Beisebol O número de jogos realizados em cada campeonato mundial de 1903 a 2020. *(Fonte: Major League Baseball.)*

Jogos realizados	4	5	6	7	8
Probabilidade	0,164	0,241	0,216	0,345	0,034

31. Peças de máquinas O número de defeitos por 1.000 peças de máquinas inspecionadas.

Defeitos	0	1	2	3	4	5
Probabilidade	0,263	0,285	0,243	0,154	0,041	0,014

32. Atividades extracurriculares O número de atividades extracurriculares ligadas à escola, por aluno.

Atividades	0	1	2	3	4	5	6	7
Probabilidade	0,059	0,122	0,163	0,178	0,213	0,128	0,084	0,053

33. Furacões O histograma mostra a distribuição de furacões que atingiram o território norte-americano, de 1851 a 2019, segundo a categoria Saffir-Simpson, onde 1 é o nível mais fraco e 5 o mais forte. *(Fonte: National Oceanic & Atmospheric Administration.)*

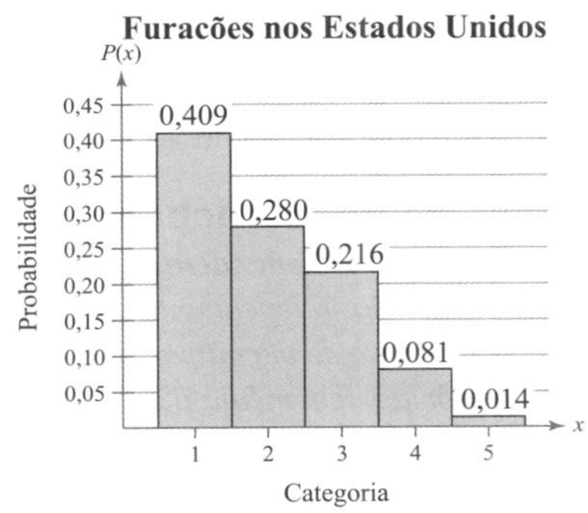

FIGURA PARA O EXERCÍCIO 33

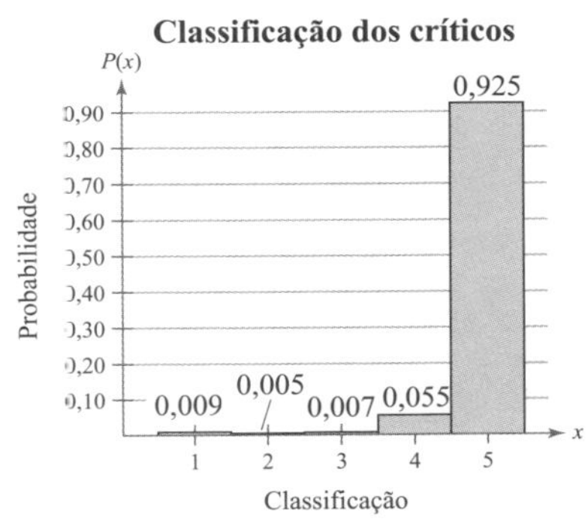

FIGURA PARA O EXERCÍCIO 34

34. Classificação dos críticos O histograma mostra a classificação dos críticos, em uma escala de 1 (mais baixo) a 5 (mais alto), do PlayStation 5 da Sony. *(Fonte: Best Buy.)*

35. Escrito O valor esperado da análise de lucro e prejuízo feita por um contador é zero. Explique o que isso significa.

36. Escrito Em um jogo de azar, qual é a relação entre uma "aposta justa" e seu valor esperado? Explique.

Encontrando o valor esperado *Nos exercícios 37 e 38, encontre o valor esperado E(x) para o jogador em um lance do jogo. Se x é o ganho para um jogador em um jogo de azar, então E(x) geralmente é negativo. Este valor dá o valor médio por jogo que o jogador pode esperar perder.*

37. Em um jogo de roleta, a roda tem 38 números, 00, 0, 1, 2, ..., 34, 35 e 36, marcados em posições igualmente espaçadas. Se um jogador aposta $ 1 em um número e ganha, então ele continua com o valor e recebe $ 35 adicionais. Caso contrário, o valor inicial ($ 1) é perdido.

38. Um time de basquete do Ensino Médio está vendendo rifas de $ 10 como parte de um programa de arrecadação de fundos. O primeiro prêmio é uma viagem para as Bahamas no valor de $ 5.460, e o segundo prêmio, um pacote de esqui de fim de semana no valor de $ 496. Os restantes 18 prêmios são cartões de gás de $ 100. O número de bilhetes vendidos é de 3.500.

Expandindo conceitos

39. Escrevendo Encontre a área de cada barra do histograma que você fez no Exercício 19. Em seguida, encontre a soma das áreas e interprete os resultados.

40. Beisebol Sabendo que houve 116 campeonatos mundiais de 1903 a 2020, use a distribuição de probabilidade do Exercício 30 para encontrar o número de campeonatos que tiveram 4, 5, 6, 7 e 8 jogos. Encontre a média populacional, a variância e o desvio padrão dos dados usando as definições tradicionais. Compare com suas respostas no Exercício 30.

Transformação linear de uma variável aleatória *Nos exercícios 41 e 42, use a seguinte informação sobre transformação linear. Para uma variável aleatória x, uma nova variável aleatória y pode ser criada ao adotar-se uma* ***transformação linear*** *$y = a + bx$, onde a e b são constantes. Se uma variável aleatória x tem média μ_x e desvio padrão σ_x, então a média, a variância e o desvio padrão de y são dados pelas seguintes fórmulas: $\mu_y = a + b\mu_x$, $\sigma_y^2 = b^2\sigma_x^2$, e $\sigma_y = |b|\,\sigma_x$.*

41. O salário médio anual dos funcionários de uma empresa é, originalmente, $ 46.000. Cada colaborador recebe um bônus anual de $ 600 e um aumento de 3% (baseado no salário). Qual é o novo salário médio anual (incluindo o bônus e o aumento)?

42. O salário médio anual dos funcionários de uma empresa é $ 44.000 com uma variância de 18.000.000. Qual é o desvio padrão dos salários após cada funcionário recebe um bônus anual de $ 1.000 e um aumento de 3,5% (baseado no salário)?

Variáveis aleatórias dependentes e independentes *Duas variáveis aleatórias x e y são* ***independentes*** *quando o valor de x não afeta o valor de y. Quando as variáveis não são independentes, elas são* ***dependentes****. Uma nova variável aleatória pode ser formada ao se encontrar a soma ou diferença das variáveis aleatórias. Se uma variável aleatória x tem média μ_x, e uma variável aleatória y tem média μ_y, então as médias da soma e da diferença das variáveis serão dada por $\mu_{x+y} = \mu_x + \mu_y$ e $\mu_{x-y} = \mu_x - \mu_y$. Se as variáveis aleatórias são independentes, a variância e o desvio padrão da soma ou diferença das variáveis aleatórias podem ser encontrados. Portanto, se uma variável aleatória x tem variância σ^2_x e uma variável aleatória y tem variância σ^2_y, as variâncias da soma e da diferença das variáveis serão dadas por $\sigma^2_{x+y} = \sigma^2_x + \sigma^2_y$ e $\sigma^2_{x-y} = \sigma^2_x + \sigma^2_y$.*

Nos exercícios 43 e 44, a distribuição das pontuações de matemática do SAT para alunos pré-universitários, em 2020, tem média de 531 e um desvio padrão de 121. A distribuição das pontuações de matemática do SAT para alunas pré-universitárias, em 2020, tem média de 516 e um desvio padrão de 112. Um aluno e uma aluna são escolhidos aleatoriamente. Considere que seus resultados são independentes. (Adaptado de College Board.)

43. Calcule a média e o desvio padrão da soma de suas pontuações.

44. Calcule a média e o desvio padrão da diferença de suas pontuações. Compare com sua resposta no Exercício 43.

4.2 Distribuição binomial

O que você deve aprender

- Como determinar se um experimento aleatório é um experimento binomial.
- Como encontrar probabilidades usando a fórmula da probabilidade binomial.
- Como encontrar probabilidades binomiais usando tecnologia, fórmulas e uma tabela da distribuição binomial.
- Como construir e representar graficamente uma distribuição binomial.
- Como encontrar a média, a variância e o desvio padrão de uma distribuição de probabilidade binomial.

Experimentos binomiais ■ Fórmula da probabilidade binomial ■ Determinando probabilidades binomiais ■ Representando graficamente distribuição binomial ■ Média, variância e desvio padrão

Experimentos binomiais

Há muitos experimentos probabilísticos para os quais os resultados de cada tentativa podem ser reduzidos a dois resultados: sucesso e fracasso. Por exemplo, quando um jogador de basquete tenta um lance livre, ele pode fazer a cesta ou não. Experimentos probabilísticos como esses são chamados de **experimentos binomiais**.

DEFINIÇÃO

Um **experimento binomial** é um experimento aleatório que satisfaz as seguintes condições:

1. O experimento tem um número fixo de tentativas, onde cada tentativa é independente das outras.
2. Há apenas dois resultados possíveis para cada tentativa, que podem ser classificados como sucesso (S) ou fracasso (F).
3. A probabilidade de um sucesso é a mesma para cada tentativa.
4. A variável aleatória x representa o número de tentativas com sucesso.

Notação para experimentos binomiais

Símbolo	Descrição
n	O número de tentativas
p	A probabilidade de sucesso em uma única tentativa
q	A probabilidade de fracasso em uma única tentativa ($q = 1 - p$)
x	A variável aleatória representa uma contagem do número de sucessos em n tentativas: $x = 0, 1, 2, 3, ..., n$.

Em um experimento binomial, o sucesso não implica que algo bom ocorreu. Por exemplo, em um experimento, uma pergunta sobre roubo de identidade é feita a 1.012 pessoas. Um sucesso é uma pessoa que foi vítima de roubo de identidade.

Vejamos um exemplo de experimento binomial. De um baralho de cartas comum, você escolhe uma carta, verifica se é de paus ou não, e devolve a carta ao baralho. Você repete o experimento cinco vezes, então $n = 5$. O resultado para cada tentativa pode ser classificado em duas categorias: S = tirar uma carta de paus e F = tirar uma carta de outro naipe. As probabilidades de sucesso e fracasso são:

$$p = \frac{1}{4} \quad \text{e} \quad q = 1 - \frac{1}{4} = \frac{3}{4}.$$

A variável aleatória x representa o número de cartas de paus selecionadas nas cinco tentativas. Portanto, os valores possíveis da variável aleatória são $x = 0, 1, 2, 3, 4, 5$. Se $x = 2$, por exemplo, então exatamente duas das cinco cartas são de paus, e as outras três não são. Um exemplo de um experimento com $x = 2$ é apresentado na Figura 4.4. Note que x é uma variável aleatória discreta porque seus valores possíveis podem ser contados.

Tentativa	Resultado	S ou F?
1		F
2		S
3		F
4		F
5		S

Há dois resultados de sucesso. Logo, $x = 2$.

Figura 4.4

Retratando o mundo

Uma pesquisa com 2.647 pais estadunidenses de uma criança de 11 anos ou menos foi realizada para estudar as maneiras pelas quais as crianças usam as mídias sociais. Uma das perguntas da pesquisa e as respostas (sim ou não) são mostradas a seguir. *(Adaptado de: PEW Research Center.)*

Pergunta da pesquisa: Até onde você sabe, a criança já assistiu vídeos no YouTube?

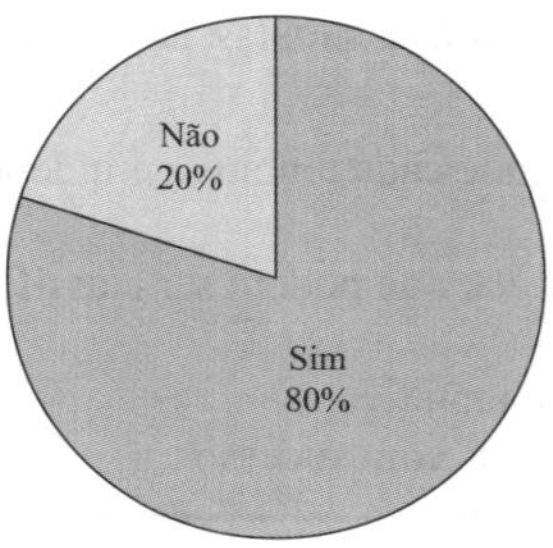

Por que esse experimento é binomial? Identifique a probabilidade de sucesso, *p*. Identifique a probabilidade de fracasso, *q*.

EXEMPLO 1

Identificando e compreendendo experimentos binomiais

Determine se o experimento é binomial ou não. Caso seja, especifique os valores de n, p e q, e liste os valores possíveis da variável aleatória x. Caso não seja, explique o porquê.

1. Um certo procedimento cirúrgico tem 85% de chances de sucesso. Um médico realiza o procedimento em oito pacientes. A variável aleatória representa o número de cirurgias com sucesso.
2. Uma jarra contém cinco bolas de gude vermelhas, nove azuis e seis verdes. Você escolhe três bolas aleatoriamente, *sem reposição*. A variável aleatória representa o número de bolas vermelhas.

SOLUÇÃO

1. O experimento é binomial porque ele satisfaz as quatro condições de um experimento binomial. No exemplo, cada cirurgia representa uma tentativa. Há oito cirurgias e cada uma é independente das outras. Há apenas dois resultados possíveis para cada cirurgia – ou ela é um sucesso ou é um fracasso. Além disso, a probabilidade de sucesso para cada cirurgia é de 0,85. Por fim, a variável aleatória x representa o número de cirurgias com sucesso.

$n = 8$	Número de tentativas
$p = 0{,}85$	Probabilidade de sucesso
$q = 1 - 0{,}85 = 0{,}15$	Probabilidade de fracasso
$x = 0, 1, 2, 3, 4, 5, 6, 7, 8$	Valores possíveis de x

2. O experimento não é binomial porque não satisfaz todas as quatro condições de um experimento binomial. No experimento, cada seleção de bola de gude representa uma tentativa, e selecionar uma bolinha vermelha é um sucesso. Quando a primeira bola é selecionada, a probabilidade de sucesso é 5/20. Porém, como a bola não é resposta, a probabilidade de sucesso nas tentativas subsequentes não é mais 5/20. Então, as tentativas não são independentes e a probabilidade de sucesso não é a mesma para cada tentativa.

TENTE VOCÊ MESMO 1

Determine se o experimento é binomial ou não. Caso seja, especifique os valores de n, p e q, e liste os valores possíveis da variável aleatória x. Caso não seja, explique o porquê.

Um teste de múltipla escolha que consiste em 10 questões. Cada questão tem quatro respostas possíveis, mas somente uma é correta. Para completar o teste, um estudante escolhe aleatoriamente a resposta para cada questão. A variável aleatória representa o número de respostas corretas.

Para uma amostra aleatória coletada sem reposição, como em uma pesquisa, os eventos são dependentes. No entanto, você pode tratar essa situação como um experimento binomial, tratando os eventos como independentes quando o tamanho da amostra não for maior que 5% da população. Ou seja, $n \leq 0{,}05N$.

Fórmula da probabilidade binomial

Há várias formas de encontrar a probabilidade de x sucessos em n tentativas de um experimento binomial. Uma forma é usar um diagrama de árvore e a regra de multiplicação. Outra forma é usar a **fórmula da probabilidade binomial**.

Dica de estudo

Na fórmula de probabilidade binomial, $C_{n,x}$ determina o número de maneiras de se obter x sucessos em n tentativas, independente da ordem.

$${}_nC_x = \frac{n!}{(n-x)!x!}$$

Fórmula da probabilidade binomial

Em um experimento binomial, a probabilidade de exatamente x sucessos em n tentativas é:

$$P(x) = {}_nC_x p^x q^{n-x} = \frac{n!}{(n-x)!\,x!} p^x q^{n-x}.$$

Note que o número de fracassos é $n - x$.

Dica de estudo

Lembre-se que $n!$ é lido "n fatorial" e representa o produto de todos os números inteiros de n a 1. Por exemplo,

$$5! = 5 \cdot 4 \cdot 3 \cdot 2 \cdot 1 = 120.$$

EXEMPLO 2

Encontrando uma probabilidade binomial

Cirurgias do manguito rotador têm 90% de chance de sucesso. A cirurgia é realizada em três pacientes. Encontre a probabilidade de a cirurgia ser um sucesso em exatamente dois pacientes. *(Fonte: The Orthopedic Center of St. Louis.)*

SOLUÇÃO

Método 1: desenhe um diagrama de árvore e use a regra de multiplicação.

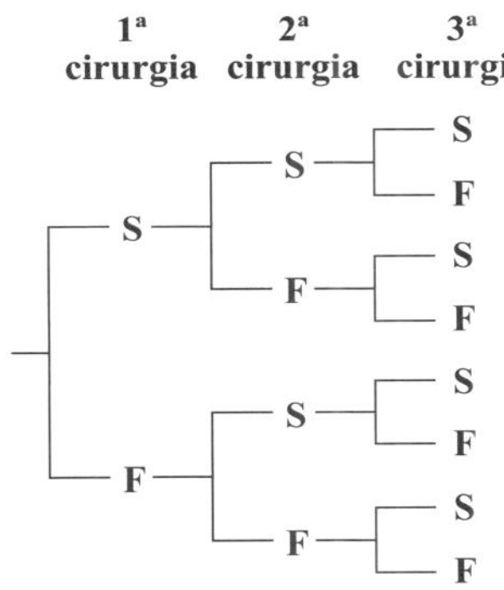

Resultado	Número de sucessos	Probabilidade
SSS	3	$\frac{9}{10} \cdot \frac{9}{10} \cdot \frac{9}{10} = \frac{729}{1000}$
SSF	2	$\frac{9}{10} \cdot \frac{9}{10} \cdot \frac{1}{10} = \frac{81}{1000}$
SFS	2	$\frac{9}{10} \cdot \frac{1}{10} \cdot \frac{9}{10} = \frac{81}{1000}$
SFF	1	$\frac{9}{10} \cdot \frac{1}{10} \cdot \frac{1}{10} = \frac{9}{1000}$
FSS	2	$\frac{1}{10} \cdot \frac{9}{10} \cdot \frac{9}{10} = \frac{81}{1000}$
FSF	1	$\frac{1}{10} \cdot \frac{9}{10} \cdot \frac{1}{10} = \frac{9}{1000}$
FFS	1	$\frac{1}{10} \cdot \frac{1}{10} \cdot \frac{9}{10} = \frac{9}{1000}$
FFF	0	$\frac{1}{10} \cdot \frac{1}{10} \cdot \frac{1}{10} = \frac{1}{1000}$

Figura 4.5

Há três resultados que têm exatamente dois sucessos, e cada um tem uma probabilidade de $\frac{81}{1000}$. Portanto, em três pacientes, a probabilidade de uma cirurgia com sucesso em exatamente dois pacientes é $3\left(\frac{81}{1000}\right) = 0{,}243$.

Método 2: use a fórmula de probabilidade binomial.
Neste experimento binomial, os valores para n, p, q e x são

$$n = 3, \quad p = \frac{9}{10}, \quad q = \frac{1}{10}, \quad \text{e} \quad x = 2.$$

A probabilidade de exatamente duas cirurgias com sucesso é:

$$P(2) = \frac{3!}{(3-2)!2!}\left(\frac{9}{10}\right)^2\left(\frac{1}{10}\right)^1 = 3\left(\frac{81}{100}\right)\left(\frac{1}{10}\right) = 3\left(\frac{81}{1000}\right) = 0{,}243.$$

TENTE VOCÊ MESMO 2

Uma carta é selecionada de um baralho comum e recolocada. Esse experimento é repetido um total de cinco vezes. Encontre a probabilidade de seleciona exatamente três cartas de paus.

Ao listar os valores possíveis de x com as correspondentes probabilidades, você pode construir uma **distribuição de probabilidade binomial**.

EXEMPLO 3

CONSTRUINDO UMA DISTRIBUIÇÃO BINOMIAL

Em uma pesquisa, adultos estadunidenses foram questionados sobre com que frequência eles acessam a Internet, e os resultados são mostrados na Figura 4.6. Seis adultos que participaram da pesquisa são selecionados aleatoriamente e perguntados se ficam *online* várias vezes ao dia. Construa uma distribuição de probabilidade binomial para o número que responde que fica *online* várias vezes ao dia. *(Fonte: Pew Research Center.)*

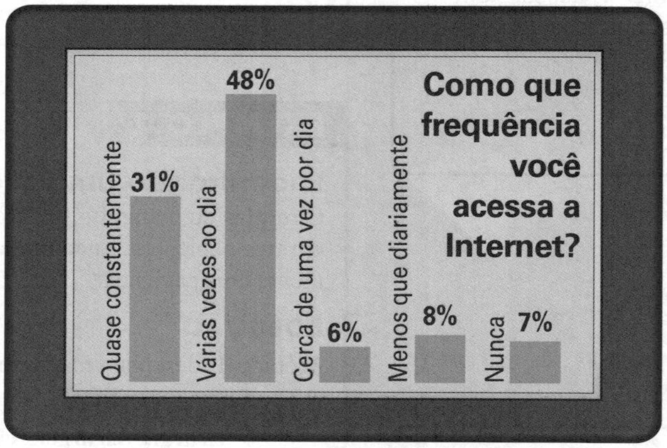

Figura 4.6 Frequência de acesso a Internet por adultos estadunidenses.

Dica de estudo

Quando as probabilidades são arredondadas para um número fixo de casas decimais, a soma das probabilidades pode diferir ligeiramente de 1.

SOLUÇÃO

Da Figura 4.6, podemos observar que 48% dos adultos acessam a Internet várias vezes ao dia. Então, $p = 0{,}48$ e $q = 0{,}52$.

Como $n = 6$, os valores possíveis de x são 0, 1, 2, 3, 4, 5 e 6. As probabilidades de cada valor de x são:

$$P(0) = {}_6C_0(0{,}48)^0(0{,}52)^6 = 1(0{,}48)^0(0{,}52)^6 \approx 0{,}020$$

$$P(1) = {}_6C_1(0{,}48)^1(0{,}52)^5 = 6(0{,}48)^1(0{,}52)^5 \approx 0{,}109$$

$$P(2) = {}_6C_2(0{,}48)^2(0{,}52)^4 = 15(0{,}48)^2(0{,}52)^4 \approx 0{,}253$$

$$P(3) = {}_6C_3(0{,}48)^3(0{,}52)^3 = 20(0{,}48)^3(0{,}52)^3 \approx 0{,}311$$

$$P(4) = {}_6C_4(0{,}48)^4(0{,}52)^2 = 15(0{,}48)^4(0{,}52)^2 \approx 0{,}215$$

$$P(5) = {}_6C_5(0{,}48)^5(0{,}52)^1 = 6(0{,}48)^5(0{,}52)^1 \approx 0{,}079$$

e

$$P(6) = {}_6C_6(0{,}48)^6(0{,}52)^0 = 1(0{,}48)^6(0{,}52)^0 \approx 0{,}012.$$

Observe na Tabela 4.10 que todas as probabilidades estão entre 0 e 1 e que a soma é aproximadamente 1.

Tabela 4.10

x	$P(x)$
0	0,020
1	0,109
2	0,253
3	0,311
4	0,215
5	0,079
6	0,012
	$\Sigma P(x) = 0{,}999$

TENTE VOCÊ MESMO 3

Cinco adultos que participaram da pesquisa do Exemplo 3 são selecionados aleatoriamente e perguntados se eles acessam a Internet quase constantemente. Construa uma distribuição binomial para o número de pessoas que respondeu que acessa a Internet quase constantemente.

Encontrando probabilidades binomiais

Nos exemplos 2 e 3, você usou a fórmula da probabilidade binomial para encontrar as probabilidades. Uma forma mais eficiente de encontrar as probabilidades binomiais é usar a tecnologia. Por exemplo, você pode encontrar probabilidades binomiais usando o Minitab, o Excel, o StatCrunch e a TI-84 Plus.

Dica de tecnologia

Você pode usar tecnologias como Minitab, Excel, StatCrunch ou TI-84 Plus para encontrar uma probabilidade binomial. Por exemplo, aqui estão as instruções para encontrar uma probabilidade binomial em uma TI-84 Plus.
No menu DISTR, escolha o recurso *binompdf(*. Insira os valores de *n*, *p* e *x*. Em seguida, calcule a probabilidade.

EXEMPLO 4

Encontrando uma probabilidade binomial usando tecnologia

Uma pesquisa descobriu que 75% dos adultos estadunidenses estão experimentando a fadiga do dispositivo digital. (Esse é o estado de exaustão mental causado pelo uso simultâneo e excessivo de dispositivos digitais, como *smartphones* e *tablets*.) Você seleciona aleatoriamente 100 adultos. Qual é a probabilidade de que exatamente 66 estejam experimentando fadiga do dispositivo digital? Use a tecnologia para encontrar a probabilidade. *(Fonte: The Harris Poll.)*

SOLUÇÃO

O Minitab, o Excel, o StatCrunch e a TI-84 Plus oferecem funções que permitem que você encontre probabilidades binomiais. Utilize essas tecnologias para obter resultados parecidos com os que que são mostrados nas Figuras 4.7 (a) a (d).

MINITAB

Probability Density Function

Binomial with n = 100 and p = 0.75

x	P(X = x)
66	0.0111678

STATCRUNCH

Binomial Calculator

n:100 p:0.75

P(X = 66) = 0.01116782

TI-84 PLUS

```
binompdf(100, .75, 66)
                .0111678235
```

EXCEL

	A
1	0.011167823

← =DISTR.BINOM(66,100,0.75,FALSE)

Figura 4.7 Recursos tecnológicos para o cálculo de probabilidades binomiais.

Interpretação Da Figura 4.7, você pode notar que a probabilidade de que exatamente 66 adultos estão experimentando fadiga do dispositivo digital é de, aproximadamente, 0,011. Como 0,011 é menor 0,05, esse evento pode ser considerado incomum.

Dica de estudo

Lembre-se que uma probabilidade de 0,05 ou menor é considerada incomum.

TENTE VOCÊ MESMO 4

Uma pesquisa descobriu que 28% dos adultos estadunidenses trabalhará de casa em tempo integral nos próximos meses. Você seleciona aleatoriamente 150 adultos. Qual é a probabilidade de que exatamente 30 trabalharão de casa em tempo integral nos próximos meses? Use a tecnologia para encontrar a probabilidade. *(Fonte: The Harris Poll.)*

EXEMPLO 5

Calculando probabilidades binomiais por meio de fórmulas

Uma pesquisa descobriu que 22% dos adultos dos Estados Unidos dizem que a economia, o desemprego e o trabalho são os problemas mais importantes que os país enfrenta hoje. Você seleciona aleatoriamente quatro adultos e pergunta se a economia, o desemprego e o trabalho são os problemas mais importantes que enfrentam hoje. Encontre a probabilidade de que (1) exatamente dois deles respondam sim, (2) pelo menos dois deles respondam sim e (3) menos de dois deles respondam sim. *(Fonte: Ipsos.)*

SOLUÇÃO

1. Usando $n = 4$, $p = 0{,}22$, $q = 0{,}78$ e $x = 2$, a probabilidade de que exatamente dois adultos respondam sim é:

$$P(2) = {}_4C_2(0{,}22)^2(0{,}78)^2 = 6(0{,}22)^2(0{,}78)^2 = 0{,}177.$$

2. Para encontrar a probabilidade de que pelo menos dois adultos responderão sim, encontre a soma de P(2), P(3) e P(4). Comece usando a fórmula de probabilidade binomial para escrever uma expressão para cada probabilidade.

$$P(2) = {}_4C_2(0{,}22)^2(0{,}78)^2 = 6(0{,}22)^2(0{,}78)^2$$
$$P(3) = {}_4C_3(0{,}22)^3(0{,}78)^1 = 4(0{,}22)^3(0{,}78)^1$$
$$P(4) = {}_4C_4(0{,}22)^4(0{,}78)^0 = 1(0{,}22)^4(0{,}78)^0$$

Logo, a probabilidade de que pelo menos dois responderão sim é:

$$\begin{aligned} P(x \geq 2) &= P(2) + P(3) + P(4) \\ &= 6(0{,}22)^2(0{,}78)^2 + 4(0{,}22)^3(0{,}78)^1 + (0{,}22)^4(0{,}78)^0 \\ &\approx 0{,}212. \end{aligned}$$

3. Para encontrar a probabilidade de que menos de dois adultos responderão sim, encontre a soma de P(0) e P(1). Comece usando a fórmula de probabilidade binomial para escrever uma expressão para cada probabilidade.

$$P(0) = {}_4C_0(0{,}22)^0(0{,}78)^4 = 1(0{,}22)^0(0{,}78)^4$$
$$P(1) = {}_4C_1(0{,}22)^1(0{,}78)^3 = 4(0{,}22)^1(0{,}78)^3$$

Logo, a probabilidade de que menos de dois responderão sim é:

$$\begin{aligned} P(x < 2) &= P(0) + P(1) \\ &= (0{,}22)^0(0{,}78)^4 + 4(0{,}22)^1(0{,}78)^3 \\ &\approx 0{,}788. \end{aligned}$$

TENTE VOCÊ MESMO 5

A pesquisa no Exemplo 5 descobriu que 16% dos adultos dos Estados Unidos dizem que a saúde pública, doenças e enfermidades são os problemas mais importantes que o país enfrenta hoje. Você seleciona aleatoriamente cinco adultos e pergunta a eles se saúde pública, doenças e enfermidades são os problemas mais importantes que enfrentam hoje. Encontre a probabilidade de que (1) exatamente dois deles respondam sim, (2) pelo menos dois deles respondam sim e (3) menos de dois deles respondam sim. *(Fonte: Ipsos.)*

Dica de estudo

O complemento de "*x* é pelo menos 2" é "*x* é menos que 2". Então, uma outra maneira de encontrar a probabilidade da parte (3) do Exemplo 5 é:

$$\begin{aligned} P(x < 2) &= 1 - P(x \geq 2) \\ &\approx 1 - 0{,}212 \\ &= 0{,}788. \end{aligned}$$

TI-84 PLUS

```
binompdf(4, 0.22, 2)
              .17667936
binomcdf(4, 0.22, 1)
              .78775632
```

Figura 4.8

Você pode usar a tecnologia para verificar suas respostas. Por exemplo, na Figura 4.8, a tela da calculadora TI-84 Plus mostra como verificar as partes (1) e (3) do Exemplo 5. Note que o segundo registro usa a função *binomial CDF* (FDA em português).* Uma função de distribuição acumulada (FDA) calcula a probabilidade de "*x* ou menos" sucessos, somando as áreas para o valor dado de *x* e todas as que estão à esquerda.

*N. de T.: do inglês, *cumulative distribution function* (CDF).

Determinar probabilidades binomiais com a fórmula pode ser um processo cansativo. Para facilitar, você pode usar uma tabela de probabilidade binomial. A Tabela 2 no Apêndice B apresenta a probabilidade binomial para valores selecionados de n e p.

EXEMPLO 6

Encontrando uma probabilidade binomial usando a tabela

Cerca de 5% dos trabalhadores (com idades acima dos 16 anos) nos Estados Unidos se deslocam para o trabalho usando transporte público (excetuando táxis). Você escolhe oito trabalhadores de forma aleatória. Qual é a probabilidade de que exatamente três deles utilizem transporte público para ir ao trabalho? Use a tabela para encontrar a probabilidade. *(Fonte: American Community Survey.)*

SOLUÇÃO

Uma parte da Tabela 2 no Apêndice B é mostrada na Tabela 4.11. Usando a distribuição para $n = 8$ e $p = 0{,}05$, você pode encontrar a probabilidade para $x = 3$, conforme destacado nas áreas da tabela:

Tabela 4.11

		p												
n	***x***	**.01**	**.05**	**.10**	**.15**	**.20**	**.25**	**.30**	**.35**	**.40**	**.45**	**.50**	**.55**	**.60**
2	0	.980	.902	.810	.723	.640	.563	.490	.423	.360	.303	.250	.203	.160
	1	.020	.095	.180	.255	.320	.375	.420	.455	.480	.495	.500	.495	.480
	2	.000	.002	.010	.023	.040	.063	.090	.123	.160	.203	.250	.303	.360
3	0	.970	.857	.729	.614	.512	.422	.343	.275	.216	.166	.125	.091	.064
	1	.029	.135	.243	.325	.384	.422	.441	.444	.432	.408	.375	.334	.288
	2	.000	.007	.027	.057	.096	.141	.189	.239	.288	.334	.375	.408	.432
	3	.000	.000	.001	.003	.008	.016	.027	.043	.064	.091	.125	.166	.216
8	0	.923	.663	.430	.272	.168	.100	.058	.032	.017	.008	.004	.002	.001
	1	.075	.279	.383	.385	.336	.267	.198	.137	.090	.055	.031	.016	.008
	2	.003	.051	.149	.238	.294	.311	.296	.259	.209	.157	.109	.070	.041
	3	.000	.005	.033	.084	.147	.208	.254	.279	.279	.257	.219	.172	.124
	4	.000	.000	.005	.018	.046	.087	.136	.188	.232	.263	.273	.263	.232
	5	.000	.000	.000	.003	.009	.023	.047	.081	.124	.172	.219	.257	.279
	6	.000	.000	.000	.000	.001	.004	.010	.022	.041	.070	.109	.157	.209
	7	.000	.000	.000	.000	.000	.000	.001	.003	.008	.016	.031	.055	.090
	8	.000	.000	.000	.000	.000	.000	.000	.000	.001	.002	.004	.008	.017

De acordo com a tabela, a probabilidade é 0,005. Você pode verificar esse resultado usando a tecnologia. Conforme mostrado na Figura 4.9, usando o Minitab, a probabilidade é 0,0054165. Após o arredondamento para três casas decimais, a probabilidade é 0,005, que é o mesmo valor encontrado na tabela.

MINITAB

Probability Density Function

Binomial with n = 8 and p = 0.05

x   P(X = x)
3   0.0054165

Figura 4.9

Interpretação Portanto, a probabilidade de que exatamente três dos oito trabalhadores utilizarem transporte público para ir ao trabalho é 0,005. Como 0,005 é menor que 0,05, podemos considerar o evento como incomum.

4.2 Para explorar melhor este tópico, veja a **Atividade 4.2**, na página 214.

TENTE VOCÊ MESMO 6

Cerca de 85% dos funcionários (com 16 anos ou mais) nos Estados Unidos se deslocam para o trabalho dirigindo um carro, caminhão ou van. Você seleciona aleatoriamente seis trabalhadores. Qual é a probabilidade de exatamente quatro eles dirigirem um carro, caminhão ou van para o trabalho? Use uma tabela para encontrar a probabilidade. *(Fonte: American Community Survey.)*

Representando graficamente a distribuição binomial

Na Seção 4.1, você aprendeu como representar graficamente distribuições discretas de probabilidades. Como a distribuição binomial é uma distribuição de probabilidade discreta, você pode usar o mesmo processo.

EXEMPLO 7

Representando graficamente uma distribuição binomial

Sessenta e cinco por cento dos sobreviventes de câncer têm idade acima dos 65 anos. Você seleciona aleatoriamente seis sobreviventes de câncer e pergunta se possuem idade acima dos 65 anos. Construa uma distribuição de probabilidade para a variável aleatória x. Depois, represente-a graficamente. *(Fonte: American CancerSociety.)*

SOLUÇÃO

Para construir a distribuição binomial, calcule a probabilidade para cada valor de x. Usando $n = 6$, $p = 0,64$ e $q = 0,36$, obtém-se os valores apresentados na Tabela 4.12:

Tabela 4.12

x	0	1	2	3	4	5	6
$P(x)$	0,002	0,023	0,103	0,245	0,326	0,232	0,069

Note, na tabela, que todas as probabilidades estão entre 0 e 1 e que a soma das probabilidades é 1. Você pode representar a distribuição de probabilidade graficamente usando um histograma, conforme a Figura 4.10.

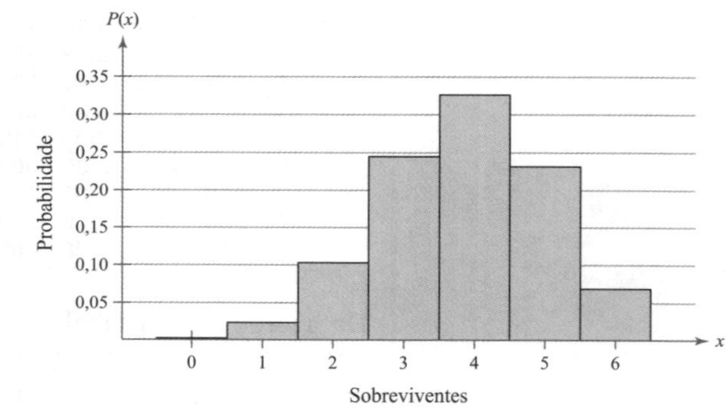

Figura 4.10 Sobreviventes de câncer com 65 anos ou mais.

Interpretação Do histograma, pode-se observar que seria incomum para nenhuma ou apenas uma das pessoas que sobrevive ao câncer ter 65 anos ou mais porque ambas são inferiores a 0,05.

TENTE VOCÊ MESMO 7

Um estudo recente descobriu que 27% dos adultos estadunidenses não leu um livro no último ano. Você seleciona aleatoriamente 4 adultos e pergunta se eles não leram um livro no último ano. Construa uma distribuição de probabilidade para a variável aleatória x. Depois, represente-a graficamente. *(Fonte: Pew Research Center.)*

Note que, no Exemplo 7, o histograma é assimétrico à esquerda. O gráfico de uma distribuição binomial com $p > 0,5$ é assimétrico à esquerda enquanto, para $p < 0,5$, o gráfico é assimétrico à direita. Para $p = 0,5$, o gráfico da distribuição binomial é simétrico.

Média, variância e desvio padrão

Embora você possa usar as fórmulas aprendidas na Seção 4.1 para média, variância e desvio padrão de uma distribuição de probabilidade discreta, as propriedades de uma distribuição binomial permitem que você use fórmulas muito mais simples.

Parâmetros de uma distribuição binomial

Média: $\mu = np$

Variância: $\sigma^2 = npq$

Desvio padrão: $\sigma = \sqrt{npq}$

EXEMPLO 8

Encontrando e interpretando a média, a variância e o desvio padrão

Em Pittsburgh, Pensilvânia, cerca de 56% dos dias em um ano são nublados. Encontre a média, a variância e o desvio padrão para o número de dias nublados durante o mês de junho. Interprete os resultados e determine quaisquer valores incomuns. *(Fonte: National Oceanic and Atmospheric Administration.)*

SOLUÇÃO

Há 30 dias no mês de junho. Usando $n = 30$, $p = 0{,}56$ e $q = 0{,}44$, você poderá encontrar a média, a variância e o desvio padrão conforme apresentado a seguir:

$$\begin{aligned}\mu &= np \\ &= 30 \cdot 0{,}56 \\ &= 16{,}8 && \text{Média}\end{aligned}$$

$$\begin{aligned}\sigma^2 &= npq \\ &= 30 \cdot 0{,}56 \cdot 0{,}44 \\ &\approx 7{,}4 && \text{Variância}\end{aligned}$$

$$\begin{aligned}\sigma &= \sqrt{npq} \\ &= \sqrt{30 \cdot 0{,}56 \cdot 0{,}44} \\ &\approx 2{,}7 && \text{Desvio padrão}\end{aligned}$$

Interpretação Em média, há 16,8 dias nublados durante o mês de junho. O desvio padrão é de aproximadamente 2,7 dias. Valores que distam mais do que dois desvios padrões da média são considerados incomuns. Como

$$16{,}8 - 2(2{,}7) = 11{,}4$$

um mês de junho com 11 dias nublados ou menos seria incomum. Da mesma forma, como

$$16{,}8 + 2(2{,}7) = 22{,}2$$

um mês de junho com 23 dias nublados ou mais também seria incomum.

TENTE VOCÊ MESMO 8

Em São Francisco, Califórnia, cerca de 44% dos dias em um ano apresentam tempo limpo. Encontre a média, a variância e o desvio padrão para o número de dias limpos durante o mês de maio. Interprete os resultados e determine quaisquer valores incomuns. *(Fonte: National Oceanic and Atmospheric Administration.)*

4.2 EXERCÍCIOS

Construindo habilidades básicas e vocabulário

1. Em um experimento binomial, o que significa dizer que cada tentativa é independente das demais?

2. Em um experimento binomial com n provas, o que mede a variável aleatória?

Análise gráfica *Nos exercícios de 3 a 5 os histogramas representam uma distribuição binomial com 5 tentativas. Associe cada histograma com a correspondente probabilidade de sucesso p. Explique seu raciocínio.*

(a) $p = 0{,}25$ **(b)** $p = 0{,}50$ **(c)** $p = 0{,}75$

3.

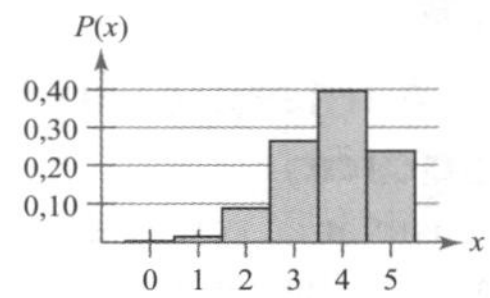

4.

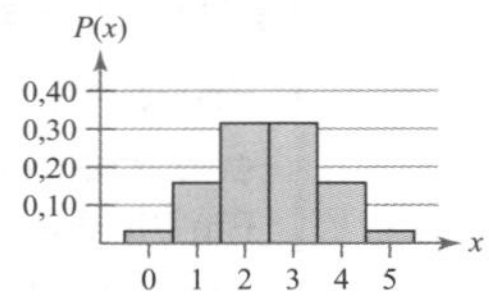

5.

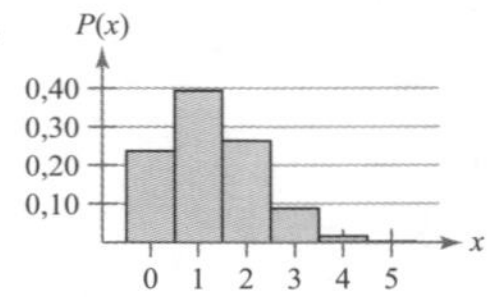

Análise gráfica *Nos exercícios de 6 a 8 os histogramas representam uma distribuição binomial com probabilidade de sucesso p. Associe cada histograma com o correspondente número de tentativas n. Explique seu raciocínio. O que acontece quando o valor de n aumenta e p permanece o mesmo?*

(a) $n = 4$ **(b)** $n = 8$ **(c)** $n = 12$

6.

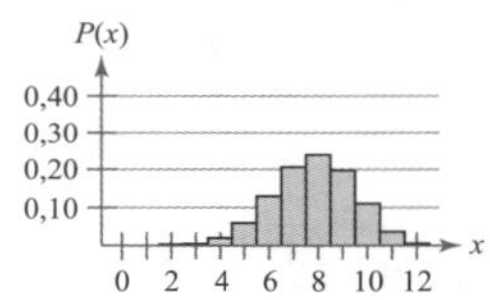

7.

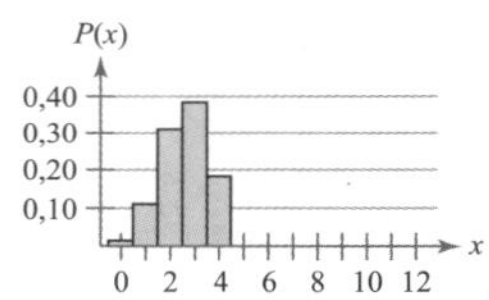

8.

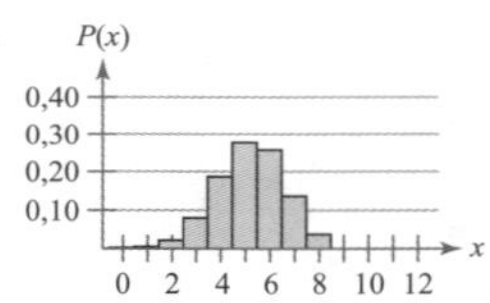

9. Qual regra de contagem é usada na fórmula de probabilidade binomial.

10. Identifique os valores incomuns de x em cada histograma nos exercícios de 6 a 8.

Média, variância e desvio padrão *Nos exercícios de 11 a 14, encontre a média, a variância e o desvio padrão da distribuição binomial para os valores de n e p.*

11. $n = 50, p = 0{,}4$

12. $n = 84, p = 0{,}65$

13. $n = 124, p = 0{,}26$

14. $n = 316, p = 0{,}82$

Usando e interpretando conceitos

Identificando e entendendo experimentos binomiais *Nos exercícios de 15 a 18, determine se o experimento é binomial. Se for, identifique um sucesso, especifique os valores de n, p e q, e liste os valores possíveis da variável aleatória x. Se o experimento não for binomial, explique o porquê.*

15. ***Videogames*** Uma pesquisa descobriu que 29% dos jogadores possuem um dispositivo de realidade virtual. Dez jogadores são selecionados aleatoriamente. A variável aleatória representa o número de jogadores que possui um dispositivo de realidade virtual. *(Fonte: Entertainment Software Association.)*

16. **Cartas** Você extrai cinco cartas, uma por vez, de um baralho normal. Uma vez que uma carta foi retirada, ela não é reposta. A variável aleatória representa o número de cartas de copas.

17. **Loteria** Uma loteria estadual sorteia, aleatoriamente, 6 bolas numeradas de 1 a 40, sem reposição. Você escolhe seis números e compra um bilhete da loteria. A variável aleatória representa o número de coincidências do seu bilhete com os números extraídos na loteria.

18. **Basquete** A'ja Wilson, a jogadora mais valiosa da WNBA de 2020, acerta um lance livre em cerca de 78% das vezes. A variável aleatória representa o número de lances livres que ela faz em oito tentativas. *(Fonte: Women's National Basketball Association.)*

Encontrando probabilidades binomiais

Nos exercícios de 19 a 26, encontre as probabilidades indicadas. Se for conveniente, use ferramentas de tecnologia ou a Tabela 2 do Apêndice B para encontrá-las.

19. **Jornais** Trinta e nove por cento dos adultos americanos têm muito pouca ou nenhuma confiança nos jornais. Você seleciona aleatoriamente oito adultos estadunidenses. Encontre a probabilidade de que o número que tem muito pouca ou nenhuma confiança nos jornais seja (a) exatamente seis e (b) exatamente três. *(Fonte: Gallup.)*

20. **Direitos civis** Cinquenta e nove por cento dos adultos estadunidenses acham que os direitos civis dos negros estadunidenses melhoraram durante a vida. Você seleciona aleatoriamente sete adultos. Encontre a probabilidade de que o número de pessoas que pensam que os direitos civis dos negros estadunidenses melhoraram durante sua vida seja (a) exatamente um e (b) exatamente cinco. *(Fonte: Gallup.)*

21. **Exame atuarial** Cinquenta e dois por cento dos candidatos que fazem o exame atuarial P passam no teste. Você seleciona aleatoriamente 10 candidatos ao Exame P. Encontre a probabilidade de que o número de candidatos aprovados seja (a) exatamente quatro, (b) pelo menos sete e (c) menos de cinco. *(Fonte: Society of Actuaries.)*

22. **Pênaltis** O jogador de futebol argentino Lionel Messi converte 78% de seus pênaltis. Suponha que Messi faça seis cobranças de pênalti na próxima temporada. Encontre a probabilidade de que o número de pênaltis que ele converte seja (a) exatamente seis, (b) no máximo três e (c) mais de três. *(Fonte: Transfermarkt.)*

23. **Moda de segunda mão** Quatorze por cento dos consumidores tentaram comprar roupas de segunda mão em vez de novas no ano passado. Você seleciona aleatoriamente 11 consumidores. Encontre a probabilidade de que o número de pessoas que tentaram comprar roupas usadas em vez de roupas novas seja (a) exatamente um, (b) no máximo cinco e (c) mais de três. *(Fonte: Fashion Revolution.)*

24. **Consumo responsável** Quarenta e cinco por cento dos consumidores dizem que é importante que as roupas que compram sejam feitas sem trabalho infantil. Você seleciona aleatoriamente 16 consumidores. Encontre a probabilidade de que o número de consumidores que dizem ser importante que as roupas que compram sejam feitas sem trabalho infantil seja (a) exatamente oito, (b) pelo menos dez e (c) menos de doze. *(Fonte: Fashion Revolution.)*

25. **Teste de drogas no local de trabalho** Cinco por cento da força de trabalho dos Estados Unidos testam positivo para drogas ilícitas. Você seleciona aleatoriamente 14 trabalhadores. Encontre a probabilidade de que o número de pessoas com resultado positivo para drogas ilícitas seja (a) exatamente dois, (b) mais de dois e (c) de dois a cinco. *(Fonte: Quest Diagnostics.)*

26. **Pronúncia** Sessenta e seis por cento das pessoas pronunciam *pecan* "puh-CON" em vez de "PEA-can". Você seleciona aleatoriamente 15 pessoas. Encontre a probabilidade de que o número de pessoas que pronunciam *pecan* "puh-CON" seja (a) exatamente sete, (b) mais de sete e (c) de sete a onze. *(Fonte: American Pecans.)*

Construindo e representando graficamente distribuição binomial

Nos exercícios de 27 a 30, (a) construa uma distribuição binomial, (b) represente a distribuição binomial usando um histograma e descreva sua forma, e (c) identifique quaisquer valores da variável aleatória x que você consideraria incomuns. Explique seu raciocínio.

27. **Aceitação na faculdade** A Universidade Estadual da Pensilvânia aceita 49% dos candidatos. Você seleciona aleatoriamente sete candidatos à Universidade Estadual da Pensilvânia. A variável aleatória representa o número dos que são aceitos. *(Fonte: US News & World Report.)*

28. **Imigração** Trinta e três por cento dos imigrantes para os Estados Unidos com 25 anos ou mais têm ao menos um diploma de bacharel. Você seleciona aleatoriamente oito imigrantes para os Estados Unidos com 25 anos ou mais. A variável aleatória representa o número de pessoas ao menos com bacharelado. *(Fonte: Migration Policy Institute.)*

29. **Vivendo até os 100 anos** Setenta e sete por cento dos adultos querem viver até os 100 anos. Você seleciona aleatoriamente cinco adultos e pergunta se eles querem viver até os 100 anos. A variável aleatória representa o número que quer viver até os 100 anos. *(Fonte: Standford Center on Longevity.)*

30. **Limpeza do local de trabalho** Cinquenta e sete por cento dos funcionários julgam seus colegas pela limpeza de seus espaços de trabalho. Você seleciona aleatoriamente 10 funcionários e pergunta se eles julgam seus colegas pela limpeza de seus espaços de trabalho. A variável aleatória representa o número que julga seus colegas pela limpeza de seus espaços de trabalho. *(Fonte: Adecco.)*

Encontrando e interpretando a média, a variância e o desvio padrão

Nos exercícios de 31 a 36, encontre a média, a variância e o desvio padrão da distribuição binomial para a variável aleatória dada. Interprete os resultados e determine quaisquer valores incomuns.

31. **Pênaltis** Trinta e três por cento dos pênaltis na Liga Nacional de Hóquei são convertidos. A variável aleatória representa o número de pênaltis convertidos em seis tentativas escolhidas aleatoriamente. *(Fonte: Hockey Reference.)*

32. **Teste SAT** As questões de múltipla escolha no exame de admissão da faculdade SAT têm quatro opções. A variável aleatória representa o número de respostas corretas quando você adivinha aleatoriamente a resposta para sete perguntas.

33. **Vida em outros planetas** Setenta e nove por cento dos adultos estadunidenses acreditam que vida em outros planetas é plausível. Você seleciona aleatoriamente oito adultos e pergunta se eles acreditam que vida em outros planetas é plausível. A variável aleatória representa o número que acredita que vida em outros planetas é plausível. *(Fonte: Ipsos.)*

34. **Clonagem** Oitenta e cinco por cento dos adultos estadunidenses acreditam que clonar humanos é moralmente errado. Você seleciona aleatoriamente 10 adultos americanos e pergunta se eles acreditam que clonar humanos é moralmente errado. A variável aleatória representa o número que acredita que clonar humanos é moralmente errado. *(Fonte: Gallup.)*

35. **Atrasados para o trabalho** Trinta e um por cento dos trabalhadores dos Estados Unidos que se atrasam para o trabalho culpam dormir demais. Você seleciona aleatoriamente 12 trabalhadores estadunidenses que estão atrasados para o trabalho e pergunta se eles culpam dormir demais. A variável aleatória representa o número que está atrasado para o trabalho e culpa dormir demais. *(Fonte: CareerBuilder.)*

36. **Suprema Corte** Dez por cento dos graduados universitários acham que a juíza Judy atua na Suprema Corte. Você seleciona aleatoriamente 10 graduados universitários e pergunta se eles acham que a juíza Judy atua na Suprema Corte. A variável aleatória representa o número que acha que a juíza Judy atua na Suprema Corte. *(Fonte: CNN.)*

Eventos incomuns *Nos Exercícios 37 e 38, encontre as probabilidades indicadas. Em seguida, determine se o evento é incomum. Explique seu raciocínio.*

37. Pedra-papel-tesoura A probabilidade de ganhar um jogo de pedra-papel-tesoura é 1/3. Você joga nove partidas de pedra-papel-tesoura. Encontre a probabilidade de que o número de jogos que você ganha seja (a) exatamente cinco, (b) mais de cinco e (c) menos de dois.

38. Casamento Cinquenta e três por cento dos adultos estadunidenses estão atualmente casados. Você seleciona aleatoriamente doze adultos estadunidenses. Encontre a probabilidade de que o número de casados seja (a) exatamente nove, (b) menos de quatro e (c) de oito a onze. *(Fonte: Pew Research.)*

Expandindo conceitos

Experimentos Multinomiais *Nos exercícios 39 e 40, use as informações a seguir.*

Um **experimento multinomial** *satisfaz às seguintes condições:*

- O experimento tem um número fixo de tentativas n, sendo cada tentativa independente das demais.
- Cada tentativa tem k possíveis resultados mutuamente exclusivos: E_1, E_2, E_3, ..., E_k.
- Cada resultado tem uma probabilidade fixa. Então, $P(E_1) = p_1$, $P(E_2) = p_2$, $P(E_3) = p_3$, ..., $P(E_k) = p_k$. A soma das probabilidades para todos os resultados é $p_1 + p_2 + p_3 + ... + p_k = 1$.
- O número de vezes que ocorre E_1 é x_1; o número de vezes que ocorre E_2 é x_2; o número de vezes que ocorre E_3 é x_3, e assim por diante.
- A variável aleatória discreta x registra o número de vezes $x_1, x_2, x_3, ..., x_k$ que cada resultado ocorre em n tentativas independentes, onde $x_1 + x_2 + x_3 + ... + x_k = n$. A probabilidade que x ocorrerá é:

$$P(x) = \frac{n!}{x_1!x_2!x_3! \cdots x_k!} p_1^{x_1} p_2^{x_2} p_3^{x_3} \cdots p_k^{x_k}.$$

39. Genética De acordo com uma teoria genética, o cruzamento de plantas altas e coloridas com plantas baixas e sem cor resulta em quatro tipos de plantas: altas e coloridas, altas e sem cor, baixas e coloridas e baixas e sem cor, com as correspondentes probabilidades de 9/16, 3/16, 3/16 e 1/16. Dez plantas são selecionadas. Encontre a probabilidade de que 5 sejam altas e coloridas, 2 sejam altas e sem cor, 2 sejam baixas e coloridas e 1 seja baixa e sem cor.

40. Genética Outra teoria genética proposta dá as correspondentes probabilidades para os quatro tipos de plantas descritas no Exercício 39 como 5/16, 4/16, 1/16 e 6/16. Dez plantas são selecionadas. Encontre a probabilidade de que 5 sejam altas e coloridas, 2 altas e sem cor, 2 sejam baixas e coloridas e 1 seja baixa e sem cor.

41. Fabricação Uma linha de montagem produz 10.000 peças de automóveis. Vinte por cento das peças estão com defeito. Um inspetor seleciona aleatoriamente 10 peças.

(a) Use a Regra da Multiplicação (discutida na Seção 3.2) para encontrar a probabilidade de que nenhuma das peças selecionadas seja defeituosa. (Observe que os eventos são dependentes.)

(b) Como a amostra é apenas 0,1% da população, trate os eventos como *independentes* e use a fórmula de probabilidade binomial para aproximar a probabilidade de que nenhuma das peças selecionadas seja defeituosa.

(c) Compare os resultados das partes (a) e (b).

4.2 ATIVIDADE

Distribuição binomial

APPLET

O *applet Binomial distribution* permite que você simule valores de uma distribuição binomial. Você pode especificar os parâmetros para a distribuição binomial (***n*** e ***p***) e o número de valores a serem simulados (*N*). Quando você clica em ***Simulate*** (simular), *N* valores da distribuição binomial especificada serão representados graficamente. A frequência de cada resultado é exibida no gráfico.

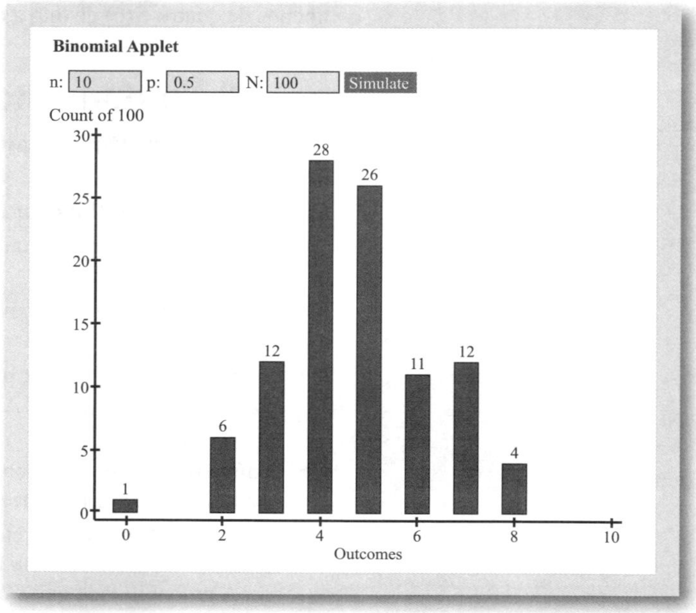

EXPLORE

Passo 1 Especifique um valor para ***n***.

Passo 2 Especifique um valor para ***p***.

Passo 3 Especifique um valor para *N*.

Passo 4 Clique ***Simulate***.

CONCLUA

APPLET

1. Durante um ano de eleição presidencial, 70% dos eleitores aptos de um condado votaram. Simule selecionar ***n*** = 10 eleitores aptos *N* = 10 vezes (para 10 comunidades no país). Use os resultados para estimar a probabilidade que o número de eleitores que votaram nessa eleição seja (a) exatamente 5, (b) pelo menos 8 e (c) no máximo 7.

2. Durante um ano de eleição não presidencial, 20% dos eleitores aptos no mesmo condado do Exercício 1 votaram. Simule selecionar ***n*** = 10 eleitores aptos *N* = 10 vezes (para 10 comunidades no país). Use os resultados para estimar a probabilidade de que o número de eleitores que votaram nessa eleição seja (a) exatamente 4, (b) pelo menos 5 e (c) menor que 4.

3. Para a eleição no Exercício 1, simule selecionando ***n*** = 10 eleitores aptos *N* = 100 vezes. Estime a probabilidade de que o número de eleitores que votaram nessa eleição seja exatamente 5. Compare esse resultado com o resultado do Exercício 1 parte (a). Qual deles é mais próximo à probabilidade encontrada usando a fórmula de probabilidade binomial?

ESTUDO DE CASO

Distribuição do número de rebatidas em jogos de beisebol

O site oficial da liga principal de beisebol (MLB.com) registra estatísticas detalhadas sobre os jogadores e os jogos.

Durante a temporada regular de 2020, José Abreu, do Chicago White Sox, tinha uma média de rebatidas de 0,317. Os gráficos da Figura 4.11 (a) a (c) mostram o número de rebatidas realizadas em jogos em que ele teve números diferentes de posse de bastão.

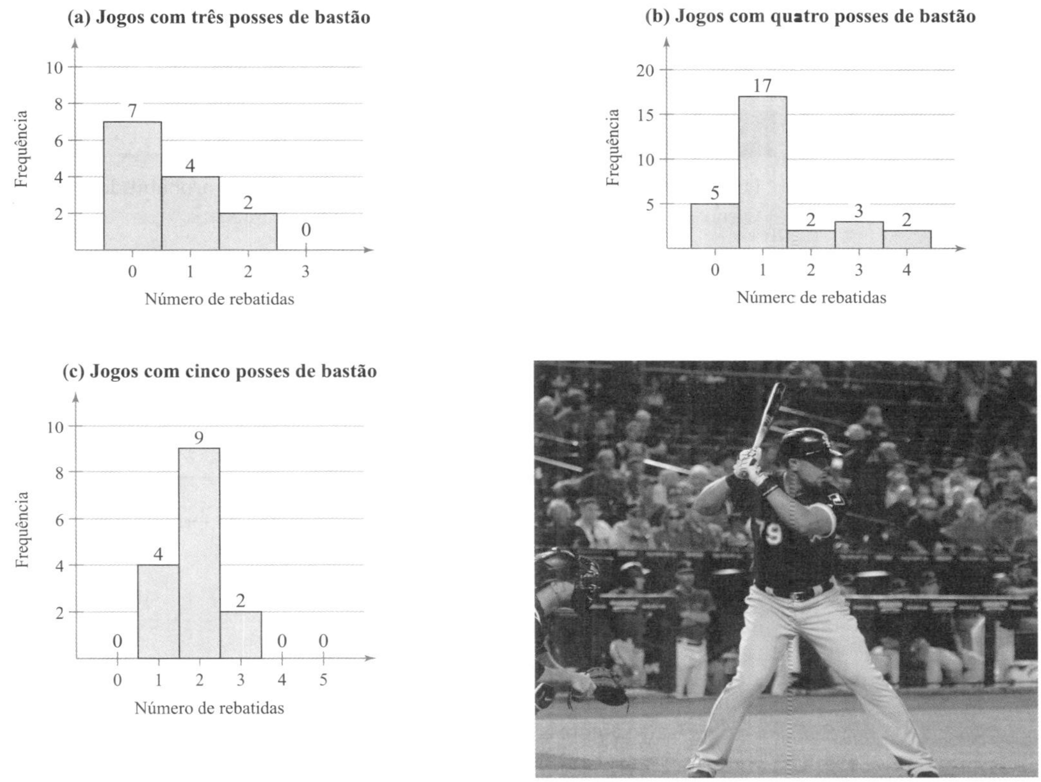

Figura 4.11

EXERCÍCIOS

1. Construa uma distribuição de probabilidade para o número de rebatidas em um jogo com:
   (a) três posses de bastão.
   (b) quatro posses de bastão.
   (c) cinco posses de bastão.
2. Construa distribuições de probabilidade binomial para $p = 0{,}317$ e (a) $n = 3$, (b) $n = 4$ e (c) $n = 5$.
3. Compara suas distribuições dos Exercícios 1 e 2. A distribuição binomial é um bom modelo para determinar o número de rebatidas em um jogo de beisebol para um dado número de posses de bastão? Explique seu raciocínio e inclua uma discussão das quatro condições para um experimento binomial.
4. Durante a temporada regular de 2020, Mookie Betts, do Los Angeles Dodgers, teve 11 jogos com 3 posses de bastão. Desses jogos, ele teve 3 jogos sem acertos, 5 jogos com um acerto e 3 jogos com dois acertos.
   (a) Com base nas rebatidas de Abreu e Betts em jogos com três posses de bastão, qual jogador você acha que teve a maior média de rebatidas?
   (b) Consulte a média de rebatidas da temporada regular de 2020 de Betts. Sua expectativa da parte (a) estava correta? Se não, sugira um motivo.

4.3 Mais distribuições de discretas de probabilidade

O que você deve aprender

- Como encontrar probabilidades usando a distribuição geométrica.
- Como encontrar probabilidades usando a distribuição de Poisson.

A distribuição geométrica ■ A distribuição de Poisson ■ Resumo das distribuições discretas de probabilidade

A distribuição geométrica

Muitas ações na vida são repetidas até que um sucesso ocorra. Por exemplo, você pode ter que ligar para um número várias vezes antes que alguém atenda. Uma situação como essa pode ser representada por uma **distribuição geométrica**.

DEFINIÇÃO

Uma **distribuição geométrica** é uma distribuição de probabilidade discreta de uma variável aleatória x que satisfaz as seguintes condições:

1. Uma tentativa é repetida até que um sucesso ocorra.
2. As tentativas repetidas são independentes umas das outras.
3. A probabilidade de sucesso p é a mesma para cada tentativa.
4. A variável aleatória x representa o número de tentativas até ocorrer o primeiro sucesso.

A probabilidade de que o primeiro sucesso ocorra na tentativa número x é:

$$P(x) = pq^{x-1}, \text{ onde } q = 1 - p.$$

Dica de tecnologia

Você pode usar tecnologia como Minitab, Excel, StatCrunch ou a TI-84 Plus para encontrar uma probabilidade geométrica. Por exemplo, na calculadora TI-84 Plus, no menu DISTR, escolha a função *geometpdf(*. Insira os valores de p e x e calcule a probabilidade.

Por exemplo, quando o primeiro sucesso ocorre na terceira tentativa, o resultado é FFS, e a probabilidade é $P(3) = q \cdot q \cdot p$ ou $P(3) = p \cdot q^2$.

EXEMPLO 1

Usando a distribuição geométrica

Um estudo recente descobriu que a taxa de fracasso das empresas após cinco anos é de 50%. Quatro empresas que começaram há cinco anos são selecionadas aleatoriamente. Encontre a probabilidade de que o quarto negócio selecionado seja o primeiro a falhar. *(Fonte: U.S. Bureau of Labor Statistics.)*

SOLUÇÃO

Usando $p = 0{,}50$, $q = 0{,}50$ e $x = 4$, temos:

$$\begin{aligned} P(4) &= 0{,}50(0{,}50)^{4-1} \\ &= (0{,}50)^4 \\ &\approx 0{,}063. \end{aligned}$$

Assim, a probabilidade de que o quarto negócio selecionado seja o primeiro a falhar é de cerca de 0,063. Você pode usar a tecnologia para verificar esse resultado. Por exemplo, usando uma TI-84 Plus, você pode encontrar *P(4)*, conforme mostrado na Figura 4.12.

TI-84 PLUS

```
geometpdf(.5,4)
                .0625
```

Figura 4.12

TENTE VOCÊ MESMO 1

O estudo do Exemplo 1 descobriu que a taxa de insucesso das empresas após um ano é de 20%. Seis empresas que começaram há um ano são selecionadas aleatoriamente. Encontre a probabilidade de que o sexto negócio selecionado seja o primeiro a falhar. *(Fonte: U.S. Bureau of Labor Statistics.)*

Ainda que teoricamente um sucesso possa nunca ocorrer, a distribuição geométrica é uma distribuição de probabilidade discreta porque os valores de x podem ser listados: 1, 2, 3, ... Perceba que, conforme x se torna maior, $P(x)$ se aproxima de zero. Por exemplo, no Exemplo 1, a probabilidade de que o trigésimo negócio selecionado fosse o primeiro a falhar é:

$$P(30) = 0{,}50(0{,}50)^{30-1} = (0{,}50)^{30} \approx 0.0000000009.$$

A distribuição de Poisson

Em um experimento binomial, você está interessado em encontrar a probabilidade de um número específico de sucessos em um dado número de tentativas. Suponha que, em vez disso, você queira saber a probabilidade de que um número específico de ocorrências aconteça dentro de uma dada unidade de tempo, área ou volume. Por exemplo, para determinar a probabilidade de que um funcionário fique doente por 15 dias dentro de um ano, você pode usar a **distribuição de Poisson**.

Dica de tecnologia

Você pode usar tecnologia como Minitab, Excel, StatCrunch ou a TI-84 Plus para encontrar uma probabilidade de Poisson. Por exemplo, na calculadora TI-84 Plus, no menu DISTR, escolha a função *poissonpdf(*. Insira os valores de μ e ***x***. (Note que a TI-84 Plus usa a letra grega lambda, λ, no lugar de μ.) Calcule a probabilidade.

DEFINIÇÃO

A **distribuição de Poisson** é uma distribuição de probabilidade discreta de uma variável aleatória x que satisfaz as seguintes condições:

1. O experimento consiste em contar o número de vezes, x, que um evento ocorre em um dado intervalo. O intervalo pode ser de tempo, área ou volume.
2. A probabilidade de o evento acontecer é a mesma para cada intervalo.
3. O número de ocorrências em um intervalo é independente do número de ocorrências em outro intervalo.

A probabilidade de exatamente x ocorrências em um intervalo é:

$$P(x) = \frac{\mu^x e^{-\mu}}{x!}$$

onde e é um número irracional aproximadamente igual a 2,71828 e μ é o número médio de ocorrências por unidade de intervalo.

EXEMPLO 2

Usando a distribuição de Poisson

O número médio de acidentes por mês em um certo cruzamento é três. Qual é a probabilidade de, em qualquer mês, quatro acidentes ocorrerem nesse cruzamento?

SOLUÇÃO

Usando $x = 4$ e $\mu = 3$, a probabilidade de que 4 acidentes ocorram em qualquer mês no cruzamento é:

$$P(4) \approx \frac{3^4(2{,}71828)^{-3}}{4!} \approx 0{,}168.$$

Você pode usar tecnologia para conferir o resultado. Por exemplo, usando a TI-84 Plus, você pode encontrar $P(4)$, conforme mostrado na Figura 4.13.

TI-84 PLUS

```
poissonpdf(3,4)
          .1680313557
```

Figura 4.13

TENTE VOCÊ MESMO 2

Qual é a probabilidade que mais de quatro acidentes ocorram em qualquer mês no cruzamento?

No Exemplo 2 você usou uma fórmula para determinar uma probabilidade de Poisson. Você também pode usar uma tabela para encontrar as probabilidades de Poisson. A Tabela 3 do Apêndice B lista as probabilidades de Poisson para valores selecionados de x e μ. Você também pode usar ferramentas tecnológicas, como Minitab, Excel, StatCrunch e a TI-84 Plus, para encontrar as probabilidades de Poisson.

EXEMPLO 3

Encontrando uma probabilidade de Poisson usando a tabela

Uma contagem populacional mostra que o número médio de coelhos, por acre, vivendo em um campo é 3,6. Use a tabela para encontrar a probabilidade de que sete coelhos sejam encontrados em qualquer acre do campo.

SOLUÇÃO

Uma parte da Tabela 3 do Apêndice B é mostrada na Tabela 4.13. Usando a distribuição para $\mu = 3{,}6$ e $x = 7$, você pode encontrar a probabilidade de Poisson conforme destacado na tabela.

Tabela 4.13

	μ						
x	3.1	3.2	3.3	3.4	3.5	3.6	3.7
0	.0450	.0408	.0369	.0334	.0302	.0273	.0247
1	.1397	.1304	.1217	.1135	.1057	.0984	.0915
2	.2165	.2087	.2008	.1929	.1850	.1771	.1692
3	.2237	.2226	.2209	.2186	.2158	.2125	.2087
4	.1734	.1781	.1823	.1858	.1888	.1912	.1931
5	.1075	.1140	.1203	.1264	.1322	.1377	.1429
6	.0555	.0608	.0662	.0716	.0771	.0826	.0881
7	.0246	.0278	.0312	.0348	.0385	.0425	.0466
8	.0095	.0111	.0129	.0148	.0169	.0191	.0215
9	.0033	.0040	.0047	.0056	.0066	.0076	.0089
10	.0010	.0013	.0016	.0019	.0023	.0028	.0033

De acordo com a tabela, a probabilidade é 0,0425. Você posse verificar esse resultado usando a tecnologia. Conforme mostrado na Figura 4.14 usando o Excel, a probabilidade é 0,0425, o mesmo valor encontrado usando a tabela.

EXCEL

	A
1	0.042484

←=POISSON(7.3,6FALSO)

Figura 4.14

Interpretação Assim, a probabilidade de que sete coelhos sejam encontrados em qualquer acre é 0,0425. Como 0,0425 é menor que 0,05, isso pode ser considerado um evento incomum.

TENTE VOCÊ MESMO 3

Duas mil trutas marrons são colocadas em um pequeno lago. O lago tem um volume de 20.000 metros cúbicos. Use a tabela para encontrar a probabilidade de que três trutas sejam encontradas em qualquer metro cúbico do lago.

Retratando o mundo

A ponte Tacoma Narrows é uma ponte suspensa que atravessa Tacoma Narrows no estado de Washington. A ocupação média dos veículos que atravessam a ponte é de 1,6. A distribuição de probabilidade mostrada na figura a seguir representa a ocupação do veículo na ponte durante um período de cinco dias. *(Adaptado de Washington State Department of Transportation.)*

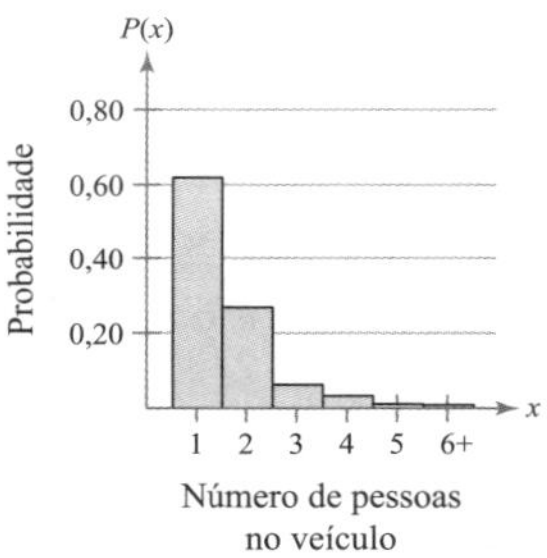

Durante o período de cinco dias, qual é a probabilidade de que um veículo selecionado aleatoriamente tenha dois ocupantes ou menos?

Resumo das distribuições de probabilidade discretas

A Tabela 4.14 resume as distribuições discretas de probabilidade deste capítulo.

Tabela 4.14

Distribuição	Resumo	Fórmulas
Distribuição Binomial	Um experimento binomial satisfaz as seguintes condições: **1.** O experimento tem um número fixo n de tentativas independentes. **2.** Há apenas dois resultados possíveis para cada tentativa, que podem ser classificados como sucesso ou fracasso. **3.** A probabilidade de um sucesso p é a mesma para cada tentativa. **4.** A variável aleatória x registra o número de tentativas com sucesso. Os parâmetros de uma distribuição binomial são n e p.	n = o número de tentativas. x = o número de sucessos em n tentativas. p = probabilidade de sucesso em uma única tentativa. q = probabilidade de fracasso em uma única tentativa. $q = 1 - p$. A probabilidade de exatamente x sucessos em n tentativas é: $P(x) = {}_nC_x p^x q^{n-x} = \frac{n!}{(n-x)!\,x!} p^x q^{n-x}$. $m = np$ $\sigma^2 = npq$ $\sigma = \sqrt{npq}$
Distribuição Geométrica	Uma distribuição geométrica é uma distribuição de probabilidade discreta de uma variável aleatória x que satisfaz as seguintes condições: **1.** Uma tentativa é repetida até que um sucesso ocorra. **2.** As tentativas repetidas são independentes umas das outras. **3.** A probabilidade de sucesso p é a mesma para cada tentativa. **4.** A variável aleatória x representa número de tentativas até ocorrer o primeiro sucesso. O parâmetro de uma distribuição geométrica é p.	x = o número da tentativa na qual ocorre o primeiro sucesso. p = probabilidade de sucesso em uma única tentativa. q = probabilidade de fracasso em uma única tentativa. $q = 1 - p$. A probabilidade de que o primeiro sucesso ocorra na tentativa número x é: $P(x) = pq^{x-1}$.
Distribuição de Poisson	A distribuição de Poisson é uma distribuição de probabilidade discreta de uma variável aleatória x que satisfaz as seguintes condições: **1.** O experimento consiste em contar o número de vezes, x, que um evento ocorre ao longo de um intervalo especificado de tempo, área ou volume. **2.** A probabilidade de o evento ocorrer é a mesma para cada intervalo. **3.** O número de ocorrências em um intervalo é independente do número de ocorrências em outros intervalos. O parâmetro de uma distribuição de Poisson é μ.	x = o número de ocorrências no intervalo dado. μ = o número médio de ocorrências em uma dada unidade de intervalo. A probabilidade de exatamente x ocorrências em um intervalo é: $P(x) = \frac{\mu^x e^{-\mu}}{x!}$.

4.3 EXERCÍCIOS

Construindo habilidades básicas e vocabulário

Nos exercícios de 1 a 4, encontre a probabilidade indicada usando a distribuição geométrica.

1. Encontre $P(3)$ quando $p = 0,65$.

2. Encontre $P(1)$ quando $p = 0,45$.

3. Encontre $P(5)$ quando $p = 0,09$.

4. Encontre $P(8)$ quando $p = 0,28$.

Nos exercícios de 5 a 8, encontre a probabilidade indicada usando a distribuição de Poisson.

5. Encontre $P(4)$ quando $\mu = 5$.

6. Encontre $P(3)$ quando $\mu = 6$.

7. Encontre $P(0)$ quando $\mu = 1,5$.

8. Encontre $P(5)$ quando $\mu = 9,8$.

9. Com suas próprias palavras, descreva a diferença entre o valor de x em uma distribuição binomial e em uma distribuição geométrica.

10. Com suas próprias palavras, descreva a diferença entre o valor de x em uma distribuição binomial e em uma distribuição de Poisson.

Usando e interpretando conceitos

Usando uma distribuição para encontrar probabilidades *Nos exercícios de 11 a 26, encontre as probabilidades indicadas usando a distribuição geométrica, a distribuição de Poisson ou a distribuição binomial. Determine se os eventos são incomuns. Se for conveniente, use uma tabela ou tecnologia para encontrar as probabilidades.*

11. Vendas por telefone A probabilidade de que você faça uma venda em qualquer telefonema dado é 0,19. Calcule a probabilidade de que você (a) faça sua primeira venda na primeira ligação, (b) faça sua primeira venda na segunda ligação e (c) não faça uma venda na quinta ligação.

12. Imigração O número médio de pessoas que imigraram para os Estados Unidos por hora foi de cerca de 5,5 em abril de 2021. Calcule a probabilidade de que o número de pessoas que imigraram para os Estados Unidos em uma determinada hora em abril de 2021 foi (a) zero, (b) exatamente cinco e (c) exatamente oito. *(Fonte: U.S. Census Bureau.)*

13. Erros tipográficos Um jornal descobre que o número médio de erros tipográficos por página é quatro. Calcule a probabilidade de que o número de erros tipográficos encontrados em qualquer página dada seja (a) exatamente três, (b) no máximo três e (c) mais do que três.

14. Peças defeituosas Um vendedor de peças de automóvel descobriu que 1 em cada 100 peças vendidas é defeituosa. Calcule a probabilidade de que (a) a primeira peça defeituosa seja a décima peça vendida, (b) a primeira peça defeituosa seja a primeira, segunda ou terceira peças vendidas e (c) nenhuma das 10 primeiras peças vendidas seja defeituosas.

15. Passes concluídos O jogador de futebol americano Aaron Rodgers completa um passe 65,1% das vezes. Calcule a probabilidade de que (a) o primeiro passe completado seja o segundo, (b) o primeiro passe completado seja o primeiro ou o segundo e (c) ele não complete seus dois primeiros passes. *(Fonte: National Football League.)*

16. Teste para piloto A probabilidade de que um aluno passe no exame escrito para obter uma licença de piloto particular é 0,75. Calcule a probabilidade de que (a) o primeiro aluno a realizar o teste passe, (b) o segundo aluno a fazer o teste seja o primeiro a passar e (c) nem o primeiro nem o segundo aluno passem no teste.

17. Combustíveis fósseis Sessenta por cento dos adultos estadunidenses são a favor do estabelecimento de políticas para reduzir o uso de combustíveis fósseis. Você seleciona aleatoriamente oito adultos estadunidenses. Calcule a probabilidade de que o número dos que são a favor do estabelecimento de políticas para reduzir o uso de combustíveis fósseis seja (a) exatamente quatro, (b) menos de cinco e (c) pelo menos três. *(Fonte: Gallup.)*

18. Transplantes de doadores vivos O número médio de transplantes de órgãos de doadores vivos realizados por dia nos Estados Unidos, em 2020, foi de cerca de 16. Calcule a probabilidade de que o número de transplantes de órgãos de doadores vivos realizados em qualquer dia seja (a) exatamente 12, (b) pelo menos oito e (c) não mais que 10. *(Fonte: Organ Procurement and Trasplantation Network.)*

19. Furacões O número médio de furacões que atingiram o continente americano, por ano, de 1851 a 2020 foi de cerca de 1,8. Calcule a probabilidade de que o número de furacões que atingiram o continente dos Estados Unidos, em qualquer ano, de 1851 a 2020 seja (a) exatamente um, (b) no máximo um e (c) mais de um. *(Fonte: National Oceanic & Atmospheric Administration.)*

20. Reddit Dezoito por cento dos adultos dos Estados Unidos dizem que usam o Reddit. Você seleciona aleatoriamente sete adultos estadunidenses. Calcule a probabilidade de que o número que usa o Reddit seja (a) exatamente um, (b) mais de três e (c) de dois a quatro. *(Fonte: Pew Research.)*

21. Pontos ganhos no primeiro saque Quando a tenista japonesa Naomi Osaka faz seu primeiro saque e não falha, ela faz o ponto em 76% das vezes. Você seleciona aleatoriamente dez dos primeiros saques sem falha de Osaka. calcule a probabilidade de que o número de vezes que ela faça o ponto seja (a) exatamente 10, (b) mais de sete e (c) no máximo quatro. *(Fonte: Womens's Tennis Assosciantion.)*

22. Ganhar um prêmio Um fabricante de cereais coloca uma peça de um jogo em cada uma de suas caixas de cereal. A probabilidade de ganhar um prêmio no jogo é 1 em 4. Calcule a probabilidade de que você (a) ganha seu primeiro prêmio em sua quarta compra, (b) ganha seu primeiro prêmio em sua primeira, segunda ou terceira compras e (c) não ganha um prêmio em suas quatro primeiras compras.

23. Precipitação Em Akron, Ohio, o número médio de dias, em abril, com 0,01 polegada ou mais de precipitação é de 14. Calcule a probabilidade de que o número de dias em abril com 0,01 polegada ou mais de precipitação em Akron seja (a) exatamente 17 dias, (b) no máximo 17 dias e (c) mais de 17 dias. *(Fonte: National Oceanic and Atmospheric Administration.)*

24. Pagar pela educação universitária Sessenta e oito por cento dos pais de crianças de 8 a 14 anos dizem que estão dispostos a conseguir um segundo emprego ou um emprego de meio período para pagar a educação universitária de seus filhos. Você seleciona aleatoriamente cinco pais. Calcule a probabilidade de que o número que diz estar disposto a conseguir um segundo emprego ou um emprego de meio período para pagar a educação universitária de seus filhos seja (a) exatamente três, (b) menos de quatro e (c) pelo menos três. *(Fonte: T. Rowe Price group, Inc.)*

25. Fabricante de vidro Um fabricante de vidro descobre que 1 em cada 500 itens produzidos está deformado. Calcule a probabilidade de que (a) o primeiro item de vidro deformado seja o décimo item produzido, (b) o primeiro item de vidro deformado seja o primeiro, segundo ou terceiro item produzido e (c) nenhum dos 10 primeiros itens de vidro produzidos sejam defeituosos.

26. Petroleiros No mês de junho de 2021, 240 petroleiros param em uma cidade portuária. Nenhum petroleiro visita mais de uma vez. Calcule a probabilidade de que o número de petroleiros que param em um determinado dia de junho seja (a) exatamente oito, (b) no máximo três e (c) mais de oito.

Expandindo conceitos

27. **Aproximação de Poisson de uma distribuição binomial** Um fabricante de automóveis descobre que 1 em cada 2.500 automóveis produzidos tem um defeito de fabricação específico. (a) Use uma distribuição binomial para encontrar a probabilidade de achar 4 carros com o defeito em uma amostra aleatória de 6.000 carros. (b) A distribuição de Poisson com média $\mu = np$ pode ser usada para aproximar a distribuição binomial para valores grande de n e pequenos de p. Repita a parte (a) usando uma distribuição de Poisson e compare os resultados.

28. **Distribuição hipergeométrica** Experimentos binomiais exigem que qualquer amostragem seja feita com reposição, pois cada tentativa deve ser independente das outras. A **distribuição hipergeométrica** também tem dois resultados: sucesso e fracasso. Porém, a amostragem é feita sem reposição. Para uma população de N itens tendo k sucessos e $N - k$ fracassos, a probabilidade de selecionar uma amostra de tamanho n que tenha x sucessos e $n - x$ fracassos é dada por:

$$P(x) = \frac{({}_kC_x)({}_{N-k}C_{n-x})}{{}_NC_n}.$$

Em um carregamento de 15 microchips, 2 têm defeito e 13 não apresentam defeito. Uma amostra de três microchips é escolhida aleatoriamente. Use a fórmula para calcular a probabilidade de (a) os três microchips não terem defeito, (b) um microchip ter defeito e dois não terem e (c) dois microchips terem defeito e um não ter.

Distribuição geométrica: média e variância

Nos exercícios 29 e 30, use o fato de que a média de uma distribuição geométrica é $\mu = 1/p$ e a variância é $\sigma^2 = q/p^2$.

29. **Loteria diária** Uma loteria diária escolhe três bolas numeradas de 0 a 9. A probabilidade de ganhar na loteria é de 1/1.000. Seja x a quantidade de vezes que você joga na loteria antes de ganhar pela primeira vez. (a) Calcule a média, a variância e o desvio padrão. (b) Quantas vezes você esperaria ter que jogar na loteria antes de ganhar? (c) Considere que custa $ 1 para jogar e os vencedores recebem $ 500. Você esperaria ganhar ou perder dinheiro ao jogar nessa loteria? Explique.

30. **Erros nos salários** Uma empresa assume que 0,5% de seus pagamentos anuais foram calculados incorretamente. A empresa tem 200 funcionários e examinou os registros da folha de pagamento de um mês. (a) Calcule a média, a variância e o desvio padrão. (b) Quantos registros de funcionários na folha de pagamento você esperaria ter que examinar antes de encontrar um com erro?

Distribuição de Poisson: variância

Nos exercícios 31 e 32, use o fato de que a variância de uma distribuição de Poisson é $\sigma^2 = \mu$.

31. **Golfe** Em um ano recente, o número médio de tacadas por buraco do jogador de golfe Bubba Watson era de aproximadamente 3,9. (a) Calcule a variância e o desvio padrão, e interprete os resultados. (b) Identifique qualquer número de tacada em um buraco que você consideraria incomum. *(Fonte: PGATour.com)*

32. **Falências** O número médio de declarações de falência por hora, por empresas, nos Estados Unidos em 2020 foi de cerca de 2,5. (a) Calcule a variância e o desvio padrão. Interprete os resultados. (b) Identifique qualquer número de falências durante uma hora que você consideraria incomum. *(Fonte: Administrative Office of the U.S. Courts.)*

USOS E ABUSOS

Estatística no mundo real

Usos

Há incontáveis ocorrências de distribuições de probabilidade de Poisson nas áreas de negócios, sociologia, ciência da computação e muitos outros campos.

Por exemplo, suponha que você trabalhe para o corpo de bombeiros na cidade de Erie, Pensilvânia. Você precisa garantir que o departamento tenha pessoal e veículos suficientes à disposição para responder a incêndios, emergências médicas e outras situações em que eles fornecem ajuda. Os registros do corpo de bombeiros mostram que ele responde a uma média de 11 incidentes por dia, mas um dia o corpo de bombeiros responde a 15 incidentes. Esse é um evento incomum? Nesse caso, o departamento pode precisar atualizar as diretrizes para que esteja preparado para responder a mais incidentes.

Conhecer as características das distribuições de probabilidade de Poisson lhe ajudará a responder a esse tipo de questão. Quando você tiver concluído este livro, será capaz de tomar decisões fundamentadas acerca da razoabilidade das diretrizes do corpo de bombeiros.

Abusos

Um mau uso comum da distribuição de Poisson é pensar que o resultado "mais provável" é o resultado que ocorrerá na maioria das vezes. Por exemplo, suponha que você esteja planejando um dia típico de resposta a emergências para o corpo de bombeiros. O número mais provável de incidentes aos quais o departamento precisará responder é 11. Embora esse seja o resultado mais provável, a probabilidade de ocorrer é de apenas 0,119. Há cerca de 0,202 de chance de o departamento responder a 12 ou 13 incidentes e cerca de 0,219 de chance de 14 ou mais incidentes. Portanto, seria um erro simplesmente planejar 11 incidentes todos os dias, pensando que dias com menos incidentes e dias com mais incidentes se equilibrarão ao longo do tempo.

A segurança e até a vida dos cidadãos podem depender do corpo de bombeiros, por isso é importante estar preparado para qualquer cenário provável. Assim, o corpo de bombeiros deve estar pronto para responder a qualquer número de incidentes para os quais a probabilidade acumulada de muitos ou mais incidentes seja maior que 0,05.

EXERCÍCIOS

Nos exercícios de 1 a 4, suponha que as diretrizes do corpo de bombeiros estejam corretas e que o departamento responda a uma média de 11 incidentes por dia. Use o gráfico da distribuição de Poisson da Figura 4.15 e ferramentas tecnológicas para responder às perguntas. Explique seu raciocínio.

1. Em um dia aleatório, o que é mais provável, 11 incidentes ou pelo menos 16 incidentes?
2. Em um dia aleatório, o que é mais provável, 10 a 12 incidentes ou menos de 10 incidentes?
3. No dia 4 de julho, o corpo de bombeiros atende 17 ocorrências. Há motivos para acreditar que as diretrizes devem ser ajustadas para este feriado?

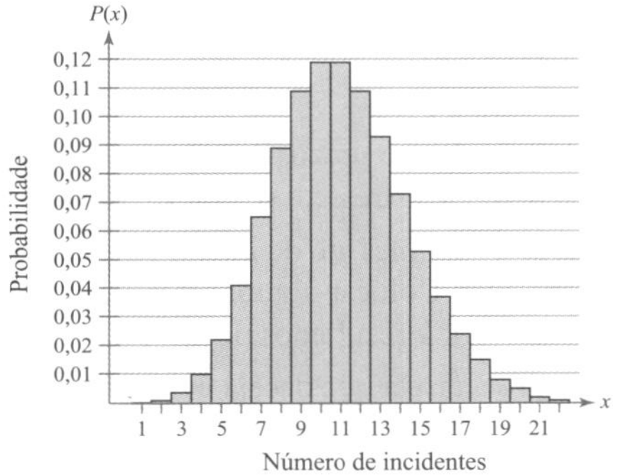

Figura 4.15

4 Resumo do capítulo

O que você aprendeu	Exemplo(s)	Exercícios de revisão
Seção 4.1		
▶ Como diferenciar entre variáveis aleatórias discretas e variáveis aleatórias contínuas.	1	1, 2
▶ Como construir e representar graficamente uma distribuição de probabilidade discreta.	2	3, 4
▶ Como determinar se uma distribuição é uma distribuição de probabilidade.	3, 4	5, 6
▶ Como calcular a média, a variância e o desvio padrão de uma distribuição de probabilidade discreta.	5, 6	7, 8
$\mu = \Sigma xP(x)$ Média de uma variável aleatória discreta		
$\sigma^2 = \Sigma(x - \mu)^2 P(x)$ Variância de uma variável aleatória discreta		
$\sigma = \sqrt{\sigma^2} = \sqrt{\Sigma(x - \mu)^2 P(x)}$ Desvio padrão de uma variável aleatória discreta		
▶ Como determinar o valor esperado de uma distribuição de probabilidade discreta.	7	9, 10
Seção 4.2		
▶ Como determinar se um experimento aleatório é um experimento binomial.	1	11, 12
▶ Como determinar probabilidades binomiais usando a fórmula, a tabela e tecnologia.	2, 4-6	13-16, 23, 26
▶ Como construir e representar graficamente uma distribuição binomial.	3, 7	17, 18
▶ Como calcular a média, a variância e o desvio padrão de uma distribuição de probabilidade binomial.	8	19, 20
$m = np$ Média de uma distribuição binomial		
$\sigma^2 = npq$ Variância de uma distribuição binomial		
$\sigma = \sqrt{npq}$ Desvio padrão de uma distribuição binomial		
Seção 4.3		
▶ Como determinar probabilidades usando a distribuição geométrica.	1	21, 24
▶ Como determinar probabilidades usando a distribuição de Poisson.	2, 3	22, 25

Estratégias de estudo

Evitando a procrastinação Quando você atrasa a execução de tarefas ou não as realiza em tempo hábil, você está *procrastinando*. Aqui estão algumas dicas para ajudá-lo a reduzir o quanto você procrastina.

- Aborde o que está causando a procrastinação. Se você tem medo de falhar porque uma tarefa parece confusa ou difícil, peça esclarecimentos ou ajuda. Se a tarefa parecer muito grande ou exaustiva, divida-a em tarefas menores e estabeleça metas razoáveis.
- Pense nos efeitos a longo prazo. Procrastinar pode afetar seu sono, seu nível de estresse e seu outro trabalho.
- Apenas comece. O simples ato de iniciar uma tarefa torna mais fácil continuar. Colocar algum esforço, mesmo que mínimo, pode produzir resultados positivos.
- Execute primeiro a tarefa que deseja evitar fazer mais.
- Conheça suas distrações e evite-as até terminar seu trabalho.

4 Exercícios de revisão

Seção 4.1

Nos exercícios 1 e 2, determine se a variável aleatória x é discreta ou contínua. Explique.

1. Seja x a nota em um exame que vale um total de 100 pontos.

2. Seja x o peso de um caminhão em uma estação de pesagem.

Nos exercícios 3 e 4, (a) construa uma distribuição de probabilidade e (b) represente graficamente a distribuição de probabilidade usando um histograma e descreva seu formato.

3. O número de rebatidas de um jogador, por jogo, na *Major League Baseball.*

Rebatidas	0	1	2	3	4	5
Jogos	29	62	33	12	3	1

4. O número de horas de sono de alunos de uma faculdade na noite anterior.

Horas	4	5	6	7	8	9	10
Alunos	1	6	13	23	14	4	2

Nos exercícios 5 e 6, determine se a distribuição é uma distribuição de probabilidade. Se não for, explique o porquê.

5. A variável aleatória x representa o número de multas que um policial aplica a cada turno.

x	0	1	2	3	4	5
$P(x)$	0,09	0,23	0,29	0,16	0,21	0,02

6. A variável aleatória x representa o número de disciplinas nas quais um aluno universitário está matriculado em um dado semestre.

x	1	2	3	4	5	6	7	8
$P(x)$	$\frac{1}{80}$	$\frac{2}{75}$	$\frac{1}{10}$	$\frac{12}{25}$	$\frac{27}{20}$	$\frac{1}{5}$	$\frac{2}{25}$	$\frac{1}{120}$

Nos exercícios 7 e 8, (a) calcule a média, a variância e o desvio padrão da distribuição de probabilidade e (b) interprete os resultados.

7. O número de telefones celulares, por domicílio, em uma cidade pequena.

Telefones celulares	0	1	2	3	4	5	6
Probabilidade	0,020	0,140	0,272	0,292	0,168	0,076	0,032

8. Uma emissora de televisão vende anúncios em intervalos de 15, 30, 60, 90 e 120 segundos. A distribuição das vendas para um dia de 24 horas está a seguir.

Duração (em segundos)	15	30	60	90	120
Probabilidade	0,134	0,786	0,053	0,006	0,021

Prêmio	Probabilidade
$100,000	$\frac{1}{100.000}$
$100	$\frac{1}{100}$
$50	$\frac{1}{50}$

Nos exercícios 9 e 10, encontre o ganho líquido esperado do jogador para uma partida do jogo.

9. Custa $ 25 apostar em uma corrida de cavalos. O cavalo tem uma chance de 1/8 de vencer e 1/4 de ficar em segundo ou terceiro lugar. Você ganha $ 125 se o cavalo vencer e recebe seu dinheiro de volta se o cavalo ficar em segundo ou terceiro lugar.

10. Um bilhete de raspadinha custa $ 5. A tabela ao lado mostra a probabilidade de ganhar vários prêmios no bilhete.

Seção 4.2

Nos exercícios 11 e 12, determine se o experimento é um experimento binomial, Caso seja, identifique um sucesso, especifique os valores de n, p e q, e liste os valores possíveis da variável aleatória x. Se não for um experimento binomial, explique o porquê.

11. Sacos dos confeitos de chocolate M&M's produzidos na fábrica de Hackettstown, Nova Jersey, contém 12,5% deles na cor verde. Um confeito é selecionado de 12 sacos. A variável aleatória representa o número de confeitos verdes selecionados.

12. Uma moeda honesta é lançada repetidamente até que 15 caras sejam obtidas. A variável aleatória x conta o número de lançamentos.

Nos exercícios de 13 a 16, determine as probabilidades binomiais indicadas. Se for conveniente, use a tecnologia ou a Tabela 2 do Apêndice B.

13. Cinquenta e três por cento dos adultos dos Estados Unidos apoiam a tentativa de levar um astronauta a Marte. Você seleciona aleatoriamente oito adultos estadunidenses. Determine a probabilidade de que o número que apoia a tentativa de levar um astronauta a Marte seja (a) exatamente três, (b) pelo menos três e (c) mais que três. *(Fonte: Gallup.)*

14. Quarenta e dois por cento dos adultos dos Estados Unidos têm uma arma em casa. Você seleciona aleatoriamente 12 adultos estadunidenses. Determine a probabilidade de que o número que tem uma arma em casa seja (a) exatamente dois, (b) pelo menos dois e (c) mais que dois. *(Fonte: Gallup.)*

15. Setenta e dois por cento dos funcionários civis dos Estados Unidos têm acesso a benefícios de assistência médica. Você seleciona aleatoriamente nove funcionários civis. Determine a probabilidade de que o número de pessoas com acesso a benefícios de assistência médica seja (a) exatamente seis, (b) pelo menos seis e (c) mais de seis. *(Fonte: U. S. Bureau of Labor Statistics.)*

16. Sessenta e dois por cento dos candidatos que fizeram o Exame da Ordem dos Advogados no Texas foram aprovados. Você seleciona aleatoriamente cinco candidatos ao exame da ordem no Texas. Determine a probabilidade de que o número de aprovados seja (a) exatamente dois, (b) pelo menos dois e (c) mais que dois. *(Fonte: National Conference of Bar Examiners.)*

Nos exercícios 17 e 18, (a) construa uma distribuição binomial, (b) represente graficamente a distribuição binomial usando um histograma e descreva seu formato e (c) identifique quaisquer valores da variável aleatória x que você consideraria incomuns. Explique seu raciocínio.

17. Setenta e dois por cento dos adultos estadunidenses leram um livro em qualquer formato no ano passado. Você seleciona aleatoriamente cinco adultos estadunidenses e pergunta se eles leram um livro em qualquer formato no ano passado. A variável aleatória representa o número de adultos que leram um livro em qualquer formato no ano passado. *(Fonte: Pew Research.)*

18. Quarenta e nove por cento dos adultos dos Estados Unidos respondem corretamente quando perguntados "O que é *phishing**?" Você seleciona aleatoriamente seis adultos estadunidenses e pergunta a eles "O que é *phishing*?" A variável aleatória representa o número de adultos que responderam corretamente. *(Fonte: Proofpoint.)*

---

*N. de T.: *Phishing* é uma prática empregada para enganar as pessoas de modo que elas forneçam dados pessoais com senhas.

Nos exercícios 19 e 20, calcule a média, variância e o desvio padrão da distribuição binomial para a variável aleatória dada. Interprete os resultados e determine quaisquer valores incomuns.

19. Cerca de 13% dos motoristas estadunidenses não possuem seguro. Você seleciona aleatoriamente oito motoristas e pergunta se eles não possuem seguro. A variável aleatória representa o número dos que não possuem seguro. *(Fonte: Insurance Research Council.)*

20. Trinta e três por cento dos estudantes-atletas da NCAA* têm um emprego esperando por eles quando se formarem na faculdade. Você seleciona aleatoriamente dez estudantes-atletas da NCAA que estão se formando e pergunta se eles têm um emprego esperando por eles. A variável aleatória representa o número dos que tem um emprego esperando por eles. *(Fonte: Gallup.)*

Seção 4.3

Nos exercícios de 21 a 26, calcule as probabilidades indicadas usando a distribuição geométrica, a de Poisson ou a binomial. Em seguida, determine se os eventos são incomuns. Se for conveniente, utilize uma tabela ou tecnologia para encontrar as probabilidades.

21. Quatorze por cento dos adultos estadunidenses não institucionalizados fumam cigarros. Depois de selecionar aleatoriamente dez adultos estadunidenses não institucionalizados, você pergunta se eles fumam cigarros. Determine a probabilidade de que o primeiro adulto que fuma cigarros seja (a) a terceira pessoa selecionada, (b) a quarta ou quinta pessoa selecionada e (c) não uma das primeiras seis pessoas selecionadas. *(Fonte: National Center for Health Statistics.)*

22. De 1940 a 2020, os furacões mataram cerca de 0,26 pessoas por dia nos Estados Unidos. Considere que essa taxa seja verdadeira para os dias atuais e constante ao longo do ano. Determine a probabilidade de que o número de pessoas nos Estados Unidos mortas por um tornado amanhã seja (a) exatamente zero, (b) no máximo duas e (c) mais que uma. *(Fonte: National Weather Service.)*

23. Trinta e seis por cento dos estadunidenses acham que ainda há necessidade da prática de mudar seus relógios para o horário de verão. Você seleciona aleatoriamente sete estadunidenses. Determine a probabilidade de que o número dos que diz que ainda há necessidade de mudar seus relógios para o horário de verão seja (a) exatamente quatro, (b) menos que dois e (c) pelo menos seis. *(Fonte: Rasmussen Reports.)*

24. Em uma temporada recente, o jogador de hóquei Evgeni Malkin marcou 25 gols em 55 jogos. Considere que sua performance permaneça nesse nível na próxima temporada. Determine a probabilidade de que ele fará seu primeiro gol (a) no primeiro jogo da temporada, (b) no segundo jogo da temporada, (c) nos três primeiros jogos da temporada e (d) não nos três primeiros jogos da temporada. *(Fonte: National Hockey League.)*

25. Em um período de 10 anos, tubarões mataram uma média de 6,4 pessoas por ano em todo o mundo. Determine a probabilidade de que o número de pessoas mortas por tubarões no próximo ano seja (a) exatamente três, (b) mais que seis e (c) no máximo cinco. *(Fonte: International Shark Attack File.)*

26. Sessenta e nove por cento dos adultos dos Estados Unidos planejam tomar ou já tomaram uma vacina contra a covid-19. Você seleciona aleatoriamente dez adultos estadunidenses e pergunta se eles planejam tomar ou já tomaram uma vacina contra a covid-19. Determine a probabilidade de que o número de pessoas que planejam tomar ou já tomaram uma vacina contra a covid-19 seja (a) exatamente sete, (b) mais de oito e (c) de dois a quatro. *(Fonte: Pew Research.)*

---

*N. de T.: NCAA é a sigla em inglês para *National Collegiate Athletic Association*, uma associação que reúne entidades ligadas ao esporte universitário nos Estados Unidos.

4 Problemas

Faça estes problemas como se estivesse fazendo em sala. Depois, compare suas respostas com as respostas dadas no final do livro.

1. Determine se a variável aleatória x é discreta ou contínua. Explique seu raciocínio.

(a) Seja x o número de relâmpagos que ocorrem em Wyoming durante o mês de junho.

(b) Seja x a quantidade de combustível (em galões) usado por um jato durante a decolagem.

(c) Seja x o resultado final em uma partida de boliche.

2. A tabela a seguir lista o número de dispositivos sem fio, por domicílio, em uma pequena cidade nos Estados Unidos.

Dispositivos sem fio	0	1	2	3	4	5
Número de domicílios	277	471	243	105	46	22

(a) Construa uma distribuição de probabilidade.

(b) Representa graficamente a distribuição de probabilidade usando um histograma e descreva seu formato.

(c) Calcule a média, a variância e o desvio padrão da distribuição de probabilidade e interprete os resultados.

(d) Determine a probabilidade de selecionar aleatoriamente um domicílio que tenha, pelo menos, quatro dispositivos sem fio.

3. No ano passado, trinta e três por cento dos adultos dos Estados Unidos adiaram o tratamento médico por causa do custo. Você seleciona aleatoriamente nove adultos estadunidenses. Determine a probabilidade de que o número de pessoas que adiou o tratamento médico por causa do custo no ano passado seja (a) exatamente três, (b) no máximo quatro e (c) mais de cinco. *(Fonte: Gallup.)*

4. A taxa de sobrevivência de cinco anos de pessoas que se submeteram a um transplante de fígado é de 75%. A cirurgia é realizada em seis pacientes. *(Fonte: Mayo Clinic.)*

(a) Construa uma distribuição binomial

(b) Represente graficamente a distribuição binomial usando um histograma e descreva seu formato.

(c) Calcule a média, a variância e o desvio padrão da distribuição binomial e interprete os resultados.

5. Uma revista *online* descobre que o número médio de erros tipográficos por página é de cinco. Determine a probabilidade de que o número de erros tipográficos encontrados em qualquer página seja (a) exatamente cinco, (b) menos que cinco e (c) exatamente zero.

6. O jogador de basquete Stephen Curry faz uma cesta de três pontos cerca de 43% das vezes. Determine a probabilidade de que (a) o primeiro arremesso de 3 pontos que ele fizer seja o terceiro arremesso, (b) o primeiro arremesso de 3 pontos que ele fizer seja o quarto ou quinto arremesso e (c) ele não acerte os seis primeiros arremessos. *(Fonte: ESPN.)*

7. Qual(is) evento(s) nos Exercícios 5 e 6 pode(m) ser considerado(s) incomum(ns)? Explique seu raciocínio.

4 Teste do capítulo

Faça este teste como se estivesse fazendo uma prova em sala.

Nos exercícios de 1 a 3, determine as probabilidades indicadas usando a distribuição geométrica, a de Poisson ou a binomial. Em seguida, determine se os eventos são incomuns. Se for conveniente, utilize uma tabela ou tecnologia para encontrar as probabilidades.

1. Uma em cada 42 declarações de imposto para rendimentos acima de US$ 1 milhão requer uma auditoria. Um auditor está examinando declarações de impostos de mais de US$ 1 milhão. Determine a probabilidade de que (a) a primeira declaração exigindo uma auditoria seja a 25ª declaração examinada pelo auditor fiscal, (b) a primeira declaração exigindo uma auditoria seja a primeira ou a segunda declaração examinada pelo auditor fiscal e (c) nenhuma das cinco primeiras declarações que o auditor fiscal examina exigem uma auditoria. *(Fonte: Kiplinger.)*

2. Cerca de 53% dos estudantes universitários em período integral dos Estados Unidos consumiram álcool em um período de um mês. Você seleciona aleatoriamente seis estudantes universitários estadunidenses em período integral. Determine a probabilidade de que o número que consumiu álcool em um período de um mês seja (a) exatamente dois, (b) pelo menos três e (c) menos de quatro. *(Fonte: National Center for Biotechnology Information.)*

3. O crescimento médio da população estadunidense é de aproximadamente 1,5 pessoa por minuto. Determine a probabilidade de que o crescimento na população estadunidense em qualquer minuto dado seja (a) exatamente três pessoas, (b) mais do que quatro pessoas e (c) no máximo quatro pessoas. *(Fonte: U.S. Census Bureau.)*

4. Determine se a distribuição é uma distribuição de probabilidade. Se não for, explique o porquê.

(a)

x	0	5	10	15	20
$P(x)$	0,03	0,09	0,19	0,32	0,37

(b)

x	1	2	3	4	5	6
$P(x)$	$\frac{1}{20}$	$\frac{1}{10}$	$\frac{2}{5}$	$\frac{3}{10}$	$\frac{1}{5}$	$\frac{1}{25}$

5. A tabela a seguir mostra as idades dos estudantes em um curso de orientação para calouros.

Idade	17	18	19	20	21	22
Estudantes	2	13	4	3	2	1

(a) Construa uma distribuição de probabilidade

(b) Represente graficamente a distribuição usando um histograma e descreva seu formato.

(c) Calcule a média, a variância e o desvio padrão da distribuição de probabilidade e interprete os resultados.

(d) Determine a probabilidade de que um estudante selecionado aleatoriamente tenha menos de 20 anos.

6. Cinquenta e seis por cento dos empréstimos estudantis federais estão sendo pagos. Você seleciona aleatoriamente cinco empréstimos estudantis e verifica se eles estão sendo pagos. A variável aleatória representa o número que está sendo pago. *(Fonte: U. S. Department of Education.)*

(a) Construa uma distribuição de probabilidade

(b) Represente graficamente a distribuição usando um histograma e descreva seu formato.

(c) Calcule a média, a variância e o desvio padrão da distribuição de probabilidade e interprete os resultados.

ESTATÍSTICA REAL DECISÕES REAIS

Juntando tudo

O Centro de Controle e Prevenção de Doenças (*Centers for Disease Control and Prevention* – CDC) é obrigado por lei a publicar um relatório sobre tecnologias de reprodução assistida (TRA). A TRA inclui todos os tratamentos de fertilidade nos quais o óvulo e o esperma são usados. Esses procedimentos geralmente envolvem a retirada de óvulos dos ovários da paciente, a combinação deles com esperma em laboratório e a recolocação dos óvulos no corpo da paciente ou a doação para outra paciente.

Você está ajudando a preparar o relatório do CDC sobre pacientes jovens de TRA e seleciona, de forma aleatória, 6 ciclos de TRA de pacientes com menos de 35 anos de idade para uma revisão especial. Nenhum dos ciclos resultou em um nascido vivo. Seu gerente acha impossível selecionar aleatoriamente 10 ciclos de TRA que não resultaram em um nascido vivo. Use o gráfico da Figura 4.16 e seu conhecimento sobre estatística para determinar se o seu gerente está correto.

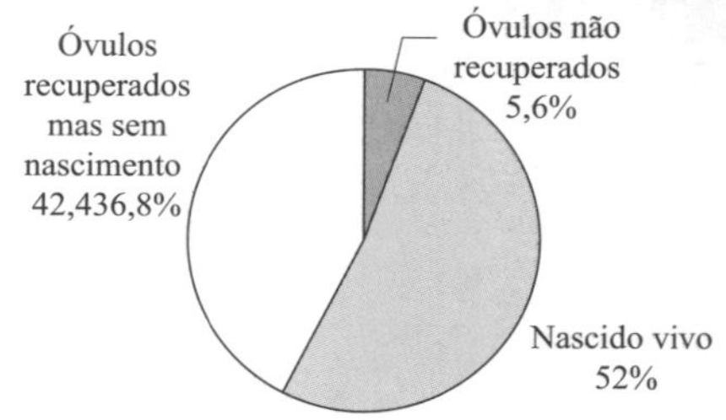

Figura 4.16 Resultados de ciclos de TRA para pacientes com menos de 35 anos usando o próprio óvulo.
(Fonte: Centers for Disease Control and Prevention.)

EXERCÍCIOS

1. **Como você faria isso?**
   (a) Como você determinaria se o seu gerente está correto, que é impossível selecionar 10 ciclos de TRA aleatoriamente que não resultaram em nascidos vivos?
   (b) Qual distribuição de probabilidade você acha que melhor descreve a situação? Você acha que a distribuição do número nascidos vivos é discreta ou contínua? Explique seu raciocínio.
2. **Representando à pergunta**
   Escreva uma explicação que responda à pergunta: "É possível selecionar aleatoriamente seis ciclos de TRA que não resultam em nascidos vivos?". Inclua em sua explicação a distribuição de probabilidade apropriada e seus cálculos da probabilidade de não haver nascidos vivos em seis ciclos de TRA.
3. **Amostras suspeitas?**
   Um funcionário do laboratório lhe diz que as amostras a seguir forma selecionadas aleatoriamente. Usando o gráfico da Figura 4.17, qual das amostras você consideraria suspeita? Você acreditaria que as amostras foram selecionadas aleatoriamente? Explique seu raciocínio.
   (a) Uma amostra de 8 ciclos de TRA entre pacientes com idade de 35 a 37 anos, um dos quais resultou em nascido vivo.
   (b) Uma amostra de 10 ciclos de TRA entre pacientes com 43 anos e mais, dois dos quais resultaram em nascidos vivos.

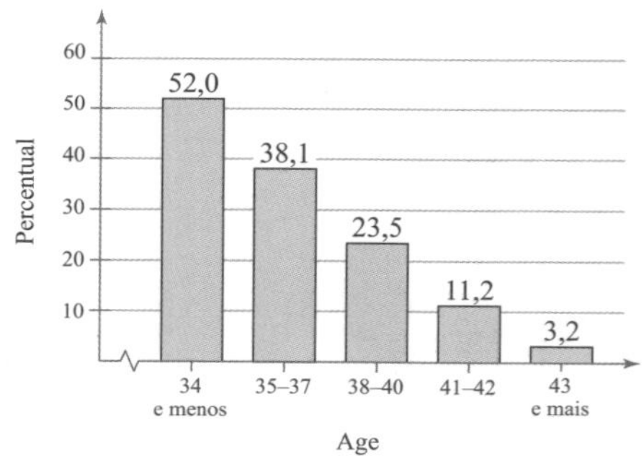

Figura 4.17 Taxas de nascidos vivos para ciclos de TRA entre pacientes por faixa etária.
(Fonte: Centers for Disease Control and Prevention.)

TECNOLOGIA MINITAB EXCEL TI-84 PLUS

Usando distribuição de Poisson como modelo de filas

Há muitos exemplos de filas na vida cotidiana: esperar em um semáforo, esperar em uma fila para passar no caixa de um supermercado, esperar um elevador, aguardar um telefonema, e assim por diante.

A distribuição de Poisson são usadas para modelar e prever o número de pessoas (ligações, programas de computador, veículos) chegando à uma fila. Nos exercícios a seguir, você deverá usar distribuição de Poisson para analisar as filas no caixa de um supermercado.

MINITAB

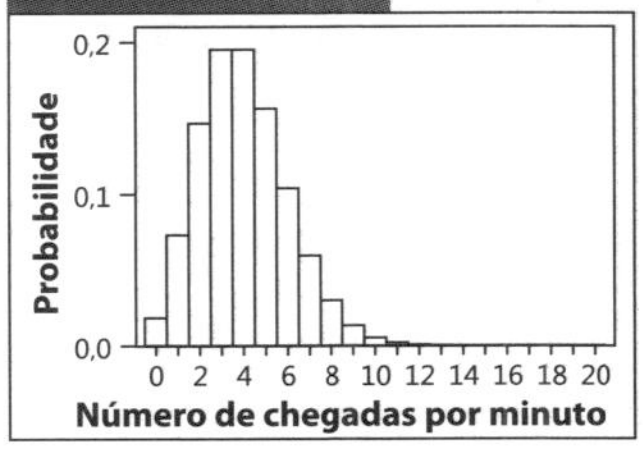

EXERCÍCIOS

Nos exercícios de 1 a 7, considere um supermercado que pode processar um total de quatro clientes em seu caixa por minuto.

1. O número médio de clientes que chegam ao caixa por minuto é 4. Crie uma distribuição de Poisson com $\mu = 4$ para $x = 0$ a 20. Compare seus resultados com o histograma da Figura 4.38.
2. O Minitab foi usado para gerar 20 números aleatórios com uma distribuição de Poisson para $\mu = 4$. O número aleatório representa o número de chegadas ao caixa, por minuto, em um período de 20 minutos.

   3 3 3 3 5 5 6 7 3 6

   3 5 6 3 4 6 2 2 4 1

   Durante cada um dos quatro primeiros minutos, somente três clientes chegaram. Esses clientes foram todos atendidos, não havendo clientes esperando depois de quatro minutos.
   - **(a)** Quantos clientes estavam esperando após 5 minutos? E 6 minutos? E 7 minutos? E 8 minutos?
   - **(b)** Crie uma tabela que mostre o número de clientes esperando ao final de 1 até 20 minutos.
3. Gere uma lista de 20 números aleatórios com uma distribuição de Poisson para $\mu = 4$. Crie uma tabela que mostre o número de clientes esperando ao final de 1 até 20 minutos.
4. A média aumenta para 5 chegadas por minuto, porém, a loja permanece processando somente quatro por minuto. Gere uma lista de 20 números aleatórios com uma distribuição de Poisson para $\mu = 5$. Em seguida, crie uma tabela que mostre o número de clientes esperando ao final de 1 até 20 minutos
5. O número médio de chegadas por minuto é cinco. Qual é a probabilidade de 10 clientes chegarem durante o primeiro minuto?
6. O número médio de chegadas por minuto é quatro. Determine a probabilidade de que:
   - **(a)** três, quatro ou cinco clientes chegarão durante o terceiro minuto.
   - **(b)** mais de quatro clientes chegarão durante o primeiro minuto.
   - **(c)** mais de quatro clientes chegarão durante cada um dos quatro primeiros minutos.
7. O número médio de chegadas por minuto é quatro. Determine a probabilidade de que:
   - **(a)** nenhum cliente está esperando na fila após um minuto.
   - **(b)** um cliente está esperando na fila após um minuto.
   - **(c)** um cliente está esperando na fila após um minuto e nenhum cliente está esperando na fila após o segundo minuto.
   - **(d)** nenhum cliente está esperando na fila após dois minutos.

CAPÍTULO 5

Distribuição de probabilidade normal

A produção diária de leite nos Estados Unidos foi, em média, 23.777 libras em 2020, mais que o dobro da média de 50 anos atrás.

Onde estamos

Do Capítulo 1 ao 4, você aprendeu como coletar e descrever dados, encontrar a probabilidade de um evento e analisar Distribuições de probabilidade discretas. Você também aprendeu que, quando uma amostra é usada para fazer inferências sobre uma população, é imprescindível que a amostra não seja tendenciosa. Por exemplo, como você organizaria um estudo para determinar qual raça de vaca leiteira é a mais lucrativa. Quando o Departamento de Agricultura dos Estados Unidos realiza este estudo, é usada amostragem aleatória e são registradas as medidas de várias produções de leite e características físicas, como libras produzidas, porcentagem de gordura, porcentagem de proteína, vida produtiva, contagem de células somáticas e capacidade de parto. Os estudos mostraram repetidamente que as vacas Holandesas são a raça mais lucrativa de vacas leiteiras. Outras raças de destaque são as vacas Jersey, Brown Swiss e Ayrshire.

Para onde vamos

No Capítulo 5, você vai aprender como reconhecer distribuição normal (curva em forma de sino) e como usar suas propriedades em aplicações da vida real. Suponha que você seja um fazendeiro planejando comprar 20 vacas Holandesas e 10 vacas Jersey de um criador. Você quer saber as probabilidades de que os grupos de vacas produzirão certas quantidades diárias médias de leite. Você aprenderá a calcular esse tipo de probabilidade usando uma distribuição amostral para as médias amostrais e o Teorema limite central na Seção 5.4. Os gráficos da Figura 5.1 mostram as distribuições das médias amostrais de leite produzido diariamente pelas duas raças de vacas

A Tabela 5.1 mostra as informações fornecidas a você pelo criador. Suponha que as quantidades de leite produzidas sejam normalmente distribuídas.

Quantidade de leite produzida por dia (em libras)		
Raça	**Média**	**Desvio padrão**
Holstein	69,3	11,7
Jersey	49,7	10,1

Você pode usar essas informações para fazer cálculos sobre as quantidades médias de leite produzidas diariamente pelas vacas. Por exemplo, a probabilidade de que as 20 vacas Holandesas produzam uma média de pelo menos 65 libras de leite por dia é de cerca de 94,95%, e a probabilidade de que as 10 vacas Jersey produzam uma média entre 50 e 60 libras de leite por dia é de cerca de 46,35%.

Produção média diária de leite por vacas Holandesas

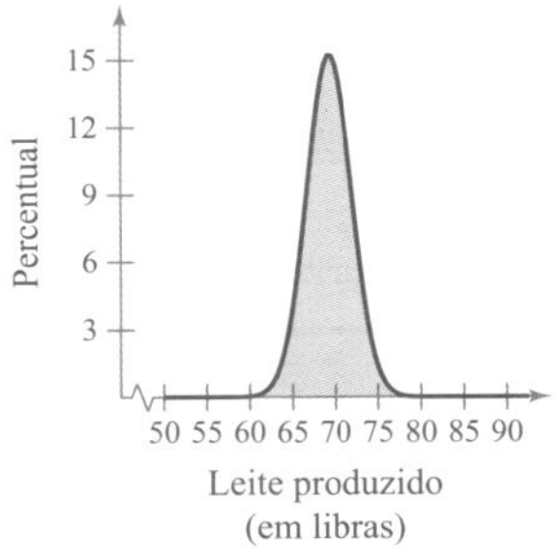

Produção média diária de leite por vacas Jersey

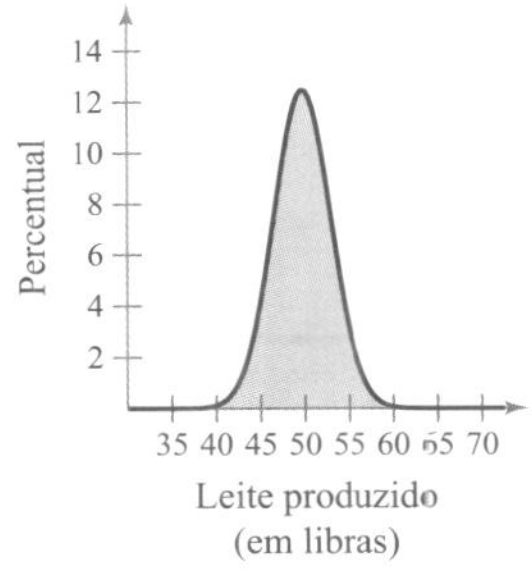

5.1 Introdução à distribuição normal e a distribuição normal padrão

O que você deve aprender

- Como interpretar gráficos da distribuição de probabilidade normal.
- Como encontrar áreas sob a curva normal padrão.

Propriedades de uma distribuição normal ■ A distribuição normal padrão

Propriedades de uma distribuição normal

Na Seção 4.1, você diferenciou entre variáveis aleatórias discretas e contínuas, e aprendeu que uma variável aleatória contínua tem um número infinito de valores possíveis que podem ser representados por um intervalo em uma reta numérica. Sua distribuição de probabilidade é chamada de **distribuição de probabilidade contínua**. Neste capítulo, você vai estudar a mais importante distribuição de probabilidade contínua da estatística – a **distribuição normal**. A distribuição normal pode ser utilizada para modelar muitos conjuntos de medidas na natureza, na indústria e nos negócios. Por exemplo, a pressão sanguínea sistólica dos humanos, a vida útil de *smartphones* e custos domésticos são todas variáveis aleatórias normalmente distribuídas.

DEFINIÇÃO

Uma **distribuição normal** é uma de probabilidade contínua para uma variável aleatória x. O gráfico de uma distribuição normal é chamado de **curva normal**. Uma distribuição normal tem as seguintes propriedades:

1. A média, a mediana e a moda são iguais.
2. Uma curva normal tem forma de sino e é simétrica em torno da média.
3. A área total sob a curva normal é igual a 1.
4. À medida que a curva normal se distancia da média, ela se aproxima do eixo x, mas sem tocá-lo.
5. Entre $\mu - \sigma$ e $\mu + \sigma$ (no centro da curva), o gráfico tem concavidade para baixo. O gráfico tem concavidade para cima à esquerda de $\mu - \sigma$ e à direita de $\mu + \sigma$. Os pontos nos quais o gráfico muda a orientação da concavidade são chamados de **pontos de inflexão**.

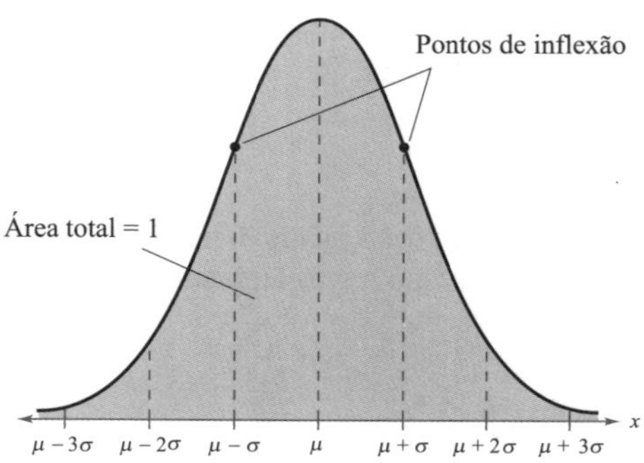

Figura 5.1 Gráfico de uma curva normal com algumas caracerísticas.

Dica de estudo

Uma curva normal com média μ e desvio padrão σ pode ser representada graficamente usando a função densidade de probabilidade normal.

$$y = \frac{1}{\sigma\sqrt{2\pi}}e^{-(x-\mu)^2/(2\sigma^2)}.$$

(Essa fórmula não será utilizada no livro.) Como e ≈ 2,718 e π ≈ 3,14, a curva normal depende completamente de μ e σ.

Você aprendeu que uma distribuição de probabilidade discreta pode ser representada graficamente com um histograma. Para uma distribuição de probabilidade contínua, você pode usar uma **função densidade de probabilidade (fdp).** Uma função densidade de probabilidade possui duas condições: (1) a área total sob a curva é igual a 1 e (2) a função nunca pode ser negativa.

Uma distribuição normal pode ter qualquer média e qualquer desvio padrão só assume valores não negativos. Esses dois parâmetros, μ e σ, determinam o formato da curva normal. A média dá a localização da linha de simetria e o desvio padrão descreve o quanto os dados estão dispersos.

Por exemplo, na Figura 5.2 as curvas A e B têm a mesma média, e as curvas B e C têm o mesmo desvio padrão. A área total sob cada curva é 1. Além disso, em cada gráfico, um dos pontos de inflexão encontra-se a um desvio padrão à esquerda da média e o outro a um desvio padrão à direita da média.

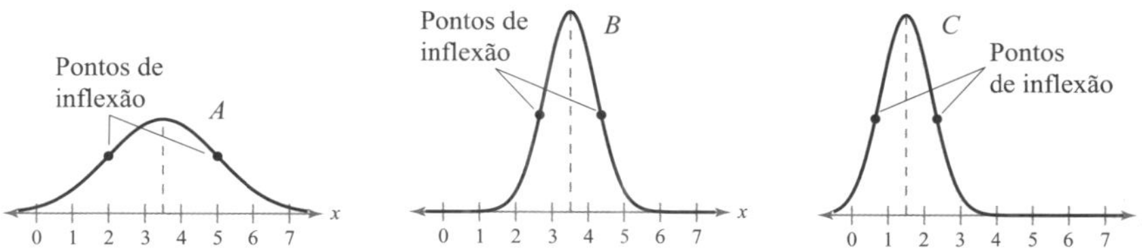

Média: μ = 3,5	Média: μ = 3,5	Média: μ = 1,5
Desvio padrão: σ = 1,5	Desvio padrão: σ = 0,7	Desvio padrão: σ = 0,7

Figura 5.2 Formatos de curva normal para combinações de duas médias e dois desvios padrão.

Retratando o mundo

De acordo com o *National Center for Health Statistics*, o número de nascimentos nos Estados Unidos, em um ano recente, foi de 3.747.540. Os pesos dos recém-nascidos podem ser aproximados por uma distribuição normal, conforme mostrado na figura a seguir. *(Adaptado de: National Center for Health Statistics.)*

Pesos dos recém-nascidos

Qual é o peso médio dos recém-nascidos? Estime o desvio padrão dessa distribuição normal.

EXEMPLO 1

Entendendo a média e o desvio padrão

1. Qual curva normal tem uma média maior?
2. Qual curva normal tem um desvio padrão maior?

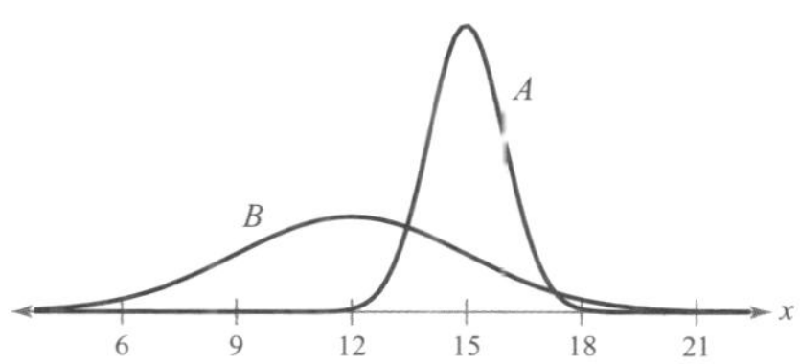

Figura 5.3

SOLUÇÃO

1. A linha de simetria da curva A ocorre em $x = 15$. A linha de simetria da curva B ocorre em $x = 12$. Portanto, a curva A tem uma média maior.
2. A curva B é mais dispersa do que a curva A; portanto, a curva B tem um desvio padrão maior.

TENTE VOCÊ MESMO 1

1. Qual curva normal tem uma média maior?
2. Qual curva normal tem um desvio padrão maior?

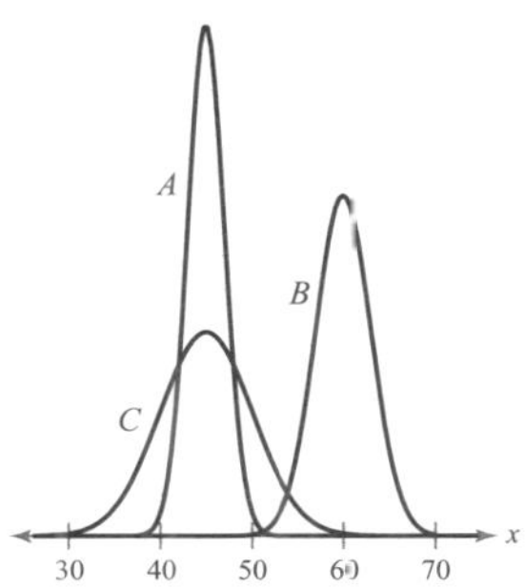

Figura 5.4

EXEMPLO 2

Interpretando gráficos da distribuição normal

As notas padronizadas do teste de matemática do 6º ano do Estado de Nova Iorque são normalmente distribuídas. A curva normal, mostrada na Figura 5.5, representa essa distribuição para um ano recente. Qual é a nota média? Estime o desvio padrão dessa distribuição normal. *(Adaptado de: New York State Education Department.)*

Teste de matemática

Figura 5.5 Distribuição das notas padronizadas do teste de matemática do 6º ano.

SOLUÇÃO

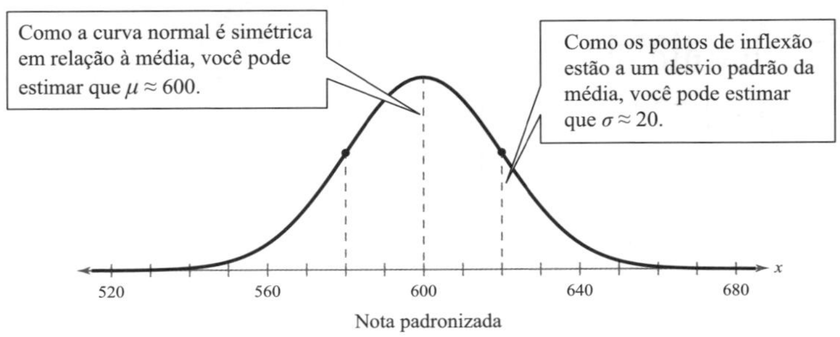

Figura 5.6

As notas padronizadas do teste de matemática do 6º ano do Estado de Nova Iorque são normalmente distribuídas com média 600 e desvio padrão de cerca de 20.

Interpretação Usando a Regra Empírica (veja a Seção 2.4), você sabe que cerca de 68% das notas estão entre 580 e 620, cerca de 95% das notas estão entre 560 e 640 e aproximadamente 99,7% das notas estão entre 540 e 660.

TENTE VOCÊ MESMO 2

As pontuações de leitura para o teste de linguagem do 6º ano do Estado de Nova Iorque são normalmente distribuídas. A curva normal da Figura 5.7 representa essa distribuição para um ano recente. Qual é a pontuação média? Estime o desvio padrão dessa distribuição normal. *(Adaptado de: New York State Education Department.)*

Teste de linguagem

Figura 5.7 Distribuição das pontuações do teste de linguagem do 6º ano.

Dica de tecnologia

Você pode usar tecnologia para representar graficamente uma curva normal. Por exemplo, você pode usar a TI-84 Plus para representar a curva do Exercício 2.

```
Plot1  Plot2  Plot3
\Y1=normalpdf(X,600,20)
\Y2=
\Y3=
\Y4=
\Y5=
\Y6=
\Y7=
```

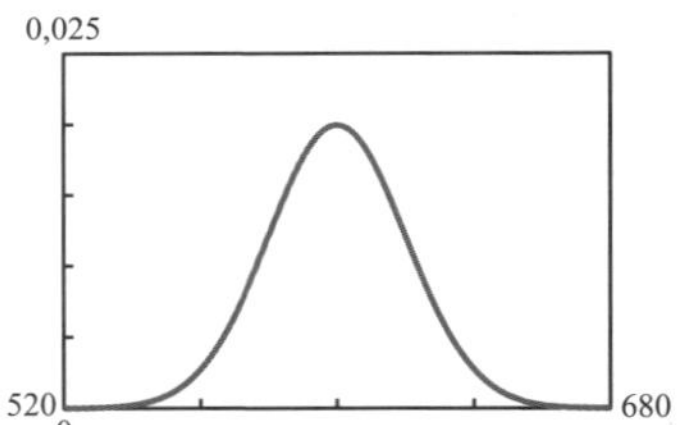

Dica de estudo

Como toda distribuição normal pode ser transformada em distribuição normal padrão, você pode usar o escore-*z* e a curva normal padrão para encontrar áreas (e, consequentemente, probabilidades) sob qualquer curva normal.

A distribuição normal padrão

Existe uma infinidade de distribuições normais, cada uma com sua própria média e desvio padrão. A distribuição normal com média 0 e desvio padrão igual a 1 é chamada de **distribuição normal padrão**. A escala horizontal do gráfico da distribuição normal padrão corresponde ao escore-*z* Na Seção 2.5, você aprendeu que um escore-*z* é uma medida de posição que indica o número de desvios padrão que um valor se encontra a partir da média. Lembre-se que você pode transformar um valor *x* em escore-*z* usando a fórmula:

$$z = \frac{\text{Valor} - \text{Média}}{\text{Desvio padrão}}$$

$$= \frac{x - \mu}{\sigma}.$$ Arredondar para o centésimo mais próximo

DEFINIÇÃO

A **distribuição normal padrão** é uma distribuição normal com média igual a 0 e desvio padrão igual a 1. A área total sob sua curva normal é 1.

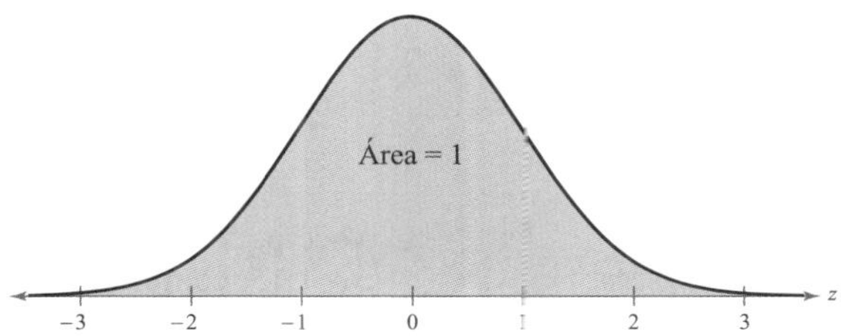

Distribuição normal padrão

Figura 5.8

Dica de estudo

É importante que você saiba a diferença entre *x* e *z*. A variável aleatória *x* é, às vezes, chamada de resultado bruto e representa valores em uma distribuição normal não padrão, ao passo que *z* representa valores na distribuição normal padrão.

Quando cada valor de uma variável aleatória *x* distribuída normalmente é transformado em um escore-*z*, o resultado será a distribuição normal padrão. Após essa transformação, a área que recai no intervalo sob a curva normal não padrão é *a mesma* que aquela sob a curva normal padrão dentro dos correspondentes limites z.

Na Seção 2.4, você aprendeu a usar a Regra Empírica para aproximar áreas sob uma curva normal quando os valores da variável aleatória *x* correspondiam a –3, –2, –1, 0, 1, 2, 3 desvios padrão da média. Agora, você vai aprender a calcular áreas correspondentes a outros valores de *x*. Depois de usar a fórmula apresentada anteriormente para transformar um valor *x* em um escore-*z*, você poderá usar a tabela normal padrão (Tabela 4 no Apêndice B). A tabela lista a área acumulada sob a curva normal padrão à esquerda de *z* para escores-*z* de –3,49 a 3,49. Ao examinar a tabela, note o seguinte:

Propriedades da distribuição normal padrão

1. A área acumulada é próxima de 0 para escores-*z* próximos a $z = -3{,}49$.
2. A área acumulada aumenta conforme os escores-*z* aumentam.
3. A área acumulada para $z = 0$ é 0,5000.
4. A área acumulada é próxima a 1 para escores-*z* próximos a $z = 3{,}49$.

Além de usar a tabela, você pode usar a tecnologia para encontrar a área acumulada que corresponde a um escores-*z*. Por exemplo, o próximo exemplo mostra como usar a tabela normal padrão e uma TI-84 Plus para encontrar a área acumulada que corresponde a um escore-*z*.

EXEMPLO 3

Usando a tabela normal padrão

1. Encontre a área acumulada que corresponde a um escore-z de 1,15.
2. Encontre a área acumulada que corresponde a um escore-z de –0,24.

SOLUÇÃO

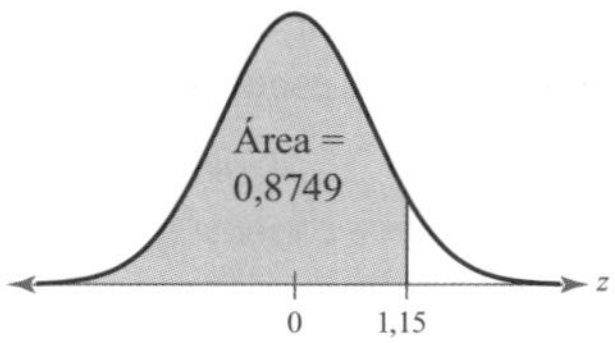

Figura 5.9

1. Utilizando a Tabela 5.1, encontre a área que corresponde à $z = 1{,}15$ buscando 1,1 na coluna à esquerda e depois, seguindo a linha até a coluna sob 0,05. O número naquela linha e coluna é 0,8749. Então, a área à esquerda de $z = 1{,}15$ é 0,8749, conforme mostrado na Figura 5.9.

Tabela 5.1

z	.00	.01	.02	.03	.04	.05	.06
0.0	.5000	.5040	.5080	.5120	.5160	.5199	.5239
0.1	.5398	.5438	.5478	.5517	.5557	.5596	.5636
0.2	.5793	.5832	.5871	.5910	.5948	.5987	.6026
0.9	.8159	.8186	.8212	.8238	.8264	.8289	.8315
1.0	.8413	.8438	.8461	.8485	.8508	.8531	.8554
1.1	.8643	.8665	.8686	.8708	.8729	.8749	.8770
1.2	.8849	.8869	.8888	.8907	.8925	.8944	.8962
1.3	.9032	.9049	.9066	.9082	.9099	.9115	.9131
1.4	.9192	.9207	.9222	.9236	.9251	.9265	.9279

TI-84 PLUS

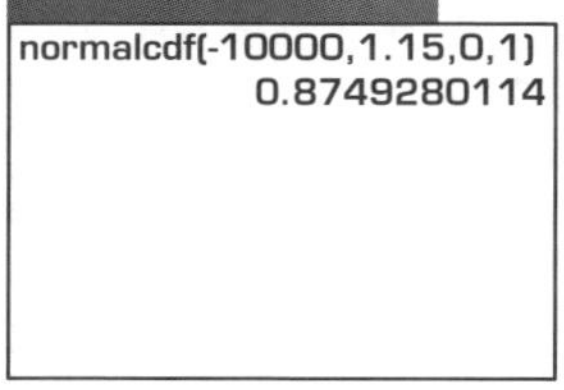

Figura 5.10

Você pode usar tecnologia para encontrar a área acumulada que corresponde a $z = 1{,}15$, conforme mostrado na Figura 5.10. Note que, para especificar o limite inferior, use –10.000.

2. Utilizando a Tabela 5.2. encontre a área que corresponde a $z = -0{,}24$ buscando –0,2 na coluna à esquerda e depois, seguindo a linha até a coluna sob 0,04. O número naquela linha e coluna é 0,4052. Então, a área à esquerda de $z = -0{,}24$ é 0,4052, conforme mostrado na Figura 5.1.

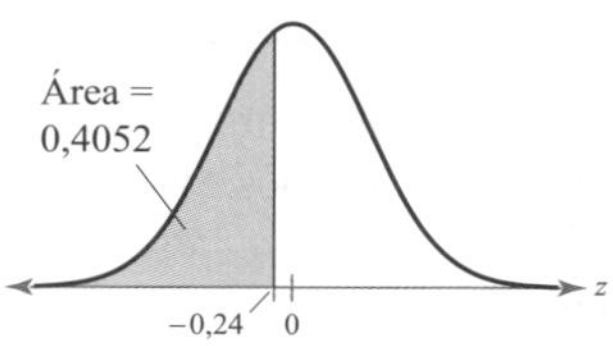

Figura 5.11

Tabela 5.2 Reprodução parcial da tabela da normal padrão, com valores z e respectivas áreas acumuladas até z.

z	.09	.08	.07	.06	.05	.04	.03
–3.4	.0002	.0003	.0003	.0003	.0003	.0003	.0003
–3.3	.0003	.0004	.0004	.0004	.0004	.0004	.0004
–3.2	.0005	.0005	.0005	.0006	.0006	.0006	.0006
–0.5	.2776	.2810	.2843	.2877	.2912	.2946	.2981
–0.4	.3121	.3156	.3192	.3228	.3264	.3300	.3336
–0.3	.3483	.3520	.3557	.3594	.3632	.3669	.3707
–0.2	.3859	.3897	.3936	.3974	.4013	.4052	.4090
–0.1	.4247	.4286	.4325	.4364	.4404	.4443	.4483
–0.0	.4641	.4681	.4721	.4761	.4801	.4840	.4880

TI-84 PLUS

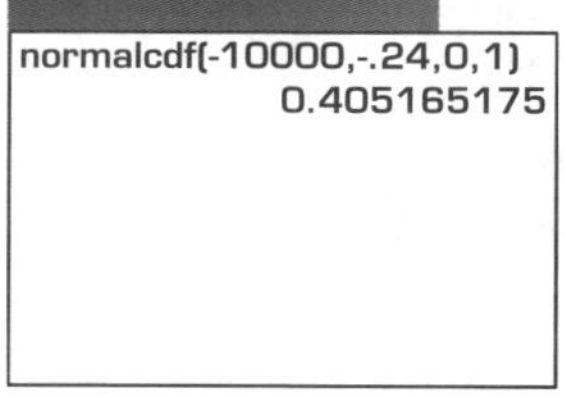

Figura 5.12

Você pode usar tecnologia para encontrar a área acumulada que corresponde a $z = -0{,}24$, conforme mostrado na Figura 5.12. Note que, para especificar o limite inferior, use –10.000.

TENTE VOCÊ MESMO 3

1. Encontre a área acumulada que corresponde a um escore-z de –2,19.
2. Encontre a área acumulada que corresponde a um escore-z de 2,17.

Quando o escore-z não estiver na tabela, use a entrada mais próxima dele. Para um escore-z que está exatamente no meio de dois escores-z, use a área do meio entre as áreas correspondentes.

Você pode usar as instruções a seguir para encontrar vários tipos de áreas sob a curva normal padrão.

INSTRUÇÕES

Encontrando áreas sob a curva normal padrão

1. Esboce a curva normal padrão e a sombreie a área apropriada sob a curva.

2. Encontre a área seguindo as orientações para cada caso apresentado.

a. Para encontrar a área à esquerda de z, ache a área que corresponde a z na tabela normal padrão.

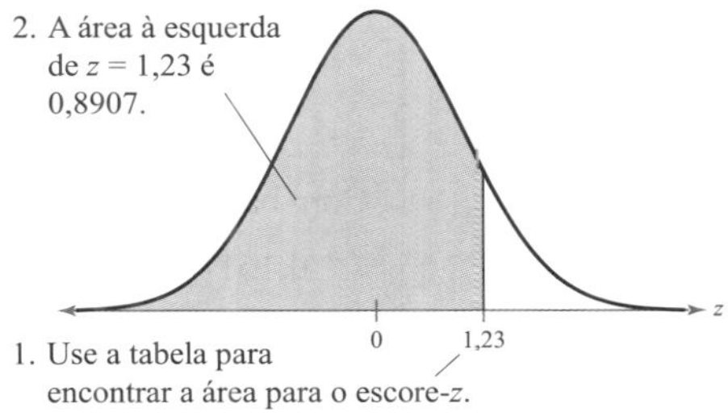

Figura 5.13

b. Para encontrar a área à direita de z, use a tabela normal padrão para achar a área que corresponde a z. Então, subtraia a área de 1.

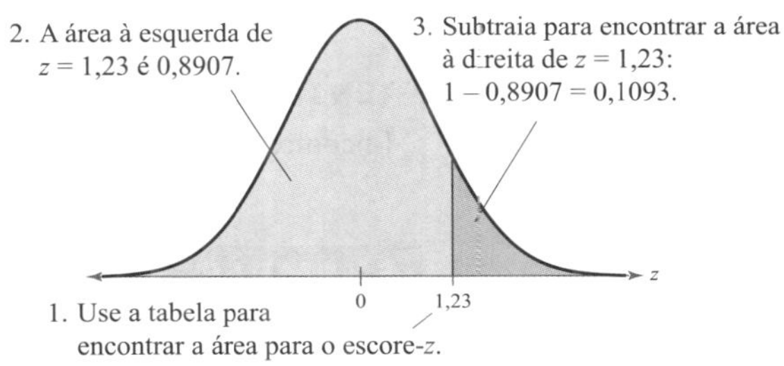

Figura 5.14

c. Para encontrar a área *entre* dois escores-z, encontre a área correspondente a cada escore-z na tabela normal padrão. Então, subtraia a área menor da área maior.

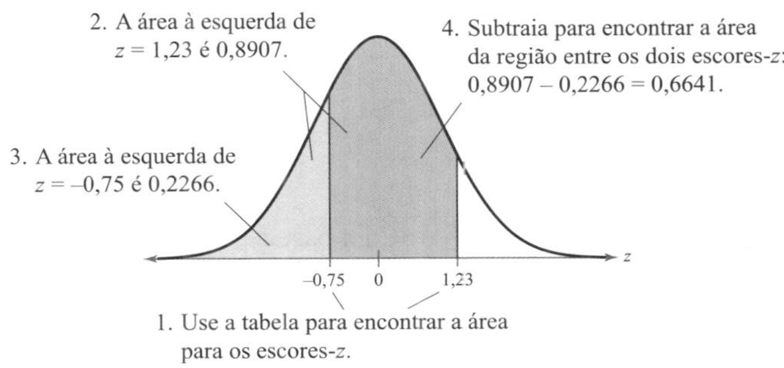

Figura 5.15

Dica de tecnologia

Você pode usar tecnologia para encontrar a área sob a curva normal padrão. Por exemplo, você pode usar o recurso *ShadeNorm* na TI-84 Plus para representar graficamente a área sob a curva normal padrão entre $z = -0{,}75$ e $z = 1{,}23$, conforme mostrado na figura a seguir. A área entre os dois escores-z é mostrada abaixo do gráfico. (Observe que quando você usa tecnologia, suas respostas podem diferir ligeiramente daquelas encontradas usando a tabela normal padrão.)

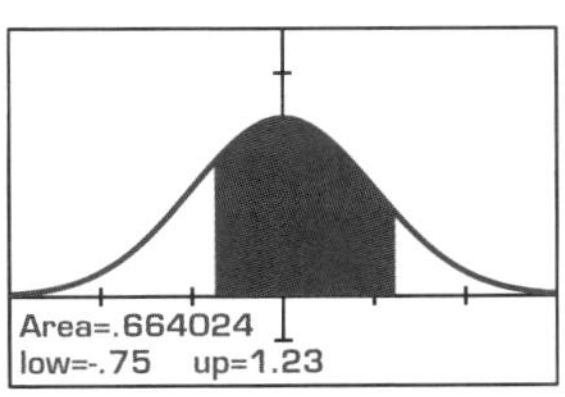

EXEMPLO 4

Encontrando a área sob a curva normal padrão

Encontre a área sob a curva normal padrão à esquerda de $z = -0{,}99$.

SOLUÇÃO

A área sob a curva normal padrão à esquerda de $z = -0{,}99$ é exibida na Figura 5.16.

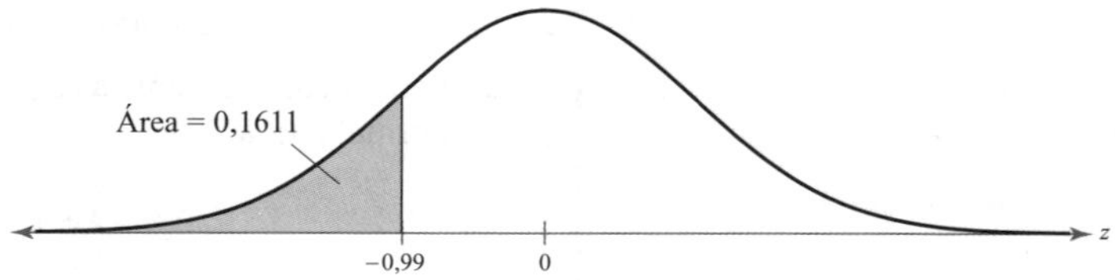

Figura 5.16

Com base na tabela normal padrão, esta área é igual a

0,1611 **Área à esquerda de** $z = -0{,}99$

Você pode usar a tecnologia para encontrar a área à esquerda de $z = -0{,}99$, conforme mostrado na Figura 5.17.

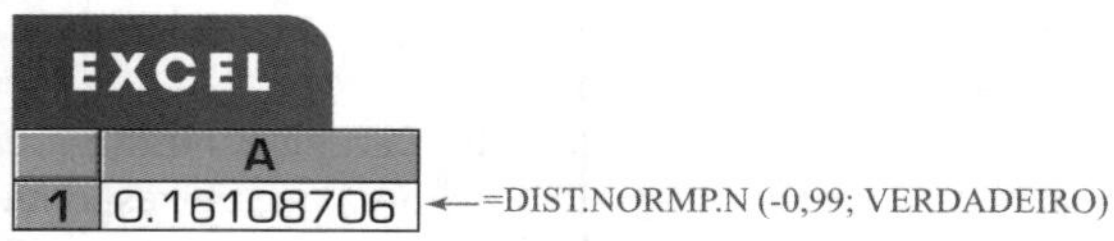

Figura 5.17

TENTE VOCÊ MESMO 4

Encontre a área sob a curva normal padrão à esquerda de $z = 2{,}13$.

EXEMPLO 5

Encontrando a área sob a curva normal padrão

Encontre a área sob a curva normal padrão à direita de $z = 1{,}06$.

SOLUÇÃO

A área sob a curva normal padrão à direita de $z = 1{,}06$ é exibida na Figura 5.18.

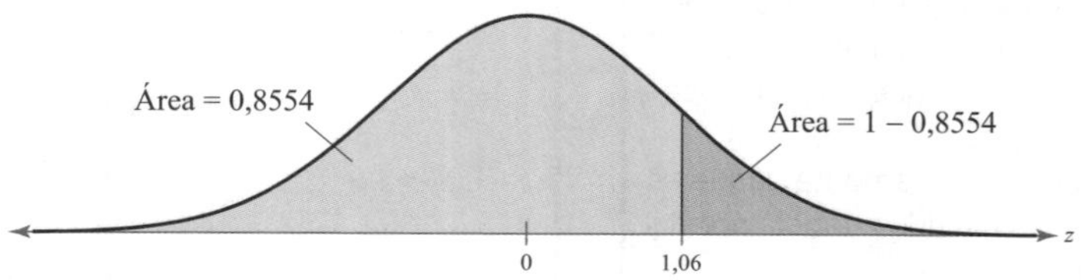

Figura 5.18

Com base na tabela normal padrão, a área à esquerda de $z = 1{,}06$ é 0,8554. Como a área total sob a curva é 1, a área à direita de $z = 1{,}06$ é:

Área = 1 – 0,8554 = 0,1446

Você pode usar a tecnologia para encontrar a área à direita de $z = 1{,}06$, conforme mostrado na Figura 5.19.

TENTE VOCÊ MESMO 5

Encontre a área sob a curva normal padrão à direita de $z = -2{,}16$.

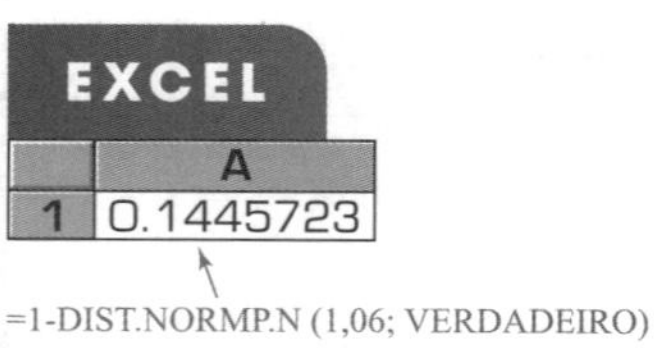

Figura 5.19

EXEMPLO 6

Encontrando a área sob a curva normal padrão

Encontre a área sob a curva normal padrão entre de $z = -1{,}5$ e $z = 1{,}25$.

SOLUÇÃO

A área sob a curva normal padrão entre de $z = -1{,}5$ e $z = 1{,}25$ é exibida na Figura 5.20.

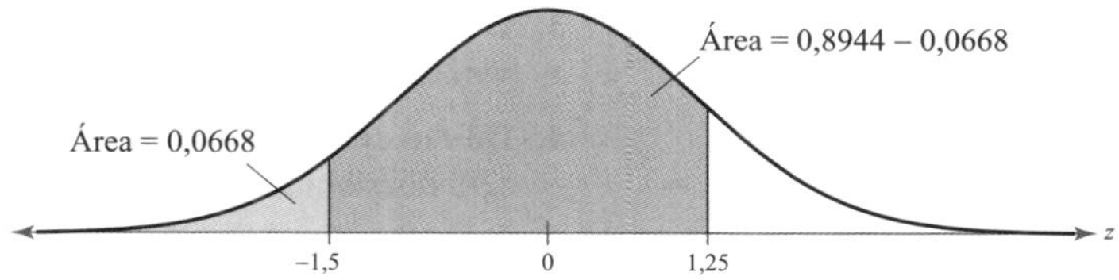

Figura 5.20

Com base na tabela normal padrão, a área à esquerda de $z = 1{,}25$ é 0,8944 e a área à esquerda de $z = -1{,}5$ é 0,0668. Então, a área entre de $z = -1{,}5$ e $z = 1{,}25$ é:

Área = 0,8944 – 0,0668 = 0,8276

Observe que, quando você usa tecnologia, suas respostas podem diferir ligeiramente daquelas encontradas usando a tabela normal padrão. Por exemplo, ao encontrar a área em uma TI-84 Plus, você obtém o resultado mostrado na Figura 5.21.

TI-84 PLUS

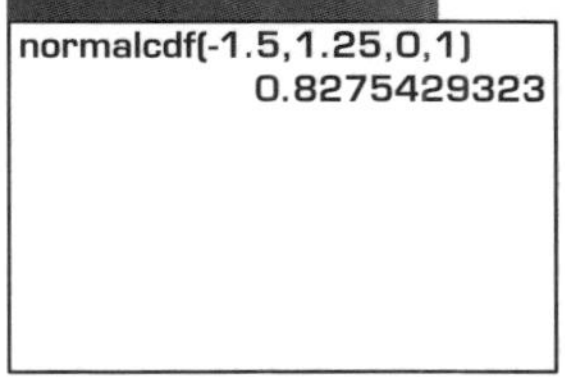

Figura 5.21

Interpretação Cerca de 82,76% da área sob a curva encontra-se entre $z = -1{,}5$ e $z = 1{,}25$.

TENTE VOCÊ MESMO 6

Encontre a área sob a curva normal padrão entre de $z = -2{,}165$ e $z = -1{,}35$.

Como a distribuição normal é uma distribuição de probabilidade contínua, a área sob a curva normal padrão à esquerda de um escore-z dá a probabilidade de z ser menor que aquele escore-z. Por exemplo, no Exemplo 4, a área à esquerda de $z = -0{,}99$ é 0,1611. Então,

$$P(z < -0{,}99) = 0{,}1611$$

que é lido como "a probabilidade de z ser menor que –0,99 é 0,1611". A Tabela 5.3 mostra as probabilidades para os Exemplos 5 e 6. (Você aprenderá mais sobre determinar probabilidades na próxima seção.)

Tabela 5.3

	Área	**Probabilidade**
Exemplo 5	À direita de $z = 1{,}06$: 0,1446	$P(z > 1{,}06) = 0{,}1446$
Exemplo 6	Entre $z = -1{,}5$ e $z = 1{,}25$: 0,8276	$P(-1{,}5 < z < 1{,}25) = 0{,}8276$

Lembre-se, da Seção 2.4, que valores que estão a mais de dois desvios padrão da média são considerados incomuns. Valores que ultrapassam três desvios padrão da média são considerados *muito* incomuns. Então, um escore-z maior que 2 ou menor que –2 é incomum e, um escore-z maior que 3 ou menor que –3 é *muito* incomum.

5.1 EXERCÍCIOS

Construindo habilidades básicas e vocabulário

1. Dada a média de uma distribuição normal, como você pode encontrar a mediana?

2. Qual é a área total sob a curva normal?

3. Descreva os pontos de inflexão no gráfico de uma distribuição normal. Em quais valores de x os pontos de inflexão estão localizados?

4. Dê dois exemplos reais de uma variável contínua. Inclua um que provavelmente será distribuído normalmente. Explique seu raciocínio.

5. Desenhe duas curvas normais que tenham a mesma média, mas desvios padrão diferentes. Descreva as semelhanças e as diferenças.

6. Desenhe duas curvas normais que tenham médias diferentes, mas o mesmo desvio padrão. Descreva as semelhanças e as diferenças.

7. Qual é a média da distribuição normal padrão? Qual é o desvio padrão da distribuição normal padrão?

8. Explique como transformar um dado valor x de uma variável normalmente distribuída em um escore-z.

9. **Entendendo o conceito** Por que é correto dizer "uma" distribuição normal e "a" distribuição normal padrão?

10. **Entendendo o conceito** Um escore-z é 0. Qual das seguintes afirmações deve ser verdadeira? Explique seu raciocínio.

(a) A média é 0.

(b) O valor x correspondente é 0.

(c) O valor x correspondente é igual à média.

Análise gráfica *Nos exercícios de 11 a 16, determine se o gráfico poderia representar uma variável com uma distribuição normal. Explique seu raciocínio. Se o gráfico parece representar uma distribuição normal, estime a média e o desvio padrão.*

11.

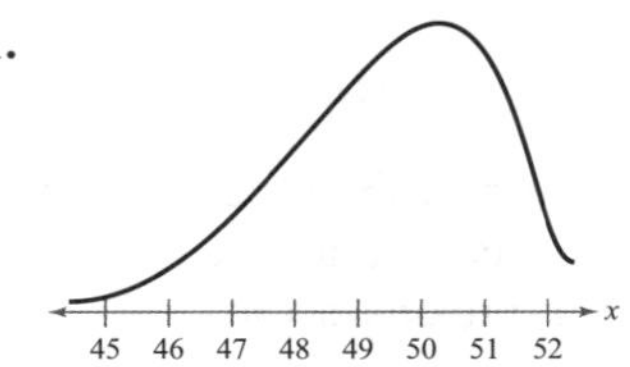

12.

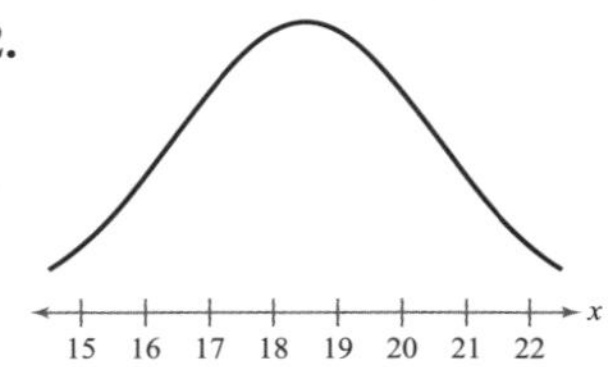

13.

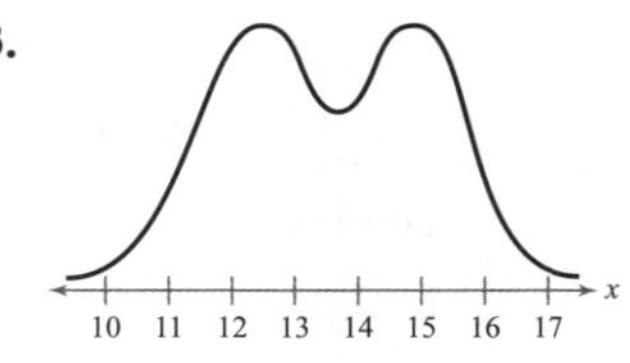

14.

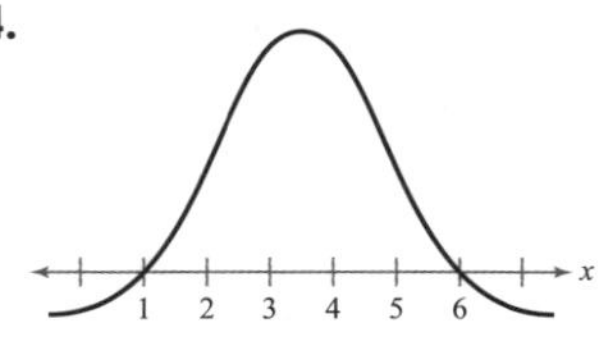

15.

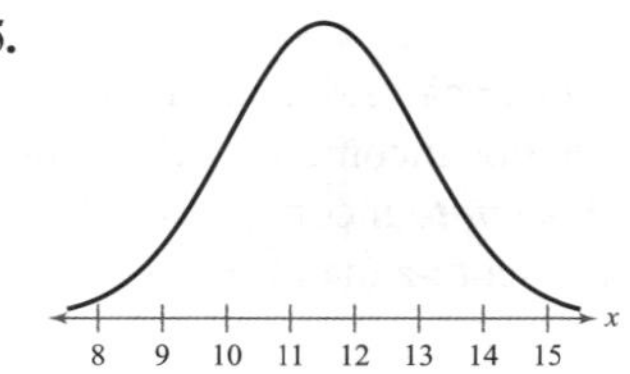

16.

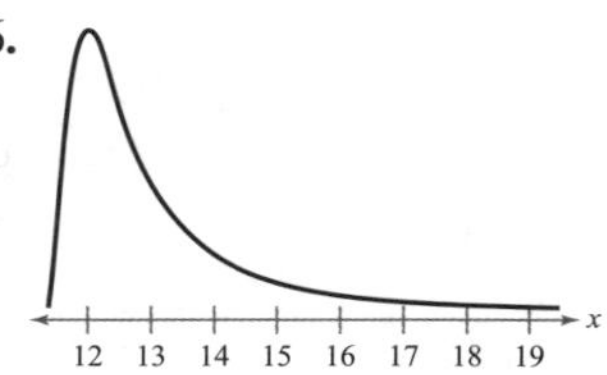

Usando e interpretando conceitos

Encontrando a área *Nos exercícios de 17 a 22, encontre a área da região indicada sob a curva normal padrão. Se for conveniente, use ferramentas tecnológicas para encontrar a área.*

17.

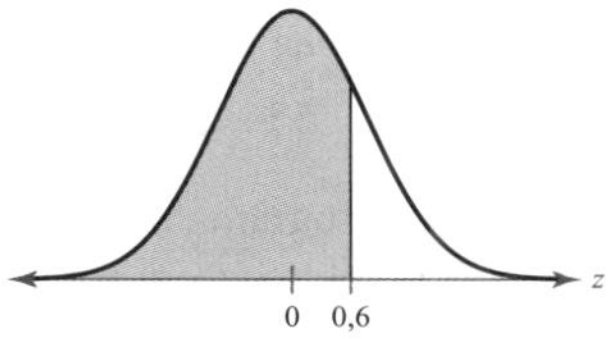

18.

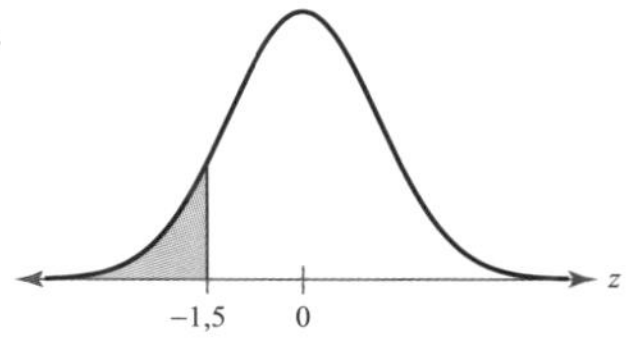

19.

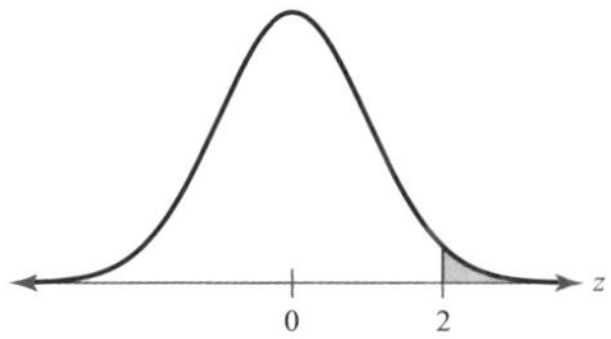

20.

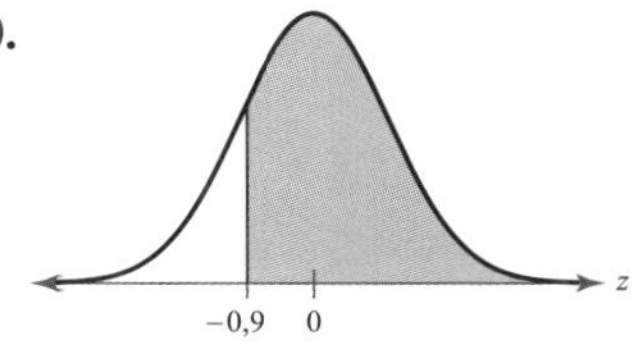

21.

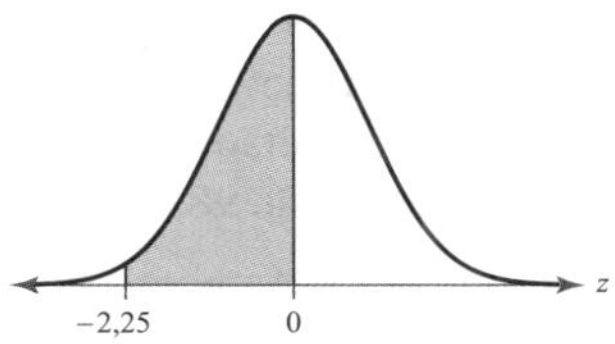

22.

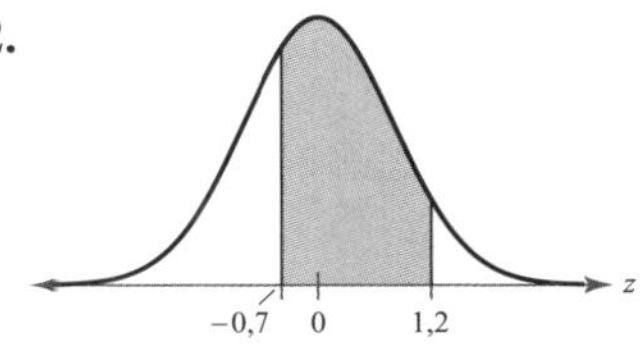

Encontrando a área *Nos exercícios de 23 a 36, encontre a área indicada sob a curva normal padrão. Se for conveniente, use ferramentas tecnológicas para encontrar a área.*

23. À esquerda de z = 0,33.

24. À esquerda de z = –3,16.

25. À esquerda de z = –1,675.

26. À esquerda de z = 1,365.

27. À direita de z = –0,65

28. À direita de z = 3,25.

29. À direita de z = –0,355.

30. À direita de z = 2,215.

31. Entre z = 0 e z = 2,86.

32. Entre z = –1,53 e z = 0.

33. Entre z = –1,55 e z = 1,55.

34. Entre z = –2,33 e z = 2,33.

35. À esquerda de z = –1,28 e à direita de z = 1,28.

36. À esquerda de z = –1,44 e à direita de z = 2,21.

37. **Afirmação do fabricante** Você trabalha em uma publicação de defesa do consumidor e está testando a afirmação do anúncio de um fabricante de pneus. O fabricante declara que a vida útil dos pneus é normalmente distribuída, com uma média de 40.000 milhas, e um desvio padrão de 4.000 milhas. Você testa 16 pneus e registra as vidas úteis mostradas a seguir.

48.778	41.046	29.083	36.394	32.302	42.787	41.972	37.229
25.314	31.920	38.030	38.445	30.750	38.886	36.770	46.049

(a) Desenhe um histograma de frequência para mostrar esses dados. Use cinco classes. As vidas úteis parecem ser normalmente distribuídas? Explique.

(b) Encontre a média e o desvio padrão de sua amostra.

(c) Compare a média e o desvio padrão de sua amostra com a média e o desvio padrão da declaração do fabricante. Discuta as diferenças.

38. Consumo de leite Você está realizando um estudo sobre consumo *per capta* de leite, por semana. Um estudo anterior descobriu que o consumo *per capta* de leite, por semana, era normalmente distribuído, com uma média de 48,7 onças líquidas e um desvio padrão de 8,6 onças líquidas. Você seleciona aleatoriamente 30 pessoas e registra o consumo semanal de leite mostrado a seguir.

40	45	54	41	43	31	47	30	33	37	48	57	52	45	38
65	25	39	53	51	58	52	40	46	44	48	61	47	49	57

(a) Desenhe um histograma de frequência para mostrar esses dados. Use sete classes. Os consumos parecem ser normalmente distribuídos? Explique.

(b) Encontre a média e o desvio padrão de sua amostra.

(c) Compare a média e o desvio padrão de sua amostra com a média e o desvio padrão do estudo anterior. Discuta as diferenças.

Calculando e interpretando escores-*z*

Nos exercícios 39 e 40, (a) encontre os escores-z que correspondem a cada valor e (b) determine se algum dos valores é incomum.

39. Pontuações de QI de Stanford-Binet As pontuações do teste para a escala de inteligência Stanford-Binet são normalmente distribuídas com uma pontuação média de 100 e um desvio padrão de 16. As pontuações do teste de quatro alunos selecionados aleatoriamente são 98, 65, 106 e 124. *(Fonte: StanfordBinetTest.com)*

40. Pontuação do SAT As pontuações dos testes para os estudantes que fizeram o SAT (sem a redação) são normalmente distribuídas com uma pontuação média de 1.051 e um desvio padrão foi de 211. As pontuações dos testes de quatro estudantes escolhidos aleatoriamente são 1.050, 960, 870 e 1.440. *(Fonte: College Board.)*

Encontrando probabilidade

Nos exercícios de 41 a 46, encontre a probabilidade de z ocorrer na região indicada da distribuição normal padrão. Se for conveniente, use ferramentas de tecnologia para encontrar a probabilidade.

41.

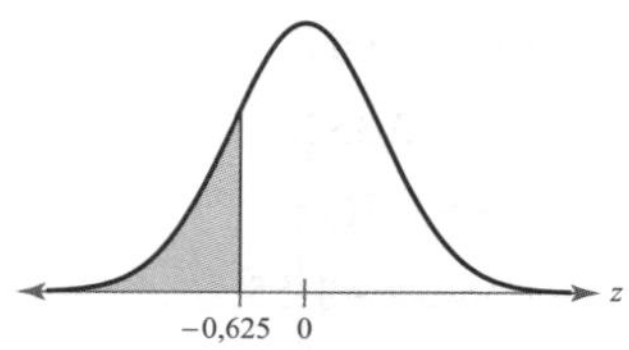

42.

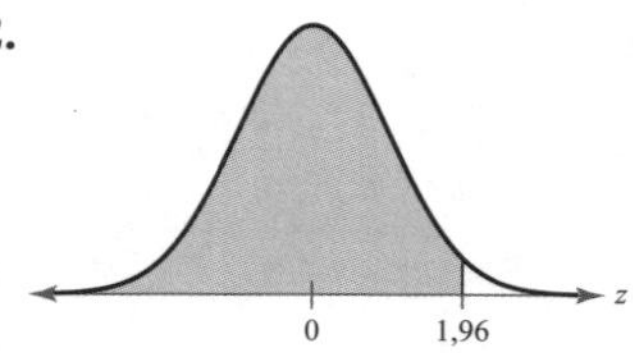

43.

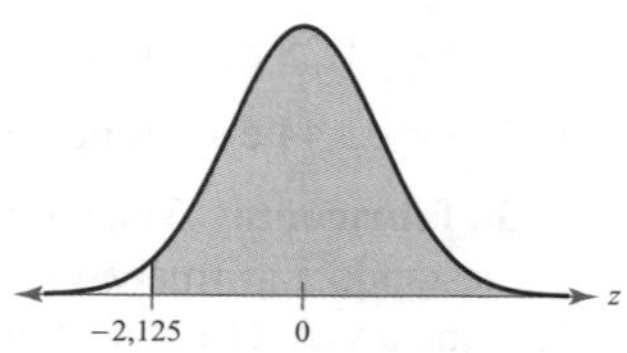

44.

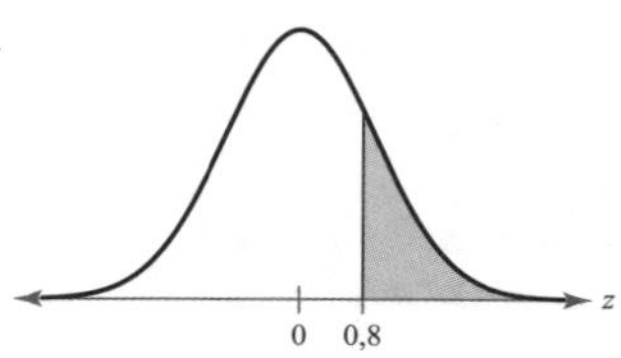

45.

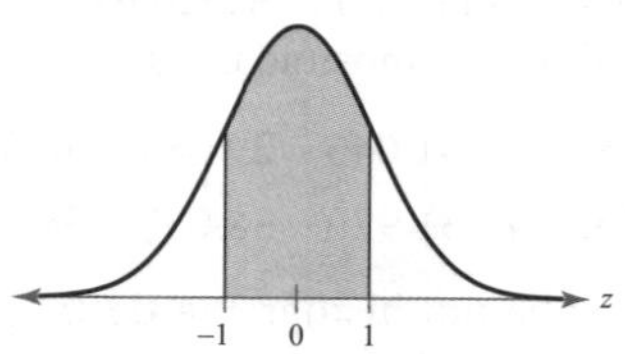

46.

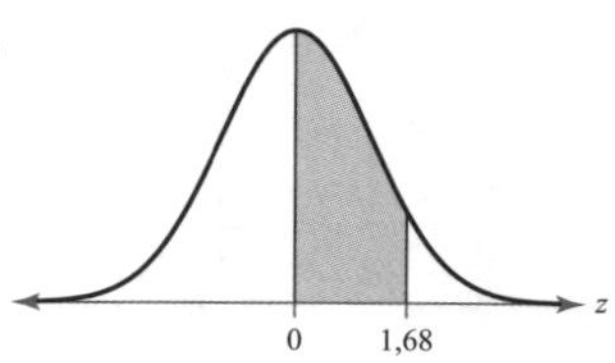

Encontrando probabilidade *Nos exercícios de 47 a 56, encontre a probabilidade indicada usando a distribuição normal padrão. Se for conveniente, use ferramentas de tecnologia para encontrar a probabilidade.*

47. $P(z < 0{,}53)$.
48. $P(z < -1{,}11)$.
49. $P(z > 2{,}175)$.
50. $P(z > -1{,}85)$.
51. $P(-0{,}89 < z < 0)$.
52. $P(0 < z < 0{,}835)$.
53. $P(-1{,}78 < z < 1{,}78)$.
54. $P(-1{,}54 < z < 1{,}54)$.
55. $P(z < -2{,}58$ ou $z > 2{,}58)$.
56. $P(z < -1{,}22$ ou $z > 1{,}32)$.

Expandindo conceitos

57. Escrevendo Desenhe uma curva normal com uma média de 60 e um desvio padrão de 12. Descreva como você construiu a curva e discuta suas características.

58. Escrevendo Desenhe uma curva normal com uma média de 450 e um desvio padrão de 50. Descreva como você construiu a curva e discuta suas características.

Distribuição uniforme *Uma* ***distribuição uniforme*** *é uma distribuição de probabilidade contínua para uma variável aleatória x entre dois valores a e b (a < b), onde $a \le x \le b$, e todos os valores de x são igualmente prováveis de ocorrer. O gráfico de uma distribuição uniforme é mostrado na figura a seguir.*

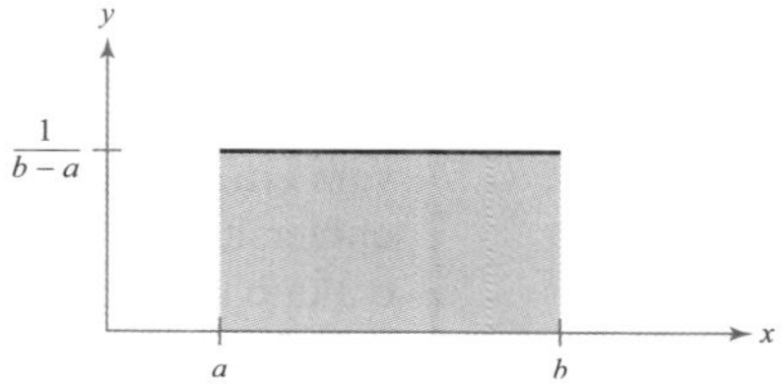

A função densidade de probabilidade de uma distribuição uniforme é:

$$y = \frac{1}{b - a}$$

no intervalo de $x = a$ a $x = b$. Para qualquer valor de x menor que a ou maior que b, $y = 0$. Nos exercícios 59 e 60, use essa informação.

59. Mostre que a função densidade de probabilidade de uma distribuição uniforme satisfaz às duas condições para uma função densidade de probabilidade.

60. Para dois valores c e d, onde $a \le c < d \le b$, a probabilidade de que x se encontra entre c e d é igual à área sob a curva entre c e d, conforme mostrado na figura a seguir.

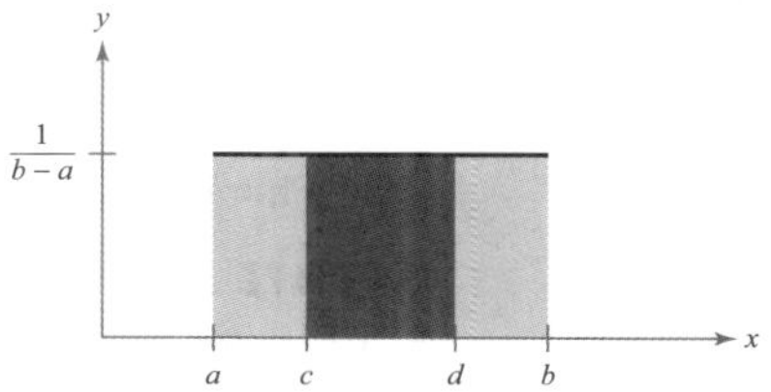

Portanto, a área da região cinza-escuro é igual à probabilidade de que x se encontre entre c e d. Para uma distribuição uniforme de $a = 1$ a $b = 25$, encontre a probabilidade de que:

(a) x se encontre entre 2 e 8.
(b) x se encontre entre 4 e 12.
(c) x se encontre entre 5 e 17.
(d) x se encontre entre 8 e 14.

5.2 Distribuição normal: encontrando probabilidades

O que você deve aprender

- Como encontrar probabilidades para variáveis normalmente distribuídas usando uma tabela e tecnologia.

Probabilidade e distribuição normal

Probabilidade e distribuição normal

Quando uma variável aleatória x é normalmente distribuída, você pode encontrar a probabilidade de x estar em um intervalo, calculando a área sob a curva normal para o intervalo. Para encontrar a área sob qualquer curva normal, primeiro converta os limites superiores e inferiores do intervalo para escores-z. Depois, use a distribuição normal padrão para encontrar a área. Por exemplo, considere uma curva normal com $\mu = 500$ e $\sigma = 100$, como na Figura 5.22 (figura superior). O valor de x a um desvio padrão acima da média é $\mu + \sigma = 500 + 100 = 600$. Considere agora a curva normal padrão mostrada na Figura 5.22 (figura inferior). O valor de z a um desvio padrão acima da média é $\mu + \sigma = 0 + 1 = 1$. Como um escore-z de 1 corresponde a um valor x de 600, e as áreas não mudam com uma transformação para uma curva normal padrão, as regiões sombreadas nas figuras são iguais.

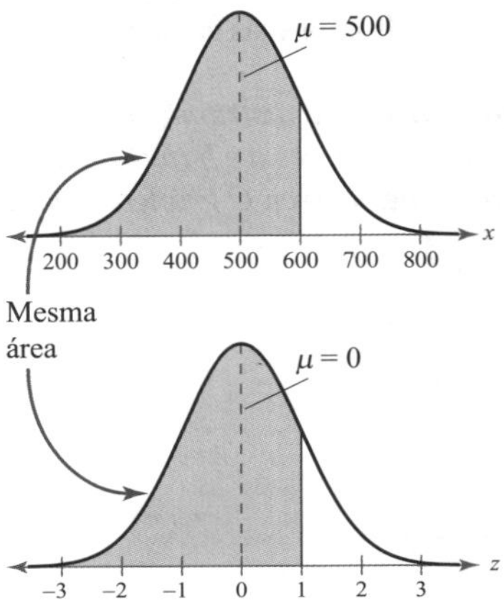

Figura 5.22

Dica de estudo

Para aprender como determinar se uma amostra aleatória é retirada de uma distribuição normal, consulte o Apêndice C.

EXEMPLO 1

Encontrando probabilidades para distribuição normal

Um estudo nacional descobriu que estudantes universitários com empregos trabalhavam em média 25 horas por semana. O desvio padrão é de 11 horas. Um estudante universitário com um emprego é selecionado ao acaso. Calcule a probabilidade de que o aluno trabalhe menos de 5 horas por semana. Considere que os tempos de trabalho dos estudantes universitários sejam normalmente distribuídos e representados pela variável x. *(Adaptado de Statista.)*

SOLUÇÃO

O gráfico da Figura 5.23 mostra uma curva normal com $\mu = 25$, $\sigma = 11$ e a área sombreada para x menor que 5. O escore-z que corresponde a 5 horas é:

$$z = \frac{x - \mu}{\sigma} = \frac{5 - 25}{11} \approx -1{,}82.$$

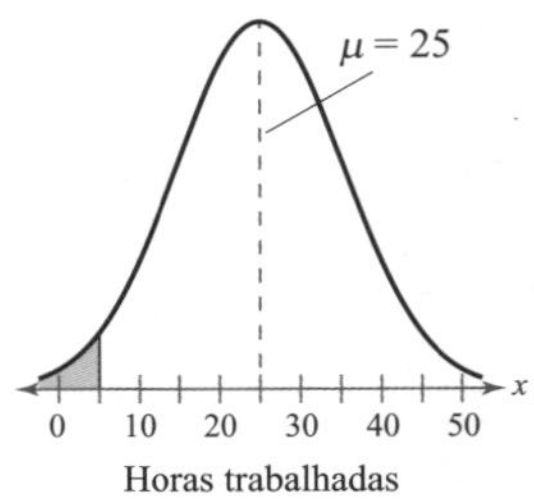

Figura 5.23

A tabela normal padrão mostra que

$$P(z < -1{,}82) = 0{,}0344.$$

A probabilidade de que o estudante trabalhe menos de 5 horas por semana é 0,0344.

Interpretação Portanto, 3,44% dos universitários com emprego trabalhavam menos de 5 horas por semana. Como 3,44% é inferior a 5%, esse é um evento incomum.

TENTE VOCÊ MESMO 1

A velocidade média dos veículos que passam em um trecho de uma rodovia é 67 milhas por hora, com desvio padrão de 3,5 milhas por hora. Um veículo é selecionado de forma aleatória. Qual é a probabilidade de que ele esteja ultrapassando o limite de velocidade de 70 milhas por hora? Suponha que as velocidades são normalmente distribuídas e são representadas pela variável x.

No exemplo 1, como $P(z < -1{,}82) = P(x < 5)$, outra forma de escrever a probabilidade é $P(x < 5) = 0{,}0344$.

EXEMPLO 2

Encontrando probabilidades para distribuição normal

Uma pesquisa indica que para cada ida ao supermercado, um consumidor permanece na loja em média 41 minutos, com desvio padrão de 12 minutos. A duração dos tempos de permanência na loja é normalmente distribuída, e representada pela variável x. Um consumidor entra na loja. (a) Calcule a probabilidade de sua permanência na loja para cada intervalo de tempo listado a seguir. (b) Quando 200 consumidores entrarem na loja, quantos você esperaria que permanecessem na loja para cada intervalo de tempo listado a seguir? *(Adaptado de Time Use Institute.)*

1. Entre 20 e 50 minutos.

2. Mais que 35 minutos.

SOLUÇÃO

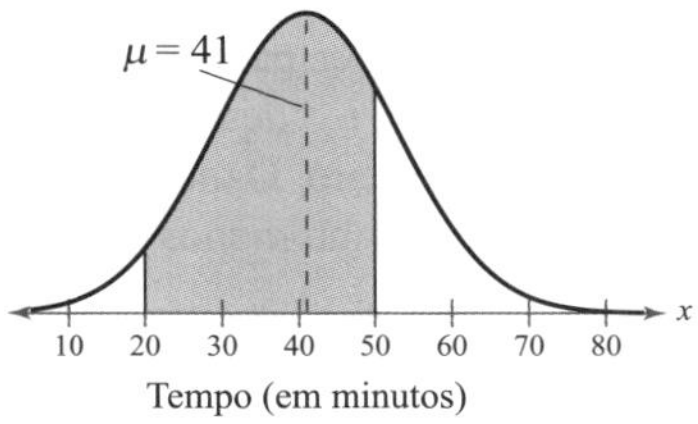

Figura 5.24

1. (a) A Figura 5.24 mostra uma curva normal com $\mu = 41$ minutos e $\sigma = 12$ minutos e a área sombreada para x entre 20 e 50 minutos. Os escores-z que correspondem a 20 e 50 minutos são:

$$z_1 = \frac{20 - 41}{12} = -1.75 \quad \text{e} \quad z_2 = \frac{50 - 41}{12} = 0.75.$$

Então, a probabilidade de que um consumidor permanecerá na loja entre 20 e 50 minutos é:

$$\begin{aligned} P(20 < x < 50) &= P(-1.75 < z < 0.75) \\ &= P(z < 0.75) - P(z < -1.75) \\ &= 0.7734 - 0.0401 \\ &= 0.7333. \end{aligned}$$

(b) ***Interpretação*** Quando 200 consumidores entram na loja, você esperaria que 200 (0,7333) = 146,66 ≈ 147 deles permanecessem na loja entre 20 e 50 minutos.

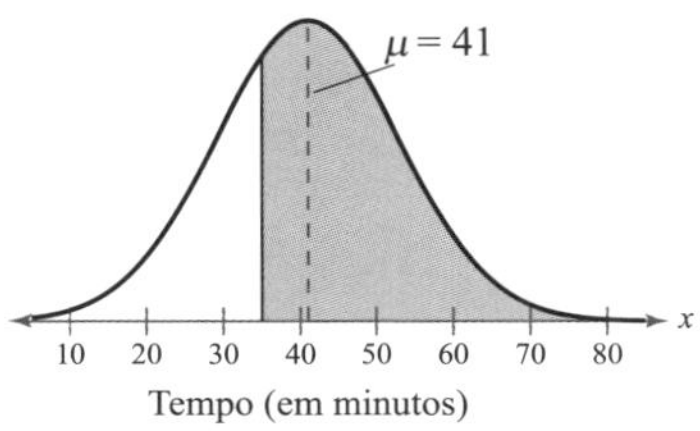

Figura 5.25

2. (a) A Figura 5.25 mostra uma curva normal com $\mu = 41$ minutos e $\sigma = 12$ minutos e a área sombreada para x maior que 35 minutos. O escore-z que corresponde a 35 minutos é:

$$z = \frac{35 - 41}{12} = -0.5.$$

Então, a probabilidade de que um consumidor permanecerá na loja por mais de 35 minutos é:

$$\begin{aligned} P(x > 35) &= P(z > -0.5) \\ &= 1 - P(z < -0.5) \\ &= 1 - 0.3085 \\ &= 0.6915. \end{aligned}$$

(b) ***Interpretação*** Quando 200 consumidores entram na loja, você esperaria que 200(0,6915) = 138,3 ≈ 138 deles permanecessem na loja por mais de 35 minutos.

TENTE VOCÊ MESMO 2

Qual é a probabilidade de que o consumidor no Exemplo 2 permanecerá no supermercado entre 29 e 56 minutos? Quando 200 consumidores entrarem na loja, quantos você esperaria que permanecessem na loja entre 29 e 56 minutos?

Outra forma de encontrar probabilidades normais é usando a tecnologia. Você pode obter probabilidades normais usando o Minitab, o Excel, o StatCrunch e a TI-84 Plus.

Retratando o mundo

No beisebol, uma média de rebatidas é o número de batidas dividido pelo número de posses de bastão. As médias de rebatidas de todos os jogadores da liga principal de beisebol, em um ano recente, podem ser aproximadas por uma distribuição normal, conforme mostrado na figura a seguir. A média de rebatidas é 0,245 e o desvio padrão é 0,017. *(Fonte: Major League Baseball.)*

Liga principal de beisebol

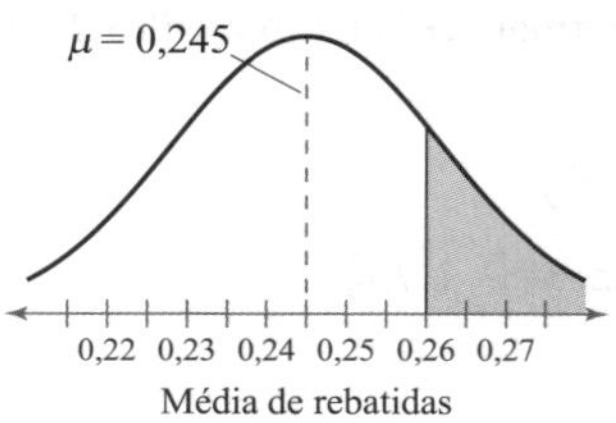

Qual percentual de jogadores têm uma média de rebatidas de 0,260 ou mais? Dos 40 jogadores em uma escalação, quantos você esperaria ter uma média de rebatidas de 0,260 ou mais?

EXEMPLO 3

Usando tecnologia para encontrar probabilidades normais

Nos Estados Unidos, o número de médicos envolvidos no atendimento ao paciente, por estado, tem distribuição normal, com média de 280 médicos por 100.000 habitantes e desvio padrão de 78 médicos por 100.000 habitantes. Você seleciona aleatoriamente um estado. Qual é a probabilidade de que o estado tenha menos de 300 médicos por 100.000 habitantes? Use a tecnologia para encontrar a probabilidade. *(Adaptado de National Care for Health Statistics.)*

SOLUÇÃO

O Minitab, o Excel, o StatCrunch e a TI-84 Plus possuem recursos que lhe permitem encontrar as probabilidades normais sem a necessidade de converter para escores-z padrões. Para utilizar esses recursos, você deve especificar a média e o desvio padrão da população, bem como o(s) valor(es) x que determina(m) o intervalo. Dado $\mu = 280$ e $\sigma = 78$, você deseja encontrar a probabilidade de que o estado tenha menos de 300 médicos por 100.000 habitantes, ou $P(x < 300)$.

MINITAB

Função de distribuição acumulada

Normal com média = 280 e desvio padrão = 78

x	P(X ≤ x)
300	0,601183

Figura 5.26

EXCEL

	A
1	0,601182965

← =DIST.NORM.N(300;280;78;VERDADEIRO)

Figura 5.27

TI-84 PLUS

```
normalcdf(-10000, 300,
280, 78)
                .6011829115
```

Figura 5.28

STATCRUNCH

Normal Calculator

Mean: 280 Std. Dev.: 78
P(x ≤ 300) = 0.60118297

Figura 5.29

A partir das figuras, você pode ver que $P(x < 300) \approx 0{,}601$.

Interpretação A probabilidade de o estado ter menos de 300 médicos por 100.000 habitantes é de cerca de 0,601, ou 60,1%.

TENTE VOCÊ MESMO 3

Um estado é selecionado aleatoriamente. Usando os dados do exemplo 3, qual é a probabilidade de que o estado tenha entre 300 e 350 médicos por 100.000 habitantes? Use tecnologia para encontrar a probabilidade.

5.2 EXERCÍCIOS

Construindo habilidades básicas e vocabulário

Calculando probabilidades para distribuição normal *Nos exercícios de 1 a 6, a variável aleatória x é normalmente distribuída com média $\mu = 174$ e desvio padrão $\sigma = 20$. Encontre a probabilidade indicada.*

1. $P(x < 170)$ **2.** $P(x < 200)$ **3.** $P(x > 182)$

4. $P(x > 155)$ **5.** $P(160 < x < 170)$ **6.** $P(172 < x < 192)$

Usando e interpretando conceitos

Encontrando probabilidades para distribuição normal *Nos exercícios de 7 a 12, encontre as probabilidades indicadas. Se for conveniente, use tecnologia para encontrar as probabilidades.*

7. Altura de mulheres Em uma pesquisa com mulheres estadunidenses de 19 anos, suas alturas eram normalmente distribuídas, com média de 63,9 polegadas e desvio padrão de 3,3 polegadas. Calcule a probabilidade de que uma participante do estudo, selecionada aleatoriamente, tenha uma altura que seja (a) menor que 57 polegadas, (b) entre 60 e 65 polegadas e (c) maior que 70,5 polegadas. Identifique quaisquer eventos incomuns nas partes (a) a (c). Explique seu raciocínio. *(Adaptado de National Center for Health Statistics.)*

8. Circunferência cefálica Em uma pesquisa com lactentes do sexo masculino de 3 a 5 meses de idade, o perímetro cefálico apresentou distribuição normal, com média de 42,9 centímetros e desvio padrão de 1,5 centímetro. Calcule a probabilidade de que uma criança selecionada aleatoriamente da pesquisa tenha um perímetro cefálico de (a) menos de 41 centímetros, (b) entre 41 e 45 centímetros e (c) mais de 45,8 centímetros. Identifique quaisquer eventos incomuns nas partes (a) a (c). Explique seu raciocínio. *(Adaptado de National Center for Health Statistics.)*

9. Pontuações do MCAT* Em um ano recente, as pontuações totais no MCAT eram normalmente distribuídas, com média de 500,9 e desvio padrão de 10,6. Calcule a probabilidade de que um estudante de medicina, selecionado aleatoriamente, que fez o MCAT, tenha uma pontuação que seja (a) menor que 490. (b) entre 490 e 510 e (c) maior que 515. Identifique quaisquer eventos incomuns nas partes (a) a (c). Explique seu raciocínio. *(Fonte: Association of American Medical Colleges.)*

10. Pontuações do MCAT Em um ano recente, as pontuações do MCAT para a parte de análise crítica e habilidades de raciocínio do teste tiveram distribuição normal, com média de 124,8 e desvio padrão de 2,9. Calcule a probabilidade de que um estudante de medicina, selecionado aleatoriamente, que fez o MCAT, tenha uma pontuação de análise crítica e habilidades de raciocínio que seja (a) inferior a 120, (b) entre 122 e 127 e (c) superior a 131. Identifique quaisquer eventos incomuns nas partes (a) a (c). Explique seu raciocínio. *(Fonte: Association of American Medical Colleges.)*

11. Contas de serviços públicos As contas mensais de serviços públicos são normalmente distribuídas, com média de \$ 100 e desvio padrão de \$ 12. Calcule a probabilidade de que uma conta de serviço público selecionada aleatoriamente tenha valor (a) menor que \$ 70, (b) entre \$ 90 e \$ 120 e (c) maior que \$ 140.

12. Horário em academia de ginástica O tempo, por treino, que um atleta usa um simulador de escada é normalmente distribuído, com média de 20 minutos e desvio padrão de 5 minutos. Calcule a probabilidade de que um atleta, selecionado aleatoriamente, utilize um simulador de escada (a) menos de 17 minutos, (b) entre 20 e 28 minutos e (c) mais de 30 minutos.

---

*N. de T.: MCAT é a abreviação de Medical College Admission Test. Trata-se de um teste padronizado para a admissão nas faculdades de medicina.

Análise gráfica *Nos exercícios de 13 a 16, um elemento é selecionado aleatoriamente da população representada pelo gráfico. Calcule a probabilidade de que o elemento seja da área sombreada do gráfico. Considere que a variável x seja normalmente distribuída.*

13. Pontuações totais no SAT

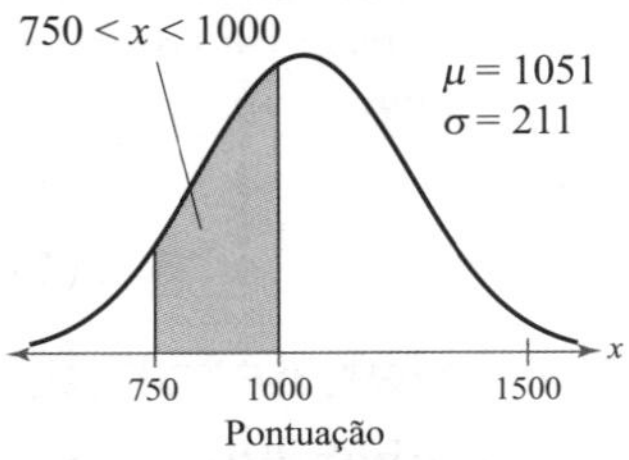

14. Pontuações compostas no ACT

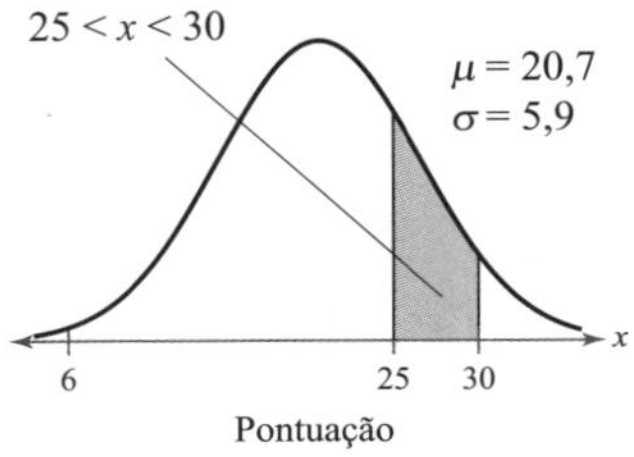

15. Duração da gravidez em uma população de novas mães

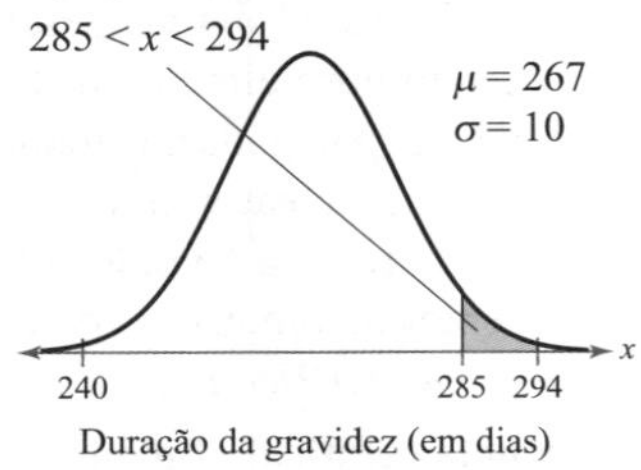

16. Contagem de glóbulos vermelhos em uma população de homens adultos

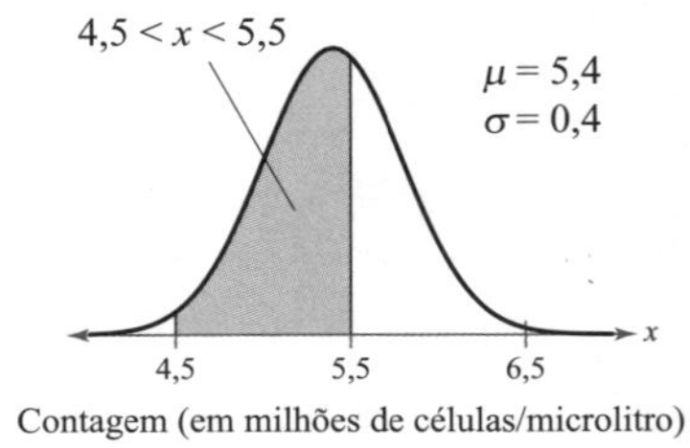

Usando distribuição normal *Nos exercícios de 17 a 20, responda às perguntas sobre a distribuição normal especificada.*

17. Pontuações totais no SAT Use a distribuição normal do Exercício 13.

(a) Qual porcentagem das pontuações totais no SAT são menores que 1.300?

(b) De 1.000 pontuações totais no SAT selecionadas aleatoriamente, aproximadamente quantas você esperaria que fossem maiores que 1.100?

18. Pontuações compostas no ACT Use a distribuição normal do Exercício 14.

(a) Qual porcentagem das pontuações compostas no ACT são menores que 19?

(b) De 1.500 pontuações compostas no ACT selecionadas aleatoriamente, aproximadamente quantas você esperaria que fossem maiores que 21?

19. Duração da gravidez Use a distribuição normal do Exercício 15.

(a) Que porcentagem das novas mães tiveram uma gravidez de menos de 290 dias?

(b) Que porcentagem das novas mães tiveram uma gravidez entre 260 e 300 dias?

(c) De 250 novas mães selecionadas aleatoriamente, quantas você esperaria que tivessem uma gravidez de mais de 287 dias?

20. Contagem de glóbulos vermelhos Use a distribuição normal do Exercício 16.

(a) Que porcentagem dos homens adultos tem uma contagem de glóbulos vermelhos inferior a 6 milhões de células por microlitro?

(b) Que porcentagem de homens adultos tem uma contagem de glóbulos vermelhos entre 4,7 e 5,3 milhões de células por microlitro?

(c) De 200 homens adultos selecionados aleatoriamente, quantos você esperaria que tivessem uma contagem de glóbulos vermelhos maior que 4,8 milhões de células por microlitro?

Expandindo conceitos

Gráficos de controle ***Controle Estatístico de Processo (CEP)*** *é o uso da estatística para monitorar e melhorar a qualidade de um processo, como produção de uma peça de motor. No CEP, informações sobre um processo são reunidas e usadas para determinar se ele atende todas as condições necessárias. Uma ferramenta usada no CEP é o* ***gráfico de controle****. Quando medidas individuais de uma variável x são normalmente distribuídas, um gráfico de controle pode ser usado para detectar processos que, possivelmente, estejam fora do controle estatístico. Três sinais de alerta que um gráfico de controle usa para detectar um processo que possa estar fora de controle estão listados a seguir:*

(1) Um ponto está situado a mais de três desvios padrão da média.

(2) Há nove pontos consecutivos que caem em um lado da média.

(3) pelo menos dois de três pontos consecutivos estão situados a mais de dois desvios padrão da média.

Nos exercícios de 21 a 24, um gráfico de controle é apresentado. Cada gráfico tem linhas horizontais desenhadas na média μ*, em* $\mu = 2\sigma$ *e* $\mu \pm 3\sigma$*. Determine se o processo apresentado está sob controle ou fora de controle. Explique.*

21. Uma engrenagem foi desenvolvida para ter um diâmetro de 3 polegadas. O desvio padrão do processo é de 0,2 polegada.

Engrenagem

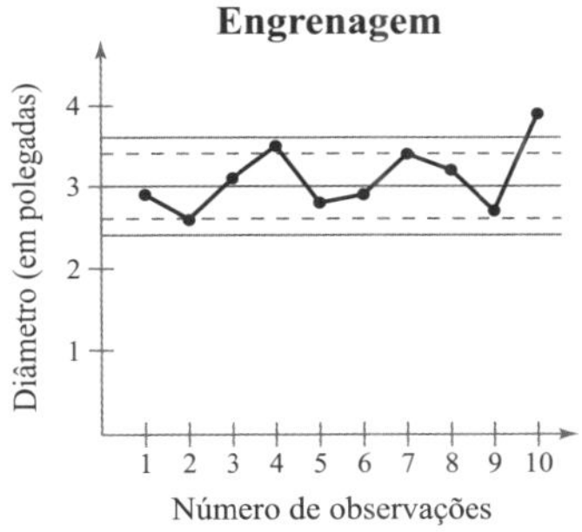

22. Um prego foi desenvolvido para ter um comprimento de 4 polegadas. O desvio padrão do processo é de 0,12 polegada.

Pregos

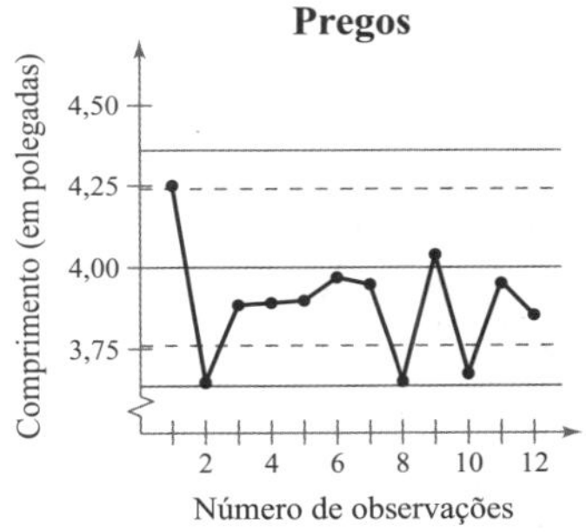

23. Uma máquina de distribuição de líquido foi desenvolvida para encher garrafas com um litro de líquido. O desvio padrão do processo é de 0,1 litro.

Distribuição de líquido

24. Uma peça de motor foi desenvolvida para ter um diâmetro de 55 milímetros. O desvio padrão do processo é de 0,001 milímetro.

Peça de motor

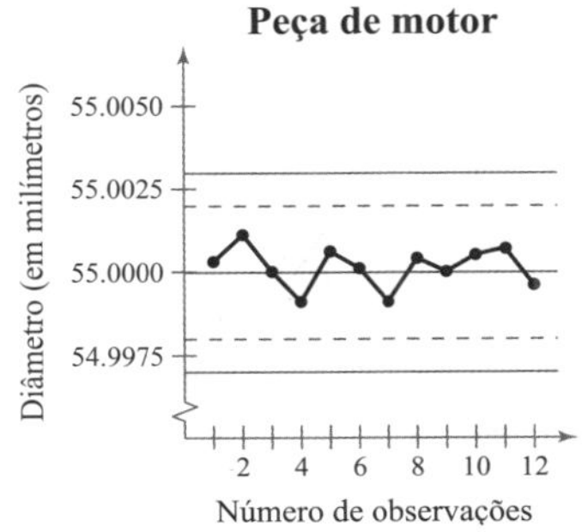

5.3 Distribuição normal: encontrando valores

O que você deve aprender

- Como encontrar um escore-z dada a área sob a curva normal.
- Como transformar um escore-z em um valor x.
- Como encontrar um valor específico de uma distribuição normal dada a probabilidade.

Encontrando escores-z ■ Transformando um escore-z em um valor x ■ Encontrando um valor específico para uma dada probabilidade

Encontrando escores-z

Na Seção 5.2, foi dada uma variável aleatória x normalmente distribuída, e você encontrou a probabilidade de que x estaria em um intervalo, calculando a área sob a curva normal para o intervalo.

Mas, e se lhe fosse dada uma probabilidade e você quisesse encontrar um valor? Por exemplo, uma universidade pode querer conhecer a pontuação mais baixa que um aluno pode ter em uma prova seletiva e ainda estar entre os 10% mais bem colocados, ou um pesquisador médico pode querer saber os valores de corte para selecionar os 90% de pacientes centrais por idade. Nesta seção, você vai aprender como encontrar um valor, dada uma área sob uma curva normal (ou uma probabilidade), como pode ser observado no exemplo a seguir.

EXEMPLO 1

Encontrando um escore-z, dada uma área

1. Determine o escore-z que corresponde a uma área acumulada de 0,3632.
2. Determine o escore-z que tem 10,75% da área da distribuição à sua direita.

SOLUÇÃO

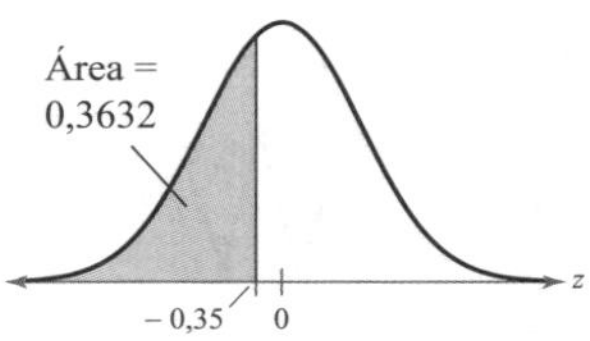

Figura 5.30

1. Encontre o escore-z que corresponde a uma área de 0,3632, localizando 0,3632 na tabela da normal padrão (Tabela 5.4). Os valores no início da linha e no topo da coluna correspondentes dão o escore-z. Para esta área, o valor da linha é -0,3 e o da coluna é 0,05. Então, o escore-z é –0,35, conforme mostrado na Figura 5.30.

Tabela 5.4 Tabela com valores z e respectivas áreas acumuladas até z, com destaque para área = 0,3632.

z	.09	.08	.07	.06	.05	.04	.03
–3.4	.0002	.0003	.0003	.0003	.0003	.0003	.0003
–0.5	.2776	.2810	.2843	.2877	.2912	.2946	.2981
–0.4	.3121	.3156	.3192	.3228	.3264	.3300	.3336
–0.3	.3483	.3520	.3557	.3594	.3632	.3669	.3707
–0.2	.3859	.3897	.3936	.3974	.4013	.4052	.4090

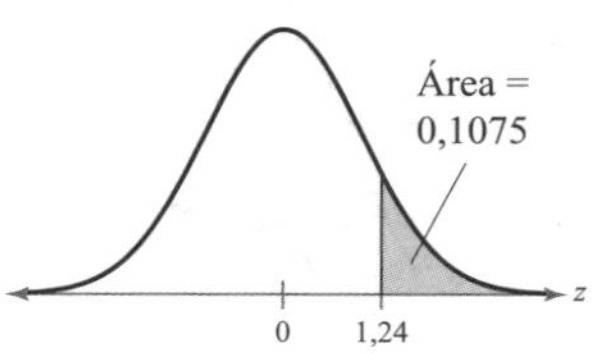

Figura 5.31

2. Como a área à direita é 0,1075, a área acumulada é 1 – 0,1075 = 0,8925. Encontre o escore-z que corresponde a uma área de 0,8925, localizando-a na tabela da normal padrão (Tabela 5.5). Para essa área, o valor da linha é 1,2 e o da coluna é 0,04. Então, o escore-z é 1,24, conforme mostrado na Figura 5.31.

Tabela 5.5 Tabela com valores z e respectivas áreas acumuladas até z, com destaque para área = 0,8925.

z	.00	.01	.02	.03	.04	.05	.06
0.0	.5000	.5040	.5080	.5120	.5160	.5199	.5239
1.0	.8413	.8438	.8461	.8485	.8508	.8531	.8554
1.1	.8643	.8665	.8686	.8708	.8729	.8749	.8770
1.2	.8849	.8869	.8888	.8907	.8925	.8944	.8962
1.3	.9032	.9049	.9066	.9082	.9099	.9115	.9131

Dica de tecnologia

Você pode usar tecnologia para encontrar o escore-*z* que corresponde a áreas acumuladas. Por exemplo, você pode usar a TI-84 Plus para encontrar o escore-*z* no Exemplo 1, conforme a seguir.

```
invNorm(.3632,0,1)
                -0.3499183227
invNorm(.8925,0,1)
                  1.239933478
```

TENTE VOCÊ MESMO 1

1. Determine o escore-*z* que tenha 96,16% da área de distribuição à sua direita.
2. Determine o escore-*z* positivo para o qual 95% da área de distribuição esteja entre $-z$ e z.

No Exemplo 1, as áreas dadas correspondem a registros na tabela da normal padrão. Na maioria dos casos, a área não será um registro na tabela, caso em que devemos utilizar registro mais próximo (ou usar a tecnologia, conforme mostrado ao lado e no Exemplo 2). Quando a área é equidistante de dois registros, utilize como escore-*z* o valor médio dos escores-*z* correspondentes.

Na Seção 2.5, você aprendeu que os percentis dividem um conjunto de dados em 100 partes iguais. Para encontrar um escore-*z* que corresponde a um percentil, você pode usar a tabela da normal padrão. Lembre-se de que, se um valor *x* representa o 83º percentil P_{83}, então 83% dos dados estão abaixo de *x* e 17% dos dados estão acima de *x*.

EXEMPLO 2

Encontrando um escore-*z* dado um percentil

Encontre o escore-*z* que corresponda a cada percentil.

1. P5 **2.** P50 **3.** P90

SOLUÇÃO

1. Para encontrar o escore-*z* que corresponda à P_5, encontre o escore-*z* que corresponda a uma área de 0,05 (veja a Figura 5.32) localizando 0,05 na tabela da normal padrão. As áreas mais próximas a 0,05 na tabela são 0,0495 ($z = -1{,}65$) e 0,0505 ($z = -1{,}64$). Como 0,05 está equidistante das duas áreas na tabela, use o escore-*z* que corresponde ao valor médio de –1,64 e –1,65. Então, o escore-*z* que corresponde a uma área de 0,05 é –1,645.
2. Para encontrar o escore-*z* que corresponda a P_{50} , encontre o escore-*z* que corresponda a uma área de 0,5 (veja a Figura 5.33) localizando 0,5 na tabela da normal padrão. A área mais próxima a 0,5 na tabela é 0,5000, então o escore-*z* que corresponde a uma área de 0,5 é 0.
3. Para encontrar o escore-*z* que corresponda a P_{90}, encontre o escore-*z* que corresponda a uma área de 0,9 (veja a Figura 5.34) localizando 0,9 na tabela da normal padrão. A área mais próxima a 0,9 na tabela é 0,8997, então o escore-*z* que corresponde a uma área de 0,9 é 1,28.

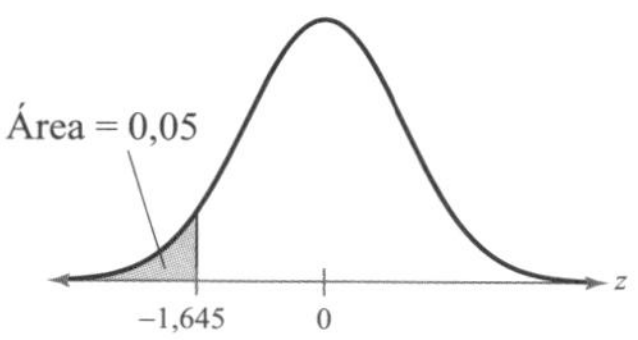

Figura 5.32

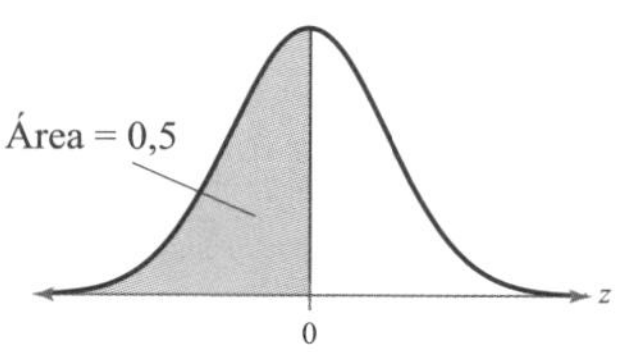

Figura 5.33

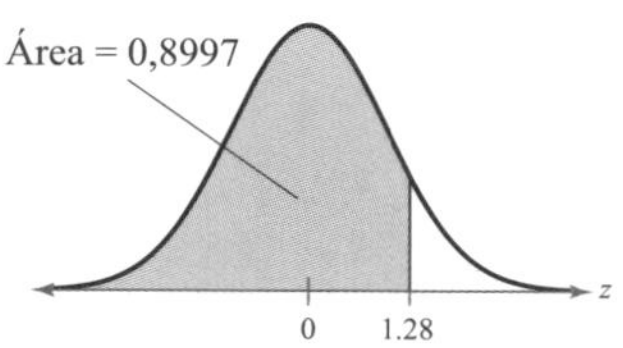

Figura 5.34

Você pode usar a tecnologia para encontrar o escore-*z* que corresponde a cada percentil, conforme mostrado na Figura 5.35. Lembre-se que quando você usa tecnologia, suas respostas podem diferir ligeiramente daquelas encontradas usando a tabela da normal padrão.

EXCEL

	A	B	
1	1.	-1.644853627	← =NV.NORMP.N(0,05)
2	2.	0	← =INV.NORMP.N(0,5)
3	3.	1.281551566	← =INV.NORMP.N(0,9)

Figura 5.35

TENTE VOCÊ MESMO 2

Encontre o escore-*z* que corresponda a cada percentil.

1. P_{10} **2.** P_{20} **3.** P_{99}

Transformando um escore-z em um valor x

Lembre-se que, para transformar um valor x em um escore-z, você pode usar a fórmula:

$$z = \frac{x - \mu}{\sigma}.$$

Essa fórmula dá z em termos de x. Quando você resolve essa fórmula para x, obtém uma nova fórmula que dá x em termos de z.

$z = \frac{x - \mu}{\sigma}$	Fórmula para z em termos de x.
$z\sigma = x - \mu$	Multiplique cada lado de σ.
$\mu + z\sigma = x$	Adicione μ em cada lado.
$x = \mu + z\sigma$	Troque os lados.

Transformando um escore-z em um valor x

Para transformar um escore-z padrão em um valor x em uma dada população, use a fórmula:

$$x = \mu + z\sigma.$$

EXEMPLO 3

Encontrando um valor x correspondente a um escore-z

Um veterinário registra os pesos dos gatos tratados em uma clínica. Os pesos são normalmente distribuídos, com média de 9 libras e desvio padrão de 2 libras. Encontre os pesos x que correspondem a cada escore-z. Interprete os resultados.

1. $z = 1{,}96$ **2.** $z = -0{,}44$ **3.** $z = 0$

SOLUÇÃO

O valor x que corresponde a cada escore-z padrão é calculado usando a fórmula $x = \mu + z\sigma$. Note que μ = 9 e σ = 2.

1. Para $z = 1{,}96$, o peso x correspondente é:

$x = 9 + 1{,}96(2) = 12{,}92$ libras

2. Para $z = -0{,}44$, o peso x correspondente é:

$x = 9 + (-0{,}44)(2) = 8{,}12$ libras

3. Para $z = 0$, o peso x correspondente é:

$x = 9 + 0(2) = 9$ libras

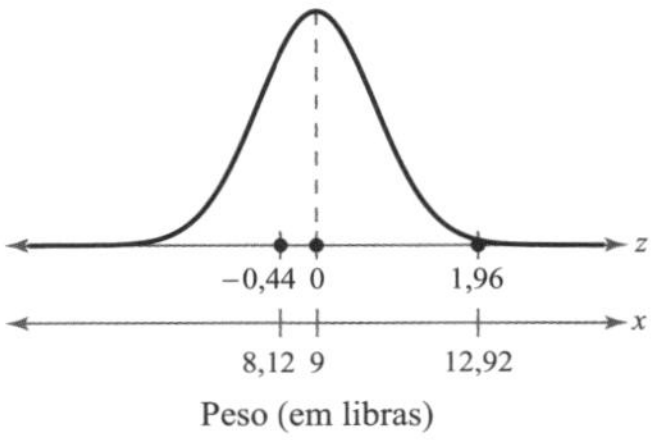

Figura 5.36

Interpretação Da Figura 5.36, você pode ver que 12,92 libras está à direita da média, 8,12 libras está à esquerda da média e 9 libras é igual a média.

TENTE VOCÊ MESMO 3

Um veterinário registra os pesos dos cães tratados em uma clínica. Os pesos são normalmente distribuídos, com média de 52 libras e desvio padrão de 15 libras. Encontre os pesos x que correspondem aos escores-z. Interprete os resultados.

1. $z = -2{,}33$ **2.** $z = 3$ **3.** $z = 0{,}58$

Encontrando um valor específico para uma dada probabilidade

Você também pode usar a distribuição normal para encontrar um valor específico (valor x) para uma dada probabilidade, como mostrado nos Exemplos 4 e 5.

EXEMPLO 4

Encontrando um valor específico

As pontuações da prova para um agente da lei na Califórnia são normalmente distribuídas, com média 50 e desvio padrão 10. Uma agência somente contratará candidatos com pontuações entre as 10% mais altas. Qual é a menor pontuação que um candidato pode obter para ainda ser elegível a ser contratado pela agência? *(Fonte: State of California.)*

SOLUÇÃO

As pontuações no teste que estão entre as 10% mais altas correspondem à região sombreada mostrada na Figura 5.37.

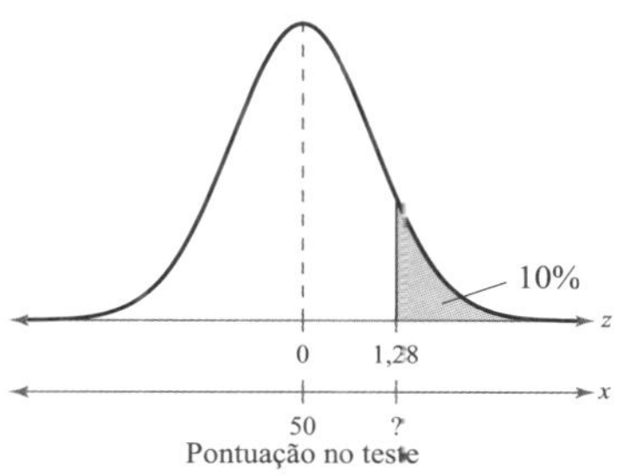

Figura 5. 37 Pontuações para o teste de agente da lei na Califórnia.

Uma pontuação entre as 10% mais altas é qualquer pontuação acima do 90º percentil. Para encontrar a pontuação que representa o 90º percentil, você deve primeiro encontrar o escore-z que corresponde a uma área acumulada de 0,9. Na tabela da normal padrão, a área mais próxima a 0,9 é 0,8997. Então, o escore-z que corresponde a uma área de 0,9 é $z = 1{,}28$. Para encontrar o valor x note que $\mu = 50$ e $\sigma = 10$, e use a fórmula $x = \mu + z\sigma$, conforme a seguir.

$$\begin{aligned} x &= \mu + z\sigma \\ &= 50 + 1{,}28(10) \\ &= 62{,}8 \end{aligned}$$

Você pode verificar esta resposta usando a tecnologia. Por exemplo, você pode usar uma TI-84 Plus para encontrar o valor x, conforme mostrado na Figura 5.38.

Interpretação A menor pontuação que um candidato pode obter para ainda ser elegível a ser contratado por uma agência é de, aproximadamente, 63.

TENTE VOCÊ MESMO 4

Um pesquisador testa as distâncias de frenagem de diversos carros. A distância de frenagem de 60 milhas por hora até uma parada completa em pista seca é medida em pés. As distâncias de frenagem de uma amostra de carros são normalmente distribuídas, com média de 129 pés e desvio padrão de 5,18 pés. Qual é a maior distância de frenagem que um desses carros poderia ter e ainda estar no 1% mais baixo? *(Adaptado de Consumer Reports.)*

Retratando o mundo

Muitos investidores escolhem fundos mútuos como forma de investir no mercado de ações. A taxa média anual de retorno para fundos mútuos de grande crescimento durante um período recente de cinco anos foi de cerca de 21,2% com desvio padrão de 3,5%. *(Adaptado de Morningstar.)*

Taxa de retorno anual para fundos mútuos de grande crescimento

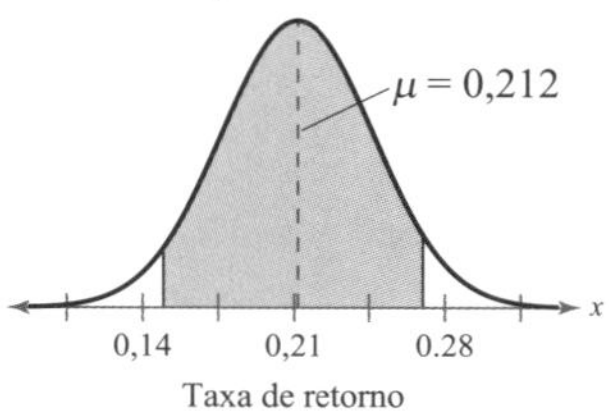

Entre quais dois valores se encontram os 90% centrais dos dados?

TI-84 PLUS

```
invNorm(.9,50,10)
                62.81551567
```

Figura 5.38

EXEMPLO 5

Determinando um valor específico

Em uma amostra aleatória de adultos estadunidenses com idade acima dos 20 anos, a média do nível de colesterol total é de 190 miligramas por decilitro com desvio padrão de 40,9 miligramas por decilitro. Considere que os níveis de colesterol total sejam normalmente distribuídos. Determine o nível de colesterol total mais alto que um adulto acima dos 20 anos pode ter e ainda estar no 1% mais baixo. *(Adaptado de National Center for Health Statistics.)*

SOLUÇÃO

Níveis de colesterol total no 1% mais baixo correspondem à região sombreada da Figura 5.39.

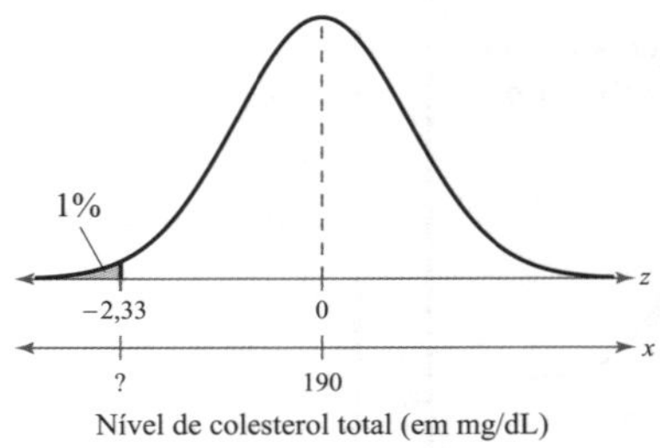

Figura 5.39 Níveis de colesterol total em adultos americanos acima dos 20 anos.

Um nível de colesterol total no 1% mais baixo é qualquer nível abaixo do primeiro percentil. Para encontrar o nível que representa o primeiro percentil, você deve achar primeiro o escore-*z* que corresponde à área acumulada de 0,01. Na tabela da normal padrão, a área mais próxima a 0,01 é 0,0099. Assim, o escore-*z* que corresponde a uma área de 0,01 é $z = -2{,}33$. Para encontrar o valor x, note que $\mu = 190$ e $\sigma = 40{,}9$, e use a fórmula $x = \mu + z\sigma$, conforme a seguir.

$$\begin{aligned} x &= \mu + z\sigma \\ &= 190 + (-2{,}33)(40{,}9) \\ &\approx 94{,}7 \end{aligned}$$

Você pode conferir essa resposta usando tecnologia. Por exemplo, você pode usar o Excel para encontrar o valor x, conforme mostrado na Figura 5.40.

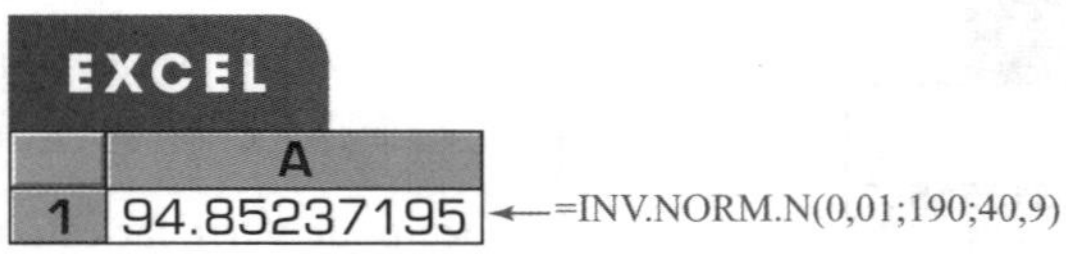

Figura 5.40

Interpretação O valor que separa o 1% mais baixo dos níveis de colesterol total de adultos estadunidenses com idade acima de 20 anos dos 99% mais altos é de aproximadamente 95 miligramas por decilitro.

TENTE VOCÊ MESMO 5

O tempo de trabalho dos funcionários em uma empresa é normalmente distribuído, com média de 11,2 anos e desvio padrão de 2,1 anos. Em uma redução de quadro, os 10% com menos tempo na empresa são demitidos. Qual é o tempo máximo que um funcionário pode ter trabalhado na empresa e ainda assim ser cortado?

5.3 EXERCÍCIOS

Construindo habilidades básicas e vocabulário

Determinando um escore-*z* *Nos exercícios de 1 a 16, use a tabela da normal padrão ou um recurso tecnológico para determinar o escore-z que corresponda a área acumulada ou ao percentil.*

1. 0,2090 **2.** 0,4364 **3.** 0,6736 **4.** 0,7995

5. 0,05 **6.** 0,94 **7.** 0,85 **8.** 0,0093

9. P_{33} **10.** P_{67} **11.** $P_{97,5}$ **12.** $P_{1,5}$

13. P_{25} **14.** P_{40} **15.** P_{91} **16.** P_{75}

Análise gráfica *Nos exercícios de 17 a 22, determine o(s) escore(s)-z indicado(s) conforme mostrado no gráfico.*

17.

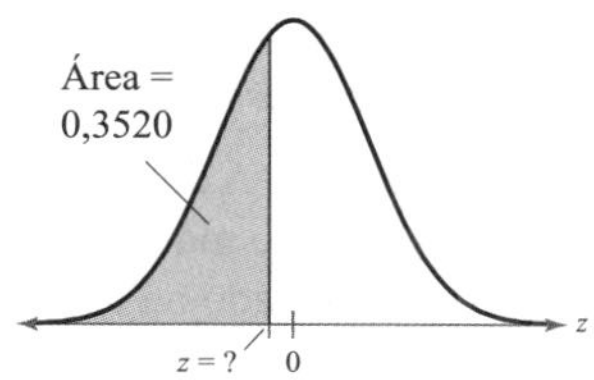

18.

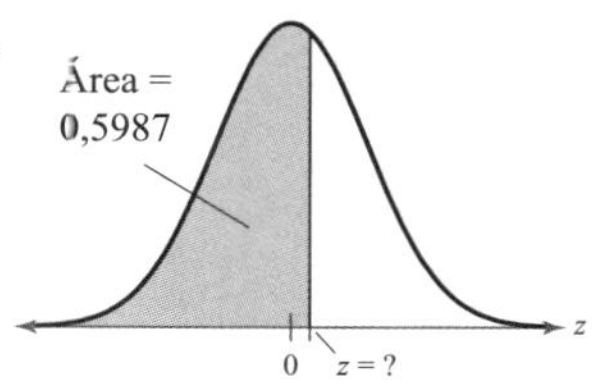

19.

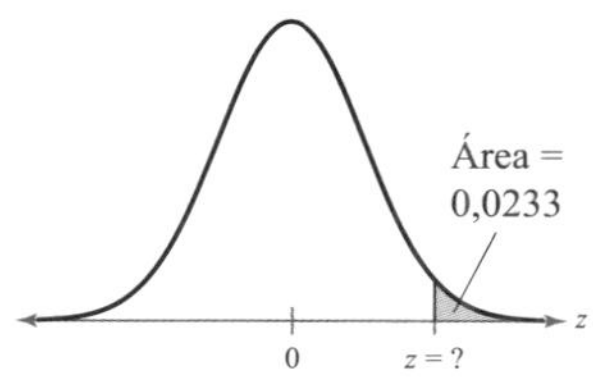

20.

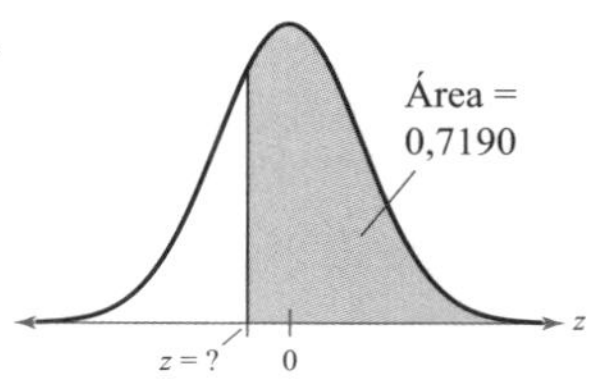

21.

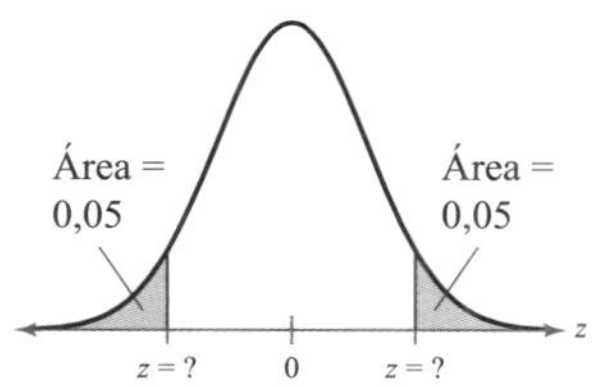

22.

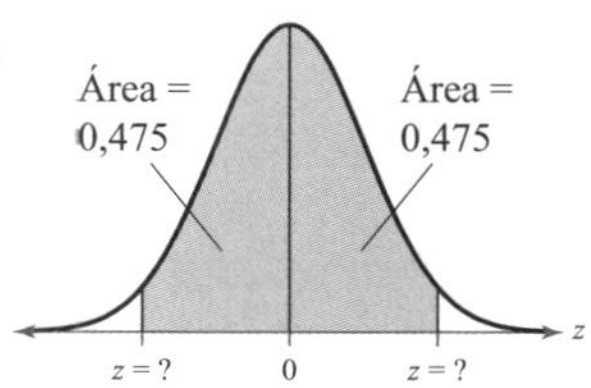

Determinando um escore-*z* dada uma área *Nos exercícios de 23 a 30, encontre o escore-z indicado.*

23. Determine o escore-*z* que tenha 11,9% da área da distribuição à esquerda.

24. Determine o escore-*z* que tenha 78,5% da área da distribuição à esquerda.

25. Determine o escore-*z* que tenha 63,7% da área da distribuição à direita.

26. Determine o escore-*z* que tenha 20,9% da área da distribuição à direita.

27. Determine o escore-*z* que tenha 2,275% da área da distribuição à esquerda.

28. Determine o escore-*z* que tenha 84,1345% da área da distribuição à direita.

29. Determine o escore-*z* positivo para o qual 80% da área da distribuição esteja entre $-z$ e z.

30. Determine o escore-*z* positivo para o qual 12% da área da distribuição esteja entre $-z$ e z

Usando e interpretando conceitos

Encontrando valores específicos *Nos exercícios de 31 a 38, responda às questões sobre a distribuição normal especificada.*

31. Pesos de adolescentes Em uma pesquisa com homens de 18 anos, o peso médio foi de 166,7 libras, com desvio padrão de 49,3 libras. *(Adaptado de National Center for Health Statistics.)*

(a) Que peso representa o percentil 95?

(b) Que peso representa o percentil 43?

(c) Que peso representa o primeiro quartil?

32. Resposta a covid-19 Os Pesquisadores pediram aos entrevistados que classificassem dez aspectos-chave da resposta de seu governo à pandemia da covid-19, incluindo preparação, comunicação e ajuda material. Foi calculada uma pontuação de resposta pandêmica que variou de 0 a 100. A pontuação média para os entrevistados dos Estados Unidos foi de 50,6 com desvio padrão de 29,0. *(Fonte: PLOS One.)*

(a) Que pontuação representa o percentil 88?

(b) Que pontuação representa o percentil 61?

(c) Que pontuação representa o primeiro quartil?

33. 100 mais da *Billboard* A duração (em segundos) das 100 músicas mais populares durante a semana de 5 de maio de 2021 pode ser aproximada por uma distribuição normal, conforme mostrado na na figura a seguir. *(Fonte: Spotify.)*

(a) Qual a duração da música que representa o percentil 5?

(b) Qual a duração da música que representa o percentil 17?

(c) Qual a duração da música que representa o terceiro quartil?

FIGURA PARA O EXERCÍCIO 33

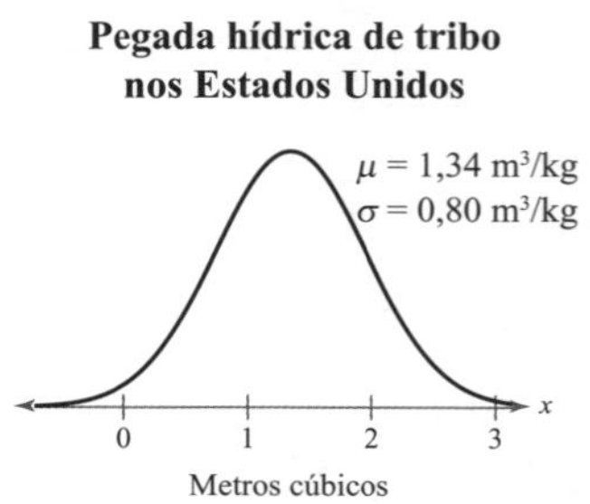

FIGURA PARA O EXERCÍCIO 34

34. Pegada Hídrica A pegada hídrica é uma medida da apropriação de água. A pegada hídrica (em metros cúbicos) para um quilo de trigo pode ser aproximada por uma distribuição normal, conforme mostrado na figura. *(Fonte: Ecological Indicators.)*

(a) Que pegada hídrica representa o percentil 80?

(b) Que pegada hídrica representa o percentil 29?

(c) Qual pegada hídrica representa o terceiro quartil?

FIGURA PARA O EXERCÍCIO 35

35. Teste Avançado de Admissão Odontológica* O Teste Avançado de Admissão Odontológica (ADAT, na abreviatura do inglês) é projetado para que as pontuações se ajustem a uma distribuição normal, conforme mostrado na figura. *(Fonte: American Dental Association.)*

(a) Qual é a pontuação mínima do ADAT que está entre as 5% melhores?

(b) Entre quais dois valores estão os 50% centrais das pontuações do ADAT?

*N. de T.: Do ingês, Advanced Dental Admission Test (ADAT), é um teste de avaliação, desenvolvido para admissão em programas de educação odontológica.

Pontuações do GRE para redação analítica

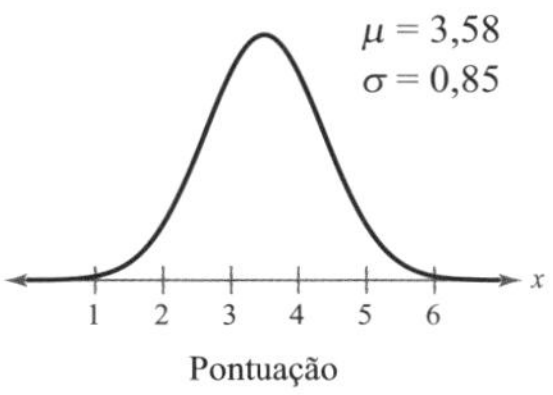

FIGURA PARA O EXERCÍCIO 36

36. Pontuações do GRE As pontuações do teste para a seção de redação analítica do *Graduate Record Examination* (GRE) podem ser aproximadas por uma distribuição normal, conforme mostrado na figura. *(Fonte: Educational Testing Servive.)*

(a) Qual é a pontuação máxima que está entre os 20% inferiores das pontuações?

(b) Entre quais dois valores estão os 80% centrais das pontuações?

37. Contagem de glóbulos vermelhos A contagem de glóbulos vermelhos (em milhões de células por microlitro) para uma população de homens adultos pode ser aproximada por uma distribuição normal, com média de 5,4 milhões de células por microlitro e desvio padrão de 0,4 milhão de células por microlitro.

(a) Qual é a contagem mínima de glóbulos vermelhos que limita os 25% superiores das contagens?

(b) Que contagens de glóbulos vermelhos seriam consideradas incomuns?

38. Duração da gravidez A duração da gravidez (em dias) para uma população de novas mães pode ser aproximada por uma distribuição normal, com média de 267 dias e desvio padrão de 10 dias.

(a) Qual é a duração mínima da gravidez que limita os 10% superiores das durações da gravidez?

(b) Que durações de gravidez seriam consideradas incomuns?

39. Sacos de mini cenouras Os pesos de sacos de mini cenouras são normalmente distribuídas com média de 32 onças e desvio padrão de 0,36 onça. Sacos nos 4,5% superiores estão muito pesados e devem ser reembalados. Qual é o máximo que um saco de mini cenouras pode pesar sem precisar ser reembalado?

40. Redigindo uma garantia Você vende uma marca de pneus de automóveis que tem uma expectativa de vida que é normalmente distribuída, com vida média de 30.000 milhas e desvio padrão de 2.500 milhas. Você quer dar uma garantia de troca grátis de pneus que não estão em boas condições. Você está disposto a trocar, aproximadamente, 10% dos pneus. Como você deve redigir sua garantia?

Expandindo conceitos

41. Máquina de venda Uma máquina de venda serve café em um copo de oito onças. A quantidade de café servida é normalmente distribuída, com desvio padrão de 0,03 onça. Você pode deixar o café transbordar 1% das vezes. Qual quantidade você deveria definir como a quantidade média de café a ser servido?

42. Notas de história Em uma turma de história, as notas para várias avaliações são todas números positivos e têm distribuições diferentes. Determine se as notas para cada avaliação podem ser normalmente distribuídas. Explique seu raciocínio.

(a) um exame de meio de semestre com média 67, desvio padrão 15 e do percentil 75 igual a 77.

(b) um exame final com média 72, desvio padrão 9 e percentil 90 igual a 93.

(c) um questionário com média 33, percentil 40 igual 30 e percentil 60 igual 39.

(d) uma tarefa de casa com média 19, percentil 10 igual 7 e percentil 90 igual 31.

(e) um trabalho extra com média 2,25 e desvio padrão 2,49.

(f) um trabalho de pesquisa com percentil 35 igual 120, percentil 65 igual 160 e percentil 80 igual a 200.

ESTUDO DE CASO

Peso ao nascer nos Estados Unidos

O *National Center for Health Statistics* (NCHS) mantém registros de muitos aspectos relacionados à saúde das pessoas, inclusive o peso ao nascer de todos os bebês nascidos nos Estados Unidos.

O peso de um bebê ao nascer está relacionado ao seu período de gestação (tempo entre a concepção e o nascimento). Para um dado período de gestação, os pesos ao nascer podem ser aproximados por uma distribuição normal. As médias e os desvios padrão dos pesos ao nascer para vários períodos de gestação são dados na Tabela 5.6.

Um dos vários objetivos do NCHS é reduzir a porcentagem de bebês nascidos com baixo peso. A Figura 5.41 mostra os percentuais de nascimentos prematuros e com baixo peso, de 2011 a 2019.

Tabela 5.6

Período de gestação	Peso médio ao nascer	Desvio padrão
Abaixo de 28 semanas	1,90 libras	0,72 libras
28 a 31 semanas	3,49 libras	1,01 libras
32 a 33 semanas	4,62 libras	0,95 libras
34 a 36 semanas	5,97 libras	1,02 libras
37 a 38 semanas	7,01 libras	0,92 libras
39 a 40 semanas	7,59 libras	0,84 libras
41 semanas	7,92 libras	0,87 libras
42 semanas ou mais	8,07 libras	1,01 libras

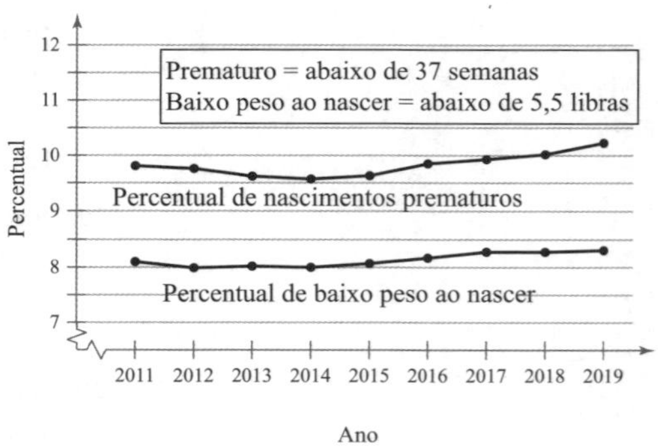

Figura 5.41

EXERCÍCIOS

1. As distribuições dos pesos ao nascer para três períodos de gestação são mostradas nas Figuras 5.42 (a) a (c). Relacione as curvas com os períodos de gestação. Explique seu raciocínio.

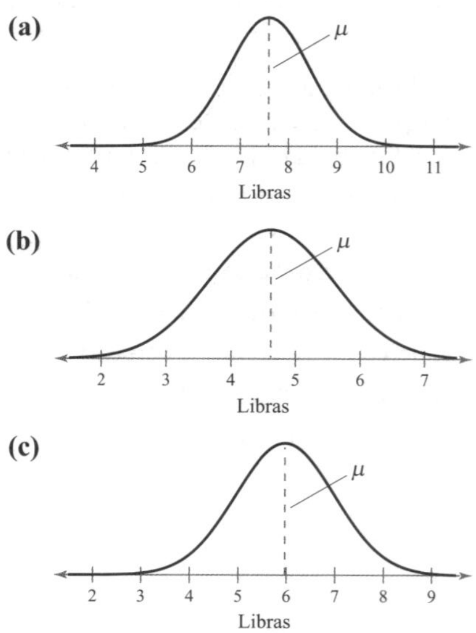

Figura 5.42

2. Qual porcentagem de bebês, nascidos em cada período de gestação, tem peso baixo ao nascer (abaixo de 5,5 libras)?

   (a) De 28 a 31 semanas **(b)** De 32 a 33 semanas
   (c) De 39 a 40 semanas **(d)** 42 semanas ou mais

3. Descreva os pesos dos 10% de bebês mais pesados nascidos em cada período de gestação.

   (a) Abaixo de 28 semanas **(b)** De 34 a 36 semanas
   (c) 41 semanas. **(d)** 42 semanas ou mais

4. Para cada período de gestação, qual é a probabilidade de que um bebê pesará entre 6 e 9 libras ao nascer?

   (a) Abaixo de 28 semanas **(b)** De 32 a 33 semanas
   (c) De 37 a 38 semanas **(d)** 41 semanas

5. Um peso ao nascer menor que 3,25 libras é classificado pelo NCHS como um "peso muito baixo ao nascer". Qual é a probabilidade de que um bebê tenha um peso muito baixo ao nascer para cada período de gestação?

   (a) Abaixo de 28 semanas **(b)** De 28 a 31 semanas
   (b) De 32 a 33 semanas **(d)** De 39 a 40 semanas

5.4 Distribuições amostrais e o teorema limite central

O que você deve aprender

- Como encontrar distribuições amostrais e verificar suas propriedades.
- Como interpretar o teorema limite central.
- Como aplicar o teorema limite central para encontrar a probabilidade de uma média amostral.

Dica de estudo

As médias amostrais podem variar de uma para outra e podem variar da média de população. Esse tipo de variação deve ser esperada e é chamada de *erro amostral*. Você aprenderá mais sobre esse tópico na Seção 6.1.

Distribuições amostrais ■ O teorema limite central ■ Probabilidade e o teorema limite central

Distribuições amostrais

Nas seções anteriores, você estudou a relação entre a média de uma população e os valores de uma variável aleatória. Nesta seção, você vai estudar a relação entre uma média da população e as médias das amostras aleatórias retiradas da população.

DEFINIÇÃO

Uma **distribuição amostral** é a distribuição de probabilidade de uma estatística que é formada quando amostras de tamanho n são repetidamente extraídas de uma população. Se a estatística é a média amostral, tem-se, então, a **distribuição amostral da média**. Cada estatística tem uma distribuição amostral.

Considere o diagrama de Venn da Figura 5.43. O retângulo representa uma grande população e cada círculo representa uma amostra aleatória de tamanho n. Como os valores da amostra podem variar, as médias amostrais também podem variar. A média da amostra 1 é $\bar{x}_1$; a média da amostra 2 é $\bar{x}_2$, e assim por diante. A distribuição amostral das médias das amostras de tamanho n para essa população consiste de $\bar{x}_1$, $\bar{x}_2$ e $\bar{x}_3$, e assim por diante. Se as amostras são extraídas com reposição, então um número infinito de amostras pode ser extraído da população.

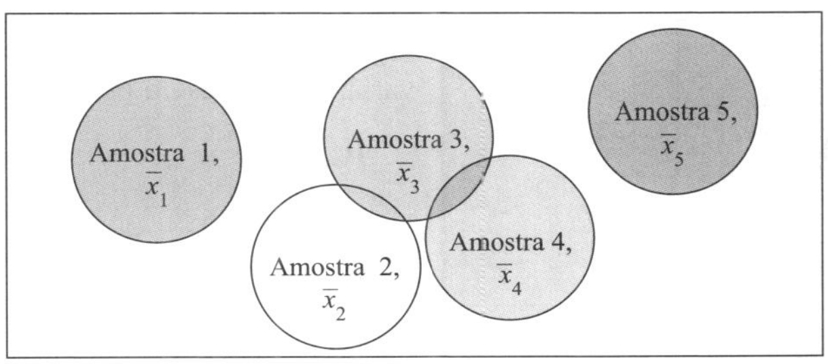

Figura 5.43 População com μ e desvio padrão σ

Propriedades da distribuição amostral da média

1. A média das médias amostrais $\mu_{\bar{x}}$ é igual a média da população μ.

   $$\mu_{\bar{x}} = \mu$$

2. O desvio padrão das médias amostrais $\sigma_{\bar{x}}$ é igual ao desvio padrão da população σ dividido pela raiz quadrada do tamanho da amostra n.

   $$\sigma_{\bar{x}} = \frac{\sigma}{\sqrt{n}}$$

   O desvio padrão da distribuição amostral da média é chamado de **erro padrão da média**.

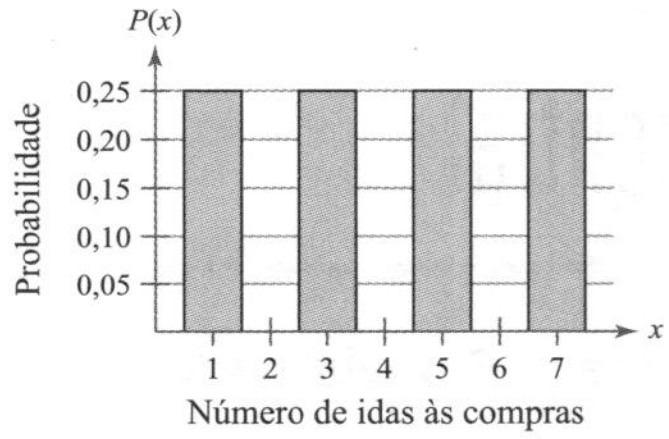

Figura 5.44 Histograma de probabilidade da população de x.

Tabela 5.8 Distribuição de probabilidade das médias amostrais

$\bar{x}$	f	**Probabilidade**
1	1	1/16
2	2	2/16
3	3	3/16
4	4	4/16
5	3	3/16
6	2	2/16
7	1	1/16

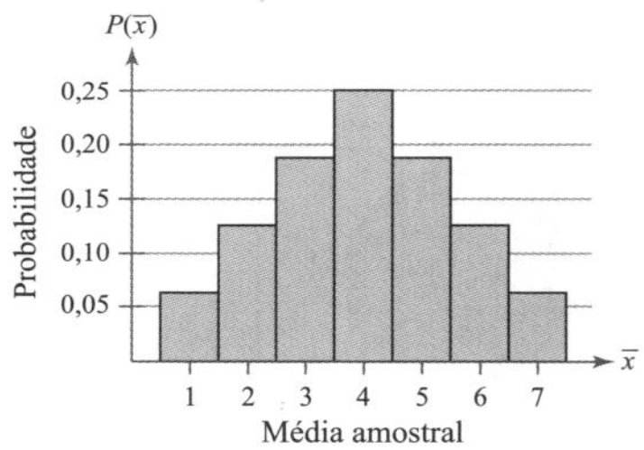

Figura 5.45 Histograma de probabilidade da distribuição amostral da média.

5.4 Para explorar mais esse tópico, veja a **atividade 5.4** na página 274.

Dica de estudo

Reveja a Seção 4.1 para encontrar a média e o desvio padrão de uma distribuição de probabilidade.

EXEMPLO 1

Uma distribuição amostral para as médias amostrais

O número de vezes que quatro pessoas vão às compras em um mês é dado pelos valores populacionais $\{1, 3, 5, 7\}$. Um histograma de probabilidade para os dados é mostrado na Figura 5.44. Você escolhe aleatoriamente duas das quatro pessoas, com reposição. Liste todas as amostras possíveis de tamanho $n = 2$ e calcule as respectivas médias. Essas médias formam a distribuição amostral da média. Encontre a média, a variância e o desvio padrão das médias amostrais. Compare seus resultados com a média $\mu = 4$, variância $\sigma^2 = 5$, e desvio padrão $\sigma = \sqrt{5} \approx 2.2$ da população.

SOLUÇÃO

Liste todas as 16 amostras de tamanho 2 da população e a média de cada amostra.

Tabela 5.7

Amostra	média da amostra, $\bar{x}$	Amostra	média da amostra, $\bar{x}$
1, 1	1	5, 1	3
1, 3	2	5, 3	4
1, 5	3	5, 5	5
1, 7	4	5, 7	6
3, 1	2	7, 1	4
3, 3	3	7, 3	5
3, 5	4	7, 5	6
3, 7	5	7, 7	7

Depois de construir a distribuição de probabilidade das médias das amostras (veja a Tabela 5.8), você pode representar a distribuição amostral graficamente usando um histograma de probabilidade como pode ser visto na Figura 5.45). Note que o histograma tem forma de sino e é simétrico, similar a uma curva normal. A média, a variância e o desvio padrão das 16 médias das amostras são:

$$\mu_{\bar{x}} = 4 \qquad \text{Média das médias das amostras}$$

$$(\sigma_{\bar{x}})^2 = \frac{5}{2} = 2.5 \qquad \text{Variância das médias das amostras}$$

e

$$\sigma_{\bar{x}} = \sqrt{\frac{5}{2}} = \sqrt{2.5} \approx 1{,}6. \qquad \text{Desvio padrão das médias das amostras}$$

Esses resultados satisfazem às propriedades das distribuições amostrais porque:

$$\mu_{\bar{x}} = \mu = 4$$

e

$$\sigma_{\bar{x}} = \frac{\sigma}{\sqrt{n}} = \frac{\sqrt{5}}{\sqrt{2}} \approx 1{,}6.$$

TENTE VOCÊ MESMO 1

Liste todas as amostras possíveis de tamanho $n = 3$, com reposição, a partir da população $\{1, 3, 5\}$. Calcule a média de cada amostra. Encontre a média, a variância e o desvio padrão das médias amostrais. Compare seus resultados com a média $\mu = 3$, variância $\sigma^2 = 8/3$, e desvio padrão $\sigma = \sqrt{8/3} \approx 1{,}6$ da população.

O teorema limite central

O teorema limite central forma a base para o ramo inferencial da estatística. Esse teorema descreve a relação entre a distribuição amostral da média e a população da qual as amostras são retiradas. O teorema limite central é uma ferramenta importante que fornece a informação que você vai precisar ao usar estatísticas para fazer inferência sobre a média de uma população.

O teorema limite central

1. Se amostras aleatórias de tamanho n, onde $n \geq 30$, são retiradas de uma população qualquer com uma média μ e um desvio padrão σ, então a distribuição amostral da média se aproxima de uma distribuição normal. Quanto maior o tamanho da amostra, maior a aproximação. (Veja a Figura 5.46).
2. Se as amostras aleatórias de tamanho n são retiradas de uma população que é normalmente distribuída, então a distribuição amostral das médias amostrais é normalmente distribuída para *qualquer* tamanho de amostra n. (Veja a Figura 5.46).

Em qualquer dos casos, a distribuição amostral da média tem média igual a média da população.

$$\mu_{\bar{x}} = \mu \qquad \text{Média das médias amostrais}$$

A distribuição amostral da média tem uma variância igual a $1/n$ vezes a variância da população e um desvio padrão igual ao desvio padrão da população dividido pela raiz quadrada de n.

$$\sigma^2_{\bar{x}} = \frac{\sigma^2}{n} \qquad \text{Variância das médias amostrais}$$

$$\sigma_{\bar{x}} = \frac{\sigma}{\sqrt{n}} \qquad \text{Desvio padrão das médias amostrais}$$

Lembre-se que o desvio padrão da distribuição amostral da média, $\sigma_{\bar{x}}$, também é chamado de erro padrão da média.

Dica de estudo

A distribuição das médias amostrais tem a mesma média que a população, mas o seu desvio padrão é menor que o desvio padrão da população. Isso nos diz que a distribuição das médias amostrais tem o mesmo centro que a população, mas não é tão dispersa. Além disso, a distribuição das médias amostrais torna-se cada vez menos dispersa (maior concentração em relação à média) conforme o tamanho n da amostra aumenta.

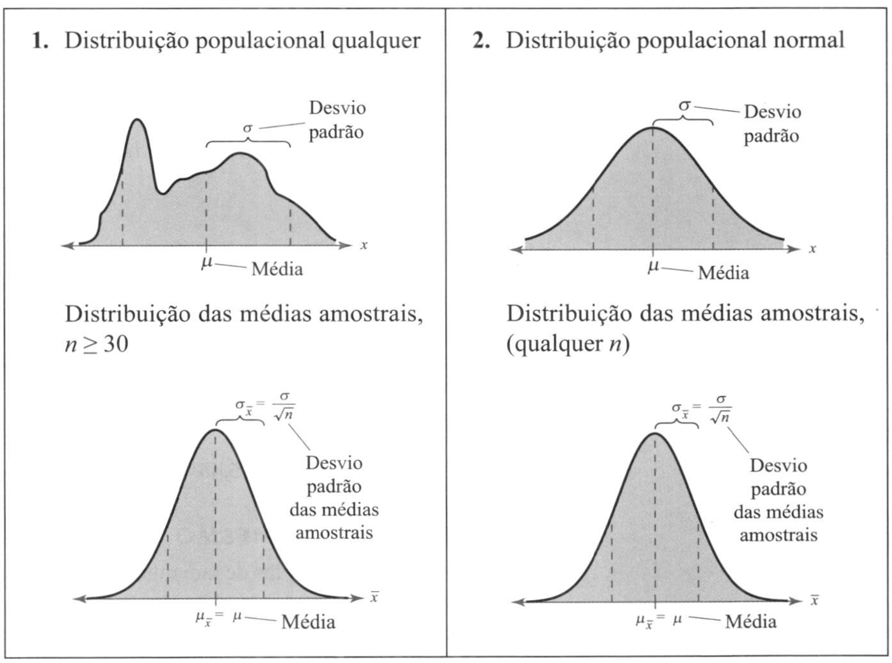

Figura 5.46

EXEMPLO 2

Interpretando o teorema limite central

Um estudo analisou os hábitos de sono de estudantes universitários. O estudo constatou que o tempo médio de sono foi de 6,9 horas, com desvio padrão de 1,5 horas. Amostras aleatórias de 100 tempos de sono são extraídas dessa população e a média de cada amostra é determinada. Encontre a média e o desvio padrão da distribuição amostral das médias amostrais. Em seguida, esboce um gráfico da distribuição amostral. *(Adaptado de National Institute of Health.)*

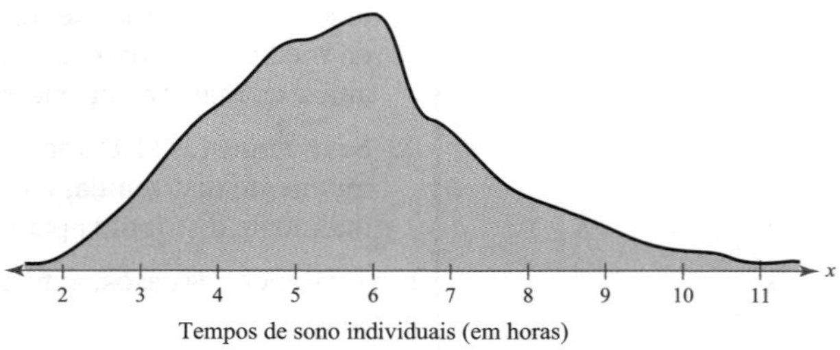

Figura 5.47 Distribuição para todas os tempos de sono.

SOLUÇÃO

A média da distribuição amostral é igual à média da população e o desvio padrão das médias amostrais é igual ao desvio padrão da população dividido por $\sqrt{n}$. Então,

$$\mu_{\bar{x}} = \mu = 6{,}9 \qquad \text{Média das médias amostrais}$$

e

$$\sigma_{\bar{x}} = \frac{\sigma}{\sqrt{n}} = \frac{1{,}5}{\sqrt{100}} = 0{,}15. \qquad \text{Desvio padrão das médias amostrais}$$

Interpretação De acordo com o teorema limite central, uma vez que o tamanho da amostra é maior que 30, a distribuição amostral pode ser aproximada por uma distribuição normal, com média 6,9 horas e desvio padrão de 0,15 horas, conforme a Figura 5.48.

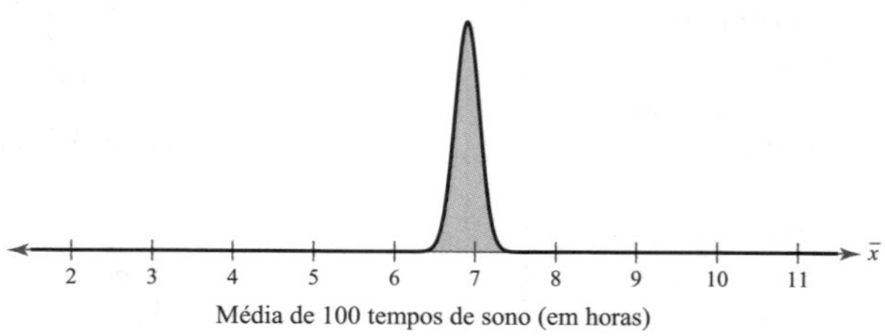

Figura 5.48 Distribuição das médias amostrais com $n = 100$.

TENTE VOCÊ MESMO 2

Amostras aleatórias de tamanho 64 são retiradas da população do Exemplo 2. Encontre a média e o desvio padrão da distribuição amostral da média. Esboce um gráfico da distribuição amostral e compare-o com a distribuição amostral do Exemplo 2.

Retratando o mundo

Em um ano recente, havia cerca de 3,8 milhões de pais nos Estados Unidos que recebiam pensão. O histograma a seguir mostra a distribuição das crianças por responsável pela custódia. O número médio de crianças era de aproximadamente 1,8 e o desvio padrão era de 0,9. *(Adaptado de U.S. Census Bureau.)*

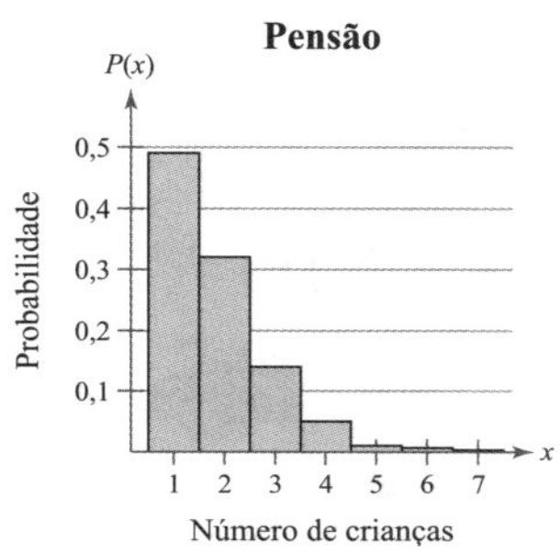

Você escolhe aleatoriamente 35 responsáveis que recebem pensão e pergunta quantas crianças sob sua custódia estão recebendo pensão. Qual é a probabilidade de que a média da amostra esteja entre 1,5 e 1,9 criança?

EXEMPLO 3

Interpretando o teorema limite central

Considere que as frequências cardíacas durante o treinamento de todos os atletas de 20 anos de idade são normalmente distribuídas, com média de 135 batimentos por minuto e desvio padrão de 18 batimentos por minuto, conforme a Figura 5.49. Amostras aleatórias de tamanho 4 são retiradas dessa população e a média de cada amostra é determinada. Calcule a média e o desvio padrão da distribuição amostral da média. Em seguida, esboce um gráfico da distribuição amostral.

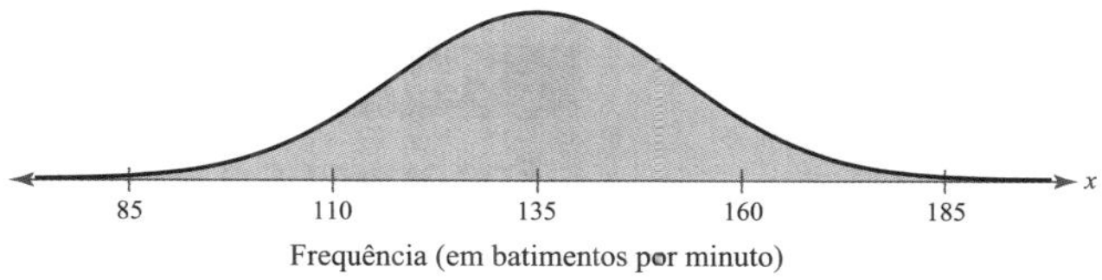

Figura 5.49 Distribuição das frequências cardíacas da população de atletas em treinamento.

SOLUÇÃO

$\mu_{\bar{x}} = \mu = 135$ batimentos por minuto   Média das médias amostrais

e

$$\sigma_{\bar{x}} = \frac{\sigma}{\sqrt{n}} = \frac{18}{\sqrt{4}} = 9 \text{ batimentos por minuto}$$

Desvio padrão das médias amostrais

Interpretação De acordo com o teorema limite central, uma vez que a população é normalmente distribuída, a distribuição amostral da média também é normalmente distribuída, conforme a Figura 5.50.

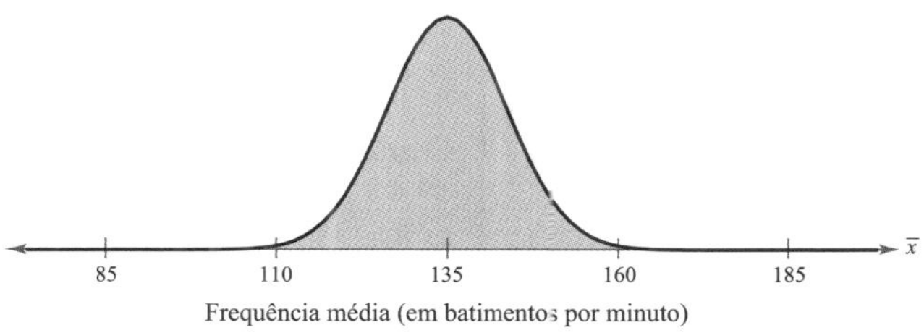

Figura 5.50 Distribuição das médias amostrais com $n = 4$.

TENTE VOCÊ MESMO 3

Os diâmetros dos carvalhos brancos adultos são normalmente distribuídos, com média de 3,5 pés e desvio padrão de 0,2 pé, como mostra o gráfico da Figura 5.51. Amostras aleatórias de tamanho 16 são retiradas dessa população e a média de cada amostra é determinada. Calcule a média e o desvio padrão da distribuição amostral da média. Em seguida, esboce um gráfico da distribuição amostral.

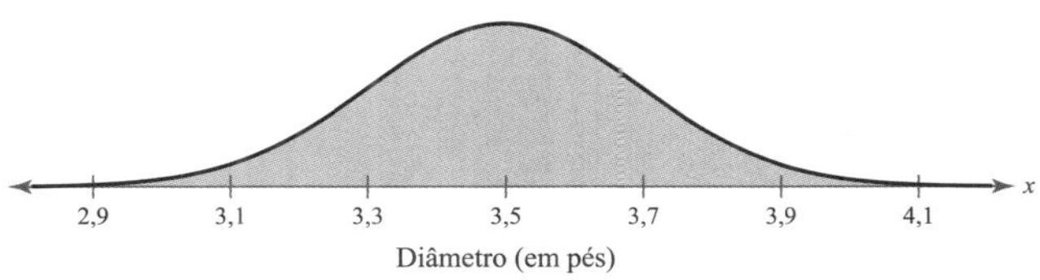

Figura 5.51 Distribuição dos diâmetros da população.

Probabilidade e o teorema limite central

Na Seção 5.2, você aprendeu como encontrar a probabilidade de que uma variável aleatória x estaria em um dado intervalo de valores da população. De modo semelhante, você pode encontrar a probabilidade de que uma média amostral $\bar{x}$ esteja em um dado intervalo da distribuição amostral de $\bar{x}$. Para transformar $\bar{x}$ em um escore-z, você pode usar a fórmula:

$$z = \frac{\text{valor} - \text{média}}{\text{desvio padrão}} = \frac{\bar{x} - \mu_{\bar{x}}}{\sigma_{\bar{x}}} = \frac{\bar{x} - \mu}{\sigma/\sqrt{n}}.$$

EXEMPLO 4

Encontrando probabilidades para distribuições amostrais

A Figura 5.52 mostra as distâncias médias percorridas pelos motoristas a cada dia. Você seleciona aleatoriamente 50 motoristas com idade entre 16 e 19 anos. Qual é a probabilidade de que a distância média que eles percorreram a cada dia esteja entre 19,4 e 22,5 milhas? Considere σ = 6,5 milhas.

Figura 5.52

SOLUÇÃO

O tamanho da amostra é maior que 30, então você pode usar o teorema limite central para concluir que a distribuição das médias amostrais é aproximadamente normal, com média e desvio padrão de:

$$\mu_{\bar{x}} = \mu = 20{,}7 \text{ milhas} \quad \text{e} \quad \sigma_{\bar{x}} = \frac{\sigma}{\sqrt{n}} = \frac{6{,}5}{\sqrt{50}} \approx 0{,}9 \text{ milhas.}$$

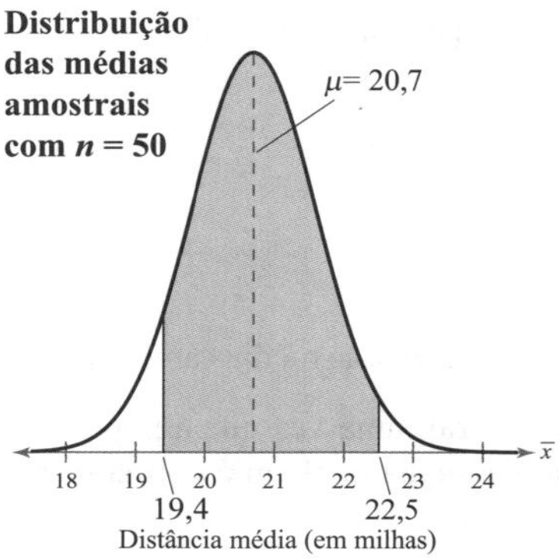

Figura 5.53

O gráfico dessa distribuição, mostrado na Figura 5.53, tem uma área sombreada entre 19,4 e 22,5 milhas. Os escores-z que correspondem às médias amostrais de 19,4 e 22,5 milhas são encontrados conforme demonstrado a seguir:

$$z = \frac{19{,}4 - 20{,}7}{6{,}5/\sqrt{50}} \approx -1{,}41 \qquad \text{Conversão de 19,4 para escore-}z$$

$$z_2 = \frac{22{,}5 - 20{,}7}{6{,}5/\sqrt{50}} \approx 1{,}96 \qquad \text{Conversão de 22,5 para escore-}z$$

Então, usando a tabela da normal padrão, a probabilidade de que a distância média percorrida a cada dia pela amostra de 50 pessoas esteja entre 19,4 e 22,5 milhas é:

$$\begin{aligned} P(19{,}4 < \bar{x} < 22{,}5) &= P(-1{,}41 < z < 1{,}96) \\ &= P(z < 1{,}96) - P(z < -1{,}41) \\ &= 0{,}9750 - 0{,}0793 \\ &= 0{,}8957. \end{aligned}$$

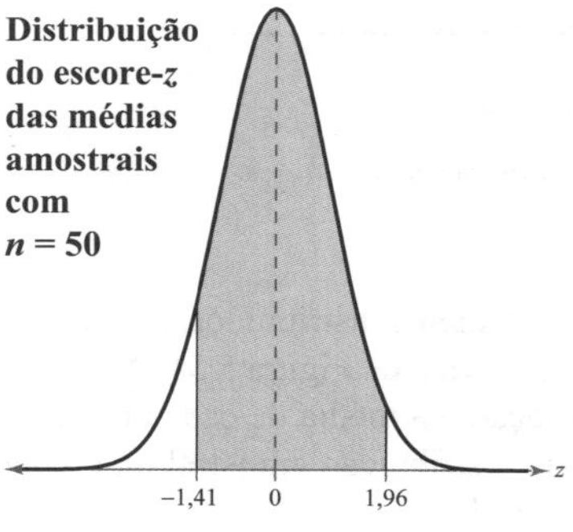

Figura 5.54

Interpretação De todas as amostras de 50 motoristas com idade entre 16 e 19 anos, cerca de 90% percorrerão uma distância média a cada dia entre 19,4 e 22,5 milhas, como mostra o gráfico da Figura 5.54. Isso implica que cerca de 10% de tais médias amostrais estará fora do intervalo dado.

Dica de estudo

Antes de encontrar probabilidades para intervalos da média amostral $\bar{x}$, use o teorema limite central para determinar a média das médias amostrais e o desvio padrão das médias amostrais.

TENTE VOCÊ MESMO 4

Você seleciona aleatoriamente100 motoristas com idade entre 30 e 49 anos do Exemplo 4. Qual é a probabilidade de que a distância média percorrida a cada dia esteja entre 36,2 e 37,8 milhas? Considere σ = 5,8 milhas.

EXEMPLO 5

Encontrando probabilidades para distribuições amostrais

Em um ano recente, o gasto médio com alojamento e refeição em faculdades de quatro anos foi de US$ 11.806. Você seleciona aleatoriamente 9 faculdades de quatro anos. Qual é a probabilidade de que a média de gasto com alojamento e refeição seja menor que US$ 12,250? Suponha que os gastos com alojamento e refeição sejam normalmente distribuídos, com desvio padrão de US$ 1.650. *(Adaptado de National Center for Education Statistics.)*

SOLUÇÃO

Como a população é normalmente distribuída, você pode usar o teorema limite central para concluir que a distribuição das médias amostrais é normalmente distribuída, com média e desvio padrão de:

$$\mu_{\bar{x}} = \mu = \$11.806 \quad \text{e} \quad \sigma_{\bar{x}} = \frac{\sigma}{\sqrt{n}} = \frac{\$1650}{\sqrt{9}} = \$550.$$

O gráfico dessa distribuição está na Figura 5.55. A área à esquerda de US$ 12.250 está sombreada. O escore-z que corresponde a US$ 12.250 é:

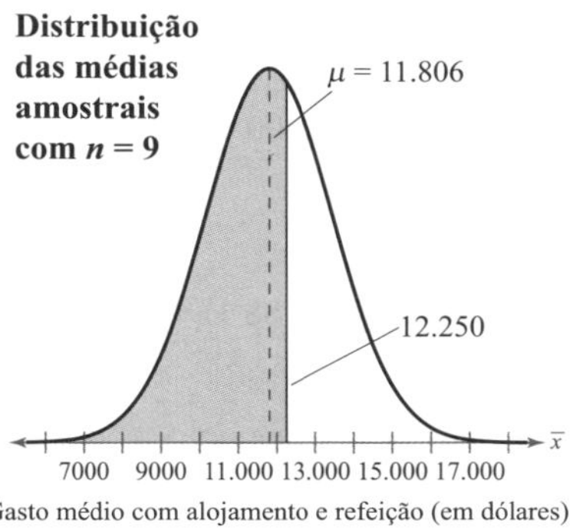

Figura 5.55

$$z = \frac{12.250 - 11.806}{1650/\sqrt{9}} = \frac{444}{550} \approx 0,81.$$

Assim, usando a tabela normal padrão, a probabilidade de que a despesa média com alojamento e refeição tenha sido menor que US$ 12.250 é:

$$P(\bar{x} < 12.250) = P(z < 0,81)$$
$$= 0,7910.$$

Você pode verificar esta resposta usando a tecnologia. Por exemplo, pode usar uma TI-84 Plus para encontrar a probabilidade, conforme mostrado na Figura 5.56.

TI-84 PLUS

```
normalcdf(-10000,12250,
11806,550)
                0.7902453767
```

Figura 5.56

Interpretação Então, cerca de 79% de tais amostras com $n = 9$ terão média menor que US$ 12.250 e cerca de 21% dessas médias amostrais serão maiores que US$ 12.250.

TENTE VOCÊ MESMO 5

Em um ano recente, o preço médio de venda de imóveis existentes nos Estados Unidos foi de US$ 296.700. Você seleciona aleatoriamente 12 imóveis existentes. Qual é a probabilidade de que o preço médio de venda tenha sido superior a US$ 275.000? Suponha que os preços de venda sejam normalmente distribuídos com desvio padrão de US$ 50.000. *(Adaptado de National Association of Realtors.)*

O teorema limite central também pode ser usado para investigar eventos incomuns. Um evento incomum é aquele que ocorre com uma probabilidade menor que 5%.

Dica de estudo

Para encontrar probabilidades para elementos individuais de uma população com uma variável aleatória X normalmente distribuída, use a fórmula

$$z = \frac{x - \mu}{\sigma}.$$

Para encontrar probabilidades para a média $\bar{x}$ de uma amostra de tamanho n, use a fórmula

$$z = \frac{\bar{x} - \mu_{\bar{x}}}{\sigma_{\bar{x}}}.$$

EXEMPLO 6

Encontrando probabilidades para *x* e $\bar{x}$

Alguns estudantes universitários usam cartões de crédito para pagar despesas relacionadas à educação. Para essa população, o valor pago é normalmente distribuído, com média de US$ 2.172 e desvio padrão de US$ 740. *(Adaptado de Sallie Mae/Ipso.)*

1. Qual é a probabilidade de que um universitário selecionado aleatoriamente, que utilize o cartão de crédito para pagar despesas relacionadas à educação, pagou menos que US$ 1.900?
2. Você seleciona aleatoriamente 25 universitários que utilizam o cartão de crédito para pagar despesas relacionadas à educação. Qual é a probabilidade de que seus pagamentos médios sejam menores que US$ 1.900?
3. Compare as probabilidades das partes 1 e 2.

SOLUÇÃO

1. Nesse caso, é pedido para encontrar a probabilidade associada a um certo valor da variável aleatória *x*. O escore-*z* que corresponde a *x* = US$ 1.900 é:

$$z = \frac{x - \mu}{\sigma} = \frac{1900 - 2172}{740} = \frac{-272}{740} \approx -0{,}37.$$

Então, a probabilidade de que o estudante pagou menos que US$ 1.900 é:

$$P(x < 1900) = P(z < -0{,}37) = 0{,}3557.$$

Você pode verificar esta resposta usando a tecnologia. Por exemplo, você pode usar o Excel para encontrar a probabilidade, conforme mostrado na Figura 5.57. (A resposta difere ligeiramente devido ao arredondamento.)

EXCEL

	A
1	0.356597851

=DIST.NORM.N(1900;2172;740;VERDADEIRO)

Figura 5.57

2. Aqui, foi pedido para encontrar a probabilidade associada com uma média amostral $\bar{x}$. O escore-*z* que corresponde a $\bar{x}$ = US$ 1.900 é:

$$z = \frac{\bar{x} - \mu_{\bar{x}}}{\sigma_{\bar{x}}} = \frac{\bar{x} - \mu}{\sigma/\sqrt{n}} = \frac{1900 - 2172}{740/\sqrt{25}} = \frac{-272}{148} \approx -1{,}84.$$

Então, a probabilidade de que os pagamentos médios sejam menores que $ 1.900 é:

$$P(\bar{x} < 1900) = P(z < -1{,}84) = 0{,}0329.$$

Você pode verificar esta resposta usando a tecnologia. Por exemplo, você pode usar o Excel para encontrar a probabilidade, conforme mostrado na Figura 5.58. (A resposta difere ligeiramente devido ao arredondamento.)

EXCEL

	A
1	0.033043152

=DIST.NORM.N(1900;2172;148;VERDADEIRO)

Figura 5.58

3. ***Interpretação*** Embora haja cerca de 36% de chance de que um estudante universitário que usa um cartão de crédito para pagar despesas relacionadas à educação pagará menos de US$ 1.900, há apenas cerca de 3% de chance de que o valor médio de despesa que uma amostra de 25 estudantes universitários pagará seja inferior a US$ 1900. Como há apenas 3% de chance de que o valor médio de despesa que uma amostra de 25 estudantes universitários pagará seja inferior a US$ 1.900, esse é um evento incomum.

TENTE VOCÊ MESMO 6

Um analista de preços declara que os preços de monitores de computador são normalmente distribuídos com média de US$ 208 e desvio padrão de US$ 107. Qual é a probabilidade de um monitor selecionado aleatoriamente custar menos de US$ 200? Você seleciona aleatoriamente 10 monitores. Qual é a probabilidade de que o custo médio deles seja menor que US$ 200? Compare essas duas probabilidades.

5.4 EXERCÍCIOS

Construindo habilidades básicas e vocabulário

Nos exercícios de 1 a 4, uma população tem média μ e desvio padrão σ. Encontre a média e o desvio padrão da distribuição amostral das médias amostrais com tamanho da amostra n.

1. $\mu = 150$, $\sigma = 25$, $n = 49$

2. $\mu = 45$, $\sigma = 15$, $n = 100$

3. $\mu = 790$, $\sigma = 48$, $n = 250$

4. $\mu = 1.275$, $\sigma = 6$, $n = 1.000$

Verdadeiro ou falso? *Nos exercícios de 5 a 8, determine se a sentença é verdadeira ou falsa. Se for falsa, reescreva-a como uma sentença verdadeira.*

5. Conforme o tamanho de uma amostra aumenta, a média da distribuição das médias amostrais aumenta.

6. Conforme o tamanho de uma amostra aumenta, o desvio padrão da distribuição das médias amostrais aumenta.

7. Uma distribuição amostral é normal somente quando a população é normal.

8. Se o tamanho da amostra é no mínimo 30, então você pode usar os escores-*z* para determinar a probabilidade de uma média amostral cair em um dado intervalo da distribuição amostral.

Análise gráfica *Nos exercícios 9 e 10, o gráfico de uma distribuição populacional é mostrado, com sua média e desvio padrão. Amostras aleatórias de tamanho 100 são retiradas da população. Determine qual dos gráficos indicados (a) – (c) mais se assemelharia à distribuição amostral da média. Explique seu raciocínio.*

9. O tempo de espera (em segundos) para virar à esquerda em um cruzamento.

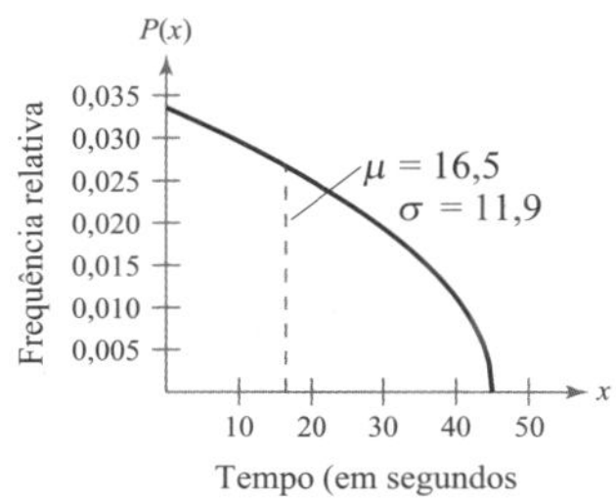

(a)

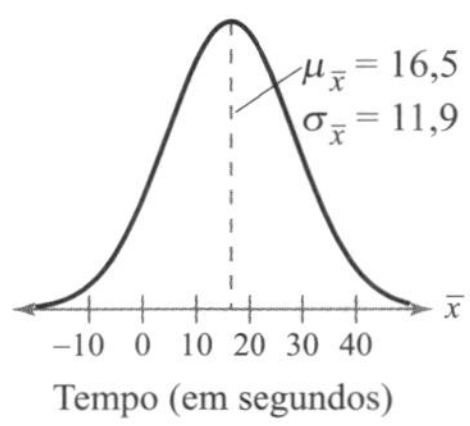

(b)

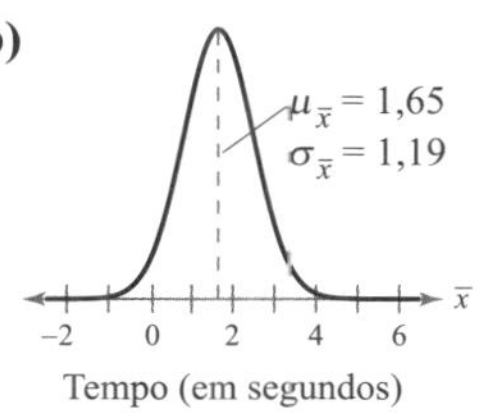

(c)

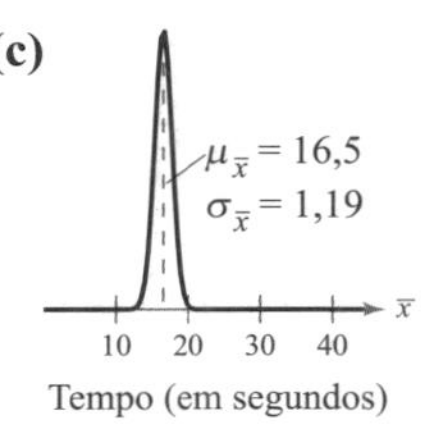

10. A quantidade de neve anual (em pés) para um condado central de Nova Iorque.

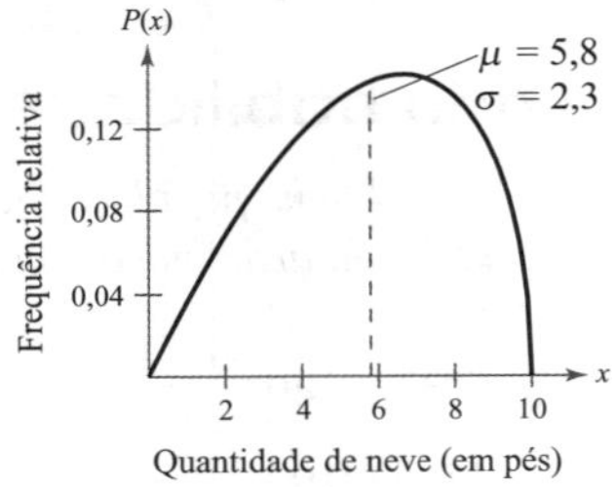

(a) (b) (c)

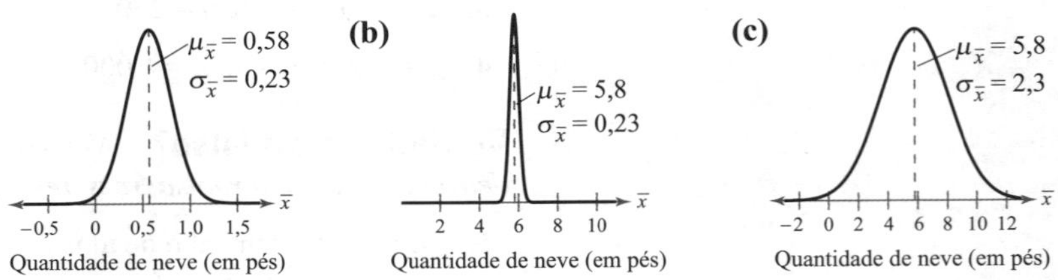

Uma distribuição amostral para as médias amostrais *Nos exercícios de 11 a 14 são dadas uma população e um tamanho de amostra.*

(a) Encontre a média e o desvio padrão da população.

(b) Liste todas as amostras (com reposição) do tamanho dado a partir da população, e encontre a média de cada uma.

(c) Encontre a média e o desvio padrão da distribuição amostral da média e compare--os com a média e o desvio padrão da população.

11. As capacidades de carga (em milhares de libras) de cinco isoladores de linha de transmissão são 64, 48, 19, 79 e 56. Use um tamanho de amostra igual a 2.

12. Os diâmetros (em polegadas) de quatro peças da máquina são 1.000, 1.004, 1.001 e 1.003. Use um tamanho de amostra igual a 2.

13. Os pontos de fusão (em graus Celsius) de três lubrificantes industriais são 350, 399 e 418. Use um tamanho de amostra igual a 3.

14. As vidas (em horas) de quatro ferramentas de corte com ponta de diamante são 70, 85, 81 e 67. Use um tamanho de amostra igual a 3.

Encontrando probabilidades *Nos exercícios de 15 a 18, a média e o desvio padrão da população são dados. Encontre a probabilidade indicada e determine se a média amostral dada seria considerada incomum.*

15. Para uma amostra aleatória com $n = 64$, encontre a probabilidade da média amostral ser menor que 24,3 quando $\mu = 24$ e $\sigma = 1{,}25$.

16. Para uma amostra aleatória com $n = 100$, encontre a probabilidade da média amostral ser maior que 24,3 quando $\mu = 24$ e $\sigma = 1{,}25$.

17. Para uma amostra aleatória com $n = 45$, encontre a probabilidade da média amostral ser maior que 551 quando $\mu = 550$ e $\sigma = 3{,}7$.

18. Para uma amostra aleatória com $n = 36$, encontre a probabilidade da média amostral ser menor que 12.750 ou maior que 12.753 quando $\mu = 12.750$ e $\sigma = 1{,}7$.

Usando e interpretando conceitos

Interpretando o teorema limite central *Nos exercícios de 19 a 26, determine a média e o desvio padrão da distribuição amostral da média. Em seguida, esboce um gráfico da distribuição amostral.*

19. Energias renováveis Durante um período recente de dois anos, os preços diários das energias renováveis na Alemanha (em euros por megawatt-hora) têm média de 31,58 e desvio padrão de 12,293. Amostras aleatórias de tamanho 75 são retiradas dessa população e a média de cada amostra é determinada. *(Adaptado de Multidisciplinary Digital Publishing Institute.)*

20. Energias renováveis O zloty é a moeda oficial da Polônia. Durante um período recente de dois anos, os preços diários das energias renováveis na Polônia (em zlotys por megawatt-hora) têm média de 158,51 e desvio padrão de 33,424. Amostras aleatórias de tamanho 100 são extraídas dessa população e a média de cada amostra é determinada. *(Adaptado do Multidisciplinary Digital Publishing Institute.)*

21. Temperatura corporal feminina Em um estudo recente envolvendo 54 mulheres, a temperatura corporal média encontrada foi de 97,2°F, com desvio padrão de 0,83. Amostras aleatórias de tamanho 36 são retiradas dessa população e a média de cada amostra é determinada. *(Adaptado de PLOS One.)*

22. Temperatura corporal masculina Em um estudo recente envolvendo 42 homens, a temperatura corporal média encontrada foi de 96,8°F, com desvio padrão de 0,61. Amostras aleatórias de tamanho 30 são retiradas dessa população e a média de cada amostra é determinada. *(Adaptado de PLOS One.)*

23. Salários Os salários anuais para analistas de marketing de nível básico são normalmente distribuídos, com média de cerca de US$ 54.000 e desvio padrão de cerca de US$ 11.000. Amostras aleatórias de tamanho 34 são retiradas dessa população e a média de cada amostra é determinada. *(Adaptado de Salary.com)*

24. Salários Os salários anuais dos gerentes de desenvolvimento de *software* são normalmente distribuídos, com média de cerca de US$ 136.000 e desvio padrão de cerca de US$ 11.500. Amostras aleatórias de tamanho 40 são retiradas desta população, e a média de cada amostra é determinada. *(Adaptado de Salary.com)*

25. Teste de francês do SAT As pontuações no teste de francês do SAT para as turmas de graduação de 2018-2020 são normalmente distribuídas, com média de 603 e desvio padrão de 111. Amostras aleatórias de tamanho 16 são retiradas dessa população e a média de cada amostra é determinada. *(Adaptado de College Board.)*

26. Teste de italiano do SAT As pontuações no teste de italiano do SAT para as turmas de graduação de 2018-2020 são normalmente distribuídas, com média de 628 e desvio padrão de 110. Amostras aleatórias de tamanho 25 são retiradas dessa população e a média de cada amostra é determinada. *(Adaptado de College Board.)*

27. Repita o Exercício 25 para amostras de tamanho 40 e 60. O que ocorre com a média e o desvio padrão da distribuição amostral da média à medida que o tamanho da amostra aumenta?

28. Repita o Exercício 26 para amostras de tamanho 72 e 108. O que ocorre com a média e o desvio padrão da distribuição amostral da média à medida que o tamanho da amostra aumenta?

Encontrando probabilidades para distribuições amostrais *Nos exercícios de 29 a 32, encontre a probabilidade indicada e interprete os resultados.*

29. ***Dow Jones Industrial Average*** De 1975 a 2020, o ganho médio anual do *Dow Jones Industrial Average* foi de 652. Uma amostra aleatória de 32 anos é selecionada dessa população. Qual é a probabilidade de que o ganho médio para a amostra esteja entre 400 e 700? Suponha $\sigma = 1.540$.

30. **Standard & Poor's 500** De 1921 a 2020, o retorno médio da Standard & Poor's 500 foi de 12,59%. Uma amostra aleatória de 38 anos é selecionada dessa população. Qual é a probabilidade de que o retorno médio da amostra esteja entre 10,0% e 11,0%? Suponha que $\sigma = 19{,}58\%$.

31. **Prevalência de asma por estado** A porcentagem média de prevalência de asma dos 50 estados dos Estados Unidos é de 9,51%. Uma amostra aleatória de 30 estados é selecionada. Qual é a probabilidade de que o percentual médio de prevalência de asma para a amostra seja maior que 10%? Suponha que $\sigma = 1{,}17\%$. *(Fonte: Centers for Disease Control and Prevention.)*

32. **Taxas de fecundidade por estado** Uma taxa de fecundidade é o número de nascimentos por 1.000 mulheres de 15 a 44 anos. A taxa média de fecundidade dos 50 estados dos Estados Unidos em um ano recente foi de 59,0 com desvio padrão de 5,47. Uma amostra aleatória de 40 estados é selecionada. Qual é a probabilidade de que a taxa de fecundidade média da amostra para o ano recente tenha sido inferior a 58? *(Fonte: Centers for Disease Control and Prevention.)*

33. **Qual é mais provável?** Suponha que as prevalências de asma no Exercício 31 sejam normalmente distribuídas. É mais provável que você selecione aleatoriamente um estado com prevalência de asma inferior a 10% ou selecione aleatoriamente uma amostra de 10 estados em que a média das prevalências de asma seja inferior a 10%? Explique.

34. **Qual é mais provável?** Suponha que as taxas de fecundidade no Exercício 32 sejam normalmente distribuídas. É mais provável que você selecione aleatoriamente um estado com uma taxa de fecundidade inferior a 65 ou selecione aleatoriamente uma amostra de 15 estados em que a média das taxas de fecundidade seja inferior a 65? Explique.

35. **Latas de tinta** Uma máquina está regulada para encher latas de tinta com média de 128 onças e desvio padrão de 0,2 onça. Uma amostra aleatória de 40 latas tem média de 127,9 onças. A máquina precisa ser reinicializada quando a média de uma amostra aleatória for incomum. A máquina precisa ser reiniciada? Explique.

36. **Caixas de leite** Uma máquina está regulada para encher caixas de leite com média de 64 onças e desvio padrão de 0,11 onça. Uma amostra aleatória de 40 caixas tem média de 64,05 onças. A máquina precisa ser reinicializada quando a média de uma amostra aleatória for incomum. A máquina precisa ser reiniciada? Explique.

37. **Cortador de madeira** Os comprimentos de madeira que uma máquina corta são normalmente distribuídos, com uma média de 96 polegadas e desvio padrão de 0,5 polegada.

(a) Qual é a probabilidade de selecionar aleatoriamente uma tábua cortada pela máquina que tenha um comprimento maior que 96,25 polegadas?

(b) 40 tábuas são selecionadas aleatoriamente. Qual é a probabilidade de que comprimento médio seja maior que 96,25 polegadas?

38. **Embalagem de sorvete** Os pesos das embalagens de sorvete são normalmente distribuídos, com peso médio de 10 onças e desvio padrão de 0,5 onça.

(a) Qual é a probabilidade de que uma embalagem selecionada aleatoriamente tenha um peso maior que 10,21 onças?

(b) 25 embalagens são selecionadas aleatoriamente. Qual é a probabilidade de que o peso médio seja maior que 10,21 onças?

Expandindo conceitos

Fator de correção finita *A fórmula para o desvio padrão da distribuição amostral para as médias amostrais*

$$\sigma_{\bar{x}} = \frac{\sigma}{\sqrt{n}}$$

dada no teorema limite central é baseada na suposição de que a população tem infinitos elementos. Este é o caso sempre que uma amostragem é feita com reposição (cada membro é colocado de volta depois de selecionado), porque o processo de amostragem poderia ser continuado indefinidamente. A fórmula também é válida quando o tamanho da amostra é pequeno em comparação com a população. Porém, quando a amostragem é feita sem reposição e o tamanho da amostra n é maior que 5% da população finita de tamanho N (n / N > 0,05), há um número finito de amostras possíveis. Utiliza-se então o ***fator de correção finita***

$$\sqrt{\frac{N - n}{N - 1}}$$

para ajustar o desvio padrão. A distribuição amostral da média será normal, com média igual à média da população, e o desvio padrão será:

$$\sigma_{\bar{x}} = \frac{\sigma}{\sqrt{n}}\sqrt{\frac{N - n}{N - 1}}.$$

Nos exercícios 39 e 40, determine se o fator de correção finita deve ser usado. Caso seja, use-o em seus cálculos quando encontrar a probabilidade.

39. Infrações de estacionamento Em uma amostra de 1.000 multas emitidas pela cidade de Toronto por infrações de estacionamento, em setembro de 2020, a multa média foi de $ 49,83 e o desvio padrão foi de $ 52,15. Uma amostra aleatória de tamanho 60 é selecionada dessa população. Qual é a probabilidade de que a multa média seja inferior a $ 40? *(Adaptado de City of Totonto.)*

40. *Old Faithful* Em uma amostra de 100 erupções do gêiser *Old Faithful* no Parque Nacional Yellowstone, o intervalo médio entre erupções era 129,58 minutos e o desvio padrão era 108,54 minuto. Uma amostra aleatória de tamanho 30 é selecionada desta população. Qual é a probabilidade de que o intervalo médio entre erupções esteja entre 120 minutos e 140 minutos? *(Adaptado de Geyser Times.)*

Distribuição amostral da proporção *Para uma amostra aleatória de tamanho n, a* ***proporção amostral*** *é o número de indivíduos na amostra com uma característica específica, dividido pelo tamanho da amostra. A* ***distribuição amostral da proporção*** *é a distribuição formada quando proporções de amostras de tamanho n são retiradas repetidamente de uma população cuja probabilidade de um indivíduo com uma característica específica seja p. A distribuição amostral da proporção tem média igual a proporção da população p e desvio padrão igual a* $\sigma = \sqrt{npq}$. *Nos exercícios 41 e 42, suponha que a distribuição amostral da proporção seja uma distribuição normal.*

41. Construção Cerca de 63% dos habitantes de uma cidade são a favor da construção de uma nova escola de ensino médio. Cento e cinco habitantes são selecionados aleatoriamente. Qual é a probabilidade de que a proporção amostral a favor da construção seja menor que 55%? Interprete seus resultados.

42. Conservação Cerca de 74% dos habitantes de uma cidade dizem que estão se esforçando para economizar água e eletricidade. Cento e dez habitantes são selecionados aleatoriamente. Qual é a probabilidade de que a proporção amostral dos habitantes que estão fazendo esforço para economizar seja maior que 80%? Interprete seus resultados.

5.4 ATIVIDADE — Distribuições amostrais

APPLET

O *applet Sampling distributions* (distribuições amostrais) permite que você investigue distribuições amostrais ao retirar, repetidamente, amostras aleatórias de uma população. O gráfico superior mostra a distribuição de uma população. Várias opções estão disponíveis para a distribuição da população (uniforme, em forma de sino, assimétrica, binária e personalizado). Gere amostras aleatórias do tamanho dado n da população clicando em ***1 time, 5 times*** ou ***1.000 times***.

As estatísticas especificadas nos dois gráficos inferiores serão atualizadas para cada amostra. Quando o tamanho da amostra e o número de amostras forem suficientemente pequenos, serão exibidos, de forma animada, os pontos selecionados da população caindo no segundo gráfico e os valores das estatísticas de resumo correspondentes caindo no terceiro e quarto gráficos. Clique em ***Reset*** (Redefinir) para interromper uma animação e limpar os resultados existentes. Estatísticas resumo para cada gráfico são exibidas no painel à direita do gráfico.

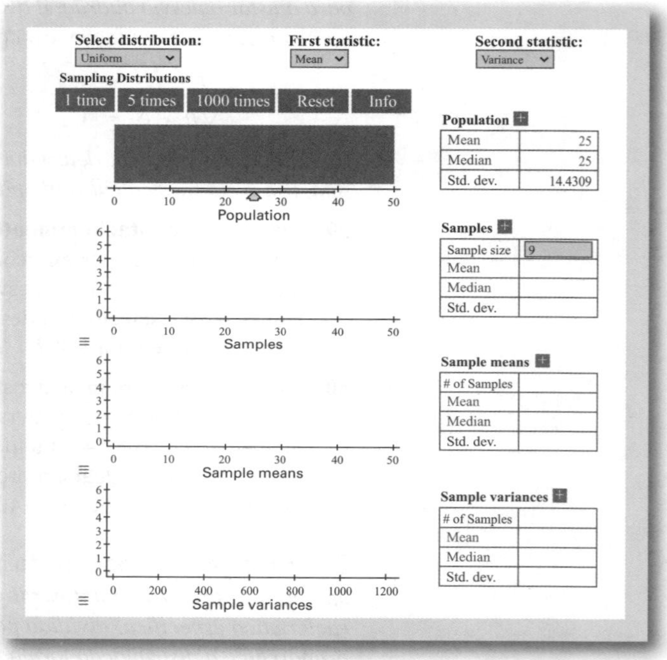

EXPLORE

Passo 1 Especifique uma distribuição. Especifique quais estatísticas resumo exibir nos dois gráficos inferiores. Especifique o tamanho da amostra n.

Passo 2 Clique em ***1 time, 5 times*** ou ***1.000 times*** para gerar as distribuições amostrais.

CONCLUA

APPLET

1. Execute a simulação usando $n = 30$ e $N = 10$ para uma distribuição uniforme, uma em forma de sino e uma assimétrica. Qual é a média da distribuição amostral da média para cada distribuição? Para cada distribuição, o resultado foi o que você esperava?
2. Execute a simulação usando $n = 50$ e $N = 10$ para uma distribuição em forma de sino. Qual é o desvio padrão da distribuição amostral da média? O resultado está de acordo com o teorema limite central? O resultado foi o que você esperava?

5.5 Aproximação normal para a distribuição binomial

O que você deve aprender

- Como determinar quando uma distribuição normal pode aproximar uma distribuição binomial.
- Como realizar a correção de continuidade.
- Como usar uma distribuição normal para aproximar probabilidades binomiais.

Aproximando uma distribuição binomial ■ Correção de continuidade ■ Aproximando probabilidades binomiais

Aproximando uma distribuição binomial

Na Seção 4.2, você aprendeu como encontrar probabilidades binomiais. Por exemplo, considere um procedimento cirúrgico que tem uma chance de 85% de sucesso. Quando um médico realiza o procedimento em 10 pacientes, você pode usar a fórmula binomial para encontrar a probabilidade de exatamente duas cirurgias bem-sucedidas.

Mas e se o médico realizar o procedimento cirúrgico em 150 pacientes e você quiser encontrar a probabilidade de *menos de 100* cirurgias bem-sucedidas? Para fazer isso, usando as técnicas descritas na Seção 4.2, você teria que usar a fórmula binomial 100 vezes e encontrar a soma das probabilidades resultantes. Essa abordagem não é prática, claro. Uma abordagem melhor é usar uma distribuição normal para aproximar a distribuição binomial.

Aproximação normal para uma distribuição binomial

Se $np \geq 5$ e $nq \geq 5$, então a variável aleatória binomial x tem uma distribuição aproximadamente normal, com média

$$\mu = np$$

e desvio padrão

$$\sigma = \sqrt{npq}$$

n é o número de tentativas independentes, p é a probabilidade de sucesso em uma única tentativa e q, a probabilidade de fracasso em uma única tentativa.

Dica de estudo

Aqui estão algumas propriedades dos experimentos binomiais (veja a Seção 4.2).

- n tentativas independentes.
- Dois resultados possíveis: sucesso ou fracasso.
- Probabilidade de sucesso é p; probabilidade de fracasso é $q = 1 - p$.
- p é igual para cada tentativa.

Para ver por que uma aproximação normal é válida, veja as distribuições binomiais para $p = 0{,}25$, $q = 1 - 0{,}25 = 0{,}75$ e $n = 4$, $n = 10$, $n = 25$ e $n = 50$, mostradas nas Figuras 5.59 (a) a (d). Note que, à medida que n aumenta, a forma da distribuição binomial se torna mais semelhante a uma distribuição normal.

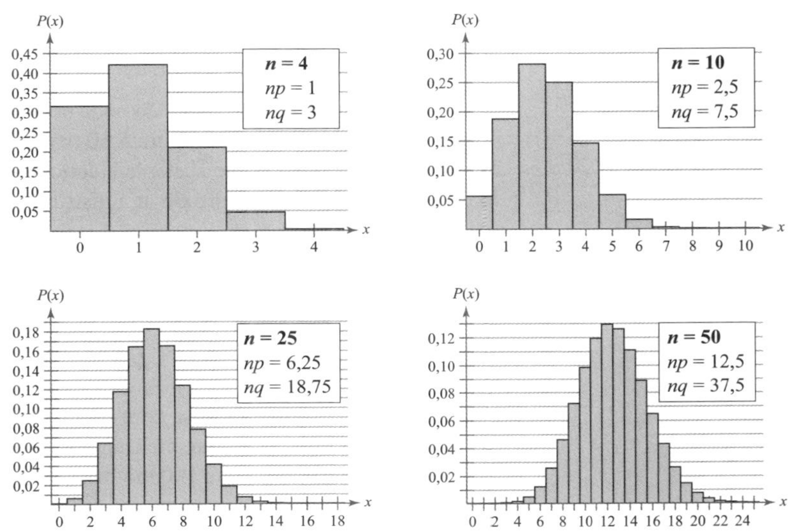

Figura 5.59

EXEMPLO 1

Aproximando uma distribuição binomial

Dois experimentos binomiais estão listados. Determine se você pode usar uma distribuição normal para aproximar a distribuição de x, o número de pessoas que responderam sim. Se for possível, encontre a média e o desvio padrão. Se não for possível, explique o porquê.

1. Em uma pesquisa com escolas de Ensino Médio em determinado estado, foi relatado que 40% dos alunos foram reprovados em pelo menos uma disciplina ministrada a distância. Você seleciona aleatoriamente 45 alunos desse estado e pergunta a eles se eles reprovaram em pelo menos uma disciplina ministrada a distância. *(Fonte: Inside Higher Ed.)*
2. Em uma pesquisa com escolas de ensino médio em um determinado estado, foi relatado que 18% dos alunos do último ano estavam fora do caminho para se formar por causa de pelo menos uma reprovação no curso. Você seleciona aleatoriamente 20 alunos do último ano daquele estado e pergunta se eles estão fora do caminho para se formar por causa de pelo menos uma reprovação no curso. *(Fonte: Inside Higher Ed.)*

SOLUÇÃO

1. Neste experimento binomial, $n = 45$, $p = 0{,}40$ e $q = 0{,}60$. Portanto,

$$np = 45(0{,}40) = 18$$

e

$$nq = 45(0{,}60) = 27.$$

Como np e nq são maiores que 5, você pode usar uma distribuição normal com

$$\mu = np = 18$$

e

$$\sigma = \sqrt{npq} = \sqrt{45(0{,}40)(0{,}60)} \approx 3{,}29$$

para aproximar a distribuição de x. Na Figura 5.60 (a), observe que a distribuição binomial é aproximadamente em forma de sino, o que sustenta a conclusão de que você pode usar uma distribuição normal para aproximar a distribuição de x.

2. Neste experimento binomial, $n = 20$, $p = 0{,}18$ e $q = 0{,}82$. Portanto,

$$np = 20(0{,}18) = 3{,}6$$

e

$$nq = 20(0{,}82) = 16{,}4.$$

Como $np < 5$, você não pode usar uma distribuição normal para aproximar a distribuição de x. Na Figura 5.60 (b), observe que a distribuição binomial é assimétrica à direita, o que sustenta a conclusão de que você não pode usar uma distribuição normal para aproximar a distribuição de x.

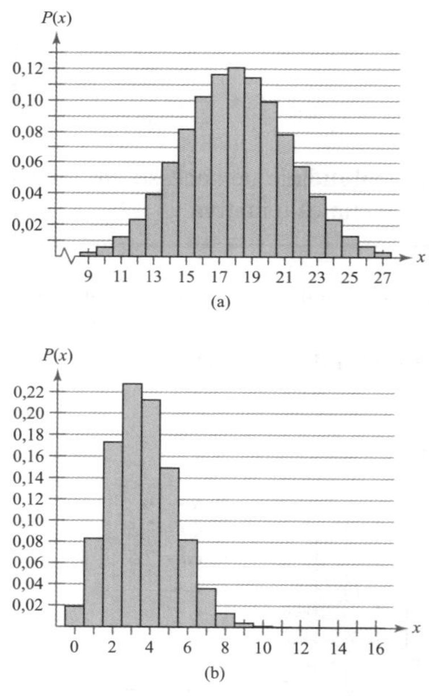

Figura 5.60

TENTE VOCÊ MESMO 1

Um experimento binomial está listado. Determine se você pode usar uma distribuição normal para aproximar a distribuição de x, o número de pessoas que responderam sim. Se for possível, encontre a média e o desvio padrão. Se não for possível, explique o porquê.

Em uma pesquisa com motoristas adolescentes nos Estados Unidos, 35% admitem enviar mensagens de texto enquanto dirigem. Você seleciona aleatoriamente 100 motoristas adolescentes nos Estados Unidos e pergunta se eles admitem enviar mensagens de texto enquanto dirigem. *(Source: American Automobile Association.)*

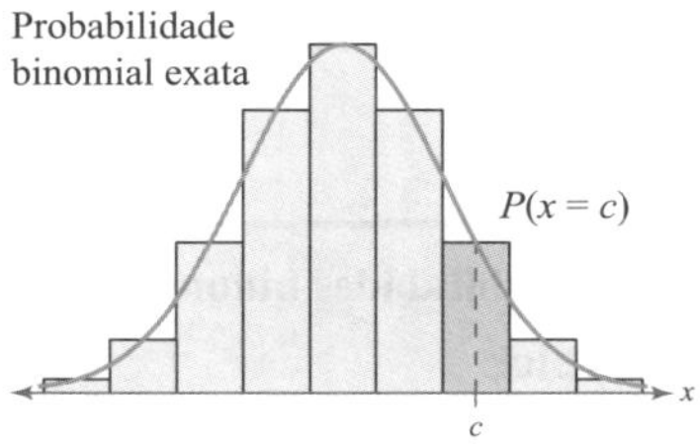

Figura 5.61

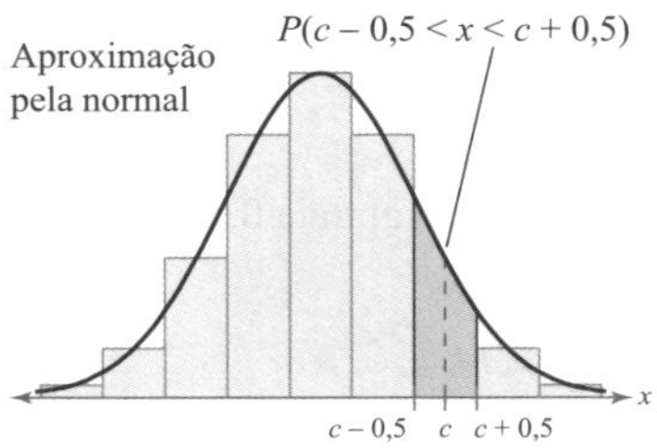

Figura 5.62

Correção de continuidade

Uma distribuição binomial é discreta e pode ser representada por um histograma de probabilidade. Para calcular probabilidades binomiais *exatas*, você pode usar a fórmula binomial para cada valor x e adicionar os resultados. Geometricamente, isso corresponde a adicionar as áreas das barras no histograma de probabilidade (veja a Figura 5.61). Lembre-se que cada barra tem uma largura de uma unidade e x é o ponto médio do intervalo.

Quando você usa uma distribuição normal, que é *contínua*, para aproximar uma probabilidade binomial, você precisa mover 0,5 unidade para a esquerda e para direita do ponto médio para incluir todos os possíveis valores x no intervalo (veja a Figura 5.62). Ao fazer isso, você está realizando uma **correção de continuidade**.

EXEMPLO 2

Usando a correção de continuidade

Use a correção de continuidade para converter cada probabilidade binomial para uma probabilidade da distribuição normal.

1. A probabilidade de obter entre 270 e 310 sucessos, inclusive.
2. A probabilidade de obter no mínimo 158 sucessos.
3. A probabilidade de obter menos de 63 sucessos.

SOLUÇÃO

1. Os valores dos pontos médios discretos são 270, 271, ..., 310. O intervalo correspondente para a distribuição normal é $269{,}5 < X < 310{,}5$, e a probabilidade da distribuição normal é $P(269{,}5 < X < 310{,}5)$.
2. Os valores dos pontos médios discretos são 158, 159, 160, ... O intervalo correspondente para a distribuição normal contínua é $X > 157{,}5$, e a probabilidade da distribuição normal é $P(X > 157{,}5)$.
3. Os valores dos pontos médios discretos são ..., 60, 61, 62. O intervalo correspondente para a distribuição normal é $X < 62{,}5$, e a probabilidade da distribuição normal é $P(X < 62{,}5)$.

TENTE VOCÊ MESMO 2

Use a correção de continuidade para converter cada probabilidade binomial em uma probabilidade da distribuição normal.

1. A probabilidade de obter entre 57 e 83 sucessos, inclusive.
2. A probabilidade de obter no máximo 54 sucessos.

Dica de estudo

Em uma distribuição discreta, há uma diferença entre $P(x \geq c)$ e $P(x > c)$. Isso é verdade, pois a probabilidade de X ser exatamente c não é 0. Em uma distribuição contínua, contudo, não há diferença entre $P(x \geq c)$ e $P(x > c)$, porque a probabilidade de X ser exatamente c é 0.

A seguir, apresentamos diversos casos de probabilidades binomiais envolvendo o número c e como converter cada um em uma probabilidade da distribuição normal.

Binomial	**Normal**	**Observação**
Exatamente c	$P(c - 0{,}5 < x < c + 0{,}5)$	inclui c
No máximo c	$P(x < c + 0{,}5)$	inclui c
Menos que c	$P(x < c - 0{,}5)$	não inclui c
Pelo menos c	$P(x > c - 0{,}5)$	inclui c
Mais que c	$P(x > c + 0{,}5)$	não inclui c

Retratando o mundo

Em uma pesquisa com adultos estadunidenses em um relacionamento, 60,4% responderam que ocultam compras de seus cônjuges ou parceiros(as), conforme o gráfico de pizza a seguir. *(Adaptado de MyBankTracker.)*

Você já ocultou compras de seu cônjuge ou parceiro(a)?

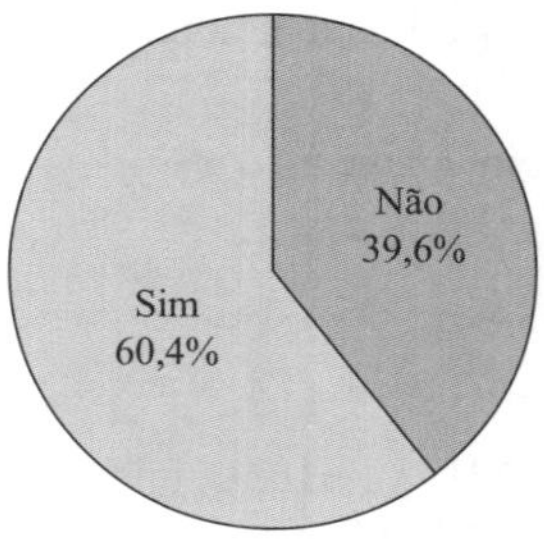

Considere que essa pesquisa é uma indicação real da proporção da população que diz que ocultou compras de seus cônjuges ou parceiros(as). Você seleciona 50 adultos com cônjuges ou parceiros(as), de forma aleatória. Qual é a probabilidade de que, entre 20 e 25, inclusive, diriam que ocultaram compras de seus cônjuges ou parceiros(as)?

Aproximando probabilidades binomiais

INSTRUÇÕES

Usando uma distribuição normal para aproximar probabilidades binomiais

Em palavras	**Em símbolos**
1. Verifique que uma distribuição binomial se aplica.	Especifique n, p e q.
2. Determine se você pode usar uma distribuição normal para aproximar x, a variável binomial.	np é ≥ 5? nq é ≥ 5?
3. Encontre a média μ e o desvio padrão σ para a distribuição.	$\mu = np$ $\sigma = \sqrt{npq}$
4. Aplique a correção de continuidade apropriada. Sombreia a área correspondente sob a curva normal.	Some 0,5 ao (ou subtraia 0,5 do) valor binomial
5. Encontra o(s) correspondente(s) escore(s)-z.	$z = \dfrac{x - \mu}{\sigma}$
6. Encontre a probabilidade.	Use a tabela normal padrão.

EXEMPLO 3

Aproximando uma probabilidade binomial

Em uma pesquisa com escolas de Ensino Médio em determinado estado, foi relatado que 40% dos alunos foram reprovados em pelo menos uma disciplina ministrada a distância. Você seleciona aleatoriamente 45 alunos desse estado e pergunta se eles reprovaram em pelo menos uma disciplina ministrada a distância. Qual é a probabilidade de que menos de 20 deles respondam sim? *(Fonte: Inside Higher Ed.)*

SOLUÇÃO

Do Exemplo 1, você sabe que pode utilizar uma distribuição normal com

$$\mu = 18 \text{ e } \sigma \approx 3{,}29$$

para aproximar a distribuição binomial. Para usar uma distribuição normal, observe que a probabilidade é "menos de 20". Então, aplique a correção de continuidade subtraindo 0,5 de 20 e escreva a probabilidade como:

$$P(x < 20 - 0{,}5) = P(x < 19{,}5)$$

A figura 5.63 mostra a curva normal com $\mu = 18$ e $\sigma \approx 3{,}29$ e a área sombreada à esquerda de 19,5. O escore-z que corresponde a $x = 19{,}5$ é

$$z = \frac{x - \mu}{\sigma}$$

$$z \approx \frac{19{,}5 - 18}{3{,}29} \approx 0{,}46.$$

Usando a tabela normal padrão,

$$P(z < 0{,}46) = 0{,}6772.$$

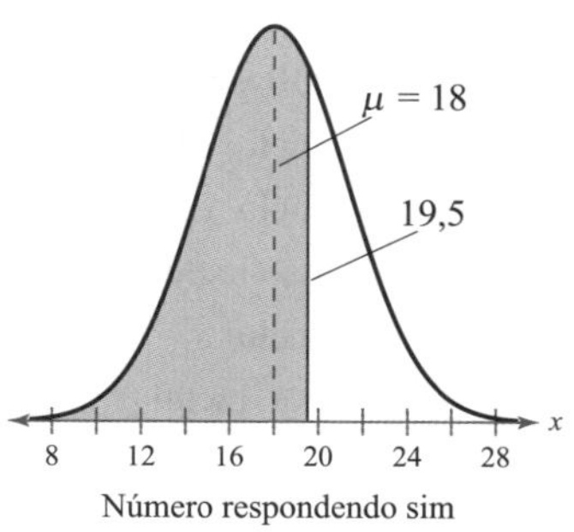

Figura 5.63

Interpretação A probabilidade aproximada de que menos de vinte estudantes respondam sim é aproximadamente 0,6772, ou cerca de 67,72%.

TENTE VOCÊ MESMO 3

Em uma pesquisa com motoristas adolescentes nos Estados Unidos, 35% admitem enviar mensagens de texto enquanto dirigem. Você seleciona aleatoriamente 100 motoristas adolescentes nos Estados Unidos e pergunta se eles admitem enviar mensagens de texto enquanto dirigem. Qual é a probabilidade de que mais de 30 respondam sim? *(Source: American Automobile Association.)*

EXEMPLO 4

Aproximando uma probabilidade binomial

Um estudo descobriu que 52% dos motoristas dos Estados Unidos que usam álcool e maconha admitem dirigir de forma agressiva. Você seleciona aleatoriamente 200 motoristas estadunidenses que usam álcool e maconha, e pergunta se eles admitem dirigir de forma agressiva. Qual é a probabilidade de que pelo menos 100 motoristas digam sim, eles admitem dirigir agressivamente? *(Source: American Automobile Association.)*

SOLUÇÃO

Como $np = 200(0,52) = 104$ e $nq = 200(0,48) = 96$, a variável binomial x tem uma distribuição aproximadamente normal, com:

$$\mu = np = 104 \quad \text{e} \quad \sigma = \sqrt{npq} = \sqrt{200(0,52)(0,48)} \approx 7,07.$$

Usando a correção de continuidade, você pode reescrever a probabilidade discreta $P(x \geq 100)$ como a probabilidade contínua $P(x > 99,5)$. A Figura 5.64 mostra uma curva normal com $\mu = 104$, $\sigma = 7,07$ e a área sombreada à direita de 99,5.

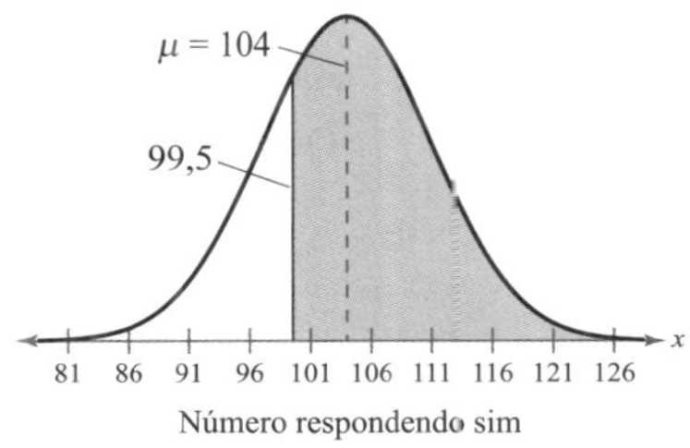

Figura 5.64

O escore-z que corresponde a 99,5 é

$$z = \frac{99,5 - 104}{\sqrt{200(0,52)(0,48)}} \approx -0,64.$$

Então, a probabilidade aproximada de que pelo menos 100 motoristas responderão "sim" é aproximadamente

$$\begin{aligned} P(x > 99,5) &= P(z > -0,64) \\ &= 1 - P(z < -0,64) \\ &= 1 - 0,2611 \\ &= 0,7389. \end{aligned}$$

Interpretação A probabilidade aproximada de que pelo menos 100 motoristas digam "sim" é de aproximadamente 0,7389, ou cerca de 73,9%.

TENTE VOCÊ MESMO 4

No Exemplo 4, qual é a probabilidade de que no máximo 90 motoristas dirão que sim, eles admitem dirigir agressivamente?

Dica de tecnologia

Lembre-se que você pode usar a tecnologia para encontrar uma probabilidade normal. Por exemplo, no Exemplo 4, você pode usar a TI-84 Plus para encontrar a probabilidade ao mesmo tempo que a média, o desvio padrão e a correção de continuidade são calculados. (Use 10.000 para o limite superior.)

```
normalcdf(99.5,10.000,104,
7.07)
                0.7377722394
```

EXEMPLO 5

Aproximando uma probabilidade binomial

Um estudo com ex-jogadores da Liga de Futebol Americano (NFL) descobriu que 12,3% foram submetidos à cirurgia de substituição da articulação do joelho. Você seleciona aleatoriamente 100 ex-jogadores da Liga e pergunta se eles passaram por uma cirurgia de substituição da articulação do joelho. Qual é a probabilidade de que exatamente 15 digam sim? *(Source: BMJ Open Sport & Exercise Medicine.)*

SOLUÇÃO

Como $np = 100(0{,}123) = 12{,}3$ e $nq = 100(0{,}877) = 87{,}7$, a variável binomial x tem uma distribuição aproximadamente normal, com:

$\mu = np = 12{,}3$ e

Usando a correção de continuidade, você pode reescrever a probabilidade discreta $P(x = 15)$ como a probabilidade contínua $P(14{,}5 < x < 15{,}5)$. A Figura 5.65 mostra uma curva normal com $\mu = 12{,}3$, $\sigma \approx 3{,}28$ e a área sombreada sob a curva entre 14,5 e 15,5.

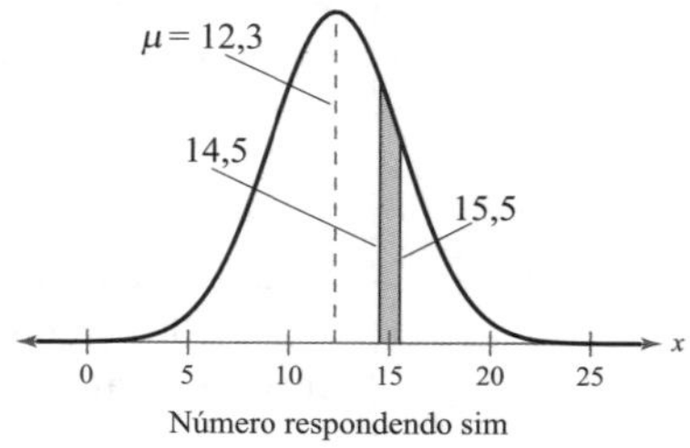

Figura 5.65

Os escores-z que corresponde a 14,5 é:

$$z_1 = \frac{14{,}5 - 12{,}3}{\sqrt{100(0{,}123)(0{,}877)}} \approx 0{,}67$$

e o escores-z que corresponde a 15,5 é:

$$z_2 = \frac{15{,}5 - 12{,}3}{\sqrt{100(0{,}123)(0{,}877)}} \approx 0{,}97.$$

Então, a probabilidade aproximada de que exatamente 15 ex-jogadores da Liga dirão que passaram por uma cirurgia de substituição da articulação do joelho é:

$$\begin{aligned} P(14{,}5 < x < 15{,}5) &= P(0{,}67 < z < 0{,}97) \\ &= P(z < 0{,}97) - P(z < 0{,}67) \\ &= 0{,}8340 - 0{,}7486 \\ &= 0{,}0854. \end{aligned}$$

Interpretação A probabilidade aproximada de que exatamente 15 ex-jogadores da Liga dirão que passaram por uma cirurgia de substituição da articulação do joelho é aproximadamente 0,0854, ou cerca de 8,5%.

TENTE VOCÊ MESMO 5

O estudo do Exemplo 5 descobriu que 8,1% dos ex-jogadores da Liga passaram por uma cirurgia de substituição da articulação do quadril. Você seleciona aleatoriamente 100 ex-jogadores da Liga e pergunta se eles passaram por uma cirurgia de substituição da articulação do quadril. Qual é a probabilidade de que exatamente quatro dirão que sim? *(Source: BMJ Open Sport & Exercise Medicine.)*

Dica de tecnologia

A aproximação no Exemplo 5 é comparável à probabilidade encontrada usando o recurso da probabilidade binomial de uma ferramenta tecnológica. Por exemplo, compare o resultado do Exemplo 5 com o obtido com a TI-84 Plus mostrado a seguir.

```
binompdf(100,.123,15)
           0.0807687299
```

5.5 EXERCÍCIOS

Construindo habilidades básicas e vocabulário

Nos exercícios de 1 a 4, são dados o tamanho da amostra n, a probabilidade de sucesso p e a probabilidade de fracasso q para um experimento binomial. Determine se você pode usar uma distribuição normal para aproximar a distribuição de x.

1. $n = 24, p = 0{,}85, q = 0{,}15$

2. $n = 15, p = 0{,}70, q = 0{,}30$

3. $n = 18, p = 0{,}90, q = 0{,}10$

4. $n = 20, p = 0{,}65, q = 0{,}35$

Nos exercícios de 5 a 8, relacione a sentença de probabilidade binomial à correspondente sentença de probabilidade da distribuição normal (a) a (d), após a correção de continuidade.

5. $P(x > 109)$ (a) $P(x > 109{,}5)$

6. $P(x \geq 109)$ (b) $P(x < 108{,}5)$

7. $P(x \leq 109)$ (c) $P(x < 109{,}5)$

8. $P(x < 109)$ (d) $P(x > 108{,}5)$

Nos exercícios de 9 a 14, escreva a probabilidade binomial em palavras. Então, use a correção de continuidade para converter a probabilidade binomial em uma probabilidade da distribuição normal.

9. $P(x < 25)$

10. $P(x \geq 110)$

11. $P(x = 33)$

12. $P(x > 65)$

13. $P(x \leq 150)$

14. $P(55 < x < 60)$

Análise gráfica *Nos exercícios 15 e 16, escreva a probabilidade binomial e a probabilidade normal para a região sombreada do gráfico. Determine o valor de cada probabilidade e compare os resultados.*

15.

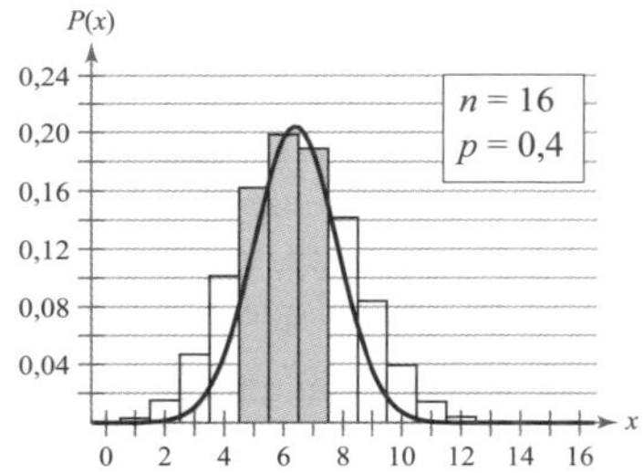

16.

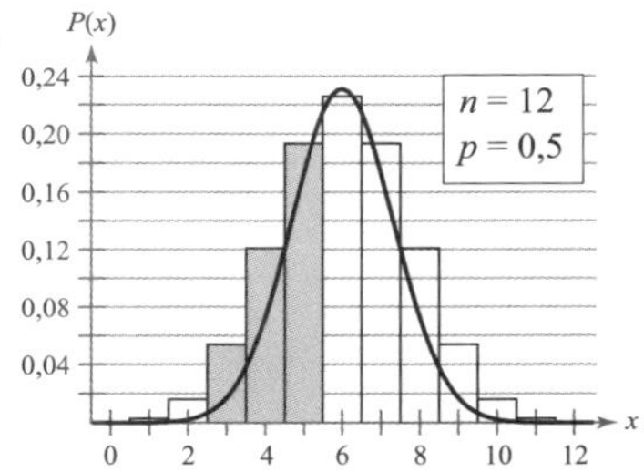

Usando e interpretando conceitos

Aproximando uma distribuição binomial *Nos exercícios 17 e 18, é dado um experimento binomial. Determine se você pode usar uma distribuição normal para aproximar a distribuição binomial. Se for possível, determine a média e o desvio padrão. Se não for, explique o porquê.*

17. Bacharelado Vinte e dois por cento dos adultos com mais de 18 anos têm um diploma de bacharel. Você seleciona aleatoriamente 20 adultos com mais de 18 anos e pergunta se eles têm diploma de bacharel. *(Fonte: U.S. Census Bureau.)*

18. Liberdade de expressão Em uma pesquisa com estudantes universitários dos Estados Unidos, 74% acreditam que as faculdades não têm o direito de restringir a expressão de opiniões políticas no campus. Você seleciona aleatoriamente 20 estudantes universitários e pergunta se eles acreditam que as faculdades têm o direito de restringir a expressão de opiniões políticas no campus. *(Fonte: Inside Higher Ed.)*

Aproximando probabilidades binomiais *Nos exercícios de 19 a 26, determine se você pode usar uma distribuição normal para aproximar a distribuição binomial. Se for possível, use a distribuição normal para aproximar as probabilidades indicadas e esboce seus gráficos. Se não for, explique o porquê e use a distribuição binomial para calcular as probabilidades indicadas. Identifique quaisquer eventos incomuns. Explique.*

19. Programas universitários Em uma pesquisa com estudantes universitários dos Estados Unidos, 62% disseram que, se sua faculdade oferecer novos programas adaptados à nova economia, isso os tornará mais propensos a se matricular novamente. Você seleciona aleatoriamente 40 estudantes universitários. Calcule a probabilidade de que o número daqueles mais propensos a se matricular se sua faculdade oferecer novos programas adaptados à nova economia seja (a) exatamente 25, (b) no mínimo 30 e (c) no máximo 24. *(Fonte: New America.)*

20. Mídias Sociais Uma pesquisa com estadunidenses descobriu que 55% ficariam desapontados se o Facebook desaparecesse. Você seleciona aleatoriamente 500 estadunidenses e pergunta se eles ficariam desapontados se o Facebook desaparecesse. Calcule a probabilidade de que o número que diz sim seja (a) menor que 250, (b) pelo menos 300 e (c) entre 240 e 280, inclusive. *(Fonte: The Verge.)*

21. Legislação sobre armas Em uma pesquisa com adultos dos Estados Unidos, 43% disseram que seriam a favor de permitir que as pessoas carreguem armas em mais lugares. Você seleciona aleatoriamente 100 adultos dos Estados Unidos. Calcule a probabilidade de que o número a favor de permitir que as pessoas carreguem armas em mais lugares seja (a) mais de 50, (b) no máximo 50 e (c) entre 40 e 45, inclusive. *(Fonte: Pew Research Center.)*

22. Percepção da polícia Uma pesquisa com eleitores registrados nos Estados Unidos descobriu que 71% têm uma opinião favorável da polícia. Você seleciona aleatoriamente 150 eleitores registrados nos Estados Unidos. Calcule a probabilidade de que o número de pessoas com opinião favorável da polícia seja (a) no máximo 100, (b) mais de 120 e (c) entre 90 e 110, inclusive. *(Fonte: Harvard CAPS/Harris Poll.)*

23. Atletas em questões sociais Em uma pesquisa com atletas universitários, 84% disseram que estão dispostos a falar e ser mais ativos em questões sociais. Você seleciona aleatoriamente 25 atletas universitários. Calcule a probabilidade de que o número que está disposto a falar e ser mais ativo em questões sociais seja (a) pelo menos 24, (b) menos que 23 e (c) entre 18 e 22, inclusive. *(Fonte: Rise.)*

24. Posse de armas Em uma pesquisa com eleitores registrados nos Estados Unidos, 36% disseram que alguém em sua casa possui uma arma. Você seleciona aleatoriamente 20 eleitores registrados nos Estados Unidos. Calcule a probabilidade de que o número de pessoas que moram com alguém que possui uma arma seja (a) não mais que 8, (b) exatamente 7 e (c) entre 6 e 9 inclusive. *(Fonte: Harvard CAPS/Harris Poll.)*

25. Testes Clínicos Em uma pesquisa com adultos estadunidenses, 19% disseram que participaram de um teste clínico. Você seleciona aleatoriamente 200 adultos estadunidenses. Calcule a probabilidade de que o número dos que participaram de um teste clínico seja (a) não inferior a 30, (b) superior a 40 e (c) entre 35 e 45 inclusive. *(Fonte: America Speaks!)*

26. Avanço da pesquisa Em uma pesquisa com adultos dos Estados Unidos, 77% disseram estar dispostos a compartilhar suas informações pessoais de saúde para o avanço da pesquisa médica. Você seleciona aleatoriamente 500 adultos dos Estados Unidos. Calcule a probabilidade de que o número que está disposto a compartilhar suas informações pessoais de saúde para o avanço da pesquisa médica seja (a) no máximo 400, (b) mais de 360 e (c) entre 380 e 390 inclusive. *(Fonte: America Speaks!)*

27. **Deslocamento diário** Cerca de 83% dos trabalhadores dos Estados Unidos dirigem seu próprio veículo para o trabalho. Você seleciona aleatoriamente uma amostra de trabalhadores dos Estados Unidos. Calcule a probabilidade de que mais de 100 trabalhadores dirijam seu próprio veículo para o trabalho. *(Fonte: U.S. Bureau of Labor Statistics.)*
    (a) Você seleciona 110 trabalhadores dos Estados Unidos.
    (b) Você seleciona 125 trabalhadores dos Estados Unidos.
    (c) Você seleciona 150 trabalhadores dos Estados Unidos.
28. **Bem-estar dos funcionários** Uma pesquisa com adultos estadunidenses empregados descobriu que apenas 35% acreditam que seu empregador se preocupa com seu bem-estar. Você seleciona aleatoriamente uma amostra de empregados dos Estados Unidos. Calcule a probabilidade de que menos de 100 acreditem que seu empregador se preocupa com seu bem-estar. *(Fonte: Gallup.)*
    (a) Você seleciona 250 empregados dos Estados Unidos.
    (b) Você seleciona 300 empregados dos Estados Unidos.
    (c) Você seleciona 400 empregados dos Estados Unidos.

Expandindo conceitos

Ficando saudável. *A figura a seguir mostra os resultados de uma pesquisa com adultos nos Estados Unidos com idade entre 18 e 29 anos que responderam se praticam algum esporte. Na amostra, 48% dos homens e 23% das mulheres disseram que praticam algum esporte. Os esportes mais comuns estão listados a seguir. Use essa informação nos exercícios 29 e 30. (Fonte: NPR.)*

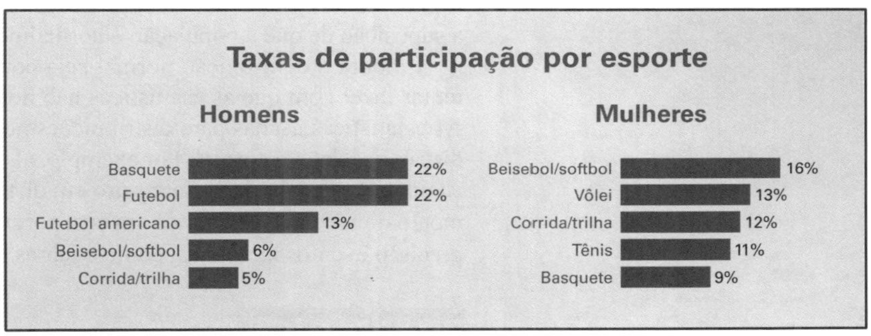

29. Você seleciona aleatoriamente 250 homens estadunidenses com idades entre 18 e 29 anos e pergunta se eles praticam pelo menos um esporte. Você descobre que 80% dizem não. Quão provável é esse resultado? Você acha que essa amostra é boa? Explique seu raciocínio.
30. Você seleciona aleatoriamente 300 mulheres estadunidenses de 18 a 29 anos e pergunta se elas praticam pelo menos um esporte. Das 72 que dizem sim, 50% dizem que participam do vôlei. Quão provável é esse resultado? Você acha que essa amostra é boa? Explique seu raciocínio.

Testando uma droga *Um fabricante declara que um medicamento cura uma doença rara de pele em 75% das vezes. A declaração é verificada ao testar a medicação em 100 pacientes. Se no mínimo 70 pacientes forem curados, a declaração será aceita. Use essa informação nos exercícios 31 e 32.*

31. Calcule a probabilidade de que a declaração seja rejeitada supondo que ela seja verdadeira.
32. Calcule a probabilidade de que a declaração seja aceita, supondo que a verdadeira probabilidade de que o medicamento cure a doença de pele seja 65%.

USOS E ABUSOS

Estatística no mundo real

Usos

A distribuição normal pode ser usada podem ser usadas para descrever muitas situações de vida real e são amplamente usadas nos campos das ciências, negócios e psicologia. Ela é a distribuição de probabilidade mais importante da estatística e pode ser usada para aproximar outras distribuições, como as distribuições discretas binomiais.

As aplicações mais interessantes da distribuição normal estão no teorema limite central. Esse teorema afirma que não importa que tipo de distribuição uma população possa ter; contanto que o tamanho da amostra seja pelo menos 30, a distribuição das médias amostrais será aproximadamente normal. Quando uma população é normal, a distribuição das médias amostrais é normal, independentemente do tamanho da amostra.

A distribuição normal é essencial para a teoria de amostragem, a qual forma a base da inferência estatística, que você começará a estudar no próximo capítulo.

Abusos

Considere uma população normalmente distribuída com média 100 e desvio padrão 15. Não seria incomum para um valor individual retirado dessa população ser 115 ou mais. De fato, isso ocorrerá quase 16% das vezes. *Seria*, entretanto, muito incomum retirar uma amostra aleatória de 100 valores a partir da população e obter uma média amostral de 115 ou mais. Como a população é normalmente distribuída, a média da distribuição amostral será 100 e o desvio padrão 1,5. Uma média amostral de 115 fica a 10 desvios padrão acima da média. Esse seria um evento extremamente incomum. Quando um evento tão incomum assim ocorre, é uma boa ideia questionar os parâmetros originais ou a suposição de que a população é normalmente distribuída.

Embora a distribuição normal seja comum em muitas populações, você não deve tentar fazer com que as estatísticas não normais se ajustem a uma distribuição normal. As estatísticas usadas para distribuições normais geralmente são inadequadas quando a distribuição não é normal. Por exemplo, alguns economistas argumentam que a confiança dos gerentes de risco financeiro em distribuições normais para modelar o comportamento do mercado de ações é um erro porque as distribuições normais não preveem com precisão eventos incomuns, como quebras de mercado.

EXERCÍCIOS

1. **É incomum?** Uma população é normalmente distribuída com média 100 e desvio padrão 15. Determine se os eventos são incomuns. Explique seu raciocínio.
   (a) A média de uma amostra de tamanho 3 é 112 ou mais.
   (b) A média de uma amostra de tamanho 75 é 105 ou mais.
2. **Encontre o erro** A idade média dos estudantes em uma escola de ensino médio é 16,5 com desvio padrão de 0,7. Você usa a tabela da normal padrão para determinar que a probabilidade de selecionar aleatoriamente um estudante cuja idade seja maior que 17,5 anos é de aproximadamente 8%. Qual é o erro neste problema?
3. Dê um exemplo de uma distribuição que pode ser não normal.

5 Resumo do capítulo

O que você aprendeu	Exemplo(s)	Exercícios de revisão
Seção 5.1		
▶ Como interpretar gráficos da distribuição de probabilidade normal.	1, 2	1-4
▶ Como encontrar áreas sob a curva normal padrão.	3-6	5-26
Seção 5.2		
▶ Como encontrar probabilidades para variáveis normalmente distribuídas usando uma tabela e tecnologia.	1-3	27-36
Seção 5.3		
▶ Como encontrar um escore-*z* dada a área sob a curva normal.	1,2	37-44
▶ Como transformar um escore-*z* em um valor *x*: $x = \mu + z\sigma$.	3	45, 46
▶ Como encontrar um valor específico de uma distribuição normal dada a probabilidade.	4, 5	47-50
Seção 5.4		
▶ Como encontrar distribuições amostrais e verificar suas propriedades.	1	51, 52
▶ Como interpretar o teorema limite central.	2, 3	53, 54
▶ Como aplicar o teorema limite central para determinar a probabilidade relativa à média amostral.	4-6	55-60
Seção 5.5		
▶ Como determinar quando uma distribuição normal pode aproximar uma distribuição binomial. $\mu = np$ Média $\sigma = \sqrt{npq}$ Desvio padrão	1	61, 62
▶ Como aplicar a correção de continuidade.	2	63-68
▶ Como usar uma distribuição normal para aproximar probabilidades binomiais.	3-5	69, 70

Estratégias de estudo

Preparando-se para uma prova Todo mundo tem problemas de vez em quando para fazer provas. Aqui estão algumas coisas que você pode fazer para se preparar para uma prova – e algumas coisas que você não deve fazer.

- Comece a estudar bem antes da prova.
- Concentre-se em informações importantes em suas anotações e no livro didático. Procure por palavras e fórmulas destacadas.
- Se necessário, converse com seu professor sobre onde seu estudo deve se concentrar.
- Revise cada tipo de problema que pode aparecer na prova.
- Tente ter uma boa noite de sono na noite anterior à prova. *Não* fique acordado a noite inteira estudando para a prova. Coma sensatamente antes da prova.
- *Não* tente memorizar tudo de suas anotações ou do livro didático, causando sobrecarga de informações.
- Se necessário, forme um grupo de estudos, mas *não* use o grupo para socialização excessiva.

5 Exercícios de revisão

Seção 5.1

Nos exercícios 1 e 2, use a curva normal para estimar a média e o desvio padrão.

1.

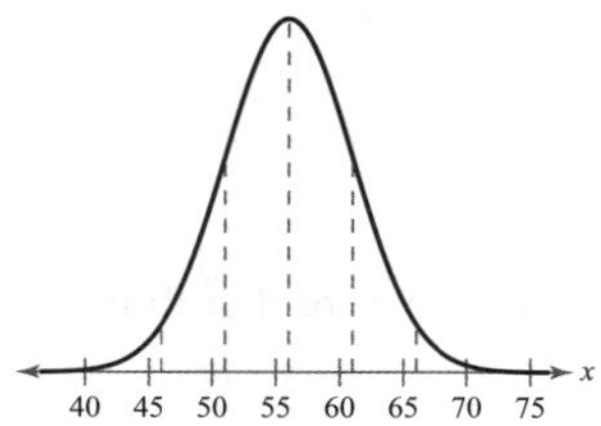

2.

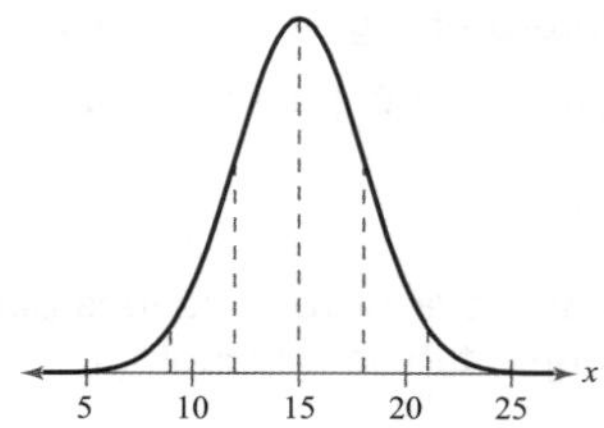

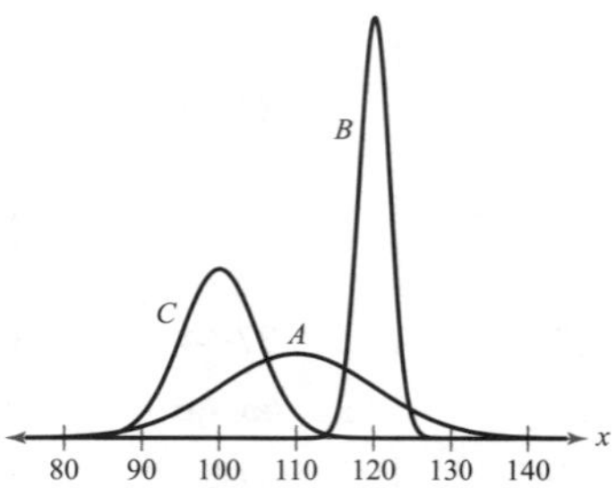

Nos exercícios 3 e 4, use as curvas normais mostradas na figura ao lado

3. Qual curva normalmente tem a maior média? Explique seu raciocínio.

4. Qual curva normalmente tem o maior desvio padrão? Explique seu raciocínio.

Nos exercícios 5 e 6, determine a área indicada sob a curva normal padrão. Se for conveniente, use a tecnologia para determinar a área.

5.

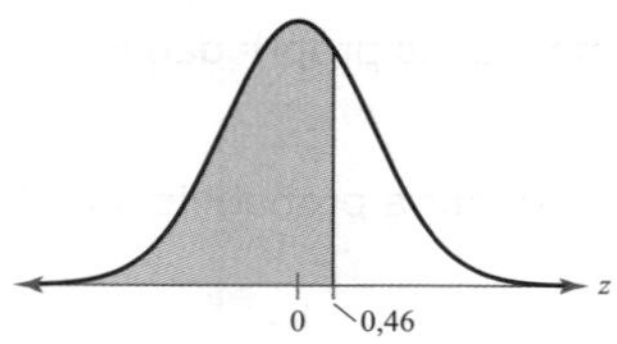

6.

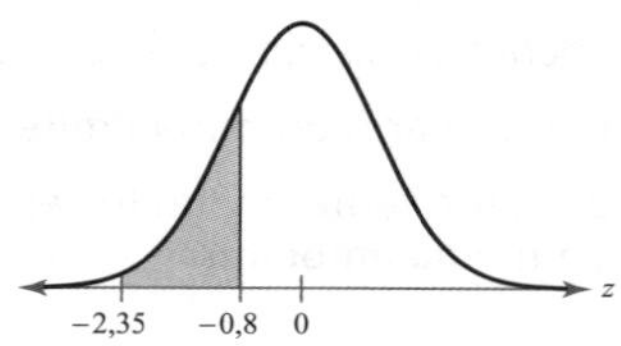

Nos exercícios de 7 a 18, encontre a área indicada sob a curva normal padrão. Se for conveniente, use a tecnologia para encontrar a área.

7. À esquerda de $z = 0{,}33$

8. À esquerda de $z = -1{,}95$

9. À direita de $z = -0{,}57$

10. À direita de $z = 3{,}22$

11. À esquerda de $z = -2{,}825$

12. À direita de $z = 0{,}015$

13. Entre $z = -1{,}64$ e $z = 0$

14. Entre $z = -1{,}55$ e $z = 1{,}04$

15. Entre $z = 0{,}05$ e $z = 1{,}71$

16. Entre $z = -2{,}68$ e $z = 2{,}68$

17. À esquerda de $z = -1{,}5$ e à direita de $z = 1{,}5$

18. À esquerda de $z = 0{,}64$ e à direita de $z = 3{,}415$

As pontuações para a parte de leitura do exame ACT são normalmente distribuídas. Em um ano recente, a pontuação média no exame foi 21,2 e o desvio padrão, 6,9. As pontuações de quatro estudantes selecionados de forma aleatória são 17, 29, 8 e 23. Use essa informação nos exercícios 19 e 20. (Fonte: ACT, Inc.)

19. Encontre o escore-*z* que corresponde a cada valor.

20. Determine se qualquer dos valores é incomum.

Nos exercícios de 21 a 26, encontre a probabilidade indicada, usando a distribuição normal padrão. Se for conveniente, use tecnologia para encontrar a probabilidade.

21. $P(z < 1{,}28)$

22. $P(z > -0{,}74)$

23. $P(-2{,}15 < z < 1{,}55)$

24. $P(0{,}42 < z < 3{,}15)$

25. $P(z < -2{,}50 \text{ ou } z > 2{,}50)$

26. $P(z < 0 \text{ ou } z > 1{,}68)$

Seção 5.2

Nos exercícios de 27 a 32, a variável aleatória x é normalmente distribuída com média $\mu = 74$ e desvio padrão $\sigma = 8$. Encontra a probabilidade indicada

27. $P(x < 84)$

28. $P(x < 55)$

29. $P(x > 80)$

30. $P(x < 71{,}6)$

31. $P(60 < x < 70)$

32. $P(72 < x < 82)$

Nos Exercícios 33 e 34, calcule as probabilidades indicadas. Se for conveniente, use a tecnologia para encontrar as probabilidades.

33. As quantidades anuais de gases de efeito estufa de fontes de energia dos Estados Unidos desde 1990 são normalmente distribuídas, com média de 5.774 milhões de toneladas métricas equivalentes de dióxido de carbono (MMT CO_2 eq.) e desvio padrão de 333 MMT CO_2 eq. Calcule a probabilidade de que a quantidade de gases de efeito estufa de fontes de energia para um ano selecionado aleatoriamente seja:
(a) menos de 5.500 MMT CO2 eq.
(b) entre 6.000 e 6.500 MMT CO2 eq.
(c) superior a 5.900 MMT CO2 eq. *(Fonte: Environmental Protection Agency.)*

34. A concentração diária de sulfureto de carbonila no Oceano Índico tem distribuição normal, com média de 9,1 picomoles por litro e desvio padrão de 3,5 picomoles por litro. Calcule a probabilidade de que, em um dia selecionado aleatoriamente, a concentração de sulfeto de carbonila no Oceano seja:
(a) entre 5,1 e 15,7 picomoles por litro.
(b) entre 10,5 e 12,3 picomoles por litro.
(c) mais de 11,1 picomoles por litro. *(Fonte: Atmospheric Chemistry and Physics.)*

35. Determine se quaisquer dos eventos do Exercício 33 são incomuns. Explique seu raciocínio.

36. Determine se quaisquer dos eventos do Exercício 34 são incomuns. Explique seu raciocínio.

Seção 5.3

Nos exercícios de 37 a 42, use a tabela normal padrão ou a tecnologia para encontrar o escore-z que corresponda à área acumulada ou ao percentil.

37. 0,4721

38. 0,1

39. 0,993

40. P_2

41. P_{85}

42. P_{46}

43. Encontre o escore-z que tem 30,5% da área da distribuição à sua direita.

44. Encontre o escore-z positivo para o qual 94% da área da distribuição encontra-se entre $-z$ e z.

Em uma superfície seca, a distância de frenagem (em pés), de 60 milhas por hora até a parada total, de um sedan pode ser aproximada por uma distribuição normal, como mostrado na figura ao lado. Use essa informação nos exercícios de 45 a 50.

45. Determine a distância de frenagem que corresponda a $z = -2{,}75$.

46. Determine a distância de frenagem que corresponda a $z = 1{,}6$.

47. Qual distância de frenagem representa o 90º percentil?

48. Qual distância de frenagem representa o primeiro quartil?

49. Qual distância é inferior a 15% de todas as distâncias de frenagem?

50. Qual distância é superior a 20% de todas as distâncias de frenagem?

Seção 5.4

Nos exercícios 51 e 52, são dadas a população e o tamanho da amostra. (a) encontre a média e o desvio padrão da população. (b) Liste todas as amostras (com reposição) do tamanho dado, extraídas da população, e encontre a média de cada uma. (c) Encontre a média e o desvio padrão da distribuição amostral da média e compare-os com a média e o desvio padrão da população.

51. Os gols marcados em uma temporada pelos quatro zagueiros de um time de futebol são 1, 2, 0 e 3. Use um tamanho de amostra de 2.

52. O tempo, em minutos, de horas extras informados por cada um dos três executivos em uma companhia são 90, 120 e 210. Use uma amostra de tamanho 3

Nos exercícios 53 e 54, calcule a média e o desvio padrão da distribuição amostral da média indicada. Depois, esboce um gráfico da distribuição amostral.

53. As densidades populacionais em pessoas por milha quadrada nos 50 estados dos Estados Unidos têm média de 199,6 e desvio padrão de 265,4. Amostras aleatórias de tamanho 35 são retiradas dessa população e a média de cada amostra é determinada. *(Fonte: States101.com)*

54. As notas do teste de admissão à faculdade de direito em um ano recente têm distribuição normal, com média de 151,88 e desvio padrão de 9,95. Amostras aleatórias de tamanho 40 são extraídas dessa população e a média de cada amostra é determinada. *(Fonte: Law School Admission Council.)*

Nos exercícios de 55 a 60, calcule as probabilidades indicadas e interprete os resultados.

55. Referente ao Exercício 33. Uma amostra aleatória de 2 anos é selecionada. Calcule a probabilidade de que a quantidade média de gases de efeito estufa para a amostra seja: (a) menos de 5.500 MMT CO2 eq., (b) entre 6.000 e 6.500 MMT CO2 eq. e (c) superior a 5.900 MMT CO2 eq. Compare suas respostas com as do Exercício 33.

56. Referente ao Exercício 34. Uma amostra aleatória de seis dias é selecionada. Calcule a probabilidade de que a concentração diária média de sulfeto de carbonila na superfície para a amostra seja (a) entre 5,1 e 15,7 picomoles por litro, (b) entre 10,5 e 12,3 picomoles por litro e (c) mais de 11,1 picomoles por litro. Compare suas respostas com as do Exercício 34.

57. A pontuação composta média do ACT em um ano recente é 20,7. Uma amostra aleatória de 36 pontuações compostas do ACT é selecionada. Qual é a probabilidade de que a pontuação média da amostra seja (a) menor que 22, (b) maior que 23 e (c) entre 20 e 21,5? Suponha que $\sigma = 5{,}9$. *(Fonte: ACT, Inc.)*

58. A pontuação total média do MCAT em um ano recente é de 500,9. Uma amostra aleatória de 32 pontuações totais do MCAT é selecionada. Qual é a probabilidade de que a pontuação média da amostra seja (a) menor que 503, (b) maior que 502 e (c) entre 498 e 501? Suponha que $\sigma = 10{,}6$. *(Fonte: Association of American Medical Colleges.)*

59. O salário médio anual para atuários de Nível 1 nos Estados Unidos é de cerca de US$ 72.000. Uma amostra aleatória de 45 atuários de Nível 1 é selecionada. Qual é a probabilidade de que o salário médio anual da amostra seja (a) menor que US$ 75.000 e (b) maior que US$ 68.000? Suponha que σ = US$ 11.000. *(Adaptado de Salary.com)*

60. O salário médio anual para fisioterapeutas nos Estados Unidos é de cerca de US$ 87.000. Uma amostra aleatória de 50 fisioterapeutas é selecionada. Qual é a probabilidade de que o salário médio anual da amostra seja (a) menor que US$ 84.000 e (b) maior que US$ 85.000? Suponha que σ = US$ 10.500. *(Adaptado de Salary.com)*

Seção 5.5

Nos exercícios 61 e 62, é dado um experimento binomial. Determine se você pode usar uma distribuição normal para aproximar a distribuição binomial. Se puder, calcule a média e o desvio padrão. Se não, explique o porquê.

61. Uma pesquisa com adultos dos Estados Unidos com idades entre 33 e 40 anos que ganham mais de US$ 150.000 por ano descobriu que 94% estão satisfeitos com a forma como suas vidas se encaminharam até agora. Você seleciona aleatoriamente 20 adultos estadunidenses com idades entre 33 e 40 anos que ganham mais de US$ 150.000 e pergunta se eles estão satisfeitos com suas vidas até agora. *(Source: The Harris Poll.)*

62. Uma pesquisa com adultos dos Estados Unidos descobriu que 69% têm uma visão favorável da lavoura e da agricultura. Você seleciona aleatoriamente 45 adultos dos Estados Unidos e pergunta se eles têm uma visão favorável da lavoura e da agricultura. *(Source: Gallup.)*

Nos exercícios de 63 a 68, escreva a probabilidade binomial em palavras. Depois, use a correção de continuidade para converter a probabilidade binomial em uma probabilidade da distribuição normal.

63. $P(x \geq 25)$ **64.** $P(x \leq 36)$. **65.** $P(x = 45)$

66. $P(x > 14)$ **67.** $P(x < 60)$ **68.** $P(54 < x < 64)$

Nos exercícios 69 e 70, determine se você pode usar uma distribuição normal para aproximar a distribuição binomial. Se for possível, use a distribuição normal para aproximar as probabilidades indicadas e esboce seus gráficos. Se não for possível, explique o porquê e use a distribuição binomial para encontrar as probabilidades indicadas.

69. Uma pesquisa com adultos dos Estados Unidos descobriu que 72% usaram um dispositivo móvel para gerenciar sua conta bancária pelo menos uma vez no mês anterior. Você seleciona aleatoriamente 70 adultos dos Estados Unidos e pergunta se eles usaram um dispositivo móvel para gerenciar sua conta bancária pelo menos uma vez no mês anterior. Calcule a probabilidade de que o número que fez isso seja (a) no máximo 40, (b) exatamente 50 e (c) maior que 60. *(Fonte: American Bankers Association.)*

70. Trinta e quatro por cento dos graduados universitários dos Estados Unidos trabalham em empregos que não exigem um diploma universitário. Você seleciona aleatoriamente 20 graduados universitários dos Estados Unidos. Calcule a probabilidade de que o número que trabalha em um emprego que não exige um diploma universitário seja (a) exatamente 7, (b) no máximo 6 e (c) entre 5 e 10, inclusive. Identifique quaisquer eventos incomuns. *(Fonte: Inside Higher Ed.)*

5 Problemas

Faça estes problemas como se estivesse fazendo em sala. Depois, compare suas respostas com as respostas dadas no final do livro.

1. Calcule cada probabilidade usando a distribuição normal padrão.

(a) $P(z > -1,68)$

(b) $P(z < 2,23)$

(c) $P(-0,47 < z < 0,47)$

(d) $P(z < -1,992 \text{ ou } z > -0,665)$

2. A variável aleatória x é normalmente distribuída com os parâmetros dados. Calcule cada probabilidade.

(a) $\mu = 9,2$, $\sigma \approx 1,62$, $P(x < 5,97)$

(b) $\mu = 87$, $\sigma \approx 19$, $P(x > 40,5)$

(c) $\mu = 5,5$, $\sigma \approx 0,08$, $P(5,36 < x < 5,64)$

(d) $\mu = 18,5$, $\sigma \approx 4,25$, $P(19,6 < x < 26,1)$

Em um teste padronizado de QI, as pontuações são normalmente distribuídas, com média de 100 e desvio padrão de 15. Use essa informação nos exercícios de 3 a 10. (Adaptado de 123test.)

3. Calcule a probabilidade de que uma pessoa selecionada aleatoriamente tenha um QI maior que 125. Esse evento é incomum? Explique.

4. Calcule a probabilidade de que uma pessoa selecionada aleatoriamente tenha um QI entre 95 e 105. Esse evento é incomum? Explique.

5. Qual percentual de pontuações é maior que 112?

6. De 2.000 pessoas selecionadas aleatoriamente, cerca de quantas você esperaria que tivessem QI menor que 90?

7. Qual é a menor pontuação que ainda colocaria uma pessoa entre os 5% com maior pontuação?

8. Qual é a maior pontuação que ainda colocaria uma pessoa entre os 10% com menor pontuação?

9. Uma amostra aleatória de 60 pessoas é selecionada dessa população. Qual é a probabilidade de que a pontuação média da amostra seja maior que 105? Interprete o resultado.

10. É mais provável que você selecione aleatoriamente uma pessoa com pontuação maior que 105 ou que você selecione aleatoriamente uma amostra de 15 pessoas com pontuação média maior que 105? Explique.

Em uma pesquisa com adultos dos Estados Unidos, 81% sentem que têm pouco ou nenhum controle sobre os dados coletados sobre eles pelas empresas. Você seleciona aleatoriamente 250 adultos dos Estados Unidos e pergunta se eles sentem que têm controle sobre os dados coletados sobre eles pelas empresas. Use essa informação nos Exercícios 11 e 12. (Fonte: Pew Research Center.)

11. Determine se você pode usar uma distribuição normal para aproximar a distribuição binomial. Se for possível, calcule a média e o desvio padrão. Se não for, explique o porquê.

12. Calcule a probabilidade de que o número que sente que tem pouco ou nenhum controle sobre os dados coletados sobre eles pelas empresas seja (a) no máximo 200, (b) menor que 210 e (c) exatamente 202. Identifique quaisquer eventos incomuns. Explique.

5 Teste do capítulo

Faça este teste como se estivesse fazendo uma prova em sala.

1. Durante um período recente de um ano, o aumento percentual médio, às quartas-feiras, no valor da criptomoeda Dogecoin, foi de 7,46%, com desvio padrão de 53,47%. Amostras aleatórias de tamanho 50 são retiradas dessa população e a média de cada amostra é determinada. *(Fonte: Cripto Indicators.)*
   (a) Calcule a média e o desvio padrão da distribuição amostral da média.
   (b) Qual é a probabilidade de que o aumento percentual médio para uma dada amostra seja superior a 25%?
   (c) Qual é a probabilidade de que o aumento percentual médio para uma dada amostra esteja entre –10% e 30%?

Nos exercícios de 2 a 4, a variável aleatória x é normalmente distribuída com média $\mu = 18$ e desvio padrão $\sigma = 7{,}6$.

2. Calcule cada probabilidade
   (a) $P(x > 20)$ **(b)** $P(0 < x < 5)$ **(c)** $P(x < 9 \text{ ou } x > 27)$
3. Determine o valor de x que tem 88,3% da área da distribuição à sua esquerda?
4. Determine o valor de x que tem 64,8% da área da distribuição à sua direita?

Nos exercícios 5 e 6, determine se você pode usar uma distribuição normal para aproximar a distribuição binomial. Se for possível, use a distribuição normal para aproximar as probabilidades indicadas e esboce seus gráficos. Se não for, explique o porquê e use a distribuição binomial para encontrar as probabilidades indicadas.

5. Uma pesquisa com estudantes de graduação dos Estados Unidos descobriu que 37% daqueles que frequentam faculdades estaduais prefeririam trabalhar em um estado diferente após a formatura. Você seleciona aleatoriamente 18 estudantes de graduação dos Estados Unidos que frequentam faculdades estaduais. Calcule a probabilidade de que o número que preferiria trabalhar em um estado diferente após a formatura seja (a) exatamente 7, (b) menor que 5 e (c) pelo menos 10. Identifique quaisquer eventos incomuns. Explique. *(Fonte: College Pulse.)*
6. Cinquenta e nove por cento dos profissionais de tecnologia da informação (TI) trabalham para empresas que dependem da memória humana para gerenciar senhas. Você seleciona aleatoriamente 12 profissionais de TI. Calcule a probabilidade de que o número dos que trabalham para empresas que dependem da memória humana para gerenciar senhas seja (a) exatamente 7, (b) mais de 8 e (c) menos de 4. Identifique quaisquer eventos incomuns. Explique. *(Fonte: Yubico.)*

A renda disponível per capita para residentes de uma cidade dos Estados Unidos em um ano recente é normalmente distribuída, com média de cerca de US$ 44.000 e desvio padrão de cerca de US$ 2.450. Use esta informação nos Exercícios 7 a 10.

7. Calcule a probabilidade de que a renda disponível de um residente seja superior a US$ 45.000. Este é um evento incomum? Explique.
8. De 800 residentes, quantos você esperaria ter uma renda disponível entre US$ 40.000 e US$ 42.000?
9. Entre que dois valores se situam os 60% centrais dos rendimentos disponíveis?
10. Amostras aleatórias de tamanho 8 são retiradas da população e a média de cada amostra é determinada. A distribuição amostral da média é normalmente distribuída? Explique.

ESTATÍSTICA REAL
DECISÕES REAIS

Juntando tudo

Você trabalha para uma companhia farmacêutica como analista de processos estatísticos. Sua função é analisar processos e certificar que eles estão sob controle estatístico. Em um dos processos, uma máquina deve adicionar 9,8 miligramas de um composto a uma mistura em um frasco. (Suponha que esse processo possa ser aproximado por uma distribuição normal). A variação aceitável da quantidade do componente adicionado é de 9,65 miligramas a 9,95 miligramas, inclusive.

Em virtude de um erro com a válvula de liberação, a configuração da máquina "desvia" dos 9,8 miligramas. Para verificar se a máquina está acrescentando a quantidade correta do composto nos frascos, você seleciona de forma aleatória três amostras de cinco frascos e encontra a quantidade média do composto adicionado em cada uma. Um colega de trabalho pergunta por que você retira 3 amostras de tamanho 5 e encontra a média em vez de escolher aleatoriamente e medir as quantidades em 15 frascos individualmente para verificar a configuração da máquina. (*Nota*: ambas as amostras são selecionadas sem reposição.)

EXERCÍCIOS

1. **Amostragem individual**
Suponha que os desvios da máquina e a distribuição da quantidade do composto adicionado agora tenha média de 9,96 miligramas e desvio padrão de 0,05 miligrama. Você seleciona um frasco e determina quanto do composto foi adicionado.
   (a) Qual é a probabilidade de que você selecione um frasco que esteja dentro da variação aceitável? (Em outras palavras, você não detecta que a máquina sofreu alteração.) (Veja a figura ao lado.)
   (b) Você seleciona aleatoriamente 15 frascos. Qual é a probabilidade de que você selecione pelo menos um frasco que esteja dentro da variação aceitável?

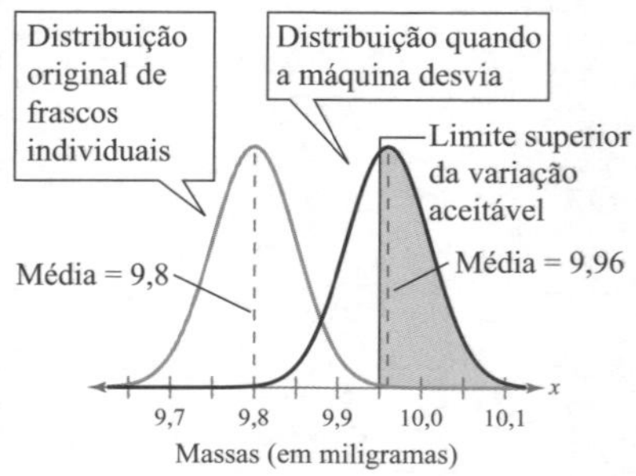

FIGURA PARA O EXERCÍCIO 1

2. **Amostragens de grupos de 5**
Suponha que a máquina desvie e esteja enchendo os frascos com uma quantidade média de 9,96 miligramas e desvio padrão de 0,05 miligrama. Você seleciona cinco frascos e calcula a quantidade média de composto adicionado.
   (a) Qual é a probabilidade de você selecionar uma amostra de cinco frascos que tenha média dentro da faixa aceitável? (Veja a Figura ao lado.)
   (b) Você seleciona aleatoriamente três amostras de cinco frascos. Qual é a probabilidade de você selecionar pelo menos uma amostra de cinco frascos que tenha média dentro da faixa aceitável?
   (c) O que é mais sensível a uma mudança de parâmetros – uma seleção aleatória individual ou uma média de uma amostra selecionada aleatoriamente selecionada aleatoriamente?

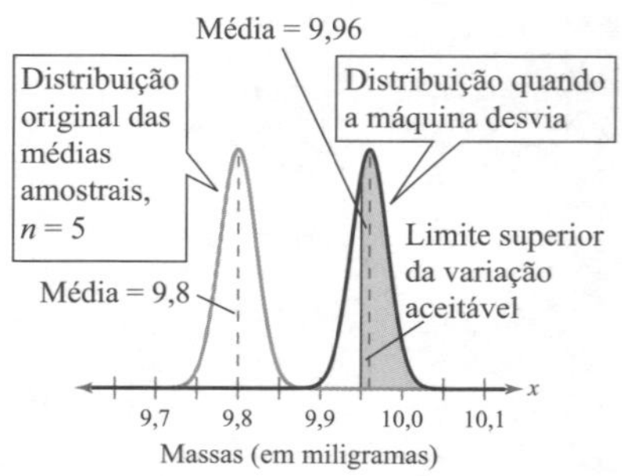

FIGURA PARA O EXERCÍCIO 2

3. **Escrevendo uma explicação**
Escreva um parágrafo para seu colega de trabalho explicando por que você retirou 3 amostras de tamanho 5 e calculou a média de cada amostra em vez de escolher aleatoriamente e medir as quantidades em 15 frascos individualmente para verificar a configuração da máquina.

TECNOLOGIA

MINITAB | EXCEL | TI-84 PLUS

Distribuição das idades na Califórnia

United States™ Census Bureau

Um dos trabalhos do U.S. Census Bureau é manter registros das distribuições de idade nos Estados Unidos e em cada estado. A distribuição etária estimada na Califórnia, em 2019, é mostrada na Tabela 5.10 e no histograma. *(Adaptado de U.S. Census Bureau.)*

Distribuição das idades na Califórnia

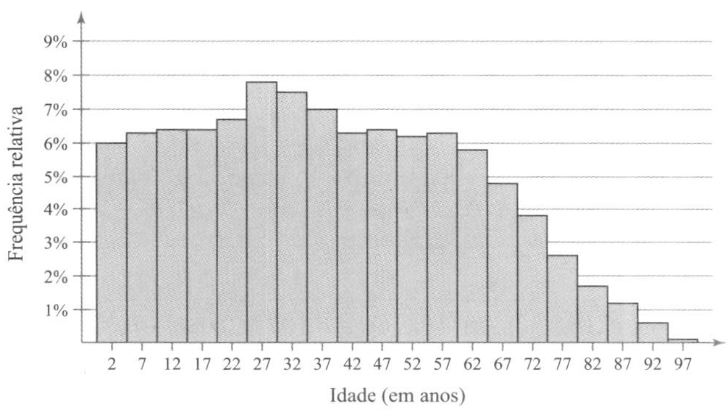

Tabela 5.10

Classe	Ponto médio	Frequência relativa
0–4	2	6,0%
5–9	7	6,3%
10–14	12	6,4%
15–19	17	6,4%
20–24	22	6,7%
25–29	27	7,8%
30–34	32	7,5%
35–39	37	7,0%
40–44	42	6,3%
45–49	47	6,4%
50–54	52	6,2%
55–59	57	6,3%
60–64	62	5,8%
65–69	67	4,8%
70–74	72	3,8%
75–79	77	2,6%
80–84	82	1,7%
85–89	87	1,2%
90–94	92	0,6%
95–99	97	0,1%

EXERCÍCIOS

As médias de 36 amostras selecionadas aleatoriamente, geradas por tecnologia, com $n = 40$ estão abaixo.

37,03	35,43	39,40	34,55	34,88	41,00
35,30	34,03	36,80	41,90	39,63	39,20
43,50	38,35	38,38	41,85	38,55	39,03
30,50	33,58	38,85	40,88	41,13	41,68
37,75	34,18	33,88	36,28	41,23	40,88
39,93	36,45	38,58	36,63	38,55	39,35

1. Use tecnologia e distribuição das idades para estimar a idade média na Califórnia.
2. Use tecnologia para calcular a média do conjunto de 36 médias amostrais. Como ela se compara com a idade média na Califórnia encontrada no Exercício 1? Isso está de acordo com o resultado previsto pelo teorema limite central?
3. As idades das pessoas na Califórnia são normalmente distribuídas? Explique seu raciocínio.
4. Esboce um histograma de frequência relativa para as 36 médias amostrais. Use nove classes, com amplitude de 3, começando em 30,5. O histograma é aproximadamente em forma de sino e simétrico? Isso está de acordo com o resultado previsto pelo teorema limite central?
5. Use tecnologia e a distribuição das idades para calcular o desvio padrão das idades das pessoas na California.
6. Use tecnologia para calcular o desvio padrão do conjunto de 36 médias amostrais. Como ele se compara com o desvio padrão das idades encontrado no Exercício 5? Isso está de acordo com o resultado previsto pelo teorema limite central?

Soluções ampliadas são fornecidas nos manuais de tecnologia que acompanham este texto. São fornecidas instruções técnicas para Minitab, Excel e TI-84 Plus.

CAPÍTULOS 3 A 5
REVISÃO ACUMULADA

1. Uma pesquisa com adultos nos Estados Unidos descobriu que 61% comeram em um restaurante pelo menos uma vez na semana passada. Você seleciona aleatoriamente 30 adultos e pergunta se eles comeram em um restaurante pelo menos uma vez na semana passada. *(Fonte: Gallup.)*

   (a) Verifique se uma distribuição normal pode ser usada para aproximar a distribuição binomial.

   (b) Calcule a probabilidade de que no máximo 14 adultos comeram em um restaurante pelo menos uma vez na semana passada.

   (c) É incomum que exatamente 14 em cada 30 adultos tenham comido em um restaurante pelo menos uma vez na semana passada? Explique seu raciocínio.

Nos exercícios 2 e 3, calcule (a) a média; (b) a variância; (c) o desvio padrão e (d) o valor esperado da distribuição de probabilidade e (e) interprete os resultados.

2. A tabela mostra a distribuição dos tamanhos das famílias nos Estados Unidos em um ano recente. *(Adaptado de U.S. Census Bureau.)*

x	1	2	3	4	5	6	7	8	9
$P(x)$	0,282	0,348	0,151	0,127	0,058	0,023	0,007	0,003	0,002

3. A tabela mostra a distribuição de faltas pessoais por jogo para DeMar DeRozan em uma temporada recente da NBA. *(Fonte: National Basketball Association.)*

x	0	1	2	3	4	5	6
$P(x)$	0,044	0,162	0,221	0,368	0,103	0,088	0,015

4. Use a distribuição de probabilidade do Exercício 3 para calcular a probabilidade de selecionar aleatoriamente um jogo no qual DeMar DeRozan teve (a) menos que quatro faltas pessoais, (b) pelo menos três faltas pessoais e (c) entre 2 e 4 faltas pessoais, inclusive.

5. De um grupo de 16 candidatos, 9 homens e 7 mulheres, os cargos de presidente, vice-presidente, secretário e tesoureiro serão preenchidos. (a) De quantas maneiras diferentes os cargos podem ser preenchidos? (b) Qual é a probabilidade de que todos os quatro cargos sejam preenchidos por mulheres?

Nos exercícios de 6 a 11, encontre a área indicada sob a curva normal padrão. Se for conveniente, use tecnologia para encontrar a área.

6. À esquerda de $z = 0,72$

7. À esquerda de $z = -3,08$

8. À direita de $z = -0,84$

9. Entre $z = 0$ e $z = 2,95$

10. Entre $z = -1,22$ e $z = -0,26$

11. À esquerda de $z = 0,12$ ou à direita de $z = 1,72$

12. Quarenta e nove por cento dos adultos dos Estados Unidos pensam que a atividade humana, como a queima de combustíveis fósseis, contribui muito para as mudanças climáticas. Você seleciona aleatoriamente 25 adultos dos Estados Unidos. Calcule a probabilidade de que o número que pensa que a atividade humana contribui muito para a mudança climática seja (a) exatamente 12, (b) entre 8 e 11, inclusive, e (c) menos de dois. (d) Algum desses eventos é incomum? Explique seu raciocínio. *(Fonte: Pew Research Center.)*

13. Um vendedor de peças de automóveis descobre que 1 de cada 200 peças vendidas é defeituosa. Use a distribuição geométrica para calcular a probabilidade de que (a) a primeira peça defeituosa seja a quinta peça vendida, (b) a primeira peça defeituosa seja a primeira, a segunda ou a terceira peça vendidas e (c) nenhuma das vinte primeiras peças vendidas seja defeituosa.

14. A tabela a seguir mostra os resultados de uma pesquisa na qual 3.545.286 professores da rede pública e 509.168 professores da rede privada foram questionados sobre sua experiência no ensino em tempo integral. *(Adaptado de National Center for Educations Statistics.)*

	Rede pública	**Rede Privada**	**Total**
Menos de 3 anos	318.274	61.809	380.083
3 a 9 anos	1.003.014	151.865	1.154.879
10 a 20 anos	1.415.824	167.400	1.583.224
Mais de 20 anos	808.174	128.094	936.268
Total	3.545.286	509.168	4.054.454

(a) Calcule a probabilidade de que um professor de rede privada selecionado aleatoriamente tenha entre 10 e 20 anos de experiência no ensino em tempo integral.

(b) Calcule a probabilidade de que um professor selecionado aleatoriamente seja da rede pública, dado que ele tem entre 3 e 9 anos de experiência no ensino em tempo integral.

(c) Os eventos "ser professor da rede pública" e "ter mais de 20 anos de experiência no ensino em tempo integral" são independentes? Explique.

(d) Calcule a probabilidade de que um professor selecionado aleatoriamente tenha entre 3 e 9 anos de experiência no ensino em tempo integral ou esteja na rede privada.

15. As pressões iniciais para pneus de bicicleta, quando enchidos pela primeira vez, são normalmente distribuídas, com média de 70 libras por polegada quadrada (psi) e desvio padrão de 1,2 psi.

(a) Amostras aleatórias de tamanho 40 são retiradas dessa população e a média de cada amostra é determinada. Calcule a média e o desvio padrão da distribuição amostral das médias amostrais. Então, esboce um gráfico da distribuição amostral.

(b) Uma amostra aleatória de 15 pneus é retirada dessa população. Qual é a probabilidade de que a pressão média dos pneus da amostra seja menor que 69 psi?

16. Os tempos de vida útil das baterias de carro são normalmente distribuídos, com média de 44 meses e desvio padrão de 5 meses.

(a) Calcule a probabilidade de que a vida útil de uma bateria selecionada aleatoriamente seja menor de 36 meses.

(b) Calcule a probabilidade de que a vida útil de uma bateria selecionada aleatoriamente esteja entre 42 e 60 meses.

(c) Qual a menor expectativa de vida útil que uma bateria de carro pode ter e ainda estar entre as 5% maiores expectativas de vida?

17. Um florista tem 12 flores diferentes das quais podem ser feitos arranjos florais. Uma peça central é feita usando quatro flores diferentes. (a) Quantas peças centrais podem ser feitas? (b) Qual é a probabilidade de que as quatro flores na peça central sejam de rosas, margaridas, hortênsias e lírios?

18. Sessenta e sete por cento dos adultos estadunidenses namorando dizem que suas vidas amorosas não estão indo bem. Você seleciona aleatoriamente 10 adultos estadunidenses namorando. (a) Construa uma distribuição binomial para a variável aleatória x, o número que diz que suas vidas amorosas não estão indo bem. (b) Faça um gráfico da distribuição binomial usando um histograma e descreva sua forma. (c) Identifique quaisquer valores da variável aleatória x que você consideraria incomuns. Explique. *(Fonte: Pew Research Center.)*

CAPÍTULO 6

Intervalo de confiança

David Wechsler foi um dos psicólogos mais influentes do século XX. Ele é conhecido por desenvolver testes de inteligência, tal como a escala de inteligência Wechsler para adultos e a escala de inteligência Wechsler para crianças.

Onde estamos

Nos capítulos de 1 a 5, você estudou estatística descritiva (como coletar e descrever dados) e probabilidade (como calcular probabilidades e analisar distribuições de probabilidade discretas e contínuas). Por exemplo, psicólogos utilizam a estatística descritiva para analisar os dados coletados durantes experimentos e testes.

Um dos testes psicológicos mais frequentemente aplicados é a escala de inteligência Wechsler para adultos. É um teste de quociente de inteligência (QI) que é padronizado para ter uma distribuição normal com média 100 e desvio padrão igual a 15.

Para onde vamos

Neste capítulo, começaremos nossos estudos de estatística inferencial – o segundo maior ramo da estatística. Por exemplo, um clube de xadrez quer estimar o QI médio de seus membros. A média de uma amostra aleatória de membros é 115. Como essa estimativa consiste em um único número representado por um ponto em uma linha numerada, ele é chamado de *estimativa pontual*. O problema com a utilização de uma estimativa pontual é que ela raramente é exatamente igual ao verdadeiro valor do parâmetro (média, desvio padrão ou proporção).

Aqui, aprenderemos como fazer uma estimativa mais significativa, especificando um intervalo de valores em uma reta numérica, juntamente com uma afirmação de quão confiante se está de que o intervalo contém o o verdadeiro valor do parâmetro. Suponha que o clube queira estar 90% confiante de sua estimativa para o QI médio de seus membros. A Figura 6.1 apresenta uma visão geral de como construir uma estimativa por intervalo.

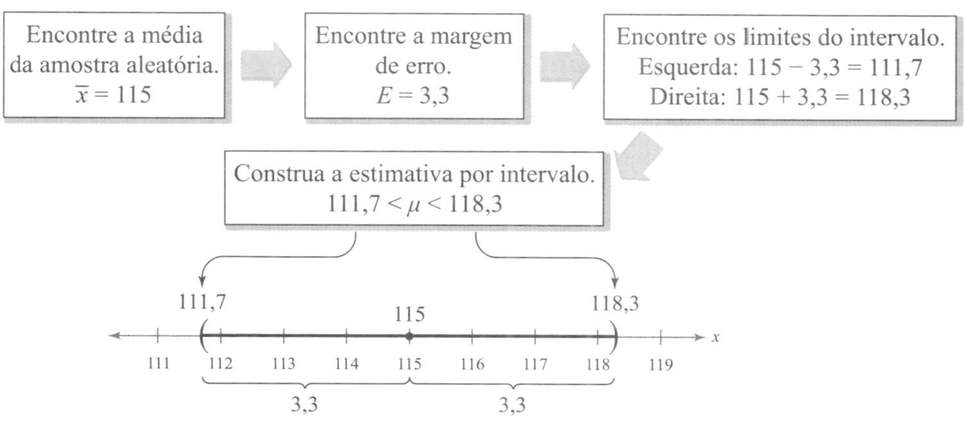

Então, o clube pode estar 90% confiante de que o QI médio de seus membros está entre 111,7 e 118,3.

6.1 Intervalos de confiança para a média de uma distribuição normal (σ conhecido)

O que você deve aprender

- Como encontrar uma estimativa pontual e uma margem de erro.
- Como construir e interpretar intervalos de confiança para a média populacional quando σ é conhecido.
- Como determinar o tamanho mínimo de amostra necessário ao estimar a média de uma distribuição normal.

Estimando parâmetros ■ Intervalos de confiança para a média ■ Tamanho da amostra

Estimando parâmetros

Neste capítulo, você aprenderá uma técnica importante da inferência estatística – usar estatísticas amostrais para estimar o valor de um parâmetro populacional desconhecido. Nesta seção e na próxima, você aprenderá como usar estatísticas para fazer uma estimativa do parâmetro μ quando o desvio padrão populacional σ for conhecido (esta seção) ou quando σ for desconhecido (Seção 6.2). Para fazer tal inferência, comece encontrando uma estimativa pontual.

DEFINIÇÃO

Uma **estimativa pontual** é uma estimativa de valor único para um parâmetro. A estimativa pontual não tendenciosa (viesada) da média populacional μ é a média amostral $\bar{x}$.

A validade de um método de estimativa aumenta quando se utiliza uma estatística amostral que seja não tendenciosa e tenha baixa variabilidade. Uma estatística é não tendenciosa se não superestima ou subestima o parâmetro. No Capítulo 5, aprendemos que a média de todas as médias amostrais possíveis de mesmo tamanho é igual à média populacional. Como resultado, $\bar{x}$ é um **estimador não tendencioso** de μ. Quando o erro padrão, $\sigma/\sqrt{n}$, de uma média amostral é reduzido aumentando-se n, ele se torna menos variável.

EXEMPLO 1

Encontrando uma estimativa pontual

Um pesquisador está coletando dados sobre uma conferência atlética universitária e seus alunos-atletas. Uma amostra aleatória de 40 alunos-atletas é selecionada e seus números de horas gastas em atividades atléticas obrigatórias em uma semana são registrados (veja a Tabela 6.1). Encontre uma estimativa pontual para a média populacional μ, o número médio de horas gastas por semana em atividades atléticas obrigatórias para todos os alunos-atletas na conferência. *(Adaptado de National Collegiate Athletic Association.)*

Tabela 6.1

Número de horas em uma semana							
19	18	18	15	21	21	23	20
21	19	16	19	22	15	19	24
20	24	20	17	18	17	19	20
20	20	22	24	22	23	23	21
22	20	17	21	16	18	18	25

SOLUÇÃO

A média amostral dos dados é

$$\bar{x} = \frac{\Sigma x}{n} = \frac{797}{40} \approx 19{,}9.$$

Então, a estimativa pontual para o número médio de horas gastas em atividades atléticas obrigatórias para todos os alunos-atletas na conferência é de cerca de 19,9 horas.

TENTE VOCÊ MESMO 1

Na mesma situação do Exemplo 1, o pesquisador seleciona uma segunda amostra aleatória de 40 alunos-atletas e registra o número de horas gastas em atividades atléticas obrigatórias em um dia (veja a Tabela 6.2). Encontre uma estimativa pontual para a média populacional μ, o número médio de horas gastas por dia em atividades atléticas obrigatórias para todos os alunos-atletas na conferência. *(Adaptado de National Collegiate Athletic Association.)*

Tabela 6.2

Número de horas em um dia							
2	1	1	1	3	1	3	1
2	4	3	3	1	5	5	3
3	3	4	5	2	4	3	3
4	2	2	1	3	5	3	3
2	4	3	2	3	4	5	2

No Exemplo 1, a probabilidade de que a média populacional seja exatamente 19,9 é praticamente zero. Então, em vez de estimar μ como sendo exatamente 19,9 usando uma estimativa pontual, você pode estimar que μ está em um intervalo. Isso se chama fazer uma estimativa intervalar.

DEFINIÇÃO

Uma **estimativa intervalar** é um intervalo, ou amplitude de valores, usado para estimar um parâmetro.

Embora possamos considerar que a estimativa pontual do Exemplo 1 não seja igual à média real da população, provavelmente está muito próxima dela. Para formar uma estimativa intervalar, use a estimativa pontual como o centro do intervalo e, depois, adicione e subtraia uma margem de erro. Por exemplo, se a margem de erro for 0,6, então uma estimativa intervalar seria dada por

$$19{,}6 \pm 0{,}6 \qquad \text{ou} \qquad 19{,}3 < \mu < 20{,}5.$$

A estimativa pontual e a estimativa intervalar estão na Figura 6.1.

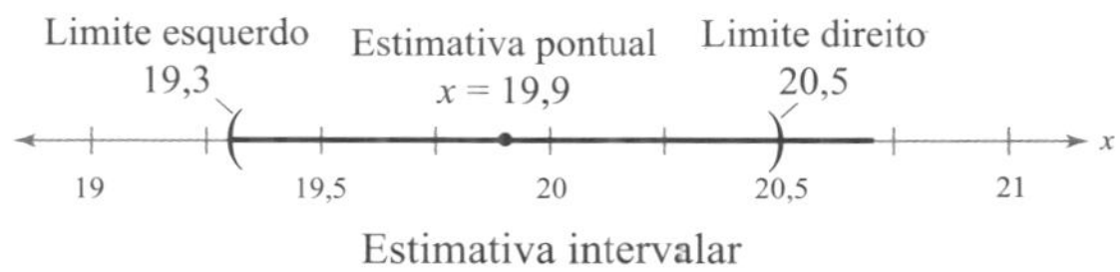

Figura 6.1

Antes de encontrar uma margem de erro para uma estimativa intervalar, devemos primeiro determinar quão confiante você precisa estar de que sua estimativa intervalar contenha a média populacional μ.

Dica de estudo

Neste curso, usaremos normalmente níveis de confiança de 90%, 95% e 99%. Os escores-z correspondentes a esses níveis de confiança são:

Nível de confiança	z_c
90%	1,645
95%	1,96
99%	2,575

DEFINIÇÃO

O **nível de confiança** c é a confiança de que a estimativa intervalar contém o verdadeiro valor do parâmetro, supondo que o processo de estimação é repetido um grande número de vezes.

Você sabe, do teorema limite central, que quando $n \geq 30$, a distribuição amostral das médias é aproximadamente normal. O nível de confiança c é a área sob a curva normal padrão entre os *valores críticos*, $-z_c$ e z_c. Os valores críticos são valores que separam estatísticas amostrais que são prováveis de estatísticas amostrais que são improváveis, ou incomuns. Podemos ver na Figura 6.2 que c é a porcentagem da área sob a curva normal entre $-z_c$ e z_c. A área restante é $1 - c$, então a área em cada cauda é

$$\tfrac{1}{2}(1 - c). \qquad \text{Área em uma cauda}$$

Por exemplo, se $c = 90\%$, então 5% da área está à esquerda de $-z_c = -1{,}645$ e 5% está à direita de $z_c = 1{,}645$, conforme a Tabela 6.3.

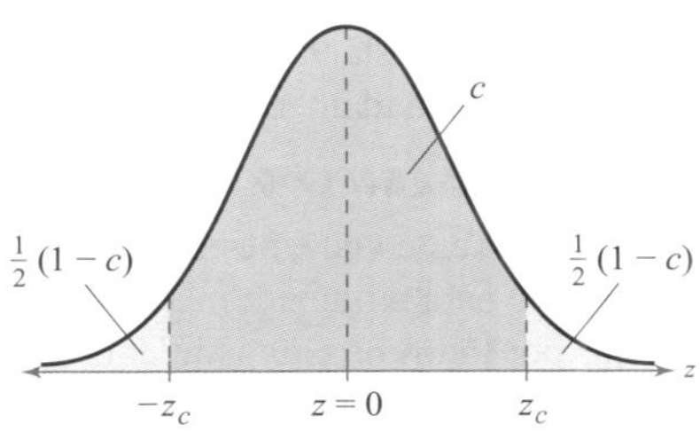

Figura 6.2

Tabela 6.3

Se $c = 90\%$:	
$c = 0{,}90$	Área na região azul
$1 - c = 0{,}10$	Área nas regiões amarelas
$\frac{1}{2}(1 - c) = 0{,}05$	Área em uma cauda
$-z_c = -1{,}645$	Valor crítico separando a cauda esquerda
$z_c = 1{,}645$	Valor crítico separando a cauda direita

Retratando o mundo

Uma pesquisa com uma amostra aleatória de 1.000 usuários de redes sociais descobriu que o tempo médio diário gasto nas redes sociais foi de 144 minutos. A partir de estudos anteriores, supõe-se que o desvio padrão da população é de 21,4 minutos. *(Adaptado de Techjury.)*

Tempo diário gasto em redes sociais

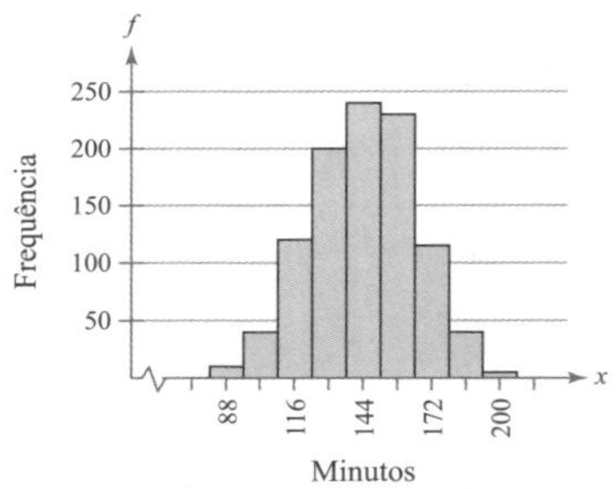

Para um intervalo de confiança de 95%, qual seria a margem de erro para o tempo médio diário gasto nas redes socias para a população?

A diferença entre a estimativa pontual e o valor real do parâmetro é chamada de **erro de amostragem**. Quando μ é estimado, o erro de amostragem é a diferença de $\bar{x} - \mu$. Na maioria dos casos, é claro, μ é desconhecido e $\bar{x}$ varia de amostra para amostra. Entretanto, você pode calcular o valor máximo para o erro quando souber o nível de confiança e a distribuição amostral.

DEFINIÇÃO

Dado um nível de confiança c, a **margem de erro E** (também chamada de erro máximo da estimativa ou tolerância de erro) é a maior distância possível entre a estimativa pontual e o valor do parâmetro que ela está estimando. Para uma média populacional μ em que σ é conhecido, a margem de erro é

$$E = z_c\sigma_{\bar{x}} = z_c\frac{\sigma}{\sqrt{n}}$$ Margem de erro para μ (σ conhecido)

Quando são atendidas as seguintes condições:

1. A amostra é aleatória.
2. Pelo menos um dos seguintes é verdade: a população é normalmente distribuída ou $n \geq 30$. (Lembre-se do teorema limite central que, quando $n \geq 30$, a distribuição amostral das médias se aproxima de uma distribuição normal).

EXEMPLO 2

Encontrando a margem de erro

Use os dados do Exemplo 1 e um nível de confiança de 95% para encontrar a margem de erro para o número médio de horas gastas, por semana, em atividades atléticas obrigatórias por todos os alunos-atletas na conferência. Suponha que o desvio padrão da população seja 2,4 horas.

SOLUÇÃO

Como σ é conhecido ($\sigma = 2{,}4$), a amostra é aleatória (veja Exemplo 1), e $n = 40 \geq 30$, use a fórmula para E dada anteriormente. O escore-z que corresponde a um nível de confiança de 95% é 1,96. Isso implica que 95% da área sob a curva normal padrão está no intervalo de $\pm 1{,}96$ desvios padrão da média, conforme mostrado na Figura 6.3. (Você pode aproximar a distribuição das médias amostrais com uma curva normal pelo teorema limite central porque $n = 40 \geq 30$).

Usando os valores $z_c = 1{,}96$, $\sigma = 2{,}4$ e $n = 40$

$$\begin{aligned} E &= z_c\frac{\sigma}{\sqrt{n}} \\ &= 1{,}96 \cdot \frac{2{,}4}{\sqrt{40}} \\ &\approx 0{,}7. \end{aligned}$$

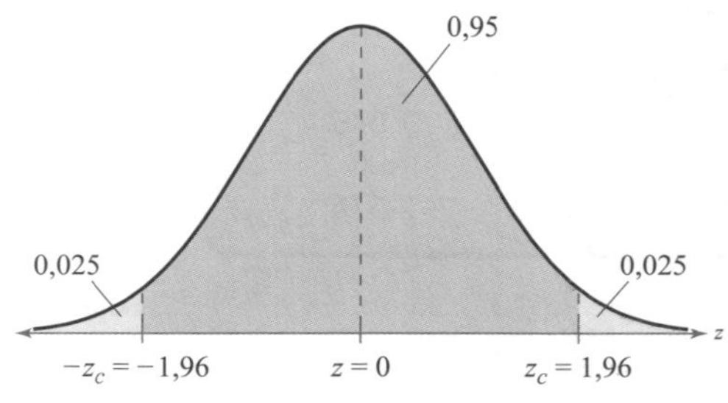

Figura 6.3

Intepretação Você está 95% confiante de que a margem de erro para a média populacional é de aproximadamente 0,7 horas.

TENTE VOCÊ MESMO 2

Use os dados do Tente você mesmo 1 e um nível de confiança de 95% para encontrar a margem de erro para o número médio de horas gastas, por dia, em atividades atléticas obrigatórias por todos os alunos-atletas na conferência. Suponha que o desvio padrão da população seja 1,4 horas.

Intervalo de confiança para a média

Usando uma estimativa pontual e uma margem de erro, você pode construir uma estimativa intervalar de um parâmetro tal como μ. Essa estimativa intervalar é chamada de intervalo de confiança.

Dica de estudo

Quando você constrói um intervalo de confiança para uma média, a regra geral de arredondamento é arredondar para o mesmo número de casas decimais da média amostral.

DEFINIÇÃO

Um **intervalo de confiança 100% para a média** μ é:

$$\bar{x} - E < \mu < \bar{x} + E.$$

A confiança de que o intervalo de confiança contenha μ é c, assumindo que o processo de estimação é repetido inúmeras vezes.

INSTRUÇÕES

Construindo um intervalo de confiança para a média (σ conhecido)

Em palavras	Em símbolos
1. Verificar que σ é conhecido, a amostra é aleatória, e a população é normalmente distribuída ou $n \geq 30$.	
2. Encontrar n e a estatística amostral $\bar{x}$.	$\bar{x} = \dfrac{\Sigma x}{n}$
3. Encontrar o valor crítico z_c que corresponde ao nível de confiança dado.	Use a Tabela 4 no apêndice B.
4. Calcular a margem de erro E.	$E = z_c \dfrac{\sigma}{\sqrt{n}}$
5. Calcular os limites à esquerda e à direita e construir o intervalo de confiança.	Limite inferior: $\bar{x} - E$ Limite superior: $\bar{x} + E$ Intervalo: $\bar{x} - E < \mu < \bar{x} + E$

EXEMPLO 3

Veja o passo a passo do Minitab na página 344.

Construindo um intervalo de confiança

Use os dados do Exemplo 1 e o resultado do Exemplo 2 para construir um intervalo de confiança de 95% para o número médio de horas gastas, por semana, em atividades atléticas obrigatórias por todos os alunos-atletas na conferência.

SOLUÇÃO

Nos Exemplos 1 e 2, encontramos que $\bar{x} \approx 19{,}9$ e $E \approx 0{,}7$. O intervalo de confiança é construído conforme a seguir:

Limite inferior	Limite superior
$\bar{x} - E \approx 19{,}9 - 0{,}7$	$\bar{x} + E \approx 19{,}9 + 0{,}7$
$= 19{,}2$	$= 20{,}6$

$$19{,}2 < \mu < 20{,}6$$

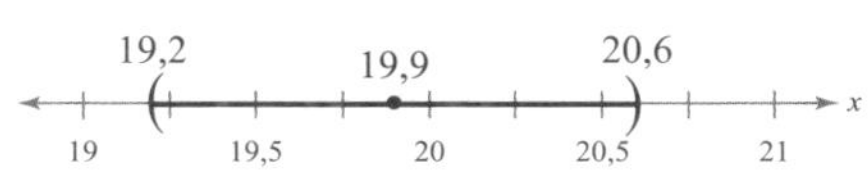

Figura 6.4

Interpretação Com 95% de confiança, podemos dizer que o número médio de horas gastas em atividades atléticas obrigatórias da população está entre 19,2 e 20,6 horas.

Dica de estudo

Outras maneiras de representar um intervalo de confiança são $(\bar{x} - E, \bar{x} + E)$ e $\bar{x} \pm E$. Por exemplo, no Exemplo 3, você poderia escrever o intervalo de confiança como (19,2; 20,6) ou 19,9 ± 0,7.

TENTE VOCÊ MESMO 3

Use dos dados do Tente você mesmo 1 e o resultado do Tente você mesmo 2 para construir um intervalo de confiança de 95% para o número médio de horas gastas, por dia, em atividades atléticas obrigatórias por todos os alunos-atletas na conferência.

A largura de um intervalo de confiança é $2E$. Examine a fórmula para E para ver por que uma amostra de tamanho maior tende a fornecer um intervalo de confiança mais estreito para o mesmo nível de confiança.

EXEMPLO 4

Construindo um intervalo de confiança usando tecnologia

Use os dados do Exemplo 1 e a tecnologia para construir um intervalo de confiança de 99% para o número médio de horas gastas, por semana, em atividades atléticas obrigatórias por todos os alunos-atletas na conferência.

SOLUÇÃO

O Minitab e o StatCrunch possuem recursos que permitem a construção de um intervalo de confiança inserindo os dados originais ou usando as estatísticas descritivas. Os dados originais foram usados para construir os intervalos de confiança mostrados na Figuras 6.5 (a) e (b) a seguir. A partir das exibições, um intervalo de confiança de 99% para μ é (18,9; 20,9). Observe que esse intervalo é arredondado para o mesmo número de casas decimais que a média da amostra.

(A) MINITAB

One-Sample Z: Hours

Descriptive Statistics

N	Mean	StDev	SE Mean	99% CI for μ
40	19,925	2,556	0,379	(18,948, 20,902)

μ: population mean of Hours
Known standard deviation: 2,4

(B) STATCRUNCH

One sample Z confidence interval:
μ : Mean of variable
Standard deviation 2,4

99% confidence interval results:

Variable	n	Sample Mean	Std. Err.	L. Limit	U. Limit
Hours	40	19,925	0,37947332	18,947542	20,902458

Figura 6.5

Interpretação Com 99% de confiança, podemos dizer que o número médio de horas gastas em atividades atléticas obrigatórias da população está entre 18,9 e 20,9 horas.

TENTE VOCÊ MESMO 4

Use os dados do Exemplo 1 e tecnologia para construir intervalos de confiança de 75%, 85% e 90% para o número médio de horas gastas, por semana, em atividades atléticas obrigatórias por todos os alunos-atletas na conferência. Como muda a largura do intervalo de confiança à medida que o nível de confiança aumenta?

Dica de tecnologia

Apresentamos alguns passos para a construção de um intervalo de confiança usando uma TI-84 Plus. Inicialmente, inserir os dados originais em uma lista ou inserir as estatísticas descritivas.

STAT

Escolha o menu TESTS

7:ZInterval...

Selecione a opção de entrada *Data* quando você usar os dados originais e a opção *Stats* quando usar as estatísticas descritivas. Em cada caso, insira os valores apropriados e selecione *Calculate*. Seus resultados podem diferir ligeiramente, dependendo do método usado. Para o Exemplo 4, foram inseridos os dados originais.

```
ZInterval
(18.948,20.902)
x̄=19.925
Sx=2.555913204
n=40
```

Dica de tecnologia

Aqui estão as instruções para construir um intervalo de confiança no Excel. Primeiro, clique em *Fórmulas* no topo da tela e, depois, em *Inserir Função* na *Biblioteca de Funções*. Selecione a categoria *Estatística* e selecione a função *CONFIDENCE.NORM*. (INT. CONFIANÇA.NORM em português.) Na caixa de diálogo, insira os valores de alfa, o desvio padrão e o tamanho da amostra (veja na figura). Clique em OK. O valor retornado é a margem de erro, que é usada para construir o intervalo de confiança.

	A
1	0,551700678

=CONFIDENCE.NORM(0.1,1.5,20)

Alfa é o *nível de significância*, que será explicado no Capítulo 7. Ao usar o Excel no Capítulo 6, você pode pensar em alfa como o complemento do nível de confiança. Assim, para um intervalo de confiança de 90%, alfa é igual a 1 – 0,90 = 0,10.

Nos Exemplos 3 e 4, e no Tente você mesmo 4, os mesmos dados amostrais foram usados para construir intervalos de confiança com níveis de confiança diferentes. Note que, conforme o nível de confiança aumenta, a largura do intervalo de confiança também aumenta. Em outras palavras, quando os mesmos dados amostrais são usados, *quanto maior o nível de confiança, mais largo é o intervalo*.

Para uma população normalmente distribuída com σ conhecido, você pode usar uma distribuição normal para qualquer tamanho de amostra (mesmo se $n < 30$), como mostrado no Exemplo 5.

EXEMPLO 5

Veja o passo a passo da TI-84 Plus na página 345.

Construindo um intervalo de confiança

O diretor de admissões de uma faculdade deseja estimar a idade média de todos os estudantes atualmente matriculados. Em uma amostra aleatória de 20 estudantes, a idade média encontrada é de 22,9 anos. De estudos anteriores, o desvio padrão conhecido é de 1,5 ano, e a população é normalmente distribuída. Construa um intervalo de confiança de 90% para a idade média da população.

SOLUÇÃO

Como σ é conhecido, a amostra é aleatória e a população é normalmente distribuída, use a fórmula para E dada nessa seção. Usando $n = 20$, $\bar{x} = 22{,}9$, $\sigma = 1{,}5$ e $z_c = 1{,}645$, a margem de erro no intervalo de confiança de 90% é:

$$E = z_c \frac{\sigma}{\sqrt{n}} = 1{,}645 \cdot \frac{1{,}5}{\sqrt{20}} \approx 0{,}6.$$

O intervalo de confiança de 90% pode ser escrito como $\bar{x} \pm E \approx 22{,}9 \pm 0{,}6$ ou como a seguir:

Limite inferior	Limite superior
$\bar{x} - E \approx 22{,}9 - 0{,}6$	$\bar{x} + E \approx 22{,}9 + 0{,}6$
$= 22{,}3$	$= 23{,}5$

$$22{,}3 < \mu < 23{,}5$$

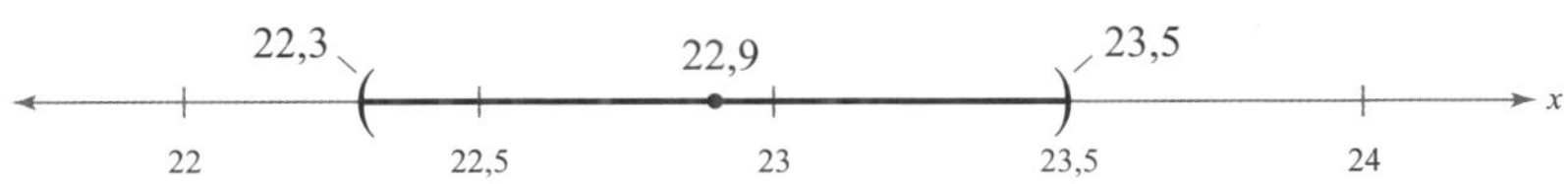

Figura 6.6

Interpretação Com 90% de confiança, você pode dizer que a idade média de todos os estudantes está entre 22,3 e 23,5 anos.

TENTE VOCÊ MESMO 5

Construa um intervalo de confiança de 90% para a idade média da população para os estudantes universitários do Exemplo 5 com o tamanho da amostra aumentado para 30 estudantes. Compare sua resposta com a do Exemplo 5.

Após construir um intervalo de confiança, é importante que você interprete os resultados corretamente. Considere o intervalo de confiança de 90% construído no Exemplo 5. Como μ é um valor fixo predeterminado pela população, ele está no intervalo ou não. *Não* é correto dizer "Há uma probabilidade de 90% de que a verdadeira média estará no intervalo (22,3; 23,5)". Essa afirmação está errada porque sugere que o valor de μ pode variar, o que não é verdade. A maneira correta de interpretar esse intervalo de confiança é dizer: "Com 90% de confiança, a média está no intervalo (22,3; 23,5). Isso significa que, quando muitas amostras são coletadas e um intervalo de confiança é criado para cada amostra, aproximadamente 90% desses intervalos conterão μ (veja a Figura 6.7). Essa interpretação correta refere-se à taxa de sucesso do processo que está sendo usado.

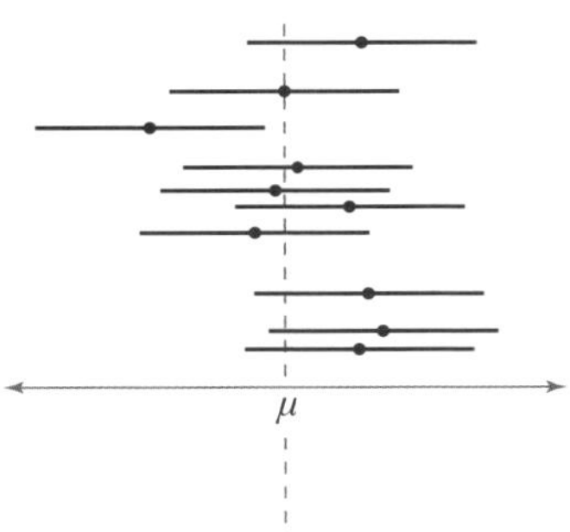

Figura 6.7

Os segmentos horizontais representam os intervalos de confiança de 90% para diferentes amostras de mesmo tamanho. No longo prazo, 9 de cada 10 intervalos conterão μ.

Tamanho da amostra

Para a mesma estatística, conforme o nível de confiança aumenta, o intervalo de confiança fica mais largo. Conforme o intervalo de confiança fica mais largo, a precisão da estimativa decresce. Uma maneira de melhorar a precisão de uma estimativa sem decrescer o nível de confiança é aumentar o tamanho da amostra. Mas qual tamanho de amostra necessário para garantir um certo nível de confiança para uma margem de erro dada?

Usando a fórmula para a margem de erro

$$E = z_c \frac{\sigma}{\sqrt{n}}$$

uma fórmula pode ser derivada (veja o Exercício 59) para encontrar o tamanho mínimo de amostra n, conforme mostrado na próxima definição.

Encontrar o tamanho mínimo de amostra para estimar μ

Dado o nível de confiança c e uma margem de erro E, o tamanho mínimo da amostra n necessário para estimar a média populacional μ é:

$$n = \left(\frac{z_c \sigma}{E}\right)^2.$$

Se n não for um número inteiro, arredonde-o para o próximo número inteiro (veja o Exemplo 6). Além disso, quando σ é desconhecido, você pode estimá-lo usando s, dado que você tenha uma amostra preliminar com pelo menos 30 elementos.

EXEMPLO 6

Determinando um tamanho mínimo de amostra

O pesquisador do Exemplo 1 quer estimar o número médio de horas gastas, por semana, em atividades atléticas obrigatórias por todos os alunos-atletas na conferência. Quantos alunos-atletas devem ser incluídos na amostra para estar 95% confiante de que a média amostral dista 0,5 hora da média populacional?

SOLUÇÃO

Usando c = 0,95, e $z_c = 1{,}96$, $\sigma = 2{,}4$ (do Exemplo 2) e $E = 0{,}5$, você pode encontrar o tamanho mínimo de amostra n.

$$\begin{aligned} n &= \left(\frac{z_c \sigma}{E}\right)^2 \\ &= \left(\frac{1{,}96 \cdot 2{,}4}{0{,}5}\right)^2 \\ &\approx 88{,}51 \end{aligned}$$

Como n não é um número inteiro, arredonde para 89. Assim, o pesquisador precisa de pelo menos 89 alunos-atletas na amostra.

Interpretação O pesquisador já tem 40 alunos-atletas, então a amostra necessita de mais 49 elementos. Note que 89 é o número *mínimo* de alunos-atletas para incluir na amostra. O pesquisador poderia incluir mais, se desejasse.

TENTE VOCÊ MESMO 6

No Exemplo 6, quantos alunos-atletas o pesquisador deve incluir na amostra para estar 95% confiante de que a média amostral dista 0,75 hora da média populacional? Compare sua resposta com a do Exemplo 6.

6.1 EXERCÍCIOS

Construindo habilidades básicas e vocabulário

1. Ao estimar uma média populacional, é mais provável que você esteja correto quando usa uma estimativa pontual ou uma estimativa intervalar? Explique seu raciocínio.

2. Qual estatística é o melhor estimador não viesado para μ?

(a) s **(b)** $\bar{x}$ **(c)** a mediana **(d)** a moda

3. Para a mesma estatística, que nível de confiança produziria o intervalo de confiança mais amplo? Explique seu raciocínio.

(a) 90% **(b)** 95% **(c)** 98% **(d)** 99%

4. Você constrói um intervalo de confiança de 95% para uma média usando uma amostra aleatória. O intervalo de confiança é $24{,}9 < \mu < 31{,}5$. A confiança de que μ esteja no intervalo é 0,95? Explique.

Nos exercícios de 5 a 8, encontre o valor crítico z_c, necessário para construir um intervalo de confiança com nível de confiança c.

5. $c = 0{,}80$ **6.** $c = 0{,}85$ **7.** $c = 0{,}75$ **8.** $c = 0{,}97$.

Análise gráfica *Nos exercícios de 9 a 12, use os valores na reta real para encontrar o erro de amostragem.*

9.
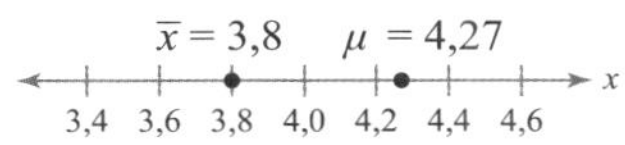

10.
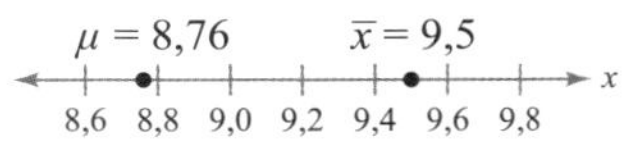

11.
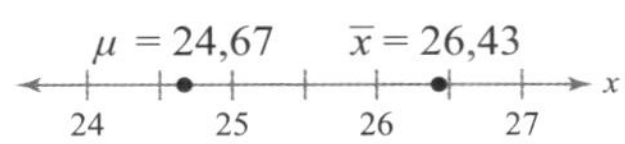

12.
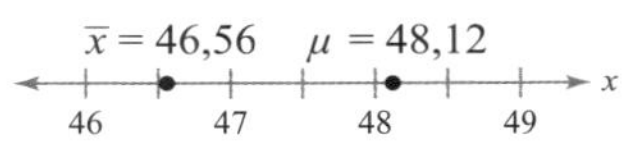

Nos exercícios de 13 a 16, encontre a margem de erro para os valores de c, σ e n.

13. $c = 0{,}95$; $\sigma = 5{,}2$; $n = 30$

14. $c = 0{,}90$; $\sigma = 2{,}9$; $n = 50$

15. $c = 0{,}80$; $\sigma = 1{,}3$; $n = 75$

16. $c = 0{,}975$; $\sigma = 4{,}6$; $n = 100$

Relacione *Nos exercícios de 17 a 20, relacione o nível de confiança c com o intervalo de confiança. Considere que cada intervalo de confiança seja construído para as mesmas estatísticas.*

17. $c = 0{,}88$ **18.** $c = 0{,}90$ **19.** $c = 0{,}95$ **20.** $c = 0{,}98$.

(a)
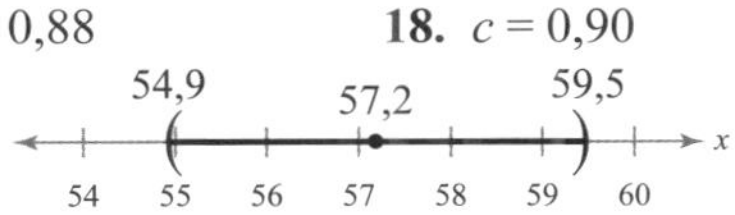

(b)
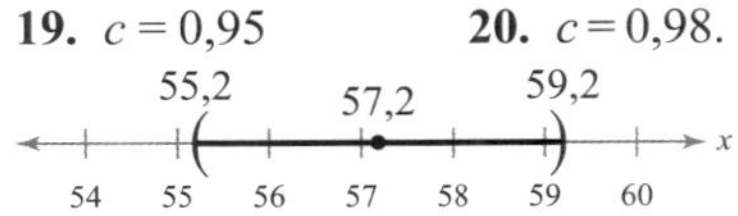

(c)
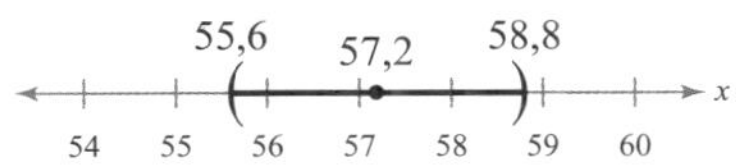

(d)
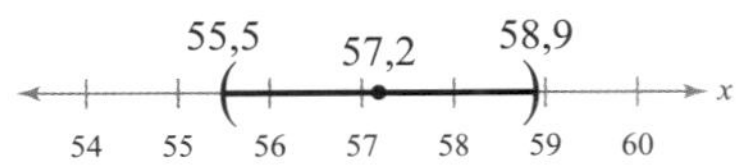

Nos exercícios de 21 a 24, construa o intervalo de confiança indicado para a média populacional μ.

21. $c = 0{,}90$; $\bar{x} = 12{,}3$; $\sigma = 1{,}5$; $n = 50$

22. $c = 0{,}95$; $\bar{x} = 31{,}39$; $\sigma = 0{,}80$; $n = 82$

23. $c = 0{,}99$; $\bar{x} = 10{,}50$; $\sigma = 2{,}14$; $n = 45$

24. $c = 0{,}80$; $\bar{x} = 20{,}6$; $\sigma = 4{,}7$; $n = 100$

Nos exercícios de 25 a 28, use o intervalo de confiança para encontrar a margem de erro e a média amostral.

25. (12,0; 14,8)

26. (21,61; 30,15)

27. (1,71; 2,05)

28. (3,144; 3,176)

Nos exercícios de 29 a 32, determine o tamanho mínimo n da amostra, necessário para estimar μ considerando os valores de c, σ e E.

29. $c = 0{,}90$; $\sigma = 6{,}8$, $E = 1$

30. $c = 0{,}95$; $\sigma = 2{,}5$, $E = 1$

31. $c = 0{,}80$; $\sigma = 4{,}1$, $E = 2$

32. $c = 0{,}98$; $\sigma = 10{,}1$, $E = 2$

Usando e interpretando conceitos

Encontrando a margem de erro *Nos exercícios de 33 e 34, use o intervalo de confiança para encontrar a margem de erro estimada. Em seguida, encontre a média amostral.*

33. Tempo de deslocamento Uma agência governamental informa um intervalo de confiança de (26,2; 30,1) ao estimar o tempo médio de deslocamento (em minutos) para a população de trabalhadores em uma cidade.

34. Preço dos livros Um gerente de loja informa um intervalo de confiança de (244,07; 280,97) ao estimar o preço médio (em dólares) para a população de livros didáticos.

Construindo intervalos de confiança *Nos exercícios de 35 a 38, são dados a média amostral e o desvio padrão populacional. Use essa informação para construir os intervalos de confiança de 90% e 95% para a média populacional. Interprete os resultados e compare as amplitudes dos intervalos de confiança.*

35. Preços do ouro De uma amostra aleatória de 48 dias úteis, de 9 de maio de 2016 a 7 de maio de 2021, os preços do ouro nos Estados Unidos tiveram uma média de US$ 1.404,09. Suponha que o desvio padrão da população seja US$ 232,09. *(Fonte: Federal Reserve Bank of St. Louis.)*

36. Preços das ações De uma amostra aleatória de 36 dias úteis durante o ano de 2020, o preço médio de fechamento das ações da Apple foi de US$ 97,17. Suponha que o desvio padrão da população seja US$ 21,77. *(Fonte: Nasdaq.)*

37. Preços de *videogames* De uma amostra aleatória de 50 jogos do Nintendo, o preço médio para um novo jogo é de US$ 54,97. Suponha que a população tenha um desvio padrão de US$ 48,43. *(Fonte: PriceCharting.)*

38. Tornados por mês De uma amostra aleatória de 35 meses, de janeiro de 2006 a dezembro de 2020, o número médio de tornados por mês nos Estados Unidos foi de cerca de 100. Suponha que o desvio padrão da população seja 111. *(Fonte: NOAA.)*

39. No Exercício 35, seria incomum para a média da população estar acima de US$ 1.500? Explique.? Explique.

40. No Exercício 36, seria incomum para a média da população estar acima de US$ 90? Explique.

41. No Exercício 37, parece provável que a média da população possa ser maior que US$ 70? Explique.

42. No Exercício 38, parece provável que a média da população possa ser menor que 100? Explique.

43. Quando todas as outras quantidades permanecem as mesmas, como a mudança indicada afeta a amplitude do intervalo de confiança? Explique.

(a) Aumento no nível de confiança.

(b) Aumento no tamanho da amostra.

(c) Aumento no desvio padrão populacional.

44. Descreva como você construiria um intervalo de confiança de 90% para estimar a idade média populacional para os estudantes de sua escola.

Construindo intervalos de confiança

Nos exercícios 45 e 46, use a informação para construir os intervalos de confiança de 90% e 99% para a média populacional. Interprete os resultados e compare as amplitudes dos intervalos de confiança.

45. Tempos de deslocamento em um sentido Pesquisadores levantaram uma amostra aleatória de 32 trabalhadores estadunidenses com 16 anos ou mais que não trabalhavam de casa e perguntaram quanto tempo (em minutos) eles levam para ir de casa ao trabalho. As respostas estão listadas.

30	48	35	46	27	27	25	37
18	45	18	37	26	38	33	14
73	16	8	54	27	53	29	72
40	29	17	42	32	24	62	85

De estudos anteriores, os pesquisadores consideram que σ é 14,9 minutos. *(Adaptado de U.S. Census Bureau.)*

46. Concentrações de cloreto de sódio As concentrações de cloreto de sódio (em gramas por litro) para 36 amostras de água do mar selecionadas aleatoriamente estão listadas. Suponha que σ seja 7,61 gramas por litro.

30,63	33,47	26,76	15,23	13,21	10,57
16,57	27,32	27,06	15,07	28,98	34,66
10,22	22,43	17,33	28,40	35,70	14,09
11,77	33,60	27,09	26,78	22,39	30,35
11,83	13,05	22,22	13,45	18,86	24,92
32,86	31,10	18,84	10,86	15,69	22,35

47. Determinando um tamanho mínimo de amostra Determine o tamanho mínimo de amostra necessário quando você quer estar 95% confiante de que a média amostral dista uma unidade da média populacional e $\sigma = 4{,}8$. Suponha que a população é normalmente distribuída.

48. Determinando o tamanho mínimo de amostra Determine o tamanho mínimo de amostra necessário quando você quer estar 99% confiante de que a média amostral dista duas unidades da média populacional e $\sigma = 1{,}4$. Suponha que a população é normalmente distribuída.

49. Teor de colesterol do queijo Uma empresa de processamento de queijo quer estimar o teor médio de colesterol de todas as porções de uma onça de queijo. A estimativa deve distar 0,75 miligramas da média populacional.

(a) Determine o tamanho mínimo da amostra necessário para construir um intervalo de confiança de 95% para a média populacional. Suponha que o desvio padrão da população seja de 3,10 miligramas.

(b) A média da amostra é de 29 miligramas. Usando o tamanho mínimo da amostra com um nível de confiança de 95%, parece provável que a média da população possa distar de 3% da média da amostra? E de 0,3% da média da amostra? Explique.

Margem de erro = 0,5 onças

Volume = 1 galão (128 oz)

FIGURA PARA O EXERCÍCIO 51

Margem de erro = 0,25 onça liquida

Volume = 1/2 galão (64 onças líquidas)

FIGURA PARA O EXERCÍCIO 52

50. Idade dos estudantes universitários Um diretor de admissões quer estimar a idade média de todos os estudantes matriculados em uma faculdade. A estimativa deve distar 1,5 ano da média populacional. Suponha que a população de idades seja normalmente distribuída.

(a) Determine o tamanho mínimo da amostra necessário para construir um intervalo de confiança de 90% para a média populacional. Suponha que o desvio padrão da população seja de 1,6 ano.

(b) A média amostral é de 20 anos de idade. Usando o tamanho mínimo da amostra com um nível de confiança de 90%, parece provável que a média da população possa distar de 7% da média da amostra? E de 8% da média amostral? Explique.

51. Volume de latas de tinta Um fabricante de tintas usa uma máquina para encher galões com tinta (veja a Figura 6.8). O fabricante quer estimar o volume médio de tinta que a máquina está colocando nas latas dentro de 0,5 onça. Suponha que a população de volumes seja normalmente distribuída.

(a) Determine o tamanho mínimo da amostra necessário para construir um intervalo de confiança de 90% para a média populacional. Suponha que o desvio padrão da população seja 0,75 onças.

(b) A média da amostra é 127,75 onças. Com uma amostra de tamanho 8, um nível de confiança de 90% e um desvio padrão populacional de 0,75 onça, parece provável que a média populacional possa ser exatamente 128 onças? Explique.

52. Máquina de distribuição de suco Uma indústria de bebidas usa uma máquina para encher garrafas de meio galão de suco de fruta (veja a Figura 6.9). Assuma que a população de volumes é normalmente distribuída. A empresa quer estimar o volume médio de água que a máquina está colocando nas garrafas dentro de 0,25 onça líquida.

(a) Determine o tamanho mínimo da amostra necessário para construir um intervalo de confiança de 95% para a média populacional. Suponha que o desvio padrão da população seja 1 onça líquida.

(b) A média da amostra é exatamente 64 onças líquida. Com uma amostra de tamanho 68, um nível de confiança de 95% e um desvio padrão populacional de 1 onça líquida, parece provável que a média populacional possa ser maior que 63,85 onças líquidas? Explique.

53. Bolas de futebol Um fabricante de bolas de futebol quer estimar a circunferência média de bolas de futebol dentro de 0,1 polegada.

(a) Determine o tamanho mínimo da amostra necessário para construir um intervalo de confiança de 99% para a média populacional. Suponha que o desvio padrão da população seja 0,5 polegada.

(b) A média da amostra é de 27,5 polegadas. Com uma amostra de tamanho 84, um nível de confiança de 99% e um desvio padrão populacional de 0,5 polegada, parece provável que a média da população seja inferior a 27,6 polegadas? Explique.

54. Bolas de tênis Um fabricante de bolas de tênis deseja estimar a circunferência média das bolas de tênis dentro de 0,05 polegada. Suponha que a população de circunferências seja normalmente distribuída.

(a) Determine o tamanho mínimo da amostra necessário para construir um intervalo de confiança de 99% para a média populacional. Suponha que o desvio padrão da população seja 0,10 polegada.

(b) A média da amostra é de 8,3 polegadas. Com uma amostra de tamanho 34, um nível de confiança de 99% e um desvio padrão populacional de 0,10 polegada, parece provável que a média da população possa ser exatamente 8,258 polegadas? Explique.

55. Ao estimar a média populacional, por que não construir um intervalo de confiança de 99% todas as vezes?

56. Quando todas as outras quantidades se mantêm as mesmas, como a mudança indicada afeta o requisito de tamanho mínimo de amostra?

(a) Aumento no nível de confiança.

(b) Aumento na margem de erro.

(c) Aumento no desvio padrão populacional.

Expandindo conceitos

Fatos de correção de população finita *Nos exercícios 57 e 58, use a informação a seguir.*

Nesta seção, você estudou a construção de intervalos de confiança para estimar a média populacional. Em cada caso a suposição subjacente era que o tamanho n da amostra era pequeno em comparação com o tamanho N da população. Contudo, quando $n \geq 0{,}05N$, a fórmula que determina o erro padrão da média $\sigma_{\bar{x}}$ precisa ser ajustada, conforme mostrado a seguir:

$$\sigma_{\bar{x}} = \frac{\sigma}{\sqrt{n}}\sqrt{\frac{N-n}{N-1}}$$

Lembre-se dos exercícios da Seção 5.4 que a expressão $\sqrt{(N-n)/(N-1)}$ é chamada de fator de correção de população finita. A margem de erro é

$$E = z_c\frac{\sigma}{\sqrt{n}}\sqrt{\frac{N-n}{N-1}}.$$

57. Determine o fator de correção de população finita para cada valor de N e n.

(a) $N = 1.000$ e $n = 500$

(b) $N = 1.000$ e $n = 100$

(c) $N = 1.000$ e $n = 75$

(d) $N = 1.000$ e $n = 50$

(d) $N = 100$ e $n = 50$

(f) $N = 400$ e $n = 50$

(e) $N = 700$ e $n = 50$

(h) $N = 1.200$ e $n = 50$

O que acontece ao fator de correção de população finita conforme o tamanho n da amostra diminui, mas o tamanho N da população continua o mesmo? E à medida que o tamanho N da população aumenta, mas o tamanho n da amostra permanece o mesmo?

58. Use o fator de correção de população finita para construir cada intervalo de confiança para a média populacional.

(a) $c = 0{,}90$; $\bar{x} = 8{,}6$; $\sigma = 4{,}9$; $N = 200$; $n = 25$

(b) $c = 0{,}90$; $\bar{x} = 10{,}9$; $\sigma = 2{,}8$; $N = 500$; $n = 50$

(c) $c = 0{,}95$; $\bar{x} = 40{,}3$; $\sigma = 0{,}5$; $N = 300$; $n = 68$

(d) $c = 0{,}80$; $\bar{x} = 56{,}7$; $\sigma = 9{,}8$; $N = 400$; $n = 36$

59. Tamanho de amostra A equação para determinar o tamanho de amostra

$$n = \left(\frac{z_c\sigma}{E}\right)^2$$

pode ser obtida resolvendo-se a equação para a margem de erro

$$E = \frac{z_c\sigma}{\sqrt{n}}$$

para n. Mostre que isso é verdadeiro e justifique cada passo.

6.2 Intervalo de confiança para a média (σ desconhecido)

O que você deve aprender

- Como interpretar a distribuição t e usar a tabela da distribuição *t*.
- Como construir e interpretar intervalo de confiança para a média populacional quando σ é desconhecido.

A distribuição *t* ■ Intervalo de confiança e distribuição *t*

A distribuição *t*

Em muitas situações de vida real, o desvio padrão da população é desconhecido. Então, como podemos construir um intervalo de confiança para uma média populacional sendo que σ não é conhecido? Para uma amostra aleatória simples retirada de uma população com distribuição normal ou com tamanho de amostra de 30 ou mais, você pode usar o desvio padrão da amostra s para estimar o desvio padrão da população σ. No entanto, ao usar s, a distribuição amostral de $\bar{X}$ *não segue uma distribuição normal. Nes*se caso, a distribuição amostral de $\bar{X}$ segue uma distribuição *t*.

DEFINIÇÃO

Se a distribuição de uma variável aleatória x, precisa ter distribuição normal, o resultado é teórico, então

$$t = \frac{\bar{x} - \mu}{s / \sqrt{n}}$$

segue uma **distribuição *t***. Valores críticos de t são indicados por t_c. Apresentamos a seguir diversas propriedades da distribuição t.

1. A média, a mediana e a moda da distribuição *t* são iguais a 0.
2. A distribuição *t* tem forma de sino e é simétrica em relação à média.
3. A área total sob a curva da distribuição *t* é igual a 1.
4. As caudas na distribuição *t* são "mais pesadas" que as da distribuição normal padrão.
5. O desvio padrão da distribuição *t* varia com o tamanho da amostra, mas é maior que 1.
6. A distribuição *t* é uma família de curvas, cada uma determinada por um parâmetro chamado de *graus de liberdade*. Os **graus de liberdade** (algumas vezes abreviado como g.l.) são o número de escolhas livres deixadas depois que uma estatística tal como $\bar{x}$ é calculada. Quando usamos a distribuição *t* para estimar uma média populacional, os graus de liberdade são iguais ao tamanho da amostra menos um.

   g.l. $= n - 1$ Graus de liberdade
7. Conforme os graus de liberdade aumentam, a distribuição *t* se aproxima da distribuição normal, conforme mostrado na Figura 6.8. A partir de 30 g.l., a distribuição *t* está próxima à distribuição normal padrão.

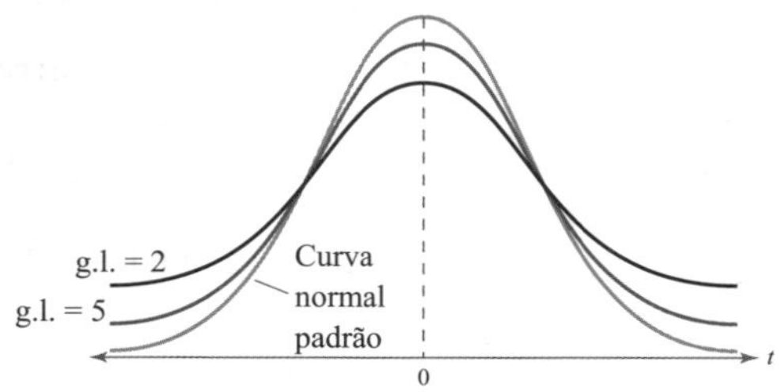

Figura 6.8

A Tabela 5 no Apêndice B lista os valores críticos de *t* para intervalos de confiança e graus de liberdade selecionados.

Dica de estudo

Apresentamos um exemplo que ilustra o conceito de graus de liberdade.

O número de cadeiras em uma sala de aula é igual ao número de alunos: 25 cadeiras e 25 alunos. Cada um dos primeiros 24 alunos que estão para entrar na sala tem uma escolha de qual cadeira ele ou ela irá se sentar. Não há liberdade de escolha, contudo, para o 25° estudante ao entrar na sala

Dica de estudo

Os valores críticos na tabela da distribuição *t* para um intervalo de confiança específico podem ser encontrados na coluna nomeada por *c* na linha do g.l. apropriado. (O símbolo α será explicado no Capítulo 7.)

EXEMPLO 1

Encontrando valores críticos de *t*

Encontre o valor crítico t_c para um nível de confiança de 95% quando o tamanho da amostra é 15.

SOLUÇÃO

Como $n = 15$, os graus de liberdade são g.l. $= n - 1 = 15 - 1 = 14$. Uma parte da Tabela 5 é exibida na Tabela 6.4. Usando g.l. = 14 e $c = 0{,}95$, você pode encontrar o valor crítico t_c, como mostrado pelas áreas destacadas na tabela.

Tabela 6.4 Tabela de valores da distribuição *t* – unilateral e bilateral

	Nível de confiança, *c*	0,80	0,90	0,95	0,98	0,99
	Unilateral, α	0,10	0,05	0,025	0,01	0,005
g.l.	Bilateral, α	0,20	0,10	0,05	0,02	0,01
1		3,078	6,314	12,706	31,821	63,657
2		1,886	2,920	4,303	6,965	9,925
3		1,638	2,353	3,182	4,541	5,841
12		1,356	1,782	2,179	2,681	3,055
13		1,350	1,771	2,160	2,650	3,012
14		1,345	1,761	2,145	2,624	2,977
15		1,341	1,753	2,131	2,602	2,947
16		1,337	1,746	2,120	2,583	2,921

Da Tabela 6.4, você pode ver que $t_c = 2{,}145$. A Figura 6.9 mostra a distribuição *t* para 14 graus de liberdade, $c = 0{,}95$ e $t_c = 2{,}145$.

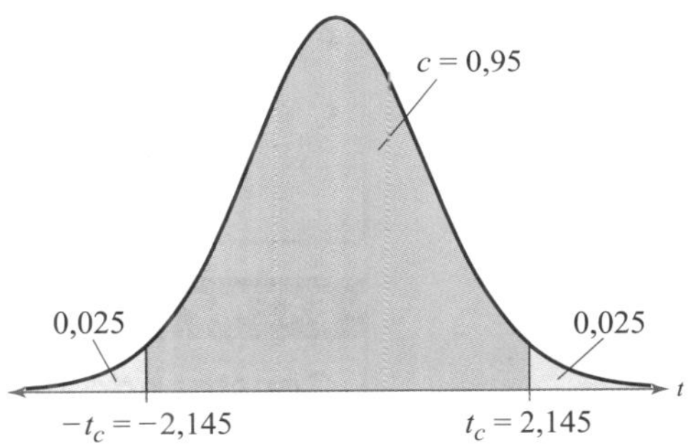

Figura 6.9

Você pode usar a tecnologia para encontrar t_c. Para usar uma TI-84 Plus, você precisa conhecer a área sob a curva à esquerda de t_c, que é:

$0{,}95 + 0{,}025 = 0{,}75$ Área à esquerda de t_c.

Conforme a tela da TI-84 Plus mostrado na Figura 6.10, $t_c \approx 2{,}145$.

Interpretação Então, para uma curva da distribuição *t* com 14 graus de liberdade, 95% da área sob a curva está entre $t = \pm 2{,}145$.

TI-84 PLUS

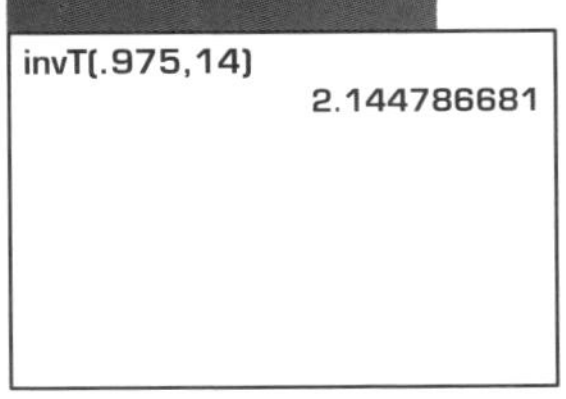

Figura 6.10

TENTE VOCÊ MESMO 1

Encontre o valor crítico t_c para um nível de confiança de 90% quando o tamanho da amostra é 22.

Quando os graus de liberdade que você precisa não estão na tabela, use o número mais próximo na tabela que seja *menor que* o valor que você precisa (ou use a tecnologia, conforme mostrado no Exemplo 1). Por exemplo, para g.l. = 57, use 50 graus de liberdade. Essa abordagem conservadora produzirá um intervalo de confiança mais amplo, com um nível de confiança *c* ligeiramente mais alto.

Intervalo de confiança e distribuição *t*

Construir um intervalo de confiança para μ quando σ *não* é conhecido usando a distribuição t é similar a construir um intervalo de confiança para μ quando σ é conhecido usando a distribuição normal padrão – ambos usam uma estimativa pontual $\bar{x}$ e uma margem de erro E. Quando σ não é conhecido, a margem de erro E é calculada usando o desvio padrão amostral s e o valor crítico t_c. Então, a fórmula para E é:

$$E = t_c \frac{s}{\sqrt{n}}. \qquad \text{Margem de erro para } \mu \ (\sigma \text{ desconhecido})$$

Antes de usar essa fórmula, verifique que a amostra é aleatória e se a população é normalmente distribuída ou $n \geq 30$.

Dica de estudo

Lembre-se de que você pode calcular o desvio padrão amostral s usando a fórmula

$$s = \sqrt{\frac{\Sigma (x - \bar{x})^2}{n - 1}}$$

ou a fórmula abreviada

$$s = \sqrt{\frac{\Sigma x^2 - (\Sigma x)^2/n}{n - 1}}.$$

Todavia, a forma mais conveniente de encontrar o desvio padrão amostral é usar a tecnologia.

INSTRUÇÕES

Construindo um intervalo de confiança para a média populacional (σ desconhecido)

Em palavras	**Em símbolos**
1. Verificar que σ não é conhecido, a amostra é aleatória, e a população é normalmente distribuída.	
2. Conhecer n e encontrar as estatísticas, $\bar{x}$ e s.	$\bar{x} = \frac{\Sigma x}{n}$, $s = \sqrt{\frac{\Sigma (x - \bar{x})^2}{n - 1}}$
3. Identificar os graus de liberdade, o nível de confiança c e o valor crítico t_c.	g.l. $= n - 1$ Use a Tabela 5 no apêndice B.
4. Encontrar a margem de erro E.	$E = t_c \frac{s}{\sqrt{n}}$
5. Calcular os limites inferior e superior e construir o intervalo de confiança.	Limite inferior: $\bar{x} - E$ Limite superior: $\bar{x} + E$ Intervalo: $\bar{x} - E < \mu < \bar{x} + E$

EXEMPLO 2

Veja o passo a passo do Minitab na página 344.

Construindo um intervalo de confiança

Você seleciona aleatoriamente 16 cafeterias e mede a temperatura do café vendido em cada uma. A temperatura média da amostra é 162,0 °F com desvio padrão da amostra de 10,0 °F. Construa um intervalo de confiança de 95% para a temperatura média da população de cafés vendidos. Suponha que as temperaturas tenham distribuição normal.

SOLUÇÃO

Como σ é desconhecido, a amostra é aleatória e as temperaturas têm distribuição normal, use a distribuição t. Sendo $n = 16$, $\bar{x} = 162{,}0$, $s = 10{,}0$, $c = 0{,}95$ e g.l. $= 15$, você pode encontrar na Tabela 5 do Apêndice B o valor de $t_c = 2{,}131$. A margem de erro ao nível de confiança de 95% é:

$$E = t_c \frac{s}{\sqrt{n}} = 2{,}131 \cdot \frac{10{,}0}{\sqrt{16}} \approx 5{,}3.$$

O intervalo de confiança é mostrado abaixo e na Figura 6.11.

Limite inferior: $\bar{x} - E \approx 162 - 5{,}3 = 156{,}7$

Limite superior: $\bar{x} + E \approx 162 + 5{,}3 = 167{,}3$

$$156{,}7 < \mu < 167{,}3$$

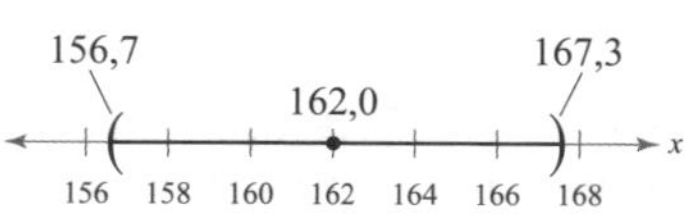

Figura 6.11

Interpretação Com 95% de confiança, você pode dizer que a temperatura média da população de cafés vendidos está entre 156,7 °F e 167,3 °F.

TENTE VOCÊ MESMO 2

Construa os intervalos de confiança de 90% e 99% para a temperatura média da população de cafés vendidos no Exemplo 2.

EXEMPLO 3

Veja o passo a passo da TI-84 Plus na página 345.

Construindo um intervalo de confiança

Você seleciona aleatoriamente 36 carros do mesmo modelo que foram vendidos em uma concessionária e determina o número de dias que cada um permaneceu no pátio da concessionária antes de ser vendido. A média amostral é 9,75 dias, com desvio padrão amostral de 2,39 dias. Construa um intervalo de confiança de 99% para o número médio de dias que a população de carros permanece no pátio da concessionária.

SOLUÇÃO

Como σ é desconhecido, a amostra é aleatória e $n = 36 \geq 30$, use a distribuição t. Sendo $n = 36$, $\bar{x} = 9{,}75$, $s = 2{,}39$, $c = 0{,}99$ e g.l. $= 35$, você pode encontrar na Tabela 5 do Apêndice B o valor de $t_c = 2{,}724$. A margem de erro ao nível de confiança de 99% é:

$$E = t_c\frac{s}{\sqrt{n}} = 2{,}724 \cdot \frac{2{,}39}{\sqrt{36}} \approx 1{,}09.$$

O intervalo de confiança é construído conforme mostrado a seguir e representado na Figura 6.12.

Limite inferior	Limite superior
$\bar{x} - E \approx 9{,}75 - 1{,}09$	$\bar{x} + E \approx 9{,}75 + 1{,}09$
$= 8{,}66$	$= 10{,}84$

$$8{,}66 < \mu < 10{,}84$$

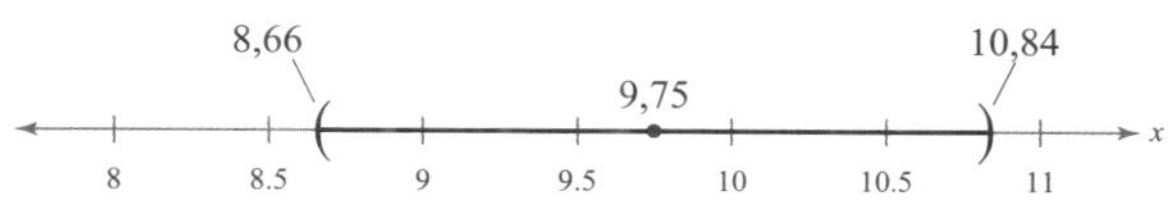

Figura 6.12

Você pode verificar essa resposta usando a tecnologia, conforme mostrado na Figura 6.13 a seguir. (Ao usar tecnologia, suas respostas podem diferir ligeiramente daquelas encontradas na Tabela 5 do Apêndice B.)

STATCRUNCH

One sample T summary confidence interval:
μ : Mean of population

99% confidence interval results:

Mean	Sample Mean	Std. Err.	DF	L. Limit	U. Limit
μ	9.75	0.39833333	35	8.6650174	10.834983

Figura 6.13

Interpretação Com 99% de confiança, você pode dizer que o número médio de dias que a população de carros permanece no pátio da concessionária está entre 8,66 e 10,84.

TENTE VOCÊ MESMO 3

Construa um intervalo de confiança de 90% e 95% para o número médio de dias que a população de carros permanece no pátio da concessionária no Exemplo 3. Compare as larguras dos intervalos de confiança.

6.2 Para explorar mais esse tópico, veja **atividade 6.2** na página 318.

REFERÊNCIA HISTÓRICA

William S. Gosset (1876–1937)

Desenvolveu a distribuição t enquanto trabalhava na indústria de cervejas Guinness, em Dublin, na Irlanda. Gosset publicou suas descobertas usando o pseudônimo de Student. A distribuição t às vezes é chamada de distribuição t de Student. (Veja na p. 35 outros nomes que foram importantes na história da estatística.)

Retratando o mundo

Duas bolas de futebol americano, uma cheia de ar e outra de hélio, foram chutadas em um dia sem vento na Universidade Estadual de Ohio. As bolas de futebol foram alternadas em cada chute. Depois de 10 chutes, cada bola foi chutada mais 29 vezes. As distâncias (em jardas) estão listadas. *(Fonte: The Columbus Dispatch.)*

Cheias de ar

1	9
2	0 0 2 2 2
2	5 5 5 5 6 6
2	7 7 7 8 8 8 8 8 9 9 9
3	1 1 1 2
3	3 4 Chave: 1|9 = 19

Cheias de hélio

1	1 2
1	4
1	
2	2
2	3 4 6 6 6
2	7 8 8 8 9 9 9 9
3	0 0 0 0 1 1 2 2
3	3 4 5
3	9 Chave: 1|1 = 11

Suponha que as distâncias são normalmente distribuídas para cada bola. Refira ao fluxograma anterior para cada amostra. Construa um intervalo de confiança de 95% para a distância média populacional que cada bola percorreu. Os intervalos de confiança se sobrepõem? O que esse resultado diz a você?

O fluxograma descreve quando usar a distribuição normal padrão e quando usar a distribuição t para construir um intervalo de confiança para a média populacional.

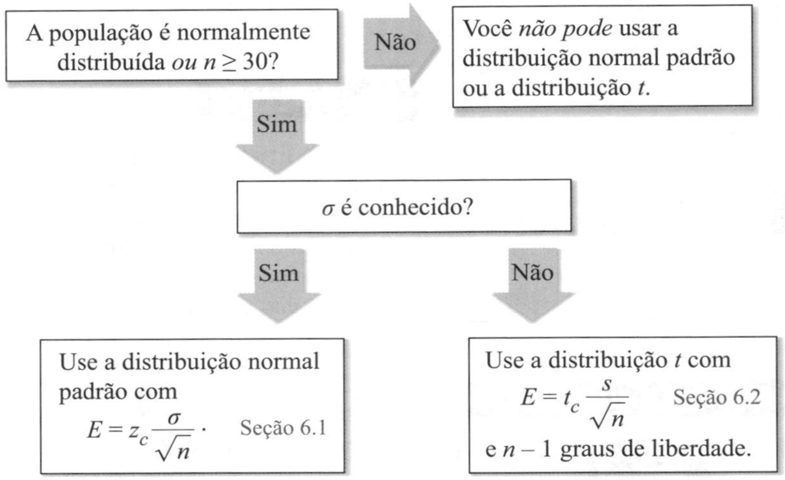

Note no fluxograma que quando $n < 30$ e a população *não* é normalmente distribuída, você *não pode* usar a distribuição normal padrão ou a distribuição t.

EXEMPLO 4

Escolhendo a distribuição normal padrão ou a distribuição *t*

Você seleciona aleatoriamente 25 casas construídas recentemente. O custo de construção médio amostral é US$ 299.000 e o desvio padrão da população é US$ 46.000. Supondo que os custos de construção são normalmente distribuídos, você deve usar a distribuição normal padrão, a distribuição t ou nenhuma delas para construir um intervalo de confiança de 95% para a média populacional dos custos de construção? Explique seu raciocínio.

SOLUÇÃO

A população é normalmente distribuída ou $n \geq 30$?

Sim, a população é normalmente distribuída. Note que apesar de

$$n = 25 < 30$$

você ainda pode usar a distribuição normal padrão ou a distribuição t porque a população é normalmente distribuída

σ é conhecido?

Sim.

Decisão:

Use a distribuição normal padrão.

TENTE VOCÊ MESMO 4

Você seleciona aleatoriamente 18 atletas adultos do sexo masculino e mede a frequência cardíaca em repouso de cada um. A média amostral da frequência cardíaca é 64 batimentos por minuto com desvio padrão amostral de 2,5 batimentos por minuto. Supondo que as frequências cardíacas são normalmente distribuídas, devemos usar a distribuição normal padrão, a distribuição t ou nenhuma delas para construir um intervalo de confiança de 90% para a média da frequência cardíaca populacional? Explique seu raciocínio.

6.2 EXERCÍCIOS

Construindo habilidades básicas e vocabulário

1. Liste seis características comuns tanto à curva normal padrão quanto à curva da distribuição t.
2. Descreva como a curva da distribuição t muda à medida que o tamanho da amostra aumenta.

Determinando valores críticos de t *Nos exercícios de 3 a 6, determine o valor crítico tc para o nível de confiança c e o tamanho da amostra n.*

3. $c = 0{,}90$; $n = 10$
4. $c = 0{,}95$; $n = 12$
5. $c = 0{,}99$; $n = 16$
6. $c = 0{,}98$; $n = 40$

Nos exercícios 7 e 8, encontre a margem de erro para os valores c, s e n.

7. $c = 0{,}95$; s = 5; n = 16
8. $c = 0{,}99$; $s = 3$; $n = 6$

Nos exercícios de 9 a 12, construa o intervalo de confiança indicado para a média populacional μ usando a distribuição t. Suponha que a população é normalmente distribuída.

9. $c = 0{,}90$; $\bar{x} = 12{,}5$; $s = 2{,}0$; $n = 6$
10. $c = 0{,}95$; $\bar{x} = 13{,}4$; $s = 0{,}85$; $n = 8$
11. $c = 0{,}98$; $\bar{x} = 4{,}3$; $s = 0{,}34$; $n = 14$
12. $c = 0{,}99$; $\bar{x} = 24{,}7$; $s = 4{,}6$; $n = 50$.

Nos exercícios 13 e 14, use o intervalo de confiança para encontrar a margem de erro e a média amostral.

13. (14,7; 22,1)
14. (6,17; 8,53)

Nos Exercícios 15 e 16, encontre o valor t para os valores dados de μ, s e n.

15. $\bar{x} = 70{,}3$; $\mu = 64{,}8$, $s = 7{,}1$, $n = 16$
16. $\bar{x} = 22{,}9$; $\mu = 24{,}5$, $s = 4{,}3$, $n = 40$

Usando e interpretando conceitos

Construindo um intervalo de confiança *Nos exercícios de 17 a 20, é dada a média amostral e o desvio padrão amostral. Suponha que a população é normalmente distribuída e use a distribuição t para encontrar a margem de erro e construir um intervalo de confiança de 95% para a média populacional. Interprete os resultados.*

17. **Tempo de deslocamento** Em uma amostra aleatória de oito pessoas, o tempo médio de deslocamento para o trabalho era 35,5 minutos e o desvio padrão era 7,2 minutos.
18. **Distância percorrida de carro** Em uma amostra aleatória de cinco pessoas, a distância média percorrida de carro até o trabalho era de 22,2 milhas e o desvio padrão era 5,8 milhas.
19. **Preços de telefone celular** Em uma amostra aleatória de oito aparelhos celulares, o preço médio de varejo era US$ 526,50 e o desvio padrão era US$ 184,00.
20. **Custo de reparo de dispositivos móveis** Em uma amostra aleatória de 12 dispositivos móveis, o custo médio de reparo era USS 90,42 e o desvio padrão era US$ 33,61.
21. Você pesquisa tempos de deslocamento para o trabalho e descobre que o desvio padrão populacional é 9,3 minutos. Repita o Exercício 17 usando a distribuição normal padrão com os cálculos apropriados para um desvio padrão que é conhecido. Compare os resultados.

22. Você pesquisa distâncias percorridas de carro para o trabalho e descobre que o desvio padrão populacional é 5,2 milhas. Repita o Exercício 18 usando a distribuição normal padrão com os cálculos apropriados para um desvio padrão que é conhecido. Compare os resultados.

23. Você pesquisa preços de telefones celulares e descobre que a média populacional é US$ 431,61. No Exercício 19, o valor t encontra-se entre $-t_{0,95}$ e $t_{0,95}$?.

24. Você pesquisa custos de reparo de dispositivos móveis e descobre que a média populacional é US$ 89,56. No Exercício 20, o valor t encontra-se entre $-t_{0,95}$ e $t_{0,95}$?.

Construindo intervalos de confiança *Nos exercícios de 25 a 28, use o conjunto de dados para (a) calcular a média amostral, (b) calcular o desvio padrão amostral e (c) construir um intervalo de confiança de 99% para a média populacional. Suponha que a população é normalmente distribuída.*

25. Pontuação no SAT A pontuação no SAT de 12 alunos do ensino médio selecionados aleatoriamente.

1130	1290	1010	1320	950	1250
1340	1100	1260	1180	1470	920

26. Coeficiente de rendimento Os coeficientes de rendimento de 14 universitários selecionados aleatoriamente.

2,3 3,3 2,6 1,8 3,1 4,0 0,7 2,3 2,0 3,1 3,4 1,3 2,6 2,6

27. Futebol universitário O tempo semanal (em horas) gasto no levantamento de peso para 16 jogadores universitários de futebol selecionados aleatoriamente.

7,4	5,8	7,3	7,0	8,9	9,4	8,3	9,3
6,9	7,5	9,0	5,8	5,5	8,6	9,3	3,8

28. Trabalho de casa O tempo semanal (em horas) gasto com trabalho de casa para 18 estudantes do Ensino Médio selecionados aleatoriamente.

12,0	11,3	13,5	11,7	12,0	13,0	15,5	10,8	12,5
12,3	14,0	9,5	8,8	10,0	12,8	15,0	11,8	13,0

29. No Exercício 25, a pontuação média da população no SAT é 1051. O valor t encontra-se entre $-t_{0,99}$ e $t_{0,99}$? *(Fonte: The College Board.)*

30. No Exercício 28, o tempo médio semanal da população gasto com trabalho de cada pelos alunos é 7,8 horas. O valor t encontra-se entre $-t_{0,99}$ e $t_{0,99}$?

Construindo um intervalo de confiança *Nos exercícios 31 e 32, use o conjunto de dados para (a) encontrar a média amostral, (b) encontrar o desvio padrão amostral e (c) construir um intervalo de confiança de 98% para a média populacional. Se for conveniente, use tecnologia.*

31. Salários Os salários anuais (em dólares) de 32 agentes de seguro de vida de nível intermediário, selecionados aleatoriamente. *(Adaptado de Salaty.com)*

90.198	65.357	62.108	78.201	80.882	74.759	46.382	75.196
56.412	74.610	65.460	68.066	53.610	92.391	57.579	99.477
42.363	47.315	67.769	50.110	92.437	58.188	76.515	65.997
42.713	77.745	57.928	94.066	61.748	91.868	62.445	70.359

32. Salários Os salários anuais (em dólares) de 35 tecnólogos seniores de ressonância magnética, selecionados aleatoriamente. *(Adaptado de Salaty.com)*

103.806	70.214	110.577	121.456	95.061	110.951	95.055
113.446	100.863	72.326	76.846	108.294	106.126	85.180
88.122	81.264	109.829	83.494	108.233	86.573	99.753
126.366	71.103	126.437	101.852	96.375	101.702	104.606
85.439	102.420	52.090	83.010	101.074	101.895	58.667

33. No Exercício 31, o salário médio populacional é US$ 67.319. O valor t encontra-se entre $-t_{0,98}$ e $t_{0,98}$? *(Adaptado de Salaty.com)*

34. No Exercício 32, o salário médio populacional é US$ 93.867. O valor t encontra-se entre $-t_{0,98}$ e $t_{0,98}$? *(Adaptado de Salaty.com)*

Escolhendo uma distribuição *Nos exercícios de 35 a 40, use a distribuição normal padrão ou a distribuição t para construir um intervalo de confiança de 95% para a média populacional. Justifique sua decisão. Se nenhuma das distribuições puder ser usada, explique o porquê. Interprete os resultados.*

35. Índice de massa corporal Em uma amostra aleatória de 50 pessoas, o índice de massa corporal (IMC) médio era 27,7 e o desvio padrão era 6,12.

36. Hipotecas Em uma amostra aleatória de 18 meses, de janeiro de 2011 a dezembro de 2020, a taxa de juros média para hipotecas residenciais de taxa fixa de 30 anos era 3,95% e o desvio padrão 0,49%. Suponha que as taxas de juros sejam normalmente distribuídas. *(Fonte: Freddie Mac.)*

37. Pesos de criança O desvio padrão da população dos pesos dos meninos de dois anos na lista de pacientes de um pediatra é 2,49 libras. O peso médio de uma amostra de 10 dos meninos de dois anos é de 13,68 libras. Sabe-se que os pesos são normalmente distribuídos.

38. Uso de dados O número médio de gigabytes (GB) de dados usados no último mês por uma amostra de 18 estudantes universitários é de 7,9 GB com desvio padrão de 1,7 GB. A distribuição não é simétrica devido aos vários limites nos planos de dados.

39. Rendimento O rendimento (em milhas por galão) de 28 carros esportivos selecionados aleatoriamente estão listados. Os rendimentos não são normalmente distribuídos.

21	30	19	20	21	24	18	24	27	20	22	30	25	26
22	17	21	24	22	20	24	21	20	18	20	21	20	27

40. Jardas com a bola Na temporada 2020-2021 da liga de futebol americano, o desvio padrão populacional das jardas percorridas com a bola para todos os *running backs* era 1,76. As jardas percorridas de 13 *running backs* selecionados aleatoriamente estão listadas. Suponha que as jardas percorridas são normalmente distribuídas. *(Fonte: National Football League.)*

3,3 5,6 5,3 5,1 3,3 5,0 3,9 4,6 4,3 5,3 3,1 4,7 3,6

Expandindo conceitos

41. Fabricação de bolas de tênis Uma empresa fabrica bolas de tênis. Quando as bolas de tênis são largadas em uma superfície de concreto de uma altura de 100 polegadas, a empresa quer que a altura média que as bolas saltem para cima seja de 55,5 polegadas. Essa média é mantida testando periodicamente amostras aleatórias de 25 bolas de tênis. Se o valor t está entre $-t_{0,99}$ e $t_{0,99}$, então a empresa estará satisfeita, pois está fabricando bolas de tênis aceitáveis. Para uma amostra aleatória, a altura média dos saltos é 56,0 polegadas e desvio padrão de 0,25 polegada. Suponha que as alturas dos saltos das bolas apresentam distribuição aproximadamente normal. A empresa está fabricando bolas de tênis aceitáveis? Explique seu raciocínio.

42. Fabricação de lâmpadas Uma empresa fabrica lâmpadas. A empresa quer que as lâmpadas tenham uma vida útil média de 1.000 horas. Essa média é mantida testando periodicamente amostras aleatórias de 16 lâmpadas. Se o valor t estiver entre $-t_{0,99}$ e $t_{0,99}$, então a empresa estará satisfeita pois está fabricando lâmpadas aceitáveis. Para uma amostra aleatória, a vida útil média é 1.015 horas e o desvio padrão é 25 horas. Suponha que as vidas úteis apresentam distribuição aproximadamente normal. A empresa está fabricando lâmpadas aceitáveis? Explique seu raciocínio.

6.2 ATIVIDADE

Intervalos de confiança para uma média

APPLET

O *applet Comparing confidende intervals for a mean* permite investigar visualmente os intervalos de confiança para uma média populacional. Você pode especificar a **Distribuição** (*Distribution* – normal ou assimétrica à direita), o **tamanho da amostra** (*sample size*), a **média da população** (*Mean*), o **desvio padrão da população** (*Std. Dev.*) e o **tipo de intervalo** (*Interval type* -T ou Z). Ao clicar em Atualizar *applet* (*Update applet*), 100 amostras separadas do tamanho especificado são selecionadas de uma população com os parâmetros indicados. Para cada uma das 100 amostras, um intervalo de confiança Z de 95% (desvio padrão conhecido) ou um intervalo de confiança T de 95% (desvio padrão desconhecido) é exibido em verde quando inclui a média ou em vermelho quando não inclui a média. Cada vez que você clica em **Atualizar *applet*** (*Update applet*), você obtém uma nova simulação. O nível de confiança usado para os intervalos pode ser alterado no próprio *applet* atualizando o campo nível do intervalo de confiança (*CI level*). Você pode gerar amostras adicionais com o intervalo de confiança fornecido clicando em **100 intervalos** (*100 intervals*) ou **1.000 intervalos** (*1000 intervals*). O número acumulado de intervalos que contêm a média da população também é mostrado. Pressione Redefinir (Reset) para limpar os resultados existentes e iniciar uma nova simulação.

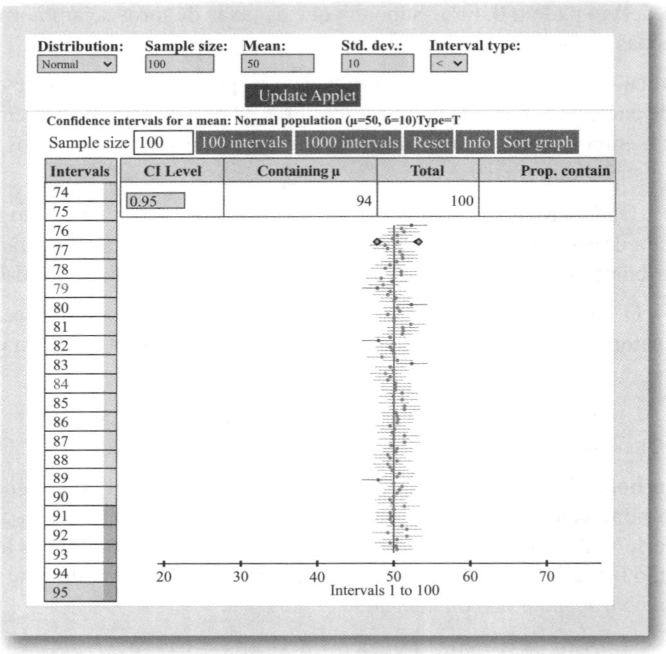

EXPLORE

Passo 1 Especifique uma **distribuição** (*Distribution*).

Passo 2 Especifique um **tamanho de amostra** (Sample size).

Passo 3 Especifique um valor para a **média** (*Mean*).

Passo 4 Especifique um valor para o **desvio padrão** (*Std. Dev.*).

Passo 5 Clique em **Atualizar Applet** (*Update applet*), **100 intervalos** (*100 intervals*) ou **1.000 intervalos** (*1000 intervals*) para gerar intervalos de confiança.

CONCLUA

APPLET

1. Configure **distribuição** (*Distribution*) = Normal, **tamanho de amostra** (Sample size). = 30, **média** (*Mean*) = 25 e **desvio padrão** (*Std. Dev.*) = 5. Para o nível de confiança de 95%, compare os números contendo μ para 1.000 intervalos de confiança Z e 1000 intervalos de confiança T. Isso é o que você esperaria? Explique

2. Em uma amostra aleatória de 24 estudantes de Ensino Médio, o número médio de horas de sono por noite durante uma semana escolar era de 7,26 horas e desvio padrão de 1,19 horas. Suponha que os tempos de sono são normalmente distribuídos. Use um tamanho de amostra de 10 para gerar 500 intervalos de confiança Z e 500 intervalos de confiança T. Com nível de confiança de 95%, compare os números contendo μ para as duas distribuições. Que tipo de intervalo de confiança deve-se usar para o número médio de horas de sono?

ESTUDO DE CASO

Treinamento de maratona

Uma maratona é uma corrida a pé com uma distância de 26,22 milhas. Era um dos eventos originais da Olimpíada moderna sendo, no início, apenas para os homens. A maratona feminina se tornou um evento Olímpico em 1984. O recorde olímpico para a maratona masculina foi estabelecido nos jogos de 2008 pelo Queniano Samuel Kamau Wanjiru, com um tempo de 2 horas, 6 minutos e 32 segundos. O recorde olímpico para a maratona feminina foi estabelecido durante os jogos de 2012 por Tiki Gelana, da Etiópia, com um tempo de 2 horas, 23 minutos e 7 segundos.

O treinamento para uma maratona geralmente dura pelo menos 6 meses. O treinamento é gradual, com aumento nas distâncias, aproximadamente, a cada 2 semanas. Cerca de 1 a 3 semanas antes da corrida, a distância é ligeiramente diminuída. Os diagramas de ramo e folha das Figuras 6.14 (a) e (b) mostram os tempos de treinamento para maratona (em minutos) para uma amostra aleatória de 30 homens 30 mulheres corredores.

(a) Tempos de treino (em minutos) de corredores homens

Ramo	Folhas
15	5 8 9 9 9 — Chave: 15|5 = 155
16	0 0 0 0 1 2 3 4 4 5 8 9
17	0 1 1 3 5 6 6 7 7 9
18	0 1 5

(b) Tempos de treino (em minutos) de corredoras mulheres

Ramo	Folhas
17	8 9 9 — Chave: 17|8 = 178
18	0 0 0 0 1 2 3 4 6 6 7 9
19	0 0 0 1 3 4 5 5 6 6
20	0 0 1 2 3

Figura 6.14

EXERCÍCIOS

1. Use a amostra para encontrar uma estimativa pontual para o tempo médio de treinamento de
   (a) corredores homens.
   (b) corredoras mulheres.
2. Calcule o desvio padrão amostral dos tempos de treinamento para
   (a) corredores homens.
   (b) corredoras mulheres.
3. Use a amostra para construir um intervalo de confiança de 95% para o tempo médio de treinamento da população de
   (a) corredores homens.
   (b) corredoras mulheres.
4. Interprete os resultados do Exercício 3
5. Use a amostra para construir um intervalo de confiança de 95% para o tempo médio de treinamento da população de todos os corredores. Como os seus resultados diferem dos do Exercício 3? Explique.
6. Um treinador quer estimar o tempo médio populacional de corrida para ambos homens e mulheres dentro de 2 minutos. Determine o tamanho mínimo de amostra necessário para construir um intervalo de confiança de 99% para o tempo médio de treinamento da população de
   (a) corredores homens. Suponha que o desvio padrão populacional é 8,9 minutos.
   (b) corredoras mulheres. Suponha que o desvio padrão populacional é 8,4 minutos.

6.3 Intervalo de confiança para proporção

O que você deve aprender

- Como encontrar uma estimativa pontual para uma proporção.
- Como construir e interpretar intervalo de confiança para uma proporção.
- Como determinar o tamanho mínimo de amostra necessário quando estimamos uma proporção.

Estimativa pontual para uma proporção ■ Intervalos de confiança para uma proporção ■ Encontrando um tamanho mínimo de amostra

Estimativa pontual para uma proporção

Lembre-se, da Seção 4.2, que a probabilidade de sucesso em uma única tentativa de um experimento binomial é p. Essa probabilidade é uma **proporção populacional**. Nesta seção, você aprenderá como estimar uma proporção populacional p usando um intervalo de confiança. Como no caso dos intervalos de confiança para μ, começaremos com uma estimativa pontual.

DEFINIÇÃO

A **estimativa pontual para p**, a proporção populacional de sucessos, é dada pela proporção de sucessos em uma amostra e é indicada por:

$$\hat{p} = \frac{x}{n}$$ Proporção amostral

onde x é o número de sucessos em uma amostra e n é o tamanho da amostra. A estimativa pontual para a proporção populacional de insucessos é $\hat{q} = 1 - \hat{p}$. Os símbolos $\hat{p}$ e $\hat{q}$ são lidos como "p chapéu" e "q chapéu".

EXEMPLO 1

Encontrando uma estimativa pontual para *p*

Em uma pesquisa com 540 adultos estadunidenses, 378 disseram que planejam viajar neste verão. Calcule uma estimativa pontual para a proporção populacional de adultos estadunidenses que planejam viajar neste verão. *(Adaptado de TravelDailyNews International.)*

SOLUÇÃO

O número de sucessos é o número de adultos que planejam viajar neste verão, então $x = 378$. O tamanho da amostra é $n = 540$. Assim, a proporção da amostra é

$$\hat{p} = \frac{x}{n}$$ Fórmula da proporção amostral

$$= \frac{378}{540}$$ Substitua x por 378 e n por 540 por n.

$$= 70\%.$$ Divida e escreva como um percentual.

Então, a estimativa pontual para a proporção populacional de adultos estadunidenses que planejam viajar nesse verão é 70% ou 0,70.

TENTE VOCÊ MESMO 1

Uma pesquisa entrevistou 1.050 adultos dos Estados Unidos que possuem altofalantes inteligentes sobre o quanto estão preocupados com a quantidade de dados pessoais que seus altofalantes inteligentes coletam. Os resultados são mostrados na Tabela 6.5. Calcule uma

Tabela 6.5 Preocupação com dados pessoais coletados por autofalantes inteligentes

Quão preocupado você está?	Número respondendo sim
Muito preocupado	147
Um pouco preocupado	420
Não muito preocupado	378
Nem um pouco preocupado	105

Dica de estudo

Nas seções 6.1 e 6.2, estimativas foram feitas para dados quantitativos. Nesta seção, as proporções amostrais são usadas para fazer estimativas para dados qualitativos.

estimativa pontual para a proporção populacional de adultos dos Estados Unidos que estão muito preocupados. *(Adaptado de Speakergy.)*

Intervalo de confiança para uma proporção

Construir um intervalo de confiança para uma proporção populacional p é similar a construir um intervalo de confiança para uma média populacional. Você começa com uma estimação pontual e calcula uma margem de erro.

DEFINIÇÃO

Um intervalo de confiança c para uma proporção populacional p é

$$\hat{p} - E < p < \hat{p} + E$$

onde

$$E = z_c\sqrt{\frac{\hat{p}\hat{q}}{n}}. \qquad \text{Margem de erro para p}$$

A confiança de que o intervalo de confiança contenha p é c, supondo que o processo de estimação é repetido inúmeras vezes.

Na Seção 5.5, você aprendeu que uma distribuição binomial pode ser aproximada por uma distribuição normal quando $np \geq 5$ e $nq \geq 5$. Quando $n\hat{p} \geq 5$ e $n\hat{q} \geq 5$, a distribuição amostral de $\hat{p}$ é aproximadamente normal com uma média de:

$$\mu_{\hat{p}} = p \qquad \text{Média da proporção amostral}$$

e um erro padrão de

$$\sigma_{\hat{p}} = \sqrt{\frac{pq}{n}}. \qquad \text{Erro padrão da proporção amostral}$$

$$\left(\text{Note que } \sigma_{\hat{p}} = \frac{\sigma}{n} = \frac{\sqrt{npq}}{n} = \frac{\sqrt{npq}}{\sqrt{n^2}} = \sqrt{\frac{npq}{n^2}} = \sqrt{\frac{pq}{n}}.\right)$$

INSTRUÇÕES

Construindo um intervalo de confiança para a proporção

Em palavras	**Em símbolos**
1. Identificar n e a estatística x.	
2. Calcular a estimativa pontual $\hat{p}$.	$\hat{p} = \frac{x}{n}$
3. Verificar se a distribuição amostral de $\hat{p}$ pode ser aproximada por uma distribuição normal.	$n\hat{p} \geq 5$ e $n\hat{q} \geq 5$
4. Encontrar o valor crítico z_c que corresponde ao nível de confiança c dado.	Use a Tabela 4 no Apêndice B
5. Calcular a margem de erro E.	$E = z_c\sqrt{\frac{\hat{p}\hat{q}}{n}}$.
6. Calcular os limites inferior e superior e construir o intervalo de confiança.	Limite inferior: $\hat{p} - E$ Limite superior: $\hat{p} + E$ Intervalo: $\hat{p} - E < p < \hat{p} + E$

Na Etapa 4 apresentada anteriormente, observe que o valor crítico z_c é encontrado da mesma forma que foi encontrado na Seção 6.1, usando a Tabela 4 no Apêndice B ou usando tecnologia

Retratando o mundo

Uma pesquisa entrevistou 2.140 adultos estadunidenses sobre a privacidade de suas informações pessoais. Dos entrevistados, 813 disseram que acham que é possível viver a vida cotidiana hoje sem que as empresas coletem dados sobre eles. *(Adaptado de Pew Research Center.)*

Você acha que é possível seguir a vida cotidiana hoje sem que as empresas coletem dados sobre você?

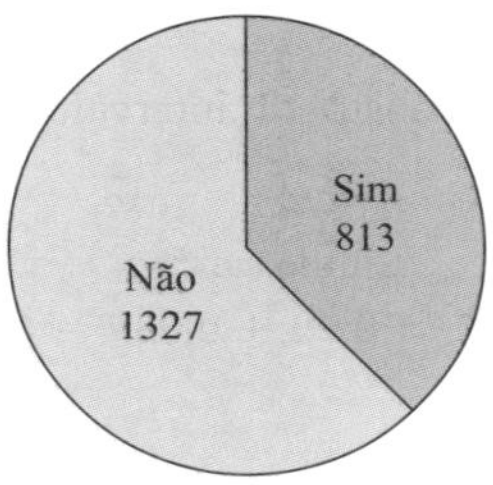

Calcule um intervalo de confiança de 90% para a proporção populacional de pessoas que acham que é possível viver a vida cotidiana hoje sem que as empresas coletem dados sobre elas.

Dica de tecnologia

Aqui estão as instruções para construir um intervalo de confiança para a proporção populacional em uma TI-84 Plus.

STAT

Escolha o menu TESTS

A: 1 – PropZInt...

Insira os valores para *x*, *n* e nível de confiança *c* (C-Level). Então selecione *Calculate*.

EXEMPLO 2

Os passo do Minitab e da TI-84 Plus estão nas páginas 344 e 345.

Construindo um intervalo de confiança para *p*

Use os dados do Exemplo 1 para construir um intervalo de confiança de 95% para a proporção populacional de adultos estadunidenses que planejam viajar neste verão.

SOLUÇÃO

Do Exemplo 1, $\hat{p} = 0{,}70$. Então, a estimativa pontual para a proporção de insucessos é

$$\hat{q} = 1 - 0{,}70 = 0{,}30.$$

Usando $n = 540$, você pode verificar que a distribuição amostral de $\hat{p}$ pode ser aproximada por uma distribuição normal.

$$n\hat{p} = (540)(0{,}70) = 378 > 5$$

e

$$n\hat{q} = (540)(0{,}30) = 162 > 5$$

Usando $z_c = 1{,}96$, a margem de erro é

$$E = z_c\sqrt{\frac{\hat{p}\hat{q}}{n}} = 1{,}96\sqrt{\frac{(0{,}70)(0{,}30)}{540}} \approx 0{,}039.$$

Na sequência, encontre os limites inferior e superior e construa o intervalo de confiança de 95%

Limite inferior	Limite superior
$\hat{p} - E \approx 0{,}70 - 0{,}039 = 0{,}661$	$\hat{p} + E \approx 0{,}70 + 0{,}039 = 0{,}739$

$$0{,}661 < p < 0{,}739$$

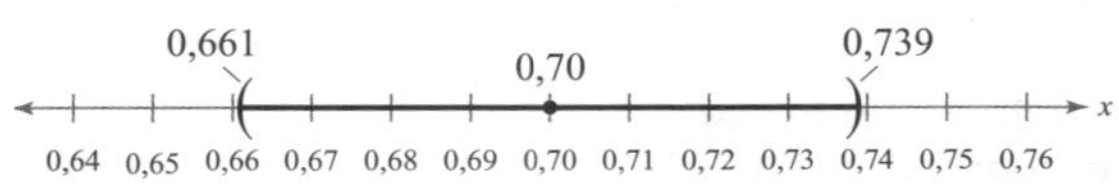

Figura 6.15

Você pode verificar essa resposta usando a tecnologia, conforme mostrado na Figura 6.16 a seguir. (Ao usar tecnologia, suas respostas podem diferir ligeiramente daquelas encontradas na Tabela 4 do Apêndice B.)

STATCRUNCH

95% confidence interval results:

Proportion	Count	Total	Sample Prop.	Std. Err.	L. Limit	U. Limit
p	378	540	0.7	0.019720	0.66135	0.73865

Figura 6.16

Interpretação Com 95% de confiança, você pode dizer que a proporção populacional de adultos estadunidenses que planejam viajar neste verão está entre 66,1% e 73,9%.

TENTE VOCÊ MESMO 2

Use os dados do Tente você mesmo 1 para construir um intervalo de confiança de 90% para a proporção populacional de adultos estadunidenses que estão muito preocupados com a quantidade de dados pessoais que seus alto-falantes inteligentes coletam.

Dica de estudo

Note que no Exemplo 2 o intervalo de confiança para a proporção populacional *p* é arredondado até a terceira casa decimal. Essa regra de arredondamento será usada em todo o livro.

O nível de confiança de 95% usado no Exemplo 2 é típico de pesquisas de opinião. O resultado, entretanto, geralmente não é declarado como um intervalo de confiança. Em vez disso, o resultado do Exemplo 2 seria declarado como:

"Uma pesquisa descobriu que 70% dos adultos estadunidenses planejam viajar neste verão. A margem de erro da pesquisa é ±3,9%".

EXEMPLO 3

Construindo um intervalo de confiança para *p*

A Figura 6.17 é baseada em uma pesquisa com 800 adultos estadunidenses. Construa um intervalo de confiança de 99% para a proporção populacional de adultos estadunidenses que preferem receber notícias pela televisão. *(Adaptado de Pew Research Center.)*

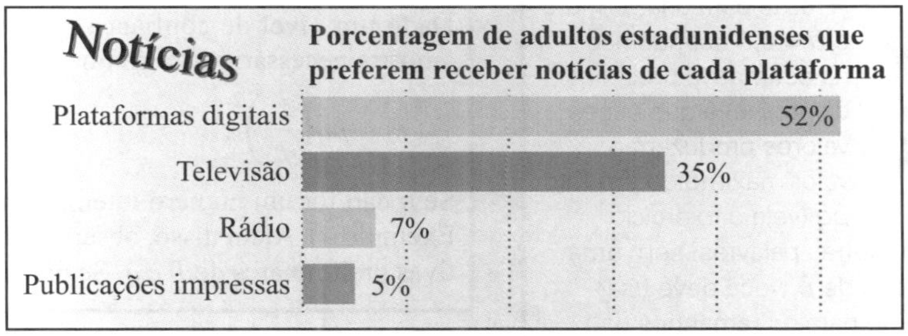

Figura 6.17

Solução

Da Figura 6.17, $\hat{p} = 0{,}35$. Então, $\hat{q} = 1 - 0{,}35 = 0{,}65$. Sendo $n = 80$, note que

$$n\hat{p} = (800)(0{,}35) = 280 > 5$$

e

$$n\hat{q} = (800)(0{,}65) = 520 > 5.$$

Logo, a distribuição amostral de $\hat{p}$ é aproximadamente normal. Sendo $z_c = 2{,}575$, a margem de erro é:

6.2 Para explorar mais este tópico, veja a **Atividade 6.3** na p. 329.

$$E = z_c\sqrt{\frac{\hat{p}\hat{q}}{n}}$$

$$\approx 2{,}575\sqrt{\frac{(0{,}35)(0{,}65)}{800}}$$

$$\approx 0{,}043.$$

Na Tabela 4 no Apêndice B, observe que z_c está entre 2,57 e 2,58.

Em seguida, encontre os limites inferior e superior e construa o intervalo de confiança de 99%.

Limite inferior	Limite superior
$\hat{p} - E \approx 0{,}35 - 0{,}043 = 0{,}307$	$p + E \approx 0{,}35 + 0{,}043 = 0{,}393$

$$0{,}307 < p < 0{,}393$$

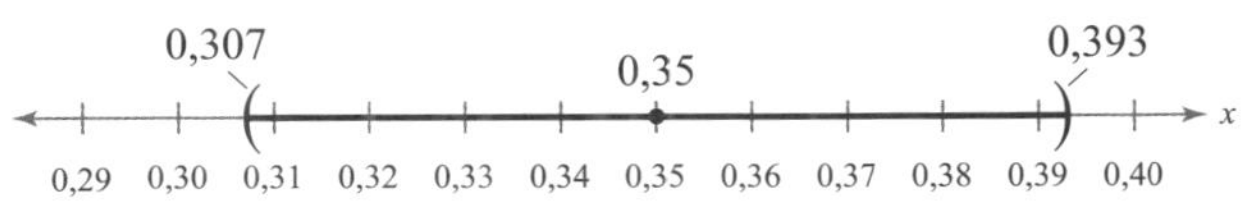

Figura 6.18

Você pode verificar esta resposta usando a tecnologia, conforme mostra a Figura 6.19.

Interpretação Com 99% de confiança, você pode dizer que a proporção populacional de adultos estadunidenses que preferem receber notícias pela televisão está entre 30,7% e 39,3%.

TI-84 PLUS

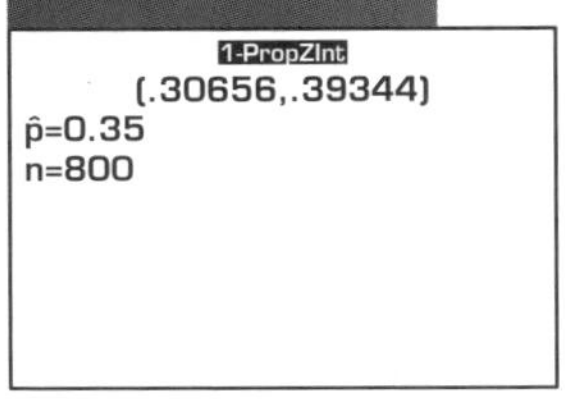

Figura 6.19

TENTE VOCÊ MESMO 3

Use os dados do Exemplo 3 para construir um intervalo de confiança de 99% para a proporção populacional de adultos estadunidenses que preferem receber notícias por plataformas digitais.

Encontrando um tamanho mínimo de amostra

Uma forma de aumentar a precisão do intervalo de confiança sem diminuir o nível de confiança é aumentar o tamanho da amostra.

Dica de estudo

A razão para usar $\hat{p} = 0,5$ e $\hat{q} = 0,5$ quando não há estimativa preliminar disponível é que esses valores produzem o valor máximo do produto $\hat{p}\hat{q}$ (veja o Exercício 37). Em outras palavras, sem uma estimativa de $\hat{p}$, você deve usar o máximo para os tamanhos da amostra.

Encontrando um tamanho mínimo de amostra para estimar *p*

Dado um nível de confiança c e uma margem de erro E, o tamanho mínimo n da amostra necessário para estimar a proporção populacional p é:

$$n = \hat{p}\hat{q}\left(\frac{z_c}{E}\right)^2.$$

Se n não for um número inteiro, arredonde-o para o próximo número inteiro (veja o Exemplo 4). Além disso, observe que essa fórmula pressupõe que você tenha estimativas preliminares de $\hat{p}$ e $\hat{q}$. Se não tiver, use $\hat{p} = 0,5$ e $\hat{q} = 0,5$.

EXEMPLO 4

Determinando um tamanho mínimo de amostra

Você está executando uma campanha política e deseja estimar, com 95% de confiança, a proporção populacional de eleitores que votarão no seu candidato. Sua estimativa deve ser precisa dentro de 3% da proporção populacional. Encontre o tamanho mínimo de amostra necessário quando (1) não há estimativa preliminar disponível e (2) uma estimativa preliminar dá $\hat{p} = 0,31$. Compare seus resultados.

SOLUÇÃO

1. Como você não tem uma estimativa preliminar de $\hat{p}$, use $\hat{p} = 0,5$ e $\hat{q} = 0,5$. Sendo $z_c = 1,96$ e $E = 0,03$, você pode resolver para n:

$$n = \hat{p}\hat{q}\left(\frac{z_c}{E}\right)^2 = (0,5)(0,5)\left(\frac{1,96}{0,03}\right)^2 \approx 1067,11$$

Como n não é um número inteiro, arredonde para o próximo número inteiro, 1.068.

2. Você tem uma estimativa preliminar de $\hat{p} = 0,31$. Então $\hat{q} = 0,69$. Sendo $z_c = 1,96$ e $E = 0,03$, você pode resolver para n:

$$n = \hat{p}\hat{q}\left(\frac{z_c}{E}\right)^2 = (0,31)(0,69)\left(\frac{1,96}{0,03}\right)^2 \approx 913,02$$

Como n é não é um número inteiro, arredonde para o próximo número inteiro, 914.

Interpretação Sem estimativa preliminar, o tamanho mínimo de amostra deve ser de pelo menos 1.068 eleitores. Com uma estimativa preliminar de $\hat{p} = 0,31$, o tamanho de amostra deve ser de, no mínimo, 914 eleitores. Então, você precisará de um tamanho de amostra maior quando não há estimativa preliminar disponível.

TENTE VOCÊ MESMO 4

Um pesquisador está estimando a proporção populacional de pessoas nos Estados Unidos que tiveram cobertura de saúde privada durante um período recente de 6 meses. A estimativa deve ter uma precisão, distando, no máximo, 2% da proporção da população com 90% de confiança. Calcule o tamanho mínimo da amostra necessária quando (1) nenhuma estimativa preliminar estiver disponível e (2) uma pesquisa anterior descobriu que 62,2% das pessoas nos Estados Unidos tinham cobertura de saúde privada nos últimos seis meses. *(Fonte: National Center for Health Statistics.)*

6.3 EXERCÍCIOS

Construindo habilidades básicas e vocabulário

Verdadeiro ou falso? *Nos exercícios 1 e 2, determine se a sentença é verdadeira ou falsa. Se for falsa, reescreva-a de forma que se torne verdadeira.*

1. A estimativa pontual para a proporção populacional de insucessos é $1 - \hat{p}$.
2. Para calcular o tamanho mínimo de amostra necessário para um intervalo de confiança, resolva para n na fórmula da margem de erro e arredonde para o número inteiro mais próximo.

Encontrando $\hat{p}$ e $\hat{q}$ *Nos exercícios de 3 a 6, seja p a proporção populacional para a situação dada. Encontre estimativas pontuais de p e q.*

3. **Fraude fiscal** Em uma pesquisa com 1.040 adultos estadunidenses, 62 tiveram alguém se passando por eles para tentar reivindicar restituições de impostos. *(Adaptado de Pew Research Center.)*
4. **Previdência social** Em uma pesquisa com 351 aposentados estadunidenses, 200 disseram que contam com a previdência social como principal fonte de renda. *(Adaptado de Gallup.)*
5. **Previdência social** Em uma pesquisa com 661 estadunidenses não aposentados, 218 disseram que esperam contar com a previdência social como principal fonte de renda quando se aposentarem. *(Adaptado de Gallup.)*
6. **Navegação privada na Internet** Em uma pesquisa com 4.272 adultos estadunidenses, 1.025 sabiam que o modo de navegação privada apenas impede que alguém que use o mesmo computador veja suas atividades online. *(Adaptado de Pew Research Center.)*

Nos exercícios de 7 a 10, use o intervalo de confiança dado para encontrar a margem de erro e a proporção amostral.

7. (0,905; 0,933)
8. (0.245, 0.475)
9. (0.512, 0.596)
10. (0,087; 0,263)

Usando e interpretando conceitos

Construindo intervalos de confiança *Nos exercícios 11 e 12, construa intervalos de confiança de 90% e 95% para a proporção populacional. Interprete os resultados e compare as amplitudes dos intervalos de confiança.*

11. **Resoluções de ano novo** Em uma pesquisa com 1.790 adultos estadunidenses em um ano recente, 1.325 dizem ter uma resolução de ano novo. *(Adaptado do Finder.)*
12. **Resoluções de ano novo** Em uma pesquisa com 1.790 adultos estadunidenses em um ano recente, 816 têm uma resolução de ano novo relacionada à sua saúde. *(Adaptado do Finder.)*

Construindo intervalos de confiança *Nos exercícios 13 e 14, construa um intervalo de confiança de 99% para a proporção populacional. Interprete os resultados.*

13. **Terrorismo** Em uma pesquisa com 1.010 adultos americanos, 364 disseram que se preocupam muito com a possibilidade de um futuro ataque terrorista. *(Adaptado de Gallup.)*
14. **Fome e falta de moradia** Em uma pesquisa com 1.010 adultos estadunidenses, 556 disseram que se preocupam muito com a fome e a falta de moradia. *(Adaptado de Gallup.)*

15. Identificação LGBT Em uma pesquisa com 15.349 adultos estadunidenses, 860 se identificam como lésbicas, gays, bissexuais ou transgêneros. Construa um intervalo de confiança de 95% para a proporção populacional de adultos estadunidenses que se identificam como lésbicas, gays, bissexuais ou transgêneros. *(Adaptado de Gallup.)*

16. Identificação bissexual Em uma pesquisa com 692 adultos lésbicas, gays, bissexuais ou transgêneros nos Estados Unidos, 378 disseram que se consideram bissexuais. Construa um intervalo de confiança de 90% para a proporção populacional de adultos lésbicas, gays, bissexuais ou transgêneros dos Estados Unidos que se consideram bissexuais. *(Adaptado de Gallup.)*

17. Congresso Você deseja estimar, com 95% de confiança, a proporção populacional de prováveis eleitores dos Estados Unidos que acham que o Congresso está fazendo um trabalho bom ou excelente. Sua estimativa deve ser precisa distando, no máximo, 4% da proporção da população.

(a) Nenhuma estimativa preliminar está disponível. Determine o tamanho mínimo de amostra necessário.

(b) Determine o tamanho mínimo de amostra necessário, usando uma pesquisa anterior que descobriu que 21% dos prováveis eleitores dos Estados Unidos acham que o Congresso está fazendo um trabalho bom ou excelente. *(Fonte: Rasmussen Reports.)*

(c) Compare os resultados das partes (a) e (b).

18. Obstrução do senado Você deseja estimar, com 99% de confiança, a proporção da população de adultos dos Estados Unidos que desaprovam o uso da obstrução pelo senado americano. Sua estimativa deve ser precisa distando, no máximo, 2% da proporção da população.

(a) Nenhuma estimativa preliminar está disponível. Determine o tamanho mínimo de amostra necessário.

(b) Determine o tamanho mínimo de amostra necessário, usando uma pesquisa anterior que descobriu que 34% dos adultos dos Estados Unidos desaprovam o uso da obstrução pelo senado dos americano. *(Fonte: Monmouth University.)*

(c) Compare os resultados das partes (a) e (b).

19. *Fast food* Você deseja estimar, com 90% de confiança, a proporção populacional de famílias estadunidenses que comem *fast food* pelo menos uma vez por semana. Sua estimativa deve ser precisa distando, no máximo, 3% da proporção da população.

(a) Nenhuma estimativa preliminar está disponível. Determine o tamanho mínimo de amostra necessário.

(b) Determine o tamanho mínimo de amostra necessário, usando um estudo anterior que descobriu que 83% das famílias estadunidenses comem *fast food* pelo menos uma vez por semana. *(Fonte: The Barbecue Lab.)*

(c) Compare os resultados das partes (a) e (b).

20. Direção alcoolizada Você deseja estimar, com 95% de confiança, a proporção populacional de mortes, em acidentes com veículos, que foram causadas por direção alcoolizada. Sua estimativa deve ser precisa distando, no máximo, 5% da proporção da população.

(a) Nenhuma estimativa preliminar está disponível. Determine o tamanho mínimo de amostra necessário.

(b) Determine o tamanho mínimo de amostra necessário usando um estudo anterior que descobriu que 28% das mortes, em acidentes com veículos, foram causadas por direção alcoolizada. *(Fonte: National Highway Traffic Safety Administration.)*

(c) Compare os resultados das partes (a) e (b).

21. No Exercício 11, seria incomum que a proporção populacional fosse de 72,5%? Explique.

22. No Exercício 12, seria incomum que a proporção populacional fosse de 48%? Explique.

23. No Exercício 17(b), um tamanho de amostra de 400 seria aceitável? Explique.

24. No Exercício 18(b), um tamanho de amostra de 5.000 seria aceitável? Explique.

Construindo intervalos de confiança *Nos exercícios 25 e 26, use a figura a seguir, que mostra os resultados de uma pesquisa na qual 1.051 adultos da França, 1.042 da Alemanha, 1.003 Grã-Bretanha e 1.000 dos Estados Unidos foram perguntados se a identidade nacional está fortemente ligada ao local de nascimento. (Fonte: Pew Research Center.)*

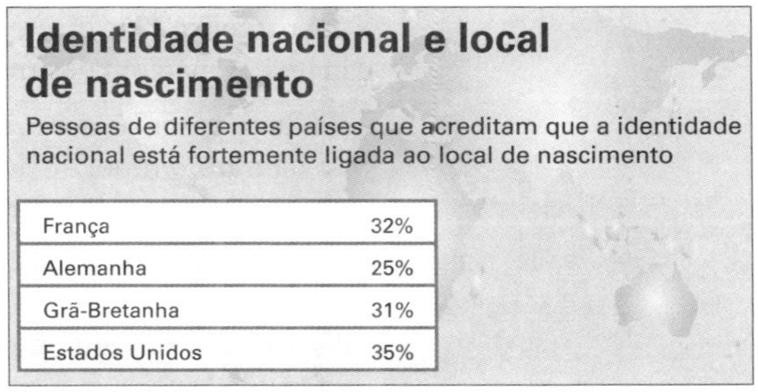

25. Identidade Nacional Construa um intervalo de confiança de 99% para a proporção da população de adultos que dizem que a identidade nacional está fortemente ligada ao local de nascimento para cada país listado.

26. No Exercício 25, quais são os dois países menos propensos a ter proporções populacionais iguais? Explique.

Construindo intervalos de confiança *Nos exercícios 27 e 28, use a figura a seguir, que mostra os resultados de uma pesquisa na qual 1.021 adultos estadunidenses foram perguntados se eles veem cada uma das possíveis ameaças aos interesses vitais dos Estados Unidos como uma ameaça crítica nos próximos 10 anos. (Fonte: Gallup.)*

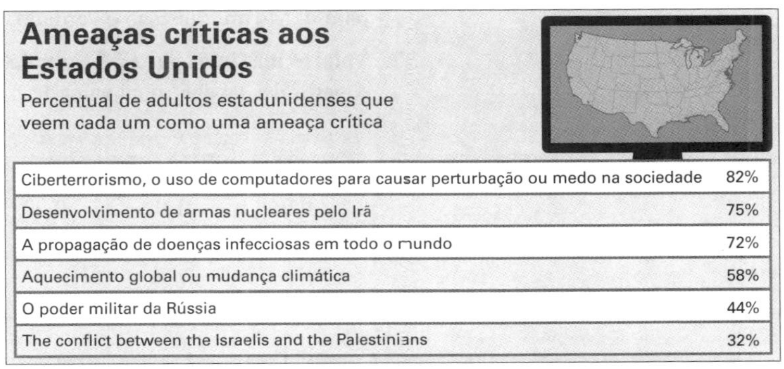

27. Ameaças Críticas Construa um intervalo de confiança de 95% para a proporção populacional de adultos estadunidenses que deram cada resposta.

28. No Exercício 27, quais são as duas ameaças com maior probabilidade de ter proporções populacionais iguais? Explique.

Expandindo conceitos

Convertendo declarações *Nos exercícios de 29 a 34, converta as declarações em um intervalo de confiança. Aproxime o nível de confiança.*

29. Em uma pesquisa com 1.502 adultos estadunidenses, 31% disseram que usam o Pinterest. A margem de erro da pesquisa é de ±2,9%. *(Fonte: Pew Research Center.)*

30. Em uma pesquisa com 220 adultos estadunidenses de 18 a 29 anos, 65% disseram que usam o Snapchat. A margem de erro da pesquisa é de ±7,9%. *(Fonte: Pew Research Center.)*

31. Em uma pesquisa com 1.000 adultos estadunidenses, 71% acham que o ensino é um dos trabalhos mais importantes no país atualmente. A margem de erro da pesquisa é de ±3%. *(Fonte: Rasmussen Reports.)*

32. Em uma pesquisa com 880 adultos solteiros dos Estados Unidos, que vivem com um parceiro, 73% dizem que o amor foi a principal razão pela qual decidiram morar juntos. A margem de erro da pesquisa é de ±4,8%. *(Fonte: Pew Research Center.)*

33. Em uma pesquisa com 2.094 adultos dos Estados Unidos que usaram um aplicativo de namoro *online*, 57% disseram que sua experiência pessoal com namoro *online* foi positiva. A margem de erro da pesquisa é de ±3,6%. *(Fonte: Pew Research Center.)*

34. Em uma pesquisa com 1.052 pais de crianças de 8 a 14 anos, 68% dizem que estão dispostos a conseguir um segundo emprego ou trabalho de meio período para pagar a faculdade de seus filhos e 42% dizem que perdem o sono se preocupando com os custos da faculdade. A margem de erro da pesquisa é de ±3%. *(Fonte: T. Rowe Price Group, Inc.)*

35. Por que verificar? Por que é necessário verificar que $n\hat{p} \geq 5$ e $n\hat{q} \geq 5$?

36. **Tamanho da amostra** A equação para determinar o tamanho da amostra

$$n = \hat{p}\hat{q}\left(\frac{z_c}{E}\right)^2$$

pode ser obtida ao resolver a equação para a margem de erro

$$E = z_c\sqrt{\frac{\hat{p}\hat{q}}{n}}$$

para n. Mostre que isso é verdade e justifique cada passo.

37. **Valores máximos para $\hat{p}\hat{q}$** Complete as tabelas para valores diferentes de $\hat{p}$ e $\hat{q} = 1 - \hat{p}$. A partir das tabelas, qual valor de $\hat{p}$ parece dar o valor máximo do produto $\hat{p}\hat{q}$?

$\hat{p}$	$\hat{q} = 1 - \hat{p}$	$\hat{p}\hat{q}$
0.0	1.0	0.00
0.1	0.9	0.09
0.2	0.8	
0.3		
0.4		
0.5		
0.6		
0.7		
0.8		
0.9		
1.0		

$\hat{p}$	$\hat{q} = 1 - \hat{p}$	$\hat{p}\hat{q}$
0.45		
0.46		
0.47		
0.48		
0.49		
0.50		
0.51		
0.52		
0.53		
0.54		
0.55		

6.3 ATIVIDADE Intervalo de confiança para uma proporção

APPLET

O *applet Confidence Intervals for a proportion* permitem que você investigue visualmente os intervalos de confiança para uma proporção da população. Você pode especificar o **Tamanho da amostra** (*Sample size*) e a proporção da população **p**. Ao clicar em **Atualizar** ***applet*** (*Update applet*), 100 amostras separadas do tamanho especificado são selecionadas de uma população com uma proporção de sucessos igual a p. Para cada uma das 100 amostras, um intervalo de confiança de 95% é exibido em verde quando inclui a proporção populacional ou em vermelho quando não inclui a proporção populacional. Cada vez que você clica em Atualizar *applet* (*Update applet*), você obtém uma nova simulação. O nível de confiança usado para os intervalos pode ser alterado no próprio *applet* atualizando o campo nível do **intervalo de confiança** (*CI Level*). Você pode gerar amostras adicionais com o intervalo de confiança fornecido clicando em **100 intervalos** (*100 intervals*) ou **1.000 intervalos** (*1000 intervals*). Cada um desses intervalos é calculado usando a aproximação normal padrão. O número acumulado de intervalos de tempos que contêm a proporção da população também é mostrado. Pressione Redefinir (*Reset*) para limpar os resultados existentes e iniciar uma nova simulação.

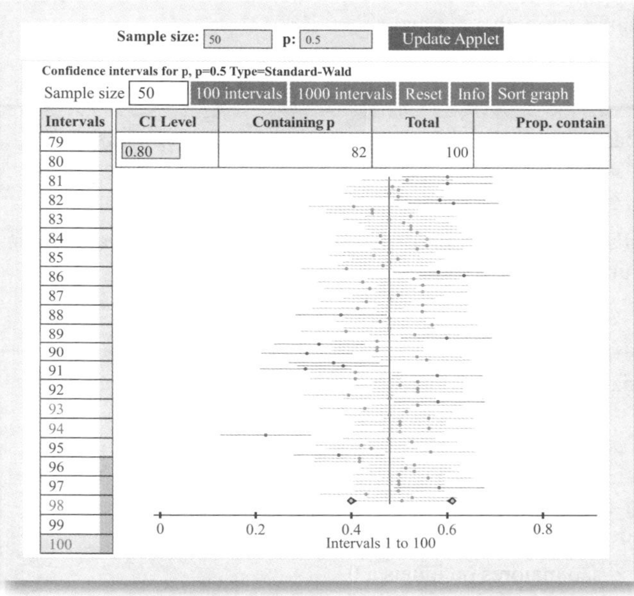

EXPLORE

Passo 1 Especifique **Tamanho da amostra** (*Sample size*).

Passo 2 Especifique um valor para **p**.

Passo 3 Clique **Atualizar** ***applet*** (*Update applet*), **100 intervalos** (*100 intervals*) ou **1.000 intervalos** (*1000 intervals*) para gerar intervalos de confiança.

CONCLUA

APPLET

1. Ao nível de confiança de 95%, gere 1.000 intervalos de confiança com **p** = 0,6 para cada **tamanho de amostra**: 10, 20, 40 e 100. Limpe seus resultados após cada simulação. Que proporção dos intervalos de confiança para cada tamanho de amostra contém a proporção da população? O que acontece à medida que o tamanho da amostra aumenta?

2. Gere 1.000 intervalos de confiança para **p** = 0,6 e **tamanho da amostra** = 100 em cada um dos vários níveis de confiança diferentes. Descreva como a proporção de intervalos de confiança que contêm a proporção da população muda à medida que o nível de confiança aumenta. Explique seu resultado.

6.4 Intervalos de confiança para variância e o desvio padrão

O que você deve aprender

- Como interpretar a distribuição qui-quadrado e usar a tabela da distribuição qui-quadrado.
- Como construir e interpretar intervalos de confiança para a variância e desvio padrão populacionais.

A distribuição qui-quadrado ■ Intervalos de confiança para σ^2 e σ

A distribuição qui-quadrado

Na produção, é necessário controlar o quanto um processo varia. Por exemplo, o fabricante de uma peça de automóvel deve produzir milhares de peças para serem usadas no processo de fabricação. É importante que as peças variem muito pouco ou nada. Como você pode medir, e consequentemente controlar, a quantidade de variação nas peças? Você pode começar com uma estimativa pontual.

DEFINIÇÃO

A **estimativa pontual** para σ^2 é s^2 e a estimativa pontual para σ é s. A melhor estimativa não viesada para σ^2 é s^2

Você pode usar uma **distribuição qui-quadrado** para construir um intervalo de confiança para a variância e um para desvio padrão.

Dica de estudo

A letra grega χ é pronunciada "qui", que rima com a letra grega mais familiar π.

DEFINIÇÃO

Se uma variável aleatória x tem uma distribuição normal, então a distribuição de:

$$\chi^2 = \frac{(n-1)s^2}{\sigma^2}$$

é uma **distribuição qui-quadrado** para amostras de qualquer tamanho $n > 1$. A seguir algumas propriedades da distribuição qui-quadrado.

1. Todos os valores de χ^2 são maiores ou iguais a 0.
2. A **distribuição qui-quadrado** é uma família de curvas, cada uma determinada pelos graus de liberdade. Para construir um intervalo de confiança para σ^2, use a distribuição qui-quadrado com graus de liberdade iguais ao tamanho da amostra menos um.

   g.l. $= n - 1$ Graus de liberdade
3. A área total abaixo de cada curva da distribuição qui-quadrado é igual a 1.
4. A distribuição qui-quadrado é assimétrica positiva e, portanto, a distribuição não é simétrica.
5. A distribuição qui-quadrado é diferente para cada número de graus de liberdade, conforme mostrado na Figura 6.20. Conforme os graus de liberdade aumentam, a distribuição qui-quadrado se aproxima de uma distribuição normal.

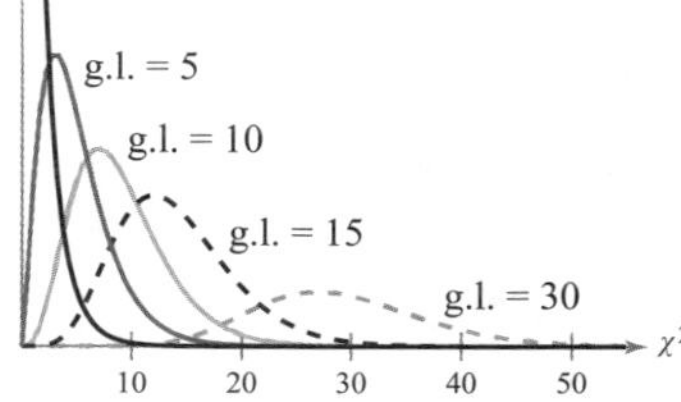

Figura 6.20 Distribuição qui-quadrado para diferentes graus de liberdade

Dica de estudo

Para os valores críticos de qui-quadrado com um nível de confiança *c*, os valores mostrados a seguir, χ^2_E e χ^2_D, são os que você consulta na Tabela 6 no Apêndice B.

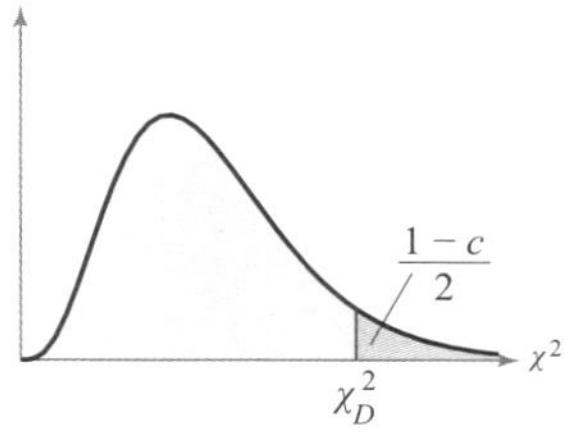

Área à direita de χ^2_D

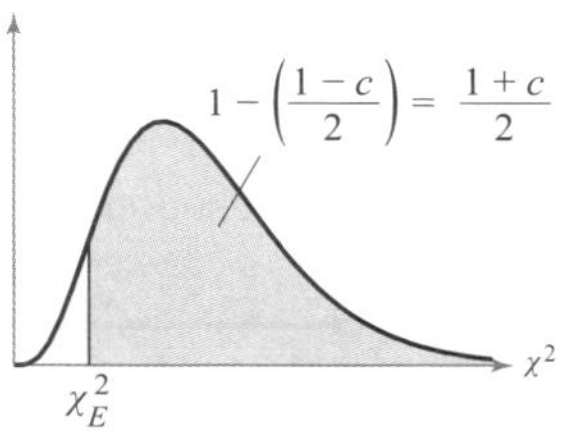

Área à direita de χ^2_E

O resultado é que você pode concluir que a área entre os valores críticos da esquerda e direita é *c*.

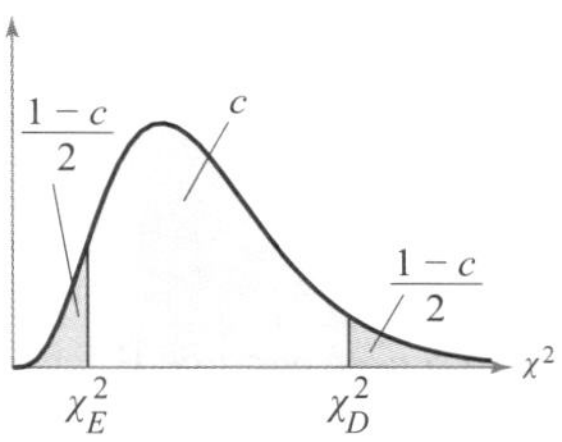

Há dois valores críticos para cada nível de confiança. O valor χ^2_D representa valor crítico da cauda direita e χ^2_E, o valor crítico da cauda esquerda. A Tabela 6 no Apêndice B lista valores críticos de χ^2 para vários graus de liberdade e áreas. Cada área apresentada no topo da tabela representa a região sob a curva qui-quadrado à *direita* do valor crítico.

EXEMPLO 1

Encontrando valores críticos para χ^2

Encontre os valores críticos χ^2_D e χ^2_E para um intervalo de confiança de 95% quando o tamanho da amostra é 18.

SOLUÇÃO

Como o tamanho da amostra é 18,

$$\text{g.l.} = n - 1 = 18 - 1 = 17 \qquad \text{Graus de liberdade}$$

A área à direita de χ^2_D é:

$$\text{Área à direita de } \chi^2_D = \frac{1-c}{2} = \frac{1-0{,}95}{2} = 0{,}025$$

e a área à direita de χ^2_E é:

$$\text{Área à direita de } \chi^2_E = \frac{1+c}{2} = \frac{1+0{,}95}{2} = 0{,}975.$$

Uma parte da Tabela 6 do Apêndice B é mostrada na Tabela 6.6. Sendo g.l. = 17 e as áreas 0,975 e 0,025, você pode encontrar os valores críticos, conforme as áreas destacadas na Tabela 6.6. (Note que a linha do topo na tabela apresenta as áreas à direita do valor crítico. As entradas na tabela são valores críticos).

Tabela 6.6 Tabela da Distribuição qui-quadrado

Graus de liberdade	α		Área à direita de χ^2_E					Área à direita de χ^2_D
	0,995	**0,99**	**0,975**	**0,95**	**0,90**	**0,10**	**0,05**	**0,025**
1	—	—	0,001	0,004	0,016	2,706	3,841	5,024
2	0,010	0,020	0,051	0,103	0,211	4,605	5,991	7,378
3	0,072	0,115	0,216	0,352	0,584	6,251	7,815	9,348
15	4,601	5,229	6,262	7,261	8,547	22,307	24,996	27,488
16	5,142	5,812	6,908	7,962	9,312	23,542	26,296	28,845
17	5,697	6,408	7,564	8,672	10,085	24,769	27,587	30,191
18	6,265	7,015	8,231	9,390	10,865	25,989	28,869	31,526
19	6,844	7,633	8,907	10,117	11,651	27,204	30,144	32,852
20	7,434	8,260	9,591	10,851	12,443	28,412	31,410	34,170
			χ^2_E					χ^2_D

Da Tabela 6.6, podemos ver que os valores críticos são:

$$\chi^2_D = 30{,}191 \qquad \text{e} \qquad \chi^2_E = 7{,}564$$

Interpretação Então, para uma curva da distribuição qui-quadrado com 17 graus de liberdade, 95% da área sob a curva está situada entre 7,564 e 30,191, conforme mostrado na Figura 6.21.

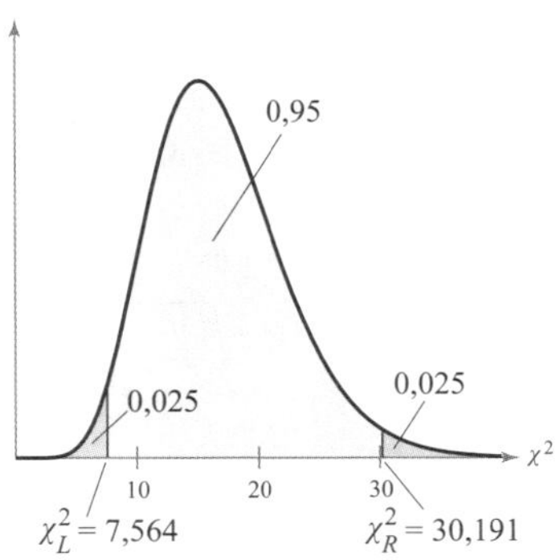

Figura 6.21

TENTE VOCÊ MESMO 1

Determine os valores críticos χ^2_D e χ^2_E para um intervalo de confiança de 90% quando o tamanho da amostra é 30.

Retratando o mundo

A pantera da Flórida é uma subespécie ameaçada de extinção da onça-parda (também conhecida como puma ou leão da montanha). Existem cerca de 120 a 230 panteras adultas, principalmente no sudoeste da Flórida. O mapa a seguir mostra os dados de ocorrência (círculos cinza claro). Recentemente, uma legislação foi aprovada na Flórida para melhorar os esforços de conservação.

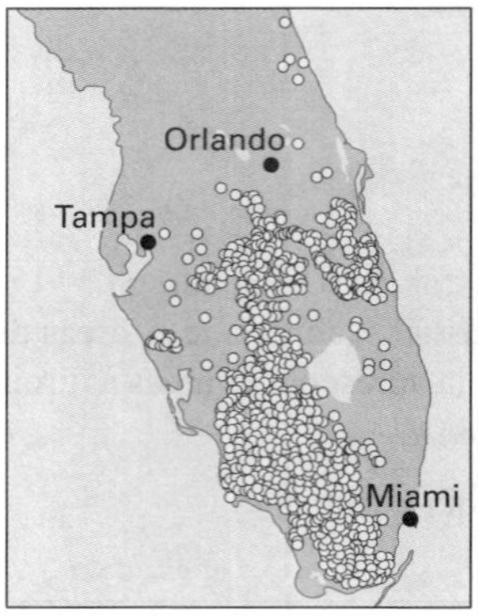

Em um estudo de seis ninhadas de panteras da Flórida, descobriu-se que o tamanho médio da ninhada era de 2,86 filhotes, com um desvio padrão de 0,82. (Fonte: Florida Fish and Wildlife Conservation Commission)

Construa um intervalo de confiança de 90% para o desvio padrão do tamanho da ninhada das fêmeas da pantera da Flórida. Suponha que os tamanhos das ninhadas são normalmente distribuídos.

Intervalos de confiança para σ^2 e σ

Você pode usar os valores críticos χ^2_D e χ^2_E.para construir intervalos de confiança para a variância e desvio padrão de uma população. A melhor estimativa pontual para a variância é s^2 e a melhor estimativa pontual para o desvio padrão é s. Como a distribuição qui-quadrado não é simétrica, o intervalo de confiança para σ^2 não pode ser escrito como $s^2 \pm E$. Você deve calcular separadamente os limites do intervalo de confiança, conforme apresentado na próxima definição.

DEFINIÇÃO

Os **intervalos de confiança** c para a variância e o desvio padrão populacional são:

Intervalo de confiança para σ^2:

$$\frac{(n-1)s^2}{\chi^2_R} < \sigma^2 < \frac{(n-1)s^2}{\chi^2_L}$$

Intervalo de confiança para σ:

$$\sqrt{\frac{(n-1)s^2}{\chi^2_R}} < \sigma < \sqrt{\frac{(n-1)s^2}{\chi^2_L}}$$

A confiança de que os intervalos de confiança contenham σ^2 ou σ é c, supondo que o processo de estimação é repetido inúmeras vezes.

INSTRUÇÕES

Construindo um intervalo de confiança para variância e um para desvio padrão

Em palavras	Em símbolos
1. Verificar se a população tem uma distribuição normal.	
2. Identificar n e os graus de liberdade.	g.l. $= n - 1$
3. Calcular a estimativa pontual s^2.	$s^2 = \frac{\Sigma(x-\bar{x})^2}{n-1}$
4. Determinar os valores críticos χ^2_D e χ^2_E que correspondem ao nível de confiança c dado e aos graus de liberdade.	Use a Tabela 6 no Apêndice B
5. Determinar os limites inferior e superior e construir o intervalo de confiança para a variância populacional	Limite inferior, Limite superior: $\frac{(n-1)s^2}{\chi^2_D} < \sigma^2 < \frac{(n-1)s^2}{\chi^2_E}$
6. Determinar o intervalo de confiança para o desvio padrão populacional tirando a raiz quadrada de cada limite	Limite inferior, Limite superior: $\sqrt{\frac{(n-1)s^2}{\chi^2_R}} < \sigma < \sqrt{\frac{(n-1)s^2}{\chi^2_L}}$

EXEMPLO 2

Construindo intervalos de confiança

Você seleciona aleatoriamente e pesa 30 amostras de um antialérgico. O desvio padrão da amostra é 1,20 miligramas. Supondo que os pesos são normalmente distribuídos, construa intervalos de confiança de 99% para a variância e para o desvio padrão da população.

Solução

A área à direita de χ^2_D é:

$$\text{Área à direita de } \chi^2_D = \frac{1 - c}{2} = \frac{1 - 0{,}99}{2} = 0{,}005$$

e área à direita de χ^2_E.é:

$$\text{Área à direita de } \chi^2_E = \frac{1 + c}{2} = \frac{1 + 0{,}99}{2} = 0{,}995.$$

Sendo os valores de $n = 30$, g.l. = 29 e $c = 0{,}99$, os valores críticos χ^2_D e χ^2_E.são:

$\chi^2_D = 52{,}336$ e $\chi^2_E = 13{,}121$.

Usando esses valores críticos e $s = 1{,}20$, o intervalo de confiança para σ^2 é:

Limite inferior

$$\frac{(n-1)s^2}{\chi^2_R} = \frac{(30-1)(1.20)^2}{52{,}336} \approx 0.80$$

Limite superior

$$\frac{(n-1)s^2}{\chi^2_L} = \frac{(30-1)(1.20)^2}{13{,}121} \approx 3.18$$

$$0{,}80 < \sigma^2 < 3{,}18.$$

O intervalo de confiança para σ é:

Limite inferior / Limite superior

$$\sqrt{\frac{(30-1)(1{,}20)^2}{52{,}336}} < \sigma < \sqrt{\frac{(30-1)(1{,}20)^2}{13{,}121}}$$

$$0{,}89 < \sigma < 1{,}78.$$

Você pode verificar sua resposta usando a tecnologia, conforme mostrado na Figura 6.22, usando o Minitab.

Dica de estudo

Quando você constrói um intervalo de confiança para a variância ou para o desvio padrão populacionais, a regra geral de arredondamento é arredondar para o mesmo número de casas decimais que a variância ou o desvio padrão da amostra.

MINITAB

Test and CI for One Variance

N	StDev	Variance	99% CI for α using Chi-Square	99% CI for α^2 using Chi-Square
30	1.20	1.44	(0.89, 1.78)	(0.80, 3.18)

Figura 6.22

Interpretação Com 99% de confiança, podemos dizer que a variância populacional está entre 0,80 e 3,18, e o desvio padrão populacional está entre 0,89 e 1,78 miligramas.

TENTE VOCÊ MESMO 2

Construa os intervalos de confiança de 90% e 95% para a variância e para o desvio padrão da população dos pesos dos remédios.

Note, no Exemplo 2, que o intervalo de confiança para o desvio padrão populacional *não pode* ser escrito como $s \pm E$, porque o intervalo de confiança não tem s como seu centro. (O mesmo é verdade para a variância populacional).

6.4 EXERCÍCIOS

Construindo habilidades básicas e vocabulário

1. Uma população precisa ser normalmente distribuída para usar a distribuição qui-quadrado?

2. O que ocorre ao formato da distribuição qui-quadrado à medida que os graus de liberdade aumentam?

Determinando valores críticos para χ^2 *Nos exercícios de 3 a 8, determine os valores críticos χ^2_D e χ^2_E.para o nível de confiança c e tamanho de amostra n.*

3. $c = 0{,}90$; $n = 8$

4. $c = 0{,}99$; $n = 15$

5. $c = 0{,}95$; $n = 20$

6. $c = 0{,}98$; $n = 26$

6. $c = 0{,}99$; $n = 30$

8. $c = 0{,}80$; $n = 51$

Nos exercícios de 9 a 12, construa os intervalos de confiança indicados para (a) a variância populacional σ^2 e (b) para o desvio padrão populacional σ. Suponha que a amostra é de uma população normalmente distribuída.

9. $c = 0{,}95$; $s^2 = 11{,}56$; $n = 30$

10. $c = 0{,}99$; $s = 64$; $n = 7$

11. $c = 0{,}90$; $s^2 = 0{,}35$; $n = 18$

12. $c = 0{,}98$; $s = 278{,}1$; $n = 41$

Usando e interpretando conceitos

Construindo intervalos de confiança *Nos exercícios de 13 a 24, suponha que a amostra é de uma população normalmente distribuída e construa os intervalos de confiança indicados para (a) a variância da população σ^2 e (b) para o desvio padrão da população σ. Interprete os resultados.*

13. Parafusos O diâmetro (em polegadas) de 18 parafusos produzidos por uma máquina, selecionados aleatoriamente, estão listados a seguir. Use um nível de confiança de 95%.

4,477 4,425 4,034 4,317 4,003 3,760 3,818 3,749 4,240
3,941 4,131 4,545 3,958 3,741 3,859 3,816 4,448 4,206

14. Concentração do medicamento Estão listados a seguir os tempos (em minutos) para a concentração do medicamento atingir o pico quando a epinefrina é injetada em 15 pacientes selecionados aleatoriamente. Use um nível de confiança de 90%

4,87 9,67 3,43 8,19 2,92 12,56 19,08 8,70
10,02 9,89 8,37 11,18 6,78 15,55 8,88

15. Salários Os salários anuais (em milhares de dólares) de 21 engenheiros de hardware de computador de nível 1 selecionados aleatoriamente estão listados a seguir. Use um nível de confiança de 99%. *(Adaptado de Salary.com)*

59,4 85,2 86,5 80,2 67,4 79,8 70,8
52,4 69,5 75,4 79,9 65,0 68,8 79,1
61,3 85,4 78,1 72,6 95,5 67,6 76,2

16. Notas da prova final As notas da prova final de 24 alunos de uma turma de estatística, selecionados aleatoriamente, são mostradas na tabela. Use um nível de confiança de 95%.

Notas da prova final					
61	73	59	99	83	60
68	69	97	43	61	87
55	40	67	48	87	64
55	90	59	71	65	59

TABLE FOR EXERCISE 16

17. Voos de ônibus espacial As durações (em dias) de 14 voos de ônibus espaciais selecionados aleatoriamente têm um desvio padrão amostral de 3,54 dias. Use um nível de confiança de 99%. *(Fonte: NASA.)*

18. Vôlei O número de aces de serviço marcados por 15 times selecionadas aleatoriamente dos 50 melhores times de vôlei feminino da Divisão I da NCAA para a

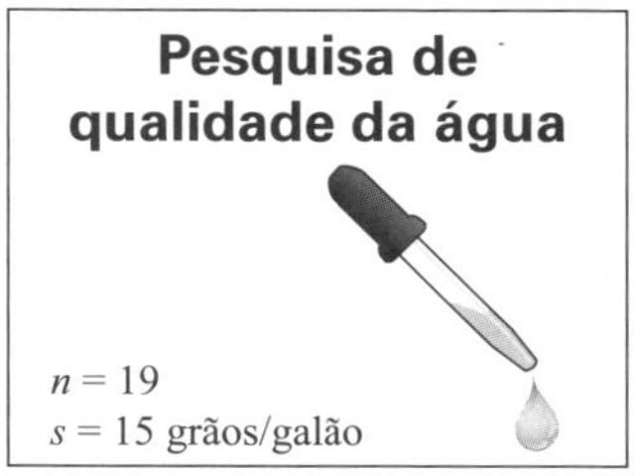

FIGURA PARA O EXERCÍCIO 19

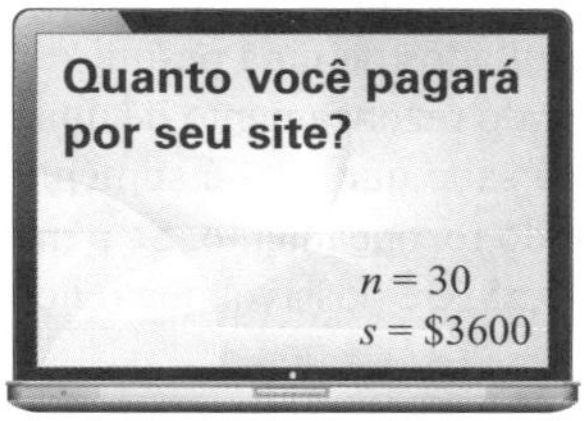

FIGURA PARA O EXERCÍCIO 20

temporada de 2021 têm um desvio padrão amostral de 26,1. Use um nível de confiança de 80%. *(Fonte: National Collegiate Athletic Association.)*

19. Qualidade da água Como parte de uma pesquisa de qualidade da água, você testa a dureza da água em vários córregos selecionados aleatoriamente. Os resultados são mostrados na figura. Use um nível de confiança de 95%.

20. Custos de website Como parte de uma pesquisa, você pergunta a uma amostra aleatória de proprietários de empresas quanto eles estariam dispostos a pagar por um website para suas empresas. Os resultados são mostrados na figura. Use um nível de confiança de 90%.

21. Baterias automotivas As capacidades de reserva (em horas) de 18 baterias automotivas selecionadas aleatoriamente têm um desvio padrão amostral de 0,25 hora. Use um nível de confiança de 80%.

22. Precipitação Anual A quantidade anual de precipitação (em polegadas) de uma amostra aleatória de 61 anos para Chicago, Illinois, têm um desvio padrão amostral de 6,46. Use um nível de confiança de 98%. *(Fonte: National Oceanic and Atmosphric Administration.)*

23. Tempos no drive-thru Os tempos (em segundos) gastos no drive-thru de um restaurante de fast-food por uma amostra aleatória de 28 clientes têm um desvio padrão amostral de 56,1. Use um nível de confiança de 98%.

24. Velocidades de motocicletas Os tempos (em segundos) para acelerar de 0 a 60 milhas por hora para uma amostra aleatória de 20 motocicletas têm um desvio padrão amostral de 0,91. Use um nível de confiança de 90%.

Expandindo conceitos

25. Diâmetros de parafusos Você está analisando a amostra de parafusos do Exercício 13. O desvio padrão populacional dos diâmetros dos parafusos deve ser menor que 0,5 polegadas. O intervalo de confiança que você construiu para σ sugere que a variação nos diâmetros dos parafusos está em um nível aceitável? Explique seu raciocínio.

26. Concentração do medicamento Você está analisando os tempos para o pico das concentrações do medicamento nos pacientes do Exercício 14. O desvio padrão populacional dos tempos para as concentrações de epinefrina atingirem o pico deve ser menor que 10 minutos. O intervalo de confiança que você construiu para σ sugere que a variação nos tempos está em um nível aceitável? Explique seu raciocínio.

27. Capacidades de reserva da bateria Você está analisando a amostra de baterias de carro no Exercício 21. O desvio padrão populacional das capacidades de reserva das baterias deve ser inferior a 0,25 hora. O intervalo de confiança que você construiu para σ sugere que a variação nas capacidades de reserva das baterias está em um nível aceitável? Explique seu raciocínio.

28. Tempos no drive-thru Você está analisando a amostra de tempos no drive-thru no Exercício 23. O desvio padrão populacional dos tempos no drive-thru deve ser menor que 1 minuto. O intervalo de confiança que você construiu para σ sugere que a variação nos tempos de drive-thru está em um nível aceitável? Explique seu raciocínio.

29. Com suas próprias palavras, explique como determinar um intervalo de confiança para a variância populacional é diferente de determinar um intervalo de confiança para a média populacional ou uma proporção.

USOS E ABUSOS Estatística no mundo real

Usos

Agora, você sabe que informações completas sobre parâmetros não estão frequentemente disponíveis. As técnicas deste capítulo podem ser usadas para fazer estimativas intervalares para esse parâmetros de modo que você possa tomar decisões fundamentadas.

Do que você aprendeu neste capítulo, você sabe que as estimativas pontuais (estatísticas) de parâmetros geralmente são próximas, mas raramente são iguais aos valores reais dos parâmetros que estão estimando. Lembrar disso pode ajudar a tomar boas decisões em sua carreira e no dia a dia. Por exemplo, os resultados de uma pesquisa dizem que 52% dos eleitores registrados planejam votar a favor do rezoneamento de uma parte de uma cidade de uso residencial para comercial. Você sabe que isso é somente uma estimativa pontual da proporção real que votará a favor do rezoneamento. Se a margem de erro é 3%, então a estimativa intervalar é $0{,}49 < p < 0{,}55$, e é possível que o item não receba a maioria dos votos.

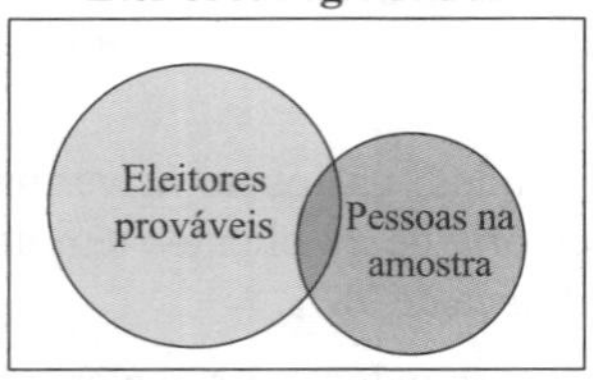

Figura 6.23

Abusos

Amostras não representativas Há muitas maneiras pelas quais pesquisas podem resultar em previsões incorretas. Ao ler os resultados de uma pesquisa, lembre-se de questionar o tamanho da amostra, a técnica de amostragem e as perguntas feitas. Por exemplo, você quer saber a proporção de pessoas que votará a favor do rezoneamento. A partir do diagrama da Figura 6.23, você pode ver que mesmo quando sua amostra é grande o suficiente, ela pode não consistir em pessoas que provavelmente votarão.

Perguntas tendenciosas em pesquisa Nas pesquisas, também é importante analisar as palavras usadas nas perguntas. Por exemplo, a pergunta sobre o rezoneamento poderia ser apresentada como: "Sabendo que o rezoneamento resultará em mais negócios contribuindo para impostos para as escolas, você apoiaria o rezoneamento?"

Pesquisas mal interpretadas Alguns especialistas políticos e eleitores juraram nunca mais confiar nas pesquisas depois que não conseguiram prever a vitória de Donald Trump sobre Hillary Clinton nas eleições presidenciais de 2016 nos Estados Unidos. No entanto, as pesquisas em todo o país na semana da eleição tiveram apenas cerca de 1% de erro – as pesquisas mostraram Clinton à frente em cerca de 3% e ela acabou na frente em votos em cerca de 2%.

Muitas pesquisas estaduais foram imprecisas, a maioria delas na mesma direção, com Trump recebendo até 10% mais votos do que o esperado em alguns estados. Isso foi o suficiente para lhe dar a maioria dos votos eleitorais e a presidência. Os analistas tinham uma variedade de teorias sobre por que algumas pesquisas subestimaram o desempenho de Trump em 2016 e, em menor grau, em 2020.

EXERCÍCIOS

1. **Amostras não representativas** Encontre um exemplo de uma pesquisa que foi noticiada em um jornal, revista ou website. Descreva diferentes maneiras de que a amostra poderia não ser representativa da população.
2. **Perguntas tendenciosas em pesquisa** Encontre um exemplo de uma pesquisa que foi noticiada em um jornal, revista ou website. Descreva diferentes maneiras de que as perguntas da pesquisa pudessem ser tendenciosas.
3. **Pesquisas mal interpretadas** Determine se cada pesquisa eleitoral estadual abaixo foi enganosa. Suponha que a margem de erro seja de 4% para cada pesquisa.
   (a) Líder da pesquisa de Michigan: Clinton por 3,4%; Vencedor da eleição: Trump por 0,3%
   (b) Líder da pesquisa de Wisconsin: Clinton por 6,5%; Vencedor da eleição: Trump por 0,7%

6 Resumo do capítulo

O que você aprendeu

O que você aprendeu	Exemplo(s)	Exercícios de revisão
Seção 6.1		
▶ Como obter uma estimativa pontual e uma margem de erro.	1, 2	1, 2
▶ Como construir e interpretar intervalos de confiança para uma média populacional quando σ é conhecido.	3-5	3-6
▶ Como determinar o tamanho mínimo de amostra necessário ao estimar uma média populacional.	6	7, 8
Seção 6.2		
▶ Como interpretar a distribuição *t* e usar a tabela da distribuição *t*	1	9-12
▶ Como construir e interpretar intervalos de confiança para uma média populacional quando σ é desconhecido.	2-4	13-18
Seção 6.3		
▶ Como obter uma estimativa pontual para uma proporção populacional.	1	19-24
▶ Como construir e interpretar intervalos de confiança para uma proporção populacional.	2, 3	25, 26
▶ Como determinar o tamanho mínimo de amostra necessário quando estimamos uma proporção populacional.	4	31, 32
Seção 6.4		
▶ Como interpretar a distribuição qui-quadrado e usar a tabela da distribuição qui-quadrado.	1	27-30
▶ Como construir e interpretar intervalos de confiança para a variância e o desvio padrão populacional.	2	31, 32

Estratégias de estudo

Fazendo um teste Fazer uma prova pode ser estressante. Aqui, estão algumas coisas que você pode fazer para melhorar seu desempenho nas provas.

- Chegue cedo ao local da prova.
- Assim que receber a prova, visualize-a. Anote as coisas que você pode ter dificuldade em lembrar, como fórmulas, no verso do teste.
- Responda primeiro as questões que você sabe resolver.
- Em seguida, tente as questões que podem ser um desafio para você. Não as ignore totalmente. Receber nota parcial é melhor do que não receber nota.
- Leia as questões da prova com atenção, especialmente na redação de questões que possam causar confusão, como o uso de "pelo menos" ou "não mais que".
- Se a prova for de múltipla escolha, decida qual deve ser a resposta antes de ler as opções. Às vezes, você pode ter que adivinhar. Você pode eliminar as respostas que estão obviamente erradas ou testar cada resposta.
- Verifique seu progresso. Tente completar mais da metade da prova antes que a metade do tempo destinado tenha passado.
- No entanto, não se apresse. Não se preocupe em ser o último aluno a terminar.
- Assim que concluir a prova, revise-a. Corrija os erros que encontrar.

6 Exercícios de revisão

Seção 6.1

1. O horário de despertar (em minutos após às 5h00) de 40 pessoas que começam a trabalhar às 8h00 são mostrados na tabela. Suponha que o desvio padrão populacional é 45 minutos. Calcule (a) a estimativa pontual da média populacional μ e (b) a margem de erro para um intervalo de confiança de 90%.

2. As distâncias percorridas até o trabalho (em milhas) de 30 pessoas são mostradas na tabela. Suponha que o desvio padrão populacional é 8 milhas. Calcule (a) a estimativa pontual da média populacional μ e (b) a margem de erro para um intervalo de confiança de 95%.

Horário de despertar (em minutos após às 5:00)						
135	145	95	140	135	95	110
50	90	165	110	125	80	125
130	110	25	75	65	100	60
125	115	135	95	90	140	40
75	50	130	85	100	160	135
45	135	115	75	130		

TABELA PARA O EXERCÍCIO 1

Distâncias percorridas até o trabalho (em milhas)					
12	9	7	2	8	7
3	27	21	10	13	7
2	30	7	6	13	6
4	1	10	3	13	6
2	9	2	12	16	18

TABELA PARA O EXERCÍCIO 2

3. (a) Construa um intervalo de confiança de 90% para a média populacional no Exercício 1. Interprete os resultados. (b) Parece provável que a média da população possa distar, no máximo, de 10% da média da amostra? Explique

4. (a) Construa um intervalo de confiança de 95% para a média populacional no Exercício 2. Interprete os resultados. (b) Parece provável que a média da população possa ser maior que 12,5 milhas? Explique

Nos exercícios 5 e 6, use o intervalo de confiança para encontrar a margem de erro e a média amostral.

5. (20,75; 24,10)

6. (7,428; 7,562)

7. Determine o tamanho mínimo de amostra necessário para ter 95% de confiança de que a média da amostra do horário de despertar diste no máximo 10 minutos da média populacional do horário de despertar. Use o desvio padrão populacional do Exercício 1.

8. Determine o tamanho mínimo de amostra necessário para ter 99% de confiança de que a média da amostra das distâncias percorridas para o trabalho diste no máximo 2 milhas da média populacional das distâncias percorridas para o trabalho. Use o desvio padrão populacional do Exercício 2.

Seção 6.2

Nos exercícios de 9 a 12, determine o valor crítico t_c para o nível de confiança c e tamanho de amostra n.

9. $c = 0{,}80$; n = 10

10. $c = 0{,}95$; n = 24

11. $c = 0{,}98$; n = 15

12. $c = 0{,}99$; n = 30

Nos exercícios de 13 a 16, (a) determine a margem de erro para os valores de c, s e n, e (b) construa o intervalo de confiança para μ usando a distribuição t. Suponha que a população é normalmente distribuída.

13. $c = 0{,}90$; $s = 25{,}6$; $n = 16$; $\bar{x} = 72.1$

14. $c = 0{,}95$; $s = 1{,}1$; $n = 25$; $\bar{x} = 3{,}5$

15. $c = 0{,}98$; $s = 0{,}9$; $n = 12$; $\bar{x} = 6{,}8$

16. $c = 0{,}99$; $s = 16{,}5$; $n = 20$; $\bar{x} = 25{,}2$

17. Em uma amostra aleatória de 36 montanhas-russas mais bem avaliadas, a altura média é de 165 pés e o desvio padrão é de 67 pés. Construa um intervalo de confiança de 90% para μ. Interprete os resultados. *(Fonte: POP World Media, LLC.)*

18. Você pesquisa as alturas das montanhas-russas mais bem avaliadas e descobre que a média populacional é de 160 pés. No Exercício 17, o valor t está entre $-t_{0,95}$ e $t_{0,95}$?

Seção 6.3

Nos exercícios de 19 a 22, seja p a proporção da população para a situação. (a) Calcule estimativas pontuais para p e q, (b) construa intervalos de confiança de 90% e 95% para p, e (c) interprete os resultados da parte (b) e compare as amplitudes dos intervalos de confiança.

19. Em uma pesquisa com 912 adultos dos Estados Unidos na Geração Z (nascidos após 1996), 383 disseram que estão pelo menos um pouco propensos a considerar um veículo elétrico para a próxima compra de veículos. *(Adaptado do Pew Research Center.)*

20. Em uma pesquisa com 13.749 adultos dos Estados Unidos, 5.362 disseram que estão pelo menos um pouco propensos a considerar um veículo elétrico para a próxima compra de veículos. *(Adaptado do Pew Research Center.)*

21. Em uma pesquisa com 73.901 graduados, 23.991 obtiveram um título de pós-graduação. *(Adaptado de Gallup.)*

22. Em uma pesquisa com 2.223 adultos dos Estados Unidos, 1.334 dizem que uma ocupação como atleta é prestigiada. *(Adaptado de The Harris Poll.)*

23. No Exercício 19, seria incomum que a proporção da população fosse 38%? Explique.

24. No Exercício 22, seria incomum que a proporção da população fosse 58%? Explique.

25. Você deseja estimar, com 95% de confiança, a proporção populacional de adultos estadunidenses que tiraram ou planejaram tirar férias de inverno em um ano recente. Sua estimativa deve ser precisa distando, no máximo, em 5% da proporção da população.

(a) Nenhuma estimativa preliminar está disponível. Encontre o tamanho mínimo de amostra necessário.

(b) Encontre o tamanho mínimo de amostra necessário, usando um estudo anterior que descobriu que 32% dos adultos estadunidenses tiraram ou planejaram tirar férias de inverno em um ano recente. *(Fonte: Rasmussen Reports.)*

(c) Compare os resultados das partes (a) e (b).

26. No Exercício 25(b), um tamanho de amostra de 369 seria aceitável? Explique.

Seção 6.4

Nos exercícios de 27 a 30, determine os valores críticos χ^2_D e χ^2_E para o nível de confiança c e tamanho de amostra n.

27. $c = 0{,}95$; $n = 13$

28. $c = 0{,}98$; $n = 25$

29. $c = 0{,}90$; $n = 16$

30. $c = 0{,}99$; $n = 10$

Nos exercícios 31 e 32, suponha que a amostra é de uma população normalmente distribuída e construa os intervalos de confiança indicados para (a) a variância populacional σ^2 e (b) o desvio padrão populacional σ. Interprete os resultados.

31. O número de arremessos de quadra tentados por LeBron James em 13 jogos selecionados aleatoriamente de uma temporada recente de basquete da NBA está listado a seguir. Use um nível de confiança de 95%. *(Fonte: Basketball Referende.)*

26 13 25 22 13 15 16 20 15 13 26 23 20

32. As horas semanais médias trabalhadas por funcionários do serviço no setor de lazer e hospitalidade durante um período recente de 31 meses são listadas a seguir. Use um nível de confiança de 98% *(Fonte: U.S. Bureau of Labor Statistics.)*

25,1 24,7 24,8 24,7 24,8 24,9 24,8 24,9 24,8 24,8 24,7
24,8 24,9 24,9 24,7 25,0 24,9 24,9 24,9 25,0 24,9
24,9 24,8 24,8 24,8 24,8 24,9 24,8 24,9 24,7 24,6

6 Problemas

Faça estes problemas como se estivesse fazendo em sala. Depois, compare suas respostas com as respostas dadas no final do livro.

Tempos de vitória na divisão aberta feminina (em horas)				
2.42	2.38	2.44	2.67	2.44
2.57	2.39	2.49	2.39	2.41
2.49	2.40	2.42	2.53	2.39
2.45	2.44	2.54	2.49	2.42

TABELA PARA O EXERCÍCIO 1

1. Os tempos de vitória (em horas) para uma amostra de 20 campeãs de Divisão Aberta Feminina da Maratona de Boston, selecionadas aleatoriamente, de 1980 a 2019 são mostrados na Tabela 6.11. Suponha que o desvio padrão da população seja de 0,068 hora. *(Fonte: Boston Athletic Association.)*

(a) Calcule a estimativa pontual da média da população.

(b) Determine a margem de erro para um nível de confiança de 95%.

(c) Construa um intervalo de confiança de 95% para a média da população. Interpretar os resultados.

(d) Parece provável que a média da população seja superior a 2,52 horas? Explique.

2. Você deseja estimar o tempo médio de vitória para as campeãs da Divisão Aberta Feminina da Maratona de Boston. A estimativa deve distar, no máximo, 2 minutos da média da população. Determine o tamanho mínimo da amostra necessário para construir um intervalo de confiança de 99% para a média da população. Use o desvio padrão da população do Exercício 1.

3. O conjunto de dados representa a quantidade de tempo (em minutos) gasto verificando e-mail para uma amostra aleatória de funcionários de uma empresa.

7,5 2,0 12,1 8,8 9,4 7,3 1,9 2,8 7,0 7,3

(a) Calcule a média e o desvio padrão amostral.

(b) Construa um intervalo de confiança de 90% para a média populacional. Interprete os resultados. Suponha que os tempos são normalmente distribuídos.

(c) Repita a parte (b), supondo $\sigma = 3{,}5$ minutos. Interprete e compare os resultados.

4. Em uma amostra aleatória de 12 engenheiros civis de nível sênior, o salário médio anual foi de US$ 133.326 e o desvio padrão foi de US$ 36.729. Supondo que os salários anuais sejam normalmente distribuídos, construa um intervalo de confiança de 95% para o salário médio anual da população de engenheiros civis de nível sênior. Interprete os resultados. *(Adaptado de Salary.com)*

5. Você pesquisa os salários de engenheiros civis de nível sênior e descobre que a média populacional é US$ 131.935. No Exercício 4, o valor t encontra-se entre $-t_{0,95}$ e $t_{0,95}$?

6. Em uma pesquisa com 1.010 adultos estadunidenses, 838 dizem que a situação da energia nos Estados Unidos é muito ou bastante séria. *(Adaptado de Gallup.)*

(a) Calcule a estimativa pontual para a proporção populacional.

(b) Construa um intervalo de confiança de 90% para a proporção populacional. Interprete os resultados.

(c) Seria incomum que a proporção da população estivesse entre 90% e 95% da estimativa pontual? Explique.

(d) Determine o tamanho mínimo de amostra necessário para estimar a proporção populacional ao nível de confiança de 99% de modo a assegurar que a estimativa diste, no máximo, 4% da proporção populacional.

7. Reveja ao conjunto de dados do Exercício 3. Suponha que a população dos tempos gastos verificando e-mail é normalmente distribuída. Construa um intervalo de confiança de 95% para (a) a variância populacional e (b) o desvio padrão populacional. Interprete os resultados.

6 Teste do capítulo

Faça este teste como se estivesse fazendo uma prova em sala.

1. Em uma pesquisa com 2.096 adultos estadunidenses, 1.740 acham que os times de futebol de todos os níveis deveriam exigir que os jogadores que sofrem uma lesão na cabeça tirem um certo tempo de folga de jogos para se recuperar. *(Adaptado de The Harris Poll.)*

(a) Calcule a estimativa pontual para a proporção populacional.

(b) Determine um intervalo de confiança de 95% para a proporção populacional. Interprete os resultados.

(c) Seria incomum se a média populacional fosse 80%? Explique.

(d) Determine o tamanho mínimo de amostra necessário para estimar a proporção populacional ao nível de confiança de 99% de modo a assegurar que a estimativa diste, no máximo, de 3% da proporção populacional.

2. O conjunto de dados representa os pesos (em libras) de 10 ursos negros selecionados aleatoriamente do nordeste da Pensilvânia. Suponha que os pesos são normalmente distribuídos. *(Fonte: Pennsylvania Game Commission.)*

170 225 183 137 287 191 268 185 211 284

(a) Calcule a média e o desvio padrão amostral.

(b) Construa um intervalo de confiança de 95% para a média populacional. Interprete os resultados.

(c) Construa um intervalo de confiança de 99% para o desvio padrão populacional. Interprete os resultados.

3. O conjunto de dados representa as pontuações de 12 estudantes selecionados aleatoriamente no teste de física do SAT. Suponha que as pontuações populacionais no teste são normalmente distribuídas e que o desvio padrão populacional é 108. *(Adaptado de The College Board.)*

590 650 730 560 460 400 620 780 510 700 590 670

(a) Calcule a estimativa pontual da média populacional.

(b) Construa um intervalo de confiança de 90% para a média populacional. Interprete os resultados.

(c) Seria incomum que a média populacional fosse inferior a 575? Explique.

(d) Determine o tamanho mínimo de amostra necessário para estar 95% confiante de que a média amostral da pontuação do teste não diste mais de 10 pontos da média populacional da pontuação do teste.

4. Use a distribuição normal padrão ou a distribuição t para construir o intervalo de confiança indicado para a média da população de cada conjunto de dados. Justifique sua decisão. Se nenhuma distribuição puder ser usada, explique o porquê. Interprete os resultados.

(a) Em uma amostra aleatória de 40 pacientes, o tempo médio de espera em um consultório dentário foi de 20 minutos e o desvio padrão foi de 7,5 minutos. Construa um intervalo de confiança de 95% para a média populacional.

(b) Em uma amostra aleatória de 15 caixas de cereal, o peso médio foi 11,89 onças. Suponha que os pesos das caixas de cereal são normalmente distribuídos e que o desvio padrão populacional é 0,05 onças. Construa um intervalo de confiança de 90% para a média populacional.

ESTATÍSTICA REAL DECISÕES REAIS

Juntando tudo

O Safe Drinking Water Act*, que foi aprovado em 1974, permite a Agência de Proteção Ambiental (Environmental Protection Agency – EPA, em inglês) regular os níveis de contaminantes na água potável. A EPA exige que os serviços públicos de água forneçam relatórios da qualidade da água aos seus consumidores anualmente. Esses relatórios incluem os resultados de monitoramentos diários da qualidade da água, que são realizados para determinar se a água potável está segura para consumo.

Um departamento de água testa os contaminantes em estações de tratamento e nas torneiras dos consumidores. Esses contaminantes incluem micro-organismos, químicos orgânicos e inorgânicos, como o cianeto A presença de cianeto na água potável é o resultado da descarga de aço, plásticos e fertilizantes industriais. Para a água potável, o nível máximo de contaminação por cianeto é 0,2 parte por milhão.

Como parte do seu trabalho para o departamento de água da sua cidade, você está preparando um relatório que inclui uma análise dos resultados mostrados na Figura 6.24. Nela, são exibidas as estimativas pontuais para a concentração média populacional e o intervalo de confiança de 95% para μ do nível de contaminação do cianeto em um período de 3 anos. Os dados são baseados em amostras aleatórias de água tiradas das três estações de tratamento da cidade.

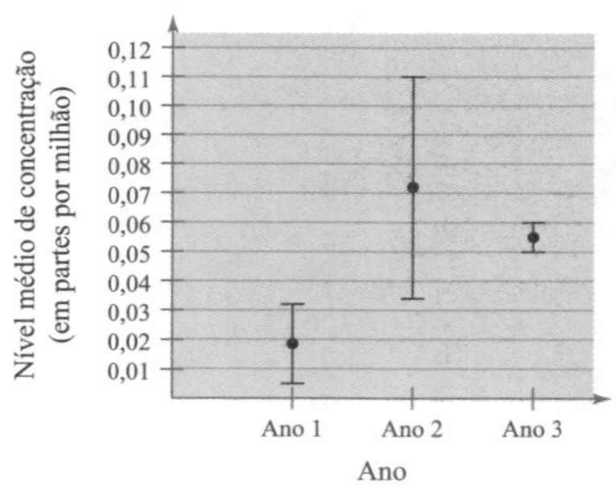

Figura 6.24

EXERCÍCIOS

1. **Interpretando os resultados**
   Use a Figura 6.27 para determinar se houve uma mudança no nível médio de concentração de cianeto em cada período de tempo. Explique seu raciocínio.
   (a) Do ano 1 para o ano 2 **(b)** Do ano 2 para o ano 3
   (c) Do ano 1 para o ano 3
2. **O que você pode concluir?**
   Usando os resultados do Exercício 1, o que você pode concluir sobre a concentração de cianeto na água potável?
3. **O que você acha?**
   O intervalo de confiança para o ano 2 é muito maior que o dos outros anos. O que você acha que pode ter causado este maior intervalo de confiança?
4. **Como você pode melhorar neste relatório?**
   O que o departamento de água pode fazer para diminuir o tamanho dos intervalos de confiança, independentemente da quantidade de variação nos níveis de cianeto.
5. **Como você acha que eles fizeram?**
   Como você acha que o departamento de água construiu o intervalo de confiança de 95% para a concentração média populacional de cianeto na água? Inclua respostas para as perguntas abaixo em sua explicação.
   (a) Que distribuição amostral você acha que eles usaram? Por quê?
   (b) Você acha que eles usaram o desvio padrão populacional ao calcular a margem de erro? Por que ou por que não? Se não, o que eles poderiam ter usado?

---

*N. de T.: Safe Drinking Water Act é uma lei federal que assegura a qualidade da água potável no país.

TECNOLOGIA MINITAB EXCEL TI-84 PLUS

Pesquisas de política externa dos Estados Unidos

THE GALLUP ORGANIZATION

www.gallup.com

Desde 1935, a Organização Gallup tem conduzido pesquisas de opinião pública nos Estados Unidos e ao redor do mundo. A Tabela 6.7 mostra os resultados da Pesquisa de Assuntos Mundiais da Gallup de 2021, na qual 1.021 adultos estadunidenses foram entrevistados. As porcentagens restantes não apresentadas nos resultados são de adultos que não tinham certeza.

Tabela 6.7

Pergunta	Resultados
Você vê o comércio exterior como mais uma *oportunidade* econômica ou uma *ameaça*?	Oportunidade: 63% Ameaça: 32%
No conflito israelense-palestino, suas simpatias são mais com os israelenses ou os palestinos?	Israelenses: 58% Palestinos: 25%
Quão ameaçador você sente o poder econômico da China para os Estados Unidos?	Crítico ou importante: 93% Não é importante: 7%
Você está satisfeito com a posição dos Estados Unidos no mundo hoje?	Satisfeito: 37% Insatisfeito: 62%

EXERCÍCIOS

1. Use a tecnologia para encontrar um intervalo de confiança de 95% para a proporção da população de adultos que:
   (a) vê o comércio exterior como uma oportunidade econômica.
   (b) simpatize mais com os israelenses do que com os palestinos.
   (c) sente que o poder econômico da China é uma ameaça crítica ou importante para os Estados Unidos.
   (d) estão satisfeitos com a posição dos Estados Unidos no mundo hoje.
   (e) não simpatizam com os israelenses ou com os palestinos mais do que o outro.
2. Determine o tamanho mínimo da amostra necessário para estimar, com 95% de confiança, a proporção populacional de adultos que sentem que o poder econômico da China é uma ameaça econômica crítica ou importante para os Estados Unidos. Sua estimativa deve distar, no máximo, 2% da proporção da população.
3. Use a tecnologia para simular uma pesquisa. Suponha que a proporção real da população de adultos que veem o comércio exterior como mais uma oportunidade econômica do que uma ameaça seja de 66%. Execute a simulação várias vezes usando $n = 1.527$.
   (a) Qual foi o menor valor que você obteve para $\hat{p}$?
   (b) Qual foi o maior valor que você obteve para $\hat{p}$?

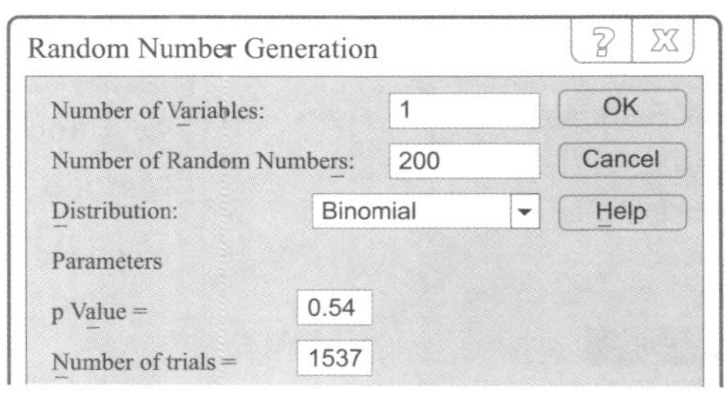

Figura 6.25

4. É provável que a proporção populacional de adultos que vejam o comércio exterior como mais uma oportunidade econômica do que uma ameaça seja de 66%? Explique seu raciocínio.

6 Usando tecnologia para construir intervalos de confiança

A seguir, são apresentadas algumas soluções no Minitab e na calculadora TI-84 Plus para alguns exemplos deste capítulo. As respostas podem estar ligeiramente diferentes em razão de arredondamento.

Veja o Exemplo 3, página 301.

19	18	18	15	21	21	23	20	21	19
16	19	22	15	19	24	20	24	20	17
18	17	19	20	20	20	22	24	22	23
23	21	22	20	17	21	16	18	18	25

Display Descriptive Statistics...
Store Descriptive Statistics...
Graphical Summary...

1-Sample Z...
1-Sample t...
2-Sample t...
Paired t...

1 Proportion...
2 Proportions...

MINITAB

One-Sample Z: Hours

Descriptive Statistics

N	Mean	StDev	SE Mean	95% CI for μ
40	19.925	2.556	0.379	(19.181, 20.669)

μ: population mean of Hours
Known standard deviation 2.4

Veja o Exemplo 2, página 312.

Display Descriptive Statistics...
Store Descriptive Statistics...
Graphical Summary...

1-Sample Z...
1-Sample t...
2-Sample t...
Paired t...

1 Proportion...
2 Proportions...

MINITAB

One-Sample T

Descriptive Statistics

N	Mean	StDev	SE Mean	95% CI for μ
16	162.00	10.00	2.50	(156.67, 167.33)

μ: population mean of Sample

Veja o Exemplo 2, página 322.

Display Descriptive Statistics...
Store Descriptive Statistics...
Graphical Summary...

1-Sample Z...
1-Sample t...
2-Sample t...
Paired t...

1 Proportion...
2 Proportions...

MINITAB

Test and CI for One Proportion

Method

p: event proportion
Exact method is used for this analysis.

Descriptive Statistics

N	Event	Sample p	95% CI for p
540	378	0.700000	(0.661, 0.739)

Veja o Exemplo 5, página 303.

TI-84 PLUS

```
EDIT CALC TESTS
1:  Z-Test...
2:  T-Test...
3:  2-SampZTest...
4:  2-SampTTest...
5:  1-PropZTest...
6:  2-PropZTest...
7↓  ZInterval...
```

↓

TI-84 PLUS

```
ZInterval
Inpt:Data Stats
  :1.5
  :22.9
n:20
C-Level:.9
Calculate
```

↓

TI-84 PLUS

```
ZInterval
(22.348, 23.452)
  =22.9
n=20
```

Veja o Exemplo 3, página 313.

TI-84 PLUS

```
EDIT CALC TESTS
2↑  T-Test...
3:  2-SampZTest...
4:  2-SampTTest...
5:  1-PropZTest...
6:  2-PropZTest...
7:  ZInterval...
8↓  TInterval...
```

↓

TI-84 PLUS

```
TInterval
Inpt:Data Stats
  :9.75
Sx:2.39
n:36
C-Level:.99
Calculate
```

↓

TI-84 PLUS

```
TInterval
(8.665, 10.835)
  =9.75
Sx=2.39
n=36
```

Veja o Exemplo 2, página 322.

TI-84 PLUS

```
EDIT CALC TESTS
5↑  1-PropZTest...
6:  2-PropZTest...
7:  ZInterval...
8:  TInterval...
9:  2-SampZInt...
0:  2-SampTInt...
A↓  1-PropZInt...
```

↓

TI-84 PLUS

```
1-PropZInt
x:378
n:540
C-Level:.95
Calculate
```

↓

TI-84 PLUS

```
1-PropZInt
(.66135, .73865)
  =.7
n=540
```

CAPÍTULO 7

Teste de hipóteses com uma amostra

O Conselho de Classificação de Jogos Eletrônicos (Entertainment Software Rating Board – ESRB em inglês) atribui classificações a jogos eletrônicos para indicar a idade adequada dos jogadores. Essas classificações incluem: E (todas as idades), E10+ (acima de 10 anos), T (adolescente), M (acima de 17 anos) e AO (adultos).

Onde estamos

No Capítulo 6, você começou a estudar estatística inferencial. Naquele capítulo, você aprendeu como construir um intervalo de confiança para estimar um parâmetro, tal como a proporção de pessoas nos Estados Unidos que concordam com certa afirmação. Por exemplo, em uma pesquisa em todo o país, realizada pelo Pew Research Center, 2.001 adultos foram perguntados se concordam ou não com a afirmação: "Pessoas que jogam *games* violentos são mais propensas a serem violentas". Dos entrevistados, 800 adultos concordaram com a afirmação.

Você aprendeu a usar esses resultados para afirmar com 95% de confiança que a proporção da população de adultos dos Estados Unidos que concordam que as pessoas que jogam *games* violentos são mais propensas a serem violentas está entre 37,9% e 42,1%.

Para onde vamos

Neste capítulo, você continuará estudando estatística inferencial. Mas, agora, em vez de fazer uma estimativa sobre um parâmetro, você aprenderá como testar uma afirmação sobre um parâmetro.

Por exemplo, suponha que você trabalhe para a Pew Research Center e deva testar a afirmação de que a proporção de adultos estadunidenses que concordam que as pessoas que jogam *videogames* violentos são mais propensas a serem violenta é $p = 0{,}35$. Para testar a afirmação, você retira uma amostra aleatória de $n = 2.001$ adultos estadunidenses e descobre que 800 deles acham que as pessoas que jogam *videogames* violentos são mais propensas a serem violentas. Sua estatística é $\hat{p} \approx 0{,}400$.

Sua estatística difere o suficiente da afirmação ($p = 0{,}35$) para decidir que a afirmação é falsa? A resposta está na distribuição amostral das proporções retiradas de uma população na qual $p = 0{,}35$. A figura a seguir mostra que sua estatística está mais que 4 erros padrão do valor da afirmação. Se a afirmação for verdadeira, então a probabilidade de que a estatística amostral esteja a 4 erros padrão ou mais do valor afirmado é extremamente pequena. Alguma coisa está errada! Se sua amostra for verdadeiramente aleatória, então você pode concluir que a proporção real da população de adultos não é 0,35. Em outras palavras, você testou a afirmação original (hipótese) e decidiu rejeitá-la.

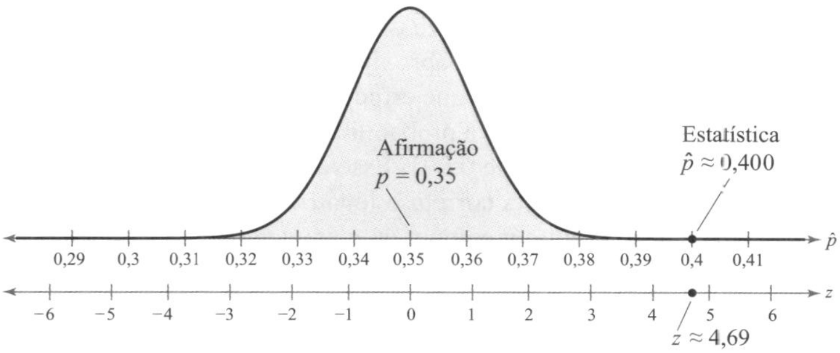

Distribuição amostral

7.1 Introdução ao teste de hipóteses

O que você deve aprender

- Uma introdução prática ao teste de hipóteses.
- Como declarar uma hipótese nula e uma hipótese alternativa.
- Como identificar os erros tipo I e tipo II e interpretar o nível de significância.
- Como saber se usar um teste estatístico uni ou bilateral e encontrar um valor-*p*.
- Como tomar e interpretar uma decisão baseada nos resultados de um teste estatístico.
- Como escrever uma afirmação para um teste de hipóteses.

Teste de hipóteses ■ Afirmando uma hipótese ■ Tipos de erros e nível de significância ■ Testes estatísticos e valor-*p* ■ Tomando uma decisão e interpretando-a ■ Estratégias para testes de hipóteses

Teste de hipótese

No restante deste livro, você estudará uma importante técnica em estatística inferencial chamada teste de hipóteses. Um teste de hipóteses é um processo que usa estatísticas para testar uma afirmação sobre o valor de um parâmetro. Pesquisadores em campos como medicina, psicologia e negócios contam com os testes de hipóteses para a tomada de decisões fundamentadas sobre novos medicamentos, tratamentos e estratégias de mercado.

Por exemplo, considere um fabricante que anuncia que seu novo carro híbrido tem uma média de consumo de combustível de 50 milhas por galão. Se você suspeitar de que o consumo médio não é de 50 milhas por galão, como você poderia mostrar que o anúncio é falso?

Obviamente, você não pode testar *todos* os veículos, mas ainda pode tomar uma decisão razoável sobre o consumo médio retirando uma amostra aleatória da população de veículos e medindo o consumo de cada um. Se a média da amostra diferir o suficiente da média do anúncio, você pode decidir que o anúncio está errado.

Por exemplo, para testar que o consumo médio de combustível de todos os veículos híbridos desse tipo é $\mu = 50$ milhas por galão, você retira uma amostra aleatória de $n = 30$ veículos e mede o consumo de cada um. Você obtém uma média amostral de $\bar{x} = 47$ milhas por galão com um desvio padrão amostral de $s = 5{,}5$ milhas por galão. Isso indica que a anúncio do fabricante é falso?

Para decidir, você faz algo incomum – *supõe que o anúncio está correto.* Ou seja, você supõe que $\mu = 50$. Então, examina a distribuição amostral das médias (com $n = 30$) retirada de uma população na qual $\mu = 50$ e $\sigma = 5{,}5$. Pelo teorema limite central, você sabe que essa distribuição amostral é normal com média de 50 e um erro padrão de

$$\frac{5{,}5}{\sqrt{30}} \approx 1.$$

Na Figura 7.1, note que sua média amostral $\bar{x} = 47$ milhas por galão é altamente improvável – está a aproximadamente 3 erros padrão ($z \approx -2{,}99$) da média afirmada. Usando as técnicas que estudou no Capítulo 5, você pode determinar que se o anúncio é verdadeiro, então, a probabilidade de se obter uma média amostral de 47 ou menos é de aproximadamente 0,001. Esse é um evento incomum. Sua suposição de que o anúncio da empresa está correto o levou a um resultado improvável, então, ou você teve uma amostra muito incomum ou o anúncio é provavelmente falso. A conclusão lógica é que o anúncio é provavelmente falso.

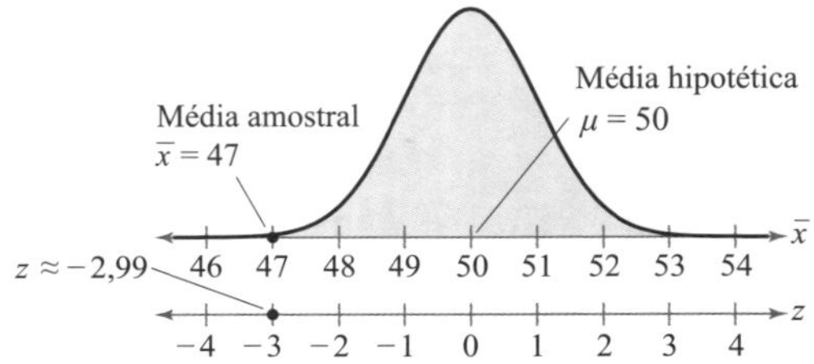

Figura 7.1 Distribuição amostral de $\bar{x}$

Dica de estudo

No decorrer deste capítulo, não fique confuso sobre os conceitos de certeza e importância. Por exemplo, mesmo se você estiver muito certo de que o consumo médio de certo tipo de veículo híbrido não é 50 milhas por galão, o consumo médio real pode estar muito próximo a esse valor e a diferença pode não ser importante.

Estabelecendo uma hipótese

Uma afirmação sobre um parâmetro é chamada de hipótese estatística. Para testar um parâmetro, você deve especificar, cuidadosamente, um par de hipóteses – uma que representa a afirmação e outra, seu complemento. Quando uma dessas hipóteses é falsa, a outra deve ser verdadeira. Qualquer uma das hipóteses – a hipótese nula ou a hipótese alternativa – pode representar a afirmação original.

DEFINIÇÃO

1. **Uma hipótese nula H_0** é uma hipótese estatística que contém uma afirmação de igualdade, tal como $\leq$, $=$ ou $\geq$.
2. **A hipótese alternativa H_a** é o complemento da hipótese nula. É uma afirmação que deve ser verdadeira se H_0 for falsa e contém uma declaração de desigualdade estrita, tal como $<$, $\neq$ ou $>$.

O símbolo H_0 é lido como "H zero" ou "H nula" e H_a como "H a".

Para escrever as hipóteses nula e alternativa, escreva a afirmação feita sobre o parâmetro como uma sentença matemática. Então, escreva seu complemento. Por exemplo, se o valor da afirmação é k e o parâmetro populacional é μ, então alguns pares possíveis de hipóteses nula e alternativa são:

$$\begin{cases} H_0: \mu \leq k \\ H_a: \mu > k \end{cases}, \quad \begin{cases} H_0: \mu \geq k \\ H_a: \mu < k \end{cases}, \quad \text{e} \quad \begin{cases} H_0: \mu = k \\ H_a: \mu \neq k \end{cases}.$$

Independente de qual dos três pares de hipóteses que você usar, sempre suponha que $\mu = k$ e examine a distribuição amostral com base nessa suposição. Dentro dessa distribuição amostral, você vai determinar se uma estatística é ou não incomum.

A Tabela 7.1 mostra a relação entre possíveis afirmações sobre o parâmetro μ e as correspondentes hipóteses nula e alternativa. Afirmações similares podem ser feitas para testar outros parâmetros populacionais como p, σ ou σ^2.

Tabela 7.1

Afirmação sobre H_0 A média é . . .	Sentença Matemática	Afirmação sobre H_a A média é . . .
. . . maior ou igual a k. *. . . pelo menos k.* *. . . não menos que k.* *. . . não menor que k.*	$\begin{cases} H_0: \mu \geq k \\ H_a: \mu < k \end{cases}$	*. . . menor que k.* *. . . abaixo de k.* *. . . menos que k.* *. . . inferior a k.*
. . . menor ou igual a k. *. . . no máximo k.* *. . . não mais que k.* *. . . não maior que k.*	$\begin{cases} H_0: \mu \leq k \\ H_a: \mu > k \end{cases}$	*. . . maior que k.* *. . . acima de k.* *. . . mais que k.* *. . . superior a k.*
. . . igual a k. *. . . k.* *. . . exatamente k.* *. . . o mesmo que k.* *. . . não mudou de k.*	$\begin{cases} H_0: \mu = k \\ H_a: \mu \neq k \end{cases}$	*. . . não igual a k.* *. . . diferente de k.* *. . . não k.* *. . . distinto de k.* *. . . mudou de k.*

Dica de estudo

O termo "hipótese nula" foi introduzido por Ronald Fisher (veja a p. 35). Se a afirmação na hipótese nula não é verdadeira, então, a hipótese alternativa deve ser verdadeira.

Retratando o mundo

Foi feito um estudo sobre o efeito de um medicamento para o tratamento da obesidade decorrente de variantes genéticas. O estudo utilizou uma amostra aleatória de 35 pacientes com obesidade grave. No final do estudo, os pacientes tiveram uma redução média no peso corporal basal de 3,7%. Assim, afirma-se que a redução média no peso corporal basal é de 3,7% para todos os pacientes com obesidade grave que tomam o medicamento. *(Adaptado de Rhythm Pharmaceuticals, Inc.)*

Determine uma hipótese nula e uma hipótese alternativa para esta afirmação.

EXEMPLO 1

Estabelecendo as hipóteses nula e alternativa

Escreva cada afirmação como uma sentença matemática. Formule as hipóteses nula e alternativa e identifique qual representa a afirmação.

1. Uma escola divulga que a proporção de seus estudantes que estão envolvidos em pelo menos uma atividade extracurricular é de 61%.
2. Uma concessionária de automóveis anuncia que o tempo médio para uma troca de óleo é menor que 15 minutos.
3. Uma companhia anuncia que a vida média de seus fornos é superior a 18 anos.

SOLUÇÃO

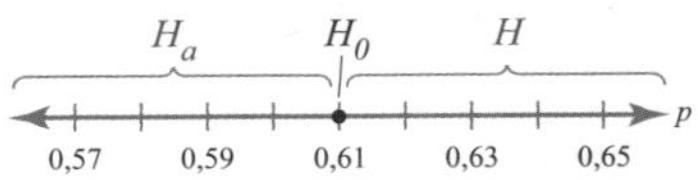

Figura 7.2

1. A afirmação "a proporção . . . é de 61%" pode ser escrita como $p = 0{,}61$. Seu complemento é $p \neq 0{,}61$, conforme mostra a Figura 7.2. Como $p = 0{,}61$ contém a afirmação de igualdade, ela se torna a hipótese nula. Nesse caso, a hipótese nula representa a afirmação. Você pode escrever as hipóteses nula e alternativa da seguinte forma:

   H_0: $p = 0{,}61$ (Afirmação)

   H_a: $p \neq 0{,}61$

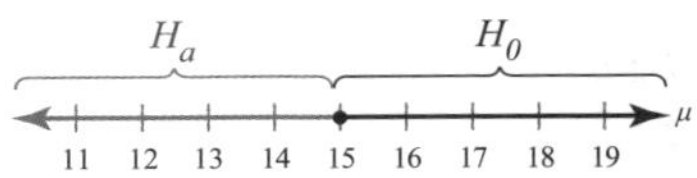

Figura 7.3

2. A afirmação "o tempo médio . . . é menor que 15 minutos" pode ser escrita como $\mu < 15$. Seu complemento é $\mu \geq 15$, conforme mostra a Figura 7.3. Como $\mu \geq 15$ contém a afirmação de igualdade, ela se torna a hipótese nula. Nesse caso, a hipótese alternativa representa a afirmação. Você pode escrever as hipóteses nula e alternativa da seguinte forma:

   H_0: $\mu \geq 15$ minutos

   H_a: $\mu < 15$ minutos (Afirmação)

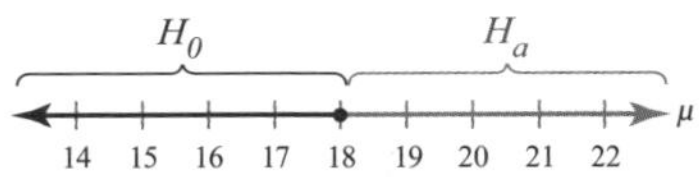

Figura 7.4

3. A afirmação "a vida média . . . é superior a 18 anos" pode ser escrita como $\mu > 18$. Seu complemento é $\mu \leq 18$, conforme mostra a Figura 7.4. Como $\mu \leq 18$ contém a declaração de igualdade, ela se torna a hipótese nula. Nesse caso, a hipótese alternativa representa a afirmação. Você pode escrever as hipóteses nula e alternativa da seguinte forma:

   H_0: $\mu \leq 18$ anos

   H_a: $\mu > 18$ anos (Afirmação)

Nas Figuras 7.2 a 7.4, note que cada ponto na linha numérica está ou em H_0 ou em H_a, mas não há ponto em ambas.

TENTE VOCÊ MESMO 1

Escreva cada afirmação como uma sentença matemática. Formule as hipóteses nula e alternativa, e identifique qual representa a afirmação.

1. Um analista de consumo informa que a vida média de certo tipo de bateria automotiva não é 74 meses.
2. Um fabricante de eletrônicos divulga que a variância da vida útil de seus sistemas de *home theater* é menor ou igual a 2,7.
3. Um corretor de imóveis divulga que a proporção de proprietários que acham suas casas muito pequenas para suas famílias é superior a 24%.

No Exemplo 1, observe que a afirmação é representada pela hipótese nula *ou* pela hipótese alternativa.

Tipos de erros e nível de significância

Não importa qual das hipóteses represente a afirmação, você sempre começa um teste de hipóteses supondo que a condição de igualdade na hipótese nula é verdadeira. Quando realizar um teste de hipóteses, você toma uma dessas duas decisões:

1. rejeitar a hipótese nula

ou

2. não rejeitar a hipótese nula.

Pelo fato de sua decisão ser baseada em uma amostra, e não na população inteira, há sempre a possibilidade de você tomar a decisão errada.

Por exemplo, você afirma que uma moeda não é honesta. Para testar sua afirmação, você joga a moeda 100 vezes e obtém 49 caras e 51 coroas. Você provavelmente concordaria que não há evidência suficiente para suportar sua afirmação. Mesmo assim, é possível que a moeda realmente não seja honesta e você tenha uma amostra incomum.

Mas, em seguida, você joga a moeda 100 vezes e obtém 21 caras e 79 coroas. Seria uma ocorrência rara obter somente 21 caras de 100 jogadas com uma moeda honesta. Assim, você provavelmente tem evidência suficiente para suportar sua afirmação de que a moeda não é honesta. Entretanto, você não pode ter 100% de certeza. É possível que a moeda seja honesta e que você tenha uma amostra incomum.

Fazendo p representar a proporção de caras, a afirmação "a moeda não é honesta" pode ser escrita como a sentença matemática $p \neq 0{,}5$. Seu complemento, "a moeda é honesta", é escrito como $p = 0{,}5$, conforme mostrado na Figura 7.5

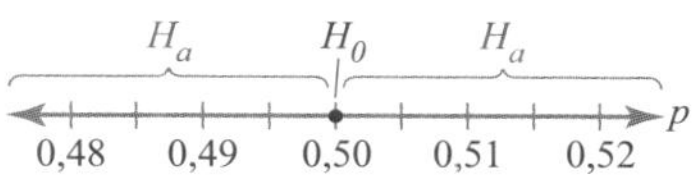

Figura 7.5

Logo, a hipótese nula é:

H_0: $p = 0{,}5$

e a hipótese alternativa é:

H_a: $p \neq 0{,}5$ (Afirmação)

Lembre-se, a única maneira de estar absolutamente certo se H_0 é verdadeira ou falsa é testar a população inteira. Como sua decisão – rejeitar H_0 ou não rejeita H_0 – é baseada em uma amostra, você deve aceitar o fato de que sua decisão pode estar incorreta. Você pode rejeitar uma hipótese nula quando ela é, na realidade, verdadeira. Ou você pode não rejeitar uma hipótese nula quando ela é, na realidade, falsa. Esses tipos de erros estão resumidos na próxima definição.

DEFINIÇÃO

Um **erro tipo I** ocorre se a hipótese nula é rejeitada quando ela é verdadeira.

Um **erro tipo II** ocorre se a hipótese nula não é rejeitada quando ela é falsa.

A Tabela 7.2 mostra os quatro resultados possíveis de um teste de hipóteses.

Tabela 7.2

	Veracidade de H_0	
Decisão	H_0 é verdadeira	H_0 é falsa
Não rejeita H_0	Decisão correta	Erro tipo II
Rejeita H_0	Erro tipo I	Decisão correta

O teste de hipóteses, às vezes, é comparado ao sistema legal usado nos Estados Unidos. Sob esse sistema, os passos a seguir são utilizados:

1. Uma acusação cuidadosamente formulada é redigida.
2. O acusado é tido como inocente (H_0) até que se prove o contrário. O ônus da prova fica com a acusação. Se a evidência não for forte o suficiente, não há condenação. Um veredito "não culpado" não prova que o acusado seja inocente.
3. A evidência precisa ser conclusiva além da dúvida razoável. O sistema considera que há mais danos ao se condenar um inocente (erro tipo I) do que não condenando um culpado (erro tipo II).

A Tabela 7.3 mostra os quatro resultados possíveis.

Tabela 7.3

	Verdade sobre o acusado	
Decisão	Inocente	Culpado
Não culpado	Justiça	Erro tipo II
Culpado	Erro tipo I	Justiça

EXEMPLO 2

Identificando erros tipo I e tipo II

O limite aceito pelo Departamento de Agricultura dos Estados Unidos (USDA, em inglês) para contaminação por salmonela na carne moída é 7,5%. Um inspetor de carnes informa que a carne moída produzida por uma empresa excede os limites estabelecidos pelo USDA. Você realiza um teste de hipóteses para determinar se a afirmação do inspetor de carne é verdadeira. Quando ocorrerá um erro tipo I ou tipo II? Qual erro é mais grave? *(Fonte: U. S. Department of Agriculture.)*

SOLUÇÃO

Seja p a proporção de carne moída contaminada. A afirmação do inspetor de carnes é "mais de 7,5% estão contaminadas". Você pode escrever as hipóteses nula como:

H_0: $p \leq 0{,}075$ A proporção é menor ou igual a 0,075.

e a hipótese alternativa é:

H_a: $p > 0{,}075$ (Afirmação) A proporção é maior que 0,075.

Você pode visualizar as hipóteses nula e alternativa usando a reta numérica, conforme mostra a Figura 7.6.

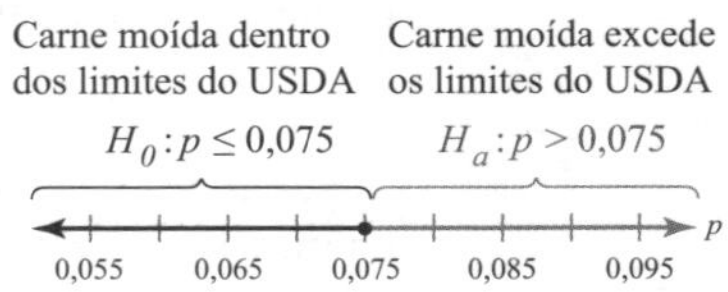

Figura 7.6

Um erro tipo I ocorrerá quando a proporção real de carne moída contaminada é menor ou igual a 0,075, mas você rejeita H_0. Um erro tipo II ocorrerá quando a proporção real de carne moída contaminada é maior que 0,075, mas você não rejeita H_0. Com um erro tipo I, você pode criar pânico na saúde e causar danos às vendas de produtores de carne moída que estavam realmente dentro dos limites do USDA. Com um erro tipo II, você pode estar permitindo que carne moída que excedeu o limite de contaminação seja vendida ao consumidor. Um erro tipo II é mais sério pois pode resultar em doença ou até mesmo morte.

TENTE VOCÊ MESMO 2

Uma empresa especializada na montagem de paraquedas afirma que a taxa de falha de seu principal paraquedas é de no máximo 1%. Você realiza um teste de hipótese para determinar se a afirmação da empresa é falsa. Quando ocorrerá um erro tipo I ou tipo II? Qual erro é mais grave?

Você rejeitará a hipótese nula quando a estatística da distribuição amostral for incomum. Você já identificou eventos incomuns como aqueles que acontecem com probabilidade de 0,05 ou menor. Quando testes estatísticos são realizados, às vezes a ocorrência de um evento incomum é caracterizada por uma probabilidade de 0,10 ou menor, 0,05 ou menor ou 0,01 ou menor. Pelo fato de haver variação de amostra para amostra, sempre há uma possibilidade de que você rejeite a hipótese nula quando ela é, na realidade, verdadeira. Em outras palavras, embora a hipótese nula seja verdadeira, sua estatística é um evento incomum na distribuição amostral. Você pode reduzir a probabilidade de isso acontecer diminuindo o nível de significância.

Dica de estudo

Quando você diminui α (a probabilidade máxima permitida de cometer um erro do tipo I), provavelmente está aumentando β. O valor $1 - \beta$ é chamado de poder do teste. Ele representa a probabilidade de rejeitar a hipótese nula quando ela é falsa. O valor do poder é difícil (e às vezes impossível) de se encontrar em alguns casos.

DEFINIÇÃO

Em um teste de hipótese, o nível de **significância** é a probabilidade suprema permitida de cometer um erro do tipo I. Ele é simbolizado por α, a letra grega minúscula alfa.

A probabilidade de um erro tipo II é simbolizada por β, a letra grega minúscula beta.

Estabelecendo-se o nível de significância em um valor pequeno, você deseja que a probabilidade de rejeitar uma hipótese nula verdadeira seja pequena. Os três níveis de significância comumente usados são

$$\alpha = 0{,}10, \qquad \alpha = 0{,}05 \qquad \text{e} \qquad \alpha = 0{,}01.$$

Testes estatísticos e valor-*p*

Depois de estabelecer as hipóteses nula e alternativa e especificar o nível de significância, o próximo passo em um teste de hipótese é obter uma amostra aleatória da população e calcular as estatísticas (tais como $\bar{x}$, $\hat{p}$ ou s^2), correspondentes aos parâmetros na hipótese nula (tais como μ, p ou σ^2). A estatística é chamada de **estatística de teste**. Sob a suposição de que a hipótese nula é verdadeira, a estatística de teste é então convertida em uma **estatística de teste**, tal como z, t, ou χ^2. A estatística de teste padronizada é usada na tomada de decisão a respeito da hipótese nula.

Neste capítulo, você aprenderá sobre vários testes estatísticos realizados com uma amostra. A Tabela 7.4 mostra as relações entre os parâmetros e suas correspondentes estatísticas de teste e estatísticas de teste padronizadas.

Tabela 7.4

Parâmetro	Estatística de teste	Estatística de teste
μ	$\bar{x}$	z (Seção 7.2, σ conhecido), t (Seção 7.2, σ desconhecido)
p	$\hat{p}$	z (Seção 7.4)
σ^2	s^2	χ^2 (Seção 7.5)

Uma maneira de se decidir se rejeitamos a hipótese nula é determinar se a probabilidade de se obter a estatística de teste padronizada (ou uma que seja mais extrema) é menor que o nível de significância.

DEFINIÇÃO

Se a hipótese nula é verdadeira, então um **valor-*p*** (ou **probabilidade de significância**) de um teste de hipótese é a probabilidade de obter uma estatística com um valor tão extremo ou maior que aquele determinado pelos dados da amostra.

O valor-p de um teste de hipótese depende da natureza do teste. Há três tipos de teste de hipótese – **teste unilateral à esquerda**, **unilateral à direita** e **bilateral**. O tipo de teste depende da localização da região da distribuição amostral que favorece a rejeição de H_0. Essa região é indicada pela hipótese alternativa.

DEFINIÇÃO

1. Se a hipótese alternativa H_a contém o símbolo de desigualdade "menor que" ($<$), então o teste de hipótese é um **teste unilateral à esquerda**.

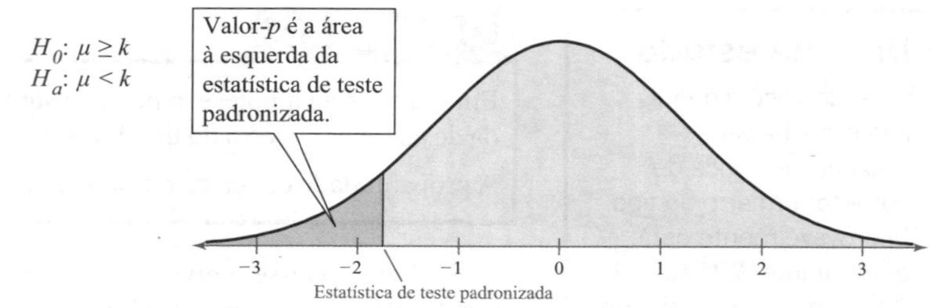

Figura 7.7 Teste unilateral à esquerda.

2. Se a hipótese alternativa H_a contém o símbolo de desigualdade "maior que" ($>$), então o teste de hipótese é um teste **unilateral à direita**.

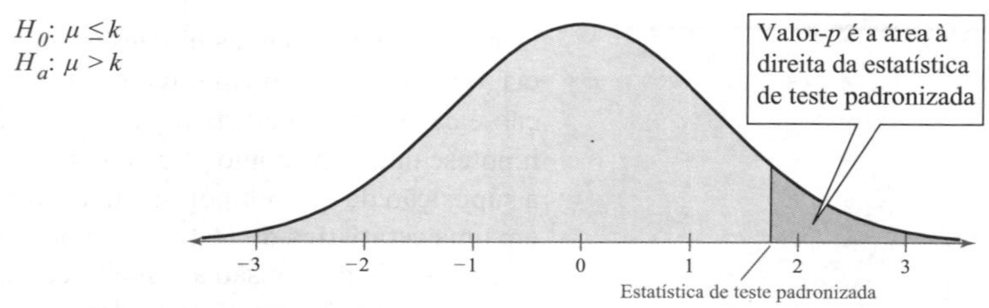

Figura 7.8 Teste unilateral à direita.

3. Se a hipótese alternativa H_a contém o símbolo de "diferente de" ($\neq$), então o teste de hipótese é um teste **bilateral**. Em um teste bilateral, cada cauda tem uma área de $\frac{1}{2}p$.

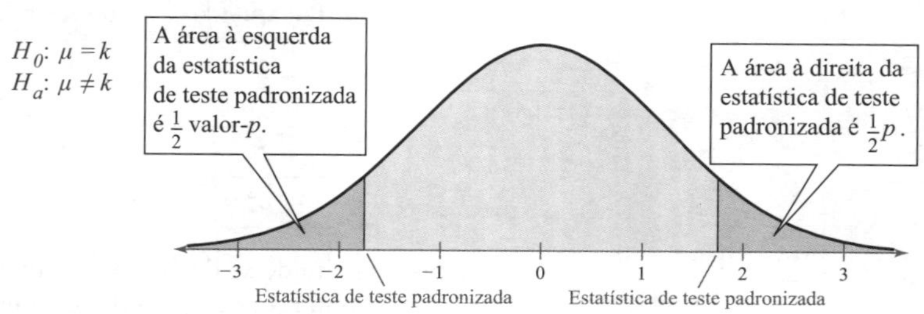

Figura 7.9 Teste bilateral.

Dica de estudo

O terceiro tipo de teste é chamado de teste bilateral, porque a evidência que apoiaria a hipótese alternativa poderia estar em ambas as caudas da distribuição amostral.

Quanto menor o valor-p do teste, mais evidência há para rejeitar a hipótese nula. Um valor-p muito pequeno indica um evento incomum. Lembre-se, entretanto, que mesmo um valor-p muito baixo não constitui prova de que a hipótese nula é falsa, somente que é provavelmente falsa.

EXEMPLO 3

Identificando a natureza de um teste de hipóteses

Para cada afirmação, expresse H_0 e H_a em palavras e em símbolos. Em seguida, determine se o teste de hipóteses é unilateral à esquerda, unilateral à direita ou bilateral. Esboce uma distribuição amostral normal e sombreie a área para o valor-*p*.

1. Uma escola divulga que a proporção de seus estudantes que estão envolvidos em pelo menos uma atividade extracurricular é de 61%.
2. Uma concessionária de automóveis anuncia que o tempo médio para uma troca de óleo é menos que 15 minutos.
3. Uma companhia anuncia que a vida útil média de seus fornos é superior a 18 anos.

SOLUÇÃO

	Em Símbolos	*Em palavras*
1.	H_0: $p = 0{,}61$	A proporção de estudantes que estão envolvidos em pelo menos uma atividade extracurricular é de 61%.
	H_a: $p \neq 0{,}61$	A proporção de estudantes que estão envolvidos em pelo menos uma atividade extracurricular não é de 61%.

Como H_a contém o símbolo $\neq$, o teste é um teste de hipóteses bilateral. A Figura 7.10 mostra a distribuição amostral normal com a área sombreada para o valor-*p*.

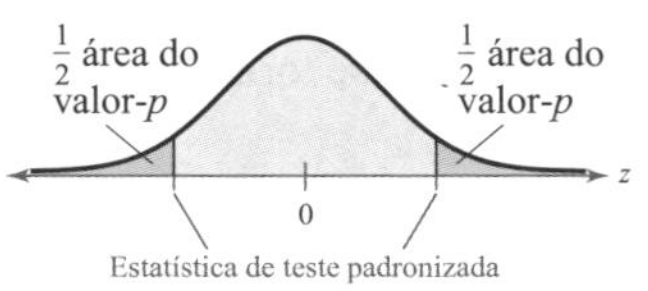

Figura 7.10

	Em Símbolos	*Em palavras*
2.	2. H_0: $\mu \geq 15$ min	O tempo médio para uma troca de óleo é maior ou igual a 15 minutos.
	H_a: $\mu < 15$ min	O tempo médio para uma troca de óleo é menor que 15 minutos.

Como H_a contém o símbolo $<$, o teste é um teste de hipóteses unilateral à esquerda. A Figura 7.11 mostra a distribuição amostral normal com a área sombreada para o valor *p*.

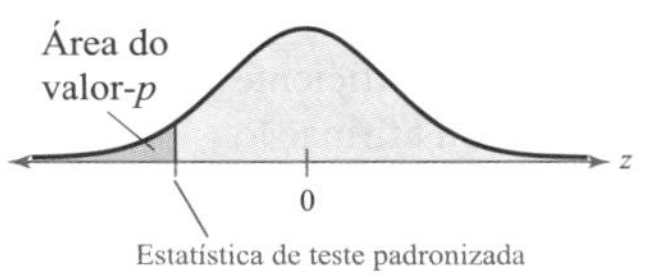

Figura 7.11

	Em Símbolos	*Em palavras*
3.	H_0: $\mu \leq 18$ anos	A vida útil média dos fornos é menor ou igual a 18 anos.
	H_a: $\mu > 18$ anos	A vida útil média dos fornos é maior que 18 anos

Como H_a contém o símbolo $>$, o teste é um teste de hipóteses unilateral à direita. A Figura 7.12 mostra a distribuição amostral normal com a área sombreada para o valor-*p*.

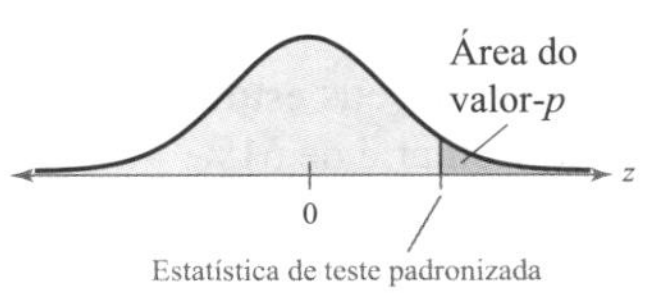

Figura 7.12

TENTE VOCÊ MESMO 3

Para cada afirmação, expresse H_0 e H_a em palavras e em símbolos. Em seguida, determine se o teste de hipóteses é unilateral à esquerda, unilateral à direita ou bilateral. Esboce uma distribuição amostral normal e sombreie a área para o valor-*p*.

1. Um analista de consumo informa que a vida útil média de certo tipo de bateria automotiva não é de 74 meses.
2. Um fabricante de eletrônicos anuncia que a variação da vida útil de seus sistemas de *home theater* é menor ou igual a 2,7.
3. Um corretor de imóveis divulga que a proporção de proprietários que acham suas casas muito pequenas para suas famílias e maior que 24%.

Tomando uma decisão e interpretando-a

Para concluir o teste de hipóteses, você toma uma decisão e a interpreta. Para qualquer teste de hipóteses há dois resultados possíveis: (1) rejeitar a hipótese nula ou (2) não rejeitar a hipótese nula. Para decidir rejeita H_0 ou não rejeita H_0, você pode usar a seguinte regra de decisão.

Dica de estudo

Neste capítulo, você aprenderá que há dois tipos de regra de decisão para decidir se rejeita ou não rejeitar H_0. A regra de decisão descrita nesta página é baseada em valor-*p*. O segundo tipo de regra de decisão é baseado em regiões de rejeição. Quando a estatística de teste cai na região de rejeição, a probabilidade observada (valor-*p*) de um erro tipo I é menos que α. Você aprenderá mais sobre regiões de rejeição na próxima seção.

Regra de decisão baseada no valor-*p*

Para usar um valor-*p* para tomar uma decisão em um teste de hipótese, compare o valor-*p* com α.

1. Se valor-$p \leq \alpha$, então rejeite H_0.
2. Se valor-$p > \alpha$, não rejeite H_0.

Não rejeitar a hipótese nula não significa que você tenha aceitado a hipótese nula como verdadeira. Isso significa simplesmente que não há evidência suficiente para rejeitar a hipótese nula. Para apoiar uma afirmação, expresse-a de modo que se torne a hipótese alternativa. Para rejeitar uma afirmação, expresse-a de modo que se torne a hipótese nula. A Tabela 7.5 ajudará a interpretar sua decisão.

Tabela 7.5

	Afirmação	
Decisão	Afirmação está em H_0	Afirmação está em H_a
Rejeita H_0	Há evidência suficiente para rejeitar a afirmação	Há evidência suficiente para apoiar a afirmação
Não rejeita H_0	Não há evidência suficiente para rejeitar a afirmação	Não há evidência suficiente para apoiar a afirmação

EXEMPLO 4

Interpretando uma decisão

Você realiza um teste de hipóteses para cada uma das afirmações. Como você deveria interpretar sua decisão se rejeitar H_0? E se você não rejeitar H_0?

1. H_0 (Afirmação): Uma escola divulga que a proporção de seus estudantes que estão envolvidos em pelo menos uma atividade extracurricular é de 61%.
2. H_a (Afirmação): Uma concessionária de automóveis anuncia que o tempo médio para uma troca de óleo é menor que 15 minutos.

SOLUÇÃO

1. A afirmação é representada por H_0. Se rejeitar H_0, então você deve concluir que "há evidência suficiente para rejeitar a afirmação da escola de que a proporção de estudantes envolvidos em pelo menos uma atividade extracurricular é de 61%". Se não rejeitar H_0, então você deve concluir que "não há evidência suficiente para rejeitar a afirmação da escola de que a proporção de estudantes envolvidos em pelo menos uma atividade extracurricular é de 61%".
2. A afirmação é representada por H_a, então, a hipótese nula é "o tempo médio para uma troca de óleo é maior ou igual a 15 minutos". Se rejeitar H_0, então você deve concluir que "há evidência suficiente para suportar a afirmação da concessionária de que o tempo médio para uma troca de óleo é menos que 15 minutos". Se não rejeitar H_0, então você deve concluir que "não há evidência suficiente para suportar a afirmação da concessionária de que o tempo médio para uma troca de óleo é menor que 15 minutos".

TENTE VOCÊ MESMO 4

Você realiza um teste de hipóteses para cada uma das afirmações. Como você deveria interpretar sua decisão se rejeitar H_0? E se você não rejeitar H_0?

1. Um analista de consumo informa que a vida útil média de certo tipo de bateria automotiva não é de 74 meses.
2. H_a (Afirmação): Um corretor de imóveis divulga que a proporção de proprietários que acham suas casas muito pequenas para suas famílias e maior que 24%.

Os passos gerais para um teste de hipóteses usando valor-p estão resumidos a seguir. Observe que, ao realizar um teste de hipóteses, você deve sempre declarar as hipóteses nula e alternativa antes de coletar os dados. Você não deve coletar os dados primeiro e depois criar uma hipótese baseada em algo incomum nos dados.

PASSOS PARA O TESTE DE HIPÓTESE

1. Expresse a afirmação verbal e matematicamente. Identifique as hipóteses nula e alternativa.

   H_0: **?** H_a: **?**

2. Especifique o nível de significância.

   $\alpha =$ **?**

3. Determine a distribuição amostral padronizada e esboce seu gráfico.

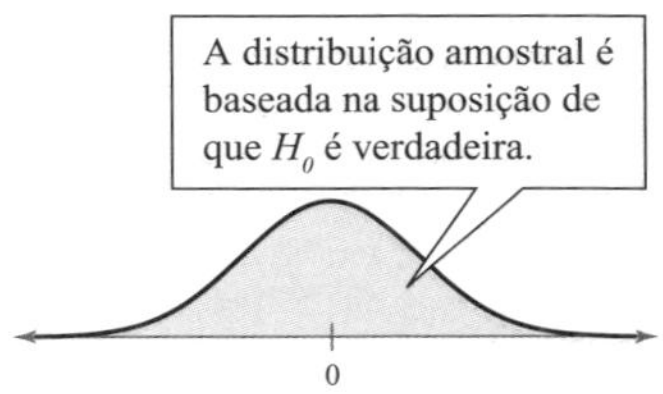

Figura 7.13

4. Calcule a estatística de teste e sua correspondente estatística de teste padronizada. Acrescente isso no seu esboço.

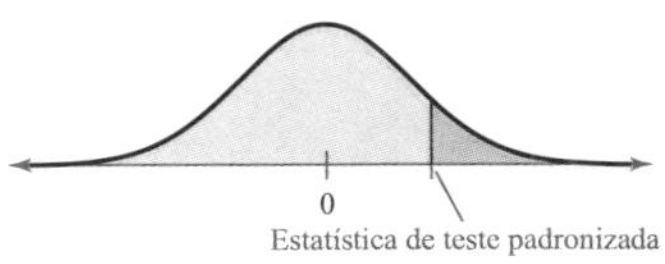

Figura 7.14

5. Encontre o valor-p.
6. Use a regra de decisão:

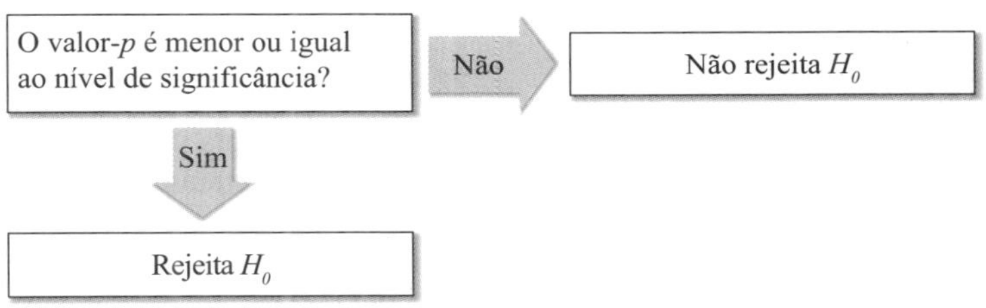

7. Escreva uma declaração para interpretar a decisão no contexto da afirmação original.

No passo 4 apresentado anteriormente, a Figura 7.14 mostra um teste unilateral à direita. Entretanto, os mesmos passos também se aplicam a testes unilateral à esquerda e bilateral.

Estratégias para testes de hipótese

Em um tribunal, a estratégia usada por um advogado depende se ele está representando a defesa ou a acusação. De maneira semelhante, a estratégia que você usará no teste de hipóteses deve depender se você está tentando aceitar ou rejeitar a afirmação. Lembre-se que você não pode usar um teste de hipóteses para apoiar sua afirmação quando ela é a hipótese nula. Então, como um pesquisador, ao realizar um teste de hipóteses com o qual deseja sustentar uma afirmação, expresse-a de modo que ela seja a hipótese alternativa. Para realizar um teste de hipóteses no qual deseja-se a rejeição de uma afirmação, expresse-a de modo que ela seja a hipótese nula.

EXEMPLO 5

Escrevendo as hipóteses

Uma equipe de pesquisa médica está investigando os benefícios de um novo tratamento cirúrgico. Uma das afirmações é que o tempo médio de recuperação para os pacientes após o novo tratamento é menor que 96 horas.

1. Como você escreveria as hipóteses nula e alternativa quando você está na equipe de pesquisa e quer apoiar a afirmação? Como você deve interpretar uma decisão que rejeita a hipótese nula?
2. Como você escreveria as hipóteses nula e alternativa quando você está na equipe oposta e quer rejeitar a afirmação? Como você deve interpretar uma decisão que rejeita a hipótese nula?

Solução

1. Para responder à questão, primeiro pense no contexto da afirmação. Como você quer apoiar essa afirmação, faça a hipótese alternativa expressar que o tempo médio de recuperação para os pacientes é menor que 96 horas. Então, H_a: $\mu < 96$ horas. Seu complemento, H_0: $\mu \geq 96$ horas será a hipótese nula. Se você rejeitar H_0, você apoiará a afirmação de que o tempo médio de recuperação é inferior a 96 horas.

   H_0: $\mu \geq 96$ e H_a: $\mu < 96$ (Afirmação)

2. Primeiro pense sobre o contexto da afirmação. Como pesquisador de uma outra equipe, você não quer que o tempo de recuperação seja menos do que 96 horas. Como você quer rejeitar essa afirmação, expresse-a como a hipótese nula. Então, H_0: $\mu \leq 96$ horas. Seu complemento, H_a: $\mu > 96$ horas será a hipótese alternativa. Se você rejeitar H_0, você rejeitará a afirmação de que o tempo médio de recuperação é menor ou igual a 96 horas.

   H_0: $\mu \leq 96$ (Afirmação) e H_a: $\mu > 96$

TENTE VOCÊ MESMO 5

1. Você representa uma indústria química que está sendo processada por danos na pintura de automóveis. Você quer apoiar a afirmação de que o custo médio de reparo por automóvel é menor que US$ 650. Como você escreveria as hipóteses nula e alternativa? Como você deve interpretar uma decisão que rejeita a hipótese nula?
2. Você faz parte de uma equipe de pesquisa que está investigando a temperatura média de adultos humanos. A afirmação comumente aceita é que a temperatura média é de aproximadamente 98,6 °F. Você quer mostrar que essa afirmação é falsa. Como você escreveria as hipóteses nula e alternativa? Como você deve interpretar uma decisão que rejeita a hipótese nula?

7.1 EXERCÍCIOS

Construindo habilidades básicas e vocabulário

1. Quais são os dois tipos de hipóteses usados no teste de hipóteses? Como elas são relacionadas?

2. Descreva os dois tipos de erros possíveis em uma decisão de teste de hipóteses?

3. Quais são as duas decisões que você pode tomar ao realizar um teste de hipóteses?

4. Não rejeitar a hipótese nula significa que a hipótese nula é verdadeira? Explique.

Verdadeiro ou falso? *Nos exercícios de 5 a 10, determine se a afirmação é verdadeira ou falsa. Se for falsa, reescreva como uma frase verdadeira.*

5. Em um teste de hipóteses, você assume a hipótese alternativa como verdadeira.

6. Uma hipótese estatística é uma afirmação sobre uma amostra.

7. Se você decidir rejeitar a hipótese nula, você pode apoiar a hipótese alternativa.

8. O nível de significância é a probabilidade máxima que você permite para rejeitar a hipótese nula quando ela é realmente verdadeira.

9. Um valor-*p* grande em um teste irá favorecer uma rejeição da hipótese nula.

10. Para apoiar uma afirmação, escreva-a de forma que ela seja a hipótese nula.

Declarando hipóteses *Nos exercícios de 11 a 16, a declaração representa uma afirmação. Escreva seu complemento e formule H0 e Ha.*

11. $\mu \leq 645$

12. $\mu < 128$

13. $\sigma \neq 5$

14. $\sigma^2 \geq 1{,}2$

14. $p < 0{,}45$

16. $p = 0{,}21$

Análise gráfica *Nos exercícios de 17 a 20, relacione a hipótese alternativa com seu gráfico. Então, formule a hipótese nula e esboce seu gráfico.*

17. H_a: $\mu > 3$

18. H_a: $\mu < 3$

19. H_a: $\mu \neq 3$

20. H_a: $\mu > 2$

(a) 

(b) 

(c) 

(d) 

Identificando testes *Nos exercícios de 21 a 24, determine se o teste de hipótese é unilateral à esquerda, unilateral à direita ou bilateral.*

21. H_0: $\mu \leq 8{,}0$
H_a: $\mu > 8{,}0$

22. H_0: $\sigma \geq 5{,}2$
H_a: $\sigma < 5{,}2$

23. H_0: $\sigma^2 = 142$
H_a: $\sigma^2 \neq 142$

24. H_0: $p = 0{,}25$
H_a: $p \neq 0{,}25$

Usando e interpretando conceitos

Declarando as hipóteses nula e alternativa *Nos exercícios de 25 a 30, escreva a afirmação como uma sentença matemática. Formule as hipóteses nula e alternativa e identifique qual representa a afirmação.*

25. ***Tablets*** Um fabricante de *tablet* afirma que a vida média da bateria para um certo modelo de *tablet* e de mais de 8 horas.
26. **Erros de embarque** Conforme declarado pelo departamento de embarque de uma empresa, o número de erros de embarque por milhão de embarques tem desvio padrão inferior a 3.
27. **Preço base para um quadriciclo** O desvio padrão do preço base de certo tipo de um quadriciclo é não mais do que US$ 320.
28. **Frequência** Um parque de diversões afirma que a frequência média diária no parque é de pelo menos 20.000 pessoas.
29. **Pagando a faculdade** De acordo com uma pesquisa recente, 54% dos estudantes universitários de hoje usaram empréstimos estudantis para pagar a faculdade. *(Fonte: The Federal Reserve.)*
30. **Dívidas da faculdade** De acordo com uma pesquisa recente, 14% dos adultos possuem, atualmente, dívidas de empréstimos estudantis. *(Fonte: The Federal Reserve.)*

Identificando erros tipo I e tipo II *Nos exercícios de 31 a 36, descreva os erros tipo I e tipo II para um teste de hipóteses sobre a afirmação indicada.*

31. **Clientes repetidos** Um site de venda de livros didáticos usados afirma que pelo menos 60% de seus novos clientes retornarão para comprar seu próximo livro didático.
32. **Taxa de vazão** Um planejador urbano afirma que a taxa média de fluxo de tráfego ao meio-dia em uma movimentada rua do campus universitário no centro da cidade é de 35 carros por minuto.
33. **Xadrez** Um clube de xadrez local afirma que o tempo de duração de uma partida tem desvio padrão de mais de 12 minutos.
34. **Sistema de *videogame*** Um pesquisador afirma que o percentual de jogadores dos Estados Unidos que são mulheres não é 50%.
35. **Segurança** O departamento de segurança do campus divulga que no máximo 25% dos candidatos se tornam oficiais de segurança do campus.
36. **Consertos de telefones** Uma loja de consertos de celulares anuncia que o custo médio do conserto de uma tela de telefone é inferior a US$ 120.

Identificando a natureza de um teste de hipótese *Nos exercícios de 37 a 42, expresse H_0 e Ha em palavras e em símbolos. Em seguida, determine se o teste de hipótese e unilateral à esquerda, unilateral à direita ou bilateral. Explique seu raciocínio. Esboce uma distribuição amostral normal e sombreie a área para o valor-p.*

37. **Alarmes de segurança** Um especialista em segurança afirma que pelo menos 14% de todos os proprietários de residências têm um alarme de segurança.
38. **Relógios** Um fabricante de relógios de pêndulo afirma que o tempo médio de atraso de seus relógios é não mais de 0,02 segundos por dia.
39. **Golfe** Um analista de golfe afirma que o desvio padrão da pontuação de um percurso de 18 buracos, para um golfista, é menor que 2,1 tacadas.
40. **Câncer de pulmão** Um relatório afirma que o câncer de pulmão é responsável por 25% de todos os diagnósticos de câncer. *(Fonte: American Cancer Society.)*

41. Pesquisa Uma organização de pesquisa informa que o número de respostas a uma pesquisa enviada a 100.000 residentes nos Estados Unidos não é 100.000.

42. Taxa de conclusão do Ensino Médio Uma escola de ensino médio afirma que sua taxa média de graduação é superior a 97%.

Interpretando uma decisão *Nos exercícios de 43 a 48, determine se a afirmação representa a hipótese nula ou a hipótese alternativa . Se um teste de hipótese for realizado, como você deveria interpretar uma decisão de:*

(a) rejeitar a hipótese nula?

(b) não rejeitar a hipótese nula?

43. Cisnes Um cientista afirma que o período médio de incubação para ovos de cisne é menor que 40 dias.

44. Suprindo as necessidades básicas Um relatório afirma que mais de 30% das famílias em um condado de Wisconsin lutam para pagar as necessidades básicas. *(Adaptado de Peninsula Pulse.)*

45. Cortadores de grama Um pesquisador afirma que o desvio padrão do tempo de vida de certo tipo de cortador de grama é no máximo 2,8 anos.

46. Consumo de combustível Um fabricante automotivo afirma que o desvio padrão para o consumo de combustível de um de seus modelos é de 3,9 milhas por galão.

47. *Marketing* Uma empresa de equipamentos de ginástica afirma que a empresa de seu concorrente não possui uma taxa de satisfação do cliente de 99%.

48. Aluguel Um estudo recente afirma que pelo menos 20% dos inquilinos estão atrasados no pagamento do aluguel em Nova Jersey. *(Fonte: National Equity Atlas.)*

49. Escrevendo hipóteses: medicina Uma equipe de pesquisa médica está investigando o custo médio de um suprimento de 30 dias de certo medicamento para o coração. Uma empresa farmacêutica acha que o custo médio é menor que US$ 60. Você quer apoiar essa afirmação. Como você escreveria as hipóteses nula e alternativa?

50. Escrevendo hipóteses: empresa de redes de transporte Uma empresa de redes de transporte afirma que o tempo médio de viagem entre dois destinos é cerca de 16 minutos. Você trabalha para um dos concorrentes e quer rejeitar essa afirmação. Como você escreveria as hipóteses nula e alternativa?

51. Escrevendo hipóteses: fabricante de mochilas Um fabricante de mochilas afirma que a vida média das mochilas de seu concorrente é menor que 5 anos. Foi solicitado que você realizasse um teste de hipóteses para testar essa afirmação. Como você escreveria as hipóteses nula e alternativa quando:

(a) você representa o fabricante e quer apoiar a afirmação?

(b) você representa o concorrente e quer rejeitar a afirmação?

52. Escrevendo hipóteses: provedor de internet Um provedor de internet está tentando ganhar acordos de publicidade e afirma que o tempo médio que um consumidor passa *on-line* por dia é maior que 28 minutos. Foi solicitado que você testasse essa afirmação. Como você escreveria as hipóteses nula e alternativa quando:

(a) você representa o provedor de internet e quer apoiar a afirmação?

(b) você representa um concorrente e quer rejeitar a afirmação?

Expandindo conceitos

53. Alcançando o conceito Por que a diminuição da probabilidade de um erro tipo I aumenta a probabilidade de um erro tipo II?

54. Alcançando o conceito Explique por que um nível de significância $\alpha = 0$ não é usado?

55. Escrevendo Um hipótese nula é rejeitada com um nível de significância de 0,05. Ela também é rejeitada a um nível de significância de 0,10? Explique.

56. Escrevendo Um hipótese nula é rejeitada com um nível de significância de 0,10. Ela também é rejeitada a um nível de significância de 0,05? Explique.

Análise gráfica *Nos exercícios de 57 a 60, é dada uma hipótese nula e três intervalos de confiança que representam três amostragens. Determine se cada intervalo de confiança indica que você deveria rejeitar H_0. Explique seu raciocínio.*

57.

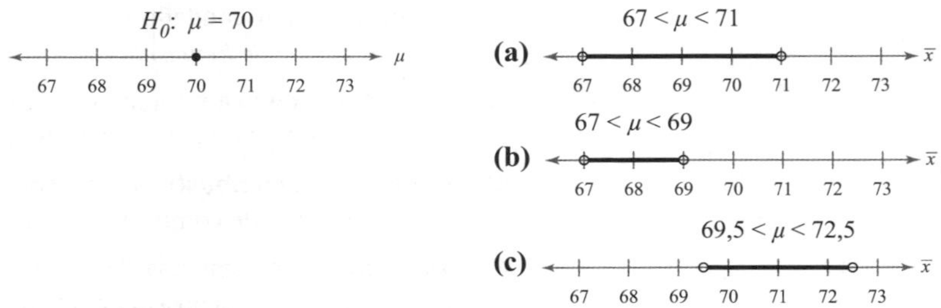

58.

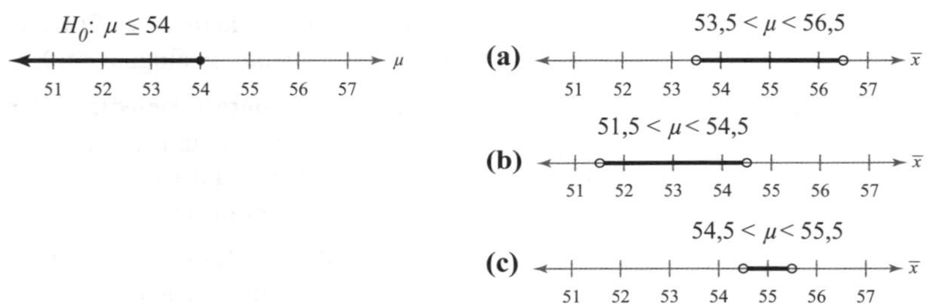

59.

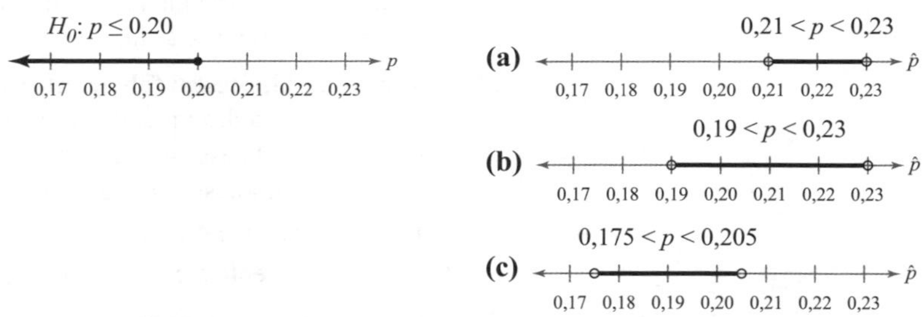

60.

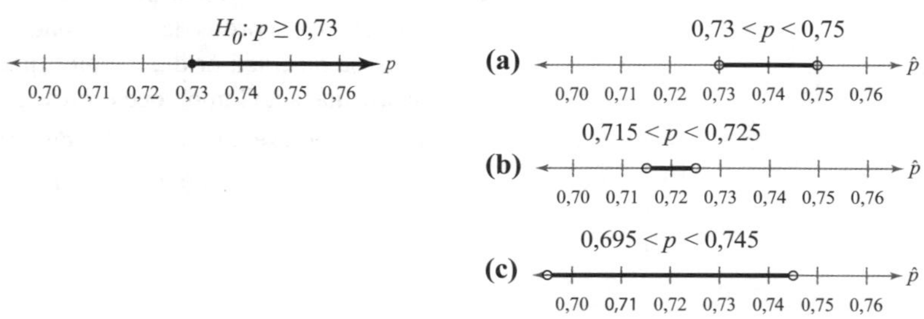

7.2 Teste de hipóteses para a média (σ conhecido)

O que você deve aprender

- Como encontrar e interpretar valores-*p*.
- Como usar valores-*p* para um teste *z* para uma média μ quando σ é conhecido.
- Como calcular valores críticos e regiões de rejeição na distribuição normal padrão.
- Como usar regiões de rejeição para um teste *z* para uma média μ quando σ é conhecido.

Usando valores-*p* para tomar decisões ■ Usando valores-*p* para um teste *z* ■ Regiões de rejeição e valores críticos ■ Usando regiões de rejeição para um teste z

Usando valores-*p* para tomar decisões

No Capítulo 5, você aprendeu que quando o tamanho da amostra é pelo menos 30, a distribuição amostral para $\bar{x}$ (a média amostral) é normal. Na Seção 7.1, você aprendeu que uma maneira de obter uma conclusão em um teste de hipóteses é usar um valor-*p* para a estatística de teste, tal como $\bar{x}$. Lembre-se de que, quando você assume a hipótese nula como verdadeira, um valor-*p* (ou probabilidade de significância) de um teste de hipóteses é a probabilidade de se obter uma estatística com um valor tão extremo ou mais que aquele determinado a partir dos dados da amostra. A regra de decisão para um teste de hipóteses baseado em um valor-*p* está repetida a seguir.

Regra de decisão baseada no valor p

Para usar um valor-*p* para tomar uma decisão em um teste de hipóteses, compare o valor-*p* com α.

1. Se valor-$p \leq \alpha$, então rejeite H_0.
2. Se valor-$p > \alpha$, então não rejeite H_0.

EXEMPLO 1

Interpretando um valor-*p*

O valor-*p* para um teste de hipóteses é $p = 0{,}0237$. Qual é a sua decisão quando o nível de significância é (1) $\alpha = 0{,}05$ e (2) $\alpha = 0{,}01$?

SOLUÇÃO

1. Pelo fato de $0{,}0237 < 0{,}05$, você rejeita a hipótese nula.
2. Pelo fato de $0{,}0237 > 0{,}01$, você não rejeita a hipótese nula.

TENTE VOCÊ MESMO 1

O valor-*p* para um teste de hipótese é $p = 0{,}0745$. Qual é a sua decisão quando o nível de significância é (1) $\alpha = 0{,}05$ e (2) $\alpha = 0{,}10$?

Quanto menor o valor-*p*, mais evidência há a favor da rejeição de H_0. O valor-*p* fornece a você o menor nível de significância para o qual a estatística permite que você rejeite a hipótese nula. No Exemplo 1, você rejeitaria H_0 em qualquer nível de significância maior que ou igual a 0,0237.

Encontrando o valor-*p* para um teste de hipóteses

Após determinar a estatística de teste padronizada do teste de hipóteses e a área correspondente da estatística de teste padronizada, analise conforme a seguir para encontrar o valor-*p*.

a. Para um teste unilateral à esquerda, valor-*p* = (área na cauda esquerda).

b. Para um teste unilateral à direita, valor-*p* = (área na cauda direita).

c. Para um teste bilateral, valor-*p* = 2(área na cauda da estatística de teste padronizada).

EXEMPLO 2

Encontrando um valor-*p* para um teste unilateral à esquerda

Encontre o valor-*p* para um teste de hipóteses unilateral à esquerda com uma estatística de teste padronizada $z = -2{,}23$. Decida se rejeita H_0 quando o nível de significância é $\alpha = 0{,}01$.

SOLUÇÃO

A Figura 7.15 mostra a curva normal padrão com uma área sombreada à esquerda de $z = -2{,}23$. Para um teste unilateral à esquerda,

valor-p = (área na cauda esquerda)

Usando a Tabela 4 do Apêndice B, a área que corresponde a $z = -2{,}23$ é 0,0129, que é a área na cauda à esquerda. Então, o valor-*p* para um teste de hipóteses unilateral à esquerda com uma estatística de teste padronizada $z = -2{,}23$ é $p = 0{,}0129$. Você pode verificar sua resposta usando a tecnologia, conforme mostrado na Figura 7.16.

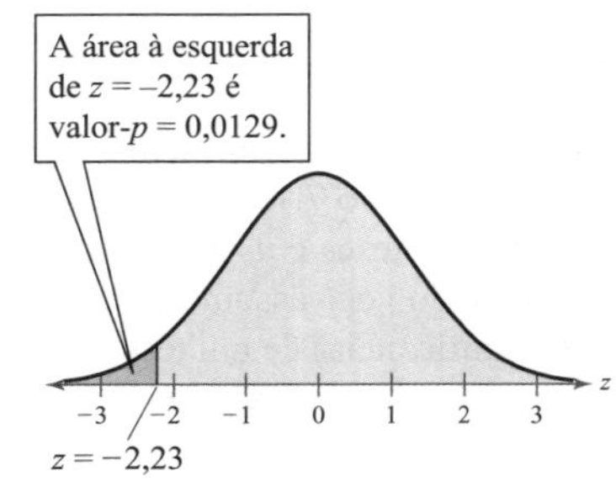

Figura 7.15 Teste unilateral à esquerda.

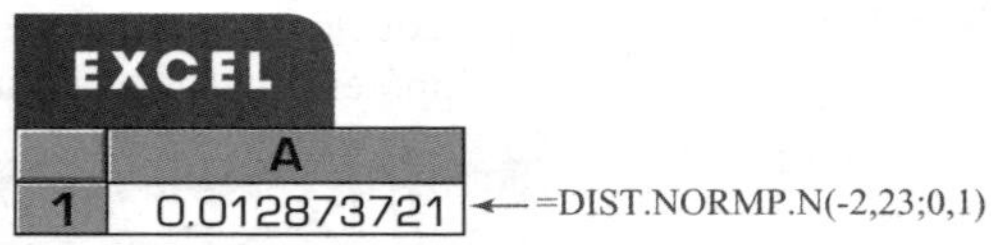

Figura 7.16

Interpretação Como o valor-$p = 0{,}0129$ é maior que 0,01, você não rejeita H_0.

TENTE VOCÊ MESMO 2

Encontre o valor-*p* para um teste de hipóteses unilateral à esquerda com uma estatística de teste padronizada $z = -1{,}71$. Decida se rejeita H_0 quando o nível de significância é $\alpha = 0{,}05$.

EXEMPLO 3

Encontrando um valor-*p* para um teste bilateral

Encontre o valor-*p* para um teste de hipóteses bilateral com uma estatística de teste padronizada $z = 2{,}14$. Decida se rejeita H_0 quando o nível de significância é $\alpha = 0{,}05$.

SOLUÇÃO

A Figura 7.17 mostra a curva normal padrão com áreas sombreadas à esquerda de $z = -2{,}14$ e à direita de $z = 2{,}14$. Para um teste bilateral,

valor-p = 2 (área na cauda da estatística de teste padronizada).

Usando Tabela 4 do Apêndice B, a área correspondente a $z = 2{,}14$ é 0,9838. A área na cauda direita é $1 - 0{,}9838 = 0{,}0162$. Então, o valor-*p* para um teste de hipóteses bilateral com estatística de teste padronizada $z = 2{,}14$ é

$p = 2\,(0{,}0162) = 0{,}0324$.

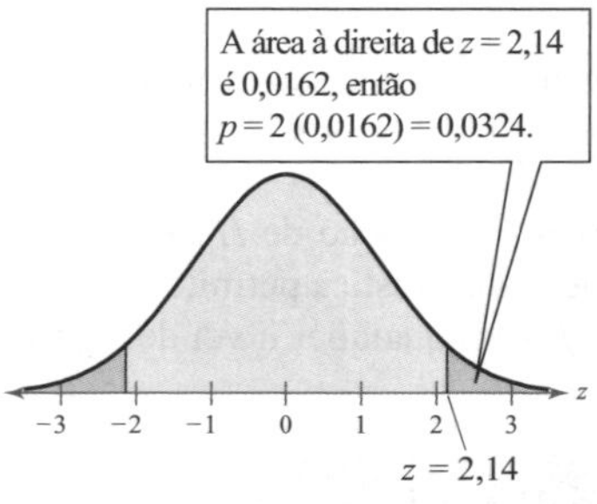

Figura 7.17 Teste bilateral.

Interpretação Como o valor-*p* de 0,0324 é menor que 0,05, você rejeita-se H_0.

TENTE VOCÊ MESMO 3

Encontre o valor-*p* para um teste de hipóteses bilateral com uma estatística de teste padronizada $z = 1{,}64$. Decida se rejeita H_0 quando o nível de significância é $\alpha = 0{,}10$.

Usando valores *p* para um teste *z*

Você aprenderá agora como realizar um teste de hipóteses para uma média μ supondo que o desvio padrão σ é conhecido. Quando σ é conhecido, você pode usar um teste z para a média. Para usá-lo, você precisa encontrar o valor padronizado para a estatística de teste $\bar{x}$. A estatística de teste padronizada tem a seguinte forma:

$$z = \frac{\text{média amostral} - \text{média hipotética}}{\text{erro padrão}}.$$

Teste z para uma média μ

O Teste z para uma média μ é um teste estatístico para uma média populacional. A estatística de teste é a média amostral $\bar{x}$. A estatística de teste padronizada é

$$z = \frac{\bar{x} - \mu}{\sigma / \sqrt{n}} \quad \text{Estatística de teste padronizada para } \mu \text{ } (\sigma \text{ conhecido})$$

Quando essas condições forem satisfeitas,

1. A amostra é aleatória.
2. Pelo menos um dos seguintes é verdade: A população é normalmente distribuída ou $n \geq 30$.

Lembre-se que $\sigma / \sqrt{n}$ é o erro padrão da média $\sigma_{\bar{x}}$.

INSTRUÇÕES

Usando valores-*p* para um teste *z* para uma média μ (σ conhecido)

Em palavras	Em símbolos
1. Verifique que σ é conhecido, a amostra é aleatória e a população é normalmente distribuída ou $n \geq 30$.	
2. Expresse a afirmação verbal e matematicamente. Identifique as hipóteses nula e alternativa.	Formule H_0 e H_a.
3. Especifique o nível de significância.	Identifique α.
4. Calcule a estatística de teste padronizada.	$z = \frac{\bar{x} - \mu}{\sigma / \sqrt{n}}$
5. Encontre a área que corresponde a z.	Use a Tabela 4 do Apêndice B.
6. Encontre o valor-*p*. **a.** Para um teste unilateral à esquerda, valor-*p* = (área na cauda esquerda). **b.** Para um teste unilateral à direita, valor-*p* = (área na cauda direita). **c.** Para um teste bilateral, valor-*p* = 2(área na cauda da estatística de teste padronizada).	
7. Tome uma decisão para rejeitar ou não rejeitar a hipótese nula.	Se valor-$p \leq \alpha$, então rejeitar H_0. Caso contrário, não rejeitar H_0.
8. Interprete a decisão no contexto da afirmação original.	

Com todos os testes de hipóteses, é útil esboçar a distribuição amostral. Seu esboço deve incluir a estatística de teste padronizada.

EXEMPLO 4

Teste de hipóteses usando valor-*p*

Em corrida de carros, um *pit stop* é aonde um veículo vai para troca de pneus, abastecer, realizar reparos e outros ajustes mecânicos. A eficiência de uma equipe que realiza esses ajustes pode afetar o resultado de uma corrida. Uma equipe afirma que seu tempo médio no *pit stop* (para 4 trocas de pneus e abastecimento) é menor que 13 segundos. Uma amostra aleatória de 32 tempos de *pit stop* tem uma média amostral de 12,9 segundos. Suponha que o desvio padrão populacional é de 0,19 segundos. Há evidência suficiente para suportar a afirmação com $\alpha = 0{,}01$? Use um valor-*p*.

SOLUÇÃO

Como σ é conhecido ($\sigma = 0{,}19$), a amostra é aleatória e $n = 32 \geq 30$, você pode usar o teste z. A afirmação é "o tempo médio no *pit stop* é menor que 13 segundos". Então, as hipóteses nula e alternativa são:

H_0: $\mu \geq 13$ segundos e H_a: $\mu < 13$ segundos (Afirmação)

O nível de significância é $\alpha = 0{,}01$. A estatística de teste padronizada é

$$z = \frac{\bar{x} - \mu}{\sigma/\sqrt{n}}$$ Como σ é conhecido e $n \geq 30$, use o teste z.

$$= \frac{12{,}9 - 13}{0{,}19/\sqrt{32}}$$ Suponha que $\mu = 13$.

$$\approx -2{,}98.$$ Arredonde para duas casas decimais.

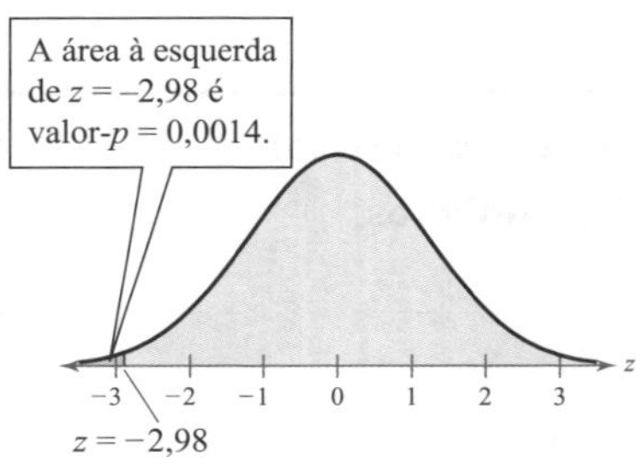

Figura 7.18 Teste unilateral à esquerda.

Usando a Tabela 4 do Apêndice B, a área correspondente a $z = -2{,}98$ é 0,0014. Como esse teste é unilateral à esquerda, o valor-*p* é igual a área à esquerda de $z = -2{,}98$, conforme mostrado na Figura 7.18. Então, valor-$p = 0{,}0014$. Uma vez que o valor-*p* menor que $\alpha = 0{,}01$, você rejeita a hipótese nula. Você pode verificar sua resposta usando a tecnologia, conforme mostrado na Figura 7.21. Observe que o valor-*p* difere ligeiramente daquele encontrado, devido ao arredondamento.

STATCRUNCH

One sample Z summary hypothesis test:
μ : Mean of population
H_0 : μ = 13
H_A : μ < 13
Standard deviation = 0.19

Hypothesis test results:

Mean	n	Sample Mean	Std. Err.	Z-Stat	P-value
μ	32	12.9	0.033587572	-2.9772917	0.0015

Figura 7.19

Interpretação Há evidência suficiente ao nível de significância de 1% para suportar a afirmação de que o tempo médio no *pit stop* é menor que 13 segundos.

TENTE VOCÊ MESMO 4

Proprietários de casas afirmam que a velocidade média de veículos que passam por sua rua é maior que o limite de velocidade de 35 milhas por hora. Uma amostra aleatória de 100 automóveis tem uma média de velocidade de 36 milhas por hora. Suponha que o desvio padrão populacional é de 4 milhas por hora. Há evidência suficiente para apoiar a afirmação com $\alpha = 0{,}05$. Use um valor-*p*.

EXEMPLO 5

Veja os passos do Minitab na página 414.

Teste de hipótese usando um valor-*p*

De acordo com um estudo sobre casas dos Estados Unidos que usam equipamentos de aquecimento, a temperatura interna média à noite durante o inverno é de 68,3 °F. Você acha que essa informação está incorreta. Você seleciona aleatoriamente 25 casas nos Estados Unidos que usam equipamentos de aquecimento no inverno e descobre que a temperatura interna média à noite é de 67,2 °F. A partir de estudos anteriores, sabe-se que o desvio padrão da população é de 3,5°F e a população é normalmente distribuída. Existe evidência suficiente para suportar sua afirmação com $\alpha = 0{,}05$? Use um valor-*p*. *(Adaptado de U.S. Energy Information Administration.)*

SOLUÇÃO

Como σ é conhecido ($\sigma = 3{,}5$°F), a amostra é aleatória e a população *é* normalmente distribuída, você pode usar o teste *z*. A afirmação é "a média é diferente de 68,3 °F". Então, as hipóteses nula e alternativa são:

H_0: $\mu = 68{,}3$ ° F e H_a: $\mu \neq 68{,}3$ ° F (Afirmação)

O nível de significância é $\alpha = 0{,}05$. A estatística de teste padronizada é

$$z = \frac{\bar{x} - \mu}{\sigma / \sqrt{n}}$$ Como σ é conhecido e a população é normalmente distribuída,

$$= \frac{67{,}2 - 68{,}3}{3{,}5 / \sqrt{25}}$$ Suponha $\mu = 68{,}3$ ° F.

$$\approx -1{,}57.$$ Arredonde para duas casas decimais.

Como σ é conhecido e a população é normalmente distribuída,

Usando a Tabela 4 do Apêndice B, a área correspondente a $z = -1{,}57$ é 0,0582. Como esse teste é bilateral, o valor-*p* é igual a duas vezes a área à esquerda de $z = -1{,}57$, conforme mostrado na Figura 7.20.

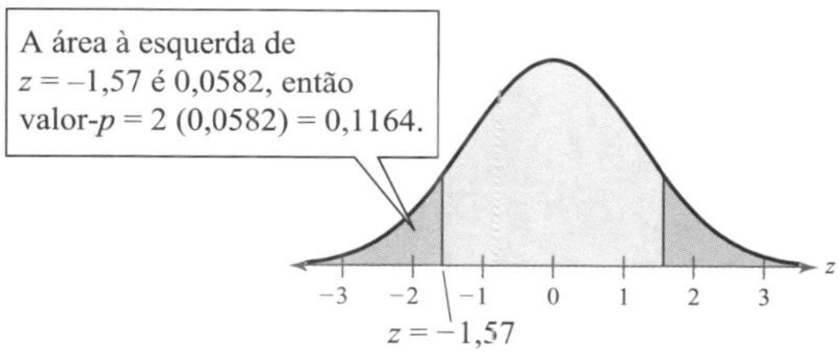

Figura 7.20 Teste bilateral.

Então o valor-*p* é 2(0,0582) = 0,1164. Como o valor-*p* é maior que $\alpha = 0{,}05$, você não rejeita a hipótese nula.

Interpretação Não há evidência suficiente ao nível de significância de 5% para suportar a afirmação de que a temperatura interna média à noite durante o verão é diferente de 68,3 °F para casas nos Estados Unidos que usam equipamentos de aquecimento.

TENTE VOCÊ MESMO 5

De acordo com um estudo com adultos americanos empregados, com 18 anos ou mais, o número médio de dias de trabalho perdidos devido a doença ou lesão nos últimos 12 meses é de 3,6 dias. Você acha que esta informação está incorreta. Você seleciona aleatoriamente 25 adultos estadunidenses empregados com 18 anos ou mais e descobre que o número médio de dias de trabalho perdidos é de 4 dias. Suponha que o desvio padrão da população seja de 1,5 dias e que a população tenha distribuição normal. Existe evidência suficiente para apoiar sua afirmação com $\alpha = 0{,}01$? Use um valor-*p*. *(Adaptado de U.S. National Center for Health Statistics.)*

Dica de tecnologia

Usando uma TI-84 Plus, você pode ou inserir os dados originais em uma lista para encontrar um valor-*p* ou inserir as estatísticas descritivas.

STAT

Escolha o menu TESTS

1: Z-Test...

Selecione a opção *Data* (*entrada de dados*) quando você usar os dados originais. Selecione a opção de entrada *Stats* quando usar as estatísticas descritivas. Em cada caso, insira os valores apropriados incluindo o tipo de teste de hipóteses correspondente, indicado pela hipótese alternativa. Então, selecione *Calculate*.

EXEMPLO 6

Usando tecnologia para encontrar um valor-*p*

Use as telas da TI-84 Plus na Figura 7.21 para decidir se rejeita ou não rejeita a hipótese nula ao nível de significância $\alpha = 0,05$.

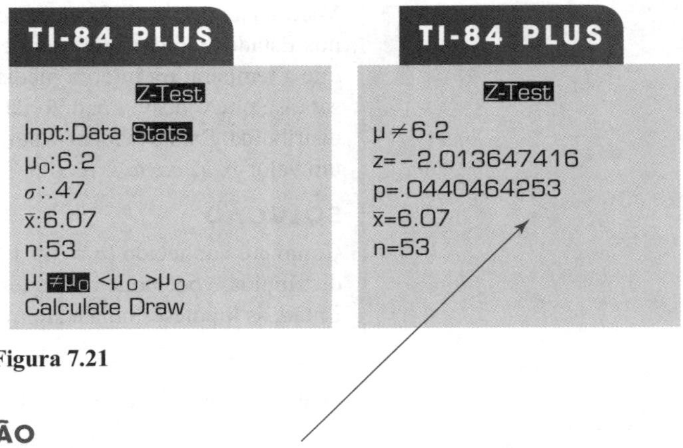

Figura 7.21

SOLUÇÃO

O valor-*p* para esse teste é 0,0440464253. Como o valor-*p* é menor que $\alpha = 0,05$, você rejeita a hipótese nula.

TENTE VOCÊ MESMO 6

Repita o Exemplo 6 usando um nível de significância $\alpha = 0,01$.

Regiões de rejeição e valores críticos

Outro método para decidir se rejeita a hipótese nula é determinar se a estatística de teste padronizada está dentro de uma faixa de valores chamada de região de rejeição da distribuição amostral.

DEFINIÇÃO

Uma **região de rejeição** (ou **região crítica**) da distribuição amostral é o intervalo de valores para o qual a hipótese nula não é provável. Se uma estatística de teste padronizada cai nessa região, então a hipótese nula é rejeitada. Um valor crítico z_0 separa a região de rejeição da região de não rejeição.

INSTRUÇÕES

Encontrando valores críticos na distribuição normal padrão

1. Especifique o nível de significância α.
2. Determine se o teste é unilateral à esquerda, unilateral à direita ou bilateral.
3. Encontre o(s) valor(es) crítico(s) z_0. Quando o teste de hipótese é:
   a. *unilateral à esquerda*, encontre o escore-*z* que corresponde a uma área de α.
   b. *unilateral à direita*, encontre o escore-*z* que corresponde a uma área de $1 - \alpha$.
   c. *bilateral*, encontre o escore-*z* que corresponde a $\frac{1}{2}\alpha$ e $1 - \frac{1}{2}\alpha$.
4. Esboce a distribuição normal padrão. Desenhe uma linha vertical em cada valor crítico e sombreie a(s) região(ões) de rejeição. (Veja as Figuras 7.22 (a) a (c)).

Note que uma estatística de teste padronizada que cai em uma região de rejeição é considerada um evento incomum.

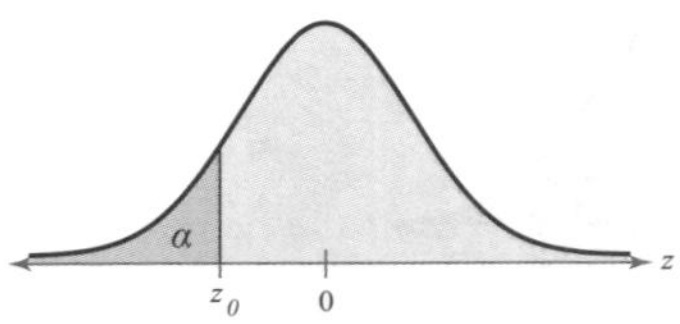

(a) Teste unilateral à esquerda

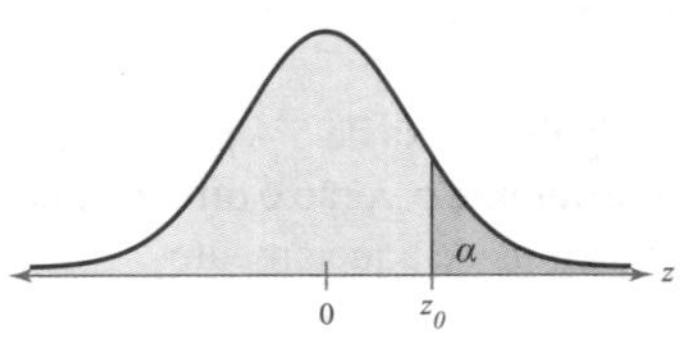

(b) Teste unilateral à direita

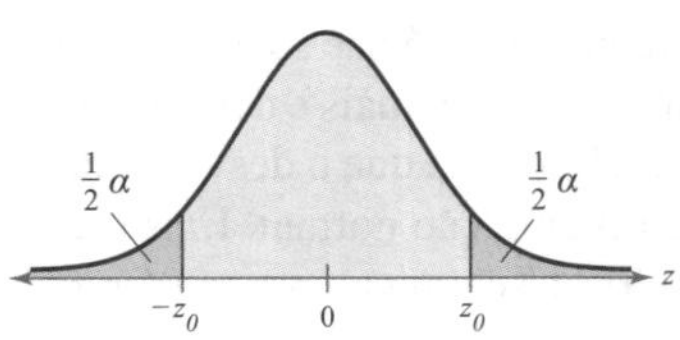

(c) Teste bilateral

Figura 7. 22

Quando você não pode encontrar a área exata na Tabela 4 do Apêndice B, use a área que está mais próxima. Para uma área que está exatamente a meio caminho entre duas áreas na tabela, use o escore-z médio entre os correspondentes escores-z.

EXEMPLO 7

Calculando um valor crítico para um teste unilateral à esquerda

Calcule o valor crítico e a região de rejeição para um teste unilateral à esquerda com $\alpha = 0{,}01$.

SOLUÇÃO

A Figura 7.23 mostra a curva normal padrão com uma área sombreada de 0,01 na cauda esquerda. Na Tabela 4 do Apêndice B, o escore-z que está mais próximo a uma área de 0,01 é –2,33. Então, o valor crítico é

$$z_0 = -2{,}33.$$

A região de rejeição está à esquerda desse valor crítico. Você pode verificar sua resposta usando a tecnologia, conforme a Figura 7.24

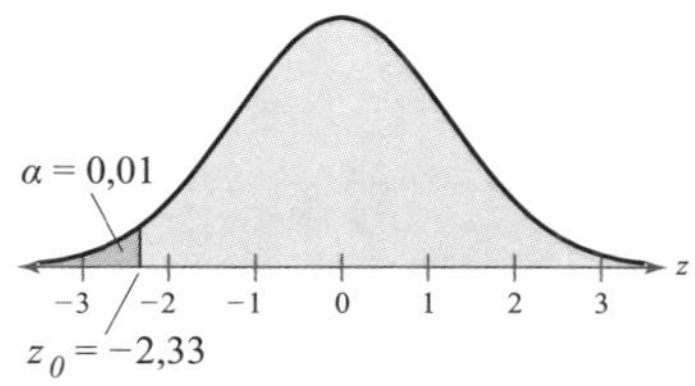

Figura 7.23 Nível de significância de 1%.

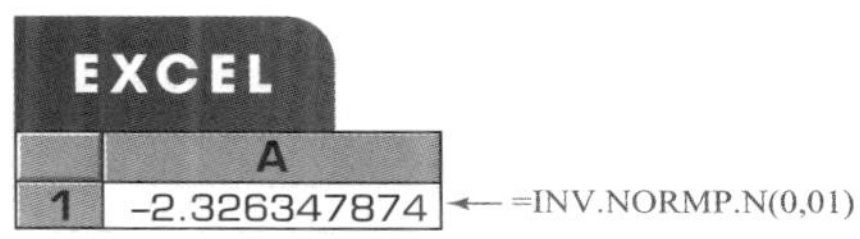

Figura 7.24

TENTE VOCÊ MESMO 7

Encontre o valor crítico e a região de rejeição para um teste unilateral à esquerda com $\alpha = 0{,}10$.

Como a distribuição normal é simétrica, em um teste bilateral os valores críticos são opostos, conforme mostrado no próximo exemplo.

Dica de estudo

A tabela a seguir lista os valores críticos para os níveis de significância mais comumente usados.

Alpha	Cauda	z
0,10	Esquerda Direita Bilateral	– 1,28 1,28 ± 1,645
0,05	Esquerda Direita Bilateral	– 1,645 1,645 ± 1,96
0,01	Esquerda Direita Bilateral	– 2,33 2,33 ± 2,575

EXEMPLO 8

Calculando um valor crítico para um teste bilateral

Calcule os valores críticos e as regiões de rejeição para um teste bilateral com $\alpha = 0{,}05$.

SOLUÇÃO

A Figura 7.25 mostra a curva normal padrão com as áreas sombreadas de $\frac{1}{2}\alpha = 0{,}025$ em cada cauda. A área à esquerda de $-z_0$ é $\frac{1}{2}\alpha = 0{,}025$ e a área à esquerda de z_0 é $1 - \frac{1}{2}\alpha = 0{,}975$. Na Tabela 4 do Apêndice B, os escores-z que correspondem às áreas 0,025 e 0,975 são –1,96 e 1,96, respectivamente. Então, os valores críticos são:

$$-z_0 = -1{,}96 \text{ e } z_0 = 1{,}96.$$

As regiões de rejeição estão à esquerda de –1,96 e à direita de 1,96.

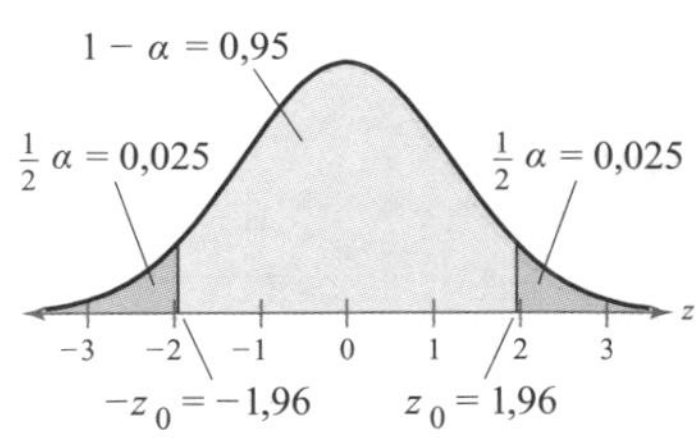

Figura 7.25 Nível de significância de 5%.

TENTE VOCÊ MESMO 8

Encontre os valores críticos e as regiões de rejeição para um teste bilateral com $\alpha = 0{,}08$.

Usando regiões de rejeição para um teste *z*

Para concluir um teste de hipótese usando região(ões) de rejeição, você toma uma decisão e a interpreta de acordo com a seguinte regra.

Regra de decisão baseada na região de rejeição

Para usar uma região de rejeição para conduzir um teste de hipótese, calcule a estatística de teste padronizada z. Se a estatística de teste padronizada:

1. está na região de rejeição, então rejeite H_0.
2. *não* está na região de rejeição, então não rejeite H_0.

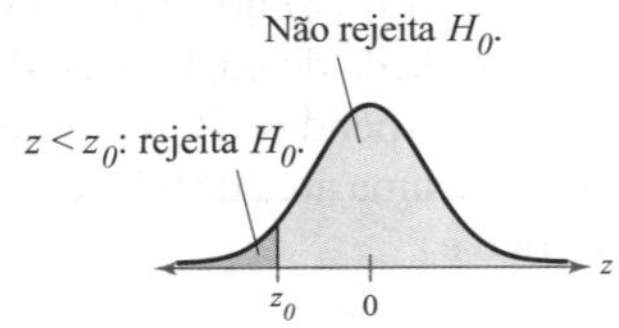

Figura 7.26 Teste unilateral à esquerda.

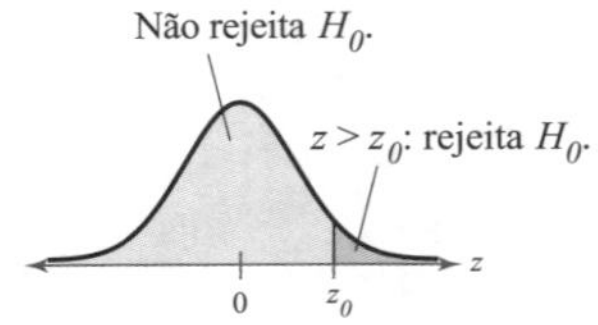

Figura 7.27 Teste unilateral à direita.

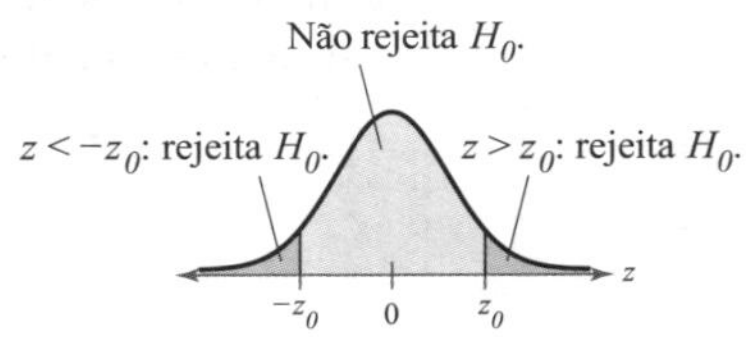

Figura 7.28 Teste bilateral.

Lembre-se, não rejeitar a hipótese nula não significa que você aceitou a hipótese nula como verdadeira. Simplesmente significa que não há evidência suficiente para rejeitar a hipótese nula.

INSTRUÇÕES

Usando regiões de rejeição para um teste z para uma média μ (σ conhecido)

Em palavras	Em símbolos
1. Verifique se σ é conhecido, a amostra é aleatória e a população é normalmente distribuída ou $n \geq 30$.	
2. Expresse a afirmação verbal e matematicamente. Identifique as hipóteses nula e alternativa.	Formule H_0 e H_a.
3. Especifique o nível de significância.	Identifique α.
4. Determine o(s) valor(es) crítico(s)	Use a Tabela 4 do Apêndice B.
5. Determine a(s) região(ões) de rejeição.	
6. Encontre a estatística de teste e esboce a distribuição amostral.	$z = \dfrac{\bar{x} - \mu}{\sigma / \sqrt{n}}$
7. Tome uma decisão para rejeitar ou não rejeitar a hipótese nula.	Se z está na região de rejeição, então rejeitar H_0. Caso contrário, não rejeitar H_0.
8. Interprete a decisão no contexto da afirmação original.	

Retratando o mundo

A cada ano, a Agência de Proteção Ambiental (Environmental Protection Agency – EPA em inglês) publica relatórios de consumo de gasolina para todas as marcas de modelos de veículos de passeio. Em um ano recente, o carro subcompacto com o melhor consumo apresentou um rendimento médio combinado de cidade/estrada de 113 milhas por galão. Um fabricante de automóveis afirma que seus subcompactos possuem um rendimento combinado cidade/estrada que excede a média populacional de 25,7 milhas por galão. Para suportar sua afirmação, são testados 36 veículos e obtém-se uma média amostral de 28,5 milhas por galão. Suponha que o desvio padrão da população é de 14,7 milhas por galão. *(Fonte: U.S. Department of Energy.)*

A evidência é forte o suficiente para suportar a afirmação de que o rendimento combinado cidade/estrada dos carros subcompactos excede 25,7 milhas por galão? Use o teste z com $\alpha = 0{,}10$.

EXEMPLO 9

Veja o passo a passo da TI-84 Plus na página 415.

Testando hipóteses usando uma região de rejeição

Funcionários de uma companhia de construção e mineração afirmam que o salário médio dos engenheiros mecânicos é menor que o de um de seus concorrentes, que é US$ 95.600. Uma amostra aleatória de 20 engenheiros mecânicos da companhia tem um salário médio de US$ 93.300. Suponha que o desvio padrão da população é de $ 9.500 e a população é normalmente distribuída. Considerando o nível de significância $\alpha = 0{,}05$, teste a afirmação dos funcionários.

SOLUÇÃO

Como σ é conhecido (σ = $ 9.500), a amostra é aleatória e a população normalmente distribuída, você pode usar o teste z. A afirmação é: "o salário médio é menor que $ 95.600". Então, as hipóteses nula e alternativa podem ser escritas como:

H_0: $\mu \geq$ US$ 95.600 e H_a: $\mu <$ US$ 95.600 (Afirmação)

Como o teste é unilateral à esquerda e o nível de significância é $\alpha = 0{,}05$, o valor crítico é $z_0 = -1{,}645$ e a região de rejeição é $z < -1{,}645$. A estatística de teste padronizada é:

$$z = \frac{\bar{x} - \mu}{\sigma / \sqrt{n}}$$ Como σ é conhecido e a população é normalmente distribuída, use o teste z.

$$= \frac{93.300 - 95.600}{9.500 / \sqrt{20}}$$ Suponha μ = US$ 95.6000.

$$\approx -1{,}08.$$ Arredonde para duas casas decimais.

A Figura 7.29 mostra a localização da região de rejeição e a estatística de teste padronizada z. Como z não está na região de rejeição, você não rejeita a hipótese nula.

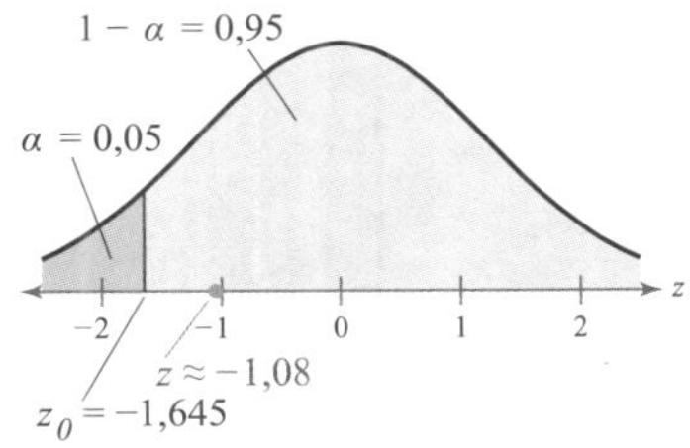

Figura 7.29 Nível de significância de 5%.

Interpretação Não há evidência suficiente ao nível de significância de 5% para suportar a afirmação dos funcionários de que o salário médio é menor que US$ 95.600.

Tenha certeza de que você entendeu a decisão tomada neste exemplo. Embora sua amostra tenha uma média de US$ 93.300, você não pode (ao nível de significância de 5%) suportar a afirmação de que a média dos salários de todos os engenheiros mecânicos é menor que US$ 95.600. Por exemplo, a diferença entre sua estatística de teste ($\bar{x}$ = US$ 93.300) e a média hipotética (μ = US$ 95.600) pode ser devido a erro de amostragem.

TENTE VOCÊ MESMO 9

O Presidente da companhia do Exemplo 9 afirma que o dia de trabalho médio dos engenheiros mecânicos é menor que 8,5 horas. Uma amostra aleatória de 25 dos engenheiros mecânicos da companhia tem um dia de trabalho médio de 8,2 horas. Suponha que o desvio padrão populacional é 0,5 horas e a população é normalmente distribuída. Considerando o nível de significância $\alpha = 0{,}01$, teste a afirmação do presidente.

EXEMPLO 10

Testando hipóteses usando regiões de rejeição

Um pesquisador afirma que o custo médio anual para criar um filho com idade entre 1 e 3 anos nos Estados Unidos é US\$ 13.350. Em uma amostra aleatória de famílias nos Estados Unidos, o custo médio anual para criar um filho com idade entre 1 e 3 anos é US\$ 13.186. A amostra consiste em 1.000 pais que tem crianças com idade entre 1 e 3 anos. Suponha que o desvio padrão populacional é US\$ 2.750. Considerando o nível de significância $\alpha = 0{,}10$, há evidência suficiente para rejeitar a afirmação? *(Adaptado de U.S. News & World Report.)*

SOLUÇÃO

Como σ é conhecido (σ = US\$ 2.750), a amostra é aleatória e $n = 1.000 \geq 30$, você pode usar o teste z. A afirmação é: "o custo médio anual é US\$ 13.350". Então, as hipóteses nula e alternativa são:

H_0: μ = US\$ 13.350 (Afirmação) e H_a: $\mu \neq$ US\$ 13.350

Como o teste é bilateral e o nível de significância é $\alpha = 0{,}10$, os valores críticos são $-z_0 = -1{,}645$ e $z_0 = 1{,}645$. As regiões de rejeição são $z < -1{,}645$ e $z > 1{,}645$. A estatística de teste padronizada é:

$$z = \frac{\bar{x} - \mu}{\sigma / \sqrt{n}}$$ Como σ é conhecido e $n \geq 30$, use o teste z.

$$= \frac{13.186 - 13.350}{2750/\sqrt{1000}}$$ Suponha μ = US\$ 13.350.

$$\approx -1{,}89.$$ Arredonde para duas casas decimais.

A Figura 7.30 mostra a localização das regiões de rejeição e a estatística de teste padronizada z. Como z está na região de rejeição, você rejeita a hipótese nula.

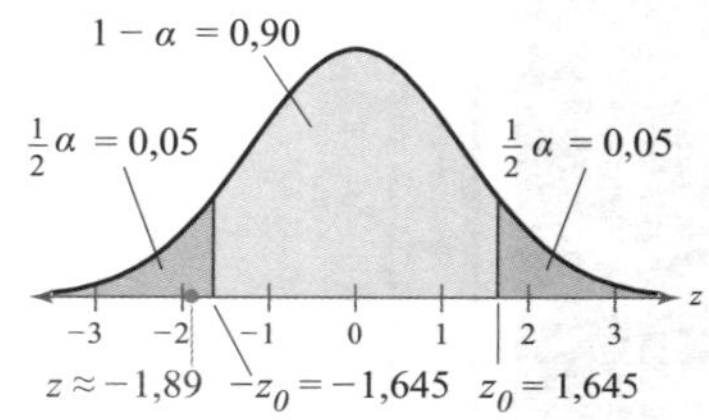

Figura 7.30 Nível de significância de 10%.

Você pode verificar sua resposta usando a tecnologia, conforme mostrado na Figura 7.31.

MINITAB

One-Sample Z

N	Mean	SE Mean	90% CI for μ	Z-Value	P-Value
1000	13186.0	87.0	(13043.0, 13329.0)	−1.89	0.059

μ: population mean of Sample *Null hypothesis* H_0: μ = 13350
Known standard deviation = 2750 *Alternative hypothesis* H_1: $\mu \neq$ 13350

Figura 7.31

Interpretação Há evidência suficiente ao nível de significância de 10% para rejeitar a afirmação de que o custo médio anual para criar um filho com idade entre 1 e 3 anos nos Estados Unidos é US\$ 13.350.

TENTE VOCÊ MESMO 10

No Exemplo 10, para $\alpha = 0{,}01$ há evidência suficiente para rejeitar a afirmação.

7.2 EXERCÍCIOS

Construindo habilidades básicas e vocabulário

1. Explique a diferença entre o teste z para μ usando um valor-p e o teste z para μ usando região(ões) de rejeição.

2. A média de uma amostra aleatória de 18 pontuações de teste é $\bar{x} = 85$. O desvio padrão da população de todas as pontuações de teste é $\sigma = 6$. Sob que condição você pode usar um teste z para decidir se deve rejeitar uma afirmação de que a média da população é $\mu = 88$?

Interpretando um valor-*p* *Nos exercícios de 3 a 8, o valor-p para um teste de hipótese é mostrado. Use-o para decidir se rejeita H_0 quando o nível de significância é (a) $\alpha = 0{,}01$, (b) $\alpha = 0{,}05$ e (c) $\alpha = 0{,}10$.*

3. valor-p = 0,0461

4. valor-p = 0,0691

5. valor-p = 0,1271

6. valor-p = 0,0107

6. valor-p = 0,0838

8. valor-p = 0,0062

Análise gráfica *Nos exercícios de 9 a 12, relacione o valor-p ou a estatística z com o gráfico que representa a área correspondente. Explique seu raciocínio.*

9. valor-p = 0,0688

(a)

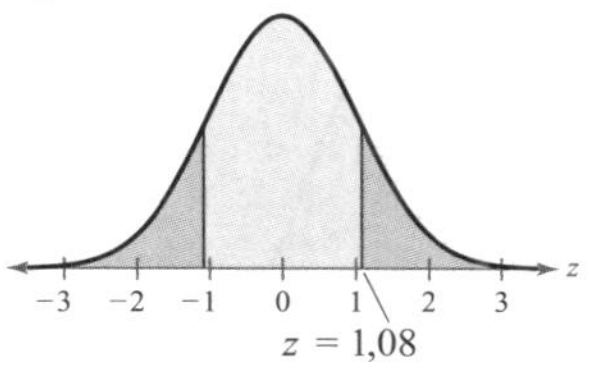

10. valor-p = 0,2802

(b)

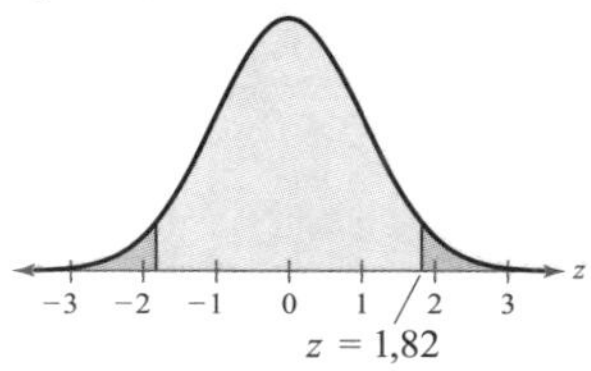

11. $z = -2{,}37$

(a)

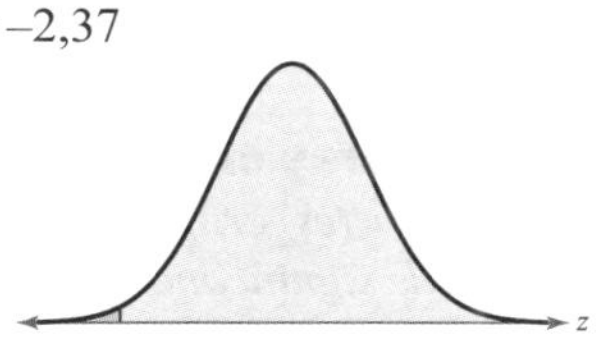

12. $z = -0{,}51$

(b)

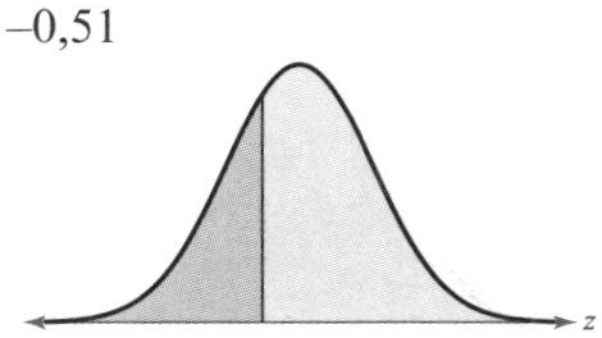

Encontrando um valor-*p* *Nos exercícios de 13 a 18, encontre o valor-p para o teste de hipóteses com a estatística de teste padronizada z. Decida se rejeita H_0 para o nível de significância α.*

13. Teste unilateral à esquerda
$z = -1{,}32$
$\alpha = 0{,}10$

14. Teste unilateral à esquerda
$z = -1{,}55$
$\alpha = 0{,}05$

15. Teste unilateral à direita
$z = 2{,}46$
$\alpha = 0{,}01$

16. Teste unilateral à direita
$z = 1{,}23$
$\alpha = 0{,}10$

17. Teste bilateral
$z = -1{,}68$
$\alpha = 0{,}05$

18. Teste bilateral
$z = 1{,}95$
$\alpha = 0{,}08$

Nos exercícios 19 e 20, use as figuras a seguir da tela da calculadora TI-84 Plus para tomar a decisão de rejeitar ou não rejeitar a hipótese nula ao nível de significância dado.

19. $\alpha = 0{,}05$

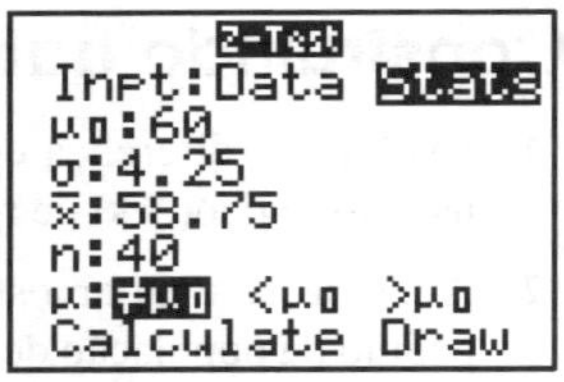

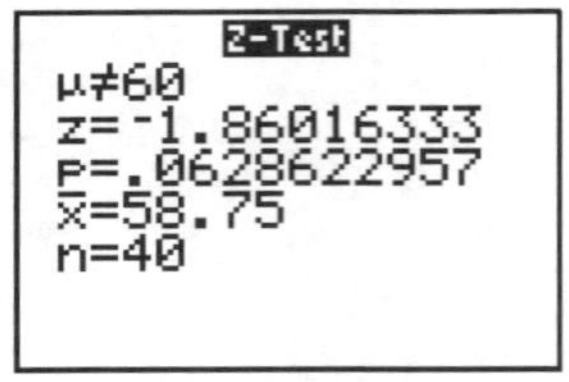

20. $\alpha = 0{,}01$

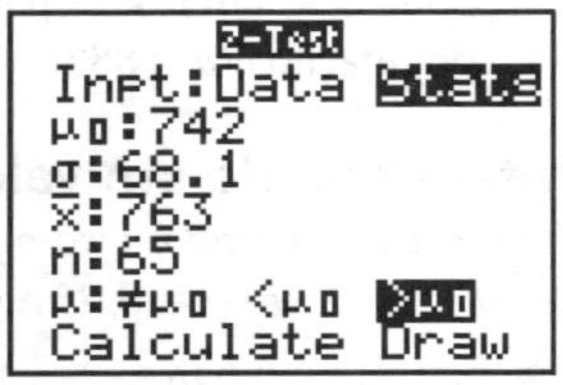

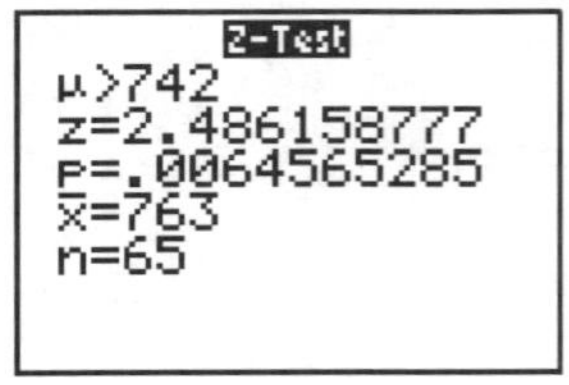

Análise gráfica *Nos exercícios 21 e 22, determine se cada estatística de teste padronizada z permite que você rejeite a hipótese nula. Explique seu raciocínio.*

21. **(a)** $z = -1{,}301$
(b) $z = 1{,}203$
(c) $z = 1{,}280$
(d) $z = 1{,}286$

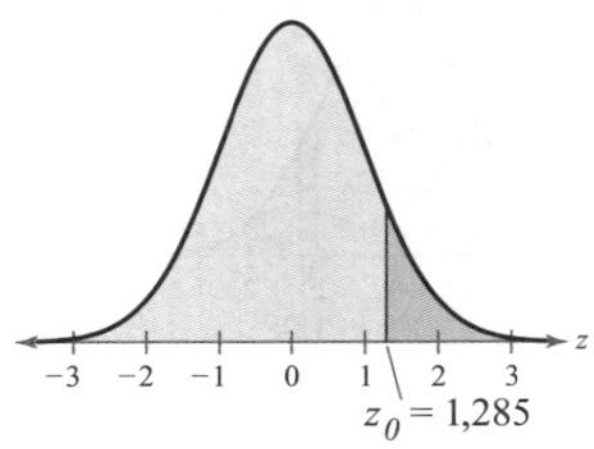

22. **(a)** $z = 1{,}98$
(b) $z = -1{,}89$
(c) $z = 1{,}65$
(d) $z = -1{,}99$

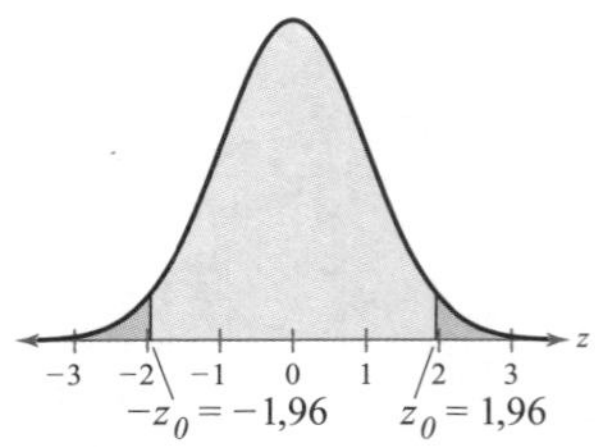

Calculando valores críticos e regiões de rejeição *Nos exercícios de 23 a 28, calcule o(s) valor(es) crítico(s) e encontre a(s) região(ões) de rejeição para o tipo de teste z com nível de significância α. Incluir um gráfico com sua resposta.*

23. Teste unilateral à esquerda, $\alpha = 0{,}03$

24. Teste unilateral à esquerda, $\alpha = 0{,}09$

25. Teste unilateral à direita, $\alpha = 0{,}05$

26. Teste unilateral à direita, $\alpha = 0{,}08$

27. Teste bilateral, $\alpha = 0{,}02$

28. Teste bilateral, $\alpha = 0{,}12$

Nos exercícios de 29 a 32, teste a afirmação sobre a média populacional μ ao nível de significância α. Suponha que a população é normalmente distribuída.

29. Afirmação: $\mu = 40$; $\alpha = 0{,}05$; $\sigma = 1{,}97$
Estatística: $\bar{x} = 39{,}2$; $n = 25$

30. Afirmação: $\mu > 1.475$; $\alpha = 0{,}07$; $\sigma = 29$
Estatística: $\bar{x} = 1.468$; $n = 26$

31. Afirmação: $\mu \neq 5.880$; $\alpha = 0{,}03$; $\sigma = 413$
Estatística: $\bar{x} = 5.771$; $n = 67$

32. Afirmação: $\mu \leq 22.500$; $\alpha = 0{,}01$; $\sigma = 1.200$
Estatística: $\bar{x} = 23.500$; $n = 45$

Usando e interpretando conceitos

Testando hipóteses usando valores-*p* *Nos exercícios de 33 a 38,*

(a) identifique a afirmação e formule H_0 e H_a.

(b) calcule a estatística de teste padronizada z.

(c) encontre o valor-p.

(d) decida se rejeita ou não rejeita a hipótese nula.

(e) interprete a decisão no contexto da afirmação original.

33. Pontuação no MCAT Uma amostra aleatória de 100 candidatos ao curso de medicina em uma universidade teve uma pontuação total média de 505 no MCAT. De acordo com um relatório, a pontuação total média para os candidatos ao curso é maior que 503. Suponha que o desvio padrão populacional é 10,6. Considerando o nível de significância $\alpha = 0{,}01$, há evidência suficiente para suportar a afirmação do relatório? *(Adaptado de Association of American Medical Colleges.)*

34. Sistemas de extinção de incêndio Um fabricante de sistemas para extinção de incêndio afirma que a temperatura média de ativação é de pelo menos 135 °F. Para testar essa afirmação, você seleciona aleatoriamente uma amostra de 32 sistemas e descobre que a temperatura média de ativação é 133 °F. Suponha que o desvio padrão populacional é 3,3 °F. Considerando o nível de significância $\alpha = 0{,}10$, você tem evidência suficiente para rejeitar a afirmação do fabricante?

35. Maratona de Boston Um estatístico esportivo afirma que o tempo médio das vitórias das campeãs da divisão aberta feminina da Maratona de Boston é de pelo menos 2,6 horas. O tempo médio das vitórias de uma amostra de 30 campeãs da divisão aberta feminina da Maratona de Boston selecionada aleatoriamente é de 2,52 horas. Suponha que o desvio padrão da população seja 0,18 hora. Considerando o nível de significância $\alpha = 0{,}05$, você pode rejeitar a afirmação? *(Adaptado de Boston Athletic Association.)*

36. Tempos de aceleração Um grupo de consumidores afirma que o tempo médio de aceleração de 0 a 60 milhas por hora para todos os veículos de 3 cilindros é de 9,4 segundos. Uma amostra aleatória de 33 veículos de 3 cilindros tem um tempo médio de aceleração de 0 a 60 milhas por hora de 10,2 segundos. Suponha que o desvio padrão da população seja de 2,3 segundos. Considerando o nível de significância $\alpha = 0{,}05$, você pode rejeitar a afirmação? *(Adaptado de Zero to 60 Times.)*

37. Montanhas-russas As quedas verticais (em pés) de 36 montanhas-russas mais bem avaliadas selecionadas aleatoriamente estão listadas. Suponha que o desvio padrão da população seja 65,1 pés. Considerando o nível de significância $\alpha = 0{,}05$, há evidência suficiente para rejeitar a afirmação de que a queda vertical média das montanhas-russas mais bem avaliadas é de 163 pés? *(Adaptado de Coasterpedia.)*

100 100 131 116 98 306 180 118 103
210 215 249 115 104 72 195 135 100
161 98 89 131 98 151 98 171 154
151 161 256 98 119 125 131 80 300

38. Salários Um analista afirma que o salário médio anual para engenheiros elétricos de nível intermediário em Baltimore, Maryland, é mais do que a média nacional, US$ 86.700. Os salários anuais (em dólares) para uma amostra aleatória de 21 engenheiros elétricos de nível intermediário em Baltimore estão listados. Suponha que a população tenha distribuição normal e que o desvio padrão da população seja US$ 13.600. Considerando o nível de significância $\alpha = 0{,}09$, há evidências suficientes para apoiar a afirmação do analista? *(Adaptado de Salary.com)*

71.323 87.322 88.900 75.212 89.516 92.345 95.100
78.444 92.634 96.117 90.309 97.818 86.437 103.345
97.722 93.676 89.925 90.121 92.008 91.555 86.544

Testando hipóteses usando regiões de rejeição *Nos exercícios de 39 a 44, (a) identifique a afirmação e formule H_0 e H_a, (b) encontre o(s) valor(es) crítico(s) e identifique a(s) região(ões) de rejeição, (c) calcule a estatística de teste padronizada z, (d) decida se rejeita ou não rejeita a hipótese nula e (e) interprete a decisão no contexto da afirmação original.*

39. **Teor de Cafeína** Uma organização de pesquisa do consumidor afirma que o teor médio de cafeína por garrafa de 12 onças de uma população de refrigerantes com cafeína é de 37,7 miligramas. Você deseja testar esta afirmação. Durante os testes, você descobre que uma amostra aleatória de trinta e seis garrafas de 12 onças de refrigerantes com cafeína tem um teor médio de cafeína de 36,4 miligramas. Suponha que o desvio padrão da população seja de 10,8 miligramas. Considerando o nível de significância $\alpha = 0{,}01$, você pode rejeitar a alegação da organização de pesquisa? *(Fonte: National Soft Drink Association.)*

40. **Taxa de Graduação do Ensino Médio** Um pesquisador de educação afirma que a taxa média de finalização do Ensino Médio por estado nos Estados Unidos é de 83%. Você deseja testar esta afirmação. Você descobre que uma amostra aleatória de 30 estados tem uma taxa média de graduação de 4 anos no ensino médio de 85%. Suponha que o desvio padrão da população seja de 3,9%. Considerando o nível de significância $\alpha = 0{,}05$, você tem evidências suficientes para rejeitar a afirmação do pesquisador? *(Fonte: U.S. Department of Educantion.)*

41. ***Fast food*** Um restaurante *fast food* estima que o conteúdo médio de sódio em um de seus sanduíches do café da manhã é inferior a 920 miligramas. Uma amostra aleatória de 40 sanduíches do café da manhã tem um conteúdo médio de sódio de 925 miligramas. Suponha que o desvio padrão populacional é 18 miligramas. Considerando o nível de significância $\alpha = 0{,}05$, você tem evidência suficiente para suportar a afirmação do restaurante?

42. **Lâmpadas** Um fabricante de lâmpadas garante que a vida útil média de certo tipo de lâmpada é de pelo menos 750 horas. Uma amostra aleatória de 25 lâmpadas tem vida útil média de 745 horas. Suponha que a população é normalmente distribuída e o desvio padrão populacional é de 60 horas. Considerando o nível de significância $\alpha = 0{,}02$, você tem evidência suficiente para rejeitar a afirmação do fabricante?

43. **Lâmpadas fluorescentes** Um fabricante de lâmpadas fluorescentes compactas garante que a vida útil média de suas lâmpadas é pelo menos 10.000 horas. Você quer testar essa garantia. Para fazer isso, você registra a vida útil para uma amostra aleatória de 32 lâmpadas fluorescentes compactas. Os resultados (em horas) estão listados. Suponha que o desvio padrão populacional é 1.850 horas. Considerando o nível de significância $\alpha = 0{,}11$, você tem evidência suficiente para rejeitar a afirmação do fabricante?

8.800	9.155	13.001	10.250	10.002	11.413	8.234	10.402
10.016	8.015	6.110	11.005	11.555	9.254	6.991	12.006
10.420	8.302	8.151	10.980	10.186	10.003	8.814	11.445
6.277	8.632	7.265	10.584	9.397	11.987	7.556	10.380

44. **Produto Interno Bruto** Um político estima que o produto interno bruto (PIB) médio por país em um ano recente seja superior a US$ 400 bilhões. Você deseja testar essa estimativa. Para fazer isso, você apura os PIBs de 42 países selecionados aleatoriamente para aquele ano. Os resultados (em bilhões de dólares) são mostrados na tabela. Suponha que o desvio padrão da população seja de US$ 2.099 bilhões. Considerando o nível de significância $\alpha = 0{,}06$, você pode apoiar a estimativa do político? *(Fonte: International Monetary Fund.)*

PIB por país, em um ano recente					
11	101	59	24	66	1883
403	11	18	61	50	3050
1,7	61	22	25	3,4	17
2,5	85	4,6	330	7,3	19
482	44	3,7	38	4,6	66
127	43	43	17	402	1618
151	16	24	14	7,8	300

TABELA PARA O EXERCÍCIO 44

Expandindo conceitos

45. **Escrevendo** Quando valor-$p > \alpha$, a estatística de teste padronizada cai dento ou fora da região(ões) de rejeição? Explique seu raciocínio.

46. **Escrevendo** Em um teste unilateral à direita, onde por país, em um ano recente $< \alpha$, a estatística de teste padronizada cai à esquerda ou à direita do valor crítico? Explique seu raciocínio.

7.3 Teste de hipóteses para a média (σ desconhecido)

O que você deve aprender

- Como encontrar valores críticos em uma distribuição *t*.
- Como usar o teste *t* para testar uma média μ quando σ não é conhecido.
- Como usar tecnologia para encontrar valores-p e usá-los com um teste *t* para testar uma média μ quando σ não é conhecido.

Valores críticos em uma distribuição *t* ■ Teste *t* para uma média μ ■ Usando valores-*p* com teste *t*

Valores críticos em uma distribuição *t*

Na Seção 7.2, você aprendeu a realizar um teste de hipóteses para uma média populacional quando o desvio padrão populacional é conhecido. Em muitas situações da vida real, o desvio padrão populacional *não* é conhecido. Quando ou a população tem uma distribuição normal ou o tamanho da amostra é pelo menos 30, você ainda pode testar a média populacional μ. Para isso, você pode usar a distribuição *t* com $n - 1$ graus de liberdade.

INSTRUÇÕES

Encontrando os valores críticos em uma distribuição *t*

1. Especifique o nível de significância α.
2. Identifique os graus de liberdade g.l. $= n - 1$.
3. Encontre o(s) valor(es) crítico(s) usando a Tabela 5 no Apêndice B na linha com $n - 1$ graus de liberdade. Quando o teste de hipóteses é:
   a. *unilateral à esquerda*, use a coluna "Unilateral, α" com um sinal negativo.
   b. *unilateral à direita*, use a coluna "Unilateral, α" com um sinal positivo.
   c. *bilateral*, use a coluna "Bilateral, α" com um sinal negativo e um positivo.

Veja a Figura 7.32 (a) a (c) a seguir.

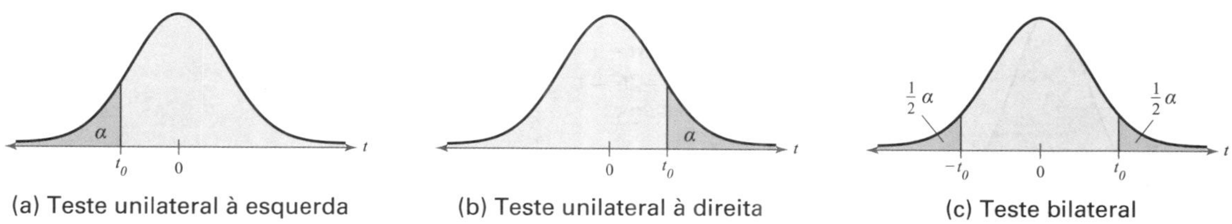

Figura 7.32

EXEMPLO 1

Encontrando um valor crítico para um teste unilateral à esquerda

Encontre o valor crítico t_0 para um teste unilateral à esquerda com $\alpha = 0{,}05$ e $n = 21$.

SOLUÇÃO

Os graus de liberdade são:

$$\text{g.l.} = n - 1 = 21 - 1 = 20.$$

Para encontrar o valor crítico, use a Tabela 5 no Apêndice B com g.l. = 20 e $\alpha = 0{,}05$ na coluna "unilateral, α". Como o teste é unilateral à esquerda, o valor crítico é negativo. Então, $t_0 = -1{,}725$, conforme mostra a Figura 7.33.

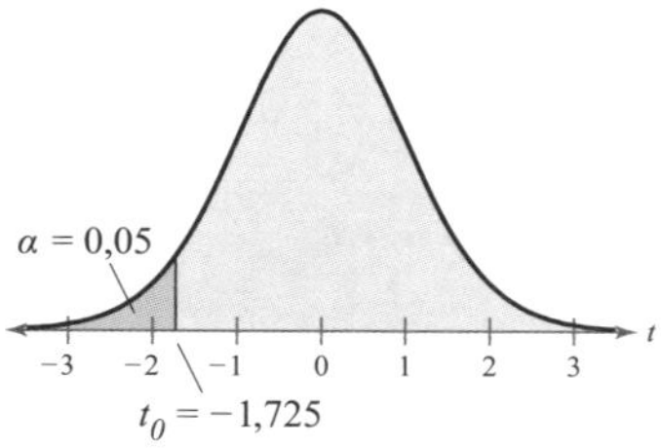

Figura 7.33

TENTE VOCÊ MESMO 1

Encontre o valor crítico t_0 para um teste unilateral à esquerda com $\alpha = 0{,}01$ e $n = 14$.

EXEMPLO 2

Encontrando um valor crítico para um teste unilateral à direita

Encontre o valor crítico t_0 para um teste unilateral à direita com $\alpha = 0{,}01$ e $n = 17$.

SOLUÇÃO

Os graus de liberdade são:

$$\begin{aligned} \text{g.l.} &= n - 1 \\ &= 17 - 1 \\ &= 16. \end{aligned}$$

Para encontrar o valor crítico, use a Tabela 5 do Apêndice B com g.l. = 16 e $\alpha = 0{,}01$ na coluna "unilateral, α". Como o teste é unilateral à direita, o valor crítico é positivo. Então,

$$t_0 = 2{,}583$$

conforme mostra a Figura 7.34.

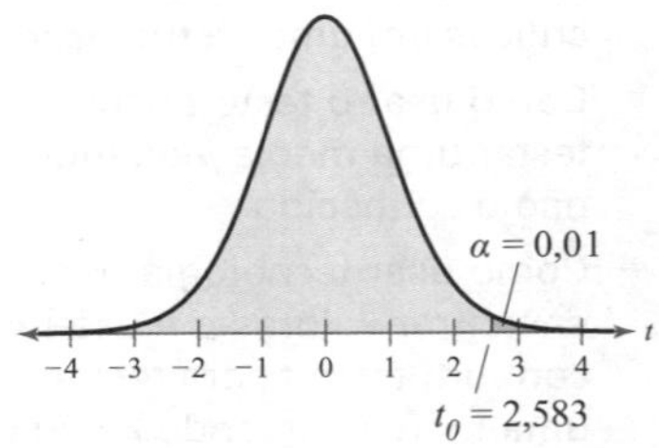

Figura 7.34 Nível de significância de 1%.

TENTE VOCÊ MESMO 2

Encontre o valor crítico t_0 para um teste unilateral à direita com $\alpha = 0{,}10$ e $n = 9$.

Como a distribuição t é simétrica, em um teste bicaudal os valores críticos são opostos, conforme mostrados no próximo exemplo.

EXEMPLO 3

Encontrando um valor crítico para um teste bilateral

Encontre os valores críticos $-t_0$ e t_0 para um teste bilateral com $\alpha = 0{,}10$ e $n = 26$.

SOLUÇÃO

Os graus de liberdade são:

$$\begin{aligned} \text{g.l.} &= n - 1 \\ &= 26 - 1 \\ &= 25. \end{aligned}$$

Para encontrar o valor crítico, use a Tabela 5 do Apêndice B com g.l. = 25 e $\alpha = 0{,}10$ na coluna "bilateral, α". Como o teste é bilateral, um valor crítico é negativo e outro é positivo. Então,

$$-t_0 = -1{,}708 \qquad \text{e} \qquad t_0 = 1{,}708$$

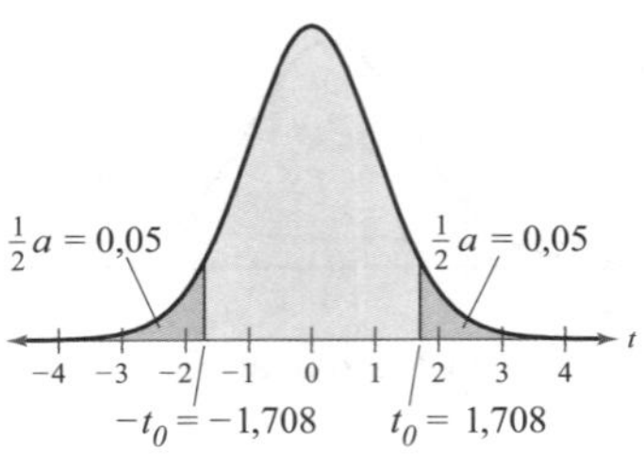

Figura 7.35 Nível de significância de 10%.

conforme mostra a Figura 7.35. Você pode verificar sua resposta usando a tecnologia conforme mostrado na Figura 7.36.

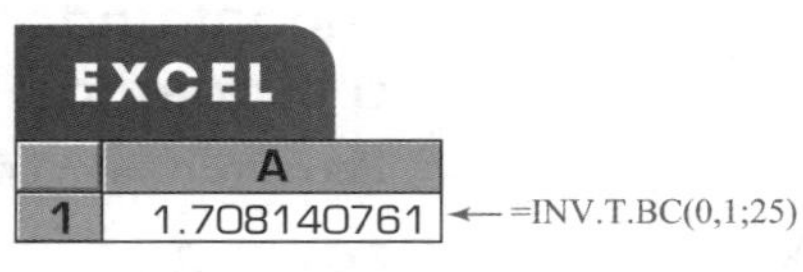

Figura 7.36

TENTE VOCÊ MESMO 3

Encontre os valores críticos $-t_0$ e t_0 para um teste bilateral com $\alpha = 0{,}05$ e $n = 16$.

Teste t para uma média μ

Para testar uma afirmação sobre um média μ quando σ *não* é conhecido, você pode usar uma distribuição amostral t. A estatística de teste padronizada tem a seguinte forma:

$$t = \frac{\text{média amostral} - \text{média hipotética}}{\text{Erro padrão}}.$$

Como σ *não* é conhecido, a estatística de teste padronizada é calculada usando o desvio padrão amostral s, conforme mostrado na próxima definição.

Teste t para uma média μ

O teste t para uma média μ é um teste estatístico para uma média populacional. A estatística de teste é a média amostral $\bar{x}$. A estatística de teste padronizada é:

$$t = \frac{\bar{x} - \mu}{s/\sqrt{n}} \qquad \text{Estatística de teste padronizada para } \mu \text{ } (\sigma \text{ desconhecido})$$

quando essas condições forem satisfeitas,

1. A amostra é aleatória.
2. Pelo menos um dos seguintes é verdade: A população é normalmente distribuída.

Os graus de liberdade são g.l. $= n - 1$.

INSTRUÇÕES

Usando o teste t para uma média μ (σ desconhecido)

Em palavras	Em símbolos
1. Verifique que σ não é conhecido, a amostra é aleatória e a população é normalmente distribuída.	
2. Expresse a afirmação verbal e matematicamente. Identifique as hipóteses nula e alternativa.	Formule H_0 e H_a.
3. Especifique o nível de significância.	Identifique α.
4. Identifique os graus de liberdade.	g.l. $= n - 1$
5. Determine o(s) valor(es) crítico(s)	Use a Tabela 5 no Apêndice B.
6. Determine a(s) região(ões) de rejeição.	
7. Calcule a estatística de teste padronizada e esboce a distribuição amostral.	$t = \frac{\bar{x} - \mu}{s/\sqrt{n}}$
8. Tome uma decisão para rejeitar ou não rejeitar a hipótese nula.	Se t está na região de rejeição, então rejeitar H_0. Caso contrário, não rejeitar H_0.
9. Interprete a decisão no contexto da afirmação original.	

Na Etapa 8 das instruções, a regra de decisão usa regiões de rejeição. Você também pode testar uma declaração usando valores-p, conforme mostrado na página 382. Além disso, quando o número de graus de liberdade que você precisa não está na Tabela 5 do Apêndice B, use o número mais próximo na tabela que seja menor que o valor que você precisa (ou usar tecnologia). Por exemplo, para g.l. $= 57$, use 50 graus de liberdade.

Retratando o mundo

A exposição ao chumbo pode causar danos nos glóbulos vermelhos, nos rins ou no cérebro. A Agência de Proteção Ambiental estabeleceu regras que exigem que os sistemas de água monitorem a água potável nas torneiras dos clientes. Se as concentrações de chumbo excederem 0,015 miligramas por litro em mais de 10% das torneiras dos clientes amostrados, o sistema deve realizar uma série de ações, como tratamento da água da fonte, educação pública e substituição da linha de serviço de chumbo. Com base em um teste t, um sistema de água decide se o nível médio de chumbo na água excede a quantidade permitida de 0,015 miligrama por litro. Suponha que a hipótese nula seja $\mu \leq 0{,}015$. *(Fonte: Environmental Protection Agency.)*

	H_0 verdadeiro	H_0 falso
Não rejeita H_0		
Rejeita H_0		

Descreva os erros tipo I e II possíveis dessa situação.

EXEMPLO 4

Veja os passos do Minitab na página 414.

Testando hipóteses usando uma região de rejeição

Um revendedor de carros usados diz que o preço médio de tabela de todos os veículos usados vendidos nos últimos 12 meses é pelo menos US$ 23.500. Você suspeita que essa afirmação é incorreta e descobre que uma amostra aleatória de 14 veículos vendidos nos últimos 12 meses tem um preço médio de tabela de US$ 21.558 e desvio padrão de US$ 3.350. Há evidência suficiente para rejeitar a afirmação do revendedor considerando o nível de significância $\alpha = 0{,}05$? Suponha que a população é normalmente distribuída. *(Adaptado de Edmunds.com)*

SOLUÇÃO

Como σ é desconhecido, a amostra é aleatória e a população normalmente distribuída, você pode usar o teste t. A afirmação é: "o preço médio de tabela é pelo menos US$ 23.500". Então, as hipóteses nula e alternativa são:

H_0: $\mu \geq$ US$ 23.500 (Afirmação)

e

H_a: $\mu <$ US$ 23.500.

O teste é unilateral à esquerda, o nível de significância é $\alpha = 0{,}05$ e os graus de liberdade são

g.l. = 14 – 1 = 13.

Então, usando a Tabela 5 do Apêndice B, o valor crítico é $t_0 = -1{,}771$. A região de rejeição é $t < -1{,}771$. A estatística de teste padronizada é:

$$t = \frac{\bar{x} - \mu}{s/\sqrt{n}}$$ Como σ é desconhecido e a população é normalmente distribuída, use o teste t.

$$= \frac{21.558 - 23.500}{3.350/\sqrt{14}}$$ Suponha $\mu = 23.500$.

$$\approx -2{,}169.$$ Arredonde para três casas decimais.

7.3 Para explorar mais esse tópico, veja a **Atividade 7.3** na página 386.

A Figura 7.37 mostra a localização da região de rejeição e a estatística de teste padronizada t. Como t está na região de rejeição, você rejeita a hipótese nula.

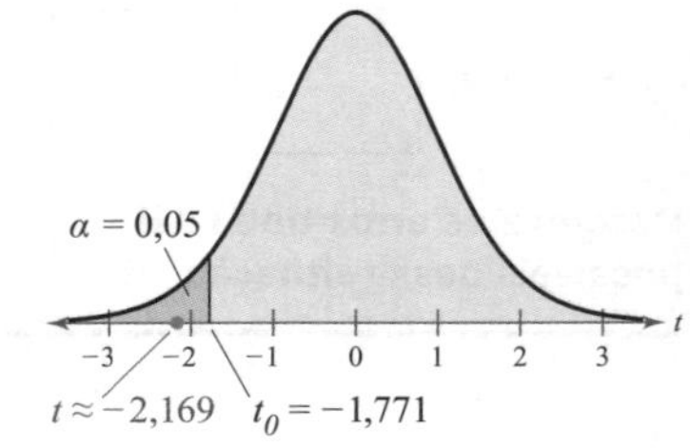

Figura 7.37 Nível de significância de 5%.

Interpretação Há evidência suficiente, ao nível de significância de 5%, para rejeitar a afirmação de que o preço médio de tabela de todos os veículos usados vendidos nos últimos 12 meses é de pelo menos US$ 23.500.

TENTE VOCÊ MESMO 4

Um analista industrial diz que o preço médio de transação de todos os veículos novos vendidos nos últimos 12 meses é inferior a US$ 43.500. Uma amostra aleatória de 25 veículos novos vendidos nos últimos 12 meses tem um preço médio de transação de US$ 40.573 e desvio padrão de US$ 6.250. Existe evidência suficiente para apoiar a afirmação do analista considerando o nível de significância $\alpha = 0{,}10$? Suponha que a população seja normalmente distribuída. *(Adaptado de Edmunds.com)*

Lembre-se de que, quando você toma uma decisão, existe a possibilidade de um erro tipo I ou tipo II. Por exemplo, no Exemplo 4, um erro do tipo I é possível quando você rejeita H_0, porque $\mu \geq \$23.500$ pode ser verdadeiro.

EXEMPLO 5

Veja os passos do Minitab na página 415.

Testando hipóteses usando uma região de rejeição

Uma indústria afirma que o nível médio do pH da água em um rio próximo é de 6,8. Você seleciona aleatoriamente 39 amostras de água e mede o pH de cada uma. A média e o desvio padrão da amostra são de 6,7 e 0,35, respectivamente. Há evidência suficiente para rejeitar a afirmação da indústria considerando o nível de significância $\alpha = 0{,}05$?

SOLUÇÃO

Como σ é desconhecido, a amostra é aleatória e $n = 39 \geq 30$, você pode usar o teste t. A afirmação é: "o nível médio do pH é 6,8". Então, as hipóteses nula e alternativa são:

H_0: $\mu = 6{,}8$ (Afirmação) e H_a: $\mu \neq 6{,}8$.

O teste é bilateral, o nível de significância é $\alpha = 0{,}05$ e os graus de liberdade são g.l. $= 39 - 1 = 38$. Então, usando a Tabela 5 do Apêndice B, os valores críticos são $-t_0 = -2{,}024$ e $t_0 = 2{,}024$. As regiões de rejeição são $t < -2{,}024$ e $t > 2{,}024$. A estatística de teste padronizada é:

$$t = \frac{\bar{x} - \mu}{s/\sqrt{n}}$$ Como σ é desconhecido e $n \geq 30$, use o teste t.

$$= \frac{6{,}7 - 6{,}8}{0{,}35/\sqrt{39}}$$ Suponha $\mu = 6{,}8$.

$$\approx -1{,}784.$$ Arredonde para três casas decimais.

A Figura 7.38 a mostra a localização das regiões de rejeição e a estatística de teste padronizada t. Como t não está na região de rejeição, você não rejeita a hipótese nula. Você pode confirmar essa decisão usando tecnologia conforme pode ser visto na Figura 7.39.

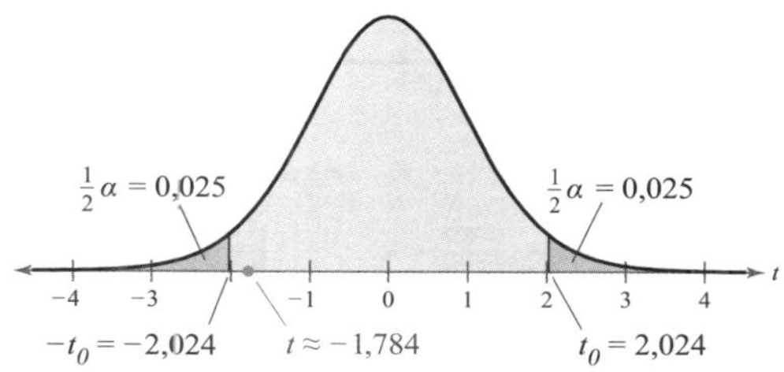

Figura 7.38 Nível de significância de 5%.

MINITAB

One-Sample T

N	Mean	StDev	SE Mean	95% CI for μ	T-Value	P-Value
39	6.7000	0.3500	0.0560	(6.5865, 6.8135)	−1.78	0.082

μ: population mean of Sample	*Null hypothesis*	H_0: $\mu = 6.8$
	Alternative hypothesis	H_1: $\mu \neq 6.8$

Figura 7.39

Interpretação Não há evidência suficiente, ao nível de significância de 5%, para rejeitar a afirmação de que o nível médio do pH é 6,8.

TENTE VOCÊ MESMO 5

A indústria do Exemplo 5 afirma que a condutividade média do rio é 1.890 miligramas por litro. A condutividade de uma amostra de água é uma medida do total de sólidos dissolvidos na amostra. Você seleciona aleatoriamente 39 amostras de água e mede a condutividade de cada uma. A média e o desvio padrão amostral são 2.350 miligramas por litro e 900 miligramas por litro, respectivamente. Há evidência suficiente para rejeitar a afirmação da indústria considerando o nível de significância $\alpha = 0{,}01$?

Dica de tecnologia

Usando uma TI-84 Plus, você pode inserir ou os dados originais em uma lista para encontrar um valor-*p* ou as estatísticas descritivas.

STAT

Escolha o menu de TESTS

2: T-Test. . .

Selecione a opção de *Data* (entrada de dados) quando você usar os dados originais. Selecione a opção de entrada *Stats* quando você usar as estatísticas descritivas. Em cada caso, insira os valores apropriados incluindo o tipo de teste de hipóteses correspondente, indicado pela hipótese alternativa. Então, selecione *Calculate*.

Usando valor-*p* com testes *t*

Você também pode usar o valor-*p* para o teste *t* para uma média mμ. Por exemplo, considere que você queira encontrar um valor-*p*, dado $t = 1{,}98$, 15 graus de liberdade e um teste unilateral à direita. Usando a Tabela 5 do Apêndice B, você pode determinar que valor-*p* está entre

$$\alpha = 0{,}025 \quad \text{e} \quad \alpha = 0{,}05,$$

mas você não pode determinar um valor-*p* exato. Nesses casos, você pode usar a tecnologia para fazer um teste de hipóteses e encontrar valor-*p* exatos.

EXEMPLO 6

Usando valor-*p* com um teste *t*

Uma unidade do Departamento de Veículos Motorizados* (DMV) afirma que o tempo médio de espera é menor que 14 minutos. Uma amostra aleatória de 10 pessoas tem um tempo médio de espera de 13 minutos com desvio padrão de 3,5 minutos. Considerando o nível de significância $\alpha = 0{,}10$, teste a afirmação da unidade. Suponha que a população é normalmente distribuída.

SOLUÇÃO

Como σ é desconhecido, a amostra é aleatória e a população é normalmente distribuída, você pode usar o teste *t*. A afirmação é: "o tempo médio de espera é menor que 14 minutos". Então, as hipóteses nula e alternativa são:

H_0: $\mu \geq 14$ minutos

e

H_a: $\mu < 14$ minutos (Afirmação)

A Figura 7.40 (a) exibe a tela da TI-84 Plus onde mostra como configurar o teste de hipóteses. As Figuras 7.40 (b) e (c) mostram os resultados possíveis, dependendo se você selecionar "*Calculate*" ou "*Draw*".

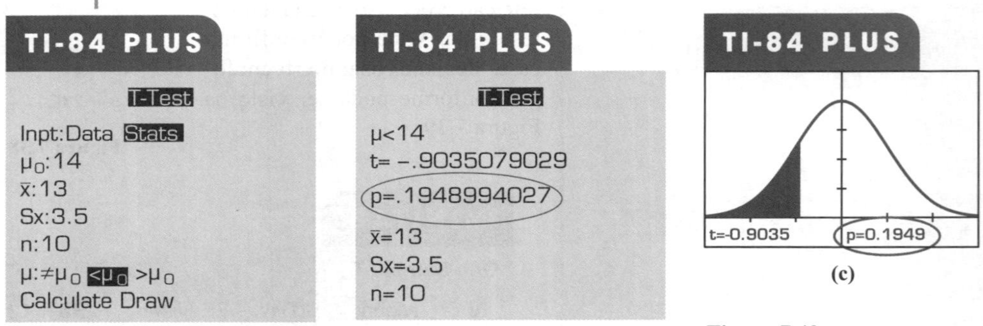

(a) (b) (c)

Figura 7.40

A partir das telas, você pode ver que

$$p \approx 0{,}1949.$$

Como o valor-*p* é maior que $\alpha = 0{,}10$, você não rejeita a hipótese nula.

Interpretação Não há evidência suficiente, ao nível de significância de 10%, para suportar a afirmação da unidade de que o tempo médio de espera é menor que 14 minutos.

TENTE VOCÊ MESMO 6

Outra unidade do Departamento de Veículos Motorizados afirma que o tempo médio de espera é de no máximo 18 minutos. Uma amostra aleatória de 12 pessoas tem um tempo médio de espera de 15 minutos com um desvio padrão de 2,2 minutos. Considerando o nível de significância $\alpha = 0{,}05$, teste a afirmação da unidade. Suponha que a população é normalmente distribuída.

*N. do T.: Department of Motor Vehicles, em inglês, é o órgão responsável pelo registro de veículos motorizados e pelo licenciamento dos motoristas.

7.3 EXERCÍCIOS

Construindo habilidades básicas e vocabulário

1. Explique como encontrar valores críticos para uma distribuição t.
2. Explique como usar um teste t para testar uma média hipotética μ quando σ é desconhecido. Que suposições são necessárias?

Nos exercícios de 3 a 8, encontre o(s) valor(es) crítico(s) e região(ões) de rejeição para o tipo de teste t, com nível de significância α e tamanho da amostra n.

3. Teste unilateral à esquerda; $\alpha = 0{,}10$; $n = 20$
4. Teste unilateral à esquerda; $\alpha = 0{,}01$; $n = 35$
5. Teste unilateral à direita; $\alpha = 0{,}05$; $n = 23$
6. Teste unilateral à direita; $\alpha = 0{,}01$; $n = 31$

6\. Teste bilateral; $\alpha = 0{,}05$; $n = 27$

8\. Teste bilateral; $\alpha = 0{,}10$; $n = 38$

Análise gráfica *Nos exercícios de 9 a 12, verifique se cada estatística de teste padronizada t permite que você rejeite a hipótese nula. Explique.*

9. **(a)** $t = 2{,}091$
(b) $t = 0$
(c) $t = -2{,}096$

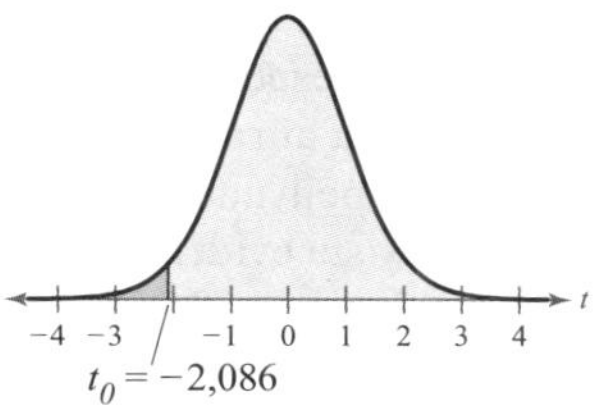

10. **(a)** $t = 1{,}4$
(b) $t = 1{,}42$
(c) $t = -1{,}402$

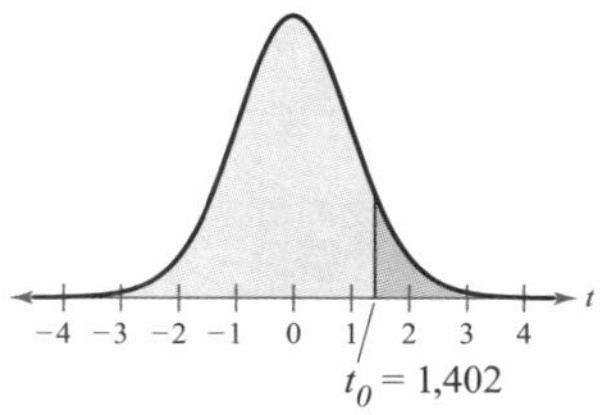

11. **(a)** $t = -1{,}755$
(b) $t = -1{,}585$
(c) $t = 1{,}745$

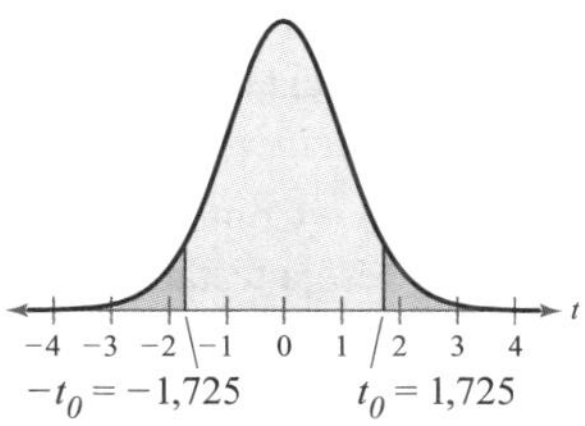

12. **(a)** $t = -1{,}1$
(b) $t = 1{,}01$
(c) $t = -1{,}7$

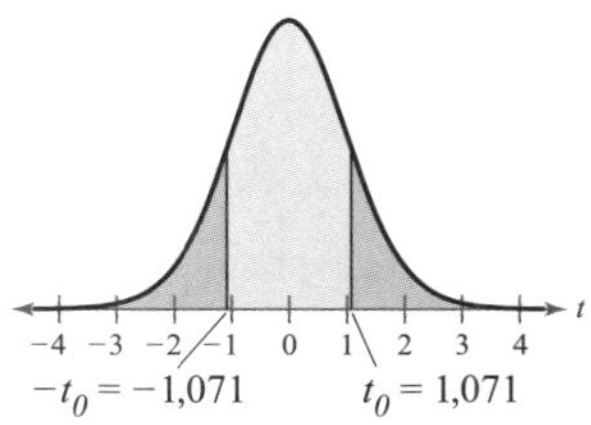

Nos exercícios de 13 a 18, teste a afirmação sobre a média da população μ ao nível de significância α. Suponha que a população é normalmente distribuída.

13. Afirmação: $\mu = 15$; $\alpha = 0{,}01$. Estatística: $\bar{x} = 13{,}9$; $s = 3{,}23$; $n = 36$
14. Afirmação: $\mu > 25$; $\alpha = 0{,}05$. Estatística: $\bar{x} = 26{,}2$; $s = 2{,}32$; $n = 17$
15. Afirmação: $\mu \geq 8.000$; $\alpha = 0{,}01$. Estatística: $\bar{x} = 7.700$; $s = 450$; $n = 25$
16. Afirmação: $\mu \leq 1.600$; $\alpha = 0{,}02$. Estatística: $\bar{x} = 1.550$; $s = 165$; $n = 46$
17. Afirmação: $\mu < 4.915$; $\alpha = 0{,}02$. Estatística: $\bar{x} = 5.017$; $s = 5.613$; $n = 51$
18. Afirmação: $\mu \neq 52.200$; $\alpha = 0{,}05$. Estatística: $\bar{x} = 53.220$; $s = 2.700$; $n = 34$

Usando e interpretando conceitos

Testando hipóteses usando regiões de rejeição *Nos exercícios de 19 a 26, (a) identifique a afirmação e formule H_0 e H_a, (b) encontre o(s) valor(es) crítico(s) e identifique a(s) região(ões) de rejeição, (c) calcule a estatística de teste padronizada t, (d) decida se rejeita ou não rejeita a hipótese nula e (e) interprete a decisão no contexto da afirmação original. Suponha que a população é normalmente distribuída.*

19. **Tempo de uso** Uma análise do produto afirma que os *AirPods* da Apple têm um tempo médio de uso de pelo menos 5,0 horas com uma única carga. Você suspeita que essa afirmação está incorreta e descobre que uma amostra aleatória de 18 pares de *AirPods* tem um tempo médio de uso com carga única de 4,69 horas e um desvio padrão de 0,57 hora. Existe evidência suficiente para rejeitar a afirmação considerando o nível de significância $\alpha = 0{,}01$?

20. **Tempos de espera no DMV** Um Departamento de Transportes estadual afirma que o tempo médio de espera para vários serviços em seus diferentes locais é de no máximo 6 minutos. Uma amostra aleatória de 34 serviços em diferentes localidades tem tempo médio de espera de 10,3 minutos e desvio padrão de 8,0 minutos. Existe evidência suficiente para rejeitar a afirmação considerando o nível de significância $\alpha = 0{,}01$?

21. **Dívida de cartão de crédito** Uma agência de análise de crédito afirma que a dívida média de cartão de crédito no Colorado é superior a US$ 5.540 por mutuário. Você deseja testar esta afirmação. Você encontra que uma amostra aleatória de 30 mutuários tem uma dívida média de cartão de crédito de US$ 5.594 por pessoa e desvio padrão de US$ 597 por pessoa considerando o nível de significância $\alpha = 0{,}05$, você pode apoiar a afirmação? *(Adaptado de Experian.)*

22. **Custo de um carro usado** Um revendedor de carros usados diz que o preço médio de um utilitário esportivo de três anos (em bom estado) é de US$ 20.000. Você suspeita de que essa afirmação está incorreta e encontra que uma amostra aleatória de 22 veículos semelhantes tem um preço médio de US$ 20.640 e desvio padrão de US$ 1.990. Existe evidência suficiente para rejeitar a afirmação considerando o nível de significância $\alpha = 0{,}05$?

23. **Níveis de monóxido de carbono** Como parte de seu trabalho para um grupo de conscientização ambiental, você deseja testar uma afirmação de que a quantidade média de monóxido de carbono no ar nas cidades dos Estados Unidos é inferior a 1,80 partes por milhão. Você descobre que a quantidade média de monóxido de carbono no ar para uma amostra aleatória de 64 cidades dos Estados Unidos é de 1,92 partes por milhão e o desvio padrão é de 1,39 partes por milhão. considerando o nível de significância $\alpha = 0{,}10$, você pode apoiar a afirmação? *(Adaptado de U.S. Environmental Protection Agency.)*

24. **Níveis de chumbo** Como parte de seu trabalho para um grupo de conscientização ambiental, você deseja testar uma afirmação de que a quantidade média de chumbo no ar nas cidades dos Estados Unidos é inferior a 0,032 microgramas por metro cúbico. Você encontra que a quantidade média de chumbo no ar para uma amostra aleatória de 56 cidades dos Estados Unidos é de 0,021 micrograma por metro cúbico e o desvio padrão é de 0,034 micrograma por metro cúbico. considerando o nível de significância $\alpha = 0{,}01$, você pode apoiar a afirmação? *(Adaptado de U.S. Environmental Protection Agency.)*

25. **Salário anual** Um serviço de informação de emprego afirma que o salário médio anual para engenheiros de produto de nível intermediário é Us$ 86.000. Os salários anuais (em dólares) para uma amostra aleatória de 16 engenheiros de produto de nível intermediário estão listados na tabela. Considerando o nível de significância $\alpha = 0{,}05$, teste a afirmação de que o salário médio é US$ 86.000. *(Adaptado de Salary.com)*

26. **Salário anual** Um serviço de informações de emprego afirma que o salário médio anual para estatísticos sênior é mais que US$ 124.000. Os salários anuais (em dólares) para uma amostra aleatória de 12 estatísticos sênior são mostrados na tabela. Considerando o nível de significância $\alpha = 0{,}10$, há evidência suficiente para apoiar a afirmação de que o salário médio é mais que $ 124.000. *(Adaptado de Salary.com)*

Salários anuais			
88.050	70.505	80.450	79.000
84.000	62.100	63.900	70.088
81.500	64.500	92.020	73.000
101.200	68.970	91.400	98.350

TABELA PARA O EXERCÍCIO 25

Salários anuais			
126.200	136.000	129.200	109.800
137.500	118.000	116.500	130.000
130.400	133.500	137.000	148.300

TABELA PARA O EXERCÍCIO 26

Usando um valor-*p* com teste *t* *Nos exercícios de 27 a 30, (a) identifique a afirmação e formule H_0 e H_a, (b) use tecnologia para encontrar o valor-p, (c) decida se rejeita ou não rejeita a hipótese nula e (d) interprete a decisão no contexto da afirmação original. Suponha que a população é normalmente distribuída.*

27. **Tempo de quarto de milha** Um grupo de consumidores afirma que o tempo médio mínimo que um sedã leva para percorrer um quarto de milha é superior a 15,3 segundos. Uma amostra aleatória de 22 sedãs tem um tempo médio mínimo para percorrer um quarto de milha de 15,8 segundos e um desvio padrão de 2,36 segundos. Considerando o nível de significância $\alpha = 0{,}10$, você tem evidências suficientes para apoiar a afirmação do grupo de consumidores? *(Adaptado de Zero to 60 times.)*

28. **Duração do mergulho** Um oceanógrafo afirma que a duração média do mergulho de uma baleia-franca do Atlântico Norte é de 11,5 minutos. Uma amostra aleatória de 34 durações de mergulho tem uma média de 12,2 minutos e desvio padrão de 2,2 minutos. Existe evidência suficiente para rejeitar a afirmação considerando o nível de significância $\alpha = 0{,}10$? *(Fonte: Marine Ecology Progress Series.)*

29. **Horas em sala de aula** O reitor de uma universidade estima que o número médio de horas em sala de aula, por semana, para professores em tempo integral seja 11,0. Como membro do conselho estudantil, você deseja testar essa afirmação. Uma amostra aleatória do número de horas em sala de aula para oito professores em tempo integral, durante uma semana, é apresentada na tabela. Considerando o nível de significância $\alpha = 0{,}01$, você pode rejeitar a afirmação do reitor?

Horas em sala de aula			
11,8	8,6	12,6	7,9
6,4	10,4	13,6	9,1

TABELA PARA O EXERCÍCIO 29

30. **Tamanho da turma** Você recebe um folheto de uma grande universidade. O folheto indica que o tamanho médio das turmas para cursos integrais é menor que 32 alunos. Você quer testar essa afirmação. Você seleciona aleatoriamente 18 turmas de tempo integral e determina o tamanho de cada uma. Os resultados estão listados na tabela. Considerando o nível de significância $\alpha = 0{,}05$, você pode suportar a afirmação da universidade?

Tamanho das turmas					
35	28	29	33	32	40
26	25	29	28	30	36
33	29	27	30	28	25

TABELA PARA O EXERCÍCIO 30

Expandindo conceitos

Decidindo sobre uma distribuição *Nos exercícios 31 e 32, decida se você deve usar a distribuição normal padrão ou uma distribuição t para realizar o teste de hipóteses. Justifique sua decisão. Em seguida, use a distribuição para testar a afirmação. Escreva um parágrafo curto sobre os resultados do teste e o que você pode concluir sobre a afirmação.*

31. **Consumo de combustível** Uma empresa de carros afirma que o consumo médio de combustível para o seu sedã de luxo é pelo menos 23 milhas por galão. Você acredita que a afirmação está incorreta e encontra que uma amostra aleatória de 5 carros tem uma média de consumo de combustível de 22 milhas por galão e desvio padrão de 4 milhas por galão. Considerando o nível de significância $\alpha = 0{,}05$, teste a afirmação da empresa. Suponha que a população é normalmente distribuída.

32. **Mensalidades e taxas** Uma publicação de educação afirma que a média de mensalidades e taxas, para quatro anos, em instituições públicas, por estado, é superior a US$ 10.500 por ano. Uma amostra aleatória de 30 estados tem uma média de mensalidades e taxas, para quatro anos, em instituições públicas de US$ 10.931. Suponha que o desvio padrão da população é US$ 2.380. Considerando o nível de significância $\alpha = 0{,}01$, teste a afirmação da publicação. *(Adaptado de College Board.)*

33. **Escrito** Você está testando uma afirmação e usa, incorretamente, a distribuição normal padrão em vez da distribuição *t*, confundindo o desvio padrão da amostra com o desvio padrão da população. Isso torna mais ou menos provável a rejeição da hipótese nula? Esse resultado é o mesmo, não importando se o teste é unilateral à esquerda, unilateral à direita ou bilateral? Explique seu raciocínio.

7.3 ATIVIDADE

Testes de hipóteses para uma média

APPLET

O *applet Hypotesis test for a mean* gera simulações para investigar testes de hipóteses para uma média. Especifique o tamanho da amostra (*Sample size*), a forma da distribuição (*Distribution* – Normal ou assimétrica à direita), a verdadeira média da população (*Mean*), o verdadeiro desvio padrão da população (*Std. Dev.*), o valor da média para a hipótese nula (*Null mean*) e a alternativa para o teste (*Alternative*). Clique em Atualizar o applet (*Updade applet*) para carregá-lo com os parâmetros especificados. Clique em 1 teste (*1 test*), 5 testes (*5 tests*) ou 1.000 testes (*1000 tests*) para gerar amostras do tamanho especificado, com uma proporção de sucessos igual a *p (True p)*. Para cada amostra é realizado um teste de hipóteses baseado na estatística *t* e a estatística *t* ou o valor-*p* (clique em um) para o teste é representado graficamente. Os valores coloridos em vermelho representam testes em que a hipótese nula é rejeitada no nível de significância especificado. O nível definido como padrão de 0,05 pode ser alterado ajustando o Nível (*Level*). A tabela acima do gráfico acompanha os resultados acumulados e mostra a Proporção (*Proportion*) dos testes de hipóteses em que a hipótese nula foi rejeitada. Pressione Redefinir (*Reset*) para limpar os resultados existentes e iniciar uma nova simulação

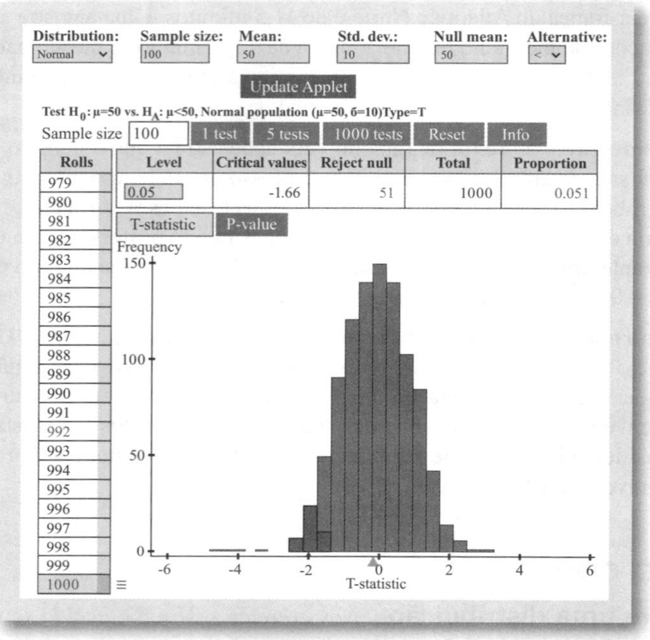

Figura 7.41

EXPLORE

Passo 1 Especifique valores para o **tamanho da amostra (*Sample size*), a média da população (*Mean*), o desvio padrão da população (*Std. Dev.*)**, a **média para a hipótese nula (*Null mean*)** e a **alternativa (*Alternative*)**.

Passo 2 Clique em 1 teste (*1 test*), 5 testes (*5 tests*) ou 1.000 testes (*1000 tests*) para gerar testes de hipótese.

CONCLUA

APPLET

1. Configure ***Sample size*** = 15, ***Mean*** = 40, ***Std. Dev.*** = 5 e ***Distribution*** como "Normal". Teste a afirmação de que a média é igual a 40. Quais são as hipóteses nula e alternativa? Execute a simulação para pelo menos 1.000 testes de hipóteses. Compare as proporções de rejeições de hipóteses nulas para os níveis de significância de 0,05 e 0,01. É isso que você esperaria? Explique.

2. Suponha que uma hipótese nula seja rejeitada ao nível de 0,01. Ela será rejeitada ao nível de 0,05? Explique. Suponha que uma hipótese nula seja rejeitada ao nível de 0,05. Ela será rejeitada ao nível de 0,01? Explique

3. Configure ***Sample size*** = 25, ***Mean*** = 25, ***Std. Dev.*** = 3 e ***Distribution*** como "Normal". Teste a afirmação de que a média é pelo menos 27. Quais são as hipóteses nula e alternativa? Execute a simulação para pelo menos 1.000 testes de hipóteses. Compare as proporções de rejeições de hipóteses nulas para os níveis de significância de 0,05 e 0,01. É isso que você esperaria? Explique.

ESTUDO DE CASO

Temperatura do corpo humano. O que é normal?

Em um artigo no *Journal of Statistics Education* (vol. 4, n. 2), Allen Shoemaker descreve um estudo que foi apresentado no *Journal of the American Medical Association* (*JAMA*).* É geralmente aceito que a temperatura corporal média de um adulto humano é 98,6ºF. Em seu artigo, Shoemaker usa os dados do artigo do *JAMA* para testar essa hipótese. Aqui está um resumo do teste.

Afirmação: A temperatura do corpo de adultos é 98,6ºF.

H_0: $\mu = 98{,}6$ºF (Afirmação) H_a: $\mu \neq 98{,}6$ºF

Tamanho da amostra: $n = 130$

População: Temperatura de adultos humanos (Fahrenheit)

Distribuição: Aproximadamente normal

Estatística de teste: $\bar{x} \approx 98{,}25$, $s \approx 0{,}73$

* Dados do artigo do JAMA foram coletados de homens e mulheres saudáveis, com idade entre 18 e 40 anos, no Centro de Desenvolvimento de Vacinas da Universidade de Maryland, Baltimore.

Temperatura dos homens (em graus Fahrenheit)

Caule	Folhas
96	3
96	7 9
97	0 1 1 1 2 3 4 4 4 4
97	5 5 6 6 6 7 8 8 8 8 9 9
98	0 0 0 0 0 0 1 1 2 2 2 2 3 3 4 4 4 4
98	5 5 6 6 6 6 6 6 7 7 8 8 8 9
99	0 0 0 1 2 3 4
99	5
100	
100	

Chave: 96|3 = 96,3

Figura 7.42

Temperatura das mulheres (em graus Fahrenheit)

Caule	Folhas
96	4
96	7 8
97	2 2 4
97	6 7 7 8 8 8 9 9 9
98	0 0 0 0 0 1 2 2 2 2 2 2 3 3 3 4 4 4 4 4
98	5 6 6 6 6 7 7 7 7 7 7 8 8 8 8 8 8 8 9
99	0 0 1 1 2 2 3 4
99	9
100	0
100	8

Chave: 96|4 = 96,4

Figura 7.43

EXERCÍCIOS

1. Complete o teste de hipóteses para todos os adultos (homens e mulheres) realizando os passos a seguir. Use o nível de significância $\alpha = 0{,}05$.
   - **(a)** Esboce a distribuição amostral.
   - **(b)** Determine os valores críticos e os adicione ao seu esboço.
   - **(c)** Determine as regiões de rejeição e as sombreie no seu esboço.
   - **(d)** Calcule a estatística de teste padronizada. Adicione-a, identificando no seu esboço.
   - **(e)** Tome a decisão de rejeitar ou não rejeitar a hipótese nula.
   - **(f)** Interprete a decisão no contexto da afirmação original.
2. Se você diminuir o nível de significância para $\alpha = 0{,}01$, sua decisão muda? Explique seu raciocínio.
3. Teste a hipótese de que a temperatura média dos homens é 98,6 ºF. O que você pode concluir ao nível de significância $\alpha = 0{,}01$?
4. Teste a hipótese de que a temperatura média das mulheres é de 98,6 ºF. O que você pode concluir ao nível de significância $\alpha = 0{,}01$?
5. Use a amostra de 130 temperaturas para construir um intervalo de confiança de 99% para a temperatura corporal média dos adultos humanos.
6. A temperatura corporal convencionada de "normal" foi estabelecida por Carl Wunderlich mais de 100 anos atrás. Quais são possíveis fontes de erro no procedimento de amostragem de Wunderlich?

7.4 Teste de hipóteses para proporção

O que você deve aprender

- Como usar o teste z para testar uma proporção populacional *p*.

Teste de hipóteses para proporção

Teste de hipóteses para proporção

Nas seções 7.2 e 7.3, você aprendeu como realizar um teste de hipóteses para uma média populacional μ. Nesta seção, você aprenderá como testar uma proporção populacional p.

Testes de hipóteses para proporção podem ser usados quando políticos querem saber a proporção de seus eleitores que são a favor de certo projeto de lei ou quando engenheiros de qualidade testam a proporção de peças que são defeituosas.

Se $np \geq 5$ e $nq \geq 5$ para uma distribuição binomial, então uma distribuição amostral para p̂ é aproximadamente normal com uma média de $\mu_{\hat{p}} = p$ e e um erro padrão de

$$\sigma_{\hat{p}} = \sqrt{pq/n}.$$

Teste *z* para uma proporção *p*

O **teste *z* para uma proporção *p*** é um teste estatístico para uma proporção populacional. O teste z pode ser usado quando uma distribuição binomial é dada tal que $np \geq 5$ e $nq \geq 5$. A **estatística de teste** é a proporção amostral $\hat{p}$ e a **estatística de teste padronizada** é:

$$z = \frac{\hat{p} - \mu_{\hat{p}}}{\sigma_{\hat{p}}} = \frac{\hat{p} - p}{\sqrt{pq/n}}. \quad \text{Estatística de teste padronizada para } p$$

INSTRUÇÕES

Usando um teste *z* para uma proporção *p*

Em palavras	Em símbolos
1. Verifique que a distribuição amostral de $\hat{p}$ pode ser aproximada por uma distribuição normal.	$np \geq 5$ e $nq \geq 5$
2. Expresse a afirmação verbal e matematicamente. Identifique as hipóteses nula e alternativa.	Formule H_0 e H_a.
3. Especifique o nível de significância.	Identifique α.
4. Determine o(s) valor(es) crítico(s)	Use a Tabela 4 no Apêndice B.
5. Determine a(s) região(ões) de rejeição.	
6. Calcule a estatística de teste e esboce a distribuição amostral.	$z = \dfrac{\hat{p} - p}{\sqrt{pq/n}}$.
7. Tome uma decisão para rejeitar ou não rejeitar a hipótese nula.	Se z está na região de rejeição, então rejeitar H_0. Caso contrário, não rejeitar H_0.
8. Interprete a decisão no contexto da afirmação original.	

Dica de estudo

Um teste de hipóteses para uma proporção *p* também pode ser realizado usando valores-*p*. Use as instruções na página 365 para obter valores *p* para um teste *z* para uma média μ mas, no passo 4, encontre a estatística de teste padronizada usando a fórmula:

$$z = \frac{\hat{p} - p}{\sqrt{pq/n}}.$$

Os outros passos do teste são os mesmos.

Na etapa 7 das instruções, a regra de decisão usa regiões de rejeição. Você também pode testar uma afirmação usando valores-*p*, conforme descrito na dica de estudo a seguir.

7.4 Para explorar mais esse tópico, veja a **Atividade 7.4** na página 393.

EXEMPLO 1

Veja os passos da TI-84 Plus na página 415.

Teste de hipótese para uma proporção

Um pesquisador afirma que menos de 69% dos adultos dos Estados Unidos, que usam plataformas de *streaming* de televisão ao vivo, atualizaram para níveis de serviço sem anúncios. Em uma amostra aleatória de 100 adultos dos Estados Unidos que usam plataformas de *streaming* de televisão ao vivo, 65% dizem ter atualizado para níveis de serviço sem propaganda. Considerando o nível de significância $\alpha = 0{,}01$, há evidências suficientes para apoiar a afirmação do pesquisador? *(Adaptado de The Harris Poll.)*

SOLUÇÃO

Os produtos

$$np = 100(0{,}69) = 69 \qquad \text{e} \qquad nq = 100(0{,}31) = 31$$

são ambos maiores que 5. Então, você pode usar um teste *z*. A afirmação é "menos de 69% dos adultos dos Estados Unidos, que usam plataformas de *streaming* de televisão ao vivo, atualizaram para níveis de serviço sem anúncios". Então, as hipóteses nula e alternativa são:

$$H_0: p \geq 0{,}69 \qquad \text{e} \qquad H_a: p < 0{,}69. \quad \text{(Afirmação)}$$

Como o teste é unilateral à esquerda e o nível de significância é $\alpha = 0{,}01$, o valor crítico é $z_0 = -2{,}33$ e a região de rejeição é $z < -2{,}33$. A estatística de teste padronizada é:

$$z = \frac{\hat{p} - p}{\sqrt{pq/n}}$$ Como $np \geq 5$ e $nq \geq 5$, você pode usar o teste *z*.

$$= \frac{0{,}65 - 0{,}69}{\sqrt{(0{,}69)(0{,}31)/100}}$$ Suponha $p = 0{,}69$.

$$\approx -0{,}86.$$ Arredonde para duas casas decimais.

A Figura 7.44 mostra a localização da região de rejeição e a estatística de teste padronizada *z*. Como *z* não está na região de rejeição, você não rejeita a hipótese nula.

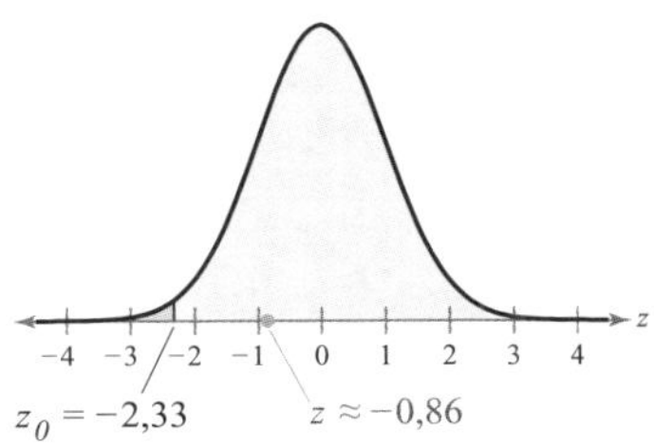

Nível de significância de 1%

Figura 7.44

Interpretação Não há evidência suficiente, ao nível de significância de 1%, para suportar a afirmação de que menos de 69% dos adultos dos Estados Unidos, que usam plataformas de *streaming* de televisão ao vivo, atualizaram para níveis de serviço sem anúncios.

Dica de estudo

Lembre-se que quando você não rejeita H_0, um erro do tipo II é possível. Por exemplo, no Exemplo 1 a hipótese nula, $p \geq 0{,}69$, pode ser falsa.

TENTE VOCÊ MESMO 1

Um pesquisador afirma que mais de 36% dos adultos dos Estados Unidos considerariam comprar um produto ou serviço diretamente de um anúncio veiculado durante a programação de *streaming*. Em uma amostra aleatória de 150 adultos, 33% dizem que considerariam comprar um produto ou serviço diretamente de um anúncio veiculado durante a programação de *streaming*. Considerando o nível de significância $\alpha = 0{,}01$, há evidências suficientes para suportar a afirmação do pesquisador? *(Adaptado de The Harris Poll.)*

TI-84 PLUS

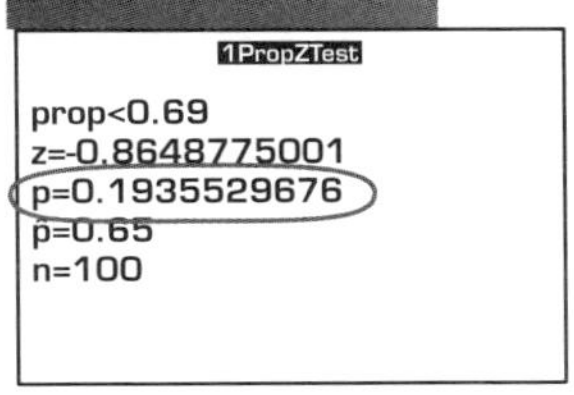

Figura 7.45

Para usar um valor-*p* para realizar o teste de hipóteses no Exemplo 1, você pode usar a tecnologia, conforme mostrado na Figura 7.45, ou usar a Tabela 4 do Apêndice B. Da tabela, a área correspondente a $z = -0{,}86$ é 0,1949. Como este é um teste unilateral à esquerda, o valor-*p* é igual à área à esquerda de $z = -0{,}86$. Então, valor-$p = 0{,}1949$. (Esse valor difere do encontrado usando a tecnologia devido ao arredondamento). Como o valor-*p* é maior que $\alpha = 0{,}01$, você não rejeita a hipótese nula. Note que este é o mesmo resultado obtido no Exemplo 1.

Retratando o mundo

De acordo com uma pesquisa, 33% dos funcionários que trabalham remotamente dizem ter encontrado pelo menos um tipo de falha técnica. Para testar essa afirmação, você seleciona aleatoriamente 300 funcionários que trabalham remotamente. Na amostra, você descobre que 93 deles dizem ter encontrado pelo menos um tipo de falha técnica. *(Adaptado da Deloitte Global.)*

Considerando o nível de significância $\alpha = 0{,}05$, há evidência suficiente para rejeitar a afirmação?

Lembre-se da Seção 6.3 que, quando a proporção amostral não é dada, você pode encontrá-la usando a fórmula:

$$\hat{p} = \frac{x}{n} \quad \text{Proporção da amostra.}$$

Em que x é o número de sucessos na amostra e n é o tamanho da amostra.

EXEMPLO 2

Veja os passos do Minitab na página 414.

Teste de hipóteses para uma proporção

Um pesquisador afirma que 26% dos adultos dos Estados Unidos com idades entre 22 e 59 anos, que não têm pais com diploma de bacharel, concluíram um curso superior. Em uma amostra aleatória de 7.400 adultos com idades entre 22 e 59 anos, que não têm pais com diploma de bacharel, 1.984 dizem que eles concluíram um curso superior. Considerando o nível de significância $\alpha = 0{,}10$, há evidências suficientes para rejeitar a afirmação do pesquisador? *(Adaptado de Pew Research Center.)*

SOLUÇÃO

Os produtos $np = 7.400(0{,}26) = 1924$ e $nq = 7.400(0{,}74) = 5476$ são ambos maiores que 5. Então, você pode usar um teste z. A afirmação é "26% dos adultos dos Estados Unidos com idades entre 22 e 59 anos, que não têm pais com diploma de bacharel, concluíram um curso superior". Então, as hipóteses nula e alternativa são:

$$H_0: p = 0{,}26 \text{ (Afirmação)} \quad \text{e} \quad H_a: p \neq 0{,}26.$$

Como o teste é bilateral e o nível de significância é $\alpha = 0{,}10$, os valores críticos são $-z_0 = -1{,}645$ e $z_0 = 1{,}645$. As regiões de rejeição são $z < -1{,}645$ e $z > 1{,}645$. Como o número de sucessos é $x = 1.984$ e $n = 7.400$ a proporção amostral é:

$$\hat{p} = \frac{x}{n} = \frac{1984}{7400}.$$

A estatística de teste padronizada é

$$z = \frac{\hat{p} - p}{\sqrt{pq/n}} \quad \text{Como } np \geq 5\ nq \geq 5\text{, você pode usar o teste } z.$$

$$= \frac{(1984/7400) - 0{,}26}{\sqrt{(0{,}26)(0{,}74)/7400}} \quad \text{Suponha } p = 0{,}26.$$

$$\approx 1{,}59. \quad \text{Arredonde para duas casas decimais.}$$

A Figura 7.46 mostra a localização das regiões de rejeição e a estatística de teste padronizada z. Como z não está na região de rejeição, você não rejeita a hipótese nula.

Interpretação Não há evidência suficiente, ao nível de significância de 10%, para rejeitar a afirmação de que 26% dos adultos dos Estados Unidos com idades entre 22 e 59 anos, que não têm pais com diploma de bacharel, concluíram um curso superior

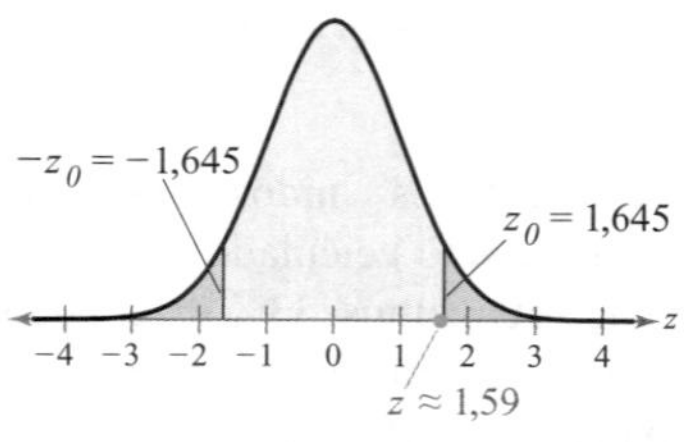

Figura 7.46 Nível de significância de 10%.

TENTE VOCÊ MESMO 2

Um pesquisador afirma que 70% dos adultos dos Estados Unidos com idades entre 22 e 59 anos, que têm pelo menos um dos pais com diploma de bacharel ou acima, concluíram um curso superior. Em uma amostra aleatória de 7.400 adultos com idades entre 22 e 59 anos que têm pelo menos um dos pais com diploma de bacharel ou acima, 5.110 dizem que concluíram um curso superior. Considerando o nível de significância $\alpha = 0{,}10$, há evidências suficientes para rejeitar a afirmação do pesquisador? *(Adaptado de Pew Research Center.)*

7.4 EXERCÍCIOS

Construindo habilidades básicas e vocabulário

1. Explique como determinar se uma distribuição normal pode ser usada para aproximar uma distribuição binomial.
2. Explique como testar uma proporção populacional p.

Nos exercícios de 3 a 6, determine se uma distribuição normal pode ser usada. Se puder, teste a afirmação.

3. Afirmação: $p < 0{,}12$; $\alpha = 0{,}01$. Estatísticas $\hat{p} = 0{,}10$; $n = 40$
4. Afirmação: $p \geq 0{,}48$; $\alpha = 0{,}08$. Estatísticas $\hat{p} = 0{,}40$; $n = 90$
5. Afirmação: $p \neq 0{,}15$; $\alpha = 0{,}05$. Estatísticas $\hat{p} = 0{,}12$; $n = 500$
6. Afirmação: $p > 0{,}70$; $\alpha = 0{,}04$. Estatísticas $\hat{p} = 0{,}64$; $n = 225$

Usando e interpretando conceitos

Testando hipóteses usando regiões de rejeição *Nos exercícios de 7 a 12, (a) identifique a afirmação e formule H_0 e H_a, (b) encontre o(s) valor(es) crítico(s) e identifique a(s) região(ões) de rejeição, (c) calcule a estatística de teste padronizada z, (d) decida se rejeita ou não rejeita a hipótese nula, e (e) interprete a decisão no contexto da afirmação original.*

7. **Vacinas escolares** Antes da covid-19, um repórter afirma que mais de 80% dos adultos dos Estados Unidos acham que as crianças devem ser vacinadas para frequentar a escola. Em uma amostra aleatória de 200 adultos estadunidenses, 84% acham que as crianças devem ser vacinadas para frequentar a escola. Considerando o nível de significância $\alpha = 0{,}01$, você pode apoiar a afirmação do repórter? *(Adaptado de Harvard T.H. Chan School of Public Health.)*
8. **Vacinas** Em 2021, um repórter afirma que pelo menos 55% dos adultos dos Estados Unidos acham que a vacinação contra a covid-19 deve ser exigida para que os alunos do Ensino Médio frequentem a escola no outono. Em uma amostra aleatória de 200 adultos dos Estados Unidos, 56% acham que a vacinação contra a covid-19 deve ser exigida para que os alunos do Ensino Médio frequentem a escola no outono. Considerando o nível de significância $\alpha = 0{,}10$, há evidência suficiente para rejeitar a afirmação do repórter? *(Adaptado de Gallup.)*
9. **Restituição de impostos** Um analista de impostos diz que pelo menos 60% dos declarantes de impostos estão esperando uma restituição de impostos. Em uma amostra aleatória de 2.494 declarantes de impostos dos Estados Unidos, 56% esperam uma restituição de impostos. Considerando o nível de significância $\alpha = 0{,}05$, há evidência suficiente para rejeitar a afirmação do analista? *(Adaptado de CreditCards.com.)*
10. **Estudantes que trabalham** Um pesquisador educacional afirma que 65% dos estudantes universitários em tempo integral trabalham o ano todo. Em uma amostra aleatória de 105 estudantes universitários, 66 dizem que trabalham o ano todo. Considerando o nível de significância $\alpha = 0{,}10$, há evidências suficientes para rejeitar a afirmação do pesquisador? *(Adaptado de Student Loan Hero.)*
11. **Enfermagem** Um gerente de atendimento ao paciente afirma que mais da metade de todos os enfermeiros sentem que se tornaram melhores profissionais durante a pandemia de coronavírus. Em uma amostra aleatória de 300 enfermeiros, 174 dizem que se tornaram melhores profissionais durante a pandemia. Considerando o nível de significância $\alpha = 0{,}01$, há evidências suficientes para apoiar a afirmação do gerente? *(Adaptado de University of Phoenix.)*
12. **Mudando de emprego** Um pesquisador afirma que 40% dos adultos estadunidenses considerariam mudar de emprego. Em uma amostra aleatória de 50 adultos estadunidenses, 25 dizem que considerariam mudar de emprego. Considerando o nível de significância $\alpha = 0{,}10$, há evidências suficientes para rejeitar a afirmação do pesquisador? *(Adaptado da CBS News.)*

Testando hipóteses usando um valor-p *Nos Exercícios de 13 a 16, (a) identifique a afirmação e formule H_0 e H_a, (b) use a tecnologia para encontrar o valor-p, (c) decida se rejeita ou não rejeita a hipótese nula e (d) interpretar a decisão no contexto da afirmação original.*

13. **Viagem espacial** Um centro de pesquisa afirma que 27% dos adultos estadunidenses viajariam para o espaço em um voo comercial se pudessem pagar. Em uma amostra aleatória de 1.000 adultos estadunidenses, 30% dizem que viajariam para o espaço em um voo comercial se pudessem pagar. Considerando o nível de significância $\alpha = 0{,}05$, há evidências suficientes para rejeitar a afirmação do centro de pesquisa? *(Fonte: Rasmussen Reports.)*

14. **Carnes e aves** Um centro de pesquisa afirma que no máximo 35% dos adultos dos Estados Unidos procuram comprar carnes e aves criadas e alimentadas naturalmente. Em uma amostra aleatória de 1.000 adultos americanos, 38% dizem que procuram comprar carnes e aves criadas e alimentadas naturalmente. Considerando o nível de significância $\alpha = 0{,}01$, há evidências suficientes para rejeitar a afirmação do centro? *(Fonte: FoodPrint.)*

15. **Valores morais** Um político afirma que mais de 25% dos adultos estadunidenses acreditam que os valores morais do país estão melhorando. Em uma amostra aleatória de 50 adultos estadunidenses, 17 dizem que os valores morais do país estão melhorando. Considerando o nível de significância $\alpha = 0{,}10$, você pode apoiar a afirmação do político? *(Adaptado de Gallup.)*

16. **Gatos de rua** Um defensor dos animais afirma que 25% das famílias dos Estados Unidos acolheram um gato de rua. Em uma amostra aleatória de 500 lares estadunidenses, 105 dizem ter acolhido um gato de rua. Considerando o nível de significância $\alpha = 0{,}05$, há evidência suficiente para rejeitar a alegação do defensor? *(Adaptado de American Pet Products Association.)*

Protegendo o meio ambiente *Nos exercícios 17 e 18, use a figura a seguir que sugere o que os adultos pensam sobre a proteção do meio ambiente.*

17. As pessoas estão preocupadas em proteger o meio ambiente? Você entrevista uma amostra aleatória de 100 adultos. Os resultados da pesquisa mostram que 58% dos adultos disseram que vivem de maneira que ajudam a proteger o meio ambiente algumas vezes. Considerando o nível de significância $\alpha = 0{,}05$, você pode rejeitar a afirmação de que pelo menos 64% dos adultos fazem um esforço para viver de maneira que ajudem a proteger o meio ambiente algumas vezes?

18. Quais são as atitudes das pessoas sobre a proteção do meio ambiente? Use sua conclusão do Exercício 17 para escrever um parágrafo sobre as atitudes das pessoas em relação à proteção do meio ambiente.

Protegendo o meio ambiente

Com que frequência os adultos dizem que se esforçam para viver de maneira que ajudem a proteger o meio ambiente:

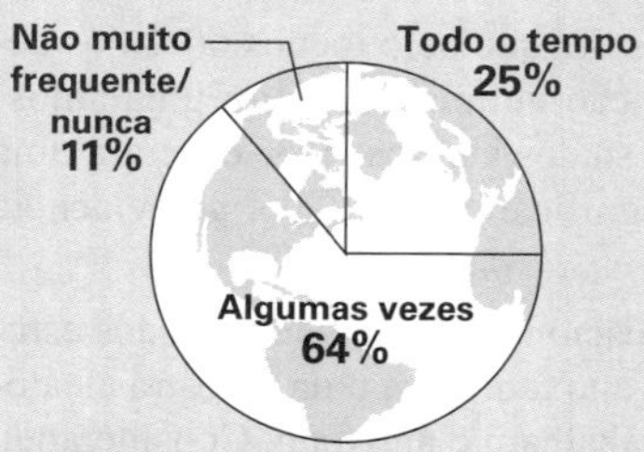

FIGURAS PARA OS EXERCÍCIOS 17 E 18

Expandindo conceitos

Fórmula alternativa *Nos exercícios 19 e 20, use a informação a seguir. Quando você conhece o número de sucessos x, o tamanho da amostra n e a proporção populacional p, pode ser mais fácil usar a fórmula:*

$$z = \frac{x - np}{\sqrt{npq}}$$

para encontrar a estatística de teste ao usar um teste z para uma proporção populacional p.

19. Refaça o Exercício 7 usando a fórmula alternativa e verifique que os resultados são os mesmos.

20. A fórmula alternativa é derivada da fórmula:

$$z = \frac{\hat{p} - p}{\sqrt{pq/n}} = \frac{(x/n) - p}{\sqrt{pq/n}}.$$

Use essa fórmula para derivar a fórmula alternativa. Justifique cada passo.

7.4 ATIVIDADE Teste de hipóteses para uma proporção

APPLET

O *applet Hypothesis tests for a proportion* (teste de hipótese para uma proporção) gera simulações para investigar testes de hipótese para uma proporção populacional. Especifique o Tamanho da amostra (***sample size***), a Proporção populacional (***True p***), o valor da proporção para a hipótese nula (***Null p***) e a Alternativa (***Alternative***) para o teste. Clique em Atualizar o *applet* (***Update applet***) para carregá-lo com os parâmetros especificados. Clique em 1 teste (***1 test***) (**5 testes** (***5 tests***) ou 1.000 testes (***1000 tests***) para gerar amostras do tamanho especificado, com uma proporção de sucessos igual a *p* (***True p***). Para cada amostra é realizado um teste de hipóteses baseado na estatística *z* e a **estatística** ***z*** ou o **valor** ***p*** (clique em um) para o teste é representado graficamente. Os valores coloridos em vermelho representam testes em que a hipótese nula é rejeitada no nível de significância especificado. O nível definido como padrão de 0,05 pode ser alterado ajustando o Nível (***Level***). A tabela acima do gráfico acompanha os resultados acumulados e mostra a Proporção (***Proportion***) dos testes de hipóteses em que a hipótese nula foi rejeitada. Pressione Redefinir (***Reset***) para limpar os resultados existentes e iniciar uma nova simulação

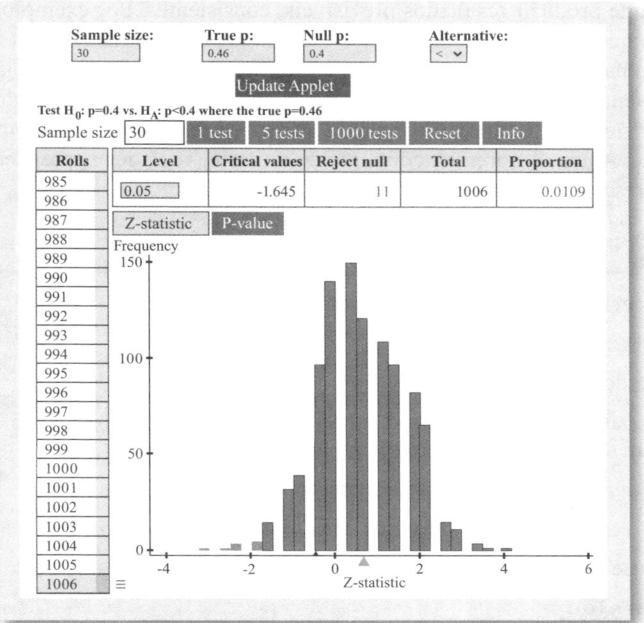

EXPLORE

Passo 1 Especifique valores para o tamanho da amostra (***Sample size***), a proporção populacional (***True p***)e a alternativa (***Alternative***).

Passo 2 Clique em 1 teste (***1 test***), 5 testes (***5 tests***) ou 1.000 testes (***1000 tests***) para gerar testes de hipótese.

CONCLUA

APPLET

1. Configure ***Sample size*** = 25, ***True p*** = 0,35. Teste a afirmação de que a proporção é igual a 0,35. Quais são as hipóteses nula e alternativa? Execute a simulação para pelo menos 1.000 testes. Compare as proporções de rejeições de hipóteses nulas para os níveis de significância de 0,05 e 0,01. É isso que você esperaria? Explique.

2. Configure ***Sample size*** = 50, ***True p*** = 0,6. Teste a afirmação de que a proporção é pelo menos 0,6. Quais são as hipóteses nula e alternativa? Execute a simulação para pelo menos 1.000 testes. Compare as proporções de rejeições de hipóteses nulas para os níveis de significância de 0,05 e 0,01. Faça um teste de hipóteses para cada nível e use os resultados dos testes de hipóteses para explicar os resultados da simulação.

7.5 Teste de hipóteses para Variância e desvio padrão

O que você deve aprender

- Como encontrar valores críticos para um teste qui-quadrado.
- Como usar o teste qui-quadrado para testar uma variância σ^2 ou um desvio padrão σ.

Valores críticos para um teste qui-quadrado ■ O teste qui-quadrado

Valores críticos para um teste qui-quadrado

Na vida real, é importante produzir resultados previsíveis, consistentes. Por exemplo, considere uma empresa que fabrica bolas de golfe. O fabricante deve produzir milhões de bolas de golfe, cada uma tendo o mesmo tamanho e o mesmo peso. Há uma tolerância de variação muito pequena. Para uma população normalmente distribuída, você pode testar a variância e o desvio padrão do processo usando a distribuição qui-quadrado com $n - 1$ graus de liberdade. Antes de aprender como realizar o teste, você deve aprender como encontrar os valores críticos, conforme mostrado nas instruções.

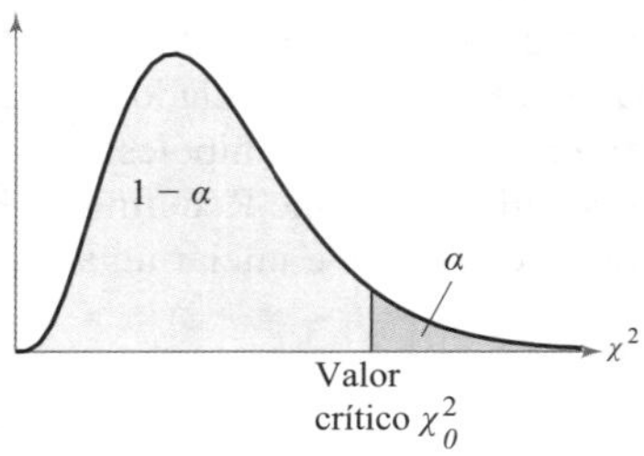

(a) Teste unilateral à direita

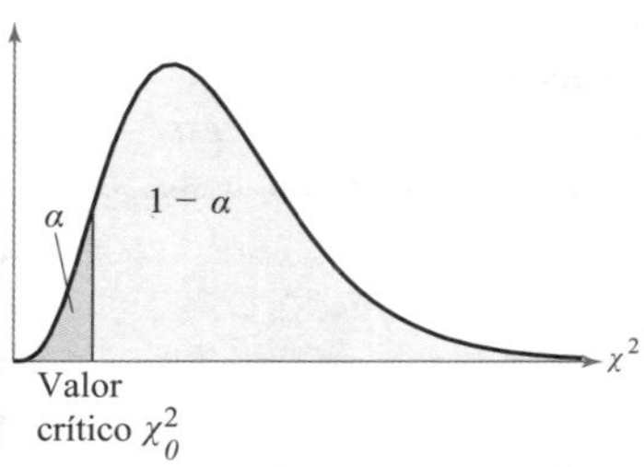

(b) Teste unilateral à esquerda

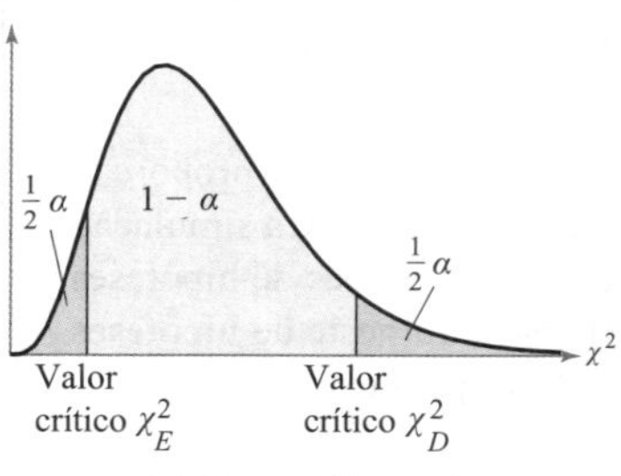

(c) Teste bilateral

Figura 7.47

INSTRUÇÕES

Encontrando valores críticos para um teste qui-quadrado

1. Especifique o nível de significância α.
2. Determine os graus de liberdade g.l. = $n - 1$.
3. Os valores críticos para a distribuição qui-quadrado são encontrados na Tabela 6 do Apêndice B. Para encontrar o(s) valor(es) crítico(s) para um:
   a. *teste unilateral à direita*, use o valor que corresponde ao g.l. e α.
   b. *teste unilateral à esquerda*, use o valor que corresponde ao g.l. e $1 - \alpha$.
   c. *teste bilateral*, use os valores que correspondem ao g.l. e $\frac{1}{2}\alpha$ e ao g.l. e $1 - \frac{1}{2}\alpha$.

Veja as Figuras 7.47 (a) a (c).

EXEMPLO 1

Encontrando um valor crítico para um teste unilateral à direita

Encontre o valor crítico χ^2_0 para um teste unilateral à direita sendo $n = 26$ e $\alpha = 0{,}10$.

SOLUÇÃO

Os graus de liberdade são g.l. = $n - 1 = 26 - 1 = 25$. A Figura 7.48 mostra uma distribuição qui-quadrado com 25 graus de liberdade e uma área sombreada para $\alpha = 0{,}10$ na cauda direita. Na Tabela 6 no Apêndice B, com g.l. = 25 e $\alpha = 0{,}10$, o valor crítico é $\chi^2_0 = 34{,}382$.

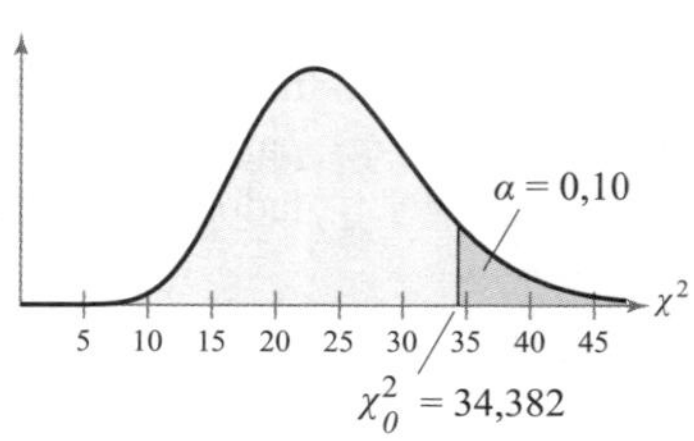

Figura 7.48

TENTE VOCÊ MESMO 1

Encontre o valor crítico χ^2_0 para um teste unilateral à direita sendo $n = 18$ e $\alpha = 0{,}01$.

EXEMPLO 2

Encontrando um valor crítico para um teste unilateral à esquerda

Encontre o valor crítico χ_0^2 para um teste unilateral à esquerda sendo $n = 11$ e $\alpha = 0{,}01$.

SOLUÇÃO

Os graus de liberdade são:

g.l. $= n - 1 = 11 - 1 = 10$

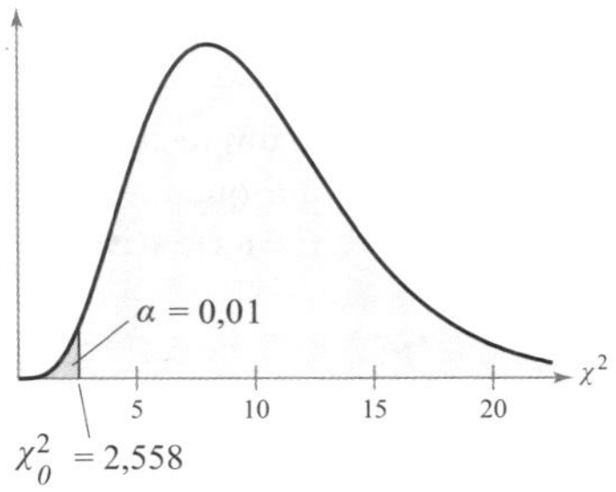

Figura 7.49

A Figura 7.49 mostra uma distribuição qui-quadrado com 10 graus de liberdade e uma área sombreada para $\alpha = 0{,}01$ na cauda esquerda. A área à direita do valor crítico é:

$1 - \alpha = 1 - 0{,}01 = 0{,}99.$

Na Tabela 6 do Apêndice B, com g.l. = 10 e a área $1 - \alpha = 0{,}99$, o valor crítico é $\chi_0^2 = 2{,}558$. Você pode verificar sua resposta usando a tecnologia, conforme a Figura 7.50.

MINITAB

Inverse Cumulative Distribution Function

Chi-Square with 10 DF

P (X ...x)	x
0.01	2.55821

Figura 7.50

TENTE VOCÊ MESMO 2

Encontre o valor crítico χ_0^2 para um teste unilateral à esquerda sendo $n = 30$ e $\alpha = 0{,}05$.

Note que, como a distribuição qui-quadrado não é simétrica (como as distribuições normal e t), em um teste bilateral os dois valores críticos não são opostos. Cada valor crítico dever ser calculado separadamente, conforme mostrado no próximo exemplo.

EXEMPLO 3

Encontrando um valor crítico para um teste bilateral

Encontre os valores críticos χ_E^2 e χ_D^2 para um teste bilateral sendo $n = 9$ e $\alpha = 0{,}05$.

SOLUÇÃO

Os graus de liberdade são:

g.l. $= n - 1 = 9 - 1 = 8.$

A Figura 7.51 mostra uma distribuição qui-quadrado com 8 graus de liberdade e uma área sombreada de $\frac{1}{2}\alpha = 0{,}025$ em cada cauda. As áreas à direita de χ_D^2 é $\frac{1}{2}\alpha = 0{,}025$ e, a área à direita de χ_E^2 $1 - \frac{1}{2}\alpha = 0{,}975$. Na Tabela 6 do Apêndice B, com g.l. = 8 e as áreas 0,025 e 0,975, os valores críticos são $\chi_D^2 = 17{,}535$ e $\chi_E^2 = 2{,}180$. Você pode verificar sua resposta usando a tecnologia, conforme a Figura 7.52.

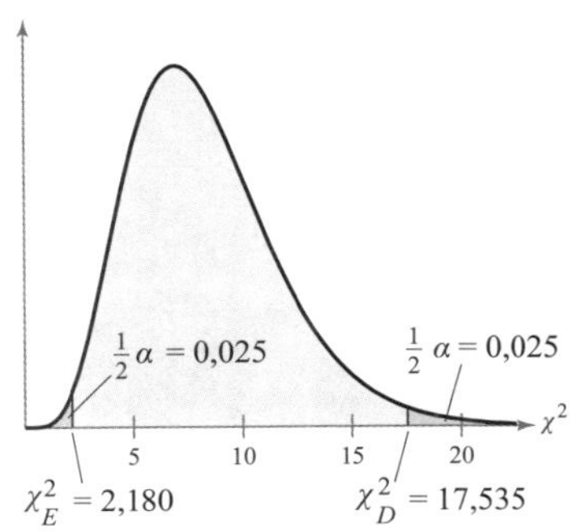

Figura 7.51

EXCEL

	A	
1	2.179730747	=INV.QUIQUA(0,025;8)
2	17.53454614	=INV.QUIQUA.CD(0,025;8)

Figura 7.52

TENTE VOCÊ MESMO 3

Encontre os valores críticos χ_E^2 e χ_D^2 para um teste bilateral sendo $n = 51$ e $\alpha = 0{,}01$.

O teste qui-quadrado

Para testar uma variância σ^2 ou um desvio padrão σ de uma população que é normalmente distribuída, você pode usar o teste qui-quadrado. O teste qui-quadrado para uma variância ou desvio padrão não é tão robusto quanto os testes para a média da população μ ou a proporção da população p. Então, é essencial, ao realizar um teste qui-quadrado para uma variância ou desvio padrão, que a população seja normalmente distribuída. Os resultados podem ser equivocados caso a população não seja normal.

Teste qui-quadrado para uma variância σ^2 ou desvio padrão σ

O **Teste qui-quadrado para uma variância σ^2 ou desvio padrão σ** é um teste estatístico para uma variância ou um desvio padrão populacional. O teste qui-quadrado só pode ser usado quando a população é normal. A estatística de teste é s^2 e a **estatística de teste**:

$$\chi^2 = \frac{(n-1)s^2}{\sigma^2} \quad \text{Estatística de teste para } \sigma^2 \text{ ou } \sigma$$

segue uma distribuição qui-quadrado com graus de liberdade

g.l. $= n - 1$.

Na Etapa 8 das instruções a seguir, a regra de decisão usa regiões de rejeição. Você também pode testar uma afirmação usando valor-p (veja os Exercícios 31 a 34).

INSTRUÇÕES

Usando o teste qui-quadrado para uma variância σ^2 ou desvio padrão σ

Em palavras	Em símbolos
1. Verifique que a amostra é aleatória e a população é normalmente distribuída.	
2. Expresse a afirmação verbal e matematicamente Identifique as hipóteses nula e alternativa.	Formule H_0 e H_a.
3. Especifique o nível de significância.	Identifique α.
4. Identifique os graus de liberdade.	g.l. $= n - 1$
5. Determine o(s) valor(es) crítico(s)	Use a Tabela 6 no Apêndice B.
6. Determine a(s) região(ões) de rejeição.	
7. Calcule a estatística de teste e esboce a distribuição amostral.	$\chi^2 = \frac{(n-1)s^2}{\sigma^2}$
8. Tome uma decisão para rejeitar ou não rejeitar a hipótese nula.	Se χ^2 está na região de rejeição, então rejeitar H_0. Caso contrário, não rejeitar H_0.
9. Interprete a decisão no contexto da afirmação original.	

Para a Etapa 5 das instruções, além de usar a Tabela 6 do Apêndice B, você pode usar a tecnologia para encontrar o(s) valor(es) crítico(s). Além disso, algumas ferramentas de tecnologia permitem que você realize um teste de hipóteses para uma variância (ou desvio padrão) usando apenas as estatísticas descritivas.

EXEMPLO 4

Usando um teste de hipóteses para a variância populacional

Uma empresa de processamento de laticínios afirma que a variância da quantidade de gordura no leite integral processado por ela é não mais que 0,25. Você suspeita que essa afirmação esteja errada e encontra que uma amostra aleatória de 41 recipientes de leite tem uma variância de 0,27. Considerando o nível de significância $\alpha = 0{,}05$, há evidência suficiente para rejeitar a afirmação da empresa? Suponha que a população é normalmente distribuída.

SOLUÇÃO

Como a amostra é aleatória e a população é normalmente distribuída, você pode usar o teste qui-quadrado. A afirmação é "a variância é não mais que 0,25". Então, as hipóteses nula e alternativa são:

H_0: $\sigma^2 \leq 0{,}25$ (Afirmação) e Ha: $\sigma^2 > 0{,}25$.

O teste é unilateral à direita, o nível de significância é $\alpha = 0{,}05$ e os graus de liberdade são g.l. = 41 – 1 = 40. Logo, usando a Tabela 6 do Apêndice B, o valor crítico é:

$\chi_0^2 = 55{,}578$

A região de rejeição é $\chi^2 > 55{,}578$. A estatística de teste é:

$$\chi^2 = \frac{(n-1)s^2}{\sigma^2} \quad \text{Use o teste qui-quadrado.}$$

$$= \frac{(41-1)(0{,}27)}{0{,}25} \quad \text{Suponha } \sigma^2 = 0{,}25.$$

$$= 43{,}2.$$

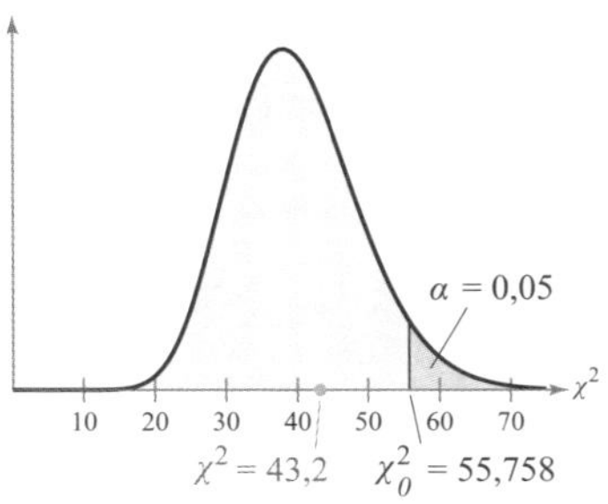

Figura 7.53

A Figura 7.52 mostra a localização da região de rejeição e a estatística de teste χ^2. Como χ^2 não está na região de rejeição, você não rejeita a hipótese nula. Você pode verificar sua resposta usando a tecnologia, conforme a Figura 7.54. Observe que a estatística de teste 43,2 é a mesma encontrada acima.

STATCRUNCH

One sample variance summary hypothesis test:
σ^2 : Variance of population
$H_0 : \sigma^2 = 0.25$
$H_A : \sigma^2 > 0.25$

Hypothesis test results:

Variance	Sample Var.	DF	Chi-square Stat	P-value
σ^2	0.27	40	43.2	0.3362

Figura 7.54

Interpretação Não há evidência suficiente, ao nível de significância de 5%, para rejeitar a afirmação da empresa de que a variância da quantidade de gordura no leite integral é não mais que 0,25.

TENTE VOCÊ MESMO 4

Uma companhia engarrafadora afirma que a variância da quantidade de bebidas esportivas em uma garrafa de 12 onças é não mais que 0,40. Uma amostra aleatória de 31 garrafas tem uma variância de 0,75. Considerando o nível de significância $\alpha = 0{,}01$, há evidência suficiente para rejeitar a afirmacão da companhia? Suponha que a população é normalmente distribuída.

EXEMPLO 5

Usando um teste de hipóteses para o desvio padrão

Uma empresa afirma que o desvio padrão da duração de tempo que leva uma ligação recebida para ser transferida para a área correta é menor que 1,4 minuto. Uma amostra aleatória de 25 ligações recebidas tem um desvio padrão de 1,1 minuto. Considerando o nível de significância $\alpha = 0{,}10$, há evidência suficiente para suportar a afirmação da empresa? Suponha que a população é normalmente distribuída.

SOLUÇÃO

Como a amostra é aleatória e a população é normalmente distribuída, você pode usar o teste qui-quadrado. A afirmação é "o desvio padrão é menor que 1,4 minuto". Então, as hipóteses nula e alternativa são:

H_0: $\sigma \geq 1{,}4$ e H_a: $\sigma < 1{,}4$ (Afirmação)

O teste é unilateral à esquerda, o nível de significância é $\alpha = 0{,}10$ e os graus de liberdade são

g.l. = 25 – 1 = 24.

Logo, da Tabela 6 do Apêndice B, o valor crítico é:

$\chi_0^2 = 15{,}659.$

A região de rejeição é $\chi^2 < 15{,}659$. A estatística de teste é:

$$\chi^2 = \frac{(n-1)s^2}{\sigma^2} \quad \text{Use o teste qui-quadrado.}$$

$$= \frac{(25-1)(1.1)^2}{(1{,}4)^2} \quad \text{Suponha } \sigma = 1{,}4.$$

$$\approx 14{,}816. \quad \text{Arredonde para três casas decimais.}$$

A Figura 7.55 mostra a localização da região de rejeição e a estatística de teste χ^2. Como χ^2 está na região de rejeição, você rejeita a hipótese nula.

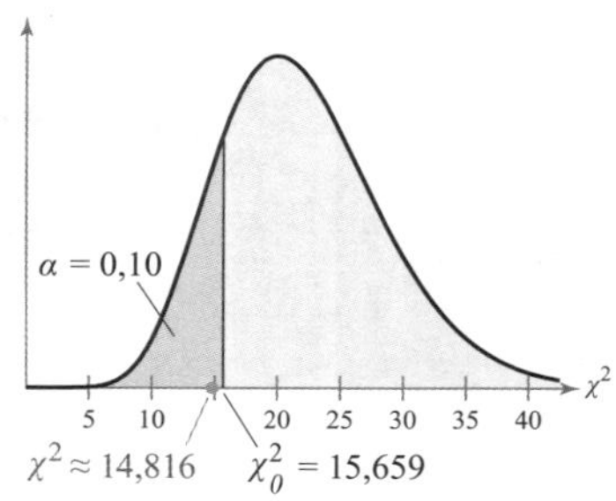

Figura 7.55

Interpretação Há evidência suficiente, ao nível de significância de 10%, para suportar a afirmação de que o desvio padrão da duração de tempo que leva uma ligação recebida para ser transferida para a área correta é menos que 1,4 minuto.

TENTE VOCÊ MESMO 5

Um chefe de polícia afirma que o desvio padrão das durações dos tempos de resposta é menor que 3,7 minutos. Uma amostra aleatória de 9 tempos de resposta tem desvio padrão de 3,0 minutos. Considerando o nível de significância $\alpha = 0{,}05$, há evidência suficiente para suportar a afirmação do chefe de polícia? Suponha que a população é normalmente distribuída.

Dica de estudo

Embora você esteja testando um desvio padrão no Exemplo 5, a estatística de teste χ^2 exige variância. Lembre-se de elevar ao quadrado o desvio padrão para calcular a variância.

Retratando o mundo

Um centro comunitário afirma que o nível de cloro em sua piscina tem um desvio padrão de 0,46 partes por milhão (ppm). Uma amostragem dos níveis de cloro da piscina, em 25 momentos distintos durante um mês, produz um desvio padrão de 0,61 ppm. *(Adaptado de American Pool Supply.)*

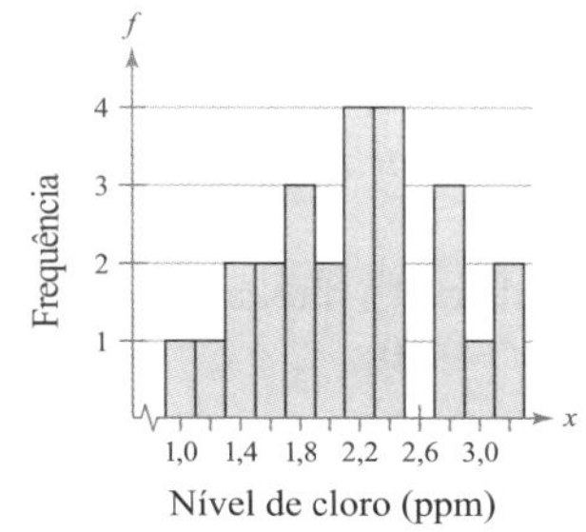

Para $\alpha = 0{,}05$, há evidência suficiente para rejeitar a afirmação?

EXEMPLO 6

Usando um teste de hipóteses para a variância populacional

Um fabricante de artigos esportivos afirma que a variância da força de uma certa linha de pesca é de 15,9. Uma amostra aleatória de 15 rolos de linha tem uma variância de 21,8. Considerando o nível de significância $\alpha = 0{,}05$, há evidência suficiente para rejeitar a afirmação do fabricante? Suponha que a população é normalmente distribuída.

SOLUÇÃO

Como a amostra é aleatória e a população é normalmente distribuída, você pode usar o teste qui-quadrado. A afirmação é "a variância é 15,9". Então, as hipóteses nula e alternativa são:

H_0: $\sigma^2 = 15{,}9$ (Afirmação) e H_a: $\sigma^2 \neq 15{,}9$.

O teste é bilateral, o nível de significância é $\alpha = 0{,}05$ e os graus de liberdade são

$$\text{g.l.} = 15 - 1 = 14.$$

Da Tabela 6 do Apêndice B, os valores críticos são $\chi^2_E = 5{,}629$ e $\chi^2_D = 26{,}119$. As regiões de rejeição são

$\chi^2 < 5{,}629$ e $\chi^2 > 26{,}119$.

A estatística de teste é:

$$\chi^2 = \frac{(n-1)s^2}{\sigma^2} \quad \text{Use o teste qui-quadrado.}$$

$$= \frac{(15-1)(21{,}8)}{(15{,}9)} \quad \text{Suponha } \sigma^2 = 15{,}9.$$

$$\approx 19{,}195. \quad \text{Arredonde para três casas decimais.}$$

A Figura 7.56 mostra a localização da região de rejeição e a estatística de teste χ^2. Como χ^2 não está na região de rejeição, você não rejeita a hipótese nula.

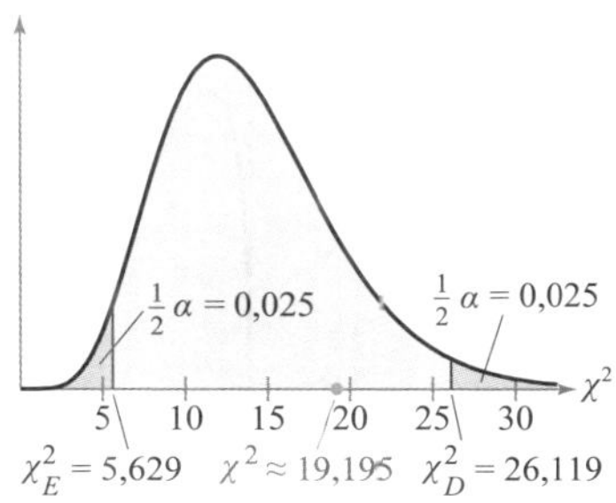

Figura 7.56

Interpretação Não há evidência suficiente, ao nível de significância de 5%, para rejeitar a afirmação de que a variância da força da linha de pesca é 15,9.

TENTE VOCÊ MESMO 6

Uma empresa que oferece produtos dietéticos e serviços de perda de peso afirma que a variância das perdas de peso de seus usuários é 25,5. Uma amostra aleatória de 13 usuários tem uma variância de 10,8. Considerando o nível de significância $\alpha = 0{,}105$, há evidência suficiente para rejeitar a afirmação da empresa? Suponha que a população é normalmente distribuída.

7.5 EXERCÍCIOS

Construindo habilidades básicas e vocabulário

1. Explique como encontrar valores críticos em uma distribuição qui-quadrado.
2. Um valor crítico para o teste qui-quadrado pode ser negativo? Explique?
3. Como os valores críticos para um teste bilateral mudam à medida que α diminui?
4. Descreva a diferença entre calcular a estatística do teste, χ^2, para um teste qui-quadrado para variância e um teste qui-quadrado para desvio padrão.
5. Como os requisitos de um teste qui-quadrado para a variância ou o desvio padrão diferem de um teste z ou um teste t para a média?
6. Explique como testar uma variância populacional ou um desvio padrão populacional.

Nos exercícios de 7 a 12, encontre o(s) valor(es) crítico(s) e a(s) região(ões) de rejeição para o teste qui-quadrado indicado, com um tamanho de amostra n e nível de significância α.

7. Teste unilateral à direita, $n = 27$, $\alpha = 0{,}05$
8. Teste unilateral à direita, $n = 10$, $\alpha = 0{,}10$
9. Teste unilateral à esquerda, $n = 7$, $\alpha = 0{,}01$
10. Teste unilateral à esquerda, $n = 24$, $\alpha = 0{,}05$
10. Teste bilateral, $n = 81$, $\alpha = 0{,}10$
12. Teste bilateral, $n = 61$, $\alpha = 0{,}01$

Análise gráfica *Nos exercícios 13 e 14, verifique se cada estatística de teste χ2 permite que você rejeite a hipótese nula. Explique.*

13. (a) $\chi^2 = 2{,}091$
    (b) $\chi^2 = 0$
    (c) $\chi^2 = 6{,}3471$

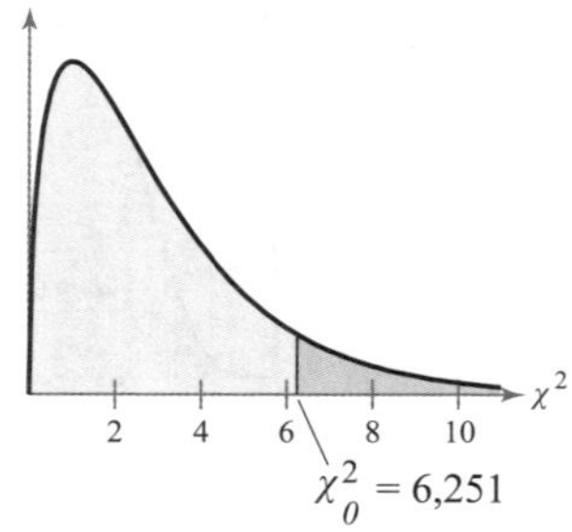

14. (a) $\chi^2 = 22{,}302$
    (b) $\chi^2 = 23{,}309$
    (c) $\chi^2 = 8{,}457$

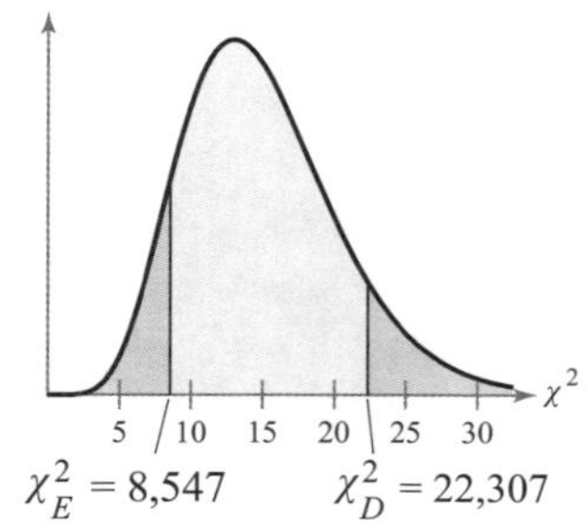

Nos exercícios de 15 a 22, teste a afirmação sobre a variância σ² ou desvio padrão σ da população ao nível de significância α. Suponha que a população é normalmente distribuída.

15. Afirmação: $\sigma^2 = 0{,}52$; $\alpha = 0{,}05$. Estatística: $s^2 = 0{,}508$; $n = 18$
16. Afirmação: $\sigma^2 = 63$; $\alpha = 0{,}01$. Estatística: $s^2 = 58$; $n = 29$
17. Afirmação: $\sigma^2 \geq 8{,}5$; $\alpha = 0{,}05$. Estatística: $s^2 = 7{,}45$; $n = 23$
18. Afirmação: $\sigma \leq 0{,}92$; $\alpha = 0{,}01$. Estatística: $s = 0{,}67$; $n = 41$
19. Afirmação: $\sigma < 40$; $\alpha = 0{,}01$. Estatística: $s = 40{,}8$; $n = 12$
20. Afirmação: $\sigma^2 > 19$; $\alpha = 0{,}1$. Estatística: $s^2 = 28$; $n = 17$
21. Afirmação: $\sigma^2 \neq 32{,}8$; $\alpha = 0{,}1$. Estatística: $s^2 = 40{,}9$; $n = 101$
22. Afirmação: $\sigma \neq 24{,}9$; $\alpha = 0{,}10$. Estatística: $s = 29{,}1$; $n = 51$

Usando e interpretando conceitos

Testando hipóteses usando regiões de rejeição

Nos exercícios de 23 a 30, (a) identifique a afirmação e formule H_0 e H_a, (b) encontre o(s) valor(es) crítico(s) e identifique a(s) região(ões) de rejeição, (c) calcule a estatística de teste $\chi 2$, (d) decida se rejeita ou não a hipótese nula, e (e) interprete a decisão no contexto da afirmação original. Suponha que a população é normalmente distribuída.

23. Pneus Um fabricante de pneus afirma que a variância dos diâmetros em certo modelo de pneu é 8,6. Uma amostra aleatória de 10 pneus tem variância de 4,3. Considerando o nível de significância $\alpha = 0{,}01$, há evidência suficiente para rejeitar a afirmação?

24. Consumo de combustível Um fabricante de automóveis afirma que a variância do consumo de combustível em um certo modelo de veículo híbrido é 0,16. Uma amostra aleatória de 30 veículos tem variância de 0,26. Considerando o nível de significância $\alpha = 0{,}05$, há evidência suficiente para rejeitar a afirmação?

25. Testes de avaliação de matemática Um administrador escolar afirma que o desvio padrão de um teste de matemática dos alunos do último ano do Ensino Médio é menor que 37 pontos. Uma amostra aleatória de 28 alunos do último ano do ensino médio tem desvio padrão de 34 pontos. Considerando o nível de significância $\alpha = 0{,}10$, há evidência suficiente para suportar a afirmação? *(Adaptado de National Center for Educational Statistics.)*

26. Testes de avaliação de leitura Um administrador escolar afirma que o desvio padrão de um teste de leitura dos alunos do último ano do ensino médio é maior que 41 pontos. Uma amostra aleatória de 25 alunos do último ano do ensino médio tem desvio padrão de 46 pontos. Considerando o nível de significância $\alpha = 0{,}01$, há evidência suficiente para suportar a afirmação? *(Adaptado de National Center for Educational Statistics.)*

27. Tempo de espera Um hospital afirma que o desvio padrão dos tempos de espera dos pacientes no departamento de emergência é não mais que 0,5 minuto. Uma amostra aleatória de 25 tempos de espera tem desvio padrão de 0,7 minuto. Considerando o nível de significância $\alpha = 0{,}10$, há evidência suficiente para rejeitar a afirmação?

28. Diária de hotel Um agente de viagem afirma que o desvio padrão das diárias de hotéis para dois adultos em hotéis três estrelas em Denver é de pelo menos US$ 68. Uma amostra aleatória de 18 hotéis três estrelas tem desvio padrão de US$ 40. Considerando o nível de significância $\alpha = 0{,}01$, há evidência suficiente para rejeitar a afirmação? *(Adaptado de Expedia.)*

29. Salários O salário anual (em dólares) de 15 especialistas em design gráfico de nível sênior são mostrados na tabela. Considerando o nível de significância $\alpha = 0{,}05$, há evidência suficiente para suportar a afirmação de que o desvio padrão dos salários anuais é diferente de US$ 13.056? *(Adaptado de Salary.com)*

Salários anuais		
55.060	75.140	89.050
73.200	67.400	86.220
96.000	59.900	111.700
99.750	52.250	98.100
74.700	56.000	77.900

TABELA PARA O EXERCÍCIO 29

30. Salários O salário anual (em dólares) de 12 supervisores de enfermagem escolhidos aleatoriamente são mostrados na tabela. Considerando o nível de significância $\alpha = 0{,}10$, há evidência suficiente para rejeitar a afirmação de que o desvio padrão dos salários anuais é US$ 18.630? *(Adaptado de Salary.com)*

Salários anuais		
68.700	108.300	107.000
98.900	73.900	87.800
83.400	116.600	94.300
96.000	99.300	79.900

TABELA PARA O EXERCÍCIO 30

Expandindo conceitos

Valor-*p*

Você pode calcular o valor-p para um teste qui-quadrado usando tecnologia. Depois de calcular a estatística de teste, use a função de distribuição acumulada (FDA) para calcular a área sob a curva. Do Exemplo 4 na página 397, $\chi^2 = 43{,}2$. Usando uma TI-84 Plus (escolha 8 no menu DISTR), insira 0 para o limite inferior, 43,2 para o limite superior, e 40 para os graus de liberdade como mostra a figura. Sendo o teste unilateral à direita, o valor-p é, aproximadamente, $1 - 0{,}6638 = 0{,}3362$. Como o valor-p $> \alpha = 0{,}05$, não rejeitar H_0. Nos exercícios de 31 a 34, use o método do valor-p para realizar o teste de hipóteses para o exercício indicado.

TI-84 PLUS

```
χ²cdf(0,43.2,40)
                0.6637768667
```

31. Exercício 25 **32.** Exercício 26 **33.** Exercício 27 **34.** Exercício 28

7 Um resumo dos testes de hipóteses

Em teste de hipóteses, talvez mais que qualquer outra área da estatística, pode ser difícil ver o quadro geral. Então, a seguir é apresentado um resumo do que você estudou neste capítulo

Dica de estudo

Tamanhos de amostras grandes geralmente aumentam o custo e o esforço de testar uma hipótese, mas eles tendem a tornar sua decisão mais confiável.

Escrevendo as hipóteses

- É dada uma afirmação sobre um parâmetro populacional μ, p, σ^2 ou σ.
- Reescreva a afirmação e seu complemento usando $\underbrace{\leq, \geq, =}_{H_0}$ e $\underbrace{>, <, \neq}_{H_a}$.
- Identifique a afirmação. Ela é H_0 ou H_a?

Especificando um nível de significância

- Especifique α, a probabilidade máxima aceitável de rejeitar uma H_0 verdadeira (erro de tipo I).

Especificando o tamanho da amostra

- Especifique o tamanho da amostra n.

Escolhendo o teste ▲ População normalmente distribuída • Qualquer população

- **Média**: H_0 expressa uma média populacional hipotética μ.
  - ▲ Use um **teste** z quando σ é conhecido e a população é normal.
  - • Use um **teste** z para qualquer população quando σ é conhecido e $n \geq 30$.
  - ▲ Use um **teste** t quando σ não é conhecido e a população é normal.
  - • Use um **teste** z para qualquer população quando σ não é conhecido e $n \geq 30$.
- **Proporção**: H_0 expressa uma proporção populacional hipotética p.
  - • Use um **teste** z para qualquer população quando $np \geq 5$ e $nq \geq 5$.
- **Variância ou desvio padrão**: H_0 expressa uma variância σ^2 ou desvio padrão σ populacional hipotéticos.
  - ▲ Use um **teste qui-quadrado** quando a população é normal.

Esboçando a distribuição amostral

- Use H_a para decidir se o teste é unilateral à esquerda, unilateral à direita ou bilateral.

Calculando a estatística de teste

- Retire uma amostra aleatória de tamanho n da população.
- Calcule a estatística de teste $\bar{x}$, $\hat{p}$ ou s^2.
- Calcule a estatística de teste z, t ou χ^2.

Tomando uma decisão

Opção 1. Decisão baseada na região de rejeição

- Use α para encontrar o(s) valor(es) crítico(s) z_0, t_0 ou χ^2_0 e a(s) região(ões) de rejeição.
- **Regra de decisão**:

  Rejeita H_0 quando a estatística de teste estiver na região de rejeição.

  Não rejeita H_0 quando a estatística de teste não estiver na região de rejeição.

Opção 2. Decisão baseada no valor-p

- Use a estatística de teste padronizada ou tecnologia para encontrar o valor-p.
- **Regra de decisão**:

  Rejeita H_0 quando valor-$p \leq \alpha$.

  Não rejeita H_0 quando valor-$p > \alpha$.

Teste z para uma média hipotética μ (σ conhecido) *(Seção 7.2)*

Estatística de teste: $\bar{x}$
Valor crítico: z_0 (Use a Tabela 4 do Apêndide B)
A distribuição amostral da média é uma distribuição normal.

Estatística de teste padronizada: z

$$z = \frac{\bar{x} - \mu}{\sigma / \sqrt{n}}$$

Média amostral ($\bar{x}$); Média hipotética (μ); Desvio padrão populacional (σ); Tamanho da amostra (n)

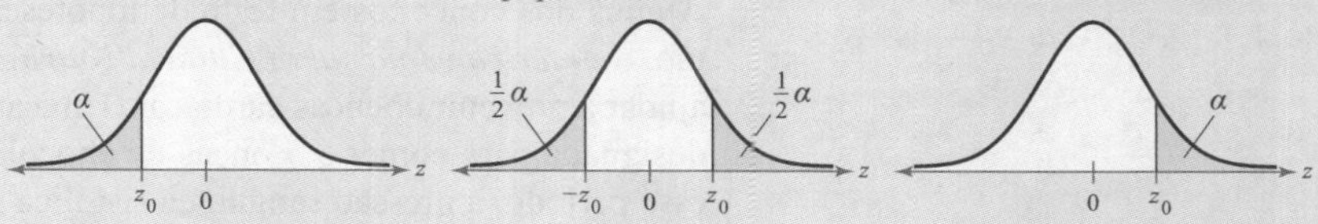

Unilateral à esquerda | Bilateral | Unilateral à direita

Figura 7.56

Teste z para uma proporção hipotética p *(Seção 7.4)*

Estatística de teste: $\hat{p}$
Valor crítico: z_0 (Use a Tabela 4 do Apêndide B)
A distribuição amostral de uma proporção é aproximadamente distribuição normal.

Estatística de teste: z

$$z = \frac{\hat{p} - p}{\sqrt{pq/n}}$$

Proporção amostral ($\hat{p}$); Proporção hipotética (p); $q = 1 - p$; Tamanho da amostra (n)

Dica de estudo

Quando sua estatística de teste for z ou t, lembre-se que esses valores, medem desvios padrão a partir da média. Valores que estão fora de ± 3 indicam que H_0 é muito improvável. Valores que estão fora de ± 5 indicam que H_0 é quase impossível.

Teste t para uma média hipotética μ (σ desconhecido) *(Seção 7.3)*

Estatística de teste: $\bar{x}$
Valor crítico: t_0 (Use a Tabela 5 do Apêndide B)
A distribuição amostral de t é resultado teórico, mas só vale quando é feita a suposição de normalidade. por uma distribuição t com g.l. $= n - 1$.

Estatística de teste: z

$$t = \frac{\bar{x} - \mu}{s / \sqrt{n}}$$

Média amostral ($\bar{x}$); Média hipotética (μ); Desvio padrão amostral (s); Tamanho da amostra (n)

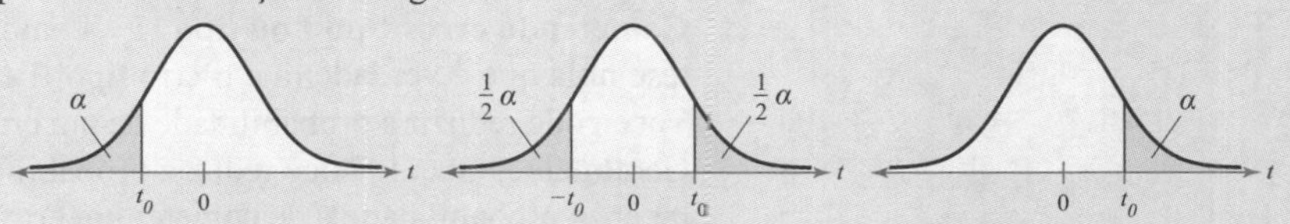

Unilateral à esquerda | Bilateral | Unilateral à direita

Figura 7.57

Teste qui-quadrado para uma variância σ^2 ou desvio padrão σ hipotéticos *(Seção 7.5)*

Estatística de teste: s^2
Valor crítico: χ_0^2 (Use a Tabela 6 do Apêndide B)
A distribuição amostral de qui-quadrado é uma distribuição com g.l. $= n - 1$.

Estatística de teste: χ^2

$$\chi^2 = \frac{(n - 1)s^2}{\sigma^2}$$

Tamanho da amostra (n); Variância amostral (s^2); Variância hipotética (σ^2)

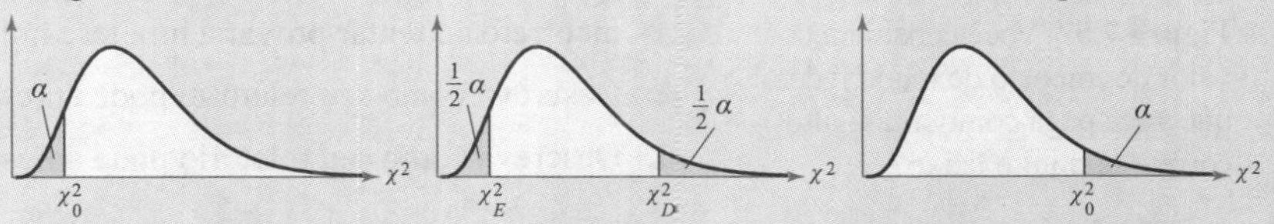

Unilateral à esquerda | Bilateral | Unilateral à direita

Figura 7.58

USOS E ABUSOS

Estatística no mundo real

Usos

O teste de hipóteses é importante em muitas áreas diferentes porque ele fornece um procedimento científico para avaliar a validade de uma afirmação sobre uma população. Alguns dos conceitos em teste de hipóteses são intuitivos, mas outros não. Por exemplo, o *American Journal of Clinical Nutrition* sugere que comer chocolate amargo pode ajudar a prevenir doenças cardíacas. Uma amostra aleatória de voluntários saudáveis foi designada para comer 3,5 onças de chocolate amargo todos os dias, por 15 dias. Após esse período, a pressão sanguínea sistólica média dos voluntários estava 6,4 milímetros de mercúrio mais baixa. Um teste de hipóteses poderia mostrar se essa queda na pressão sanguínea sistólica é significante ou simplesmente devido a erro de amostragem.

Inferências cuidadosas devem ser feitas em relação aos resultados. O estudo examinou apenas os efeitos do chocolate amargo, portanto, a inferência dos benefícios à saúde não pode ser estendida a todos os tipos de chocolate. Você também não inferiria que se deve comer grandes quantidades de chocolate porque os benefícios devem ser comparados com os riscos conhecidos, como ganho de peso e refluxo ácido.

Abusos

Não usar uma amostra aleatória Toda a teoria do teste de hipóteses é baseada no fato de a amostra ser aleatoriamente selecionada. Se a amostra não é aleatória, então você não pode usá-la para inferir sobre um parâmetro.

Tentativa de provar a hipótese nula Quando o valor-*p* para um teste de hipótese é maior que o nível de significância, você não provou que a hipótese nula é verdadeira – somente que não há evidência suficiente para rejeitá-la. Por exemplo, com um valor-*p* maior que o nível de significância, um pesquisador não poderia provar que não há benefício em comer chocolate amargo – somente que não há evidência suficiente para suportar a afirmação de que há um benefício.

Cometendo erros tipo I ou tipo II Lembre-se que um erro tipo I é rejeitar uma hipótese nula que é verdadeira e o erro tipo II é não rejeitar uma hipótese nula que é falsa. Você pode reduzir a probabilidade de um erro tipo I diminuindo o nível de significância. Geralmente, quando você reduz a probabilidade de cometer um erro de tipo I, você aumenta a probabilidade β de cometer um erro de tipo II. Qual erro é mais grave? Depende da situação. Em um julgamento criminal, um erro do tipo I é considerado pior, conforme explicado na página 352. Se você estiver testando uma pessoa para uma doença e ela for considerada livre de doença (H_0), um erro do tipo II é mais grave porque você não consegue detectar a doença, mesmo que a pessoa a tenha. Você pode reduzir a chance de cometer os dois tipos de erro aumentando o tamanho da amostra.

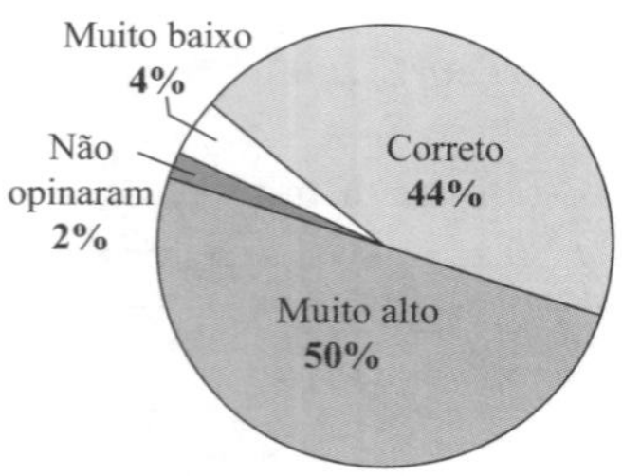

Figura 7.57 Você considera o valor do imposto de renda federal que você paga como muito alto, correto ou muito baixo?

EXERCÍCIOS

Nos exercícios de 1 a 3, suponha que você trabalha para a Receita Federal. Você precisa escrever um relatório sobre a afirmação de que 50% dos adultos estadunidenses acham que o valor de imposto de renda que eles pagam é muito alto. (Fonte: Gallup.)

1. Qual é a hipótese nula nessa situação? Descreva como seu relatório poderia estar incorreto ao tentar provar a hipótese nula.
2. Descreva como seu relatório pode apresentar um erro tipo I.
3. Descreva como seu relatório pode apresentar um erro tipo II.

7 Resumo do capítulo

O que você aprendeu	Exemplo(s)	Exercícios de revisão
Seção 7.1		
▶ Como formular uma hipótese nula e uma hipótese alternativa.	1	1–6
▶ Como identificar os erros tipo I e tipo II.	2	7–10
▶ Como saber se usar um teste estatístico unilateral ou bilateral e encontrar um valor-*p*.	3	7–10
▶ Como interpretar uma decisão baseada nos resultados de um teste estatístico.	4	7–10
▶ Como escrever uma afirmação para um teste de hipótese.	5	7–10
Seção 7.2		
▶ Como encontrar e interpretar valores-*p*.	1–3	11, 12
▶ Como usar valores-*p* para o teste *z* para uma média μ quando σ é conhecido.	4–6	25, 26
▶ Como encontrar valores críticos e regiões de rejeição na distribuição normal padrão.	7, 8	13–16
▶ Como usar regiões de rejeição em um teste *z* para uma média μ quando σ é conhecido.	9, 10	17-24, 27, 28
Seção 7.3		
▶ Como encontrar valores críticos em uma distribuição *t*.	1–3	29–34
▶ Como usar o teste *t* para testar uma média μ quando σ não é conhecido.	4, 5	35–42
▶ Como usar tecnologia para encontrar valores *p* e usá-los em um teste *t* para testar uma média μ quando σ não é conhecido.	6	43, 44
Seção 7.4		
▶ Como usar o teste *z* para testar uma proporção populacional *p*.	1, 2	45–50
Seção 7.5		
▶ Como encontrar valores críticos para um teste qui-quadrado.	1–3	51–54
▶ Como usar o teste qui-quadrado para testar uma variância σ^2 ou um desvio padrão σ.	4–6	55–62

Estratégias de estudo

Gerenciamento de estresse O estresse é a reação física, mental, emocional ou comportamental a ameaças ou demandas percebidas. Pratique o gerenciamento do estresse para manter uma sensação de bem-estar e equilíbrio durante seus estudos.

- Avalie seu nível de estresse. Identifique e antecipe o que está causando seu estresse (seus “estressores”).
- Use técnicas de prevenção de estresse. Alguns deles incluem o seguinte.
    - Gerencie seu tempo com sabedoria. Algumas dicas para gerenciamento de tempo são fornecidas no Resumo do Capítulo 3.
    - Trate bem o seu corpo. Tente incluir descanso, relaxamento, exercícios e alimentação saudável em sua rotina diária. Limite a cafeína ou produtos alcoólicos.
    - Gaste tempo para ter uma perspectiva de sua vida. Use um diálogo interno positivo e tranquilizador.
- Aborde os primeiros sinais de alerta de estresse. Não hesite em procurar ajuda. Isso pode incluir o agendamento de sessões de tutoria.

7 Exercícios de revisão

Seção 7.1

Nos exercícios de 1 a 6, a sentença matemática representa uma afirmação. Escreva seu complemento e formule H_0 e H_a.

1. $\mu \leq 375$ **2.** $\mu = 82$ **3.** $p < 0{,}205$

2. $\mu \neq 150.020$ **5.** $\sigma > 1{,}9$ **6.** $p \geq 0{,}64$

Nos exercícios de 7 a 10, (a) formule as hipóteses nula e alternativa, e identifique qual representa a afirmação, (b) descreva os erros tipo I e tipo II para um teste de hipótese da afirmação, (c) explique se o teste de hipótese é unilateral à esquerda, unilateral à direita ou bilateral, (d) explique como você deveria interpretar uma decisão que rejeita a hipótese nula e (e) explique como você deve interpretar uma decisão que não rejeita a hipótese nula.

7. Uma organização de pesquisa relata que a proporção de adultos dos Estados Unidos que acreditam que a temperatura da Terra aumentou nos últimos 100 anos é de 81%. *(Fonte: Resources.)*

8. Uma cooperativa agrícola garante que o tempo de vida médio de um certo tipo de fruta seca é pelo menos 400 dias.

9. Uma organização de consumidores sem fins lucrativos diz que o desvio padrão dos preços iniciais de seus veículos mais bem avaliados, para um ano recente, não é superior a US$ 2.900. *(Adaptado de U.S. News.)*

10. Um produtor de barras de cereais afirma que o número médio de gramas de carboidratos em uma barra é menor que 25.

Seção 7.2

Nos exercícios 11 e 12, encontre o valor-p para o teste de hipóteses com a estatística de teste padronizada z. Decida se rejeita H_0 para o nível de significância α.

11. Teste unilateral à esquerda; $z = -0{,}94$; $\alpha = 0{,}05$

12. Teste bilateral; $z = 2{,}57$; $\alpha = 0{,}10$

Nos exercícios de 13 a 16, encontre o(s) valor(es) crítico(s) e a(s) região(ões) de rejeição para o tipo de teste z com o nível de significância α. Inclua um gráfico com a sua resposta.

13. Teste unilateral à esquerda, $\alpha = 0{,}02$ **14.** Teste bilateral, $\alpha = 0{,}005$

15. Teste unilateral à direita, $\alpha = 0{,}025$ **16.** Teste bilateral, $\alpha = 0{,}03$

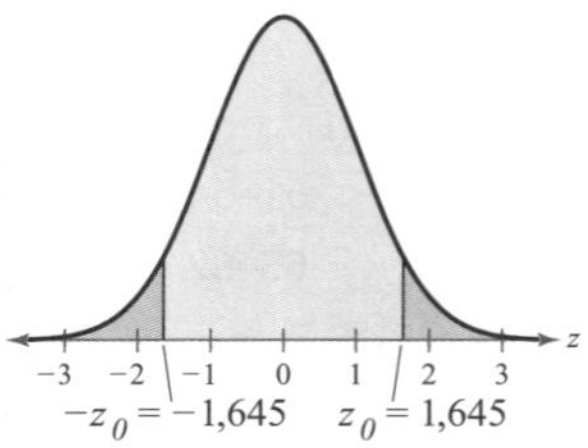

FIGURA PARA OS EXERCÍCIOS 17 A 20

Nos exercícios de 17 a 20, responda se a estatística de teste padronizada z permite que se rejeita a hipótese nula. Explique seu raciocínio.

17. $z = 1{,}631$ **18.** $z = 1{,}723$ **19.** $z = -1{,}464$ **20.** $z = -1{,}655$

Nos exercícios de 21 a 24, teste a afirmação sobre a média da população μ ao nível de significância α. Suponha que a população é normalmente distribuída.

21. Afirmação: $\mu \leq 45$; $\alpha = 0{,}05$; $\sigma = 6{,}7$. Estatísticas: $\bar{x} = 47{,}2$; $n = 22$

22. Afirmação: $\mu \neq 8{,}45$; $\alpha = 0{,}03$; $\sigma = 1{,}75$. Estatísticas: $\bar{x} = 7{,}88$; $n = 60$

23. Afirmação: $\mu < 5{,}500$; $\alpha = 0{,}01$; $\sigma = 0{,}011$. Estatísticas: $\bar{x} = 5{,}497$; $n = 36$

24. 24. Afirmação: $\mu = 7.450$; $\alpha = 0{,}10$; $\sigma = 243$. Estatísticas: $\bar{x} = 7.495$; $n = 27$

Nos exercícios 25 e 26, (a) identifique a afirmação e formule H_0 e H_a, (b) calcule a estatística de teste padronizada z, (c) encontre o valor-p, (d) decida se rejeita ou não rejeita a hipótese nula e (e) interprete a decisão no contexto da afirmação original.

25. Um pesquisador afirma que a concentração média de dióxido de nitrogênio no ar nas cidades dos Estados Unidos é de 9 partes por bilhão (ppb). Em uma amostra aleatória de 52 cidades dos Estados Unidos, a concentração média de dióxido de nitrogênio no ar é de 8,1 ppb. Suponha que o desvio padrão da população seja de 5,65 ppb. Considerando o nível de significância $\alpha = 0{,}05$, você pode rejeitar a afirmação? *(Fonte: U.S. Environmntal Protection Agency.)*

26. Um pesquisador afirma que a concentração média no ar de partículas finas (PM 2,5) nas cidades dos Estados Unidos é superior a 9 microgramas por metro cúbico ($\mu g/m^3$). Em uma amostra aleatória de 84 cidades dos Estados Unidos, a concentração média de PM 2,5 no ar é de 8,25 $\mu g/m^3$. Suponha que o desvio padrão da população seja 2,53 $\mu g/m^3$. Considerando o nível de significância $\alpha = 0{,}01$, você pode apoiar a afirmação? *(Fonte: U.S. Environmntal Protection Agency.)*

Nos exercícios 27 e 28, (a) identifique a afirmação e formule H_0 e H_a, (b) encontre o(s) valor(es) crítico(s) e identifique a(s) região(ões) de rejeição, (c) calcule a estatística de teste padronizada z, (d) decida se rejeita ou não rejeita a hipótese nula e (e) interprete a decisão no contexto da afirmação original.

27. Um consultor de abuso de substâncias afirma que a taxa média anual de mortes por overdose de drogas para 50 estados é de pelo menos 25 mortes por 100.000 pessoas. Em uma amostra aleatória de 30 estados, a taxa média anual de overdose de drogas é de 22,48 por 100.000 pessoas. Suponha que o desvio padrão da população seja de 10,69 mortes por 100.000. Considerando o nível de significância $\alpha = 0{,}01$, há evidência suficiente para rejeitar a afirmação? *(Fonte: Centers for Disease Control and Prevention.)*

28. Um analista de viagens afirma que o preço médio de um voo de ida e volta de Nova Iorque para Los Angeles é inferior a US$ 725. Em uma amostra aleatória de 47 voos de ida e volta de Nova Iorque para Los Angeles, o preço médio é de US$ 712. Suponha que o desvio padrão da população seja US$ 133. Considerando o nível de significância $\alpha = 0{,}05$, há evidências suficientes para apoiar a afirmação do analista de viagens? *(Adaptado de Expedia.)*

Seção 7.3

Nos exercícios de 29 a 34, encontre o(s) valor(es) crítico(s) e região(ões) de rejeição para o tipo de teste t, com o nível de significância α e tamanho da amostra n.

29. Teste bilateral; $\alpha = 0{,}05$; $n = 20$

30. Teste unilateral à direita; $\alpha = 0{,}01$; $n = 33$

31. Teste unilateral à direita; $\alpha = 0{,}02$; $n = 63$

32. Teste unilateral à esquerda; $\alpha = 0{,}05$; $n = 48$

33. Teste unilateral à esquerda; $\alpha = 0{,}005$; $n = 15$

34. Teste bilateral; $\alpha = 0{,}02$; $n = 12$

Nos exercícios de 35 a 40, teste a afirmação sobre a média da população μ ao nível de significância α. Suponha que a população é normalmente distribuída.

35. Afirmação: $\mu > 12.700$; $\alpha = 0{,}005$. Estatísticas: $\bar{x} = 12.855$ e $s = 248$; $n = 21$

36. Afirmação: $\mu \geq 0$; $\alpha = 0{,}10$. Estatísticas: $\bar{x} = -0{,}45$ e $s = 2{,}38$; $n = 31$

37. Afirmação: $\mu \leq 51$; $\alpha = 0{,}01$. Estatísticas: $\bar{x} = 52$ e $s = 2{,}5$; $n = 40$

38. Afirmação: $\mu < 850$; $\alpha = 0{,}025$. Estatísticas: $\bar{x} = 875$ e $s = 25$; $n = 14$

39. Afirmação: $\mu = 195$; $\alpha = 0{,}10$. Estatísticas: $\bar{x} = 190$ e $s = 36$; $n = 101$

40. Afirmação: $\mu \neq 333$; $\alpha = 0{,}05$. Estatísticas: $\bar{x} = 328$ e $s = 13$; $n = 35$

Nos exercícios 41 e 42, (a) identifique a afirmação e formule H_0 e H_a, (b) encontre o(s) valor(es) crítico(s) e identifique a(s) região(ões) de rejeição, (c) calcule a estatística de teste padronizada t, (d) decida se rejeita ou não rejeita a hipótese nula e (e) interprete a decisão no contexto da afirmação original. Suponha que a população é normalmente distribuída.

41. Uma revista de ginástica anuncia que o custo médio mensal de entrar para uma academia é de US\$ 25. Você deseja testar essa afirmação. Você descobre que uma amostra aleatória de 18 academias tem um custo médio mensal de US\$ 26,25 e desvio padrão de US\$ 3,23. Considerando o nível de significância $\alpha = 0{,}10$, há evidência suficiente para rejeitar a afirmação do anúncio?

42. Uma revista de ginástica afirma que o custo médio de uma sessão de ioga é de não mais que US\$ 14. Você deseja testar essa afirmação. Você descobre que uma amostra aleatória de 32 sessões de ioga tem um custo médio de US\$ 15,59 e desvio padrão de US\$ 2,60. Considerando o nível de significância $\alpha = 0{,}025$, há evidência suficiente para rejeitar a afirmação da revista?

Nos exercícios 43 e 44, (a) identifique a afirmação e formule H_0 e H_a, (b) use tecnologia para encontrar o valor-p (c) decida se rejeita ou não rejeita a hipótese nula e (d) interprete a decisão no contexto da afirmação original. Suponha que a população é normalmente distribuída.

43. Uma publicação educacional afirma que a pontuação média, para alunos do último ano do Ensino Médio, em um teste de desempenho em ciências é superior a 145. Você deseja testar essa afirmação. Você seleciona aleatoriamente 36 resultados de testes de alunos do último ano do Ensino Médio. Os resultados estão listados abaixo. Considerando o nível de significância $\alpha = 0{,}1$, você pode apoiar a afirmação da publicação? *(Adaptado de National Center for Education Statistics.)*

188 80 175 195 201 143 119 81 118 119 165 222
109 134 200 110 199 181 79 135 124 205 90 120
216 167 198 183 173 187 143 166 147 219 206 97

44. Um pesquisador educacional afirma que a pontuação média geral de estudantes de 15 anos em um teste internacional de alfabetização matemática é 489. Você deseja testar essa afirmação. Você seleciona aleatoriamente as pontuações médias de 30 estudantes ou países. Os resultados estão listados abaixo. Considerando o nível de significância $\alpha = 0{,}05$, você tem evidências suficientes para rejeitar a afirmação do pesquisador? *(Adaptado de National Center for Education Statistics.)*

481 507 495 500 499 483 509 515 417 523
526 487 486 519 451 516 454 527 509 495
499 481 508 409 502 491 492 481 496 500

Seção 7.4

Nos exercícios de 45 a 48, determine se uma distribuição normal pode ser usada para aproximar a distribuição binomial. Se for possível, teste a afirmação.

45. Afirmação: $p = 0{,}15$; $\alpha = 0{,}05$
Estatística: $\hat{p} = 0{,}09$; $n = 40$

46. Afirmação: $p = 0{,}65$; $\alpha = 0{,}03$
Estatística: $\hat{p} = 0{,}76$; $n = 116$

47. Afirmação: $p < 0{,}70$; $\alpha = 0{,}01$
Estatística: $\hat{p} = 0{,}50$; $n = 68$

48. Afirmação: $p \geq 0{,}04$; $\alpha = 0{,}10$
Estatística: $\hat{p} = 0{,}03$; $n = 30$

Nos exercícios 49 e 50, (a) identifique a afirmação e formule H_0 e H_a, (b) encontre o(s) valor(es) crítico(s) e identifique a(s) região(ões) de rejeição, (c) calcule a estatística de teste padronizada z, (d) decida se rejeita ou não rejeita a hipótese nula e (e) interprete a decisão no contexto da afirmação original.

49. Um repórter afirma que mais de 56% dos adultos estadunidenses acham que é provável que robôs e computadores farão a maioria dos trabalhos daqui a 25 anos. Em uma amostra aleatória de 1.000 adultos estadunidenses, 59% dizem que é provável que a maioria dos trabalhos sejam feitos por robôs e computadores daqui a 25 anos. Considerando o nível de significância $\alpha = 0{,}01$, há evidências suficientes para apoiar a afirmação? *(Fonte: Rasmussen Reports.)*

50. Um analista esportivo afirma que 40% dos adultos estadunidenses têm uma visão positiva da indústria esportiva. Em uma amostra aleatória de 550 adultos estadunidenses, 165 dizem ter uma visão positiva da indústria esportiva. Considerando o nível de significância $\alpha = 0{,}05$, há evidências suficientes para rejeitar a afirmação do analista esportivo? *(Fonte: Gallup.)*

Seção 7.5

Nos exercícios de 51 a 54, encontre o(s) valor(es) crítico(s) e a(s) região(ões) de rejeição para o tipo de teste qui-quadrado, com tamanho da amostra n e nível de significância α.

51. Teste unilateral à direita; $n = 20$; $\alpha = 0{,}05$

52. Teste bilateral; $n = 14$; $\alpha = 0{,}01$

53. Teste bilateral; $n = 41$; $\alpha = 0{,}10$

54. Teste unilateral à esquerda; $n = 6$; $\alpha = 0{,}05$

Nos exercícios de 55 a 58, teste a afirmação sobre a variância σ^2 ou desvio padrão σ populacionais ao nível de significância α. Suponha que a população é normalmente distribuída.

55. Afirmação: $\sigma^2 > 2$; $\alpha = 0{,}10$. Estatística: $s^2 = 2{,}95$; $n = 18$

56. Afirmação: $\sigma^2 \leq 60$; $\alpha = 0{,}025$. Estatística: $s^2 = 72{,}7$; $n = 15$

57. Afirmação: $\sigma = 1{,}25$; $\alpha = 0{,}05$. Estatística: $s = 1{,}03$; $n = 6$

58. Afirmação: $\sigma \neq 0{,}035$; $\alpha = 0{,}01$. Estatística: $s = 0{,}026$; $n = 16$

Nos exercícios 59 e 60, (a) identifique a afirmação e formule H_0 e H_a, (b) encontre o(s) valor(es) crítico(s) e identifique a(s) região(ões) de rejeição, (c) calcule a estatística de teste χ^2, (d) decida se rejeita ou não rejeita a hipótese nula e (e) interprete a decisão no contexto da afirmação original. Suponha que a população é normalmente distribuída.

59. Um fabricante de parafusos produz um tipo de parafuso para ser usado em recipientes herméticos. O fabricante afirma que a variância das espessuras do parafuso é no máximo 0,01. Uma amostra aleatória de 28 parafusos tem uma variância de 0,064. Considerando o nível de significância $\alpha = 0{,}005$, há evidência suficiente para rejeitar a afirmação?

60. Um restaurante afirma que o desvio padrão da duração do tempo para servir é 3 minutos. Uma amostra aleatória de 27 tempos para servir tem desvio padrão de 3,9 minutos. Considerando o nível de significância $\alpha = 0{,}01$, há evidência suficiente para rejeitar a afirmação?

61. No Exercício 59, há evidência suficiente para rejeitar a afirmação, considerando o nível de significância $\alpha = 0{,}01$? Explique.

62. No Exercício 60, há evidência suficiente para rejeitar a afirmação, considerando o nível de significância $\alpha = 0{,}05$? Explique.

7 Problemas

Faça estes problemas como se estivesse fazendo em sala. Depois, compare suas respostas com as respostas dadas no final do livro.

Para cada exercício, execute as etapas a seguir.:

(a) Identifique a afirmação e formule H_0 e H_a.

(b) Determine se o teste de hipótese é unilateral à esquerda, unilateral à direita ou bilateral e se deve usar um teste z, um teste t ou um teste qui-quadrado. Explique seu raciocínio.

(c) Escolha uma das opções.

Opção 1: Encontre o(s) valor(es) crítico(s), identifique a(s) região(ões) de rejeição e calcule a estatística de teste apropriada.

Opção 2: Calcule a estatística de teste apropriada e o valor-p.

(d) Decida se rejeita ou não rejeita a hipótese nula.

(e) Interprete a decisão no contexto da afirmação original.

1. Uma empresa de chapéus afirma que o tamanho médio do chapéu para um homem é de pelo menos 7,25. Uma amostra aleatória de 12 tamanhos de chapéu tem uma média de 7,15. Considerando o nível de significância $\alpha = 0{,}01$ você pode rejeitar a afirmação da empresa? Suponha que a população é normalmente distribuída e seu desvio padrão é 0,27.

2. Um analista de viagens afirma que o preço base diário médio para alugar um veículo de tamanho normal ou mais barato em Vancouver, British Columbia, é superior a US$ 86. Você deseja testar esta afirmação. Em uma amostra aleatória de 40 veículos de tamanho normal ou mais baratos disponíveis para aluguel em Vancouver, British Columbia, o preço base diário médio é de US$ 93,23. Suponha que o desvio padrão da população seja US$ 28,90. Considerando o nível de significância $\alpha = 0{,}10$, você tem evidências suficientes para apoiar a afirmação do analista? *(Adaptado da Expedia.)*

3. Uma agência governamental relata que o salário médio de trabalhadores em tempo integral com idade entre 18 e 24 anos, com nível superior, em um ano recente é US$ 52.133. Em uma amostra aleatória de 15 trabalhadores em tempo integral com idade entre 18 e 24 anos, com nível superior, o salário médio é US$ 48.400 e o desvio padrão é US$ 6.679. Considerando o nível de significância $\alpha = 0{,}05$, há evidência suficiente para rejeitar a afirmação? Suponha que a população é normalmente distribuída. *(Adaptado de U.S. Census Bureau.)*

4. Um programa de perda de peso afirma que os participantes têm uma perda de peso média de pelo menos 10,5 libras após 1 mês. As perdas de peso (em libras), após um mês, de uma amostra aleatória de 40 participantes do programa estão listadas abaixo. Considerando o nível de significância $\alpha = 0{,}01$, há evidência suficiente para rejeitar a afirmação?

4,7	6,0	7,2	8,3	9,2	10,1	14,0	11,7	12,8	10,8
11,0	7,2	8,0	4,7	11,8	10,7	6,1	8,8	7,7	8,5
9,5	10,2	5,6	6,9	7,9	8,6	10,5	9,6	5,7	9,6
12,6	12,9	6,8	12,0	5,1	14,0	9,7	10,8	9,1	12,9

5. Uma organização de consumidores sem fins lucrativos diz que menos de 25% dos televisores avaliados pela organização em um ano recente têm uma pontuação geral de 70 ou mais. Em uma amostra aleatória de 35 televisores avaliados pela organização em um ano recente, 23% têm uma pontuação geral de 70 ou mais. Considerando o nível de significância $\alpha = 0{,}05$, você pode apoiar a afirmação da organização? *(Adaptado de Consumer Reports.)*

6. No Exercício 5, a organização de consumidores sem fins lucrativos diz que o desvio padrão das pontuações de classificação da televisão é 10,1. Uma amostra aleatória de 35 pontuações de classificação de televisão tem um desvio padrão de 10,9. Considerando o nível de significância $\alpha = 0{,}10$, há evidências suficientes para rejeitar a afirmação da organização? Suponha que a população seja normalmente distribuída. *(Adaptado de Consumer Reports.)*

7 Teste do capítulo

Faça este teste como se estivesse fazendo uma prova em sala.

Para cada exercício, execute as etapas a seguir.:

(a) Identifique a afirmação e formule H_0 e H_a.

(b) Determine se o teste de hipóteses é unilateral à esquerda, unilateral à direita ou bilateral e se deve usar um teste z, um teste t ou um teste qui-quadrado. Explique seu raciocínio.

(c) Escolha uma das opções.

Opção 1: Encontre o(s) valor(es) crítico(s), identifique a(s) região(ões) de rejeição e calcule a estatística de teste apropriada.

Opção 2: Calcule a estatística de teste apropriada e o valor-p.

(d) Decida se rejeita ou não rejeita a hipótese nula.

(e) Interprete a decisão no contexto da afirmação original.

1. Um proprietário de uma rede de supermercados afirma que pelo menos 25% dos adultos compraram um kit de refeição em um ano recente. Em uma amostra aleatória de 36 adultos, 19% adquiriram um kit refeição em um ano recente. Considerando o nível de significância $\alpha = 0,10$, há evidências suficientes para rejeitar a alegação do proprietário? *(Adaptado de PYMNTS.)*

2. Um analista de viagens afirma que a média das tarifas de quarto para dois adultos em hotéis de três estrelas em Salt Lake City é de US$ 134. Em uma amostra aleatória de 37 hotéis de três estrelas em Salt Lake City, a diária média para dois adultos é de US$ 143. Suponha que o desvio padrão da população seja US$ 30. Considerando o nível de significância $\alpha = 0,10$, há evidência suficiente para rejeitar a afirmação do analista? *(Adaptado da Expedia.)*

3. Um analista de viagens diz que o preço médio de uma refeição para uma família de 4 pessoas em um restaurante de resort é no máximo US$ 100. Uma amostra aleatória de 33 preços de refeições para famílias de 4 pessoas tem média de US$ 110 e desvio padrão de US$ 19. Considerando o nível de significância $\alpha = 0,01$, há evidência suficiente para rejeitar a afirmação do analista?

4. Um centro de pesquisa afirma que mais que 80% dos adultos estadunidenses acham que as mães deveriam ter licença maternidade paga. Em uma amostra aleatória de 50 adultos estadunidenses, 82% acham que as mães deveriam ter licença maternidade paga. Considerando o nível de significância $\alpha = 0,05$, há evidência suficiente para suportar a afirmação do centro de pesquisa? *(Adaptado de Pew Research Center.)*

5. Um fabricante de barras de cereais afirma que o desvio padrão do número de gramas de carboidratos em uma barra é 1,11 gramas. Uma amostra aleatória de 26 barras tem desvio padrão de 1,19 gramas. Considerando o nível de significância $\alpha = 0,05$, há evidência suficiente para rejeitar a afirmação do fabricante? Suponha que a população é normalmente distribuída.

6. Uma organização de consumidores sem fins lucrativos diz que a classificação média de churrasqueiras a gás que a organização avaliou, em um ano recente, é inferior a 64. Em uma amostra aleatória de 50 churrasqueiras a gás que a organização avaliou em um ano recente, a classificação média é 62,9 e o padrão desvio é 8,1. Considerando o nível de significância $\alpha = 0,01$, há evidências suficientes para apoiar a afirmação da organização? *(Adaptado de Consumer Reports.)*

7. Um pesquisador afirma que a idade média dos habitantes de uma pequena cidade é maior que 38 anos. As idades (em anos) de uma amostra aleatória de 30 habitantes estão listadas abaixo. Considerando o nível de significância $\alpha = 0,10$, há evidência suficiente para suportar a afirmação do pesquisador? Suponha que o desvio padrão populacional é 9 anos.

41 44 40 30 29 46 42 53 21 29 43 46 39 35 33
42 35 43 35 24 21 29 24 25 85 56 82 87 72 31

ESTATÍSTICA REAL DECISÕES REAIS

Decisões reais: juntando tudo

Os gráficos das figuras (a) a (c) mostram resultados de estudos em faculdades de quatro anos nos Estados Unidos. Você deseja retratar sua faculdade de forma positiva para uma campanha publicitária projetada para atrair estudantes do ensino médio. Você decide usar testes de hipóteses para mostrar que sua faculdade é melhor que a média em certos aspectos.

EXERCÍCIOS

1. ***O que você testaria?***
   Que afirmações você poderia testar se quisesse convencer um aluno a vir para sua faculdade? Suponha que o aluno que você está tentando convencer esteja principalmente preocupado com (a) acessibilidade, (b) ter uma boa experiência e (c) se formar e iniciar uma carreira. Liste uma reclamação para cada caso. Formule as hipóteses nula e alternativa para cada afirmação.
2. ***Escolhendo uma amostra aleatória***
   Colegas de classe sugerem a realização das seguintes técnicas de amostragem para testar várias afirmações. Determine se a amostra será aleatória. Se não, sugira uma alternativa.
   (a) Faça uma pesquisa com todos os alunos com quem você tem aula e pergunte sobre o tempo médio que eles gastam diariamente em diferentes atividades.
   (b) Selecione aleatoriamente ex-alunos de uma lista de recém-formados e pergunte se eles estão empregados.
   (c) Selecione aleatoriamente os alunos de um diretório, pergunte quanto dinheiro eles tomaram emprestado para pagar a faculdade este ano e multiplique por quatro.
3. ***Suportando uma afirmação***
   Você quer que seu teste suporte uma afirmação positiva sobre sua faculdade, não apenas deixe de rejeitar uma. Você deve formular sua afirmação de modo que a hipótese nula contenha a afirmação ou a hipótese alternativa contenha a afirmação? Explique.
4. ***Testando uma afirmação***
   Você deseja afirmar que os alunos da sua faculdade se formam com uma dívida média inferior a US\$ 25.000. Uma amostra aleatória de 40 recém-formados tem um valor médio emprestado de US\$ 23.475 e desvio padrão de US\$ 8.000. Considerando o nível de significância $\alpha = 0{,}05$, há evidências suficientes para apoiar sua afirmação?
5. ***Testando uma afirmação***
   Você quer afirmar que sua faculdade tem uma taxa de retenção de calouros de pelo menos 80%. Você pega uma amostra aleatória de 60 calouros do ano passado e descobre que 54 deles ainda frequentam sua faculdade. Considerando o nível de significância $\alpha = 0{,}05$, há evidências suficientes para rejeitar sua afirmação?
6. ***Conclusão***
   Teste uma das afirmações que você listou no Exercício 1 e interprete os resultados. Discuta quaisquer limites do seu processo de amostragem.

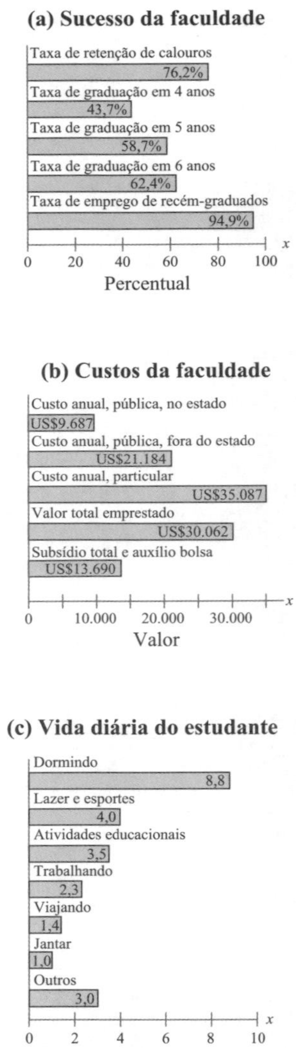

Figura 7.58

TECNOLOGIA

MINITAB | EXCEL | TI-84 PLUS

O caso das mulheres desaparecidas

53% → 29% → 9% → 0%

De 1966 a 1968, o Dr. Benjamin Spock e outros foram processados por conspiração para violar o recrutamento militar, encorajando a resistência à guerra do Vietnã. Em uma série de três seleções, nenhuma mulher estava no júri. Em 1969, Hans Zeisel escreveu um artigo no *The University of Chicago Law Review* usando estatística e testes de hipóteses para argumentar que a seleção do júri foi tendenciosa. Dr. Spock era um famoso pediatra e autor de livros sobre criação de filhos. Milhões de mães leram seus livros e seguiram seus conselhos.

O processo de seleção do júri para o julgamento do Dr. Spock, mostrado a seguir, pode ser usado para explorar a possibilidade de que a seleção do júri foi tendenciosa.

Estágio 1 O secretário do Tribunal Distrital Federal selecionou "aleatoriamente" 350 pessoas da lista de endereços da cidade de Boston. A lista continha centenas de nomes, 53% dos quais eram de mulheres. Entretanto, apenas 102 das 350 pessoas selecionadas eram mulheres.

Estágio 2 O juiz Ford, encarregado do julgamento, selecionou "aleatoriamente" 100 das 350 pessoas. Esse grupo foi chamado de convocados e continha apenas nove mulheres.

Estágio 3 O secretário do tribunal designou números aos membros convocados e, um a um, eles foram interrogados pelos advogados de acusação e defesa até que 12 membros do júri fossem escolhidos. Nesse estágio, somente uma potencial jurada feminina foi interrogada, sendo eliminada pela acusação sob sua cota de recusa peremptória (na qual ele não tinha que dar uma explicação).

EXERCÍCIOS

1. A tela do Minitab na Figura 7.59 mostra um teste de hipóteses para uma afirmação de que a proporção de mulheres na lista de endereços da cidade é de $p = 0{,}53$. No teste, $n = 350$ e $\hat{p} \approx 0{,}291$. Você deve rejeitar a afirmação? Qual o nível de significância? Explique.
2. No Exercício 1, você rejeitou a afirmação de que $p = 0{,}53$. Porém, essa afirmação era verdadeira. Que tipo de erro é esse?
3. Quando você rejeita uma afirmação verdadeira com um nível de significância que é virtualmente zero, o que você pode inferir sobre a aleatoriedade do processo de amostragem?
4. Descreva um teste de hipótese para a seleção "aleatória" dos convocados do juiz Ford. Use uma afirmação de que:

$$p = \frac{102}{350} \approx 0{,}291.$$

   (a) Escreva as hipóteses nula e alternativa.
   (b) Use tecnologia para realizar o teste.
   (c) Tome uma decisão.
   (d) Interprete a decisão no contexto da afirmação original. A seleção do juiz Ford dos 100 convocados poderia ter sido aleatória?

MINITAB

Test and CI for One Proportion

N	Event	Sample p	99% CI for p	Z-Value	P-Value
350	102	0.291429	(0.228862, 0.353995)	−8.94	0.000

p: event proportion — *Null hypothesis* H_0: $p = 0.53$

Normal approximation used — *Alternative hypothesis* H_1: $p \neq 0.53$

Figura 7.59

7 Usando tecnologia para realizar testes de hipóteses

Aqui, apresentamos algumas impressões no Minitab e da calculadora TI-84 Plus para alguns exemplos desse capítulo.

Veja o Exemplo 5, página 367.

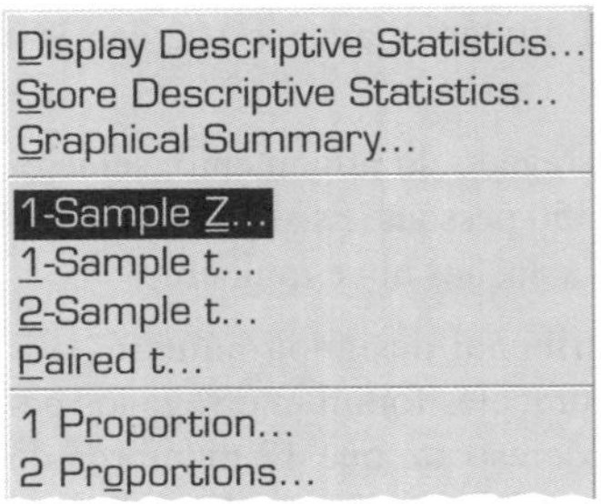

MINITAB

One-Sample Z

N	Mean	SE Mean	95% CI for μ	Z-Value	P-Value
25	67.200	0.700	(65.828, 68.572)	−1.57	0.116

μ: population mean of Sample — *Null hypothesis* H_0: $\mu = 68.3$

Known standard deviation = 3.5 — *Alternative hypothesis* H_1: $\mu \neq 68.3$

Veja o Exemplo 2, página 312.

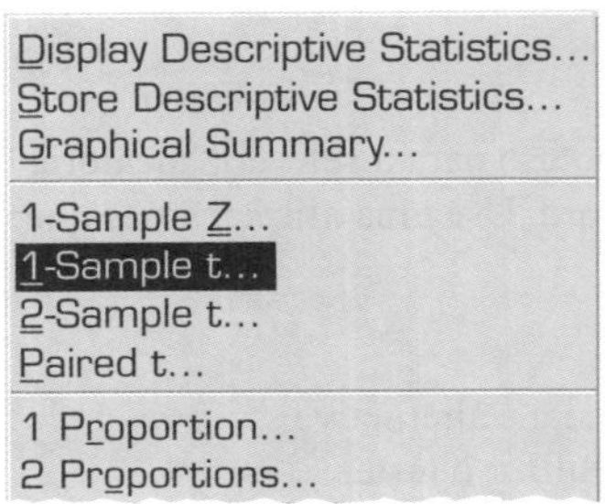

MINITAB

One-Sample T

N	Mean	STDev	SE Mean	95% Upper Bound for μ	T-Value	P-Value
14	21558	3350	895	23144	−2.17	0.025

μ: population mean of Sample — *Null hypothesis* H_0: $\mu - 23500$

Alternative hypothesis H_1: $\mu < 23500$

Veja o Exemplo 2, página 322.

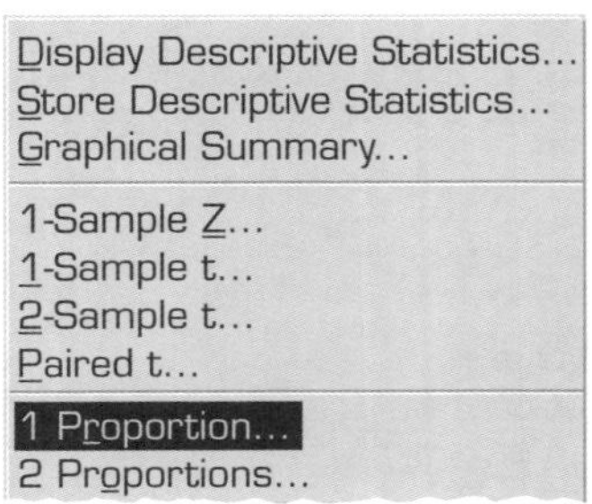

MINITAB

Test and CI for One Proportion

N	Event	Sample p	90% CI for p	Z-Value	P-Value
7400	1984	0.268108	(0.259638, 0.276578)	1.59	0.112

p: event proportion — *Null hypothesis* H_0: $p = 0.26$

Normal approximation used — *Alternative hypothesis* H_1: $p \neq 0.26$

Veja o Exemplo 9, página 371.

TI-84 PLUS

EDIT CALC **TESTS**
1: Z–Test...
2: T–Test...
3: 2–SampZTest...
4: 2–SampTTest...
5: 1–PropZTest...
6: 2–PropZTest...
7↓ ZInterval...

↓

TI-84 PLUS

Z-Test
Inpt:Data **Stats**
μ_0:95600
σ:9500
$\bar{x}$:93300
n:20
μ:$\neq\mu_0$ **$<\mu_0$** $>\mu_0$
Calculate Draw

↓

TI-84 PLUS

Z-Test
μ<95600
z=–1.082727652
p=.1394646984
$\bar{x}$=93300
n=20

↓

TI-84 PLUS

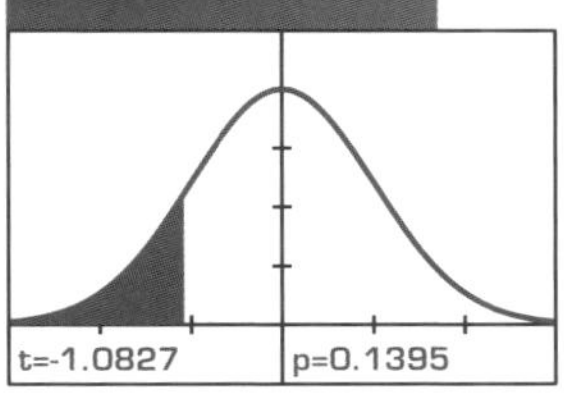

Veja o Exemplo 5, página 381.

TI-84 PLUS

EDIT CALC **TESTS**
1: Z–Test...
2: T–Test...
3: 2–SampZTest...
4: 2–SampTTest...
5: 1–PropZTest...
6: 2–PropZTest...
7↓ ZInterval...

↓

TI-84 PLUS

T-Test
Inpt:Data **Stats**
μ_0:6.8
$\bar{x}$:6.7
Sx:.35
n:39
μ:**$\neq\mu_0$** $<\mu_0$ $>\mu_0$
Calculate Draw

↓

TI-84 PLUS

T-Test
$\mu\neq$6.8
t= –1.784285142
p=.0823638462
$\bar{x}$=6.7
Sx=.35
n=39

↓

TI-84 PLUS

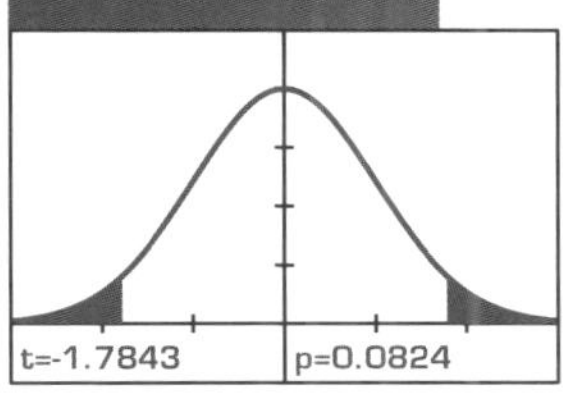

Veja o Exemplo 1, página 389.

TI-84 PLUS

EDIT CALC **TESTS**
1: Z–Test...
2: T–Test...
3: 2–SampZTest...
4: 2–SampTTest...
5: 1–PropZTest...
6: 2–PropZTest...
7↓ ZInterval...

↓

TI-84 PLUS

1-PropZTest
p_0:.69
x:65
n:100
prop$\neq p_0$ **$<p_0$** $>p_0$
Calculate Draw

↓

TI-84 PLUS

1-PropZTest
prop<.69
z=–.8648775001
p=.1935529676
$\hat{p}$=.65
n=100

↓

TI-84 PLUS

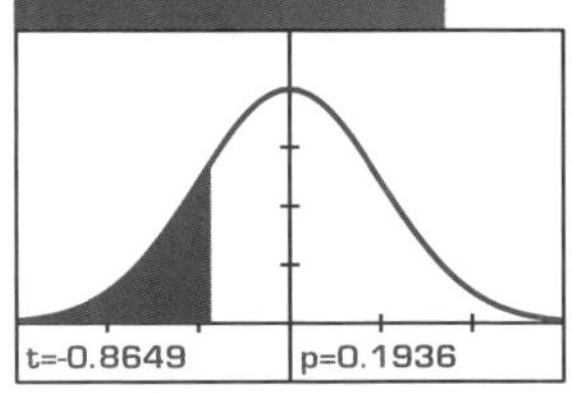

CAPÍTULO 8

Teste de hipóteses usando duas amostras

De acordo com um estudo publicado no *Journal of General Internal Medicine*, 50% dos praticantes de ioga tem formação universitária enquanto somente 23% dos não praticantes de ioga tem formação universitária.

Onde estamos

No Capítulo 6, você foi apresentado à estatística inferencial e aprendeu como construir intervalos de confiança para estimar um parâmetro populacional. Depois, no Capítulo 7, você aprendeu como testar uma afirmação sobre um parâmetro populacional, baseando sua decisão em estatísticas e suas distribuições amostrais.

Usando dados do *National Health Interview Survey*, um estudo foi realizado para analisar as características dos praticantes e não praticantes de ioga. O estudo foi publicado no *Journal of General Internal Medicine*. Alguns dos resultados são mostrados na Tabela 8.1, para uma amostra aleatória de praticantes de ioga.

Características dos praticantes de ioga ($n = 1.593$)

Características	Frequência	Proporção
40 a 49 anos de idade	367	0,2304
Da região oeste dos Estados Unidos	415	0,2605
Não fumante	1.323	0,8305

Para onde vamos

Neste capítulo, você continuará seu estudo de estatística inferencial e teste de hipóteses. Agora, no entanto, em vez de testar uma hipóteses sobre uma única população, você aprenderá como testar uma hipótese que compara duas populações.

Por exemplo, no estudo sobre ioga, uma amostra aleatória de não praticantes também foi pesquisada. A tabela a seguir mostra informações do estudo para esse segundo grupo.

Pessoas que não praticam Ioga ($n = 29,948$)

Características	Frequência	Proporção
40 a 49 anos de idade	6.290	0,2100
Da região oeste dos Estados Unidos	5.691	0,1900
Não fumante	23.360	0,7800

A partir dessas duas amostras, você pode concluir que há uma diferença na proporção de pessoas na faixa de 40 a 49 anos de idade da região oeste dos Estados Unidos ou não fumantes entre os praticantes e não praticantes de ioga? Ou as diferenças nas proporções podem ser devidas ao acaso?

Neste capítulo, você aprenderá a responder a essas perguntas testando a hipótese de que as duas proporções são iguais. Para os não fumantes, por exemplo, você pode concluir, ao nível de significância de 1%, que a proporção de fumantes difere entre a população de praticantes de ioga e a população de não praticantes de ioga.

8.1 Testando a diferença entre médias (amostras independentes, σ_1 e σ_2 conhecidos)

O que você deve aprender

- Como determinar se duas amostras são independentes ou dependentes.
- Uma introdução ao teste de hipóteses usando duas amostras para a diferença entre dois parâmetros populacionais.
- Como realizar um teste z para testar a diferença entre duas médias μ_1 e μ_2 usando amostras independentes, sendo σ_1 e σ_2 conhecidos.

Amostras independentes e dependentes ■ Uma visão geral do teste de hipóteses usando duas amostras ■ Teste-*z* para duas amostras para a diferença entre médias

Amostras independentes e dependentes

No Capítulo 7, você estudou métodos para testar uma afirmação sobre o valor de um parâmetro populacional. Neste capítulo, você aprenderá como testar uma afirmação comparando parâmetros de duas populações. Antes de aprender como testar a diferença entre dois parâmetros, você precisa entender a diferença entre **amostras independentes** e **amostras dependentes**.

DEFINIÇÃO

Duas amostras são **independentes** quando a amostra selecionada de uma população não é relacionada à amostra selecionada da segunda população (veja a Figura 8.1). Duas amostras são **dependentes** quando cada elemento de uma amostra corresponde a um elemento da outra amostra (veja a Figura 8.2). Amostras dependentes também são chamadas de **amostras pareadas** ou **amostras emparelhadas**.

Amostras independentes

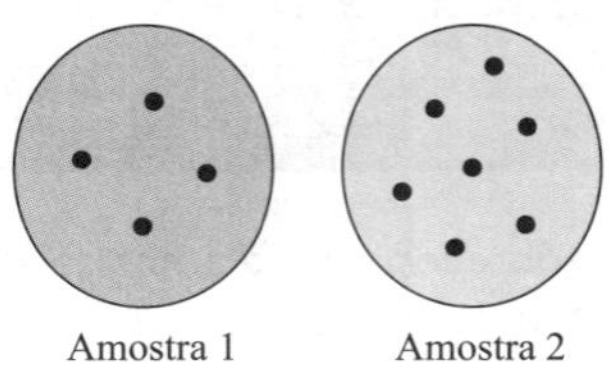

Figura 8. 1

Amostras dependentes

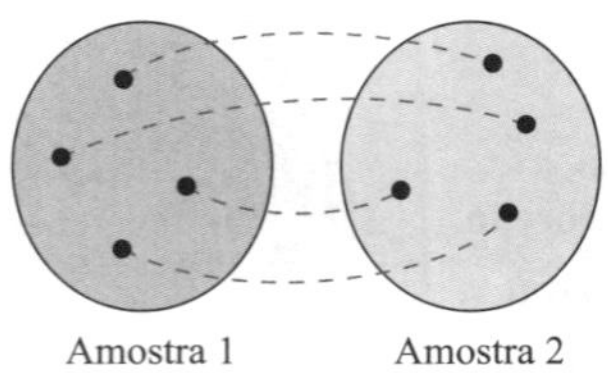

Figura 8. 2

EXEMPLO 1

Amostras independentes e dependentes

Classifique cada par de amostras como independente ou dependente.

1. Amostra 1: Nível de triglicerídeos de 70 pacientes.
   Amostra 2: Nível de triglicerídeos dos mesmos 70 pacientes após o uso de um medicamento redutor de triglicerídeos por 6 meses.
2. Amostra 1: Pontuação de 38 homens adultos em um teste psicológico para transtorno do déficit de atenção com hiperatividade.
   Amostra 2: Pontuação de 50 mulheres adultas em um teste psicológico para transtorno do déficit de atenção com hiperatividade.

SOLUÇÃO

1. As amostras são dependentes. Como os níveis de triglicerídeos dos mesmos pacientes são obtidos, as amostras são relacionadas. As amostras podem ser pareadas em relação a cada paciente.
2. As amostras são independentes. Não é possível formar um par entre os membros das amostras; além disso, os tamanhos das amostras são diferentes e os dados representam pontuações para indivíduos diferentes.

TENTE VOCÊ MESMO 1

Classifique cada par de amostras como independente ou dependente.

1. Amostra 1: Pressão sanguínea sistólica de 30 mulheres adultas.
   Amostra 2: Pressão sanguínea sistólica de 30 homens adultos.
2. Amostra 1: Pontuação na prova semestral de 14 alunos de química.
   Amostra 2: Pontuação na prova final dos mesmos 14 alunos de química.

Dica de estudo

Amostras dependentes frequentemente envolvem resultados antes e depois para a mesma pessoa ou o mesmo objeto (tais como o peso de uma pessoa antes de iniciar uma dieta e após 6 semanas), ou resultados de indivíduos pareados para características específicas (tais como gêmeos idênticos).

Uma visão geral do teste de hipótese usando duas amostras

Nesta seção e na próxima, você aprenderá como testar uma afirmação comparando as médias de duas populações diferentes usando amostras independentes.

Por exemplo, um anunciante está desenvolvendo um plano de marketing e deseja determinar se há uma diferença na quantidade de tempo que adultos de 18 a 34 anos e adultos de 35 a 49 anos passam nas mídias sociais todos os dias. A única maneira de concluir com certeza que há uma diferença é fazer um censo de todos os adultos em ambas as faixas etárias, calcular o tempo médio diário gasto nas mídias sociais e encontrar a diferença. É claro que não é prático fazer esse censo, no entanto, é possível determinar com algum grau de certeza se tal diferença existe.

Para determinar se existe uma diferença, o anunciante começa assumindo que não há diferença no tempo médio das duas populações. Isto é:

$\mu_1 - \mu_2 = 0.$ Suponha que não há diferença

Então, retirando uma amostra aleatória de cada população, um teste de hipótese baseado nas duas amostras é realizado usando a estatística de teste:

$\bar{x}_1 - \bar{x}_2.$ Estatística de teste

Dica de estudo

Nas Figuras 8.3 (a) e (b), os elementos das duas amostras, adultos de 18 a 34 anos e adultos de 35 a 49 anos, não são pareados ou emparelhados, então, as amostras são independentes.

O anunciante obtém os resultados mostrados nas Figuras 8.3 (a) e (b).

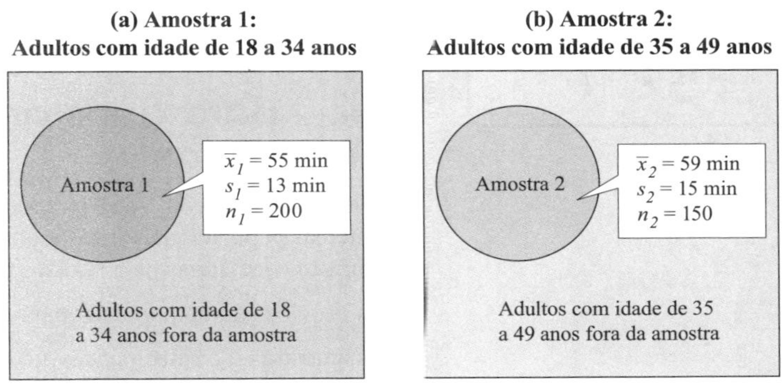

Figura 8.3

A Figura 8.4 mostra a distribuição amostral de $\bar{x}_1 - \bar{x}_2$ para muitas amostras similares retiradas de duas populações das quais $\mu_1 - \mu_2 = 0$. A figura também mostra a estatística de teste e a estatística de teste padronizada (supondo que as variâncias populacionais não são iguais.

Dica de estudo

Na Figura 8.3, a estatística de teste padronizada é de um teste *t* de duas amostras. Você estudará esse teste na próxima seção.

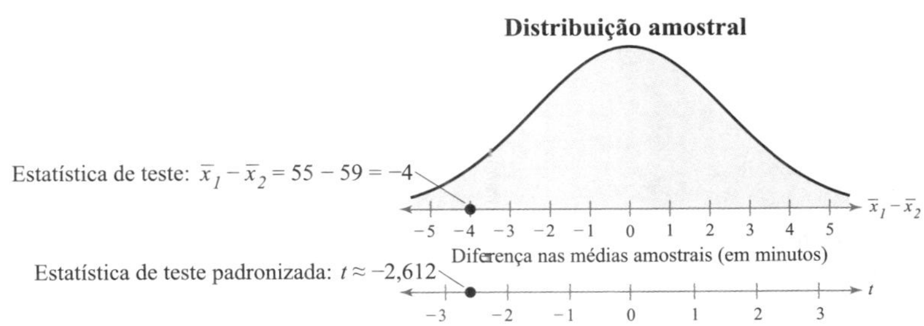

Figura 8.4

Podemos observar, na figura, que é bem improvável obter médias amostrais que difiram por 4 minutos supondo que a diferença real é 0. A diferença das médias amostrais seria mais que 2,5 erros padrão da diferença hipotética de 0. Realizando um teste de hipótese para as duas amostras usando um nível de significância de $\alpha = 0{,}05$, o anunciante pode concluir que existe uma diferença nas quantidades de tempo que os adultos de 18 a 34 anos e adultos de 35 a 49 anos passam nas mídias sociais todos os dias.

É importante lembrar que, quando você realiza um teste de hipóteses para duas amostras usando amostras independentes, está testando uma afirmação relativa à diferença entre os parâmetros em duas populações, e não os valores dos próprios parâmetros.

DEFINIÇÃO

Para um teste de hipóteses usando duas amostras independentes,

1. A **hipótese nula H_0** é uma hipótese estatística que geralmente diz que não há diferença entre os parâmetros de duas populações. A hipótese nula sempre contém o símbolo $\leq$, $=$ ou $\geq$.
2. A **hipótese alternativa H_a** é uma hipótese estatística que é verdadeira quando H_0 é falsa. A hipótese alternativa contém o símbolo $>$, $\neq$ ou $<$.

Dica de estudo

Você também pode escrever as hipóteses nula e alternativa como mostrado abaixo.

$$\begin{cases} H_0: \mu_1 - \mu_2 = 0 \\ H_a: \mu_1 - \mu_2 \neq 0 \end{cases}$$

$$\begin{cases} H_0: \mu_1 - \mu_2 \leq 0 \\ H_a: \mu_1 - \mu_2 > 0 \end{cases}$$

$$\begin{cases} H_0: \mu_1 - \mu_2 \geq 0 \\ H_a: \mu_1 - \mu_2 < 0 \end{cases}$$

Para escrever as hipóteses nula e alternativa para um teste de hipóteses usando duas amostras independentes, traduza a afirmação feita sobre os parâmetros populacionais de uma declaração verbal para uma sentença matemática. Em seguida, escreva a sentença complementar. Por exemplo, para uma afirmação sobre dois parâmetros populacionais μ_1 e μ_2, alguns possíveis pares de hipóteses nulas e alternativas são:

$$\begin{cases} H_0: \mu_1 = \mu_2 \\ H_a: \mu_1 \neq \mu_2 \end{cases}, \quad \begin{cases} H_0: \mu_1 \leq \mu_2 \\ H_a: \mu_1 > \mu_2 \end{cases}, \quad \text{e} \quad \begin{cases} H_0: \mu_1 \geq \mu_2 \\ H_a: \mu_1 < \mu_2 \end{cases}.$$

Independentemente da hipótese que você usar, você sempre partirá da suposição de que não há diferença entre as médias populacionais ($\mu_1 = \mu_2$).

Teste-*z* para duas amostras para a diferença entre médias

No restante desta seção, você aprenderá como realizar um teste-*z* para a diferença entre duas médias populacionais μ_1 e μ_2, quando as amostras são *independentes*. As condições a seguir são necessárias para realizar tal teste.

1. Os desvios padrão populacionais são conhecidos.
2. As amostras são selecionadas aleatoriamente.
3. As amostras são independentes.
4. As populações são normalmente distribuídas *ou* cada tamanho de amostra é de pelo menos 30.

Quando esses requisitos são satisfeitos, a **distribuição amostral para $\bar{x}_1 - \bar{x}_2$, a diferença das médias das amostras**, é uma distribuição normal com média e erro padrão conforme mostrado na Tabela 8.1 e na Figura 8.5.

Tabela 8.1

Em palavras	Em símbolos
A média da diferença das médias amostrais é a diferença presumida entre as duas médias populacionais. Quando nenhuma diferença é presumida, a média é 0.	Média $= \mu_{\bar{x}1 - \bar{x}2}$ $= \mu_{\bar{x}1} - \mu_{\bar{x}2}$ $= \mu_1 - \mu_2$
A variância de distribuição amostral é a soma das variâncias das distribuições amostrais individuais para $\bar{x}_1$ e $\bar{x}_2$. O erro padrão é a raiz quadrada da soma das variâncias.	Erro padrão $= \sigma_{\bar{x}_1 - \bar{x}_2}$ $= \sqrt{\sigma_{\bar{x}_1}^2 + \sigma_{\bar{x}_2}^2}$ $= \sqrt{\dfrac{\sigma_1^2}{n_1} + \dfrac{\sigma_2^2}{n_2}}$

Distribuição amostral para $\bar{x}_1 - \bar{x}_2$

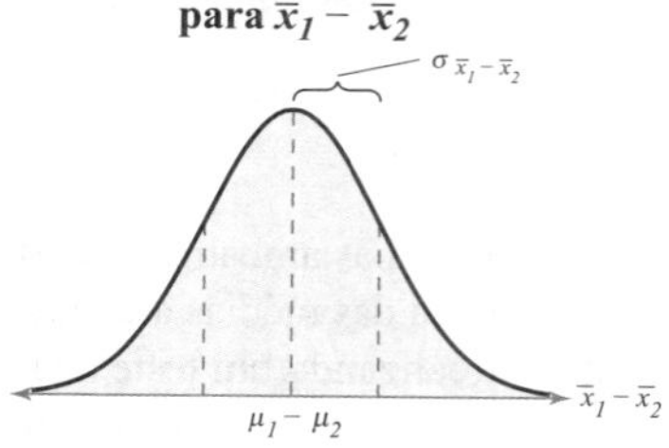

Figura 8.5

Quando as condições apresentadas anteriormente são satisfeitas e a distribuição amostral para $\bar{x}_1 - \bar{x}_2$ é uma distribuição normal, você pode usar o teste-*z* para testar a diferença entre duas médias populacionais μ_1 e μ_2. A estatística de teste padronizada tem a forma:

$$z = \frac{\text{(Diferença observada)} - \text{(Diferença hipotética)}}{\text{Erro padrão}}.$$

Ao ler a definição e as instruções para um teste-z para duas amostras, note que se a hipótese nula declara $\mu_1 = \mu_2$, $\mu_1 \leq \mu_2$ ou $\mu_1 \geq \mu_2$, então, presume-se que $\mu_1 = \mu_2$ é a expressão $\mu_1 - \mu_2$ resulta igual a 0.

Retratando o mundo

Em um ano recente, havia 116.898 professores de escolas públicas na Geórgia e 113.327 em Ohio. Em uma pesquisa naquele ano, 200 professores de escolas públicas em cada um desses estados foram solicitados a informar seus salários. Os resultados são mostrados a seguir. Afirma-se que o salário médio em Ohio é maior do que o salário médio na Geórgia. *(Adaptado de National Education Association.)*

Geórgia
$\bar{x}_1$ = US\$ 60.578
$\bar{x}_2$ = US\$ 61.406

Ohio
$n_1 = 200$
$n_2 = 200$

Determine uma hipótese nula e uma hipótese alternativa para essa afirmação.

Teste-*z* usando duas amostras para a diferença entre médias

Um **teste-*z* usando duas amostras** pode ser usado para testar a diferença entre duas médias populacionais μ_1 e μ_2 quando as seguintes condições são satisfeitas:

1. σ_1 e σ_2 são conhecidos.
2. As amostras são aleatórias.
3. As amostras são independentes.
4. As populações são normalmente distribuídas *ou* ambos $n_1 \geq 30$ e $n_2 \geq 30$.

A **estatística de teste** é $\bar{x}_1 - \bar{x}_2$. A **estatística de teste padronizada** é:

$$z = \frac{(\bar{x}_1 - \bar{x}_2) - (\mu_1 - \mu_2)}{\sigma_{\bar{x}_1 - \bar{x}_2}} \quad \text{onde} \quad \sigma_{\bar{x}_1 - \bar{x}_2} = \sqrt{\frac{\sigma_1^2}{n_1} + \frac{\sigma_2^2}{n_2}}.$$

INSTRUÇÕES

Usando um teste-*z* para testar a diferença entre médias (amostras independentes, σ_1 e σ_2 conhecidos)

Em palavras	**Em símbolos**
1. Verifique se σ_1 e σ_2 são conhecidos, as amostras são aleatórias e independentes e se as populações são normalmente distribuídas ou ambos $n_1 \geq 30$ e $n_2 \geq 30$.	
2. Expresse a afirmação verbal e matematicamente. Identifique as hipóteses nula e alternativa.	formule H_0 e H_a.
3. Especifique o nível de significância.	Identifique α.
4. Determine o(s) valor(es) crítico(s).	Use a Tabela 4 do Apêndice B.
5. Determine a(s) região(ões) de rejeição.	
6. Calcule a estatística de teste padronizada e resuma a distribuição amostral.	$z = \frac{(\bar{x}_1 - \bar{x}_2) - (\mu_1 - \mu_2)}{\sigma_{\bar{x}_1 - \bar{x}_2}}$
7. Tome uma decisão para rejeitar ou não rejeitar a hipótese nula.	Se z está na região de rejeição, rejeitar H_0. Caso contrário, não rejeitar H_0.
8. Interprete a decisão no contexto da afirmação original.	

Um teste de hipóteses para a diferença entre médias também pode ser realizado usando valores-p. Use as instruções apresentadas, pulando as etapas 4 e 5. Após encontrar a estatística de teste padronizada, use a Tabela 4 do Apêndice B para calcular o valor-p. Então, tome uma decisão de rejeitar ou não rejeitar a hipótese nula. Se valor-p é menor ou igual a α, então rejeitar H_0. Caso contrário, não rejeitar H_0.

Tabela 8.2 Estatísticas para débitos em cartões de crédito

Oklahoma	Carolina do Norte
$\bar{x}_1$ = US\$ 5.271	$\bar{x}_2$ = US\$ 5.121
$n_1 = 250$	$n_2 = 250$

EXEMPLO 2

Veja os passos da TI-84 Plus na página 465.

Um teste-*z* para duas amostras usando para a diferença entre medias

Um grupo de acompanhamento de cartão de crédito afirma que existe diferença entre as médias dos débitos em cartões de crédito das pessoas em Oklahoma e na Carolina do Norte. Os resultados de uma pesquisa de 250 domicílios de cada estado estão na Tabela 8.2. As duas amostras são independentes. Suponha que σ_1 = US\$ 960 para Oklahoma e σ_2 = US\$ 845 para Carolina do Norte. Os resultados suportam a afirmação do grupo? Considere $\alpha = 0,05$ *(Adaptado de Experian.)*

SOLUÇÃO

Note que σ_1 e σ_2 são conhecidos, as amostras são aleatórias e independentes, e ambos, n_1 e n_2, são pelo menos 30. Então, podemos usar o teste-*z*. A afirmação é "existe diferença na média dos débitos em cartões de crédito das pessoas em Oklahoma e da Carolina do Norte". Assim, as hipóteses nula e alternativa são:

$H_0: \mu_1 = \mu_2$ e $H_a: \mu_1 \neq \mu_2$. (Afirmação)

Como o teste é bilateral e o nível de significância é $\alpha = 0,05$, os valores críticos são $-z_0 = -1,96$ e $z_0 = 1,96$. As regiões de rejeição são $z < -1,96$ e $z > 1,96$. A estatística de teste padronizada é:

$$z = \frac{(\bar{x}_1 - \bar{x}_2) - (\mu_1 - \mu_2)}{\sqrt{\frac{\sigma_1^2}{n_1} + \frac{\sigma_2^2}{n_2}}}$$ Use o teste z.

$$= \frac{15271 - 51212 - 0}{\sqrt{\frac{960^2}{250} + \frac{845^2}{250}}}$$ Suponha $\mu_1 = \mu_2$, então $\mu_1 - \mu_2 = 0$.

$$\approx 1,85.$$ Arredonde para duas casas decimais.

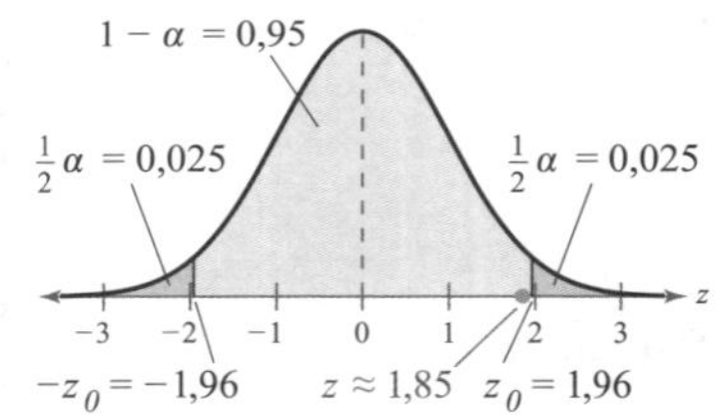

Figura 8.6

A Figura 8.6 mostra a localização das regiões de rejeição e a estatística de teste padronizada *z*. Como *z* não está na região de rejeição, não rejeitamos a hipótese nula.

Interpretação Não há evidência suficiente, ao nível de significância de 5%, para sustentar a afirmação do grupo de que existe diferença na média dos débitos em cartões de crédito das pessoas em Oklahoma e na Carolina do Norte.

TENTE VOCÊ MESMO 2

Uma pesquisa indica que os salários médios anuais de técnicos de ciências forenses trabalhando para os governos municipais e estaduais são US\$ 63.560 e US\$ 62.070, respectivamente. A pesquisa inclui uma amostra selecionada aleatoriamente de tamanho 100 para cada ramo governamental. Suponha que os desvios padrões populacionais sejam US\$ 6.200 (município) e US\$ 5.575 (estado). As duas amostras são independentes. Considerando $\alpha = 0,10$, há evidência suficiente para concluir que existe uma diferença nos salários médios anuais? *(Fonte: U.S. Bureau of Labor Statistics.)*

No Exemplo 2, você também pode usar um valor-*p* para realizar o teste de hipótese. Por exemplo, o teste é bilateral, então, o valor-*p* é igual a duas vezes a área à direita de $z = 1,85$ ou

$$\text{valor-}p = 2(1 - 0,9678) = 2(0,0322) = 0,0644.$$

Já que $0,0644 > 0,05$, você não rejeita H_0.

Tabela 8.3 Estatísticas para o aluguel mensal para um apartamento de um quarto

Seattle	Washington, DC
$\bar{x}_1$ = US\$ 2.166	$\bar{x}_2$ = US\$ 2.181
$n_1 = 400$	$n_2 = 300$

EXEMPLO 3

Usando tecnologia para realizar um teste-*z* com duas amostras

Um pesquisador do mercado de aluguel afirma que o aluguel médio mensal de um apartamento de um quarto em Seattle é menor do que o aluguel médio mensal de um apartamento de um quarto em Washington, DC. A Tabela 8.3 mostra os resultados de uma pesquisa aleatória com pessoas que alugam apartamentos em cada cidade. As duas amostras são independentes. Suponha que σ_1 = US\$ 190 para Seattle e σ_2 = US\$ 210 para Washington, e que ambas as populações sejam normalmente distribuídas. Considerando $\alpha = 0{,}01$, há evidências suficientes para sustentar a afirmação? *(Adaptado de RentPath Holdings, Inc.)*

SOLUÇÃO

Note que σ_1 e σ_2 são conhecidos, as amostras são aleatórias e independentes, e as populações são normalmente distribuídas. Então, podemos usar o teste-*z*. A afirmação é "o aluguel médio mensal de um apartamento de um quarto em Seattle é menor do que o aluguel médio mensal de um apartamento de um quarto em Washington, DC". Assim, as hipóteses nula e alternativa são H_0: $\mu_1 \geq \mu_2$ e H_a: $\mu_1 < \mu_2$. (afirmação). A Figura 8.7 (a) mostra como configurar o teste de hipóteses usando uma TI-84 Plus. As Figuras 8.7 (b) e (c) mostram os resultados em função da opção de saída selecionada: *Calculate* ou *Draw*.

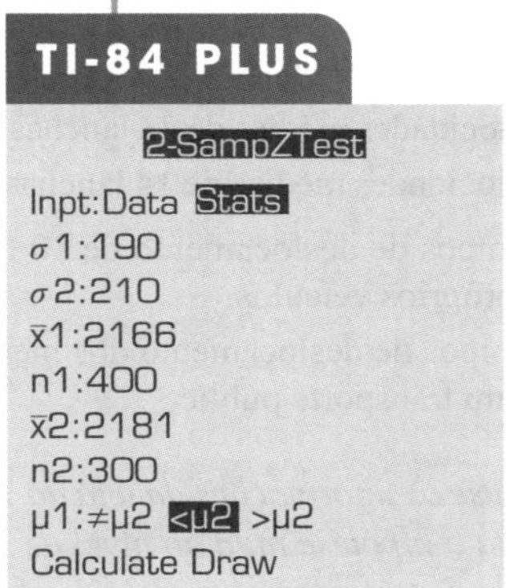

(a)

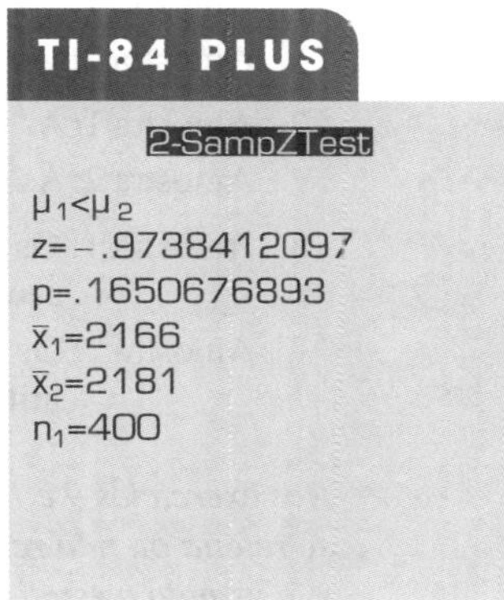

(b)

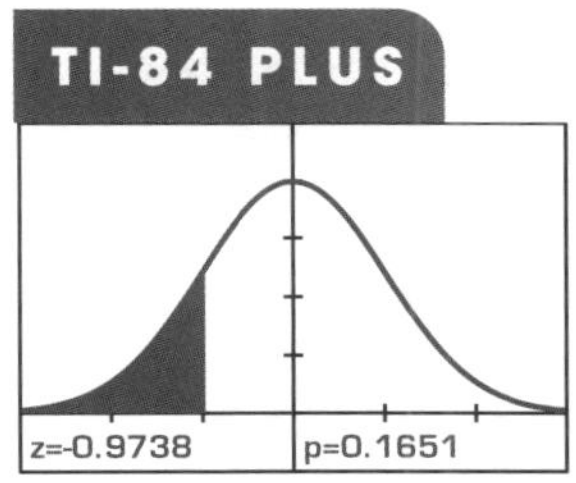

(c)

Figura 8.7

Como o teste é unilateral à esquerda e $\alpha = 0{,}01$, a região de rejeição é $z < -2{,}33$. A estatística de teste padronizada $z \approx -0{,}97$ não está na região de rejeição, então, não se rejeita a hipótese nula.

Interpretação Não há evidência suficiente, ao nível de significância de 1%, para sustentar a afirmação do pesquisador do mercado de aluguel.

Dica de tecnologia

Note que a TI-84 Plus apresenta valor-*p* ≈ 0,1651. Como valor-*p* > α, você não rejeita a hipótese nula.

TENTE VOCÊ MESMO 3

Um pesquisador do mercado de aluguel afirma que o aluguel médio mensal de um apartamento de um quarto em Atlanta, GA, é maior do que o aluguel médio mensal de um apartamento de um quarto em Nashville, TN. A Tabela 8.4 mostra os resultados de uma pesquisa aleatória com pessoas que alugam apartamentos em cada cidade. As duas amostras são independentes. Suponha que σ_1 = US\$ 210 para Atlanta e σ_2 = US\$190 para Nashville, e que ambas as populações sejam normalmente distribuídas. Considerando $\alpha = 0{,}05$, há evidências suficientes para apoiar a afirmação? *(Adaptado de RentPath Holdings, Inc.)*

Tabela 8.4 Estatísticas para o aluguel mensal para um apartamento de um quarto

Atlanta	Colorado
$\bar{x}_1$ = US\$ 1.610	$\bar{x}_2$ = US\$ 1.603
$n_1 = 200$	$n_2 = 300$

8.1 EXERCÍCIOS

Construindo habilidades básicas e vocabulário

1. Qual a diferença entre duas amostras que são dependentes e duas amostras que são independentes? Dê um exemplo de cada.

2. Explique como realizar um teste-*z* para a diferença entre as médias de duas populações usando duas amostras independentes, com σ_1 e σ_2 conhecidos.

3. Descreva outra maneira que você pode realizar um teste de hipóteses para a diferença entre as médias de duas populações usando amostras independentes com σ_1 e σ_2 conhecidos que não use regiões de rejeição.

4. Quais condições são necessárias para se usar o teste-*z* para testar a diferença entre duas médias populacionais?

Amostras independestes e dependentes *Nos exercícios 5 a 8, classifique as duas amostras como independente ou dependente e justifique sua resposta.*

5. Amostra 1: Os pesos máximos de supino para 53 jogadores de futebol americano.
Amostra 2: Os pesos máximos de supino para os mesmos 53 jogadores de futebol americano após completarem uma série de levantamento de peso.

6. Amostra 1: Os QIs de 60 mulheres.
Amostra 2: Os QIs de 60 homens.

7. Amostra 1: As velocidades médias de 23 lanchas usando um modelo de casco antigo
Amostra 2: As velocidades médias de 14 lanchas usando um modelo de casco novo.

8. Amostra 1: Os tempos de deslocamento de 10 trabalhadores quando eles utilizam seus próprios veículos.
Amostra 2: Os tempos de deslocamento dos mesmos 10 trabalhadores quando eles utilizam transporte público.

Nos exercícios 9 e 10, use as informações da tela da TI-84 Plus para tomar uma decisão se rejeita ou não rejeita a hipótese nula ao nível de significância dado. Tome sua decisão usando a estatística de teste padronizada e o valor-p. Suponha que os tamanhos das amostras são iguais.

9. $\alpha = 0{,}05$

```
2-SampZTest
μ1≠μ2
z=2.956485408
p=0.0031118068
x̄1=2500
x̄2=2425
↓n1=120
```

10. $\alpha = 0{,}01$

```
2-SampZTest
μ1>μ2
z=1.941656065
p=0.0260893059
x̄1=44
x̄2=42
↓n1=50
```

Nos exercícios de 11 a 14, teste a afirmação sobre a diferença entre duas médias populacionais μ_1 e μ_2 considerando o nível de significância α. Suponha que as amostras são aleatórias e independentes e que as populações são normalmente distribuídas.

11. Afirmação: $\mu_1 = \mu_2$; $\alpha = 0{,}1$.
Parâmetros: $\sigma_1 = 3{,}4$ e $\sigma_2 = 1{,}5$
Estatísticas: $\bar{x}_1 = 16$, $n_1 = 29$ e $\bar{x}_2 = 14$, $n_2 = 28$

12. Afirmação: $\mu_1 > \mu_2$; $\alpha = 0{,}10$.
Parâmetros: $\sigma_1 = 40$ e $\sigma_2 = 15$
Estatísticas: $\bar{x}_1 = 500$, $n_1 = 100$ e $\bar{x}_2 = 495$, $n_2 = 75$

13. Afirmação: $\mu_1 < \mu_2$; $\alpha = 0{,}05$.
Parâmetros: $\sigma_1 = 75$ e $\sigma_2 = 105$
Estatísticas: $\bar{x}_1 = 2.435$, $n_1 = 35$ e $\bar{x}_2 = 2.432$, $n_2 = 90$

14. Afirmação: $\mu_1 \leq \mu_2$; $\alpha = 0{,}03$.
Parâmetros: $\sigma_1 = 136$ e $\sigma_2 = 215$
Estatísticas: $\bar{x}_1 = 5.004$, $n_1 = 144$ e $\bar{x}_2 = 4.895$, $n_2 = 156$

Usando e interpretando conceitos

Testando a diferença entre duas médias *Nos exercícios de 15 a 24, (a) identifique a afirmação e formule H_0 e H_a, (b) encontre o(s) valor(es) crítico(s) e identifique a(s) região(ões) de rejeição, (c) calcule a estatística de teste padronizada z, (d) decida se rejeita ou não rejeita a hipótese nula e (e) interprete a decisão no contexto da afirmação original. Suponha que as amostras são aleatórias e independentes, e que as populações são normalmente distribuídas.*

15. Distâncias de frenagem Para comparar as distâncias de frenagem a seco, de 60 a 0 milhas por hora, para duas marcas de automóveis, um engenheiro de segurança realiza testes de frenagem para 16 SUVs compactos e 11 SUVs de médio porte. A distância média de frenagem para os SUVs compactos é de 131,8 pés. Suponha que o desvio padrão da população seja 5,5 pés. A distância média de frenagem para os SUVs de médio porte é de 132,8 pés. Suponha que o desvio padrão da população seja 6,7 pés. Considerando o nível de significância $\alpha = 0{,}10$, o engenheiro pode sustentar a afirmação de que as distâncias médias de frenagem são diferentes para as duas categorias de SUVs? *(Adaptado de Consumer Reports.)*

16. Colchão em caixa Para comparar a satisfação do cliente com colchões que são entregues compactados em uma caixa (*bed-in-a-box*) e colchões tradicionais, um pesquisador seleciona aleatoriamente 30 classificações de colchões em caixas e 30 classificações de colchões tradicionais. A classificação média de colchões em caixas é de 68,7 em 100. Suponha que o desvio padrão da população seja 6,6. A classificação média dos colchões tradicionais é de 70,9 em 100. Suponha que o desvio padrão da população seja de 5,6. Considerando o nível de significância $\alpha = 0{,}01$, o pesquisador pode sustentar a afirmação de que a classificação média dos colchões tradicionais é maior do que a classificação média dos colchões em uma caixa? *(Adaptado de Consumer Reports.)*

17. Energia eólica Uma empresa de energia quer escolher entre duas regiões em um estado para instalar turbinas para a produção de energia eólica. Um pesquisador afirma que a velocidade do vento na região A é menor que na região B. Para testar as regiões, a velocidade média do vento é calculada por 60 dias em cada região. A velocidade média do vento na região A é 14,0 milhas por hora. Suponha que o desvio padrão populacional é 2,9 milhas por hora. A velocidade média do vento na região B é 15,1 milhas por hora. Suponha que o desvio padrão populacional é 3,3 milhas por hora. Considerando o nível de significância $\alpha = 0{,}05$, a empresa pode sustentar a afirmação do pesquisador?

18. Custos de reparo: máquinas de lavar Você quer comprar uma máquina de lavar e um vendedor diz que os custos médios de reparo para os modelos A e B são iguais. Você pesquisa os custos de reparo. O custo médio de reparo de 24 máquinas de lavar do modelo A é US$ 208. Suponha que o desvio padrão populacional é US$ 18. O custo médio de reparo de 26 máquinas de lavar do modelo B é US$ 221. Suponha que o desvio padrão populacional é US$ 22. Considerando o nível de significância $\alpha = 0{,}05$, você pode rejeitar a afirmação do vendedor?

19. **Pontuações de matemática e ciências no ACT** A pontuação média de matemática no ACT para 60 estudantes do Ensino Médio é 20,2. Suponha que o desvio padrão populacional é 5,7. A pontuação média de ciências no ACT para 75 estudantes do ensino médio é 20,6. Suponha que o desvio padrão é 5,9. Considerando o nível de significância $\alpha = 0{,}01$, você pode rejeitar a afirmação de que as pontuações de matemática e ciências no ACT são iguais? *(Adaptado do ACT, Inc.)*

20. **Pontuação de inglês e leitura no ACT** A pontuação média de inglês no ACT para 120 estudantes do Ensino Médio é 19,9. Suponha que o desvio padrão populacional é 7,2. A pontuação média de leitura no ACT para 150 estudantes do Ensino Médio é 21,2. Suponha que o desvio padrão é 7,1. Considerando o nível de significância $\alpha = 0{,}10$, você pode sustentar a afirmação de que as pontuações de leitura no ACT são maiores que as pontuações de inglês no ACT? *(Adaptado do ACT, Inc.)*

21. **Preços de casas** Uma imobiliária diz que o preço médio de venda de casas em Casper, Wyoming, é o mesmo que em Cheyenne, Wyoming. O preço médio de venda para 35 casas em Casper é US$ 349.237. Suponha que o desvio padrão populacional é US$ 158.005. O preço médio de venda para 41 casas em Cheyenne é US$ 435.244. Suponha que o desvio padrão populacional é US$ 154.716. Considerando o nível de significância $\alpha = 0{,}01$, há evidência suficiente para rejeitar a afirmação da imobiliária? *(Adaptado de Realtor.com)*

22. **Preços de casas** No Exercício 21, uma casa adicional em Casper é vendida por US$ 132.000, e outra em Cheyenne é vendida por US$ 495.000. Adicione esses dados às amostras existentes. Considerando o nível de significância $\alpha = 0{,}01$, as amostras ajustadas levam a uma conclusão diferente? *(Adaptado de Realtor.com)*

23. **Precipitação** Um climatologista afirma que a precipitação em Seattle, Washington, foi maior do que em Birmingham, Alabama, em um ano recente. Os valores diários de precipitação (em polegadas) para 30 dias em um ano recente, em Seattle, são mostrados a seguir. Suponha que o desvio padrão da população seja 0,25 polegada.

    0,00 0,00 0,05 0,01 0,21 0,00 0,00 0,52 0,00 0,01
    0,00 0,19 0,00 0,18 0,02 0,02 0,13 0,00 0,03 0,00
    0,04 0,00 0,41 0,23 0,00 0,80 0,15 0,00 0,00 0,79

    Os valores diários de precipitação (em polegadas) para 30 dias em um ano recente, em Birmingham, são mostrados a seguir. Suponha que o desvio padrão da população seja 0,52 polegada.

    0,00 0,96 0,84 0,00 0,10 0,00 0,00 0,20 0,00 0,54
    0,97 0,00 0,35 0,02 0,04 0,70 0,00 0,00 0,00 0,00
    0,03 0,01 0,15 0,27 0,00 0,00 0,93 0,00 0,89 0,01

    Considerando o nível de significância $\alpha = 0{,}05$, você pode apoiar a afirmação do climatologista? *(Fonte: NOAA.)*

24. **Temperatura** Um climatologista afirma que a temperatura em Seattle, Washington, foi mais baixa do que em Birmingham, Alabama, em um ano recente. As temperaturas máximas diárias (em graus Fahrenheit) para 30 dias em um ano recente, em Seattle, são mostradas a seguir. Suponha que o desvio padrão da população seja 12,0 °F.

    52 45 66 49 62 74 80 75 76 65 67 75 57 50 46
    49 53 57 60 70 85 56 60 44 59 65 70 73 61 61

    As temperaturas máximas diárias (em graus Fahrenheit) para 30 dias em um ano recente, em Birmingham, são mostradas abaixo. Suponha que o desvio padrão da população seja 13,2 °F.

    64 60 91 85 59 93 90 73 87 72 50 58 79 72 85
    57 73 61 89 69 60 93 56 74 94 66 63 91 94 73

    Considerando o nível de significância $\alpha = 0{,}01$, você pode apoiar a afirmação do climatologista? *(Fonte: NOAA.)*

25. Alcançando o conceito Explique por que a hipótese nula H_0: $\mu_1 = \mu_2$ é equivalente à hipótese nula H_0: $\mu_1 - \mu_2 = 0$.

26. Alcançando o conceito Explique por que a hipótese nula H_0: $\mu_1 \geq \mu_2$ é equivalente à hipótese nula H_0: $\mu_1 - \mu_2 \geq 0$.

Expandindo conceitos

Testando uma diferença que não seja zero *Às vezes, um pesquisador está interessado em testar uma diferença nas médias que não seja zero. Nos exercícios 27 e 28, teste a diferença entre duas médias usando uma hipótese nula de H_0: $\mu_1 - \mu_2 = k$, H_0: $\mu_1 - \mu_2 \geq k$, ou H_0: $\mu_1 - \mu_2 \leq k$. A estatística de teste padronizada é ainda:*

$$z = \frac{(\bar{x}_1 - \bar{x}_2) - (\mu_1 - \mu_2)}{\sigma_{\bar{x}_1 - \bar{x}_2}} \quad \textit{onde} \quad \sigma_{\bar{x}_1 - \bar{x}_2} = \sqrt{\frac{\sigma_1^2}{n_1} + \frac{\sigma_2^2}{n_2}}.$$

Engenheiros de *software* iniciantes em Santa Clara, CA

$\bar{x}_1$ = US$ 88.900
$n_1 = 42$

Engenheiros de *software* iniciantes em Greenwich, CT

$\bar{x}_2$ = US$ 81.600
$n_2 = 38$

FIGURA PARA O EXERCÍCIO 27

27. Salários dos engenheiros de *software* A diferença entre os salários médios anuais dos engenheiros de *software* iniciantes em Santa Clara, Califórnia, e Greenwich, Connecticut, é superior a US$ 4.000? Para decidir, você seleciona uma amostra aleatória de engenheiros de *software* iniciantes de cada cidade. Os resultados de cada pesquisa são mostrados na Figura ao lado. Suponha que os desvios padrão da população sejam σ_1 = US$ 14.060 e σ_2 = US$ 13.050. Considerando o nível de significância $\alpha = 0{,}05$, o que você deve concluir? *(Adaptado de Salary.com)*

28. Salários dos arquitetos A diferença entre os salários médios anuais dos arquitetos iniciantes em Denver, Colorado e Lincoln, Nebraska, é igual a US$ 9.000? Para decidir, você seleciona uma amostra aleatória de arquitetos iniciantes de cada cidade. Os resultados de cada pesquisa são mostrados na figura a seguir. Suponha que os desvios padrão da população sejam σ_1 = US$ 6.560 e σ_2 = US$ 6.100. Considerando o nível de significância $\alpha = 0{,}01$, o que você deve concluir? *(Adaptado de Salary.com)*

Arquitetos iniciantes em Denver, CO
$\bar{x}_1$ = US$ 58.300
$n_1 = 32$

Arquitetos iniciantes em Lincoln, NE
$\bar{x}_2$ = US$ 54.240
$n_2 = 30$

Construindo intervalos de confiança para $\mu_1 - \mu_2$ *Você pode construir um intervalo com confiança para a diferença entre duas médias populacionais $\mu_1 - \mu_2$, conforme mostrado a seguir, quando os desvios padrão populacionais são conhecidos e, ou ambas as populações são normalmente distribuídas ou ambos $n_1 \geq 30$ e $n_2 \geq 30$. Além disso, as amostras devem ser aleatórias e independentes.*

$$(\bar{x}_1 - \bar{x}_2) - z_c\sqrt{\frac{\sigma_1^2}{n_1} + \frac{\sigma_2^2}{n_2}} < \mu_1 - \mu_2 < (\bar{x}_1 - \bar{x}_2) + z_c\sqrt{\frac{\sigma_1^2}{n_1} + \frac{\sigma_2^2}{n_2}}$$

Nos exercícios 29 e 30, construa o intervalo de confiança indicado para $\mu_1 - \mu_2$.

29. Salários dos engenheiros de *software* Construa um intervalo de confiança de 95% para a diferença entre os salários médios anuais dos engenheiros de *software* iniciantes em Santa Clara, Califórnia, e Greenwich, CT, usando os dados do Exercício 27.

30. Salários dos arquitetos Construa um intervalo de confiança de 99% para a diferença entre os salários médios anuais dos arquitetos iniciantes em Denver, Colorado, e Lincoln, Nebraska, usando os dados do Exercício 28.

8.2 Testando a diferença entre médias (amostras independentes, σ_1 e σ_2 desconhecidos)

O que você deve aprender

- Como realizar um teste *t* com duas amostras para a diferença entre duas médias μ_1 e μ_2 usando amostras independentes com σ_1 e σ_2 desconhecidos.

O teste *t* para duas amostras para a diferença entre as médias

O teste t com duas amostras para a diferença entre as médias

Na Seção 8.1, você aprendeu como testar a diferença entre médias quando ambos os desvios padrão populacionais são conhecidos. Os desvios padrão populacionais *não* são conhecidos em muitas situações da vida real. Nesta seção, você aprenderá como usar um teste *t* para testar a diferença entre duas médias populacionais μ_1 e μ_2 usando amostras independentes de cada população quando σ_1 e σ_2 são desconhecidos. As condições a seguir são necessárias para a realização do teste: (1) os desvios padrões populacionais são desconhecidos, (2) as amostras são selecionadas aleatoriamente, (3); as amostras são independentes e (4) as populações são normalmente distribuídas *ou* cada tamanho de amostra é de pelo menos 30. Quando essas condições são satisfeitas, a distribuição amostral para a diferença entre as médias da amostra $\bar{x}_1 - \bar{x}_2$ é aproximada por uma distribuição *t* com média $\mu_1 - \mu_2$. Então, você pode usar um teste *t* para duas amostras para testar a diferença entre as médias populacionais μ_1 e μ_2. O erro padrão e os graus de liberdade da distribuição amostral dependem se as variâncias das populações σ_1^2 e σ_2^2 são iguais, conforme mostrado na próxima definição.

Dica de estudo

Para realizar o teste *t* com duas amostras descrito anteriormente, você precisará saber se as variâncias das duas populações são iguais. Nesse capítulo, cada exemplo e exercício afirmará se as variâncias são iguais. Você aprenderá a testar diferenças entre duas variâncias populacionais no capítulo 10.

Teste *t* com duas amostras para a diferença entre médias

Um **teste *t* com duas amostras** é usado para testar a diferença entre duas médias populacionais μ_1 e μ_2 quando (1) σ_1 e σ_2 são desconhecidos, (2) as amostras são aleatórias, (3) as amostras são independentes e (4) as populações são normalmente distribuídas *ou* ambos $n_1 \geq 30$ e $n_2 \geq 30$. A **estatística de teste** é $\bar{x}_1 - \bar{x}_2$ e a **estatística de teste padronizada** é:

$$t = \frac{(\bar{x}_1 - \bar{x}_2) - (\mu_1 - \mu_2)}{s_{\bar{x}_1 - \bar{x}_2}}.$$

Variâncias são iguais: Se as variâncias populacionais são iguais, então a informação das duas amostras é combinada para calcular **uma estimativa conjunta do desvio padrão**

$$\hat{\sigma} = \sqrt{\frac{(n_1 - 1)s_1^2 + (n_2 - 1)s_2^2}{n_1 + n_2 - 2}}$$

O erro padrão para a distribuição de amostragem de $\bar{x}_1 - \bar{x}_2$ é:

$$s_{\bar{x}_1 - \bar{x}_2} = \hat{\sigma} \cdot \sqrt{\frac{1}{n_1} + \frac{1}{n_2}} \qquad \text{Variâncias iguais}$$

e g.l. $= n_1 + n_2 - 2$

Variâncias não são iguais: Se as variâncias populacionais não são iguais, então o erro padrão é:

$$s_{\bar{x}_1 - \bar{x}_2} = \sqrt{\frac{s_1^2}{n_1} + \frac{s_2^2}{n_2}} \qquad \text{Variâncias não iguais}$$

e g.l. = menor de $n_1 - 1$ e $n_2 - 1$.

Retratando o mundo

Um estudo publicado pela *American Psychological Association* na revista *Neuropsychology* relatou que crianças com formação musical mostraram melhor memória verbal do que crianças sem formação musical. O estudo também mostrou que, quanto maior a formação musical, melhor a memória verbal. Suponha que você tentou reproduzir os resultados como a seguir. Um teste de memória verbal com uma possibilidade de 100 pontos foi aplicado em 90 crianças. Metade teve formação musical, mas a outra metade não teve formação e exerceu a função de grupo de controle. As 45 crianças com formação tiveram uma pontuação média de 83 com desvio padrão de 5,7. Os 45 estudantes no grupo de controle tiveram uma pontuação média de 80 com desvio padrão de 6,2. *(Adaptado de American Psychological Association.)*

Considerando o nível de significância $\alpha = 0{,}05$, há evidência suficiente para sustentar a afirmação de que crianças com formação musical têm melhor pontuação em teste de memória verbal que aquelas sem formação? Suponha que as variâncias populacionais são iguais.

Os requisitos para o teste-*z* descritos na Seção 8.1 e o teste *t* descrito nesta seção são mostrados no fluxograma a seguir.

Testes para duas amostras independentes

- Os desvios padrão de ambas populações são conhecidos?
  - Sim → Ambas as populações são normais *ou* o tamanho de ambas as amostras é pelo menos 30?
    - Sim → Use o teste *z*.
    - Não → Você não pode usar o teste-*z* ou o teste-*t*.
  - Não → Ambas as populações são normais?
    - Não → Você não pode usar o teste-*z* ou o teste-*t*.
    - Sim → As variâncias populacionais são iguais?
      - Sim → Use o teste-*t* com $s_{\bar{x}_1 - \bar{x}_2} = \hat{\sigma} \cdot \sqrt{\frac{1}{n_1} + \frac{1}{n_2}}$ e g.l. $= n_1 + n_2 - 2$.
      - Não → Use o teste-*t* com $s_{\bar{x}_1 - \bar{x}_2} = \sqrt{\frac{s_1^2}{n_1} + \frac{s_2^2}{n_2}}$ e g.l. = menor de $n_1 - 1$ e $n_2 - 1$.

INSTRUÇÕES

Usando teste *t* para duas amostras para a diferença entre médias (amostras independentes, σ_1 e σ_2 desconhecidos)

Em palavras	Em símbolos
1. Verifique que σ_1 e σ_2 são desconhecidos, as amostras são aleatórias e independentes e, as populações são normalmente distribuídas.	
2. Expresse a afirmação verbal e matematicamente. Identifique as hipóteses nula e alternativa.	Formule H_0 e H_a.
3. Especifique o nível de significância.	Identifique α.
4. Determine os graus de liberdade.	g.l. $= n_1 + n_2 - 2$ ou g.l. = menor de $n_1 - 1$ e $n_2 - 1$
5. Determine o(s) valor(es) crítico(s).	Use a Tabela 5 do Apêndice B.
6. Determine a(s) região(ões) de rejeição.	
7. Calcule a estatística de teste padronizada e esboce a distribuição amostral.	$t = \dfrac{(\bar{x}_1 - \bar{x}_2) - (\mu_1 - \mu_2)}{s_{\bar{x}_1 - \bar{x}_2}}$
8. Tome uma decisão para rejeitar ou não rejeitar a hipótese nula.	Se *t* está na região de rejeição, rejeitar H_0. Caso contrário, não rejeitar H_0.
9. Interprete a decisão no contexto da afirmação original.	

Tabela 8.5 Estatísticas para as pontuações no teste estadual de matemática

Professor 1	Professor 2
$\bar{x}_1 = 473$	$\bar{x}_2 = 459$
$s_1 = 39{,}7$	$s_2 = 24{,}5$
$n_1 = 8$	$n_2 = 18$

EXEMPLO 1

Veja os passos do Minitab na página 464.

Teste-*t* com duas amostras para a diferença entre médias

Os resultados de um teste estadual de matemática para amostras aleatórias de estudantes ensinados por 2 professores diferentes na mesma escola estão na Tabela 8.5. Podemos concluir que há uma diferença nas pontuações médias dos testes de matemática para os estudantes dos dois professores? Considere $\alpha = 0{,}01$. Suponha que as populações são normalmente distribuídas e que as variâncias populacionais não são iguais.

SOLUÇÃO

Note que σ_1 e σ_2 são desconhecidos, as amostras são aleatórias e independentes, e as populações são normalmente distribuídas. Então, podemos usar o teste *t*. A afirmação é "há uma diferença nas pontuações médias dos testes de matemática para os estudantes dos dois professores". Assim, as hipóteses nula e alternativa são:

H_0: $\mu_1 = \mu_2$ e H_a: $\mu_1 \neq \mu_2$. (Afirmação)

Como as variâncias populacionais não são iguais e o menor tamanho de amostra é 8, usar g.l. = 8 – 1 = 7. Sendo o teste bilateral com g.l. = 7 e $\alpha = 0{,}10$, os valores críticos são $-t_0 = -1{,}895$ e $t_0 = 1{,}895$. As regiões de rejeição são $t < -1{,}895$ e $t > 1{,}895$. A estatística de teste padronizada é:

$$t = \frac{(\bar{x}_1 - \bar{x}_2) - (\mu_1 - \mu_2)}{\sqrt{\frac{s_1^2}{n_1} + \frac{s_2^2}{n_2}}}$$ Use o teste *t* (as variâncias não são iguais).

$$= \frac{1.473 - 4.592 - 0}{\sqrt{\frac{139{,}72^2}{8} + \frac{124{,}52^2}{18}}}$$ Suponha $\mu_1 = \mu_2$, então $\mu_1 - \mu_2 = 0$.

$$\approx 0{,}922.$$ Arredonde para três casas decimais.

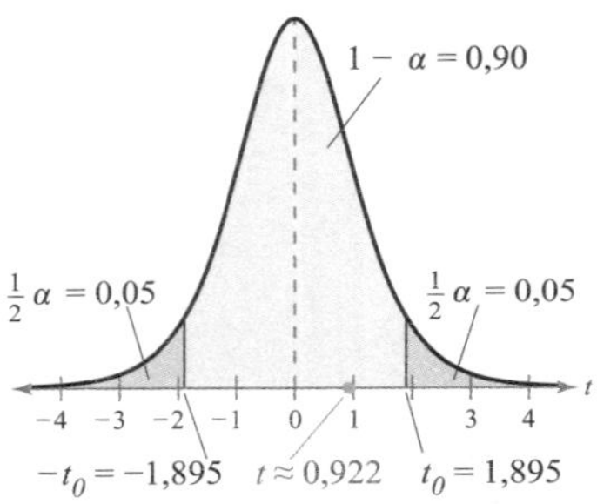

Figura 8.8

A Figura 8.8 mostra a localização das regiões de rejeição e a estatística de teste padronizada *t*. Como *t* não está na região de rejeição, não rejeitamos a hipótese nula.

Interpretação Não há evidência suficiente, ao nível de significância de 10%, para sustentar a afirmação de que as pontuações médias dos testes de matemática para os estudantes dos dois professores são diferentes.

TENTE VOCÊ MESMO 1

Os resultados de uma pesquisa sobre os ganhos anuais a partir de amostras aleatórias de pessoas com diploma de ensino médio e diploma de tecnólogo são mostrados na Tabela 8.6. Você pode concluir que há uma diferença nos rendimentos médios anuais com base no nível de escolaridade? Considere $\alpha = 0{,}05$. Suponha que as populações sejam normalmente distribuídas e que as variâncias populacionais não sejam iguais. *(Adaptado de U.S. Census Bureau.)*

Tabela 8.6 Estatísticas para os ganhos anuais

Diploma de ensino médio	Diploma de tecnólogo
$\bar{x}_1$ = US$ 41.75	$\bar{x}_2$ = US$ 51.560
s_1 = US$ 6.050	s_2 = US$ 958
$n_1 = 25$	$n_2 = 16$

Você também pode usar a tecnologia e o valor-*p* para realizar um teste de hipóteses para a diferença entre médias. Por exemplo, no Exemplo 1, você pode inserir as estatísticas em uma TI-84 Plus, conforme mostrado na Figura 8.9, e encontrar valor-$p \approx 0{,}379$. Como valor-$p > \alpha$, você não rejeita a hipótese nula. Observe que ao usar a tecnologia, o número de graus de liberdade para o teste-t é geralmente determinado pela fórmula

$$\text{d.f.} = \frac{(s_1^2/n_1 + s_2^2/n_2)^2}{(s_1^2/n_1)^2/(n_1 - 1) + 1s_2^2/n_2)^2/(n_2 - 1)}.$$

Essa fórmula não será usada no livro.

TI-84 PLUS

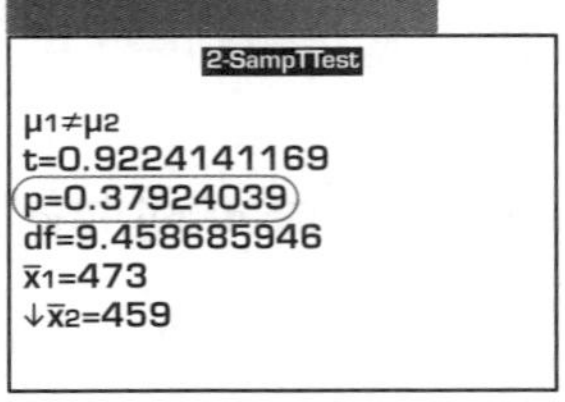

Figura 8.9

Tabela 8.7 Estatísticas para os custos por milha rodada dos sedans

Fabricante	Concorrente
$\bar{x}_1$ = US\$ 0,52 / mi	$\bar{x}_2$ = US\$ 0,55 / mi
s_1 = US\$ 0,05 / mi	s_2 = US\$ 0,07 / mi
$n_1 = 30$	$n_2 = 32$

EXEMPLO 2

Veja os passos da TI-84 Plus na página 465.

Teste-*t* com duas amostras para a diferença entre médias

Um fabricante de automóveis alega que o custo médio por milha rodado de seus sedãs é menor do que o de seu principal concorrente. Você conduz um estudo usando 30 sedãs selecionados aleatoriamente do fabricante e 32 do principal concorrente. Os resultados são mostrados à esquerda. Em $\alpha = 0{,}05$, você pode apoiar a afirmação do fabricante? Suponha que as variâncias das populações sejam iguais. *(Adaptado de American Automobile Association.)*

SOLUÇÃO

Note que σ_1 e σ_2 são desconhecidos, as amostras são aleatórias e independentes e ambos n_1 e n_2 são pelo menos 30. Então, podemos usar o teste-*t*. A afirmação é "o custo médio por milha rodada dos sedans do fabricante é menor que o do principal concorrente". Assim, as hipóteses nula e alternativa são:

H_0: $\mu_1 \geq \mu_2$ $\quad$ H_a: $\mu_1 < \mu_2$. $\quad$ (Afirmação)

As variâncias populacionais são iguais, então g.l. = $n_1 + n_2 - 2 = 30 + 32 - 2 = 60$. Como o teste é unilateral à esquerda com g.l. = 60 e $\alpha = 0{,}05$, o valor crítico é $t_0 = -1{,}671$. A região de rejeição é $t < -1{,}671$. Para tornar o cálculo da estatística de teste padronizada mais fácil, primeiro encontre o erro padrão.

$$s_{\bar{x}_1 - \bar{x}_2} = \sqrt{\frac{(n_1 - 1)s_1^2 + (n_2 - 1)s_2^2}{n_1 + n_2 - 2}} \cdot \sqrt{\frac{1}{n_1} + \frac{1}{n_2}}$$

$$= \sqrt{\frac{(30 - 1)(0{,}05)^2 + (32 - 1)(0{,}07)^2}{30 + 32 - 2}} \cdot \sqrt{\frac{1}{30} + \frac{1}{32}}$$

$$\approx 0{,}0155416$$

A estatística de teste padronizada é:

$$t = \frac{(\bar{x}_1 - \bar{x}_2) - (m_1 - m_2)}{s_{\bar{x}_1 - \bar{x}_2}}$$ Use o teste *t* (as variâncias são iguais).

$$\approx \frac{(0{,}52 - 0{,}55) - 0}{0{,}0155416}$$ Suponha $\mu_1 = \mu_2$, então $\mu_1 - \mu_2 = 0$.

$$\approx -1{,}930.$$ Arredonde para três casas decimais.

A Figura 8.10 mostra a localização da região de rejeição e a estatística de teste padronizada *t*. Como *t* está na região de rejeição, rejeitamos a hipótese nula.

Interpretação Há evidência suficiente, ao nível de significância de 5%, para sustentar a afirmação do fabricante de que o custo médio por milha rodada de seus sedans é menor que o do principal concorrente.

Dica de tecnologia

É importante notar que, quando se usa uma TI-84 Plus para o teste *t* para duas amostras, é preciso selecionar como opção de entrada *Pooled*: *Yes* quando as variâncias são iguais.

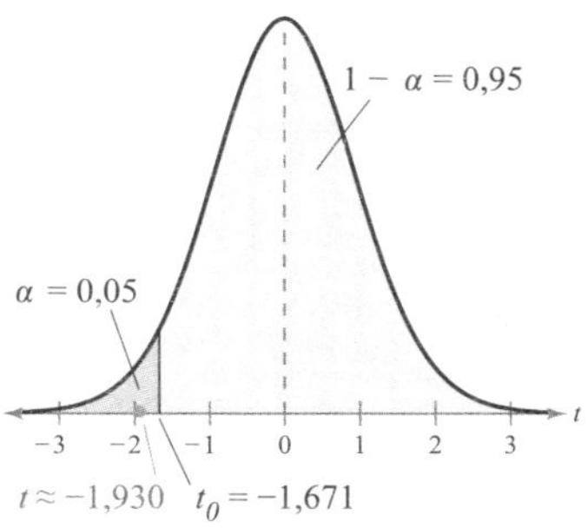

Figura 8.10

TENTE VOCÊ MESMO 2

Um fabricante de automóveis alega que o custo médio por milha rodada de suas minivans é menor do que o de seu principal concorrente. Você conduz um estudo usando 34 minivans selecionadas aleatoriamente do fabricante e 38 do principal concorrente. Os resultados são mostrados na Tabela 8.8. Considerando $\alpha = 0{,}10$, você pode apoiar a afirmação do fabricante? Suponha que as variâncias da população sejam iguais. *(Adaptado de American Automobile Association.)*

Tabela 8.8 Estatísticas para os custos por milha rodada das minivans

Fabricante	Concorrente
$\bar{x}_1$ = US\$ 0,57 / mi	$\bar{x}_2$ = US\$ 0,59 / mi
s_1 = US\$ 0,09 / mi	s_2 = US\$ 0,08 / mi
$n_1 = 34$	$n_2 = 38$

8.2 EXERCÍCIOS

Construindo habilidades básicas e vocabulário

1. Quais condições são necessárias para utilizar o teste t para testar a diferença entre duas médias populacionais?

2. Explique como realizar um teste t com duas amostras para a diferença entre duas médias populacionais.

Nos exercícios de 3 a 8, use a Tabela 5 do Apêndice B para encontrar o(s) valor(es) crítico(s) para a hipótese alternativa, nível de significância α e amostras de tamanho n_1 e n_2. Suponha que as amostras são aleatórias e independentes, as populações são normalmente distribuídas e as variâncias populacionais são (a) iguais e (b) não iguais.

3. Ha: $\mu_1 \neq \mu_2$, $\alpha = 0{,}10$, $n_1 = 11$, $n_2 = 14$

4. Ha: $\mu_1 > \mu_2$, $\alpha = 0{,}01$, $n_1 = 12$, $n_2 = 15$

5. Ha: $\mu_1 < \mu_2$, $\alpha = 0{,}05$, $n_1 = 7$, $n_2 = 11$

6. Ha: $\mu_1 \neq \mu_2$, $\alpha = 0{,}01$, $n_1 = 19$, $n_2 = 22$

7. Ha: $\mu_1 > \mu_2$, $\alpha = 0{,}05$, $n_1 = 13$, $n_2 = 8$

8. Ha: $\mu_1 < \mu_2$, $\alpha = 0{,}10$, $n_1 = 30$, $n_2 = 32$

Nos exercícios de 9 a 12, teste a afirmação sobre a diferença entre duas médias populacionais μ_1 e μ_2 ao nível de significância α. Suponha que as amostras são aleatórias e independentes e que as populações são normalmente distribuídas.

9. Afirmação: $\mu_1 = \mu_2$; $\alpha = 0{,}01$. Suponha $\sigma_1^2 = \sigma_2^2$
Estatísticas: $\bar{x}_1 = 33{,}7$; $s_1 = 3{,}5$; $n_1 = 12$ e
$\bar{x}_2 = 35{,}5$; $s_2 = 2{,}2$; $n_2 = 17$

10. Afirmação: $\mu_1 < \mu_2$; $\alpha = 0{,}10$. Suponha σ_1^2 e σ_2^2.
Estatísticas: $\bar{x}_1 = 0{,}345$; $s_1 = 0{,}305$; $n_1 = 11$ e
$\bar{x}_2 = 0{,}515$; $s_2 = 0{,}215$; $n_2 = 9$

11. Afirmação: $\mu_1 \leq \mu_2$; $\alpha = 0{,}05$. Suponha σ_1^2 e σ_2^2.
Estatísticas: $\bar{x}_1 = 2.410$; $s_1 = 175$; $n_1 = 13$ e
$\bar{x}_2 = 2.305$; $s_2 = 52$; $n_2 = 10$

12. Afirmação: $\mu_1 > \mu_2$; $\alpha = 0{,}01$. Suponha σ_1^2 e σ_2^2.
Estatísticas: $\bar{x}_1 = 52$; $s_1 = 4{,}8$; $n_1 = 32$ e
$\bar{x}_2 = 50$; $s_2 = 1{,}2$; $n_2 = 40$

Usando e interpretando conceitos

Testando a diferença entre duas médias *Nos exercícios de 13 a 22, (a) identifique a afirmação e formule H_0 e H_a, (b) encontre o(s) valor(es) crítico(s) e identifique a(s) região(ões) de rejeição, (c) calcule a estatística de teste padronizada t, (d) decida se rejeita ou não rejeita a hipótese nula e (e) interprete a decisão no contexto da afirmação original. Suponha que as amostras são aleatórias e independentes, e que as populações são normalmente distribuídas.*

13. Alimentação de animal de estimação Uma associação para animais de estimação afirma que os custos médios anuais de alimentação para cães e gatos são os mesmos. Os resultados para amostras dos dois tipos de animais de estimação são mostrados na tabela. Considerando $\alpha = 0{,}10$, você pode rejeitar a afirmação da associação? Suponha que as variâncias populacionais não são iguais. *(Adaptado de American Pet Products Association.)*

Estatísticas para os custos anuais de alimentação de animais de estimação

Cães	Gatos
$\bar{x}_1$ = US\$ 255	$\bar{x}_2$ = US\$ 231
s_1 = US\$ 30	s_2 = US\$ 28
$n_1 = 16$	$n_2 = 18$

TABELA PARA O EXERCÍCIO 13

Estatísticas para a quantia gasta por consumidores

Burger Stop	*Fry World*
$\bar{x}_1$ = US\$ 5,46	$\bar{x}_2$ = US\$ 5,12
s_1 = Us\$ 0,89	s_2 = Us\$ 0,79
$n_1 = 22$	$n_2 = 30$

PARA O EXERCÍCIO 14

14. Transações Uma revista afirma que a quantia média gasta por um consumidor no *Burger Stop* é maior que a quantia média gasta no *Fry World*. Os resultados das amostras das transações de consumidores nas duas lanchonetes estão ao lado. Considerando $\alpha = 0{,}05$, você pode apoiar a afirmação da revista? Suponha que as variâncias populacionais são iguais.

15. Siris-azuis Um pesquisador marinho afirma que os estômagos dos siris-azuis de uma localidade contêm mais peixes do que os estômagos dos siris-azuis de outra localidade. O conteúdo estomacal de uma amostra de 25 siris-azuis do local A contém uma média de 320 miligramas de peixe e desvio padrão de 60 miligramas. O conteúdo estomacal de uma amostra de 15 siris-azuis do local B contém uma média de 280 miligramas de peixe e desvio padrão de 80 miligramas. Considerando $\alpha = 0{,}01$, você pode apoiar a afirmação do pesquisador marinho? Suponha que as variâncias da população sejam iguais.

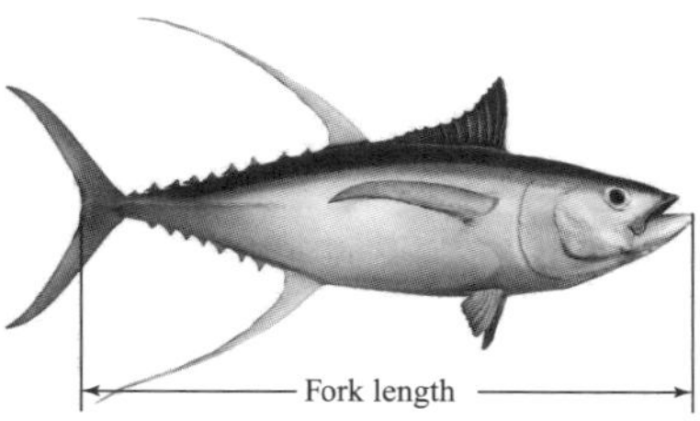

FIGURA PARA O EXERCÍCIO 16

16. Albacora-de-laje Um biólogo marinho afirma que o comprimento padrão médio da forquilha (veja a figura ao lado) do albacora-de-laje é diferente em duas zonas no Oceano Pacífico tropical oriental. Uma amostra de 26 albacora-de-laje coletados na Zona A tem um comprimento padrão médio de 76,2 centímetros e desvio padrão de 16,5 centímetros. Uma amostra de 31 albacora-de-laje coletados na Zona B tem comprimento padrão médio de 80,8 centímetros e desvio padrão de 23,4 centímetros. Considerando $\alpha = 0{,}01$, você pode apoiar a afirmação do biólogo marinho? Suponha que as variâncias da população sejam iguais. *(Adaptado de Fishery Bulletin.)*

17. Rendimento anual Um político afirma que o rendimento domiciliar médio é maior no condado de York, Carolina do Sul, do que no condado de Elmore, Alabama. No condado de York, uma amostra de 23 moradores tem um rendimento domiciliar médio de US\$ 64.900 e desvio padrão de Us\$ 16.000. No condado de Elmore, uma amostra de 19 moradores tem um rendimento domiciliar médio de Us\$ 59.500 e desvio padrão de Us\$ 23.600. Considerando $\alpha = 0{,}05$, você pode apoiar a afirmação do político? Suponha que as variâncias populacionais não são iguais. *(Adaptado de U.S. Census Bureau.)*

18. Rendimento anual Um pesquisador de demografia afirma que o rendimento domiciliar médio, em uma ano recente, é o mesmo no condados de Eagle, Colorado, e no condado de Boulder, também no Colorado. No condado de Eagle, uma amostra de 18 moradores tem um rendimento domiciliar médio de US\$ 85.400 e desvio padrão de US\$ 26.100. No condado de Boulder, uma amostra de 15 moradores tem um rendimento domiciliar médio de US\$ 83.300 e desvio padrão de US\$ 18.200. Considerando $\alpha = 0{,}10$, você pode rejeitar a afirmação do pesquisador de demografia? Suponha que as variâncias populacionais não são iguais. *(Adaptado de U.S. News.)*

19. Resistência à tração A resistência à tração de um metal é uma medida de sua habilidade para resistir à deformação quando puxado longitudinalmente. Um método experimental de tratamento produziu barras de aço com as resistências à tração (em newtons por milímetro quadrado) listadas abaixo.

Método experimental:

391 383 333 378 368 401 339 376 366 348

O método convencional produzia barras de aço com as resistências à tração (em newtons por milímetro quadrado) listadas abaixo.

Método convencional:

362 382 368 398 381 391 400
'410 396 411 385 385 395 371

Considerando $\alpha = 0{,}01$, você pode apoiar a afirmação de que o método experimental de tratamento faz diferença na resistência à tração das barras de aço? Suponha que as variâncias populacionais são iguais.

20. Resistência à tração Um engenheiro quer comparar a resistência à tração de barras de aço que são produzidas usando um método convencional e um método experimental. (A resistência à tração de um metal é uma medida de sua habilidade para resistir à deformação quando puxado longitudinalmente.) Para tal, o engenheiro seleciona aleatoriamente barras de aço que são fabricadas usando cada método e registra as resistências à tração (em newtons por milímetro quadrado) listadas abaixo.

Método experimental:

395 389 421 394 407 411 389 402 422
416 402 408 400 386 411 405 389 410

Método convencional:

362 352 380 382 413 384 400
378 419 379 384 388 372 383

Considerando $\alpha = 0{,}10$, o engenheiro pode apoiar a afirmação de que o método experimental produz aço com uma resistência à tração média maior? Suponha que as variâncias populacionais não são iguais.

21. Métodos de ensino Um novo método de ensino de leitura está sendo testado com estudantes do terceiro ano. Um grupo de estudantes do terceiro ano é ensinado usando o novo currículo. Um grupo de controle de estudantes do terceiro ano é ensinado usando o currículo antigo. As notas do teste de leitura para os dois grupos são mostradas no diagrama de ramo e folhas lado a lado da figura a seguir.

Currículo antigo		**Currículo novo**
9	3	
9 9	4	3
9 8 8 4 3 3 2 1	5	2 4
7 6 4 2 2 1 0 0	6	0 1 1 4 7 7 7 7 7 8 9 9
	7	0 1 1 2 3 3 4 9
	8	2 4

Chave: 9|4|3 = 49 para o currículo antigo e 43 para o currículo novo

Considerando $\alpha = 0{,}10$, há evidência suficiente para sustentar a afirmação de que o novo método de ensino de leitura produz notas nos testes superiores aos do método antigo? Suponha que as variâncias populacionais são iguais.

22. Métodos de ensino Dois métodos de ensino e seus efeitos nas notas dos testes de ciências estão sendo revisados. Um grupo de estudantes é ensinado em sessões tradicionais de laboratório. Um segundo grupo de estudantes é ensinado usando um *software* de simulação interativa. As notas do teste de ciências dos dois grupos são mostradas no diagrama de ramo e folhas lado a lado na figura a seguir.

Laboratório tradicional		***Software* de simulação interativa**
4	6	
9 9 8 8 7 6 6 3 2 1 0	7	0 4 5 5 7 7 8
9 8 5 1 1 1 0 0	8	0 0 3 4 7 8 8 9 9
2 0	9	1 3 9

Chave: 0|9|1 = 90 para o tradicional e 91para o interativo

Considerando $\alpha = 0{,}01$, você pode apoiar a afirmação de que a nota média dos testes de ciências é mais baixa para estudantes ensinados pelo método tradicional de laboratório do que para estudantes ensinados com o uso do *software* de simulação interativa? Suponha que as variâncias populacionais são iguais.

Expandindo conceitos

Construindo intervalos de confiança para $\mu_1 - \mu_2$

Quando a distribuição de amostragem para $\bar{x}_1 - \bar{x}_2$ é aproximada por uma distribuição t e as variâncias populacionais não são iguais, você pode construir um intervalo de confiança com nível de confiança c para $\mu_1 - \mu_2$, conforme mostrado abaixo:

$$(\bar{x}_1 - \bar{x}_2) - t_c\sqrt{\frac{s_1^2}{n_1} + \frac{s_2^2}{n_2}} < \mu_1 - \mu_2 < (\bar{x}_1 - \bar{x}_2) + t_c\sqrt{\frac{s_1^2}{n_1} + \frac{s_2^2}{n_2}}$$

onde g.l. é o menor de $n_1 - 1$ e $n_2 - 1$ (t_c está definido na Seção 6.2).

Nos exercícios 23 e 24, construa o intervalo de confiança indicado para $\mu_1 - \mu_2$. Suponha que as populações são aproximadamente normais com variâncias desiguais.

Estatísticas para os tempos de conclusão dos participantes de uma corrida 10K

Masculino	Feminino
$\bar{x}_1 = 65{,}8$ min	$\bar{x}_2 = 65{,}3$ min
$s_1 = 34{,}1$ min	$s_2 = 17{,}7$ min
$n_1 = 20$	$n_2 = 18$

TABELA PARA O EXERCÍCIO 23

23. Corrida de 10K Para comparar os tempos médios de conclusão em uma corrida 10K de participantes masculinos e femininos, você seleciona aleatoriamente vários tempos de conclusão de ambos os sexos. Os resultados são mostrados na tabela. Construa um intervalo de confiança de 80% para a diferença nos tempos médios de conclusão de participantes masculinos e femininos na corrida. *(Adaptado de Great Race.)*

Estatísticas para as distâncias das tacadas

Jogador 1	Jogador 2
$\bar{x}_1 = 267$ jardas	$\bar{x}_2 = 244$ jardas
$s_1 = 6$ jardas	$s_2 = 12$ jardas
$n_1 = 9$	$n_2 = 5$

TABELA PARA O EXERCÍCIO 24

24. Golfe Para comparar as distâncias médias das tacadas de dois jogadores de golfe, você seleciona aleatoriamente diversas tacadas de cada jogador. Os resultados estão ao lado. Construa um intervalo de confiança de 90% para a diferença entre as distâncias médias das tacadas para os dois jogadores.

Construindo intervalos de confiança para $\mu_1 - \mu_2$

Quando a distribuição de amostragem para $\bar{x}_1 - \bar{x}_2$ é aproximada por uma distribuição t e as populações têm variâncias iguais, você pode construir um intervalo de confiança para $\mu_1 - \mu_2$, conforme mostrado abaixo:

$$(\bar{x}_1 - \bar{x}_2) - t_c\hat{\sigma} \cdot \sqrt{\frac{1}{n_1} + \frac{1}{n_2}} < \mu_1 - \mu_2 < (\bar{x}_1 - \bar{x}_2) + t_c\hat{\sigma} \cdot \sqrt{\frac{1}{n_1} + \frac{1}{n_2}}$$

$$\text{onde } \hat{\sigma} = \sqrt{\frac{(n_1 - 1)s_1^2 + (n_2 - 1)s_2^2}{n_1 + n_2 - 2}} \quad \text{e g.l.} = n_1 + n_2 - 2$$

Nos exercícios 25 e 26, construa o intervalo de confiança indicado para $\mu_1 - \mu_2$. Suponha que as populações são aproximadamente normais com variâncias iguais.

Estatísticas para o número de dias de espera para uma consulta com um médico de família

Miami	Seattle
$\bar{x}_1 = 28$ dias	$\bar{x}_2 = 26$ dias
$s_1 = 39{,}7$ dias	$s_2 = 42{,}4$ dias
$n_1 = 20$	$n_2 = 17$

TABELA PARA O EXERCÍCIO 25

25. Médico de família Para comparar o número médio de dias de espera para ver um médico de família em duas grandes cidades, você seleciona aleatoriamente várias pessoas em cada cidade que tiveram uma consulta com um médico de família. Os resultados são mostrados na tabela. Construa um intervalo de confiança de 90% para a diferença no número médio de dias gastos esperando para ver um médico de família para as duas cidades. *(Adaptado de Merritt Hawkins.)*

26. Corrida de 10K Para comparar as idades médias dos participantes masculinos e femininos em uma corrida de 10K, você seleciona aleatoriamente várias idades de ambos os sexos. Os resultados são mostrados a seguir. Construa um intervalo de confiança de 95% para a diferença entre as idades médias dos participantes do sexo masculino e feminino na corrida. *(Adaptado de Great Race.)*

Estatísticas para as idades dos participantes na corrida 10K

Masculino	Feminino
$\bar{x}_1 = 40$ anos	$\bar{x}_2 = 39$ anos
$s_1 = 12{,}3$ anos	$s_2 = 14{,}5$ anos
$n_1 = 20$	$n_2 = 18$

TABELA PARA O EXERCÍCIO 26

ESTUDO DE CASO

Como a proteína afeta o ganho de peso em comedores compulsivos

Em um estudo publicado no *Journal of the American Medical Association*, três grupos de participantes de 18 a 35 anos de idade comeram em demasia por um período de 8 semanas. Os grupos consumiram diferentes níveis de proteína em suas dietas. A dieta do grupo de baixa proteína era 5% de proteína, a do grupo de proteína normal era 15% de proteína e a do grupo de alta proteína, 25% de proteína. O estudo descobriu que o grupo de baixa proteína ganhou, consideravelmente, menos peso que os grupos de proteína normal ou de alta proteína.

Você é um cientista trabalhando em uma empresa de pesquisa de saúde e quer replicar o experimento. Você conduz um experimento similar durante um período de 8 semanas. Os resultados são mostrados na Tabela 8.9.

Tabela 8.9

	Grupo de baixa proteína	**Grupo de proteína normal**	**Grupo de alta proteína**
Ganho de peso (após 8 semanas)	$\bar{x}_1 = 6{,}8$ libras $s_1 = 1{,}7$ libra $n_1 = 12$	$\bar{x}_2 = 13{,}5$ libras $s_2 = 2{,}5$ libras $n_2 = 16$	$\bar{x}_3 = 14{,}2$ libras $s_3 = 2{,}1$ libras $n_3 = 15$

EXERCÍCIOS

Nos exercícios 1 a 3, realize um teste-t para duas amostras para determinar se os ganhos médios de peso dos dois estudos indicados são diferentes. Suponha que as populações são normalmente distribuídas e as variâncias populacionais são iguais. Para cada exercício, escreva suas conclusões com uma frase. Considere $\alpha = 0{,}05$.

1. Teste os ganhos de peso do grupo de baixa proteína contra aqueles no grupo de proteína normal.
2. Teste os ganhos de peso do grupo de baixa proteína contra aqueles no grupo de alta proteína.
3. Teste os ganhos de peso do grupo de proteína normal contra aqueles no grupo de alta proteína.
4. Em quais comparações nos Exercícios 1 a 3 você encontrou uma diferença no ganho de peso? Escreva um resumo de suas descobertas.
5. Construa num intervalo de confiança de 95% para $\mu_1 - \mu_2$, onde μ_1 é o ganho médio de peso no grupo de proteína normal e μ_2 é o ganho médio de peso no grupo de alta proteína. Suponha que as populações são normalmente distribuídas e as variâncias populacionais são iguais. (Veja o título Expandindo conceitos nos exercícios da Seção 8.2.)

8.3 Testando a diferença entre médias (amostras dependentes)

O que você deve aprender

- Como realizar um teste t para testar a média das diferenças para uma população de dados emparelhados.

Teste-t para a diferença entre médias

Teste-t para a diferença entre médias

Nas seções 8.1 e 8.2, você realizou testes de hipóteses com amostras independentes usando a estatística de teste $\bar{x}_1 - \bar{x}_2$ (a diferença entre as médias de duas amostras). Para realizar um teste de hipótese com duas amostras dependentes, você usará uma técnica diferente. Você calculará primeiro a diferença d para cada par de dados:

d = (valor do dado na primeira amostra) – (valor do dado correspondente na segunda amostra)

A estatística de teste é a média $\bar{d}$ dessas diferenças

$$\bar{d} = \frac{\Sigma d}{n}.$$ Média das diferenças entre valores de dados emparelhados nas amostras dependentes

As seguintes condições são necessárias para conduzir o teste:

1. As amostras são selecionadas aleatoriamente.
2. As amostras são dependentes (emparelhadas).
3. As populações são normalmente distribuídas *ou* o número n de pares de dados é pelo menos 30.

Quando essas condições são satisfeitas, **a distribuição de amostragem para , a média das diferenças dos valores dos dados emparelhadas nas amostras dependentes** é aproximada por uma distribuição t com n – 1 graus de liberdade, onde n é o número de pares de dados.

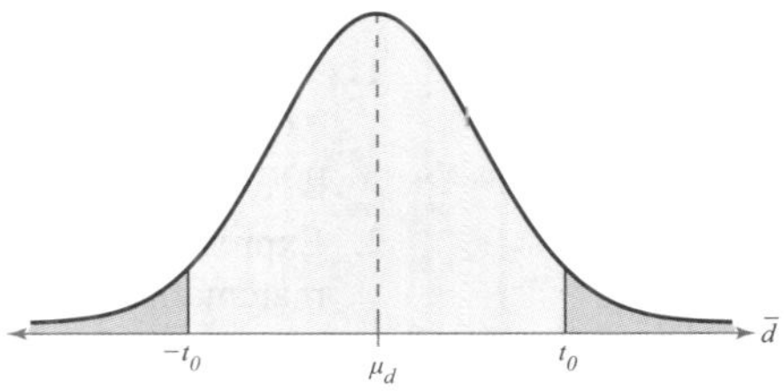

Figura 8.11

Os símbolos listados na Tabela 8.10 são usados para o teste t para μ_d. Embora sejam dadas fórmulas para a média e o desvio padrão de diferenças, você deve usar tecnologia para calcular essas estatísticas.

Tabela 8.10

Símbolo	Descrição
n	O número de pares de dados
d	A diferença entre os valores em um par de dados
μ_d	A média hipotética das diferenças de dados emparelhados na população
$\bar{d}$	A média das diferenças entre os valores dos dados emparelhados nas amostras dependentes $\bar{d} = \frac{\Sigma d}{n}$
s_d	O desvio padrão das diferenças entre os valores dos dados emparelhados nas amostras dependentes $s_d = \sqrt{\frac{\Sigma(d - \bar{d})^2}{n-1}}$

Dica de estudo

Lembre-se, da seção 8.1, que duas amostras são dependentes quando cada elemento de uma amostra corresponde a um elemento da outra amostra.

Dica de estudo

Você também pode calcular o desvio padrão das diferenças entre os valores dos dados emparelhados usando a fórmula alternativa:

$$s_d = \sqrt{\frac{\Sigma d^2 - \left[\frac{(\Sigma d)^2}{n}\right]}{n-1}}.$$

Retratando o mundo

O fabricante de um inibidor de apetite afirma que, quando o seu produto é tomado enquanto se segue uma dieta de baixa gordura, com exercícios regulares, por 4 meses, a perda média de peso é de 20 libras. Para testar essa afirmação, você estudou 12 pessoas selecionadas aleatoriamente tomando um inibidor de apetite por 4 meses. Cada pessoas seguiu uma dieta de baixa gordura, com exercícios regulares, durante os 4 meses. Os resultados estão a seguir. *(Adaptado de NetHealth, Inc.)*

Pesos (em libras) de 12 pessoas tomando um inibidor de apetite

	Peso original	Peso após 4 meses
1	185	168
2	194	177
3	213	196
4	198	180
5	244	229
6	162	144
7	211	197
8	273	252
9	178	161
10	192	178
11	181	161
12	209	193

Considerando α = 0,10, o seu estudo fornece evidência suficiente para rejeitar a afirmação do fabricante? Suponha que os pesos são normalmente distribuídos.

Quando você usa uma distribuição t para aproximar a distribuição de amostragem para $\bar{d}$, a média das diferenças entre os valores de dados emparelhados, você pode usar um teste t para testar a afirmação sobre a média das diferenças para uma população de dados emparelhados.

Teste-*t* emparelhado para a diferença entre médias

Teste-*t* emparelhado pode ser usado para testar a diferença de duas médias populacionais quando as condições a seguir são satisfeitas:

1. As amostras são aleatórias.
2. As amostras são dependentes (emparelhadas).
3. As populações são normalmente distribuídas *ou* $n \geq 30$.

A **estatística de teste** é:

$$\bar{d} = \frac{\Sigma d}{n}$$

e a **estatística de teste padronizada** é:

$$t = \frac{\bar{d} - \mu_d}{s_d / \sqrt{n}}.$$

Os graus de liberdade são:

g.l. $= n - 1$.

INSTRUÇÕES

Usando o teste *t* para a diferença entre médias (amostras dependentes)

Em palavras	Em símbolos
1. Verifique que as amostras são aleatórias e dependentes e, as populações são normalmente distribuídas.	
2. Expresse a afirmação verbal e matematicamente. Identifique as hipóteses nula e alternativa.	Formule H_0 e H_a.
3. Especifique o nível de significância.	Identifique α.
4. Determine os graus de liberdade.	g.l. $= n - 1$
5. Determine o(s) valor(es) crítico(s).	Use a Tabela 5 do Apêndice B.
6. Determine a(s) região(ões) de rejeição.	
7. Calcule $\bar{d}$ e s_d.	$\bar{d} = \frac{\Sigma d}{n}$ $s_d = \sqrt{\frac{\Sigma(d - \bar{d})^2}{n - 1}}$
8. Calcule a estatística de teste padronizada e resuma a distribuição amostral.	$t = \frac{\bar{d} - \mu_d}{s_d / \sqrt{n}}$
9. Tome uma decisão para rejeitar ou não rejeitar a hipótese nula.	Se t está na região de rejeição, rejeitar H_0. Caso contrário, não rejeitar H_0.

10. Interprete a decisão no contexto da afirmação original.

Dica de estudo

Para simplificar o cálculo de t, você pode arredondar os valores de $\bar{d}$ e s_d para quatro casas decimais, como mostrado nos Exemplos 1 e 2.

EXEMPLO 1

Veja os passos do Minitab na página 464.

O teste *t* para a diferença entre medias

Uma empresa de instrução de golfe e ajuste de tacos afirma que as pessoas que jogam golfe podem melhorar (diminuir) suas pontuações médias de golfe tendo aulas com um de seus treinadores. As pontuações médias de golfe de oito pessoas selecionadas aleatoriamente que jogam golfe são determinadas antes e depois de ter aulas com um dos treinadores da empresa. Os resultados são mostrados na Tabela 8.11. Considerando $\alpha = 0{,}10$, há evidências suficientes para apoiar a afirmação da empresa? Suponha que as pontuações médias de golfe sejam normalmente distribuídas.

Tabela 8.11

Pessoa	1	2	3	4	5	6	7	8
Pontuação média no gole (antes de ter aulas)	96	95	95	99	87	104	105	94
Pontuação média no gole (após ter aulas)	89	90	95	94	91	100	103	100

Tabela 8.12

Antes	Depois	d	d^2
96	89	7	49
95	90	5	25
95	95	0	0
99	94	5	25
87	91	–4	16
104	100	4	16
105	103	2	4
94	100	–6	36
		$\Sigma = 13$	$\Sigma = 171$

SOLUÇÃO

Como as amostras são aleatórias e dependentes, e as populações normalmente distribuídas, você pode usar o teste-t emparelhado. A afirmação é que "as pessoas que jogam golfe podem melhorar (diminuir) suas pontuações médias". Em outras palavras, a empresa afirma que a pontuação média de golfe de uma pessoa antes de fazer as aulas será maior do que a pontuação média de golfe da pessoa depois de fazer as aulas. Cada diferença é dada por:

d = (pontuação antes das aulas) – (pontuação após as aulas).

As hipóteses nula e alternativa são H_0: $\mu_d \leq 0$ e H_a: $\mu_d > 0$ (afirmação). Como o teste é unilateral à direita, $\alpha = 0{,}10$ e g.l. $= 8 - 1 = 7$, o valor crítico é $t_0 = 1{,}415$. A região de rejeição é $t > 1{,}415$. Usando a Tabela 8.12, você pode calcular $\bar{d}$ e s_d conforme mostrado a seguir. Note que a fórmula alternativa é usada para calcular o desvio padrão.

$$\bar{d} = \frac{\Sigma d}{n} = \frac{13}{8} = 1{,}625$$

$$s_d = \sqrt{\frac{\Sigma d^2 - \left[\frac{(\Sigma d)^2}{n}\right]}{n-1}} = \sqrt{\frac{171 - \frac{(13)^2}{8}}{8-1}} \approx 4{,}6272$$

A estatística de teste padronizada é:

$$t = \frac{\bar{d} - \mu_d}{s_d/\sqrt{n}} \approx \frac{1{,}625 - 0}{4{,}6272/\sqrt{8}} \approx 0{,}9933.$$

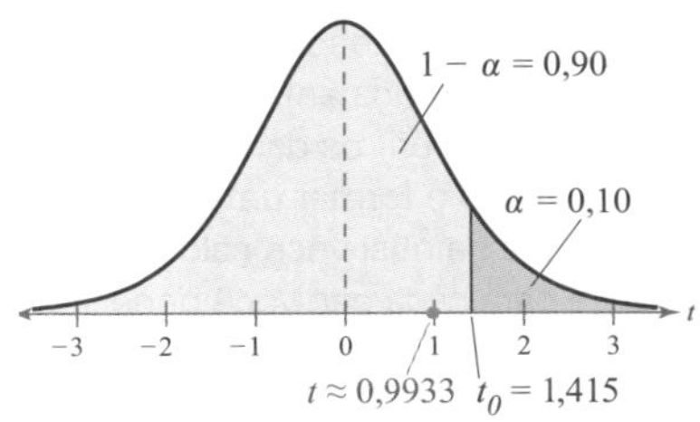

Figura 8.12

A Figura 8.12 mostra a localização da região de rejeição e a estatística de teste padronizada t. Como t não está na região de rejeição, você não rejeita a hipótese nula.

Interpretação Não há evidência suficiente, ao nível de significância de 10%, para sustentar a afirmação da empresa de instrução de golfe e ajuste de tacos de que as pessoas que jogam golfe podem melhorar (diminuir) suas pontuações médias tendo aulas com um de seus treinadores.

Dica de estudo

Você também pode usar o valor-p para realizar um teste de hipóteses para a diferença entre médias. No Exemplo 1, você pode inserir os dados no Minitab (como mostrado na página 464) e encontrar *valor-p* = 0,177. Como *valor-p* > α, você não rejeita a hipótese nula.

TENTE VOCÊ MESMO 1

Uma empresa de instrução de golfe e ajuste de tacos afirma que as pessoas que jogam golfe podem melhorar (diminuir) suas pontuações médias de golfe usando os tacos de golfe recém-projetados da empresa. As pontuações médias de golfe de oito pessoas selecionadas aleatoriamente que jogam golfe são determinadas antes e depois de usar os tacos de golfe recém-projetados da empresa. Os resultados são mostrados na Tabela 8.13. Considerando $\alpha = 0{,}10$, há evidências suficientes para apoiar a afirmação da empresa? Suponha que as pontuações médias de golfe sejam normalmente distribuídas.

Tabela 8.13

Atleta	1	2	3	4	5	6	7	8
Pontuação média de golfe (antes de usar tacos de golfe recém-projetados)	89	84	96	82	74	92	85	91
Pontuação média de golfe (após usar tacos de golfe recém-projetados)	83	83	92	84	76	91	80	91

Note que muitas propagandas fazem mau uso dos resultados estatísticos. Por exemplo, os resultados estatísticos podem ser mal utilizados ao implicar uma relação de causa e efeito que não foi comprovada por testes.

Dica de tecnologia

Uma maneira de usar tecnologia para realizar um teste de hipóteses para a diferença entre médias é inserir os dados em duas colunas e formar uma terceira coluna na qual você calcula a diferença para cada par. Você pode agora realizar um teste t para uma amostra na coluna de diferença, como mostrado no Capítulo 7.

EXEMPLO 2

Teste-*t* emparelhado para a diferença entre medias

A equipe de campanha de um deputado estadual quer determinar se a avaliação do desempenho do deputado (0 – 100) mudou do ano passado para o atual. A Tabela 8.14 mostra as avaliações do desempenho do deputado, dos mesmos 16 eleitores selecionados aleatoriamente, no ano passado e no atual. Considerando $\alpha = 0{,}05$, há evidência suficiente para concluir que a avaliação do desempenho do deputado mudou? Suponha que as avaliações do desempenho são normalmente distribuídas.

Tabela 8.14

Eleitor	1	2	3	4	5	6	7	8	9	10	11	12	13	14	15	16
Avaliação (ano passado)	60	54	78	84	91	25	50	65	68	81	75	45	62	79	58	63
Avaliação (ano atual)	54	46	68	58	83	38	38	53	78	72	76	48	48	83	51	58

SOLUÇÃO

Como as amostras são aleatórias e dependentes e as populações normalmente distribuídas, você pode usar o teste-*t* emparelhado. Se há uma alteração na avaliação do deputado, então haverá uma diferença entre a avaliação do ano passado e a do ano atual. Como o deputado que determinar se há uma diferença, as hipóteses nula e alternativa são:

$$H_0\colon \mu_d = 0 \quad \text{e} \quad H_a\colon \mu_d \neq 0 \quad \text{(Afirmação)}$$

Como o teste é bilateral, $\alpha = 0{,}05$ e g.l. = 16 – 1 = 15, os valores críticos são $-t_0 = -2{,}131$ e $t_0 = 2{,}131$. As regiões de rejeição são $t < -2{,}131$ e $t > 2{,}131$.

Tabela 8.15

Antes	Depois	d	d^2
60	54	6	36
54	46	8	64
78	68	10	100
84	58	26	676
91	83	8	64
25	38	−13	169
50	38	12	144
65	53	12	144
68	78	−10	100
81	72	9	81
75	76	−1	1
45	48	−3	9
62	48	14	196
79	83	−4	16
58	51	7	49
63	58	5	25
		$\Sigma = 86$	$\Sigma = 1874$

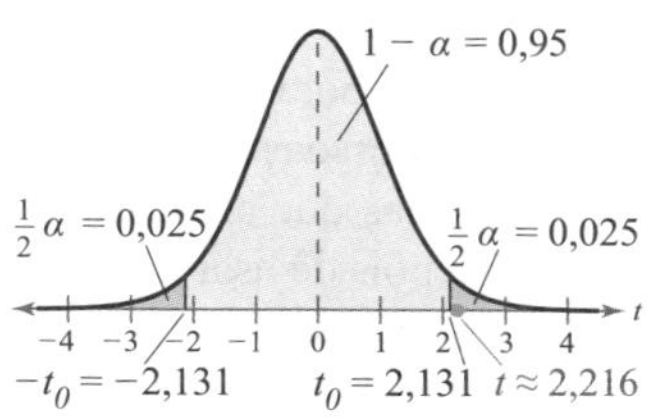

Figura 8.14

Usando a Tabela 8.15, você pode calcular e s_d conforme mostrado.

$$\bar{d} = \frac{\Sigma d}{n} = \frac{86}{16} = 5{,}375$$

$$s_d = \sqrt{\frac{\Sigma d^2 - \left[\frac{(\Sigma d)^2}{n}\right]}{n-1}}$$

$$= \sqrt{\frac{1874 - \frac{86^2}{16}}{16-1}}$$

$$\approx 9{,}7014$$

A estatística de teste padronizada é:

$$t = \frac{\bar{d} - \mu_d}{s_d/\sqrt{n}} \qquad \text{Use o teste } t.$$

$$\approx \frac{5{,}375 - 0}{9{,}7014/\sqrt{16}} \qquad \text{Suponha } \mu_d = 0.$$

$$\approx 2{,}216.$$

Você pode verificar esse resultado usando tecnologia, conforme mostrado na Figura 8.12 com o uso do StatCrunch.

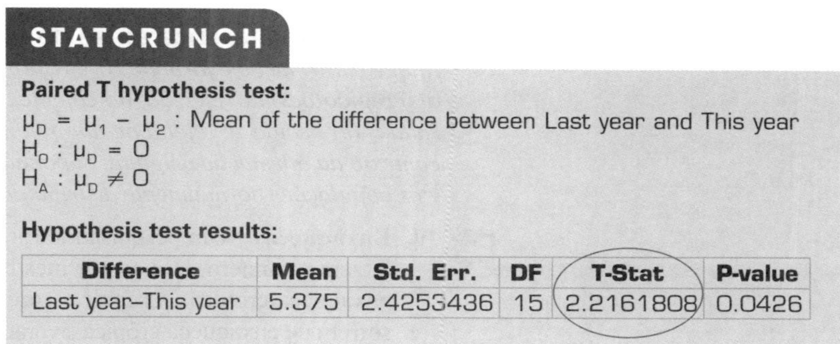
STATCRUNCH

Paired T hypothesis test:

μD = μ1 − μ2 : Mean of the difference between Last year and This year

H0 : μD = 0

HA : μD ≠ 0

Hypothesis test results:

Difference	Mean	Std. Err.	DF	T-Stat	P-value
Last year−This year	5.375	2.4253436	15	2.2161808	0.0426

Figura 8.13

A Figura 8.14 mostra a localização das regiões de rejeição e a estatística de teste padronizada t. Como t está na região de rejeição, você rejeita a hipótese nula.

Interpretação Há evidência suficiente, ao nível de significância de 5%, para concluir que a avaliação do desempenho do deputado mudou.

TENTE VOCÊ MESMO 2

Um médico pesquisador quer determinar se um medicamento altera a temperatura do corpo. Sete indivíduos são selecionados aleatoriamente, e a temperatura do corpo (em graus Fahrenheit) de cada um é medida. A droga é então dada aos indivíduos e, após 20 minutos, a temperatura do corpo de cada um é medida novamente. Os resultados estão listados na Tabela 8.16. Considerando $\alpha = 0{,}05$, há evidência suficiente para concluir que o medicamento altera a temperatura do corpo? Suponha que as temperaturas do corpo são distribuídas normalmente.

Tabela 8.16

Indivíduo	1	2	3	4	5	6	7
Temperatura inicial	101,8	98,5	98,1	99,4	98,9	100,2	97,9
Segunda temperatura	99,2	98,4	98,2	99,0	98,6	99,7	97,8

8.3 EXERCÍCIOS

Construindo habilidades básicas e vocabulário

1. Quais condições são necessárias para se usar o teste-t para amostras dependentes para a média das diferenças de uma população de dados emparelhados?

2. Explique o que os símbolos $\bar{d}$ e s_d representam.

Nos exercícios de 3 a 8, teste a afirmação sobre a média das diferenças para uma população de dados emparelhados ao nível de significância α. Suponha que as amostras são aleatórias e dependentes e as populações são normalmente distribuídas.

3. Afirmação: $\mu_d < 0$; $\alpha = 0{,}05$. Estatísticas: $\bar{d} = 1{,}5$; $s_d = 3{,}2$; $n = 14$

4. Afirmação: $\mu_d = 0$; $\alpha = 0{,}01$. Estatísticas: $\bar{d} = 3{,}2$; $s_d = 8{,}45$; $n = 8$

5. Afirmação: $\mu_d \leq 0$; $\alpha = 0{,}10$. Estatísticas: $\bar{d} = 6{,}5$; $s_d = 9{,}54$; $n = 16$

6. Afirmação: $\mu_d > 0$; $\alpha = 0{,}05$. Estatísticas: $\bar{d} = 0{,}55$; $s_d = 0{,}99$; $n = 28$

7. Afirmação: $\mu_d \geq 0$; $\alpha = 0{,}01$. Estatísticas: $\bar{d} = -2{,}3$; $s_d = 1{,}2$; $n = 15$

8. Afirmação: $\mu_d \neq 0$; $\alpha = 0{,}10$. Estatísticas: $\bar{d} = -1$; $s_d = 2{,}75$; $n = 20$

Usando e interpretando conceitos

Testando a diferença entre duas médias *Nos exercícios de 9 a 20, (a) identifique a afirmação e formule H_0 e H_a, (b) encontre o(s) valor(es) crítico(s) e identifique a(s) região(ões) de rejeição, (c) calcule $\bar{d}$ e s_d, (d) calcule a estatística de teste padronizada t, (e) decida se rejeita ou não rejeita a hipótese nula e (f) interprete a decisão no contexto da afirmação original. Suponha que as amostras são aleatórias e dependentes e as populações normalmente distribuídas.*

9. Enxaquecas Um pesquisador afirma que as injeções de onabotulinumtoxinA reduzem o número de dias por mês com dor de cabeça nas pessoas que sofrem de enxaqueca crônica. A seguir é apresentado o número de dias que as pessoas que sofrem de enxaqueca crônica tiveram enxaqueca antes e depois de usar o tratamento. Considerando $\alpha = 0{,}01$, há evidências suficientes para apoiar a afirmação do pesquisador? *(Adaptado de Journal of Headache and Pain.)*

Paciente	1	2	3	4	5	6	7	8	9
Dias (antes)	20	17	15	27	22	18	25	20	27
Dias (depois)	0	15	11	14	5	6	1	4	5

Paciente	10	11	12	13	14	15	16	17	18
Dias (antes)	24	22	19	15	31	25	19	15	16
Dias (depois)	13	2	12	3	10	7	14	0	15

10. Ações Dow Jones Um analista do mercado de ações afirma que a média do Dow Jones industrial perdeu valor dos preços de fechamento do dia anterior para os preços atuais. A tabela a seguir mostra os preços (em dólares por ação) de sete ações selecionadas aleatoriamente. Considerando $\alpha = 0{,}01$, há evidências suficientes para apoiar a afirmação do analista? *(Fonte: Markets Insider.)*

Ação	1	2	3	4	5	6	7
Fechamento anterior	199,93	323,26	220,74	136,95	243,22	411,86	279,93
Preço atual	198,27	318,54	219,32	137,32	244,28	409,95	276,60

11. Notas do SAT Um instrutor de um curso preparatório para o SAT afirma que o curso melhorará as notas do teste dos estudantes. A tabela a seguir mostra as notas de leitura para 10 estudantes nas duas primeiras vezes que eles fizeram o SAT. Antes de fazer o SAT pela segunda vez, os estudantes fizeram o curso do instrutor para tentar melhorar a sua nota de leitura no SAT. Considerando $\alpha = 0{,}01$, há evidência suficiente para sustentar a afirmação do instrutor?

Estudante	1	2	3	4	5	6	7	8	9	10
Nota (primeira)	300	450	350	430	300	470	420	370	320	410
Nota (Segunda)	400	520	400	490	340	580	450	400	390	450

12. Treinamento intervalado Um pesquisador afirma que o treinamento intervalado de corrida de velocidade melhora o desempenho de corrida em atletas treinados. A tabela a seguir mostra a velocidade aeróbica máxima (VAS), em quilômetros por hora, de atletas treinados antes e após seis sessões de treinamento intervalado de corrida de velocidade. Considerando $\alpha = 0{,}10$, há evidências suficientes para apoiar a afirmação do pesquisador? *(Adaptado de National Strength and Conditioning Association.)*

Atleta	1	2	3	4	5	6	7	8
VAS antes do treinamento (km/h)	18,5	17,0	12,5	16,5	16,0	13,0	17,5	15
VAS após o treinamento (km/h)	18,5	16,5	13,0	16,5	17,5	14,0	18,0	15,5

13. Média de rebatidas Um treinador afirma que treinamento específico de beisebol ajudará os jogadores a aumentar suas médias de rebatidas. A tabela a seguir mostra as médias de rebatidas de 14 jogadores antes e dois meses após participarem do treinamento. Considerando $\alpha = 0{,}05$, há evidência suficiente para sustentar a afirmação do treinador?

Jogador	1	2	3	4	5	6	7
Média de rebatida (antes do treinamento)	0,290	0,275	0,278	0,310	0,302	0,325	0,256
Média de rebatida (depois do treinamento)	0,295	0,320	0,280	0,300	0,298	0,330	0,260

Jogador	8	9	10	11	12	13	14
Média de rebatida (antes do treinamento)	0,350	0,380	0,316	0,270	0,300	0,330	0,340
Média de rebatida (depois do treinamento)	0,345	0,380	0,315	0,280	0,282	0,336	0,325

14. **Fita Terapêutica** Um fisioterapeuta afirma que o uso de um tipo específico de fita terapêutica reduz a dor em pacientes com cotovelo de tenista crônico. A tabela a seguir mostra os níveis de dor em uma escala de 0 a 10, onde 0 é nenhuma dor e 10 é a pior dor possível, para 15 pacientes com cotovelo de tenista crônico ao segurar um peso de 1 quilo. Considerando $\alpha = 0{,}05$, há evidências suficientes para apoiar a afirmação do terapeuta? *(Adaptado de BioMed Central, Ltd.)*

Paciente	1	2	3	4	5	6	7	8
Nível de dor (antes da fita)	7	7	4	4	8	5	3	9
Nível de dor (depois da fita)	6	5	1	1	4	0	0	5

Paciente	9	10	11	12	13	14	15
Nível de dor (antes da fita)	3	1	1	3	5	4	2
Nível de dor (depois da fita)	0	0	3	2	3	1	3

15. **Preços da gasolina** Um repórter afirma que os preços da gasolina nos Estados Unidos aumentaram de maio para junho de 2021. A tabela a seguir mostra os preços (em dólares por galão) da gasolina sem chumbo em 12 postos de gasolina selecionados aleatoriamente nos Estados Unidos durante maio e junho de 2021. Considerando $\alpha = 0{,}005$, há evidências suficientes para apoiar a afirmação do repórter? *(Adaptado de U.S. Energy Information Administration.)*

Posto	1	2	3	4	5	6
Preço (maio)	3,19	2,92	2,95	3,02	2,90	2,90
Preço (junho)	3,19	2,97	2,99	3,09	2,88	2,95

Posto	7	8	9	10	11	12
Preço (maio)	2,91	2,91	3,01	3,05	2,92	2,93
Preço (junho)	2,90	2,96	3,05	3,09	2,91	2,98

16. **Salários de nível básico** Um conselheiro de carreira afirma que recepcionistas de nível básico ganham mais do que representantes de suporte ao cliente de nível básico em Dallas, Texas. A tabela a seguir mostra os salários (em dólares) pagos aos representantes de suporte ao cliente e aos recepcionistas de nível básico em sete empresas selecionadas aleatoriamente em Dallas. Considerando $\alpha = 0{,}005$, há evidências suficientes para apoiar a afirmação do conselheiro de carreira? *(Adaptado de Salary.com.)*

Empresa	1	2	3	4	5	6	7
Salário suporte ao cliente	26,000	28,750	26,260	30,130	32,200	23,200	26,675
Salário recepcionista	31,550	30,740	30,380	28,040	28,550	29,960	28,420

17. Avaliações de produto Uma companhia afirma que as avaliações de produto, feitas pelos consumidores (0-10), mudaram do ano passado para este ano. A tabela a seguir mostra as avaliações de produtos da companhia, dos mesmos oito consumidores, para o ano anterior e este ano. Considerando $\alpha = 0{,}05$, há evidência suficiente para sustentar a afirmação da companhia?

Consumidor	1	2	3	4	5	6	7	8
Avaliação (ano anterior)	5	7	2	3	9	10	8	7
Avaliação (este ano)	5	9	4	6	9	9	9	8

18. Porcentagens de passes As porcentagens de passes de 10 times de futebol universitário da Divisão 1A da NCAA, selecionados aleatoriamente, para jogos em casa e fora na temporada 2020-2021 são mostradas na tabela a seguir. Considerando $\alpha = 0{,}20$, há evidências suficientes para apoiar a afirmação de que a porcentagem de passes é diferente para jogos em casa e fora? *(Fonte: Team Rankings.)*

Universidade	1	2	3	4	5	6	7	8	9	10
Percentual de passes em cada	54,3	48,1	44,7	40,8	45,4	46,3	53,7	37,9	73,1	40,7
Percentual de passes fora	52,9	59,3	47,6	43,2	46,8	42,6	49,9	44,6	49,6	40,2

19. Níveis de colesterol Um fabricante de alimentos afirma que a ingestão de seu novo cereal como parte de uma dieta diária diminui os níveis de colesterol total no sangue. A tabela a seguir mostra os níveis de colesterol total no sangue (em miligramas por decilitro de sangue) de sete pacientes antes e após um ano de ingestão do cereal como parte de suas dietas. Considerando $\alpha = 0{,}05$, há evidência suficiente para sustentar a afirmação do fabricante de alimentos?

Paciente	1	2	3	4	5	6	7
Nível de colesterol total no sangue (antes)	210	225	240	250	255	270	235
Nível de colesterol total no sangue (depois)	200	220	245	248	252	268	232

20. Trilha de obstáculos Em um programa de televisão, oito competidores tentam perder o maior percentual de peso de modo a fim de ganhar um prêmio em dinheiro. Como parte do programa, os competidores são cronometrados ao seguirem uma trilha de obstáculos. A tabela a seguir mostra os tempos (em segundos) dos competidores no início e no final da temporada. Considerando $\alpha = 0{,}01$, há evidência suficiente para sustentar a afirmação de que os tempos dos competidores mudaram?

Competidor	1	2	3	4	5	6	7	8
Tempo (início)	130,2	104,8	100,1	136,4	125,9	122,6	150,4	158,2
Tempo (final)	121,5	100,7	90,2	135,0	112,1	120,5	139,8	142,9

Expandindo conceitos

21. No Exercício 15, use tecnologia para realizar um teste de hipóteses com um valor-*p*. Compare seu resultado com o resultado obtido usando regiões de rejeição. Eles são os mesmos?

22. No Exercício 18, use tecnologia para realizar um teste de hipóteses com um valor-*p*. Compare seu resultado com o resultado obtido usando regiões de rejeição. Eles são os mesmos?

Construindo intervalos de confiança para μ_d *Para construir um intervalo de confiança para μ_d, use a desigualdade a seguir:*

$$\bar{d} - t_c \frac{s_d}{\sqrt{n}} < \mu_d < \bar{d} + t_c \frac{s_d}{\sqrt{n}}$$

Nos exercícios 23 e 24, construa o intervalo de confiança indicado para μ_d. Suponha que as populações são normalmente distribuídas.

23. Teste de medicamento Um especialista em distúrbios do sono quer testar a eficácia de um novo medicamento que, segundo relatos, aumenta o número de horas de sono de pacientes durante a noite. Para tal, o especialista seleciona aleatoriamente 16 pacientes e registra o número de horas de sono de cada um com e sem o novo medicamento. A tabela a seguir mostra os resultados de duas noites de estudo. Construa um intervalo de confiança de 90% para μ_d.

Paciente	1	2	3	4	5	6	7	8
Horas de sono (sem a droga)	1,8	2,0	3,4	3,5	3,7	3,8	3,9	3,9
Horas de sono (com a droga)	3,0	3,6	4,0	4,4	4,5	5,2	5,5	5,7

Paciente	9	10	11	12	13	14	15	16
Horas de sono (sem a droga)	4,0	4,9	5,1	5,2	5,0	4,5	4,2	4,7
Horas de sono (com a droga)	6,2	6,3	6,6	7,8	7,2	6,5	5,6	5,9

24. Teste fitoterápico Um especialista em distúrbios do sono quer testar se a fitoterapia aumenta o número de horas de sono de pacientes durante a noite. Para tal, ele seleciona aleatoriamente 14 pacientes e registra o número de horas de sono de cada um com e sem o medicamento. A tabela a seguir mostra os resultados de duas noites de estudo. Construa um intervalo de confiança de 95% para μ_d

Paciente	1	2	3	4	5	6	7
Horas de sono (sem o medicamento)	1,0	1,4	3,4	3,7	5,1	5,1	5,2
Horas de sono (com o medicamento)	2,9	3,3	3,5	4,4	5,0	5,0	5,2

Paciente	8	9	10	11	12	13	14
Horas de sono (sem o medicamento)	5,3	5,5	5,8	4,2	4,8	2,9	4,5
Horas de sono (com o medicamento)	5,3	6,0	6,5	4,4	4,7	3,1	4,7

8.4 Testando a diferença entre proporções

O que você deve aprender

- Como realizar um teste-z para duas amostras para a diferença entre duas proporções populacionais p_1 e p_2.

Teste-*z* com duas amostras para a diferença entre proporções

Dica de estudo

Você também pode escrever as hipóteses nula e alternativa como mostrado abaixo.

$$\begin{cases} H_0: p_1 - p_2 = 0 \\ H_a: p_1 - p_2 \neq 0 \end{cases}$$

$$\begin{cases} H_0: p_1 - p_2 \leq 0 \\ H_a: p_1 - p_2 > 0 \end{cases}$$

$$\begin{cases} H_0: p_1 - p_2 \geq 0 \\ H_a: p_1 - p_2 < 0 \end{cases}$$

Dica de estudo

Os símbolos na tabela a seguir são usados no teste-*z* para $p_1 - p_2$. Veja as seções 4.2 e 5.5 para rever a distribuição binomial.

Símbolo	Descrição
p_1, p_2	Proporções populacionais.
x_1, x_2	Número de sucessos em cada amostra
n_1, n_2	Tamanho de cada amostra
$\hat{p}_1, \hat{p}_2$	Proporções amostrais de sucessos.
$\bar{p}$	Estimativa ponderada de p_1 e p_2
$\bar{q}$	Estimativa ponderada de q_1 e q_2, $\bar{q} = 1 - \bar{p}$.

Teste-*z* com duas amostras para a diferença entre proporções

Nesta seção, você aprenderá como usar um teste-*z* para testar a diferença entre duas proporções populacionais p_1 e p_2 usando uma proporção amostral de cada população. Se uma afirmação é sobre dois parâmetros populacionais p_1 e p_2, então alguns possíveis pares de hipóteses nula e alternativa são:

$$\begin{cases} H_0: p_1 = p_2 \\ H_a: p_1 \neq p_2 \end{cases}, \quad \begin{cases} H_0: p_1 \leq p_2 \\ H_a: p_1 > p_2 \end{cases} \quad \text{e} \quad \begin{cases} H_0: p_1 \geq p_2 \\ H_a: p_1 < p_2 \end{cases}.$$

Independentemente de quais hipóteses você use, sempre suponha que não há diferença entre as proporções populacionais ($p_1 = p_2$).

Por exemplo, suponha que você queira determinar se a proporção de estudantes universitários que obtêm um diploma de bacharel em ciências em quatro anos é diferente da proporção de estudantes universitários que obtêm um diploma de bacharel em artes em quatro anos. Essas condições são necessárias para usar um teste-*z* para testar essa diferença.

1. As amostras são selecionadas aleatoriamente.
2. As amostras são independentes.
3. As amostras são grandes o suficiente para usar uma distribuição amostral normal. Isto é, $n_1p_1 \geq 5$, $n_1q_1 \geq 5$, $n_2p_2 \geq 5$ e $n_2q_2 \geq 5$.

Quando essas condições são satisfeitas, **a distribuição de amostragem para $\hat{p}_1 - \hat{p}_2$, a diferença entre as proporções amostrais**, é uma distribuição normal com média:

$$\mu_{\hat{p}1 - \hat{p}2} = p_1 - p_2$$

e erro padrão:

$$\sigma_{\hat{p}_1 - \hat{p}_2} = \sqrt{\frac{p_1q_1}{n_1} + \frac{p_2q_2}{n_2}}.$$

Note que você precisa conhecer as proporções populacionais para calcular o erro padrão. Como um teste de hipótese para $p_1 - p_2$ é baseado na suposição de que $p_1 = p_2$, você pode calcular uma estimativa ponderada de p_1 e p_2 usando:

$$\bar{p} = \frac{x_1 + x_2}{n_1 + n_2}$$

onde $x_1 = n_1\hat{p}_1$ e $x_2 = n_2\hat{p}_2$. Com a estimativa ponderada $\bar{p}$, o erro padrão da distribuição de amostragem para $\hat{p}_1 - \hat{p}_2$ é:

$$\sigma_{\hat{p}_1 - \hat{p}_2} = \sqrt{\bar{p}\,\bar{q}\left(\frac{1}{n_1} + \frac{1}{n_2}\right)}$$

em que $\bar{q} = 1 - \bar{p}$.

Além disso, você precisa conhecer as proporções populacionais para verificar que as amostras são grandes o suficiente para serem aproximadas pela distribuição normal. Porém, ao determinar se o teste-*z* pode ser usado para a diferença entre proporções para um experimento binomial, você deve usar $\bar{p}$ no lugar de p_1 e p_2 e usar $\bar{q}$ no lugar de q_1 e q_2.

Retratando o mundo

Uma equipe de pesquisa médica realizou um estudo para testar se a administração de vitamina D reduz a incidência de lesão renal aguda (LRA) após cirurgia cardíaca. No estudo, 50 pacientes receberam vitamina D e 61 pacientes receberam placebo. Os resultados são mostrados abaixo. *(Fonte: Cardiorenal Medicine.)*

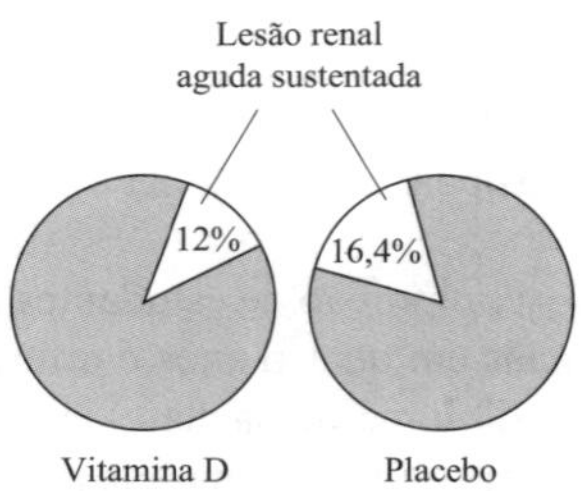

Considerando $\alpha = 0{,}05$, você pode sustentar a afirmação de que a administração de vitamina D reduz a incidência de LRA após cirurgia cardíaca?

Quando a distribuição de amostragem para $\hat{p}_1 - \hat{p}_2$ é normal, você pode usar um teste z com duas amostras para testar a diferença entre duas proporções populacionais p_1 e p_2.

Teste-*z* com duas amostras para a diferença entre proporções

Teste-z para duas amostras é usado para testar a diferença entre duas proporções populacionais p_1 e p_2 quando as seguintes condições são satisfeitas:

1. As amostras são aleatórias.
2. As amostras são independentes.
3. As quantidades $n_1\bar{p}$, $n_1\bar{q}$ e $n_2\bar{p}$ e $n_2\bar{q}$ são pelo menos 5.

A **estatística de teste** é $\hat{p}_1 - \hat{p}_2$. A **estatística de teste padronizada** é:

$$z = \frac{(\hat{p}_1 - \hat{p}_2) - (p_1 - p_2)}{\sqrt{\bar{p}\,\bar{q}\left(\frac{1}{n_1} + \frac{1}{n_2}\right)}}$$

em que $\bar{p} = \dfrac{x_1 + x_2}{n_1 + n_2}$ e $\bar{q} = 1 - \bar{p}$.

Se a hipótese nula afirma que $p_1 = p_2$, $p_1 \leq p_2$ ou $p_1 \geq p_2$, então $p_1 = p_2$ é assumido e a expressão $p_1 - p_2$ é igual a 0 no teste anterior.

Dica de estudo

Para simplificar o cálculo de z, você pode arredondar os valores $\bar{p}$, $\bar{q}$, $\hat{p}_1$ e $\hat{p}_2$ para quatro casas decimais, conforme mostrado nos exemplos 1 e 2.

INSTRUÇÕES

Usando um teste-*z* com duas amostras para a diferença entre proporções

Em palavras	Em símbolos
1. Verifique se as amostras são aleatórias e independentes	
2. Calcule a estimativa ponderada de p_1 e p_2. Verifique que $n_1\bar{p}$, $n_1\bar{q}$, $n_2\bar{p}$ e $n_2\bar{q}$ são pelo menos 5.	$\bar{p} = \dfrac{x_1 + x_2}{n_1 + n_2}$, $\bar{q} = 1 - \bar{p}$
3. Expresse a afirmação verbal e matematicamente. Identifique as hipóteses nula e alternativa.	Formule H_0 e H_a.
4. Especifique o nível de significância.	Identifique α.
5. Determine o(s) valor(es) crítico(s).	Use a Tabela 4 do Apêndice B.
6. Determine a(s) região(ões) de rejeição.	
7. Calcule a estatística de teste padronizada e esboce a distribuição amostral.	$z = \dfrac{(\hat{p}_1 - \hat{p}_2) - (p_1 - p_2)}{\sqrt{\bar{p}\,\bar{q}\left(\frac{1}{n_1} + \frac{1}{n_2}\right)}}$
8. Tome uma decisão para rejeitar ou não rejeitar a hipótese nula.	Se z está na região de rejeição, rejeitar H_0. Caso contrário, não rejeitar H_0.
9. Interprete a decisão no contexto da afirmação original.	

Um teste de hipóteses para a diferença entre proporções também pode ser realizado usando valores-p. Use as instruções apresentadas anteriormente, pulando os passos 5 e 6. Depois de encontrar a estatística de teste padronizada, use a Tabela 4 do Apêndice B para calcular o valor-p. Então, tome a decisão de rejeitar ou não rejeitar a hipótese nula. Se valor-p é menor ou igual a α, rejeitar H_0. Caso contrário, não rejeitar H_0.

Dica de estudo

Para encontrar x_1 e x_2 use $x_1 = n_1\hat{p}_1$ e $x_2 = n_2\hat{p}_2$.

Tabela 8.17 Estatísticas para o uso de cinto de segurança

Washington	Vermont
$n_1 = 200$	$n_2 = 250$
$\hat{p}_1 = 0{,}930$	$\hat{p}_2 = 0{,}888$
$x_1 = 186$	$x_2 = 222$

EXEMPLO 1

Veja os passos da TI-84 Plus na página 465.

Teste-z para duas amostras para a diferença entre proporções

Um estudo de 200 pessoas selecionadas aleatoriamente dirigindo veículos em Washington e 250 pessoas selecionadas aleatoriamente dirigindo veículos em Vermont mostra que 93,0% das pessoas que dirigem veículos em Washington e 88,8% das pessoas que dirigem veículos em Vermont usam cinto de segurança enquanto dirigem. Considerando $\alpha = 0{,}10$, você pode rejeitar a afirmação de que a proporção de pessoas que usam cinto de segurança enquanto dirigem é a mesma para Washington e Vermont? *(Adaptado de National Highway Traffic Safety Administration.)*

SOLUÇÃO

As amostras são aleatórias e independentes. Além disso, a estimativa ponderada de p_1 e p_2 é:

$$\bar{p} = \frac{x_1 + x_2}{n_1 + n_2} = \frac{186 + 222}{200 + 250} = \frac{408}{450} \approx 0{,}9067$$

e o valor de $\bar{q}$ é

$$\bar{q} = 1 - \bar{p} \approx 1 - 09067 = 0{,}0933.$$

Como $n_1\bar{p} \approx 200(0{,}9067)$, $n_1\bar{q} \approx 200(0{,}0933)$, $n_2\bar{p} \approx 250(0{,}9067)$ e $n_2\bar{q} \approx 250(0{,}0933)$ são pelo menos 5, você pode usar o teste-z para duas amostras. A afirmação é "a proporção de pessoas que usam cinto de segurança enquanto dirigem é a mesma para Washington e Vermont". Então, as hipóteses nulas e alternativa são:

$$H_0: p_1 = p_2 \quad \text{(Afirmação)} \qquad H_a: p_1 \neq p_2$$

Como o teste é bilateral e o nível de significância é $\alpha = 0{,}10$, os valores críticos são $-z_0 = -1{,}645$ e $z_0 = 1{,}645$. As regiões de rejeição são $z < -1{,}465$ e $z > 1{,}645$. A estatística de teste padronizada é

$$z = \frac{(\hat{p}_1 - \hat{p}_2) - (p_1 - p_2)}{\sqrt{\bar{p}\,\bar{q}\left(\frac{1}{n_1} + \frac{1}{n_2}\right)}} \approx \frac{(0{,}930 - 0{,}888) - 0}{\sqrt{(0{,}9067)(0{,}0933)\left(\frac{1}{200} + \frac{1}{250}\right)}} \approx 1{,}52.$$

A Figura 8.15 mostra a localização das regiões de rejeição e a estatística de teste padronizada z. Como z não está na região de rejeição, você não rejeita a hipótese nula.

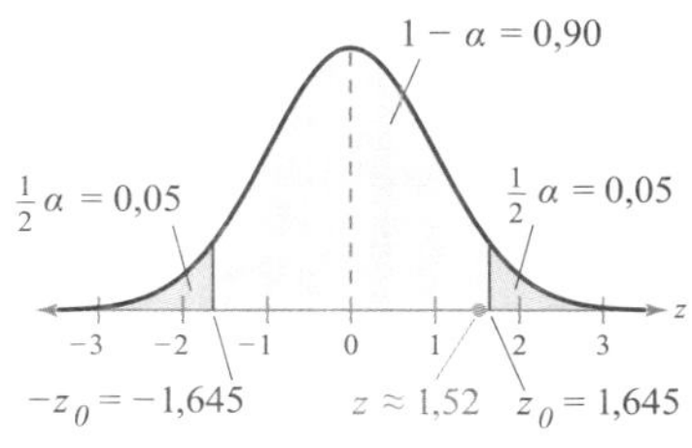

Figura 8.15

Interpretação Não há evidência suficiente, ao nível de significância de 10%, para rejeitar a afirmação de que a proporção de pessoas que usam cinto de segurança enquanto dirigem é a mesma para Washington e Vermont.

TENTE VOCÊ MESMO 1

Considere os resultados do estudo discutido na abertura deste capítulo. Sendo $\alpha = 0{,}05$, você pode sustentar a afirmação de que há uma diferença entre a proporção de praticantes e não praticantes de ioga com idade de 40 a 49 anos?

Dica de estudo

Para encontrar $\hat{p}_1$ e $\hat{p}_2$ use

$$\hat{p}_1 = \frac{x_1}{n_1} \text{ e } \hat{p}_2 = \frac{x_2}{n_2}.$$

Tabela 8.18 Estatísticas para a medicação para tratamento de transtorno de estresse pós-traumático

Receberam medicação	Receberam placebo
$n_1 = 42$	$n_2 = 37$
$x_1 = 28$	$x_2 = 12$
$\hat{p}_1 \approx 0{,}6667$	$\hat{p}_2 \approx 0{,}3243$

EXEMPLO 2

Teste-*z* para duas amostras para a diferença entre proporções

Uma equipe de pesquisa médica realizou um estudo para testar o efeito de um medicamento para tratar pacientes com transtorno de estresse pós-traumático (TEPT). No final do estudo, os pesquisadores descobriram que dos 42 indivíduos selecionados aleatoriamente que tomaram a medicação, 28 não preenchiam mais os critérios diagnósticos para TEPT. Dos 37 indivíduos selecionados aleatoriamente que tomaram placebo, 12 não preenchiam mais os critérios diagnósticos para TEPT. Considerando $\alpha = 0{,}01$, você pode sustentar a afirmação de que a taxa de redução nos critérios diagnósticos para TEPT é maior para aqueles que tomaram a medicação do que para aqueles que tomaram o placebo? *(Fonte: Nature Medicine.)*

SOLUÇÃO

As amostras são aleatórias e independentes. Além disso, a estimativa ponderada de p_1 e p_2 é:

$$\bar{p} = \frac{x_1 + x_2}{n_1 + n_2} = \frac{28 + 12}{42 + 37} = \frac{40}{79} \approx 0{,}5063$$

e o valor de $\bar{q}$ é

$$\bar{q} = 1 - \bar{p} \approx 1 - 0{,}5063 = 0{,}4937.$$

Como $n_1\bar{p} \approx 42(0{,}5063)$, $n_1\bar{q} \approx 42(0{,}4937)$, $n_2\bar{p} \approx 37(0{,}5063)$, e $n_2\bar{q} \approx 37(0{,}4937)$ são pelo menos 5, você pode usar o teste-*z* para duas amostras. A afirmação é "a taxa de redução nos critérios diagnósticos para TEPT é maior para aqueles que tomaram a medicação do que para aqueles que tomaram o placebo". Então, as hipóteses nula e alternativa são H_0: $p_1 \leq p_2$ e H_a: $p_1 > p_2$ (afirmação). Como o teste é unilateral à direita e o nível de significância é $\alpha = 0{,}01$, o valor crítico é $z_0 = 2{,}33$. A região de rejeição é $z > 2{,}33$. A estatística de teste padronizada é

$$z = \frac{(\hat{p}_1 - \hat{p}_2) - (p_1 - p_2)}{\sqrt{\bar{p}\,\bar{q}\left(\frac{1}{n_1} + \frac{1}{n_2}\right)}} \approx \frac{(0{,}6667 - 0{,}3243) - 0}{\sqrt{(0{,}5063)(0{,}4937)\left(\frac{1}{42} + \frac{1}{37}\right)}} \approx 3{,}04.$$

A Figura 8.16 mostra a localização da região de rejeição e a estatística de teste padronizada *z*. Como *z* está na região de rejeição, você rejeita a hipótese nula.

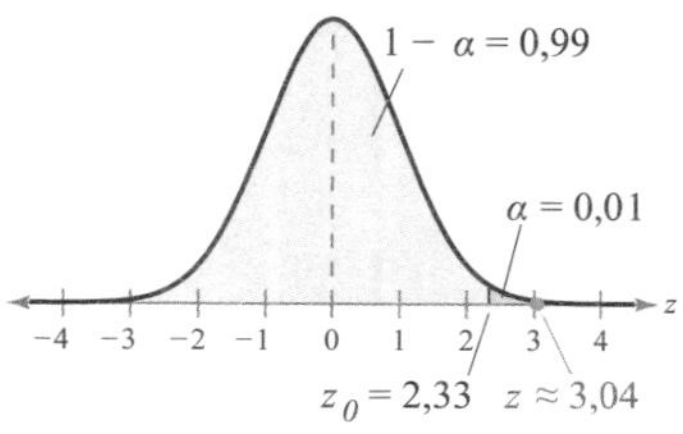

Figura 8.16

Interpretação Há evidência suficiente, ao nível de significância de 1%, para sustentar a afirmação de que a taxa de redução nos critérios diagnósticos para TEPT é maior para aqueles que tomaram a medicação do que para aqueles que tomaram o placebo.

TENTE VOCÊ MESMO 2

Considere os resultados do estudo discutido na abertura deste capítulo. Sendo $\alpha = 0{,}05$, você pode rejeitar a afirmação de que a proporção de praticantes de ioga que são da região oeste dos Estados Unidos é maior ou igual à proporção dos não praticantes da mesma região?

8.4 EXERCÍCIOS

Construindo habilidades básicas e vocabulário

1. Quais condições são necessárias para usar o teste-z para testar a diferença entre duas proporções populacionais?
2. Explique como realizar um teste-z com duas amostras para a diferença entre duas proporções populacionais.

Nos exercícios de 3 a 6, determine se uma distribuição amostral normal pode ser usada. Se possível, teste a afirmação sobre a diferença entre duas proporções populacionais p_1 e p_2 ao nível de significância α. Suponha que as amostras são aleatórias e independentes.

3. Afirmação: $p_1 \neq p_2$; $\alpha = 0{,}01$.
   Estatísticas: $x_1 = 35$, $n_1 = 70$ e $x_2 = 36$, $n_2 = 60$
4. Afirmação: $p_1 < p_2$; $\alpha = 0{,}05$.
   Estatísticas: $x_1 = 471$, $n_1 = 785$ e $x_2 = 372$, $n_2 = 465$
5. Afirmação: $p_1 = p_2$; $\alpha = 0{,}10$.
   Estatísticas: $x_1 = 42$, $n_1 = 150$ e $x_2 = 76$, $n_2 = 200$
6. Afirmação: $p_1 > p_2$; $\alpha = 0{,}01$.
   Estatísticas: $x_1 = 6$, $n_1 = 20$ e $x_2 = 4$, $n_2 = 30$.

Usando e interpretando conceitos

Testando a diferença entre duas proporções *Nos exercícios de 7 a 12, (a) identifique a afirmação e formule H_0 e H_a. (b) encontre o(s) valor(es) críticos e identifique a(s) região(ões) de rejeição, (c) calcule a estatística de teste padronizada z, (d) decida se rejeita ou não rejeita a hipótese nula e (e) interprete a decisão no contexto da afirmação original. Suponha que as amostras são aleatórias e independentes.*

7. **Medicamento para Esclerose Múltipla** Em um estudo para determinar a eficácia do uso de um medicamento para tratar a esclerose múltipla, 488 indivíduos receberam o medicamento e 244 indivíduos receberam placebo. O número de indivíduos que tiveram progressão confirmada de incapacidade em 12 semanas foi rastreado. Os resultados são mostrados na figura. Considerando $\alpha = 0{,}01$, você pode sustentar a afirmação de que há uma diferença na proporção de indivíduos que não tiveram progressão de incapacidade confirmada em 12 semanas? *(Adaptado de The New England Journal of Medicine.)*

Quantos indivíduos tiveram progressão de incapacidade confirmada em 12 semanas e quantos não tiveram?

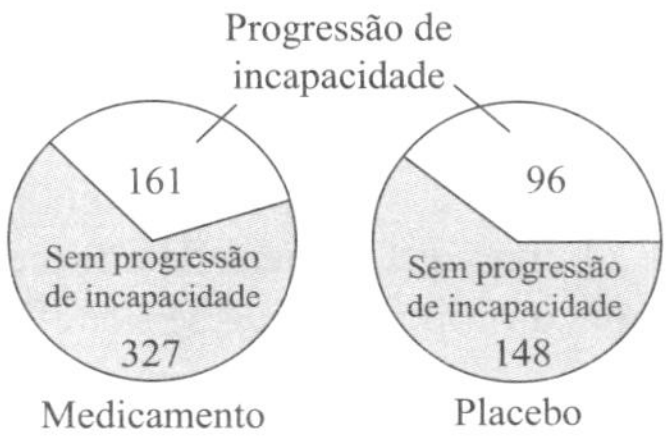

FIGURA PARA O EXERCÍCIO 7

8. **Anticancerígeno** Em um estudo, 760 homens com câncer de próstata recorrente foram submetidos à radiação com ou sem um tipo de quimioterapia à base de hormônios. Durante 24 meses, 384 indivíduos receberam quimioterapia e 376 receberam placebo. Os números que sobreviveram e não sobreviveram após 12 anos foram rastreados. Os resultados são mostrados na figura. Considerando $\alpha = 0{,}10$, você pode sustentar a afirmação de que a proporção de pessoas que sobreviveram por 12 anos é maior para os indivíduos que receberam quimioterapia do que para os indivíduos que receberam placebo? *(Adaptado de The New England Journal of Medicine.)*

Quantos indivíduos sobreviveram por 12 anos e quantos não?

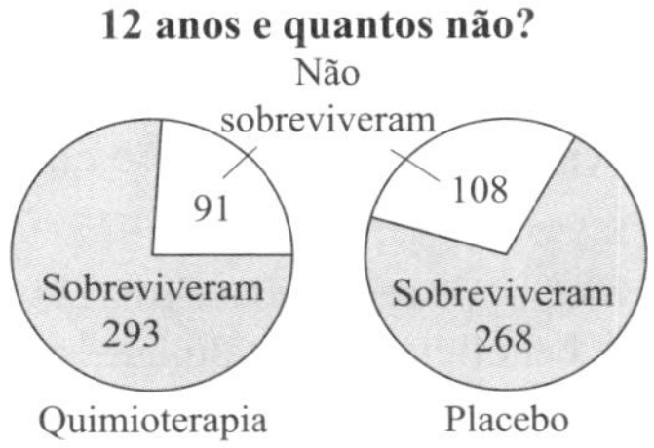

FIGURA PARA O EXERCÍCIO 8

9. **Jovens adultos** Em uma pesquisa com 3.500 homens com idades entre 20 e 24 anos cujo nível mais alto de educação é superior incompleto, 80,2% estavam empregados. Em uma pesquisa com 2.000 homens com idades entre 20 e 24 anos cujo nível de escolaridade superior completo ou acima, 86,4% estavam empregados. Considerando $\alpha = 0{,}01$, você pode sustentar a afirmação de que há uma diferença na proporção de empregados entre os dois grupos? *(Adaptado de National Center for Education Statistics.)*

10. **Jovens adultos** Em uma pesquisa com 1.000 homens de 18 a 24 anos, 13,3% não estavam nem na escola nem trabalhando. Em uma pesquisa com 1.000 mulheres de 18 a 24 anos, 12,4% não estavam nem na escola nem trabalhando. Considerando $\alpha = 0{,}10$, você pode sustentar a afirmação de que a proporção de homens de 18 a 24 anos que não estudam nem trabalham é maior do que a proporção de mulheres de 18 a 24 anos que não estudam nem trabalham? *(Adaptado de National Center for Education Statistics.)*

11. **Uso do cinto de segurança** Em uma pesquisa com 1.000 motoristas do oeste, 934 usam cinto de segurança. Em uma pesquisa com 1.000 motoristas do nordeste, 909 usam cinto de segurança. Considerando $\alpha = 0{,}05$, você pode sustentar a afirmação de que a proporção de motoristas que usam cinto de segurança é maior no oeste que no nordeste? *(Adaptado de National Highway Traffic Safety Administration.)*

12. **Uso do cinto de segurança** Em uma pesquisa com 1.000 motoristas do centro-oeste, 855 usam cinto de segurança. Em uma pesquisa com 1.000 motoristas do sul, 909 usam cinto de segurança. Considerando $\alpha = 0{,}10$, você pode sustentar a afirmação de que a proporção de motoristas que usam cinto de segurança no centro-oeste é menor que a proporção de motoristas que usam cinto de segurança no sul? *(Adaptado de National Highway Traffic Safety Administration.)*

Parques e saúde mental *Nos exercícios de 13 a 18, use a figura a seguir, que mostra as porcentagens de uma pesquisa com duzentos jovens de 18 a 24 anos nos Estados Unidos que dizem que várias atividades ao ar livre têm um impacto positivo em sua saúde mental. (Adaptado de National Recreation and Park Association.)*

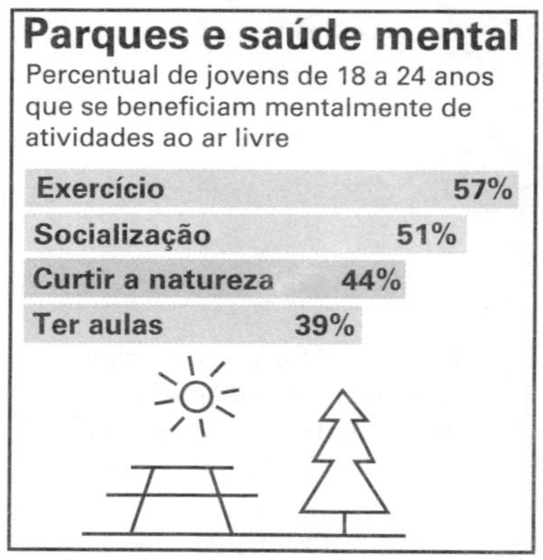

13. **Exercício e socialização** Considerando $\alpha = 0{,}10$, você pode rejeitar a afirmação de que a proporção de jovens de 18 a 24 anos que se beneficiam mentalmente de se exercitar em parques é a mesma que se beneficiam mentalmente da socialização em parques?

14. **Ter aulas e curtir a natureza** Considerando $\alpha = 0{,}05$, você pode sustentar a afirmação de que a proporção de jovens de 18 a 24 anos que se beneficiam mentalmente de ter aulas em parques é menor do que a proporção que se beneficia mentalmente de curtir a natureza em parques?

15. **Socialização e curtir a natureza** Considerando $\alpha = 0{,}10$, você pode sustentar a afirmação de que a proporção de jovens de 18 a 24 anos que se beneficiam mentalmente da socialização em parques é maior do que a proporção que se beneficia mentalmente de curtir a natureza em parques?

16. **Socialização e ter aulas** Considerando $\alpha = 0{,}05$, você pode sustentar a afirmação de que a proporção de jovens de 18 a 24 anos que se beneficiam mentalmente da socialização em parques é diferente da proporção que se beneficia mentalmente de ter aulas em parques?

17. **Curtir a natureza e fazer exercício** Considerando $\alpha = 0{,}01$, você pode sustentar a afirmação de que a proporção de jovens de 18 a 24 anos que se beneficiam mentalmente de curtir a natureza em parques é menor do que a proporção que se beneficia mentalmente de se exercitar em parques?

18. **Exercício e ter aulas** Considerando $\alpha = 0{,}01$, você pode rejeitar a afirmação de que a proporção de jovens de 18 a 24 anos que se beneficiam mentalmente de se exercitar em parques é maior ou igual à proporção que se beneficia mentalmente de ter aulas em parques?

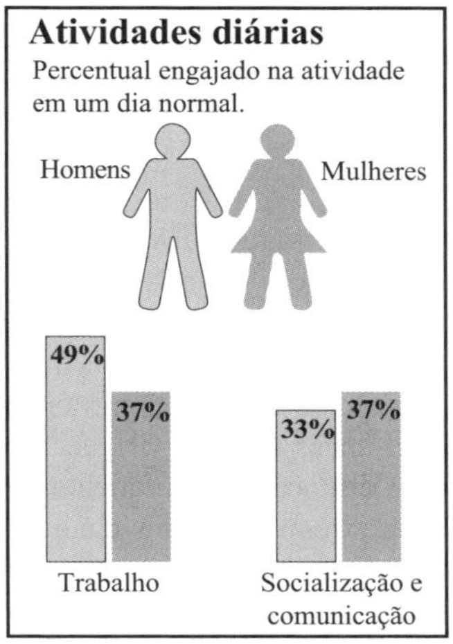

FIGURA PARA OS EXERCÍCIOS 19–22

Atividades diárias *Nos exercícios de 19 a 22, os resultados de uma pesquisa com 200 homens estadunidenses selecionados aleatoriamente e 300 mulheres estadunidenses selecionadas aleatoriamente são mostrados na figura, que exibe as porcentagens de trabalho ou socialização e comunicação em um dia normal. (Adaptado de U.S. Bureau of Labpr Statistics.)*

19. **Atividades dos homens** Considerando $\alpha = 0{,}01$, você pode sustentar a afirmação de que a proporção de homens que trabalham é maior do que a proporção de homens que socializam e se comunicam em um dia normal?
20. **Atividades das mulheres** Considerando $\alpha = 0{,}01$, você pode rejeitar a afirmação de que a proporção de mulheres que trabalham é a mesma das mulheres que socializam e se comunicam em um dia normal?
21. **Trabalhando** Considerando $\alpha = 0{,}01$, você pode sustentar a afirmação de que a proporção de mulheres que trabalham é menor do que a proporção de homens que trabalham em um dia normal?
22. **Comunicação** Considerando $\alpha = 0{,}10$, você pode sustentar a afirmação de que a proporção de mulheres que socializam e se comunicam é maior do que a proporção de homens que socializam e se comunicam em um dia normal?

Expandindo conceitos

Construindo intervalos de confiança para $p_1 - p_2$ *Você pode construir um intervalo de confiança para a diferença entre duas proporções populacionais $p_1 - p_2$, usando a seguinte desigualdade:*

$$(\hat{p}_1 - \hat{p}_2) - z_c\sqrt{\frac{\hat{p}_1\hat{q}_1}{n_1} + \frac{\hat{p}_2\hat{q}_2}{n_2}} < p_1 - p_2 < (\hat{p}_1 - \hat{p}_2) + z_c\sqrt{\frac{\hat{p}_1\hat{q}_1}{n_1} + \frac{\hat{p}_2\hat{q}_2}{n_2}}$$

Nos exercícios de 23 a 26, construa o intervalo de confiança indicado para $p_1 - p_2$. Suponha que as amostras são aleatórias e independentes.

23. **Estudantes planejando estudar artes visuais e cênicas** Em uma pesquisa com 10.000 estudantes fazendo o SAT, 7% estavam planejando estudar artes visuais e cênicas na faculdade. Em outra pesquisa com 8.000 estudantes realizada 10 anos antes, 8% estavam planejando estudar artes visuais e cênicas na faculdade. Construa um intervalo de confiança de 95% para $p_1 - p_2$, em que p_1 é a proporção da pesquisa recente e p_2, a proporção da pesquisa realizada 10 anos atrás. *(Adaptado de: The College Board.)*
24. **Estudantes indecisos sobre um curso universitário pretendido** Em uma pesquisa com 10.000 estudantes fazendo o SAT, 9% estavam indecisos sobre um curso universitário pretendido. Em uma outra pesquisa com 8.000 estudantes realizada 10 anos antes, 7% estavam indecisos sobre um curso universitário pretendido. Construa um intervalo de confiança de 90% para $p_1 - p_2$, em que p_1 é a proporção da pesquisa recente e p_2 é a proporção da pesquisa realizada 10 anos atrás. *(Adaptado de: The College Board.)*
25. **Ameaças críticas** Na Seção 6.3, exercícios 27 e 28, seja p_1 a proporção da população de adultos dos Estados Unidos que veem o ciberterrorismo como uma ameaça crítica ao país e seja p_2 a proporção da população de adultos dos Estados Unidos que vê a disseminação de doenças infecciosas como uma ameaça crítica para o país nos próximos 10 anos. Construa um intervalo de confiança de 95% para $p_1 - p_2$. Compare seu resultado com o resultado da Seção 6.3, Exercício 27.
26. **Ameaças críticas** Repita o Exercício 25, mas com um intervalo de confiança de 99%. Descreva a probabilidade de que proporções iguais da população vejam o ciberterrorismo e a disseminação de doenças infecciosas como ameaças críticas nos próximos 10 anos.

USOS E ABUSOS

Estatística no mundo real

Usos

Teste de hipótese com duas amostras O teste de hipóteses permite que você determine se diferenças em amostras indicam diferenças reais nas populações ou se são meramente devidas a erro amostral. Por exemplo, um estudo realizado com cerca de 1.400 crianças estadunidenses em diversos ambientes comparou o comportamento das crianças que frequentavam a creche com o comportamento das que ficaram em casa. Comportamentos agressivos, como roubar brinquedos, empurrar outras crianças e iniciar brigas, foram medidos em ambos os grupos. O estudo mostrou que as crianças que frequentavam a creche por mais de 30 horas por semana tinham cerca de três vezes mais chances de serem agressivas do que aquelas que ficavam em casa. Embora o comportamento agressivo observado no estudo estivesse dentro da faixa normal para crianças saudáveis, essas estatísticas foram usadas para persuadir os pais a manter seus filhos em casa até que eles comecem a escola.

Abusos

Variáveis de confundimento O estudo estadunidense constatou que os resultados foram os mesmos independentemente da qualidade da creche e da renda da família. No entanto, a qualidade geral dos cuidados experimentados pela maioria das crianças estudadas pode ser o problema – uma pesquisa em creches estadunidenses que mediu aspectos como número e experiência dos cuidadores descobriu que apenas 10% das creches estadunidenses ofereciam serviços de alta qualidade.

Um estudo semelhante de pré-escolares e comportamento agressivo na Noruega, onde as creches estão sujeitas a padrões rígidos e a proporção de cuidadores adultos para crianças é alta, descobriu que a ligação entre a frequência à creche e o comportamento agressivo era mínima. Outro estudo norueguês incluiu uma variável adicional, diferenças entre irmãos, e não encontrou relação entre frequência à creche e problemas de comportamento. Essas variáveis adicionais, que muitas vezes estão fora do controle do pesquisador, são conhecidas como *variáveis de confundimento*.

Financiamento do estudo Uma série de estudos foi realizada sobre vários métodos para reduzir o número de cigarros que os fumantes fumam. O estudo comparou fumantes que foram simplesmente instruídos a fumar menos e aqueles que tentaram métodos como terapia de reposição de nicotina, cigarros eletrônicos e uso de cigarros com baixo teor de alcatrão, carbono ou nicotina. Alguns métodos mostraram-se eficazes na redução do número de cigarros fumados.

Alguns dos estudos foram financiados pela indústria do tabaco, que poderia lucrar com a promoção de outras estratégias, além de parar de fumar, como benéficas para a saúde dos fumantes. Ao lidar com estatísticas, é sempre bom saber quem está pagando por um estudo e se os pesquisadores são imparciais.

EXERCÍCIOS

1. ***Variáveis de confundimento*** Uma empresa farmacêutica solicitou aprovação para comercializar um novo medicamento para artrite. A pesquisa envolveu um grupo de teste que recebeu a medicação e outro grupo de teste que recebeu um placebo. Descreva algumas possíveis variáveis de confundimento que podem influenciar os resultados do estudo.
2. Pesquisa médica frequentemente envolve teste cego e duplo cego. Explique o que esses dois termos significam.

8 Resumo do capítulo

O que você aprendeu	Exemplo(s)	Exercícios de revisão
Seção #.1		
▶ Como determinar se duas amostras são independentes ou dependentes	1	1–4
▶ Como realizar o teste-z usando duas amostras para a diferença entre duas médias μ_1 e μ_2 usando amostras independentes com σ_1 e σ_2 conhecidos	2, 3	5–10
$z = \dfrac{(\bar{x}_1 - \bar{x}_2) - (\mu_1 - \mu_2)}{\sigma_{\bar{x}_1 - \bar{x}_2}}$		
Seção #.2		
▶ Como realizar o teste-t usando duas amostras para a diferença entre duas médias μ_1 e μ_2 usando amostras independentes com σ_1 e σ_2 desconhecidos	1, 2	11–18
$t = \dfrac{(\bar{x}_1 - \bar{x}_2) - (\mu_1 - \mu_2)}{s_{\bar{x}_1 - \bar{x}_2}}$		
Seção #.3		
▶ Como realizar o teste-t para testar a média das diferenças para uma população de dados emparelhados	1, 2	19–24
$t = \dfrac{\bar{d} - \mu_d}{s_d / \sqrt{n}}$		
Seção #.4		
▶ Como realizar o teste-z usando duas amostras para a diferença entre duas proporções populacionais p_1 e p_2	1, 2	25–30
$z = \dfrac{(\hat{p}_1 - \hat{p}_2) - (p_1 - p_2)}{\sqrt{\bar{p}\,\bar{q}\left(\frac{1}{n_1} + \frac{1}{n_2}\right)}}$		

Estratégias de estudo

Tomando notas de texto As notas podem ser uma ajuda vitalmente importante para aprender ativamente o conteúdo do curso. Como você toma notas é uma escolha pessoal. Três sistemas comuns para tomar notas incluem o sistema de tópicos, o sistema Cornell e o sistema de mapas conceituais.

- O sistema de tópicos fornece uma estrutura clara. As ideias são organizadas por nível de importância. Os algarismos romanos são usados para listar ideias-chave para indicar que elas são mais importantes do que os detalhes de apoio. O sistema de tópicos funciona bem para alunos que pensam linearmente ou aprendem verbalmente.
- No sistema Cornell, um bloco de notas é estruturado com uma coluna de *chamada* ou *sugestão* à esquerda, uma coluna de *notas* à direita e uma área de *resumo* na parte inferior. Essa estrutura permite que você se teste facilmente, cobrindo ou a coluna de *chamada* ou a de *notas*.
- O sistema de mapa conceitual usa formas diferentes para ajudar a identificar níveis de importância e conexões. Por usar um estilo visual para mostrar relações entre ideias, é altamente adequado para alunos que aprendem visualmente.

8 Exercícios de revisão

Seção 8.1

Nos exercícios de 1 a 4, classifique as duas amostras como independentes ou dependentes e justifique sua resposta.

1. Amostra 1: As alturas de 37 crianças.
Amostra 2: As alturas das mesmas 37 crianças após 1 ano.

2. Amostra 1: Os pesos de 45 laranjas.
Amostra 2: Os pesos de 40 toranjas.

3. Amostra 1: O preço no varejo de 20 motocicletas.
Amostra 2: O preço no varejo de 20 minivans.

4. Amostra 1: A eficiência de combustível de 12 carros.
Amostra 2: A eficiência de combustível dos mesmos 12 carros usando um combustível alternativo.

Nos exercícios de 5 a 8, teste a afirmação sobre a diferença entre duas médias populacionais μ_1 e μ_2 ao nível de significância α. Suponha que as amostras são aleatórias e independentes e as populações normalmente distribuídas.

5. Afirmação: $\mu_1 \geq \mu_2$; $\alpha = 0{,}05$.
Parâmetros: $\sigma_1 = 0{,}30$ e $\sigma_2 = 0{,}23$
Estatísticas: $\bar{x}_1 = 1{,}28$; $n_1 = 96$ e $\bar{x}_2 = 1{,}34$; $n_2 = 85$

6. Afirmação: $\mu_1 = \mu_2$; $\alpha = 0{,}01$.
Parâmetros: $\sigma_1 = 52$ e $\sigma_2 = 68$
Estatísticas: $\bar{x}_1 = 5.595$; $n_1 = 156$ e $\bar{x}_2 = 5.575$; $n_2 = 216$

7. Afirmação: $\mu_1 < \mu_2$; $\alpha = 0{,}10$.
Parâmetros: $\sigma_1 = 0{,}11$ e $\sigma_2 = 0{,}10$
Estatísticas: $\bar{x}_1 = 0{,}28$; $n_1 = 41$ e $\bar{x}_2 = 0{,}33$; $n_2 = 34$

8. Afirmação: $\mu_1 \neq \mu_2$; $\alpha = 0{,}05$.
Parâmetros: $\sigma_1 = 14$ e $\sigma_2 = 15$
Estatísticas: $\bar{x}_1 = 87$; $n_1 = 410$ e $\bar{x}_2 = 85$; $n_2 = 340$

Nos exercícios 9 e 10, (a) identifique a afirmação e formule H_0 e H_a, (b) encontre o(s) valor(es) crítico(s) e identifique a(s) região(ões) de rejeição, (c) calcule a estatística de teste padronizada z, (d) decida se rejeita ou não rejeita a hipótese nula e (e) interprete a decisão no contexto da afirmação original. Suponha que as amostras são aleatórias e independentes e as populações normalmente distribuídas.

9. Um pesquisador afirma que o teor médio de sódio dos sanduíches do restaurante A é menor que o teor médio de sódio dos sanduíches do restaurante B. O teor médio de sódio de 22 sanduíches selecionados aleatoriamente do restaurante A é 670 miligramas. Suponha que o desvio padrão populacional é 20 miligramas. O teor médio de sódio de 28 sanduíches selecionados aleatoriamente do restaurante B é 690 miligramas. Suponha que o desvio padrão populacional é 30 miligramas. Considerando $\alpha = 0{,}05$, há evidência suficiente para sustentar a afirmação do pesquisador?

10. Um conselheiro de carreira afirma que os salários médios anuais dos paralegais iniciantes em Dayton, Ohio, e Coventry, Rhode Island, são os mesmos. O salário médio anual de 40 paralegais iniciantes selecionados aleatoriamente em Dayton é de US$ 58.180. Suponha que o desvio padrão da população seja US$ 10.990. O salário médio anual de 35 paralegais iniciantes selecionados aleatoriamente em Coventry é de US$ 61.120. Suponha que o desvio padrão da população seja US$ 11.850. Considerando $\alpha = 0{,}10$, há evidências suficientes para rejeitar a afirmação do conselheiro? *(Adaptado de Salary.com)*

Seção 8.2

Nos exercícios de 11 a 16, teste a afirmação sobre a diferença entre duas médias populacionais μ_1 e μ_2 ao nível de significância α. Suponha que as amostras são aleatórias e independentes e as populações normalmente distribuídas.

11. Afirmação: $\mu_1 = \mu_2$; $\alpha = 0{,}05$. Suponha $\sigma_1^2 = \sigma_2^2$.
Estatística: $\bar{x}_1 = 228$; $s_1 = 27$; $n_1 = 20$ e
$\bar{x}_2 = 207$; $s_2 = 25$; $n_2 = 13$

12. Afirmação: $\mu_1 < \mu_2$; $\alpha = 0{,}10$. Suponha $\sigma_1^2 \neq \sigma_2^2$.
Estatística: $\bar{x}_1 = 0{,}015$; $s_1 = 0{,}011$; $n_1 = 8$ e
$\bar{x}_2 = 0{,}019$; $s_2 = 0{,}004$; $n_2 = 6$

13. Afirmação: $\mu_1 \leq \mu_2$; $\alpha = 0{,}10$. Suponha $\sigma_1^2 \neq \sigma_2^2$.
Estatística: $\bar{x}_1 = 664{,}5$; $s_1 = 2{,}4$; $n_1 = 40$ e
$\bar{x}_2 = 665{,}5$; $s_2 = 4{,}1$; $n_2 = 40$

14. Afirmação: $\mu_1 \geq \mu_2$; $\alpha = 0{,}01$. Suponha $\sigma_1^2 = \sigma_2^2$.
Estatística: $\bar{x}_1 = 44{,}5$; $s_1 = 5{,}85$; $n_1 = 17$ e
$\bar{x}_2 = 49{,}1$; $s_2 = 5{,}25$; $n_2 = 18$

15. Afirmação: $\mu_1 \neq \mu_2$; $\alpha = 0{,}01$. Suponha $\sigma_1^2 = \sigma_2^2$.
Estatística: $\bar{x}_1 = 61$; $s_1 = 3{,}3$; $n_1 = 5$ e
$\bar{x}_2 = 55$; $s_2 = 1{,}2$; $n_2 = 7$

16. Afirmação: $\mu_1 > \mu_2$; $\alpha = 0{,}10$. Suponha $\sigma_1^2 \neq \sigma_2^2$.
Estatística: $\bar{x}_1 = 520$; $s_1 = 25$; $n_1 = 7$ e
$\bar{x}_2 = 500$; $s_2 = 55$; $n_2 = 6$

Nos exercícios 17 e 18, (a) identifique a afirmação e formule H_0 e H_a, (b) encontre o(s) valor(es) crítico(s) e identifique a(s) região(ões) de rejeição, (c) calcule a estatística de teste padronizada t, (d) decida se rejeita ou não rejeita a hipótese nula e (e) interprete a decisão no contexto da afirmação original. Suponha que as amostras são aleatórias e independentes e as populações normalmente distribuídas.

17. Um novo método de ensino de matemática está sendo testado em alunos do sexto ano. Um grupo de alunos do sexto ano é ensinado usando o novo currículo e um grupo de controle de alunos do sexto ano é ensinado usando o antigo currículo. As pontuações dos testes de matemática para os dois grupos são mostradas no gráfico de ramo e folha lado a lado a seguir.

Currículo antigo		Novo currículo
4 5 8	0	
0 1 1 5 7	1	
1 6	2	2 4 5 7 7
0 1 2 8	3	4 7
0 2 6 9	4	2 5 6 7
1 3 4 9	5	1 5 7
0 7	6	2 3 5 6 6 7
3 3 3 4 4 6 8	7	0 0 2 5 5 6
1 9	8	2 3 6 6 9
4 4 4	9	0 1 4 6 8

Chave: 6|2|2 = 26 para o currículo antigo e
22 para o novo currículo

Considerando $\alpha = 0{,}05$, há evidência suficiente para sustentar a afirmação de que o novo método de ensino de matemática produz notas mais altas nos testes de matemática do que o método antigo? Suponha que as variâncias populacionais são iguais.

18. Um corretor de imóveis afirma que não há diferença entre a renda média domiciliar de dois bairros. A renda média de 12 domicílios selecionados aleatoriamente do primeiro bairro é US$ 52.750 com desvio padrão de US$ 2.900. No segundo bairro, 10 domicílios selecionados aleatoriamente têm renda média de US$ 51.200 com desvio padrão de US$ 2.225. Considerando $\alpha = 0{,}01$, você pode rejeitar a afirmação do corretor de imóveis? Suponha que as variâncias populacionais são iguais.

Seção 8.3

Nos exercícios de 19 a 22, teste a afirmação sobre a média das diferenças para uma população de dados emparelhados ao nível de significância α. Suponha que as amostras são aleatórias e dependentes e as populações normalmente distribuídas.

19. Afirmação: $\mu_d = 0$; $\alpha = 0{,}01$. Estatísticas: $\bar{d} = 8{,}5$; $s_d = 10{,}7$; $n = 16$

20. Afirmação: $\mu_d < 0$; $\alpha = 0{,}10$. Estatísticas: $\bar{d} = 3{,}2$; $s_d = 5{,}68$; $n = 25$

21. Afirmação: $\mu_d \leq 0$; $\alpha = 0{,}10$. Estatísticas: $\bar{d} = 10{,}3$; $s_d = 18{,}19$; $n = 33$

22. Afirmação: $\mu_d \neq 0$; $\alpha = 0{,}05$. Estatísticas: $\bar{d} = 17{,}5$; $s_d = 4{,}05$; $n = 37$

Nos exercícios 23 e 24, (a) identifique a afirmação e formule H_0 e H_a, (b) encontre o(s) valor(es) crítico(s) e identifique a(s) região(ões) de rejeição, (c) calcule $\bar{d}$ e s_d, (d) calcule a estatística de teste padronizada t, (e) decida se rejeita ou não rejeita a hipótese nula e (f) interprete a decisão no contexto da afirmação original. Suponha que as amostras são aleatórias e dependentes, e as populações normalmente distribuídas.

23. Um estatístico esportivo afirma que o número de corridas marcadas em uma temporada pelos times de beisebol da Divisão 1 da NCAA mudou de 2019 para 2021. A tabela a seguir mostra o número de corridas marcadas por 10 times de beisebol da Divisão 1 da NCAA selecionados aleatoriamente nas temporadas de 2019 e 2021. Considerando $\alpha = 0{,}05$, há evidências suficientes para sustentar a afirmação do estatístico esportivo? *(Fonte: NCAA.)*

Time	1	2	3	4	5
Corridas (2019)	578	377	312	287	387
Corridas (2021)	454	345	264	260	363

Time	6	7	8	9	10
Corridas (2019)	320	447	334	288	228
Corridas (2021)	370	304	313	354	150

24. Um preparador físico afirma que um determinado suplemento para perda de peso ajudará os usuários na perda de peso após duas semanas. A tabela a seguir mostra os pesos (em libras) de 9 adultos antes de usar o suplemento e duas semanas após o uso. Considerando $\alpha = 0{,}10$, há evidência suficiente para sustentar a afirmação do preparador físico?

Usuário	1	2	3	4	5	6	7	8	9
Peso (antes)	228	210	245	272	203	198	256	217	240
Peso (depois)	225	208	242	270	205	196	250	220	240

Seção 8.4

Nos exercícios de 25 a 28, determine se a distribuição normal pode ser usada. Se puder, teste a afirmação sobre a diferença entre duas proporções populacionais p_1 e p_2 ao nível de significância α. Suponha que as amostras são aleatórias e independentes.

25. Afirmação: $p_1 = p_2$; $\alpha = 0{,}05$.
Estatísticas: $x_1 = 425$, $n_1 = 840$ e $x_2 = 410$, $n_2 = 760$

26. Afirmação: $p_1 \leq p_2$; $\alpha = 0{,}01$.
Estatísticas: $x_1 = 36$, $n_1 = 100$ e $x_2 = 46$, $n_2 = 200$

27. Afirmação: $p_1 > p_2$; $\alpha = 0{,}10$.
Estatísticas: $x_1 = 261$, $n_1 = 556$ e $x_2 = 207$, $n_2 = 483$

28. Afirmação: $p_1 < p_2$; $\alpha = 0{,}05$.
Estatísticas: $x_1 = 86$, $n_1 = 900$ e $x_2 = 107$, $n_2 = 1.200$

Nos exercícios 29 e 30, (a) identifique a afirmação e formule H_0 e H_a, (b) encontre o(s) valor(es) crítico(s) e identifique a(s) região(ões) de rejeição, (c) calcule a estatística de teste padronizada z, (d) decida se rejeita ou não rejeita a hipótese nula, e (e) interprete a decisão no contexto da afirmação original. Suponha que as amostras são aleatórias e independentes.

29. Uma equipe de pesquisa médica realizou um estudo para testar o efeito de um medicamento usado para tratar um tipo de inflamação. No estudo, 68 indivíduos tomaram o medicamento e 68 indivíduos tomaram placebo. Os resultados são mostrados a seguir. Considerando $\alpha = 0{,}05$, você pode rejeitar a afirmação de que a proporção de indivíduos que tiveram pelo menos 24 semanas de remissão acumulada é a mesma para os dois grupos? *(Fonte: The New England Journal of Medicine.)*

Você tem pelo menos 24 semanas de remissão acumulada?

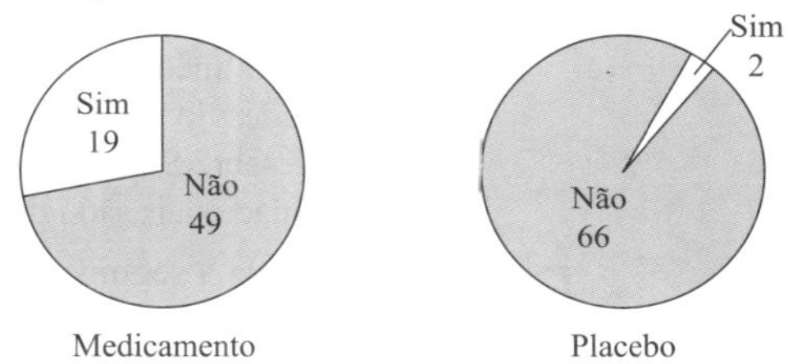

30. Uma equipe de pesquisa de segurança no trânsito realizou uma pesquisa durante dois anos sobre o uso de capacetes para motociclistas. Na pesquisa, os motociclistas em estados onde o uso de capacete é obrigatório foram questionados se eles usam capacetes que estão em conformidade com os regulamentos federais de segurança. Foram pesquisados 389 motociclistas em 2019 e 338 em 2020. Os resultados são mostrados a seguir. Considerando $\alpha = 0{,}01$, você pode sustentar a afirmação de que a proporção de motociclistas em estados onde o uso de capacete é obrigatório e que usam esses capacetes diminuiu de 2019 a 2020? *(Adaptado de National Highway Traffic Safety Administration.)*

Você usa capacetes que estão em conformidade com os regulamentos federais de segurança?

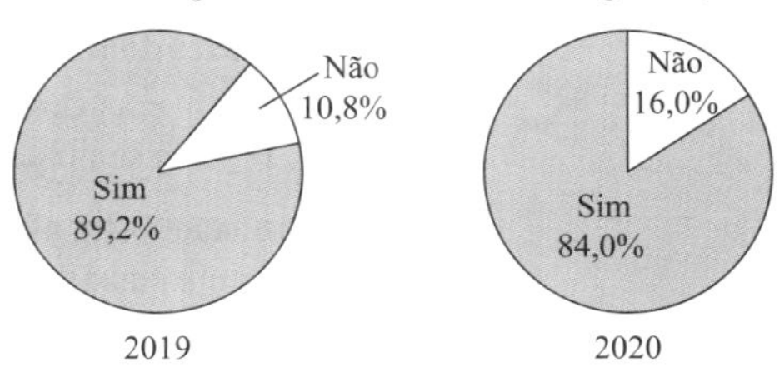

8 Problemas

Faça estes problemas como se estivesse fazendo em sala. Depois, compare suas respostas com as respostas dadas no final do livro.

Para cada exercício, realize os passos a seguir:

(a) Identifique a afirmação e formule H_0 e H_a.
(b) Determine se o teste de hipóteses é unilateral à esquerda, unilateral à direita ou bilateral e se deve usar o teste-z, ou o teste-t. Explique seu raciocínio.
(c) Determine o(s) valor(es) crítico(s) e identifique a(s) região(ões) de rejeição.
(d) Calcule a estatística de teste padronizada apropriada.
(e) Decida se rejeita ou não rejeita a hipótese nula.
(f) Interprete a decisão no contexto da afirmação original.

1. A nota média em uma avaliação de leitura de 49 estudantes homens do Ensino Médio, selecionados aleatoriamente, foi 279. Suponha que o desvio padrão populacional seja 41. A nota média no mesmo teste para 50 estudantes mulheres do Ensino Médio, selecionadas aleatoriamente, foi 292. Suponha que o desvio padrão populacional seja 39. Considerando $\alpha = 0{,}05$, você pode sustentar a afirmação de que a nota média na avaliação de leitura dos estudantes homens do ensino médio é menor que a nota média das estudantes mulheres do ensino médio? *(Adaptado de National Center for Education Statistics.)*

2. Um professor de música afirma que as notas médias em uma avaliação de música para alunos do oitavo ano, em escolas pública e particular, são iguais. A nota média para 13 alunos de escola pública selecionados aleatoriamente é 146, com desvio padrão de 49, e a nota média para 15 alunos de escola particular selecionadas aleatoriamente é 160 com desvio padrão de 42. Considerando $\alpha = 0{,}01$, você pode rejeitar a afirmação do professor? Suponha que as populações são normalmente distribuídas e as variâncias populacionais são iguais. *(Adaptado de National Center for Education Statistics.)*

3. A tabela a seguir mostra a pontuação de crédito para 12 adultos selecionados aleatoriamente, que são considerados tomadores de empréstimo de alto risco, antes e dois anos após assistirem a um seminário sofre finanças pessoais. Considerando $\alpha = 0{,}01$, há evidência suficiente para sustentar a afirmação de que o seminário ajuda os adultos a aumentarem sua pontuação de crédito? Suponha que as populações são normalmente distribuídas.

Adulto	1	2	3	4	5	6
Pontuação de crédito (antes do seminário)	608	620	610	650	640	680
Pontuação de crédito (após o seminário)	646	692	715	669	725	786

Adulto	7	8	9	10	11	12
Pontuação de crédito (antes do seminário)	655	602	644	656	632	664
Pontuação de crédito (após o seminário)	700	650	660	650	680	702

4. Em uma amostra aleatória de 1.007 adultos estadunidenses, em um ano recente, 584 aprovam o trabalho que a Suprema Corte está fazendo. Em outra amostra aleatória de 1.022 adultos estadunidenses coletada 3 anos antes, 501 aprovavam o trabalho que a Suprema Corte estava fazendo. Considerando $\alpha = 0{,}05$, você pode sustentar a afirmação de que a proporção de adultos estadunidenses que aprovam o trabalho que a Suprema Corte está fazendo é maior do que era 3 anos antes? *(Adaptado de Gallup.)*

8 Teste do capítulo

Faça este teste como se estivesse fazendo uma prova em sala.

Para cada exercício, realize os passos a seguir:

(a) Identifique a afirmação e formule H_0 e H_a.

(b) Determine se o teste de hipóteses é unilateral à esquerda, unilateral à direita ou bilateral e se deve usar um teste z, ou um teste t. Explique seu raciocínio.

(c) Encontre o(s) valor(es) crítico(s) e identifique a(s) região(ões) de rejeição.

(d) Calcule a estatística de teste padronizada apropriada.

(e) Decida se rejeita ou não rejeita a hipótese nula.

(f) Interprete a decisão no contexto da afirmação original.

1. Em uma pesquisa com 5.000 alunos que fizeram o SAT, 350 estavam indecisos sobre o curso superior pretendido. Em outra pesquisa com 12.000 estudantes realizada 10 anos antes, 360 estavam indecisos sobre um curso superior pretendido. Considerando $\alpha = 0{,}10$, você pode rejeitar a afirmação de que a proporção de alunos que fazem o SAT e que estão indecisos sobre uma faculdade pretendida não mudou? *(Adaptado de College Board.)*

2. Uma agência imobiliária diz que o preço médio de venda de casas em Olathe, Kansas, é maior do que em Rolla, Missouri. O preço médio de venda de 39 casas em Olathe é de US$ 392.453. Suponha que o desvio padrão da população seja US$ 224.902. O preço médio de venda de 38 casas em Rolla é de US$ 285.787. Suponha que o desvio padrão da população seja US$ 330.578. Considerando $\alpha = 0{,}05$, há evidências suficientes para apoiar a afirmação da agência? *(Adaptado de Realtor.com)*

3. Um fisioterapeuta sugere que a terapia de massagem de tecidos moles ajuda a reduzir o tempo que os pacientes sofrem de dores de cabeça. A tabela a seguir mostra o número de horas por dia que 18 pacientes sofreram de dores de cabeça antes e depois de 6 semanas recebendo tratamento. Considerando $\alpha = 0{,}05$, há evidências suficientes para apoiar a afirmação do fisioterapeuta? Suponha que as populações sejam normalmente distribuídas. *(Adaptado de Annals of Musculoskeletal Medicine.)*

Paciente	1	2	3	4	5	6	7	8	9
Horas (antes)	5,2	5,1	4,9	1,6	6,1	2,3	4,6	5,2	3,1
Horas (depois)	3,5	3,3	3,7	2,3	2,7	2,4	2,1	2,5	2,8

Paciente	10	11	12	13	14	15	16	17	18
Horas (antes)	4,4	4,2	5,4	3,3	5,2	3,7	2,6	2,7	2,6
Horas (depois)	4,1	3,0	2,4	2,4	2,7	2,6	2,4	2,7	2,4

4. Um pesquisador de demografia afirma que a renda familiar média, em um ano recente, é diferente para famílias nativas e famílias nascidas no exterior. Uma amostra de 18 famílias nativas tem uma renda familiar média de U$ 69.474 e desvio padrão de US$ 21.249. Uma amostra de 21 famílias nascidas no exterior tem uma renda familiar média de US$ 64.900 e desvio padrão de US$ 17.896. Considerando $\alpha = 0{,}01$, você pode apoiar a afirmação do pesquisador de demografia? Suponha que as populações sejam normalmente distribuídas e que as variâncias populacionais não sejam iguais. *(Adaptado de U.S. Census Bureau.)*

ESTATÍSTICA REAL DECISÕES REAIS

Decisões reais: juntando tudo

O Departamento de Saúde e Serviços Humanos dos Estados Unidos (do inglês, Department of Health & Human Services – HHS) é um departamento do governo federal estadunidense com o lema "Melhorar a saúde, a segurança e o bem-estar da América". Os Centros de Serviços *Medicare* e *Medicaid* trabalham dentro do HHS para ajudar a administrar esses e outros programas de saúde. Eles também coletam informações sobre gastos com saúde, utilização de programas e outros dados. Uma área estudada é a quantidade média de tempo que os pacientes do *Medicare* passam em hospitais de curta permanência.

Você trabalha para os Centros de Serviços *Medicare* e *Medicaid* e deseja testar a afirmação de que o tempo médio de permanência para pacientes internados em 2019 é diferente do que era em 2000 a partir de uma amostra aleatória de registros de pacientes internados. Os resultados para vários pacientes internados de 2000 e 2019 são mostrados nos histogramas das Figuras 8.17 e 8.18

Tempo de internação (2000)

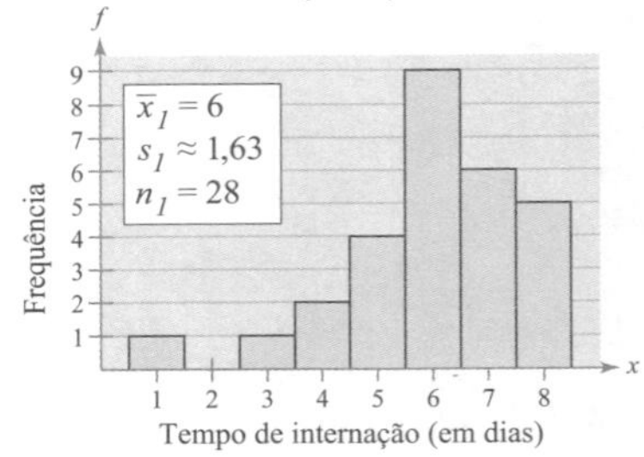

Figura 8.17

Tempo de internação (2019)

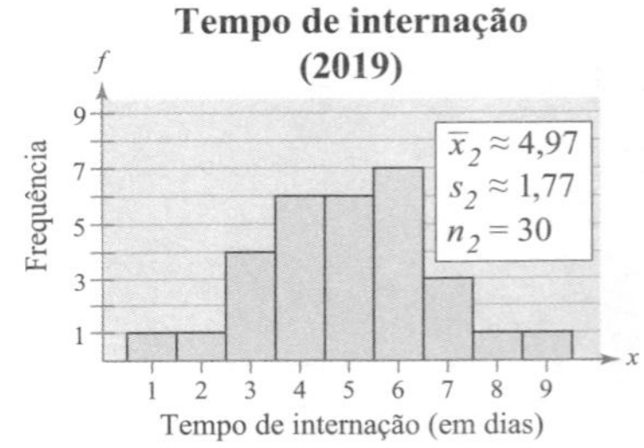

Figura 8.18

EXERCÍCIOS

1. ***Como posso fazer isso?***
   Explique como você poderia usar cada técnica de amostragem para selecionar a amostra para o estudo.
   (a) amostra estratificada
   (b) amostra em conglomerado
   (c) amostra sistemática
   (d) amostra aleatória simples
2. ***Escolhendo a técnica de amostragem***
   (a) Qual técnica de amostragem no Exercício 1 você escolheria para implementar no estudo? Por quê?
   (b) Identifique possíveis falhas ou vieses no seu estudo.
3. ***Escolhendo um teste***
   Para testar a afirmação de que há uma diferença no tempo médio de internação hospitalar, você deve usar um teste z ou um teste t? As amostras são independentes ou dependentes? Você precisa saber qual é a distribuição de cada população? Você precisa saber alguma coisa sobre as variâncias populacionais?
4. ***Testando uma média***
   Teste a afirmação de que há uma diferença no tempo médio de internação hospitalar para os pacientes. Suponha que as populações são normais e as variâncias populacionais são iguais. Considerando $\alpha = 0,05$. Interprete a decisão do teste. A decisão suporta a afirmação?

Cara ou coroa

No artigo "*Tails over Heads*" no *Washington Post* (13 de outubro de 1996), o jornalista William Casey descreve um de seus passatempos – registrar cada moeda que ele encontra na rua! De 1º de janeiro de 1985 até o artigo ser escrito, Casey encontrou 11.902 moedas.

A cada moeda encontrada, Casey registra a hora, a data, a localização, o valor, localização em que a moeda foi cunhada e se a moeda está indicando cara ou coroa. No artigo, Casey menciona que 6.130 moedas foram encontradas indicando "coroa" e 5.772 foram encontradas indicando "cara". Das 11.902 moedas encontradas, 43 foram cunhadas em São Francisco, 7.133 na Filadélfia e 4.726 em Denver.

Uma simulação da experiência de Casey pode ser feita no Minitab como mostrado a seguir. Um histograma de frequência dos resultados de uma simulação é mostrado na Figura 8.19.

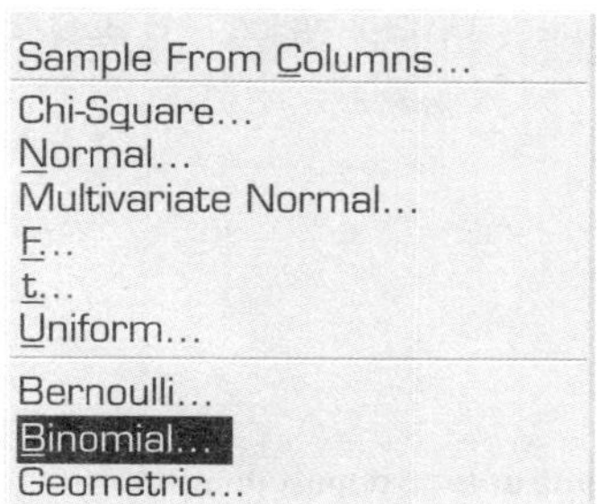

Figura 8.19

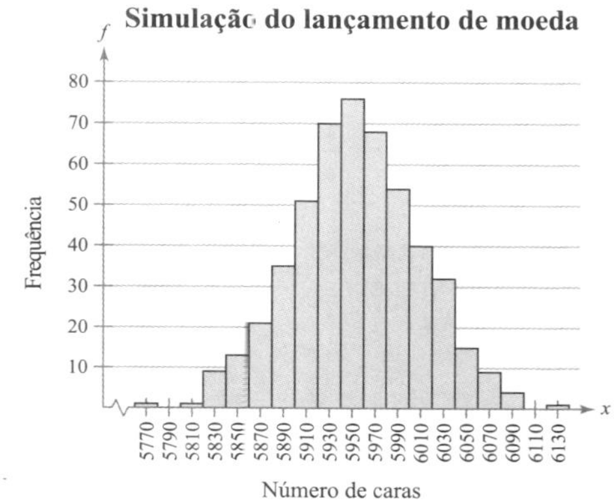

Figura 8.20

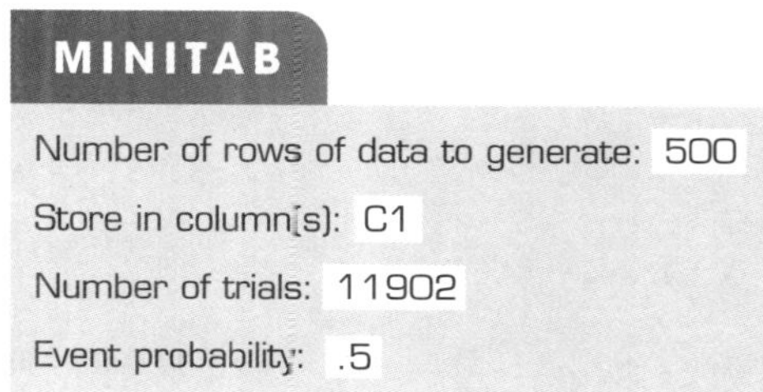

Figura 8.21

EXERCÍCIOS

1. Use tecnologia para realizar um teste z de uma amostra para testar a hipótese de que a probabilidade de uma "moeda encontrada" estar indicando "cara" é 0,5. Considere $\alpha = 0{,}01$. Use os dados de Casey como sua amostra e escreva sua conclusão como uma sentença.
2. Os dados de Casey diferem significativamente do acaso? Se sim, qual pode ser a razão?
3. Na simulação mostrada, qual porcentagem das tentativas teve "caras" menor ou igual ao número de "coroas" nos dados de Casey? Use tecnologia para repetir a simulação. Seus resultados são comparáveis?

Nos exercícios 4 e 5, use tecnologia para realizar um teste t com duas amostras para determinar se há uma diferença nas datas de cunhagem e nos valores das moedas encontradas em uma rua de 1985 até 1996 para os dois locais de cunhagem. Escreva sua conclusão como uma sentença. Considere α = 0,05.

4. Data de cunhagem das moedas (anos)
   Filadélfia: $\bar{x}_1 = 1.984{,}8$ $s_1 = 8{,}6$
   Denver: $\bar{x}_2 = 1.983{,}4$ $s_2 = 8{,}4$
   Suponha que as variâncias populacionais são iguais.
5. Valor das moedas (dólares)
   Filadélfia: $\bar{x}_1 = \$\,0{,}034$ $s_1 = \$\,0{,}054$
   Denver: $\bar{x}_2 = \$\,0{,}033$ $s_2 = \$\,0{,}052$
   Suponha que as variâncias populacionais não são iguais.

8 Usando tecnologia para realizar testes de hipóteses para duas amostras

Aqui, apresentamos algumas impressões no Minitab e da calculadora Ti-84 Plus para alguns exemplos desse capítulo.

Veja o Exemplo 1, página 430.

Display Descriptive Statistics...
Store Descriptive Statistics...
Graphical Summary...

1-Sample Z...
1-Sample t...
2-Sample t...
Paired t...

1 Proportion...
2 Proportions...

MINITAB

```
Two-Sample T-Test and CI

Sample    N    Mean    StDev    SE Mean
1         8   473.0     39.7         14
2        18   459.0     24.5        5.8

Difference = mu (1) – mu (2)
Estimate for difference: 14.0
90% CI for difference: (–13.8, 41.8)
T-Test of difference = 0 (vs not =): T-Value = 0.92  P-Value = 0.380  DF = 9
```

Veja o Exemplo 1, página 439.

Pontuações médias de golfe antes e depois de ter aulas.

Pessoa	1	2	3	4	5	6	7	8
Pontuação média no gole (antes de ter aulas)	96	95	95	99	87	104	105	94
Pontuação média no gole (após ter aulas)	89	90	95	94	91	100	103	100

Display Descriptive Statistics...
Store Descriptive Statistics...
Graphical Summary...

1-Sample Z...
1-Sample t...
2-Sample t...
Paired t...

1 Proportion...
2 Proportions...

MINITAB

```
Paired T-Test and CI: Before, After

Paired T for Before – After
             N     Mean    StDev    SE Mean
Before       8    96.88     5.79       2.05
After        8    95.25     5.23       1.85
Difference   8     1.63     4.63       1.64

90% upper bound for mean difference: –0.69
T-Test of mean difference = 0 (vs > 0): T-Value = 0.99  P-Value = 0.177
```

Veja o Exemplo 2, página 422.

TI-84 PLUS

```
EDIT CALC TESTS
1:  Z–Test...
2:  T–Test...
3:  2–SampZTest...
4:  2–SampTTest...
5:  1–PropZTest...
6:  2–PropZTest...
7↓ ZInterval...
```

↓

TI-84 PLUS

```
2-SampZTest
Inpt:Data Stats
σ1:960
σ2:845
x̄1:5271
n1:250
x̄2:5121
↓n2:250
```

↓

TI-84 PLUS

```
2-SampZTest
↑σ2:845
x̄1:5271
n1:250
x̄2:5121
n2:250
μ1:≠μ2 <μ2 >μ2
Calculate Draw
```

↓

TI-84 PLUS

```
2-SampZTest
μ1≠μ2
z=1.854468212
p=.0636720795
x̄1=5271
x̄2=5121
↓n1=250
```

Veja o Exemplo 2, página 431.

TI-84 PLUS

```
EDIT CALC TESTS
1:  Z–Test...
2:  T–Test...
3:  2–SampZTest...
4:  2–SampTTest...
5:  1–PropZTest...
6:  2–PropZTest...
7↓ ZInterval...
```

↓

TI-84 PLUS

```
2-SampTTest
Inpt:Data Stats
x̄1:.52
Sx1:.05
n1:30
x̄2:.55
Sx2:.07
n2:32↓
```

↓

TI-84 PLUS

```
2-SampTTest
n1:30↑
x̄2:.55
Sx2:.07
n2:32
μ1:≠μ2 <μ2 >μ2
Pooled:No Yes
Calculate Draw
```

↓

TI-84 PLUS

```
2-SampTTest
μ1<μ2
t=–1.930301843
p=.0291499618
df=60
x̄1=.52
x̄2=.55↓
```

Veja o Exemplo 1, página 449.

TI-84 PLUS

```
EDIT CALC TESTS
1:  Z–Test...
2:  T–Test...
3:  2–SampZTest...
4:  2–SampTTest...
5:  1–PropZTest...
6:  2–PropZTest...
7↓ ZInterval...
```

↓

TI-84 PLUS

```
2-PropZTest
x1:186
n1:200
x2:222
n2:250
p1:≠p2 <p2 >p2
Calculate Draw
```

↓

TI-84 PLUS

```
2-PropZTest
p1≠p2
z=1.521898969
p=.12803444
p̂1=.93
p̂2=.888
↓p̂ =.9066666667
```

CAPÍTULOS 6 A 8
REVISÃO ACUMULADA

1. Em uma pesquisa com 4.860 adultos estadunidenses, 77% disseram que namorariam ou já namoraram alguém cuja religião fosse diferente da deles. *(Fonte: Pew Research Center.)*

(a) Construa um intervalo de confiança de 95% para a proporção de adultos estadunidenses que dizem que namorariam ou já namoraram alguém cuja religião fosse diferente da deles.

(b) Um pesquisador afirma que mais de 75% dos adultos estadunidenses dizem que namorariam ou já namoraram alguém cuja religião fosse diferente da deles. Considerando $\alpha = 0{,}05$, você pode sustentar a afirmação do pesquisador? Interprete a decisão no contexto da afirmação original.

2. Consumo de combustível A tabela a seguir mostra o consumo de combustível (em milhas por galão) de oito carros com e sem o uso de combustível aditivado. Considerando $\alpha = 0{,}10$, há evidência suficiente para concluir que o aditivo melhorou o desempenho? Suponha que as populações são normalmente distribuídas.

Carro	1	2	3	4	5	6	7	8
Consumo de combustível (sem combustível aditivado)	23,1	25,4	21,9	24,3	19,9	21,2	25,9	24,8
Consumo de combustível (com combustível aditivado)	23,6	27,7	23,6	26,8	22,1	22,4	26,3	26,6

Nos exercícios de 3 a 6, construa o intervalo de confiança indicado para a média populacional μ. Qual distribuição você usou para criar o intervalo de confiança?

3. $c = 0{,}95$; $\bar{x} = 26{,}97$; $\sigma = 3{,}4$; $n = 42$

4. $c = 0{,}95$; $\bar{x} = 3{,}46$; $s = 1{,}63$; $n = 16$

5. $c = 0{,}99$; $\bar{x} = 12{,}1$; $s = 2{,}64$; $n = 26$

6. $c = 0{,}90$; $\bar{x} = 8{,}21$; $\sigma = 0{,}62$; $n = 8$

Nos exercícios 7 a 10, a sentença representa uma afirmação. Escreva seu complemento e indique qual é H_0 e qual é H_a.

7. $\mu < 33$

8. $p \geq 0{,}19$

9. $\sigma = 0{,}63$

10. $\mu \neq 2{,}28$

11. Um pediatra afirma que o peso médio ao nascer de um bebê único é maior que o peso médio ao nascer de um bebê que tem um gêmeo. O peso médio ao nascer de uma amostra aleatória de 85 bebês únicos é 3.086 gramas. Suponha que o desvio padrão populacional é 563 gramas. O peso médio ao nascer de uma amostra aleatória de 68 bebês que têm um gêmeo é 2.263 gramas. Suponha que o desvio padrão populacional é 624 gramas. Considerando $\alpha = 0{,}10$, você pode sustentar a afirmação do pediatra? Interprete a decisão no contexto da afirmação original.

12. A tarifa média de quarto para dois adultos para uma amostra aleatória de 26 hotéis de três estrelas em Cincinnati tem desvio padrão amostral de US$ 31. Suponha que a população seja normalmente distribuída. *(Adaptado de Expedia.)*

(a) Construa um intervalo de confiança de 99% para a variância da população.

(b) Construa um intervalo de confiança de 99% para o desvio padrão da população.

(c) Um analista de viagens afirma que o desvio padrão da tarifa média de quarto para dois adultos em hotéis de três estrelas em Cincinnati é de, no máximo, US$ 30. Considerando $\alpha = 0{,}01$, você pode rejeitar a afirmação do analista de viagens? Interprete a decisão no contexto da afirmação original.

13. Uma organização educacional afirma que as pontuações médias no SAT para homens atletas e não atletas em uma faculdade são diferentes. Uma amostra aleatória de 26 homens atletas da faculdade tem uma pontuação média no SAT de 1.189 e desvio padrão de 218. Uma amostra aleatória de 18 homens não atletas da faculdade tem uma pontuação média no SAT de 1.367 e desvio padrão de 186. Considerando $\alpha = 0{,}05$, você pode sustentar a afirmação da organização? Interprete a decisão no contexto da afirmação original. Suponha que as populações são normalmente distribuídas e as variâncias populacionais são iguais.

14. Os ganhos anuais (em dólares) para 30 serralheiros selecionados aleatoriamente são mostrados a seguir. Suponha que a população é normalmente distribuída. *(Adaptado de Salary.com)*

48.694 46.856 42.912 61.672 71.112 54.861
69.454 71.841 59.751 69.612 54.284 52.166
66.360 48.164 65.272 35.250 61.127 65.397
58.925 58.916 59.017 53.070 45.199 69.941
69.492 57.085 53.829 52.692 68.298 53.792

(a) Construa um intervalo de confiança de 95% para o ganho anual médio da população de serralheiros.

(b) Um pesquisador afirma que o ganho anual médio para serralheiros é US$ 55.000. Considerando $\alpha = 0{,}05$, você pode rejeitar a afirmação do pesquisador? Interprete a decisão no contexto da afirmação original.

15. Uma equipe de pesquisa médica estudou o uso de um extrato de maconha para tratar crianças com epilepsia. Das 52 crianças que receberam o extrato, o número de convulsões foi reduzido de 12 para 6 por mês. Das 56 crianças que receberam placebo, o número de convulsões foi reduzido de 15 para 14 por mês. Considerando $\alpha = 0{,}10$, você pode suportar a afirmação de que a proporção de redução mensal das crises convulsivas é maior para o grupo que recebeu o extrato do que para o grupo que recebeu o placebo? Interprete a decisão no contexto da reclamação original. *(Adaptado de The New England Journal of Medicine.)*

16. Uma amostra aleatória de 40 ovos de avestruz tem um período médio de incubação de 42 dias. Suponha que o desvio padrão populacional é 1,6 dias.

(a) Construa um intervalo de confiança de 95% para o período médio de incubação populacional.

(b) Um zoólogo afirma que o período médio de incubação para avestruzes é pelo menos 45 dias. Considerando $\alpha = 0{,}05$, você pode rejeitar a afirmação do zoólogo? Interprete a decisão no contexto da afirmação original.

17. Um pesquisador afirma que 5% das pessoas que usam óculos compram seus óculos online. Descreva os erros tipo I e tipo II para um teste de hipóteses da afirmação. *(Fonte: Consumer Reports.)*

CAPÍTULO 9

Correlação e regressão

Em um ano recente, o New York Yankees teve o maior salário de equipe na *Major League Baseball* (liga principal de beisebol) com US$ 228,4 milhões e o Tampa Bay Rays teve o menor salário de equipe com US$ 56,1 milhões. No mesmo ano, o Los Angeles Dodgers teve a maior média de público em jogos em casa com 49.066 e o Miami Marlins teve a menor média de público em jogos em casa com 10.016.

Onde estamos

Nos capítulos 1 a 8, você estudou estatística descritiva, probabilidade e estatística inferencial. Uma das técnicas que você aprendeu em estatística descritiva era fazer gráfico de dados emparelhados usando um diagrama de dispersão (Seção 2.2). Por exemplo, os salários e a média de assistência em jogos em casa para os times na Major League Baseball em um ano recente estão exibidos em gráfico e na tabela.

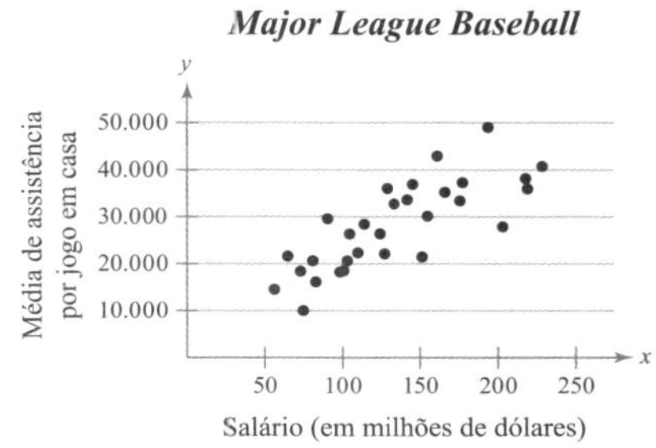

Salário (em milhões de dólares)	124,0	133,2	82,7	219,0	217,8	80,8	109,7	151,3	145,3	100,6
Média de assistência por jogo em casa	26.364	32.777	16.146	35.994	38.208	20.622	22.334	21.465	36.954	18.536

Salário (em milhões de dólares)	166,0	98,2	177,3	193,6	74,7	128,8	113,8	154,8	228,4	102,9
Média de assistência por jogo em casa	35.276	18.267	37.321	49.066	10.016	36.091	28.436	30.155	40.795	20.626

Salário (em milhões de dólares)	141,8	72,9	90,3	126,9	175,6	161,1	56,1	104,4	64,7	203,0
Média de assistência por jogo em casa	33.672	18.413	29.585	22.112	33.429	42.968	14.552	26.333	21.607	27.899

Para onde vamos

Neste capítulo, você estudará como descrever e testar a significância das relações entre duas variáveis quando os dados são apresentados em pares ordenados. Por exemplo, no diagrama de dispersão anterior, parece que salários mais altos de equipe tendem a corresponder a maiores médias de assistências, ao passo que salários mais baixos de equipe tendem a corresponder a menores médias de assistências. Essa relação é descrita dizendo-se que os salários das equipes são correlacionados positivamente à média de assistências. Graficamente, a relação pode ser descrita desenhando-se uma linha, chamada de reta de regressão, que ajusta os pontos o mais próximo possível, conforme mostrado na figura a seguir. O segundo diagrama de dispersão, mostra os salários e vitórias para as equipes na Major League Baseball no mesmo ano. Do diagrama de dispersão, parece que há uma correlação positiva fraca entre os salários e as vitórias das equipes.

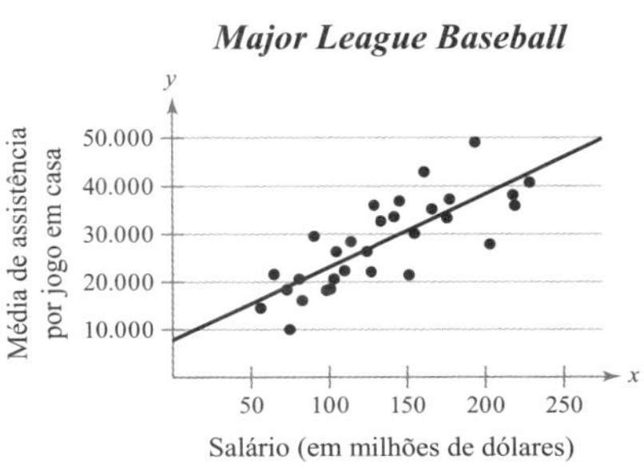

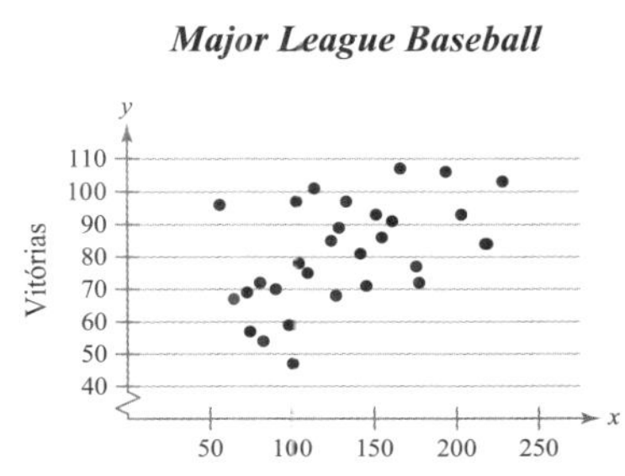

9.1 Correlação

O que você deve aprender

- Uma introdução à correlação linear, variáveis independentes e dependentes e os tipos de correlação.
- Como encontrar um coeficiente de correlação.
- Como testar um coeficiente de correlação populacional ρ usando uma tabela.
- Como realizar um teste de hipótese para um coeficiente de correlação populacional ρ.
- Como distinguir entre correlação e causalidade.

Uma visão geral da correlação ■ Coeficiente de correlação ■ Usando uma tabela para testar um coeficiente de correlação populacional ρ ■ Teste de hipótese para um coeficiente de correlação populacional ρ ■ Correlação e causalidade

Uma visão geral da correlação

Suponha que um inspetor de segurança queira determinar se existe uma relação entre o número de horas de treinamento para um funcionário e o número de acidentes envolvendo esse funcionário. Ou suponha que uma psicóloga queira saber se existe uma relação entre o número de horas que uma pessoa dorme a cada noite e o tempo de reação dessa pessoa. Como ele ou ela determinaria se existe alguma relação?

Nesta seção, você estudará como descrever que tipo de relação, ou correlação, existe entre duas variáveis quantitativas e como determinar se a correlação é significativa.

DEFINIÇÃO

Uma **correlação** é uma relação entre duas variáveis. Os dados podem ser representados por pares ordenados (x, y), onde x é a variável **independente** (ou **explanatória**) e y é a variável **dependente** (ou **resposta**).

Na Seção 2.2, você aprendeu que o gráfico dos pares ordenados (x, y) é chamado de *diagrama de dispersão*. Em um diagrama de dispersão, os pares ordenados (x, y) são colocados no gráfico como pontos em um plano coordenado. A variável independente (explanatória) x é medida no eixo horizontal, e a variável dependente (resposta) y é medida no eixo vertical. Um diagrama de dispersão pode ser usado para determinar se existe uma correlação linear (linha reta) entre duas variáveis. Os diagramas de dispersão a seguir mostram diversos tipos de correlação.

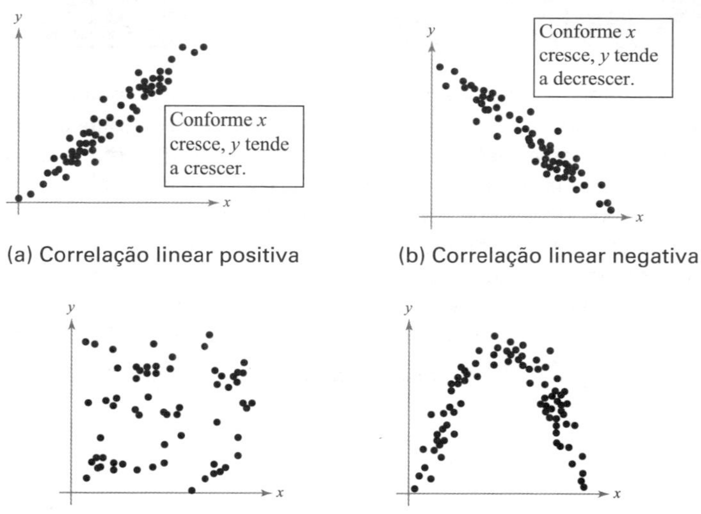

(a) Correlação linear positiva

(b) Correlação linear negativa

(c) Não há correlação

(d) Correlação não linear

Figura 9.1 Tipos de correlação

Tabela 9.1

PIB (em trilhões de dólares), *x*	Emissões de CO_2 (em milhões de toneladas métricas), *y*
1,7	620,1
2,4	475,2
3,0	457,6
1,2	389,7
4,1	810,8
2,3	352,9
0,9	235,0
1,8	297,8
2,9	413,9
5,4	1216,5

Dica de tecnologia

Lembre-se que todos os conjuntos de dados contendo 20 ou mais registros estão disponíveis eletronicamente. Além disso, alguns conjuntos de dados nesta seção são usados ao longo do capítulo, então salve quaisquer dados que você inserir. Por exemplo, os dados usados no Exemplo 1 serão usados mais tarde nesta seção e nas seções 9.2 e 9.3.

EXEMPLO 1

Construindo um diagrama de dispersão

Um pesquisador quer determinar se existe uma relação linear entre o produto interno bruto (PIB) de um país e as emissões de dióxido de carbono (CO_2). Os dados para 10 países, em um ano recente, encontram-se na Tabela 9.1. Exiba os dados em um diagrama de dispersão e descreva o tipo de correlação. *(Fonte: U.S. Energy Information Administration.)*

SOLUÇÃO

O diagrama de dispersão é mostrado na Figura 9.2. Dele, parece que existe uma correlação linear positiva entre as variáveis.

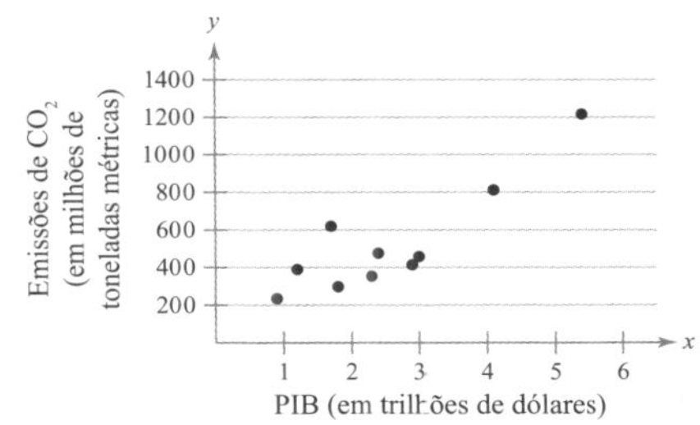

Figura 9.2

Interpretação À medida que o produto interno bruto cresce, as emissões de dióxido de carbono tendem a crescer.

TENTE VOCÊ MESMO 1

O diretor de assuntos relacionados a ex-alunos de uma pequena faculdade quer determinar se há uma relação linear entre o número de anos que os ex-alunos estão fora da faculdade e suas contribuições anuais (em milhares de dólares). Os dados estão na Tabela 9.2. Exiba os dados em um diagrama de dispersão e descreva o tipo de correlação.

Tabela 9.2

Número de anos fora da faculdade, *x*	1	10	5	15	3	24	30
Contribuição anual (em milhares de dólares), *y*	12,5	8,7	14,6	5,2	9,9	3,1	2,7

EXEMPLO 2

Construindo um diagrama de dispersão

Um estudante conduz um estudo para determinar se existe uma relação linear entre o número de horas que um aluno faz exercícios a cada semana e o seu coeficiente de rendimento (CR). Os dados são mostrados na Tabela 9.3. Exiba os dados em um diagrama de dispersão e descreva o tipo de correlação.

Tabela 9.3

Horas de exercício, *x*	12	3	0	6	10	2	18	14	15	5
CR, *y*	3,6	4,0	3,9	2,5	2,4	2,2	3,7	3,0	1,8	3,1

SOLUÇÃO

O diagrama de dispersão é mostrado na Figura 9.3. Dele, parece que não existe uma correlação linear entre as variáveis.

Interpretação O número de horas que um estudante se exercita a cada semana não parecer estar relacionado ao seu coeficiente de rendimento.

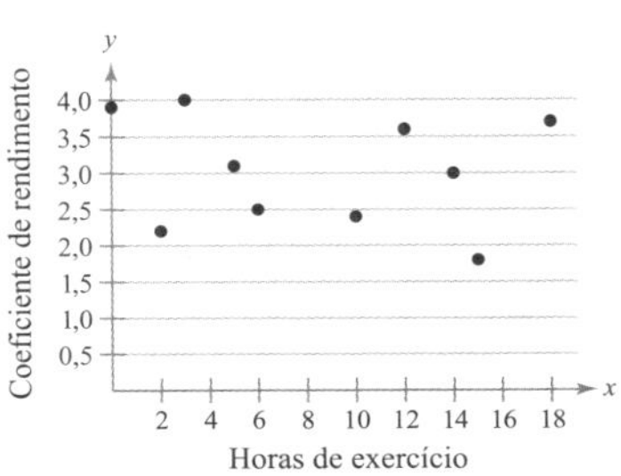

Figura 9.3

TENTE VOCÊ MESMO 2

Um pesquisador conduz um estudo para determinar se existe uma relação linear entre a altura (em polegadas) de uma pessoa e pulsação (em batidas por minuto). Os dados são mostrados na Tabela 9.4. Exiba os dados em um diagrama de dispersão e descreva o tipo de correlação.

Tabela 9.4

Altura, x	68	72	65	70	62	75	78	64	68
Pulsação, y	90	85	88	100	105	98	70	65	72

EXEMPLO 3

Construindo um diagrama de dispersão usando tecnologia

O *Old Faithful*, localizado no Parque Nacional Yellowstone, é o gêiser mais famoso do mundo. A duração (em minutos) de diversas erupções do *Old Faithful* e os tempos (em minutos) até que a próxima erupção são mostrados na Tabela 9.5. Use tecnologia para exibir os dados em um diagrama de dispersão. Descreva o tipo de correlação.

Tabela 9.5

Duração, x	Tempo, y	Duração, x	Tempo, y
1,80	56	3,78	79
1,82	58	3,83	85
1,90	62	3,88	80
1,93	56	4,10	89
1,98	57	4,27	90
2,05	57	4,30	89
2,13	60	4,43	89
2,30	57	4,47	86
2,37	61	4,53	89
2,82	73	4,55	86
3,13	76	4,60	92
3,27	77	4,63	91
3,65	77		

SOLUÇÃO

O Minitab, o Excel, a TI-84 Plus e o StatCrunch têm, cada um, funções para construir um diagrama de dispersão. Use essa tecnologia para desenhar os diagramas de dispersão mostrados na Figura 9.4. Deles, parece que as variáveis têm uma correlação linear positiva.

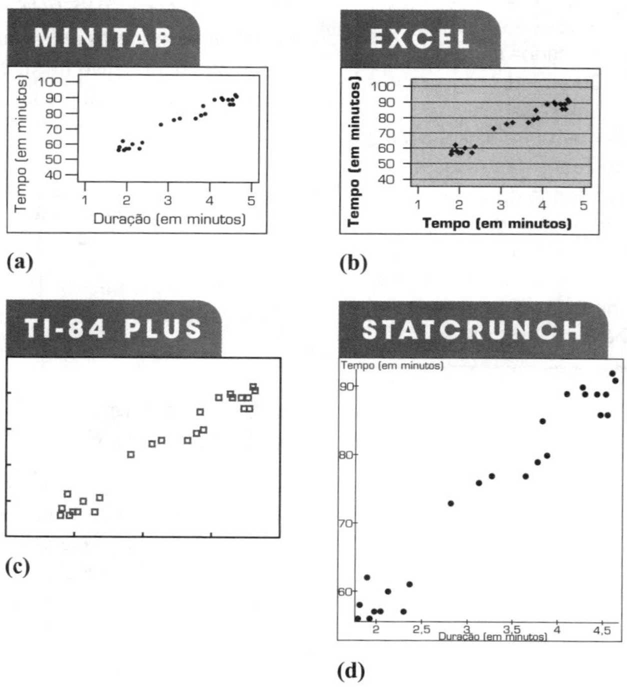

Figura 9.4

Interpretação Conforme a duração das erupções cresce, os tempos até a próxima erupção tendem a crescer.

TENTE VOCÊ MESMO 3

Considere os dados na página de abertura deste capítulo sobre os salários e a média de assistências em jogos em casa para os times da *Major League Baseball*. Use tecnologia para exibir os dados em um diagrama de dispersão. Descreva o tipo de correlação.

Coeficiente de correlação

Interpretar a correlação usando um diagrama de dispersão pode ser subjetivo. Uma maneira mais precisa de medir o tipo e a força de uma correlação linear entre duas variáveis é calcular o **coeficiente de correlação**. A fórmula para o coeficiente de correlação amostral é dada, porém, é mais conveniente usar uma ferramenta tecnológica para calcular esse valor.

Dica de estudo

O nome formal de *r é coeficiente de correlação produto-momento de Pearson.* É nomeado segundo estatístico inglês Karl Pearson (1857-1936). (Veja a p. 35.)

DEFINIÇÃO

O **coeficiente de correlação** é uma medida da força e da direção de uma relação linear entre duas variáveis. O símbolo r representa o coeficiente de correlação amostral. Uma fórmula para r é:

$$r = \frac{n\Sigma xy - (\Sigma x)(\Sigma y)}{\sqrt{n\Sigma x^2 - (\Sigma x)^2}\sqrt{n\Sigma y^2 - (\Sigma y)^2}} \quad \text{coeficiente de correlação amostral}$$

em que n é o número de pares de dados. O **coeficiente de correlação populacional** é representado por ρ (a letra minúscula grega *rho*, pronuncia-se "rô").

A variação do coeficiente de correlação é de –1 a 1, inclusive. Quando x e y têm uma correlação linear positiva forte, r está próximo de 1. Quando x e y têm uma correlação linear negativa forte, r está próximo de –1. Quando x e y têm correlação linear positiva perfeita ou correlação linear negativa perfeita, r é igual a 1 ou –1, respectivamente. Quando não há correlação linear, r está próximo a 0. É importante lembrar que, quando r está próximo de 0, isso não significa que não há relação entre x e y; significa apenas que não há relação *linear*. Diversos exemplos são mostrados a seguir.

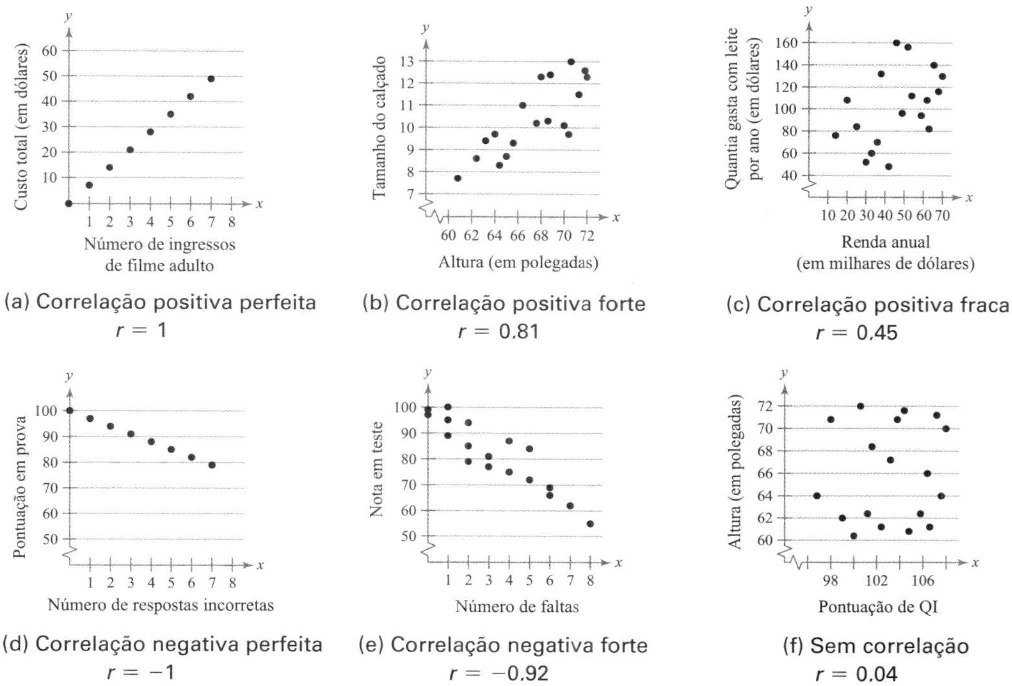

(a) Correlação positiva perfeita $r = 1$

(b) Correlação positiva forte $r = 0.81$

(c) Correlação positiva fraca $r = 0.45$

(d) Correlação negativa perfeita $r = -1$

(e) Correlação negativa forte $r = -0.92$

(f) Sem correlação $r = 0.04$

Figura 9.5 Exemplos de correlações e os respectivos valores do coeficiente r

Para usar um coeficiente de correlação r para fazer uma inferência sobre uma população, é necessário que (1) os dados pareados da amostra (x, y) sejam aleatórios e (2) x e y tenham uma *distribuição normal bivariada* (você aprenderá mais sobre essa distribuição na Seção 9.3). Neste texto, salvo indicação em contrário, você pode assumir que esses requisitos são atendidos.

Dica de estudo

O símbolo $\sum x^2$ significa elevar ao quadrado cada valor e somá-los. O símbolo $(\sum x)^2$ significa somar os valores e elevar a soma ao quadrado.

INSTRUÇÕES

Calculando um coeficiente de correlação

Em palavras	Em símbolos
1. Encontre a soma dos valores de x.	$\sum x$
2. Encontre a soma dos valores de y.	$\sum y$
3. Multiplique cada valor de x pelo correspondente valor de y e encontre a soma.	$\sum xy$
4. Eleva ao quadrado cada valor de x e encontre a soma.	$\sum x^2$
5. Eleva ao quadrado cada valor de y e encontre a soma.	$\sum y^2$
6. Use essas cinco somas para calcular o coeficiente de correlação	$r = \dfrac{n\Sigma xy - (\Sigma x)(\Sigma y)}{\sqrt{n\Sigma x^2 - (\Sigma x)^2}\sqrt{n\Sigma y^2 - (\Sigma y)^2}}$

EXEMPLO 4

Calculando um coeficiente de correlação

Calcule o coeficiente de correlação para os dados do Produto Interno Bruto e da emissão de dióxido de carbono do Exemplo 1. Interprete o resultado no contexto dos dados.

SOLUÇÃO

A Tabela 9.6 ajudará a calcular o coeficiente de correlação.

Tabela 9.6

PIB (em trilhões de dólares), x	Emissões de CO_2 (em milhões de toneladas métricas), y	xy	x^2	y^2
1,7	620,1	1054,17	2,89	384.524,01
2,4	475,2	1140,48	5,76	225.815,04
3,0	457,6	1372,8	9	209.397,76
1,2	389,7	467,64	1,44	151.866,09
4,1	810,8	3324,28	16,81	657.396,64
2,3	352,9	811,67	5,29	124.538,41
0,9	235,0	211,5	0,81	55.225
1,8	297,8	536,04	3,24	88.684,84
2,9	413,9	1200,31	8,41	171.313,21
5,4	1216,5	6569,1	29,16	1.479.872,25
$\Sigma x = 25{,}7$	$\Sigma y = 5269{,}5$	$\Sigma xy = 16.687{,}99$	$\Sigma x^2 = 82{,}81$	$\Sigma y^2 = 3.548.633{,}25$

Com essas somas e $n = 10$, o coeficiente de correlação é:

$$r = \frac{n\Sigma xy - (\Sigma x)(\Sigma y)}{\sqrt{n\Sigma x^2 - (\Sigma x)^2}\sqrt{n\Sigma y^2 - (\Sigma y)^2}}$$

$$= \frac{10(16.687{,}99) - (25{,}7)(5269{,}5)}{\sqrt{10(82{,}81) - (25{,}7)^2}\sqrt{10(3.548.633{,}25) - (5269{,}5)^2}}$$

$$= \frac{31.453{,}75}{\sqrt{167{,}61}\sqrt{7.718.702{,}25}}$$

$$\approx 0{,}874. \quad \text{Arredonde para três casas decimais}$$

O resultado $r \approx 0{,}874$ sugere uma correlação linear positiva forte.

Interpretação Conforme o Produto Interno Bruto aumenta, as emissões de dióxido de carbono tendem a aumentar.

Dica de estudo

Note que o coeficiente de correlação r no Exemplo 4 é arredondado para três casas decimais. Essa regra de arredondamento será usada por todo livro.

Tabela 9.7

Número de anos fora da faculdade, x	Contribuição anual (em milhares de dólares), y
1	12,5
10	8,7
5	14,6
15	5,2
3	9,9
24	3,1
30	2,7

TENTE VOCÊ MESMO 4

Calcule o coeficiente de correlação para os dados do número de anos fora da faculdade e a contribuição anual do Tente você mesmo 1 (Tabela 9.7). Interprete o resultado no contexto dos dados.

9.1 Para explorar mais esse tópico, veja a **Atividade 9.1** na página 485.

EXEMPLO 5

Usando tecnologia para calcular um coeficiente de correlação

Use tecnologia para calcular o coeficiente de correlação para os dados do *Old Faithful* no Exemplo 3. Interprete o resultado no contexto dos dados.

SOLUÇÃO

O Minitab, o Excel, a TI-84 Plus e o StatCrunch têm, cada um, funções que permitem calcular o coeficiente de correlação para conjuntos de dados emparelhados. Tente usar essa tecnologia para encontrar r. Você deve obter resultados similares aos mostrados na Figura 9.6.

MINITAB

Method
Correlation type Pearson
Number of rows used 25

Correlations

	Duration
Time	0.979

(a)

EXCEL

	A
26	0.978659213

← CORREL(A1:A25:B1:B25)

Liste as durações das erupções nas células A1 a A25 e os tempos até a próxima erupção nas células B1 a B25.

(b)

TI-84 PLUS

LinReg
y=ax+b
a=12.48094391
b=33.68290034
r²=.9577738551
r=.9786592129

(c)

STATCRUNCH

Correlation between Duration and Time is:
0.97865921

(d)

Figura 9.6

Arredondando para três casas decimais, o coeficiente de correlação é:

$r \approx 0{,}979$. Arredondado para três casas decimais.

O valor de r sugere uma correlação linear positiva forte.

Interpretação Conforme a duração das erupções aumenta, o tempo até a próxima erupção tende a aumentar.

TENTE VOCÊ MESMO 5

Use tecnologia para calcular o coeficiente de correlação para os dados na página de abertura deste capítulo sobre os salários e a média de assistências em jogos em casa para os times da *Major League Baseball*. Interprete o resultado no contexto dos dados.

Dica de tecnologia

Antes de usar a TI-84 Plus para calcular r, certifique-se de que a função *diagnostics* está ligada. Para isso, na tela inicial, pressione [2nd] CATALOG e vá em DiagnosticOn. Então, pressione [ENTER] duas vezes.

Dica de estudo

O nível de significância é denotado por α, a letra grega minúscula alfa.

Usando uma tabela para testar um coeficiente de correlação populacional ρ

Uma vez calculado o r, o coeficiente de correlação amostral, você pode determinar se há evidência suficiente para decidir se o coeficiente de correlação populacional ρ é significativo. Em outras palavras, baseado em alguns poucos pares de dados, você pode fazer uma inferência sobre a população de todos esses pares de dados? Lembre-se de que você está usando dados amostrais para tomar uma decisão sobre dados populacionais, então, é sempre possível que sua inferência possa estar errada. Nos estudos de correlação, a pequena porcentagem de vezes nas quais você decide que a correlação é significativa, quando ela realmente não é, é chamada de *nível de significância*. Ele é tipicamente estabelecido como $\alpha = 0{,}01$ ou 0,05. Quando $\alpha = 0{,}05$, você provavelmente decidirá que o coeficiente de correlação populacional é significativo, quando realmente não é, em 5% das vezes. (Claro que, em 95% das vezes, você irá determinar corretamente que o coeficiente de correlação é significativo). Quando $\alpha = 0{,}01$, você cometerá esse tipo de erro somente 1% das vezes. Ao usar um nível de significância mais baixo, entretanto, você pode deixar de identificar algumas correlações significativas.

Dica de estudo

O símbolo $|r|$ representa o valor absoluto de r. Lembre que o valor absoluto de um número é o seu valor desconsiderando seu sinal. Por exemplo, $|3| = 3$ e $|-7| = 7$.

Para que um coeficiente de correlação seja significativo, seu valor absoluto deve estar próximo de 1. Para determinar se o coeficiente de correlação populacional ρ é significativo, use os valores críticos dados na Tabela 11 do Apêndice B. Uma parte da tabela está reproduzida na Tabela 9.7. Se $|r|$ for maior que o valor crítico, então, há evidência suficiente para decidir que a correlação é significativa. Caso contrário, *não* há evidência suficiente para dizer que a correlação é significativa. Por exemplo, para determinar se ρ é significativo para cinco pares de dados ($n = 5$) ao nível de significância $\alpha = 0{,}01$, você precisa comparar $|r|$ com um valor crítico de 0,959, como mostrado na Tabela 9.8.

Número n de pares de dados na amostra

Valores críticos para $\alpha = 0{,}05$ e $\alpha = 0{,}01$

n	$\alpha = 0{,}05$	$\alpha = 0{,}01$
4	0,950	0,990
5	0,878	0,959
6	0,811	0,917

Tabela 9.8

Se $|r| > 0{,}959$, então a correlação é significativa. Caso contrário, *não* há evidência suficiente para concluir que a correlação é significativa. As instruções para esse processo estão a seguir.

Dica de estudo

Se você determinar que a correlação linear é significativa, então será capaz de escrever a equação para a reta que melhor descreve os dados. Essa reta, chamada *reta de regressão*, pode ser usada para predizer o valor de y quando dado um valor de x. Você aprenderá como escrever essa equação na próxima seção.

INSTRUÇÕES

Usando a Tabela 11 para o coeficiente de correlação ρ

Em palavras	Em símbolos
1. Determine o número de pares de dados na amostra.	Determine n.
2. Especifique o nível de significância.	Identifique α.
3. Encontre o valor crítico.	Use a Tabela 11 do Apêndice B.
4. Decida de a correlação é significativa.	Se $|r|$ é maior que o valor crítico, então a correlação é significativa. Caso contrário, *não* há evidência suficiente para concluir que a correlação é significativa.
5. Interprete a decisão no contexto da afirmação original.	

Para usar a Tabela 11 do Apêndice B para testar um coeficiente de correlação, observe que os requisitos para calcular um coeficiente de correlação fornecidos na página 473 também se aplicam ao teste. Neste texto, salvo indicação em contrário, você pode assumir que esses requisitos são atendidos.

EXEMPLO 6

Usando a Tabela 11 para um coeficiente de correlação

No Exemplo 5, você usou 25 pares de dados para encontrar $r \approx 0{,}979$. O coeficiente de correlação é significativo? Use $\alpha = 0{,}05$.

SOLUÇÃO

O número de pares de dados é 25, então $n = 25$. O nível de significância é $\alpha = 0{,}05$. Usando a Tabela 11 do Apêndice B, encontre o valor crítico na coluna $\alpha = 0{,}05$ que corresponde a linha com $n = 25$. O número na coluna e na linha é 0,396.

Valores críticos para $\alpha = 0{,}05$

n	$\alpha = 0{,}05$	$\alpha = 0{,}01$
4	0,950	0,990
5	0,878	0,959
6	0,811	0,917
7	0,754	0,875
8	0,707	0,834
9	0,666	0,798
10	0,632	0,765
11	0,602	0,735
12	0,576	0,708
13	0,553	0,684
14	0,532	0,661
15	0,514	0,641
16	0,497	0,623
17	0,482	0,606
18	0,468	0,590
19	0,456	0,575
20	0,444	0,561
21	0,433	0,549
22	0,423	0,537
23	0,413	0,526
24	0,404	0,515
25 (← $n = 25$)	(0,396)	0,505
26	0,388	0,496
27	0,381	0,487
28	0,374	0,479
29	0,367	0,471

Tabela 9.9

Como $|r| \approx 0{,}979 > 0{,}396$, você pode decidir que a correlação populacional é significativa.

Interpretação Há evidência suficiente, ao nível de significância de 5%, para concluir que há uma correlação linear significativa entre a duração das erupções do *Old Faithful* e o tempo entre elas.

TENTE VOCÊ MESMO 6

No Tente você mesmo 4, você calculou o coeficiente de correlação entre o número de anos fora da faculdade e contribuição anual como sendo $r \approx -0{,}908$ O coeficiente de correlação é significativo? Use $\alpha = 0{,}01$.

Na Tabela 11 do Apêndice B, observe que para menos pares de dados (valores menores de n), são necessárias evidências mais fortes para concluir que o coeficiente de correlação é significativo.

Teste de hipóteses para um coeficiente de correlação populacional ρ

Você também pode usar um teste de hipóteses para determinar se o coeficiente de correlação amostral r fornece evidência suficiente para concluir que o coeficiente de correlação populacional ρ é significativo. Um teste de hipóteses para ρ pode ser uni ou bilateral. As hipóteses nula e alternativa para os testes estão a seguir.

$$\begin{cases} H_0\colon \rho \geq 0 \text{ (não há correlação negativa significativa)} \\ H_a\colon \rho < 0 \text{ (correlação negativa significativa)} \end{cases}$$ Teste unilateral à esquerda

$$\begin{cases} H_0\colon \rho \leq 0 \text{ (não há correlação positiva significativa)} \\ H_a\colon \rho > 0 \text{ (correlação positiva significativa)} \end{cases}$$ Teste unilateral à direita

$$\begin{cases} H_0\colon \rho = 0 \text{ (não há correlação significativa)} \\ H_a\colon \rho \neq 0 \text{ (correlação significativa)} \end{cases}$$ Teste bilateral

Neste texto, você irá considerar somente testes de hipóteses bilaterais para ρ.

O teste-*t* para o coeficiente de correlação

Um **teste *t*** pode ser usado para testar se a correlação entre duas variáveis é significativa. A **estatística de teste** é ***r*** e a estatística de teste padronizada

$$t = \frac{r}{\sigma_r} = \frac{r}{\sqrt{\dfrac{1 - r^2}{n - 2}}}$$

segue uma distribuição t com $n - 2$ graus de liberdade, em que n é o número de pares de dados. (Note que há $n - 2$ graus de liberdade porque um grau de liberdade é perdido para cada variável).

INSTRUÇÕES

Usando um teste-*t* para o coeficiente de correlação ρ

Em palavras	Em símbolos
1. Identifique as hipóteses nula e alternativa.	Formule H_0 e H_a.
2. Especifique o nível de significância.	Identifique α.
3. Identifique os graus de liberdade.	g.l. $= n - 2$
4. Determine o(s) valor(es) crítico(s) e a(s) região(ões) de rejeição.	Use a Tabela 5 do Apêndice B.
5. Calcule a estatística de teste padronizada.	$t = \frac{r}{\sqrt{\frac{1 - r^2}{n - 2}}}$
6. Tome uma decisão para rejeitar ou não rejeitar a hipótese nula.	Se t está na região de rejeição, então rejeitar H_0. Caso contrário, não rejeitar H_0.
7. Interprete a decisão no contexto da afirmação original.	

Para usar o teste-t para um coeficiente de correlação, observe que os requisitos para calcular um coeficiente de correlação fornecidos na página 473 também se aplicam ao teste. Neste texto, salvo indicação em contrário, você pode assumir que esses requisitos são atendidos.

EXEMPLO 7

O teste-*t* para um coeficiente de correlação

No Exemplo 4, você usou 10 pares de dados para encontrar $r \approx 0{,}874$. Teste a significância desse coeficiente de correlação. Use $\alpha = 0{,}05$.

SOLUÇÃO

As hipóteses nula e alternativa são:

H_0: $\rho = 0$ (não há correlação) e H_a: $\rho \neq 0$ (correlação significativa)

Por haver 10 pares de dados na amostra, há $10 - 2 = 8$ graus de liberdade. Como o teste é bilateral, $\alpha = 0{,}05$ e g.l. = 8, os valores críticos são $-t_0 = -2{,}306$ e $t_0 = 2{,}306$. As regiões de rejeição são $t < -2{,}306$ e $t > 2{,}306$. Usando o teste-*t*, a estatística de teste padronizada é:

$$t = \frac{r}{\sqrt{\dfrac{1 - r^2}{n - 2}}}$$ Use o teste t para ρ.

$$= \frac{0{,}874}{\sqrt{\dfrac{1 - (0{,}874)^2}{10 - 2}}}$$ Substitua 0,874 por r e 10 por n.

$$\approx 5{,}087.$$ Arredonde para três casas decimais.

TI-84 PLUS

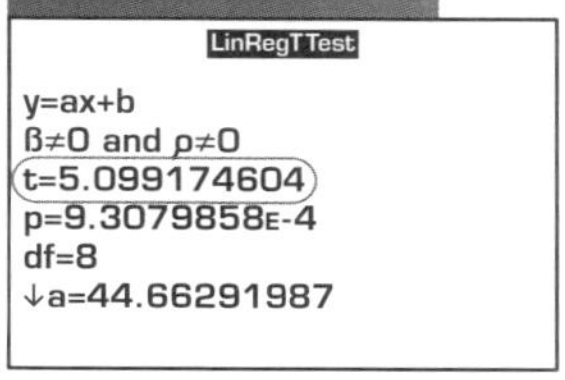

Figura 9.7

Você pode verificar este resultado usando a tecnologia. Por exemplo, usando uma TI-84 Plus, você pode encontrar a estatística de teste padronizada, conforme mostrado na Figura 9.7. (Observe que o resultado difere ligeiramente devido ao arredondamento.) A Figura 9.8 mostra a localização das regiões de rejeição e a estatística de teste padronizada.

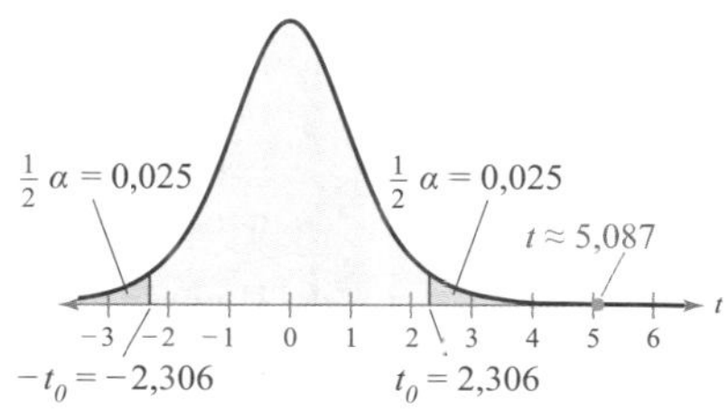

Figura 9.8

Como *t* está na região de rejeição, você rejeita a hipótese nula.

Interpretação Há evidência suficiente, ao nível de significância de 5%, para concluir que há correlação linear significativa entre o produto interno bruto e as emissões de dióxido de carbono.

TENTE VOCÊ MESMO 7

No Tente você mesmo 5, você calculou o coeficiente de correlação dos salários e da média de assistências em jogos em casa para os times da *Major League Baseball* como sendo $r \approx 0{,}792$. Teste a significância desse coeficiente de correlação. Use $\alpha = 0{,}01$.

Dica de estudo

Certifique-se de perceber, no Exemplo 7, que rejeitar a hipótese nula significa que há evidência suficiente de que a correlação é significativa.

No Exemplo 7, você pode usar a Tabela 11 do Apêndice B para testar o coeficiente de correlação populacional ρ. Dado $n = 10$ e $\alpha = 0{,}05$, o valor crítico da Tabela 11 é 0,632. Sendo $|r| \approx 0{,}874 > 0{,}632$, a correlação é significativa. Note que esse é o mesmo resultado obtido usando um teste *t* para o coeficiente de correlação populacional ρ.

Retratando o mundo

O diagrama de dispersão a seguir mostra os resultados de uma pesquisa realizada por alunos em uma aula de estatística do Ensino Médio. Na pesquisa, 125 estudantes do Ensino Médio foram perguntados sobre sua nota média e o número de bebidas com cafeína consumidas por eles a cada dia.

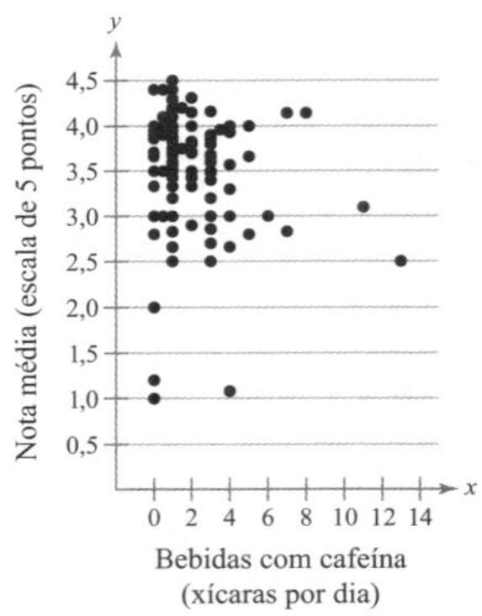

Que tipo de correlação, se houver, entre o consumo de cafeína e a nota média é percebida no diagrama de dispersão?

Correlação e causalidade

O fato de duas variáveis serem fortemente correlacionadas não implica, em si, numa relação de causa e efeito entre elas. Um estudo mais profundo é usualmente necessário para determinar se há uma relação causal entre as variáveis.

Quando há uma correlação significativa entre duas variáveis, um pesquisador deve considerar as seguintes possibilidades.

1. **Há uma relação direta de causa e efeito entre as variáveis?**
   Ou seja, x causa y? Por exemplo, considere a relação entre o Produto Interno Bruto e as emissões de dióxido de carbono que foi discutida ao longo dessa seção. É razoável concluir, a partir dos dados fornecidos, que os países com Produtos Internos Brutos mais elevados terão maiores emissões de dióxido de carbono.
2. **Há uma relação reversa de causa e efeito entre as variáveis?**
   Ou seja, y causa x? Por exemplo, considere os dados do *Old Faithful* que foram discutidos nesta seção. Essas variáveis têm uma correlação linear positiva e é possível concluir que a duração de uma erupção afeta o tempo antes da próxima erupção. Entretanto, também é possível que o tempo entre as erupções afete a duração da próxima erupção.
3. **É possível que a relação entre as variáveis possa ser causada por uma terceira variável ou, talvez, pela combinação de diversas outras variáveis?**
   Por exemplo, considere os salários e a média de assistências por jogo em casa para os times na *Major League Baseball* listados na página de abertura deste capítulo. Embora essas variáveis tenham uma correlação linear positiva, podemos duvidar de que só porque o salário de um time decresce, a média de assistências por jogo em casa também irá decrescer. A relação é devida, provavelmente, por outras variáveis, como a economia, os jogadores no time e se o time está ou não ganhando partidas. Variáveis que têm um efeito nas variáveis sob estudo, mas que não estão incluídas no estudo, são chamadas de **variáveis omitidas**.
4. **É possível que a relação entre duas variáveis seja uma coincidência?**
   Por exemplo, embora seja possível encontrar uma correlação significativa entre o número de espécies de animais que vivem em certas regiões e o número de pessoas que têm mais de dois carros nas mesmas regiões, é altamente improvável que as variáveis sejam diretamente relacionadas. A relação é provavelmente devida à coincidência.

Determinar qual dos casos anteriores é válido para um conjunto de dados pode ser difícil. Por exemplo, considere o seguinte: uma pessoa sofre erupções na pele após comer camarão em um certo restaurante. Isso ocorre toda vez que a pessoa come camarão no restaurante. A conclusão natural é que a pessoa é alérgica a camarão. Entretanto, depois da avaliação de um alergista, descobre-se que essa pessoa não é alérgica a camarão, mas ao tipo de tempero usado no camarão pelo *chef*.

9.1 EXERCÍCIOS

Construindo habilidades básicas e vocabulário

1. Duas variáveis têm uma correlação linear positiva. A variável dependente cresce ou decresce conforme a variável independente cresce? E se as variáveis tiverem uma correlação linear negativa?
2. Descreva a faixa de valores para o coeficiente de correlação
3. O que o coeficiente de correlação amostral r mede? Qual valor indica uma correlação mais forte: $r = 0{,}918$ ou $r = -0{,}932$? Explique seu raciocínio.
4. Dê exemplos de duas variáveis que têm correlação linear positiva perfeita e duas variáveis que têm correlação linear negativa perfeita.
5. Explique como determinar se um coeficiente de correlação amostral indica que o coeficiente de correlação populacional é significativo.
6. Discuta a diferença entre r e ρ.
7. Quais são as hipóteses nula e alternativa para um teste-t bilateral para o coeficiente de correlação populacional ρ? Quando você rejeita a hipótese nula?
8. Com suas próprias palavras, o que significa dizer "correlação não implica causalidade"? Liste um par de variáveis que tenham correlação, mas nenhuma relação de causa e efeito.

Nos exercícios 9 e 10, identifique a variável explicativa e a variável resposta.

9. Um nutricionista deseja determinar se as quantidades de água consumidas diariamente por pessoas com o mesmo peso e com a mesma dieta podem ser usadas para predizer a perda de peso individual.
10. Um atuário de uma companhia de seguros deseja determinar se o número de horas de aulas de direção segura pode ser usado para predizer o número de acidentes de trânsito para cada motorista.

Análise gráfica *Nos exercícios de 11 a 14, determine se há uma correlação linear positiva perfeita, uma correlação linear positiva forte, uma correlação linear negativa perfeita, uma correlação linear negativa forte ou se não há correlação entre as variáveis.*

11. 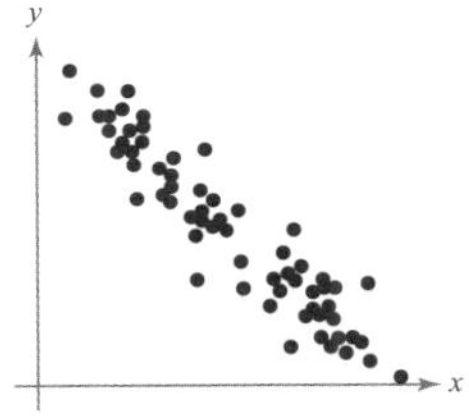

12. 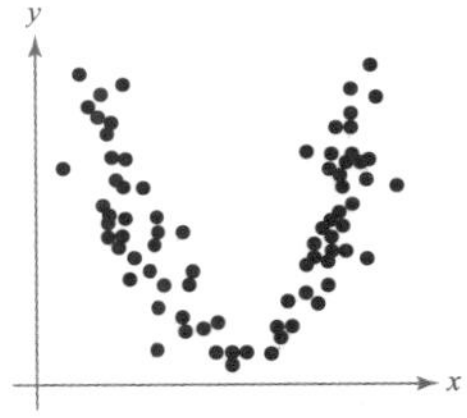

13. 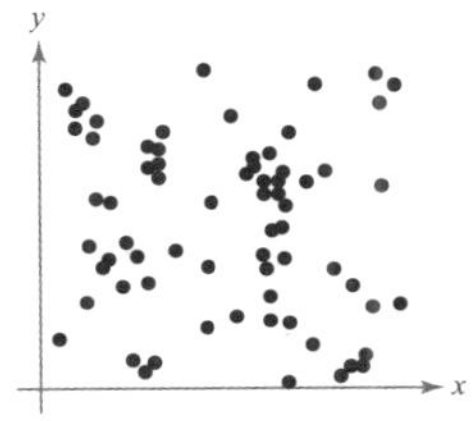

14. 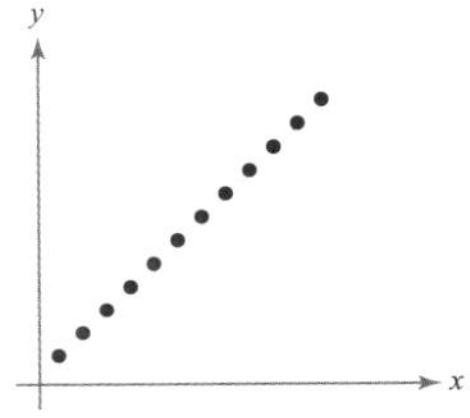

Análise gráfica *Nos exercícios de 15 a 18, os diagramas de dispersão mostram os resultados de uma pesquisa com 20 adultos, selecionados aleatoriamente, com idades entre 24 e 35 anos. Usando a idade como a variável explanatória, relacione cada gráfico com a descrição apropriada. Explique seu raciocínio.*

(a) Idade e temperatura corporal *(b) Idade e saldo dos empréstimos estudantis*

(c) Idade e renda *(d) Idade e altura*

15.

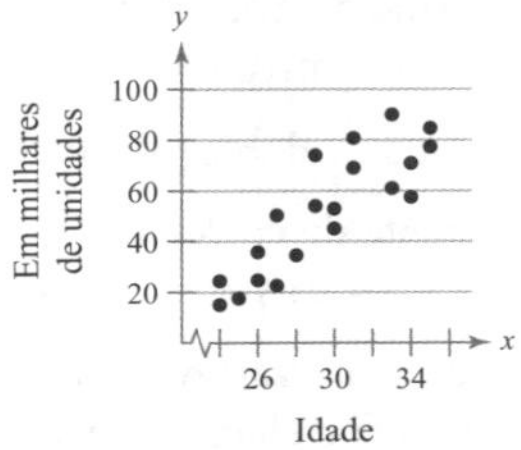

16.

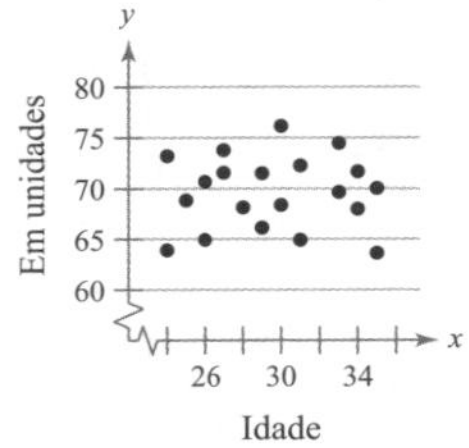

17.

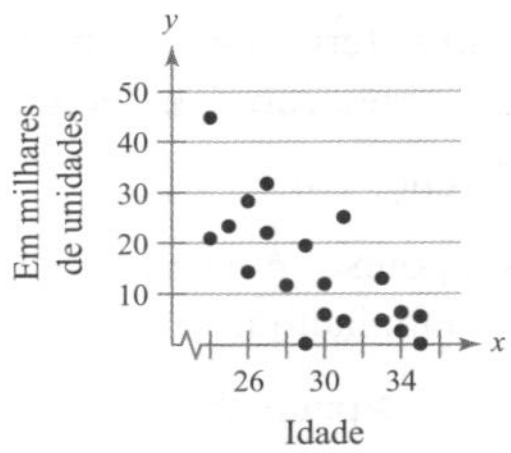

18.

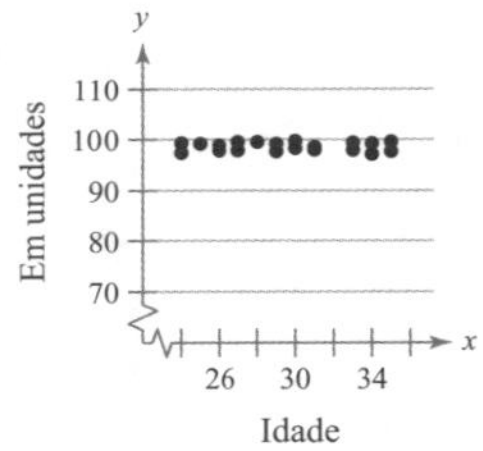

Nos Exercícios de 19 a 22, são dadas duas variáveis que demonstraram ter correlação, mas nenhuma relação de causa e efeito. Descreva pelo menos uma possível razão para a correlação.

19. Valor de casa e tempo de vida.

20. Uso de álcool e uso de tabaco.

21. Vendas de sorvetes e taxas de homicídios.

22. Taxa de casamento em Kentucky e número de mortes causadas por queda de um barco de pesca.

Usando e interpretando conceitos

Construindo um diagrama de dispersão e determinando a correlação

Nos exercícios de 23 a 28, (a) mostre os dados em um diagrama de dispersão, (b) calcule o coeficiente de correlação amostral r e (c) descreva o tipo de correlação, se houver, interpretando-a no contexto dos dados e (d) use a Tabela 11 do Apêndice B para concluir sobre o coeficiente de correlação. Se for conveniente, use a tecnologia. Considere α = 0,01.

23. Idade e vocabulário A idade (em anos) de 11 crianças e o número de palavras em seu vocabulário.

Idade, x	1	2	3	4	5	6	3	5	2	4	6
Tamanho do vocabulário, y	3	220	540	1100	2100	2600	730	2200	260	1200	2500

24. Altura e QI A altura (em polegadas) de 8 alunos do ensino médio e suas pontuações em um teste de QI.

Altura, x	62	58	65	67	59	64	65	57
Pontuação QI, y	109	102	107	114	96	110	116	128

25. Força máxima e altura de salto Os pesos máximos (em quilogramas) para os quais uma repetição de meio agachamento pode ser realizada e as alturas de saltos (em centímetros) para 12 jogadores internacionais de futebol. *(Adaptado de British Journal of Sports Medicine.)*

Peso máximo, x	190	185	155	180	175	170
Altura do salto, y	60	57	54	60	56	64

Peso máximo, x	150	160	160	180	190	210
Altura do salto, y	52	51	49	57	59	64

26. Força máxima e desempenho na arrancada Os pesos máximos (em quilogramas) para os quais uma repetição de meio agachamento pode ser realizada e os tempos (em segundos) para uma arrancada de 10 metros para 12 jogadores internacionais de futebol. *(Adaptado de British Journal of Sports Medicine.)*

Peso máximo, x	175	180	155	210	150	190
Tempo, y	1,80	1,77	2,05	1,42	2,04	1,61

Peso máximo, x	185	160	190	180	160	170
Tempo, y	1,70	1,91	1,60	1,63	1,98	1,90

27. Lucros e dividendos O lucro e os dividendos por ação (em dólares) para 6 empresas em um ano recente. *(Fonte: The Value Line Investment Survey.)*

Lucro por ação, x	3,53	1,01	3,16	5,55	2,61	8,64
Dividendos por ação, y	1,18	0,88	2,64	2,16	0,90	2,68

28. Velocidade do som Onze altitudes (em milhares de pés) e as velocidades do som (em pés por segundo) nessas altitudes.

Altitude, x	0	5	10	15	20	25
Velocidade do som, y	1116,3	1096,9	1077,3	1057,2	1036,8	1015,8

Altitude, x	30	35	40	45	50
Velocidade do som, y	994,5	969,0	967,7	967,7	967,7

29. No Exercício 23, acrescente dados para uma criança que tem 6 anos de idade e um tamanho de vocabulário de 900 palavras. Descreva como isso afeta o coeficiente de correlação r.

30. No Exercício 24, remova os dados do aluno que tem 57 polegadas de altura e marcou 128 no teste de QI. Descreva como isso afeta o coeficiente de correlação r.

31. No Exercício 25, retire os dados do jogador internacional de futebol com um peso máximo de 170 quilogramas e uma altura de salto de 64 centímetros. Descreva como isso afeta o coeficiente de correlação r.

32. No Exercício 26, acrescente dados para um jogador internacional de futebol que pode realizar o meio agachamento com um máximo de 210 quilogramas e pode arrancar 10 metros em 2 segundos. Descreva como isso afeta o coeficiente de correlação r.

O teste-t para coeficientes de correlação *Nos exercícios de 33 a 36, realize um teste de hipóteses usando a Tabela 5 do Apêndice B para elaborar uma conclusão sobre o coeficiente de correlação.*

33. **Distâncias de frenagem: superfície seca** Os pesos (em libras) de oito veículos e a variabilidade das suas distâncias de frenagem (em pés) quando param em uma superfície seca são mostrados a seguir. Considerando $\alpha = 0{,}01$, há evidência suficiente para concluir que existe uma correlação linear significativa entre o peso dos veículos e a variabilidade na distância de frenagem em uma superfície seca? *(Adaptado de National Highway Traffic Safety Administration.)*

Peso, x	5.940	5.340	6.500	5.100	5.850	4.800	5.600	5.890
Variabilidade, y	1,78	1,93	1,91	1,59	1,66	1,50	1,61	1,70

34. **Distâncias de frenagem: superfície molhada** Os pesos (em libras) de oito veículos e a variabilidade das suas distâncias de frenagem (em pés) quando param em uma superfície molhada são mostrados a seguir. Considerando $\alpha = 0{,}05$, há evidência suficiente para concluir que existe uma correlação linear significativa entre o peso dos veículos e a variabilidade na distância de frenagem em uma superfície molhada? *(Adaptado de National Highway Traffic Safety Administration.)*

Peso, x	5.890	5.340	6.500	4.800	5.940	5.600	5.100	5.850
Variabilidade, y	2,92	2,40	4,09	1,72	2,88	2,53	2,32	2,78

35. **Força máxima e altura de salto** A tabela do Exercício 25 mostra os pesos máximos (em quilogramas) para os quais uma repetição de meio agachamento pode ser realizada e as alturas de saltos (em centímetros) para 12 jogadores internacionais de futebol. Considerando $\alpha = 0{,}05$, há evidência suficiente para concluir que existe uma correlação linear significativa entre os dados? (Utilize o valor de r encontrado no Exercício 25.)

36. **Força máxima e desempenho na arrancada** A tabela do Exercício 26 mostra os pesos máximos (em quilogramas) para os quais uma repetição de meio agachamento pode ser realizada e os tempos (em segundos) para uma arrancada de 10 metros para 12 jogadores internacionais de futebol. Considerando $\alpha = 0{,}01$, há evidência suficiente para concluir que existe uma correlação linear significativa entre os dados? (Utilize o valor de r encontrado no Exercício 26.)

Expandindo conceitos

37. **Trocando x e y** No Exercício 26, faça o tempo (em segundos) para uma arrancada de 10 metros representar os valores de x e o peso máximo (em quilogramas) para o qual uma repetição de meio agachamento pode ser realizada para representar os valores de y. Calcule o coeficiente de correlação r. Que efeito tem a troca das variáveis explanatória e resposta no coeficiente de correlação?

38. **Escrevendo** Utilize uma fonte de pesquisa apropriada para encontrar um conjunto de dados da vida real com a relação de causa e efeito indicada. Escreva um parágrafo descrevendo cada variável e explique por que você acha que as variáveis têm a relação de causa e efeito indicada.
    - **(a)** *Causa e efeito direta*: mudanças em uma variável causam mudanças na outra variável.
    - **(b)** *Outros fatores*: a relação entre as variáveis é causada por uma terceira variável.
    - **(c)** *Coincidência*: a relação entre as variáveis é uma coincidência.

9.1 ATIVIDADE

Correlação por tentativa e erro

APPLET

O *applet Correlation by eye* permite que você tente acertar o coeficiente de correlação amostral *r* para um conjunto de dados. Quando o *applet* carrega, um conjunto de dados consistindo em 20 pontos é mostrado. Para acrescentar um ponto, clique no local desejado ou em **Acrescentar ponto** (*Add point*) e insira as coordenadas. Para remover um ponto, clique sobre ele e o arraste para fora da área dos eixos. Você pode mudar o **Tamanho da amostra** (*Sample size*) inserindo um novo valor. Clique em **Simular** (*Simulate*) para gerar um novo conjunto de pontos. Clique em **Redefinir** (*Reset*) para remover todos os pontos. Insira um **Palpite** (*Guess*) para *r* e clique em **Verificar** (Check) para ver se seu palpite dista, no máximo, 0,1. Clique em **Mostrar** (*Show*) para ver o valor de *r*.

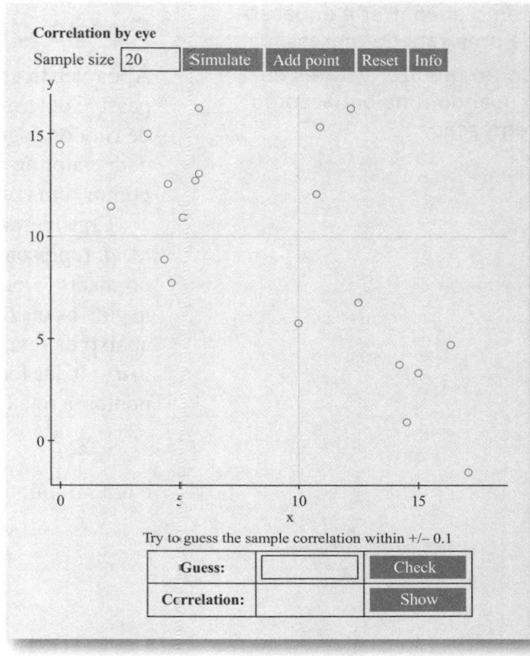

Figura 9.9

EXPLORE

Passo 1 Acrescente cinco pontos ao gráfico.

Passo 2 Insira um **Palpite** (*Guess*) para *r*. Clique **Verificar** (*Check*).

Passo 3 Clique em **Mostrar** (*show*).

Passo 4 Insira um novo **Tamanho de amostra** (*Sample.size*) e clique em **Simular** (*Simulate*).

Passo 5 Remova cinco pontos do gráfico.

Passo 6 Inserir repetidamente um **Palpite** (*Guess*) para *r* e **Verificar** (*Check*).seu valor até distar, no máximo, 0,1. Em seguida **Mostrar** (*Show*) o valor de *r*.

CONCLUA

APPLET

1. Gere um novo conjunto de dados. Usando seu conhecimento de correlação, tente supor o valor de *r* para o conjunto. Repita isso 10 vezes. Quantas vezes você acertou? Descreva como você escolheu cada valor de r.
2. Descreva como criar um conjunto de dados cujo valor de *r* seja aproximadamente 1.
3. Descreva como criar um conjunto de dados cujo valor de *r* que seja aproximadamente 0.
4. Tente criar um conjunto de dados cujo valor de *r* seja aproximadamente –0,9. Em seguida, tente criar um conjunto de dados cujo valor de *r* seja aproximadamente 0,9. O que você fez de diferente para criar os dois conjuntos de dados?

9.2 Regressão linear

O que você deve aprender

- Como encontrar a equação de uma reta de regressão.
- Como predizer valores de *y* usando uma equação de regressão.

Retas de regressão ■ Aplicações das retas de regressão

Retas de regressão

Após verificar que a correlação linear entre duas variáveis é significativa, o próximo passo é determinar a equação da reta que melhor modela os dados. Essa reta é chamada de **reta de regressão** e sua equação pode ser usada para predizer os valores de y para um dado valor de x. Embora muitas retas possam ser desenhadas através de um conjunto de pontos, uma reta de regressão é determinada por critérios específicos.

Considere o diagrama de dispersão e a reta mostrados na Figura 9.10. Para cada ponto, d_i representa a diferença entre o valor observado de y e o valor previsto de y para um dado valor de x. Essas diferenças são chamadas de **resíduos** e podem ser positivas, negativas ou zero. Quando o ponto está acima da reta, d_i é positivo. Quando o ponto está abaixo da reta, d_i é negativo. Quando o valor observado de y é igual ao valor previsto de y, $d_i = 0$. De todas as retas possíveis que podem ser desenhadas através de um conjunto de pontos, a reta de regressão é a reta para a qual a soma dos quadrados de todos os resíduos:

Σd_i^2 Soma dos quadrados dos resíduos

é um mínimo.

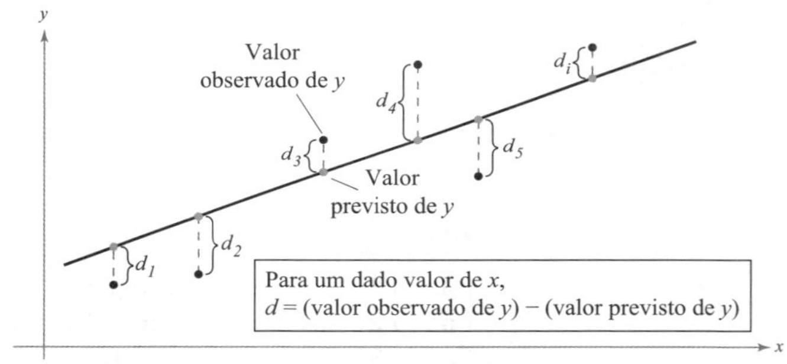

Figura 9.10

> **DEFINIÇÃO**
>
> Uma **reta de regressão**, também chamada de **reta de melhor ajuste**, é a reta para a qual a soma dos quadrados dos resíduos é minimizada.

Dica de estudo

Ao determinar a equação de uma reta de regressão, é útil construir um diagrama de dispersão dos dados para verificar se há valores discrepantes que podem influenciar bastante uma reta de regressão. Você também deve verificar se há lacunas e concentrações nos dados.

Em álgebra, você aprendeu que é possível escrever a equação de uma reta, encontrando sua inclinação m e o intercepto em y, b. A equação tem a forma:

$$y = mx + b$$

Lembre-se de que a inclinação de uma reta é a razão da variação de y sobre a variação de x e o intercepto em y é o valor de y no ponto onde a reta cruza o eixo y. É o valor de y quando $x = 0$. Por exemplo, o gráfico de $y = 2x + 1$ é mostrado na Figura 9.11. A inclinação da reta é 2 e o intercepto em y é 1.

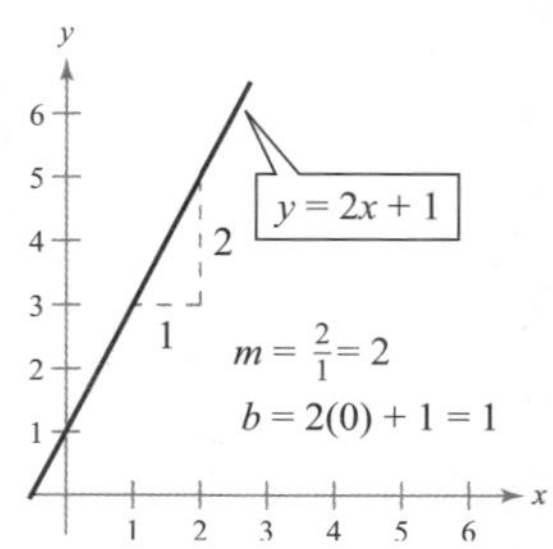

Figura 9.11

Em álgebra, você usava dois pontos para determinar a equação de uma reta. Em estatística, você vai usar cada ponto no conjunto de dados para determinar a equação da reta de regressão.

A equação de uma reta de regressão permite que você use a variável independente (explanatória) x para fazer previsões para a variável dependente (resposta) y.

Dica de tecnologia

Embora sejam dadas fórmulas para a inclinação e o intercepto em y, é mais conveniente usar tecnologia para calcular a equação de uma reta de regressão (veja o Exemplo 2).

A equação de uma reta de regressão

A equação de uma reta de regressão para uma variável independente x e uma variável dependente y é:

$$\hat{y} = mx + b$$

em que $\hat{y}$ é o valor previsto de y para um dado valor de x. A inclinação m e o intercepto em y, b, são dados por:

$$m = \frac{n\Sigma xy - (\Sigma x)(\Sigma y)}{n\Sigma x^2 - (\Sigma x)^2} \quad \text{e} \quad b = \bar{y} - m\bar{x} = \frac{\Sigma y}{n} - m\frac{\Sigma x}{n}$$

em que $\bar{y}$ é a média dos valores de y no conjunto de dados, e $\bar{x}$ é a média dos valores de x e n é o número de pares de dados. A reta de regressão sempre passa pelo ponto $(\bar{x}, \bar{y})$.

Tabela 9.10

PIB (em trilhões de dólares), x	Emissões de CO_2 (em milhões de toneladas métricas), y
1,7	620,1
2,4	475,2
3,0	457,6
1,2	389,7
4,1	810,8
2,3	352,9
0,9	235,0
1,8	297,8
2,9	413,9
5,4	1216,5

EXEMPLO 1

Encontrando a equação de uma reta de regressão

Encontre a equação da reta de regressão para os dados do Produto Interno Bruto e emissão de dióxido de carbono usados na Seção 9.1. (Veja a Tabela 9.10.)

SOLUÇÃO

Recorde do Exemplo 7 da Seção 9.1, que há uma correlação linear significativa entre os Produtos Internos Brutos e as emissões de dióxido de carbono. Além disso, no Exemplo 4 da Seção 9.1, você encontrou que $n = 10$, $\Sigma x = 25{,}7$, $\Sigma y = 5.269{,}5$, $\Sigma xy = 16.687{,}99$ e $\Sigma x^2 = 82{,}81$. Você pode usar esses valores para calcular a inclinação m da reta de regressão.

$$m = \frac{n\Sigma xy - (\Sigma x)(\Sigma y)}{n\Sigma x^2 - (\Sigma x)^2} = \frac{10(16.687{,}99) - (25{,}7)(5269{,}5)}{10(82{,}81) - (25{,}7)^2} \approx 187{,}660343$$

e seu intercepto em y, b.

$$\begin{aligned} b &= \bar{y} - m\bar{x} \\ &\approx \frac{5269{,}5}{10} - (187{,}660343)\left(\frac{25{,}7}{10}\right) \\ &\approx 44{,}663 \end{aligned}$$

Desse modo, a equação da reta de regressão é:

$$\hat{y} = 187{,}660x + 44{,}663.$$

Para esboçar a reta de regressão, primeiro escolha dois valores de x entre o menor e o maior valor no conjunto de dados. Depois, calcule os valores de y correspondentes usando a equação de regressão. Então, desenhe uma reta através dos dois pontos. A reta de regressão e o diagrama de dispersão dos dados são apresentados na Figura 9.12. Note que a reta passa pelo ponto $(\bar{x}, \bar{y}) = (2{,}57; 526{,}95)$.

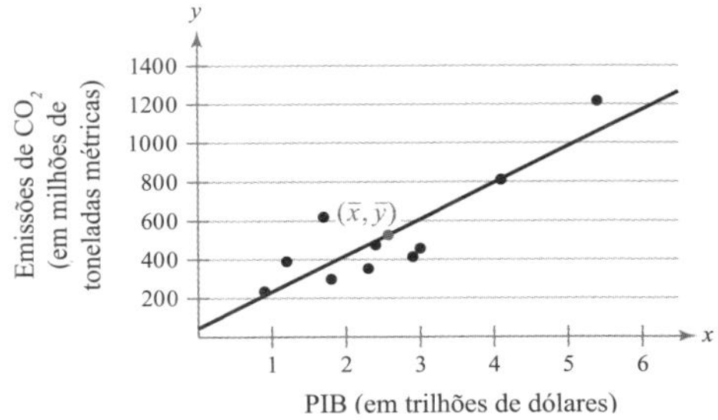

Figura 9.12

TENTE VOCÊ MESMO 1

Encontre a equação da reta de regressão para os dados do número de anos fora da faculdade e a contribuição anual usados no Tente você mesmo 4 na Seção 9.1.

Dica de estudo

No Exemplo 1, ao escrever a equação de uma reta de regressão, a inclinação m e o intercepto em y, b, são arredondados para três casas decimais. Essa regra de arredondamento será usada por todo o texto.

Tabela 9.11

Duração, x	Tempo, y	Duração, x	Tempo, y
1,80	56	3,78	79
1,82	58	3,83	85
1,90	62	3,88	80
1,93	56	4,10	89
1,98	57	4,27	90
2,05	57	4,30	89
2,13	60	4,43	89
2,30	57	4,47	86
2,37	61	4,53	89
2,82	73	4,55	86
3,13	76	4,60	92
3,27	77	4,63	91
3,65	77		

9.2 Para explorar mais esse tópico, veja a **Atividade 9.2** na página 496.

EXEMPLO 2

Usando tecnologia para encontrar uma equação de regressão

Use tecnologia para encontrar a equação da reta de regressão para os dados do *Old Faithful* usados na Seção 9.1. (Veja a Tabela 9.11.)

SOLUÇÃO

Lembre-se do Exemplo 6 da Seção 9.1 que existe uma correlação linear significativa entre a duração das erupções do *Old Faithful* e o tempo entre as erupções. O Minitab, Excel e TI-84 Plus possuem, cada um, funções que calculam uma equação de regressão. Use essa tecnologia para encontrar a equação de regressão. Você deve obter resultados semelhantes aos exibidos abaixo.

MINITAB

Regression Analysis: Time versus Duration

Regression Equation

Time = 33.68 + 12.481 Duration

Coefficients

Term	Coef	SE Coef	T-Value	P-Value
Constant	33.68	1.89	17.79	0.000
Duration	12.481	0.546	22.84	0.000

(a)

EXCEL

	A
26	Slope:
27	12.48094
28	Y-intercept:
29	33.6829

Liste as durações das erupções nas células A1 a A25 e os tempos até a próxima erupção nas células B1 até B25.

27: ←INCLINAÇÃO(B1:B25;A1:A25)

29: ←INTERCEPÇÃO(B1:B25;A1:A25)

(b)

TI-84 PLUS

LinReg
y=ax+b
a=12.48094391
b=33.68290034
r²=.9577738551
r=.9786592129

(c)

Figura 9.13

Nas telas mostradas, você pode ver que a equação de regressão é:

$$\hat{y} = 12{,}481x + 33{,}683.$$

A tela da TI-84 Plus na Figura 9.14 mostra a reta de regressão e um diagrama de dispersão dos dados na mesma janela de visualização. Para fazer isso, use a função *Stat Plot* para construir o diagrama de dispersão e insira a equação de regressão como y_1.

TI-84 PLUS

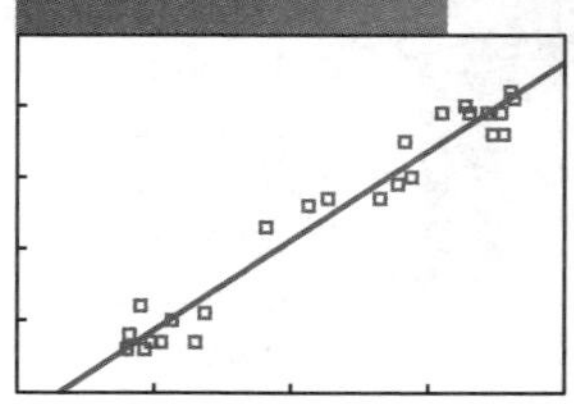

Figura 9.14

TENTE VOCÊ MESMO 2

Use tecnologia para encontrar a equação da reta de regressão para os salários e a média de assistências em jogos em casa para os times da *Major League Baseball* listados na página de abertura deste capítulo.

Aplicações das retas de regressão

Quando a correlação entre x e y é *significativa* (veja a Seção 9.1), a equação de uma reta de regressão pode ser usada para predizer valores de y para certos valores de x. Os valores previstos têm sentido somente para os valores de x no (ou próximo do) intervalo dos valores observados. Ilustrando, no Exemplo 1, os valores observados de x no conjunto variam de US$ 0,9 trilhão a US$ 5,4 trilhões. Então, não seria apropriado usar a equação de regressão encontrada no Exemplo 1 para predizer emissões de dióxido de carbono para um Produto Interno Bruto como US$ 0,2 trilhão ou US$ 14,5 trilhões.

Para predizer valores de y, substitua um valor de x na equação de regressão e então calcule $\hat{y}$, o valor previsto de y. Esse processo é mostrado no próximo exemplo.

Retratando o mundo

O diagrama de dispersão mostra a relação entre o número de fazendas (em milhares) em um estado e a receita líquida total das fazendas (em milhões de dólares) no estado. *(Fonte: U.S. Department of Agriculture.)*

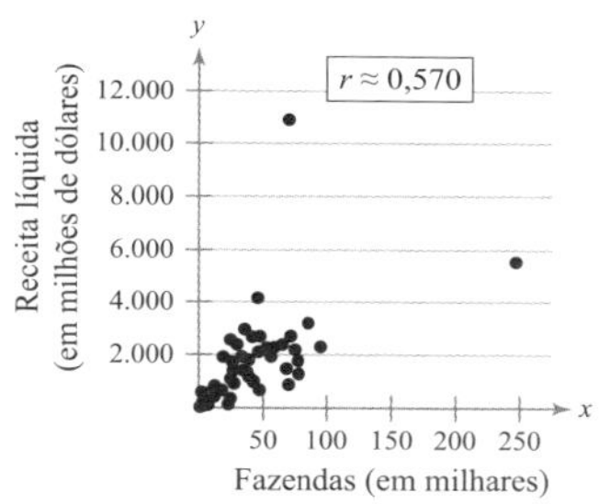

Descreva a correlação entre essas duas variáveis. Use o diagrama de dispersão para predizer a receita líquida total em um estado que tem 150.000 fazendas (x = 150). A reta de regressão para esse diagrama de dispersão é $\hat{y}$ = 25,696 + 622,707. Use essa equação para predizer a receita líquida total em um estado que tem 150.000 fazendas. (De acordo com os métodos da Seção 9.1, x e y têm uma correlação linear significativa). Como sua predição algébrica se compara à sua predição gráfica?

EXEMPLO 3

Prevendo valores de *y* usando equações de regressão

A equação de regressão para os dados do Produto Interno Bruto (em trilhões de dólares) e as emissões de dióxido de carbono (em milhões de toneladas métricas) é:

$\hat{y} = 187,660x + 44,663.$ Veja o Exemplo 1.

Use essa equação para predizer as emissões de dióxido de carbono *esperadas* para cada produto interno bruto.

1. US$ 1,2 trilhão
2. US$ 2,0 trilhões
3. US$ 2,6 trilhões

SOLUÇÃO

Lembre-se, da Seção 9.1, Exemplo 7, que x e y têm uma correlação linear significativa. Então, você pode usar a equação de regressão para predizer valores de y. Note que os valores dados do Produto Interno Bruto estão no intervalo (US$ 0,9 trilhão a US$ 5,4 trilhões) de valores observados de x. Para predizer as emissões de dióxido de carbono esperadas, substitua cada produto interno bruto por x na equação de regressão. Depois, calcule $\hat{y}$.

1. $\hat{y} = 187,660x + 44,663$
$= 187,660\,(1,2) + 44,663$
$= 269,855$

   Interpretação Quando o produto interno bruto é 1,2 trilhão, as emissões de CO_2 previstas são de 269,855 milhões de toneladas métricas.

2. $\hat{y} = 187,660x + 44,663$
$= 187,660\,(2,0) + 44,663$
$= 419,983$

   Interpretação Quando o produto interno bruto é 2,0 trilhões, as emissões de CO_2 previstas são de 419,983 milhões de toneladas métricas.

3. $\hat{y} = 187,660x + 44,663$
$= 187,660\,(2,6) + 44,663$
$= 532,579$

   Interpretação Quando o produto interno bruto é 2,6 trilhões, as emissões de CO_2 previstas são de 532,579 milhões de toneladas métricas.

TENTE VOCÊ MESMO 3

A equação de regressão para os dados do *Old Faithful* é $\hat{y} = 12,481x + 33,683$. Use-a para predizer o tempo até a próxima erupção para cada duração de erupção. (Relembre, da Seção 9,1, Exemplo 6, que x e y têm uma correlação linear significativa.)

1. 2 minutos
2. 3,32 minutos

Quando a correlação entre x e y *não* é significativa, o melhor valor previsto de y é $\bar{y}$, a média dos valores de y no conjunto de dados.

9.2 EXERCÍCIOS

Construindo habilidades básicas e vocabulário

1. O que é um resíduo? Explique quando um resíduo é positivo, negativo e zero.
2. Duas variáveis têm uma correlação linear positiva. A inclinação da reta de regressão para as variáveis é positiva ou negativa?
3. Explique como predizer valores de y usando a equação de uma reta de regressão.
4. Para um conjunto de dados e uma correspondente reta de regressão, descreva todos os valores de x que fornecem previsões significativas para y.
5. De modo a predizer valores de y usando a equação de uma reta de regressão, o que dever ser verdadeiro sobre o coeficiente de correlação das variáveis?
6. Por que não é apropriado usar uma reta de regressão para predizer valores de y com valores de x que não estão no (ou próximo do) intervalo de valores de x no conjunto de dados?

Nos exercícios de 7 a 12, relacione a descrição na coluna à esquerda com seu(s) símbolo(s) na coluna à direita.

7. O valor de y correspondente ao dado x_i	**a.** $\hat{y}_i$
8. O valor de y para um ponto na reta de regressão correspondente a x_i	**b.** y_i
9. Inclinação	**c.** b
10. Intercepto em y	**d.** $(\bar{x}, \bar{y})$
11. A média dos valores y	**e.** m
12. O ponto pelo qual uma reta de regressão sempre passa	**f.** $\bar{y}$

Análise gráfica *Nos exercícios de 13 a 16, relacione a equação de regressão com o gráfico apropriado*

13. $\hat{y} = -1{,}361x + 21{,}952$

14. $\hat{y} = 2{,}115x + 21{,}958$

15. $\hat{y} = 2.125x + 9{,}588$

16. $\hat{y} = -0{,}705x + 27{,}214$

(a)

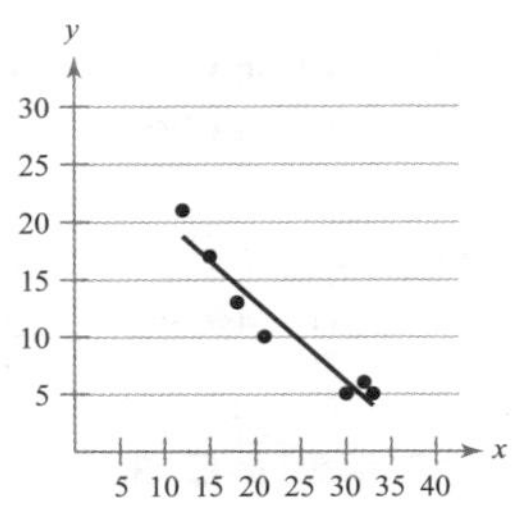

(b)

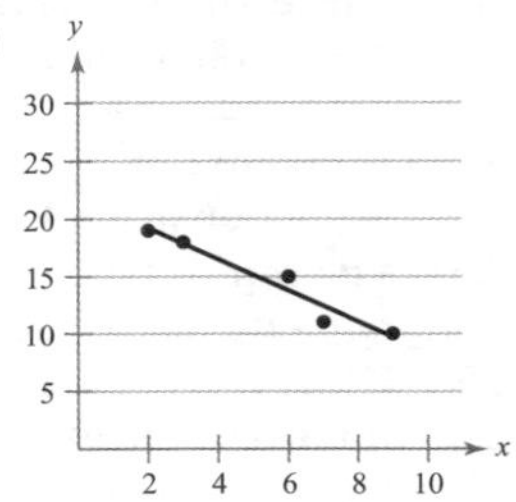

(c)

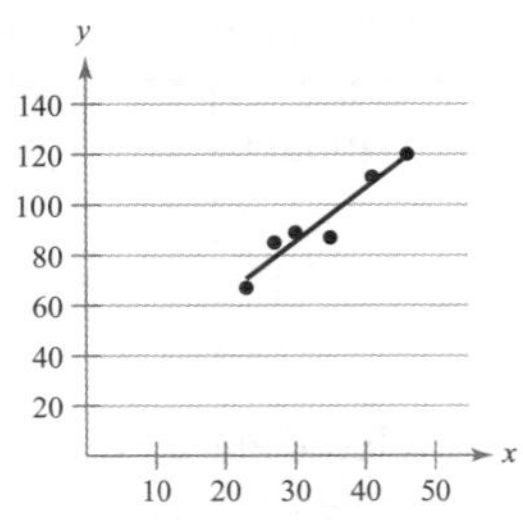

(d)

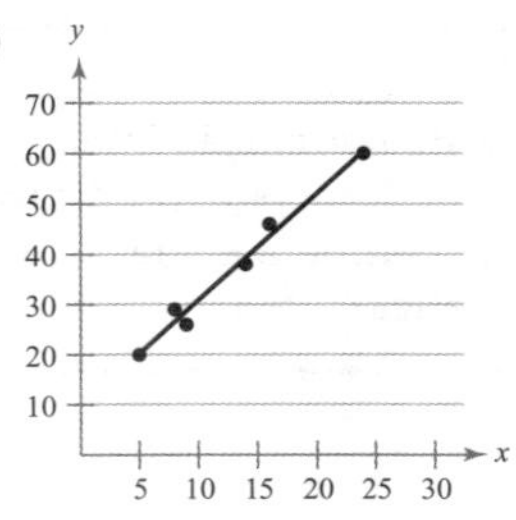

Usando e interpretando conceitos

Encontrando a equação de uma reta de regressão *Nos exercícios de 17 a 26, encontre a equação da reta de regressão para os dados. Em seguida, construa um diagrama de dispersão dos dados e desenhe a reta de regressão. (Cada par de variáveis tem uma correlação significativa). Então, use a equação de regressão para predizer o valor de y para cada um dos valores de x, se o modelo for significativo. Se o valor de x não for significativo para predizer o valor de y, explique o porquê. Se for conveniente, use tecnologia.*

17. Altura e número de andares As alturas (em pés) e o número de andares dos nove prédios mais altos em Huston, Texas. *(Fonte: Emporis Corporation.)*

Altura, x	1002	992	901	780	762	756	752	741	735
Andares, y	75	71	64	56	53	55	48	47	47

(a) $x = 950$ pés **(b)** $x = 850$ pés
(c) $x = 800$ pés **(d)** $x = 650$ pés

18. Área e preço de venda de casas As áreas (em pés quadrados) e os preços de venda (em milhares de dólares) de nove casas em Akron, Ohio, estão na tabela a seguir. *(Fonte: Howard Hanna.)*

(a) $x = 1.100$ pés quadrados **(b)** $x = 725$ pés quadrados
(c) $x = 2.575$ pés quadrados **(d)** $x = 950$ pés quadrados

Área, x	**Preço de venda, y**
1438	120,0
1280	109,5
1680	289,0
5627	915,0
1040	49,9
1180	79,9
876	59,9
1552	94,9
2180	199,9

TABELA PARA O EXERCÍCIO 18

19. Horas de estudo e pontuação em teste O número de horas que 9 estudantes passaram estudando para um teste e suas respectivas pontuações.

Horas de estudo, x	0	2	4	5	5	5	6	7	8
Pontuação no teste, y	40	51	64	69	73	75	93	90	95

(a) $x = 3$ horas **(b)** $x = 6,5$ horas
(c) $x = 13$ horas **(d)** $x = 4,5$ horas

20. Saldo de gols e vitórias O saldo de gols (gols marcados menos gols sofridos) e o número de vitórias para as 10 melhores equipes na temporada 2020-2021 da *Premier League* inglesa. *(Fonte: Premier League.)*

Saldo de gols, x	51	29	26	22	18	15	23	16	8	−1
Vitórias, y	27	21	20	19	20	19	18	18	18	17

(a) $x = 0$ gol **(b)** $x = 20$ gols
(c) $x = 40$ gols **(d)** $x = 60$ gols

21. Frequência cardíaca e intervalo QT As frequências cardíacas (em batidas por minuto) e os intervalos QT (em milissegundos) para 13 homens. (A figura mostra o intervalo QT de uma batida do coração em um eletrocardiograma.) *(Adaptado de Chest.)*

Frequência cardíaca, x	60	75	62	68	84	97	66
Intervalo QT, y	403	363	381	367	341	317	401

Frequência cardíaca, x	65	86	78	93	75	88
Intervalo QT, y	384	342	377	329	377	349

(a) $x = 120$ batidas por minuto **(b)** $x = 67$ batidas por minuto
(c) $x = 90$ batidas por minuto **(d)** $x = 83$ batidas por minuto

Eletrocardiograma

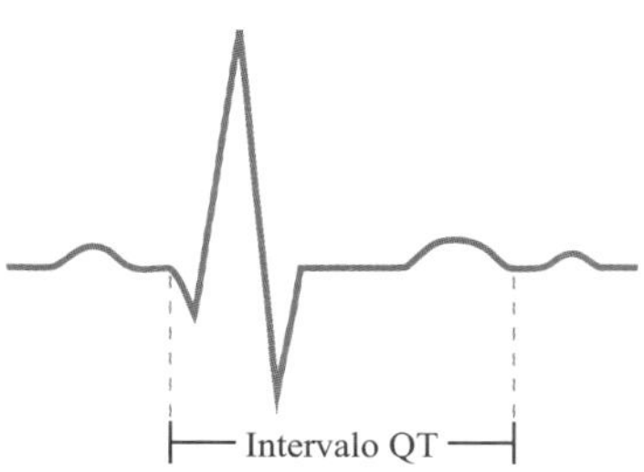

O intervalo QT é uma medida das ondas elétricas do coração. Um intervalo QT prolongado pode indicar problemas de saúde do coração.

FIGURA PARA O EXERCÍCIO 21

22. **Comprimento e circunferência de focas** Os comprimentos (em centímetros) e as circunferências (em centímetros) de 12 focas. *(Adaptado de Moss Landing Marine Laboratories.)*

Comprimento, x	137	168	152	145	159	159
Circunferência, y	106	130	116	106	125	119

Comprimento, x	124	137	155	148	147	146
Circunferência, y	103	104	120	110	107	109

(a) $x = 140$ centímetros
(b) $x = 172$ centímetros
(c) $x = 164$ centímetros
(d) $x = 158$ centímetros

23. **Cachorros-quentes: teor calórico e de sódio** Os teores calórico e de sódio (em miligramas) de 12 cachorros-quentes. *(Fonte: Walmart.)*

Calorias, x	180	220	230	90	160	190
Sódio, y	510	740	740	280	530	580

Calorias, x	150	110	110	160	140	150
Sódio, y	490	480	330	640	480	460

(a) (a) $x = 170$ calorias
(b) $x = 100$ calorias
(c) (c) $x = 260$ calorias
(d) $x = 210$ calorias

24. **Funcionários e receita** O número de funcionários e a receita em 2020 (em milhões de dólares) de 14 empresas hoteleiras e de jogos. *(Adaptado de Value Line.)*

Funcionários, x	9000	42.000	18.000	19.700	7600	7300	30.200
Receita, y	1300	5162	2886	1728	1182	1964	2096

Funcionários, x	14.300	7000	46.000	800	2600	141.000	15.500
Receita, y	2179	1054	3612	316	615	10.571	2160

(a) $x = 32.500$ funcionários
(b) $x = 6.000$ funcionários
(c) $x = 1.350$ funcionários
(d) $x = 100.000$ funcionários

25. **Tamanho do calçado e altura**: O tamanho do calçado e as alturas (em polegadas) de 14 homens.

Tamanho do calçado, x	8,5	9,0	9,0	9,5	10,0	10,0	10,5
Altura, y	66,0	68,5	67,5	70,0	70,0	72,0	71,5

Tamanho do calçado, x	10,5	11,0	11,0	11,0	12,0	12,0	12,5
Altura, y	69,5	71,5	72,0	73,0	73,5	74,0	74,0

(a) $x =$ tamanho 11.5
(b) tamanho 8.0
(c) $x =$ tamanho 15.5
(d) tamanho 10.0

26. Idade e horas de sono As idades (em anos) de 10 crianças e o número de horas de sono por cada uma em um dia.

Idade, x	0,1	0,2	0,4	0,7	0,6	0,9
Horas de sono, y	14,5	14,3	14,1	13,9	13,9	13,7

Idade, x	0,1	0,2	0,4	0,9
Horas de sono, y	14,3	14,2	14,0	13,8

(a) $x = 0,3$ ano
(b) $x = 3,9$ anos
(b) $x = 0,6$ ano
(d) $x = 0,8$ ano

Salários de enfermeiras registradas

Nos exercícios de 27 a 30, use a tabela a seguir, que mostra os anos de experiência de 14 enfermeiras registradas e seus salários anuais (em milhares de dólares). (Adaptrado de: Payscale, Inc.)

Anos de experiência, x	0,5	2	4	5	7	9	10
Salário anual (em milhares de dólares), y	48,3	53,4	58,5	63,4	65,7	67,3	70,6

Anos de experiência, x	12,5	13	16	18	20	22	25
Salário anual (em milhares de dólares), y	71,8	69,8	73,2	75,5	74,3	78,9	76,6

27. Correlação Usando o diagrama de dispersão dos dados sobre os salários de enfermeiras registradas mostrado na figura a seguir, que tipo de correlação, se houver, você acha que os dados têm? Explique.

28. Reta de regressão Encontre uma equação da reta de regressão para os dados. Esboce um diagrama de dispersão dos dados e desenhe a reta de regressão.

29. Usando a reta de regressão O analista usou a reta de regressão que você encontrou no Exercício 28 para predizer o salário anual para uma enfermeira registrada com 28 anos de experiência. Essa predição é válida? Explique seu raciocínio.

30. Correlação significativa? Um analista salarial afirma que a população tem uma correlação significativa considerando $\alpha = 0,01$. Teste essa afirmação.

Expandindo conceitos

Trocando *x* e *y* *Nos exercícios 31 e 32, faça o seguinte:*

(a) Encontre a equação da reta de regressão para os dados, fazendo a linha 1 representar os valores de x e a linha 2 os valores de y. Esboce um diagrama de dispersão para os dados e desenhe a reta de regressão.

(b) Encontre a equação da reta de regressão para os dados, fazendo a linha 2 representar os valores de x e a linha 1 os valores de y. Esboce um diagrama de dispersão para os dados e desenhe a reta de regressão.

(c) Descreve o efeito da troca das variáveis explanatórias e respostas na reta de regressão.

31.

Linha 1	0	1	2	3	3	5	5	5	6	7
Linha 2	96	85	82	74	95	68	76	84	58	65

32.

Linha 1	16	25	39	45	49	64	70
Linha 2	109	122	143	132	199	185	199

Gráfico de resíduos *Um **gráfico de resíduos** permite a você avaliar dados de correlação e verificar possíveis problemas com um modelo de regressão. Para construir um gráfico de resíduos, faça um diagrama de dispersão de $(x, y - \hat{y})$, onde $y - \hat{y}$ é o resíduo de cada valor de y. Se o gráfico resultante mostrar qualquer tipo de padrão, então a reta de regressão não é uma boa representação da relação entre as duas variáveis. Se ele não mostrar um padrão – isto é, se os resíduos oscilam em torno de 0 – então a reta de regressão é uma boa representação. Fique atento ao fato de que, se um ponto no gráfico de resíduos parece estar fora do padrão dos demais, então ele pode ser um* outlier.

Nos exercícios 33 e 34, (a) encontre a equação da reta de regressão, (b) construa um diagrama de dispersão dos dados e desenhe a reta de regressão, (c) construa um gráfico de resíduos e (d) determine se há quaisquer padrões no gráfico de resíduos e explique o que eles sugerem sobre a relação entre as variáveis.

33.

x	38	34	40	46	43	48	60	55	52
y	24	22	27	32	30	31	27	26	28

34.

x	8	4	15	7	6	3	12	10	5
y	18	11	29	18	14	8	25	20	12

Pontos influentes *Um **ponto influente** é um ponto no conjunto de dados que pode afetar muito o gráfico de uma reta de regressão. Um* outlier *pode ou não ser um ponto influente. Para determinar se um ponto é influente, encontre duas retas de regressão: uma incluindo todos os pontos no conjunto de dados e a outra excluindo o possível ponto influente. Se a inclinação ou intercepto em y da reta de regressão mostrar mudanças significativas, então o ponto pode ser considerado influente. Um ponto influente pode ser removido de um conjunto de dados somente quando houver uma justificativa apropriada.*

Nos exercícios 35 e 36, (a) construa um diagrama de dispersão dos dados, (b) identifique quaisquer possíveis outliers *e (c) determine se o ponto é influente. Explique seu raciocínio.*

35.

x	5	6	9	10	14	17	19	44
y	32	33	28	26	25	23	23	8

36.

x	1	3	6	8	12	14
y	4	7	10	9	15	3

Transformações para alcançar linearidade *Quando um modelo linear não é apropriado para representar os dados, outros modelos podem ser usados. Em alguns casos, os valores de x e y devem ser transformados para encontrar um modelo apropriado. Em uma* ***transformação logarítmica****, os logaritmos das variáveis são usados no lugar das variáveis originais, para criar um diagrama de dispersão e calcular a reta de regressão.*

Número de horas, x	Número de bactérias, y
1	165
2	280
3	468
4	780
5	1310
6	1920
7	4900

TABELA PARA OS EXERCÍCIOS 37 A 40

Nos exercícios de 37 a 40, use os dados apresentados na tabela, que mostra o número de bactérias presentes após certo número de horas.

37. Encontre a equação da reta de regressão para os dados. Depois, construa um diagrama de dispersão de (x, y) e esboce a reta de regressão, juntamente.

38. Substitua cada valor de y na tabela por seu logaritmo, $\log y$. Encontre a equação da reta de regressão para os dados transformados. Depois, construa um diagrama de dispersão de $(x, \log y)$ e esboce a reta de regressão, juntamente. O que você percebe?

39. Uma **equação exponencial** é uma equação de regressão não linear da forma $y = ab^x$. Use uma ferramenta tecnológica para encontrar e gerar o gráfico da equação exponencial para os dados originais. Inclua os dados originais no seu gráfico. Note que você também pode encontrar esse modelo ao resolver, para y, a equação $\log y = mx + b$ do Exercício 38.

40. Compare seus resultados no Exercício 39 com a equação da reta de regressão e seu gráfico no Exercício 37. Qual equação é um melhor modelo para os dados? Explique.

x	y
1	695
2	410
3	256
4	110
5	80
6	75
7	68
8	74

TABELA PARA OS EXERCÍCIOS 41 A 44

Nos exercícios de 41 a 44, use os dados apresentados na tabela a seguir.

41. Encontre a equação da reta de regressão para os dados. Depois, construa um diagrama de dispersão de (x, y) e esboce a reta de regressão, juntamente.

42. Substitua cada valor de x e de y na tabela por seu logaritmo. Encontre a equação da reta de regressão para os dados transformados. Depois, construa um diagrama de dispersão de $(\log x, \log y)$ e esboce a reta de regressão, juntamente. O que você percebe?

43. Uma **equação potência** é uma equação de regressão não linear da forma $y = ax^b$. Use uma ferramenta tecnológica para encontrar e representar graficamente a equação potência para os dados originais. Inclua um diagrama de dispersão no seu gráfico. Note que você também pode encontrar esse modelo ao resolver, para y, a equação $\log y = m(\log x) + \text{b}$ do Exercício 42.

44. Compare seus resultados no Exercício 43 com a equação da reta de regressão e seu gráfico no Exercício 41. Qual equação é um modelo melhor para os dados? Explique.

Equação logarítmica *A* ***equação logarítmica*** *é uma equação de regressão não linear da forma* $y = a + b \ln x$. *Nos exercícios de 45 a 48, use essa informação e tecnologia.*

45. Encontre e represente graficamente a equação logarítmica para os dados do Exercício 25.

46. Encontre e represente graficamente a equação logarítmica para os dados do Exercício 26.

47. Compare seus resultados no Exercício 45 com a equação da reta de regressão e seu gráfico. Qual equação é um modelo melhor para os dados? Explique.

48. Compare seus resultados no Exercício 46 com a equação da reta de regressão e seu gráfico. Qual equação é um modelo melhor para os dados? Explique.

9.2 ATIVIDADE Regressão por tentativa e erro

APPLET

O *applet Regression by eye* permite que você estime, de forma interativa, a reta de regressão para um conjunto de dados. Quando o *applet* carrega, um conjunto de dados consistindo em 20 pontos é mostrado. Para acrescentar um ponto, clique no local desejado ou em **Acrescentar ponto** (*Add point*) e insira as coordenadas. Para remover um ponto, clique sobre ele e o arraste para fora da área dos eixos. Todos os pontos no gráfico podem ser removidos clicando em **Redefinir** (*Reset*). Você pode mover a linha verde no gráfico clicando e arrastando as extremidades. Sem olhar para o intercepto e a inclinação da linha de regressão, mova a linha para tentar minimizar a soma dos quadrados dos resíduos, também conhecida como soma dos quadrados dos erros (SQE ou, em inglês, SSE). Observe que a linha de regressão minimiza a SQE. O intercepto, inclinação e SQE para a linha verde e para a linha de regressão são mostrados abaixo do gráfico. Clique em **Simular** (*Simulate*) para gerar um novo conjunto de dados.

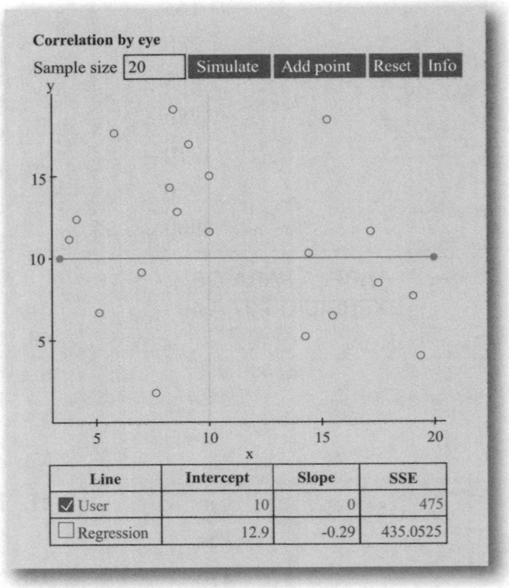

EXPLORE

Passo 1 Mova as extremidades da linha verde para tentar aproximar a linha de regressão.

Passo 2 Clique em **Regressão** (*Regression*) par mostrar a linha.

CONCLUA

APPLET

1. Clique em **Simular** (*Simulate*) para gerar um novo conjunto de dados. Mova a linha verde para tentar aproximar a linha de regressão. Depois, clique em **Regressão** (*Regression*) para mostrar a linha. Repita isso cinco vezes. Descreva seu processo para aproximar a linha de regressão.
2. Em um gráfico em branco, coloque 10 pontos de modo que eles tenham uma correlação positiva forte. Registre a equação da reta de regressão. Depois, acrescente um ponto no canto superior esquerdo do gráfico e registre a equação da reta de regressão. Como muda a linha de regressão?
3. Remova o ponto do canto superior esquerdo do gráfico. Acrescente mais 10 pontos de modo que ainda haja uma correlação positiva forte. Registre a equação da reta de regressão. Adicione um ponto no canto superior esquerdo do gráfico e registre a equação da reta de regressão. Como muda a linha de regressão?
4. Use os resultados dos exercícios 2 e 3 para descrever o que acontece com a inclinação da reta de regressão quando um *outlier* é adicionado conforme o tamanho da amostra aumenta.

ESTUDO DE CASO

Correlação de medidas corporais

Em um estudo publicado na *Medicine and Science in Sports and Exercise* (volume 17, nº 2, p. 189) foram tiradas as medidas de 252 homens (idades de 22 a 81 anos). Das 14 medições tiradas de cada homem, algumas têm correlações significativas e outras não. Por exemplo, o diagrama de dispersão da Figura 9.15 mostra que as circunferências do quadril e do abdome dos homens têm uma correlação linear forte ($r \approx 0,874$). A Tabela 9.12 mostra somente os dados dos nove primeiros indivíduos.

Circunferências do quadril e do abdome

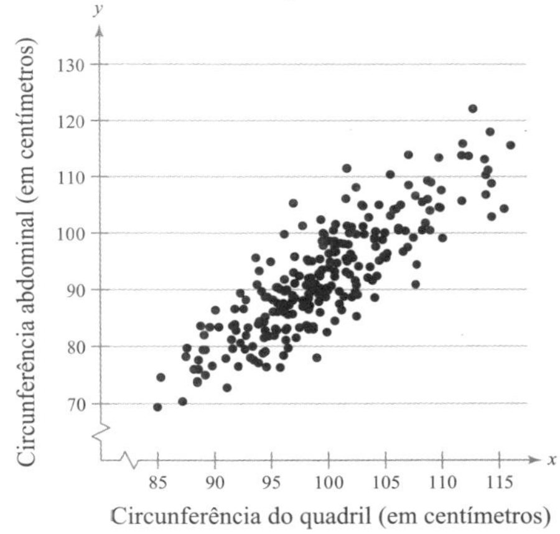

Figura 9.15

Tabela 9.12

Idade (anos)	Peso	Altura (cm)	Pescoço (cm)	Peito (cm)	Abdome (cm)	Quadril (cm)	Coxa (cm)	Joelho (cm)	Tornozelo (cm)	Bíceps (cm)	Antebraço (cm)	Pulso (cm)	Gordura corporal %
22	173,25	72,25	38,5	93,6	83,0	98,7	58,7	37,3	23,4	30,5	28,9	18,2	6,1
22	154,00	66,25	34,0	95,8	87,9	99,2	59,6	38,9	24,0	28,8	25,2	16,6	25,3
23	154,25	67,75	36,2	93,1	85,2	94,5	59,0	37,3	21,9	32,0	27,4	17,1	12,3
23	198,25	73,50	42,1	99,6	88,6	104,1	63,1	41,7	25,0	35,6	30,0	19,2	11,7
23	159,75	72,25	35,5	92,1	77,1	93,9	56,1	36,1	22,7	30,5	27,2	18,2	9,4
23	188,15	77,50	38,0	96,6	85,3	102,5	59,1	37,6	23,2	31,8	29,7	18,3	10,3
24	184,25	71,25	34,4	97,3	100,0	101,9	63,2	42,2	24,0	32,2	27,7	17,7	28,7
24	210,25	74,75	39,0	104,5	94,4	107,8	66,0	42,0	25,6	35,7	30,6	18,8	20,9
24	156,00	70,75	35,7	92,7	81,9	95,3	56,4	36,5	22,0	33,5	28,3	17,3	14,2

Fonte: PENROSE, K. W. et al. Generalized Body Composition Prediction Equation for Men Using Simple Measurement Techniques, Medicine and Science in Sports and Exercise, v. 17, n.2, p. 189, 1985.

EXERCÍCIOS

1. Usando sua intuição, classifique cada par (x, y) como tendo uma correlação fraca ($0 < r < 0,5$), uma correlação moderada ($0,5 < r < 0,8$) ou uma correlação forte ($0,8 < r < 1,0$).
   (a) (peso, pescoço) **(b)** (peso, altura)
   (c) (idade, gordura corporal) **(d)** (peito, quadril)
   (d) (idade, pulso) **(f)** (tornozelo, pulso)
   (e) (antebraço, altura) **(h)** (bíceps, antebraço)
   (f) (peso, gordura do corpo) **(j)** (joelho, coxa)
   (g) (quadril, abdome) **(l)** (abdome, quadril)
2. Use tecnologia para encontrar o coeficiente de correlação para cada par no Exercício 1. Compare seus resultados com aqueles obtidos por intuição.
3. Use tecnologia para encontrar a reta de regressão para cada par no Exercício 1 que tenha uma correlação forte.
4. Use os resultados do Exercício 3 para predizer o seguinte:
   (a) A circunferência do quadril de um homem cuja circunferência do peito é 95 centímetros.
   (b) A altura de um homem cujo antebraço é 28 centímetros.
5. Há pares de medidas que tenham coeficientes de correlações mais fortes que 0,85? Use tecnologia e intuição para chegar a uma conclusão.

9.3 Medidas de regressão e intervalos de predição

O que você deve aprender

- Como interpretar os três tipos de variação em torno de uma reta de regressão.
- Como determinar e interpretar o coeficiente de determinação.
- Como determinar e interpretar o erro padrão da estimativa para uma reta de regressão.
- Como construir e interpretar um intervalo de predição para *y*.

Variação em torno de uma reta de regressão ■ O coeficiente de determinação ■ O erro padrão da estimativa ■ Intervalos de predição

Variação em torno de uma reta de regressão

Nesta seção, você estudará duas medidas usadas nos estudos de correlação e regressão – o coeficiente de determinação e o erro padrão da estimativa. Você também vai aprender como construir um intervalo de predição para y usando uma equação de regressão e um dado valor de x. Antes de estudar esses conceitos, você precisa entender os três tipos de variação em torno de uma reta de regressão.

Para encontrar a variação total, a variação explicada e a variação não explicada em torno de uma reta de regressão, você deve primeiro calcular o **desvio total**, o **desvio explicado** e o **desvio não explicado** para cada par ordenado (x_i, y_i) em um conjunto de dados. Esses desvios são mostrados na Figura 9.16.

Desvio total = $y_i - \bar{y}$

Desvio explicado = $\hat{y}_i - \bar{y}$

Desvio não explicado = $y_i - \hat{y}_i$

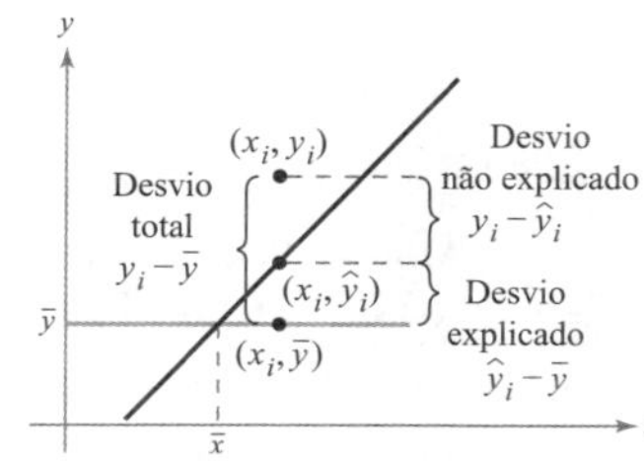

Figura 9.16

Após calcular os desvios para cada ponto (x_i, y_i), você pode encontrar a **variação total**, a **variação explicada** e a **variação não explicada**.

DEFINIÇÃO

A **variação total** em torno de uma reta de regressão é a soma dos quadrados das diferenças entre o valor de y em cada par ordenado e a média de y.

Variação total = $\Sigma (y_i - \bar{y})^2$

A **variação explicada** é a soma dos quadrados das diferenças entre cada valor de y previsto e a média de y.

Variação explicada = $\Sigma (\hat{y}_i - \bar{y})^2$

A **variação não explicada** é a soma dos quadrados das diferenças entre o valor de y em cada par ordenado e cada correspondente valor de y previsto.

Variação não explicada = $\Sigma (y_i - \hat{y}_i)^2$

A soma das variações explicadas e não explicadas é igual a variação total.

Variação total = Variação explicada + Variação não explicada

Como seu nome indica, a *variação explicada* pode ser explicada pela relação entre x e y. A *variação não explicada* não pode ser explicada pela relação entre x e y, e é devida a outros fatores, tais como erro amostral, coincidência ou variáveis omitidas. (Lembre-se, da Seção 9.1, que variáveis omitidas são variáveis que têm um efeito nas variáveis sendo estudadas, mas não estão incluídas no estudo.)

Retratando o mundo

A professora emérita Janette Benson (do departamento de Psicologia da Universidade de Denver) realizou um estudo relacionando a idade média em que as crianças começam a engatinhar (em semanas após o nascimento) com a temperatura ambiente média mensal seis meses após o nascimento. Os resultados da professora são baseados em uma amostra de 414 crianças. Ela acredita que a razão para a correlação da temperatura e da idade de engatinhar é que os pais tendem a embrulhar as crianças em roupas mais restritivas e cobertores durante os meses frios. Essa situação não permite às crianças tantas oportunidades para se moverem e começarem a engatinhar.

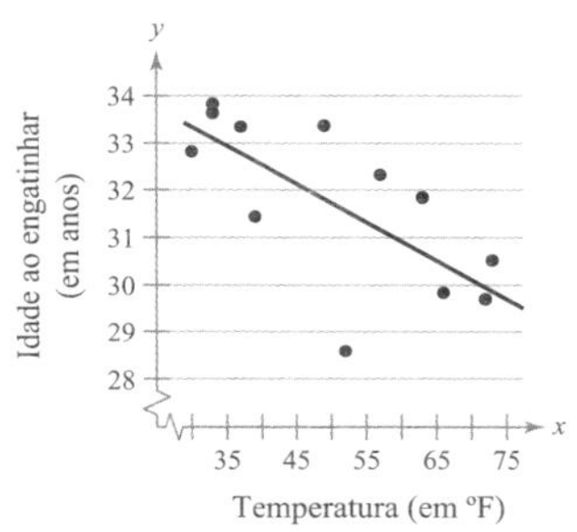

O coeficiente de correlação é $r \approx 0{,}700$. Qual porcentagem da variação nos dados pode ser explicada? Qual porcentagem é devida a outros fatores, tais como erro amostral, coincidência, ou variáveis omitidas?

O coeficiente de determinação

Você já sabe como calcular o coeficiente de correlação r. O quadrado desse coeficiente é chamado de **coeficiente de determinação.** Pode ser mostrado que o coeficiente de determinação é igual à razão da variação explicada com a variação total.

DEFINIÇÃO

O **coeficiente de determinação r^2** é a razão da variação explicada com a variação total. Isto é,

$$r^2 = \frac{\text{Variação explicada}}{\text{Variação total}}$$

É importante que você interprete o coeficiente de determinação corretamente. Por exemplo, se o coeficiente de correlação é $r = 0{,}900$, então o coeficiente de determinação é:

$$r^2 = (0{,}900)^2$$
$$= 0{,}810.$$

Isso significa que 81% da variação em y pode ser explicada pela relação entre x e y. Os restantes 19% da variação não são explicados e são devidos a outros fatores, como erro amostral, coincidência ou variáveis omitidas.

EXEMPLO 1

Encontrando o coeficiente de determinação

O coeficiente de correlação para os dados do produto interno bruto e das emissões de dióxido de carbono é

$r \approx 0{,}874$. Veja o Exemplo 4 na Seção 9.1.

Calcule o coeficiente de determinação. O que isso lhe diz sobre a variação explicada dos dados em torno da reta de regressão? E sobre a variação não explicada?

SOLUÇÃO

O coeficiente de determinação é:

$$r^2 \approx (0{,}874)^2$$
$$\approx 0{,}764. \qquad \text{Arredonde para três casas decimais.}$$

Interpretação Cerca de 76,4% da variação nas emissões de dióxido de carbono pode ser explicada pela relação entre o Produto Interno Bruto e as emissões de dióxido de carbono. Os restantes 23,6% da variação são a parte não explicada e devida a outros fatores tais como erro amostral, coincidência ou variáveis omitidas.

TENTE VOCÊ MESMO 1

O coeficiente de correlação para os dados do *Old Faithful* é

$r \approx 0{,}979$ Veja o Exemplo 5 da Seção 9.1.

Calcule o coeficiente de determinação. O que isso lhe diz sobre a variação explicada dos dados em torno da reta de regressão? E sobre a variação não explicada?

O erro padrão da estimativa

Quando um valor de $\hat{y}$ é predito a partir de um valor de x, a predição é uma estimativa pontual. Você pode construir uma estimativa por intervalo para $\hat{y}$, mas antes você precisa calcular o **erro padrão da estimativa**.

DEFINIÇÃO

O **erro padrão da estimativa** s_e, é o desvio padrão dos valores observados y_i em torno dos valores previstos $\hat{y}_i$ para um dado valor de x_i. Ele é dado por:

$$s_e = \sqrt{\frac{\Sigma(y_i - \hat{y}_i)^2}{n - 2}}$$

em que n é o número de pares de dados.

Da fórmula apresentada, você pode ver que o erro padrão da estimativa é a raiz quadrada da variação não explicada dividido por $n - 2$. Então, quanto mais próximos os valores observados de y estão dos valores previstos $\hat{y}$, menor será o erro padrão da estimativa.

INSTRUÇÕES

Encontrando o erro padrão da estimativa s_e

Em palavras	Em símbolos
1. Construa uma tabela que inclua cinco colunas com os cabeçalhos mostrado ao lado.	$x_i, y_i, \hat{y}_i, (y_i - \hat{y}_i)$ e $(y_i - \hat{y}_i)^2$
2. Use a equação de regressão para calcular os valores previstos de y.	$\hat{y}_i = mx_i + b$
3. Calcule a soma dos quadrados das diferenças entre cada valor observado de y e o valor previsto correspondente.	$\Sigma(y_i - \hat{y}_i)^2$
4. Encontre o erro padrão da estimativa.	$s_e = \sqrt{\frac{\Sigma(y_i - \hat{y}_i)^2}{n - 2}}$

Em vez da fórmula usada no passo 4, você também pode encontrar o erro padrão da estimativa usando a fórmula alternativa:

$$s_e = \sqrt{\frac{\Sigma y^2 - b\Sigma y - m\Sigma xy}{n - 2}}.$$

Você pode usar essa fórmula se já tiver calculado a inclinação m, o intercepto em y, b, e várias somas. Por exemplo, considere os dados do produto interno bruto e as emissões de dióxido de carbono (veja o Exemplo 4 na Seção 9.1 e o Exemplo 1 na Seção 9.2). Para usar a fórmula alternativa, note que a reta de regressão para esses dados é $\hat{y} = 187{,}660x + 44{,}663$ e os valores das somas são $\Sigma y^2 = 3.548.633{,}25$; $\Sigma y = 5.269{,}5$ e $\Sigma xy = 16.687{,}99$. Então, usando a fórmula alternativa, o erro padrão da estimativa é:

$$\begin{aligned} s_e &= \sqrt{\frac{\Sigma y^2 - b\Sigma y - m\Sigma xy}{n - 2}} \\ &= \sqrt{\frac{3.548.633{,}25 - (44{,}663)(5269{,}5) - (187{,}660)(16.687{,}99)}{10 - 2}} \\ &\approx 150{,}671. \end{aligned}$$

EXEMPLO 2

Encontrando o erro padrão da estimativa

A equação de regressão para os dados do produto interno bruto e as emissões de dióxido de carbono é:

$\hat{y} = 187{,}660x + 44{,}663$ Veja o Exemplo 1 na Seção 9.2

Encontre o erro padrão da estimativa.

SOLUÇÃO

Use a Tabela 9.13 para calcular a soma das diferenças ao quadrado para cada valor de y observado e o valor previsto correspondente.

Tabela 9.13

x_i	y_i	$\hat{y}_i$	$y_i - \hat{y}_i$	$(y_i - \hat{y}_i)^2$
1,7	620,1	363,685	256,415	65.748,65223
2,4	475,2	495,047	–19,847	393,903409
3,0	457,6	607,643	–150,043	22.512,90185
1,2	389,7	269,855	119,845	14.362,82403
4,1	810,8	814,069	–3,269	10,686361
2,3	352,9	476,281	–123,381	15.222,87116
0,9	235,0	213,557	21,443	459,802249
1,8	297,8	382,451	–84,651	7165,791801
2,9	413,9	588,877	–174,977	30.616,95053
5,4	1216,5	1058,027	158,473	25.113,69173
				Σ = 181,608.0754

Variação não explicada

Sendo $n = 10$ e $\Sigma (y_i - \hat{y}_i)^2 = 181.608{,}0754$, o erro padrão da estimativa é:

$$s_e = \sqrt{\frac{\Sigma (y_i - \hat{y}_i)^2}{n - 2}}$$

$$= \sqrt{\frac{181.608{,}0754}{10 - 2}}$$

$$\approx 150{,}669.$$

Interpretação O erro padrão da estimativa das emissões de dióxido de carbono para um produto interno bruto específico é aproximadamente 150,669 milhões de toneladas métricas.

TENTE VOCÊ MESMO 2

Um pesquisador coleta os dados exibidos na Tabela 9.14 e conclui que há uma relação significativa entre a quantidade de tempo de propaganda em rádios (em minutos por semana) e as vendas semanais de um produto (em centenas de dólares):

Tabela 9.14

Tempo de propaganda no rádio, x	15	20	20	30	40	45	50	60
Vendas semanais, y	26	32	38	56	54	78	80	88

Encontre o erro padrão da estimativa. Use a equação de regressão:

$\hat{y} = 1{,}405x + 7{,}311.$

Intervalos de predição

Lembre-se, da Seção 9.1, que um dos requisitos para calcular um coeficiente de correlação é que as duas variáveis, x e y, tenham uma distribuição normal bivariada. Duas variáveis têm uma **distribuição normal bivariada** quando, para quaisquer valores fixos de x, os valores de y correspondentes são normalmente distribuídos e, para quaisquer valores fixos de y, os valores de x correspondentes são normalmente distribuídos.

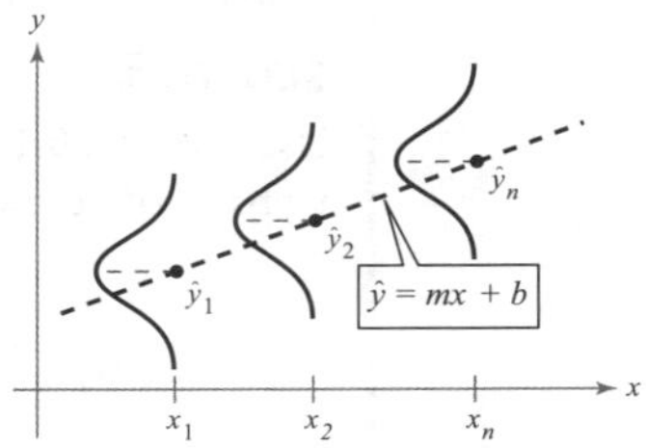

Distribuicão normal bivariada

Figura 9.17

Como as equações de regressão são determinadas usando amostras aleatórias de dados pareados, e porque x e y são assumidos como tendo uma distribuição normal bivariada, você pode construir um **intervalo de predição** para o verdadeiro valor de y. Para construir o intervalo de predição, use uma distribuição t com $n - 2$ graus de liberdade.

DEFINIÇÃO

Dados uma equação de regressão linear $\hat{y} = mx + b$ e x_0, um valor específico de x, um **intervalo de predição *c*** para y é $\hat{y} - E < y < \hat{y} + E$ em que:

$$E = t_c s_e \sqrt{1 + \frac{1}{n} + \frac{n(x_0 - \bar{x})^2}{n\Sigma x^2 - (\Sigma x)^2}}.$$

A estimativa pontual é $\hat{y}$ e a margem de erro é E. A probabilidade de que o intervalo de predição contenha y é c (o nível de confiança), supondo que o processo de estimação é repetido inúmeras vezes.

Dica de estudo

As fórmulas para s_e e E usa as quantidades $\Sigma(y_i - \hat{y}_i)^2$, $(\Sigma x)^2$ e Σx^2. Use uma tabela para calcular essas quantidades.

INSTRUÇÕES

Construindo um intervalo de predição para *y* para um valor específico de *x*

Em palavras	Em símbolos
1. Identifique o número n de pares de dados e os graus de liberdade.	g.l. $= n - 2$
2. Use a equação de regressão e os valores de x dados para encontrar a estimativa pontual $\hat{y}$.	$\hat{y}_i = mx_i + b$
3. Encontre o valor crítico t_c que corresponde ao nível de confiança c dado.	Use a Tabela 5 do Apêndice B
4. Calcule o erro padrão da estimativa s_c.	$s_e = \sqrt{\frac{\Sigma(y_i - \hat{y}_i)^2}{n - 2}}$
5. Calcule a margem de erro E.	$E = t_c s_e \sqrt{1 + \frac{1}{n} + \frac{n(x_0 - \bar{x})^2}{n\Sigma x^2 - (\Sigma x)^2}}$
6. Determine os limites inferior e superior e forme o intervalo de predição.	Limite inferior: $\hat{y} - E$ Limite superior: $\hat{y} + E$ Intervalo: $\hat{y} - E < y < \hat{y} + E$

EXEMPLO 3

Construindo um intervalo de predição

Usando os resultados do Exemplo 2, construa um intervalo de predição de 90% para as emissões de dióxido de carbono quando o Produto Interno Bruto é $ 2,8 trilhões. O que você pode concluir?

SOLUÇÃO

Como $n = 10$, há g.l. = 10 – 2 = 8 graus de liberdade. Usando a equação de regressão:

$$\hat{y} = 187{,}660x + 44{,}663$$

e

$$x = 2{,}8$$

a estimativa pontual é:

$$\begin{aligned}\hat{y} &= 187{,}660x + 44{,}663\\ &= 187{,}660\,(2{,}8) + 44{,}663\\ &= 570{,}111.\end{aligned}$$

Da Tabela 5 do Apêndice B, o valor crítico é $t_c = 1{,}860$ e, a partir do Exemplo 2, $s_e \approx 150{,}669$. Do Exemplo 4 na Seção 9.1, você encontrou que $\Sigma x = 25{,}7$ e $\Sigma x^2 = 82{,}81$. Também, $\bar{x} = 2{,}57$. Usando esses valores, a margem de erro é:

$$\begin{aligned}E &= t_c s_e\sqrt{1 + \frac{1}{n} + \frac{n(x_0 - \bar{x})^2}{n\Sigma x^2 - (\Sigma x)^2}}\\ &\approx (1{,}860)(150{,}669)\sqrt{1 + \frac{1}{10} + \frac{10(2{,}8 - 2{,}57)^2}{10(82{,}81) - (25{,}7)^2}}\\ &\approx 294{,}344.\end{aligned}$$

Sendo $\hat{y} = 570{,}111$ e $E \approx 294{,}344$, o intervalo de predição é construído conforme mostrado:

Limite inferior	Limite Superior
$\hat{y} - E \approx 570{,}111 - 294{,}344$	$\hat{y} + E \approx 570{,}111 + 294{,}344$
$= 275{,}767$	$= 864{,}455$

$$275{,}767 < y < 864{,}455$$

Interpretação Você pode estar 90% confiante que quando o Produto Interno Bruto é $ 2,8 trilhões, as emissões de dióxido de carbono estarão entre 275,767 e 864,455 milhões de toneladas métricas.

TENTE VOCÊ MESMO 3

Usando os resultados do Exemplo 2, construa um intervalo de previsão de 95% para as emissões de dióxido de carbono quando o produto interno bruto é $ 4 trilhões. O que você pode concluir?

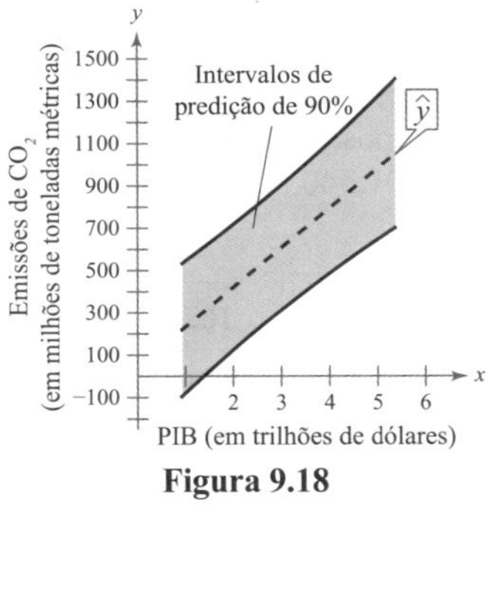

Figura 9.18

Para valores de x próximos de $\bar{x}$, o intervalo de predição para y ser torna mais estreito. Para valores de x mais afastados de $\bar{x}$, o intervalo de predição para y ser torna mais amplo. (Essa é uma razão para que a equação de regressão não deva ser usada para predizer valores de y com valores de x fora do intervalo de valores observados de x.) Por exemplo, considere os intervalos de predição de 90% para y no Exemplo 3, mostrados na figura. O intervalo dos valores de x é $0{,}9 \leq x \leq 5{,}4$. Note como as faixas do intervalo de confiança se afastam da reta de regressão à medida que x se aproxima de 0,9 ou 5,4.

9.3 EXERCÍCIOS

Construindo habilidades básicas e vocabulário

Análise gráfica *Nos exercícios de 1 a 3, use a figura a seguir.*

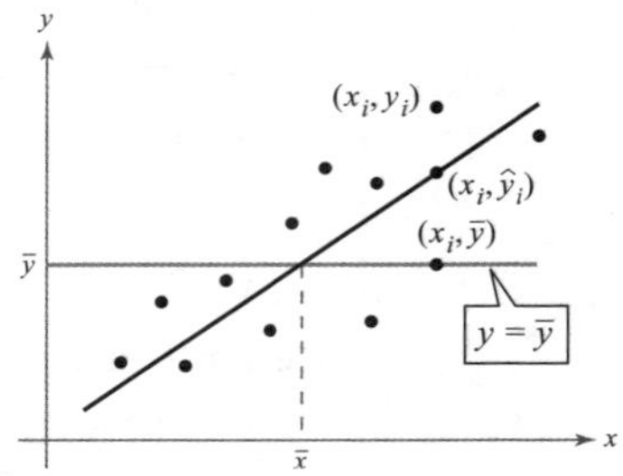

1. Descreva a variação total em torno de uma reta de regressão em palavras e em símbolos.
2. Descreva a variação explicada em torno de uma reta de regressão em palavras e em símbolos.
3. Descreva a variação não explicada em torno de uma reta de regressão em palavras e em símbolos.
4. O coeficiente de determinação r^2 é a razão de quais dois tipos de variações? O que o r^2 mede? O que o $1 - r^2$ mede?
5. O que é o coeficiente de determinação para duas variáveis que têm correlação linear positiva perfeita ou correlação linear negativa perfeita? Interprete sua resposta.
6. Duas variáveis têm uma distribuição normal bivariada. Explique o que isso significa.

Nos exercícios de 7 a 10, use o valor do coeficiente de correlação r para calcular o coeficiente de determinação r^2. O que isso lhe diz sobre a variação explicada dos dados em torno da reta de regressão? E sobre a variação não explicada?

7. $r = 0{,}465$
8. $r = -0{,}328$
9. $r = -0{,}957$
10. $r = 0{,}881$

Usando e interpretando conceitos

Calculando o coeficiente de determinação e o erro padrão da estimativa *Nos exercícios de 11 a 20, use os dados para calcular (a) o coeficiente de determinação r^2 e interprete o resultado e, (b) o erro padrão da estimativa s_e, e interprete o resultado.*

11. **Oferta de ações** O número de ofertas públicas iniciais de ações emitidas e o lucro total dessas ofertas (em milhões de dólares), para 12 anos, estão na tabela a seguir. A equação da reta de regressão é $\hat{y} = 222{,}346x + 5.001{,}340$. *(Fonte: University of Florida.)*

Número de emissões, *x*	42	101	82	104	162	225
Lucro, *y*	13.307	30.742	27.750	32.065	39.093	46.967

Número de emissões, *x*	125	79	118	143	115	165
Lucro, *y*	22.296	13.234	24.044	34.027	39.479	61.860

12. Salários mediano e médio por hora A tabela a seguir mostra os salários mediano e média por hora (em dólares) em 10 estados em um ano recente. A equação da reta de regressão é $\hat{y} = 1{,}208x + 1{,}495$. *(Fonte: U.S. Census Bureau.)*

Salário mediano por hora, x	17,43	22,52	18,07	18,56	18,59	22,41	18,63	20,08	18,98	19,79
Salário médio por hora, y	22,52	29,25	24,05	23,39	23,37	28,23	24,52	25,94	24,73	24,64

13. Gols sofridos e pontos ganhos A tabela a seguir mostra o número de gols sofridos e o total de pontos ganhos pelas 15 equipes das Divisões Norte e Oeste na temporada 2020-2021 da Liga Nacional de Hóquei. A equação da reta de regressão é $\hat{y} = -0{,}552x + 152{,}584$. *(Fonte: ESPN.)*

Gols sofridos, x	190	188	168	161	154	148	154	179	199	170	176	170	160	133	124
Pontos ganhos, y	51	50	59	55	63	77	72	43	49	49	54	63	75	82	82

14. Árvores A tabela a seguir mostra a altura (em pés) e o diâmetro dos troncos (em polegadas) de oito árvores. A equação da reta de regressão é $\hat{y} = 0{,}479x - 24{,}086$.

Altura, x	70	72	75	76	85	78	77	82
Diâmetro do tronco, y	8,3	10,5	11,0	11,4	14,9	14,0	16,3	15,8

15. Emprego em CTEM e salário médio A tabela a seguir mostra a porcentagem de emprego em ocupações CTEM (ciência, tecnologia, engenharia e matemática) e o salário médio anual (em milhares de dólares) para 14 indústrias em um ano recente. A equação da reta de regressão é $\hat{y} = 1{,}224x + 81{,}643$. *(Fonte: U.S. Bureau of Labor Statistics.)*

Porcentagem de emprego em ocupações CTEM, x	15,4	1,7	11,6	8,0	1,2	27,0	18,7	3,9	4,8	1,1	0,8	0,1	1,8	8,6
Salário médio semanal, y	102,5	82,7	98,5	95,5	89,3	110,3	107,8	88,9	82,5	86,4	81,0	72,8	84,3	88,7

16. **Participação dos eleitores** A população com idade para votar nos Estados Unidos (em milhões) e o número de cédulas (em milhões) para o cargo mais alto nas eleições federais por dez anos de eleições não presidenciais são mostrados na tabela a seguir. A equação da reta de regressão é $\hat{y} = 0{,}429x - 10{,}763$. *(Fonte: United States Elections Project.)*

População com idade para votar, x	166,0	177,9	186,2	195,3	205,3
Cédulas lançadas em eleições federais, y	67,6	65,0	67,9	75,1	72,5

População com idade para votar, x	215,5	225,5	236,0	245,7	255,8
Cédulas lançadas em eleições federais, y	78,4	83,8	89,1	81,7	117,1

17. **Gás Natural** A tabela a seguir mostra as produções comercializadas de gás natural (em bilhões de pés cúbicos) nos Estados Unidos e as exportações de gás natural (em bilhões de pés cúbicos) dos Estados Unidos para sete anos. A equação da reta de regressão é $\hat{y} = 0{,}355x - 7.960{,}686$. *(Fonte: U.S. Energy Information Administration.)*

Produção comercializada, x	27.498	28.772	28.400	29.238	33.009	36.515	36.173
Exportação, y	1.514	1.784	2.335	3.154	3.608	4.656	5.284

18. **Ativos de fundos** A tabela a seguir mostra os ativos totais (em bilhões de dólares) de contas individuais de aposentadoria (CIAs) e planos de pensão federais para dez anos. A equação da reta de regressão é $\hat{y} = 0{,}122x + 558{,}880$. *(Fonte Investment Company Institute.)*

CIAs, x	5.550	6.123	6.961	7.400	7.610
Planos de pensão federais, y	1.220	1.288	1.364	1.425	1.504

CIAs, x	8.415	9.395	9.925	9.365	12.555
Planos de pensão federais, y	1.589	1.679	1.781	1.895	2.006

19. **Vendas de veículos novos** A tabela a seguir mostra os números das vendas de veículos novos (em milhares) nos Estados Unidos para Ford e General Motors para 11 anos. A equação da reta de regressão é $\hat{y} = 0{,}937x + 637{,}674$. *(Fonte: NADA Industry Analysis Division.)*

Venda de veículos novos (Ford), x	1.942	1.656	1.905	2.111	2.206	2.435
Venda de veículos novos (General Motors), y	2.956	2.072	2.211	2.504	2.596	2.786

Venda de veículos novos (Ford), x	2.418	2.549	2.542	2.513	1.968
Venda de veículos novos (General Motors), y	2.935	3.082	3.042	3.000	2.536

20. **Vendas de veículos novos** A tabela a seguir mostra os números das vendas de veículos novos (em milhares) nos Estados Unidos para Toyota e Honda para 11 anos. A equação da reta de regressão é $\hat{y} = 0{,}584x + 169{,}227$. *(Fonte: NADA Industry Analysis Division.)*

Venda de veículos novos (Toyota), x	2.218	1.770	1.764	1.645	2.083	2.236
Venda de veículos novos (Honda), y	1.429	1.151	1.231	1.147	1.423	1.525

Venda de veículos novos (Toyota), x	2.374	2.499	2.500	2.435	2.113
Venda de veículos novos (Honda), y	1.541	1.587	1.638	1.641	1.347

Construindo e interpretando intervalos de predição

Nos exercícios de 21 a 30, construa o intervalo de predição indicado e interprete os resultados.

21. **Lucros** Construa um intervalo de predição de 95% para o lucro das ofertas públicas iniciais no Exercício 11, quando o número de emissões é 200.
22. **Salário médio por hora** Construa um intervalo de predição de 95% para o salário médio por hora no Exercício 12, quando o salário mediano por hora é $ 21,50.
23. **Pontos ganhos** Construa um intervalo de predição de 90% para o total de pontos ganhos no Exercício 13, quando o número de gols sofridos pelo time é 140.
24. **Árvores** Construa um intervalo de predição de 90% para o diâmetro do tronco de uma árvore no Exercício 14, quando a altura é 80 pés.
25. **Salário médio** Construa um intervalo de predição de 99% para o salário médio anual no Exercício 15, quando a porcentagem de emprego em ocupações CTEM é 13% na indústria.
26. **Comparecimento de eleitores** Construa um intervalo de predição de 99% para o número de cédulas lançadas no Exercício 16, quando a população com idade para votar é 210 milhões.
27. **Gás natural** Construa um intervalo de predição de 95% para a exportação de gás natural pelos Estados Unidos no Exercício 17, quando a produção comercializada de gás natural nos Estados Unidos é 31 trilhões de pés cúbicos.
28. **Ativos totais** Construa um intervalo de predição de 90% para os ativos totais nos planos de pensão federais no Exercício 18, quando os ativos totais nas CIAs é US$ 6.400 bilhões.
29. **Vendas de veículos novos** Construa um intervalo de predição de 95% para a venda de veículos novos para a General Motors no Exercício 19, quando o número de veículos novos vendidos pela Ford é 2.028 mil.
30. **Vendas de veículos novos** Construa um intervalo de predição de 99% para a venda de veículos novos para a Honda no Exercício 20, quando o número de veículos novos vendidos pela Toyota é 2.159.

Veículos antigos

Nos exercícios de 31 a 34, use as informações exibidas a seguir.

(Fonte: Bureau of Trasnportation Statistics IHS Markit.)

FIGURA PARA OS EXERCÍCIOS 31-34

31. **Diagrama de dispersão** Construa um diagrama de dispersão dos dados. Mostre $\bar{y}$ e $\bar{x}$ no gráfico.
32. **Reta de regressão** Determine e represente a linha de regressão.
33. **Coeficiente de determinação** Calcule o coeficiente de determinação r^2 e interprete os resultados.
34. **Erro da estimativa** Calcule o erro padrão da estimativa s_e e interprete os resultados.

Expandindo conceitos

Teste de hipóteses para inclinação. *Ao testar a inclinação M da reta de regressão para a população, você geralmente testa que a inclinação é 0, ou H_0: $M = 0$. Uma inclinação de 0 indica que não há relação linear entre x e y. Para realizar o teste-t para a inclinação M, use a estatística de teste padronizada:*

$$t = \frac{m}{s_e}\sqrt{\Sigma x^2 - \frac{(\Sigma x)^2}{n}}$$

com n – 2 graus de liberdade. Depois, usando os valores críticos encontrados na Tabela 5 do Apêndice B, decida se rejeita ou não a hipótese nula. Você também pode usar a função LinRegTTest *em uma TI-84 Plus para calcular a estatística de teste padronizada, assim como o correspondente valor-p. Se valor-p $\leq \alpha$, então rejeite a hipótese nula. Se valor-p $> \alpha$, então não rejeite H_0.*

Nos exercícios 35 e 36, teste a afirmação e interprete os resultados no contexto do problema. Se for conveniente, use tecnologia

35. A tabela a seguir mostra os pesos (em libras) e o número de horas de sono em um dia para uma amostra aleatória de crianças. Teste a afirmação de que $M \neq 0$. Considere $\alpha = 0{,}01$.

Peso, *x*	8,1	10,2	9,9	7,2	6,9	11,2	11	15
Horas de sono, *y*	14,8	14,6	14,1	14,2	13,8	13,2	13,9	12,5

36. A tabela a seguir mostra as idades (em anos) e os salários (em milhares de dólares) para uma amostra aleatória de funcionários em uma empresa. Teste a afirmação de que $M \neq 0$. Considere $\alpha = 0{,}05$.

Idade, *x*	25	34	29	30	42	38	49	52	35	40
Salário, *y*	57,5	61,2	59,9	58,7	87,5	67,4	89,2	85,3	69,5	75,1

Intervalos de confiança para o intercepto em *y* e a inclinação *Você pode construir intervalos de confiança para o intercepto em y, B, e a inclinação M da reta de regressão y = Mx + B para a população, ao usar as seguintes desigualdades:*

intercepto em y, B: $b - E < B < b + E$

$$\text{em que } E = t_c s_e \sqrt{\frac{1}{n} + \frac{\bar{x}^2}{\Sigma x^2 - \frac{(\Sigma x)^2}{n}}} \text{ e}$$

inclinação M: $m - E < M < m + E$

$$\text{em que } E = \frac{t_c s_e}{\sqrt{\Sigma x^2 - \frac{(\Sigma x)^2}{n}}}$$

Os valores de m e b são obtidos dos dados amostrais, e o valor crítico t_c é encontrado usando a Tabela 5 do Apêndice B com n – 2 graus de liberdade.

Nos exercícios 37 e 38, construa os intervalos de confiança indicados para B e M usando os dados do Produto Interno Bruto e das emissões de dióxido de carbono encontrados no Exemplo 2.

37. Intervalo de confiança de 95%

38. Intervalo de confiança de 99%

9.4 Regressão múltipla

O que você deve aprender

- Como usar tecnologia para determinar e interpretar uma equação de regressão múltipla, o erro padrão da estimativa e o coeficiente de determinação.
- Como usar uma equação de regressão múltipla para predizer valores de y.

Encontrando uma equação de regressão múltipla ■ Prevendo valores de y

Encontrando uma equação de regressão múltipla

Em muitos casos, um modelo de predição melhor pode ser encontrado para uma variável dependente (resposta) ao usar mais que uma variável independente (explanatória). Por exemplo, uma predição mais precisa para as emissões de dióxido de carbono, discutidas nas seções anteriores, poderia ser feita considerando-se o número de carros e o Produto Interno Bruto. Modelos que contêm mais de uma variável independente são *modelos de regressão múltipla.*

DEFINIÇÃO

Uma **equação de regressão múltipla** para as variáveis independentes $x_1, x_2, x_3, \ldots, x_k$ e uma variável dependente y tem a forma:

$$\hat{y} = b + m_1x_1 + m_2x_2 + m_3x_3 + \ldots + m_kx_k$$

em que $\hat{y}$ é o valor de y predito para os valores x_i dados e b é o intercepto em y. O intercepto é o valor de $\hat{y}$ quando todos os x_i são 0. Cada coeficiente m_i é a quantidade de mudança em $\hat{y}$ quando a variável independente x_i é alterada em uma unidade, e todas as outras variáveis independentes são mantidas constantes.

Dica de tecnologia

Instruções detalhadas para o uso do Minitab e do Excel para encontrar uma equação de regressão múltipla são mostradas nos manuais de tecnologia que acompanham esse livro.

Como a matemática associada com regressão múltipla é complicada, essa seção se concentra em como usar tecnologia para encontrar uma equação de regressão múltipla e como interpretar os resultados.

EXEMPLO 1

Encontrando uma equação de regressão múltipla

Um pesquisador quer determinar como os salários dos funcionários de uma empresa estão relacionados ao tempo de serviço, experiências anteriores e educação. O pesquisador seleciona oito funcionários da empresa e obtém os dados mostrados na Tabela 9.15.

Tabela 9.15

Empregado	Salário (em dólares), y	Serviço (em anos), x_1	Experiência (em anos), x_2	Educação (em anos), x_3
A	57.310	10	2	16
B	57.380	5	6	16
C	54.135	3	1	12
D	56.985	6	5	14
E	58.715	8	8	16
F	60.620	20	0	12
G	59.200	8	4	18
H	60.320	14	6	17

Use o Minitab para encontra uma equação de regressão múltipla que modele os dados.

SOLUÇÃO

Insira os valores de y em C1 e os valores x_1, x_2 e x_3 em C2, C3 e C4, respectivamente. No menu *Stat*. selecione "Regression > Regression > Fit Regression Model". Usando os salários como a variável resposta e os dados restantes como os preditores, você deve obter resultados semelhantes aos mostrados na Figura 9.19.

MINITAB

Regression Analysis: Salary, y versus x1, x2, x3

Regression Equation

Salary, y = 49764 + 364.4 x1 + 228 x2 + 267 x3

Coefficients

Term	Coef	SE Coef	T-Value	P-Value
Constant	49764 ← b	1981	25.12	0.000
x1	364.4 ← m_1	48.3	7.54	0.002
x2	228 ← m_2	124	1.84	0.140
x3	267 ← m_3	147	1.81	0.144

Model Summary

S	R-sq	R-sq(adj)	R-sq(pred)
659.490	94.38%	90.17%	48.98%

Figura 9.19

A equação de regressão é $\hat{y} = 49.764 + 364x_1 + 228x_2 + 267x_3$.

Dica de estudo

No Exemplo 1, é importante que você interprete os coeficientes m_1, m_2 e m_3 corretamente. Por exemplo, se x_2 e x_3 são mantidos constantes e x_1 aumenta em 1, então y aumenta em $ 364. Da mesma forma, se x_1 e x_3 são mantidos constantes e x_2 aumenta em 1, então y aumenta em $ 228. Se x_1 e x_2 são mantidos constantes e x_3 aumenta em 1, então y aumenta em $ 267.

TENTE VOCÊ MESMO 1

Um professor de estatística quer determinar como as notas finais dos alunos estão relacionadas com as notas de provas de meio de curso e o número de aulas perdidas. O professor seleciona 10 alunos e obtém os dados mostrados na Tabela 9.16:

Tabela 9.16

Aluno	Nota final, y	Nota do meio do curso, x_1	Aulas perdidas, x_2
1	81	75	1
2	90	80	0
3	86	91	2
4	76	80	3
5	51	62	6
6	75	90	4
7	44	60	7
8	81	82	2
9	94	88	0
10	93	96	1

Use tecnologia para encontrar uma equação de regressão múltipla que modele os dados.

O Minitab exibe muito mais que a equação de regressão e os coeficientes das variáveis independentes. Por exemplo, ele também exibe o erro padrão da estimativa, denotado por S, e o coeficiente de determinação, denotado por $R\text{-}Sq$. No Exemplo 1, S = 659,490 e $R\text{-}Sq$ = 94,38%. Então, o erro padrão da estimativa é $ 659,49. O coeficiente de determinação diz que 94,38% da variação em y pode ser explicada pelo modelo de regressão múltipla. Os 5,62% restantes são não explicados e devidos a outros fatores, como erro amostral, coincidência ou variáveis omitidas.

Retratando o mundo

Em um lago na Finlândia, 159 peixes de 7 espécies foram pescados e medidos para o peso *G* (em gramas), o comprimento *C* (em centímetros), a altura *A* e a largura *L* (*A* e *L* são percentuais de *C*). A equação de regressão para *G* e *C* é:

$$G = -491 + 28{,}5C,$$
$$r \approx 0{,}925,\ r^2 \approx 0{,}855.$$

Quando todas as quatro variáveis são usadas, a equação de regressão é:

$$G = -712 + 28{,}3L + 1{,}46A + 13{,}3L,$$
$$r \approx 0{,}930,\ r^2 \approx 0{,}865.$$

(Fonte: Journal of Statistics Education.)

Preveja o peso de um peixe com as seguintes medidas: $C = 40$, $A = 17$ e $L = 11$. Como suas predições variam quando você usa uma única variável versus muitas variáveis? Qual você acha que é mais exata?

Prevendo valores de *y*

Após encontrar a equação da reta de regressão múltipla, você pode usá-la para predizer valores de *y* sobre o intervalo de dados. Para predizer valores de *y*, substitua o valor dado para cada variável independente na equação; depois, calcule $\hat{y}$.

EXEMPLO 2

Prevendo valores de *y* usando equações de regressão múltipla

Use a equação de regressão

$$\hat{y} = 49.764 + 364x_1 + 228x_2 + 267x_3$$

encontrada no Exemplo 1 para predizer o salário de um funcionário para cada conjunto de condições.

1. 12 anos no emprego atual.
   5 anos de experiência anterior.
   16 anos de educação.
2. 4 anos no emprego atual.
   2 anos de experiência anterior.
   12 anos de educação.
3. 8 anos no emprego atual.
   7 anos de experiência anterior.
   17 anos de educação.

SOLUÇÃO

Para predizer o salário de cada funcionário, substitua os valores para x_1, x_2 e x_3 na equação de regressão. Depois, calcule $\hat{y}$.

1. $\hat{y} = 49.764 + 364x_1 + 228x_2 + 267\,x_3$
   $= 49.764 + 364(12) + 228(5) + 267(16)$
   $= 59.544$
   O salário previsto do funcionário é \$ 59.544.
2. $\hat{y} = 49.764 + 364x_1 + 228x_2 + 267\,x_3$
   $= 49.764 + 364(4) + 228(2) + 267(12)$
   $= 54.880$
   O salário previsto do funcionário é \$ 54.880
3. $\hat{y} = 49.764 + 364x_1 + 228x_2 + 267\,x_3$
   $= 49.764 + 364(8) + 228(7) + 267(17)$
   $= 58.811$
   O salário previsto do funcionário é \$ 58.811

TENTE VOCÊ MESMO 2

Use a equação de regressão encontrada no Tente você mesmo 1 para predizer a nota final de um aluno para cada conjunto de condições.

1. Um aluno tem uma nota de meio de curso de 89 e perde 1 aula.
2. Um aluno tem uma nota de meio de curso de 78 e perde 3 aulas.
3. Um aluno tem uma nota de meio de curso de 83 e perde 2 aulas.

9.4 EXERCÍCIOS

Construindo habilidades básicas e vocabulário

1. Interpretar o significado do coeficiente –8,2 na equação de regressão múltipla $\hat{y} = 112,1 + 0,43x_1 - 8,2x_2 + 29,5x_3$.

2. Compare os números de variáveis dependentes e independentes em uma equação de regressão múltipla e uma equação de regressão simples.

Predição para valores de *y* *Nos exercícios de 3 a 6, use a equação de regressão múltipla para predizer os valores de y para os valores das variáveis independentes.*

3. **Produção de couve-flor** A equação usada para predizer a produção anual de couve-flor (em libras por acre) é:

$$\hat{y} = 24.791 + 4,508x_1 - 4,723x_2$$

onde x_1 é o número de acres plantados e x_2 é o número de acres colhidos. *(Adaptado de United States Department of Agriculture.)*

(a) $x_1 = 36.500; x_2 = 36.100$ **(b)** $x_1 = 38.100; x_2 = 37.800$
(c) $x_1 = 39.000; x_2 = 38.800$ **(d)** $x_1 = 42.200; x_2 = 42.100$

4. **Produção de sorgo** A equação usada para predizer a produção anual de sorgo (em alqueires por acre) é:

$$\hat{y} = 80,1 - 20,2x_1 + 21,2x_2$$

onde x_1 é o número de acres plantados (em milhões) e x_2 é o número de acres colhidos (em milhões). *(Adaptado de United States Department of Agriculture.)*

(a) $x_1 = 5,5; x_2 = 3,9$ **(b)** $x_1 = 8,3; x_2 = 7,3$
(c) $x_1 = 6,5; x_2 = 5,7$ **(d)** $x_1 = 9,4; x_2 = 7,8$

5. **Volume da cerejeira-negra** O volume (em pés cúbicos) de uma cerejeira-negra pode ser modelado pela equação:

$$\hat{y} = -52,2 + 0,3x_1 + 4,5x_2$$

onde x_1 é a altura da árvore (em pés) e x_2 é o diâmetro da árvore (em polegadas). *(Fonte: Journal of the Royal Statistical Society.)*

(a) $x_1 = 70; x_2 = 8,6$
(b) $x_1 = 65; x_2 = 11,0$
(c) $x_1 = 83; x_2 = 17,6$
(d) $x_1 = 87; x_2 = 19,6$

6. **Peso de elefante** A equação usada para predizer o peso de um elefante (em quilos) é:

$$\hat{y} = -4.016 + 11,5x_1 + 7,55x_2 + 12,5x_3$$

onde x_1 representa a circunferência do elefante (em centímetros), x_2 representa o seu comprimento (em centímetros) e x_3 representa a circunferência de uma pata (em centímetros). *(Fonte: Field Trip Earth.)*

(a) $x_1 = 421; x_2 = 224; x_3 = 144$
(b) $x_1 = 311; x_2 = 171; x_3 = 102$
(c) $x_1 = 376; x_2 = 226; x_3 = 124$
(d) $x_1 = 231; x_2 = 136; x_3 = 86$

Usando e interpretando conceitos

Encontrando uma equação de regressão múltipla *Nos exercícios 7 e 8, use tecnologia para determinar (a) a equação de regressão múltipla para os dados mostrados na tabela, (b) o erro padrão da estimativa e (c) o coeficiente de determinação. Interprete os resultados.*

7. **Carros usados** A tabela a seguir mostra os preços (em dólares), idade (em anos) e quilometragem (em milhares de milhas) de nove sedãs Honda Civic usados.

Preço, y	Idade, x_1	Quilometragem, x_2
\$20.368	2	11,0
\$16.889	3	83,7
\$11.300	5	83,0
\$19.430	3	27,0
\$9777	7	94,9
\$9899	6	88,0
\$14.600	6	27,8
\$19.930	4	23,1
\$19.000	5	46,5

8. **Nutrição** A tabela a seguir mostra as calorias, gorduras (em gramas), carboidratos (em gramas) e proteínas (em gramas) por porção de oito alimentos comuns.

Alimento	Calorias, y	Gordura (g), x_1	Carboidratos (g), x_2	Proteínas (g), x_3
Eggs	80	5	0	7
Broccoli	31	0	6	3
Potato chips	160	10	15	2
Sirloin steak	240	16	0	22
Avocado	240	22	13	3
Shredded cheddar	110	9	2	7
Snickers bar	250	12	32	4
Wheat bread	70	1	13	3

Expandindo conceitos

r^2 ajustado *O cálculo do coeficiente de determinação r^2 depende do número de pares de dados e do número de variáveis independentes. Um valor ajustado de r^2, baseado no número de graus de liberdade, é calculado usando a fórmula:*

$$r^2_{adj} = 1 - \left[\frac{(1 - r^2)(n - 1)}{n - k - 1}\right]$$

onde n é o número de pares de dados e k é o número de variáveis independentes.

Nos exercícios 9 e 10, calcule r^2_{adj} e determine a porcentagem da variação em y que pode ser explicada pela relação entre variáveis, de acordo com r^2_{adj}. Compare esse resultado com aquele obtido usando r^2.

9. Calcule r^2_{adj} para os dados no Exercício 7.
10. Calcule r^2_{adj} para os dados no Exercício 8.

USOS E ABUSOS

Estatística no mundo real

Usos

Correlação e regressão As análises de correlação e regressão podem ser usadas para determinar se há uma relação significativa entre duas variáveis. Quando há, você pode usar uma das variáveis para predizer o valor da outra variável. Por exemplo, nos Estados Unidos, educadores usaram as análises de correlação e regressão para determinar que há uma correlação significativa entre a pontuação de um aluno no SAT e o coeficiente de rendimento desse aluno no primeiro ano da faculdade. Consequentemente, muitas faculdades e universidades usam a pontuação dos candidatos de Ensino Médio no SAT como um preditor do seu êxito inicial na faculdade.

Abusos

Confundindo correlação e causalidade O abuso mais comum da correlação em estudos é confundir os conceitos de correlação com os da causalidade (veja a p. 480). Uma boa pontuação no SAT não causa boas notas na faculdade. Há outras variáveis, como bons hábitos de estudo e motivação, que contribuem para ambos. Quando uma correlação forte é encontrada entre duas variáveis, procure outras variáveis que são correlacionadas com ambas.

Considerando somente correlação linear A correlação estudada neste capítulo é a correlação linear. Quando o coeficiente de correlação é próximo a 1 ou a –1, os dados podem ser modelados por uma linha reta. É possível que um coeficiente de correlação esteja próximo a 0, mas ainda haja uma correlação forte de um tipo diferente. Considere os dados listados na Tabela 9.17. O valor do coeficiente de correlação é 0; contudo, os dados são perfeitamente correlacionados com a equação $x^2 + y^2 = 1$, conforme mostrado no gráfico da Figura 9.20.

Tabela 9.17

x	1	0	–1	0
y	0	1	0	–1

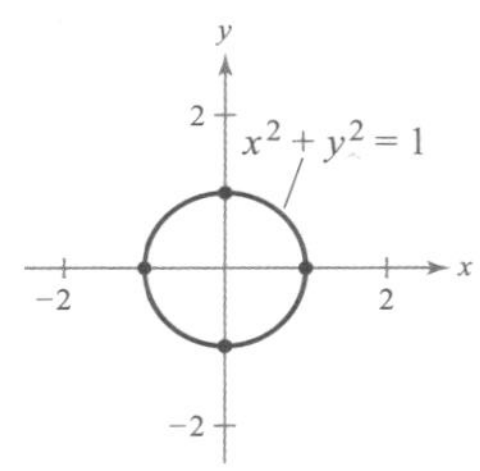

Figura 9.20

Ética

Quando dados são coletados, todos devem ser usados para calcular estatísticas. Neste capítulo, você aprendeu que, antes de encontrar a equação de uma reta de regressão, é útil construir um diagrama de dispersão dos dados para verificar se há *outliers*, lacunas e agrupamentos nos dados. Os pesquisadores não podem usar somente os dados que se encaixam em suas hipóteses ou aqueles que mostram uma correlação significativa. Embora a eliminação dos outliers possa ajudar um conjunto de dados a coincidir com os padrões preditos ou se encaixar em uma reta de regressão, não é ético corrigir os dados dessa forma. Um *outlier* ou outro ponto qualquer que influencia um modelo de regressão pode ser removido somente se for devidamente justificado.

Na maioria dos casos, a melhor, e às vezes a mais segura abordagem para apresentar medições estatísticas, é mostrá-las com e sem um *outlier*. Ao fazer isso, a decisão de se reconhecer ou não o *outlier* é deixada para o leitor.

EXERCÍCIOS

1. **Confundindo correlação e causalidade** Encontre um exemplo de um artigo que confunda correlação e causalidade. Discuta outras variáveis que podem contribuir para a relação entre as variáveis.
2. **Considerando somente correlação linear** Encontre um exemplo de duas variáveis da vida real que tenham uma correlação não linear.

9 Resumo do capítulo

O que você aprendeu	Exemplo(s)	Exercícios de revisão
Seção 9.1		
▶ Como construir um diagrama de dispersão e como determinar um coeficiente de correlação. $r = \dfrac{n\Sigma xy - (\Sigma x)(\Sigma y)}{\sqrt{n\Sigma x^2 - (\Sigma x)^2}\sqrt{n\Sigma y^2 - (\Sigma y)^2}}$	1–5	1–4
▶ Como testar um coeficiente de correção populacional ρ usando uma tabela e como realizar um teste de hipóteses para um coeficiente de correlação populacional ρ.	6, 7	5–8
Seção 9.2		
▶ Como encontrar a equação de uma reta de regressão e como predizer valores de y usando uma equação de regressão: $\hat{y} = mx + b$, em que $m = \dfrac{n\Sigma xy - (\Sigma x)(\Sigma y)}{n\Sigma x^2 - (\Sigma x)^2}$ e $b = \bar{y} - m\bar{x} = \dfrac{\Sigma y}{n} - m\dfrac{\Sigma x}{n}$	1, 3	9–12
Seção 9.3		
▶ Como determinar e interpretar o coeficiente de determinação.	1	13–18
▶ Como calcular e interpretar o erro padrão da estimativa para uma reta de regressão.	2	17, 18
▶ Como construir e interpretar um intervalo de predição para *y*. $\hat{y} - E < y < \hat{y} + E$, em que $E = t_c s_e\sqrt{1 + \dfrac{1}{n} + \dfrac{n(x_0 - \bar{x})^2}{n\Sigma x^2 - (\Sigma x)^2}}$	3	19–24
Seção 9.4		
▶ Como usar tecnologia para determinar e interpretar uma equação de regressão múltipla, o erro padrão da estimativa e o coeficiente de determinação.	1	25, 26
▶ Como usar uma equação de regressão múltipla para predizer valores de *y*.	2	27, 28

Estratégias de estudo

Usando notas de texto para desenvolver habilidades de pensamento crítico Os instrutores esperam que você use habilidades de pensamento crítico. Para usar notas de texto para desenvolver habilidades de pensamento crítico, você pode seguir os passos (listados a seguir) descritos pelo psicólogo educacional Dr. Benjamin Bloom. Esse processo irá ajudá-lo a aprender de forma mais eficaz, permitindo que você realmente domine um corpo de conhecimento.

- Faça anotações para construir conhecimento sobre os principais conceitos e termos em sua leitura. (Tomar notas de texto é discutido no Resumo do Capítulo 8).
- Pesquise uma passagem para encontrar exemplos para que você possa aplicar seu conhecimento.
- Analise quais informações são semelhantes ou diferentes entre suas notas de aula e suas notas de leitura e avalie o que é mais importante aprender.
- Sintetize combinando sua aula e notas de leitura.
- Avalie o que você entende completamente e o que ainda não está claro.

9 Exercícios de revisão

Seção 9.1

Nos exercícios de 1 a 4, (a) exiba os dados em um diagrama de dispersão, (b) calcule o coeficiente de correlação amostral r e (c) descreva o tipo de correlação e interprete-a no contexto dos dados.

1. Os números de tentativas de passes e jardas percorridas por sete *quarterbacks* profissionais em uma temporada regular recente. *(Fonte: National Football League.)*

Tentativas de passe, x	626	595	608	492	390	443	368
Jardas percorridas, y	4581	4336	3803	3733	2942	2933	2657

2. Os números de incêndios florestais (em milhares) e acres queimados (em milhões), nos Estados Unidos, para oito anos. *(Fonte: National Interagency Coordinate Center.)*

Incêndios, x	47,6	63,3	68,2	67,7	71,5	58,1	50,5	59,0
Acres, y	4,3	3,6	10,1	5,5	10,0	8,8	4,7	10,1

3. Os quocientes de inteligência (QIs) e tamanho dos cérebros (em gramas), para nove adultos. *(Fonte: Cerebral Cortex.)*

QI, x	89	95	107	120	73	108	92	80	127
Tamanho do cérebro, y	1400	1485	1570	1550	1446	1210	1620	1710	1570

4. O consumo anual *per capita* de açúcar (em quilogramas) e o número médio de cáries de crianças de 11 e 12 anos de sete países.

Consumo de açúcar, x	2,1	5,0	6,3	6,5	7,7	8,7	11,6
Cáries, y	0,59	1,51	1,55	1,70	2,18	2,10	2,73

Nos exercícios de 5 a 8, use a Tabela 11 do Apêndice B ou realize um teste de hipóteses usando a Tabela 5 do Apêndice B para tirar uma conclusão sobre o coeficiente de correlação.

5. Refira-se aos dados no Exercício 1. Considerando $\alpha = 0{,}05$, há evidência suficiente para concluir que existe uma correlação linear significativa entre os dados? (Use o valor de r encontrado no Exercício 1.)

6. Refira-se aos dados no Exercício 2. Considerando $\alpha = 0{,}05$, há evidência suficiente para concluir que existe uma correlação linear significativa entre os dados? (Use o valor de r encontrado no Exercício 2.)

7. Refira-se aos dados no Exercício 3. Considerando $\alpha = 0{,}01$, há evidência suficiente para concluir que existe uma correlação linear significativa entre os dados? (Use o valor de r encontrado no Exercício 3.)

8. Refira-se aos dados no Exercício 4. Considerando $\alpha = 0{,}01$, há evidência suficiente para concluir que existe uma correlação linear significativa entre os dados? (Use o valor de r encontrado no Exercício 4.)

Seção 9.2

Nos exercícios de 9 a 12, determine a equação da reta de regressão para os dados. Em seguida, construa um diagrama de dispersão e represente a reta de regressão. (Cada par de variáveis tem uma correlação significativa). Use a equação de regressão para predizer o valor de y para cada um dos valores de x, se apropriado. Se o valor de x não for apropriado para prever o valor de y, explique o porquê. Se for conveniente, use tecnologia.

9. Números médios (em milhares) de vacas leiteiras e as quantidades (em bilhões de libras) de leite produzido nos Estados Unidos para oito anos. *(Fonte: U.S. Department of Agriculture.)*

Vacas leiteiras, x	9.224	9.261	9.320	9.334
Leite produzido, y	201,3	206,0	208,5	212,5

Vacas leiteiras, x	9.406	9.398	9.337	9.388
Leite produzido, y	215,5	217,6	218,4	223,2

(a) $x = 9.080$ vacas
(b) $x = 9.230$ vacas
(c) $x = 9.340$ vacas
(d) $x = 9.400$ vacas

10. Tempos médios (em horas) por dia gastos assistindo à televisão, para adultos com idades de 25 a 34 anos e de 35 a 44 anos, para 10 anos. *(Fonte: U.S. Bureau of Labor Statistics.)*

Adultos com idade de 25 a 34 anos, x	2,18	2,09	2,32	2,14	2,06
Adultos com idade de 35 a 44 anos, y	2,23	2,22	2,3	2,24	2,16

Adultos com idade de 25 a 34 anos, x	2,15	1,95	2,01	2,03	1,99
Adultos com idade de 35 a 44 anos, y	2,09	2,07	2,09	2,12	2,03

(a) $x = 1,97$ horas
(b) $x = 2,21$ horas
(c) $x = 2,27$ horas
(d) $x = 2,43$ horas

11. As idades (em anos) e o número de horas de sono em uma noite, para sete adultos.

Idade, x	35	20	59	42	68	38	75
Horas de sono, y	7	9	5	6	5	8	4

(a) $x = 16$ anos
(b) $x = 25$ anos
(c) $x = 85$ anos
(d) $x = 50$ anos

12. Cilindradas (em polegadas cúbicas) e a eficiência de combustível (em milhas por galão) de sete automóveis.

Cilindrada, x	170	134	220	305	109	256	322
Eficiência de combustível, y	29,5	34,5	23,0	17,0	33,5	23,0	15,5

(a) $x = 86$ polegadas cúbicas
(b) $x = 198$ polegadas cúbicas
(c) $x = 289$ polegadas cúbicas
(d) $x = 407$ polegadas cúbicas

Seção 9.3

Nos exercícios de 13 a 16, use o valor do coeficiente de correlação r para calcular o coeficiente de determinação r^2. O que isso lhe diz a respeito da variação explicada dos dados em torno da reta de regressão? E a respeito da variação não explicada?

13. $r = -0{,}450$

14. $r = -0{,}937$

15. $r = 0{,}642$

16. $r = 0{,}795$

Nos exercícios 17 e 18, use os dados para (a) calcular o coeficiente de determinação r^2 e interprete o resultado, e para (b) calcular o erro padrão da estimativa s_e e interprete o resultado.

17. A tabela a seguir mostra os tempos (em segundos) para acelerar de 0 a 60 milhas por hora e as velocidades máximas (em milhas por hora) para oito carros elétricos. A equação de regressão é $\hat{y} = -14{,}399x + 196{,}996$. *(Fonte: Car and Driver.)*

Tempo para acelerar de 0 a 60 milhar por hora, *x*	6,4	6,7	5,1	5,1	4,3	5,1	2,4	2,4
Velocidade máxima, *y*	110	93	114	125	128	141	163	162

18. A tabela a seguir mostra a área para cozinhar (em polegadas quadradas) de 18 grelhas a gás e seus preços (em dólares). A equação de regressão é $\hat{y} = 1{,}501x - 341{,}501$. *(Fonte: Lowe's.)*

Área, *x*	645	529	650	450	844	395	669	725	620
Preço, *y*	249	519	299	469	1.199	229	829	549	599

Área, *x*	445	575	454	529	710	935	710	320	673
Preço, *y*	349	449	149	649	799	1149	849	325	518

Nos exercícios de 19 a 24, construa o intervalo de predição indicado e interprete os resultados.

19. Construa um intervalo de predição de 90% para a quantidade de leite produzido no Exercício 9, quando há uma média de 9.275 mil vacas leiteiras.

20. Construa um intervalo de predição de 90% para o tempo médio que os adultos com idade de 35 a 44 anos passam, por dia, assistindo à televisão no Exercício 10, quando o tempo médio que os adultos com idade de 25 a 34 anos passam, por dia, 2,25 horas assistindo televisão.

21. Construa um intervalo de predição de 95% para o número de horas de sono para um adulto no Exercício 11 que tenha 45 anos de idade.

22. Construa um intervalo de predição de 95% para a eficiência de combustível de um automóvel no Exercício 12 que tenha uma cilindrada de 265 polegadas cúbicas.

23. Construa um intervalo de predição de 99% para a velocidade máxima de um carro elétrico no Exercício 17 que leva 5,9 segundos para acelerar de 0 a 60 milhas por hora.

24. Construa um intervalo de predição de 99% para o preço de uma grelha a gás no Exercício 18 com uma área para cozinhar de 900 polegadas quadradas.

Seção 9.4

Nos exercícios 25 e 26, use tecnologia para determinar (a) a equação de regressão múltipla para os dados apresentados na tabela, (b) o erro padrão da estimativa e (c) o coeficiente de determinação. Interprete os resultados.

25. A tabela a seguir mostra o teor de monóxido de carbono, alcatrão e nicotina, todos em miligramas, de dez marcas de cigarros. *(Fonte: Scientific Report.)*

Monóxido de carbono, y	Alcatrão, x_1	Nicotina, x_2
12	9,4	0,73
7	6,0	0,50
7	6,0	0,50
7	7,0	0,60
10	10,0	0,80
1	1,0	0,10
10	10,0	0,80
10	10,0	0,80
10	10,0	0,80
10	10,0	0,80

26. A tabela a seguir mostra o número de acres plantados, o número de acres colhidos e a produção o anual (em libras por acre) de batatas por cinco anos. *(Fonte: Unites States Departmente of Agriculture.)*

Produção, y	Acres plantados, x_1	Acres colhidos, x_2
43.400	1.056.700	1.037.700
43.200	1.052.600	1.044.500
44.300	1.026.500	1.014.800
45.300	963.300	937.300
45.300	921.000	914.100

Nos exercícios 27 e 28, use a equação de regressão múltipla para predizer os valores de y para os valores das variáveis independentes.

27. Uma equação que pode ser usada para predizer a economia de combustível (em milhas por galão) para automóveis é

$$\hat{y} = 41{,}3 - 0{,}004\,x_1 - 0{,}0049\,x_2$$

em que x_1 é a cilindrada (em polegadas cúbicas) e x_2 o peso do veículo (em libras).

(a) $x_1 = 305; x_2 = 3.750$
(b) $x_1 = 225; x_2 = 3.100$
(c) $x_1 = 105; x_2 = 2.200$
(d) $x_1 = 185; x_2 = 3.000$

28. Use a equação de regressão encontrada no Exercício 25.

(a) $x_1 = 9{,}0; x_2 = 0{,}70$
(b) $x_1 = 3{,}0; x_2 = 0{,}25$
(c) $x_1 = 8{,}0; x_2 = 0{,}60$
(d) $x_1 = 5{,}2; x_2 = 0{,}46$

8 Problemas

Faça estes problemas como se estivesse fazendo em sala. Depois, compare suas respostas com as respostas dadas no final do livro.

Para os exercícios de 1 a 8, use os dados na tabela a seguir, que mostra os salários médios anuais (ambos em milhares de dólares) para professores do Ensino Médio e Fundamental, excluindo aqueles de educação especial e vocacional, nos Estados Unidos, por 11 anos. (Fonte: U.S. Bureau of Labor Statistics.)

Professores de Ensino médio, x	Professores de ensino fundamental, y
56,0	54,3
56,8	55,3
57,8	56,1
58,3	56,3
59,3	56,8
60,4	57,7
61,4	59,0
62,9	60,8
64,3	62,2
65,9	63,9
67,3	65,4

1. Construa um diagrama de dispersão para os dados. Os dados parecem ter uma correlação linear positiva, uma correlação linear negativa ou não ter correlação linear? Explique.
2. Calcule o coeficiente de correlação r e interprete o resultado.
3. Teste a significância do coeficiente de correlação r encontrado no Exercício 2. Considere $\alpha = 0{,}05$.
4. Determine a equação da reta de regressão para os dados. Represente a reta de regressão no diagrama de dispersão que você construiu no Exercício 1.
5. Use a equação de regressão que você encontrou no Exercício 4 para predizer o salário médio anual dos professores do Ensino Fundamental, quando o salário médio anual dos professores do Ensino Médio é US$ 63.500.
6. Calcule o coeficiente de determinação r^2 e interprete o resultado.
7. Calcule o erro padrão da estimativa s_e e interprete o resultado.
8. Construa um intervalo de predição de 95% para o salário médio anual dos professores do Ensino Fundamental, quando o salário médio anual dos professores do Ensino Médio é US$ 63.500. Interprete os resultados.
9. **Preço de ações** A equação usada para predizer o preço de ações (em dólares) no final do ano para uma cadeia de restaurantes é:

   $$\hat{y} = -86 + 7{,}46x_1 - 1{,}61x_2$$

   onde x_1 é a receita total (em bilhões de dólares) e x_2 o patrimônio líquido (em bilhões de dólares). Use a equação de regressão múltipla para predizer os valores de y para os valores das variáveis independentes.

   (a) $x_1 = 27{,}6$; $x_2 = 15{,}3$ **(b)** $x_1 = 24{,}1$; $x_2 = 14{,}6$
   (c) $x_1 = 23{,}5$; $x_2 = 13{,}4$ **(d)** $x_1 = 22{,}8$; $x_2 = 15{,}3$

9 Teste do capítulo

Faça este teste como se estivesse fazendo uma prova em sala.

1. **Vendas líquidas** A equação usada para predizer as vendas líquidas (em milhões de dólares) para um ano fiscal para um varejista de roupas é:

   $\hat{y} = 23.769 + 9{,}18x_1 - 8{,}41x_2$

   onde x_1 é o número de lojas abertas ao final do ano fiscal e x_2 a área média por loja. Use a equação de regressão múltipla para prever os valores de y para os valores das variáveis independentes.

   (a) $x_1 = 1.057; x_2 = 3.698$ **(b)** $x_1 = 1.012; x_2 = 3.659$
   (c) $x_1 = 952; x_2 = 3.601$ **(d)** $x_1 = 914; x_2 = 3.594$

Para os exercícios de 2 a 9, use os dados na tabela a seguir, que mostra os salários médios anuais (ambos em milhares de dólares) para bibliotecários e professores de biblioteconomia nos Estados Unidos por 12 anos. (*Fonte: U.S. Bureau of Labor Statistics.*)

Bibliotecários, x	Professores de biblioteconomia, y
55,7	64,3
56,4	67,0
57,0	70,0
57,2	70,8
57,6	73,3
58,1	72,4
58,9	73,0
59,9	72,3
60,8	73,7
61,5	75,5
61,9	77,2
63,6	77,6

2. Construa um diagrama de dispersão para os dados. Os dados parecem ter uma correlação linear positiva, uma correlação linear negativa ou não ter correlação linear? Explique.
3. Calcule o coeficiente de correlação r e interprete o resultado.
4. Teste a significância do coeficiente de correlação r encontrado no Exercício 3. Considere $\alpha = 0{,}01$.
5. Determine a equação da reta de regressão para os dados. Represente a reta de regressão no diagrama de dispersão que você construiu no Exercício 2.
6. Use a equação de regressão que você encontrou no Exercício 5 para predizer o salário médio anual dos professores de biblioteconomia, quando o salário médio anual dos bibliotecários é US$ 61.000.
7. Calcule o coeficiente de determinação r^2 e interprete o resultado.
8. Calcule o erro padrão de estimativa s_e e interprete o resultado.
9. Construa um intervalo de predição de 99% para o salário médio anual dos professores de biblioteconomia, quando o salário médio anual dos bibliotecários é US$ 61.000. Interprete os resultados.

Decisões reais: juntando tudo

A chuva ácida afeta o meio ambiente, aumentando a acidez de lagos e riachos a níveis perigosos, prejudicando as árvores e o solo, acelerando a deterioração de materiais de construção e pinturas, e destruindo monumentos nacionais. O objetivo do Programa de Chuva Ácida da Agência de Proteção Ambiental (EPA, na sigla em inglês) é alcançar os benefícios da saúde ambiental, reduzindo as emissões das causas primarias da chuva ácida: dióxido de enxofre e óxidos de nitrogênio.

Você trabalha para a Agência de Proteção Ambiental e quer determinar se há uma correlação significativa entre as concentrações médias de dióxido de enxofre e dióxido de nitrogênio.

EXERCÍCIOS

1. ***Analisando os dados***
   (a) Os dados na Tabela 9.18 são as concentrações médias diárias de dióxido de enxofre (em partes por bilhão) e de dióxido de nitrogênio (em partes por bilhão) em 17 anos. Construa um diagrama de dispersão dos dados e conclua sobre o tipo de correlação entre as concentrações médias de dióxido de enxofre e dióxido de nitrogênio.
   (b) Calcule o coeficiente de correlação r e verifique sua conclusão na parte (a).
   (c) Teste a significância do coeficiente de correlação encontrado na parte (b). Considere $\alpha = 0{,}05$.
   (d) Determine a equação da reta de regressão para as concentrações médias de dióxido de enxofre e dióxido de nitrogênio. Adicione o gráfico da reta de regressão ao seu diagrama de dispersão na parte (a). A reta de regressão parece ser um bom ajuste?
   (e) Você pode usar a equação da reta de regressão para predizer a concentração média de dióxido de nitrogênio dada a concentração média de dióxido de enxofre? Por que ou por que não?
   (f) Calcule o coeficiente de determinação r^2 e o erro padrão de estimativa s_e. Interprete seus resultados.
2. ***Fazendo previsões***
   Construa um intervalo de predição de 95% para a concentração média de dióxido de nitrogênio quando a concentração média de dióxido de enxofre é 28 partes por bilhão. Interprete os resultados.

Tabela 9.18

Concentração média de dióxido de enxofre, x	Concentração média de dióxido de nitrogênio, y
72,5	57,8
74,5	56,3
67,0	55,6
62,1	54,9
53,3	53,9
47,1	49,4
40,9	48,3
33,7	48,1
31,1	45,2
27,2	46,0
27,1	47,9
23,3	44,9
15,8	43,6
14,8	43,9
14,6	43,6
12,8	42,1
10,3	40,5

Fonte: Agência de Proteção Ambiental – EPA.

TECNOLOGIA

MINITAB | EXCEL | TI-84 PLUS

Nutrientes em cereais matinais

A *U.S. Food and Drug Administration* (FDA) exige a rotulagem nutricional para a maioria dos alimentos. Sob os regulamentos da FDA, os produtores são obrigados a listar as quantidades de certos nutrientes em seus alimentos, como: calorias, açúcar, gordura e carboidratos. Essa informação nutricional é exibida em uma tabela na embalagem do alimento.

A Tabela 9.19 mostra o teor nutricional para uma xícara de 21 cereais matinais diferentes.

C = calorias

S = açúcar em gramas

F = gordura em gramas

R = carboidratos em gramas.

Tabela 9.19

C	S	F	R
100	12	0,5	25
130	11	1,5	29
100	1	2	20
130	15	2	31
130	13	1,5	29
120	3	0,5	26
100	2	0	24
120	10	0	29
150	16	1,5	31
110	4	0	25
110	12	1	25
150	15	0	36
160	15	1,5	35
150	12	2	29
150	15	1,5	29
110	6	1	23
190	19	1,5	45
100	3	0	23
120	4	0,5	23
120	11	1,5	28
130	5	0,5	29

EXERCÍCIOS

1. Use tecnologia para desenhar um diagrama de dispersão dos seguintes pares (x, y) em cada conjunto de dados.
   (a) (calorias, açúcar)
   (b) (calorias, gordura)
   (c) (calorias, carboidratos)
   (d) (açúcar, gordura)
   (e) (açúcar, carboidratos)
   (f) (gordura, carboidratos)
2. A partir dos diagramas de dispersão, quais pares de variáveis parecem ter uma correlação linear forte?
3. Use tecnologia para encontrar o coeficiente de correlação para cada par de variáveis no Exercício 1. Qual tem a correlação linear mais forte?
4. Use tecnologia para encontrar uma equação de uma reta de regressão para cada par de variáveis.
   (a) (calorias, açúcar)
   (b) (calorias, carboidratos)
5. Use os resultados do Exercício 4 para predizer cada valor.
   (a) O teor de açúcar de uma xícara de cereal que tem 120 calorias.
   (b) O teor de carboidrato de uma xícara de cereal que tem 120 calorias.
6. Use tecnologia para encontrar as equações de regressão múltipla de cada modelo.
   (a) $C = b + m_1S + m_2F + m_3R$
   (b) $C = b + m_1S + m_2R$
7. Use as equações do Exercício 6 para predizer as calorias em 1 xícara de cereal que tem 7 gramas de açúcar; 0,5 grama de gordura e 31 gramas de carboidratos.

CAPÍTULO 10

Teste qui-quadrado e a distribuição F

Testes de colisão realizados pelo Instituto de Seguros pela Segurança nas Estradas (Insurance Institute for Highway Safety) demonstram como um veículo reagirá quando em uma colisão real. Os testes são realizados na frente, lateral, traseira e teto do veículo. Os resultados desses testes são classificados usando as categorias bom, aceitável, marginal e insatisfatório.

Onde estamos

No Capítulo 8, você aprendeu a testar uma hipótese que compara duas populações baseando suas decisões em estatísticas amostrais e suas distribuições. Por exemplo, nos Estados Unidos, o Instituto de Seguros pela Segurança nas Estradas compra veículos novos a cada ano e os colide contra obstáculos a 40 milhas por hora para comparar como veículos diferentes protegem os motoristas em uma colisão frontal. Nesse teste, 40% do comprimento total do veículo atinge o obstáculo no lado do motorista. As forças e os impactos que ocorrem durante um teste de colisão são medidos por bonecos colocados no interior do veículo, equipados com instrumentos especiais. Os resultados do teste de colisão incluem dados sobre lesões na cabeça, peito e pernas. Para um número de testes de baixo impacto, o potencial de lesão é baixo. Se o número de testes de colisão é alto, então o potencial de lesão é alto. Usando as técnicas do Capítulo 8, você pode determinar se a média do potencial de lesão no peito é a mesma em SUVs de médio porte e picapes grandes. (Suponha que as populações são normalmente distribuídas e variâncias populacionais são iguais). A tabela a seguir apresenta as estatísticas amostrais. *(Adaptado de Insurance Institute for Highway Safety.)*

Veículo	Número	Média de lesões no peito	Desvio padrão
Picapes grandes	$n_1 = 12$	$\bar{x}_1 = 23{,}0$	$s_1 = 2{,}09$
SUVs de médio porte	$n_2 = 19$	$\bar{x}_2 = 19{,}0$	$s_2 = 4{,}26$

Para as médias de lesões no peito, o valor-*p* para a hipótese de que $\mu_1 = \mu_2$ é cerca de 0,6655. Considerando $\alpha = 0{,}01$, você não rejeita a hipótese nula. Então, você não tem evidência suficiente para concluir que há uma diferença significativa nas médias do potencial de lesão no peito em uma batida frontal a 40 milhas por hora para picapes grandes e SUVs de médio porte.

Para onde vamos

Neste capítulo, você aprenderá como testar uma hipótese que compara três ou mais populações.

Por exemplo, além dos testes de colisão de picapes grandes e SUVs de médio porte, um terceiro grupo de veículos também foi testado. A tabela a seguir mostra os resultados para todos os três tipos de veículos.

Veículo	Número	Média de lesões no peito	Desvio padrão
Picapes grandes	$n_1 = 12$	$\bar{x}_1 = 23{,}0$	$s_1 = 2{,}09$
SUVs de médio porte	$n_2 = 19$	$\bar{x}_2 = 22{,}4$	$s_2 = 4{,}26$
Carros grandes	$n_3 = 10$	$\bar{x}_3 = 27{,}2$	$s_3 = 6{,}65$

Dessas três amostras, há evidência de uma diferença no potencial de lesão no peito entre picapes grandes, SUVs de médio porte e carros grandes em uma colisão frontal a 40 milhas por hora?

Você pode responder a essa pergunta testando a hipótese de que as três médias são iguais. Para as médias de lesões no peito, o valor-*p* para a hipótese de que $\mu_1 = \mu_2 = \mu_3$ é cerca de 0,0283. Considerando $\alpha = 0{,}01$, você não rejeita a hipótese nula. Então, não há evidência suficiente ao nível de significância de 1% para concluir que pelo menos uma das médias é diferente das demais.

10.1 Teste da qualidade de ajuste

O que você deve aprender

- Como usar a distribuição qui-quadrado para testar se uma distribuição de frequência se ajusta a uma distribuição esperada.

O teste qui-quadrado para a qualidade de ajuste

O teste qui-quadrado para a qualidade de ajuste

Uma empresa de consultoria de impostos quer determinar as proporções de pessoas que utilizam métodos diferentes para preparar seus impostos. Para determinar essas proporções, a empresa pode realizar um experimento multinomial. Um **experimento multinomial** é um experimento aleatório que consiste em um número fixo de tentativas independentes nas quais existem mais de dois resultados possíveis para cada tentativa. A probabilidade de cada resultado é fixa, e cada resultado é classificado em **categorias**. (Lembre-se da Seção 4.2 que um experimento binomial tem somente dois resultados possíveis.)

A empresa quer testar uma afirmação de uma associação de comércio varejista relativo à distribuição esperada das proporções de pessoas que usaram métodos diferentes para preparar seus impostos. Para tal, a empresa poderia comparar a distribuição das proporções obtidas no experimento multinomial com a distribuição esperada da associação. Para comparar as distribuições, a empresa pode realizar um **teste qui-quadrado para a qualidade de ajuste**.

DEFINIÇÃO

O **teste qui-quadrado para a qualidade de ajuste** é usado para testar se uma distribuição esperada se ajusta a uma distribuição de frequência.

Dica de estudo

Os testes de hipóteses descritos nas seções 10.1 e 10.2 podem ser usados para dados qualitativos.

Para testar a qualidade de ajuste, você deve, inicialmente, estabelecer as hipóteses nula e alternativa. Geralmente, a hipótese nula estabelece que a distribuição esperada se ajusta a uma distribuição de frequência e a hipótese alternativa estabelece que a distribuição de esperada não se ajusta.

Por exemplo, a associação afirma que a distribuição esperada de pessoas que usaram métodos diferentes para preparar seus impostos é conforme mostrado na Tabela 10.1.

Tabela 10.1

Distribuição de métodos de preparação de imposto	
Contador	24%
À mão	20%
Programa de computador	35%
Amigo ou familiar	6%
Consultoria de impostos	15%

Para testar a afirmação da associação, a empresa pode realizar um teste qui-quadrado para a qualidade de ajuste usando as seguintes hipóteses nula e alternativa:

H_0: A distribuição esperada dos métodos de preparação de impostos é: 24% por contador, 20% à mão, 35% com programa de computador, 6% por amigo ou familiar e 15% com consultoria de impostos. (Afirmação)

H_a: A distribuição dos métodos de preparação de impostos difere da distribuição esperada.

Retratando o mundo

O gráfico de pizza mostra a distribuição do número das consultas médicas feitas em consultórios médicos, prontos-socorros e visitas domiciliares em um ano recente. *(Fonte: National Center for Health Statistics.)*

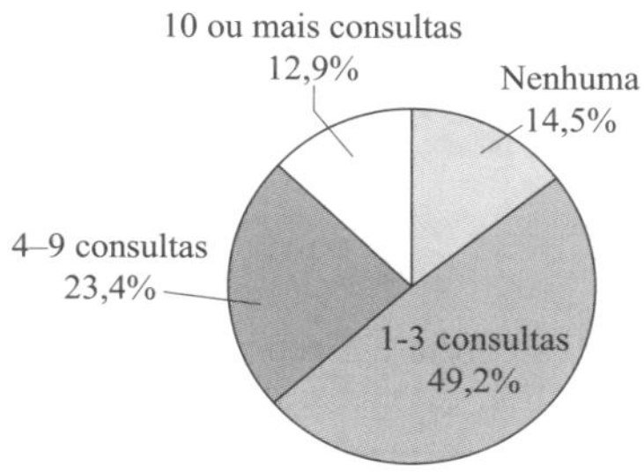

Um pesquisador seleciona aleatoriamente 200 pessoas e pergunta quantas consultas médicas eles fizeram em um ano: 1-3, 4-9, 10 ou mais ou nenhuma. Qual é a frequência esperada para cada resposta?

Para calcular a estatística de teste para o teste qui-quadrado para a qualidade do ajuste, você pode usar **frequências observadas** e **frequências esperadas**. Para calcular as frequências esperadas, você deve supor que a hipótese nula é verdadeira.

DEFINIÇÃO

A **frequência observada** O de uma categoria é a frequência para a categoria observada nos dados da amostra.

A **frequência esperada** E de uma categoria é a frequência *calculada* para a categoria. Frequências esperadas são encontradas usando a distribuição esperada (ou hipotética) e o tamanho da amostra. A frequência esperada para a i-ésima categoria é:

$$E_i = np_i$$

em que n é o número de tentativas (o tamanho da amostra) e p_i é a probabilidade assumida da i-ésima categoria.

EXEMPLO 1

Determinando frequências observadas e esperadas

Uma empresa de consultoria de impostos seleciona aleatoriamente 300 adultos e pergunta como eles preparam seus impostos. Os resultados estão na Tabela 10.2. Determine as frequências observada e esperada (utilizando a distribuição da Tabela 10.3) para cada método de preparação de imposto. *(Adaptado de National Retail Federation.)*

Tabela 10.2

Survey results ($n = 300$)	
Contador	60
À mão	43
Programa de computador	117
Amigo ou familiar	29
Consultoria de impostos	51

SOLUÇÃO

A frequência observada para cada método de preparação de imposto é o número de adultos na pesquisa indicando um método de preparação de imposto particular. A frequência esperada para cada método de preparação de imposto é o produto do número de adultos na pesquisa e a probabilidade de que um adulto indicará um método de preparação de imposto particular. As frequências observadas e esperadas são mostradas na Tabela 10.3.

Tabela 10.3

Método de preparação de imposto	% de pessoas	Frequência observada	Frequência esperada
Contador	24%	60	300(0,24) = 72
À mão	20%	43	300(0,20) = 60
Programa de computador	35%	117	300(0,35) = 105
Amigo ou familiar	6%	29	300(0,06) = 18
Consultoria de impostos	15%	51	300(0,15) = 45

TENTE VOCÊ MESMO 1

A consultoria de impostos do Exemplo 1 decide que quer uma amostra maior e, assim, seleciona aleatoriamente 500 adultos. Calcule a frequência esperada para cada método de preparação de imposto para $n = 500$.

A soma das frequências esperadas sempre se iguala à soma das frequências observadas. Por exemplo, no Exemplo 1, a soma das frequências observadas e a soma das frequências esperadas são, ambas, 300.

Antes de realizar um teste qui-quadrado para a qualidade de ajuste, você deve verificar que (1) as frequências observadas foram obtidas de uma amostra aleatória, e (2) cada frequência esperada é, no mínimo, 5. Note que, quando a frequência esperada de uma categoria é menor que 5, pode-se combiná-la com outra categoria para atender ao segundo requisito.

Dica de estudo

Lembre-se de que uma distribuição qui-quadrada é positivamente assimétrica e seu formato é determinado pelos graus de liberdade. Seu gráfico não é simétrico, mas parece se tornar mais simétrico conforme os graus de liberdade aumentam, como mostrado na Seção 6.4.

O teste qui-quadrado para a qualidade de ajuste

Para realizar um teste qui-quadrado para a qualidade de ajuste, as seguintes condições devem ser satisfeitas:

1. As frequências observadas devem ser obtidas de uma amostra aleatória.
2. Cada frequência esperada deve ser maior ou igual a 5.

Se essas condições são satisfeitas, então a distribuição amostral para o teste é aproximada por uma distribuição qui-quadrado com $k - 1$ graus de liberdade, onde k é o número de categorias. A **estatística de teste** é:

$$\chi^2 = \Sigma \frac{(O - E)^2}{E}$$

em que O representa a frequência observada de cada categoria e E representa a frequência esperada de cada categoria.

Quando as frequências observadas estão bem próximas das frequências esperadas, as diferenças entre O e E serão pequenas, e a estatística de teste qui-quadrado será próxima de 0. Como tal, é improvável que a hipótese nula seja rejeitada. Porém, quando há grandes discrepâncias entre as frequências observadas e as frequências esperadas, as diferenças entre O e E serão grandes, resultando em uma estatística de teste qui-quadrado grande. Uma estatística de teste qui-quadrado grande é uma evidência para rejeitar a hipótese nula. Então, o teste qui-quadrado para a qualidade do ajuste é sempre um teste unilateral à direita.

INSTRUÇÕES

Realizando um teste qui-quadrado para a qualidade de ajuste

Em palavras	Em símbolos
1. Verifique se as frequências observadas foram obtidas de uma amostra aleatória e cada frequência esperada é, pelo menos, 5.	$E_i = np_i \geq 5$
2. Identifique a afirmação. Formule as hipóteses nula e alternativa.	Formule H_0 e H_a.
3. Especifique o nível de significância.	Identifique α.
4. Identifique os graus de liberdade.	g.l. $= k - 1$
5. Determine o valor crítico.	Use a Tabela 6 do Apêndice B.
6. Determine a região de rejeição.	
7. Calcule a estatística de teste e esboce a distribuição amostral.	$\chi^2 = \Sigma \frac{(O - E)^2}{E}$
8. Tome uma decisão para rejeitar ou não rejeitar a hipótese nula.	Se χ^2 está na região de rejeição, então rejeitar H_0. Caso contrário, não rejeitar H_0.
9. Interprete a decisão no contexto da afirmação original.	

EXEMPLO 2

Realizando um teste qui-quadrado para a qualidade de ajuste

Uma associação de comércio varejista afirma que os métodos de preparação de imposto de adultos são distribuídos conforme mostrado na Tabela 10.4. Uma consultoria de impostos seleciona aleatoriamente 300 adultos e pergunta como eles preparam seus impostos. Os resultados encontram-se na Tabela 10.5. Considerando $\alpha = 0{,}01$, teste a afirmação da associação. *(Adaptado de National Retail Federation.)*

Tabela 10.4

Distribuição de métodos de preparação de imposto	
Contador	24%
À mão	20%
Programa de computador	35%
Amigo ou familiar	6%
Consultoria de impostos	15%

Tabela 10.5

Resultados da pesquisa ($n = 300$)	
Contador	60
À mão	43
Programa de computador	117
Amigo ou familiar	29
Consultoria de impostos	51

SOLUÇÃO

As frequências observadas e esperadas podem ser vistas na Tabela 10.6. As frequências esperadas foram calculadas no Exemplo 1. Como as frequências observadas foram obtidas usando uma amostra aleatória e cada frequência esperada é no mínimo 5, você pode usar o teste qui-quadrado para a qualidade de ajuste para testar a distribuição proposta. As hipóteses nulas e alternativas são as seguintes.

Tabela 10.6

Método de preparação de imposto	Frequência observada	Frequência esperada
Contador	60	72
À mão	43	60
Programa de computador	117	105
Amigo ou familiar	29	18
Consultoria de impostos	51	45

H_0: A distribuição esperada dos métodos de preparação de impostos é: 24% por contador, 20% à mão, 35% com programa de computador, 6% por amigo ou familiar e 15% com consultoria de impostos. (Afirmação)

H_a: A distribuição dos métodos de preparação de impostos difere da distribuição esperada.

Como há 5 categorias, a distribuição qui-quadrado tem

$$\text{g.l.} = k - 1 = 5 - 1 = 4$$

graus de liberdade. Com g.l. = 4 e $\alpha = 0{,}01$, o valor crítico é $\chi_0^2 = 13{,}277$. A região de rejeição

$\chi^2 > 13{,}277.$ Região de rejeição

Com as frequências observadas e esperadas, a estatística de teste qui-quadrado é:

$$\begin{aligned}\chi^2 &= \Sigma\frac{(O - E)^2}{E}\\ &= \frac{(60-72)^2}{72} + \frac{(43-60)^2}{60} + \frac{(117-105)^2}{105}\\ &\quad + \frac{(29-18)^2}{18} + \frac{(51-45)^2}{45}\\ &\approx 15{,}710.\end{aligned}$$

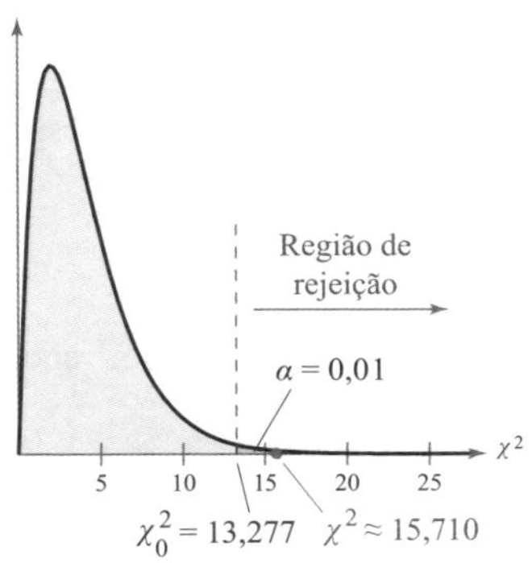

Figura 10.1

A Figura 10.1 mostra a localização da região de rejeição e a estatística de teste qui-quadrado. Como χ^2 está na região de rejeição, você rejeita a hipótese nula.

Interpretação Há evidência suficiente, ao nível de significância de 1%, para rejeitar a afirmação de que a distribuição dos métodos de preparação de imposto e a distribuição esperada da associação são as mesmas.

Tabela 10.7

Idades	Distribuição Anterior	Resultados da pesquisa
0–9	16%	76
10–19	20%	84
20–29	8%	30
30–39	14%	60
40–49	15%	54
50–59	12%	40
60–69	10%	42
70	5%	14

TENTE VOCÊ MESMO 2

Um sociólogo afirma que a distribuição das idades dos moradores de uma cidade é diferente da distribuição de 10 anos atrás. A distribuição das idades de 10 anos atrás é mostrada na Tabela 10.7. Você seleciona aleatoriamente 400 moradores e registra a idade de cada um. Os resultados da pesquisa estão na tabela. Considerando $\alpha = 0{,}05$, realize um teste qui-quadrado para a qualidade do ajuste para testar se a distribuição mudou.

O teste qui-quadrado para a qualidade de ajuste é geralmente usado para determinar se uma distribuição é uniforme. Para tais testes, as frequências esperadas das categorias são iguais. Ao testar uma distribuição uniforme, você pode encontrar a frequência esperada de cada categoria dividindo o tamanho das amostras pelo número de categorias. Por exemplo, suponha que uma empresa acredite que o número de vendas feitas por sua área de vendas é uniforme durante os 5 dias úteis da semana. Se a amostra consiste em 1.000 vendas, então o valor esperado das vendas para cada dia será 1.000/5 = 200.

EXEMPLO 3

Realizando um teste qui-quadrado para a qualidade de ajuste

Um pesquisador afirma que o número confeitos de cores diferentes em sacos de M&M's® chocolate amargo é uniformemente distribuído. Para testar essa afirmação, você seleciona aleatoriamente um saco que contém 500 M&M's® chocolate amargo. Os resultados encontram-se na Tabela 10.8. Considerando $\alpha = 0{,}10$, teste a afirmação do pesquisador. *(Adaptado de Mars, Incorporated.)*

Tabela 10.8

Cor	Frequência, f
Marrom	80
Amarelo	95
Vermelho	88
Azul	83
Laranja	76
Verde	78

SOLUÇÃO

A afirmação é que a distribuição é uniforme, então as frequências esperadas das cores são iguais. Para encontrar cada frequência esperada, divida o tamanho da amostra pelo número de cores. Então, para cada cor, $E = 500/6 \approx 83{,}333$. Como cada frequência esperada é no mínimo 5 e os M&M's® foram selecionados aleatoriamente, você pode usar o teste qui-quadrado para a qualidade de ajuste para testar a distribuição esperada. As hipóteses nula e alternativa são as seguintes:

H_0: A distribuição esperada dos confeitos de cores diferentes em sacos de M&M's® chocolate amargo é uniforme. (Afirmação)

H_a: A distribuição dos confeitos de cores diferentes em sacos de M&M's® chocolate amargo não é uniforme.

Como há 6 categorias, a distribuição qui-quadrado tem

$$\text{g.l.} = k - 1 = 6 - 1 = 5$$

graus de liberdade. Sendo g.l. = 5 e $\alpha = 0{,}10$, o valor crítico é $\chi_0^2 = 9{,}236$. A região de rejeição é $\chi^2 > 9{,}236$. Para encontrar a estatística de teste qui-quadrado usando uma tabela, use as frequências observada e esperada, conforme mostrado na Tabela 10.9.

Tabela 10.9

O	E	$O - E$	$(O - E)^2$	$\dfrac{(O - E)^2}{E}$
80	83,333	–3,333	11,108889	0,133307201
95	83,333	11,667	136,118889	1,633433202
88	83,333	4,667	21,780889	0,261371713
83	83,333	–0,333	0,110889	0,001330673
76	83,333	–7,333	53,772889	0,645277249
78	83,333	–5,333	28,440889	0,341292033
				$\chi^2 = \Sigma \dfrac{(O - E)^2}{E} \approx 3{,}016$

A Figura 10.2 mostra a localização da região de rejeição e a estatística de teste qui-quadrado. Como χ^2 não está na região de rejeição, você não rejeita a hipótese nula.

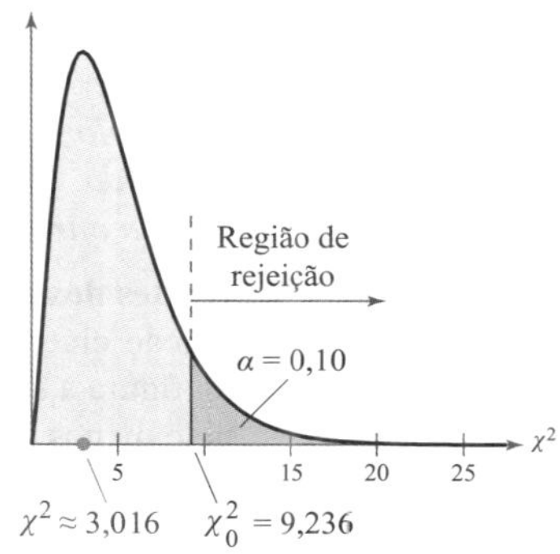

Figura 10.2

Interpretação Não há evidência suficiente, ao nível de significância de 10%, para rejeitar a afirmação de que a distribuição dos confeitos de cores diferentes em sacos de M&M's® chocolate amargo é uniforme.

TENTE VOCÊ MESMO 3

Um pesquisador afirma que o número confeitos de cores diferentes em sacos de M&M's® amendoim é uniformemente distribuído. Para testar essa afirmação, você seleciona aleatoriamente um saco que contém 180 M&M's® amendoim e determina a frequência de cada cor. Os resultados encontram-se na Tabela 10.10. Considerando $\alpha = 0{,}05$, teste a afirmação do pesquisador. *(Adaptado de Mars, Incorporated.)*

Tabela 10.10

Cor	Frequência, f
Marrom	22
Amarelo	27
Vermelho	22
Azul	41
Laranja	41
Verde	27

TI-84 PLUS

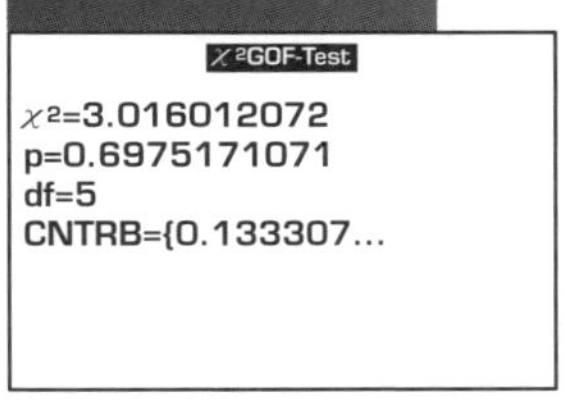

Figura 10.3

Você pode usar tecnologia e o valor-p para realizar o teste qui-quadrado para qualidade de ajuste. Por exemplo, usando a TI-84 Plus e os dados do Exemplo 3, você obtém valor-p = 0,6975171071, como mostrado a esquerda. Porque valor-$p > \alpha$, você não rejeita a hipótese nula.

10.1 EXERCÍCIOS

Construindo habilidades básicas e vocabulário

1. O que é um experimento multinomial?
2. Quais condições são necessárias para usar o teste qui-quadrado para qualidade de ajuste?

Encontrando frequências esperadas *Nos exercícios de 3 a 6, encontre a frequência esperada para os valores de n e p_i.*

3. $n = 150; p_i = 0{,}3$
4. $n = 500; p_i = 0{,}9$
5. $n = 230; p_i = 0{,}25$
6. $n = 415; p_i = 0{,}08$

Usando e interpretando conceitos

Realizando um teste qui-quadrado para a qualidade de ajuste *Nos exercícios de 7 a 16, (a) identifique a distribuição esperada e formule H_0 e H_a, (b) determine o valor crítico e identifique a região de rejeição, (c) calcule a estatística de teste qui-quadrado, (d) decida se rejeita ou não a hipótese nula e (e) interprete a decisão no contexto da afirmação original.*

7. **Idades dos espectadores** Um pesquisador afirma que as idades das pessoas que vão ao cinema, pelo menos uma vez ao ano, são distribuídas conforme mostrado na figura a seguir. Você seleciona aleatoriamente 1.000 pessoas que vão ao cinema pelo menos uma vez em 2020 e registra a idade de cada uma. A tabela a seguir mostra os resultados. Considerando $\alpha = 0{,}10$, teste a afirmação do pesquisador. *(Fonte: Motion Picture Association of America.)*

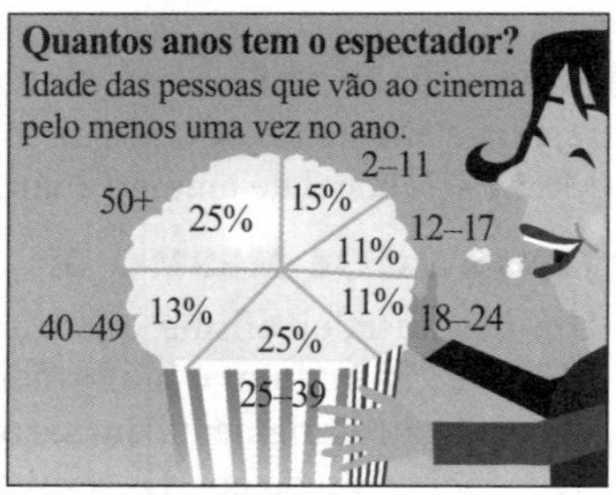

Resultados da pesquisa	
Idade	**Frequência, f**
2–11	146
12–17	116
18–24	131
25–39	232
40–49	117
50+	258

8. **Café** Um pesquisador afirma que os números de xícaras de café que os adultos estadunidenses tomam por dia são distribuídas conforme mostrado na figura a seguir. Você seleciona aleatoriamente 1.600 adultos estadunidenses e pergunta quantas xícaras de café eles tomam por dia. A tabela a seguir mostra os resultados. Considerando $\alpha = 0{,}05$, teste a afirmação do pesquisador. *(Fonte: The Gallup Poll.)*

Resultados da pesquisa	
Resposta	**Frequência, f**
0 xícaras	570
1 xícara	432
2 xícaras	282
3 xícaras	152
4 xícaras ou mais	164

9. Pedido pizza Uma empresa de pesquisa afirma que a distribuição dos dias da semana em que as pessoas são mais propensas a pedir pizza (incluindo entrega, para viagem e no restaurante) é diferente da distribuição mostrada na figura a seguir. Você seleciona aleatoriamente 500 pessoas e registra qual o dia da semana cada uma é mais propensa a pedir pizza. A tabela a seguir mostra os resultados. Considerando $\alpha = 0{,}01$, teste a afirmação da empresa de pesquisa. *(Adaptado de Womply.)*

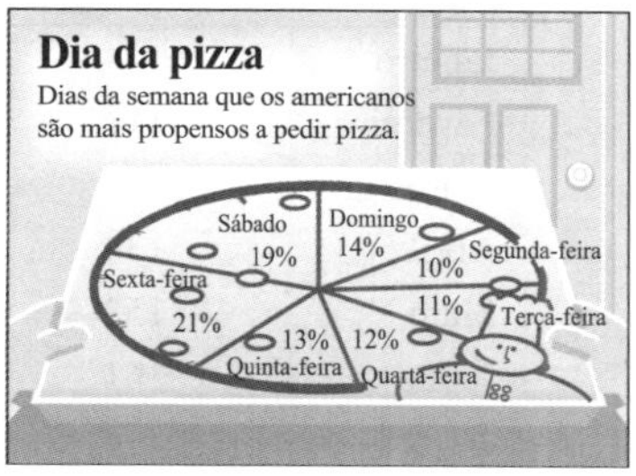

Resultados da pesquisa	
Dia	**Frequência, *f***
Domingo	54
Segunda-feira	32
Terça-feira	44
Quarta-feira	75
Quinta-feira	59
Sexta-feira	114
Sábado	122

10. Formas de pagamento Um analista financeiro afirma que a distribuição das preferências das pessoas sobre como pagar os bens é diferente da distribuição mostrada na figura. Você seleciona aleatoriamente 600 pessoas e registra suas preferências sobre como pagar os bens. A tabela mostra os resultados. Considerando $\alpha = 0{,}01$, teste a afirmação do analista financeiro. *(Adaptado de Travis Credit Union.)*

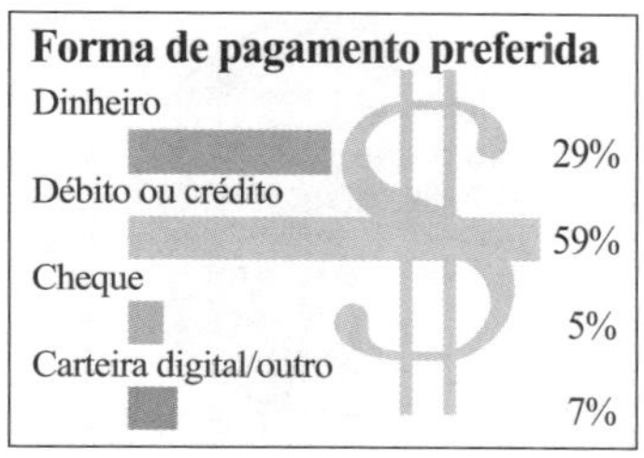

Resultados da pesquisa	
Resposta	**Frequência, *f***
Dinheiro	194
Débito ou crédito	338
Cheque	21
Carteira digital/outro	47

11. Homicídios por município Um pesquisador afirma que o número dos crimes de homicídio na Califórnia, por município, é uniformemente distribuído. Para testar essa afirmação, você seleciona aleatoriamente 1.000 homicídios de um ano recente e registra o município em que cada um ocorreu. A tabela a seguir mostra os resultados. Considerando $\alpha = 0{,}01$, teste a afirmação do pesquisador. *(Adaptado de California Department of Justice.)*

Município	Frequência, *f*
Alameda	58
Contra Costa	44
Fresno	53
Kern	79
Los Angeles	151
Monterey	34
Orange	40
Riverside	86

Município	Frequência, *f*
Sacramento	62
San Bernardino	98
San Diego	69
San Francisco	38
San Joaquin	55
Santa Clara	49
Stanislaus	45
Tulare	39

12. Homicídios por mês Um pesquisador afirma que o número dos crimes de homicídio na Califórnia, por mês, é uniformemente distribuído. Para testar essa afirmação, você seleciona aleatoriamente 2.000 homicídios de um ano recente e registra o mês em que cada um ocorreu. A tabela a seguir mostra os resultados. Considerando $\alpha = 0{,}10$, teste a afirmação do pesquisador. *(Adaptado de California Department of Justice.)*

Mês	Frequência, f	Mês	Frequência, f
Janeiro	134	Julho	184
Fevereiro	111	Agosto	181
Março	133	Setembro	205
Abril	134	Outubro	215
Maio	158	Novembro	184
Junho	161	Dezembro	200

13. Educação superior O gráfico de pizza a seguir mostra os resultados de uma pesquisa na qual os pais republicanos dos Estados Unidos foram questionados sobre qual caminho eles prefeririam que seus filhos seguissem após o Ensino Médio. Um cientista político afirma que a distribuição das opiniões dos pais democratas dos Estados Unidos é diferente da distribuição dos republicanos. Para testar essa afirmação, você seleciona aleatoriamente 200 pais democratas dos Estados Unidos e pergunta a cada um que caminho eles preferem que seus filhos sigam após o ensino médio. A tabela a seguir mostra os resultados. Considerando $\alpha = 0{,}05$, teste a afirmação do cientista político. *(Adaptado de Gallup.)*

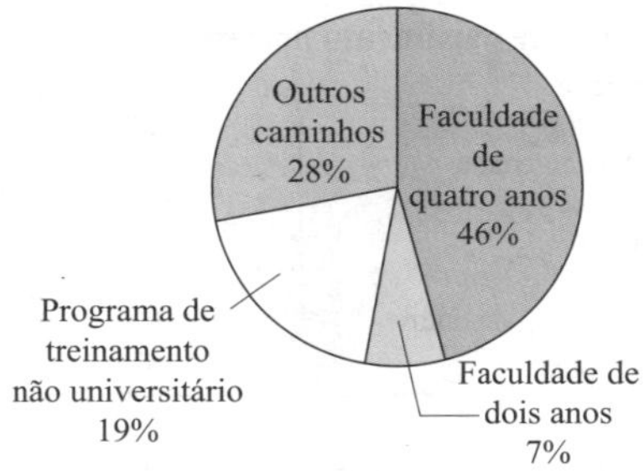

Resultados da pesquisa	
Resposta	**Frequência, f**
Faculdade de quatro anos	140
Faculdade de dois anos	22
Programa de treinamento não universitário	14
Outros caminhos	24

14. Gerenciamento de dinheiro O gráfico de pizza a seguir mostra os resultados de uma pesquisa na qual homens estadunidenses adultos casados foram perguntados sobre o quanto eles confiam em seus cônjuges para administrar suas finanças. Uma empresa de serviços financeiros afirma que a distribuição do quanto as mulheres estadunidenses adultas casadas confiam em seus cônjuges para gerenciar suas finanças é a mesma que a distribuição para os homens estadunidenses adultos casados. Para testar essa afirmação, você seleciona aleatoriamente 400 mulheres americanas adultas casadas e pergunta a cada uma o quanto ela confia em seu cônjuge para administrar suas finanças. A tabela a seguir mostra os resultados. Considerando $\alpha = 0{,}10$, teste a afirmação da empresa. *(Adaptado de Country Financial.)*

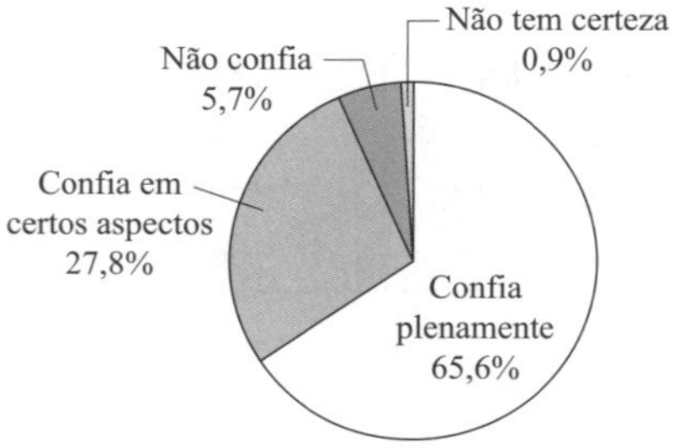

Resultados da pesquisa	
Resposta	**Frequência, f**
Confia plenamente	243
Confia em certos aspectos	108
Não confia	36
Não tem certeza	13

Resposta	Frequência, f
Maior	285
Mesmo tamanho	224
Menor	291

TABELA PARA O EXERCÍCIO 15

15. **Tamanhos de casas** Uma organização afirma que o número de possíveis compradores de casas que querem que suas próximas residências sejam maiores, menores ou do mesmo tamanho que suas residências atuais não é uniformemente distribuído. Para testar essa afirmação, você seleciona aleatoriamente 800 possíveis compradores de casas e pergunta qual o tamanho que eles querem para sua próxima casa. A tabela a seguir mostra os resultados. Considerando $\alpha = 0{,}05$, teste a afirmação da organização. *(Adaptado de Better Homes and Gardens.)*

16. **Nascimentos por dia da semana** Um médico afirma que o número de nascimentos por dia da semana é uniformemente distribuído. Para testar essa afirmação, você seleciona aleatoriamente 700 nascimentos de um ano recente e registra o dia da semana em que cada um ocorreu. A tabela a seguir mostra os resultados. Considerando $\alpha = 0{,}10$, teste a afirmação do médico. *(Adaptado de National Center for Health Statistics.)*

Dia	Frequência, f
Domingo	69
Segunda-feira	106
Terça-feira	113
Quarta-feira	111
Quinta-feira	112
Sexta-feira	111
Sábado	78

Expandindo conceitos

Testando para normalidade *Usando um teste qui-quadrado para qualidade de ajuste, você pode decidir, com certo grau de certeza, se uma variável é normalmente distribuída. Em todos os testes qui-quadrado para normalidade, as hipóteses nula e alternativa são como a seguir:*

H_0: A variável tem uma distribuição normal.

H_a: A variável não tem uma distribuição normal.

Para determinar as frequências esperadas ao realizar um teste qui-quadrado para normalidade, primeiro determine a média e o desvio padrão da distribuição de frequência. Use a média e o desvio padrão para calcular o escore z para cada limite de classe. Em seguida, use os escores z para calcular a área sob a curva normal padrão para cada classe. Multiplicando o resultado das áreas das classes pelo tamanho da amostra obtém-se a frequência esperada para cada classe.

Nos exercícios 17 e 18, (a) determine as frequências esperadas, (b) determine o valor crítico e identifique a região de rejeição, (c) determine a estatística de teste qui-quadrado, (d) decida se rejeita ou não a hipótese nula e (e) interprete a decisão no contexto da afirmação original.

17. **Pontuações de teste** Considerando $\alpha = 0{,}01$, teste a afirmação de que as 200 pontuações de teste mostradas na distribuição de frequência são normalmente distribuídas.

Limite das classes	49,5–58,5	58,5–67,5	67,5–76,5	76,5–85,5	85,5–94,5
Frequência, f	19	61	82	34	4

18. **Pontuações de teste** Considernado $\alpha = 0{,}05$, teste a afirmação de que as 400 pontuações de teste mostradas na distribuição de frequência são normalmente distribuídas.

Limite das classes	50,5–60,5	60,5–70,5	70,5–80,5	80,5–90,5	90,5–100,5
Frequência, f	46	88	151	97	18

10.2 Independência

O que você deve aprender

- Como usar uma tabela de contingência para encontrar frequências esperadas.
- Como usar uma distribuição qui-quadrado para testar se duas variáveis são independentes.

Tabelas de contingência ■ O teste qui-quadrado para independência

Tabelas de contingência

Recordando da Seção 3.2, dois eventos são *independentes* quando a ocorrência de um evento não afeta a probabilidade de ocorrência do outro evento. Por exemplo, os resultados do lançamento de um dado e de uma moeda são independentes. Mas suponha que um pesquisador médico queira determinar se há uma relação entre o consumo de cafeína e o risco de ataque cardíaco. Essas variáveis são independentes ou dependentes? Nesta seção, você aprenderá como usar o teste qui-quadrado para independência de forma a responder tal pergunta. A realização desse teste envolve a utilização de dados amostrais organizados em uma **tabela de contingência**.

DEFINIÇÃO

Uma **tabela de contingência *r* x *c*** mostra as frequências observadas para duas variáveis. As frequências observadas são organizadas em *r* linhas e *c* colunas. A interseção de uma linha e uma coluna é chamada de **célula**.

Dica de estudo

Note que "2 × 5" se lê "dois por cinco".

A Tabela 10.11 exemplifica uma tabela de contingência 2 × 5. Ele tem duas linhas e cinco colunas, e mostra os resultados de uma amostra aleatória de 1.984 alunos de graduação classificados por duas variáveis, tipo de moradia do aluno e experiência universitária na família. A partir da Tabela 10.11 é possível ver que, dos alunos que moram no campus, 97 são os primeiros da família e 428 são a segunda geração da família a fazer faculdade.

Tabela 10.11

	Tipo de moradia do aluno				
Experiência universitária na família	**Com os pais, sem aluguel**	**Com os pais, com aluguel**	**No Campus**	**Fora do campus, com outros**	**Fora do campus, sozinho**
Primeiro na família	190	39	97	43	17
2ª geração	651	109	428	349	61

(Adaptado de Sallie Mae/Ipsos)

Supondo que as duas variáveis são independentes, você pode usar uma tabela de contingência para encontrar a frequência esperada para cada célula, conforme mostrado na próxima definição.

Dica de estudo

Em uma tabela de contingência, a notação $E_{r,\,c}$ representa a frequência esperada para a célula na linha *r*, coluna *c*. Por exemplo, na Tabela 10.10, $E_{1,\,4}$ representa a frequência esperada para a célula na linha 1, coluna 4.

Encontrando a frequência esperada para células da tabela de contingência

A frequência esperada para uma célula $E_{r,\,c}$ em uma tabela de contingência é

$$\text{Frequência esperada} = \frac{\text{soma da linha } r \cdot \text{soma da linha } c}{\text{tamanho da amostra}}.$$

Quando determinar a soma de cada linha e coluna em uma tabela de contingência, você está calculando as **frequências marginais**. Uma frequência marginal é a frequência com que ocorre uma categoria inteira de uma das variáveis. Por exemplo, na Tabela 10.11, a frequência marginal para os alunos que vivem com seus pais e pagam aluguel é 39 + 109 = 148. As frequências observadas no interior de uma tabela de contingência são chamadas de **frequências conjuntas**.

EXEMPLO 1

Encontrando frequências esperadas

Encontre a frequência esperada para cada célula na tabela de contingência (Tabela 10.11). Suponha que as variáveis *tipo de moradia do aluno* e *experiência universitária na família* são independentes

SOLUÇÃO

As frequências marginais estão apresentadas na Tabela 10.12.

Tabela 10.12

	Tipo de moradia do aluno					
Experiência universitária na família	**Com os pais, sem aluguel**	**Com os pais, com aluguel**	**No Campus**	**Fora do campus, com outros**	**Fora do campus, sozinho**	**Total**
Primeiro na família	190	39	97	43	17	386
2ª geração	651	109	428	349	61	1598
Total	841	148	525	392	78	1984

Para calcular cada frequência esperada, use a fórmula

$$\text{Frequência esperada} = \frac{\text{soma da linha } r \cdot \text{soma da linha } c}{\text{tamanho da amostra}}.$$

As frequências esperadas para a primeira linha são:

$$E_{1,1} = \frac{386 \cdot 841}{1984} \approx 163{,}622 \qquad E_{1,2} = \frac{386 \cdot 148}{1984} \approx 28{,}794$$

$$E_{1,3} = \frac{386 \cdot 525}{1984} \approx 102{,}142 \qquad E_{1,4} = \frac{386 \cdot 392}{1984} \approx 76{,}266$$

$$E_{1,5} = \frac{386 \cdot 78}{1984} \approx 15{,}175$$

e as frequências esperadas para a segunda linha são:

$$E_{2,1} = \frac{1598 \cdot 841}{1984} \approx 677{,}378 \qquad E_{2,2} = \frac{1598 \cdot 148}{1984} \approx 119{,}206$$

$$E_{2,3} = \frac{1598 \cdot 525}{1984} \approx 422{,}858 \qquad E_{2,4} = \frac{1598 \cdot 392}{1984} \approx 315{,}734$$

$$E_{2,5} = \frac{1598 \cdot 78}{1984} \approx 62{,}825.$$

Dica de estudo

No Exemplo 1, depois de encontrar $E_{1,1} \approx 163{,}622$, você pode encontrar $E_{2,1}$ subtraindo 163,622 do total da primeira coluna, 841. Assim, $E_{2,1} \approx 841 - 163{,}622 = 677{,}378$. Em geral, você pode encontrar o valor esperado para a última célula em uma coluna subtraindo os valores esperados para as outras células naquela coluna do total da coluna. Do mesmo modo, você pode fazer isso para a última célula em uma linha usando o total da linha.

TENTE VOCÊ MESMO 1

A tabela de contingência mostra os resultados de uma amostra aleatória de 1.996 alunos de graduação classificados pelo seu tipo de moradia e se eles tomaram dinheiro emprestado para pagar a faculdade. Encontre a frequência esperada para cada célula. Suponha que as variáveis tipo de moradia do aluno e *status* de empréstimo sejam independentes.

Tabela 10.13

	Tipo de moradia do aluno				
Experiência universitária na família	**Com os pais, sem aluguel**	**Com os pais, com aluguel**	**No Campus**	**Fora do campus, com outros**	**Fora do campus, sozinho**
Primeiro na família	364	92	303	203	42
2ª geração	484	58	236	186	28

O teste qui-quadrado para independência

Depois de encontrar as frequências esperadas, você pode testar se as variáveis são independentes usando um **teste qui-quadrado para independência.**

DEFINIÇÃO

Um **teste qui-quadrado para independência** é usado para testar a independência de duas variáveis. Usando esse teste, você pode determinar se a ocorrência de uma variável afeta a probabilidade de ocorrência de outra variável.

Antes de realizar um teste qui-quadrado para independência, deve-se verificar que (1) as frequências observadas foram obtidas de uma amostra aleatória e (2) cada frequência esperada deve ser, pelo menos, 5.

O teste qui-quadrado para independência

Para realizar um teste quiquadrado para independência, as seguintes condições devem ser satisfeitas:

1. As frequências observadas devem ser obtidas usando uma amostra aleatória.
2. Cada frequência esperada deve ser maior ou igual a 5.

Se essas condições forem satisfeitas, então a distribuição de amostragem para o teste é aproximada por uma distribuição qui-quadrado com

$$\text{g.l.} = (r-1)(c-1)$$

graus de liberdade, em que r e c são os números de linhas e colunas, respectivamente, de uma tabela de contingência. A **estatística de teste** é:

$$\chi^2 = \Sigma\frac{(O - E)^2}{E}$$

onde O representa as frequências observadas e E representa as frequências esperadas.

Para iniciar o teste de independência, você deve, em primeiro lugar, formular uma hipótese nula e uma hipótese alternativa. Para um teste qui-quadrado para independência, as hipóteses nula e alternativa são sempre alguma variação das seguintes afirmações:

H_0: As variáveis são independentes.

H_a: As variáveis são dependentes.

As frequências esperadas são calculadas na suposição de que as duas variáveis são independentes. Se as variáveis são independentes, então, você pode esperar uma pequena diferença entre as frequências observadas e as esperadas. Quando as frequências observadas quase se igualam às frequências esperadas, as diferenças entre O e E serão pequenas e a estatística de teste qui-quadrado será próxima de 0. Como tal, é improvável que a hipótese nula seja rejeitada.

Contudo, para variáveis dependentes, haverá grandes discrepâncias entre as frequências observadas e as esperadas. Quando as diferenças entre O e E são grandes, a estatística de teste qui-quadrado também é grande. Uma estatística de teste qui-quadrado grande é evidência para rejeitar a hipótese nula. Então, o teste qui-quadrado para independência é sempre um teste unilateral à direita.

Retratando o mundo

Um pesquisador quer determinar se existe uma relação entre onde as pessoas trabalham (escritório ou casa) e seu grau de instrução. Os resultados de uma amostra aleatória de 275 pessoas empregadas encontram-se na tabela de contingência a seguir. *(Adaptado de: U.S. Bureau of Labor Statistics.)*

	Local de trabalho	
Grau de Instrução	**Escritório**	**Casa**
Ensino médio incompleto	16	2
Ensino Médio completo	56	10
Superior incompleto	49	11
Superior completo ou acima	87	44

O pesquisador pode usar essa amostra para testar a independência usando um teste qui-quadrado? Por que ou por que não?

Dica de estudo

Por exemplo, uma tabela de contingência com três linhas e quatro colunas terá:

$(3 - 1) \cdot (4 - 1) = (2) \cdot (3)$
$= 6$ g.l.

INSTRUÇÕES

Realizando um teste qui-quadrado para independência

Em palavras	Em símbolos
1. Verifique se as frequências observadas foram obtidas de uma amostra aleatória e cada frequência esperada é, pelo menos, 5.	
2. Identifique a afirmação. Formule as hipóteses nula e alternativa.	Formule H_0 e H_a.
3. Especifique o nível de significância.	Identifique α.
4. Determine os graus de liberdade.	g.l. $= (r - 1)(c - 1)$
5. Determine o valor crítico	Use a Tabela 6 do Apêndice B.
6. Determine a região de rejeição.	
7. Calcule a estatística de teste e esboce a distribuição amostral.	$\chi^2 = \Sigma \frac{(O - E)^2}{E}$
8. Tome uma decisão para rejeitar ou não	Se χ^2 está na região de rejeição, então rejeitar H_0. Caso contrário, não rejeitar H_0.
9. Interprete a decisão no contexto da afirmação original.	

EXEMPLO 2

Realizando um teste qui-quadrado para independência

A Tabela 10.14 de contingência mostra os resultados de uma amostra aleatória de 1.984 alunos de graduação classificados pelo seu tipo de moradia e a experiência universitária na família. As frequências esperadas, calculadas no Exemplo 1, estão entre parênteses. Considerando $\alpha = 0{,}01$, você pode concluir que as variáveis *tipo de moradia do aluno* e *experiência universitária na família* são relacionadas?

Tabela 10.14

	Tipo de moradia do aluno					
Experiência universitária na família	**Com os pais, sem aluguel**	**Com os pais, com aluguel**	**No Campus**	**Fora do campus, com outros**	**Fora do campus, sozinho**	**Total**
Primeiro na família	190 (163,622)	39 (28,794)	97 (102,142)	43 (76,266)	17 (15,175)	386
2ª geração	651 (677,378)	109 (119,206)	428 (422,858)	349 (315,734)	61 (62,825)	1598
Total	841	148	525	392	78	1984

SOLUÇÃO

Como cada frequência esperada é no mínimo 5 e os adultos foram selecionados aleatoriamente, você pode usar o teste qui-quadrado para independência para determinar se as variáveis são independentes. A hipótese nula e a alternativa são as seguintes:

H_0: O *tipo de moradia do aluno* é independente da *experiência universitária na família.*

H_a: O *tipo de moradia do aluno* depende da *experiência universitária na família.* (Afirmação)

A tabela de contingência tem duas linhas e cinco colunas, então a distribuição qui--quadrado tem

$$\text{g.l.} = (r-1)(c-1) = (2-1)(5-1) = 4$$

graus de liberdade. Como g.l. = 4 e $\alpha = 0{,}01$, o valor crítico é $\chi_0^2 = 13{,}277$. A região de rejeição é $\chi^2 > 13{,}277$. Você pode usar uma tabela para encontrar a estatística de teste qui-quadrado, conforme mostrado na Tabela 10.15:

Tabela 10.15

O	E	$O-E$	$(O-E)^2$	$\frac{(O-E)^2}{E}$
190	163,622	26,378	695,798884	4,252477564
39	28,794	10,206	104,162436	3,617504897
97	102,142	–5,142	26,440164	0,258856925
43	76,266	–33,266	1106,626756	14,510093043
17	15,175	1,825	3,330625	0,219481054
651	677,378	–26,378	695,798884	1,027194394
109	119,206	–10,206	104,162436	0,873801956
428	422,858	5,142	26,440164	0,062527288
349	315,734	33,266	1106,626756	3,504933761
61	62,825	–1,825	3,330625	0,053014326
				$\chi^2 = \Sigma\frac{(O-E)^2}{E} \approx 28{,}380$

A Figura 10.4 mostra a localização da região de rejeição e a estatística de teste qui-quadrado. Como

$$\chi^2 \approx 28{,}380$$

está na região de rejeição, você rejeita a hipótese nula.

Interpretação Há evidência suficiente, ao nível de significância de 1%, para concluir que o *tipo de moradia do aluno* depende da *experiência universitária na família*

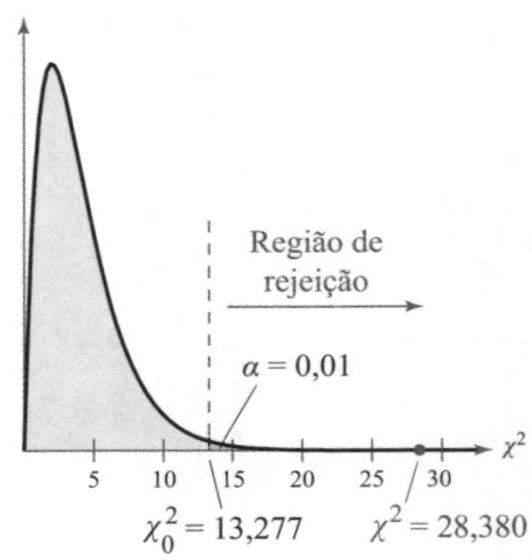

Figura 10.4

TENTE VOCÊ MESMO 2

A Tabela de contingência 10.16 mostra os resultados de uma amostra aleatória de 1.996 alunos de graduação classificados pelo seu tipo de moradia e se eles tomaram dinheiro emprestado para pagar a faculdade. Considerando $\alpha = 0{,}01$, você pode concluir se as variáveis *tipo de moradia do aluno* e *status do empréstimo* estão relacionadas? (As frequências esperadas estão exibidas entre parênteses.)

Tabela 10.16

	Tipo de moradia do aluno					
Experiência universitária na família	**Com os pais, sem aluguel**	**Com os pais, com aluguel**	**No Campus**	**Fora do campus, com outros**	**Fora do campus, sozinho**	**Total**
Com empréstimo	364 (426,549)	92 (75,451)	303 (271,120)	203 (195,669)	42 (35,210)	1004
Sem empréstimo	484 (421,451)	58 (74,549)	236 (267,880)	186 (193,331)	28 (34,790)	992
Total	848	150	539	389	70	1996

EXEMPLO 3

Usando tecnologia para um teste qui-quadrado para independência

O gerente de uma academia quer determinar se o número de dias por semana que os adultos se exercitam está relacionado ao grupo demográfico, especificamente à geração. Uma amostra aleatória de 275 adultos é selecionada e os resultados estão classificados conforme mostrado na Tabela 10.17. Considerando $\alpha = 0{,}05$, há evidência suficiente para concluir que o *número de dias por semana que um adulto se exercita* está relacionado à *geração*?

Tabela 10.17

	Número de dias de exercício por semana				
Geração	**0–1**	**2–3**	**4–5**	**6–7**	**Total**
Geração Z (18 a 24 anos)	40	53	26	6	125
Millennial (25 a 40 anos)	34	68	37	11	150
Total	74	121	63	17	275

SOLUÇÃO

As hipóteses nula e alternativa são:

H_0: O *número de dias de exercício por semana* é independente da *geração.*

H_a: O *número de dias de exercício por semana* depende da *geração.* (Afirmação)

Como g.l. = 3 e $\alpha = 0{,}05$, o valor crítico é $\chi_0^2 = 7{,}815$. Então, a região de rejeição é $\chi^2 > 7{,}815$. Usando o Minitab (veja a Figura 10.5), a estatística de teste é $\chi^2 \approx 3{,}493$. Como $\chi^2 \approx 3{,}493$ não está na região de rejeição, você não rejeita a hipótese nula.

MINITAB

```
Chi-Square Test for Association: Generation, Number of days of exercise
Rows: Generation      Columns: Number of days of exercise
                 0 to 1    2 to 3    4 to 5    6 to 7     All

Gen Z                40        53        26         6     125
Millennial           34        68        37        11     150
All                  74       121        63        17     275

Cell Contents                 Chi-Square    DF    P-Value
     Count             Pearson 3.493         3     0.322
```

Figura 10.5

Dica de estudo

Você também pode usar um valor-p para realizar um teste qui-quadrado para independência. Ilustrando, no Exemplo 3, note que o Minitab mostra $p = 0{,}322$. Como $p > \alpha$, você não rejeita a hipótese nula.

Interpretação Não há evidência suficiente para concluir que o número de dias por semana que um adulto se exercita está relacionado à geração.

TENTE VOCÊ MESMO 3

Um pesquisador quer determinar se a idade está relacionada a se um crédito fiscal influenciaria ou não um adulto a fazer uma doação de caridade. Uma amostra aleatória de 1.250 adultos é selecionada e os resultados estão classificados conforme mostrado na Tabela 10.18. Considerando $\alpha = 0{,}01$, há evidência suficiente para concluir que a *idade* está relacionada à *resposta*?

Tabela 10.18

	Idade			
Resposta	**18–34**	**35–54**	**55 ou mais**	**Total**
Sim	257	189	143	589
Não	218	261	182	661
Total	475	450	325	1250

10.2 EXERCÍCIOS

Construindo habilidades básicas e vocabulário

1. Explique como encontrar a frequência esperada para uma célula em uma tabela de contingência.
2. Explique a diferença entre frequências marginais e frequências conjuntas em uma tabela de contingência.
3. Explique de que modo o teste qui-quadrado para independência e o teste qui-quadrado para a qualidade de ajuste são semelhantes. De que modo são diferentes?
4. Explique por que o teste qui-quadrado para independência é sempre unilateral à direita.

Verdadeiro ou falso? *Nos exercícios 5 e 6, determine se a sentença é verdadeira ou falsa. Se for falsa, reescreva-a como uma sentença verdadeira.*

5. Se duas variáveis em um teste qui-quadrado para independência são dependentes, então você pode esperar pouca diferença entre as frequências observadas e as frequências esperadas.
6. Quando a estatística de teste para o teste qui-quadrado para independência é grande, você irá, na maioria dos casos, rejeitar a hipótese nula.

Encontrando frequências esperadas *Nos exercícios de 7 a 12, (a) calcule as frequências marginais e (b) determine a frequência esperada para cada célula na tabela de contingência. Suponha que as variáveis são independentes.*

7.

	Atleta	
Resultado	**Alongou**	**Não alongou**
Lesionado	18	22
Não lesionado	211	189

8.

	Tratamento	
Resultado	**Medicamento**	**Placebo**
Náusea	36	13
Sem náusea	254	262

9.

	Preferência		
Bancário	**Novo procedimento**	**Antigo procedimento**	**Sem preferência**
Caixa	92	351	50
Representante de serviço ao cliente	76	42	8

10.

	Avaliação		
Tamanho do restaurante	**Excelente**	**Bom**	**Ruim**
100 assentos ou menos	182	203	165
Acima de 100 assentos	180	311	159

11.

	Tipo de carro			
Gênero	**Compacto**	**Grande**	**Utilitário**	**Caminhonete/van**
Masculino	28	39	21	22
Feminino	24	32	20	14

12.

	Idade				
Tipo de filme alugado	**18–24**	**25–34**	**35–44**	**45–64**	**65 ou mais**
Comédia	38	30	24	10	8
Ação	15	17	16	9	5
Drama	12	11	19	25	13

Usando e interpretando conceitos

Realizando um teste qui-quadrado para independência *Nos exercícios de 13 a 28, realize o teste qui-quadrado para independência indicado executando os passos a seguir:*

(a) Identifique a afirmação e formule H_0 e H_a.

(b) Determine os graus de liberdade e o valor crítico, e identifique a região de rejeição.

(c) Calcule a estatística de teste quiquadrado.

(d) Decida se rejeita ou não a hipótese nula.

(e) Interprete a decisão no contexto da afirmação original.

13. Use a tabela de contingência e as frequências esperadas do Exercício 7. Considerando $\alpha = 0{,}01$, teste a hipótese de que as variáveis são independentes.

14. Use a tabela de contingência e as frequências esperadas do Exercício 8. Considerando $\alpha = 0{,}05$, teste a hipótese de que as variáveis são dependentes.

15. Lesão musculoesquelética A tabela de contingência a seguir mostra os resultados de uma amostra aleatória de pacientes com dor causada por lesões musculoesqueléticas tratadas com acetaminofeno ou ibuprofeno. Considerando $\alpha = 0{,}10$, você pode concluir que o tratamento está relacionado ao resultado? *(Adaptado de American Academy of Pediatrics.)*

	Tratamento	
Resultado	**Acetaminofeno**	**Ibuprofeno**
Melhora significativa	58	81
Ligeira melhora	42	19

16. Atitudes em relação à segurança A tabela de contingência mostra os resultados de uma amostra aleatória de alunos por tipo de escola e suas atitudes com relação às medidas de segurança tomadas pelos funcionários da escola. Considerando $\alpha = 0{,}01$, você pode concluir que as atitudes em relação às medidas de segurança tomadas pelos funcionários da escola estão relacionadas ao tipo de escola? *(Adaptado de Horatio Alger Associaton.)*

	Os funcionários da escola	
Tipo de Escola	**Tomaram todas as medidas necessárias para a segurança dos alunos**	**Tomaram algumas medidas em relação a segurança dos alunos**
Pública	40	51
Privada	64	34

17. Tentando parar de fumar A tabela de contingência a seguir mostra os resultados de uma amostra aleatória de ex-fumantes por gênero e pelo número de vezes que eles tentaram parar de fumar antes de se livrarem do vício. Considerando $\alpha = 0,05$, você pode concluir que o número de vezes que eles tentaram parar de fumar antes de se livrarem do vício está relacionado ao gênero? *(Adaptado de Porter Novelli HealthStyles for the American Lung Association.)*

	Número de tentativas para parar de fumar antes de se livrar do vício		
Gênero	**1**	**2–3**	**4 ou mais**
Masculino	271	257	149
Feminino	146	139	80

18. Conquistas e localização da escola A tabela de contingência a seguir mostra os resultados de uma amostra aleatória de estudantes pela localização da escola e o número daqueles que atingiram níveis básicos de habilidade em três matérias. Considerando $\alpha = 0,01$, teste a hipótese de que as variáveis são independentes. *(Adaptado de HUD State of the Cities Report.)*

	Matéria		
Localização da escola	**Leitura**	**Matemática**	**Ciências**
Urbana	43	42	38
Suburbana	63	66	65

19. Educação continuada Você trabalha no departamento de educação continuada de uma faculdade e quer determinar se as razões dadas por trabalhadores para continuar estudando estão relacionadas ao tipo de trabalho. No seu estudo, você coleta aleatoriamente os dados mostrados na tabela de contingência a seguir. Considerando $\alpha = 0,01$, você pode concluir que a razão e o tipo de trabalhador são dependentes? *(Adaptado de Market Research Institute for George Mason University.)*

	Razão para continuar estudando		
Tipo de trabalhador	**Profissional**	**Pessoal**	**Profissional e pessoal**
Técnico	30	36	41
Outro	47	25	30

20. Idades e objetivos Você está investigando a relação entre as idades dos adultos estadunidenses e qual aspecto do desenvolvimento profissional eles consideram ser o mais importante. Você coleta aleatoriamente os dados mostrados na tabela de contingência a seguir. Considerando $\alpha = 0,10$, há evidência suficiente para concluir que a idade está relacionada ao aspecto do desenvolvimento profissional que é considerado como o mais importante? *(Adaptado de The Harris Poll.)*

	Aspecto do desenvolvimento profissional		
Idade	**Aprender novas habilidades**	**Melhoria salarial**	**Plano de carreira**
18-26 anos	31	22	21
27-41 anos	27	31	33
42-61 anos	19	14	8

21. Visitas à faculdade A tabela de contingência a seguir mostra os resultados de uma pesquisa perguntando a 1.858 pais e alunos de diferentes rendas se visitaram a faculdade antes de se matricularem. Considerando $\alpha = 0{,}01$, você pode concluir que a renda familiar está relacionada às visitas à faculdade? *(Adaptado de Sallie Mae.)*

	Visita à faculdade antes da matrícula			
Renda familiar	**Financeiro**	**Acadêmico**	**Pessoal**	**Não sabe**
Inferior a US$ 35.000	155	60	88	53
US$35.000 – US$100.000	461	136	171	85
Acima de US$100.000	415	52	130	52

22. Escolhendo uma faculdade A tabela de contingência a seguir mostra os resultados de uma pesquisa perguntando a 1.858 pais e alunos de diferentes rendas qual foi o fator decisivo na escolha de uma faculdade. Considerando $\alpha = 0{,}01$, você pode concluir que o fator decisivo na escolha de uma faculdade está relacionado à renda da família? *(Adaptado de Sallie Mae.)*

	Fator decisivo para a escolha da faculdade			
Renda familiar	**Financeiro**	**Acadêmico**	**Pessoal**	**Não sabe**
Inferior a US$ 35.000	138	121	78	14
US$35.000 – US$100.000	290	298	239	26
Acima de US$100.000	168	298	175	13

23. Veículos e colisões Você está estudando a relação entre os tipos de veículos e seus pontos de impacto inicial em colisões com fatalidades de ocupantes. Como parte de seu estudo, você seleciona aleatoriamente 3.000 acidentes de veículos com mortes de ocupantes e organiza os dados resultantes conforme mostrado na tabela de contingência a seguir. Considerando $\alpha = 0{,}05$, você pode concluir que os tipos de veículos e os pontos de impacto inicial de colisões com fatalidades de ocupantes são dependentes? *(Adaptado de Insurance Institute for Highway Safety.)*

	Ponto de impacto inicial		
Tipo de veículo	**Frente**	**Lateral**	**Traseira**
Carro	1435	697	161
Picape	523	150	34

24. Acidentes relacionados ao consumo de álcool A tabela de contingência a seguir mostra os resultados de uma amostra aleatória de condutores de veículos feridos fatalmente (com concentração de álcool no sangue maiores ou iguais a 0,08) por idade e gênero. Considerando $\alpha = 0{,}05$, você pode concluir que a idade está relacionada ao gênero em tais acidentes? *(Adaptado de Insurance Institute for Highway Safety.)*

	Idade					
Gênero	**16-20**	**21-30**	**31-40**	**41-50**	**51-60**	**61 ou mais**
Masculino	27	148	107	71	66	54
Feminino	9	45	26	17	16	14

25. Use a tabela de contingência e as frequências esperadas do Exercício 9. Considerando $\alpha = 0{,}05$, teste a hipótese de que as variáveis são dependentes.

26. Use a tabela de contingência e as frequências esperadas do Exercício 10. Considerando $\alpha = 0{,}01$, teste a hipótese de que as variáveis são dependentes.

27. Use a tabela de contingência e as frequências esperadas do Exercício 11. Considerando $\alpha = 0{,}10$, teste a hipótese de que as variáveis são independentes.

28. Use a tabela de contingência e as frequências esperadas do Exercício 12. Considerando $\alpha = 0{,}10$, teste a hipótese de que as variáveis são dependentes.

Expandindo conceitos

Teste de homogeneidade de proporções *Nos exercícios de 29 a 32, use a informação sobre o teste de homogeneidade de proporções. Outro teste qui-quadrado que envolve uma tabela de contingência é o* ***teste de homogeneidade de proporções****. Esse teste é usado para determinar se várias proporções são iguais quando amostras são tiradas de populações diferentes. Antes de as amostras serem selecionadas e a tabela de contingência construída, os tamanhos de amostra são determinados. Depois de selecionar aleatoriamente as amostras de populações diferentes, você pode testar se a proporção de elementos em uma categoria é a mesma para cada população usando as mesmas instruções empregadas no teste qui-quadrado para independência. As hipóteses nula e a alternativa são sempre alguma variação das seguintes afirmações:*

H_0: As proporções são iguais.

H_a: Pelo menos uma das proporções é diferente das demais.

Realizar um teste de homogeneidade de proporções requer que as frequências observadas sejam obtidas usando uma amostra aleatória, e cada frequência esperada deve ser maior ou igual a 5.

29. Mortes em colisões de veículos motorizados A tabela de contingência a seguir mostra os resultados de uma amostra aleatória de mortes em colisões de veículos motorizados por idade e gênero. Considerando $\alpha = 0{,}05$, realize um teste de homogeneidade de proporções na afirmação de que as proporções de mortes em colisões de veículos motorizados envolvendo homens ou mulheres são as mesmas para cada faixa etária. *(Adaptado de Insurance Institute for Highway Safety.)*

	Idade			
Gênero	**16-24**	**25-34**	**35-44**	**45-54**
Masculino	80	97	76	73
Feminino	33	35	26	27

	Idade			
Gênero	**55-64**	**65-74**	**75-84**	**85 ou mais**
Masculino	81	51	30	12
Feminino	26	23	19	9

30. Transtorno obsessivo-compulsivo A tabela de contingência a seguir mostra os resultados de uma amostra aleatória de pacientes com transtorno obsessivo-compulsivo após serem tratados com um medicamento ou com um placebo. Considerando $\alpha = 0{,}10$, realize um teste de homogeneidade de proporções na afirmação de que as proporções dos resultados para tratamentos com medicamento ou placebo são as mesmas. *(Adaptado de The Journal of the American Medical Association.)*

	Tratamento	
Resultado	**Medicamento**	**Placebo**
Melhora	39	25
Sem mudança	54	70

TABELA PARA O EXERCÍCIO 30

31. O teste qui-quadrado de homogeneidade de proporções é um teste unilateral à esquerda, unilateral à direita ou bilateral?

32. Explique como o teste qui-quadrado para independência é diferente do teste qui-quadrado de homogeneidade de proporções.

Tabelas de contingência e frequências relativas *Nos exercícios de 33 a 36, use as informações a seguir.*

As frequências em uma tabela de contingência podem ser escritas como frequências relativas dividindo-se cada frequência pelo tamanho da amostra. A tabela de contingência a seguir mostra o número de adultos estadunidenses (em milhões) com 25 anos ou mais pela situação de emprego e grau de instrução. *(Adaptado de U.S. Census Bureau.)*

	Grau de instrução			
Situação	**Ensino médio incompleto**	**Ensino médio completo**	**Ensino superior incompleto**	**Ensino superior completo**
Empregado	8,3	32,9	19,7	74,6
Desempregado	0,8	2,0	1,1	2,4
Fora da força de trabalho civil	11,1	26,6	13,2	30,3

33. Reescreva a tabela de contingência usando frequências relativas.

34. Explique por que você não pode realizar o teste qui-quadrado para independência nesses dados.

35. Qual porcentagem de adultos americanos com 25 anos ou mais (a) têm ensino completo e estão desempregados e (b) têm ensino superior incompleto e não estão na força de trabalho civil?

36. Qual porcentagem de adultos americanos com 25 anos ou mais (a) estão empregados e possuem ensino médio completo, (b) não estão na força de trabalho civil e (c) não possuem ensino médio completo?

Frequências relativas condicionais *Nos exercícios de 37 a 42, use a tabela de contingência dos exercícios de 33 a 36 e as informações a seguir.*

Frequências relativas também podem ser calculadas com base nos totais das linhas (dividindo cada dado da linha pelo valor total da linha) ou nos totais das colunas (dividindo cada dado da coluna pelo valor total da coluna). Essas frequências são **frequências relativas condicionais** e podem ser usadas para determinar se existe uma associação entre duas categorias em uma tabela de contingência.

37. Calcule as frequências relativas condicionais na tabela de contingência baseadas nos totais das linhas.

38. Qual porcentagem de adultos estadunidenses com 25 anos ou mais que estão empregados, têm ensino completo?

39. Qual porcentagem de adultos estadunidenses com 25 anos ou mais que não estão na força de trabalho civil, têm ensino superior incompleto?

40. Calcule as frequências relativas condicionais na tabela de contingência com base nos totais das colunas.

41. Qual porcentagem de adultos estadunidenses com 25 anos ou mais que têm ensino completo, não estão na força de trabalho civil?

42. Qual porcentagem de adultos estadunidenses com 25 anos ou mais que não concluíram o ensino médio, estão desempregados?

ESTUDO DE CASO

Vivendo em Marte

Como você gostaria de viver em Marte? O YouGov entrevistou 1.312 adultos estadunidenses e fez a seguinte pergunta:

> *Imagine que você teve a oportunidade de viajar para Marte com segurança e se tornar um dos primeiros humanos a viver no planeta em uma colônia pelo resto de sua vida. Você gostaria de viver em Marte em uma colônia?*

O gráfico de pizza da Figura 10.6 mostra as respostas à pergunta. Você conduz uma pesquisa usando a mesma pergunta. A Tabela 10.19 de contingência mostra os resultados da sua pesquisa classificados por faixa etária.

Você gostaria de viver em Marte em uma colônia?

Figura 10.6

Tabela 10.19

	Idade		
Resposta	**18–34**	**35–54**	**55+**
Sim, eu gostaria	87	33	10
Não, eu não gostaria	80	78	70
Não sabe	27	26	8

EXERCÍCIOS

1. Supondo que as variáveis *idade* e *resposta* são independentes, o número de entrevistados nas faixas etárias 18-24, 35-54, 55+ excedeu o número esperado de respostas "Sim, eu gostaria"?
2. Supondo que as variáveis *idade* e *resposta* são independentes, o número de entrevistados nas faixas etárias 18-24, 35-54, 55+ excedeu o número esperado de respostas "Não, eu não gostaria"?
3. Considerando $\alpha = 0{,}01$, realize um teste qui-quadrado para independência para determinar se as variáveis *resposta* e *idade* são independentes. O que você pode concluir?

Nos exercícios 4 e 5, realize um teste qui-quadrado para a qualidade do ajuste para comparar a distribuição de respostas mostrada no gráfico de pizza com a distribuição dos resultados da sua pesquisa para cada faixa etária. Use a distribuição mostrada no gráfico de pizza como a distribuição esperada. Considere $\alpha = 0{,}05$.

4. Compare a distribuição de respostas da faixa etária 18-24 anos com a distribuição esperada. O que você pode concluir?
5. Compare a distribuição de respostas da faixa etária 35-54 anos com a distribuição esperada. O que você pode concluir?
6. Além das variáveis usadas no Estudo de caso, quais outras variáveis podem ser de interesse a serem consideradas ao estudar a distribuição dos sentimentos dos adultos americanos sobre viver em Marte em uma colônia?

10.3 Comparando duas variâncias

O que você deve aprender

- Como interpretar a distribuição F e usar uma tabela F para encontrar valores críticos.
- Como realizar um teste F para duas amostras para comparar duas variâncias.

A distribuição F ■ O teste F para duas amostras para variâncias

A distribuição F

No Capítulo 8, você aprendeu como realizar testes de hipóteses para comparar médias e proporções populacionais. Lembre-se, da Seção 8.2, que o teste t para a diferença entre duas médias populacionais depende se as variâncias populacionais são iguais. Para determinar se as variâncias populacionais são iguais, você pode realizar um teste-F para duas amostras.

Nesta seção, você vai aprender sobre a **distribuição F** e como ela pode ser usada para comparar duas variâncias. Ao ler a próxima definição, lembre-se que a variância amostral s^2 é o quadrado do desvio padrão amostral s.

DEFINIÇÃO

Sejam s_1^2 e s_2^2 as variâncias amostrais de duas populações diferentes. Se as duas populações são normais e as variâncias populacionais σ_1^2 e σ_2^2 são iguais, então a distribuição amostral de

$$F = \frac{s_1^2}{s_2^2}$$

é uma **distribuição F**. A seguir são apresentadas várias propriedades da distribuição F.

1. A distribuição F é uma família de curvas, cada uma determinada por dois tipos de graus de liberdade: os graus de liberdade correspondentes à variância no numerador, denotado por **g.l.**$_N$, e os graus de liberdade correspondentes à variância no denominador, denotado por **g.l.**$_D$.
2. A distribuição F é positivamente assimétrica e, portanto, a distribuição não é simétrica (veja a Figura 10.7).
3. A área total sob cada curva de uma distribuição F é igual a 1.
4. Todos os valores de F são maiores ou iguais a 0.
5. Para todas as distribuições F, o valor médio de F é aproximadamente igual a 1.

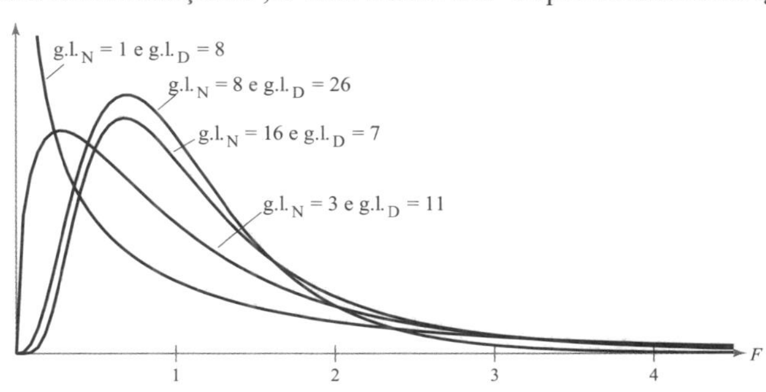

Distribuição F para diferentes graus de liberdade

Figura 10.7

Para variâncias diferentes, designe a maior variância amostral como s_1^2. Então, na distribuição amostral de $F = s_1^2/s_2^2$, a variância no numerador é maior ou igual a variância no denominador. Isso significa que F é sempre maior que ou igual a 1. Como tal, todos os testes unilaterais são unilaterais à direita e, para todos os testes bilaterais, você só precisa encontrar o valor crítico da lateral direita.

A Tabela 7 do Apêndice B lista os valores críticos para a distribuição F para níveis de significância α selecionados e graus de liberdade g.l.$_N$ e g.l.$_D$.

INSTRUÇÕES

Encontrando valores críticos para a distribuição F

1. Especifique o nível de significância α.
2. Determine os graus de liberdade do numerador g.l.$_N$.
3. Determine os graus de liberdade do denominador g.l.$_D$.
4. Use a Tabela 7 do Apêndice B para encontrar o valor crítico. Quando o teste de hipótese é:
   - **a.** unilateral, use α na tabela F.
   - **b.** bilateral, use $\frac{1}{2}\alpha$ na tabela F.

   Note que, como F é sempre maior ou igual a 1, todos os testes unilaterais são unilaterais à direita. Para testes bilaterais, você só precisa encontrar o valor crítico da lateral direita.

Nos Exemplos 1 e 2, os valores de g.l.$_N$ e g.l.$_D$ são dados. Você aprenderá como determiná-los na página 552.

EXEMPLO 1

Encontrando um valor crítico F para um teste unilateral à direita

Encontre o valor crítico F para um teste unilateral à direita sendo $\alpha = 0{,}10$, g.l.$_N = 5$ e g.l.$_D = 28$.

SOLUÇÃO

Uma parte da Tabela 7 do Apêndice B está reproduzida na Tabela 10.20. Sendo $\alpha = 0{,}10$ na tabela F com g.l.$_N = 5$ e g.l.$_D = 28$, você pode encontrar o valor crítico, conforme mostrado nas áreas em destaque na Tabela 10.20.

g.l.$_D$: Graus de liberdade, denominador	α = 0,10							
	d.f.$_N$: Graus de liberdade, numerador							
	1	2	3	4	5	6	7	8
1	39,86	49,50	53,59	55,83	57,24	58,20	58,91	59,44
2	8,53	9,00	9,16	9,24	9,29	9,33	9,35	9,37
26	2,91	2,52	2,31	2,17	2,08	2,01	1,96	1,92
27	2,90	2,51	2,30	2,17	2,07	2,00	1,95	1,91
28	2,89	2,50	2,29	2,16	2,06	2,00	1,94	1,90
29	2,89	2,50	2,28	2,15	2,06	1,99	1,93	1,89
30	2,88	2,49	2,28	2,14	2,05	1,98	1,93	1,88

Tabela 10.20

Da tabela, você pode ver que o valor crítico é

$F_0 = 2{,}06$. Valor crítico

A Figura 10.8 mostra a distribuição F para $\alpha = 0{,}10$, g.l.$_N = 5$, g.l.$_D = 28$ e $F_0 = 2{,}06$.

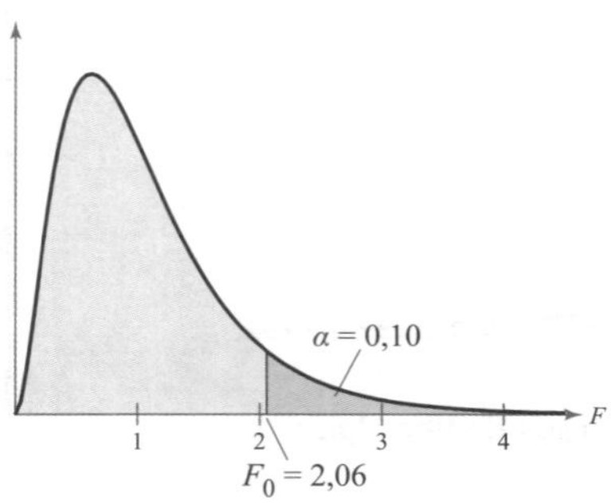

Figura 10.8

TENTE VOCÊ MESMO 1

Encontre o valor crítico F para um teste unilateral à direita sendo $\alpha = 0{,}05$, g.l.$_N = 8$ e g.l.$_D = 20$.

Dica de estudo

Ao usar a Tabela 7 do Apêndice B para encontrar um valor crítico, você vai perceber que alguns dos valores para g.l.$_N$ ou g.l.$_D$ não estão incluídos na tabela. Se o número que você precisa para g.l.$_N$ ou g.l.$_D$ estiver exatamente na média entre dois valores na tabela, então use como valor crítico a média entre os valores críticos correspondentes. Contudo, em alguns casos, é mais fácil usar uma ferramenta tecnológica para calcular o valor p, compará-lo ao nível de significância e, então, decidir se rejeita a hipótese nula.

Ao realizar um teste de hipótese bilateral usando a distribuição F, você só precisa encontrar o valor crítico à direita. Porém, você deve lembrar de usar $\frac{1}{2}\alpha$ na tabela F.

EXEMPLO 2

Encontrando um valor crítico *F* para um teste bilateral

Encontre o valor crítico F para um teste bilateral sendo $\alpha = 0{,}05$, g.l.$_N = 4$ e g.l.$_D = 8$.

SOLUÇÃO

Uma parte da Tabela 7 do Apêndice B está reproduzida na Tabela 10.21. Usando na tabela F

$$\frac{1}{2}\alpha = \frac{1}{2}(0{,}05) = 0{,}025$$

com g.l.$_N = 4$ e g.l.$_D = 8$, você pode encontrar o valor crítico, conforme mostrado nas áreas em destaque na Tabela 10.21.

g.l.$_D$: Graus de liberdade, denominador	α = 0,025							
	g.l.$_N$: Graus de liberdade, numerador							
	1	2	3	4	5	6	7	8
1	647,8	799,5	864,2	899,6	921,8	937,1	948,2	956,7
2	38,51	39,00	39,17	39,25	39,30	39,33	39,36	39,37
3	17,44	16,04	15,44	15,10	14,88	14,73	14,62	14,54
4	12,22	10,65	9,98	9,60	9,36	9,20	9,07	8,98
5	10,01	8,43	7,76	7,39	7,15	6,98	6,85	6,76
6	8,81	7,26	6,60	6,23	5,99	5,82	5,70	5,60
7	8,07	6,54	5,89	5,52	5,29	5,12	4,99	4,90
8	7,57	6,06	5,42	5,05	4,82	4,65	4,53	4,43
9	7,21	5,71	5,08	4,72	4,48	4,32	4,20	4,10

Tabela 10.21

Da tabela, o valor crítico é

$F_0 = 5{,}05$. Valor crítico

A Figura 10.9 mostra a distribuição F para $\frac{1}{2}\alpha = 0{,}025$, g.l.$_N = 4$, g.l.$_D = 8$ e $F_0 = 5{,}05$.

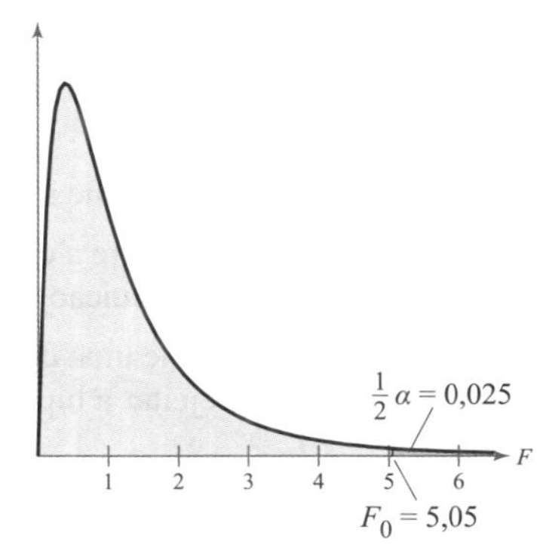

Figura 10.9

TENTE VOCÊ MESMO 2

Encontre o valor crítico F para um teste bilateral sendo $\alpha = 0{,}01$, g.l.$_N = 2$ e g.l.$_D = 5$.

O teste-*F* para duas amostras para variâncias

No restante desta seção, você aprenderá como realizar um teste-F com duas amostras para comparar duas variâncias populacionais usando uma amostra de cada população.

Teste-*F* com duas amostras para variâncias

Um **teste-*F* para duas amostras** é utilizado para comparar duas variâncias populacionais σ_1^2 e σ_2^2. Para realizar esse teste, as seguintes condições devem ser satisfeitas:

1. As amostras devem ser aleatórias.
2. As amostras devem ser independentes.
3. Cada população deve ter uma distribuição normal.

A **estatística de teste** é:

$$F = \frac{s_1^2}{s_2^2}$$

em que s_1^2 e s_2^2 representam as variâncias amostrais com $s_1^2 \geq s_2^2$. O numerador tem $\text{g.l.}_N = n_1 - 1$ graus de liberdade e o denominador tem, $\text{g.l.}_D = n_2 - 1$ graus de liberdade, onde n_1 é o tamanho da amostra com variância s_1^2 e n_2 é o tamanho da amostra com variância s_2^2.

INSTRUÇÕES

Usando um teste-*F* para duas amostras para comparar σ_1^2 e σ_2^2

Em palavras	Em símbolos
1. Verifique se as amostras são aleatórias e independentes, e as populações têm distribuições normais.	
2. Identifique a afirmação. Formule as hipóteses nula e alternativa.	Formule H_0 e H_a.
3. Especifique o nível de significância.	Identifique α.
4. Identifique os graus de liberdade para o numerador e o denominador.	$\text{g.l.}_N = n_1 - 1$ $\text{g.l.}_D = n_2 - 1$
5. Determine o valor crítico.	Use a Tabela 7 do Apêndice B.
6. Determine a região de rejeição.	
7. Encontre a estatística de teste e esboce a distribuição amostral.	$F = \dfrac{s_1^2}{s_2^2}$
8. Tome uma decisão para rejeitar ou não rejeitar a hipótese nula.	Se F está na região de rejeição, então rejeitar H_0. Caso contrário, não rejeitar H_0.
9. Interprete a decisão no contexto da afirmação original.	

Em alguns casos, serão dados os desvios padrão amostrais s_1 e s_2. Lembre-se de elevar ao quadrado ambos os desvios padrão para calcular as variâncias amostrais s_1^2 e s_2^2 antes de usar um teste-F para duas amostras para comparar variâncias.

Retratando o mundo

A localização tem efeito na variância do preço de venda de imóveis? Uma amostra aleatória dos preços de venda (em milhares de dólares) de casas vendidas nos condados de Los Angeles e San Diego, na Califórnia, encontra-se na tabela a seguir. *(Adaptado de National Association of Realtors and Move, Inc.)*

Los Angeles	San Diego
443	639
347	369
495	649
595	665
595	699
649	779
250	425
449	595
580	649
369	549

Supondo que cada população de preços de venda é normalmente distribuída, é possível usar um teste-*F* para duas amostras para comparar as variâncias populacionais?

EXEMPLO 3

Realizando um teste-*F* com duas amostras

Um gerente de restaurante está criando um sistema que se destina a diminuir a variância do tempo que os clientes esperam antes de suas refeições serem servidas. Com o antigo sistema, uma amostra aleatória de 10 clientes teve uma variância de 400. Com o novo sistema, uma amostra aleatória de 21 clientes teve uma variância de 256. Considerando $\alpha = 0{,}10$, há evidência suficiente para convencer o gerente a mudar para o novo sistema? Suponha que ambas as populações são normalmente distribuídas.

SOLUÇÃO

Como 400 > 256, $s_1^2 = 400$ e $s_2^2 = 256$. Portanto, s_1^2 e σ_2^2 representam as variâncias da amostra e da população do sistema antigo, respectivamente. Com a afirmação "a variância dos tempos de espera no novo sistema é menor que a variância dos tempos de espera no sistema antigo", as hipóteses nula e alternativa são:

H_0: $\sigma_1^2 \leq \sigma_2^2$ e H_a: $\sigma_1^2 > \sigma_2^2$ (Afirmação)

Note que o teste é unilateral à direita com $\alpha = 0{,}10$, e os graus de liberdade são

$$\text{g.l.}_N = n_1 - 1 = 10 - 1 = 9$$

e

$$\text{g.l.}_D = n_2 - 1 = 21 - 1 = 20.$$

Então, o valor crítico é $F_0 = 1{,}96$ e a região de rejeição é $F > 1{,}96$. A estatística de teste é:

$$F = \frac{s_1^2}{s_2^2} = \frac{400}{256} \approx 1{,}56.$$

A Figura 10.10 mostra a localização da área de rejeição e a estatística de teste-*F*. Como *F* não está na área de rejeição, você não rejeita a hipótese nula.

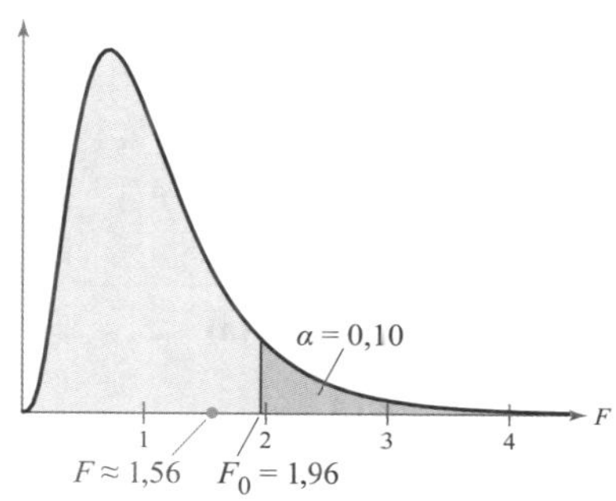

Figura 10.10

Interpretação Não há evidência suficiente, ao nível de significância de 10%, para convencer o gerente a trocar para o novo sistema.

TENTE VOCÊ MESMO 3

Um pesquisador médico afirma que uma solução intravenosa especialmente tratada diminui a variância do tempo necessário para os nutrientes entrarem na corrente sanguínea. Amostras independentes de cada tipo de solução são selecionadas aleatoriamente e os resultados são mostrados na Tabela 10.22. Considerando $\alpha = 0{,}01$, há evidência suficiente para suportar a afirmação do pesquisador? Suponha que as populações são normalmente distribuídas.

Tabela 10.22

Solução Normal	Solução Tratada
$n = 25$ $s^2 = 180$	$n = 25$ $s^2 = 180$

Tabela 10.23

Ação A	Ação B
$n_2 = 30$	$n_1 = 31$
$s_2 = 3,5$	$s_1 = 5,7$

EXEMPLO 4

Usando tecnologia para um teste-*F* para duas amostras

Você quer comprar ações em uma empresa e está decidindo entre duas ações diferentes. Como o risco de que uma ação pode ser associado com o desvio padrão dos preços de fechamento diários, você seleciona aleatoriamente amostras dos preços de fechamento diários para cada ação e obtém os resultados mostrados na Tabela 10.23. Considerando $\alpha = 0,05$, você pode concluir que uma das duas ações é um investimento mais arriscado? Suponha que os preços de fechamento das ações são normalmente distribuídos.

SOLUÇÃO

Como $5,7^2 > 3,5^2$, $s_1^2 = 5,7^2$ e $s_2^2 = 3,5^2$. Portanto, s_1^2 e σ_1^2 representam as variâncias da amostra e da população para a ação B, respectivamente. Com a afirmação "uma das duas ações é um investimento mais arriscado", as hipóteses nula e a alternativa são:

H_0: $\sigma_1^2 = \sigma_2^2$ e H_a: $\sigma_1^2 \neq \sigma_2^2$. (Afirmação)

Note que o teste é bilateral com $\frac{1}{2}\alpha = \frac{1}{2}(0,05) = 0,025$, e os graus de liberdade são $\text{g.l.}_N = n_1 - 1 = 31 - 1 = 30$, e $\text{g.l.}_D = n_2 - 1 = 30 - 1 = 29$. Então, o valor crítico é $F_0 = 2,09$ e a região de rejeição é $F > 2,09$.

Para realizar um teste-*F* para duas amostras usando uma TI-84 Plus, comece com a tecla STAT. Escolha o menu TESTS e selecione *E:2-SampFTest*. Em seguida ajuste o teste-*F* para duas amostras conforme mostrado na Figura 10.11 (a). Como você está inserindo a estatística descritiva, selecione a opção de entrada *Stats*. Ao digitar os dados originais, selecione a opção de entrada *Data*. As Figura 10.11 (b) e (c) mostram os resultados ao selecionar *Calculate* ou *Draw*, respectivamente.

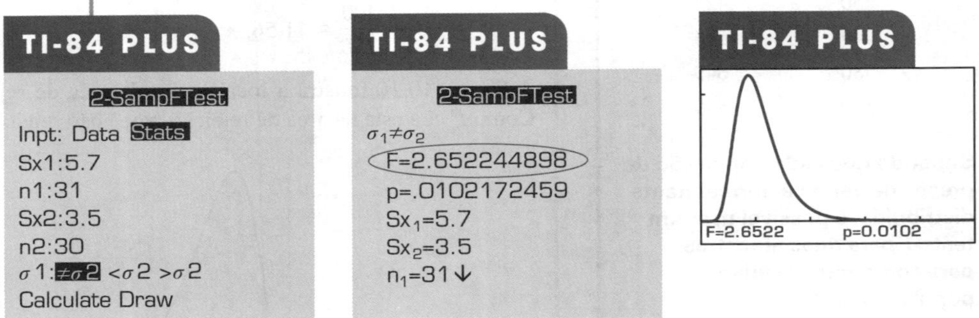

(a) (b) (c)

Figura 10.11

A estatística de teste $F \approx 2,65$ está na região de rejeição, então, você rejeita a hipótese nula.

Interpretação Há evidência suficiente, ao nível de significância de 5%, para apoiar a afirmação de que uma das duas ações é um investimento mais arriscado.

TENTE VOCÊ MESMO 4

Um biólogo afirma que os níveis de pH do solo em duas localizações geográficas têm desvios padrão iguais. Amostras independentes de cada localização são selecionadas aleatoriamente, e os resultados podem ser vistos na Tabela 10.24. Considerando $\alpha = 0,01$, há evidência suficiente para rejeitar a afirmação do biólogo? Suponha que os níveis de pH são normalmente distribuídos.

Tabela 10.24

Local A	Local B
$n = 16$	$n = 22$
$s = 0,95$	$s = 0,78$

Você também pode usar o valor-*p* para realizar um teste-*F* com duas amostras. Ilustrando, no Exemplo 4, note que a TI-84 Plus mostra valor-$p = 0,0102172459$. Como valor-$p < \alpha$, você rejeita a hipótese nula.

10.3 EXERCÍCIOS

Construindo habilidades básicas e vocabulário

1. Explique como encontrar o valor crítico para um teste-F.
2. Liste cinco propriedades da distribuição F.
3. Liste as três condições que devem ser satisfeitas a fim de usar um teste-F para duas amostras.
4. Explique como determinar os valores de $g.l._N$ e $g.l._D$ ao realizar um teste-F para duas amostras.

Determinando um valor crítico *F* para um teste unilateral à direita

Nos exercícios de 5 a 8, determine o valor crítico F para um teste unilateral à direita usando o nível de significância α e os graus de liberdade $g.l._N$ e $g.l._D$.

5. $\alpha = 0{,}05$; $g.l._N = 9$; $g.l._D = 16$
6. $\alpha = 0{,}01$; $g.l._N = 2$; $g.l._D = 11$
7. $\alpha = 0{,}10$; $g.l._N = 10$; $g.l._D = 15$
8. $\alpha = 0{,}025$; $g.l._N = 7$; $g.l._D = 3$

Determinando um valor crítico *F* para um teste bilateral

Nos exercícios de 9 a 12, determine o valor crítico F para um teste bilateral usando o nível de significância α e os graus de liberdade $g.l._N$ e $g.l._D$.

9. $\alpha = 0{,}01$; $g.l._N = 6$; $g.l._D = 7$
10. $\alpha = 0{,}10$; $g.l._N = 24$; $g.l._D = 28$
10. $\alpha = 0{,}05$; $g.l._N = 60$; $g.l._D = 40$
12. $\alpha = 0{,}05$; $g.l._N = 27$; $g.l._D = 19$

Nos exercícios de 13 a 18, teste a afirmação sobre a diferença entre duas variâncias populacionais σ_1^2 e σ_2^2 ao nível de significância α. Suponha que as amostras são aleatórias e independentes e as populações normalmente distribuídas.

13. Afirmação: $\sigma_1^2 > \sigma_2^2$; $\alpha = 0{,}10$.
Tamanhos amostrais: $s_1^2 = 773$, $n_1 = 5$ e $s_2^2 = 765$, $n_2 = 6$
14. Afirmação: $\sigma_1^2 \leq \sigma_2^2$; $\alpha = 0{,}01$.
Tamanhos amostrais: $s_1^2 = 842$, $n_1 = 11$ e $s_2^2 = 836$, $n_2 = 10$
15. Afirmação: $\sigma_1^2 = \sigma_2^2$; $\alpha = 0{,}01$.
Tamanhos amostrais: $s_1^2 = 9{,}8$, $n_1 = 13$ e $s_2^2 = 2{,}5$, $n_2 = 20$
16. Afirmação: $\sigma_1^2 = \sigma_2^2$; $\alpha = 0{,}05$.
Tamanhos amostrais: $s_1^2 = 310$, $n_1 = 7$ e $s_2^2 = 297$, $n_2 = 8$
17. Afirmação: $\sigma_1^2 \neq \sigma_2^2$; $\alpha = 0{,}05$.
Tamanhos amostrais: $s_1^2 = 245$, $n_1 = 31$ e $s_2^2 = 112$, $n_2 = 28$
18. Afirmação: $\sigma_1^2 > \sigma_2^2$; $\alpha = 0{,}05$.
Tamanhos amostrais: $s_1^2 = 44{,}6$, $n_1 = 16$ e $s_2^2 = 39{,}3$, $n_2 = 12$

Usando e interpretando conceitos

Realizando um teste-*F* para duas amostras

Nos exercícios de 19 a 26, (a) identifique a afirmação e formule H_0 e Ha, (b) determine o valor crítico e identifique a região de rejeição, (c) calcule a estatística de teste F, (d) decida se rejeita ou não a hipótese nula e (e) interprete a decisão no contexto da afirmação original. Suponha que as amostras são aleatórias e independentes e que as populações são normalmente distribuídas.

19. **Vida útil de eletrodomésticos** A empresa A afirma que a variância dos tempos de vida útil de seus eletrodomésticos é menor que a variância dos tempos de vida útil dos eletrodomésticos da empresa B. Uma amostra dos tempos de vida útil de 20 eletrodomésticos da empresa A tem variância de 1,8. Uma amostra dos tempos de vida útil de 25 eletrodomésticos da empresa B tem variância de 3,9. Considerando $\alpha = 0{,}025$, você pode apoiar a afirmação da empresa A?

20. **Emissões de monóxido de carbono** Um fabricante de automóveis alega que a variância das emissões de monóxido de carbono para uma marca e modelo de um de seus veículos é menor do que a variância das emissões de monóxido de carbono para o veículo equivalente de um concorrente principal. Uma amostra das emissões de monóxido de carbono de 19 dos veículos especificados pelo fabricante tem variância de 0,008. Uma amostra das emissões de monóxido de carbono de 21 veículos equivalentes de seu concorrente tem variância de 0,045. Considerando α = 0,10, você pode apoiar a afirmação do fabricante? *(Adaptado de U.S. Environmental Protection Agency.)*

21. **Golf** A tabela ao lado apresenta uma amostra das distâncias de tacada (em jardas) para dois jogadores de golfe. Considerando α = 0,10, você pode concluir que as variâncias das distâncias de tacada diferem entre os dois jogadores?

Jogador 1			Jogador 2		
227	234	235	262	257	258
246	223	268	269	253	262
231	235	245	258	265	255
248			262		

TABELA PARA O EXERCÍCIO 21

22. **Tempos de espera para transplante cardíaco** A tabela apresenta uma amostra dos tempos de espera (em dias) para um transplante cardíaco para duas faixas etárias. Considerando α = 0,05, você pode concluir que as variâncias dos tempos de espera diferem entre as duas faixas etárias? *(Adaptado de Organ Procurement and Transplantation Network.)*

18–34		35–49		
384	326	434	415	413
318	385	420	408	428
371	327	454	392	385

TABELA PARA O EXERCÍCIO 22

23. **Testes de avaliação de Ciências** O administrador de uma escola estadual afirma que os desvios padrão das notas do teste de avaliação de Ciências de alunos do oitavo ano são os mesmos nos bairros 1 e 2. Uma amostra de 12 notas do teste do bairro 1 tem desvio padrão de 36,8 pontos, e uma amostra aleatória de 14 notas do teste do bairro 2 tem desvio padrão de 32,5 pontos. Considerando α = 0,10, você pode rejeitar a afirmação do administrador? *(Adaptado de National Center for Education Statistics.)*

24. **Testes de avaliação de História** O administrador de uma escola estadual afirma que os desvios padrão das notas do teste de avaliação de História de alunos do oitavo ano são os mesmos nos bairros 1 e 2. Uma amostra de 10 notas do teste do bairro 1 tem desvio padrão de 30,9 pontos, e uma amostra aleatória de 13 notas do teste do bairro 2 tem desvio padrão de 27,2 pontos. Considerando α = 0,01, você pode rejeitar a afirmação do administrador? *(Adaptado de National Center for Education Statistics.)*

25. **Salários anuais** Um serviço de informação de emprego afirma que o desvio padrão dos salários anuais para atuários é menor na Califórnia do que em Nova York. Você seleciona uma amostra de atuários de cada estado. Os resultados de cada pesquisa são mostrados na figura a seguir. Considerando α = 0,05, você pode apoiar a afirmação da instituição? *(Adaptado de America's Career InfoNet.)*

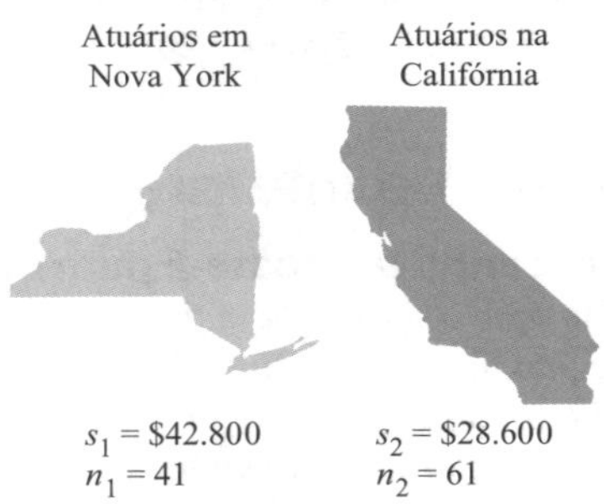

FIGURA PARA O EXERCÍCIO 25

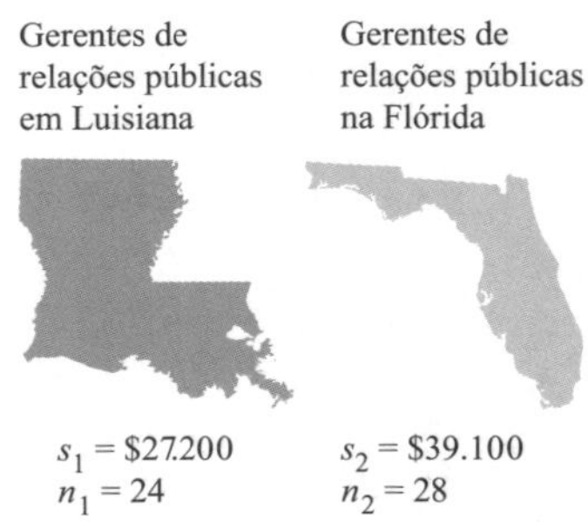

FIGURA PARA O EXERCÍCIO 26

26. **Salários anuais** Um serviço de informação de emprego afirma que o desvio padrão dos salários anuais para gerentes de relações públicas é menor em Luisiana do que na Flórida. Você seleciona uma amostra de gerentes de relações públicas de cada estado. Os resultados de cada pesquisa são mostrados na figura. Considerando α = 0,05, você pode apoiar a afirmação do serviço? *(Adaptado de America's Career InfoNet.)*

Expandindo conceitos

Encontrando valores críticos *F* unilaterais à esquerda *Nesta seção, você só precisou calcular o valor crítico F unilateral à direita para um teste bilateral. Para outras aplicações da distribuição F, você vai precisar calcular o valor crítico F unilateral à esquerda. Para calculá-lo, execute os passos a seguir:*

(1) Troque os valores para $g.l._N$ *e* $g.l._D$.

(2) Encontre o valor F correspondente na Tabela 7 do Apêndice B.

(3) Calcule o recíproco do valor F para obter o valor crítico F unilateral à esquerda.

Nos exercícios 27 e 28, encontre os valores críticos F unilaterais à direita e à esquerda para um teste bilateral usando o nível de significância α e os graus de liberdade $g.l._N$ *e* $g.l._D$.

27. $\alpha = 0{,}05$; $g.l._N = 6$; $g.l._D = 3$

28. $\alpha = 0{,}10$; $g.l._N = 20$; $g.l._D = 15$

Intervalo de confiança para σ_1^2/σ_2^2 *Quando* s_1^2 *e* s_2^2 *são as variâncias de amostras independentes, selecionadas aleatoriamente, de populações normalmente distribuídas, então um intervalo de confiança para* σ_1^2/σ_2^2 *é*

$$\frac{s_1^2}{s_2^2} \cdot \frac{1}{F_R} < \frac{\sigma_1^2}{\sigma_2^2} < \frac{s_1^2}{s_2^2} \cdot \frac{1}{F_L}$$

onde F_R *é o valor crítico F unilateral à direita e* F_L *é o valor crítico F unilateral à esquerda.*

Nos exercícios 29 e 30, construa o intervalo de confiança para σ_1^2/σ_2^2. *Suponha que as amostras são aleatórias e independentes e que as populações são normalmente distribuídas.*

29. Teor de colesterol Em um estudo recente sobre os teores de colesterol de sanduíches de frango grelhado servidos em restaurantes de *fast food*, um nutricionista descobriu que amostras aleatórias de sanduíches dos restaurantes A e B apresentaram os resultados mostrados na tabela a seguir. Construa um intervalo de confiança de 95% para σ_1^2/σ_2^2, em que σ_1^2 e σ_2^2 são as variâncias dos teores de colesterol de sanduíches de frango grelhado dos restaurantes A e B, respectivamente.

Teores de colesterol de Sanduíches de frango grelhado	
Restaurante A	Restaurante B
$s_1^2 = 10{,}89$ $n_1 = 16$	$s^2 = 9{,}61$ $n_2 = 12$

30. Teor de carboidrato Em um estudo recente sobre os teores de carboidrato de sanduíches de frango grelhado servidos em restaurantes de *fast food*, um nutricionista descobriu que amostras aleatórias de sanduíches dos restaurantes A e B apresentaram os resultados mostrados na tabela a seguir. Construa um intervalo de confiança de 95% para σ_1^2/σ_2^2, em que σ_1^2 e σ_2^2 são as variâncias dos teores de carboidrato de sanduíches de frango grelhado dos restaurantes A e B, respectivamente.

Teores de carboidrato de Sanduíches de frango grelhado	
Restaurante A	Restaurante B
$s_1^2 = 5{,}29$ $n_1 = 16$	$s^2 = 3{,}16$ $n_2 = 12$

10.4 Análise da variância (ANOVA)

O que você deve aprender

- Como usar a análise de variância com um fator para testar afirmações envolvendo três ou mais médias.
- Uma introdução à análise de variância com dois fatores.

ANOVA com um fator ■ ANOVA com dois fatores

ANOVA com um fator

Suponha que um pesquisador médico esteja analisando a eficácia de três tipos de analgésicos e queira determinar se há uma diferença nas durações médias de tempo que cada um dos três medicamentos leva para aliviar a dor. Para determinar se tal diferença existe, o pesquisador pode usar a distribuição F junto com uma técnica chamada **análise de variância**. Como uma variável independente está sendo estudada, o processo é chamado de **análise de variância com um fator**.

DEFINIÇÃO

Análise de variância com um fator é uma técnica de teste de hipóteses usada para comparar as médias de três ou mais populações. A análise de variância geralmente é abreviada como **ANOVA**.

Para começar a análise de variância com um fator, você deve primeiro formular as hipóteses nula e alternativa. Para um teste ANOVA com um fator, as hipóteses nula e alternativa são sempre semelhantes às seguintes afirmações:

H_0: $\mu_1 = \mu_2 = \mu_3 = \cdots = \mu_k$ (Todas as médias populacionais são iguais).

H_a: Pelo menos uma média é diferente das demais.

Quando você rejeita a hipótese nula em uma ANOVA com um fator, você pode concluir que, no mínimo, uma das médias é diferente das demais. Sem realizar mais testes estatísticos, contudo, você não pode determinar qual das médias é diferente.

Antes de realizar um teste ANOVA com um fator, você dever verificar que as seguintes condições são satisfeitas:

1. Cada amostra deve ser selecionada aleatoriamente de uma população normal ou aproximadamente normal.
2. As amostras devem ser independentes entre si.
3. Cada população deve ter a mesma variância.

A estatística de teste para um teste ANOVA com um fator é a razão de duas variâncias: a variância entre amostras e a variâncias dentro das amostras.

$$\text{Estatística de teste} = \frac{\text{variância entre as amostras}}{\text{variâncias dentro das amostras}}$$

1. A variância entre amostras mede as diferenças relacionadas ao tratamento dado a cada amostra. Essa variância, às vezes chamada de **quadrado médio entre**, é denotada por MS_B ou SQ_E.
2. A variância dentro das amostras mede as diferenças relacionadas aos valores dentro da mesma amostra e é geralmente devido a erro amostral. Essa variância, às vezes chamada de **quadrado médio dentro**, é denotada por MS_W ou SQ_D.

Teste de análise de variância com um fator

Para realizar um teste ANOVA com um fator, as seguintes condições devem ser satisfeitas:

1. Cada uma das k amostras, $k \geq 3$, deve ser selecionada aleatoriamente de uma população normal ou aproximadamente normal
2. As amostras devem ser independentes entre si.
3. Cada população deve ter a mesma variância.

Se as condições são satisfeitas, então a distribuição amostral para o teste é aproximada pela distribuição F. A estatística de teste é:

$$F = \frac{MS_B}{MS_W}.$$

Os graus de liberdade são:

$\text{g.l.}_N = k - 1$ (graus de liberdade do numerador)

e

$\text{g.l.}_D. = N - k$ (graus de liberdade do denominador)

em que k é o número de amostras e N é a soma dcs tamanhos das amostras.

Se há pouca ou nenhuma diferença entre as médias, então MS_B. será aproximadamente igual a MS_W e a estatística de teste será aproximadamente 1. Valores de F próximos de 1 sugerem que você não deveria rejeitar a hipótese nula. Contudo, se uma das médias difere significativamente das outras, MS_B será maior que MS_W e a estatística de teste será maior que 1. Valores de F significantemente maiores que 1 sugerem que você deve rejeitar a hipótese nula. Desse modo, todos os testes ANOVA com um fator são unilaterais à direita. Isto é, se a estatística de teste é maior que o valor crítico, então H_0 será rejeitada.

Dica de estudo

As notações n_i, $\bar{x}_i$ e s_i^2 representam o tamanho, a média e a variância da i-ésima amostra, respectivamente. Além disso, algumas vezes $\bar{\bar{x}}$ é chamado de *grande média*.

INSTRUÇÕES

Determinando a estatística de teste para um teste ANOVA com um fator

Em palavras	Em símbolos
1. Determine a média e a variância de cada amostra.	$\bar{x}_i = \frac{\Sigma x}{n}, \quad s_i^2 = \frac{\Sigma(x - \bar{x}_i)^2}{n - 1}$
2. Determine a média de todos os valores em todas as amostras.	$\bar{\bar{x}} = \frac{\Sigma x}{N}$
3. Determine a soma dos quadrados entre as amostras.	$SS_B = \Sigma n_i(\bar{x}_i - \bar{\bar{x}})^2$
4. Determine a soma dos quadrados dentro das amostras.	$SS_W = \Sigma(n_i - 1)s_i^2$
5. Determine a variância entre as amostras.	$MS_B = \frac{SS_B}{\text{g.l.}_N} = \frac{\Sigma n_i(\bar{x}_i - \bar{\bar{x}})^2}{k - 1}$
6. Determine a variância dentro das amostras.	$MS_W = \frac{SS_W}{\text{g.l.}_D} = \frac{\Sigma(n_i - 1)s_i^2}{N - k}$
7. Determine a estatística de teste.	$F = \frac{MS_B}{MS_W}$

Note que no passo 1 das instruções acima, você está somando os valores de uma única amostra. No passo 2, você está somando os valores de todas as amostras. As somas SS_B (ou SQE) e SS_W *(ou SQD)* serão explicadas adiante.

Nas instruções para determinar a estatística de teste para um teste ANOVA com um fator, a notação SS_B representa a soma dos quadrados entre as amostras.

$$SS_B = n_1(\bar{x}_1 - \bar{\bar{x}})^2 + n_2(\bar{x}_2 - \bar{\bar{x}})^2 + \cdots + n_k(\bar{x}_k - \bar{\bar{x}})^2$$
$$= \Sigma n_i(\bar{x}_i - \bar{\bar{x}})^2$$

Da mesma forma, a notação SS_W representa a soma dos quadrados dentro das amostras.

$$SS_W = (n_1 - 1)s_i^2 + (n_2 - 1)s_2^2 + \cdots + (n_k - 1)s_k^2$$
$$= \Sigma(n_i - 1)s_i^2$$

INSTRUÇÕES

Realizando um teste de análise de variância com um fator

Em palavras	Em símbolos
1. Verifique se as amostras são aleatórias e independentes, as populações têm distribuições normais e as variâncias populacionais são iguais.	
2. Identifique a afirmação. Formule as hipóteses nula e alternativa.	Formule H_0 e H_a.
3. Especifique o nível de significância.	Identifique α.
4. Determine os graus de liberdade para o numerador e o denominador.	$g.l._N = k - 1$ $g.l._D = N - k$
5. Determine o valor crítico	Use a Tabela 7 do Apêndice B.
6. Determine a região de rejeição.	
7. Determine a estatística de teste e esboce a distribuição amostral.	$F = \dfrac{MS_B}{MS_W}$
8. Tome uma decisão para rejeitar ou não rejeitar a hipótese nula.	Se F está na região de rejeição, então rejeitar H_0. Caso contrário, não rejeitar H_0.
9. Interprete a decisão no contexto da afirmação original.	

Tabelas são uma forma conveniente de resumir os resultados de um teste de análise de variância com um fator. Tabelas de resumo da ANOVA são montadas conforme mostra a Tabela 10.25.

Tabela 10.25

Tabela resumo da ANOVA

Variação	Soma dos quadrados	Graus de quadrados	Quadrados médios	F
Entre	SS_B	$d.f._N = k - 1$	$MS_B = \dfrac{SS_B}{g.l._N}$	$\dfrac{MS_B}{MS_W}$
Dentro	SS_W	$d.f._D = N - k$	$MS_W = \dfrac{SS_W}{g.l._D}$	

EXEMPLO 1

Realizando um teste ANOVA com um fator

Um pesquisador médico quer determinar se há diferença nas durações médias de tempo que três tipos de analgésicos levam para aliviar a dor de cabeça. Várias pessoas que sofrem com dores de cabeça são selecionadas aleatoriamente e tomam um dos três medicamentos. Cada pessoa registra o tempo (em minutos) que o medicamento levou para começar a fazer efeito. Os resultados estão na Tabela 10.26. Considerando $\alpha = 0{,}01$, você pode concluir que pelo menos um tempo médio é diferente dos demais? Suponha que cada população de tempos para o alívio é normalmente distribuída e que as variâncias populacionais são iguais.

Tabela 10.26

Medicamento 1	Medicamento 2	Medicamento 3
12	16	14
15	14	17
17	21	20
12	15	15
	19	
$n_1 = 4$	$n_2 = 5$	$n_3 = 4$
$\bar{x}_1 = \frac{56}{4} = 14$	$\bar{x}_2 = \frac{85}{5} = 17$	$\bar{x}_3 = \frac{66}{4} = 16{,}5$
$s_1^2 = 6$	$s_2^2 = 8{,}5$	$s_3^2 = 7$

SOLUÇÃO

As hipóteses nula e alternativa são:

H_0: $\mu_1 = \mu_2 = \mu_3$

H_a: Pelo menos uma média é diferente das demais. (Afirmação)

Como há $k = 3$ amostras, $\text{g.l.}_N = k - 1 = 3 - 1 = 2$. A soma dos tamanhos das amostras é $N = n_1 + n_2 + n_3 = 4 + 5 + 4 = 13$. Então,

$\text{g.l.}_D = N - k = 13 - 3 = 10.$

Usando $\text{g.l.}_N = 2$, $\text{g.l.}_D = 10$, e $\alpha = 0{,}01$, o valor crítico é $F_0 = 7{,}56$. A região de rejeição é $F > 7{,}56$. Para determinar a estatística de teste, primeiro calcule $\bar{\bar{x}}$, MS_B e MS_W.

$$\bar{\bar{x}} = \frac{\Sigma x}{N} = \frac{56 + 85 + 66}{13} \approx 15{,}92$$

$$\begin{aligned} MS_B = \frac{SS_B}{\text{g.l.}_N} &= \frac{\Sigma n_i(\bar{x}_i - \bar{\bar{x}})^2}{k - 1} \\ &\approx \frac{4(14 - 15{,}92)^2 + 5(17 - 15{,}92)^2 + 4(16{,}5 - 15{,}92)^2}{3 - 1} \\ &= \frac{21{,}9232}{2} \\ &= 10{,}9616 \end{aligned}$$

$$\begin{aligned} MS_W = \frac{SS_W}{\text{g.l.}_D} &= \frac{\Sigma(n_i - 1)s_i^2}{N - k} \\ &= \frac{(4 - 1)(6) + (5 - 1)(8{,}5) + (4 - 1)(7)}{13 - 3} \\ &= \frac{73}{10} \\ &= 7{,}3 \end{aligned}$$

Retratando o mundo

Um pesquisador quer determinar se há diferença na duração média do tempo desperdiçado no trabalho para pessoas na Califórnia (CA), Geórgia (GA) e Pensilvânia (PA). Diversas pessoas de cada estado, que trabalham 8 horas por dia, são selecionadas aleatoriamente e perguntadas quanto tempo (em horas) elas desperdiçam no trabalho cada dia. Os resultados são mostrados na tabela a seguir *(Adaptado de Salary.com)*

CA	GA	PA
2	2	1,75
1,75	2,5	3
2,5	1,25	2,75
3	2,25	2
2,75	1,5	3
3,25	3	2,5
1,25	2,75	2,75
2	2,25	3,25
2,5	2	3
1,75	1	2,75
1,5		2,25
2,25		

Considerando $\alpha = 0,10$, o pesquisador pode concluir que há diferença na média do tempo desperdiçado no trabalho entre os estados? Suponha que cada população é normalmente distribuída e que as variâncias populacionais são iguais.

Usando $MS_B. \approx 10,9616$ e $MS_W = 7,3$, a estatística de teste é:

$$F = \frac{MS_B}{MS_W} \approx \frac{10,9616}{7,3} \approx 1,50.$$

A Figura 10.12 mostra a localização da região de rejeição e a estatística de teste F. Como F não está na região de rejeição, você não rejeita a hipótese nula.

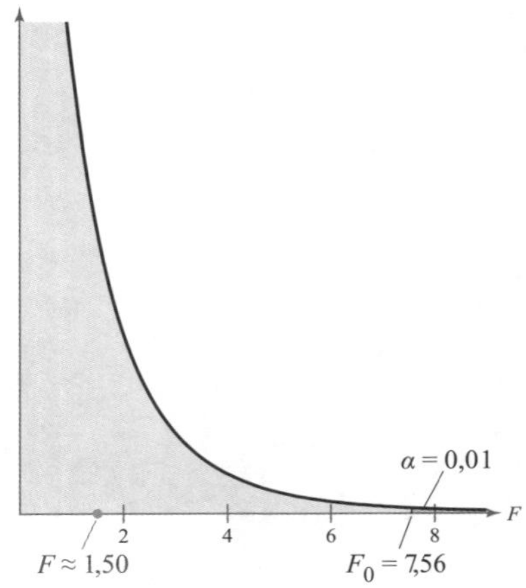

Figura 10.12

Interpretação Não há evidência suficiente, ao nível de significância de 1%, para concluir que há uma diferença na duração média de tempo que os três analgésicos levam para proporcionar alívio para dores de cabeça.

A tabela resumo da ANOVA para o Exemplo 1 é mostrada na Tabela 10.27.

Tabela 10.27

Variação	Soma dos quadrados	Graus de liberdade	Quadrados médios	F
Entre	21,9232	2	10,9616	1,50
Dentro	73	10	7,3	

TENTE VOCÊ MESMO 1

Um analista de vendas quer determinar se há diferença nas vendas médias mensais de quatro regiões de atuação de uma empresa. Vários vendedores de cada região são selecionados aleatoriamente e fornecem suas quantias de vendas (em milhares de dólares) no mês anterior. Os resultados são mostrados na Tabela 10.28. Considerando $\alpha = 0,05$, o analista pode concluir que há uma diferença nas vendas médias mensais entre as regiões? Suponha que cada população de vendas é normalmente distribuída e que as variâncias populacionais são iguais.

Tabela 10.28

Norte	Leste	Sul	Oeste
34	47	40	21
28	36	30	30
18	30	41	24
24	38	29	37
	44		23
$n_1 = 4$	$n_2 = 5$	$n_3 = 4$	$n_4 = 5$
$\bar{x}_1 = 26$	$\bar{x}_2 = 39$	$\bar{x}_3 = 35$	$\bar{x}_4 = 27$
$s_1^2 \approx 45,33$	$s_2^2 \approx 45$	$s_3^2 \approx 40,67$	$s_4^2 \approx 42,5$

O uso de tecnologia simplifica muito o processo da ANOVA com um fator. Ao usar uma ferramenta tecnológica como Minitab, Excel, StatCrunch ou a TI-84 Plus para fazer um teste de análise de variância com um fator, você pode usar valores-p para decidir se rejeita a hipótese nula. Se o valor-p é menor que α, então rejeitar H_0.

EXEMPLO 2

Usando tecnologia para realizar um teste ANOVA com um fator

Um pesquisador acredita que, para dirigir na cidade, a economia de combustível de carros compactos, médios e grandes é a mesma. Os consumos de combustível (em milhas por galão) para dirigir na cidade para vários carros selecionados aleatoriamente, de cada categoria, são mostradas na Tabela 10.29. Suponha que as populações são normalmente distribuídas, as amostras são independentes e as variâncias populacionais são iguais. Considerando $\alpha = 0{,}05$, você pode rejeitar a afirmação de que a média de consumo de combustível para dirigir na cidade é a mesma para as três categorias? Use a tecnologia para testar a afirmação. *(Fonte: Fueleconomy.gov)*

Tabela 10.29

Compacto	Médio	Grande
12	21	18
23	23	17
17	19	15
20	14	17
25	14	20
18	21	17
24	26	17
27	18	13
29	25	
17	16	
31	27	
24	22	
24	21	
	25	
	21	

SOLUÇÃO

A seguir encontram-se as hipóteses nula e alternativa.

H_0: $\mu_1 = \mu_2 = \mu_3$ (Afirmação)

H_a: Pelo menos uma média é diferente das demais.

Os resultados obtidos ao realizar o teste usando Excel estão na Figura 10.13. Dos resultados, você pode ver que valor-$p \approx 0{,}02$. Como valor-$p < \alpha$, você rejeita a hipótese nula.

EXCEL

	A	B	C	D	E	F
1	Anova: Single factor					
2						
3	SUMMARY					
4	*Groups*	*Count*	*Sum*	*Average*	*Variance*	
5	compact	13	291	22.38462	28.75641	
6	midsize	15	313	20.86667	16.69524	
7	large	8	134	16.75	4.214286	
8						
9						
10	ANOVA					
11	*Source of Variation*	*SS*	*df*	*MS*	*F*	*P-value*
12	Between Groups	160.6897	2	80.34487	4.358599	0.020906
13	Within Groups	608.3103	33	18.43364		
14						
15	Total	769	35			
16						

Figura 10.13

Interpretação Há evidência suficiente, ao nível de significância de 5%, para rejeitar a afirmação de que a média do consumo de combustível para dirigir na cidade é a mesma.

Dica de tecnologia

A seguir são apresentadas instruções para realizar um teste de análise de variância com um fator em uma TI-84 Plus. Comece armazenando os dados em L1, L2 e assim por diante.

STAT

Escolha o menu TESTS.

H: ANOVA(

Então, insira L1, L2, e assim por diante, separados por vírgulas.

TENTE VOCÊ MESMO 2

Os dados mostrados na Tabela 10.30 representam as notas médias de alunos no primeiro, segundo, terceiro e quarto anos, selecionados aleatoriamente. Considerando $\alpha = 0{,}05$, você pode concluir que há uma diferença nas notas médias? Suponha que as populações das notas são normalmente distribuídas e que as variâncias populacionais são iguais. Use tecnologia para testar a afirmação.

Tabela 10.30

Primeiro ano	2,34	2,38	3,31	2,39	3,40	2,70	2,34			
Segundo ano	3,26	2,22	3,26	3,29	2,95	3,01	3,13	3,59	2,84	3,00
Terceiro ano	2,80	2,60	2,49	2,83	2,34	3,23	3,49	3,03	2,87	
Quarto ano	3,31	2,35	3,27	2,86	2,78	2,75	3,05	3,31		

ANOVA com dois fatores

Quando você quer testar o efeito de *duas* variáveis independentes, ou fatores, sobre uma variável dependente, você pode usar um **teste de análise de variância com dois fatores**. Por exemplo, suponha que um pesquisador médico queira testar o efeito da idade e do tipo de medicamento na duração média de tempo que analgésicos levam para promover alívio. Para realizar tal experimento, o pesquisador pode usar o planejamento em blocos da ANOVA com dois fatores mostrado na Figura 10.14:

Tipo de medicamento	Idade: 18–64	Idade: 65+
I	Adultos com idade de 18-64 tomando o tipo I	Adultos com idade 65+ tomando o tipo I
II	Adultos com idade de 18-64 tomando o tipo II	Adultos com idade 65+ tomando o tipo II
III	Adultos com idade de 18-64 tomando o tipo III	Adultos com idade 65+ tomando o tipo III

Figura 10.14

Um teste ANOVA com dois fatores tem três hipóteses nulas – uma para cada efeito principal e uma para o efeito de interação. Um **efeito principal** é o efeito de uma variável independente na variável dependente, e o **efeito de interação** é o efeito de ambas as variáveis independentes na variável dependente. Por exemplo, as hipóteses para o experimento dos analgésicos estão listadas a seguir.

Dica de estudo

Se a idade e o tipo de medicamento não têm influência na duração de tempo que um analgésico leva para aliviar a dor, então não haverá diferença significativa nas médias dos tempos de alívio da dor.

Hipóteses para os efeitos principais:

H_0: A idade não tem efeito na duração média de tempo que um analgésico leva para aliviar a dor.

H_a: A idade tem efeito na duração média de tempo que um analgésico leva para aliviar a dor.

H_0: O tipo de medicamento não tem efeito na duração média de tempo que um analgésico leva para aliviar a dor.

H_a: O tipo de medicamento tem efeito na duração média de tempo que um analgésico leva para aliviar a dor.

Hipóteses para o efeito de interação:

H_0: Não há efeito de interação entre a idade e o tipo de medicamento na duração média de tempo que um analgésico leva para aliviar a dor.

H_a: Há um efeito de interação entre a idade e o tipo de medicamento na duração média de tempo que um analgésico leva para aliviar a dor.

Para testar essas hipóteses, você pode realizar um teste ANOVA com dois fatores. Note que as condições para um teste ANOVA com dois fatores são as mesmas do teste ANOVA com um fator, com a condição adicional de que todas as amostras devem ser do mesmo tamanho. Usando a distribuição F, um teste ANOVA com dois fatores calcula uma estatística de teste F para cada hipótese. Como resultado, é possível rejeitar nenhuma, uma, duas ou todas as hipóteses nulas.

A estatística envolvida com um teste ANOVA com dois fatores está além do escopo deste curso. Contudo, você pode usar uma ferramenta tecnológica como o Minitab para fazer um teste ANOVA com dois fatores.

10.4 EXERCÍCIOS

Construindo habilidades básicas e vocabulário

1. Formule as hipóteses nula e alternativa para um teste ANOVA com um fator.
2. Quais condições são necessárias a fim de usar um teste ANOVA com um fator?
3. Descreva a diferença entre a variância entre amostras MS_B e a variância dentro das amostras MS_W.
4. Descreva as hipóteses para um teste ANOVA com dois fatores.

Usando e interpretando conceitos

Realizando um teste ANOVA com um fator *Nos exercícios de 5 a 14, (a) identifique a afirmação e formule H_0 e H_a, (b) determine o valor crítico e identifique a região de rejeição, (c) calcule a estatística de teste F, (d) decida se rejeita ou não rejeita a hipótese nula e (e) interprete a decisão no contexto da afirmação original. Suponha que as amostras são aleatórias e independentes, as populações são normalmente distribuídas e as variâncias populacionais são iguais.*

5. **Cremes dentais** A tabela a seguir mostra os custos por onça (em dólares) para uma amostra de cremes dentais vendidas nas categorias de clareamento, prevenção de cárie e frescor do hálito. Considerando $\alpha = 0{,}05$, você pode concluir que pelo menos um custo médio por onça é diferente dos demais? *(Fonte: Amazon.)*

Clareamento	0,68	1,99	1,38	0,28	5,00	1,23
Prevenção de cárie	0,70	0,85	0,49	1,43	0,68	
Frescor do hálito	0,66	0,68	1,23	0,45		

6. **Tempo de vida do cão** A tabela a seguir mostra o tempo de vida dos cães (em anos) para uma amostra de três raças diferentes. Considerando $\alpha = 0{,}05$, há evidências suficientes para concluir que pelo menos uma das raças de cães tem um tempo de vida média diferente das outras? *(Adaptado de American Kennel Club.)*

Boxer	11,6	10,8	12,9	12,3	16,1	9,9
Bulldog	10,5	13,6	12,3	11,1	11,0	10,7
Rottweiler	9,1	11,0	11,5	10,4	12,2	12,4

7. **Aspiradores de pó** A tabela a seguir mostra os pesos (em libras) para uma amostra de aspiradores de pó. Os pesos são classificados de acordo com o tipo de aspirador de pó. Considerando $\alpha = 0{,}01$, você pode concluir que pelo menos um peso médio de aspirador de pó é diferente dos demais? *(Fonte: Consumer Report.)*

Vertical com saco	21	22	23	21	17	19
Vertical sem saco	16	18	19	18	17	20
Com mangueira	26	24	23	25	27	21

8. Salários do governo A tabela a seguir mostra os salários (em milhares de dólares) para uma amostra de pessoas dos níveis de governo federal, estadual e municipal. Considerando $\alpha = 0{,}01$, você pode concluir que pelo menos um salário médio é diferente dos demais? *(Adaptado de Bureau of Labor Statistics.)*

Federal	Estadual	Municipal
88,6	97,0	71,6
68,5	80,9	38,6
57,1	69,1	46,9
95,9	40,7	59,6
94,2	83,6	26,3
87,7	98,6	62,9
100,5	65,4	78,5
93,8	76,9	55,5
80,3	67,0	60,3
87,5	67,5	40,8

9. Idades de atletas profissionais A tabela a seguir mostra as idades (em anos) par uma amostra de atletas profissionais de diversos esportes. Considerando $\alpha = 0{,}05$, você pode concluir que pelo menos uma idade média é diferente das demais? *(Fonte: ESPN.)*

Basebol	Basquete	Futebol americano	Hóquei
30	28	26	29
25	27	28	23
26	29	27	26
31	30	26	30
27	24	29	27
29	27	27	25
27	28	26	24
25	33	26	26
27	26	27	29
23	28	27	32
26	27	29	28
34	28	25	25
29	26	24	27

10. Custo por milha A tabela a seguir mostra os custos por milha (em centavos) para uma amostra de automóveis. Considerando $\alpha = 0{,}01$, você pode concluir que pelo menos um custo médio por milha é diferente das demais? *(Adaptado de American Automobile Association.)*

Sedan pequeno	Sedan médio	Sedan grande	SUV 4WD	Minivan
44	46	65	56	69
40	61	67	57	51
43	42	64	57	56
39	58	58	61	53
36	48	63		68
44	53			

11. **Índice de bem-estar** O índice de bem-estar é uma maneira de medir como as pessoas estão física, emocional, social e profissionalmente, assim como avaliar a qualidade geral de suas vidas e suas perspectivas para o futuro. A tabela a seguir mostra a pontuação do índice de bem-estar para uma amostra de estados de quatro regiões dos Estados Unidos. Considerando $\alpha = 0,10$, você pode rejeitar a afirmação de que a pontuação média é a mesma para todas as regiões? *(Adaptado de Gallup and Healthways.)*

Nordeste	Centro-oeste	Sul	Oeste
61,7	61,6	61,0	64,0
63,6	61,8	60,8	63,0
62,6	61,4	63,1	63,5
61,8	63,2	62,3	63,2
62,1	61,7	60,5	61,8
63,5	62,9	62,0	62,6
	62,9	61,3	62,5
	63,7	60,5	62,8
		62,3	62,5
		61,5	
		63,1	

12. **Dias no hospital** Em um estudo recente, uma empresa de seguro de saúde investigou o número de dias que pacientes passam em um hospital. Em parte do estudo, a empresa selecionou uma amostra de pacientes de quatro regiões dos Estados Unidos e registrou o número de dias que cada um passou no hospital. A tabela a seguir mostra os resultados do estudo. Considerando $\alpha = 0,01$, a empresa pode rejeitar a afirmação de que o número médio de dias que os pacientes passam no hospital é o mesmo para as quatro regiões? *(Adaptado de National Center for Health Statistics.)*

Nordeste	Centro-oeste	Sul	Oeste
6	6	3	3
4	6	5	4
7	7	6	6
2	3	6	4
3	5	3	6
4	4	7	6
6	4	4	5
8	3		2
9	2		

13. **Salários de estatísticos** A tabela a seguir mostra os salários de uma amostra de estatísticos iniciantes de seis grandes áreas metropolitanas. Considerando $\alpha = 0,05$, você pode concluir que o salário médio é diferente em pelo menos uma das áreas? *(Adaptado de Salary.com)*

Boston	Houston	Los Angeles	Phoenix	Seattle	Virginia Beach
65.702	50.500	58.055	61.314	63.698	76.750
60.095	56.237	68.451	59.400	64.917	86.660
71.458	53.913	69.700	56.359	58.756	55.650
58.842	66.603	59.766	60.046	56.488	70.850
84.477	62.818	70.970	55.200	69.756	73.170
51.511	56.066	60.000	58.945		
	50.111	62.109			

14. Preços de casas A tabela a seguir mostra os preços de venda (em milhares de dólares) de uma amostra de casas em três cidades. Considerando $\alpha = 0,10$, você pode concluir que pelo menos um preço médio de venda é diferente dos demais? *(Adaptado de National Association of Realtors.)*

Kansas City	Ann Arbor	Birmingham
209,6	603,5	309,5
288,1	56,1	195,1
208,0	285,7	65,3
61,9	367,3	524,9
92,3	181,8	103,4
352,9	119,3	122,2
196,5	380,1	221,1
427,2	184,2	212,7
373,9	484,6	243,0
500,6	322,2	420,6
125,8	565,4	

Usando tecnologia para realizar um teste ANOVA com dois fatores

Nos exercícios de 15 a 18, use tecnologia e o planejamento em blocos para realizar um teste ANOVA com dois fatores. Use $\alpha = 0,10$. Interprete os resultados. Suponha que as amostras são aleatórias e independentes, as populações são normalmente distribuídas e as variâncias populacionais são iguais.

15. Propaganda Foi realizado um estudo no qual uma amostra de 20 adultos foi solicitada a avaliar a eficiência de propagandas. Cada adulto avaliou uma propaganda de rádio ou de televisão que durava 30 ou 60 segundos. O planejamento em blocos mostra essas avaliações (em uma escala de 1 a 5, com 5 sendo extremamente eficiente).

		Meio de propaganda	
		Radio	Televisão
Duração da propaganda	30 segundos	2, 3, 5, 1, 3	3, 5, 4, 1, 2
	60 segundos	1, 4, 2, 2, 5	2, 5, 3, 4, 4

16. Vendas de veículos O dono de uma concessionária de automóveis quer determinar se o gênero de um vendedor e o tipo de veículo vendido afetam o número de veículos vendidos em um mês. O planejamento em blocos mostra o número de veículos vendidos em um mês, listados por tipo, para uma amostra de oito vendedores.

		Tipo de veículo		
		Carro	Caminhonete	Van/SUV
Gênero	Homem	6, 5, 4, 5	2, 2, 1, 3	4, 3, 4, 2
	Mulher	5, 7, 8, 7	1, 0, 1, 2	4, 2, 0, 1

17. Notas finais Foi realizado um estudo no qual uma amostra de 24 alunos do Ensino Médio foi solicitada a fornecer suas notas finais. O planejamento em blocos mostra as notas de estudantes homens e mulheres de quadro grupos etários diferentes.

Gênero	Idade 15	Idade 16	Idade 17	Idade 18
Homem	2,5, 2,1, 3,8	4,0, 1,4, 2,0	3,5, 2,2, 2,0	3,1, 0,7, 2,8
Mulher	4,0, 2,1, 1,9	3,5, 3,0, 2,1	4,0, 2,2, 1,7	1,6, 2,5, 3,6

18. Conserto de computador O gerente de um serviço de conserto de computador quer determinar se há diferença no tempo que quatro técnicos levam para consertar marcas diferentes de computadores. O planejamento em blocos mostra os tempos (em minutos) que cada técnico levou para consertar três computadores de cada marca.

Marca	Técnico 1	Técnico 2	Técnico 3	Técnico 5
Marca A	67, 82, 64	42, 56, 39	69, 47, 38	70, 44, 50
Marca B	44, 62, 55	47, 58, 62	55, 45, 66	47, 29, 40
Marca C	47, 36, 68	39, 74, 51	74, 80, 70	45, 62, 59

O Teste de Scheffé *Se a hipótese nula é rejeitada em um teste ANOVA com um fator, com três ou mais médias, então um* ***Teste de Scheffé*** *pode ser realizado para encontrar quais médias têm uma diferença significativa. Em um teste de Scheffé, as médias são comparadas duas de cada vez. Por exemplo, com três médias, você teria as seguintes comparações:* $\bar{x}_1$ versus $\bar{x}_2$, $\bar{x}_1$ versus $\bar{x}_3$ *e* $\bar{x}_2$ versus $\bar{x}_3$. *Para cada comparação, calcular:*

$$\frac{(\bar{x}_a - \bar{x}_b)^2}{\dfrac{SS_W}{\Sigma(n_i - 1)}\left(\dfrac{1}{n_a} + \dfrac{1}{n_b}\right)}$$

onde $\bar{x}_a$ *e* $\bar{x}_b$ *são as médias sendo comparadas e* n_a *e* n_b *são os tamanhos de amostra correspondentes. Calcule o valor crítico multiplicando o valor crítico do teste ANOVA com um fator por k – 1. Depois, compare o valor calculado usando a fórmula apresentada com o valor crítico. As médias têm uma diferença significativa quando o valor calculado usando a fórmula apresentada é maior que o valor crítico.*

Use as informações acima para resolver os exercícios de 19 a 22.

19. Retome os dados do Exercício 7. Considerando $\alpha = 0{,}01$, faça um teste de Scheffé para determinar quais médias têm uma diferença significativa.

20. Retome os dados do Exercício 8. Considerando $\alpha = 0{,}01$, faça um teste de Scheffé para determinar quais médias têm uma diferença significativa.

21. Retome os dados do Exercício 10. Considerando $\alpha = 0{,}01$, faça um teste de Scheffé para determinar quais médias têm uma diferença significativa.

22. Retome os dados do Exercício 11. Considerando $\alpha = 0{,}10$, faça um teste de Scheffé para determinar quais médias têm uma diferença significativa.

USOS E ABUSOS

Estatística no mundo real

Usos

Análise da Variância (ANOVA) com um fator A ANOVA pode ajudá-lo a tomar decisões importantes sobre a alocação de recursos. Por exemplo, suponha que você trabalhe em uma grande companhia de manufatura e parte de sua responsabilidade é determinar a distribuição das vendas da empresa por todo o mundo e decidir onde concentrar os esforços da companhia. Como decisões equivocadas custarão o dinheiro da sua empresa, você quer certificar-se de tomar as decisões corretas.

Abusos

Noções preconcebidas Há várias formas em que os testes apresentados neste capítulo podem ser abusados. Por exemplo, é fácil permitir que noções preconcebidas afetem os resultados de um teste qui-quadrado de qualidade de ajuste e um teste qui-quadrado para a independência. Ao testar para verificar se uma distribuição mudou, não deixe a distribuição existente "perturbar" os resultados do estudo. Da mesma forma, ao determinar se duas variáveis são independentes, não deixe sua intuição "entrar no caminho". Como em qualquer teste de hipóteses, você deve reunir corretamente os dados apropriados e realizar o teste correspondente antes de chegar a uma conclusão lógica.

Interpretação incorreta da rejeição da hipótese nula É importante lembrar que, ao rejeitar a hipótese nula de um teste ANOVA, você está simplesmente estabelecendo que tem evidência suficiente para determinar que pelo menos uma das médias populacionais é diferente das demais. Você não está afirmando que todas são diferentes. Uma forma adicional de testar qual das médias populacionais difere das demais é explicada no Expandindo conceitos na seção de Exercícios 10.4.

EXERCÍCIOS

1. **Noções preconcebidas** A ANOVA depende de ter variáveis independentes. Descreva um abuso que pode ocorrer por ter variáveis dependentes. Então descreva como o abuso poderia ser evitado.
2. **Interpretação incorreta da rejeição da hipótese nula** Encontre um exemplo do uso da ANOVA. Neste uso, descreva o que significaria "rejeitar a hipótese nula". Como a rejeição da hipótese nula deveria ser corretamente interpretada?

10 Resumo do capítulo

O que você aprendeu	Exemplo(s)	Exercícios de revisão
Seção 10.1		
▶ Como usar a distribuição qui-quadrado para testar se uma distribuição esperada se ajusta a uma distribuição de frequência. $\chi^2 = \Sigma\frac{(O-E)^2}{E}$	2, 3	1–4
Seção 10.2		
▶ Como usar uma tabela de contingência para encontrar frequências esperadas. $E_{r,c} = \frac{(\text{Soma da linha } r)\cdot(\text{soma da coluna } c)}{\text{Tamanho da amostra}}$	1	5–8
▶ Como usar uma distribuição qui-quadrado para testar se duas variáveis são independentes.	2, 3	5–8
Seção 10.3		
▶ Como interpretar a distribuição F e usar uma tabela F para encontrar valores críticos.	1, 2	9–16
▶ Como realizar um teste-F com duas amostras para comparar duas variâncias.	3, 4	17–20
Seção 10.4		
▶ Como usar a análise de variância com um fator para testar afirmações envolvendo três ou mais médias.	1, 2	21, 22

Estratégias de estudo

Preparando-se para o Exame Final Para muitas das aulas da faculdade que você assiste, sua pontuação no exame final tem um grande impacto na sua nota no curso. Portanto, é importante estar o mais preparado possível para o exame final.

- Assim como estudar para qualquer outro teste, comece a estudar bem antes do exame final. Dependendo do seu nível de conforto com o material, você pode precisar começar a estudar até três semanas antes da prova final.
- *Não* tente memorizar tudo o que aprendeu no curso durante todo o semestre. Isso pode fazer com que alguns alunos entrem em pânico ou congelem em virtude da sobrecarga de informações durante o exame final. Em vez disso, para ajudá-lo a se concentrar em seus estudos, você pode perguntar ao seu professor qual assunto você deve esperar ver na prova.
- Certifique-se de estudar todo o material que estará no exame final. Inclua material que estará na final, mas ainda não foi abordado em aula.
- Você pode formar um grupo de estudo para o exame final. Como em qualquer outro grupo de estudo, *não* use o grupo para socialização excessiva. O grupo deve apresentar exemplos de problemas do exame final. Mostre ao professor seus problemas de estudo para garantir que o grupo esteja no caminho certo. Em seguida, trabalhem juntos para garantir que cada membro do grupo saiba como resolver esses problemas.
- Assim como na preparação para qualquer outro teste, tente ter uma boa noite de sono na noite anterior ao exame final. *Não* fique acordado a noite inteira estudando. Coma sensatamente antes da final.
- Certifique-se de *comparecer* ao exame final. A maioria dos professores atribui notas baixas aos alunos que não fazem a final, independentemente de sua nota antes da final.

10 Exercícios de revisão

Seção 10.1

Nos exercícios de 1 a 4, (a) identifique a distribuição esperada e formule H_0 e H_a, (b) determine o valor crítico e identifique a região de rejeição, (c) determine a estatística de teste qui-quadrado, (d) decida se rejeita ou não rejeita a hipótese nula e (e) interprete a decisão no contexto da afirmação original.

1. Um pesquisador afirma que a distribuição etária dos médicos dos Estados Unidos é diferente da distribuição mostrada no gráfico de pizza a seguir. Você seleciona aleatoriamente 400 médicos dos Estados Unidos e pergunta a idade deles. A tabela a seguir mostra os resultados. Considerando $\alpha = 0{,}01$, teste a afirmação do pesquisador. *(Adaptado de Medscape.)*

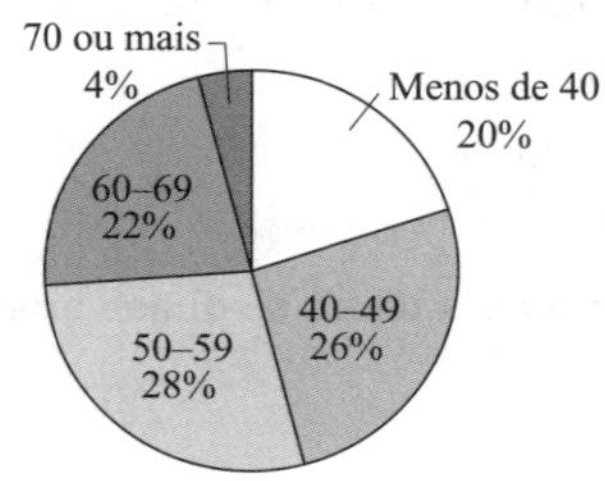

Resultados da pesquisa	
Idade	**Frequência, *f***
Menos de 40	100
40–49	85
50–59	125
60–69	70
70 ou mais	20

2. Um pesquisador afirma que a distribuição das quantias que os pais dão a seus filhos por semana como mesada é diferente da distribuição mostrada no gráfico de pizza. Você seleciona aleatoriamente 1.509 pais e pergunta a eles quanto eles dão a seus filhos por semana como mesada. A tabela mostra os resultados. Considerando $\alpha = 0{,}10$, teste a afirmação do pesquisador. *(Adaptado de T. Rowe Price.)*

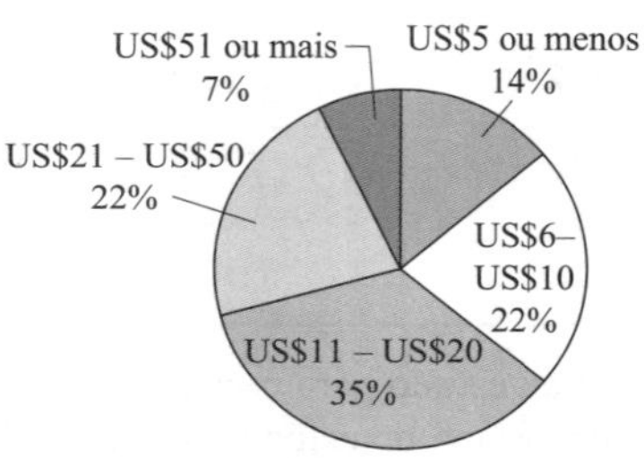

FIGURA PARA O EXERCÍCIO 2

Resultados da pesquisa	
Resposta	**Frequência, *f***
US$5 ou menos	220
US$6 – US$10	312
US$11 – US$20	539
US$21 – US$50	337
US$51 ou mais	101

3. Um site de esportes afirma que as opiniões dos jogadores de golfe sobre o que mais os irrita no campo de golfe estão distribuídas conforme mostrado no gráfico de pizza a seguir. Você seleciona aleatoriamente 1.018 jogadores de golfe e pergunta o que mais os irrita no campo de golfe. A tabela a seguir mostra os resultados. Considerando $\alpha = 0{,}05$, teste a afirmação do site de esportes. *(Adaptado de GOLF.com)*

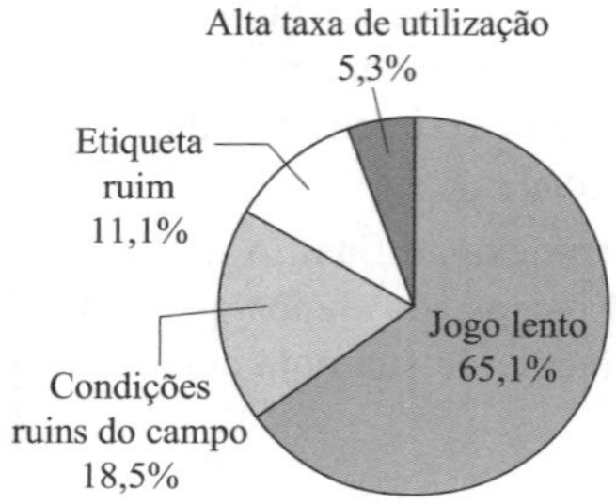

FIGURA PARA O EXERCÍCIO 3

Resultados da pesquisa	
Resposta	**Frequência, *f***
Slow play	646
Poor course conditions	201
Poor etiquette	126
High green fees	45

4. Um pesquisador em educação afirma que as cobranças de mensalidades, taxas, alojamento e alimentação em instituições de ensino superior de 4 anos são distribuídas uniformemente. Para testar essa afirmação, você seleciona aleatoriamente 800 instituições de ensino superior de 4 anos e determina as cobranças de mensalidades, taxas, alojamento e alimentação em cada uma. A tabela mostra os resultados. Considerando $\alpha = 0{,}05$, teste a afirmação do pesquisador educacional. *(Adaptado de National Center for Education Statistics.)*

Custo	Frequência, f
US\$17.000 – US\$19.499	138
US\$19.500 – US\$21.999	154
US\$22.000 – US\$24.499	246
US\$24.500 – US\$26.999	169
US\$27.000 ou mais	93

Seção 10.2

Nos exercícios de 5 a 8, (a) encontre a frequência esperada para cada célula na tabela de contingência, (b) identifique a afirmação e formule H_0 e H_a, (c) determine os graus de liberdade, determine o valor crítico e identifique a região de rejeição, (d) calcule a estatística de teste qui-quadrado, (e) decida se rejeita ou não rejeita a hipótese nula e (f) interprete a decisão no contexto da afirmação original.

5. A tabela de contingência a seguir mostra os resultados de uma amostra aleatória de professores de escolas públicas do ensino fundamental e médio, e os anos de experiência de ensino em tempo integral. Considerando $\alpha = 0{,}01$, você pode concluir que o nível de instrução está relacionado aos anos de experiência de ensino em tempo integral? *(Adaptado de U.S. National Center for Education Statistics.)*

	Anos de experiência de ensino em tempo integral			
Nível de instrução	**Menos de 3 anos**	**3-9 anos**	**10-20 anos**	**20 anos ou mais**
Fundamental	99	307	410	235
Médio	211	670	1001	567

6. A tabela de contingência a seguir mostra os resultados de uma amostra aleatória de indivíduos, por geração e tipo de veículo que possui. Considerando $\alpha = 0{,}01$, você pode concluir que a geração está relacionada ao tipo de veículo que a pessoa possui?

	Tipo de veículo			
Geração	**Carro**	**Caminhonete**	**SUV**	**Van**
Geração X (41 a 56 anos)	85	95	44	8
Millennial (25 a 40 anos)	110	73	61	4

7. A tabela de contingência a seguir mostra os resultados de uma amostra aleatória de espécies em perigo e ameaçadas, por condição e grupo vertebrado. Considerando $\alpha = 0{,}05$, teste a hipótese de que as variáveis são independentes. *(Adaptado de U.S. Fish and Wildlife Service.)*

	Grupo vertebrado				
Condição	**Mamíferos**	**Aves**	**Répteis**	**Anfíbios**	**Peixes**
Em perigo	148	132	39	14	55
Ameaçadas	23	20	24	8	38

8. A tabela de contingência a seguir mostra a distribuição de uma amostra aleatória de colisões fatais de veículos a motor contra pedestres e ciclistas, por hora do dia, em um ano recente. Considerando $\alpha = 0{,}10$, você pode concluir que o tipo de vítima da colisão e a hora do dia estão relacionados? *(Adaptado de National Highway Traffic Safety Administration.)*

	Hora do dia			
Gênero	**0:00-5:59**	**6:00-11:59**	**12:00-17:59**	**18:00-23:59**
Pedestre	924	581	617	2054
Ciclista	72	124	145	213

Nos exercícios de 9 a 12, determine o valor crítico F para um teste unilateral à direita usando o nível de significância α e os graus de liberdade $g.l._N$ e $g.l._D$.

9. $\alpha = 0{,}05$; $g.l._N = 6$; $g.l._D = 50$

10. $\alpha = 0{,}01$; $g.l._N = 12$; $g.l._D = 10$

11. $\alpha = 0{,}10$; $g.l._N = 5$; $g.l._D = 12$

12. $\alpha = 0{,}05$; $g.l._N = 20$; $g.l._D = 25$

Nos exercícios de 13 a 16, encontre o valor crítico F para um teste bilateral usando o nível de significância α e os graus de liberdade $g.l._N$ e $g.l._D$.

13. $\alpha = 0{,}10$; $g.l._N = 15$; $g.l._D = 27$

14. $\alpha = 0{,}05$; $g.l._N = 9$; $g.l._D = 8$

14. $\alpha = 0{,}01$; $g.l._N = 40$; $g.l._D = 60$

16. $\alpha = 0{,}01$; $g.l._N = 11$; $g.l._D = 13$

Nos exercícios de 17 a 20, (a) identifique a afirmação e formule H_0 e H_a, (b) determine o valor crítico e identifique a região de rejeição, (c) calcule a estatística de teste F, (d) decida se rejeita ou não rejeita a hipótese nula e (e) interprete a decisão no contexto da afirmação original. Suponha que as amostras são aleatórias e independentes e as populações normalmente distribuídas.

17. Um consultor de viagem afirma que os desvios padrão das diárias de hotel para Sacramento e São Francisco, na Califórnia, são as mesmas. Uma amostra de 36 diárias em Sacramento tem desvio padrão de US\$ 51 e uma amostra de 31 diárias em São Francisco tem desvio padrão de US\$ 37. Considerando $\alpha = 0{,}01$, você pode rejeitar a afirmação do consultor de viagem? *(Adaptado de Expedia.)*

18. Um analista agrícola está comparando a produção de trigo em condados de Oklahoma. O analista afirma que a variação na produção de trigo é maior no condado de Garfield que no condado de Kay. Uma amostra de 21 fazendas do condado de Garfield tem desvio padrão de 0,76 alqueires por acre. Uma amostra de 16 fazendas do condado de Kay, tem desvio padrão de 0,58 alqueires por acre. Considerando $\alpha = 0{,}10$, você pode suportar a afirmação do analista? *(Adaptado de Environmental Verification and Analysis Center – University of Oklahoma.)*

19. Um instrutor afirma que a variância das pontuações de redação do SAT é diferente da variância das pontuações de matemática. A tabela mostra as pontuações do SAT na prova de redação, para 12 alunos selecionados aleatoriamente, e na prova de matemática, para 12 alunos selecionados aleatoriamente. Considerando $\alpha = 0{,}01$, você pode apoiar a afirmação do instrutor?

Redação		**Matemática**	
480	600	560	310
610	800	680	730
340	540	360	740
630	750	530	520
520	650	380	560
690	630	460	400

20. Um técnico de qualidade afirma que a variância dos diâmetros de inserção produzidos pelo novo molde de injeção para inserção de painel de automóvel é menor que a variância dos diâmetros de inserção produzidos pelo molde atual. A tabela a seguir mostra amostras de diâmetros de inserção (em centímetros) para os moldes novos e atuais. Considerando $\alpha = 0{,}05$, você pode suportar a afirmação do técnico?

Novo	9,611	9,618	9,594	9,580	9,611	9,597
Atual	9,571	9,642	9,650	9,651	9,596	9,636

Novo	9,638	9,568	9,605	9,603	9,647	9,590
Atual	9,570	9,537	9,641	9,625	9,626	9,579

Seção 10.4

Nos exercícios 21 e 22, (a) identifique a afirmação e formule H_0 e H_a, (b) determine o valor crítico e identifique a região de rejeição, (c) calcule a estatística de teste F, (d) decida se rejeita ou não rejeita a hipótese nula e (e) interprete a decisão no contexto da afirmação original. Suponha que as amostras são aleatórias e independentes, as populações normalmente distribuídas e as variâncias populacionais são iguais.

21. A tabela a seguir mostra as contas mensais de energia elétrica (em dólares) para uma amostra de domicílios de quatro regiões dos Estados Unidos. Considerando $\alpha = 0{,}10$, você pode concluir que a conta média mensal de energia é diferente em pelo menos uma das regiões? *(Adaptado de U.S. Energy Information Administration.)*

Nordeste	Centro-oeste	Sul	Oeste
150,71	92,37	119,16	83,07
100,53	100,23	97,62	95,43
125,89	108,15	131,84	106,83
120,04	95,52	127,92	80,04
121,62	113,26	144,73	75,63
97,18	99,02	150,45	101,92
105,07	117,82	109,46	127,29
115,47	120,60	134,07	168,21
103,60	120,74	113,93	95,83

22. A tabela a seguir mostra os rendimentos anuais (em dólares) para uma amostra de famílias de quatro regiões dos Estados Unidos. Considerando $\alpha = 0{,}05$, você pode concluir que o rendimento médio anual das famílias é diferente em pelo menos uma das regiões? *(Adaptado de U.S. Census Bureau.)*

Nordeste	Centro-oeste	Sul	Oeste
78.123	63.930	62.623	79.496
71.388	73.543	64.182	77.904
81.251	71.602	59.668	74.113
74.379	65.357	59.373	72.191
75.210	62.907	61.536	75.668
	70.119	63.073	76.415
	66.833		

10 Problemas

Faça estes problemas como se estivesse fazendo em sala. Em seguida, compare suas respostas com as respostas dadas no final do livro.

Em cada exercício:

(a) identifique a afirmação e formule H_0 e H_a,

(b) determine o valor crítico e identifique a região de rejeição

(c) calcule a estatística de teste

(d) decida se rejeita ou não rejeita a hipótese nula, e

(e) interprete a decisão no contexto da afirmação original

Nos exercícios 1 e 2, use a tabela a seguir, que lista a distribuição do grau de instrução para pessoas nos Estados Unidos com 25 anos ou mais. Ela também apresenta os resultados de uma pesquisa aleatória para duas faixas etárias adicionais. (Adaptado de U.S. Census Bureau.)

	Idade		
Grau de instrução	**25 ou mais**	**30-34**	**65-69**
Nenhum – 8º ano	3,5%	10	23
9º - 11º ano	5,5%	23	26
Ensino médio completo	27,6%	80	136
Superior incompleto	15,2%	56	77
Tecnólogo	10,6%	34	41
Bacharel	23,4%	75	78
Mestrado	10,6%	31	41
Doutorado	3,6%	11	18

1. A distribuição para as pessoas nos Estados Unidos com 25 anos ou mais difere da distribuição para as pessoas nos Estados Unidos que têm entre 30 e 34 anos? Considere $\alpha = 0{,}05$.

2. Use os dados para as pessoas com idade de 30 a 34 anos e de 65 a 69 anos para testar se a idade e o grau de instrução são relacionados. Considere $\alpha = 0{,}01$.

Nos exercícios 3 e 4, use os dados a seguir, que listam o salário anual (em milhares de dólares) de indivíduos selecionados aleatoriamente de três regiões metropolitanas. Suponha que os salários são normalmente distribuídos e que as amostras são independentes. (Adaptado de U.S. Bureau of Economic Analysis.)

Ithaca, NY: 53,0 60,3 34,6 37,1 46,6 46,8 41,4 50,6 50,8 49,4 35,0 36,7 57,1

Little Rock, AR: 50,7 43,7 53,4 40,0 45,2 52,7 35,2 60,4 40,0 45,9 45,7 47,3 46,5 44,5 31,5

Madison, WI: 62,4 53,9 67,6 52,9 67,7 50,7 62,1 58,9 61,1 65,0 60,4 59,6 51,3 44,8 66,2

3. Considerando $\alpha = 0{,}01$, há evidência suficiente para concluir que as variâncias do salário anual para Ithaca, NY, e Little Rock, AR, são diferentes?

4. Os salários médios anuais são os mesmos para todas as três cidades? Considere $\alpha = 0{,}10$. Suponha que as variâncias populacionais são iguais.

10 Teste do capítulo

Faça este teste como se estivesse fazendo uma prova em sala.

Em cada exercício:

(a) identifique a afirmação e formule H_0 e H_a,

(b) determine o valor crítico e identifique a região de rejeição

(c) calcule a estatística de teste

(d) decida se rejeita ou não rejeita a hipótese nula, e

(e) interprete a decisão no contexto da afirmação original

Nos exercícios 1 a 3, use os dados a seguir, que listam o salário por hora (em dólares) de técnicos cirúrgicos selecionados aleatoriamente de três estados. Suponha que os salários são normalmente distribuídos e que as amostras são independentes. (Adaptado de U.S. Bureau of Labor Statistics.)

Maine: 22,76 27,60 25,08 17,01 30,15 27,09 20,95 25,52 20,11 23,67 24,32

Oklahoma: 24,64 21,66 19,38 18,19 23,14 20,58 19,53 30,77 27,46 23,80

Massachusetts: 27,07 24,71 32,80 28,34 33,45 33,36 36,81 30,04 29,01 24,30 29,22 29,50

1. Considerando $\alpha = 0{,}05$, há evidência suficiente para concluir que as variâncias dos salários por hora de técnicos cirúrgicos em Maine e Massachusetts são as mesmas?
2. Considerando $\alpha = 0{,}01$, há evidência suficiente para concluir que a variância dos salários por hora de técnicos cirúrgicos em Oklahoma é maior que a variância dos salários por hora de técnicos cirúrgicos em Massachusetts?
3. Os salários médios por hora de técnicos cirúrgicos são os mesmos para todos os três estados? Considere $\alpha = 0{,}01$. Suponha que as variâncias populacionais são iguais.

Nos exercícios de 4 a 6, use a tabela a seguir, que lista a distribuição das idades dos trabalhadores que participam de carona solidária em Maine. Ela também apresenta os resultados de uma pesquisa aleatória para dois estados adicionais. (Adaptado de U.S. Census Bureau.)

	Estado		
Idades	**Maine**	**Oklahoma**	**Massachusetts**
16–19	7,1%	12	16
20–24	11,6%	25	21
25–44	43,1%	95	86
45–54	19,6%	36	37
55–59	7,8%	15	15
60+	10,8%	17	25

4. A distribuição das idades dos trabalhadores que participam de carona solidária em Maine difere da distribuição das idades dos trabalhadores que participam de carona solidária em Oklahoma? Considere $\alpha = 0{,}10$.
5. A distribuição das idades dos trabalhadores que participam de carona solidária em Maine é a mesma que a distribuição das idades dos trabalhadores que participam de carona solidária em Massachusetts? Considere $\alpha = 0{,}01$.
6. Use os dados de Oklahoma e Massachusetts para testar se o estado e a idade são independentes. Considere $\alpha = 0{,}05$.

ESTATÍSTICA REAL DECISÕES REAIS

Decisões reais: juntando tudo

O site Fraud.org foi criado pela Liga Nacional dos Consumidores (NCL, na sigla em inglês) para combater o crescente problema de telemarketing e fraudes na internet, melhorando a prevenção e o cumprimento da lei. A NCL trabalha para proteger e promover a justiça social e econômica para os consumidores e trabalhadores nos Estados Unidos e no exterior.

Você trabalha para a NCL como analista de estatística. Você está estudando os dados sobre fraude. Parte de sua análise envolve testar a qualidade do ajuste, testar a independência, comparar variâncias e realizar o teste ANOVA.

EXERCÍCIOS

1. ***Qualidade do ajuste***
   A Tabela 10.31 mostra uma distribuição esperada das idades de vítimas de fraude. Ela também mostra os resultados de um levantamento de 1.000 vítimas de fraude selecionadas aleatoriamente. Considerando $\alpha = 0{,}01$, realize um teste qui-quadrado para a qualidade do ajuste. O que você pode concluir?

2. ***Independência***
   A Tabela 10.32 de contingência mostra os resultados de uma amostra aleatória de 2.000 vítimas de fraude classificadas por idade e tipo de fraude. As fraudes foram cometidas usando falsos prêmios de corridas de cavalo ou ofertas de cartão de crédito.
   (a) Calcule a frequência esperada para cada célula na tabela de contingência. Suponha que as variáveis *idade e tipo de fraude* são independentes.
   (b) Você pode concluir que as idades das vítimas estão relacionadas ao tipo de fraude? Considere $\alpha = 0{,}01$

Tabela 10.31

Idade	Distribuição Esperada	Resultados do Levantamento
Abaixo de 18	0,71%	8
18–25	13,39%	148
26–35	15,54%	166
36–45	16,38%	185
46–55	14,00%	131
56–65	15,94%	153
Acima de 65	24,05%	209

Tabela 10.32

Tipo de Fraude	Age								
	Abaixo de 20	20–29	30–39	40–49	50–59	60–69	70-79	80+	Total
Corrida de cavalo	10	60	70	130	90	160	280	200	1000
Cartão de crédito	20	180	260	240	180	70	30	20	1000
Total	30	240	330	370	270	230	310	220	2000

TECNOLOGIA

MINITAB | EXCEL | TI-84 PLUS

Salários de professores

O conselho de educação do estado de Illinois conduz um estudo anual dos salários dos professores. O estudo pesquisa como os salários dos professores estão distribuídos baseado em fatores como titulação e nível de experiência, tamanho do bairro e região geográfica.

A Tabela 10.33 mostra os salários iniciais de uma amostra aleatória de professores de Illinois de bairros de diferentes tamanhos. O tamanho do bairro é medido pelo número de alunos matriculados.

Tabela 10.33

Salário dos professores		
Menos de 500 alunos	**1.000-2.999 alunos**	**No mínimo 12.000 alunos**
37.289	43.127	38.965
32.736	45.579	48.507
44.076	44.279	44.030
41.087	46.085	43.133
36.832	46.361	41.603
32.227	43.888	39.167
41.283	40.321	51.005
40.305	50.452	49.616
36.430	35.945	44.521
43.375	37.150	46.552
39.029	46.405	43.000
33.561	35.348	47.186
34.472	40.459	45.000

EXERCÍCIOS

Nos exercícios 1 a 3, considere as amostras listadas abaixo. Use $\alpha = 0,05$.

(a) Menos de 500 alunos.

(b) De 1.000 a 2.999 alunos.

(c) No mínimo 12.000 alunos.

1. As amostras são independentes entre si? Explique.
2. Use a tecnologia para determinar se cada amostra é de uma população normal ou aproximadamente normal.
3. Use a tecnologia para determinar se as amostras foram selecionadas de populações com variâncias iguais.
4. Usando os resultados dos exercícios 1 a 3, discuta se as três condições para um teste ANOVA com um fator são satisfeitas. Caso afirmativo, use a tecnologia para testar a afirmação de que professores de bairros dos três tamanhos têm o mesmo salário médio. Considere $\alpha = 0,05$.
5. Repita os exercícios de 1 a 4 usando os dados da Tabela 10.34. Ela mostra os salários iniciais de uma amostra aleatória de professores de Illinois, de diferentes filiações sindicais.

Tabela 10.34

Salários dos professores		
IEA-NEA*	**IFT-AFT****	**Nenhum/outro**
52.866	35.122	42.000
60.708	37.989	33.083
34.452	28.915	40.722
40.357	45.422	39.907
49.828	40.459	36.400
48.715	35.697	34.681
37.920	37.880	50.500
33.561	48.095	35.034
39.404	41.805	35.692
32.951	40.626	36.703
40.525	39.690	33.833
40.606	35.276	42.000
39.521	39.454	34.750

N. do T.: IEA-NEA Illinois Education Association (Associação de Educação de Illinois)
N. do T.: IFT-AFT Illinois Federation of Teachers (Federação de Professores de Illinois)

CAPÍTULOS 9 E 10
REVISÃO ACUMULADA

1. A tabela a seguir mostra os tempos (em segundos) dos vencedores das corridas de 100 metros para homens e mulheres nas Olimpíadas de Verão, de 1932 a 2020. *(Fonte: Olympic Channel Services.)*

Homens, x	10,30	10,30	10,30	10,40	10,50	10,20	10,00
Mulheres, y	11,90	11,50	11,90	11,50	11,50	11,00	11,40

Homens, x	9,90	10,14	10,06	10,25	9,99	9,92	9,96
Mulheres, y	11,00	11,07	11,08	11,06	10,97	10,54	10,82

Homens, x	9,84	9,87	9,85	9,69	9,63	9,81	9,80
Mulheres, y	10,94	11,12	10,93	10,78	10,75	10,71	10,61

(a) Mostre os dados em um diagrama de dispersão, calcule o coeficiente de correlação r e descreva o tipo de correlação.

(b) Considerando $\alpha = 0{,}05$, há evidência suficiente para concluir que existe uma correlação linear significante entre os tempos dos vencedores das corridas de 100 metros para homens e mulheres.

(c) Calcule a equação da reta de regressão para os dados. Desenhe a reta de regressão no diagrama de dispersão.

(d) Use a equação de regressão para predizer o tempo nos 100 metros das mulheres, quando o tempo nos 100 metros dos homens é 9,90 segundos.

2. A tabela a seguir mostra as despesas residenciais (em dólares) com gás natural em um ano, para uma amostra aleatória de domicílios em quatro regiões dos Estados Unidos. Suponha que as populações são normalmente distribuídas e as variâncias populacionais são iguais. Considerando $\alpha = 0{,}10$, você pode rejeitar a afirmação de que as despesas médias são as mesmas para todas as quatro regiões? *(Adaptado de U.S. Energy Information Adminsitration.)*

Nordeste	Centro-oeste	Sul	Oeste
1091	318	403	499
529	734	312	425
654	471	609	853
884	859	597	391
775	652	738	229
1150	987	455	273
533	656	417	435
528	614	868	505

3. A equação utilizada para predizer a produção anual de batata-doce (em libras por acre) é $\hat{y} = 17.106 - 0{,}318x_1 + 0{,}303x_2$, onde x_1 é o número de acres plantados e x_2 é o número de acres colhidos. Use a equação de regressão múltipla para predizer as produções anuais de batata-doce para os valores das variáveis independentes. *(Adaptado de U.S. Department of Agriculture.)*

(a) $x_1 = 110.000$; $x_2 = 100.000$ **(b)** $x_1 = 125.000$; $x_2 = 115.000$

4. O administrador de uma escola afirma que os desvios padrão das notas de teste de leitura para alunos do oitavo ano são os mesmos em Illinois e na Georgia. Uma amostra aleatória de 16 notas do teste de Illinois tem desvio padrão de 33,1 pontos, e uma amostra aleatória de 15 notas do teste da Georgia tem desvio padrão de 31,8 pontos. Considerando $\alpha = 0,10$, você pode rejeitar a afirmação do administrador? Suponha que as amostras são independentes e cada população tem uma distribuição normal. *(Adaptado de National Center for Education Statistics.)*

5. Um pesquisador afirma que a forma como as famílias pagam a faculdade é distribuída conforme mostrado no gráfico de pizza a seguir. Você seleciona aleatoriamente 900 famílias e registra como cada uma paga pela faculdade. A tabela a seguir mostra os resultados, em que f é a frequência de cada resposta. Considerando α 0,05, teste a afirmação do pesquisador. *(Adaptado de Sallie Mae, Inc.)*

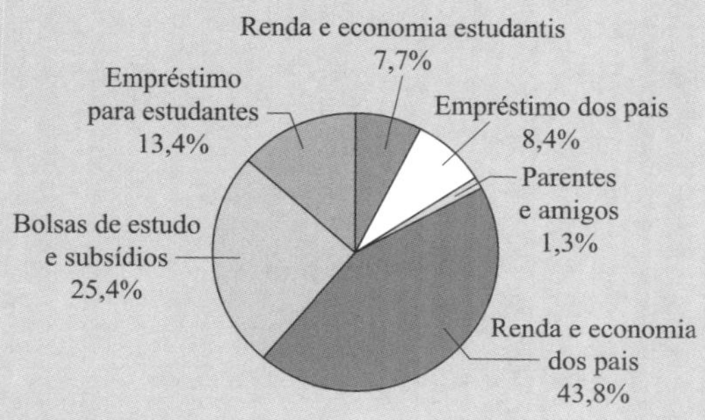

Resultados da pesquisa	
Resposta	f
Renda e economia dos pais	393
Bolsas de estudo e subsídios	222
Empréstimo para estudantes	120
Renda e economia estudantis	85
Empréstimo dos pais	66
Parentes e amigos	14

6. **Avaliando um filme** A tabela de contingência a seguir mostra como uma amostra aleatória de adultos, por geração, avaliou um filme recém-lançado. Considerando α = 0,05, você pode concluir que as avaliações dos adultos estão relacionadas à geração?

	Avaliação			
Gênero	**Excelente**	**Bom**	**Razoável**	**Ruim**
Geração X (41 a 56 anos)	97	42	26	5
Millennial (25 a 40 anos)	101	33	25	11

7. A Figura a seguir mostra os ossos do metacarpo na mão humana. A tabela a seguir mostra os primeiros comprimentos do osso do metacarpo (em milímetros) e as alturas (em centímetros) de 12 adultos. A equação da reta de regressão é $\hat{y} = 1,746x + 92,536$. *(Adaptado de the American Journal of Physical Anthropology.)*

Comprimento do Osso do metacarpo, x	45	51	39	41	47	48
Altura, y	171	178	157	163	172	183

Comprimento do Osso do metacarpo, x	45	51	39	41	47	48
Comprimento do Osso do metacarpo, x	171	178	157	163	172	183

(a) Determine o coeficiente de determinação r^2 e interprete os resultados.

(b) Determine o erro padrão da estimativa s_e e interprete os resultados.

(c) Construa um intervalo de predição de 95% para a altura de um adulto cujo comprimento do primeiro osso do metacarpo é 50 milímetros. Interprete os resultados.

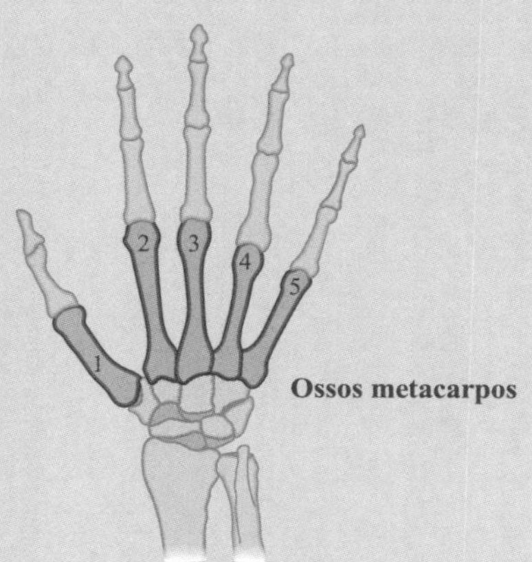

FIGURA PARA O EXERCÍCIO 7

APÊNDICE A

Neste apêndice, usamos uma tabela de 0 a z como um desenvolvimento alternativo da distribuição normal padrão. A ideia é que este apêndice seja usado depois de completar a subseção "Propriedades de uma distribuição normal", Seção 5.1 deste livro. Se usado, este apêndice pode substituir o material da subseção "Distribuição normal padrão", da Seção 5.1, exceto pelos exercícios.

Distribuição Normal Padrão (0 a z)

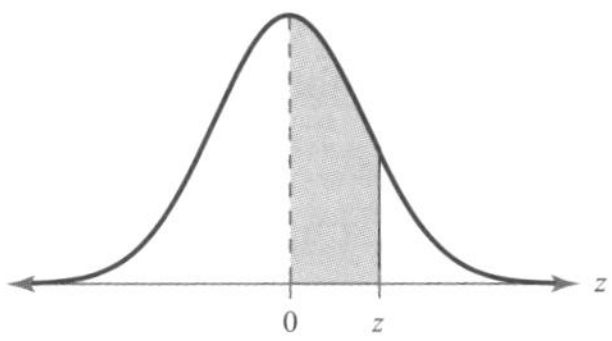

Figura A.1

Tabela A.1

z	0,00	0,01	0,02	0,03	0,04	0,05	0,06	0,07	0,08	0,09
0,0	0,0000	0,0040	0,0080	0,0120	0,0160	0,0199	0,0239	0,0279	0,0319	0,0359
0,1	0,0398	0,0438	0,0478	0,0517	0,0557	0,0596	0,0636	0,0675	0,0714	0,0753
0,2	0,0793	0,0832	0,0871	0,0910	0,0948	0,0987	0,1026	0,1064	0,1103	0,1141
0,3	0,1179	0,1217	0,1255	0,1293	0,1331	0,1368	0,1406	0,1443	0,1480	0,1517
0,4	0,1554	0,1591	0,1628	0,1664	0,1700	0,1736	0,1772	0,1808	0,1844	0,1879
0,5	0,1915	0,1950	0,1985	0,2019	0,2054	0,2088	0,2123	0,2157	0,2190	0,2224
0,6	0,2257	0,2291	0,2324	0,2357	0,2389	0,2422	0,2454	0,2486	0,2517	0,2549
0,7	0,2580	0,2611	0,2642	0,2673	0,2704	0,2734	0,2764	0,2794	0,2823	0,2852
0,8	0,2881	0,2910	0,2939	0,2967	0,2995	0,3023	0,3051	0,3078	0,3106	0,3133
0,9	0,3159	0,3186	0,3212	0,3238	0,3264	0,3289	0,3315	0,3340	0,3365	0,3389
1,0	0,3413	0,3438	0,3461	0,3485	0,3508	0,3531	0,3554	0,3577	0,3599	0,3621
1,1	0,3643	0,3665	0,3686	0,3708	0,3729	0,3749	0,3770	0,3790	0,3810	0,3830
1,2	0,3849	0,3869	0,3888	0,3907	0,3925	0,3944	0,3962	0,3980	0,3997	0,4015
1,3	0,4032	0,4049	0,4066	0,4082	0,4099	0,4115	0,4131	0,4147	0,4162	0,4177
1,4	0,4192	0,4207	0,4222	0,4236	0,4251	0,4265	0,4279	0,4292	0,4306	0,4319
1,5	0,4332	0,4345	0,4357	0,4370	0,4382	0,4394	0,4406	0,4418	0,4429	0,4441
1,6	0,4452	0,4463	0,4474	0,4484	0,4495	0,4505	0,4515	0,4525	0,4535	0,4545
1,7	0,4554	0,4564	0,4573	0,4582	0,4591	0,4599	0,4608	0,4616	0,4625	0,4633
1,8	0,4641	0,4649	0,4656	0,4664	0,4671	0,4678	0,4686	0,4693	0,4699	0,4706
1,9	0,4713	0,4719	0,4726	0,4732	0,4738	0,4744	0,4750	0,4756	0,4761	0,4767
2,0	0,4772	0,4778	0,4783	0,4788	0,4793	0,4798	0,4803	0,4808	0,4812	0,4817
2,1	0,4821	0,4826	0,4830	0,4834	0,4838	0,4842	0,4846	0,4850	0,4854	0,4857
2,2	0,4861	0,4864	0,4868	0,4871	0,4875	0,4878	0,4881	0,4884	0,4887	0,4890
2,3	0,4893	0,4896	0,4898	0,4901	0,4904	0,4906	0,4909	0,4911	0,4913	0,4916
2,4	0,4918	0,4920	0,4922	0,4925	0,4927	0,4929	0,4931	0,4932	0,4934	0,4936
2,5	0,4938	0,4940	0,4941	0,4943	0,4945	0,4946	0,4948	0,4949	0,4951	0,4952
2,6	0,4953	0,4955	0,4956	0,4957	0,4959	0,4960	0,4961	0,4962	0,4963	0,4964
2,7	0,4965	0,4966	0,4967	0,4968	0,4969	0,4970	0,4971	0,4972	0,4973	0,4974
2,8	0,4974	0,4975	0,4976	0,4977	0,4977	0,4978	0,4979	0,4979	0,4980	0,4981
2,9	0,4981	0,4982	0,4982	0,4983	0,4984	0,4984	0,4985	0,4985	0,4986	0,4986
3,0	0,4987	0,4987	0,4987	0,4988	0,4988	0,4989	0,4989	0,4989	0,4990	0,4990
3,1	0,4990	0,4991	0,4991	0,4991	0,4992	0,4992	0,4992	0,4992	0,4993	0,4993
3,2	0,4993	0,4993	0,4994	0,4994	0,4994	0,4994	0,4994	0,4995	0,4995	0,4995
3,3	0,4995	0,4995	0,4995	0,4996	0,4996	0,4996	0,4996	0,4996	0,4996	0,4997
3,4	0,4997	0,4997	0,4997	0,4997	0,4997	0,4997	0,4997	0,4997	0,4997	0,4998

A A apresentação alternativa da distribuição normal padrão

O que você deve aprender

- Como encontrar áreas sob a curva normal padrão.

A distribuição normal padrão

Há uma infinidade de distribuições normais, cada uma com sua média e desvio padrão. A distribuição normal com média 0 e desvio padrão 1 é chamada de **distribuição normal padrão**. A escala horizontal do gráfico da distribuição normal padrão corresponde a escores z. Na Seção 2.5, você aprendeu que um escore z é uma medida de posição que indica o número de desvios padrão que um valor dista da média. Lembre-se que você pode transformar um valor x em um escore z usando a fórmula:

$$z = \frac{\text{Valor} - \text{Média}}{\text{Desvio padrão}} = \frac{x - \mu}{\sigma}.$$ Arredondar para o centésimo mais próximo

Dica de estudo

Como toda distribuição normal poder ser transformada em uma distribuição normal padrão, você pode usar escores z e a curva normal padrão para encontrar áreas (e, portanto, probabilidades) sob qualquer curva normal.

DEFINIÇÃO

A **distribuição normal padrão** é uma distribuição normal com média 0 e desvio padrão 1. A área total sob sua curva normal é 1.

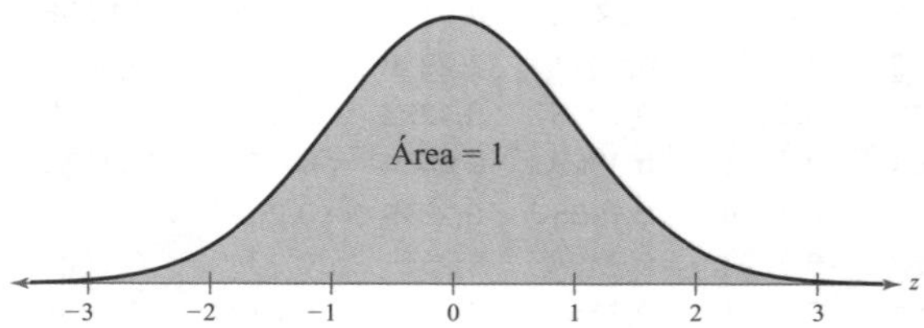

Distribuição Normal Padrão

Figura A.2

Quando cada valor de uma variável aleatória normalmente distribuída x é transformado em um escore z, o resultado será a distribuição normal padrão. Após essa transformação ocorrer, a área relativa a algum intervalo sob a curva normal não padrão é a *mesma* que aquela sob a curva normal padrão dentro dos limites z correspondentes.

Na Seção 2.4, você aprendeu a usar a Regra Empírica para aproximar áreas sob a curva normal quando os valores da variável aleatória x correspondiam a –3, –2, –1, 0, 1, 2 ou 3 desvios padrão a partir da média. Agora, você vai aprender a calcular áreas correspondentes a outros valores de x. Após usar a fórmula apresentada para transformar um valor x em um escore z, você pode usar a Tabela Normal Padrão (0 a z) na página A1. A tabela lista a área sob a curva normal padrão entre 0 e o escore z dado. Conforme você examina a tabela, note o seguinte.

Dica de estudo

É importante saber a diferença entre x e z. A variável aleatória x é às vezes chamada de escore bruto, e representa valores em uma distribuição normal não padrão, enquanto z representa valores na distribuição normal padrão.

Propriedades da distribuição normal padrão

1. A distribuição é simétrica em torno da média ($z = 0$).
2. A área sob a curva normal padrão à esquerda de $z = 0$ é 0,5 e a área à direita de $z = 0$ é 0,5.
3. A área sob a curva normal padrão aumenta à medida que a distância entre 0 e z aumenta.

À primeira vista, a Tabela A.1 parece fornecer áreas somente para escores z positivos. Contudo, pela simetria da curva normal padrão, a tabela também fornece áreas para escores z negativos (veja o Exemplo 1).

EXEMPLO 1

Usando a tabela normal padrão (0 a z)

1. Encontre a área sob a curva normal padrão entre $z = 0$ e $z = 1{,}15$.
2. Encontre os escores z que correspondem à área de 0,0948.

SOLUÇÃO

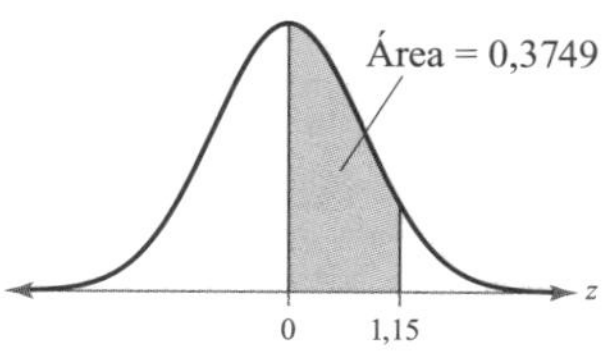

Figura A.3

1. Encontre a área correspondente a $z = 1{,}15$, localizando 1,1 na coluna da esquerda e depois movendo-se pela linha até a coluna sob 0,05 (veja a Tabela A.2). O número naquela linha e coluna é 0,3749. Então, a área entre $z = 0$ e $z = 1{,}15$ é 0,3749, conforme mostrado na Figura A.3.

Tabela A.2

z	0,00	0,01	0,02	0,03	0,04	0,05	0,06
0,0	0,0000	0,0040	0,0080	0,0120	0,0160	0,0199	0,0239
0,1	0,0398	0,0438	0,0478	0,0517	0,0557	0,0596	0,0636
0,2	0,0793	0,0832	0,0871	0,0910	0,0948	0,0987	0,1026
0,3	0,1179	0,1217	0,1255	0,1293	0,1331	0,1368	0,1406
0,9	0,3159	0,3186	0,3212	0,3238	0,3264	0,3289	0,3315
1,0	0,3413	0,3438	0,3461	0,3485	0,3508	0,3531	0,3554
1,1	0,3643	0,3665	0,3686	0,3708	0,3729	0,3749	0,3770
1,2	0,3849	0,3869	0,3888	0,3907	0,3925	0,3944	0,3962
1,3	0,4032	0,4049	0,4066	0,4082	0,4099	0,4115	0,4131
1,4	0,4192	0,4207	0,4222	0,4236	0,4251	0,4265	0,4279

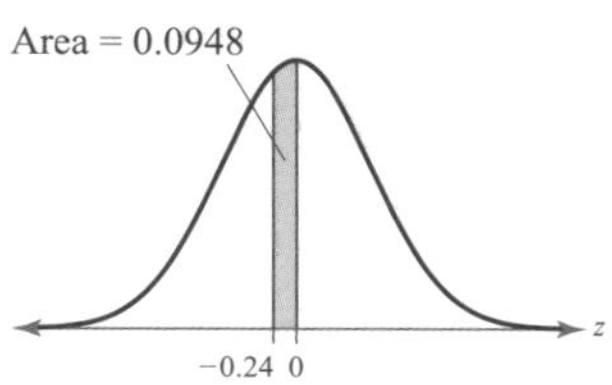

Figura A.4

2. Encontre os escores z correspondentes a uma área de 0,0948 localizando esse número (veja a Tabela A.3). Os valores no começo da linha e no topo da coluna correspondentes fornecem o escore z. Para uma área de 0,0948, o valor da linha é 0,2 e o valor da coluna é 0,04. Então, os escores z são $z = -0{,}24$ e $z = 0{,}24$, conforme mostrado nas Figuras A.4 e A.5.

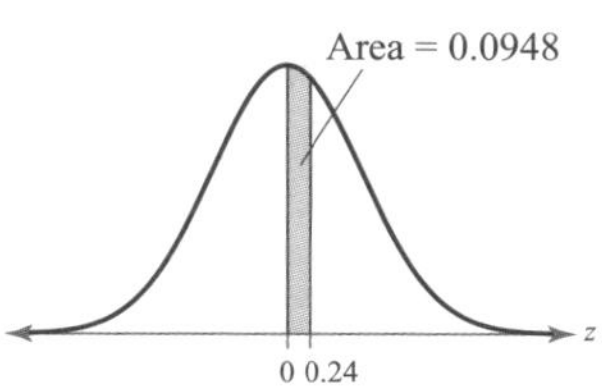

Figura A.5

Tabela A.3

z	0,00	0,01	0,02	0,03	0,04	0,05	0,06
0,0	0,0000	0,0040	0,0080	0,0120	0,0160	0,0199	0,0239
0,1	0,0398	0,0438	0,0478	0,0517	0,0557	0,0596	0,0636
0,2	0,0793	0,0832	0,0871	0,0910	0,0948	0,0987	0,1026
0,3	0,1179	0,1217	0,1255	0,1293	0,1331	0,1368	0,1406
0,4	0,1554	0,1591	0,1628	0,1664	0,1700	0,1736	0,1772
0,5	0,1915	0,1950	0,1985	0,2019	0,2054	0,2088	0,2123

TENTE VOCÊ MESMO 1

1. Encontre a área sob a curva normal padrão entre $z = 0$ e $z = 2{,}19$.
2. Encontre os escores z que correspondem a uma área de 0,4850.

TI-84 PLUS

```
normalcdf(0,1.15)
                    0.3749280109
```

Figura A.6

Quando o escore z não estiver na tabela, use o registro mais próxima dele. Quando o escore z estiver exatamente entre dois escores z, use como área a média entre as áreas correspondentes. Além de usar a tabela, você pode usar a tecnologia para encontrar a área sob a curva normal padrão que corresponde a um escore z, conforme mostrado na Figura A.6, usando a TI-84 Plus para a Parte 1 do Exemplo 1.

Você pode usar as instruções a seguir para encontrar diversos tipos de áreas sob a curva normal padrão

INSTRUÇÕES

Encontrando áreas sob a curva normal padrão

1. Esboce a curva normal padrão e sombreie a área apropriada sob a curva.
2. Use a Tabela A.1 para encontrar a área que corresponde ao(s) escore(s) z.
3. Encontre a área seguindo as instruções para cada caso apresentado.
   a. Área à esquerda de z
   i. Quando $z < 0$, *subtraia* a área de 0,5.

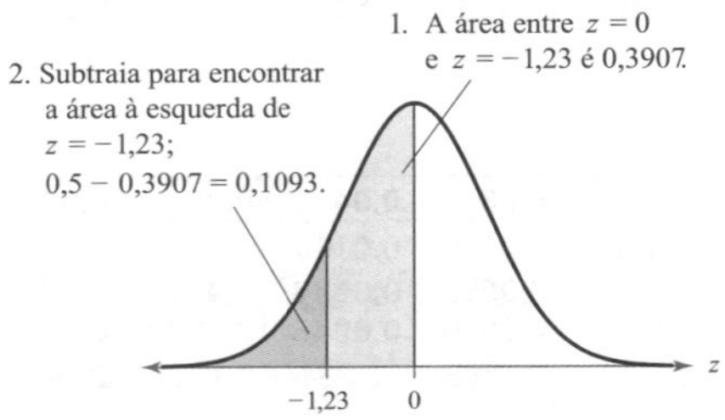

Figura A.7

   ii. Quando $z > 0$, *adicione* 0,5 à área.

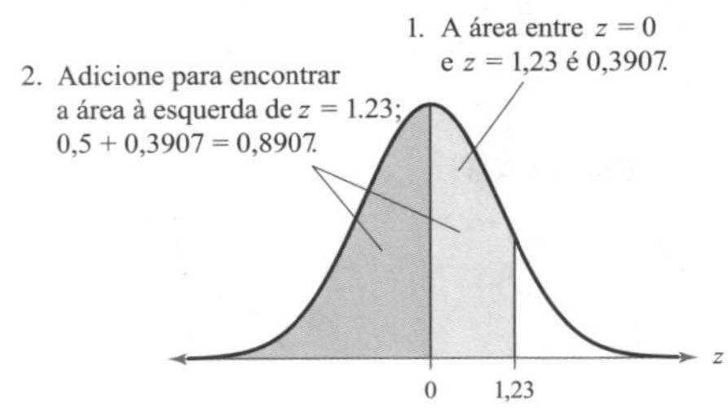

Figura A.8

   b. Área à direita de z
   i. Quando $z < 0$, *adicione* 0,5 a área.

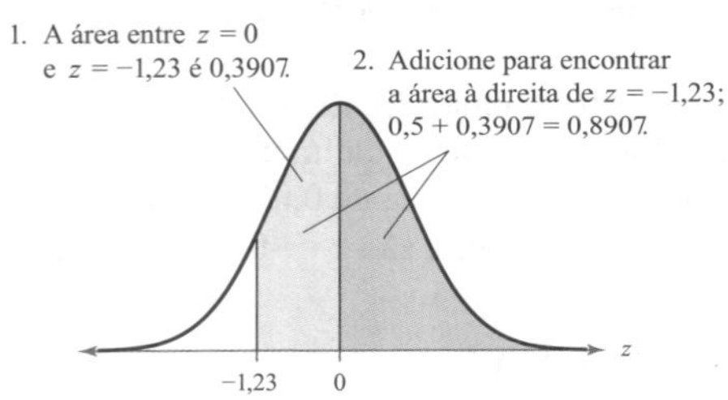

Figura A.9

   ii. Quando $z > 0$, *subtraia* a área de 0,5.

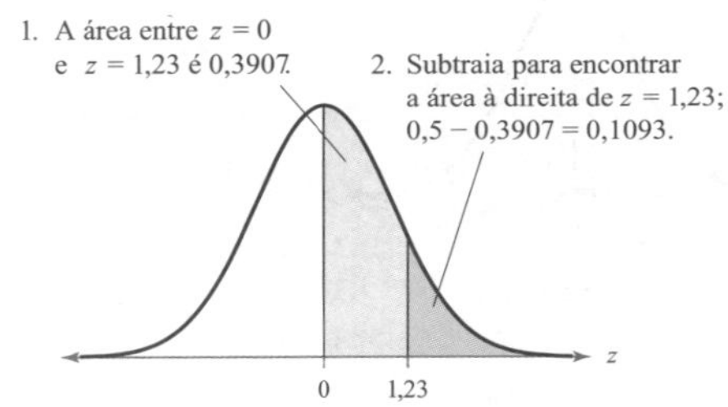

Figura A.10

   c. Área entre dois escores z
   i. Quando os dois escores z têm o mesmo sinal (ambos positivos ou negativos), *subtraia* a área menor da área maior.

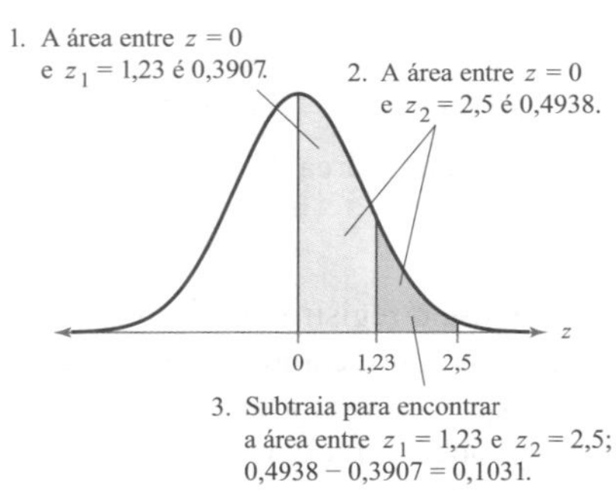

Figura A.11

   ii. Quando os dois escores z têm sinais opostos (um negativo e um positivo), *adicione* as áreas.

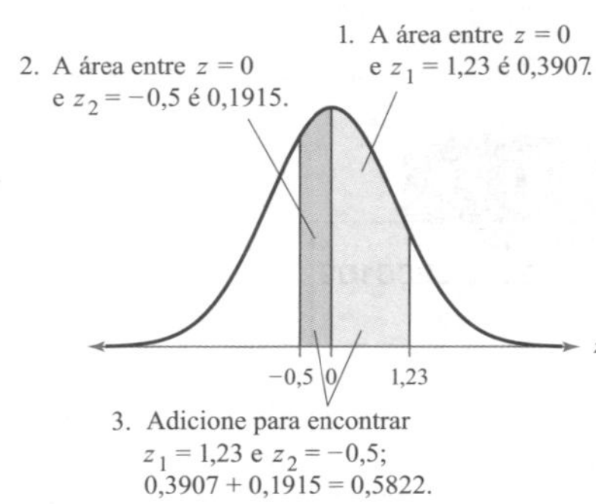

Figura A.12

EXEMPLO 2

Encontrando áreas sob a curva normal padrão

Encontre a área sob a curva normal padrão à esquerda de $z = -0{,}99$.

SOLUÇÃO

A área sob a curva normal padrão à esquerda de $z = -0{,}99$ é mostrada na Figura A.14.

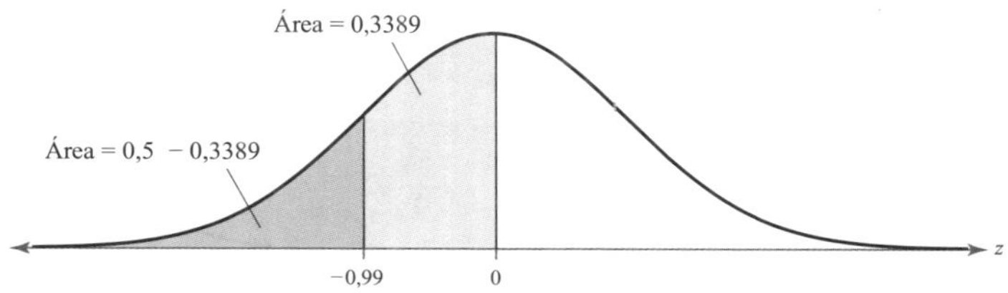

Figura A. 14

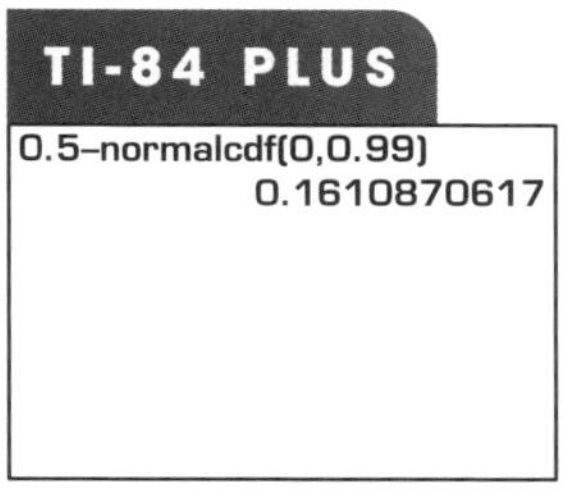

Figura A.15

Da Tabela A.1, tabela normal padrão (0 a z), a área correspondente a $z = -0{,}99$ é 0,3389. Como a área à esquerda de $z = 0$ é 0,5, a área à esquerda de $z = -0{,}99$ é

$$\text{Área} = 0{,}5 - 0{,}3389 = 0{,}1611.$$

Você pode usar tecnologia para encontrar a área à esquerda de $z = -0{,}99$, conforme mostrado na Figura A.15.

TENTE VOCÊ MESMO 2

Encontre a área sob a curva normal padrão à esquerda de $z = 2{,}13$.

Resposta na p. A43

EXEMPLO 3

Encontrando áreas sob a curva normal padrão

Encontre a área sob a curva normal padrão à direita de $z = 1{,}06$.

SOLUÇÃO

A área sob a curva normal padrão à direita de $z = 1{,}06$ é mostrada na Figura A.16..

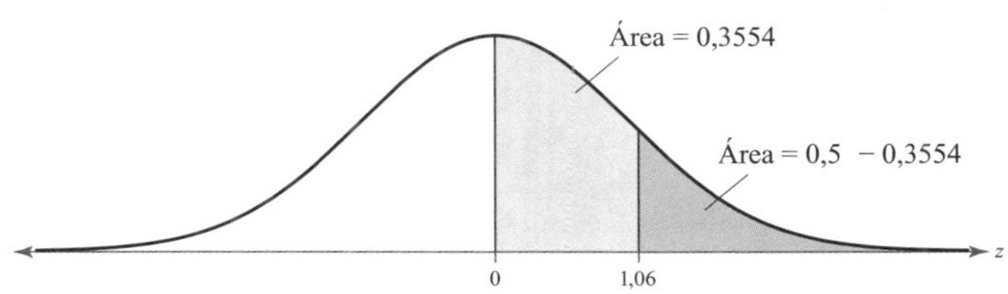

Figura A. 16

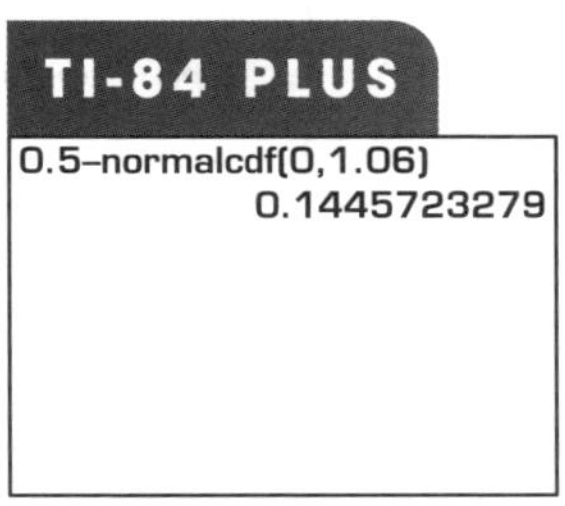

Figura A.17

Da Tabela A.1, tabela normal padrão (0 a z), a área correspondente a $z = 1{,}06$ é 0,3554. Como a área à direita de $z = 0$ é 0,5, a área à direita de $z = 1{,}06$ é

$$\text{Área} = 0{,}5 - 0{,}3554 = 0{,}1446.$$

Você pode usar tecnologia para encontrar a área à direita de $z = 1{,}06$, conforme mostrado na Figura A.17.

TENTE VOCÊ MESMO 3

Encontre a área sob a curva normal padrão à direita de $z = -2{,}16$.

Resposta na p. A43

EXEMPLO 4

Encontrando áreas sob a curva normal padrão

Encontre a área sob a curva normal padrão entre $z = -1{,}5$ e $z = 1{,}25$.

SOLUÇÃO

A área sob a curva normal padrão entre $z = -1{,}5$ e $z = 1{,}25$ é mostrada na Figura A.18.

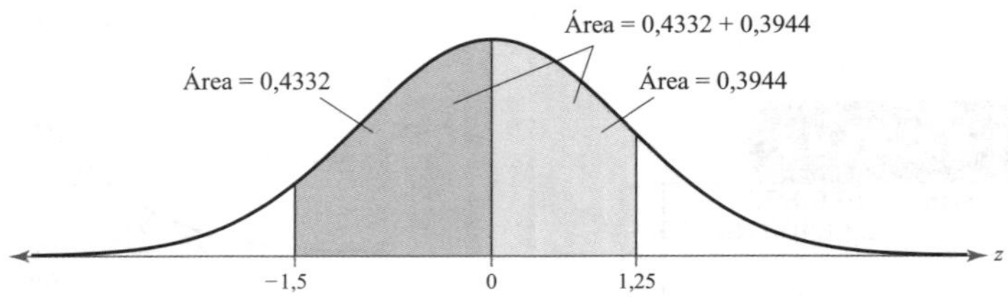

Figura A. 18

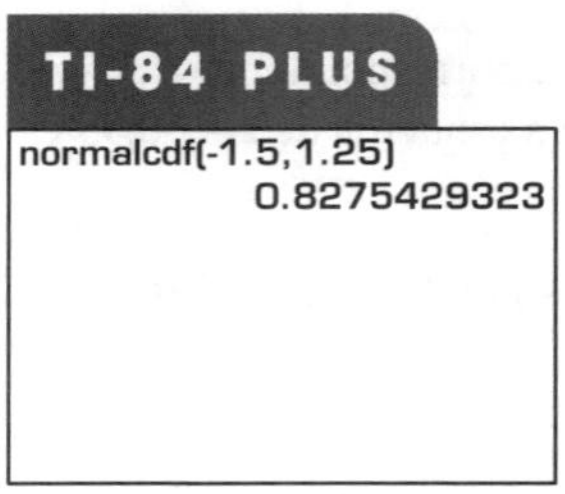

Figura A.19

Da Tabela A.1, tabela normal padrão (0 a z), a área correspondente a $z = -1{,}5$ é 0,4332 e a área correspondente a $z = 1{,}25$ é 0,3944. Para encontrar a área entre esses dois escores z, adicione as áreas resultantes.

Área = 0,4332 + 0,3944 = 0,8276

Observe que, quando você usa tecnologia, suas respostas podem diferir ligeiramente daquelas encontradas usando a tabela normal padrão. Por exemplo, ao encontrar a área entre $z = -1{,}5$ e $z = 1{,}25$ em uma TI-84 Plus, você obtém o resultado mostrado na Figura A.19.

Interpretação Assim, 82,76% da área sob a curva está entre $z = -1{,}5$ e $z = 1{,}25$.

TENTE VOCÊ MESMO 4

Encontre a área sob a curva normal padrão entre $z = -2{,}165$ e $z = -1{,}35$.

Como a distribuição normal é uma distribuição contínua de probabilidade, a área sob a curva normal padrão à esquerda de um escore z dá a probabilidade de z ser menor que o escore z. Ilustrando, no Exemplo 2, a área à esquerda de $z = -0{,}99$ é 0,1611. Assim, $P(z < -0{,}99) = 0{,}1611$, que é lida como "a probabilidade de z ser menor que –0,99 é 0,1611". A Tabela A.4 mostra as probabilidades para os exemplos 3 e 4.

Tabela A.4

	Área	Probabilidade
Exemplo 3	À direita de $z = 1{,}06$: 0,1446	$P(z > 1{,}06) = 0{,}1446$
Exemplo 4	Entre $z = -1{,}5$ e $z = 1{,}25$: 0,8276	$P(-1{,}5 < z < 1{,}25) = 0{,}8276$

Lembre-se, da Seção 2.4, que valores que estão a mais de dois desvios padrão da média são considerados incomuns. Valores que estão a mais de três desvios padrão da média são considerados *muito* incomuns. Então, um escore z maior que 2 ou menor que –2 é incomum. Um escore z maior que 3 ou menor que –3 é *muito* incomum.

Agora você está pronto para continuar a Seção 5.1 na página 242 com os exercícios da seção.

APÊNDICE B

Tabela B.1 – Números aleatórios

92630	78240	19267	95457	53497	23894	37708	79862	76471	66418
79445	78735	71549	44843	26104	67318	00701	34986	66751	99723
59654	71966	27386	50004	05358	94031	29281	18544	52429	06080
31524	49587	76612	39789	13537	48086	59483	60680	84675	53014
06348	76938	90379	51392	55887	71015	09209	79157	24440	30244
28703	51709	94456	48396	73780	06436	86641	69239	57662	80181
68108	89266	94730	95761	75023	48464	65544	96583	18911	16391
99938	90704	93621	66330	33393	95261	95349	51769	91616	33238
91543	73196	34449	63513	83834	99411	58826	40456	69268	48562
42103	02781	73920	56297	72678	12249	25270	36678	21313	75767
17138	27584	25296	28387	51350	61664	37893	05363	44143	42677
28297	14280	54524	21618	95320	38174	60579	08089	94999	78460
09331	56712	51333	06289	75345	08811	82711	57392	25252	30333
31295	04204	93712	51287	05754	79396	87399	51773	33075	97061
36146	15560	27592	42089	99281	59640	15221	96079	09961	05371
29553	18432	13630	05529	02791	81017	49027	79031	50912	09399
23501	22642	63081	08191	89420	67800	55137	54707	32945	64522
57888	85846	67967	07835	11314	01545	48535	17142	08552	67457
55336	71264	88472	04334	63919	36394	11196	92470	70543	29776
10087	10072	55980	64688	68239	20461	89381	93809	00796	95945
34101	81277	66090	88872	37818	72142	67140	50785	21380	16703
53362	44940	60430	22834	14130	96593	23298	56203	92671	15925
82975	66158	84731	19436	55790	69229	28661	13675	99318	76873
54827	84673	22898	08094	14326	87038	42892	21127	30712	48489
25464	59098	27436	89421	80754	89924	19097	67737	80368	08795
67609	60214	41475	84950	40133	02546	09570	45682	50165	15609
44921	70924	61295	51137	47596	86735	35561	76649	18217	63446
33170	30972	98130	95828	49786	13301	36081	80761	33985	68621
84687	85445	06208	17654	51333	02878	35010	67578	61574	20749
71886	56450	36567	09395	96951	35507	17555	35212	69106	01679
00475	02224	74722	14721	40215	21351	08596	45625	83981	63748
25993	38881	68361	59560	41274	69742	40703	37993	03435	18873
92882	53178	99195	93803	56985	53089	15305	50522	55900	43026
25138	26810	07093	15677	60688	04410	24505	37890	67186	62829
84631	71882	12991	83028	82484	90339	91950	74579	03539	90122
34003	92326	12793	61453	48121	74271	28363	66561	75220	35908
53775	45749	05734	86169	42762	70175	97310	73894	88606	19994
59316	97885	72807	54966	60859	11932	35265	71601	55577	67715
20479	66557	50705	26999	09854	52591	14063	30214	19890	19292
86180	84931	25455	26044	02227	52015	21820	50599	51671	65411
21451	68001	72710	40261	61281	13172	63819	48970	51732	54113
98062	68375	80089	24135	72355	95428	11808	29740	81644	86610
01788	64429	14430	94575	75153	94576	61393	96192	03227	32258
62465	04841	43272	68702	01274	05437	22953	18946	99053	41690
94324	31089	84159	92933	99989	89500	91586	02802	69471	68274
05797	43984	21575	09908	70221	19791	51578	36432	33494	79888
10395	14289	52185	09721	25789	38562	54794	04897	59012	89251
35177	56986	25549	59730	64718	52630	31100	62384	49483	11409
25633	89619	75882	98256	02126	72099	57183	55887	09320	73463
16464	48280	94254	45777	45150	68865	11382	11782	22695	41988

Fonte: *A Million Random Digits with 100,000 Normal Deviates.* New York: The Free Press, 1955.

Tabela B.2 – Distribuição Binomial *(continua)*

Esta tabela mostra a probabilidade de x sucessos em n tentativas independentes, cada uma com probabilidade de sucesso p.

		p																			
n	***x***	**0,01**	**0,05**	**0,10**	**0,15**	**0,20**	**0,25**	**0,30**	**0,35**	**0,40**	**0,45**	**0,50**	**0,55**	**0,60**	**0,65**	**0,70**	**0,75**	**0,80**	**0,85**	**0,90**	**0,95**
2	0	0,980	0,902	0,810	0,723	0,640	0,563	0,490	0,423	0,360	0,303	0,250	0,203	0,160	0,123	0,090	0,063	0,040	0,023	0,010	0,002
	1	0,020	0,095	0,180	0,255	0,320	0,375	0,420	0,455	0,480	0,495	0,500	0,495	0,480	0,455	0,420	0,375	0,320	0,255	0,180	0,095
	2	0,000	0,002	0,010	0,023	0,040	0,063	0,090	0,123	0,160	0,203	0,250	0,303	0,360	0,423	0,490	0,563	0,640	0,723	0,810	0,902
3	0	0,970	0,857	0,729	0,614	0,512	0,422	0,343	0,275	0,216	0,166	0,125	0,091	0,064	0,043	0,027	0,016	0,008	0,003	0,001	0,000
	1	0,029	0,135	0,243	0,325	0,384	0,422	0,441	0,444	0,432	0,408	0,375	0,334	0,288	0,239	0,189	0,141	0,096	0,057	0,027	0,007
	2	0,000	0,007	0,027	0,057	0,096	0,141	0,189	0,239	0,288	0,334	0,375	0,408	0,432	0,444	0,441	0,422	0,384	0,325	0,243	0,135
	3	0,000	0,000	0,001	0,003	0,008	0,016	0,027	0,043	0,064	0,091	0,125	0,166	0,216	0,275	0,343	0,422	0,512	0,614	0,729	0,857
4	0	0,961	0,815	0,656	0,522	0,410	0,316	0,240	0,179	0,130	0,092	0,062	0,041	0,026	0,015	0,008	0,004	0,002	0,001	0,000	0,000
	1	0,039	0,171	0,292	0,368	0,410	0,422	0,412	0,384	0,346	0,300	0,250	0,200	0,154	0,112	0,076	0,047	0,026	0,011	0,004	0,000
	2	0,001	0,014	0,049	0,098	0,154	0,211	0,265	0,311	0,346	0,368	0,375	0,368	0,346	0,311	0,265	0,211	0,154	0,098	0,049	0,014
	3	0,000	0,000	0,004	0,011	0,026	0,047	0,076	0,112	0,154	0,200	0,250	0,300	0,346	0,384	0,412	0,422	0,410	0,368	0,292	0,171
	4	0,000	0,000	0,000	0,001	0,002	0,004	0,008	0,015	0,026	0,041	0,062	0,092	0,130	0,179	0,240	0,316	0,410	0,522	0,656	0,815
5	0	0,951	0,774	0,590	0,444	0,328	0,237	0,168	0,116	0,078	0,050	0,031	0,019	0,010	0,005	0,002	0,001	0,000	0,000	0,000	0,000
	1	0,048	0,204	0,328	0,392	0,410	0,396	0,360	0,312	0,259	0,206	0,156	0,113	0,077	0,049	0,028	0,015	0,006	0,002	0,000	0,000
	2	0,001	0,021	0,073	0,138	0,205	0,264	0,309	0,336	0,346	0,337	0,312	0,276	0,230	0,181	0,132	0,088	0,051	0,024	0,008	0,001
	3	0,000	0,001	0,008	0,024	0,051	0,088	0,132	0,181	0,230	0,276	0,312	0,337	0,346	0,336	0,309	0,264	0,205	0,138	0,073	0,021
	4	0,000	0,000	0,000	0,002	0,006	0,015	0,028	0,049	0,077	0,113	0,156	0,206	0,259	0,312	0,360	0,396	0,410	0,392	0,328	0,204
	5	0,000	0,000	0,000	0,000	0,000	0,001	0,002	0,005	0,010	0,019	0,031	0,050	0,078	0,116	0,168	0,237	0,328	0,444	0,590	0,774
6	0	0,941	0,735	0,531	0,377	0,262	0,178	0,118	0,075	0,047	0,028	0,016	0,008	0,004	0,002	0,001	0,000	0,000	0,000	0,000	0,000
	1	0,057	0,232	0,354	0,399	0,393	0,356	0,303	0,244	0,187	0,136	0,094	0,061	0,037	0,020	0,010	0,004	0,002	0,000	0,000	0,000
	2	0,001	0,031	0,098	0,176	0,246	0,297	0,324	0,328	0,311	0,278	0,234	0,186	0,138	0,095	0,060	0,033	0,015	0,006	0,001	0,000
	3	0,000	0,002	0,015	0,042	0,082	0,132	0,185	0,236	0,276	0,303	0,312	0,303	0,276	0,236	0,185	0,132	0,082	0,042	0,015	0,002
	4	0,000	0,000	0,001	0,006	0,015	0,033	0,060	0,095	0,138	0,186	0,234	0,278	0,311	0,328	0,324	0,297	0,246	0,176	0,098	0,031
	5	0,000	0,000	0,000	0,000	0,002	0,004	0,010	0,020	0,037	0,061	0,094	0,136	0,187	0,244	0,303	0,356	0,393	0,399	0,354	0,232
	6	0,000	0,000	0,000	0,000	0,000	0,000	0,001	0,002	0,004	0,008	0,016	0,028	0,047	0,075	0,118	0,178	0,262	0,377	0,531	0,735
7	0	0,932	0,698	0,478	0,321	0,210	0,133	0,082	0,049	0,028	0,015	0,008	0,004	0,002	0,001	0,000	0,000	0,000	0,000	0,000	0,000
	1	0,066	0,257	0,372	0,396	0,367	0,311	0,247	0,185	0,131	0,087	0,055	0,032	0,017	0,008	0,004	0,001	0,000	0,000	0,000	0,000
	2	0,002	0,041	0,124	0,210	0,275	0,311	0,318	0,299	0,261	0,214	0,164	0,117	0,077	0,047	0,025	0,012	0,004	0,001	0,000	0,000
	3	0,000	0,004	0,023	0,062	0,115	0,173	0,227	0,268	0,290	0,292	0,273	0,239	0,194	0,144	0,097	0,058	0,029	0,011	0,003	0,000
	4	0,000	0,000	0,003	0,011	0,029	0,058	0,097	0,144	0,194	0,239	0,273	0,292	0,290	0,268	0,227	0,173	0,115	0,062	0,023	0,004
	5	0,000	0,000	0,000	0,001	0,004	0,012	0,025	0,047	0,077	0,117	0,164	0,214	0,261	0,299	0,318	0,311	0,275	0,210	0,124	0,041
	6	0,000	0,000	0,000	0,000	0,000	0,001	0,004	0,008	0,017	0,032	0,055	0,087	0,131	0,185	0,247	0,311	0,367	0,396	0,372	0,257
	7	0,000	0,000	0,000	0,000	0,000	0,000	0,000	0,001	0,002	0,004	0,008	0,015	0,028	0,049	0,082	0,133	0,210	0,321	0,478	0,698
8	0	0,923	0,663	0,430	0,272	0,168	0,100	0,058	0,032	0,017	0,008	0,004	0,002	0,001	0,000	0,000	0,000	0,000	0,000	0,000	0,000
	1	0,075	0,279	0,383	0,385	0,336	0,267	0,198	0,137	0,090	0,055	0,031	0,016	0,008	0,003	0,001	0,000	0,000	0,000	0,000	0,000
	2	0,003	0,051	0,149	0,238	0,294	0,311	0,296	0,259	0,209	0,157	0,109	0,070	0,041	0,022	0,010	0,004	0,001	0,000	0,000	0,000
	3	0,000	0,005	0,033	0,084	0,147	0,208	0,254	0,279	0,279	0,257	0,219	0,172	0,124	0,081	0,047	0,023	0,009	0,003	0,000	0,000
	4	0,000	0,000	0,005	0,018	0,046	0,087	0,136	0,188	0,232	0,263	0,273	0,263	0,232	0,188	0,136	0,087	0,046	0,018	0,005	0,000
	5	0,000	0,000	0,000	0,003	0,009	0,023	0,047	0,081	0,124	0,172	0,219	0,257	0,279	0,279	0,254	0,208	0,147	0,084	0,033	0,005
	6	0,000	0,000	0,000	0,000	0,001	0,004	0,010	0,022	0,041	0,070	0,109	0,157	0,209	0,259	0,296	0,311	0,294	0,238	0,149	0,051
	7	0,000	0,000	0,000	0,000	0,000	0,000	0,001	0,003	0,008	0,016	0,031	0,055	0,090	0,137	0,198	0,267	0,336	0,385	0,383	0,279
	8	0,000	0,000	0,000	0,000	0,000	0,000	0,000	0,000	0,001	0,002	0,004	0,008	0,017	0,032	0,058	0,100	0,168	0,272	0,430	0,663
9	0	0,914	0,630	0,387	0,232	0,134	0,075	0,040	0,021	0,010	0,005	0,002	0,001	0,000	0,000	0,000	0,000	0,000	0,000	0,000	0,000
	1	0,083	0,299	0,387	0,368	0,302	0,225	0,156	0,100	0,060	0,034	0,018	0,008	0,004	0,001	0,000	0,000	0,000	0,000	0,000	0,000
	2	0,003	0,063	0,172	0,260	0,302	0,300	0,267	0,216	0,161	0,111	0,070	0,041	0,021	0,010	0,004	0,001	0,000	0,000	0,000	0,000
	3	0,000	0,008	0,045	0,107	0,176	0,234	0,267	0,272	0,251	0,212	0,164	0,116	0,074	0,042	0,021	0,009	0,003	0,001	0,000	0,000
	4	0,000	0,001	0,007	0,028	0,066	0,117	0,172	0,219	0,251	0,260	0,246	0,213	0,167	0,118	0,074	0,039	0,017	0,005	0,001	0,000
	5	0,000	0,000	0,001	0,005	0,017	0,039	0,074	0,118	0,167	0,213	0,246	0,260	0,251	0,219	0,172	0,117	0,066	0,028	0,007	0,001
	6	0,000	0,000	0,000	0,001	0,003	0,009	0,021	0,042	0,074	0,116	0,164	0,212	0,251	0,272	0,267	0,234	0,176	0,107	0,045	0,008
	7	0,000	0,000	0,000	0,000	0,000	0,001	0,004	0,010	0,021	0,041	0,070	0,111	0,161	0,216	0,267	0,300	0,302	0,260	0,172	0,063
	8	0,000	0,000	0,000	0,000	0,000	0,000	0,000	0,001	0,004	0,008	0,018	0,034	0,060	0,100	0,156	0,225	0,302	0,368	0,387	0,299
	9	0,000	0,000	0,000	0,000	0,000	0,000	0,000	0,000	0,000	0,001	0,002	0,005	0,010	0,021	0,040	0,075	0,134	0,232	0,387	0,630

Fonte: BRASE;BRASE, *Understandable Statistics*, 6 ed.

Tabela B.2 – Distribuição Binomial *(continuação)*

		p																			
n	*x*	**0,01**	**0,05**	**0,10**	**0,15**	**0,20**	**0,25**	**0,30**	**0,35**	**0,40**	**0,45**	**0,50**	**0,55**	**0,60**	**0,65**	**0,70**	**0,75**	**0,80**	**0,85**	**0,90**	**0,95**
10	0	0,904	0,599	0,349	0,197	0,107	0,056	0,028	0,014	0,006	0,003	0,001	0,000	0,000	0,000	0,000	0,000	0,000	0,000	0,000	0,000
	1	0,091	0,315	0,387	0,347	0,268	0,188	0,121	0,072	0,040	0,021	0,010	0,004	0,002	0,000	0,000	0,000	0,000	0,000	0,000	0,000
	2	0,004	0,075	0,194	0,276	0,302	0,282	0,233	0,176	0,121	0,076	0,044	0,023	0,011	0,004	0,001	0,000	0,000	0,000	0,000	0,000
	3	0,000	0,010	0,057	0,130	0,201	0,250	0,267	0,252	0,215	0,166	0,117	0,075	0,042	0,021	0,009	0,003	0,001	0,000	0,000	0,000
	4	0,000	0,001	0,011	0,040	0,088	0,146	0,200	0,238	0,251	0,238	0,205	0,160	0,111	0,069	0,037	0,016	0,006	0,001	0,000	0,000
	5	0,000	0,000	0,001	0,008	0,026	0,058	0,103	0,154	0,201	0,234	0,246	0,234	0,201	0,154	0,103	0,058	0,026	0,008	0,001	0,000
	6	0,000	0,000	0,000	0,001	0,006	0,016	0,037	0,069	0,111	0,160	0,205	0,238	0,251	0,238	0,200	0,146	0,088	0,040	0,011	0,001
	7	0,000	0,000	0,000	0,000	0,001	0,003	0,009	0,021	0,042	0,075	0,117	0,166	0,215	0,252	0,267	0,250	0,201	0,130	0,057	0,010
	8	0,000	0,000	0,000	0,000	0,000	0,000	0,001	0,004	0,011	0,023	0,044	0,076	0,121	0,176	0,233	0,282	0,302	0,276	0,194	0,075
	9	0,000	0,000	0,000	0,000	0,000	0,000	0,000	0,000	0,002	0,004	0,010	0,021	0,040	0,072	0,121	0,188	0,268	0,347	0,387	0,315
	10	0,000	0,000	0,000	0,000	0,000	0,000	0,000	0,000	0,000	0,000	0,001	0,003	0,006	0,014	0,028	0,056	0,107	0,197	0,349	0,599
11	0	0,895	0,569	0,314	0,167	0,086	0,042	0,020	0,009	0,004	0,001	0,000	0,000	0,000	0,000	0,000	0,000	0,000	0,000	0,000	0,000
	1	0,099	0,329	0,384	0,325	0,236	0,155	0,093	0,052	0,027	0,013	0,005	0,002	0,001	0,000	0,000	0,000	0,000	0,000	0,000	0,000
	2	0,005	0,087	0,213	0,287	0,295	0,258	0,200	0,140	0,089	0,051	0,027	0,013	0,005	0,002	0,001	0,000	0,000	0,000	0,000	0,000
	3	0,000	0,014	0,071	0,152	0,221	0,258	0,257	0,225	0,177	0,126	0,081	0,046	0,023	0,010	0,004	0,001	0,000	0,000	0,000	0,000
	4	0,000	0,001	0,016	0,054	0,111	0,172	0,220	0,243	0,236	0,206	0,161	0,113	0,070	0,038	0,017	0,006	0,002	0,000	0,000	0,000
	5	0,000	0,000	0,002	0,013	0,039	0,080	0,132	0,183	0,221	0,236	0,226	0,193	0,147	0,099	0,057	0,027	0,010	0,002	0,000	0,000
	6	0,000	0,000	0,000	0,002	0,010	0,027	0,057	0,099	0,147	0,193	0,226	0,236	0,221	0,183	0,132	0,080	0,039	0,013	0,002	0,000
	7	0,000	0,000	0,000	0,000	0,002	0,006	0,017	0,038	0,070	0,113	0,161	0,206	0,236	0,243	0,220	0,172	0,111	0,054	0,016	0,001
	8	0,000	0,000	0,000	0,000	0,000	0,001	0,004	0,010	0,023	0,046	0,081	0,126	0,177	0,225	0,257	0,258	0,221	0,152	0,071	0,014
	9	0,000	0,000	0,000	0,000	0,000	0,000	0,001	0,002	0,005	0,013	0,027	0,051	0,089	0,140	0,200	0,258	0,295	0,287	0,213	0,087
	10	0,000	0,000	0,000	0,000	0,000	0,000	0,000	0,000	0,001	0,002	0,005	0,013	0,027	0,052	0,093	0,155	0,236	0,325	0,384	0,329
	11	0,000	0,000	0,000	0,000	0,000	0,000	0,000	0,000	0,000	0,000	0,000	0,001	0,004	0,009	0,020	0,042	0,086	0,167	0,314	0,569
12	0	0,886	0,540	0,282	0,142	0,069	0,032	0,014	0,006	0,002	0,001	0,000	0,000	0,000	0,000	0,000	0,000	0,000	0,000	0,000	0,000
	1	0,107	0,341	0,377	0,301	0,206	0,127	0,071	0,037	0,017	0,008	0,003	0,001	0,000	0,000	0,000	0,000	0,000	0,000	0,000	0,000
	2	0,006	0,099	0,230	0,292	0,283	0,232	0,168	0,109	0,064	0,034	0,016	0,007	0,002	0,001	0,000	0,000	0,000	0,000	0,000	0,000
	3	0,000	0,017	0,085	0,172	0,236	0,258	0,240	0,195	0,142	0,092	0,054	0,028	0,012	0,005	0,001	0,000	0,000	0,000	0,000	0,000
	4	0,000	0,002	0,021	0,068	0,133	0,194	0,231	0,237	0,213	0,170	0,121	0,076	0,042	0,020	0,008	0,002	0,001	0,000	0,000	0,000
	5	0,000	0,000	0,004	0,019	0,053	0,103	0,158	0,204	0,227	0,223	0,193	0,149	0,101	0,059	0,029	0,011	0,003	0,001	0,000	0,000
	6	0,000	0,000	0,000	0,004	0,016	0,040	0,079	0,128	0,177	0,212	0,226	0,212	0,177	0,128	0,079	0,040	0,016	0,004	0,000	0,000
	7	0,000	0,000	0,000	0,001	0,003	0,011	0,029	0,059	0,101	0,149	0,193	0,223	0,227	0,204	0,158	0,103	0,053	0,019	0,004	0,000
	8	0,000	0,000	0,000	0,000	0,001	0,002	0,008	0,020	0,042	0,076	0,121	0,170	0,213	0,237	0,231	0,194	0,133	0,068	0,021	0,002
	9	0,000	0,000	0,000	0,000	0,000	0,000	0,001	0,005	0,012	0,028	0,054	0,092	0,142	0,195	0,240	0,258	0,236	0,172	0,085	0,017
	10	0,000	0,000	0,000	0,000	0,000	0,000	0,000	0,001	0,002	0,007	0,016	0,034	0,064	0,109	0,168	0,232	0,283	0,292	0,230	0,099
	11	0,000	0,000	0,000	0,000	0,000	0,000	0,000	0,000	0,000	0,001	0,003	0,008	0,017	0,037	0,071	0,127	0,206	0,301	0,377	0,341
	12	0,000	0,000	0,000	0,000	0,000	0,000	0,000	0,000	0,000	0,000	0,000	0,001	0,002	0,006	0,014	0,032	0,069	0,142	0,282	0,540
15	0	0,860	0,463	0,206	0,087	0,035	0,013	0,005	0,002	0,000	0,000	0,000	0,000	0,000	0,000	0,000	0,000	0,000	0,000	0,000	0,000
	1	0,130	0,366	0,343	0,231	0,132	0,067	0,031	0,013	0,005	0,002	0,000	0,000	0,000	0,000	0,000	0,000	0,000	0,000	0,000	0,000
	2	0,009	0,135	0,267	0,286	0,231	0,156	0,092	0,048	0,022	0,009	0,003	0,001	0,000	0,000	0,000	0,000	0,000	0,000	0,000	0,000
	3	0,000	0,031	0,129	0,218	0,250	0,225	0,170	0,111	0,063	0,032	0,014	0,005	0,002	0,000	0,000	0,000	0,000	0,000	0,000	0,000
	4	0,000	0,005	0,043	0,116	0,188	0,225	0,219	0,179	0,127	0,078	0,042	0,019	0,007	0,002	0,001	0,000	0,000	0,000	0,000	0,000
	5	0,000	0,001	0,010	0,045	0,103	0,165	0,206	0,212	0,186	0,140	0,092	0,051	0,024	0,010	0,003	0,001	0,000	0,000	0,000	0,000
	6	0,000	0,000	0,002	0,013	0,043	0,092	0,147	0,191	0,207	0,191	0,153	0,105	0,061	0,030	0,012	0,003	0,001	0,000	0,000	0,000
	7	0,000	0,000	0,000	0,003	0,014	0,039	0,081	0,132	0,177	0,201	0,196	0,165	0,118	0,071	0,035	0,013	0,003	0,001	0,000	0,000
	8	0,000	0,000	0,000	0,001	0,003	0,013	0,035	0,071	0,118	0,165	0,196	0,201	0,177	0,132	0,081	0,039	0,014	0,003	0,000	0,000
	9	0,000	0,000	0,000	0,000	0,001	0,003	0,012	0,030	0,061	0,105	0,153	0,191	0,207	0,191	0,147	0,092	0,043	0,013	0,002	0,000
	10	0,000	0,000	0,000	0,000	0,000	0,001	0,003	0,010	0,024	0,051	0,092	0,140	0,186	0,212	0,206	0,165	0,103	0,045	0,010	0,001
	11	0,000	0,000	0,000	0,000	0,000	0,000	0,001	0,002	0,007	0,019	0,042	0,078	0,127	0,179	0,219	0,225	0,188	0,116	0,043	0,005
	12	0,000	0,000	0,000	0,000	0,000	0,000	0,000	0,000	0,002	0,005	0,014	0,032	0,063	0,111	0,170	0,225	0,250	0,218	0,129	0,031
	13	0,000	0,000	0,000	0,000	0,000	0,000	0,000	0,000	0,000	0,001	0,003	0,009	0,022	0,048	0,092	0,156	0,231	0,286	0,267	0,135
	14	0,000	0,000	0,000	0,000	0,000	0,000	0,000	0,000	0,000	0,000	0,000	0,002	0,005	0,013	0,031	0,067	0,132	0,231	0,343	0,366
	15	0,000	0,000	0,000	0,000	0,000	0,000	0,000	0,000	0,000	0,000	0,000	0,000	0,000	0,002	0,005	0,013	0,035	0,087	0,206	0,463

Tabela B.2 – Distribuição Binomial *(conclusão)*

		p																			
n	*x*	0,01	0,05	0,10	0,15	0,20	0,25	0,30	0,35	0,40	0,45	0,50	0,55	0,60	0,65	0,70	0,75	0,80	0,85	0,90	0,95
16	0	0,851	0,440	0,185	0,074	0,028	0,010	0,003	0,001	0,000	0,000	0,000	0,000	0,000	0,000	0,000	0,000	0,000	0,000	0,000	0,000
	1	0,138	0,371	0,329	0,210	0,113	0,053	0,023	0,009	0,003	0,001	0,000	0,000	0,000	0,000	0,000	0,000	0,000	0,000	0,000	0,000
	2	0,010	0,146	0,275	0,277	0,211	0,134	0,073	0,035	0,015	0,006	0,002	0,001	0,000	0,000	0,000	0,000	0,000	0,000	0,000	0,000
	3	0,000	0,036	0,142	0,229	0,246	0,208	0,146	0,089	0,047	0,022	0,009	0,003	0,001	0,000	0,000	0,000	0,000	0,000	0,000	0,000
	4	0,000	0,006	0,051	0,131	0,200	0,225	0,204	0,155	0,101	0,057	0,028	0,011	0,004	0,001	0,000	0,000	0,000	0,000	0,000	0,000
	5	0,000	0,001	0,014	0,056	0,120	0,180	0,210	0,201	0,162	0,112	0,067	0,034	0,014	0,005	0,001	0,000	0,000	0,000	0,000	0,000
	6	0,000	0,000	0,003	0,018	0,055	0,110	0,165	0,198	0,198	0,168	0,122	0,075	0,039	0,017	0,006	0,001	0,000	0,000	0,000	0,000
	7	0,000	0,000	0,000	0,005	0,020	0,052	0,101	0,152	0,189	0,197	0,175	0,132	0,084	0,044	0,019	0,006	0,001	0,000	0,000	0,000
	8	0,000	0,000	0,000	0,001	0,006	0,020	0,049	0,092	0,142	0,181	0,196	0,181	0,142	0,092	0,049	0,020	0,006	0,001	0,000	0,000
	9	0,000	0,000	0,000	0,000	0,001	0,006	0,019	0,044	0,084	0,132	0,175	0,197	0,189	0,152	0,101	0,052	0,020	0,005	0,000	0,000
	10	0,000	0,000	0,000	0,000	0,000	0,001	0,006	0,017	0,039	0,075	0,122	0,168	0,198	0,198	0,165	0,110	0,055	0,018	0,003	0,000
	11	0,000	0,000	0,000	0,000	0,000	0,000	0,001	0,005	0,014	0,034	0,067	0,112	0,162	0,201	0,210	0,180	0,120	0,056	0,014	0,001
	12	0,000	0,000	0,000	0,000	0,000	0,000	0,000	0,001	0,004	0,011	0,028	0,057	0,101	0,155	0,204	0,225	0,200	0,131	0,051	0,006
	13	0,000	0,000	0,000	0,000	0,000	0,000	0,000	0,000	0,001	0,003	0,009	0,022	0,047	0,089	0,146	0,208	0,246	0,229	0,142	0,036
	14	0,000	0,000	0,000	0,000	0,000	0,000	0,000	0,000	0,000	0,001	0,002	0,006	0,015	0,035	0,073	0,134	0,211	0,277	0,275	0,146
	15	0,000	0,000	0,000	0,000	0,000	0,000	0,000	0,000	0,000	0,000	0,000	0,001	0,003	0,009	0,023	0,053	0,113	0,210	0,329	0,371
	16	0,000	0,000	0,000	0,000	0,000	0,000	0,000	0,000	0,000	0,000	0,000	0,000	0,000	0,001	0,003	0,010	0,028	0,074	0,185	0,440
20	0	0,818	0,358	0,122	0,039	0,012	0,003	0,001	0,000	0,000	0,000	0,000	0,000	0,000	0,000	0,000	0,000	0,000	0,000	0,000	0,000
	1	0,165	0,377	0,270	0,137	0,058	0,021	0,007	0,002	0,000	0,000	0,000	0,000	0,000	0,000	0,000	0,000	0,000	0,000	0,000	0,000
	2	0,016	0,189	0,285	0,229	0,137	0,067	0,028	0,010	0,003	0,001	0,000	0,000	0,000	0,000	0,000	0,000	0,000	0,000	0,000	0,000
	3	0,001	0,060	0,190	0,243	0,205	0,134	0,072	0,032	0,012	0,004	0,001	0,000	0,000	0,000	0,000	0,000	0,000	0,000	0,000	0,000
	4	0,000	0,013	0,090	0,182	0,218	0,190	0,130	0,074	0,035	0,014	0,005	0,001	0,000	0,000	0,000	0,000	0,000	0,000	0,000	0,000
	5	0,000	0,002	0,032	0,103	0,175	0,202	0,179	0,127	0,075	0,036	0,015	0,005	0,001	0,000	0,000	0,000	0,000	0,000	0,000	0,000
	6	0,000	0,000	0,009	0,045	0,109	0,169	0,192	0,171	0,124	0,075	0,036	0,015	0,005	0,001	0,000	0,000	0,000	0,000	0,000	0,000
	7	0,000	0,000	0,002	0,016	0,055	0,112	0,164	0,184	0,166	0,122	0,074	0,037	0,015	0,005	0,001	0,000	0,000	0,000	0,000	0,000
	8	0,000	0,000	0,000	0,005	0,022	0,061	0,114	0,161	0,180	0,162	0,120	0,073	0,035	0,014	0,004	0,001	0,000	0,000	0,000	0,000
	9	0,000	0,000	0,000	0,001	0,007	0,027	0,065	0,116	0,160	0,177	0,160	0,119	0,071	0,034	0,012	0,003	0,000	0,000	0,000	0,000
	10	0,000	0,000	0,000	0,000	0,002	0,010	0,031	0,069	0,117	0,159	0,176	0,159	0,117	0,069	0,031	0,010	0,002	0,000	0,000	0,000
	11	0,000	0,000	0,000	0,000	0,000	0,003	0,012	0,034	0,071	0,119	0,160	0,177	0,160	0,116	0,065	0,027	0,007	0,001	0,000	0,000
	12	0,000	0,000	0,000	0,000	0,000	0,001	0,004	0,014	0,035	0,073	0,120	0,162	0,180	0,161	0,114	0,061	0,022	0,005	0,000	0,000
	13	0,000	0,000	0,000	0,000	0,000	0,000	0,001	0,005	0,015	0,037	0,074	0,122	0,166	0,184	0,164	0,112	0,055	0,016	0,002	0,000
	14	0,000	0,000	0,000	0,000	0,000	0,000	0,000	0,001	0,005	0,015	0,037	0,075	0,124	0,171	0,192	0,169	0,109	0,045	0,009	0,000
	15	0,000	0,000	0,000	0,000	0,000	0,000	0,000	0,000	0,001	0,005	0,015	0,036	0,075	0,127	0,179	0,202	0,175	0,103	0,032	0,002
	16	0,000	0,000	0,000	0,000	0,000	0,000	0,000	0,000	0,000	0,001	0,005	0,014	0,035	0,074	0,130	0,190	0,218	0,182	0,090	0,013
	17	0,000	0,000	0,000	0,000	0,000	0,000	0,000	0,000	0,000	0,000	0,001	0,004	0,012	0,032	0,072	0,134	0,205	0,243	0,190	0,060
	18	0,000	0,000	0,000	0,000	0,000	0,000	0,000	0,000	0,000	0,000	0,000	0,001	0,003	0,010	0,028	0,067	0,137	0,229	0,285	0,189
	19	0,000	0,000	0,000	0,000	0,000	0,000	0,000	0,000	0,000	0,000	0,000	0,000	0,000	0,002	0,007	0,021	0,058	0,137	0,270	0,377
	20	0,000	0,000	0,000	0,000	0,000	0,000	0,000	0,000	0,000	0,000	0,000	0,000	0,000	0,000	0,001	0,003	0,012	0,039	0,122	0,358

Tabela B.3 - Distribuição de Poisson *(continua)*

	μ									
x	**0,1**	**0,2**	**0,3**	**0,4**	**0,5**	**0,6**	**0,7**	**0,8**	**0,9**	**1,0**
0	0,9048	0,8187	0,7408	0,6703	0,6065	0,5488	0,4966	0,4493	0,4066	0,3679
1	0,0905	0,1637	0,2222	0,2681	0,3033	0,3293	0,3476	0,3595	0,3659	0,3679
2	0,0045	0,0164	0,0333	0,0536	0,0758	0,0988	0,1217	0,1438	0,1647	0,1839
3	0,0002	0,0011	0,0033	0,0072	0,0126	0,0198	0,0284	0,0383	0,0494	0,0613
4	0,0000	0,0001	0,0003	0,0007	0,0016	0,0030	0,0050	0,0077	0,0111	0,0153
5	0,0000	0,0000	0,0000	0,0001	0,0002	0,0004	0,0007	0,0012	0,0020	0,0031
6	0,0000	0,0000	0,0000	0,0000	0,0000	0,0000	0,0001	0,0002	0,0003	0,0005
7	0,0000	0,0000	0,0000	0,0000	0,0000	0,0000	0,0000	0,0000	0,0000	0,0001

	μ									
x	**1,1**	**1,2**	**1,3**	**1,4**	**1,5**	**1,6**	**1,7**	**1,8**	**1,9**	**2,0**
0	0,3329	0,3012	0,2725	0,2466	0,2231	0,2019	0,1827	0,1653	0,1496	0,1353
1	0,3662	0,3614	0,3543	0,3452	0,3347	0,3230	0,3106	0,2975	0,2842	0,2707
2	0,2014	0,2169	0,2303	0,2417	0,2510	0,2584	0,2640	0,2678	0,2700	0,2707
3	0,0738	0,0867	0,0998	0,1128	0,1255	0,1378	0,1496	0,1607	0,1710	0,1804
4	0,0203	0,0260	0,0324	0,0395	0,0471	0,0551	0,0636	0,0723	0,0812	0,0902
5	0,0045	0,0062	0,0084	0,0111	0,0141	0,0176	0,0216	0,0260	0,0309	0,0361
6	0,0008	0,0012	0,0018	0,0026	0,0035	0,0047	0,0061	0,0078	0,0098	0,0120
7	0,0001	0,0002	0,0003	0,0005	0,0008	0,0011	0,0015	0,0020	0,0027	0,0034
8	0,0000	0,0000	0,0001	0,0001	0,0001	0,0002	0,0003	0,0005	0,0006	0,0009
9	0,0000	0,0000	0,0000	0,0000	0,0000	0,0000	0,0001	0,0001	0,0001	0,0002

	μ									
x	**2,1**	**2,2**	**2,3**	**2,4**	**2,5**	**2,6**	**2,7**	**2,8**	**2,9**	**3,0**
0	0,1225	0,1108	0,1003	0,0907	0,0821	0,0743	0,0672	0,0608	0,0550	0,0498
1	0,2572	0,2438	0,2306	0,2177	0,2052	0,1931	0,1815	0,1703	0,1596	0,1494
2	0,2700	0,2681	0,2652	0,2613	0,2565	0,2510	0,2450	0,2384	0,2314	0,2240
3	0,1890	0,1966	0,2033	0,2090	0,2138	0,2176	0,2205	0,2225	0,2237	0,2240
4	0,0992	0,1082	0,1169	0,1254	0,1336	0,1414	0,1488	0,1557	0,1622	0,1680
5	0,0417	0,0476	0,0538	0,0602	0,0668	0,0735	0,0804	0,0872	0,0940	0,1008
6	0,0146	0,0174	0,0206	0,0241	0,0278	0,0319	0,0362	0,0407	0,0455	0,0504
7	0,0044	0,0055	0,0068	0,0083	0,0099	0,0118	0,0139	0,0163	0,0188	0,0216
8	0,0011	0,0015	0,0019	0,0025	0,0031	0,0038	0,0047	0,0057	0,0068	0,0081
9	0,0003	0,0004	0,0005	0,0007	0,0009	0,0011	0,0014	0,0018	0,0022	0,0027
10	0,0001	0,0001	0,0001	0,0002	0,0002	0,0003	0,0004	0,0005	0,0006	0,0008
11	0,0000	0,0000	0,0000	0,0000	0,0000	0,0001	0,0001	0,0001	0,0002	0,0002
12	0,0000	0,0000	0,0000	0,0000	0,0000	0,0000	0,0000	0,0000	0,0000	0,0001

	μ									
x	**3,1**	**3,2**	**3,3**	**3,4**	**3,5**	**3,6**	**3,7**	**3,8**	**3,9**	**4,0**
0	0,0450	0,0408	0,0369	0,0334	0,0302	0,0273	0,0247	0,0224	0,0202	0,0183
1	0,1397	0,1304	0,1217	0,1135	0,1057	0,0984	0,0915	0,0850	0,0789	0,0733
2	0,2165	0,2087	0,2008	0,1929	0,1850	0,1771	0,1692	0,1615	0,1539	0,1465
3	0,2237	0,2226	0,2209	0,2186	0,2158	0,2125	0,2087	0,2046	0,2001	0,1954
4	0,1734	0,1781	0,1823	0,1858	0,1888	0,1912	0,1931	0,1944	0,1951	0,1954
5	0,1075	0,1140	0,1203	0,1264	0,1322	0,1377	0,1429	0,1477	0,1522	0,1563
6	0,0555	0,0608	0,0662	0,0716	0,0771	0,0826	0,0881	0,0936	0,0989	0,1042
7	0,0246	0,0278	0,0312	0,0348	0,0385	0,0425	0,0466	0,0508	0,0551	0,0595
8	0,0095	0,0111	0,0129	0,0148	0,0169	0,0191	0,0215	0,0241	0,0269	0,0298
9	0,0033	0,0040	0,0047	0,0056	0,0066	0,0076	0,0089	0,0102	0,0116	0,0132
10	0,0010	0,0013	0,0016	0,0019	0,0023	0,0028	0,0033	0,0039	0,0045	0,0053
11	0,0003	0,0004	0,0005	0,0006	0,0007	0,0009	0,0011	0,0013	0,0016	0,0019
12	0,0001	0,0001	0,0001	0,0002	0,0002	0,0003	0,0003	0,0004	0,0005	0,0006
13	0,0000	0,0000	0,0000	0,0000	0,0001	0,0001	0,0001	0,0001	0,0002	0,0002
14	0,0000	0,0000	0,0000	0,0000	0,0000	0,0000	0,0000	0,0000	0,0000	0,0001

Fonte: BEYER, W. H. Beyer. Handbook of Tables for Probability and Statistics, 2 ed. CRC Press: Boca Raton, Flórida, 1986.

Tabela B.3 – Distribuição de Poisson *(continuação)*

	μ									
x	**4,1**	**4,2**	**4,3**	**4,4**	**4,5**	**4,6**	**4,7**	**4,8**	**4,9**	**5,0**
0	0,0166	0,0150	0,0136	0,0123	0,0111	0,0101	0,0091	0,0082	0,0074	0,0067
1	0,0679	0,0630	0,0583	0,0540	0,0500	0,0462	0,0427	0,0395	0,0365	0,0337
2	0,1393	0,1323	0,1254	0,1188	0,1125	0,1063	0,1005	0,0948	0,0894	0,0842
3	0,1904	0,1852	0,1798	0,1743	0,1687	0,1631	0,1574	0,1517	0,1460	0,1404
4	0,1951	0,1944	0,1933	0,1917	0,1898	0,1875	0,1849	0,1820	0,1789	0,1755
5	0,1600	0,1633	0,1662	0,1687	0,1708	0,1725	0,1738	0,1747	0,1753	0,1755
6	0,1093	0,1143	0,1191	0,1237	0,1281	0,1323	0,1362	0,1398	0,1432	0,1462
7	0,0640	0,0686	0,0732	0,0778	0,0824	0,0869	0,0914	0,0959	0,1002	0,1044
8	0,0328	0,0360	0,0393	0,0428	0,0463	0,0500	0,0537	0,0575	0,0614	0,0653
9	0,0150	0,0168	0,0188	0,0209	0,0232	0,0255	0,0280	0,0307	0,0334	0,0363
10	0,0061	0,0071	0,0081	0,0092	0,0104	0,0118	0,0132	0,0147	0,0164	0,0181
11	0,0023	0,0027	0,0032	0,0037	0,0043	0,0049	0,0056	0,0064	0,0073	0,0082
12	0,0008	0,0009	0,0011	0,0014	0,0016	0,0019	0,0022	0,0026	0,0030	0,0034
13	0,0002	0,0003	0,0004	0,0005	0,0006	0,0007	0,0008	0,0009	0,0011	0,0013
14	0,0001	0,0001	0,0001	0,0001	0,0002	0,0002	0,0003	0,0003	0,0004	0,0005
15	0,0000	0,0000	0,0000	0,0000	0,0001	0,0001	0,0001	0,0001	0,0001	0,0002

	μ									
x	**5,1**	**5,2**	**5,3**	**5,4**	**5,5**	**5,6**	**5,7**	**5,8**	**5,9**	**6,0**
0	0,0061	0,0055	0,0050	0,0045	0,0041	0,0037	0,0033	0,0030	0,0027	0,0025
1	0,0311	0,0287	0,0265	0,0244	0,0225	0,0207	0,0191	0,0176	0,0162	0,0149
2	0,0793	0,0746	0,0701	0,0659	0,0618	0,0580	0,0544	0,0509	0,0477	0,0446
3	0,1348	0,1293	0,1239	0,1185	0,1133	0,1082	0,1033	0,0985	0,0938	0,0892
4	0,1719	0,1681	0,1641	0,1600	0,1558	0,1515	0,1472	0,1428	0,1383	0,1339
5	0,1753	0,1748	0,1740	0,1728	0,1714	0,1697	0,1678	0,1656	0,1632	0,1606
6	0,1490	0,1515	0,1537	0,1555	0,1571	0,1584	0,1594	0,1601	0,1605	0,1606
7	0,1086	0,1125	0,1163	0,1200	0,1234	0,1267	0,1298	0,1326	0,1353	0,1377
8	0,0692	0,0731	0,0771	0,0810	0,0849	0,0887	0,0925	0,0962	0,0998	0,1033
9	0,0392	0,0423	0,0454	0,0486	0,0519	0,0552	0,0586	0,0620	0,0654	0,0688
10	0,0200	0,0220	0,0241	0,0262	0,0285	0,0309	0,0334	0,0359	0,0386	0,0413
11	0,0093	0,0104	0,0116	0,0129	0,0143	0,0157	0,0173	0,0190	0,0207	0,0225
12	0,0039	0,0045	0,0051	0,0058	0,0065	0,0073	0,0082	0,0092	0,0102	0,0113
13	0,0015	0,0018	0,0021	0,0024	0,0028	0,0032	0,0036	0,0041	0,0046	0,0052
14	0,0006	0,0007	0,0008	0,0009	0,0011	0,0013	0,0015	0,0017	0,0019	0,0022
15	0,0002	0,0002	0,0003	0,0003	0,0004	0,0005	0,0006	0,0007	0,0008	0,0009
16	0,0001	0,0001	0,0001	0,0001	0,0001	0,0002	0,0002	0,0002	0,0003	0,0003
17	0,0000	0,0000	0,0000	0,0000	0,0000	0,0000	0,0001	0,0001	0,0001	0,0001

Tabela B.3 – Distribuição de Poisson *(continuação)*

	μ									
x	6,1	6,2	6,3	6,4	6,5	6,6	6,7	6,8	6,9	7,0
0	0,0022	0,0020	0,0018	0,0017	0,0015	0,0014	0,0012	0,0011	0,0010	0,0009
1	0,0137	0,0126	0,0116	0,0106	0,0098	0,0090	0,0082	0,0076	0,0070	0,0064
2	0,0417	0,0390	0,0364	0,0340	0,0318	0,0296	0,0276	0,0258	0,0240	0,0223
3	0,0848	0,0806	0,0765	0,0726	0,0688	0,0652	0,0617	0,0584	0,0552	0,0521
4	0,1294	0,1249	0,1205	0,1162	0,1118	0,1076	0,1034	0,0992	0,0952	0,0912
5	0,1579	0,1549	0,1519	0,1487	0,1454	0,1420	0,1385	0,1349	0,1314	0,1277
6	0,1605	0,1601	0,1595	0,1586	0,1575	0,1562	0,1546	0,1529	0,1511	0,1490
7	0,1399	0,1418	0,1435	0,1450	0,1462	0,1472	0,1480	0,1486	0,1489	0,1490
8	0,1066	0,1099	0,1130	0,1160	0,1188	0,1215	0,1240	0,1263	0,1284	0,1304
9	0,0723	0,0757	0,0791	0,0825	0,0858	0,0891	0,0923	0,0954	0,0985	0,1014
10	0,0441	0,0469	0,0498	0,0528	0,0558	0,0588	0,0618	0,0649	0,0679	0,0710
11	0,0245	0,0265	0,0285	0,0307	0,0330	0,0353	0,0377	0,0401	0,0426	0,0452
12	0,0124	0,0137	0,0150	0,0164	0,0179	0,0194	0,0210	0,0227	0,0245	0,0264
13	0,0058	0,0065	0,0073	0,0081	0,0089	0,0098	0,0108	0,0119	0,0130	0,0142
14	0,0025	0,0029	0,0033	0,0037	0,0041	0,0046	0,0052	0,0058	0,0064	0,0071
15	0,0010	0,0012	0,0014	0,0016	0,0018	0,0020	0,0023	0,0026	0,0029	0,0033
16	0,0004	0,0005	0,0005	0,0006	0,0007	0,0008	0,0010	0,0011	0,0013	0,0014
17	0,0001	0,0002	0,0002	0,0002	0,0003	0,0003	0,0004	0,0004	0,0005	0,0006
18	0,0000	0,0001	0,0001	0,0001	0,0001	0,0001	0,0001	0,0002	0,0002	0,0002
19	0,0000	0,0000	0,0000	0,0000	0,0000	0,0000	0,0000	0,0001	0,0001	0,0001

	μ									
x	7,1	7,2	7,3	7,4	7,5	7,6	7,7	7,8	7,9	8,0
0	0,0008	0,0007	0,0007	0,0006	0,0006	0,0005	0,0005	0,0004	0,0004	0,0003
1	0,0059	0,0054	0,0049	0,0045	0,0041	0,0038	0,0035	0,0032	0,0029	0,0027
2	0,0208	0,0194	0,0180	0,0167	0,0156	0,0145	0,0134	0,0125	0,0116	0,0107
3	0,0492	0,0464	0,0438	0,0413	0,0389	0,0366	0,0345	0,0324	0,0305	0,0286
4	0,0874	0,0836	0,0799	0,0764	0,0729	0,0696	0,0663	0,0632	0,0602	0,0573
5	0,1241	0,1204	0,1167	0,1130	0,1094	0,1057	0,1021	0,0986	0,0951	0,0916
6	0,1468	0,1445	0,1420	0,1394	0,1367	0,1339	0,1311	0,1282	0,1252	0,1221
7	0,1489	0,1486	0,1481	0,1474	0,1465	0,1454	0,1442	0,1428	0,1413	0,1396
8	0,1321	0,1337	0,1351	0,1363	0,1373	0,1382	0,1388	0,1392	0,1395	0,1396
9	0,1042	0,1070	0,1096	0,1121	0,1144	0,1167	0,1187	0,1207	0,1224	0,1241
10	0,0740	0,0770	0,0800	0,0829	0,0858	0,0887	0,0914	0,0941	0,0967	0,0993
11	0,0478	0,0504	0,0531	0,0558	0,0585	0,0613	0,0640	0,0667	0,0695	0,0722
12	0,0283	0,0303	0,0323	0,0344	0,0366	0,0388	0,0411	0,0434	0,0457	0,0481
13	0,0154	0,0168	0,0181	0,0196	0,0211	0,0227	0,0243	0,0260	0,0278	0,0296
14	0,0078	0,0086	0,0095	0,0104	0,0113	0,0123	0,0134	0,0145	0,0157	0,0169
15	0,0037	0,0041	0,0046	0,0051	0,0057	0,0062	0,0069	0,0075	0,0083	0,0090
16	0,0016	0,0019	0,0021	0,0024	0,0026	0,0030	0,0033	0,0037	0,0041	0,0045
17	0,0007	0,0008	0,0009	0,0010	0,0012	0,0013	0,0015	0,0017	0,0019	0,0021
18	0,0003	0,0003	0,0004	0,0004	0,0005	0,0006	0,0006	0,0007	0,0008	0,0009
19	0,0001	0,0001	0,0001	0,0002	0,0002	0,0002	0,0003	0,0003	0,0003	0,0004
20	0,0000	0,0000	0,0001	0,0001	0,0001	0,0001	0,0001	0,0001	0,0001	0,0002
21	0,0000	0,0000	0,0000	0,0000	0,0000	0,0000	0,0000	0,0000	0,0001	0,0001

Tabela B.3 – Distribuição de Poisson *(continuação)*

	μ									
x	8,1	8,2	8,3	8,4	8,5	8,6	8,7	8,8	8,9	9,0
0	0,0003	0,0003	0,0002	0,0002	0,0002	0,0002	0,0002	0,0002	0,0001	0,0001
1	0,0025	0,0023	0,0021	0,0019	0,0017	0,0016	0,0014	0,0013	0,0012	0,0011
2	0,0100	0,0092	0,0086	0,0079	0,0074	0,0068	0,0063	0,0058	0,0054	0,0050
3	0,0269	0,0252	0,0237	0,0222	0,0208	0,0195	0,0183	0,0171	0,0160	0,0150
4	0,0544	0,0517	0,0491	0,0466	0,0443	0,0420	0,0398	0,0377	0,0357	0,0337
5	0,0882	0,0849	0,0816	0,0784	0,0752	0,0722	0,0692	0,0663	0,0635	0,0607
6	0,1191	0,1160	0,1128	0,1097	0,1066	0,1034	0,1003	0,0972	0,0941	0,0911
7	0,1378	0,1358	0,1338	0,1317	0,1294	0,1271	0,1247	0,1222	0,1197	0,1171
8	0,1395	0,1392	0,1388	0,1382	0,1375	0,1366	0,1356	0,1344	0,1332	0,1318
9	0,1256	0,1269	0,1280	0,1290	0,1299	0,1306	0,1311	0,1315	0,1317	0,1318
10	0,1017	0,1040	0,1063	0,1084	0,1104	0,1123	0,1140	0,1157	0,1172	0,1186
11	0,0749	0,0776	0,0802	0,0828	0,0853	0,0878	0,0902	0,0925	0,0948	0,0970
12	0,0505	0,0530	0,0555	0,0579	0,0604	0,0629	0,0654	0,0679	0,0703	0,0728
13	0,0315	0,0334	0,0354	0,0374	0,0395	0,0416	0,0438	0,0459	0,0481	0,0504
14	0,0182	0,0196	0,0210	0,0225	0,0240	0,0256	0,0272	0,0289	0,0306	0,0324
15	0,0098	0,0107	0,0116	0,0126	0,0136	0,0147	0,0158	0,0169	0,0182	0,0194
16	0,0050	0,0055	0,0060	0,0066	0,0072	0,0079	0,0086	0,0093	0,0101	0,0109
17	0,0024	0,0026	0,0029	0,0033	0,0036	0,0040	0,0044	0,0048	0,0053	0,0058
18	0,0011	0,0012	0,0014	0,0015	0,0017	0,0019	0,0021	0,0024	0,0026	0,0029
19	0,0005	0,0005	0,0006	0,0007	0,0008	0,0009	0,0010	0,0011	0,0012	0,0014
20	0,0002	0,0002	0,0002	0,0003	0,0003	0,0004	0,0004	0,0005	0,0005	0,0006
21	0,0001	0,0001	0,0001	0,0001	0,0001	0,0002	0,0002	0,0002	0,0002	0,0003
22	0,0000	0,0000	0,0000	0,0000	0,0001	0,0001	0,0001	0,0001	0,0001	0,0001

	μ									
x	9,1	9,2	9,3	9,4	9,5	9,6	9,7	9,8	9,9	10,0
0	0,0001	0,0001	0,0001	0,0001	0,0001	0,0001	0,0001	0,0001	0,0001	0,0000
1	0,0010	0,0009	0,0009	0,0008	0,0007	0,0007	0,0006	0,0005	0,0005	0,0005
2	0,0046	0,0043	0,0040	0,0037	0,0034	0,0031	0,0029	0,0027	0,0025	0,0023
3	0,0140	0,0131	0,0123	0,0115	0,0107	0,0100	0,0093	0,0087	0,0081	0,0076
4	0,0319	0,0302	0,0285	0,0269	0,0254	0,0240	0,0226	0,0213	0,0201	0,0189
5	0,0581	0,0555	0,0530	0,0506	0,0483	0,0460	0,0439	0,0418	0,0398	0,0378
6	0,0881	0,0851	0,0822	0,0793	0,0764	0,0736	0,0709	0,0682	0,0656	0,0631
7	0,1145	0,1118	0,1091	0,1064	0,1037	0,1010	0,0982	0,0955	0,0928	0,0901
8	0,1302	0,1286	0,1269	0,1251	0,1232	0,1212	0,1191	0,1170	0,1148	0,1126
9	0,1317	0,1315	0,1311	0,1306	0,1300	0,1293	0,1284	0,1274	0,1263	0,1251
10	0,1198	0,1210	0,1219	0,1228	0,1235	0,1241	0,1245	0,1249	0,1250	0,1251
11	0,0991	0,1012	0,1031	0,1049	0,1067	0,1083	0,1098	0,1112	0,1125	0,1137
12	0,0752	0,0776	0,0799	0,0822	0,0844	0,0866	0,0888	0,0908	0,0928	0,0948
13	0,0526	0,0549	0,0572	0,0594	0,0617	0,0640	0,0662	0,0685	0,0707	0,0729
14	0,0342	0,0361	0,0380	0,0399	0,0419	0,0439	0,0459	0,0479	0,0500	0,0521
15	0,0208	0,0221	0,0235	0,0250	0,0265	0,0281	0,0297	0,0313	0,0330	0,0347
16	0,0118	0,0127	0,0137	0,0147	0,0157	0,0168	0,0180	0,0192	0,0204	0,0217
17	0,0063	0,0069	0,0075	0,0081	0,0088	0,0095	0,0103	0,0111	0,0119	0,0128
18	0,0032	0,0035	0,0039	0,0042	0,0046	0,0051	0,0055	0,0060	0,0065	0,0071
19	0,0015	0,0017	0,0019	0,0021	0,0023	0,0026	0,0028	0,0031	0,0034	0,0037
20	0,0007	0,0008	0,0009	0,0010	0,0011	0,0012	0,0014	0,0015	0,0017	0,0019
21	0,0003	0,0003	0,0004	0,0004	0,0005	0,0006	0,0006	0,0007	0,0008	0,0009
22	0,0001	0,0001	0,0002	0,0002	0,0002	0,0002	0,0003	0,0003	0,0004	0,0004
23	0,0000	0,0001	0,0001	0,0001	0,0001	0,0001	0,0001	0,0001	0,0002	0,0002
24	0,0000	0,0000	0,0000	0,0000	0,0000	0,0000	0,0000	0,0001	0,0001	0,0001

Tabela B.3 - Distribuição de Poisson *(conclusão)*

	μ									
x	11	12	13	14	15	16	17	18	19	20
0	0,0000	0,0000	0,0000	0,0000	0,0000	0,0000	0,0000	0,0000	0,0000	0,0000
1	0,0002	0,0001	0,0000	0,0000	0,0000	0,0000	0,0000	0,0000	0,0000	0,0000
2	0,0010	0,0004	0,0002	0,0001	0,0000	0,0000	0,0000	0,0000	0,0000	0,0000
3	0,0037	0,0018	0,0008	0,0004	0,0002	0,0001	0,0000	0,0000	0,0000	0,0000
4	0,0102	0,0053	0,0027	0,0013	0,0006	0,0003	0,0001	0,0001	0,0000	0,0000
5	0,0224	0,0127	0,0070	0,0037	0,0019	0,0010	0,0005	0,0002	0,0001	0,0001
6	0,0411	0,0255	0,0152	0,0087	0,0048	0,0026	0,0014	0,0007	0,0004	0,0002
7	0,0646	0,0437	0,0281	0,0174	0,0104	0,0060	0,0034	0,0018	0,0010	0,0005
8	0,0888	0,0655	0,0457	0,0304	0,0194	0,0120	0,0072	0,0042	0,0024	0,0013
9	0,1085	0,0874	0,0661	0,0473	0,0324	0,0213	0,0135	0,0083	0,0050	0,0029
10	0,1194	0,1048	0,0859	0,0663	0,0486	0,0341	0,0230	0,0150	0,0095	0,0058
11	0,1194	0,1144	0,1015	0,0844	0,0663	0,0496	0,0355	0,0245	0,0164	0,0106
12	0,1094	0,1144	0,1099	0,0984	0,0829	0,0661	0,0504	0,0368	0,0259	0,0176
13	0,0926	0,1056	0,1099	0,1060	0,0956	0,0814	0,0658	0,0509	0,0378	0,0271
14	0,0728	0,0905	0,1021	0,1060	0,1024	0,0930	0,0800	0,0655	0,0514	0,0387
15	0,0534	0,0724	0,0885	0,0989	0,1024	0,0992	0,0906	0,0786	0,0650	0,0516
16	0,0367	0,0543	0,0719	0,0866	0,0960	0,0992	0,0963	0,0884	0,0772	0,0646
17	0,0237	0,0383	0,0550	0,0713	0,0847	0,0934	0,0963	0,0936	0,0863	0,0760
18	0,0145	0,0256	0,0397	0,0554	0,0706	0,0830	0,0909	0,0936	0,0911	0,0844
19	0,0084	0,0161	0,0272	0,0409	0,0557	0,0699	0,0814	0,0887	0,0911	0,0888
20	0,0046	0,0097	0,0177	0,0286	0,0418	0,0559	0,0692	0,0798	0,0866	0,0888
21	0,0024	0,0055	0,0109	0,0191	0,0299	0,0426	0,0560	0,0684	0,0783	0,0846
22	0,0012	0,0030	0,0065	0,0121	0,0204	0,0310	0,0433	0,0560	0,0676	0,0769
23	0,0006	0,0016	0,0037	0,0074	0,0133	0,0216	0,0320	0,0438	0,0559	0,0669
24	0,0003	0,0008	0,0020	0,0043	0,0083	0,0144	0,0226	0,0328	0,0442	0,0557
25	0,0001	0,0004	0,0010	0,0024	0,0050	0,0092	0,0154	0,0237	0,0336	0,0446
26	0,0000	0,0002	0,0005	0,0013	0,0029	0,0057	0,0101	0,0164	0,0246	0,0343
27	0,0000	0,0001	0,0002	0,0007	0,0016	0,0034	0,0063	0,0109	0,0173	0,0254
28	0,0000	0,0000	0,0001	0,0003	0,0009	0,0019	0,0038	0,0070	0,0117	0,0181
29	0,0000	0,0000	0,0001	0,0002	0,0004	0,0011	0,0023	0,0044	0,0077	0,0125
30	0,0000	0,0000	0,0000	0,0001	0,0002	0,0006	0,0013	0,0026	0,0049	0,0083
31	0,0000	0,0000	0,0000	0,0000	0,0001	0,0003	0,0007	0,0015	0,0030	0,0054
32	0,0000	0,0000	0,0000	0,0000	0,0001	0,0001	0,0004	0,0009	0,0018	0,0034
33	0,0000	0,0000	0,0000	0,0000	0,0000	0,0001	0,0002	0,0005	0,0010	0,0020
34	0,0000	0,0000	0,0000	0,0000	0,0000	0,0000	0,0001	0,0002	0,0006	0,0012
35	0,0000	0,0000	0,0000	0,0000	0,0000	0,0000	0,0000	0,0001	0,0003	0,0007
36	0,0000	0,0000	0,0000	0,0000	0,0000	0,0000	0,0000	0,0001	0,0002	0,0004
37	0,0000	0,0000	0,0000	0,0000	0,0000	0,0000	0,0000	0,0000	0,0001	0,0002
38	0,0000	0,0000	0,0000	0,0000	0,0000	0,0000	0,0000	0,0000	0,0000	0,0001
39	0,0000	0,0000	0,0000	0,0000	0,0000	0,0000	0,0000	0,0000	0,0000	0,0001

Tabela B.4 - Distribuição normal padrão

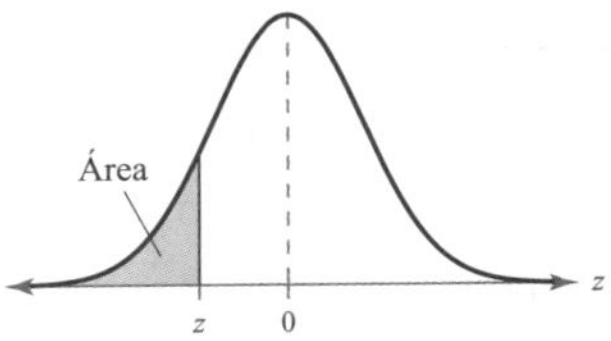

Figura B.1

z	0,09	0,08	0,07	0,06	0,05	0,04	0,03	0,02	0,01	0,00
−3,4	0,0002	0,0003	0,0003	0,0003	0,0003	0,0003	0,0003	0,0003	0,0003	0,0003
−3,3	0,0003	0,0004	0,0004	0,0004	0,0004	0,0004	0,0004	0,0005	0,0005	0,0005
−3,2	0,0005	0,0005	0,0005	0,0006	0,0006	0,0006	0,0006	0,0006	0,0007	0,0007
−3,1	0,0007	0,0007	0,0008	0,0008	0,0008	0,0008	0,0009	0,0009	0,0009	0,0010
−3,0	0,0010	0,0010	0,0011	0,0011	0,0011	0,0012	0,0012	0,0013	0,0013	0,0013
−2,9	0,0014	0,0014	0,0015	0,0015	0,0016	0,0016	0,0017	0,0018	0,0018	0,0019
−2,8	0,0019	0,0020	0,0021	0,0021	0,0022	0,0023	0,0023	0,0024	0,0025	0,0026
−2,7	0,0026	0,0027	0,0028	0,0029	0,0030	0,0031	0,0032	0,0033	0,0034	0,0035
−2,6	0,0036	0,0037	0,0038	0,0039	0,0040	0,0041	0,0043	0,0044	0,0045	0,0047
−2,5	0,0048	0,0049	0,0051	0,0052	0,0054	0,0055	0,0057	0,0059	0,0060	0,0062
−2,4	0,0064	0,0066	0,0068	0,0069	0,0071	0,0073	0,0075	0,0078	0,0080	0,0082
−2,3	0,0084	0,0087	0,0089	0,0091	0,0094	0,0096	0,0099	0,0102	0,0104	0,0107
−2,2	0,0110	0,0113	0,0116	0,0119	0,0122	0,0125	0,0129	0,0132	0,0136	0,0139
−2,1	0,0143	0,0146	0,0150	0,0154	0,0158	0,0162	0,0166	0,0170	0,0174	0,0179
−2,0	0,0183	0,0188	0,0192	0,0197	0,0202	0,0207	0,0212	0,0217	0,0222	0,0228
−1,9	0,0233	0,0239	0,0244	0,0250	0,0256	0,0262	0,0268	0,0274	0,0281	0,0287
−1,8	0,0294	0,0301	0,0307	0,0314	0,0322	0,0329	0,0336	0,0344	0,0351	0,0359
−1,7	0,0367	0,0375	0,0384	0,0392	0,0401	0,0409	0,0418	0,0427	0,0436	0,0446
−1,6	0,0455	0,0465	0,0475	0,0485	0,0495	0,0505	0,0516	0,0526	0,0537	0,0548
−1,5	0,0559	0,0571	0,0582	0,0594	0,0606	0,0618	0,0630	0,0643	0,0655	0,0668
−1,4	0,0681	0,0694	0,0708	0,0721	0,0735	0,0749	0,0764	0,0778	0,0793	0,0808
−1,3	0,0823	0,0838	0,0853	0,0869	0,0885	0,0901	0,0918	0,0934	0,0951	0,0968
−1,2	0,0985	0,1003	0,1020	0,1038	0,1056	0,1075	0,1093	0,1112	0,1131	0,1151
−1,1	0,1170	0,1190	0,1210	0,1230	0,1251	0,1271	0,1292	0,1314	0,1335	0,1357
−1,0	0,1379	0,1401	0,1423	0,1446	0,1469	0,1492	0,1515	0,1539	0,1562	0,1587
−0,9	0,1611	0,1635	0,1660	0,1685	0,1711	0,1736	0,1762	0,1788	0,1814	0,1841
−0,8	0,1867	0,1894	0,1922	0,1949	0,1977	0,2005	0,2033	0,2061	0,2090	0,2119
−0,7	0,2148	0,2177	0,2206	0,2236	0,2266	0,2296	0,2327	0,2358	0,2389	0,2420
−0,6	0,2451	0,2483	0,2514	0,2546	0,2578	0,2611	0,2643	0,2676	0,2709	0,2743
−0,5	0,2776	0,2810	0,2843	0,2877	0,2912	0,2946	0,2981	0,3015	0,3050	0,3085
−0,4	0,3121	0,3156	0,3192	0,3228	0,3264	0,3300	0,3336	0,3372	0,3409	0,3446
−0,3	0,3483	0,3520	0,3557	0,3594	0,3632	0,3669	0,3707	0,3745	0,3783	0,3821
−0,2	0,3859	0,3897	0,3936	0,3974	0,4013	0,4052	0,4090	0,4129	0,4168	0,4207
−0,1	0,4247	0,4286	0,4325	0,4364	0,4404	0,4443	0,4483	0,4522	0,4562	0,4602
−0,0	0,4641	0,4681	0,4721	0,4761	0,4801	0,4840	0,4880	0,4920	0,4960	0,5000

Valores críticos

Nível de confiança	z_c
0,80	1,28
0,90	1,645
0,95	1,96
0,99	2,575

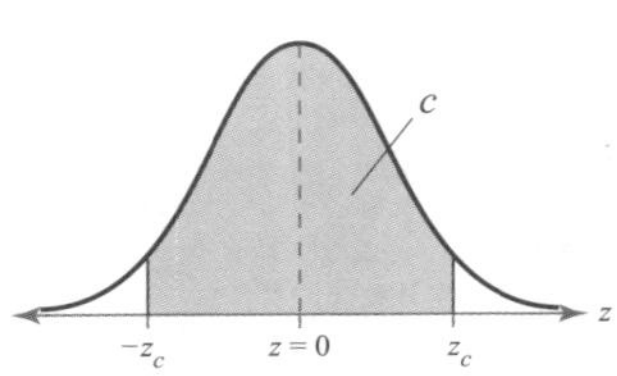

Figura B.2

Tabela A-3. Fonte: WALPONE; MYERS; MYER. *Probability and Statistics for Engineers and Scientists*, 6 ed. Copyright © 1997, p. 681-682. Pearson Prentice Hall, Upper Saddle River, N.J.

Tabela B.4 – Distribuição normal padrão (conclusão)

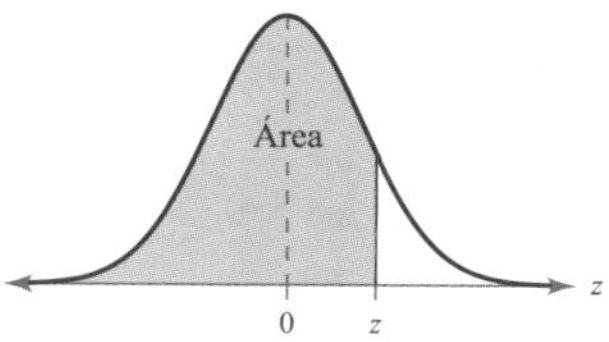

Figura B.3

z	0,00	0,01	0,02	0,03	0,04	0,05	0,06	0,07	0,08	0,09
0,0	0,5000	0,5040	0,5080	0,5120	0,5160	0,5199	0,5239	0,5279	0,5319	0,5359
0,1	0,5398	0,5438	0,5478	0,5517	0,5557	0,5596	0,5636	0,5675	0,5714	0,5753
0,2	0,5793	0,5832	0,5871	0,5910	0,5948	0,5987	0,6026	0,6064	0,6103	0,6141
0,3	0,6179	0,6217	0,6255	0,6293	0,6331	0,6368	0,6406	0,6443	0,6480	0,6517
0,4	0,6554	0,6591	0,6628	0,6664	0,6700	0,6736	0,6772	0,6808	0,6844	0,6879
0,5	0,6915	0,6950	0,6985	0,7019	0,7054	0,7088	0,7123	0,7157	0,7190	0,7224
0,6	0,7257	0,7291	0,7324	0,7357	0,7389	0,7422	0,7454	0,7486	0,7517	0,7549
0,7	0,7580	0,7611	0,7642	0,7673	0,7704	0,7734	0,7764	0,7794	0,7823	0,7852
0,8	0,7881	0,7910	0,7939	0,7967	0,7995	0,8023	0,8051	0,8078	0,8106	0,8133
0,9	0,8159	0,8186	0,8212	0,8238	0,8264	0,8289	0,8315	0,8340	0,8365	0,8389
1,0	0,8413	0,8438	0,8461	0,8485	0,8508	0,8531	0,8554	0,8577	0,8599	0,8621
1,1	0,8643	0,8665	0,8686	0,8708	0,8729	0,8749	0,8770	0,8790	0,8810	0,8830
1,2	0,8849	0,8869	0,8888	0,8907	0,8925	0,8944	0,8962	0,8980	0,8997	0,9015
1,3	0,9032	0,9049	0,9066	0,9082	0,9099	0,9115	0,9131	0,9147	0,9162	0,9177
1,4	0,9192	0,9207	0,9222	0,9236	0,9251	0,9265	0,9279	0,9292	0,9306	0,9319
1,5	0,9332	0,9345	0,9357	0,9370	0,9382	0,9394	0,9406	0,9418	0,9429	0,9441
1,6	0,9452	0,9463	0,9474	0,9484	0,9495	0,9505	0,9515	0,9525	0,9535	0,9545
1,7	0,9554	0,9564	0,9573	0,9582	0,9591	0,9599	0,9608	0,9616	0,9625	0,9633
1,8	0,9641	0,9649	0,9656	0,9664	0,9671	0,9678	0,9686	0,9693	0,9699	0,9706
1,9	0,9713	0,9719	0,9726	0,9732	0,9738	0,9744	0,9750	0,9756	0,9761	0,9767
2,0	0,9772	0,9778	0,9783	0,9788	0,9793	0,9798	0,9803	0,9808	0,9812	0,9817
2,1	0,9821	0,9826	0,9830	0,9834	0,9838	0,9842	0,9846	0,9850	0,9854	0,9857
2,2	0,9861	0,9864	0,9868	0,9871	0,9875	0,9878	0,9881	0,9884	0,9887	0,9890
2,3	0,9893	0,9896	0,9898	0,9901	0,9904	0,9906	0,9909	0,9911	0,9913	0,9916
2,4	0,9918	0,9920	0,9922	0,9925	0,9927	0,9929	0,9931	0,9932	0,9934	0,9936
2,5	0,9938	0,9940	0,9941	0,9943	0,9945	0,9946	0,9948	0,9949	0,9951	0,9952
2,6	0,9953	0,9955	0,9956	0,9957	0,9959	0,9960	0,9961	0,9962	0,9963	0,9964
2,7	0,9965	0,9966	0,9967	0,9968	0,9969	0,9970	0,9971	0,9972	0,9973	0,9974
2,8	0,9974	0,9975	0,9976	0,9977	0,9977	0,9978	0,9979	0,9979	0,9980	0,9981
2,9	0,9981	0,9982	0,9982	0,9983	0,9984	0,9984	0,9985	0,9985	0,9986	0,9986
3,0	0,9987	0,9987	0,9987	0,9988	0,9988	0,9989	0,9989	0,9989	0,9990	0,9990
3,1	0,9990	0,9991	0,9991	0,9991	0,9992	0,9992	0,9992	0,9992	0,9993	0,9993
3,2	0,9993	0,9993	0,9994	0,9994	0,9994	0,9994	0,9994	0,9995	0,9995	0,9995
3,3	0,9995	0,9995	0,9995	0,9996	0,9996	0,9996	0,9996	0,9996	0,9996	0,9997
3,4	0,9997	0,9997	0,9997	0,9997	0,9997	0,9997	0,9997	0,9997	0,9997	0,9998

Tabela B.5 - Distribuição *t*

	Nível de confiança *c*	0,80	0,90	0,95	0,98	0,99
	Unilateral, α	0,10	0,05	0,025	0,01	0,005
g,l,	Bilateral, α	0,20	0,10	0,05	0,02	0,01
1		3,078	6,314	12,706	31,821	63,657
2		1,886	2,920	4,303	6,965	9,925
3		1,638	2,353	3,182	4,541	5,841
4		1,533	2,132	2,776	3,747	4,604
5		1,476	2,015	2,571	3,365	4,032
6		1,440	1,943	2,447	3,143	3,707
7		1,415	1,895	2,365	2,998	3,499
8		1,397	1,860	2,306	2,896	3,355
9		1,383	1,833	2,262	2,821	3,250
10		1,372	1,812	2,228	2,764	3,169
11		1,363	1,796	2,201	2,718	3,106
12		1,356	1,782	2,179	2,681	3,055
13		1,350	1,771	2,160	2,650	3,012
14		1,345	1,761	2,145	2,624	2,977
15		1,341	1,753	2,131	2,602	2,947
16		1,337	1,746	2,120	2,583	2,921
17		1,333	1,740	2,110	2,567	2,898
18		1,330	1,734	2,101	2,552	2,878
19		1,328	1,729	2,093	2,539	2,861
20		1,325	1,725	2,086	2,528	2,845
21		1,323	1,721	2,080	2,518	2,831
22		1,321	1,717	2,074	2,508	2,819
23		1,319	1,714	2,069	2,500	2,807
24		1,318	1,711	2,064	2,492	2,797
25		1,316	1,708	2,060	2,485	2,787
26		1,315	1,706	2,056	2,479	2,779
27		1,314	1,703	2,052	2,473	2,771
28		1,313	1,701	2,048	2,467	2,763
29		1,311	1,699	2,045	2,462	2,756
30		1,310	1,697	2,042	2,457	2,750
31		1,309	1,696	2,040	2,453	2,744
32		1,309	1,694	2,037	2,449	2,738
33		1,308	1,692	2,035	2,445	2,733
34		1,307	1,691	2,032	2,441	2,728
35		1,306	1,690	2,030	2,438	2,724
36		1,306	1,688	2,028	2,434	2,719
37		1,305	1,687	2,026	2,431	2,715
38		1,304	1,686	2,024	2,429	2,712
39		1,304	1,685	2,023	2,426	2,708
40		1,303	1,684	2,021	2,423	2,704
45		1,301	1,679	2,014	2,412	2,690
50		1,299	1,676	2,009	2,403	2,678
60		1,296	1,671	2,000	2,390	2,660
70		1,294	1,667	1,994	2,381	2,648
80		1,292	1,664	1,990	2,374	2,639
90		1,291	1,662	1,987	2,368	2,632
100		1,290	1,660	1,984	2,364	2,626
500		1,283	1,648	1,965	2,334	2,586
1000		1,282	1,646	1,962	2,330	2,581
∞		1,282	1,645	1,960	2,326	2,576

Os valores críticos na Tabela B.5 foram gerados usando Excel.

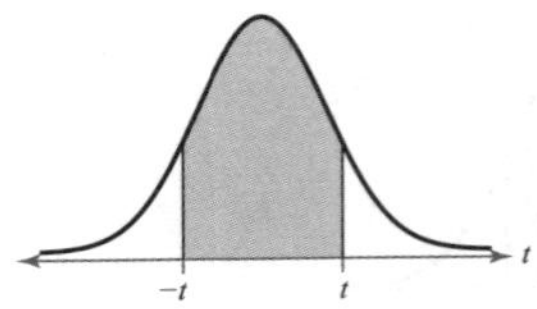

Intervalo de confiança *c*

Figura B.4

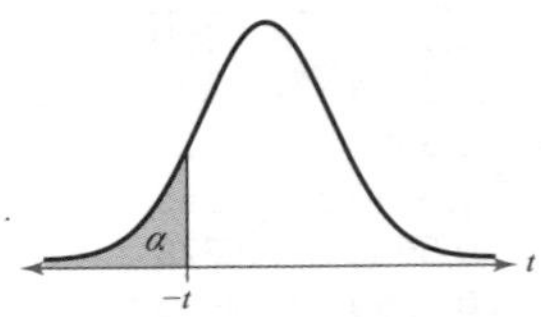

Teste unilateral à esquerda

Figura B.5

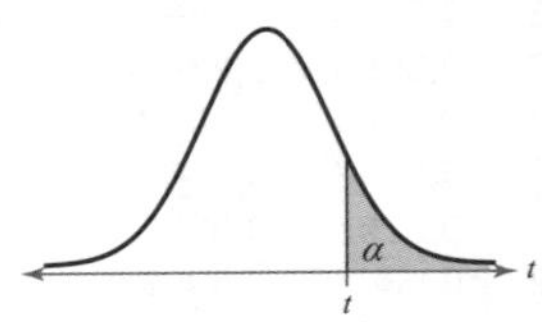

Teste unilateral à direita

Figura B.6

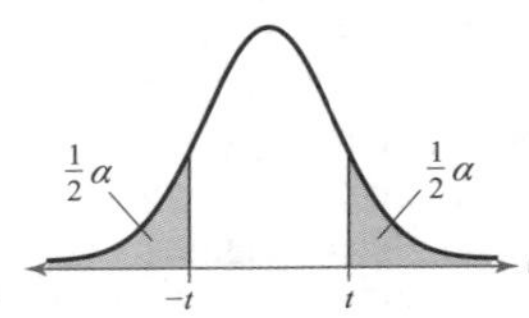

Teste bilateral

Figura B.7

Tabela B.6 – Distribuição qui-quadrado

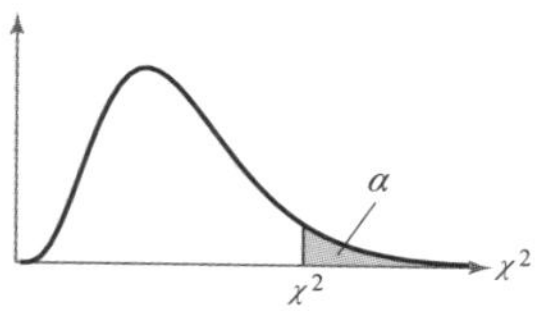

Unilateral à direita

Figura B.8

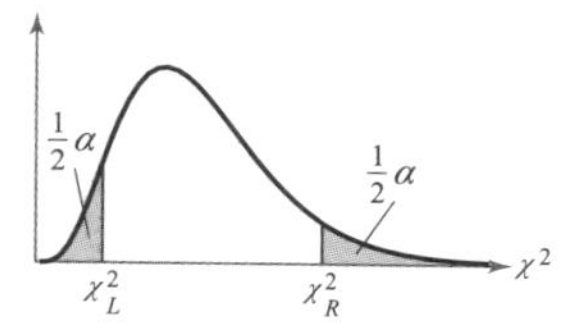

Bilateral

Figura B.9

Graus de liberdade	α									
	0,995	**0,99**	**0,975**	**0,95**	**0,90**	**0,10**	**0,05**	**0,025**	**0,01**	**0,005**
1	—	—	0,001	0,004	0,016	2,706	3,841	5,024	6,635	7,879
2	0,010	0,020	0,051	0,103	0,211	4,605	5,991	7,378	9,210	10,597
3	0,072	0,115	0,216	0,352	0,584	6,251	7,815	9,348	11,345	12,838
4	0,207	0,297	0,484	0,711	1,064	7,779	9,488	11,143	13,277	14,860
5	0,412	0,554	0,831	1,145	1,610	9,236	11,071	12,833	15,086	16,750
6	0,676	0,872	1,237	1,635	2,204	10,645	12,592	14,449	16,812	18,548
7	0,989	1,239	1,690	2,167	2,833	12,017	14,067	16,013	18,475	20,278
8	1,344	1,646	2,180	2,733	3,490	13,362	15,507	17,535	20,090	21,955
9	1,735	2,088	2,700	3,325	4,168	14,684	16,919	19,023	21,666	23,589
10	2,156	2,558	3,247	3,940	4,865	15,987	18,307	20,483	23,209	25,188
11	2,603	3,053	3,816	4,575	5,578	17,275	19,675	21,920	24,725	26,757
12	3,074	3,571	4,404	5,226	6,304	18,549	21,026	23,337	26,217	28,299
13	3,565	4,107	5,009	5,892	7,042	19,812	22,362	24,736	27,688	29,819
14	4,075	4,660	5,629	6,571	7,790	21,064	23,685	26,119	29,141	31,319
15	4,601	5,229	6,262	7,261	8,547	22,307	24,996	27,488	30,578	32,801
16	5,142	5,812	6,908	7,962	9,312	23,542	26,296	28,845	32,000	34,267
17	5,697	6,408	7,564	8,672	10,085	24,769	27,587	30,191	33,409	35,718
18	6,265	7,015	8,231	9,390	10,865	25,989	28,869	31,526	34,805	37,156
19	6,844	7,633	8,907	10,117	11,651	27,204	30,144	32,852	36,191	38,582
20	7,434	8,260	9,591	10,851	12,443	28,412	31,410	34,170	37,566	39,997
21	8,034	8,897	10,283	11,591	13,240	29,615	32,671	35,479	38,932	41,401
22	8,643	9,542	10,982	12,338	14,042	30,813	33,924	36,781	40,289	42,796
23	9,260	10,196	11,689	13,091	14,848	32,007	35,172	38,076	41,638	44,181
24	9,886	10,856	12,401	13,848	15,659	33,196	36,415	39,364	42,980	45,559
25	10,520	11,524	13,120	14,611	16,473	34,382	37,652	40,646	44,314	46,928
26	11,160	12,198	13,844	15,379	17,292	35,563	38,885	41,923	45,642	48,290
27	11,808	12,879	14,573	16,151	18,114	36,741	40,113	43,194	46,963	49,645
28	12,461	13,565	15,308	16,928	18,939	37,916	41,337	44,461	48,278	50,993
29	13,121	14,257	16,047	17,708	19,768	39,087	42,557	45,722	49,588	52,336
30	13,787	14,954	16,791	18,493	20,599	40,256	43,773	46,979	50,892	53,672
40	20,707	22,164	24,433	26,509	29,051	51,805	55,758	59,342	63,691	66,766
50	27,991	29,707	32,357	34,764	37,689	63,167	67,505	71,420	76,154	79,490
60	35,534	37,485	40,482	43,188	46,459	74,397	79,082	83,298	88,379	91,952
70	43,275	45,442	48,758	51,739	55,329	85,527	90,531	95,023	100,425	104,215
80	51,172	53,540	57,153	60,391	64,278	96,578	101,879	106,629	112,329	116,321
90	59,196	61,754	65,647	69,126	73,291	107,565	113,145	118,136	124,116	128,299
100	67,328	70,065	74,222	77,929	82,358	118,498	124,342	129,561	135,807	140,169

Fonte: OWEN, D. B. *Handbook of Statistical Tables*, A.5. Publicado por Addison Wesley Longman, Inc.

Tabela B.7 - Distribuição F

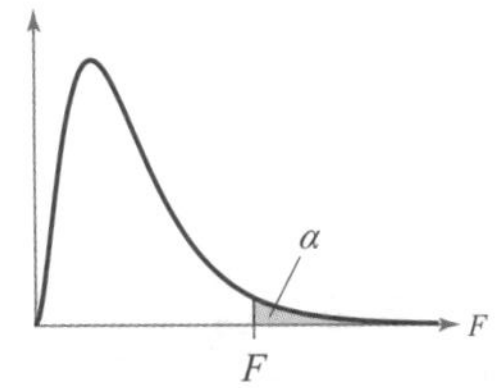

Figura B.10

g,l,$_D$: Graus de liberdade, denominador	$\alpha = 0{,}005$																		
	g,l,$_N$: Graus de liberdade, numerador																		
	1	2	3	4	5	6	7	8	9	10	12	15	20	24	30	40	60	120	∞
1	16211	20000	21615	22500	23056	23437	23715	23925	24091	24224	24426	24630	24836	24940	25044	25148	25253	25359	25465
2	198,5	199,0	199,2	199,2	199,3	199,3	199,4	199,4	199,4	199,4	199,4	199,4	199,4	199,5	199,5	199,5	199,5	199,5	199,5
3	55,55	49,80	47,47	46,19	45,39	44,84	44,43	44,13	43,88	43,69	43,39	43,08	42,78	42,62	42,47	42,31	42,15	41,99	41,83
4	31,33	26,28	24,26	23,15	22,46	21,97	21,62	21,35	21,14	20,97	20,70	20,44	20,17	20,03	19,89	19,75	19,61	19,47	19,32
5	22,78	18,31	16,53	15,56	14,94	14,51	14,20	13,96	13,77	13,62	13,38	13,15	12,90	12,78	12,66	12,53	12,40	12,27	12,14
6	18,63	14,54	12,92	12,03	11,46	11,07	10,79	10,57	10,39	10,25	10,03	9,81	9,59	9,47	9,36	9,24	9,12	9,00	8,88
7	16,24	12,40	10,88	10,05	9,52	9,16	8,89	8,68	8,51	8,38	8,18	7,97	7,75	7,65	7,53	7,42	7,31	7,19	7,08
8	14,69	11,04	9,60	8,81	8,30	7,95	7,69	7,50	7,34	7,21	7,01	6,81	6,61	6,50	6,40	6,29	6,18	6,06	5,95
9	13,61	10,11	8,72	7,96	7,47	7,13	6,88	6,69	6,54	6,42	6,23	6,03	5,83	5,73	5,62	5,52	5,41	5,30	5,19
10	12,83	9,43	8,08	7,34	6,87	6,54	6,30	6,12	5,97	5,85	5,66	5,47	5,27	5,17	5,07	4,97	4,86	4,75	4,64
11	12,73	8,91	7,60	6,88	6,42	6,10	5,86	5,68	5,54	5,42	5,24	5,05	4,86	4,76	4,65	4,55	4,44	4,34	4,23
12	11,75	8,51	7,23	6,52	6,07	5,76	5,52	5,35	5,20	5,09	4,91	4,72	4,53	4,43	4,33	4,23	4,12	4,01	3,90
13	11,37	8,19	6,93	6,23	5,79	5,48	5,25	5,08	4,94	4,82	4,64	4,46	4,27	4,17	4,07	3,97	3,87	3,76	3,65
14	11,06	7,92	6,68	6,00	5,56	5,26	5,03	4,86	4,72	4,60	4,43	4,25	4,06	3,96	3,86	3,76	3,66	3,55	3,44
15	10,80	7,70	6,48	5,80	5,37	5,07	4,85	4,67	4,54	4,42	4,25	4,07	3,88	3,79	3,69	3,58	3,48	3,37	3,26
16	10,58	7,51	6,30	5,64	5,21	4,91	4,69	4,52	4,38	4,27	4,10	3,92	3,73	3,64	3,54	3,44	3,33	3,22	3,11
17	10,38	7,35	6,16	5,50	5,07	4,78	4,56	4,39	4,25	4,14	3,97	3,79	3,61	3,51	3,41	3,31	3,21	3,10	2,98
18	10,22	7,21	6,03	5,37	4,96	4,66	4,44	4,28	4,14	4,03	3,86	3,68	3,50	3,40	3,30	3,20	3,10	2,99	2,87
19	10,07	7,09	5,92	5,27	4,85	4,56	4,34	4,18	4,04	3,93	3,76	3,59	3,40	3,31	3,21	3,11	3,00	2,89	2,78
20	9,94	6,99	5,82	5,17	4,76	4,47	4,26	4,09	3,96	3,85	3,68	3,50	3,32	3,22	3,12	3,02	2,92	2,81	2,69
21	9,83	6,89	5,73	5,09	4,68	4,39	4,18	4,01	3,88	3,77	3,60	3,43	3,24	3,15	3,05	2,95	2,84	2,73	2,61
22	9,73	6,81	5,65	5,02	4,61	4,32	4,11	3,94	3,81	3,70	3,54	3,36	3,18	3,08	2,98	2,88	2,77	2,66	2,55
23	9,63	6,73	5,58	4,95	4,54	4,26	4,05	3,88	3,75	3,64	3,47	3,30	3,12	3,02	2,92	2,82	2,71	2,60	2,48
24	9,55	6,66	5,52	4,89	4,49	4,20	3,99	3,83	3,69	3,59	3,42	3,25	3,06	2,97	2,87	2,77	2,66	2,55	2,43
25	9,48	6,60	5,46	4,84	4,43	4,15	3,94	3,78	3,64	3,54	3,37	3,20	3,01	2,92	2,82	2,72	2,61	2,50	2,38
26	9,41	6,54	5,41	4,79	4,38	4,10	3,89	3,73	3,60	3,49	3,33	3,15	2,97	2,87	2,77	2,67	2,56	2,45	2,33
27	9,34	6,49	5,36	4,74	4,34	4,06	3,85	3,69	3,56	3,45	3,28	3,11	2,93	2,83	2,73	2,63	2,52	2,41	2,25
28	9,28	6,44	5,32	4,70	4,30	4,02	3,81	3,65	3,52	3,41	3,25	3,07	2,89	2,79	2,69	2,59	2,48	2,37	2,29
29	9,23	6,40	5,28	4,66	4,26	3,98	3,77	3,61	3,48	3,38	3,21	3,04	2,86	2,76	2,66	2,56	2,45	2,33	2,24
30	9,18	6,35	5,24	4,62	4,23	3,95	3,74	3,58	3,45	3,34	3,18	3,01	2,82	2,73	2,63	2,52	2,42	2,30	2,18
40	8,83	6,07	4,98	4,37	3,99	3,71	3,51	3,35	3,22	3,12	2,95	2,78	2,60	2,50	2,40	2,30	2,18	2,06	1,93
60	8,49	5,79	4,73	4,14	3,76	3,49	3,29	3,13	3,01	2,90	2,74	2,57	2,39	2,29	2,19	2,08	1,96	1,83	1,69
120	8,18	5,54	4,50	3,92	3,55	3,28	3,09	2,93	2,81	2,71	2,54	2,37	2,19	2,09	1,98	1,87	1,75	1,61	1,43
∞	7,88	5,30	4,28	3,72	3,35	3,09	2,90	2,74	2,62	2,52	2,36	2,19	2,00	1,90	1,79	1,67	1,53	1,36	1,00

Tabela B.7 – Distribuição *F* (*continuação*)

$g.l._D$: Graus de liberdade, denominador	0,01																		
	$g.l._N$: Graus de liberdade, numerador																		
	1	2	3	4	5	6	7	8	9	10	12	15	20	24	30	40	60	120	∞
1	4052	4999,5	5403	5625	5764	5859	5928	5982	6022	6056	6106	6157	6209	6235	6261	6287	6313	6339	6366
2	98,50	99,00	99,17	99,25	99,30	99,33	99,36	99,37	99,39	99,40	99,42	99,43	99,45	99,46	99,47	99,47	99,48	99,49	99,50
3	34,12	30,82	29,46	28,71	28,24	27,91	27,67	27,49	27,35	27,23	27,05	26,87	26,69	26,60	26,50	26,41	26,32	26,22	26,13
4	21,20	18,00	16,69	15,98	15,52	15,21	14,98	14,80	14,66	14,55	4,37	14,20	14,02	13,93	13,84	13,75	13,65	13,56	13,46
5	16,26	13,27	12,06	11,39	10,97	10,67	10,46	10,29	10,16	10,05	9,89	9,72	9,55	9,47	9,38	9,29	9,20	9,11	9,02
6	13,75	10,92	9,78	9,15	8,75	8,47	8,26	8,10	7,98	7,87	7,72	7,56	7,40	7,31	7,23	7,14	7,06	6,97	6,88
7	12,25	9,55	8,45	7,85	7,46	7,19	6,99	6,84	6,72	6,62	6,47	6,31	6,16	6,07	5,99	5,91	5,82	5,74	5,65
8	11,26	8,65	7,59	7,01	6,63	6,37	6,18	6,03	5,91	5,81	5,67	5,52	5,36	5,28	5,20	5,12	5,03	4,95	4,86
9	10,56	8,02	6,99	6,42	6,06	5,80	5,61	5,47	5,35	5,26	5,11	4,96	4,81	4,73	4,65	4,57	4,48	4,40	4,31
10	10,04	7,56	6,55	5,99	5,64	5,39	5,20	5,06	4,94	4,85	4,71	4,56	4,41	4,33	4,25	4,17	4,08	4,00	3,91
11	9,65	7,21	6,22	5,67	5,32	5,07	4,89	4,74	4,63	4,54	4,40	4,25	4,10	4,02	3,94	3,86	3,78	3,69	3,60
12	9,33	6,93	5,95	5,41	5,06	4,82	4,64	4,50	4,39	4,30	4,16	4,01	3,86	3,78	3,70	3,62	3,54	3,45	3,36
13	9,07	6,70	5,74	5,21	4,86	4,62	4,44	4,30	4,19	4,10	3,96	3,82	3,66	3,59	3,51	3,43	3,34	3,25	3,17
14	8,86	6,51	5,56	5,04	4,69	4,46	4,28	4,14	4,03	3,94	3,80	3,66	3,51	3,43	3,35	3,27	3,18	3,09	3,00
15	8,68	6,36	5,42	4,89	4,56	4,32	4,14	4,00	3,89	3,80	3,67	3,52	3,37	3,29	3,21	3,13	3,05	2,96	2,87
16	8,53	6,23	5,29	4,77	4,44	4,20	4,03	3,89	3,78	3,69	3,55	3,41	3,26	3,18	3,10	3,02	2,93	2,84	2,75
17	8,40	6,11	5,18	4,67	4,34	4,10	3,93	3,79	3,68	3,59	3,46	3,31	3,16	3,08	3,00	2,92	2,83	2,75	2,65
18	8,29	6,01	5,09	4,58	4,25	4,01	3,84	3,71	3,60	3,51	3,37	3,23	3,08	3,00	2,92	2,84	2,75	2,66	2,57
19	8,18	5,93	5,01	4,50	4,17	3,94	3,77	3,63	3,52	3,43	3,30	3,15	3,00	2,92	2,84	2,76	2,67	2,58	2,49
20	8,10	5,85	4,94	4,43	4,10	3,87	3,70	3,56	3,46	3,37	3,23	3,09	2,94	2,86	2,78	2,69	2,61	2,52	2,42
21	8,02	5,78	4,87	4,37	4,04	3,81	3,64	3,51	3,40	3,31	3,17	3,03	2,88	2,80	2,72	2,64	2,55	2,46	2,36
22	7,95	5,72	4,82	4,31	3,99	3,76	3,59	3,45	3,35	3,26	3,12	2,98	2,83	2,75	2,67	2,58	2,50	2,40	2,31
23	7,88	5,66	4,76	4,26	3,94	3,71	3,54	3,41	3,30	3,21	3,07	2,93	2,78	2,70	2,62	2,54	2,45	2,35	2,26
24	7,82	5,61	4,72	4,22	3,90	3,67	3,50	3,36	3,26	3,17	3,03	2,89	2,74	2,66	2,58	2,49	2,40	2,31	2,21
25	7,77	5,57	4,68	4,18	3,85	3,63	3,46	3,32	3,22	3,13	2,99	2,85	2,70	2,62	2,54	2,45	2,36	2,27	2,17
26	7,72	5,53	4,64	4,14	3,82	3,59	3,42	3,29	3,18	3,09	2,96	2,81	2,66	2,58	2,50	2,42	2,33	2,23	2,13
27	7,68	5,49	4,60	4,11	3,78	3,56	3,39	3,26	3,15	3,06	2,93	2,78	2,63	2,55	2,47	2,38	2,29	2,20	2,10
28	7,64	5,45	4,57	4,07	3,75	3,53	3,36	3,23	3,12	3,03	2,90	2,75	2,60	2,52	2,44	2,35	2,26	2,17	2,06
29	7,60	5,42	4,54	4,04	3,73	3,50	3,33	3,20	3,09	3,00	2,87	2,73	2,57	2,49	2,41	2,33	2,23	2,14	2,03
30	7,56	5,39	4,51	4,02	3,70	3,47	3,30	3,17	3,07	2,98	2,84	2,70	2,55	2,47	2,39	2,30	2,21	2,11	2,01
40	7,31	5,18	4,31	3,83	3,51	3,29	3,12	2,99	2,89	2,80	2,66	2,52	2,37	2,29	2,20	2,11	2,02	1,92	1,80
60	7,08	4,98	4,13	3,65	3,34	3,12	2,95	2,82	2,72	2,63	2,50	2,35	2,20	2,12	2,03	1,94	1,84	1,73	1,60
120	6,85	4,79	3,95	3,48	3,17	2,96	2,79	2,66	2,56	2,47	2,34	2,19	2,03	1,95	1,86	1,76	1,66	1,53	1,38
∞	6,63	4,61	3,78	3,32	3,02	2,80	2,64	2,51	2,41	2,32	2,18	2,04	1,88	1,79	1,70	1,59	1,47	1,32	1,00

Tabela B.7 – Distribuição *F* (continuação)

g.l.$_D$: Graus de liberdade, denominador	0,025																		
	g.l.$_N$: Graus de liberdade, numerador																		
	1	2	3	4	5	6	7	8	9	10	12	15	20	24	30	40	60	120	∞
1	647,8	799,5	864,2	899,6	921,8	937,1	948,2	956,7	963,3	968,6	976,7	984,9	993,1	997,2	1001	1006	1010	1014	1018
2	38,51	39,00	39,17	39,25	39,30	39,33	39,36	39,37	39,39	39,40	39,41	39,43	39,45	39,46	39,46	39,47	39,48	39,49	39,50
3	17,44	16,04	15,44	15,10	14,88	14,73	14,62	14,54	14,47	14,42	14,34	14,25	14,17	14,12	14,08	14,04	13,99	13,95	13,90
4	12,22	10,65	9,98	9,60	9,36	9,20	9,07	8,98	8,90	8,84	8,75	8,66	8,56	8,51	8,46	8,41	8,36	8,31	8,26
5	10,01	8,43	7,76	7,39	7,15	6,98	6,85	6,76	6,68	6,62	6,52	6,43	6,33	6,28	6,23	6,18	6,12	6,07	6,02
6	8,81	7,26	6,60	6,23	5,99	5,82	5,70	5,60	5,52	5,46	5,37	5,27	5,17	5,12	5,07	5,01	4,96	4,90	4,85
7	8,07	6,54	5,89	5,52	5,29	5,12	4,99	4,90	4,82	4,76	4,67	4,57	4,47	4,42	4,36	4,31	4,25	4,20	4,14
8	7,57	6,06	5,42	5,05	4,82	4,65	4,53	4,43	4,36	4,30	4,20	4,10	4,00	3,95	3,89	3,84	3,78	3,73	3,67
9	7,21	5,71	5,08	4,72	4,48	4,32	4,20	4,10	4,03	3,96	3,87	3,77	3,67	3,61	3,56	3,51	3,45	3,39	3,33
10	6,94	5,46	4,83	4,47	4,24	4,07	3,95	3,85	3,78	3,72	3,62	3,52	3,42	3,37	3,31	3,26	3,20	3,14	3,08
11	6,72	5,26	4,63	4,28	4,04	3,88	3,76	3,66	3,59	3,53	3,43	3,33	3,23	3,17	3,12	3,06	3,00	2,94	2,88
12	6,55	5,10	4,47	4,12	3,89	3,73	3,61	3,51	3,44	3,37	3,28	3,18	3,07	3,02	2,96	2,91	2,85	2,79	2,72
13	6,41	4,97	4,35	4,00	3,77	3,60	3,48	3,39	3,31	3,25	3,15	3,05	2,95	2,89	2,84	2,78	2,72	2,66	2,60
14	6,30	4,86	4,24	3,89	3,66	3,50	3,38	3,29	3,21	3,15	3,05	2,95	2,84	2,79	2,73	2,67	2,61	2,55	2,49
15	6,20	4,77	4,15	3,80	3,58	3,41	3,29	3,20	3,12	3,06	2,98	2,86	2,76	2,70	2,64	2,59	2,52	2,46	2,40
16	6,12	4,69	4,08	3,73	3,50	3,34	3,22	3,12	3,05	2,99	2,89	2,79	2,68	2,63	2,57	2,51	2,45	2,38	2,32
17	6,04	4,62	4,01	3,66	3,44	3,28	3,16	3,06	2,98	2,92	2,82	2,72	2,62	2,56	2,50	2,44	2,38	2,32	2,25
18	5,98	4,56	3,95	3,61	3,38	3,22	3,10	3,01	2,93	2,87	2,77	2,67	2,56	2,50	2,44	2,38	2,32	2,26	2,19
19	5,92	4,51	3,90	3,56	3,33	3,17	3,05	2,96	2,88	2,82	2,72	2,62	2,51	2,45	2,39	2,33	2,27	2,20	2,13
20	5,87	4,46	3,86	3,51	3,29	3,13	3,01	2,91	2,84	2,77	2,68	2,57	2,46	2,41	2,35	2,29	2,22	2,16	2,09
21	5,83	4,42	3,82	3,48	3,25	3,09	2,97	2,87	2,80	2,73	2,64	2,53	2,42	2,37	2,31	2,25	2,18	2,11	2,04
22	5,79	4,38	3,78	3,44	3,22	3,05	2,93	2,84	2,76	2,70	2,60	2,50	2,39	2,33	2,27	2,21	2,14	2,08	2,00
23	5,75	4,35	3,75	3,41	3,18	3,02	2,90	2,81	2,73	2,67	2,57	2,47	2,36	2,30	2,24	2,18	2,11	2,04	1,97
24	5,72	4,32	3,72	3,38	3,15	2,99	2,87	2,78	2,70	2,64	2,54	2,44	2,33	2,27	2,21	2,15	2,08	2,01	1,94
25	5,69	4,29	3,69	3,35	3,13	2,97	2,85	2,75	2,68	2,61	2,51	2,41	2,30	2,24	2,18	2,12	2,05	1,98	1,91
26	5,66	4,27	3,67	3,33	3,10	2,94	2,82	2,73	2,65	2,59	2,49	2,39	2,25	2,22	2,16	2,09	2,03	1,95	1,88
27	5,63	4,24	3,65	3,31	3,08	2,92	2,80	2,71	2,63	2,57	2,47	2,36	2,25	2,19	2,13	2,07	2,00	1,93	1,85
28	5,61	4,22	3,63	3,29	3,06	2,90	2,78	2,69	2,61	2,55	2,45	2,34	2,23	2,17	2,11	2,05	1,98	1,91	1,83
29	5,59	4,20	3,61	3,27	3,04	2,88	2,76	2,67	2,59	2,53	2,43	2,32	2,21	2,15	2,09	2,03	1,96	1,89	1,81
30	5,57	4,18	3,59	3,25	3,03	2,87	2,75	2,65	2,57	2,51	2,41	2,31	2,20	2,14	2,07	2,01	1,94	1,87	1,79
40	5,42	4,05	3,46	3,13	2,90	2,74	2,62	2,53	2,45	2,39	2,29	2,18	2,07	2,01	1,94	1,88	1,80	1,72	1,64
60	5,29	3,93	3,34	3,01	2,79	2,63	2,51	2,41	2,33	2,27	2,17	2,06	1,94	1,88	1,82	1,74	1,67	1,58	1,48
120	5,15	3,80	3,23	2,89	2,67	2,52	2,39	2,30	2,22	2,16	2,05	1,94	1,82	1,76	1,69	1,61	1,53	1,43	1,31
∞	5,02	3,69	3,12	2,79	2,57	2,41	2,29	2,19	2,11	2,05	1,94	1,83	1,71	1,64	1,57	1,48	1,39	1,27	1,00

Tabela B.7 – Distribuição *F* (continuação)

$g.l._D$: Graus de liberdade, denominador	0,05																		
	$g.l._N$: Graus de liberdade, numerador																		
	1	2	3	4	5	6	7	8	9	10	12	15	20	24	30	40	60	120	∞
1	161,4	199,5	215,7	224,6	230,2	234,0	236,8	238,9	240,5	241,9	243,9	245,9	248,0	249,1	250,1	251,1	252,2	253,3	254,3
2	18,51	19,00	19,16	19,25	19,30	19,33	19,35	19,37	19,38	19,40	19,41	19,43	19,45	19,45	19,46	19,47	19,48	19,49	19,50
3	10,13	9,55	9,28	9,12	9,01	8,94	8,89	8,85	8,81	8,79	8,74	8,70	8,66	8,64	8,62	8,59	8,57	8,55	8,53
4	7,71	6,94	6,59	6,39	6,26	6,16	6,09	6,04	6,00	5,96	5,91	5,86	5,80	5,77	5,75	5,72	5,69	5,66	5,63
5	6,61	5,79	5,41	5,19	5,05	4,95	4,88	4,82	4,77	4,74	4,68	4,62	4,56	4,53	4,50	4,46	4,43	4,40	4,36
6	5,99	5,14	4,76	4,53	4,39	4,28	4,21	4,15	4,10	4,06	4,00	3,94	3,87	3,84	3,81	3,77	3,74	3,70	3,67
7	5,59	4,74	4,35	4,12	3,97	3,87	3,79	3,73	3,68	3,64	3,57	3,51	3,44	3,41	3,38	3,34	3,30	3,27	3,23
8	5,32	4,46	4,07	3,84	3,69	3,58	3,50	3,44	3,39	3,35	3,28	3,22	3,15	3,12	3,08	3,04	3,01	2,97	2,93
9	5,12	4,26	3,86	3,63	3,48	3,37	3,29	3,23	3,18	3,14	3,07	3,01	2,94	2,90	2,86	2,83	2,79	2,75	2,71
10	4,96	4,10	3,71	3,48	3,33	3,22	3,14	3,07	3,02	2,98	2,91	2,85	2,77	2,74	2,70	2,66	2,62	2,58	2,54
11	4,84	3,98	3,59	3,36	3,20	3,09	3,01	2,95	2,90	2,85	2,79	2,72	2,65	2,61	2,57	2,53	2,49	2,45	2,40
12	4,75	3,89	3,49	3,26	3,11	3,00	2,91	2,85	2,80	2,75	2,69	2,62	2,54	2,51	2,47	2,43	2,38	2,34	2,30
13	4,67	3,81	3,41	3,18	3,03	2,92	2,83	2,77	2,71	2,67	2,60	2,53	2,46	2,42	2,38	2,34	2,30	2,25	2,21
14	4,60	3,74	3,34	3,11	2,96	2,85	2,76	2,70	2,65	2,60	2,53	2,46	2,39	2,35	2,31	2,27	2,22	2,18	2,13
15	4,54	3,68	3,29	3,06	2,90	2,79	2,71	2,64	2,59	2,54	2,48	2,40	2,33	2,29	2,25	2,20	2,16	2,11	2,07
16	4,49	3,63	3,24	3,01	2,85	2,74	2,66	2,59	2,54	2,49	2,42	2,35	2,28	2,24	2,19	2,15	2,11	2,06	2,01
17	4,45	3,59	3,20	2,96	2,81	2,70	2,61	2,55	2,49	2,45	2,38	2,31	2,23	2,19	2,15	2,10	2,06	2,01	1,96
18	4,41	3,55	3,16	2,93	2,77	2,66	2,58	2,51	2,46	2,41	2,34	2,27	2,19	2,15	2,11	2,06	2,02	1,97	1,92
19	4,38	3,52	3,13	2,90	2,74	2,63	2,54	2,48	2,42	2,38	2,31	2,23	2,16	2,11	2,07	2,03	1,98	1,93	1,88
20	4,35	3,49	3,10	2,87	2,71	2,60	2,51	2,45	2,39	2,35	2,28	2,20	2,12	2,08	2,04	1,99	1,95	1,90	1,84
21	4,32	3,47	3,07	2,84	2,68	2,57	2,49	2,42	2,37	2,32	2,25	2,18	2,10	2,05	2,01	1,96	1,92	1,87	1,81
22	4,30	3,44	3,05	2,82	2,66	2,55	2,46	2,40	2,34	2,30	2,23	2,15	2,07	2,03	1,98	1,94	1,89	1,84	1,78
23	4,28	3,42	3,03	2,80	2,64	2,53	2,44	2,37	2,32	2,27	2,20	2,13	2,05	2,01	1,96	1,91	1,86	1,81	1,76
24	4,26	3,40	3,01	2,78	2,62	2,51	2,42	2,36	2,30	2,25	2,18	2,11	2,03	1,98	1,94	1,89	1,84	1,79	1,73
25	4,24	3,39	2,99	2,76	2,60	2,49	2,40	2,34	2,28	2,24	2,16	2,09	2,01	1,96	1,92	1,87	1,82	1,77	1,71
26	4,23	3,37	2,98	2,74	2,59	2,47	2,39	2,32	2,27	2,22	2,15	2,07	1,99	1,95	1,90	1,85	1,80	1,75	1,69
27	4,21	3,35	2,96	2,73	2,57	2,46	2,37	2,31	2,25	2,20	2,13	2,06	1,97	1,93	1,88	1,84	1,79	1,73	1,67
28	4,20	3,34	2,95	2,71	2,56	2,45	2,36	2,29	2,24	2,19	2,12	2,04	1,96	1,91	1,87	1,82	1,77	1,71	1,65
29	4,18	3,33	2,93	2,70	2,55	2,43	2,35	2,28	2,22	2,18	2,10	2,03	1,94	1,90	1,85	1,81	1,75	1,70	1,64
30	4,17	3,32	2,92	2,69	2,53	2,42	2,33	2,27	2,21	2,16	2,09	2,01	1,93	1,89	1,84	1,79	1,74	1,68	1,62
40	4,08	3,23	2,84	2,61	2,45	2,34	2,25	2,18	2,12	2,08	2,00	1,92	1,84	1,79	1,74	1,69	1,64	1,58	1,51
60	4,00	3,15	2,76	2,53	2,37	2,25	2,17	2,10	2,04	1,99	1,92	1,84	1,75	1,70	1,65	1,59	1,53	1,47	1,39
120	3,92	3,07	2,68	2,45	2,29	2,17	2,09	2,02	1,96	1,91	1,83	1,75	1,66	1,61	1,55	1,50	1,43	1,35	1,25
∞	3,84	3,00	2,60	2,37	2,21	2,10	2,01	1,94	1,88	1,83	1,75	1,67	1,57	1,52	1,46	1,39	1,32	1,22	1,00

Tabela B.7 – Distribuição *F* *(conclusão)*

$g.l._D$: Graus de liberdade, denominador	0,10																		
	$g.l._N$: Graus de liberdade, numerador																		
	1	2	3	4	5	6	7	8	9	10	12	15	20	24	30	40	60	120	∞
1	39,86	49,50	53,59	55,83	57,24	58,20	58,91	59,44	59,86	60,19	60,71	61,22	61,74	62,00	62,26	62,53	62,79	63,06	63,33
2	8,53	9,00	9,16	9,24	9,29	9,33	9,35	9,37	9,38	9,39	9,41	9,42	9,44	9,45	9,46	9,47	9,47	9,48	9,49
3	5,54	5,46	5,39	5,34	5,31	5,28	5,27	5,25	5,24	5,23	5,22	5,20	5,18	5,18	5,17	5,16	5,15	5,14	5,13
4	4,54	4,32	4,19	4,11	4,05	4,01	3,98	3,95	3,94	3,92	3,90	3,87	3,84	3,83	3,82	3,80	3,79	3,78	3,76
5	4,06	3,78	3,62	3,52	3,45	3,40	3,37	3,34	3,32	3,30	3,27	3,24	3,21	3,19	3,17	3,16	3,14	3,12	3,10
6	3,78	3,46	3,29	3,18	3,11	3,05	3,01	2,98	2,96	2,94	2,90	2,87	2,84	2,82	2,80	2,78	2,76	2,74	2,72
7	3,59	3,26	3,07	2,96	2,88	2,83	2,78	2,75	2,72	2,70	2,67	2,63	2,59	2,58	2,56	2,54	2,51	2,49	2,47
8	3,46	3,11	2,92	2,81	2,73	2,67	2,62	2,59	2,56	2,54	2,50	2,46	2,42	2,40	2,38	2,36	2,34	2,32	2,29
9	3,36	3,01	2,81	2,69	2,61	2,55	2,51	2,47	2,44	2,42	2,38	2,34	2,30	2,28	2,25	2,23	2,21	2,18	2,16
10	3,29	2,92	2,73	2,61	2,52	2,46	2,41	2,38	2,35	2,32	2,28	2,24	2,20	2,18	2,16	2,13	2,11	2,08	2,06
11	3,23	2,86	2,66	2,54	2,45	2,39	2,34	2,30	2,27	2,25	2,21	2,17	2,12	2,10	2,08	2,05	2,03	2,00	1,97
12	3,18	2,81	2,61	2,48	2,39	2,33	2,28	2,24	2,21	2,19	2,15	2,10	2,06	2,04	2,01	1,99	1,96	1,93	1,90
13	3,14	2,76	2,56	2,43	2,35	2,28	2,23	2,20	2,16	2,14	2,10	2,05	2,01	1,98	1,96	1,93	1,90	1,88	1,85
14	3,10	2,73	2,52	2,39	2,31	2,24	2,19	2,15	2,12	2,10	2,05	2,01	1,96	1,94	1,91	1,89	1,86	1,83	1,80
15	3,07	2,70	2,49	2,36	2,27	2,21	2,16	2,12	2,09	2,06	2,02	1,97	1,92	1,90	1,87	1,85	1,82	1,79	1,76
16	3,05	2,67	2,46	2,33	2,24	2,18	2,13	2,09	2,06	2,03	1,99	1,94	1,89	1,87	1,84	1,81	1,78	1,75	1,72
17	3,03	2,64	2,44	2,31	2,22	2,15	2,10	2,06	2,03	2,00	1,96	1,91	1,86	1,84	1,81	1,78	1,75	1,72	1,69
18	3,01	2,62	2,42	2,29	2,20	2,13	2,08	2,04	2,00	1,98	1,93	1,89	1,84	1,81	1,78	1,75	1,72	1,69	1,66
19	2,99	2,61	2,40	2,27	2,18	2,11	2,06	2,02	1,98	1,96	1,91	1,86	1,81	1,79	1,76	1,73	1,70	1,67	1,63
20	2,97	2,59	2,38	2,25	2,16	2,09	2,04	2,00	1,96	1,94	1,89	1,84	1,79	1,77	1,74	1,71	1,68	1,64	1,61
21	2,96	2,57	2,36	2,23	2,14	2,08	2,02	1,98	1,95	1,92	1,87	1,83	1,78	1,75	1,72	1,69	1,66	1,62	1,59
22	2,95	2,56	2,35	2,22	2,13	2,06	2,01	1,97	1,93	1,90	1,86	1,81	1,76	1,73	1,70	1,67	1,64	1,60	1,57
23	2,94	2,55	2,34	2,21	2,11	2,05	1,99	1,95	1,92	1,89	1,84	1,80	1,74	1,72	1,69	1,66	1,62	1,59	1,55
24	2,93	2,54	2,33	2,19	2,10	2,04	1,98	1,94	1,91	1,88	1,83	1,78	1,73	1,70	1,67	1,64	1,61	1,57	1,53
25	2,92	2,53	2,32	2,18	2,09	2,02	1,97	1,93	1,89	1,87	1,82	1,77	1,72	1,69	1,66	1,63	1,59	1,56	1,52
26	2,91	2,52	2,31	2,17	2,08	2,01	1,96	1,92	1,88	1,86	1,81	1,76	1,71	1,68	1,65	1,61	1,58	1,54	1,50
27	2,90	2,51	2,30	2,17	2,07	2,00	1,95	1,91	1,87	1,85	1,80	1,75	1,70	1,67	1,64	1,60	1,57	1,53	1,49
28	2,89	2,50	2,29	2,16	2,06	2,00	1,94	1,90	1,87	1,84	1,79	1,74	1,69	1,66	1,63	1,59	1,56	1,52	1,48
29	2,89	2,50	2,28	2,15	2,06	1,99	1,93	1,89	1,86	1,83	1,78	1,73	1,68	1,65	1,62	1,58	1,55	1,51	1,47
30	2,88	2,49	2,28	2,14	2,05	1,98	1,93	1,88	1,85	1,82	1,77	1,72	1,67	1,64	1,61	1,57	1,54	1,50	1,46
40	2,84	2,44	2,23	2,09	2,00	1,93	1,87	1,83	1,79	1,76	1,71	1,66	1,61	1,57	1,54	1,51	1,47	1,42	1,38
60	2,79	2,39	2,18	2,04	1,95	1,87	1,82	1,77	1,74	1,71	1,66	1,60	1,54	1,51	1,48	1,44	1,40	1,35	1,29
120	2,75	2,35	2,13	1,99	1,90	1,82	1,77	1,72	1,68	1,65	1,60	1,55	1,48	1,45	1,41	1,37	1,32	1,26	1,19
∞	2,71	2,30	2,08	1,94	1,85	1,77	1,72	1,67	1,63	1,60	1,55	1,49	1,42	1,38	1,34	1,30	1,24	1,17	1,00

Fonte: MERRINGTON, M.; THOMPSON, C. M. Table of Percentage Points of the Inverted Beta (F) Distribution. *Biometrika* 33, p. 74-87, 1943. Oxford University Press.

Tabela B.8 – Valores críticos para o teste dos sinais

Rejeite a hipótese nula quando a estatística de teste x for menor ou igual ao valor na Tabela B.8.

	Unilateral, $\alpha = 0{,}005$	$\alpha = 0{,}01$	$\alpha = 0{,}025$	$\alpha = 0{,}05$
n	Bilateral, $\alpha = 0{,}01$	$\alpha = 0{,}02$	$\alpha = 0{,}05$	$\alpha = 0{,}10$
8	0	0	0	1
9	0	0	1	1
10	0	0	1	1
11	0	1	1	2
12	1	1	2	2
13	1	1	2	3
14	1	2	3	3
15	2	2	3	3
16	2	2	3	4
17	2	3	4	4
18	3	3	4	5
19	3	4	4	5
20	3	4	5	5
21	4	4	5	6
22	4	5	5	6
23	4	5	6	7
24	5	5	6	7
25	5	6	6	7

Nota: A Tabela B.8 é para os testes uni ou bilaterais. O tamanho da amostra n representa o número total de sinais + ou –. O valor do teste é o menor número de sinais + ou –.

Fonte: DIXON, W. J.; MOOD, A. M. *Journal of American Statistical Association*, v. 41, p. 557-66, 1946.

Tabela B.9 – Valores críticos para o teste dos postos sinalizados de Wilcoxon

Rejeite a hipótese nula quando a estatística de teste w_s for menor ou igual ao valor na Tabela B.9.

	Unilateral, $\alpha = 0{,}05$	$\alpha = 0{,}025$	$\alpha = 0{,}01$	$\alpha = 0{,}005$
n	Bilateral, $\alpha = 0{,}10$	$\alpha = 0{,}05$	$\alpha = 0{,}02$	$\alpha = 0{,}01$
5	1	—	—	—
6	2	1	—	—
7	4	2	0	—
8	6	4	2	0
9	8	6	3	2
10	11	8	5	3
11	14	11	7	5
12	17	14	10	7
13	21	17	13	10
14	26	21	16	13
15	30	25	20	16
16	36	30	24	19
17	41	35	28	23
18	47	40	33	28
19	54	46	38	32
20	60	52	43	37
21	68	59	49	43
22	75	66	56	49
23	83	73	62	55
24	92	81	69	61
25	101	90	77	68
26	110	98	85	76
27	120	107	93	84
28	130	117	102	92
29	141	127	111	100
30	152	137	120	109

Fonte: *Some Rapid Approximate Statistical Procedures*.

Tabela B.10 – Valores críticos para o coeficiente de correlação ordinal de Spearman

Rejeite H_0: $\rho_s = 0$ quando o valor absoluto de r_s for maior que o valor na Tabela B.10.

n	$\alpha = 0,10$	$\alpha = 0,05$	$\alpha = 0,01$
5	0,900	–	–
6	0,829	0,886	–
7	0,714	0,786	0,929
8	0,643	0,738	0,881
9	0,600	0,700	0,833
10	0,564	0,648	0,794
11	0,536	0,618	0,818
12	0,497	0,591	0,780
13	0,475	0,566	0,745
14	0,457	0,545	0,716
15	0,441	0,525	0,689
16	0,425	0,507	0,666
17	0,412	0,490	0,645
18	0,399	0,476	0,625
19	0,388	0,462	0,608
20	0,377	0,450	0,591
21	0,368	0,438	0,576
22	0,359	0,428	0,562
23	0,351	0,418	0,549
24	0,343	0,409	0,537
25	0,336	0,400	0,526
26	0,329	0,392	0,515
27	0,323	0,385	0,505
28	0,317	0,377	0,496
29	0,311	0,370	0,487
30	0,305	0,364	0,478

Fonte: Institute of Mathematical Statistics.

Tabela B.11 – Valores críticos para o coeficiente de correlação de Pearson

A correlação é significativa quando o valor absoluto de r é maior que o valor na Tabela B.11.

n	$\alpha = 0,05$	$\alpha = 0,01$
4	0,950	0,990
5	0,878	0,959
6	0,811	0,917
7	0,754	0,875
8	0,707	0,834
9	0,666	0,798
10	0,632	0,765
11	0,602	0,735
12	0,576	0,708
13	0,553	0,684
14	0,532	0,661
15	0,514	0,641
16	0,497	0,623
17	0,482	0,606
18	0,468	0,590
19	0,456	0,575
20	0,444	0,561
21	0,433	0,549
22	0,423	0,537
23	0,413	0,526
24	0,404	0,515
25	0,396	0,505
26	0,388	0,496
27	0,381	0,487
28	0,374	0,479
29	0,367	0,471
30	0,361	0,463
35	0,334	0,430
40	0,312	0,403
45	0,294	0,380
50	0,279	0,361
55	0,266	0,345
60	0,254	0,330
65	0,244	0,317
70	0,235	0,306
75	0,227	0,296
80	0,220	0,286
85	0,213	0,278
90	0,207	0,270
95	0,202	0,263
100	0,197	0,256

Os valores críticos na Tabela B.11 foram gerados usando Excel.

Tabela B.12 – Valores críticos para o número de sequências

Rejeite a hipótese nula quando a estatística de teste G for menor ou igual ao menor valor ou maior ou igual ao maior valor na Tabela B.12

Valor de n_1	Valor de n_2: 2	3	4	5	6	7	8	9	10	11	12	13	14	15	16	17	18	19	20
2	1	1	1	1	1	1	1	1	1	1	2	2	2	2	2	2	2	2	2
	6	6	6	6	6	6	6	6	6	6	6	6	6	6	6	6	6	6	6
3	1	1	1	1	2	2	2	2	2	2	2	2	2	3	3	3	3	3	3
	6	8	8	8	8	8	8	8	8	8	8	8	8	8	8	8	8	8	8
4	1	1	1	2	2	2	3	3	3	3	3	3	3	3	4	4	4	4	4
	6	8	9	9	9	10	10	10	10	10	10	10	10	10	10	10	10	10	10
5	1	1	2	2	3	3	3	3	3	4	4	4	4	4	4	4	5	5	5
	6	8	9	10	10	11	11	12	12	12	12	12	12	12	12	12	12	12	12
6	1	2	2	3	3	3	3	4	4	4	4	5	5	5	5	5	5	6	6
	6	8	9	10	11	12	12	13	13	13	13	14	14	14	14	14	14	14	14
7	1	2	2	3	3	3	4	4	5	5	5	5	5	6	6	6	6	6	6
	6	8	10	11	12	13	13	14	14	14	14	15	15	15	16	16	16	16	16
8	1	2	3	3	3	4	4	5	5	5	6	6	6	6	6	7	7	7	7
	6	8	10	11	12	13	14	14	15	15	16	16	16	16	17	17	17	17	17
9	1	2	3	3	4	4	5	5	5	6	6	6	7	7	7	7	8	8	8
	6	8	10	12	13	14	14	15	16	16	16	17	17	18	18	18	18	18	18
10	1	2	3	3	4	5	5	5	6	6	7	7	7	7	8	8	8	8	9
	6	8	10	12	13	14	15	16	16	17	17	18	18	18	19	19	19	20	20
11	1	2	3	4	4	5	5	6	6	7	7	7	8	8	8	9	9	9	9
	6	8	10	12	13	14	15	16	17	17	18	19	19	19	20	20	20	21	21
12	2	2	3	4	4	5	6	6	7	7	7	8	8	8	9	9	9	10	10
	6	8	10	12	13	14	16	16	17	18	19	19	20	20	21	21	21	22	22
13	2	2	3	4	5	5	6	6	7	7	8	8	9	9	9	10	10	10	10
	6	8	10	12	14	15	16	17	18	19	19	20	20	21	21	22	22	23	23
14	2	2	3	4	5	5	6	7	7	8	8	9	9	9	10	10	10	11	11
	6	8	10	12	14	15	16	17	18	19	20	20	21	22	22	23	23	23	24
15	2	3	3	4	5	6	6	7	7	8	8	9	9	10	10	11	11	11	12
	6	8	10	12	14	15	16	18	18	19	20	21	22	22	23	23	24	24	25
16	2	3	4	4	5	6	6	7	8	8	9	9	10	10	11	11	11	12	12
	6	8	10	12	14	16	17	18	19	20	21	21	22	23	23	24	25	25	25
17	2	3	4	4	5	6	7	7	8	9	9	10	10	11	11	11	12	12	13
	6	8	10	12	14	16	17	18	19	20	21	22	23	23	24	25	25	26	26
18	2	3	4	5	5	6	7	8	8	9	9	10	10	11	11	12	12	13	13
	6	8	10	12	14	16	17	18	19	20	21	22	23	24	25	25	26	26	27
19	2	3	4	5	6	6	7	8	8	9	10	10	11	11	12	12	13	13	13
	6	8	10	12	14	16	17	18	20	21	22	23	23	24	25	26	26	27	27
20	2	3	4	5	6	6	7	8	9	9	10	10	11	12	12	13	13	13	14
	6	8	10	12	14	16	17	18	20	21	22	23	24	25	25	26	27	27	28

Nota: A Tabela B.12 é para um teste bilateral com $\alpha = 0,05$

Fonte: Institute of Mathematical Statistics.

APÊNDICE C

C Gráficos de probabilidade normal

O que você deve aprender

- Como construir e interpretar um gráfico de probabilidade normal.

Gráficos de probabilidade normal

Para muitos dos exemplos e exercícios neste livro, supomos que uma amostra aleatória é selecionada de uma população que tem uma distribuição normal. Após selecionar uma amostra aleatória de uma população com distribuição desconhecida, como você pode determinar se a amostra foi selecionada de uma população que tem uma distribuição normal?

Você já aprendeu que um histograma ou um diagrama de ramo e folha podem revelar a forma de uma distribuição e quaisquer *outliers*, agrupamentos ou lacunas em uma distribuição (veja as seções 2.1, 2.2 e 2.3). Essas visualizações dos dados são úteis para avaliar grandes conjuntos de dados, mas avaliar conjuntos de dados pequenos desta maneira pode ser difícil e não confiável. Um método seguro para avaliar a normalidade em *qualquer* conjunto de dados é usar um **gráfico de probabilidade normal**.

DEFINIÇÃO

Um **gráfico de probabilidade normal** (também chamado **gráfico quantil-quantil**) é um gráfico que representa cada valor observado do conjunto de dados e os respectivos escores *z* esperados. Os valores observados são geralmente representados no eixo horizontal, enquanto os escores *z* esperados são representados no eixo vertical.

As orientações a seguir podem ajudar a determinar se os dados vêm de uma população que tem uma distribuição normal.

1. Se os pontos representados em um gráfico de probabilidade normal são aproximadamente lineares, então você pode concluir que os dados vêm de uma distribuição normal.
2. Se os pontos representados não são aproximadamente lineares ou seguem algum tipo de padrão que não é linear, então você pode concluir que os dados vêm de uma distribuição que não é normal.
3. Múltiplos *outliers* ou agrupamentos de pontos indicam uma distribuição que não é normal.

Dois gráficos de probabilidade normal são mostrados nas Figuras C.1 e C.2. Na Figura C.1, o gráfico é aproximadamente linear. Então, você pode concluir que os dados vêm de uma população que tem uma distribuição normal. Na Figura C.2, o gráfico segue um padrão não linear. Então, você pode concluir que os dados não vêm de uma população que tem uma distribuição normal.

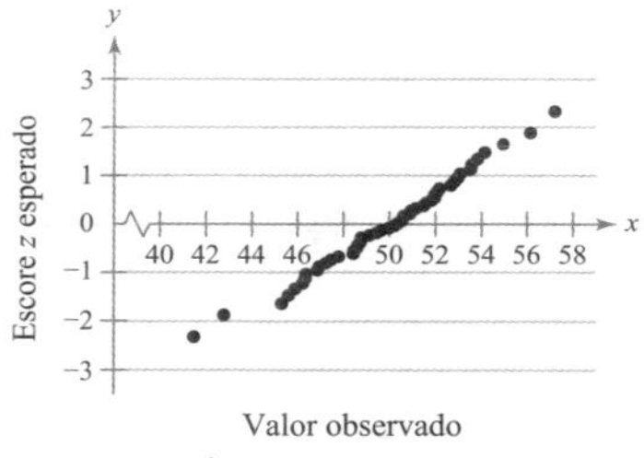

Figura C.1

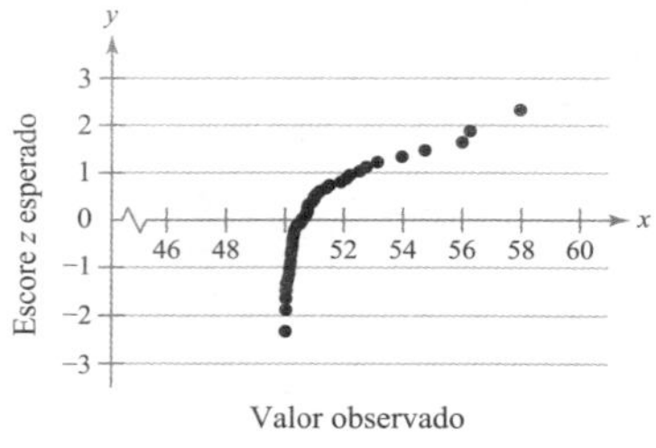

Figura C.2

Construir um gráfico de probabilidade normal manualmente pode ser bastante tedioso. Você pode usar ferramentas tecnológicas como Minitab, Excel, StatCrunch ou a TI-84 Plus para construir um gráfico de probabilidade normal, conforme mostrado no Exemplo 1.

EXEMPLO 1

Construindo um gráfico de probabilidade normal

A altura (em polegadas) de 12 jogadores atuais da NBA, selecionados aleatoriamente, estão listadas a seguir. Use a tecnologia para construir um gráfico de probabilidade normal para determinar se os dados vêm de uma população que tem uma distribuição normal.

74, 70, 78, 75, 73, 71, 80, 82, 81, 76, 86, 77

SOLUÇÃO

Usando o Minitab, insira as alturas na coluna C1. No menu *Graph,* selecione "*Probability Plot*", escolha a opção "*Single*" e aperte OK. Em seguida, selecione a coluna C1 como a variável do gráfico. Então, selecione "*Distribution*" e escolha "Normal" no menu suspenso. Clique na guia *Data Display,* selecione "*Symbols Only*" e aperte OK. Após clicar em "*Scale*", clique na guia *Y-Scale Type*, selecione "*Score*" e aperte OK. Clique OK para construir o gráfico de probabilidade normal. Seu resultado deve ser semelhante ao mostrado na Figura C.3. (Para construir um gráfico de probabilidade normal usando uma TI-84 Plus, siga as instruções na Dica de tecnologia.)

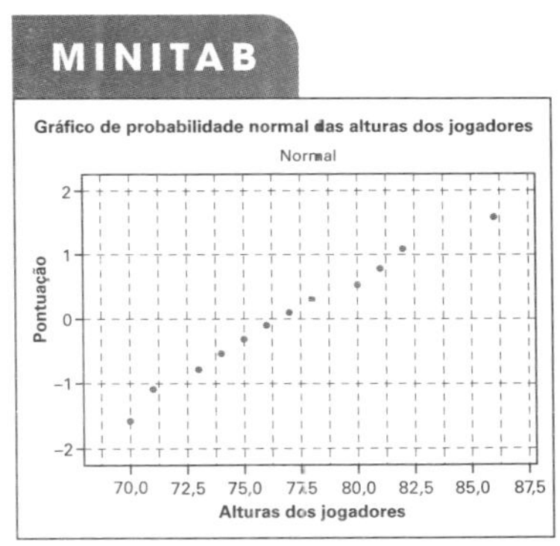

Figura C.3

Interpretação Como os pontos são aproximadamente lineares, você pode concluir que os dados da amostra vêm de uma população que tem uma distribuição normal.

TENTE VOCÊ MESMO 1

Os saldos (em dólares) de empréstimos para 18 alunos do último ano da faculdade, selecionados aleatoriamente, estão listados a seguir. Use a tecnologia para construir um gráfico de probabilidade normal para determinar se os dados vêm de uma população que tem uma distribuição normal.

29.150 16.980 12.470 19.235 15.875 8.960 16.105 14.575 39.860
20.170 9.710 19.650 21.590 8.200 18.100 25.530 9.285 10.075

Para ver se os pontos são aproximadamente lineares, você pode fazer um gráfico da reta de regressão para os valores observados do conjunto de dados e seus escores z esperados. A reta de regressão para as alturas e escores z esperados do Exemplo 1 são mostrados na Figura C.4, no qual você pode ver que os pontos estão ao longo da reta de regressão. Você também pode aproximar a média do conjunto de dados determinando onde a reta cruza o eixo x.

Dica de tecnologia

Aqui estão as instruções para construir um gráfico de probabilidade normal usando a TI-84 Plus. Primeiro insira os dados na Lista 1. Depois, use *Stat Plot* para construir o gráfico de probabilidade normal, conforme mostrado a seguir.

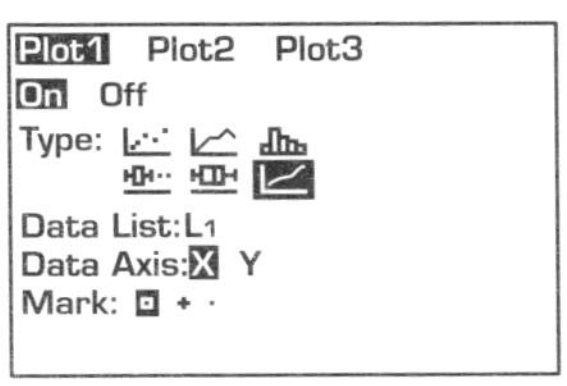

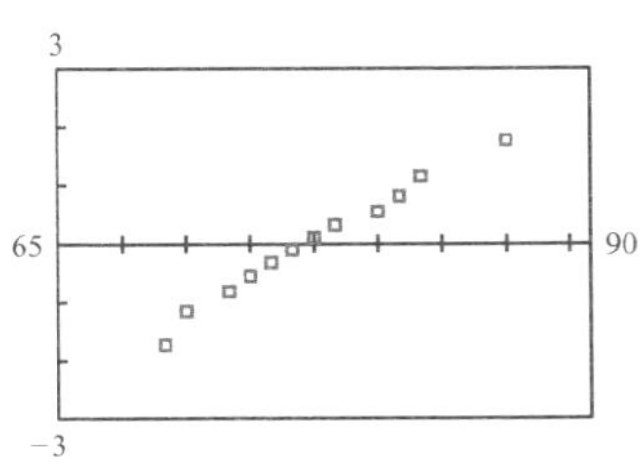

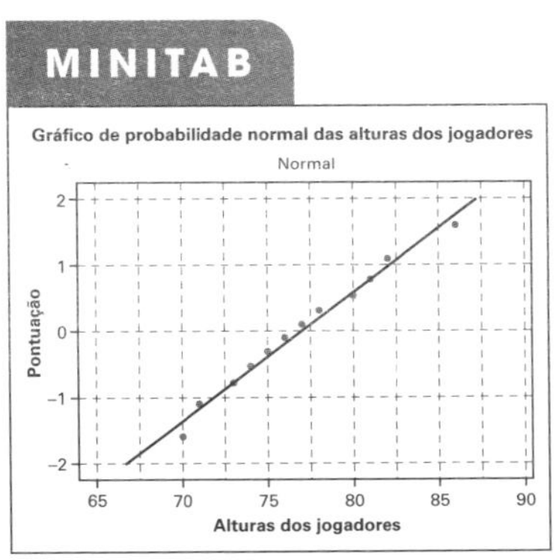

Figura C.4

C Exercícios

1. Em um gráfico de probabilidade normal, o que normalmente é representado no eixo horizontal? E no vertical?

2. Descreva como você pode usar um gráfico de probabilidade normal para determinar se os dados vêm de uma distribuição normal.

Análise gráfica *Nos exercícios 3 e 4, use o histograma e o gráfico de probabilidade normal para determinar se os dados vêm de uma distribuição normal, Explique seu raciocínio.*

3.

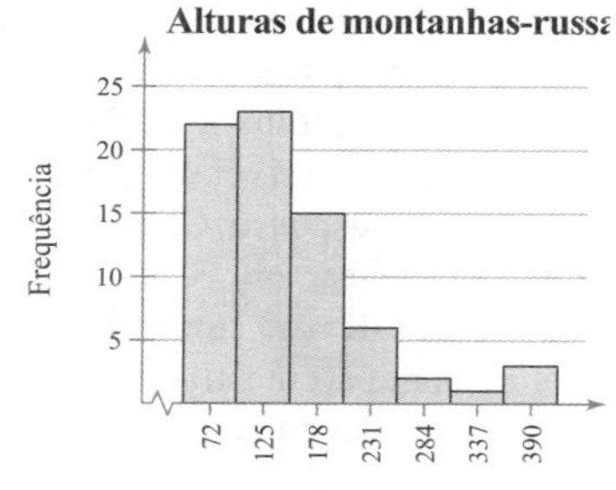

Figura C.5

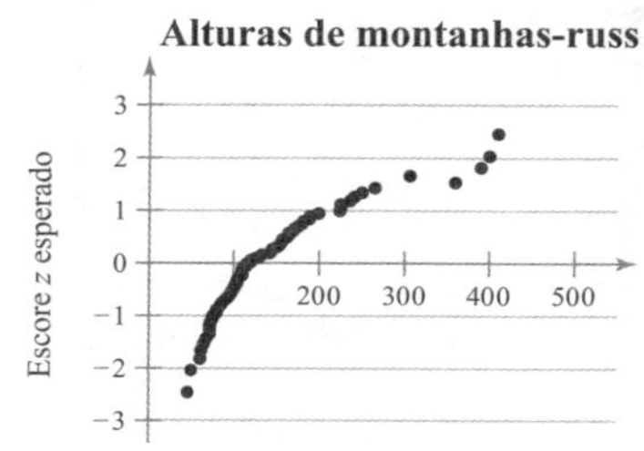

Figura C.6

4.

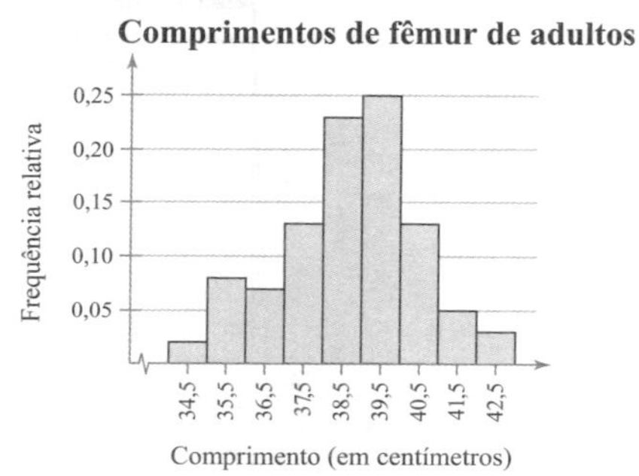

Figura C.7

Figura C.8

Construindo um gráfico de probabilidade normal *Nos exercícios 5 e 6, use tecnologia para construir um gráfico de probabilidade normal para determinar se os dados vêm de uma população que tem uma distribuição normal.*

5. Tempos de reação Os tempos de reação (em milissegundos) a um estimulo auditivo, de 30 adultos selecionadas aleatoriamente.

507	389	305	291	336	310	514	442
373	428	387	454	323	441	388	426
411	382	320	450	309	416	359	388
307	337	469	351	422	413		

6. Níveis de triglicerídeos Os níveis de triglicerídeos (em miligramas por decilitro de sangue) de 26 pacientes selecionados aleatoriamente.

209	140	155	170	265	138	180
295	250	320	270	225	215	390
420	462	150	200	400	295	240
200	190	145	160	175		

APÊNDICE D

D Fórmulas-chave

Capítulo 2

Amplitude de classe = $\dfrac{\text{amplitude dos dados}}{\text{número de classes}}$

(arredondar para um número próximo mais conveniente)

Ponto médio $= \dfrac{(\text{limite inferior da classe}) + (\text{limite superior da classe})}{2}$

Frequência relativa = $\dfrac{\text{frequência da classe}}{\text{tamanho da amostra}} = \dfrac{f}{n}$

Média populacional: $\mu = \dfrac{\Sigma x}{N}$

Média amostral: $\bar{x} = \dfrac{\Sigma x}{n}$

Média ponderada: $\bar{x} = \dfrac{\Sigma xw}{\Sigma w}$

Média de uma distribuição de frequência: $\bar{x} = \dfrac{\Sigma xf}{n}$

Amplitude = (valor máximo) – (valor mínimo)

Variância populacional: $\sigma^2 = \dfrac{\Sigma(x - \mu)^2}{N}$

Desvio padrão populacional

$$\sigma = \sqrt{\sigma^2} = \sqrt{\frac{\Sigma(x - \mu)^2}{N}}$$

Variância Amostral: $s^2 = \dfrac{\Sigma(x - \bar{x})^2}{n - 1}$

Desvio padrão amostral $s = \sqrt{s^2} = \sqrt{\dfrac{\Sigma(x - \bar{x})^2}{n - 1}}$

Regra Empírica (ou regra 68-95-99,7) Para conjuntos de dados com distribuições que são aproximadamente simétricas e com forma de sino.

1. Cerca de 68% dos dados encontram-se na região de ± 1 desvio padrão da média.
2. Cerca de 95% dos dados encontram-se na região de ± 2 desvios padrão da média.
3. Cerca de 99,7% dos dados encontram-se na região de ± 3 desvios padrão da média.

Teorema de Chebychev A proporção de qualquer conjunto de dados que se encontra na região de ± k desvios padrão ($k > 1$) da média é, pelo menos $1 - \dfrac{1}{k^2}$.

Desvio padrão amostral de uma distribuição de frequência:

$$s = \sqrt{\frac{\Sigma(x - \bar{x})^2 f}{n - 1}}$$

Coeficiente de variação populacional: $CV = \dfrac{\sigma}{\mu} \cdot 100\%$

Coeficiente de variação amostral: $CV = \dfrac{s}{\bar{x}} \cdot 100\%$

Amplitude interquartil: IQR = $Q_3 - Q_1$

Percentil de $x = \dfrac{\text{número de observações menores do que } x}{\text{número total de observações}} \cdot 100$

Escore padrão: $z = \dfrac{\text{valor} - \text{média}}{\text{desvio padrão}} = \dfrac{x - m}{s}$

Capítulo 3

Probabilidade clássica (ou teórica):

$$P(E) = \frac{\text{número de resultados no evento } E}{\text{número total de resultados no espaço amostral}}$$

Probabilidade empírica (ou estatística):

$$P(E) = \frac{\text{frequência do evento } E}{\text{frequência total}} = \frac{f}{n}$$

Probabilidade de um complemento: $P(E') = 1 - P(E)$

Probabilidade de ocorrência dos eventos A e B:

$P(A \text{ e } B) = P(A) \cdot P(B|A)$

$P(A \text{ e } B) = P(A) \cdot P(B)$ se A e B são independentes

Probabilidade de ocorrência de A ou B:

$P(A \text{ ou } B) = P(A) + P(B) - P(A \text{ e } B)$

$P(A \text{ ou } B) = P(A) + P(B)$ se A e B são mutuamente exclusivos

Arranjo de n objetos tomados r a r:

$${}_nP_r = \frac{n!}{(n-r)!}, \text{ em que } r \leq n$$

Permutação com elementos repetidos: n_1 iguais, n_2 iguais, ..., n_k iguais:

$$\frac{n!}{n_1! \cdot n_2! \cdot n_3! \cdots n_k!},$$

em que: $n_1 + n_2 + n_3 + \ldots n_k = n$

Combinação de n objetos tomados r a r.

$${}_nC_r = \frac{n!}{(n-r)!r!}, \text{ em que } r \leq n$$

Capítulo 4

Média de uma variável aleatória discreta: $\mu = \Sigma xP(x)$

Variância de uma variável aleatória discreta:

$\sigma^2 = \Sigma(x - \mu)^2 P(x)$

Desvio padrão de uma variável aleatória discreta:

$$\sigma = \sqrt{\sigma^2} = \sqrt{\Sigma(x-\mu)^2 P(x)}$$

Valor esperado: $E(x) = \mu = \Sigma xP(x)$

Probabilidade binomial de x sucessos em n tentativas:

$$P(x) = {}_nC_x p^x q^{n-x} = \frac{n!}{(n-x)!x!}p^x q^{n-x}$$

Parâmetros populacionais de uma distribuição binomial:

Média: $\mu = np$ Variância: $\sigma^2 = npq$

Desvio Padrão: $\sigma = \sqrt{npq}$

Distribuição geométrica: A probabilidade de que o primeiro sucesso ocorra na tentativa número x é $P(x) = pq^{x-1}$, sendo $q = 1 - p$

Distribuição de Poisson: A probabilidade de exatamente x ocorrências em um intervalo é $P(x) = \frac{\mu^x e^{-\mu}}{x!}$, sendo $e \approx 2{,}71828$ e μ é o número médio de ocorrências por unidade de intervalo.

Capítulo 5

Escore padrão ou escore-z:

$$z = \frac{\text{valor} - \text{média}}{\text{desvio padrão}} = \frac{x - \mu}{\sigma}$$

Transformando um escore-z em um valor x: $x = \mu + z\sigma$

Teorema do limite central ($n \geq 30$ ou população é normalmente distribuída):

Média da distribuição amostral: $\mu_{\bar{x}} = \mu$

Variância da distribuição amostral: $\sigma_{\bar{x}}^2 = \frac{\sigma^2}{n}$

Desvio padrão da distribuição amostral (Erro padrão):

$$\sigma_{\bar{x}} = \frac{\sigma}{\sqrt{n}}$$

$$\text{Escore-}z = \frac{\text{valor} - \text{média}}{\text{erro padrão}} = \frac{\bar{x} - \mu_{\bar{x}}}{\sigma_{\bar{x}}} = \frac{\bar{x} - \mu}{\sigma/\sqrt{n}}$$

Capítulo 6

Intervalo de confiança c para μ: $\bar{x} - E < \mu < \bar{x} + E$, em que $E = z_c \dfrac{\sigma}{\sqrt{n}}$ quando σ é conhecido, a amostra é aleatória e, ou a população é normalmente distribuída ou $n \geq 30$, ou $E = t_c \dfrac{s}{\sqrt{n}}$ quando σ é desconhecido, a amostra é aleatória e a população é normalmente distribuída.

Se a distribuição da variável aleatória x é aproximadamente normal, então $t = \dfrac{\bar{x} - m}{s/\sqrt{n}}$ segue uma distribuição t.

Tamanho mínimo de amostra para estimar μ: $n = \left(\dfrac{z_c\sigma}{E}\right)^2$

Estimativa pontual para p, a proporção populacional de sucessos: $\hat{p} = \dfrac{x}{n}$.

Intervalo de confiança c para uma proporção populacional p (quando $np \geq 5$ e $nq \geq 5$): $\hat{p} - E < p < \hat{p} + E$, em que $E = z_c\sqrt{\dfrac{\hat{p}\hat{q}}{n}}$

Tamanho mínimo de amostra para estimar p: $n = \hat{p}\hat{q}\left(\dfrac{z_c}{E}\right)^2$

Se a variável aleatória x tem distribuição normal, então a distribuição de $\chi^2 = \dfrac{(n-1)s^2}{\sigma^2}$ forma uma distribuição qui-quadrado para amostras de qualquer tamanho $n > 1$.

Intervalo de confiança c para a variância populacional σ^2:

$$\frac{(n-1)s^2}{\chi^2_D} < \sigma^2 < \frac{(n-1)s^2}{\chi^2_E}$$

Intervalo de confiança c para o desvio padrão populacional σ:

$$\sqrt{\frac{(n-1)s^2}{\chi^2_D}} < \sigma < \sqrt{\frac{(n-1)s^2}{\chi^2_E}}$$

Capítulo 7

Teste-z para uma média μ: $z = \dfrac{\bar{x} - \mu}{\sigma/\sqrt{n}}$,, em que σ é conhecido, a amostra é aleatória e, ou a população é normalmente distribuída ou $n \geq 30$.

Teste-t para uma média μ. $t = \dfrac{\bar{x} - m}{s/\sqrt{n}}$, em que σ é desconhecido, a amostra é aleatória e, ou a população é normalmente distribuída. (g.l. $= n - 1$)

Teste para uma proporção p (em que $np \geq 5$ e $nq \geq 5$):

$$z = \frac{\hat{p} - \mu_{\hat{p}}}{\sigma_{\hat{p}}} = \frac{\hat{p} - p}{\sqrt{pq/n}}$$

Teste qui-quadrado para uma variância σ^2 ou um desvio padrão σ:

$$\chi^2 = \frac{(n-1)s^2}{\sigma^2} \quad \text{(g.l.} = n - 1)$$

Capítulo 8

Teste-z usando duas amostras para a diferença entre as médias (σ_1 e σ_2 são conhecidos, as amostras são aleatórias e independentes e, ou as populações são normalmente distribuídas ou ambos $n_1 \geq 30$ e $n_2 \geq 30$):

$$z = \frac{(\bar{x}_1 - \bar{x}_2) - (m_1 - m_2)}{\sigma_{\bar{x}_1 - \bar{x}_2}},$$

$$\text{em que } \sigma_{\bar{x}_1 - \bar{x}_2} = \sqrt{\frac{\sigma_1^2}{n_1} + \frac{\sigma_2^2}{n_2}}$$

Teste-t usando duas amostras para a diferença entre as médias (σ_1 e σ_2 são desconhecidos, as amostras são aleatórias e independentes as populações são normalmente distribuídas:

$$\text{onde } t = \frac{(\bar{x}_1 - \bar{x}_2) - (\mu_1 - \mu_2)}{s_{\bar{x}_1 - \bar{x}_2}}$$

Se as variâncias populacionais são iguais, g.l. = $n_1 + n_2 - 2$ e

$$s_{\bar{x}_1 - \bar{x}_2} = \sqrt{\frac{(n_1 - 1)s_1^2 + (n_2 - 1)s_2^2}{n_1 + n_2 - 2}} \cdot \sqrt{\frac{1}{n_1} + \frac{1}{n_2}}.$$

Se as variâncias populacionais não são iguais, g.l. é o menor de $n_1 - 1$ ou $n_2 - 1$ e $s_{\bar{x}_1 - \bar{x}_2} = \sqrt{\frac{s_1^2}{n_1} + \frac{s_2^2}{n_2}}$.

Teste-t para a diferença entre médias (as amostras são aleatórias e dependentes e, ou as populações são normalmente distribuída ou $n \geq 30$):

$$t = \frac{\bar{d} - m_d}{s_d / \sqrt{n}}, \text{ em que } \bar{d} = \frac{\Sigma d}{n}, \; s_d = \sqrt{\frac{\Sigma(d - \bar{d})^2}{n - 1}},$$

e g.l. = $n - 1$.

Teste usando duas amostras para a diferença entre proporções (as amostras são aleatórias e independentes, e $n_1\bar{p}$, $n_1\bar{q}$, $n_2\bar{p}$, e $n_2\bar{q}$ são pelo menos 5):

$$z = \frac{(\hat{p}_1 - \hat{p}_2) - (p_1 - p_2)}{\sqrt{\bar{p}\bar{q}\left(\frac{1}{n_1} + \frac{1}{n_2}\right)}}, \text{ em que } \bar{p} = \frac{x_1 + x_2}{n_1 + n_2}$$

$$\text{e } \bar{q} = 1 - \bar{p}$$

Capítulo 9

Coeficiente de correlação:

$$r = \frac{n\Sigma xy - (\Sigma x)(\Sigma y)}{\sqrt{n\Sigma x^2 - (\Sigma x)^2}\sqrt{n\Sigma y^2 - (\Sigma y)^2}}$$

Teste-t para o coeficiente de correlação:

$$t = \frac{r}{\sqrt{\frac{1 - r^2}{n - 2}}} \quad (\text{g.l.} = n - 2)$$

Equação de uma reta de regressão: $\hat{y} = mx + b$,

$$\text{em que } m = \frac{n\Sigma xy - (\Sigma x)(\Sigma y)}{n\Sigma x^2 - (\Sigma x)^2} \text{ e}$$

$$b = \bar{y} - m\bar{x} = \frac{\Sigma y}{n} - m\frac{\Sigma x}{n}.$$

Coeficiente de determinação:

$$r^2 = \frac{\text{variação explicada}}{\text{variação total}} = \frac{\Sigma(\hat{y}_i - \bar{y})^2}{\Sigma(y_i - \bar{y})^2}$$

Erro padrão da estimativa: $s_e = \sqrt{\frac{\Sigma(y_i - \hat{y}_i)^2}{n - 2}}$

Intervalo de previsão c para y: $\hat{y} - E < y < \hat{y} + E$, em que

$$E = t_c s_e \sqrt{1 + \frac{1}{n} + \frac{n(x_0 - \bar{x})^2}{n\Sigma x^2 - (\Sigma x)^2}} \quad (\text{g.l.} = n - 2)$$

Capítulo 10

Qui-quadrado: $\chi^2 = \Sigma\frac{(O - E)^2}{E}$

Teste para a qualidade do ajuste: g.l. = $k - 1$

Teste para independência:

g.l. = (nº de linhas – 1) (nº de colunas – 1)

$$\text{Frequência esperada } E_{r,c} = \frac{(\text{soma da linha } r) \cdot (\text{soma da coluna } c)}{\text{tamanho da amostra}}.$$

Teste F para duas amostras para variâncias: $F = \frac{s_1^2}{s_2^2}$, em que $s_1^2 \geq s_2^2$, g.l.$_N = n_1 - 1$ e g.l.$_D = n_2 - 1$

Teste de análise da variância com um fator:

$$F = \frac{MS_B}{MS_W}, \text{ em que } MS_B = \frac{SS_B}{\text{g.l.}_N} = \frac{\Sigma n_i(\bar{x}_i - \bar{\bar{x}})^2}{k - 1}$$

$$\text{e } MS_W = \frac{SS_W}{\text{g.l.}_D} = \frac{\Sigma(n_i - 1)s_i^2}{N - k}.$$

$$(\text{g.l.}_N = k - 1, \; \text{g.l.}_D = N - k)$$

RESPOSTAS DOS EXERCÍCIOS "TENTE VOCÊ MESMO"

Capítulo 1

Seção 1.1

1. A população consiste nas respostas de todos os adolescentes nos Estados Unidos. A amostra é composta pelas respostas dos 1.516 adolescentes da pesquisa. O conjunto de dados da amostra consiste nos 1.228 adolescentes que disseram que a saúde mental é um problema significativo para os jovens nos Estados Unidos e 288 adolescentes que não disseram.

2. (a) Parâmetro, porque o total gasto com salários dos funcionários, US$ 5.150.694, é baseado em toda a empresa.

   (b) Estatística, porque 47% são baseados em um subconjunto da população.

3. (a) A população consiste nas respostas de todos os usuários da Internet, e a amostra consiste nas respostas dos 513 respondentes do estudo.

   (b) A parte deste estudo que representa o ramo descritivo da estatística envolve a afirmação "97% dos entrevistados disseram que a música é importante para eles, e 83% dos entrevistados disseram que procuram ativamente novas músicas".

   (b) Uma possível inferência extraída do estudo é que a grande maioria dos usuários da Internet considera a música importante para eles e procura ativamente por novas músicas.

Seção 1.2

1. Os nomes das cidades são um registro não numérico, então, são dados qualitativos. As populações das cidades são registros numéricos, então, são dados quantitativos.

2. (1) Ordinal, porque os dados podem ser colocados em ordem

   (2) Nominal, porque não se pode realizar cálculos com os dados.

3. (1) Intervalar, porque os dados podem ser ordenados e diferenças matemáticas podem ser calculadas, mas não faz sentido escrever uma razão usando as temperaturas.

   (2) Razão, porque os dados podem ser ordenados, diferenças matemáticas podem ser calculadas, os dados podem ser escritos como uma razão e o conjunto de dados contém um zero natural.

Seção 1.3

1. Este é um estudo observacional.

2. Não há como dizer por que as pessoas param de fumar. Elas poderiam ter parado de fumar como um resultado de ou mascar o chiclete ou assistir ao DVD. O chiclete e o DVD poderiam ser variáveis de confusão. Para melhorar o estudo, dois experimentos poderiam ser feitos, um usando o chiclete e o outro usando o DVD. Ou conduzir um experimento usando ou o chiclete ou o DVD.

3. *Uma resposta possível*: Atribua números de 1 a 79 aos funcionários da empresa. Use a tabela de números aleatórios e obtenha 63, 7, 40, 19 e 26. Os funcionários que receberam esses números vão compor a amostra.

4. (1) A amostra foi selecionada usando os estudantes em uma turma selecionada aleatoriamente. Isto é amostragem por conglomerado.

   (2) A amostra foi selecionada numerando-se cada estudante, escolhendo aleatoriamente um número inicial e selecionando os estudantes em intervalos regulares a partir do número inicial. Isto é amostragem sistemática.

Capítulo 2

Seção 2.1

1.

Tabela

Classe	Frequência, f
13–20	9
21–28	16
29–36	18
37–44	7
45–52	4
53–60	1

2.

Tabela

Classe	Frequência, f	Ponto médio	Frequência relativa	Frequência acumulada
13–20	9	16,5	0,16	9
21–28	16	24,5	0,29	25
29–36	18	32,5	0,33	43
37–44	7	40,5	0,13	50
45–52	4	48,5	0,07	54
53–60	1	56,5	0,02	55
	$\Sigma f = 55$			$\Sigma \frac{f}{n} = 1$

Uma resposta possível: O intervalo mais comum de pontos marcados pelas equipes vencedoras é de 29 a 36. Cerca de 9% das equipes vencedoras marcaram mais de 45 pontos.

3.

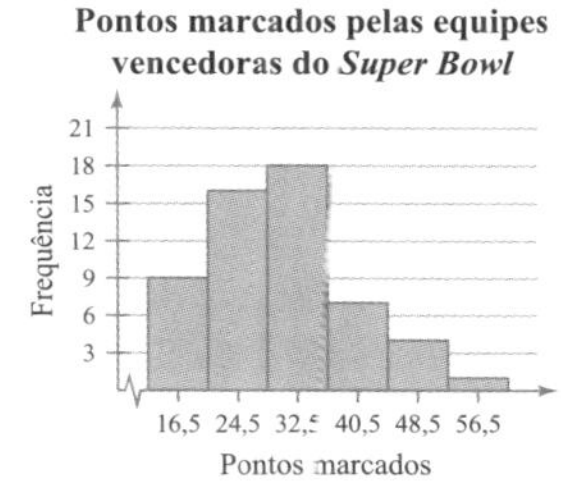

Uma resposta possível: o intervalo mais comum de pontos marcados pelas equipes vencedoras é de 29 a 36. Cerca de 9% das equipes vencedoras marcaram mais de 45 pontos.

4.

Uma resposta possível: A frequência de pontos marcados aumenta até 32,5 pontos e depois diminui.

5.

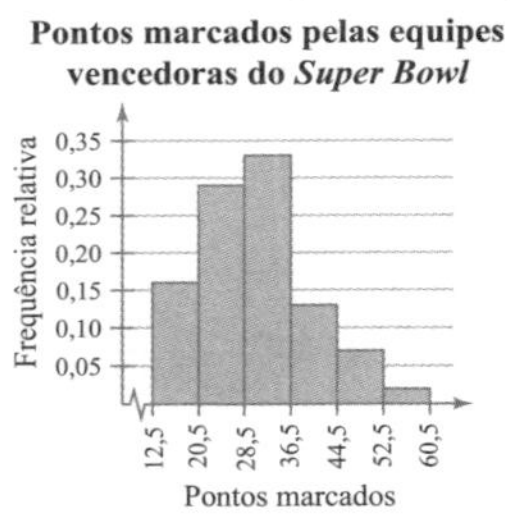

6.

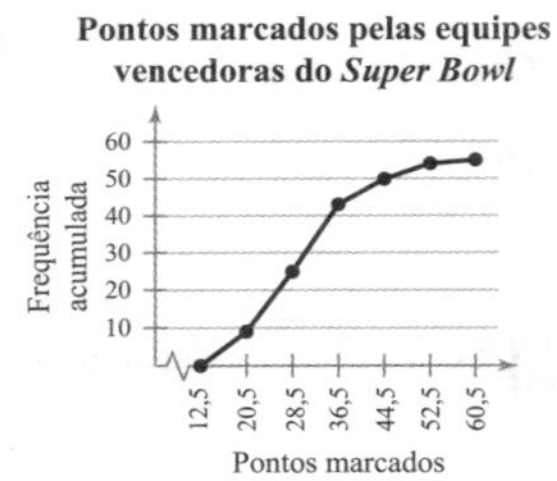

7.

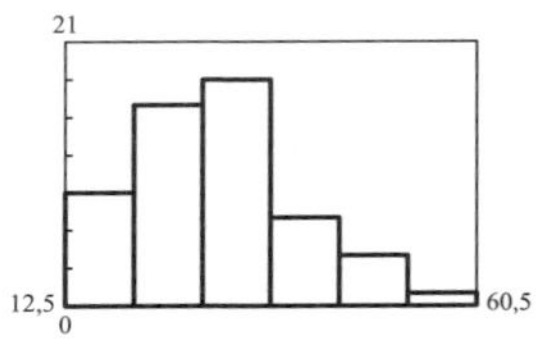

Seção 2.2

1.

1 | 3 4 6 6 6 7 — Chave: 1|3 = 13
2 | 0 0 0 1 1 1 3 3 4 4 4 4 6 7 7 7 7 7 8 9
3 | 0 1 1 1 1 1 1 2 2 3 4 4 4 4 5 5 5 7 8 8 9
4 | 1 2 3 6 8 9
5 | 2 5

Uma resposta possível: a maioria das equipes vencedoras marcou entre 20 e 39 pontos.

2.

1 | 3 4 — Chave: 1|3 = 13
1 | 6 6 6 7
2 | 0 0 0 1 1 1 3 3 4 4 4 4
2 | 6 7 7 7 7 7 8 9
3 | 0 1 1 1 1 1 1 2 2 3 4 4 4 4
3 | 5 5 5 7 8 8 9
4 | 1 2 3
4 | 6 8 9
5 | 2
5 | 5

Uma resposta possível: a maioria das equipes vencedoras marcou entre 20 e 35 pontos.

3.

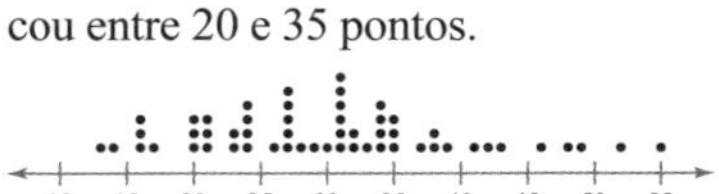

Uma resposta possível: a maioria dos pontos marcados pelas equipes vencedoras se concentram entre 20 e 40.

4.

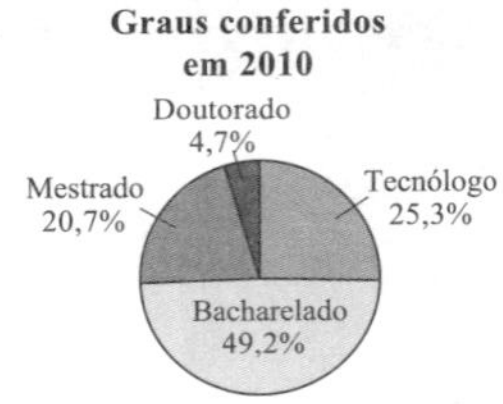

De 2010 a 2019, como percentuais do total de títulos conferidos, os graus de tecnólogo cresceram em 0,2%, os graus de bacharelado decresceram em 0,2%, os graus de mestrado decresceram em 0,2% e os de doutorado decresceram em 0,1%.

5.

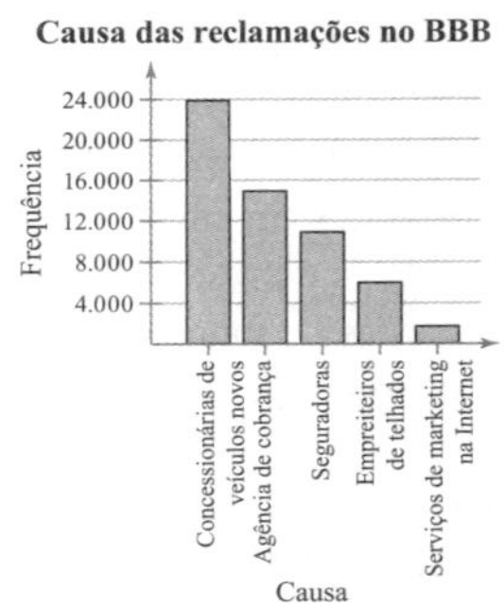

Concessionárias de veículos novos são as que mais recebem reclamações.

6.

Parece que, quanto mais tempo o funcionário está na empresa, maior será seu salário.

7.

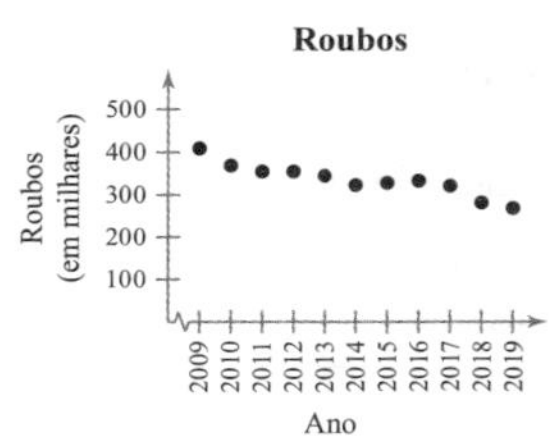

Uma resposta possível: O número de roubos decresceu entre 2009 e 2019.

Seção 2.3

1. 28.5 **2.** 31 **3.** 30 **4.** 31 **5.** "não muito"

2. **a.** $\bar{x} \approx 21{,}6$; mediana = 21; moda = 20

A média no Exemplo 6 ($\bar{x} \approx 23{,}8$) era fortemente influenciada pelo valor 65. Nem a mediana nem a moda foram tão afetadas pelo valor 65.

3. Cerca de 2,6.

4. Cerca de 30,6; isso é muito próximo da média encontrada usando o conjunto de dados original.

Seção 2.4

1. 35 ou US$ 35.000. A amplitude dos salários iniciais para a empresa B, que é US$ 35.000, é muito maior que o da empresa A.
2. $\sigma^2 = 110{,}3$; $\sigma = 10{,}5$, ou US$10.500
3. $s^2 \approx 132{,}6$; $s \approx 11{,}5$
4. $\bar{x} \approx 20{,}8$; $s \approx 6{,}7$
5. *Uma resposta possível*: 7, 7, 7, 7, 7, 13, 13, 13, 13, 13
6. 34,13%

   (c) Aproximadamente 34% das mulheres de 20 a 29 anos têm entre 64,2 e 67,1 polegadas.
7. Pelo menos 75% da população de Iowa está entre 0 e 87,2 anos de idade. Como 80 < 87,2, uma idade de 80 encontra-se dentro de 2 desvios padrão da média. Então, a idade não é incomum.
8. $\bar{x} = 1{,}7$; $s \approx 1{,}5$

   Tanto a média quanto o desvio padrão da amostra diminuíram um pouco.
9. $\bar{x} \approx 157{,}0$; $s \approx 147{,}1$

   Tanto a média quanto o desvio padrão da amostra aumentaram.
10. Los Angeles: $CV \approx 41{,}8\%$

    Dalas: $CV \approx 32{,}2\%$

    As taxas de aluguel de escritórios têm maior variação em Los Angeles do que em Dalas.

Seção 2.5

1. $Q_1 = 23$, $Q_2 = 31$, $Q_3 = 35$

   Cerca de um quarto dos pontos marcados foram 23 pontos ou menos. Cerca de metade foram 31 pontos ou menos e cerca de três quartos forma 35 pontos ou menos.
2. $Q_1 = 27{,}5$, $Q_2 = 35$, $Q_3 = 51{,}5$

   Cerca de um quarto das faculdades cobra US$ 27.500 ou menos, cerca de metade cobra $ 35.000 ou menos e cerca de três quartos cobram $ 51.500 ou menos.
3. AIQ = 12; 55 é um *outlier*.
4. **Pontos marcados pelas equipes vencedoras**

   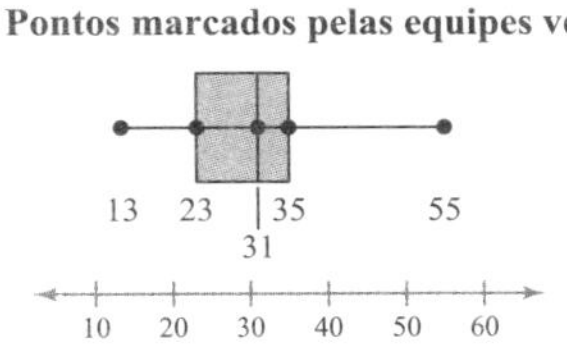

   Cerca de 50% das pontuações vencedoras ficaram entre 23 e 35 pontos. Cerca de 25% das pontuações vencedoras foram inferiores a 23 pontos. Cerca de 25% das pontuações vencedoras foram superiores a 35 pontos.
5. 34; Cerca de 65% das pontuações vencedoras foram 34 pontos ou menos.
6. 28º percentil
7. Para $ 60, $z = -1{,}25$.

   Para $ 71, $z = 0{,}125$.

   Para $ 92, $z = 2{,}75$.
8. Homem: $z = -3{,}3$; Mulher: $z \approx -1{,}7$

   O escore z para o homem com 5 pés de altura está 3,3 desvios padrão abaixo da média. Esta é uma altura muito incomum para um homem. O escore z para a mulher com 5 pés de altura está 1,7 desvios padrão abaixo da média. Esta altura está entre as alturas típicas para uma mulher.

Capítulo 3

Seção 3.1

1. (1)

   6 resultados

   Sendo S = Sim, N = Não, NS = Não sei, M = Masculino, F = Feminino.

   Espaço amostral {SM, SF, NM, NF, NSM, NSF}

   (2)

   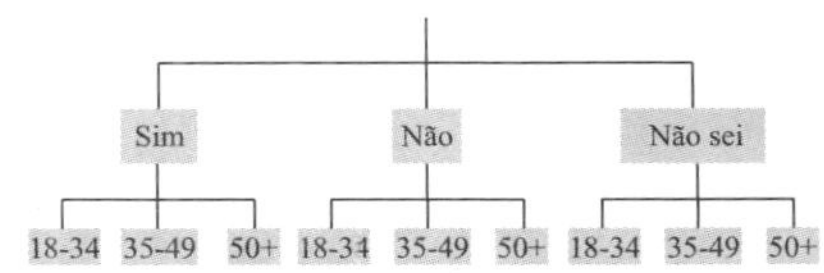

   9 resultados

   Sendo S = Sim, N = Não, NS = Não sei, 50+ = 50 ou mais

   Espaço amostral {S18-34, S35-49, S50+, N18-34, N35-49, N50+, NS18-34, NS35-49, NS50+}

   (3)

   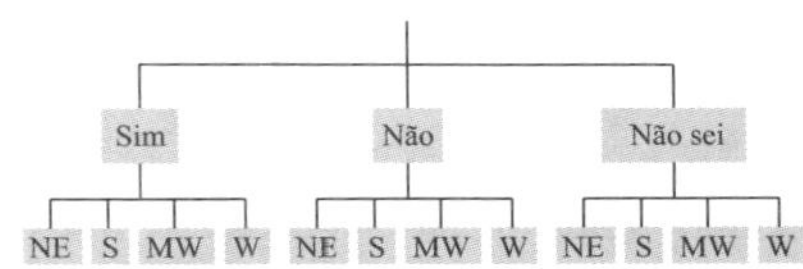

   12 resultados

   Sendo S = Sim, N = Não, NS = Não sei, NE = Nordeste, S = Sul, CO = Centro-Oeste e O = Oeste.

   Espaço amostral {SNE, SS, SCO, SO, NNE, NS, NCO, NO, NSNE, NSS, NSCO, NSO}
2. (1) 6. Não é um evento simples porque é um evento que consiste em mais de um único resultado.

   (2) 1. Evento simples porque é um evento que consiste em um resultado único.

3. 40

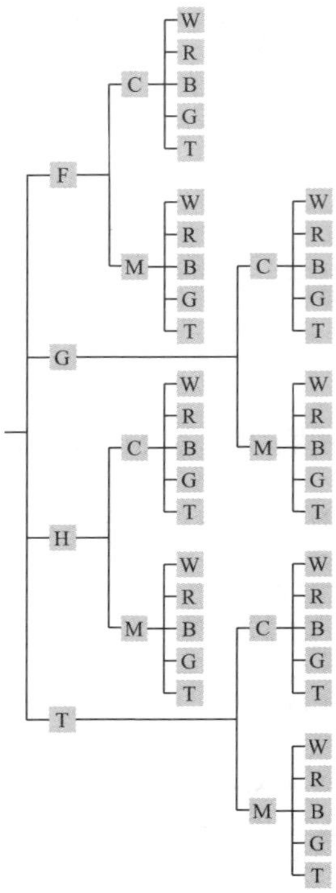

4. (1) 308.915.776 (2) 165.765.600 (3) 261.390.272

(4) 106.932.384

(2) É um evento simples porque consiste de um resultado simples.

5. (1) 0,019 (2) 0,25 (3) 1 **6.** 0,072 **7.** 0,182

8. Probabilidade empírica **9.** 0,847 **10.** 0,313

9. $\frac{1}{10.000.000}$

Seção 3.2

1. 0,263

2. (1) Dependente (2) Independente

3. (1) 0,723 (2) 0,059

4. (1) 0,729 (2) 0,001 (3) 0,999

5. (1) 0,163 (2) 0,488

6. Ambos os eventos são não incomuns porque suas probabilidades não são menores ou iguais a 0,05.

Seção 3.3

1. (1) Não mutuamente exclusivos, os eventos podem ocorrer ao mesmo tempo.

(2) Mutuamente exclusivos, os eventos não podem ocorrer ao mesmo tempo.

2. (1) 0,667 (2) 0,423 **3.** 0,222

4. (1) 0,149 (2) 0,149 (3) 0,910 (4) 0,499 **5.** 0,839

Seção 3.4

1. 3.628.800 **2.** 336 **3.** 11.880 **4.** 77.597.520

2. 1.140 **6.** 0,003 **7.** 0,0009 **8.** 0,045

Capítulo 4

Seção 4.1

1. (1) A variável aleatória é contínua porque x pode ser qualquer velocidade até a velocidade máxima de um foguete.

(2) A variável aleatória é discreta porque o número de bezerros nascidos em uma fazenda em um ano é contável.

(3) A variável aleatória é discreta porque o número de dias de chuva para os próximos três dias é contável.

2.

x	f	$P(x)$
0	16	0,16
1	19	0,19
2	15	0,15
3	21	0,21
4	9	0,09
5	10	0,10
6	8	0,08
7	2	0,02
	$n = 100$	$\Sigma P(x) = 1$

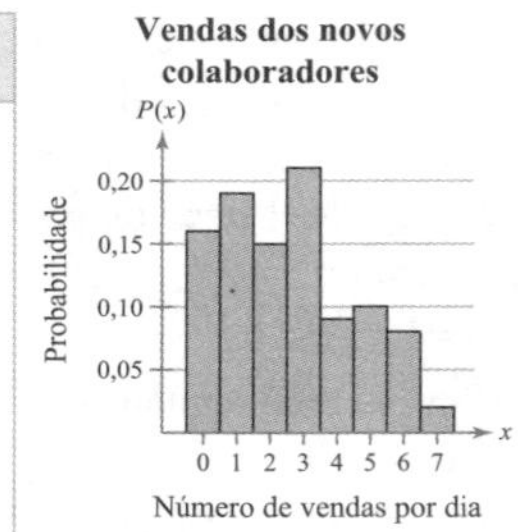

3. Cada $P(x)$ está entre 0 e 1 e $\Sigma P(x) = 1$. Como ambas as condições são satisfeitas, a distribuição é uma distribuição de probabilidade.

4. (1) É uma distribuição de probabilidade. A probabilidade de cada resultado está entre 0 e 1, e a soma de todas as probabilidades é 1.

(2) Não é uma distribuição de probabilidade. A soma de todas as probabilidades não é 1.

5. $\mu = 2{,}6$. Na média, um novo colaborador faz 2,6 vendas por dia.

6. $\sigma^2 \approx 3{,}7$; $\sigma \approx 1{,}9$

7. −$ 3,08. Como o valor esperado é negativo, você pode esperar perder uma média de $ 3,08 para cada bilhete que você comprar.

Seção 4.2

1. É um experimento binomial.

$n = 10, p = 0{,}25, q = 0{,}75, x = 0, 1, 2, 3, 4, 5, 6, 7, 8, 9, 10$

2. 0,088

3.

x	$P(x)$
0	0,156
1	0,351
2	0,316
3	0,142
4	0,032
5	0,003
	$\Sigma P(x) = 1$

4. 0,006

5. (1) 0,152 (2) 0,183 (3) 0,817 **6.** 0,176

7.

x	$P(x)$
0	0,284
1	0,420
2	0,233
3	0,057
4	0,005

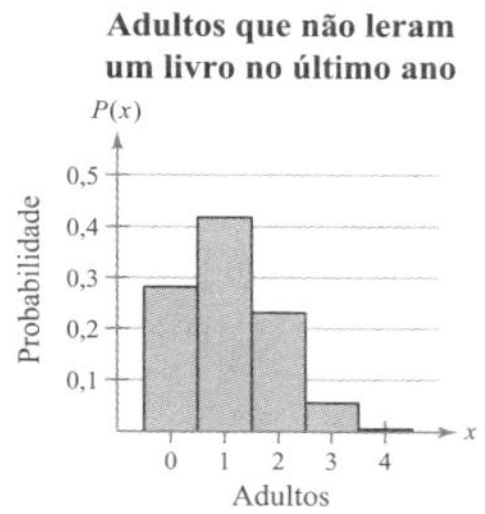

8. $\mu = 13,6$; $\sigma^2 \approx 7,6$; $\sigma \approx 2,8$. Na média, há cerca de 14 dias limpos durante o mês de maio. Um maio com menos que 8 ou mais que 19 dias limpos seria incomum.

Seção 4.3

1. 0,066 2. 0,185 3. 0,0002

Capítulo 5

Seção 5.1

1. (1) A curva B tem a maior média.
   (2) A curva C é mais dispersa, então, a curva C possui o maior desvio padrão.
2. $\mu = 18$; $\sigma \approx 5,8$ 3. (1) 0,0143 (2) 0,9850
4. 0,9834 5. 0,9846 6. 0,0733

Seção 5.2

1. 0,1957 2. 0,7357; 147 3. 0,214

Seção 5.3

1. (1) −1,77 (2) 1,96
2. (1) −1,28 (2) −0,84 (3) 2,33
3. (1) 17,05 libras (2) 97 libras (3) 60,7 libras
   17,05 libras estão à esquerda da média, 97 libras estão à direita da média e 60,7 libras estão à direita da média.
4. A maior distância de frenagem que um desses carros poderia ter e ainda estar no 1% mais baixo é cerca de 120 pés.
5. O tempo máximo que um funcionário poderia ter trabalhado e, ainda assim, ser cortado é de cerca de 8,5 anos.

Seção 5.4

1.

Amostra	Média
1, 1, 1	1
1, 1, 3	1,67
1, 1, 5	2,33
1, 3, 1	1,67
1, 3, 3	2,33
1, 3, 5	3
1, 5, 1	2,33
1, 5, 3	3
1, 5, 5	3,67
3, 1, 1	1,67
3, 1, 3	2,33
3, 1, 5	3
3, 3, 1	2,33
3, 3, 3	3

Amostra	Média
3, 3, 5	3,67
3, 5, 1	3
3, 5, 3	3,67
3, 5, 5	4,33
5, 1, 1	2,33
5, 1, 3	3
5, 1, 5	3,67
5, 3, 1	3
5, 3, 3	3,67
5, 3, 5	4,33
5, 5, 1	3,67
5, 5, 3	4,33
5, 5, 5	5

$\bar{x} = 3;\ (\sigma_{\bar{x}})^2 \approx 0,889;\ \sigma_{\bar{x}} \approx 0,943$

$\mu_{\bar{x}} = \mu = 3$

$$(\sigma_{\bar{x}})^2 = \frac{\sigma^2}{n} = \frac{8/3}{3} = \frac{8}{9} \approx 0,889$$

$$\sigma_{\bar{x}} = \frac{\sigma}{\sqrt{n}} = \frac{\sqrt{8/3}}{\sqrt{3}} = \frac{\sqrt{8}}{3} \approx 0,943$$

2. $\mu_{\bar{x}} = 6,9$, $\sigma_{\bar{x}} = 0,1875$

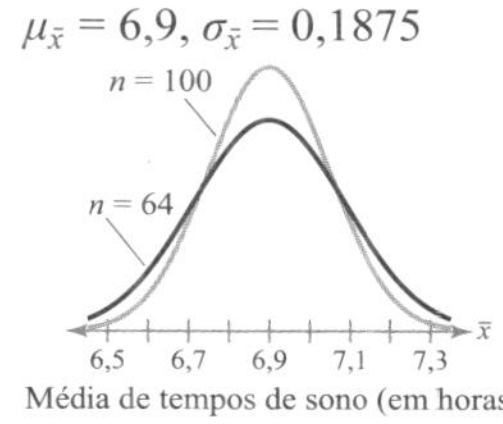

   Com um tamanho menor de amostra, a média fica a mesma, mas o desvio padrão aumenta.

3. $\mu_{\bar{x}} = 3,5$, $\sigma_{\bar{x}} = 0,05$

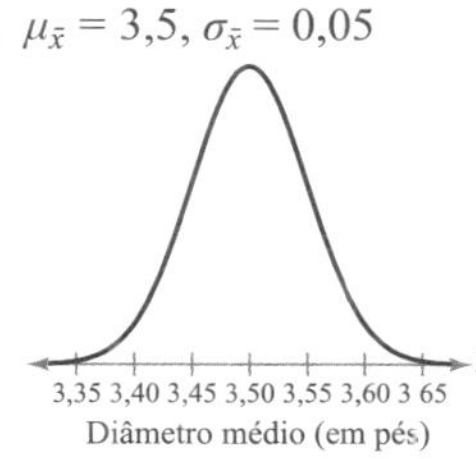

4. 0,8324 5. 0,9332 (*Tecnologia*: 0,9336)
6. 0,4702; 0,4065
7. Há aproximadamente 47% de chance de que um monitor de computador custará menos que \$ 200. Há aproximadamente 41% de chance de que a média de uma amostra de 10 monitores de computador seja menos que \$ 200.

Seção 5.5

1. Como np e nq são maiores que 5, uma distribuição normal pode ser usada. Média 100*0,35; desvio-padrão raiz(100*0,35*0,65)
2. (1) $56,5 < x < 83,5$ (2) $x < 54,5$
3. 0,8264 (*Tecnologia*: 0,8273) 4. 0,0281
5. 0,0479 (*Tecnologia*: 0,0476)

Capítulo 6

Seção 6.1

1. 2,85 **2.** 0,43 hora **3.** (2,42; 3,28)

2. (19,49; 20,36); (19,38; 20,47); (19,30; 20,55). À medida que o nível de confiança aumenta, aumenta também a largura do intervalo.

3. (22,4; 23,4) [Tecnologia: (22,5; 23,4)]. Devido ao maior tamanho da amostra, o intervalo de confiança é ligeiramente mais estreito.

4. 40. Devido à margem de erro maior, o tamanho da amostra necessário é menor.

Seção 6.2

1. 1,721 **2.** (157,6; 166,4); (154,6; 169,4)

2. (9,08; 10,42); (8,94; 10,56); O intervalo de confiança de 90% é ligeiramente mais estreito.

3. Use a distribuição t porque σ não é conhecido e a população é normalmente distribuída.

Seção 6.3

1. 14% **2.** (0,12; 0,16) **3.** (0,475; 0,565)

4. (1) 1.692 (2) 1.591

Seção 6.4

1. 42,557; 17,708

2. Variância populacional: (0,98; 2,36); (0,91; 2,60)
Desvio padrão: (0,99; 1,54); (0,96; 1,61)

Capítulo 7

Seção 7.1

1. (1) A média não é 74 meses.
$\mu \neq 74$
H_0: $\mu = 74$; H_a: $\mu \neq 74$ (afirmação)

(2) A variância é menor ou igual a 2,7.
$\sigma^2 \leq 2{,}7$
H_0: $\sigma^2 \leq 2{,}7$ (afirmação); H_a: $\sigma^2 > 2{,}7$

(3) A proporção é mais que 24%.
$p > 0{,}24$
H_0: $p \leq 0{,}24$; H_a: $p > 0{,}24$ (afirmação)

2. Um erro tipo I ocorrerá quando a proporção real for menor ou igual a 0,01, mas você rejeita H_0.
Um erro tipo II ocorrerá quando a proporção real for maior que 0,01, mas você não rejeita H_0.
Um erro tipo II é mais sério porque você estaria enganando o consumidor, possivelmente causando ferimentos graves ou morte.

3. (1) H_0: A vida média de certo tipo de bateria automotiva é 74 meses.
H_a: A vida média de certo tipo de bateria automotiva não é 74 meses.
H_0: $\mu = 74$; H_a: $\mu \neq 74$

Bilateral

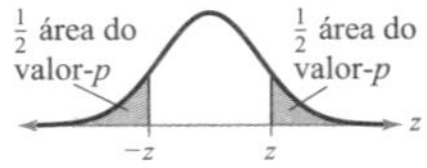

(2) H_0: A variância da vida útil dos sistemas de *home theater* de um fabricante é menor ou igual a 2,7.
H_a: A variância da vida útil dos sistemas de *home theater* de um fabricante é maior que 2,7.
H_0: $\sigma^2 \leq 2{,}7$; H_a: $\sigma^2 > 2{,}7$

Unilateral à direita

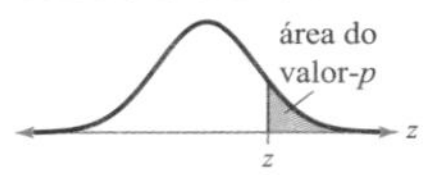

(3) H_0: A proporção de proprietários que acham suas casas muito pequenas para suas famílias é menor ou igual a 24%.
H_a: A proporção de proprietários que acham suas casas muito pequenas para suas famílias é maior que 24%.
H_0: $p \leq 0{,}24$; H_a: $p > 0{,}24$

Unilateral à direita

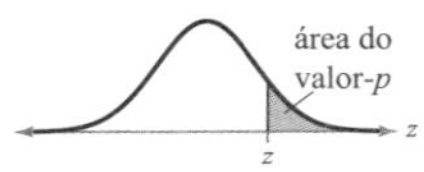

4. (1) Há evidência suficiente para concordar com a afirmação de que a vida útil média de certo tipo de bateria automotiva não é de 74 meses.
Não há evidência suficiente para concordar com a afirmação de que a vida útil média de certo tipo de bateria automotiva não é de 74 meses.

(2) Há evidência suficiente para concordar com a afirmação do corretor de imóveis de que a proporção de proprietários que acham suas casas muito pequenas para suas famílias é mais que 24%.
Não há evidência suficiente para concordar com a afirmação do corretor de imóveis de que a proporção de proprietários que acham suas casas muito pequenas para suas famílias é mais que 24%.

5. (1) H_0: $\mu \geq 650$; H_a: $\mu < 650$ (afirmação)
Se você rejeita H_0, então você concorda com a afirmação de que o custo médio de reparo por automóvel é menor que US$ 650.

(2) H_0: $\mu = 98{,}6$ (afirmação); H_a: $\mu \neq 98{,}6$
Se você rejeita H_0, então você rejeita a afirmação de que a temperatura média é de aproximadamente 98,6 °F.

Seção 7.2

1. (1) Não rejeitar H_0. (2) Rejeitar H_0.

2. 0,0436; Rejeita H_0 porque $0{,}0436 < 0{,}05$.

3. 0,1010; Não rejeita H_0 porque $0{,}1010 > 0{,}01$.

4. Há evidência suficiente, ao nível de significância de 5%, para concordar com a afirmação de que a velocidade média é maior que 35 milhas por hora.
5. Há evidência suficiente, ao nível de significância de 1%, para concordar com a afirmação de que o número médio de dias de trabalho perdidos devido a doença ou lesão nos últimos 12 meses é de 3,6 dias.
6. Não rejeita H_0.
7. $z_0 = -1{,}28$; Região de rejeição: $z < -1{,}28$
8. $-z_0 = -1{,}75$; $z_0 = 1{,}75$
   Regiões de rejeição: $z < -1{,}75$; $z > 1{,}75$
9. Há evidência suficiente, ao nível de significância de 1%, para concordar com a afirmação de que o dia de trabalho médio é menor que 8,5 horas.
10. Não há evidência suficiente, ao nível de significância de 1%, para rejeitar a afirmação de que o custo médio para criar um filho com idade entre 1 e 3 anos nos EUA é US$ 13.350.

Seção 7.3

1. –2,650 **2.** 1,397 **3.** –2,131; 2,131
4. Há evidência suficiente, ao nível de significância de 10%, para concordar com a afirmação do analista de que o preço médio de transação de veículos novos vendidos nos últimos 12 meses é inferior a US$ 43.500.
5. Há evidência suficiente, ao nível de significância de 1%, para rejeitar a afirmação da indústria de que a condutividade média do rio é 1.890 miligramas por litro.
6. Não há evidência suficiente, ao nível de significância de 5%, para rejeitar a afirmação do escritório de que o tempo médio de espera é no máximo 18 minutos.

Seção 7.4

1. Não há evidência suficiente, ao nível de significância de 1%, para concordar com a afirmação do pesquisador de que mais de 36% dos adultos dos Estados Unidos considerariam comprar um produto ou serviço diretamente de um anúncio veiculado durante a programação de *streaming*.
2. Há evidência suficiente, ao nível de significância de 10%, para rejeitar a afirmação do pesquisador de que 70% dos adultos dos Estados Unidos, com idades entre 22 e 59 anos, que têm pelo menos um dos pais com diploma de bacharel ou acima, concluíram um curso superior.

Seção 7.5

1. $\chi^2 = 33{,}409$ **2.** $\chi^2 = 17{,}708$
3. $\chi^2_E = 27{,}991$, $\chi^2_D = 79{,}490$
4. Há evidência suficiente, ao nível de significância de 1%, para rejeitar a afirmação da companhia engarrafadora de que a variância da quantidade de bebidas esportivas em uma garrafa de 12 onças é não mais que 0,40.
5. Não há evidência suficiente, ao nível de significância de 5%, para concordar com a afirmação do chefe de polícia de que o desvio padrão das durações dos tempos de resposta é menor que 3,7 minutos.
6. Há evidência suficiente, ao nível de significância de 10%, para rejeitar a afirmação da empresa de que a variância das perdas de peso dos usuários é 25,5.

Capítulo 8

Seção 8.1

1. (1) Independente (2) Dependente
2. Há evidência suficiente, ao nível de significância de 10%, para suportar a afirmação de que há uma diferença nos salários médios anuais.
3. Não há evidência suficiente, ao nível de significância de 5%, para suportar a afirmação de que que o aluguel médio mensal de um apartamento de um quarto em Atlanta, GA, é maior do que o aluguel médio mensal de um apartamento de um quarto em Nashville, TN.

Seção 8.2

1. Há evidência suficiente, ao nível de significância de 5%, para concordar com a afirmação de que há uma diferença nos ganhos médios anuais, baseado no nível de instrução.
2. Não há evidência suficiente, ao nível de significância de 10%, para concordar com a afirmação do fabricante de que o custo por milha rodada de suas minivans é menor que o do seu principal concorrente.

Seção 8.3

1. Não há evidência suficiente, ao nível de significância de 10%, para apoiar a afirmação de que as pessoas que jogam golfe podem melhorar (diminuir) suas pontuações médias de golfe usando os tacos de golfe recém-projetados da empresa.
2. Não há evidência suficiente, ao nível de significância de 5%, para concordar com a afirmação de que o medicamento altera a temperatura do corpo.

Seção 8.4

1. Não há evidência suficiente, ao nível de significância de 5%, para concordar com a afirmação de que há uma diferença entre a proporção de praticantes e não praticantes de ioga com idade de 40 a 49 anos.
2. Há evidência suficiente, ao nível de significância de 5%, para rejeitar a afirmação de que a proporção de praticantes de ioga que são da região oeste dos Estados Unidos é maior ou igual à proporção dos não praticantes da mesma região.

Capítulo 9

Seção 9.1

1.

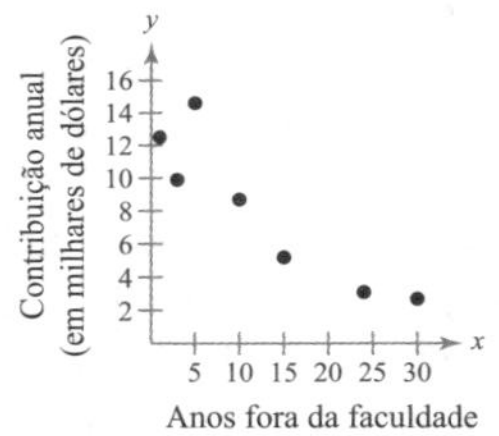

Parece que há uma correlação linear negativa. Conforme o número de anos fora da faculdade aumenta, a contribuição anual tende a diminuir.

2.

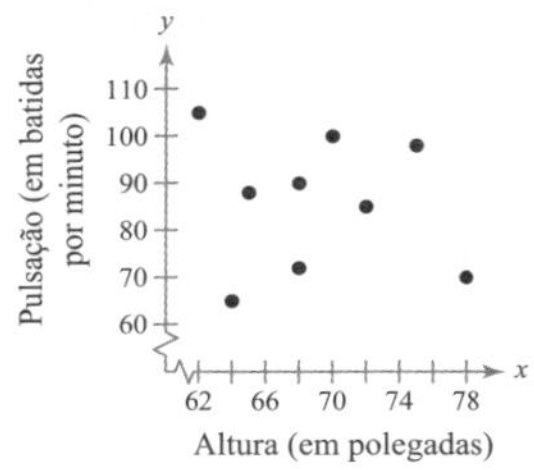

Parece que não há correlação linear entre altura e pulsação.

3.

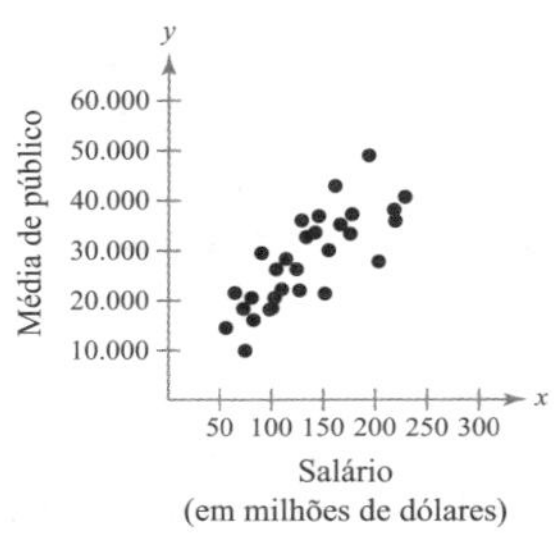

Parece que há uma correlação linear positiva. Conforme os salários do time aumentam, a média de público em jogos em casa tende a aumentar.

4. –0,908. Como r está próximo de –1, isso sugere uma correlação linear negativa forte. Conforme o número de anos fora da faculdade aumenta, a contribuição anual tende a diminuir.
5. 0,792. Como r está próximo de 1, isso sugere uma correlação linear positiva forte. Conforme os salários do time aumentam, a média de público em jogos em casa tende a aumentar.
6. $|r| \approx 0,908 > 0,875$; A correlação é significativa.
   Há evidência suficiente, ao nível de significância de 1%, para concluir que há uma correlação linear significativa entre o número de anos fora da faculdade e a contribuição anual.
7. Há evidência suficiente, ao nível de significância de 1%, para concluir que há uma correlação linear significativa entre os salários e a média de público em jogos em casa para os times da *Major League Baseball*.

Seção 9.2

1. $\hat{y} = -0,380x + 12,876$
2. $\hat{y} = 152,932x + 7.811,244$
3. (1) 58,645 minutos (2) 75,120 minutos

Seção 9.3

1. 0,958. Cerca de 95,8% da variação nos tempos é explicada. Cerca de 4,2% da variação é não explicada.
2. 6,218
3. $411,255 < y < 1.179,381$
   Você pode ter 95% de confiança de que quando o produto interno bruto é $ 4 trilhões, as emissões de dióxido de carbono estarão entre 411,255 e 1.179,381 milhões de toneladas métricas.

Seção 9.4

1. $\hat{y} = 46,385 + 0,540x_1 - 4,897x_2$
2. (1) 90 (2) 74 (3) 81

Capítulo 10

Seção 10.1

1.

Método de preparação de imposto	% de pessoas	Frequência esperada
Contador	24%	120
À mão	20%	100
Programa de computador	35%	175
Amigo ou familiar	6%	30
Consultoria de impostos	15%	75

2. Não há evidência suficiente, ao nível de significância de 5%, para suportar a afirmação do sociólogo de que a distribuição das idades difere da distribuição de 10 anos atrás.
3. Há evidência suficiente, ao nível de significância de 5%, para rejeitar a afirmação de que a distribuição de confeitos de cores diferentes em sacos de M&M's amendoim é uniforme.

Seção 10.2

1. $E_{1,1} \approx 426,549$; $E_{1,2} \approx 75,451$; $E_{1,3} \approx 271,120$; $E_{1,4} \approx 195,669$; $E_{1,5} \approx 35,210$; $E_{2,1} \approx 421,451$; $E_{2,2} \approx 74,549$; $E_{2,3} \approx 267,880$; $E_{2,4} \approx 193,331$; $E_{2,5} \approx 34,790$
2. Há evidência suficiente, ao nível de significância de 1%, para concluir que o *tipo de moradia do aluno* depende do *status do empréstimo*.
3. Há evidência suficiente, ao nível de significância de 1%, para concluir se um crédito fiscal influenciaria ou não um adulto fazer uma doação de caridade depende da idade.

Seção 10.3

1. 2,45 2. 18,31
3. Há evidência suficiente, ao nível de significância de 1%, para suportar a afirmação do pesquisador de que uma solução intravenosa especialmente tratada diminui a variância do tempo necessário para os nutrientes entrarem na corrente sanguínea.
4. Não há evidência suficiente, ao nível de significância de 1%, para rejeitar a afirmação do biólogo de que os níveis de pH do solo nas duas localizações geográficas têm desvios padrão iguais.

Seção 10.4

1. Há evidência suficiente, ao nível de significância de 5%, para o analista concluir que há uma diferença nas vendas médias mensais entre as regiões.
2. Não há evidência suficiente, ao nível de significância de 5%, para concluir que há uma diferença nas notas médias.

Apêndice A

1. (1) 0,4857 (2) $z = \pm 2{,}17$
2. 0,9834 3. 0,9846 4. 0,0733

Apêndice C

1. 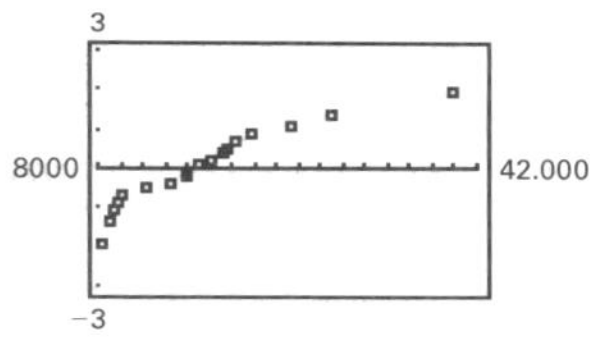

Como os pontos não parecem ser aproximadamente lineares e há um *outlier*, você pode concluir que os dados amostrais não vêm de uma população que tem uma distribuição normal.

RESPOSTAS DOS EXERCÍCIOS ÍMPARES

Capítulo 1

Seção 1.1 (página 6)

1. Uma amostra é um subconjunto de uma população.
3. Um parâmetro é uma descrição numérica de uma característica populacional. Uma estatística é uma descrição numérica de uma característica da amostra.
5. Falso. Uma estatística é uma descrição numérica de uma característica da amostra.
7. Verdadeiro.
9. Falso. Uma população é a coleção de *todos* os resultados, respostas, medições ou contagens que são de interesse.
11. População, porque é uma coleção dos salários de cada funcionário de uma empresa de publicidade.
13. Amostra, porque a coleção dos 250 membros é um subconjunto da população de 20.000 membros de um sindicato organizado.
15. Amostra, porque a coleção das 12 pessoas é um subconjunto da população de 49 pessoas que escaparam de um prédio em chamas.
17. População, porque é uma coleção de todos os hóspedes em cada quarto de um hotel.
19. População, porque é uma coleção de todas as nacionalidades de cada pessoa que passa por uma estação alfandegária.
21. População: partidos dos eleitores registrados.
    Amostra: partidos dos eleitores registrados que responderam à pesquisa.
23. População: idades dos adultos nos Estados Unidos que possuem veículos motorizados.
    Amostra: idade dos adultos nos Estados Unidos que possuem veículos motorizados de duas rodas.
25. População: coleção das respostas de todos os adultos nos Estados Unidos.
    Amostra: coleção das respostas dos 1.021 adultos americanos pesquisados.
    Conjunto de dados da amostra: 45% dos adultos que têm uma visão favorável de Cuba e 55% dos que não têm.
27. População: Coleção dos adultos nos Estados Unidos que foram vacinados.
    Amostra: Coleção das respostas de 1.500 adultos nos Estados Unidos que foram vacinados.
    Conjunto de dados da amostra: 59% dos adultos nos Estados Unidos que nunca tiveram uma reação vacinal e 41% que tiveram.
29. População: coleção das respostas de pequenos empresários nos Estados Unidos.
    Amostra: coleção das respostas de 2.111 pequenos empresários nos Estados Unidos.
    Conjunto de dados da amostra: 54% de pequenos empresários que se opõem ao aumento do salário mínimo e 46% que não se opõem.
31. População: coleção de todas as empresas listadas entre as 500 da *Standard & Poor*.
    Amostra: coleção das respostas das 74 empresas pesquisadas listadas entre as 500 da *Standard & Poor*.
    Conjunto de dados da amostra: 47% dos respondentes que normalmente se sentem bem descansados durante a semana e 53% que não se sentem.
33. População: coleção dos salários iniciais em todas as 500 empresas listadas na *Standart & Poor.*
    Amostra: coleção das respostas de 1.001 adultos.
    Conjunto de dados da amostra: Salários iniciais das 74 empresas pesquisadas.
35. Estatística: o valor $ 71.000 é uma descrição numérica de uma amostra de salários anuais.
37. Parâmetro: do total de 97 passageiros, os 62 sobreviventes são uma descrição numérica de todos os passageiros do Hindenburg que sobreviveram.
39. Estatística: o valor de 6% é uma descrição numérica de uma amostra de proprietários de automóveis.
41. Estatística: o valor 79% é uma descrição numérica de uma amostra de adultos americanos.
43. A afirmação "47% dos entrevistados normalmente se sentem bem descansados durante a semana" é um exemplo de estatística descritiva. Usando estatísticas inferenciais, você pode concluir que existe uma associação entre sentir-se bem descansado e o dia da semana.
45. As respostas irão variar.
47. Não, essa inferência pode implicar incorretamente que o exercício estimula a produção de células T para todas as idades quando foi mostrado apenas em idosos.
49. (a) A amostra são pontuações em provas e exames de meio de semestre pelos participantes do estudo.
    (b) A população é a coleção de todas as pontuações em provas e exames de meio de semestre de todos os estudantes universitários.
    (c) A afirmação "os participantes obtiveram pontuações mais altas em provas e exames de meio de semestre com melhor sono" é um exemplo de estatística descritiva.
    (d) Indivíduos que dormem melhor terão maior probabilidade de ter um melhor desempenho em provas e exames de meio de semestre do que teriam com um sono pior.

Seção 1.2 (página 13)

1. Nominal e ordinal
3. Falso. Dados no nível ordinal podem ser qualitativos ou quantitativos.
5. Falso. Mais tipos de cálculos podem ser realizados com dados no nível intervalar do que com dados no nível nominal.
7. Quantitativo, porque nacionalidades são registros não numéricos.
9. Qualitativo, porque idade é contada.
11. Quantitativo, porque os tipos de flores são rótulos.
13. Qualitativo, porque distâncias são medidas numéricas.
15. Intervalar. Os dados podem ser ordenados e diferenças matemáticas podem ser calculadas, mas não faz sentido dizer que um ano é múltiplo de outro.

17. Razão. A razão de dois valores de dados pode ser formada, de modo que um valor pode ser expresso como um múltiplo de outro.
19. Ordinal. Os dados podem ser colocados em ordem, mas as diferenças entre eles não possuem significado.
21. Horizontal: nominal; Vertical: Razão
23. Horizontal: nominal; Vertical: Razão
25. (a) Intervalar (b) Nominal (c) Razão (d) Ordinal
27. Qualitativo. Ordinal. Os dados podem ser colocados em ordem, mas as diferenças entre eles não possuem significado.
29. Qualitativo. Nominal. Não se pode realizar cálculos matemáticos e os dados estão categorizados por região.
31. Qualitativo. Ordinal. Os dados podem ser colocados em ordem, mas as diferenças entre eles não possuem significado.
33. Um zero natural é um zero que significa "nenhum". As respostas irão variar.

Seção 1.3 (página 24)

1. Em um, experimento, um tratamento é aplicado em parte de uma população e as respostas são observadas. Em um estudo observacional, um pesquisador mede características de interesse de parte de uma população, mas não altera condições existentes.
3. Em uma amostra aleatória, cada elemento da população tem a mesma chance de ser selecionado. Em uma amostra aleatória simples, cada amostra possível de mesmo tamanho tem a mesma chance de ser selecionada.
5. Falso. Um placebo é um tratamento falso.
7. Falso. Usar amostragem estratificada garante que elementos de cada grupo, dentro de uma população, serão incluídos na amostra.
9. Falso. Uma amostra sistemática é selecionada ordenando-se uma população de alguma maneira e, então, selecionar elementos da população em intervalos regulares.
11. Experimento. O estudo aplica um tratamento (períodos de descanso acordado ou períodos de distração) diferentes gêneros musicais) aos indivíduos.
13. Estudo observacional. O estudo não aplica tratamento aos adultos.
15. As respostas irão variar. 17. As respostas irão variar.
19. (a) As unidades experimentais são as 500 meninas de 13 a 17 anos que têm acne. O tratamento é o novo creme usado para tratar acne.
    (b) *Exemplo de resposta*: um problema com o planejamento é que a amostra não é representativa de toda a população porque somente as meninas de 13 a 17 anos foram contempladas. Para melhorar a validade, usar uma amostra estratificada.
    (c) Para que o experimento seja duplo cego, nem os indivíduos nem a empresa saberiam quem estaria recebendo o creme para acne ou o placebo.
21. *Exemplo de resposta*: grupo de tratamento: Jake, Arya, Nyla, Juan, Nia, Bruno, Kayla, Liam e Kai. Grupo de controle: Xavier, Shaniece, Chen, Hana Ansel, Liam, Mei, Zoey e Sofia. Foi utilizada uma tabela de números aleatórios.
23. É usada a amostra aleatória simples porque cada aluno tem a mesma chance de ser contatado, e todas as amostras de 300 alunos têm a mesma chance de serem selecionadas. Uma possível fonte de viés é que a amostra aleatória pode conter uma porcentagem muito maior de alunos de um curso do que de outro.
25. É usada a amostra por conglomerado porque a área do desastre foi dividida em subáreas e 30 delas são então selecionadas inteiramente. Uma possível fonte de viés é que certas subáreas podem ter sido muito mais severamente danificadas do que outras.
27. É usada a amostra estratificada porque a amostra é retirada de cada subárea de um acre.
29. Censo, porque é relativamente fácil obter os CRs de 85 alunos.
31. A pergunta é tendenciosa porque já sugere que comer alimentos integrais melhoram sua saúde. A pergunta poderia ser reescrita como "Como a ingestão de alimentos integrais afeta sua saúde?"
33. A pergunta da pesquisa não é tendenciosa.
35. As respostas irão variar.
37. Pergunta aberta
    Vantagem: permite ao respondente expressar alguma profundidade e nuances de significado na resposta. Permite que novas soluções sejam introduzidas.
    Desvantagem: não é facilmente quantificada e dificulta comparar pesquisas.
    Pergunta fechada
    Vantagem: fácil de analisar resultados.
    Desvantagem: pode não fornecer alternativas apropriadas e pode influenciar a opinião do respondente. As respostas irão variar.

Seção 1.3 Atividade (página 27)

1. As respostas irão variar. As listas contêm um número pelo menos aparecendo duas vezes.
2. O mínimo é 1, o máximo é 731 e o número de amostras é 8. As respostas irão variar.

Usos e Abusos do Capítulo 1 (página 28)

1. As respostas irão variar. 2. As respostas irão variar.

Exercícios de revisão do Capítulo 1 (página 30)

1. População: coleção das respostas de todos os adultos estadunidenses.
   Amostra: coleção das respostas dos 1.025 adultos estadunidenses que foram incluídos na amostra.
   Conjunto de dados da amostra: os integrantes da amostra visitaram a biblioteca um média de 10,5 vezes nos últimos 12 meses.
3. População: coleção das respostas de todos os adultos estadunidenses.
   Amostra: coleção das respostas dos 23.503 adultos estadunidenses que foram incluídos na amostra.
   Conjunto de dados da amostra: 59% dos adultos que disseram que, se fossem solteiros, procurariam alguém na Internet antes de sair com a pessoa e 41% que não procurariam.
5. Parâmetro. O valor US$ 4,8 bilhões é uma descrição numérica da quantidade de equipamentos de proteção individual importados.
7. Estatística. O valor de 39% é uma descrição numérica de uma amostra dos trabalhadores dos Estados Unidos.

9. A afirmação "59% disseram que se fossem solteiros, procurariam alguém na Internet antes de sair com a pessoa" é um exemplo de estatística descritiva. Uma inferência extraída da amostra é que a maioria dos adultos procuraria alguém na Internet antes de ir a um encontro.
11. Quantitativo, porque as idades são medidas numéricas.
13. Quantitativo, porque as receitas são medidas numéricas.
15. Intervalar. Os dados podem ser ordenados e diferenças matemáticas podem ser calculadas, mas não faz sentido dizer que 87 graus é 1,09 vezes tão quente quanto 80 graus.
17. Nominal. Os dados são qualitativos e não podem ser organizados em uma ordem de importância.
19. Experimento. O estudo aplica um tratamento (medicação usada para reduzir o risco de eventos card) aos indivíduos.
21. *Exemplo de resposta*: Os indivíduos poderiam ser divididos em homens e mulheres e, então, serem aleatoriamente designados para cada um dos cinco grupos de tratamento.
23. É usada a amostra aleatória simples porque os números de telefone foram gerados aleatoriamente e ligados. Uma fonte potencial de tendenciosidade é que a amostragem de telefones só considera indivíduos que têm telefone, que estão disponíveis e dispostos a responder.
25. É usada a amostra por conglomerado porque cada bairro é considerado um grupamento e cada mulher grávida em um bairro selecionado é pesquisada. Uma fonte potencial de tendenciosidade é que os bairros selecionados podem não ser representativos da área total.
27. É usada a amostra estratificada porque a população é dividida por ano de estudo e os 25 estudantes são selecionados aleatoriamente de cada ano de estudo.
29. Amostra, porque a população de estudantes na universidade é muito grande para que seus destinos favoritos de recesso escolar sejam facilmente registrados. A amostragem aleatória seria aconselhada porque seria fácil selecionar os alunos aleatoriamente e depois registrar seus destinos favoritos para o recesso escolar.

Problemas do Capítulo 1 (página 32)

1. População: coleção de todas as médias de notas, pontuações dos SAT e do ACT de todos os alunos do último ano do Ensino Médio.
   Amostra: coleção de todas as médias de notas, pontuações dos SAT e do ACT dos 1.622 os alunos do último ano do Ensino Médio, de quatro escolas públicas do nordeste dos Estados Unidos.
2. (a) Estatística. O valor 42% é uma descrição numérica de uma amostra de adultos estadunidenses.
   (b) Parâmetro. Os 90% dos membros que aprovaram a contratação do novo presidente é uma descrição numérica de todos os membros do conselho de curadores.
   (c) Estatística. O valor 48% é uma descrição numérica de uma amostra de pequenos empresários.
3. (a) Qualitativo, porque os números de identificação pessoal de cartões de débito são marcas e não faz sentido encontrar diferenças entre os números.
   (b) Quantitativo, porque as pontuações finais são medidas numéricas.
4. (a) Ordinal, porque os números dos distintivos podem ser ordenados e geralmente indicam tempo de serviço, mas não se pode realizar cálculos matemáticos usuais.
   (b) Razão, porque um valor pode ser expresso como um múltiplo de outro.
   (c) Ordinal, porque os dados podem ser colocados em ordem, mas as diferenças entre eles não possuem significado.
   (d) intervalar, porque diferenças matemáticas entre os valores podem ser calculadas, mas um valor zero não é um zero natural.
5. (a) Estudo observacional. O estudo não tenta influenciar as respostas dos indivíduos e não há tratamento.
   (b) Experimento. O estudo aplica um tratamento (vídeo que envolve fumar) aos indivíduos.
6. Planejamento em blocos aleatórios.
7. (a) Amostragem por conveniência, porque todas as pessoas incluídas na amostra estão em uma localização conveniente.
   (b) Amostragem sistemática, porque cada décima peça de uma máquina é incluída na amostra.
   (c) Amostragem estratificada, porque a população é primeiro estratificada e depois uma amostra é coletada de cada estrato.
8. Amostragem por conveniência. As pessoas no acampamento podem ser fortemente contra a poluição do ar porque estão em um local ao ar livre.

Estatísticas reais – Decisões reais do Capítulo 1
(página 34)

1. (a)-(b) As respostas irão variar.
   (c) *Exemplo de resposta*: use levantamentos.
   (d) *Exemplo de resposta*: você pode obter um percentual muito grande de sua amostra de um subgrupo da população que é relativamente pequeno.
2. (a) *Exemplo de resposta*: qualitativo, porque as perguntas serão sobre dados demográficos e as perguntas da amostra têm categorias não numéricas.
   (b) *Exemplo de resposta*: nominal e ordinal, porque os resultados podem ser colocados em categorias e estas podem ser classificadas.
   (c) Amostra (d) Estatística
3. (a) *Exemplo de resposta*: a amostra inclui somente indivíduos da população com acesso à Internet.
   (b) As respostas irão variar.

Capítulo 2

Seção 2.1 (página 49)

1. Organizar os dados em uma distribuição de frequência pode tornar os padrões nos dados mais evidentes. Algumas vezes, é mais fácil identificar padrões de um conjunto de dados olhando um gráfico da distribuição de frequência.
3. Limites de classe determinam quais números podem pertencer a cada classe. Fronteiras de classe são os números que separam as classes sem formar lacunas entre elas.
5. A soma das frequências relativas dever ser 1 ou 100%, porque é a soma de todas as parcelas ou porcentagens dos dados.

7. Falso. A amplitude de classe é a diferença entre os limites inferiores ou superiores de classes consecutivas.

9. Falso. O gráfico de frequências acumuladas sempre começa na fronteira inferior da primeira classe e aumenta até a fronteira superior da última classe, portanto, sempre aumentando da esquerda para a direita.

11. Amplitude de classe = 8; limites inferiores de classe: 9, 17, 25, 33, 41, 49, 57; limites superiores de classe: 16, 24, 32, 40, 48, 56, 64.

13. Amplitude de classe = 15; limites inferiores de classe: 17, 32, 47, 62, 77, 92, 107, 122; limites superiores de classe: 31, 46, 61, 76, 91, 106, 121, 136.

15. (a) 11
(b) e (c)

Classe	Ponto médio	Fronteiras de classe
0 – 10	5	–10,5 – 10,5
11 – 21	16	10,5 – 21,5
22 – 32	27	21,5 – 32,5
33 – 43	38	32,5 – 43,5
44 – 54	49	43,5 – 54,5
55 – 65	60	54,5 – 65,5
66 – 76	71	65,5 – 76,5

17.

Classe	Frequência, f	Ponto médio	Frequência relativa	Frequência acumulada
0–10	188	5	0,15	188
11–21	372	16	0,30	560
22–32	264	27	0,22	824
33–43	205	38	0,17	1029
44–54	83	49	0,07	1112
55–65	76	60	0,06	1188
66–76	32	71	0,03	1220
	$\Sigma f = 1220$		$\Sigma \frac{f}{n} = 1$	

19. (a) 7
(b) maior frequência: cerca de 300
menor frequência: cerca de 10
(c) 10
(d) *Exemplo de resposta*: cerca de metade dos salários dos funcionários estão entre US$ 50.000 e US$ 69.000.

21. Classe com maior frequência: 506-510
Classes com menor frequência: 474-478

23. (a) Classe com maior frequência relativa: 35-36 centímetros
Classe com menor frequência relativa: 39-40 centímetros
(b) Maior frequência relativa $\approx 0,25$
Menor frequência relativa $\approx 0,01$
(c) *Exemplo de resposta*: a partir do gráfico, 0,25 ou 25% das mulheres têm um comprimento de fíbula entre 35 e 36 centímetros.

25. (a) 75 (b) 158,5-201,5

27. (a) 47 (b) 287,5 libras (c) 40 (d) 6

29.

Classe	Frequência, f	Ponto médio	Frequência relativa	Frequência acumulada
28–57	2	42,5	0,08	2
58–87	4	72,5	0,17	6
88–117	7	102,5	0,29	13
118–147	7	132,5	0,29	20
148–177	4	162,5	0,17	24
	$\Sigma f = 24$		$\Sigma \frac{f}{n} \approx 1$	

Classes com maior frequência: 88-117, 118-147
Class com menor frequência: 28-57

31.

Classe	Frequência, f	Ponto médio	Frequência relativa	Frequência acumulada
1000 –2019	11	1509,5	0,52	11
2020 –3039	3	2529,5	0,14	14
3040– 4059	2	3549,5	0,10	16
4060– 5079	3	4569,5	0,14	19
5080– 6099	1	5589,5	0,05	20
6100– 7119	1	6609,5	0,05	21
	$\Sigma f = 21$		$\Sigma \frac{f}{n} = 1$	

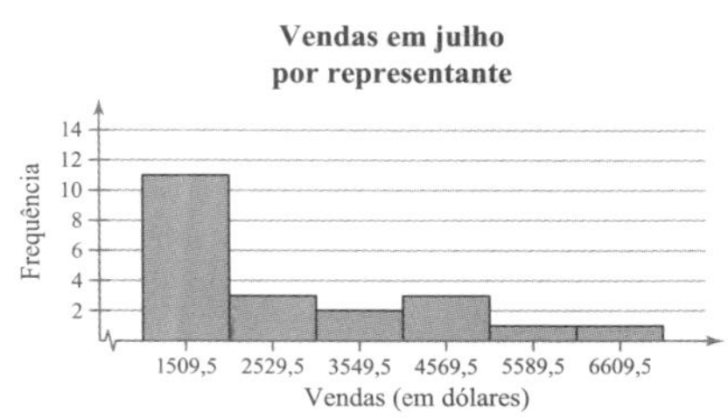

Exemplo de resposta: O gráfico mostra que a maioria dos representantes de vendas da empresa vendeu de US$ 1.000 a US$ 2.019.

33.

Classe	Frequência, f	Ponto médio	Frequência relativa	Frequência acumulada
291–318	5	304,5	0,1667	5
319–346	4	332,5	0,1333	9
347–374	3	360,5	0,1000	12
375–402	5	388,5	0,1667	17
403–430	6	416,5	0,2000	23
431–458	4	444,5	0,1333	27
459–486	1	472,5	0,0333	28
487–514	2	500,5	0,0667	30
	$\Sigma f = 30$		$\Sigma \frac{f}{n} = 1$	

Exemplo de resposta: O gráfico mostra que os tempos de reação mais frequentes foram de 403 a 430 milissegundos.

35.

Classe	Frequência, f	Ponto médio	Frequência relativa	Frequência acumulada
42–47	6	44,5	0,13	6
48–53	11	50,5	0,24	17
54–59	17	56,5	0,37	34
60–65	8	62,5	0,17	42
66–71	3	68,5	0,07	45
72–77	0	74,5	0,00	45
78–83	1	80,5	0,02	46
	$\Sigma f = 46$		$\Sigma \frac{f}{n} \approx 1$	

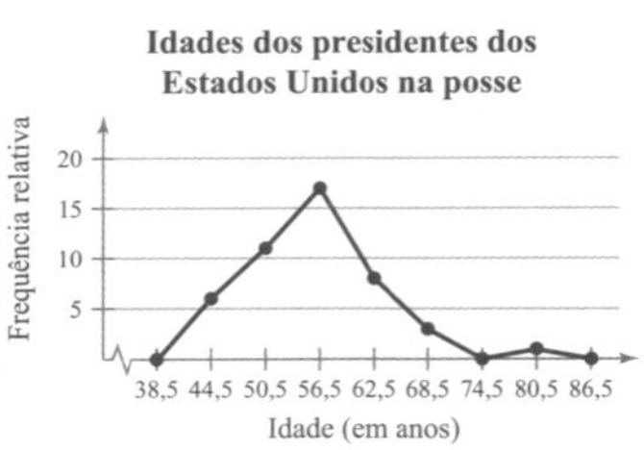

Exemplo de resposta: O gráfico mostra que o número de presidentes dos Estados Unidos que tinham 60 anos ou mais na posse era menos da metade daqueles que tinham 59 anos ou menos.

37.

Classe	Frequência, f	Ponto médio	Frequência relativa	Frequência acumulada
1–2	7	1,5	0,19	7
3–4	8	3,5	0,22	15
5–6	10	5,5	0,28	25
7–8	2	7,5	0,06	27
9–10	9	9,5	0,25	36
	$\Sigma f = 36$		$\Sigma \frac{f}{n} = 1$	

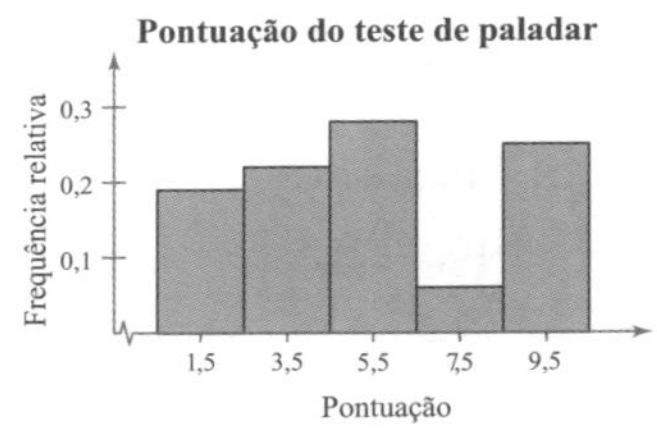

Classe com maior frequência relativa: 5-6
Classe com menor frequência relativa: 7-8

39.

Classe	Frequência, f	Ponto médio	Frequência relativa	Frequência acumulada
60–63	6	61,5	0,2143	6
64–67	7	65,5	0,2500	13
68–71	9	69,5	0,3214	22
72–75	6	73,5	0,2143	28
76–79	0	77,5	0,0000	28
	$\Sigma f = 28$		$\Sigma \frac{f}{n} = 1$	

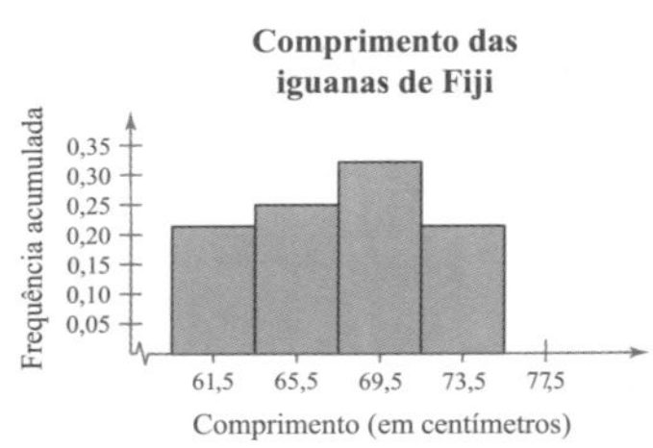

Classe com maior frequência relativa: 68-71
Classe com menor frequência relativa: 76-79

41.

Classe	Frequência, f	Frequência relativa	Frequência acumulada
52–55	6	0,1714	6
56–59	4	0,1143	10
60–63	6	0,1714	16
64–67	10	0,2857	26
68–71	5	0,1429	31
72–75	4	0,1143	35
	$\Sigma f = 35$	$\Sigma \frac{f}{n} = 1$	

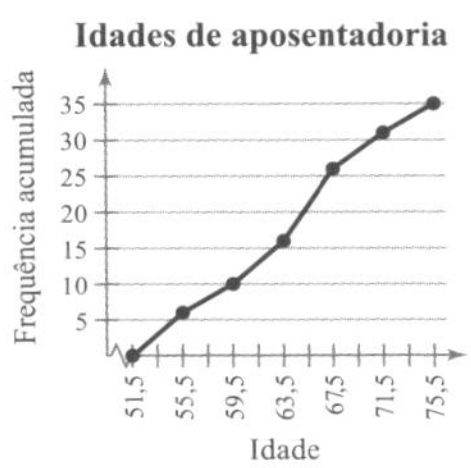

Local do maior aumento na frequência: *64 – 67*.

43. (a)

Classe	Frequência, f	Ponto médio	Frequência relativa	Frequência acumulada
65–74	4	69,5	0,1667	4
75–84	7	79,5	0,2917	11
85–94	4	89,5	0,1667	15
95–104	5	99,5	0,2083	20
105–114	3	109,5	0,1250	23
115–124	1	119,5	0,0417	24
	$\Sigma f = 24$		$\Sigma \frac{f}{n} \approx 1$	

(b)

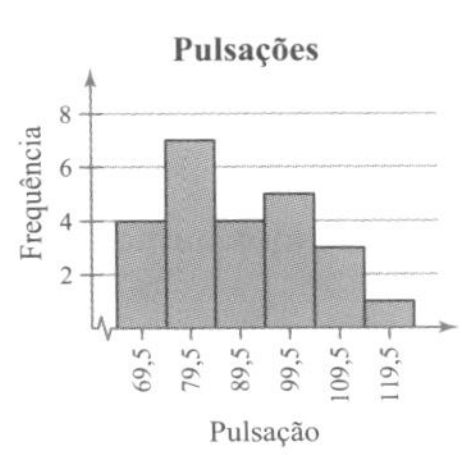

(c)

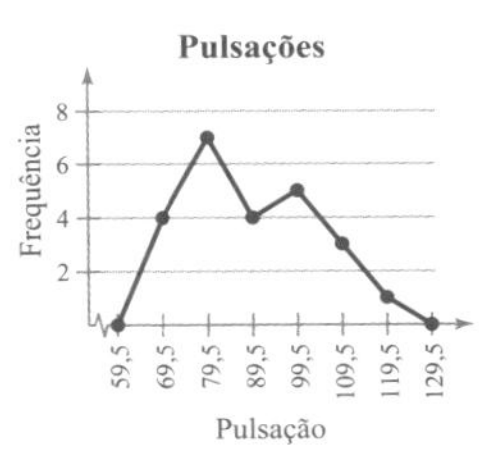

(d)

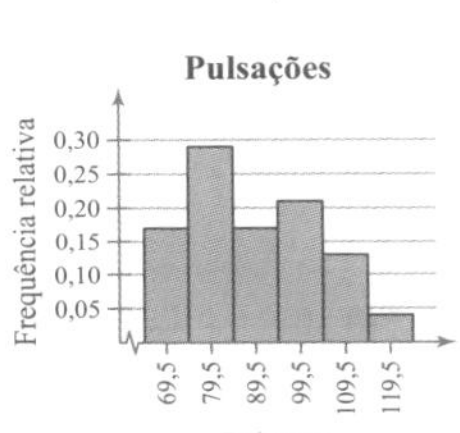

(e)

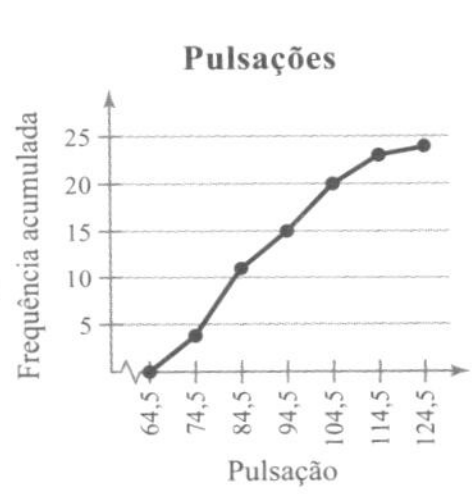

45. (a)

(b) 16,7%, porque as somas das frequências relativas para as últimas três classes é 0,167.

(c) US$ 9.700, porque as somas das frequências relativas para as últimas duas classes é 0,10.

47.

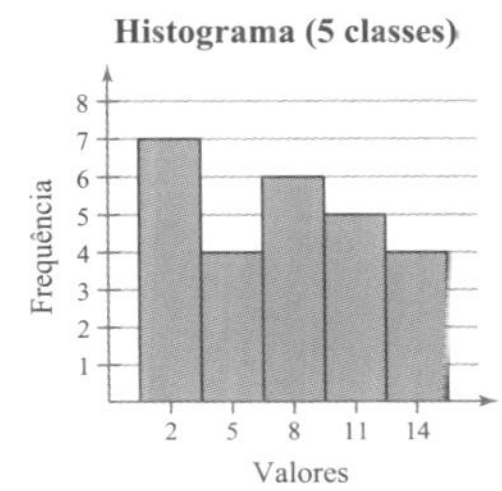

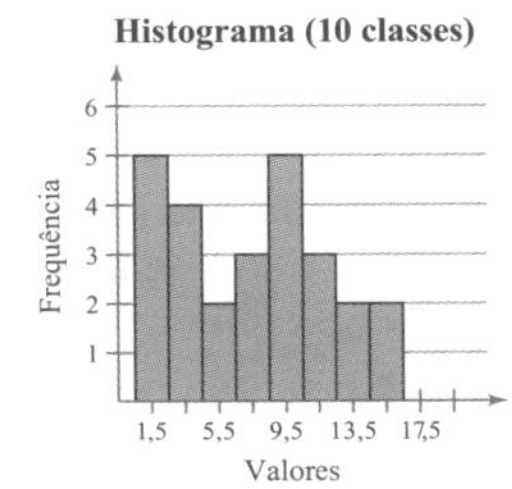

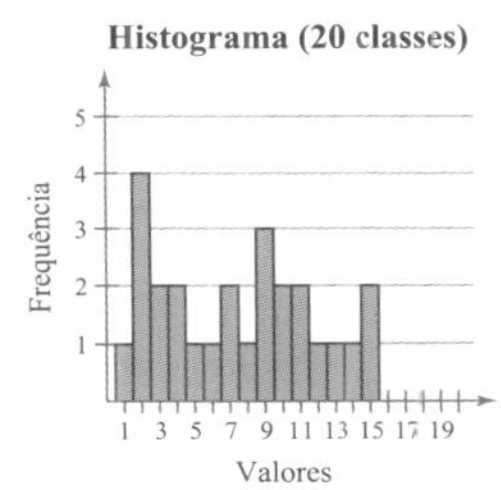

Em geral, um grande número de classes preserva melhor os valores reais do conjunto de dados, mas não é tão útil para observar tendências gerais e tirar conclusões. Ao escolher o número de classes, uma consideração importante é o tamanho do conjunto de dados. Por exemplo, você não iria querer usar 20 classes se seu conjunto de dados contivesse 20 registros. Neste exemplo em particular, conforme o número de classes aumenta, o histograma mostra mais flutuação. O histograma com 10 e 20 classes tem classes com frequência zero. Não se ganha muito usando mais do que cinco classes. Portanto, parece que cinco classes seriam a melhor escolha.

Seção 2.2 (página 62)

1. Quantitativo: diagrama de ramo e folha, diagrama de pontos, histograma, diagrama de dispersão, gráfico de série temporal. Qualitativo: gráfico de pizza, gráfico de Pareto.
3. Tanto o gráfico de ramo e folha quanto o diagrama de pontos permitem ver como os dados estão distribuídos, determinar valores de dados específicos e identificar valores incomuns.
5. b **6.** d **7.** a **8.** c
9. 27, 32, 41, 43, 43, 44, 47, 47, 48, 50, 51, 51, 52, 53, 53, 53, 54, 54, 54, 54, 55, 56, 56, 58, 59, 68, 68, 68, 73, 78, 78, 85
Máximo: 85 Mínimo: 27

11. 13, 13, 14, 14, 14, 15, 15, 15, 15, 15, 16, 17, 17, 18, 19
Máximo: 19 Mínimo: 13

13. *Exemplo de resposta:* o Facebook tem o maior número de usuários e o TikTok o menor. Instagram e WeChat têm aproximadamente o mesmo número de usuários.

15. *Exemplo de resposta:* o das mensagens é o motorista menos popular. O lento na esquerda é mais tolerado do que o colado na traseira. O corredor e o sem rumo têm a mesma popularidade.

17. Notas de provas

6	7 8	Chave: 6|7 = 67
7	3 5 5 6 9	
8	0 0 2 3 5 5 7 7 8	
9	0 1 1 1 2 4 5 5	

Exemplo de resposta: a maioria das notas para o teste de biologia estavam no 80 e 90.

19. Espessura do gelo (em centímetros)

4	3 9	Chave: 4|3 = 4,3
5	1 8 8 8 9	
6	4 8 9 9 9	
7	0 0 2 2 2 5	
8	0 1	

Exemplo de resposta: A maior parte do gelo tinha uma espessura de 5,8 a 7,2 centímetros.

21. Rendimentos (em milhões) dos atletas mais bem pagos

3		Chave: 3|7 = 37
3	7 7 9	
4	0 1 1 2	
4	5 5 5 7 7 8 8 8 9	
5	2 4	
5	6 7 9	
6	1 2 4	
6		
7	4	
7		
8		
8	8	
9		
9	6	
10	4	
10	5 6	

Exemplo de resposta: Os atletas mais bem pagos têm rendimento por volta de US$40 milhões.

23.

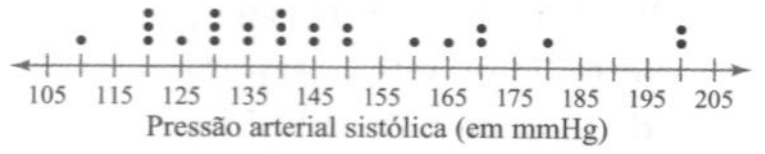

Exemplo de resposta: A pressão arterial sistólica tende a ser de 120 a 150 milímetros de mercúrio.

25.

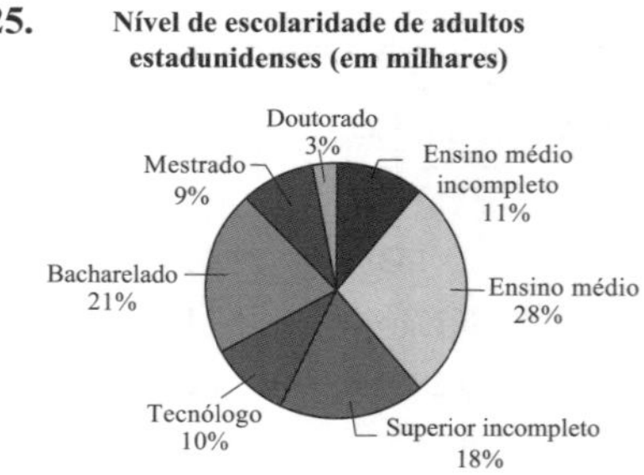

Exemplo de resposta: 28% dos adultos americanos possuem Ensino Médio completo.

27.

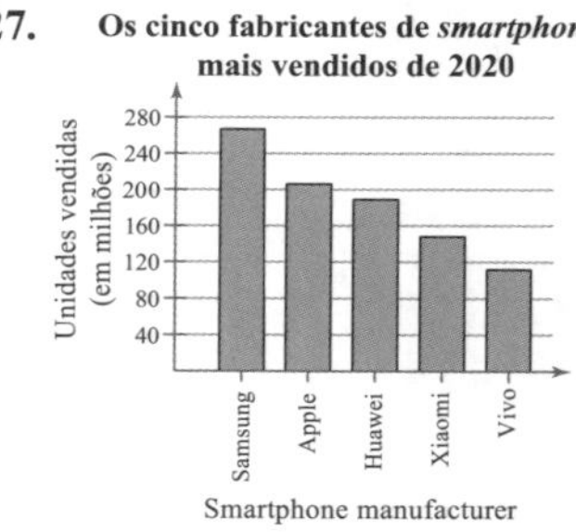

Exemplo de resposta: Samsung vendeu mais *smartphones*, dentre os cinco fabricantes, e Vivo vendeu menos.

29.

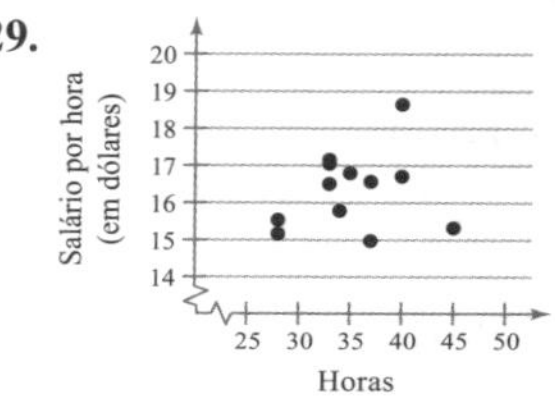

Exemplo de resposta: Parece não haver relação entre os salários e as horas trabalhadas.

31.

Exemplo de resposta: O número de diplomas de bacharel em engenharia conferidos nos Estados Unidos aumentou de 2011 a 2019.

33. Alturas (em polegadas)

7	2 2 4	Chave: 7|2 = 72
7	5 5 5 5 6	
8	1 1 2 2 2 4	
8		

O gráfico de pontos ajuda você a ver que os dados estão agrupados de 72 a 76 e 81 a 84, sendo 75 o valor mais frequente. O gráfico de ramo e folha ajuda você a ver que a maioria dos valores é 75 ou acima.

35. **Estação favorita de adultos estadunidenses com idade acima de 18 anos**

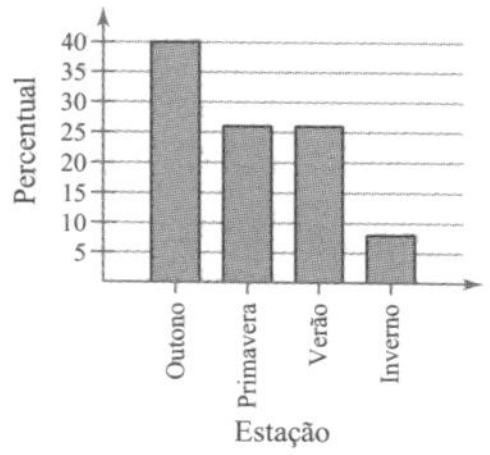

O gráfico de pizza ajuda a ver as porcentagens como partes do todo, com o outono sendo a maior. Ele também mostra que, enquanto o outono é a maior porcentagem, ele só compõe menos da metade do gráfico de pizza. Isso significa que a maioria dos adultos estadunidenses com idade acima de 18 anos preferem outra estação ao invés do outono. Isso quer dizer que não seria uma declaração justa dizer que a maioria dos adultos estadunidenses com idade acima de 18 anos preferem o outono. O gráfico de Pareto ajuda a ver as classificações das estações

37. (a) O gráfico é enganoso, porque a grande lacuna de 0 a 90 faz parecer que as vendas do 3º trimestre são desproporcionalmente maiores que as dos outros trimestres.

(b) **Vendas da Companhia A**

39. (a) O gráfico é enganoso, porque o ângulo faz parecer como se o 3º trimestre tivesse um percentual de vendas maior que o dos demais trimestres quando o 1º e o 3º trimestres têm o mesmo percentual.

(b) **Vendas da Companhia B**

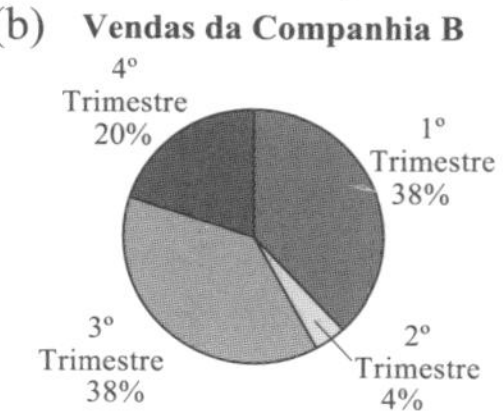

41 (a) No escritório de advocacia A, o menor salário era US$ 90.000 e o maior salário era US$ 203.000. No escritório de advocacia B, o menor salário era US$ 90.000 e o maior salário era US$ 190.000. Há 30 advogados no escritório A e 32 no escritório B.

(b) No escritório A, os salários estão agrupados nas extremidades do intervalo da distribuição. No escritório B, os salários estão espalhados.

43. (a)

		Chave: 2|6 = 26
2	6	
3	1	
4	0 4 4 5 6 7 9 9	
5	5 5 5	
6	3 4 4	
7	0 1 2 2	

(b)

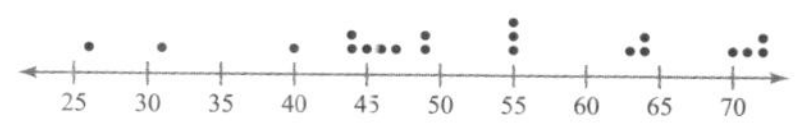

(c)

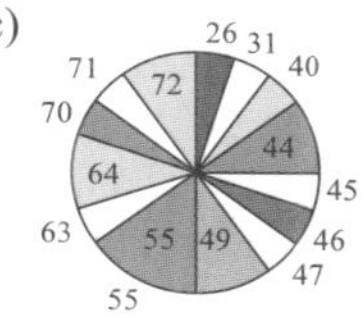

(d)

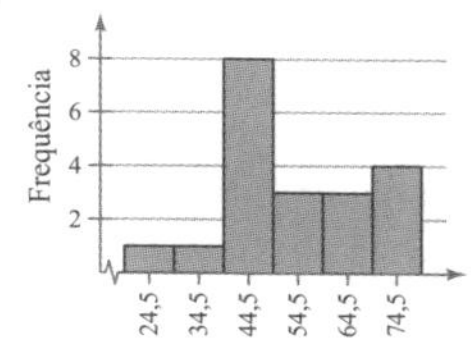

(e)

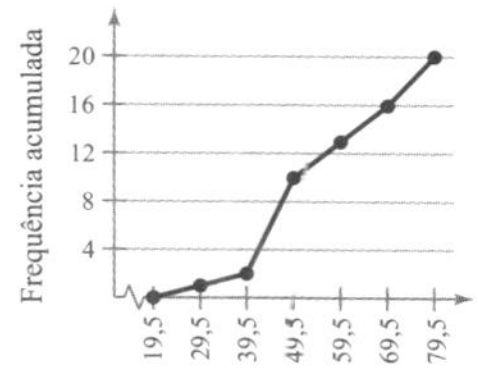

Exemplo de resposta: o gráfico de ramo e folha, o gráfico de pontos, o histograma de frequência e a ogiva mostram melhor os dados porque eles são quantitativos.

Seção 2.3 (página 74)

1. Verdadeiro **3.** Verdadeiro

5. *Exemplo de resposta:* 2, 4, 5, 5, 6, 8

7. *Exemplo de resposta:* 2, 5, 7, 9, 35

9. A forma da distribuição é assimétrica à direita porque as barras possuem uma "cauda" para a direita.

11. A forma da distribuição é uniforme porque as barras são, aproximadamente, da mesma altura.

13. (11), porque a distribuição dos valores varia de 1 a 12 e tem (aproximadamente) frequências iguais.

14. (9), porque a distribuição tem valores em milhares de dólares e é assimétrica à direita devido aos poucos veículos que possuem quilometragens mais altas que a maioria dos veículos.

15. (12), porque a distribuição tem um valor máximo de 90 e é assimétrica à esquerda devido aos poucos estudantes que tiraram nota muito menor que a maioria.

16. (10), porque a distribuição é aproximadamente simétrica e os pesos variam de 80 a 160 libras.

17. $\bar{x} \approx 14{,}8$; mediana = 15; moda = 16.

19. $\bar{x} \approx 14{,}9$; mediana = 67; moda = nenhuma; A moda não pode ser encontrada porque nenhum valor é repetido.

21. $\bar{x} \approx 58$; mediana = 58,5; moda = 54 e 59.

23. $\bar{x} \approx 7{,}1$; mediana = 6,5; moda = 10.

25. $\bar{x} = 59{,}1$; mediana = 49; moda = 80 e 125; as modas não representam o centro do conjunto de dados porque são valores grandes em comparação com o restante dos dados.

27. $\bar{x}$ *não é possível;* mediana não é possível; moda = "site de mídia social"; A *média e a mediana não podem ser encontradas porque os dados estão no nível nominal de mensuração.*

29. *$\bar{x}$ não é possível; mediana não é possível; moda = "Terceiro ano"; A média e a mediana não podem ser encontradas porque os dados estão no nível nominal de mensuração.*

31. $\bar{x} \approx 29{,}2$; mediana = 30,5; moda = 23 e 34.

33. $\bar{x} \approx 19{,}5$; mediana = 20; moda = 15.

35. Agrupamento por volta de 475-525, lacuna entre 225 e 275.

37. Moda, porque os dados estão no nível nominal de mensuração.

39. Média, porque a distribuição é simétrica e não há *outliers*.

41. 90,5 **43.** US$ 612,73 **45.** 84 **47.** 87

49. 53,5 minutos **51.** 42,3 anos

53.

Classe	Frequência, *f*	Ponto médio
127–161	7	144
162–196	6	179
197–231	3	214
232–266	3	249
267–301	1	284

Leitos de hospitais

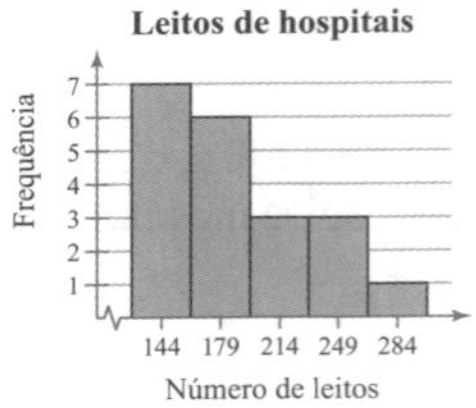

Assimetria positiva

55.

Classe	Frequência, *f*	Ponto médio
62–64	3	63
65–67	7	66
68–70	9	69
71–73	8	72
74–76	3	75

Alturas dos homens

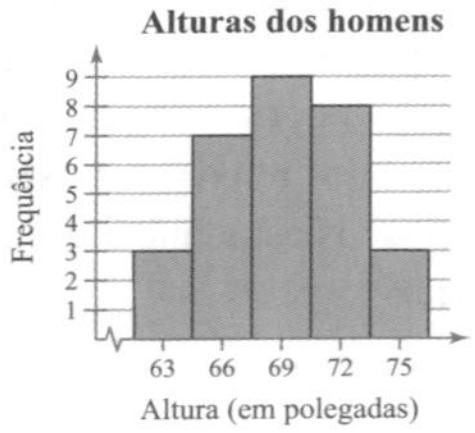

Simétrica

57. (a) $\bar{x} \approx 1.518{,}2$; Mediana = 1.520,5
(b) $\bar{x} \approx 1.521{,}2$; Mediana = 1.522,5
(c) Média

59. Os dados são assimétricos à direita.
A = moda, porque é o valor que ocorreu com mais frequência.
B = mediana, porque a mediana está à esquerda da média em uma distribuição assimétrica à direita.
C = média, porque a média está à direita da mediana em uma distribuição assimétrica à direita.

61. Aumentar um B em aula de três créditos para A. A aula de três créditos é mais ponderada do que as de dois créditos, então, terá um efeito maior na média de notas.

63. (a) Média, porque o carro A tem a maior média dos três.
(b) Mediana, porque a o carro B tem a maior mediana dos três.
(c) Moda, porque a o carro C tem a maior moda dos três.

65. (a) $\bar{x} \approx 49{,}2$; mediana = 46,5
(b) **Pontuações no teste**

1 | 1 3 Chave: 3 | 6 = 36
2 | 2 8
3 | 6 6 6 7 7 7 8
4 | 1 3 4 6 7 — média
5 | 1 1 1 3 — mediana
6 | 1 2 3 4
7 | 2 2 4 6
8 | 5
9 | 0

(c) Assimetria positiva

Seção 2.3 Atividade (página 81)

1. A distribuição é simétrica. A média e a mediana diminuem ligeiramente. Ao longo do tempo, a mediana diminuirá drasticamente e a média também diminuirá, porém em menor grau.

2. Nem a média nem a mediana podem ser qualquer um dos pontos representados. Isso porque existem 10 pontos em cada região, a média cairá em algum lugar entre as duas regiões. Seguindo a mesma lógica, a mediana será a média do maior ponto entre 0 e 0,75 e do menor ponto entre 20 e 25.

Seção 2.4 (página 93)

1. A amplitude é a diferença entre os valores máximo e mínimo de um conjunto de dados. A vantagem da amplitude é que ela é fácil de calcular. A desvantagem é que ela usa somente dois valores do conjunto de dados.

3. As unidades da variância estão ao quadrado. Suas unidades não têm significado (exemplo: dólares^2). As unidades do desvio padrão são as mesmas dos dados.

5. Ao calcular desvio padrão populacional, você divide a soma dos quadrados dos desvios por N, e então tira a raiz quadrada desse valor. Ao calcular desvio padrão amostral, você divide a soma dos quadrados dos desvios por $n - 1$, e então tira a raiz quadrada desse valor.

7. Semelhanças: Ambos estimam proporções dos dados contidos dentro de k desvios padrão da média.
Diferenças: A Regra Empírica assume que a distribuição é aproximadamente simétrica e em formato de sino e o Teorema de Chebychev não faz tal suposição.

9. Aproximadamente 50 ou US$50.000 **11.** (a) 17,8 (b) 39,8

13. Amplitude = 1,1; $\mu \approx 10{,}33$; $\sigma^2 \approx 0{,}16$; $\sigma \approx 0{,}4$.

15. Amplitude = 6; $\bar{x} = 19$; $s^2 \approx 3{,}5$; $s \approx 1{,}9$.

17. O conjunto de dados em (a) tem desvio padrão de 2,4 e o conjunto de dados em (b) tem desvio padrão de 5, porque os dados em (b) têm mais variabilidade.

19. Empresa B; Uma oferta de \$ 43.000 está a dois desvios padrão da média dos salários iniciais da empresa A, o que a torna improvável. A mesma oferta está dentro de um desvio padrão da média dos salários iniciais da empresa B, o que torna a oferta provável.

21. (a) Maior desvio padrão amostral: (ii)
O conjunto de dados (ii) tem mais valores que estão mais distantes da média.
Menor desvio padrão amostral: (iii)
O conjunto de dados (iii) tem mais valores que estão próximos à média.
(b) Os três conjuntos de dados têm a mesma média, mediana e moda, mas têm um desvio um padrão diferente.
(c) As estimativas irão variar; (i) $s \approx 1{,}1$; (ii) $s \approx 1{,}3$; (iii) $s \approx 0{,}8$.

23. (a) Maior desvio padrão amostral: (i)
O conjunto de dados (i) tem mais valores que estão mais distantes da média.
Menor desvio padrão amostral: (iii)
O conjunto de dados (iii) tem mais valores que estão próximos à média.
(b) Os três conjuntos de dados têm a mesma média, mediana e moda, mas têm desvio padrão diferente.
(c) As estimativas irão variar; (i) $s \approx 9{,}6$; (ii) $s \approx 90$; (iii) $s \approx 5{,}1$.

25. *Exemplo de resposta:* 3, 3, 3, 7, 7, 7

27. *Exemplo de resposta:* 9, 9, 9, 9, 9, 9, 9

29. 68% **31.** (a) 51 (b) 17

33. 78, 76 e 82 são incomuns; 82 é muito incomum porque está a mais que 3 desvios padrão da média.

35. 30

37. Pelo menos 93,75% das notas da prova variam de 70 a 94.

39.

x	f	xf
0	3	0
1	4	4
2	3	6
3	9	27
4	3	12
5	3	15
6	8	48
7	5	35
8	6	48
9	6	54
	$\Sigma = 383$	$\Sigma = 249$

$x - \bar{x}$	$(x-\bar{x})^2$	$(x-\bar{x})^2 f$
	25	75
	16	64
	9	27
	4	36
	1	3
0	0	0
1	1	8
2	4	20
3	9	54
4	16	96
		$\Sigma = 383$

$\bar{x} \approx 5{,}0$, $s \approx 2{,}8$

41.

Classe	x	f	xf
17.000–19.499	18.249,5	9	155.245,5
19.500–21.999	20.749,5	10	207.495
22.000–24.499	23.249,5	16	371.992
24.500–26.999	25.749,5	11	283.244,5
27.000 or more	28.249,5	6	169.497
		$n = 52$	$\Sigma f = 1.187.474$

$x - \bar{x}$	$(x-\bar{x})^2$	$(x-\bar{x})^2 f$
−5586.54	31,209,429.17	280,884,862.5
−2086.54	4,353,649.17	43,536,491.72
413.46	170,949.17	2,735,186.75
2913.46	8,488,249.17	93,370,740.89
5413.46	29,305,549.17	175,833,295
	$(x-\bar{x})^2 f = 596.360.576{,}9$	

$\bar{x} \approx$ US\$22.836,04; $s \approx$ US\$3.419,55

43.

x	f	xf	$x - \bar{x}$	$(x-\bar{x})^2$	$(x-\bar{x})^2 f$
1	2	2		3,61	7,22
2	18	36		0,81	14,58
3	24	72	0,1	0,01	0,24
4	16	64	1,1	1,21	19,36
	$n = 60$	$xf = 174$		$(x-\bar{x})^2 f = 41{,}4$	

$\bar{x} \approx 2{,}9$; $s \approx 0{,}8$

45. $CV_{\text{Denver}} \approx 8{,}1\%$; $CV_{\text{LA}} \approx 7{,}2\%$
Os salários para arquitetos recém-formados são mais variáveis em Denver do que em Los Angeles.

47. $CV_{\text{idades}} \approx 16{,}3\%$; $CV_{partidas} \approx 95{,}3\%$
As partidas são mais variáveis que as idades para todas as integrantes do time de futebol feminino dos Estados Unidos de 2021.

49. $CV_{homens} \approx 20{,}7\%$; $CV_{\text{mulheres}} \approx 17{,}6\%$
As notas no SAT são mais variáveis para os homens do que para as mulheres.

51. (a)
$$\begin{aligned}
SS_x &= \Sigma(x - \bar{x})^2 \\
SS_x &= \Sigma(x^2 - 2x\bar{x} + \bar{x}^2) \\
SS_x &= \Sigma x^2 - 2\bar{x}\Sigma x + \bar{x}^2\Sigma 1 \\
SS_x &= \Sigma x^2 - 2\bar{x}\Sigma x + \bar{x}^2 n \\
SS_x &= \Sigma x^2 - 2\bar{x}^2 n + \bar{x}^2 n \\
SS_x &= \Sigma x^2 - \bar{x}^2 n \\
SS_x &= \Sigma x^2 - \frac{(\Sigma x)^2}{n}
\end{aligned}$$
(b) $s \approx 1{,}9$ (c) São os mesmos.

53. (a) $\bar{x} \approx 42{,}1$; $s \approx 5{,}6$ (b) $\bar{x} \approx 44{,}3$; $s \approx 5{,}9$
(c) 3,5; 3; 3; 4; 4; 2,75; 4,25; 3,25; 3,25; 3,5; 3,25; 3,75; 3,5; 4,17
$\bar{x} \approx 3{,}5$; $s \approx 0{,}47$
(d) Quando cada registro é multiplicado por uma constante k, a nova média amostral é $k \cdot \bar{x}$, e o desvio padrão da amostra é $k \cdot s$.

55. (a) $P \approx -2{,}61$
Os dados são assimétricos à esquerda.
(b) $P \approx 4{,}12$
Os dados são assimétricos à direita.
(c) $P \approx 0$
Os dados são simétricos.
(d) $P \approx 1$
Os dados são assimétricos à direita.
(e) $P \approx -3$
Os dados são assimétricos à esquerda.

Seção 2.4 Atividade (página 100)

1. Quanto um ponto com um valor de 15 é adicionado, a média permanece constante ou muda muito pouco e o desvio padrão diminui. Quando um ponto com um valor de 20 é adicionado, a média aumenta e o desvio padrão diminui.

2. Para obter o maior desvio padrão, represente quatro dos pontos como 30 e quatro como 40.
Para obter o menor desvio padrão, represente todos os pontos com o mesmo número. Dessa forma, cada $x - \bar{x}$ é 0 de maneira que o desvio padrão será 0.

Seção 2.5 (página 109)

1. A palestra tem maior duração que 75% das palestras na série.

3. A nota do estudante na prova de engenharia ficou abaixo da média.

5. A amplitude interquartil de um conjunto de dados pode ser usada para identificar *outliers* porque valores que são maiores que $Q_3 + 1{,}5$ (AIQ) ou menor que $Q_1 - 1{,}5$ (AIQ) são considerados *outliers*.

7. Verdadeiro

9. Falso; Um *outlier* é qualquer número acima de $Q_3 + 1{,}5$ (AIQ) ou abaixo de $Q_1 - 1{,}5$ (AIQ).

11. (a) $Q_1 = 57$, $Q_2 = 60$, $Q_3 = 63$ (b) AIQ = 6 (c) 80

13. Mín. = 0, $Q_1 = 2$, $Q_2 = 5$, $Q_3 = 8$, Máx. = 10

15. (a) Mín. = 24, $Q_1 = 28$, $Q_2 = 35$, $Q_3 = 41$, Máx. = 60
(b)

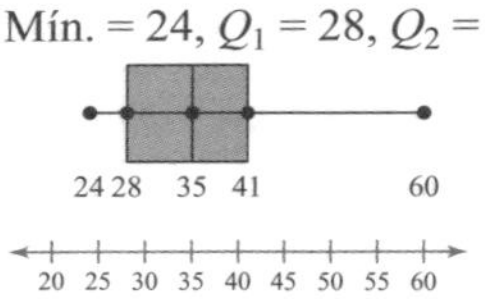

17. (a) Mín. = 1, $Q_1 = 4{,}5$, $Q_2 = 6$, $Q_3 = 7{,}5$, Máx. = 9
(b)

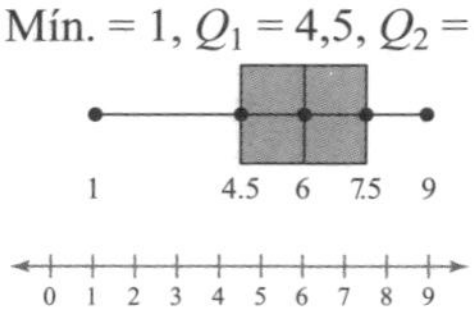

19. Nenhuma. Os dados não são assimétricos ou simétricos.

21. Assimétrica à esquerda. A maioria dos dados encontra-se à direita no *boxplot*.

23. Estudando

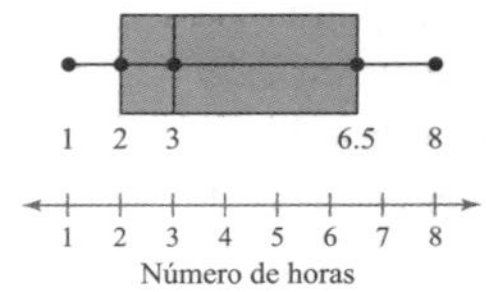

25. Distância de deslocamento

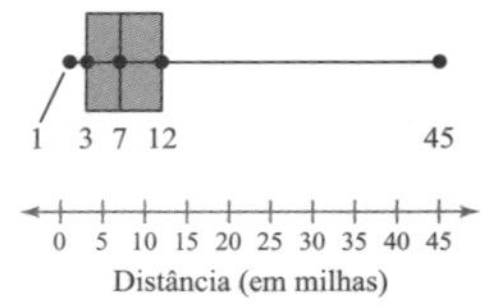

27. (a) 6,5 horas (b) aproximadamente 50%
(c) aproximadamente 25%

29. Aproximadamente 158. Cerca de 65% das pontuações de raciocínio quantitativo são inferiores a 158.

31. Aproximadamente o 7º percentil. Cerca de 7% das pontuações de raciocínio quantitativo são inferiores a 140.

33. 10º percentil **35.** 57, 57, 61, 61, 65, 66

37. Tempos de espera no Departamento de Veículos Motorizados

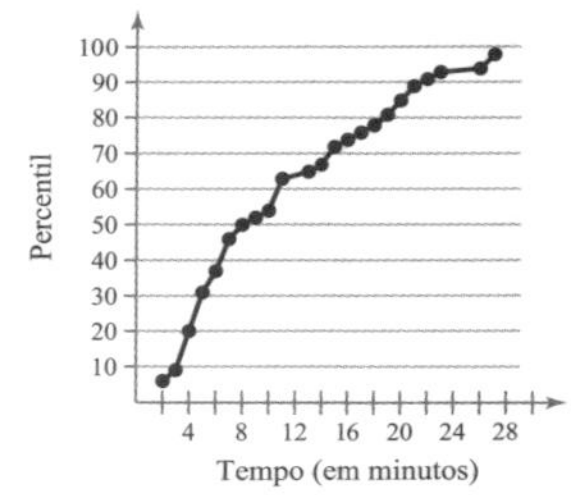

39. Aproximadamente o 85º percentil.

41. $A \to z = -1{,}43$
$B \to z = 0$
$C \to z = 2{,}14$
Um escore z de 2,14 seria incomum.

43. Não é incomum; O escore z é 0,91, então, a idade de 31 está aproximadamente 0,91 desvio padrão acima da média.

45. Não é incomum; O escore z é –0,26, então, a idade de 27 está aproximadamente 0,26 desvio padrão abaixo da média.

47. Incomum; O escore z é –2,32, então, a idade de 20 está aproximadamente 2,32 desvios padrão abaixo da média.

49. (a) para 34.000, $z \approx -0{,}44$; para 37.000, $z \approx 0{,}89$; para 30.000, $z \approx -2{,}22$
O pneu com uma vida útil de 30.000 milhas tem uma vida útil extraordinariamente curta.
(b) Para 30.500, aproximadamente 2,5º percentil;
Para 37.250, aproximadamente 84º percentil;
Para 35.000, aproximadamente 50º percentil

51. Gary Oldman: $z \approx 1{,}75$; Sam Rockwell: $z \approx -0{,}09$; A idade do Gary Oldman estava entre cerca de 1 e 2 desvios padrão acima da idade média dos vencedores de melhor ator e, a idade do Sam Rockwell, estava menos que 1 desvio padrão abaixo da idade média dos vencedores de melhor ator coadjuvante. Nenhuma idade de ator é incomum.

53. John Wayne: $z \approx 2{,}09$; Gig Young: $z \approx 0{,}43$; A idade do John Wayne estava mais que 2 desvios padrão acima da idade média dos vencedores de melhor ator, o que é incomum. A idade do Gig Young, estava menos que 1 desvio padrão acima da idade média dos vencedores de melhor ator coadjuvante, o que não é incomum.

55. 5

57. (a) A distribuição do concerto de Punk Rock é simétrica. A distribuição do concerto de Jazz é assimétrica à direita. O concerto Punk Rock tem menos variação.
(b) O concerto de Jazz é mais provável de ter *outliers* porque tem mais variação.
(c) O concerto de Punk Rock, porque 68% dos dados devem estar entre ± 16,3 da média.
(d) Não, você não sabe o número de músicas tocadas em cada concerto ou as durações reais das músicas.

59. (a) 24, 2 (b)

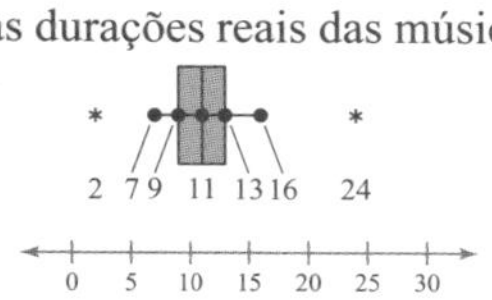

61. (a) 1 (b)

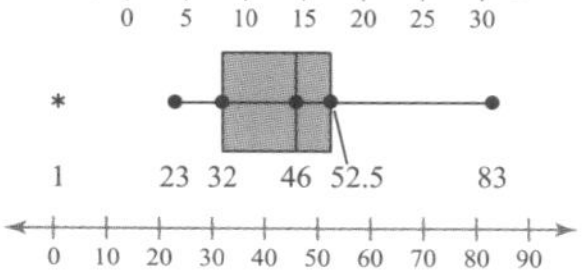

63. As respostas irão variar.

Usos e Abusos do Capítulo 2 (página 114)

1. As respostas irão variar.

2. Não, não é ético porque ele induz o consumidor a acreditar que beber vinho tinto é mais eficiente na prevenção de doenças do que pode realmente ser.

Exercícios de revisão do Capítulo 2 (página 116)

1.

Classe	Ponto médio	Fronteiras de classes
26–31	28,5	25,5–31,5
32–37	34,5	31,5–37,5
38–43	40,5	37,5–43,5
44–49	46,5	43,5–49,5
50–55	52,5	49,5–55,5

Frequência, f	Frequência relativa	Frequência acumulada
5	0,25	5
4	0,20	9
6	0,30	15
3	0,15	18
2	0,10	20
$\Sigma f = 20$	$\Sigma \frac{f}{n} = 1$	

3. **Volume líquido de latas de 12 onças**

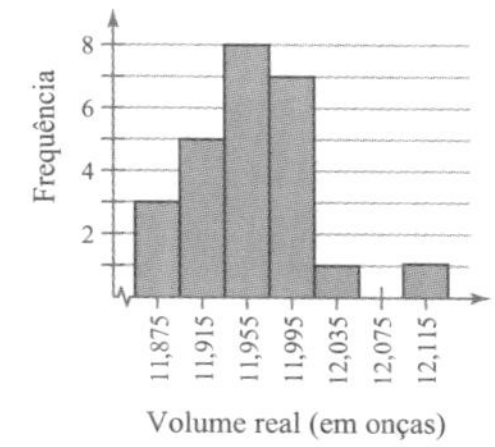

5.

Classe	Ponto médio	Frequência, f
79–93	86	9
94–108	101	12
109–123	116	5
124–138	131	4
139–153	146	2
154–168	161	1
		$\Sigma f = 33$

Quartos reservados

7. **Índices de poluição de cidades americanas**

2	0 3 5 7 9	Chave: 2|0 = 20
3	0 0 1 1 2 6 7 9 9	
4	2 3 4 5 5 5 7	
5	0 2	
6	3	

Exemplo de resposta: A maioria das cidades tem um índice de poluição de 30 a 47.

9. **Atividades e uso do tempo de estudantes universitários**

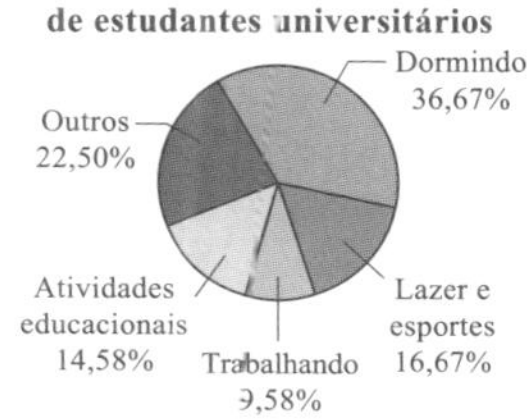

Exemplo de resposta: Estudantes universitários de meio período e de tempo integral gastam menos tempo trabalhando.

11.

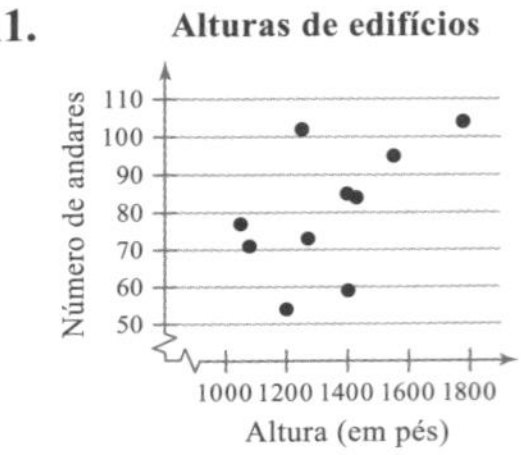

Exemplo de resposta: O número de andares parece crescer com a altura.

13. $\bar{x} = 29,85$; mediana = 29,75; moda = 30,0.

15. 82,1 **17.** 38,4 **19.** Assimétrica à direita

21. Assimétrica à direita

23. Média; quando uma distribuição é assimétrica à direita, a média está à direita da mediana.

25. Amplitude = 14; $\mu \approx 6,9$; $\sigma^2 \approx 21,1$; $\sigma \approx 4,6$

27. Amplitude = \$ 2.044; $\bar{x} \approx 6.266,81$; $s^2 \approx$ \$ 455.944,30; $s \approx$ \$ 675,24

29. \$ 75 e \$ 145 **31.** 30 clientes

33. $\bar{x} \approx 2,5$; $s \approx 1,2$

35. $CV_{\text{calouros}} \approx 41,3\%$; $CV_{\text{veteranos}} \approx 24,2\%$
Os coeficientes de rendimento são mais variáveis para os calouros do que veteranos.

37. Mín. = 22, $Q_1 = 30$, $Q_2 = 35,5$, $Q_3 = 58$, Máx. = 141

39.

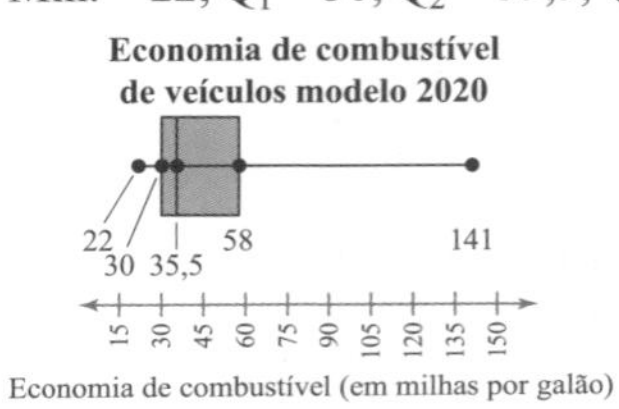

41. 1 polegada **43.** 35%

45. Não é incomum; o escore z é 1,97, então, a capacidade de reboque de 16.500 libras está a cerca de 1,97 desvios padrão acima da média.

47. Incomum; o escore z é 2,60, então, a capacidade de reboque de 18.000 libras está a cerca de 2,60 desvios padrão acima da média.

Problemas do Capítulo 2 (página 120)

1. (a)

Classe	Ponto médio	Fronteiras de classe
101–112	106,5	100,5–112,5
113–124	118,5	112,5–124,5
125–136	130,5	124,5–136,5
137–148	142,5	136,5–148,5
149–160	154,5	148,5–160,5

Frequência, f	Frequência relativa	Frequência acumulada
3	0,11	3
11	0,41	14
8	0,30	22
3	0,11	25
2	0,07	27

(b)

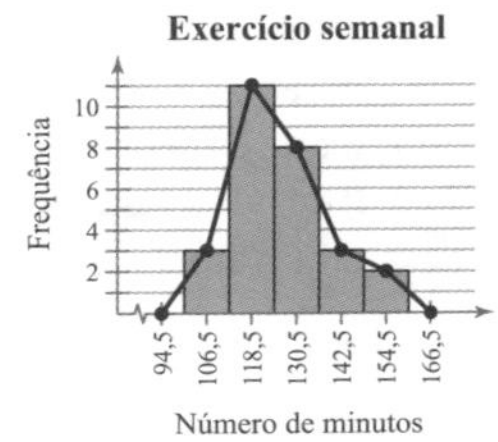

(c)

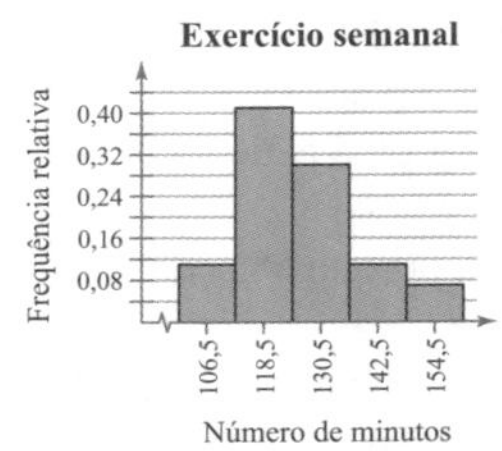

(d) Assimétrica à direita

(b)

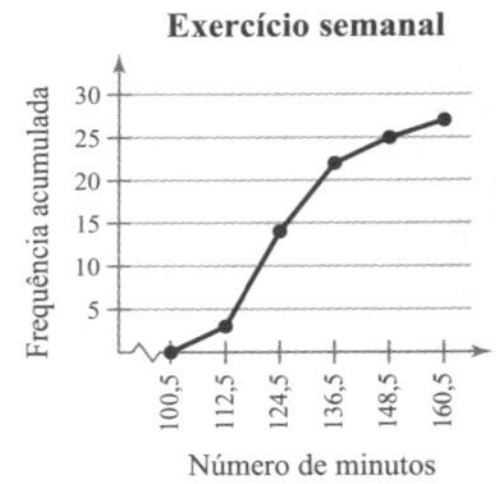

(f) **Exercício semanal (em minutos)**

10	1 8	Chave: 10|8 = 108
11	1 4 6 7 8 9 9	
12	0 0 3 3 4 7 7 8	
13	0 1 1 2 5 9 9	
14	2	
15	0 7	

(g)

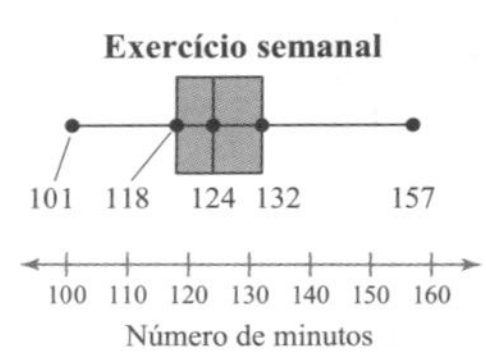

2. $\bar{x} \approx 126,1$; $s \approx 13,0$

3. (a)

(b) 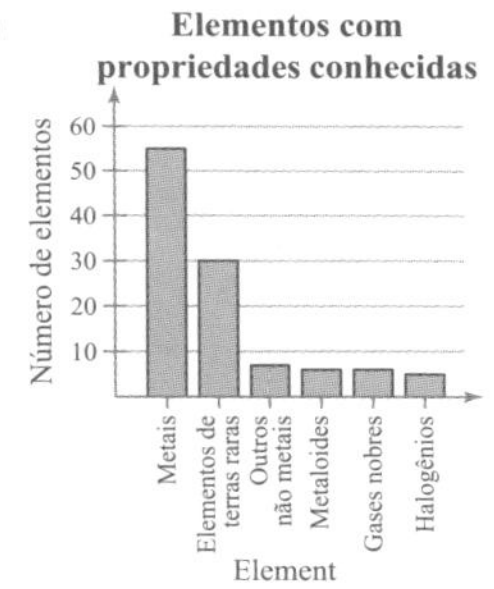

4. (a) $\bar{x} \approx 1.016,4$; mediana = 1.019; moda = 1.100; A média ou a mediana descrevem melhor um salário típico porque não há *outliers*.
   (b) Amplitude = 666; $s^2 \approx 47.120,9$; $s \approx 217,1$
   (c) (c) $CV \approx 21,4\%$
5. \$ 150.000 e \$ 210.000
6. (a) Incomum; o escore z é 3,0, então, o preço de uma casa nova de \$225.000 está a cerca de 3 desvios padrão acima da média.
   (b) Incomum; o escore z é –6,67, então, o preço de uma casa nova de \$80.000 está a cerca de 6,67 desvios padrão abaixo da média.
   (c) Não é Incomum; o escore z é 1,33, então, o preço de uma casa nova de \$200.000 está a cerca de 1,33 desvio padrão acima da média.
   (d) Incomum; o escore z é –2,2, então, o preço de uma casa nova de \$147.000 está a cerca de 2,2 desvios padrão abaixo da média.
7. 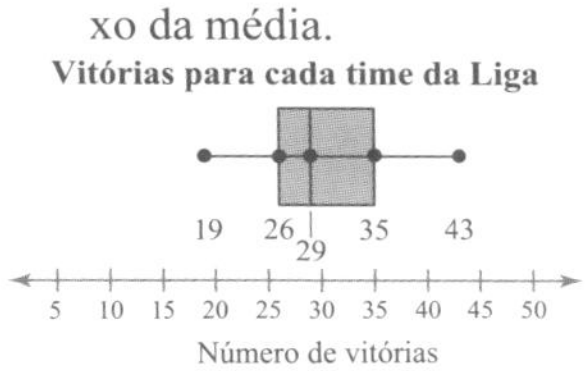

Estatísticas reais – Decisões reais do Capítulo 2 (página 122)

1. (a) Encontre o custo médio de alugar um apartamento para cada área e faça uma comparação.
   (b) A média representaria melhor os conjuntos de dados para as quatro áreas da cidade.
   (c) Área A: $\bar{x}$ = \$ 1.131,58
   Área B: $\bar{x}$ = \$ 998,33
   Área C: $\bar{x}$ = \$ 991,58
   Área D: $\bar{x}$ = \$ 1.064,17
2. (a) Construa um gráfico de Pareto, porque os dados são qualitativos e o gráfico de Pareto posiciona os dados em ordem decrescente de altura, com a barra mais alta posicionada à esquerda.
   (b) 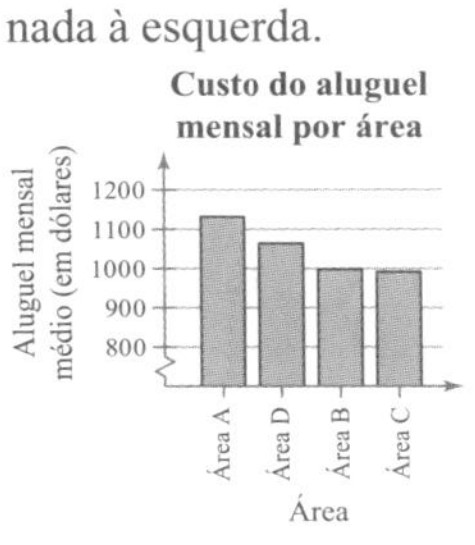

   (c) Sim. Do gráfico de Pareto, você pode ver que a área A tem o maior custo médio de aluguel mensal, seguida pela área D, área B e área C.
3. *Exemplo de resposta:*
   (a) Você poderia usar a amplitude e o desvio padrão amostral para cada área.
   (b)

Área A	Área B
amplitude = \$ 467	amplitude = \$ 474
$s \approx$ \$ 138,45	$s \approx$ \$ 163,11
Área C	**Área D**
amplitude = \$ 518	amplitude = \$ 560
$s \approx$ \$ 164,51	$s \approx$ \$ 156,26

   (c) Não. A área A tem a menor amplitude e desvio padrão, então, os aluguéis nas áreas B-D são mais espalhados. Pode haver um ou dois aluguéis baratos que reduzem a média para essas áreas. É possível que as médias populacionais das áreas B-D sejam próximas da média populacional da área A.
4. (a) As respostas irão variar.
   (b) Localização, clima, população

Revisão acumulada dos capítulos 1-2 (página 126)

1. A amostragem sistemática é usada porque cada quadragésima escova de dentes de cada linha de produção é testada. É possível que a amostra seja tendenciosa se, por alguma razão, uma linha de produção cometa um erro consistente.
2. A amostragem aleatória simples é usada porque cada número de telefone tem a mesma chance de ser discado e, todas as amostras de 1.090 números de telefone têm a mesma chance de serem selecionadas. A amostra pode ser tendenciosa porque a amostra de telefones somente seleciona aqueles indivíduos que possuem telefone, que estão disponíveis e estão dispostos a responder.
3. 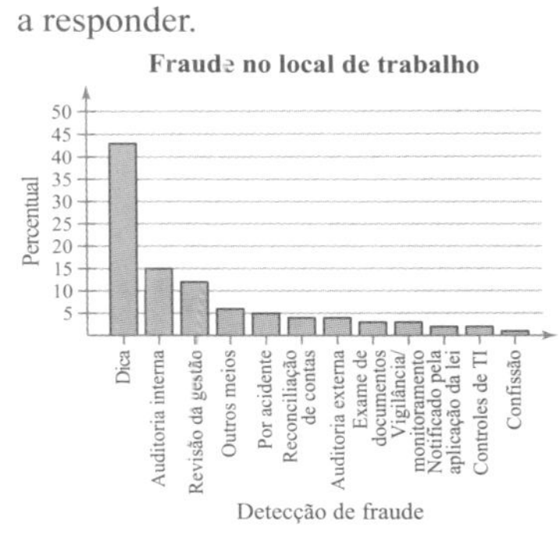

4. Parâmetro. O salário mediano está baseado em todos os químicos recém-formados.
5. Estatística. O percentual, 64%, está baseado em um subconjunto da população.
6. (a) 95%
   (b) Para \$ 93.500, $z \approx 4,67$; Para \$ 85.600, $z = -0,6$; Para \$ 82.750, $z \approx -2,5$
   Os salários de \$ 93.500 e \$ 82.750 são incomuns.
7. População: Coleção das opiniões de todos os estudantes universitários em programas de bacharelado.
   Amostra: Coleção das opiniões dos 3.941 estudantes universitários em programas de bacharelado pesquisados.

8. População: Coleção das respostas de todos os estudantes de graduação e pós-graduação.
Amostra: Coleção das respostas dos 182 estudantes de graduação e pós-graduação pesquisados.
9. Experimento. O estudo aplica um tratamento (dispositivo digital) aos indivíduos.
10. Estudo observacional. O estudo não tenta influenciar as respostas dos indivíduos.
11. Quantitativo; Razão
12. Qualitativo; Nominal
13. (a) **Tornado por Estado**

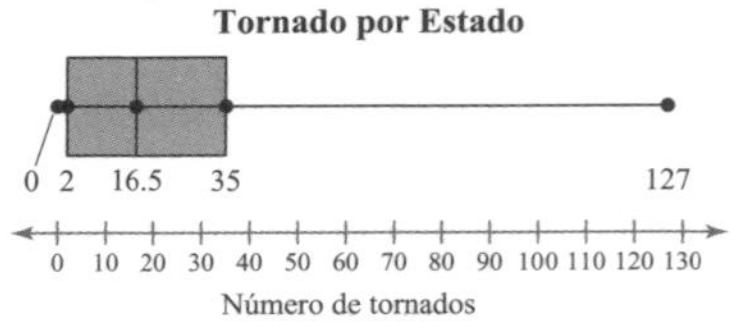

(b) Assimétrica à direita
14. 88,9
15. (a) $\bar{x} \approx 5{,}49$; mediana = 5,4; moda = nenhuma; Tanto a média quanto a mediana descrevem precisamente o comprimento da cauda de um típico jacaré americano.
(b) Amplitude = 4,1; $s^2 \approx \$\,2{,}34$; $s \approx 1{,}53$
16. (a) Uma inferência extraída do estudo é que as expectativas de vida dos americanos continuarão a aumentar ou permanecerão estáveis.
(b) Essa inferência pode implicar incorretamente que os americanos terão expectativas de vida mais altas no futuro.
17.

Classe	Ponto médio	Fronteiras de classe
0–9	4,5	−0,5–9,5
10–19	14,5	9,5–19,5
20–29	24,5	19,5–29,5
30–39	34,5	29,5–39,5
40–49	44,5	39,5–49,5
50–59	54,5	49,5–59,5
60–69	64,5	59,5–69,5
70–79	74,5	69,5–79,5

Frequência, f	Frequência relativa	Frequência acumulada
18	0,56	18
5	0,16	23
2	0,06	25
1	0,03	26
1	0,03	27
1	0,03	28
2	0,06	30
2	0,06	32

18. Assimétrica à direita

19. **Pontos marcados pelos *Winnipeg Jets***

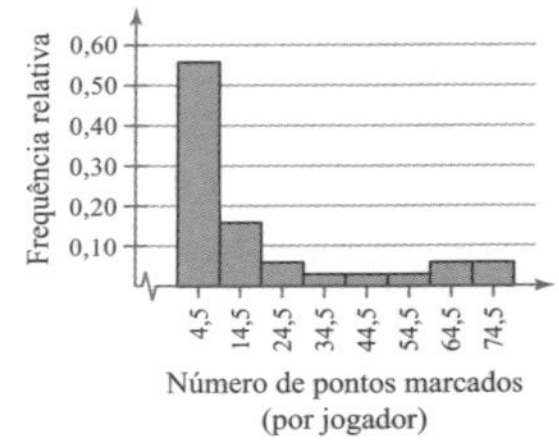

Classe com maior frequência: 0-9
Classes com menor frequência: 30-39, 40-49 e 50-59

Capítulo 3

Seção 3.1 (página 140)

1. Um resultado é o produto de uma única tentativa em um experimento de probabilidade, ao passo que um evento é um conjunto de um ou mais resultados.
3. A probabilidade de um evento não pode exceder 100%.
5. A lei dos grandes números afirma que à medida que um experimento é repetido várias e várias vezes, as probabilidades encontradas se aproximarão das probabilidades reais do evento. Os exemplos irão variar.
7. Falso. O evento "escolher falso em uma questão de verdadeiro ou falso e escolher A ou B em uma questão de múltipla escolha" não é simples, porque consiste em dois resultados possíveis e pode ser representado como $A = \{FA, FB\}$.
9. Falso. Uma probabilidade inferior a 1/20 = 0,05 indica um evento incomum.
11. d 12. f 13. b 14. c 15. a 16. e
17. $\frac{1}{6}$ 19. 0,97 21. 0,05 23. $\frac{1}{4}$
25. {A, B, C, D, E, F, G, H, I, J, K, L, M, N, O, P, Q, R, S, T, U, V, W, X, Y, Z}; 26
27. {A♥, K♥, Q♥, J♥, 10♥, 9♥, 8♥, 7♥, 6♥, 5♥, 4♥, 3♥, 2♥, A♦, K♦, Q♦, J♦, 10♦, 9♦, 8♦, 7♦, 6♦, 5♦, 4♦, 3♦, 2♦, A♠, K♠, Q♠, J♠, 10♠, 9♠, 8♠, 7♠, 6♠, 5♠, 4♠, 3♠, 2♠, A♣, K♣, Q♣, J♣, 10♣, 9♣, 8♣, 7♣, 6♣, 5♣, 4♣, 3♣, 2♣}; 52
29.

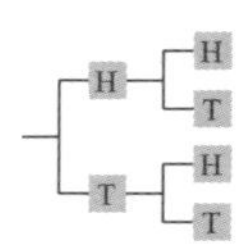

{HH, HT, TH, TT}; 4
31.

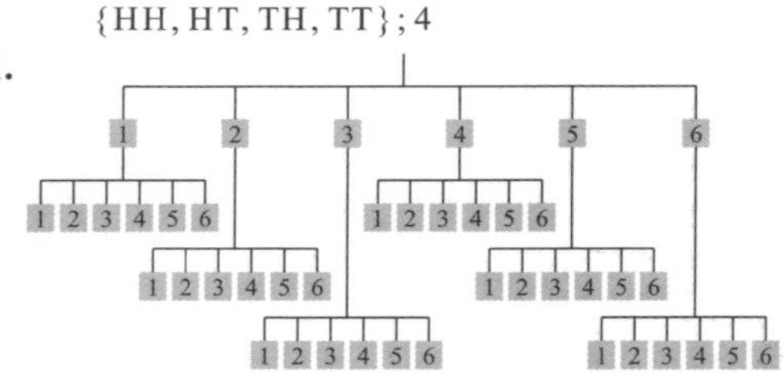

{(1, 1), (1, 2), (1, 3), (1, 4), (1, 5), (1, 6), (2, 1), (2, 2), (2, 3), (2, 4), (2, 5), (2, 6), (3, 1), (3, 2), (3, 3), (3, 4), (3, 5), (3, 6), (4, 1), (4, 2), (4, 3), (4, 4), (4, 5), (4, 6), (5, 1), (5, 2), (5, 3), (5, 4), (5, 5), (5, 6), (6, 1), (6, 2), (6, 3), (6, 4), (6, 5), (6, 6)}; 36.

33. 1; Evento simples porque é um evento que consiste em um único resultado.

35. 13; Não é um evento simples porque é um evento que consiste em mais de um resultado.

37. 576 **39.** 4.500 **41.** 0,083 **43.** 0,667 **45.** 0,333

47. 0,700 **49.** 0,092 **51.** 0,254

53. Probabilidade empírica porque os registros da empresa foram usados para calcular a frequência com que um automóvel precisa de reparos

55. Probabilidade subjetiva porque é mais provavelmente baseada em um palpite.

57. Probabilidade clássica porque cada resultado no espaço amostral é igualmente provável de ocorrer.

59. 0,457 **61.** 0, 921 **63.** 0,648

65. (a) 0,001 (b) 0,999 **67.** 0,0,042; incomum

69. 0,208; não é incomum **71.** 0,125 **73.** 0,375

75. 0,033 **77.** 0,275

79. Não, nenhum dos eventos tem probabilidade igual a 0,05 ou inferior.

81. (a) 0,5 (b) 0,25 (c) 0,25 **83.** 0,091

85. 0,201

87. (a) 0,047 (b) 0,370
(c) 0,039; a e c são incomuns porque suas probabilidades são menores ou iguais a 0,05.

89. A probabilidade de selecionar aleatoriamente um fumante cuja mãe não fumou.

91. Não. As chances de ganhar um prêmio são de 1 : 6 (uma tampinha premiada e seis não premiadas). Portanto, a afirmação deve ser: "uma em cada sete peças do jogo ganha um prêmio".

93. (a) 0,444 (b) 0,556 **95.** 39 : 13 = 3 : 1

97. (a)

Soma	Probabilidade
2	0,028
3	0,056
4	0,083
5	0,111
6	0,139
7	0,167
8	0,139
9	0,111
10	0,083
11	0,056
12	0,028

(b) As respostas irão variar.
(c) As respostas irão variar.

Seção 3.1 Atividade (página 146)

1-2. As respostas irão variar.

Seção 3.2 (página 152)

1. Dois eventos são independentes quando a ocorrência de um dos eventos não afeta a probabilidade de ocorrência do outro evento, ao passo que dois eventos são dependentes quando a ocorrência de um dos eventos afeta a probabilidade de ocorrência do outro evento.

3. A notação $P(B|A)$ significa a probabilidade do evento B ocorrer, dado que o evento A ocorreu.

5. Falso. Se dois eventos são independentes, então, $P(A|B) = P(A)$.

7. (a) 0,530 (b) 0,160

9. Independente. O resultado da primeira retirada não afeta o resultado da segunda retirada.

11. Dependente. O resultado de devolver um filme depois da data correta afeta o resultado de receber uma multa por atraso.

13. Dependente. A soma das jogadas depende de quais números saíram na primeira e na segunda jogadas.

15. Eventos: conquistas em matemática e conquistas em música; Dependente. Há uma relação entre as conquistas em matemática e música.

17. Eventos: jogar *videogames* violentos, comportamento agressivo ou *bullying*
Independente. Jogar *videogames* violentos não causa comportamento agressivo ou *bullying* em adolescentes.

19. 0,063 **21.** 0,0016

23. (a) 0,563 (b) 0,063 (c) 0,938

25. (a) 0,032 (b) 0,672 (c) 0,328
(d) Ambos os adultos dizendo que Barack Obama foi o melhor presidente da história dos Estados Unidos é incomum porque sua probabilidade é menor ou igual a 0,05.

27. (a) 0,004 (b) 0,052 (c) 0,948
(d) A probabilidade de que as seis pessoas tenham tipo sanguíneo O+ é incomum porque sua probabilidade é menor ou igual a 0,05.

29. (a) 0,005 (b) 0,995
(c) Sim, é incomum porque a probabilidade é menor ou igual a 0,05.

31. 0,612 **33.** 0,444 **35.** 0,167 **37.** 0,792

39. (a) 0,074 (b) 0,999 **41.** 0,954

Seção 3.3 (página 162)

1. $P(A \text{ e } B) = 0$ porque A e B não podem ocorrer ao mesmo tempo.

3. Verdadeiro

5. Falso. A probabilidade de que o evento A ou o evento B irão ocorrer é $P(A \text{ ou } B) = P(A) + P(B) - P(A \text{ e } B)$.

7. Não são mutuamente exclusivos. As pessoas podem usar uma camisa polo enquanto usam bermuda.

9. Não são mutuamente exclusivos. Um calouro do curso de música pode ter 20 anos de idade.

11. Mutuamente exclusivos. Uma pessoa não pode ser republicana e democrata.

13. 0,625 **15.** 0,126

17. (a) 0,308 (b) 0,538 (c) 0,308

19. (a) 0,121 (b) 0,366 (c) 0,750 (d) 0,732

21. (a) 0,730 (b) 0,320 (c) 0,760 (d) 0,410

23. (a) 0,819 (b) 0,470 (c) 0,959

25. (a) 0,718 (b) 0,645 (c) 0,584 (d) 0,809

27. 0,63

29. Se os eventos A, B e C não são mutuamente exclusivos, então, $P(A \text{ e } B \text{ e } C)$ deve ser adicionado porque $P(A) + P(B) + P(C)$ conta a interseção de todos os três eventos três vezes e $-P(A \text{ e } B) - P(A \text{ e } C) - P(B \text{ e } C)$ subtrai as interseções de todos os três eventos três vezes. Assim, se $P(A \text{ e } B \text{ e } C)$ não for somado ao final, não será contado.

Seção 3.3 Atividade (página 166)

1. As respostas irão variar.
2. A probabilidade teórica é 0,5, então, a linha verde deveria ser colocada lá.

Seção 3.4 (página 174)

1. O número de arranjos ordenadas de n objetos tomados r de cada vez.
Exemplo de resposta: um exemplo de um arranjo é o número de maneiras de acomodar em assentos você e três amigos.
3. Falso. Um arranjo é uma organização ordenada de objetos.
5. Verdadeiro 7. 15.120 9. 56 11. 0,076
13. 0,462
15. Arranjo. A ordem dos 16 carros alegóricos em fila importa.
17. Combinação. A ordem não importa porque a posição de um capitão é a mesma que a do outro.
19. 5.040 21. 720 23. 357.840 25. 39.070.080
27. 2.042.040 29. 50.400 31. 184.756 33. 9.880
35. 3.640 37. 86.296.950 39. 0,024 41. 0,008
43. (a) 0,016 (b) 0,385 45. 0,001 47. 0,210 ou 0,213
49. 0,0000015 51. 0,166 53. 0,070 55. 0,933
57. 0,086 59. 0,066 61. 0,001

Usos e Abusos do Capítulo 3 (página 178)

1. (a) 0,000001 2. 0,001 3. 0,001

Exercícios de revisão do Capítulo 3 (página 180)

1.

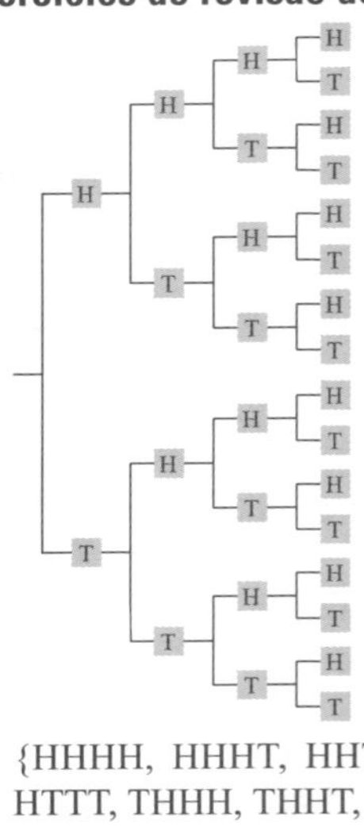

{HHHH, HHHT, HHTH, HHTT, HTHH, HTHT, HTTH, HTTT, THHH, THHT, THTH, THTT, TTHH, TTHT, TTTH, TTTT}; 4
3. {janeiro, fevereiro, março, abril, maio. junho, julho, agosto, setembro, outubro, novembro, dezembro};3
5. 84
7. Probabilidade empírica porque contagens anteriores foram usadas para calcular a frequência de uma peça defeituosa.
9. Probabilidade subjetiva porque é baseada em uma opinião.
11. Probabilidade clássica porque todos os resultados no evento e no espaço amostral podem ser contados.
13. 0,215, 15. $1{,}25 \times 10^{-7}$ 17. 0,315
19. Independente. Os resultados dos quatro primeiros lançamentos da moeda não afetam o resultado do quinto lançamento da moeda.
21. Dependente. O resultado de fazer um curso de educação para motoristas afeta o resultado de passar no exame de direção.
23. 0,025; Sim, o evento é incomum porque sua probabilidade é menor ou igual a 0,05.
25. Mutuamente exclusivos. Uma bala de goma não pode ser completamente vermelha e completamente amarela.
27. 0,9 29. 0,538 31. 0,583 33. 0,579 35. 0,180
37. 0,722
39. Não, você não sabe se os eventos A e B são mutuamente exclusivos.
41. 110 43. 35 45. 2.730 47. 2.380 49. 0,000009
51. (a) 0,955 (b) 0,0000008 (c) 0,045 (d) 0.9999992
53. (a) 0,071 (b) 0,005 (c) 0,429 (d) 0,114

Problemas do Capítulo 3 (página 184)

1. 450.000
2. (a) 0,700 (b) 0,650 (c) 0,774 (d) 0,948
(e) 0,038 (f) 0,587 (g) 0,310 (h) 0,557
3. O evento em (e) é incomum porque sua probabilidade é menor ou igual a 0,05.
4. Não são mutuamente exclusivos. Um jogador de boliche pode ter a maior pontuação em um torneio de 40 rodadas e ainda perder o torneio.
Dependente. Um evento pode afetar a ocorrência do segundo evento.
5. 2.193.360
6. (a) 2.481.115 (b) 1 (c) 2.572.999
7. (a) 0,964 (b) 0,0000004 (c) 0,9999996

Estatísticas reais – Decisões reais do Capítulo 3 (página 186)

1. (a) *Exemplo de resposta*: investigar o número de senhas possíveis quando diferentes conjuntos de caracteres, tais como letras minúsculas e maiúsculas, números e caracteres especiais.
(b) Você poderia usar a definição de probabilidade teórica, o princípio fundamental da contagem e a regra da multiplicação.
2. (a) *Exemplo de resposta*: permitir letras minúsculas, letras maiúsculas e dígitos numéricos.
(b) *Exemplo de resposta*: Como há 26 letras minúsculas, 26 letras maiúsculas e 10 dígitos numéricos, existem 26 + 26 + 10 = 62 escolhas para cada dígito. Então, há 62^8 senhas de 8 dígitos e a probabilidade de adivinhar uma senha corretamente em uma tentativa é $1/62^8$, o que é menor que $1/60^8$.

3. (a) Sem a exigência, o número de códigos PIN possíveis é $10^5 = 100.000$. Com a exigência, o número de códigos PIN possíveis é $A_{10,5} = 10 \cdot 9 \cdot 8 \cdot 7 \cdot 6 = 30.240$.
   (b) *Exemplo de resposta*: não, embora a exigência provavelmente desencorajaria os clientes de escolherem códigos PIN previsíveis, o número de códigos PIN possíveis diminuiria significativamente e o código PIN mais popular, 12345, ainda seria permitido.

Capítulo 4

Seção 4.1 (página 197)

1. Uma variável aleatória representa um valor associado com cada resultado de um experimento probabilístico. Exemplos: as respostas irão variar.
3. Não. O valor esperado pode não ser um valor possível de x para uma tentativa, mas ele representa o valor médio de x ao longo de inúmeras tentativas.
5. Falso. Na maioria das aplicações, variáveis aleatórias discretas representam dados contáveis, enquanto variáveis aleatórias contínuas representam dados medidos.
7. Falso. A média da variável aleatória de uma distribuição de probabilidade descreve um resultado típico. A variância e o desvio padrão da variável aleatória de uma distribuição de probabilidade descrevem como os resultados variam.
9. Discreta; o público é uma variável aleatória que é contável.
11. Contínua; a distância percorrida é uma variável aleatória que deve ser medida.
13. Discreta; o número de carros no estacionamento de uma universidade é uma variável aleatória que é contável.
15. Contínua; o volume de sangue coletado para um exame é uma variável aleatória que deve ser medida.
17. Discreta; Os tamanhos dos chapéus ajustados é uma variável aleatória que pode ser medida.
19. (a)

x	$P(x)$
0	0,028
1	0,256
2	0,340
3 ou mais	0,376

(b)

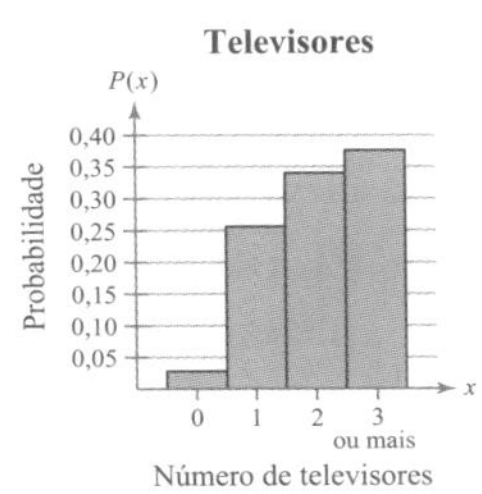

Assimétrica à esquerda

21. (a) 0,596 (b) 0,716 (c) 0,972 (d) 0,624
23. Sim, seria incomum para um domicílio não ter um televisor de alta definição porque a probabilidade é menor ou igual a 0,05.
25. 0,34 27.
Sim
29. (a) $\mu \approx 0,5$; $\sigma^2 \approx 0,8$; $\sigma \approx 0,9$
   (b) A média é 0,5, então, o número médio de cachorros por domicílio é de, aproximadamente, 0 ou 1 cachorro. O desvio padrão é 0,9, então, a maioria dos domicílios difere da média por não mais que cerca de 1 cachorro.
31. (a) $\mu \approx 1,5$; $\sigma^2 \approx 1,5$; $\sigma \approx 1,2$
   (b) A média é 1,5, então, o lote médio de 1.000 peças de máquinas tem 1 ou 2 defeitos. O desvio padrão é 1,2, então, a maioria dos lotes de 1.000 difere da média por não mais que cerca de 1 defeito.
33. (a) média = 2,01 variância = 1,07
   desvio padrão = 1,03
   (b) A média é 2,01, então, a categoria média de furacão é 2. O desvio padrão é 1,03, então, a maioria dos furacões difere da média por não mais que 1 categoria.
35. Um valor esperado de 0 significa que o dinheiro ganho é igual ao dinheiro gasto, representando um ponto de equilíbrio.
37. −$ 0,05
39. Área da barra 1 = 0,028, área da barra 2 = 0,256, área da barra 3 = 0,340, área da barra 4 = 0,376, soma = 1. A área de cada uma das barras é a probabilidade de cada resultado porque a largura é um. A soma é 1 porque todas as probabilidades devem somar 1, pois estão entre 0 e 1.
41. $47.980 43. Média = 1.047, desvio padrão ≈ 164,9

Seção 4.2 (página 210)

1. Cada tentativa é independente das demais quando o resultado de uma não afeta o resultado de quaisquer outras tentativas.
3. c. Como a probabilidade é maior que 0,5, a distribuição é assimétrica à esquerda.
4. b. Como a probabilidade é 0,5, a distribuição é simétrica.
5. a. Como a probabilidade é menor que 0,5, a distribuição é assimétrica à direita.
6. c. O histograma mostra probabilidades para 12 tentativas.
7. a. O histograma mostra as probabilidades para 4 tentativas.
8. b. O histograma mostra probabilidades para 8 tentativas. À medida que n aumenta, a distribuição torna-se mais simétrica.
9. Combinação
11. $\mu = 20$; $\sigma^2 = 12$; $\sigma \approx 3,5$
13. $\mu \approx 32,2$; $\sigma^2 \approx 23,9$; $\sigma \approx 4,9$
15. Experimento binomial, Sucesso: jogadores que possuem um dispositivo de realidade virtual
   $n = 10$; $p = 0,29$; $q = 0,71$. $x = 0, 1, 2, 3, 4, 5, 6, 7, 8, 9, 10$
17. Não é um experimento binomial porque a probabilidade de um sucesso não é a mesma para cada tentativa.
19. (a) 0,037 (b) 0,281
21. (a) 0,188 (b) 0,207 (c) 0,329
23. (a) 0,341 (b) 0,998 (c) 0,056
25. (a) 0,123 (b) 0,030 (c) 0,153

27. (a)

x	$P(x)$
0	0,009
1	0,060
2	0,174
3	0,279
4	0,268
5	0,154
6	0,049
7	0,007

(b)

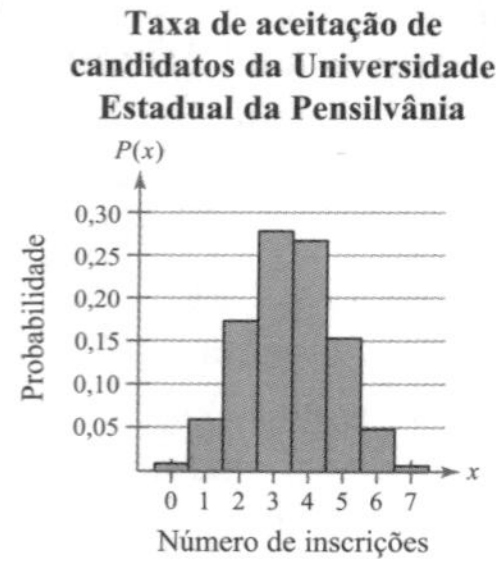

Forma de sino

(c) Os seguintes valores são incomuns: 0, 6 e 7. Isso porque suas probabilidades são menores ou iguais a 0,05.

29. (a)

x	$P(x)$
0	0,00064
1	0,01077
2	0,07214
3	0,24151
4	0,40426
5	0,27068

(b)

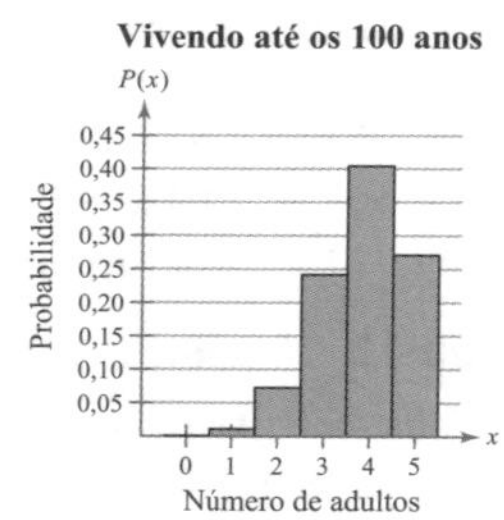

Assimétrica à esquerda

(c) Os valores 0 e 1 são incomuns porque suas probabilidades são menores que 0,05.

31. $\mu \approx 1{,}98$ $\sigma^2 \approx 1{,}33$ $\sigma \approx 1{,}15$

Em média, 1,98 de cada 6 pênaltis são convertidos. O desvio padrão é 1,15, então, a maioria das amostras de 6 pênaltis diferiria da média por no máximo 1,15. Valores incomuns seriam quaisquer acima de 4,28.

33. $\mu \approx 6{,}3$ $\sigma^2 \approx 1{,}3$ $\sigma \approx 1{,}2$

Em média, 6,3 de cada 8 adultos acreditam que a vida em outro planeta é possível. O desvio padrão é 1,2, então, a maioria das amostras de 8 adultos diferiria da média por no máximo 1,2 adulto. Valores incomuns seriam quaisquer abaixo de 3,9.

35. $\mu \approx 3{,}72$ $\sigma^2 \approx 2{,}57$ $\sigma \approx 1{,}60$

Em média, 3,72 de cada 12 trabalhadores dos Estados Unidos que estão atrasados para o trabalho culpam dormir demais. O desvio padrão é 1,60, então, a maioria das amostras de 12 trabalhadores dos Estados Unidos que estão atrasados para o trabalho diferiria da média por no máximo 1,60. Valores incomuns seriam quaisquer abaixo de 0,52 ou acima de 6,92.

37. (a) 0,102
(b) 0,042; incomum porque é menor ou igual a 0,05.
(c) 0,143

39. 0,033

41. (a) 0,107 (b) 0,107 (c) Os resultados são os mesmos.

Seção 4.2 Atividade (página 214)

1-3. As respostas irão variar.

Seção 4.3 (página 220)

1. 0,080 **3.** 0,062 **5.** 0,175 **7.** 0,223

9. Em uma distribuição binomial, o valor de x representa o número de sucessos em n tentativas. Em uma distribuição geométrica, o valor de x representa a primeira tentativa que resulta em um sucesso.

11. (a) 0,190 (b) 0,154 (c) 0,082

13. (a) 0,195 (b) 0,433 (c) 0,567

15. (a) 0,227 (b) 0,878 (c) 0,122

17. (a) 0,232 (b) 0,406 (c) 0,950

19. (a) 0,298 (b) 0,463 (c) 0,537

21. (a) 0,064 (b) 0,556 (c) 0,016; incomum

23. (a) 0,071 (b) 0,827 (c) 0,173

25. (a) 0,002; incomum (b) 0,006; incomum (c) 0,980

27. (a) 0,12542
(b) 0,12541; os resultados são aproximadamente os mesmos.

29. (a) $\mu = 1.000$; $\sigma^2 = 999.000$; $\sigma \approx 999{,}5$
(b) 1.000 vezes
Perder dinheiro. Em média, você ganharia $ 500 uma vez em cada 1.000 vezes que você jogasse na loteria. Então, o ganho líquido seria −$ 500.

31. (a) $\sigma^2 = 3{,}9$; $\sigma \approx 1{,}97$; O desvio padrão é aproximadamente 1,9, então, a maioria das pontuações vão diferir da média por não mais que 2,0 tacadas.
(b) Mais que 8 tacadas seria incomum.

Usos e Abusos do Capítulo 4 (página 223)

1. 11 incidentes. A probabilidade de 11 incidentes é de cerca de 0,119, enquanto a probabilidade de pelo menos 16 é de cerca de 0,093.

2. 10 a 12. A probabilidade de 10 a 12 incidentes é de cerca de 0,348, enquanto a probabilidade de menos de dez incidentes é de cerca de 0,341.

3. Sim. Nos feriados o corpo de bombeiros deve ajustar as orientações pois mais pessoas estão fora.

Exercícios de revisão do Capítulo 4 (página 225)

1. Discreta; a nota em um exame é uma variável aleatória que é contável.

3. (a)

x	$P(x)$
0	0,207
1	0,443
2	0,236
3	0,086
4	0,021
5	0,007

(b)

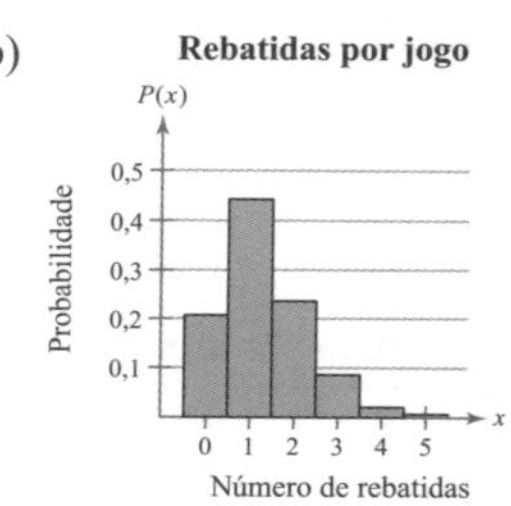

Assimétrica à direita

5. Sim

7. (a) $\mu \approx 2{,}8$; $\sigma^2 \approx 1{,}7$; $\sigma \approx 1{,}3$
(b) A média é 2,8, então, o número médio de telefones celulares por domicílio é de, aproximadamente, 3. O desvio padrão é 1,3, então, a maioria dos domicílios difere da média por não mais que cerca de 1 telefone celular.

9. −$ 3,13

11. Experimento binomial
Sucesso: um confeito azul é selecionado
$n = 12$; $p = 0{,}125$; $q = 0{,}875$;
$x = 0, 1, 2, 3, 4, 5, 6, 7, 8, 9, 10, 11, 12$

13. (a) 0,191 (b) 0,891 (c) 0,700

15. (a) 0,257 (b) 0,774 (c) 0,517

17. (a)

x	P(x)
0	0,002
1	0,022
2	0,114
3	0,293
4	0,376
5	0,193

(b)

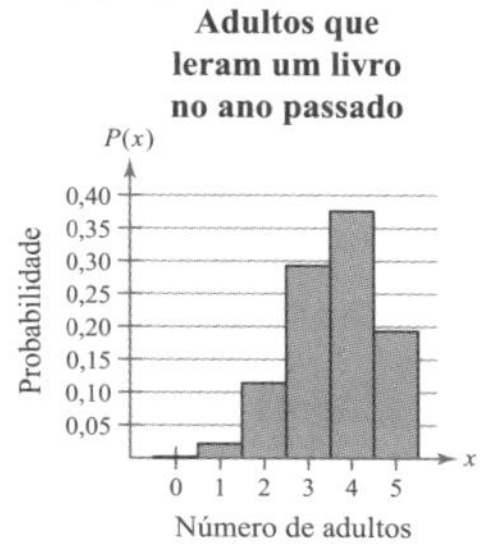

Assimétrica à esquerda

(c) Os valores 0 e 1 são incomuns porque suas probabilidades são menores ou iguais a 0,05.

19. $\mu \approx 1{,}0$; $\sigma^2 \approx 0{,}9$; $\sigma \approx 1{,}0$. Em média, 1 de cada 8 motoristas não possuem seguro. O desvio padrão é 1,0, então a maioria das amostras de 8 motoristas diferiria da média por no máximo 1 motorista. Valores incomuns seriam quaisquer acima de 3.

21. (a) 0,104 (b) 0,166 (c) 0,405

23. (a) 0,154 (b) 0,217 (c) 0,011; incomum

25. (a) 0,073 (b) 0,458 (c) 0,384

Problemas do Capítulo 4 (página 228)

1. (a) Discreta; o número de relâmpagos que ocorrem em Wyoming durante o mês de junho é uma variável aleatória que é contável.

(b) Contínua; o combustível (em galões) usado por um jato durante a decolagem é uma variável aleatória que tem um número infinito de resultados possíveis e não pode ser contada.

(c) Discreta; a pontuação final em um jogo de boliche é uma variável aleatória que é contável.

2. (a)

x	P(x)
0	0,238
1	0,405
2	0,209
3	0,090
4	0,040
5	0,019

(b)

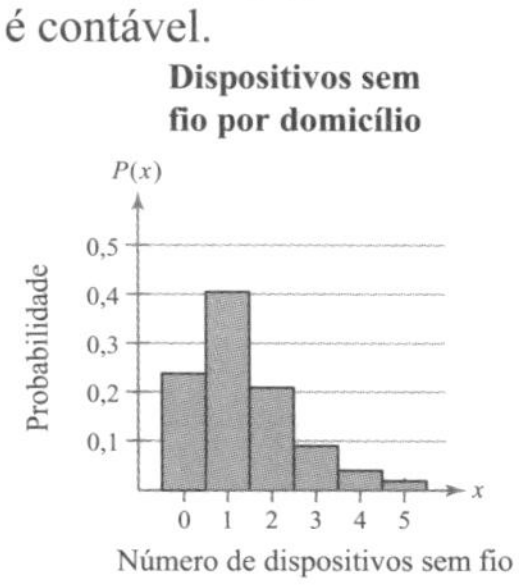

Assimétrica à direita

(c) $\mu \approx 1{,}3$; $\sigma^2 \approx 1{,}4$; $\sigma \approx 1{,}2$; A média é 1,3, então, o número médio de dispositivos sem fio por domicílio é 1,3. O desvio padrão é 1,2, então, a maioria dos domicílios diferirá da média por não mais que cerca de 1,2 dispositivo sem fio.

(d) 0,058

3. (a) 0,273 (b) 0,860 (c) 0,040

4. (a)

x	P(x)
0	0,0002
1	0,004
2	0,033
3	0,132
4	0,297
5	0,356
6	0,178

(b)

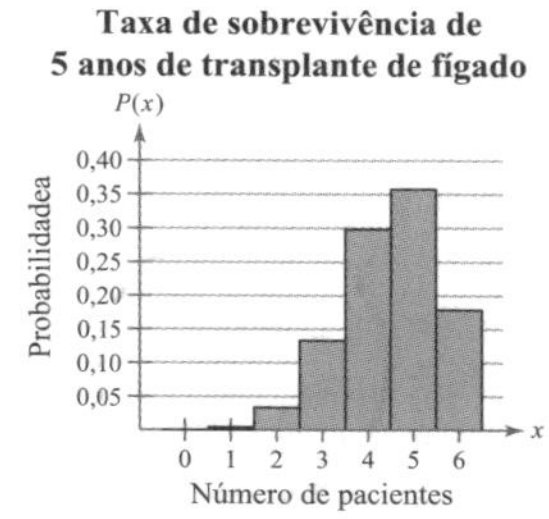

Assimétrica à esquerda

(c) média = 4,5; variância = 1,12; desvio padrão = 1,06; Em média, 4,6 de cada 6 pacientes sobrevivem até cinco anos. O desvio padrão é 1,06, então, a maioria das amostras de 6 pacientes diferiria da média por no máximo 1,06 sobrevivente.

5. (a) 0,175 (b) 0,440 (c) 0,007

6. (a) 0,140 (b) 0,125 (c) 0,034

7. O evento (c) nos problemas 5 e 6 são incomuns porque suas probabilidades são menores que 0,05.

Estatísticas reais – Decisões reais do Capítulo 4

(página 230)

1. (a) *Exemplo de resposta*: calcule a probabilidade de obter 0 nascido vivo em 6 ciclos TRA selecionados aleatoriamente

(b) Binomial. A distribuição é discreta porque o número de nascidos vivos é contável.

2. $n = 6, p = 0{,}52$

x	P(x)
0	0,012
1	0,079
2	0,215
3	0,311
4	0,253
5	0,109
6	0,020

Exemplo de resposta: Como $P(0) \approx 0{,}012$, este evento é incomum, mas não impossível.

3. (a) Não suspeita, porque a probabilidade é maior que 0,05.

(b) Suspeita, porque a probabilidade é menor que 0,05.

Capítulo 5

Seção 5.1 (página 242)

1. Quando é uma distribuição normal, a média é igual à mediana.

3. Os pontos de inflexão são onde a curva muda de concavidade. Os pontos de inflexão ocorrem à distância de um desvio padrão da média, tanto à direita quanto à esquerda. Os valores de x seriam $\mu - \sigma$ e $\mu + \sigma$.

5. As respostas irão variar.
Semelhanças: as duas curvas terão a mesma linha de simetria.
Diferenças: a curva com o desvio padrão maior será mais espalhada que a curva com o desvio padrão menor.

7. $\mu = 0, \sigma = 1$

9. "A" distribuição normal padrão é usada para descrever uma distribuição normal específica ($\mu = 0, \sigma = 1$). "Uma" distribuição normal é usada para descrever uma distribuição normal com quaisquer média e desvio padrão.

11. Não, o gráfico é assimétrico à esquerda.

13. Não, o gráfico é simétrico, mas não em forma de sino.

15. Sim, o gráfico satisfaz as propriedades da distribuição normal. $\mu \approx 11{,}5, \sigma \approx 1{,}5$

17. 0,7257 **19.** 0,0228 **21.** 0,4878 **23.** 0,6293

25. 0,0470 **27.** 0,7422 **29.** 0,6387 **31.** 0,4979

33. 0,8788 **35.** 0,2006 (tecnologia: 0,2005)

37. (a)

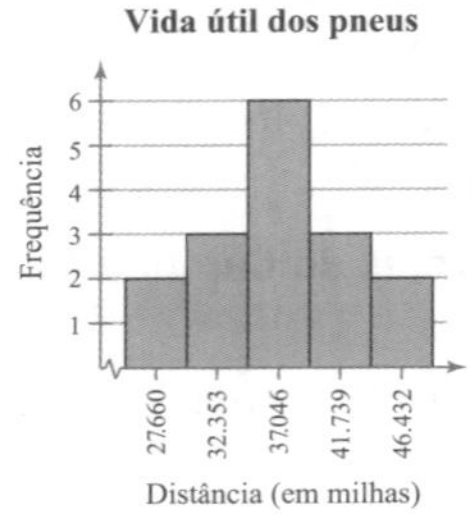

É razoável assumir que as vidas úteis são normalmente distribuídas porque o histograma é simétrico e em forma de sino.

(b) 37.234,7; 6.259,2

(c) A média amostral de 37.234,7 horas é menor que a afirmada, 40.000 em média; os pneus na amostra duraram por um período mais curto. O desvio padrão da amostra de 6.259,2 é maior que o afirmado logo, os pneus da amostra tinham uma variação maior na vida útil que a afirmada pelo fabricante.

39. (a) $x = 98 \rightarrow z \approx -0{,}125$
$x = 65 \rightarrow z \approx -2{,}188$
$x = 106 \rightarrow z \approx 0{,}375$
$x = 124 \rightarrow z \approx 1{,}50$

(b) $x = 65$ é incomum, porque seu correspondente escore z (–2,188) recai a mais que dois desvios padrão da média.

41. 0,2660 **43.** 0,9832 **45.** 0,6826 (tecnologia: 0,6827)

47. 0,7019 **49.** 0,0148 **51.** 0,3133

53. 0,9250 (tecnologia: 0,9249)

55. 0,0098 (tecnologia: 0,0099)

57.

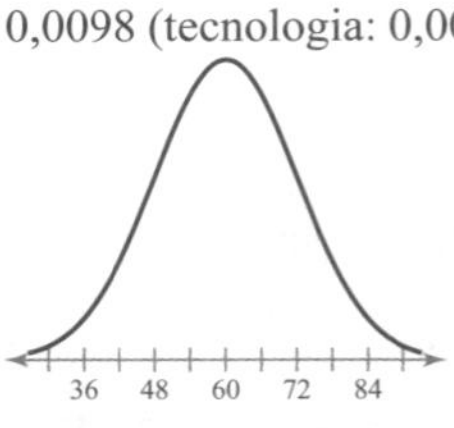

A curva da distribuição normal é centrada em sua média (60) e tem 2 pontos de inflexão (48 e 72) representando $\mu \pm \sigma$.

59. (1) A área sob a curva é:

$$(b - a)\left(\frac{1}{b - a}\right) = \frac{b - a}{b - a} = 1.$$

(Como $a < b$, você não tem que se preocupar com divisão por 0).

(2) Todos os valores da função densidade de probabilidade são positivos porque $\frac{1}{b - a}$ é positivo quando $a < b$.

Seção 5.2 (página 249)

1. 0,4207 **3.** 0,3446 **5.** 0,1787 (tecnologia: 0,1788)

7. (a) 0,0183 (b) 0,5103 (tecnologia: 0,5119) (c) 0,0228
Os eventos a e c são incomuns porque as probabilidades são menores que 0,05.

9. (a) 0,1515 (b) 0,6536 (tecnologia: 0,6528) (c) 0,0918
Nenhum dos eventos é incomum porque nenhuma das probabilidades é menor que 0,05.

11. (a) 0,0062 (b) 0,7492 (tecnologia: 0,7499) (c) 0,0004

13. 0,3288 (tecnologia: 0,3276)

15. 0,0324 (tecnologia: 0,0325)

17. (a) 86,86% (tecnologia: 86,96%)
(b) 464 pontuações (*tecnologia*: 465 pontuações)

19. (a) 98,93% (b) 75,75% (tecnologia: 75,76%)
(c) 6 mães

21. Fora de controle, porque há um ponto distante a mais que três desvios padrão além da média.

23. Fora de controle, porque há nove pontos consecutivos abaixo da média, e dois de três pontos consecutivos recaem a mais que dois desvios padrão da média.

Seção 5.3 (página 257)

1. –0,81 **3.** 0,45 **5.** –1,645 **7.** 1,04 **9.** –0,44

11. 1,96 **13.** –0,67 **15.** 1,34 **17.** –0,38

19. 1,99 **21.** –1,645; 1,645 **23.** –1,18 **25.** –0,35

27. –2,00 **29.** 1,28

31. (a) 247,8 libras (b) 158,1 libras (c) 133,42 libras

33. (a) 133,94 segundos
(b) 156,74 segundos (tecnologia: 156,60)
(c) 210,04 segundos

35. (a) 664,5 (b) 432,5 e567,5

37. (a) 5,67 milhões de células por microlitro
(b) Contagem de glóbulos vermelhos inferiores a 4,74 milhões ou superiores a 6,06 milhões.

39. 32,61 onças **41.** 7,93 onças

Seção 5.4 (página 269)

1. 150; 3,571 **3.** 790; 3,036

5. Falso. À medida que o tamanho de uma amostra aumenta, a média da distribuição das médias amostrais não muda.

7. Falso. Uma distribuição amostra é normal quando ou $n \geq 30$ ou a população é normal.

9. (c), porque $\mu_{\bar{x}} = 16{,}5$, $\sigma_{\bar{x}} = 1{,}19$ e o gráfico se aproxima de uma curva normal.

11. (a) $\mu = 53{,}2$; $\sigma \approx 19{,}9$

(b)

Amostra	Média
19, 19	19
19, 48	33,5
19, 56	37,5
19, 64	41,5
19, 79	49
48, 19	33,5
48, 48	48
48, 56	52
48, 64	56
48, 79	63,5
56, 19	37,5
56, 48	52
56, 56	56
56, 64	60
56, 79	67,5
64, 19	41,5
64, 48	56
64, 56	60
64, 64	64
64, 79	71,5
79, 19	49
79, 48	63,5
79, 56	67,5
79, 64	71,5
79, 79	79

(c) $\mu_{\bar{x}} = 53{,}2$; $\sigma_{\bar{x}} \approx 14{,}1$
As médias são iguais, mas o desvio padrão da distribuição amostral é menor.

13. (a) $\mu \approx 389$; $\sigma \approx 28{,}65$

(b)

Amostra	Média
350, 350, 350	350
350, 350, 399	366,33
350, 350, 418	372,67
350, 399, 350	366,33
350, 399, 399	382,67
350, 399, 418	389
350, 418, 350	372,67
350, 418, 399	389
350, 418, 418	395,33
399, 350, 350	366,33
399, 350, 399	382,67
399, 350, 418	389
399, 399, 350	382,67
399, 399, 399	399
399, 399, 418	405,33
399, 418, 350	389
399, 418, 399	405,33
399, 418, 418	411,67
418, 350, 350	372,67
418, 350, 399	389
418, 350, 418	395,33
418, 399, 350	389
418, 399, 399	405,33
418, 399, 418	411,67
418, 418, 350	395,33
418, 418, 399	411,67
418, 418, 418	418

(c) $\mu_{\bar{x}} \approx 389$; $\sigma_{\bar{x}} \approx 16{,}54$
As médias são iguais, mas o desvio padrão da distribuição amostral é menor.

15. 0,9726; não é incomum

17. 0,0351 (tecnologia: 0,0349); incomum

19. $\mu_{\bar{x}} = 31{,}58$, $\sigma_{\bar{x}} = 1{,}419$

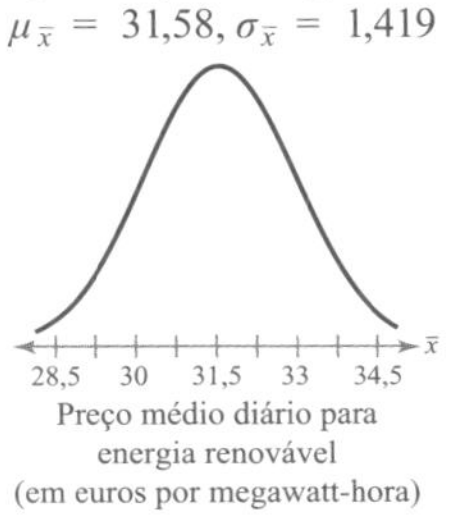

21. $\mu_{\bar{x}} = 97{,}2$, $\sigma_{\bar{x}} = 0{,}138$

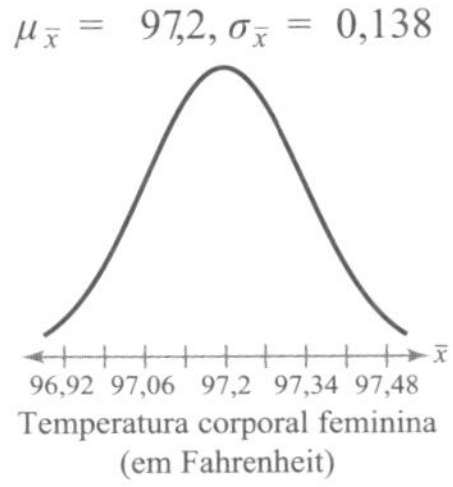

23. $\mu_{\bar{x}} = 54.000$, $\sigma_{\bar{x}} = 1886{,}48$

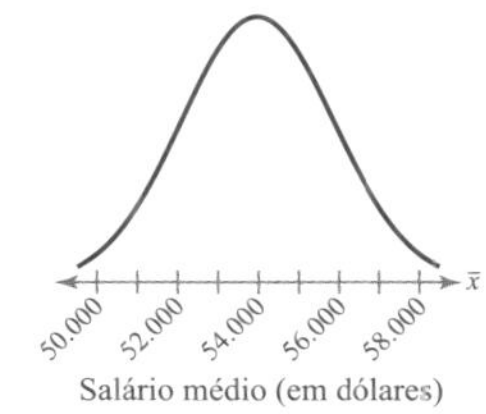

25. $\mu_{\bar{x}} = 603$, $\sigma_{\bar{x}} = 27{,}75$

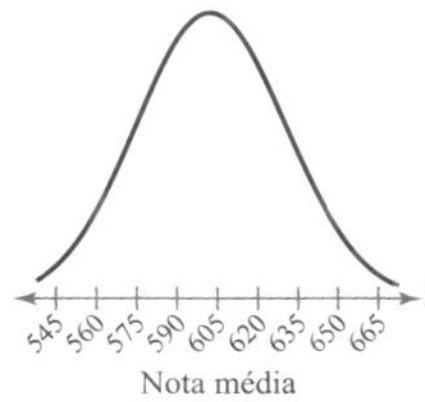

27. $n = 40$: $\mu_{\bar{x}} = 603$, $\sigma_{\bar{x}} = 17{,}55$
$n = 60$: $\mu_{\bar{x}} = 603$, $\sigma_{\bar{x}} = 14{,}33$

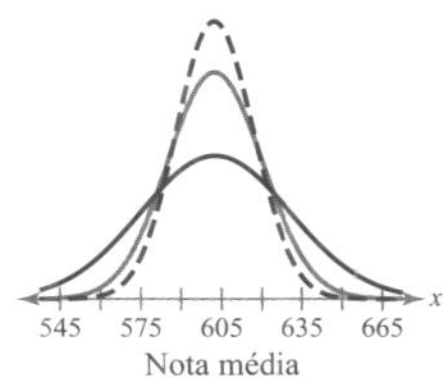

À medida que o tamanho da amostra aumenta, o desvio padrão das médias amostrais diminui, enquanto a média das médias amostrais permanece constante.

29. 0,3939 (tecnologia: 0,3927); Cerca de 39% das amostras de 32 anos terão um ganho médio anual entre 400 e 700.

31. 0,0110 (tecnologia: 0,0109); Cerca de 1,1% das amostras de 30 estados dos Estados Unidos terá uma prevalência média de asma maior que 10%.

33. É mais provável selecionar uma amostra de 10 estados com uma média de prevalência de asma inferior a 10% porque a amostra de 10 estados tem uma probabilidade maior.

35. Sim, é bastante improvável que você tivesse amostrado aleatoriamente 40 latas com uma média igual a 127,9 onças porque ela está distante mais que 3 desvios padrão da média das médias amostrais.

37. (a) 0,3085 (b) 0,0008

39. Sim, o fator de correção finita deveria ser usado; 0,06615 (tecnologia: 0,06614)

41. 0,0446 (tecnologia: 0,0448); A probabilidade de que menos que 55% de uma amostra de 105 habitantes seja a favor da construção de uma nova escola de Ensino Médio é cerca de 4,5%. Como a probabilidade é menor que 0,05, este é um evento incomum.

Seção 5.4 Atividade (página 274)

1-2. As respostas irão variar.

Seção 5.5 (página 281)

1. Não pode usar a distribuição normal

3. Não pode usar a distribuição normal

5. a **6.** d **7.** c **8.** b

9. A probabilidade de obter menos que 25 sucessos; $P(x < 24{,}5)$

11. A probabilidade de obter exatamente 33 sucessos; $P(32{,}5 < x < 33{,}5)$

13. A probabilidade de obter no máximo 150 sucessos; $P(x < 150{,}5)$

15. Binomial: $P(5 \le x \le 7) \approx 0{,}549$
Normal: $P(4{,}5 < x < 7{,}5) = 0{,}5463$ (*tecnologia*: 0,5466)
Os resultados são praticamente os mesmos.

17. Não pode usar a distribuição normal porque np < 5.

19. Pode usar a distribuição normal
(a) 0,1308 (*tecnologia*: 0,1291)

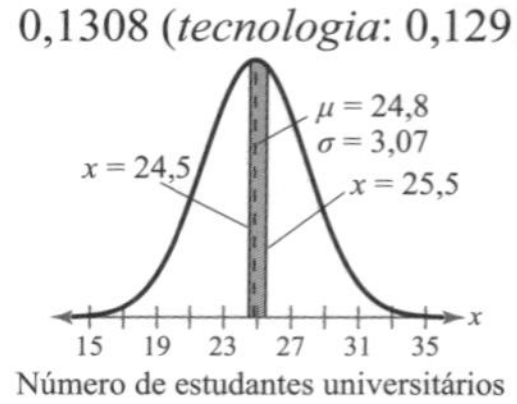

(b) 0,0630 (*tecnologia*: 0,0629)

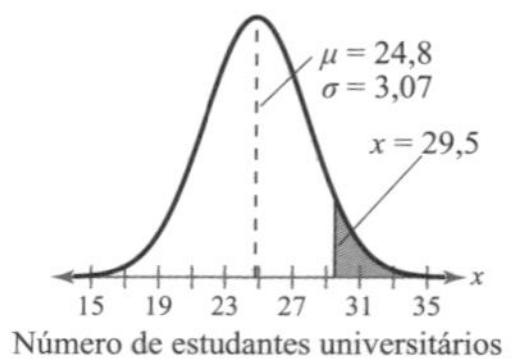

(c) 0,4602 (*tecnologia*: 0,4611)

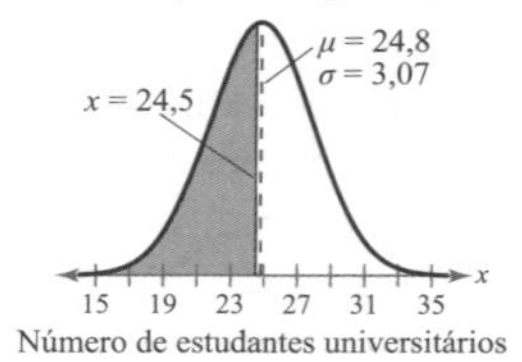

21. Pode usar a distribuição normal
(a) 0,0649

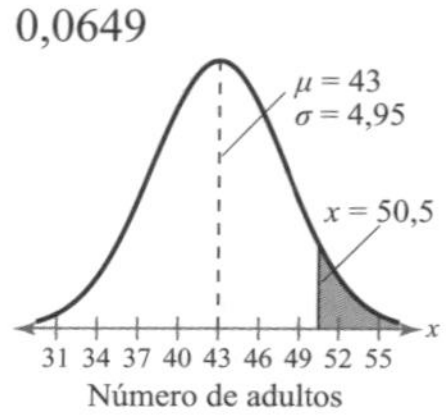

(b) 0,9351

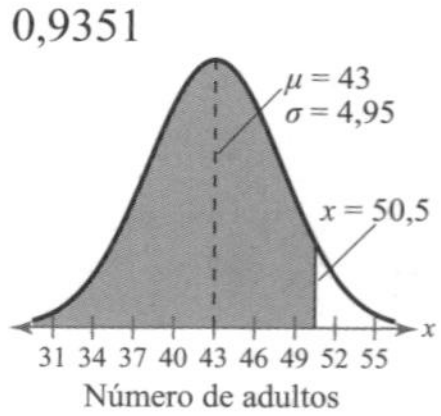

(c) 0,4544 (*tecnologia*: 0,4534)

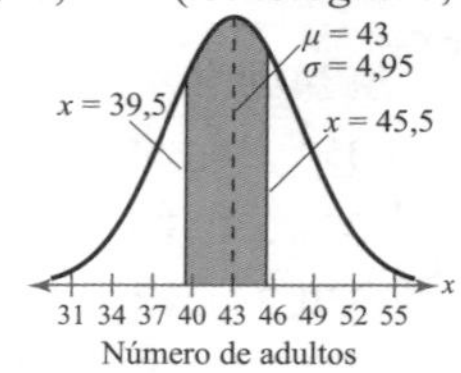

23. Não pode usar a distribuição normal porque nq < 5.
(a) 0,0737 (b) 0,7870 (c) 0,7509

25. Pode usar a distribuição normal
(a) 0,9370 (*tecnologia*: 0,9373)

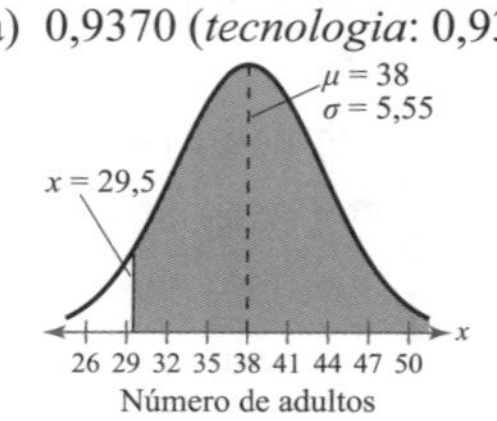

(b) 0,3264 (*tecnologia*: 0,3261)

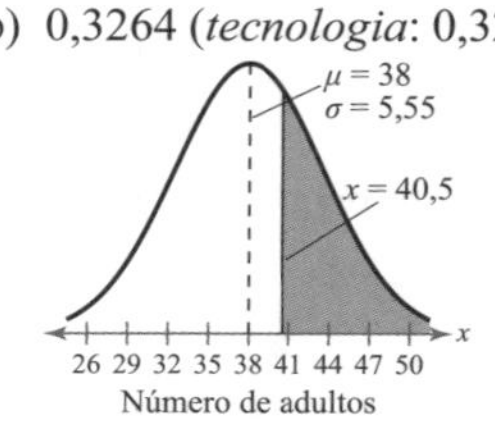

(c) 0,6472 (*tecnologia*: 0,6477)

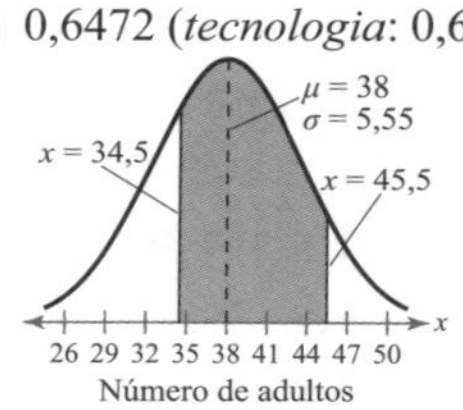

27. (a) 0,0098 (b) 0,7794 (tecnologia: 0,7805) (c) 1

29. Altamente improvável. As respostas irão variar. **31.** 0,1020

Usos e Abusos do Capítulo 5 (página 286)

1. (a) Não é incomum; uma média amostral de 112 está a menos que 2 desvios padrão da média populacional.
(b) Incomum; uma média amostral de 105 está a mais que 2 desvios padrão da média populacional.

2. As idades dos estudantes em uma escola de Ensino Médio podem não ser normalmente distribuídas.

3. As respostas irão variar.

Exercícios de revisão do Capítulo 5 (página 286)

1. $\mu = 15$; $\sigma = 3$

3. A curva B tem a maior média porque sua linha de simetria acha-se mais à direita.

5. 0,6772 **7.** 0,6293 **9.** 0,7157

11. 0,00235 (tecnologia: 0,00236) **13.** 0,4495

15. 0,4365 (tecnologia: 0,4364) **17.** 0,1336

19. $x = 17 \rightarrow z \approx -0{,}61$ **21.** 0,8997
$x = 29 \rightarrow z \approx 1{,}13$
$x = 8 \rightarrow z \approx -1{,}91$
$x = 23 \rightarrow z \approx 0{,}26$

23. 0,9236 (tecnologia: 0,9237) **25.** 0,0124 **27.** 0,8944

29. 0,2266 **31.** 0,2684 (tecnologia: 0,2685)

33. (a) 0,2061 (tecnologia: 0,2053)
(b) 0,2337 (*tecnologia*: 0,2340)
(c) 0,3520 (*tecnologia*: 0,3526)

35. Nenhum dos eventos é incomum, porque todas as probabilidades são maiores que 0,05.

37. –0,07 **39.** 2,455 (tecnologia: 2,457) **41.** 1,04

43. 0,51 **45.** 119,54 pés

47. 137,80 pés (tecnologia: 137,81 pés)

49. 136,71 pés (tecnologia: 136,70 pés)

51. (a) $\mu = 1{,}5$; $\sigma \approx 1{,}118$

(b)

Amostra	Média
0, 0	0
0, 1	0,5
0, 2	1
0, 3	1,5
1, 0	0,5
1, 1	1
1, 2	1,5
1, 3	2
2, 0	1
2, 1	1,5
2, 2	2
2, 3	2,5
3, 0	1,5
3, 1	2
3, 2	2,5
3, 3	3

(c) $\mu_{\bar{x}} = 1{,}5$; $\sigma_{\bar{x}} \approx 0{,}791$
As médias são iguais, mas o desvio padrão da distribuição amostral é menor.

53. média = 199,6; desvio padrão = 44,86

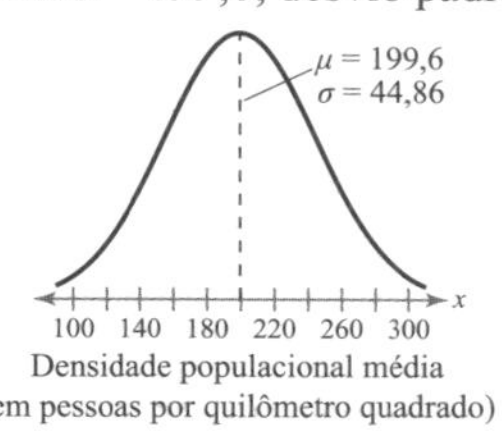

55. (a) 0,1230 (tecnologia: 0,1223)
(b) 0,1675 (tecnologia: 0,1676)
(c) 0,2964 (tecnologia: 0,2936)
As probabilidades são menores.

57. (a) 0,9066(tecnologia: 0,9069)
(b) 0,0096 (tecnologia: 0,0097)
(c) 0,5521 (tecnologia: 0,5538)

59. (a) 0,9664 (tecnologia: 0,9663)
(b) 0,9927 (tecnologia: 0,9926)

61. Não pode usar a distribuição normal porque $nq < 5$.

63. A probabilidade do obter pelo menos 25 sucessos; $P(x > 24{,}5)$

65. A probabilidade do obter exatamente 45 sucessos; $P(44{,}5 < x < 45{,}5)$

67. A probabilidade do obter menos de 60 sucessos; $P(x < 59{,}5)$

69. Pode usar a distribuição normal
(a) 0,0043 (*tecnologia*: 0,0042)

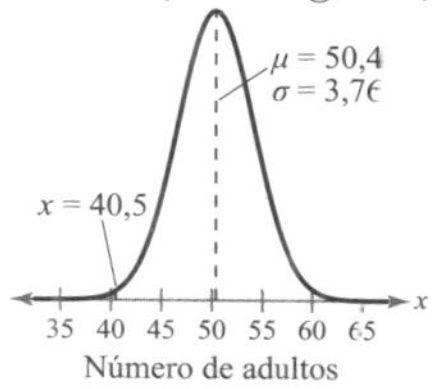

(b) 0,1068 (*tecnologia*: 0,1053)

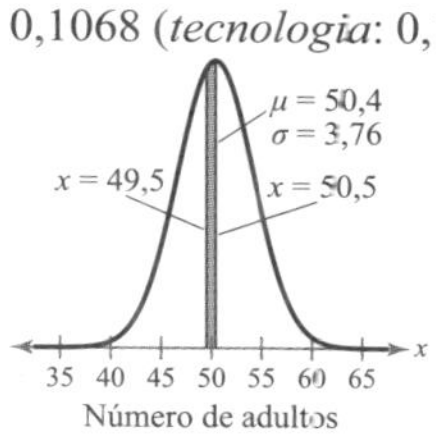

(c) 0,0036

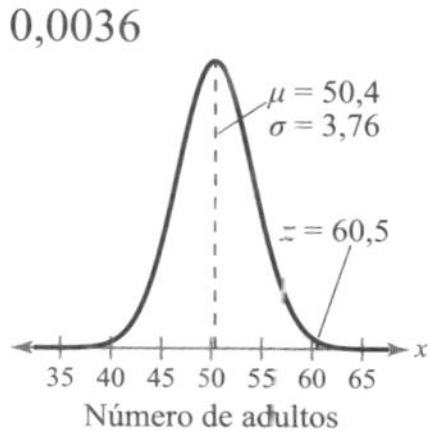

Problemas do Capítulo 5 (página 290)

1. (a) 0,9535 (b) 0,9871 (c) 0,3616
(d) 0,7703 (*tecnologia*: 0,7702)

2. (a) 0,0233 (tecnologia: 0,0231)
(b) 0,9929 (tecnologia: 0,9928)
(c) 0,9198 (*tecnologia*: 0,9199)
(d) 0,3607 (*tecnologia*: 0,3610)

3. 0,0475 (tecnologia: 0,0478); sim, o evento é incomum porque sua probabilidade é menor que 0,05.

4. 0,2586 (tecnologia: 0,2611); não, o evento não é incomum porque sua probabilidade é maior que 0,05.

5. 21,19% **6.** 503 pessoas (tecnologia: 505 pessoas)

7. 125 **8.** 80

9. 0,0049; Cerca de 0,5% das amostras de 60 pessoas terá uma pontuação média de QI maior que 105. Esse é um evento muito incomum.

10. É mais provável selecionar uma pessoa com uma pontuação de QI maior 105 porque o erro padrão da média é menor que o desvio padrão.

11. Pode usar a distribuição normal; $\mu = 202{,}5$, $\sigma \approx 6{,}203$

12. (a) 0,3745 (b) 0,8708 (c) 0,0636
Não há eventos incomuns porque todas as probabilidades são maiores que 0,05.

Estatísticas reais – Decisões reais do Capítulo 5 (página 292)

1. (a) 0,4207 (b) 0,9988

2. (a) 0,3264 (tecnologia: 0,3274)
(b) 0,6944 (tecnologia: 0,6957)
(c) média amostral selecionada aleatoriamente

3. As respostas irão variar.

Revisão acumulada dos capítulos 3-5 (página 294)

1. (a) $np = 18{,}3 \geq 5$; $nq = 11{,}7 \geq 5$
   (b) 0,0778 (*tecnologia*: 0,0775)
   (c) Sim, porque a probabilidade é menor que 0,05.
2. (a) 2,548 (b) 2,00 (c) 1,42 (d) 2,458
   O tamanho de um domicílio familiar, na média, é aproximadamente de 2,5 pessoas. O desvio padrão é 1,42, então, a maioria dos domicílios difere da média por não mais que cerca de 1 pessoa.
3. (a) 2,65 (b) 1,73 (c) 1,32 (d) 2,65
   O número de faltas por jogo para DeMar DeRozan é aproximadamente 2,65 faltas. O desvio padrão é 1,32, então, a maioria dos jogos de DeRozan difere da média por não mais que cerca de 1 ou 2 faltas.
4. (a) 0,795 (b) 0,574 (c) 0,692
5. (a) 43.680 (b) 0,019
6. 0,7642 **7.** 0,0010 **8.** 0,7995 **9.** 0,4984
10. 0,2862 **11.** 0,5905
12. (a) 0,1573 (b) 0,3556 (c) 0,000001
   (d) Os eventos em (*c*) é incomum porque a probabilidade é menor que 0,05.
13. (a) 0,049 (b) 0,0149 (c) 0,9046
14. (a) 0,3288 (b) 0,8685
   (c) Dependente.
   P(Ser um professor da rede pública | ter 20 anos ou mais ou experiência no ensino em tempo integral) ≠ *P*(Ser um professor da rede pública)
   (d) 0,3730
15. (a) $\mu_{\bar{x}} = 70$; $\sigma_{\bar{x}} \approx 0{,}190$ (b) 0,0006

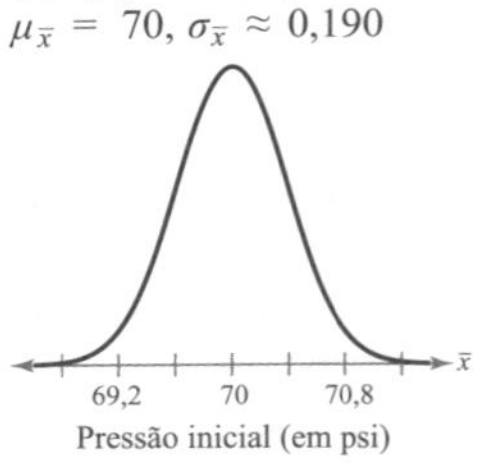

16. (a) 0,0548 (b) 0,6547 (c) 52,2 meses
17. (a) 495 (b) 0,002
18. (a)

x	*P*(*x*)
0	0,00002
1	0,00031
2	0,00284
3	0,01538
4	0,05465
5	0,13315
6	0,22528
7	0,26136
8	0,19899
9	0,08978
10	0,01823

   (b)

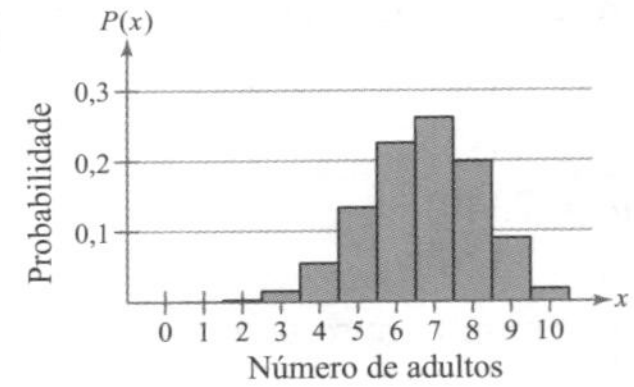

   Assimétrica à esquerda
   (c) Os valores 0, 1, 2, 3 e 10 são incomuns porque suas probabilidades são menores ou iguais a 0,05.

Capítulo 6

Seção 6.1 (página 305)

1. É mais provável que você esteja correto usando uma estimativa intervalar porque é improvável que uma estimativa pontual seja exatamente igual a média populacional.
3. d; à medida que o nível de confiança aumenta, z_c aumenta, originando intervalos mais amplos.
5. 1,28 **7.** 1,15 **9.** –0,47 **11.** 1,76 **13.** 1.861
15. 0,192 **17.** c **18.** d **19.** b **20.** a
21. (12,0; 12,6) **23.** (9,7; 11,3) **25.** E = 1,4; $\bar{x}$ = 13,4
27. $E = 0{,}17$; $\bar{x} = 1{,}88$ **29.** 126 **31.** 7
33. $E = 1{,}95$; $\bar{x} = 28{,}15$
35. (1.348,98; 1.459,20); (1.338,43; 1.469,75)
   Com 90% de confiança, você pode dizer que o preço médio populacional está entre US$ 1.348,98 e US$ 1.459,20. Com 95% de confiança, você pode dizer que o preço médio populacional está entre US$ 1.338,43 e US$ 1.469,75. O IC de 95% é mais amplo.
37. (43,70; 66,24); (41,55; 68,39)
   Com 90% de confiança, você pode dizer que o preço médio populacional está entre US$43,70 e US$ 66,24. Com 95% de confiança, você pode dizer que o o preço médio populacional está entre está entre US$ 41,55 e US$ 68,39. O IC de 95% é mais amplo.
39. Sim. O limite superior do intervalo de confiança de 95% é 1.469,75.
41. Não. O limite superior do intervalo de confiança de 95% é 68,39.
43. (a) Um aumento no nível de confiança ampliará o intervalo de confiança e diminuindo o grau de certeza sobre uma estimativa pontual.
   (b) Um aumento no tamanho da amostra estreitará o intervalo de confiança porque ele reduz o erro padrão.
   (c) Um aumento no desvio padrão populacional ampliará o intervalo de confiança porque pequenos desvios padrão produzem intervalos mais precisos, que são menores.
45. (32,1; 40,8); (29,7; 43,3)
   Com 90% de confiança, você pode dizer que o tempo médio de deslocamento populacional está entre 32,1 e 40,8 minutos. Com 99% de confiança, você pode dizer que tempo médio de deslocamento populacional está entre 29,7 e 43,3 minutos. O IC de 99% é mais amplo.
47. 89

49. (a) 66 porções
(b) Não. Sim. O IC de 95% é (28,252; 29,748). Se a média populacional está dentro de 3% da média amostral, então ela cai fora do IC. Se a média populacional está dentro de 0,3% da média amostral, então ela cai dentro do IC.

51. (a) 7 latas
(b) Sim. O IC de 90% é (127,3; 128,2) e 128 onças cai dentro do intervalo.

53. (a) 74 bolas
(b) Sim. O IC de 99% é (27,360; 27,640) e há quantidade inferiores a 27,6 polegadas que caem dentro do intervalo.

55. Exemplo de resposta: Um IC de 99% pode não ser prático para usar em todas as situações. Pode produzir um IC tão amplo que não tem aplicação prática.

57. (a) 0,707 (b) 0,949 (c) 0,962 (d) 0,975
(e) 0,711 (f) 0,937 (g) 0,964 (h) 0,979
O fator de correção de população finita se aproxima de 1 à medida que o tamanho da amostra diminui e o tamanho da população permanece o mesmo.
O fator de correção de população finita se aproxima de 1 à medida que o tamanho da população aumenta e o tamanho da amostra permanece o mesmo.

59. *Exemplo de resposta*

$E = \frac{z_c \sigma}{\sqrt{n}}$ Escreva a equação original.

$E\sqrt{n} = z_c \sigma$ multiplique cada lado por $\sqrt{n}$.

$\sqrt{n} = \frac{z_c \sigma}{E}$ Divida cada lado por E.

$n = \left(\frac{z_c \sigma}{E}\right)^2$ Eleva cada lado ao quadrado.

Seção 6.2 (página 315)

1. A média, a mediana e a moda são todas iguais a 0. A distribuição é em forma de sino e simétrica em relação à média. A área total sob a curva é igual a 1.

3. 1,833 **5.** 2,947 **7.** 2,664 **9.** (10,9; 14,1)

11. (4,1; 4,5) **13.** E = 3,7; $\bar{x} = 18,4$ **15.** $t = 3,10$

17. 6,0; (29,5; 41,5); Com 95% de confiança, você pode dizer que o tempo médio de deslocamento da população está entre 29,5 e 41,5 minutos.

19. 153,83; (372,67; 680,33); Com 95% de confiança, você pode dizer que o preço médio de aparelhos celulares da população está entre US$ 372,67,84 e US$ 680,33.

21. 6,4; (29,1; 41,9); Com 95% de confiança, você pode dizer que o tempo médio de deslocamento da população está entre 29,1 e 41,9 minutos. Este intervalo de confiança é ligeiramente mais amplo que aquele encontrado no Exercício 17.

23. Sim **25.** (a) 1.185 (b) 168,1 (c) (1.034,3; 1.335,7)

27. (a) 7,49 (b) 1,64 (c) (6,28; 8,70) **29.** Sim

31. (a) 68.757,94 (b) 15.834,18
(c) (61.892,21; 75.623,67)

33. Sim

35. Use a distribuição t porque σ é desconhecido e $n \geq 30$. (26,0; 29,4); Com 95% de confiança, você pode dizer que o IMC médio da população está entre 26,0 e 29,4.

37. Use distribuição normal padrão porque σ é conhecido e os pesos são normalmente distribuídos. (12,14; 15,22). Com 95% de confiança, você pode dizer que o peso médio da população de meninos de dois anos de idade está entre 12,14 libras e 15,22 libras.

39. Nenhuma distribuição pode ser usada porque $n < 30$ e os rendimentos não são normalmente distribuídos.

41. Não. Eles não estão fabricando bolas de tênis aceitáveis porque o valor t para a amostra é $t = 10$, o que não está entre $-t_{0,99} = -2,797$ e $t_{0,99} = 2,797$.

Seção 6.2 Atividade (página 318)

1-2. As respostas irão variar.

Seção 6.3 (página 325)

1. Verdadeiro.

3. 0,660; 0,940 **5.** 0,330; 0,670

7. $E = 0,014; \hat{p} = 0,919$ **9.** $E = 0,042; \hat{p} = 0,554$

11. (0,723; 0,757); (0,720; 0,761)
Com 90% de confiança, você pode dizer que a proporção populacional de adultos estadunidenses que fizeram uma resolução de ano novo está entre 72,3% e 75,7%; Com 95% de confiança, você pode dizer que está entre 72,0% e 76,1%. O intervalo de confiança de 95% é ligeiramente mais amplo.

13. (0,321; 0,399)
Com 99% de confiança, você pode dizer que a proporção populacional de adultos estadunidenses que dizem que se preocupam muito com a possibilidade de um futuro ataque terrorista está entre 32,1% e 39,9%.

15. (0,052; 0,060)

17. (a) 601 adultos (b) 399 adultos
(c) Tendo uma estimativa da proporção populacional reduz o tamanho mínimo de amostra necessário.

19. (a) 752 famílias (b) 425 famílias
(c) Tendo uma estimativa da proporção populacional reduz o tamanho mínimo de amostra necessário.

21. Não. Ela cai dentro de ambos os intervalos de confiança.

23. Sim. O tamanho mínimo de amostra necessário é 399 adultos.

25. França: (0,283; 0,357)
Alemanha: (0,215; 0,285)
Reino Unido: (0,272; 0,348)
Estados Unidos: (0,311; 0,389)

27. Ciberterrorismo: (0,796, 0,844)
Desenvolvimento de armas nucleares pelo Irã: (0,723; 0,777)
A propagação de doenças infecciosas em todo o mundo: (0,692; 0,748)
Aquecimento global ou mudança climática: (0,550; 0,610)
O poder militar da Rússia: (0,410; 0,470)
O conflito entre israelenses e palestinos: (0,291; 0,349)

29. (0,281; 0,339) é aproximadamente uma IC de 98,5%.

31. (0,68; 0,74) é aproximadamente um IC de 96,3%.

33. (0,534; 0,606) é aproximadamente um IC de 99,9%.

35. Se $n\hat{p} < 5$ ou $n\hat{q} < 5$, a distribuição amostral de $\hat{p}$ pode não ser normalmente distribuída, então z_c não pode ser usado para calcular o intervalo de confiança.

37.

$\hat{p}$	$\hat{q}=1-\hat{p}$	$\hat{p}\hat{q}$
0,0	1,0	0,00
0,1	0,9	0,09
0,2	0,8	0,16
0,3	0,7	0,21
0,4	0,6	0,24
0,5	0,5	0,25
0,6	0,4	0,24
0,7	0,3	0,21
0,8	0,2	0,16
0,9	0,1	0,09
1,0	0,0	0,00

$\hat{p}$	$\hat{q}=1-\hat{p}$	$\hat{p}\hat{q}$
0,45	0,55	0,2475
0,46	0,54	0,2484
0,47	0,53	0,2491
0,48	0,52	0,2496
0,49	0,51	0,2499
0,50	0,50	0,2500
0,51	0,49	0,2499
0,52	0,48	0,2496
0,53	0,47	0,2491
0,54	0,46	0,2484
0,55	0,45	0,2475

$\hat{p}=0,5$ dá o valor máximo de $\hat{p}\hat{q}$.

Seção 6.3 Atividade (página 329)

1-2. As respostas irão variar.

Seção 6.4 (página 334)

1. Sim **3.** $\chi^2_D = 14,067$; $\chi^2_E = 2,167$

5. $\chi^2_D = 32,852$; $\chi^2_E = 8,907$

7. $\chi^2_D = 52,336$; $\chi^2_E = 13,121$

9. (a) (7,33; 20,89) (b) (2,71; 4,57)

11. (a) (755; 2.401) (b) (27; 49)

13. (a) (0,0426; 0,1699) (b) (0,2063; 0,4122)
Com 95% de confiança, você pode dizer que a variância populacional está entre 0,0426 e 0,1699, e o desvio padrão populacional está entre 0,2063 e 0,4122 polegadas.

15. (a) (52,41; 281,98) (b) (7,24; 16,79)
Com 99% de confiança, você pode dizer que a variância populacional está entre 52,41 e 281,98, e o desvio padrão populacional está entre 7,24 e 16,79 mil dólares.

17. (a) (5,46; 45,70) (b) (2,34; 6,76)
Com 99% de confiança, você pode dizer que a variância populacional está entre 5,46 e 45,70, e o desvio padrão populacional está entre 2,34 e 6,76 dias.

19. (a) (128; 492) (b) (11; 22)
Com 95% de confiança, você pode dizer que a variância populacional está entre 128 e 492, e o desvio padrão populacional está entre 11 e 22 grãos por galão.

21. (a) (0,04; 0,11) (b) (0,21; 0,32)
Com 80% de confiança, você pode dizer que a variância populacional está entre 0,04 e 0,11, e o desvio padrão populacional está entre 0,21 e 0,32 dias.

23. (a) (1.809,40; 6.597,92) (b) (42,54; 81,23)
Com 98% de confiança, você pode dizer que a variância populacional está entre 1.809,40 e 6.597,92, e o desvio padrão populacional está entre 42,54 e 81,23 segundos.

25. Sim, porque todos os valores no intervalo de confiança são menores que 0,5.

27. Não, porque 0,25 está contido no intervalo de confiança.

29. Exemplo de resposta: Ao contrário de um intervalo de confiança para uma média populacional ou proporção, um intervalo de confiança para uma variância populacional não tem uma margem de erro. Os limites inferior e superior devem ser calculados separadamente.

Usos e Abusos do Capítulo 6 (página 336)

1-2. As respostas irão variar. **3.** (a) Não (b) Sim

Exercícios de revisão do capítulo 6 *(página 338)*

1. (a) 103,5 (b) 11,7

3. (91,8; 115,2); com 90% de confiança, você pode dizer que o horário médio de despertar populacional está entre 91,8 e 115,2 minutos após às 5:00.

5. $E = 1,675$; $\bar{x} = 22,425$ **7.** 78 pessoas **9.** 1,383

11. 2,624 **13.** (a)11,2 (b) (60,9; 83,3)

15. (a) 0,7 (b) (6,1; 7,5)

17. (146, 184). Com 90% de confiança, você pode dizer que a altura média da população está entre 146 e 184 pés.

19. (a) 0,420; 0,580 (b) (0,393; 0,447); (0,388, 0,452)
(c) O intervalo de 95% é ligeiramente mais amplo.

21. (a) 0,325; 0,675 (b) (0,322; 0,327); (0,321, 0,328)
(c) O intervalo de 95% é ligeiramente mais amplo.

23. Sim. Seria incomum porque está fora de ambos os intervalos de confiança.

25. (a) 385 adultos (b) 335 adultos
(c) Tendo uma estimativa da proporção populacional reduz o tamanho mínimo de amostra necessário.

27. $\chi^2_D = 23,337$; $\chi^2_E = 4,404$ **29.** $\chi^2_D = 24,996$; $\chi^2_E = 7,261$

31. (a) (13,28; 70,38) (b) (3,64; 8,39)
Com 95% de confiança, você pode dizer que a variância populacional está entre 13,28 e 70,38, e o desvio padrão populacional está entre 3,64 e 8,39.

Problemas do Capítulo 6 (página 340)

1. (a) 2,46 (b) 0,030
(c) (2,43; 2,49). Com 95% de confiança, você pode dizer que os tempos de vitória da população estão entre 2,439 e 2,499 horas.
(d) Não. Ela cai fora do intervalo de confiança

2. 28 campeãs

3. (a) $\bar{x} = 6,61$, $s \approx 3,38$
(b) (4,65; 8,57); Com 90% de confiança, você pode dizer que a quantidade de tempo média populacional está entre 4,65 e 8,57 minutos.
(c) (4,79; 8,43); Com 90% de confiança, você pode dizer que a quantidade de tempo média populacional está entre 4,79 e 8,43 minutos. Este intervalo de confiança é mais estreito que aquele de (b).

4. (109.990; 156.662); Com 95% de confiança, você pode dizer que o salário médio anual populacional está entre US$ 109.900 e US$ 156.662.

5. Sim

6. (a) 0,830
   (b) (0,810; 0,849); Com 90% de confiança, você pode dizer que a proporção populacional de adultos americanos que dizem que a situação da energia nos Estados Unidos é muito ou bastante séria está entre 81,1% e 84,9%.
   (c) Sim. Os valores caem fora dos intervalos de confiança
   (d) 585 adultos
7. (a) (5,41; 38,08)
   (b) (2,32; 6,17); com 95% de confiança, você pode dizer que o desvio padrão populacional está entre 2,32 e 6,17 minutos.

Estatísticas reais – Decisões reais do Capítulo 6
(página 342)

1. (a) Sim, houve uma mudança no nível médio de concentração porque o intervalo de confiança para o ano 1 não se sobrepõe ao intervalo de confiança para o do ano 2.
   (b) Não, não houve uma mudança no nível médio de concentração porque o intervalo de confiança para o ano 2 se sobrepõe ao intervalo de confiança para o ano 3.
   (c) Sim, houve uma mudança no nível médio de concentração porque o intervalo de confiança para o ano 1 não se sobrepõe ao intervalo de confiança para o do ano 3.
2. As concentrações de cianeto na água potável aumentaram ao longo do período de três anos.
3. A amplitude do intervalo de confiança para o ano 2 pode ter sido causada pela maior variação nos níveis de cianeto que nos outros anos, o que pode ser o resultado de *outliers*.
4. Aumentar o tamanho da amostra.
5. As respostas irão variar.
   (a) *Exemplo de resposta*: A distribuição amostral das médias amostrais foi usada porque a "concentração média" foi usada. A média amostral é a estimativa pontual menos tendenciosa da média populacional.
   (b) *Exemplo de resposta*: Não, porque, tipicamente, σ é desconhecido. Eles poderiam ter usado o desvio padrão amostral.

Capítulo 7

Seção 7.1 (página 359)

1. Os dois tipos de hipóteses usadas em um teste de hipótese são a hipótese nula e a hipótese alternativa.
   A hipótese alternativa é o complemento da hipótese nula.
3. Você pode rejeitar ou não rejeitar a hipótese nula.
5. Falso. Em um teste de hipótese, você supõe que a hipótese nula é verdadeira.
7. Verdadeiro
9. Falso. Um valor-*p* em um teste irá favorecer a rejeição da hipótese nula.
11. H_0: $\mu \leq 645$ (afirmação); H_a: $\mu > 645$
13. H_0: $\sigma = 5$; H_a: $\sigma \neq 5$ (afirmação)
15. H_0: $p \geq 0{,}45$; H_a: $p < 0{,}45$ (afirmação)
17. c; H_0: $\mu \leq 3$

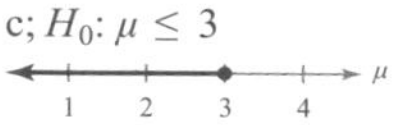

18. d; H_0: $\mu \geq 3$

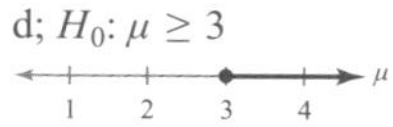

19. b; H_0: $\mu = 3$

20. a; H_0: $\mu \leq 2$

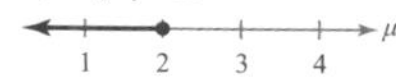

21. Unilateral à direita
23. Bilateral
25. $\mu > 8$
    H_0: $\mu \leq 8$; H_a: $\mu > 8$ (afirmação)
27. $\sigma \leq 320$
    H_0: $\sigma \leq 320$ (afirmação); H_a: $\sigma > 320$
29. $p = 0{,}54$
    H_0: $p = 0{,}54$ (afirmação); H_a: $p \neq 0{,}54$
31. Um erro tipo I ocorrerá quando a verdadeira proporção de novos clientes que retornam para comparar seu próximo livro didático for pelo menos 0,60, mas você rejeita H_0: $p \geq 0{,}60$.
    Um erro tipo II ocorrerá quando a verdadeira proporção de novos clientes que retornam para comparar seu próximo livro didático for menor que 0,60, mas você não rejeita H_0: $p \geq 0{,}60$.
33. Um erro tipo I ocorrerá quando o verdadeiro desvio padrão da duração de uma partida for menor ou igual a 12 minutos, mas você rejeita H_0: $\sigma \leq 12$.
    Um erro tipo II ocorrerá quando o verdadeiro desvio padrão da duração de uma partida for maior que 12 minutos, mas você não rejeita H_0: $\sigma \leq 12$.
35. Um erro tipo I ocorrerá quando a verdadeira proporção de candidatos que se tornam oficiais de segurança do campus for no máximo 0,25, mas você rejeita H_0: $p \leq 0{,}25$.
    Um erro tipo II ocorrerá quando a verdadeira proporção de candidatos que se tornam oficiais de segurança do campus for maior que 0,25, mas você não rejeita H_0: $p \leq 0{,}25$.
37. H_0: A proporção de proprietários que têm um alarme de segurança é maior ou igual a 14%.
    H_a: A proporção de proprietários que têm um alarme de segurança é menor que 14%.
    H_0: $p \geq 0{,}14$; H_a: $p < 0{,}14$
    Unilateral à esquerda porque a hipótese alternativa contém <.

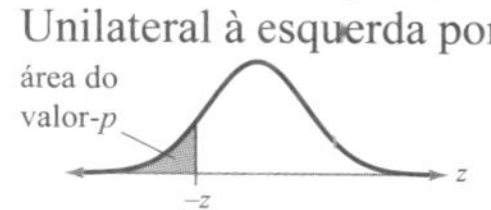

39. H_0: O desvio padrão da pontuação de um percurso de 18 buracos para um golfista é maior ou igual a 2,1 tacadas.
    H_a: O desvio padrão da pontuação de um percurso de 18 buracos para um golfista é menor que 2,1 tacadas.
    H_0: $\sigma \geq 2{,}1$; H_a: $\sigma < 2{,}1$
    Unilateral à esquerda porque a hipótese alternativa contém <.

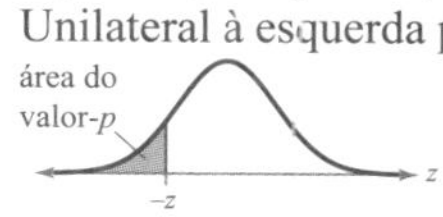

41. H_0: A porcentagem de respostas a uma pesquisa é 100%.
    H_a: A porcentagem de respostas a uma pesquisa não é 100%.
    H_0: $p = 1$; H_a: $p \neq 1$
    Bilateral porque a hipótese alternativa contém ≠.

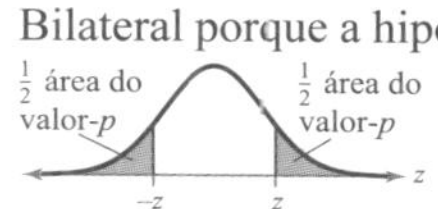

43. Hipótese alternativa
(a) Há evidência suficiente para suportar a afirmação do cientista de que o período médio de incubação para ovos de cisne é menor que 40 dias.
(b) Não há evidência suficiente para suportar a afirmação do cientista de que o período médio de incubação para ovos de cisne é menor que 40 dias.

45. Hipótese nula
(a) Há evidência suficiente para rejeitar a afirmação do pesquisador de que o desvio padrão do tempo de vida do cortador de grama é no máximo 2,8 anos.
(b) Não há evidência suficiente para rejeitar a afirmação do pesquisador de que o desvio padrão do tempo de vida do cortador de grama é no máximo 2,8 anos.

47. Hipótese alternativa
(a) Há evidência suficiente para suportar a afirmação da empresa de equipamentos de ginástica de que a academia em casa de seu concorrente não possui uma taxa de satisfação do cliente de 99%.
(b) Não há evidência suficiente para suportar a afirmação da empresa de equipamentos de ginástica de que a academia em casa de seu concorrente não possui uma taxa de satisfação do cliente de 99%.

49. H_0: $\mu \geq 60$; Ha: $\mu < 60$

51. (a) H_0: $\mu \geq 5$; H_a: $\mu < 5$
(b) H_0: $\mu \leq 5$; H_a: $\mu > 5$

53. Se você diminui α, então está diminuindo a probabilidade de que você irá rejeitar H_0. Portanto, você está aumentando a probabilidade de não rejeitar H_0. Isso poderia aumentar β, a probabilidade de não rejeitar H_0 quando H_0 é falsa.

55. Sim; Se o valor-p é menor que $\alpha = 0,05$, então também é menor que $\alpha = 0,10$.

57. (a) Não rejeita H_0 porque o intervalo de confiança inclui 70.
(b) Rejeita H_0 porque o intervalo de confiança não inclui 70.
(c) Não rejeita H_0 porque o intervalo de confiança inclui 70.

59. (a) Rejeita H_0 porque o intervalo de confiança está localizado inteiramente à direita de 0,20.
(b) Não rejeita H_0 porque o intervalo de confiança inclui valores menores que 0,20.
(c) Não rejeita H_0 porque o intervalo de confiança inclui valores menores que 0,20.

Seção 7.2 (página 373)

1. O teste-z usando um valor-p compara o valor-p com o nível de significância α. No teste-z usando região(ões) de rejeição, a estatística de teste é comparada com valores críticos.

3. (a) Não rejeita H_0 (b) Rejeita H_0 (c) Rejeita H_0

5. (a) Não rejeita H_0 (b) Não rejeita H_0
(c) Não rejeita H_0

7. (a) Não rejeita H_0 (b) Não rejeita H_0 (c) Rejeita H_0

9. O menor valor-p corresponde à menor área.

11. A menor estatística z corresponde à menor área.

13. valor-$p = 0,0934$; Rejeita H_0 **15.** valor-$p = 0,0069$; Rejeita H_0

17. $p = 0,0930$; Não rejeita H_0

19. Não rejeita H_0

21. (a) Não rejeita H_0 porque $z < 1,285$.
(b) Não rejeita H_0 porque $z < 1,285$.
(c) Não rejeita H_0 porque $z < 1,285$.
(d) Rejeita H_0 porque $z > 1,285$.

23. Valor crítico: $z_0 = -1,88$; Região de rejeição: $z < -1,88$

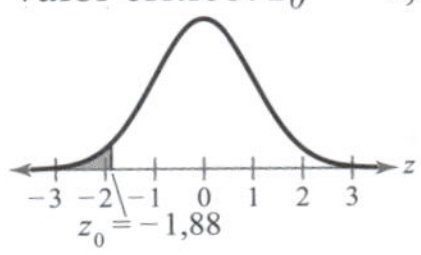

25. Valor crítico: $z_0 = 1,645$; Região de rejeição: $z > 1,645$

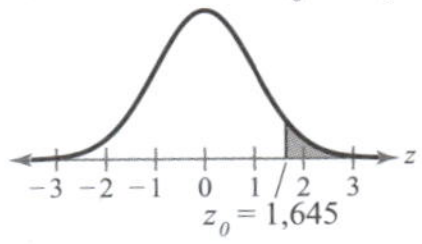

27. Valores críticos: $-z_0 = -2,33$; $z_0 = 2,33$;
Regiões de rejeição: $z < -2,33$; $z > 2,33$

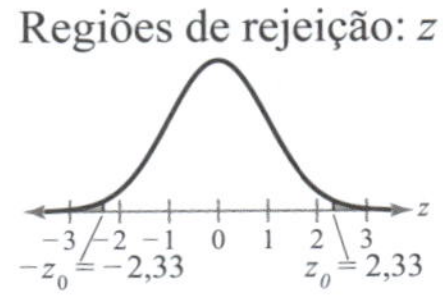

29. Rejeita H_0. Há evidência suficiente, ao nível de significância de 5%, para rejeitar a afirmação.

31. Não rejeita H_0. Não há evidência suficiente, ao nível de significância de 3%, para suportar a afirmação.

33. (a) A afirmação é "a pontuação total média para os candidatos ao curso é maior que 503".
H_0: $\mu \leq 503$; H_a: $\mu > 503$ (afirmação)
(b) 1,89 (c) 0,0294 (d) Não rejeita H_0.
(e) Não há evidência suficiente, ao nível de significância de 1%, para suportar a afirmação do relatório de que a pontuação total média para os candidatos ao curso é maior que 503.

35. (a) A afirmação é "o tempo médio das vitórias das campeãs da divisão aberta feminina da Maratona de Boston é de pelo menos 2,6 horas".
H_0: $\mu \geq 2,6$ (afirmação); H_a: $\mu < 2,6$
(b) −2,43 (c) 0,0075 (d) Rejeita H_0.
(e) Há evidência suficiente, ao nível de significância de 5%, para rejeitar a afirmação do estatístico de que o tempo médio das vitórias das campeãs da divisão aberta feminina da Maratona de Boston é de pelo menos 2,6 horas.

37. (a) A afirmação é "a queda vertical média das montanhas-russas mais bem avaliadas é de 163 pés".
H_0: $\mu = 163$ (afirmação); H_a: $\mu \neq 163$
(b) −1,66 (c) 0,097 (d) Não rejeita H_0.
(e) Não há evidência suficiente, ao nível de significância de 5%, para rejeitar a afirmação de que a queda vertical média das montanhas-russas mais bem avaliadas é de 163 pés

39. (a) A afirmação é "o teor médio de cafeína por garrafa de 12 onças de uma população de refrigerantes com cafeína é de 37,7 miligramas".
H_0: $\mu = 37{,}7$ (afirmação); H_a: $\mu \neq 37{,}7$
(b) $-z_0 = -2{,}575$; $z_0 = 2{,}575$
Regiões de rejeição: $z < -2{,}575$; $z > 2{,}575$
(c) $-0{,}72$ (d) Não rejeita H_0.
(e) Não há evidência suficiente, ao nível de significância de 1%, para rejeitar a afirmação da organização de pesquisa do consumidor de que o teor médio de cafeína por garrafa de 12 onças de uma população de refrigerantes com cafeína é de 37,7 miligramas.

41. (a) A afirmação é "o conteúdo médio de sódio em um de seus sanduíches do café da manhã é inferior a 920 miligramas".
H_0: $\mu \geq 920$; H_a: $\mu < 920$ (afirmação)
(b) $z_0 = 1{,}645$; Região de rejeição: $z > 1{,}645$
(c) 1,76 (d) Rejeita H_0.
(e) Há evidência suficiente, ao nível de significância de 5%, para suportar a afirmação do restaurante de que o conteúdo médio de sódio em um de seus sanduíches do café da manhã é inferior a 920 miligramas.

43. (a) A afirmação é "a vida útil média de uma lâmpada fluorescente é pelo menos 10.000 horas".
H_0: $\mu \geq 10000$ (afirmação); H_a: $\mu < 10.000$
(b) $z_0 = -1{,}23$; Região de rejeição: $z < -1{,}23$
(c) $-1{,}28$ (d) Rejeita H_0.
(e) Há evidência suficiente, ao nível de significância de 11%, para rejeitar a afirmação do fabricante de que a vida útil média de uma lâmpada fluorescente é pelo menos 10.000 horas.

43. Fora. Quando a estatística de teste padronizada está dento da região de rejeição, valor-p $< \alpha$.

Seção 7.3 (página 383)

1. Especifique o nível de significância α e os graus de liberdade, g.l. $= n - 1$. Encontre o(s) valor(es) crítico(s) usando a tabela da distribuição t na linha com $n - 1$ g.l.. Quando o teste de hipótese é:
(1) unilateral à esquerda, use a coluna "Unilateral, α" com sinal negativo.
(2) unilateral à direita, use a coluna "Unilateral, α" com sinal positivo.
(3) bilateral, use a coluna "Bilateral, α" com sinal negativo e positivo.

3. Valor crítico: $t_0 = -1{,}328$; Região de rejeição: $t < -1{,}328$

5. Valor crítico: $t_0 = 1{,}717$; Região de rejeição: $t > 1{,}717$

7. Valores críticos: $-t_0 = -2{,}056$; t0 = 2,056;
Regiões de rejeição: $t < -2{,}056$; $t > 2{,}056$

9. (a) Não rejeita H_0 porque $t > -2{,}086$.
(b) Não rejeita H_0 porque $t > -2{,}086$.
(c) Rejeita H_0 porque $t < -2{,}086$.

11. (a) Rejeita H_0 porque $t < -1{,}725$.
(b) Não rejeita H_0 porque $-1{,}725 < t < 1{,}725$.
(c) Rejeita H_0 porque $t > 1{,}725$.

13. Não rejeita H_0. Não há evidência suficiente, ao nível de significância de 1%, para rejeitar a afirmação.

15. Rejeita H_0. Há evidência suficiente, ao nível de significância de 1%, para rejeitar a afirmação.

17. Não rejeita H_0. Não há evidência suficiente, ao nível de significância de 2%, para rejeitar a afirmação.

19. (a) A afirmação é "os AirPods da Apple têm um tempo médio de uso de pelo menos 5,0 horas com uma única carga".
H_0: $\mu \geq 5$, (afirmação); H_a: $\mu < 5{,}0$
(b) $t_0 = -2{,}567$ Região de rejeição: $t < -2{,}567$
(c) $-2{,}31$ (d) Não rejeita H_0.
(e) Não há evidência suficiente, ao nível de significância de 1%, para rejeitar a afirmação de que os *AirPods* da Apple têm um tempo médio de uso de pelo menos 5,0 horas com uma única carga.

21. (a) A afirmação é "a dívida média do cartão de crédito no Colorado é maior que \$ 5.540 por mutuário".
H_0: $\mu \leq 5.540$; H_a: $\mu > 5.540$ (afirmação)
(b) $t_0 = 1{,}699$; Região de rejeição: $t > 1{,}699$
(c) 0,495 (d) Não rejeita H_0.
(e) Não há evidência suficiente, ao nível de significância de 5%, para suportar a afirmação de que a dívida média do cartão de crédito no Colorado é maior que \$ 5.540 por mutuário.

23. (a) A afirmação é "a quantidade média de monóxido de carbono no ar nas cidades dos Estados Unidos é inferior a 1,80 partes por milhão".
H_0: $\mu \geq 1{,}80$; H_a: $\mu < 1{,}80$ (afirmação)
(b) $t_0 = -1{,}295$; Região de rejeição: $t < -1{,}295$
(c) 0,691 (d) Não rejeita H_0.
(e) Não há evidência suficiente, ao nível de significância de 10%, para suportar a afirmação de que a quantidade média de monóxido de carbono no ar nas cidades dos Estados Unidos é inferior a 1,80 partes por milhão.

25. (a) A afirmação é "o salário médio anual para engenheiros de produto de nível intermediário é US\$ 86.000".
H_0: $\mu = 86.000$ (afirmação); H_a: $\mu \neq 86.000$
(b) $-t_0 = -2{,}131$; $t_0 = 2{,}131$
Regiões de rejeição: $t < -2{,}131$; $t > 2{,}131$
(c) $-2{,}152$ (d) Rejeita H_0.
(e) Há evidência suficiente, ao nível de significância de 5%, para rejeitar a afirmação de que o salário médio anual para engenheiros de produto de nível intermediário é US\$ 86.000.

27. (a) A afirmação é "o tempo médio mínimo que um sedã leva para percorrer um quarto de milha é superior a 15,3 segundos".
H_0: $\mu \leq 15{,}3$; H_a: $\mu > 15{,}3$ (afirmação)
(b) 0,166 (c) Não rejeita H_0.
(d) Não há evidência suficiente, ao nível de significância de 10%, para suportar a afirmação do grupo de consumidores de que o tempo médio mínimo que um sedã leva para percorrer um quarto de milha é superior a 15,3 segundos

29. (a) A afirmação é "o número médio de horas em sala de aula, por semana, para professores em tempo integral seja 11,0".
H_0: $\mu = 11{,}0$ (afirmação); H_a: $\mu \neq 11{,}0$
(b) 0,3155 (c) Não rejeita H_0.
(d) Não há evidência suficiente, ao nível de significância de 1%, para rejeitar a afirmação do reitor de que o número médio de horas em sala de aula, por semana, para professores em tempo integral seja 11,0.

31. Use a distribuição t porque σ é desconhecido, a amostra é aleatória e a população é normalmente distribuída.
Não rejeita H_0. Não há evidência suficiente, ao nível de significância de 5%, para rejeitar a afirmação da empresa de carros de que o consumo médio de combustível para o sedã de luxo é pelo menos 23 milhas por galão.

31. Mais provável. As caudas de uma curva de distribuição t são mais grossas que aquelas de uma curva de distribuição normal padrão. Então, se você usar incorretamente uma distribuição amostral normal padrão ao invés de uma distribuição amostral t, a área sob a curva nas caudas será menor do que seria para o teste t, significando que o(s) valor(es) crítico(s) se encontrarão mais próximos da média. Isso torna mais provável que a estatística de teste esteja na(s) região(ões) de rejeição. Esse resultado é o mesmo, independente se o teste é unilateral à esquerda, unilateral à direita ou bilateral; em cada caso, a grossura da cauda afeta a localização do(s) valor(es) crítico(s).

Seção 7.3 Atividade (página 386)

1-3. As respostas irão variar.

Seção 7.4 (página 391)

1. Se $np \geq 5$ e $nq \geq 5$, então, a distribuição normal pode ser usada.

3. Não pode usar a distribuição normal.

5. Pode usar a distribuição normal.
Não rejeita H_0. Não há evidência suficiente, ao nível de significância de 5%, para suportar a afirmação.

7. (a) A afirmação é "mais de 80% dos adultos dos Estados Unidos acham que as crianças devem ser vacinadas para frequentar a escola".
H_0: $p \leq 0{,}8$; H_a: $p > 0{,}8$ (afirmação)
(b) $z_0 = 2{,}33$; Região de rejeição: $z > 2{,}33$
(c) 1,414 (d) Não rejeita H_0.
(e) Não há evidência suficiente, ao nível de significância de 1%, para suportar a afirmação de que mais de 80% dos adultos dos Estados Unidos acham que as crianças devem ser vacinadas para frequentar a escola.

9. (a) A afirmação é "pelo menos 60% dos declarantes de impostos estão esperando uma restituição de impostos.".
H_0: $p \geq 0{,}60$ (afirmação); H_a: $p < 0{,}60$
(b) $z_0 = -1{,}645$; Região de rejeição: $z < -1{,}645$
(c) –4,078 (d) Rejeita H_0.
(e) Há evidência suficiente, ao nível de significância de 5%, para rejeitar a afirmação do analista de que pelo menos 60% dos declarantes de impostos estão esperando uma restituição de impostos.

11. (a) A afirmação é "mais da metade de todos os enfermeiros sentem que se tornaram melhores profissionais durante a pandemia de coronavírus".
H_0: $p \leq 0{,}5$; H_a: $p > 0{,}5$(afirmação)
(b) $z_0 = 2{,}33$; Região de rejeição: $z > 2{,}33$
(c) 2,771 (d) Rejeita H_0.
(e) Ao nível de significância de 1%, há evidência suficiente para suportar a afirmação do gerente de atendimento de que mais da metade de todos os enfermeiros sentem que se tornaram melhores profissionais durante a pandemia de coronavírus.

13. (a) A afirmação é "27% dos adultos americanos viajariam para o espaço em um voo comercial se pudessem pagar".
H_0: $p = 0{,}27$ (afirmação); H_a: $p \neq 0{,}27$
(b) 0,03 (c) Rejeita H_0.
(d) Há evidência suficiente, ao nível de significância de 5%, para rejeitar a afirmação do centro de pesquisa de que 27% dos adultos americanos viajariam para o espaço em um voo comercial se pudessem pagar.

15. (a) A afirmação é "mais de 25% dos adultos americanos acreditam que os valores morais do país estão melhorando".
H_0: $p \leq 0{,}25$; H_a: $p > 0{,}25$ (afirmação)
(b) 0,071 (c) Rejeita H_0.
(e) Ao nível de significância de 10%, há evidência suficiente, para suportar a afirmação do político de que mais de 25% dos adultos americanos acreditam que os valores morais do país estão melhorando.

17. Não rejeita H_0. Não há evidência suficiente, ao nível de significância de 5%, para rejeitar a afirmação de que pelo menos 64% dos adultos fazem um esforço para viver de maneira que ajude a proteger o meio ambiente algumas vezes.

19. (a) A afirmação é "mais de 80% dos adultos dos Estados Unidos acham que as crianças devem ser vacinadas para frequentar a escola".
H_0: $p \leq 0{,}8$; H_a: $p > 0{,}8$ (afirmação)
(b) $z_0 = 2{,}33$; Região de rejeição: $z > 2{,}33$
(c) 1,41468 (d) Não rejeita H_0.
(e) Não há evidência suficiente, ao nível de significância de 1%, para suportar a afirmação de que mais de 80% dos adultos dos Estados Unidos acham que as crianças devem ser vacinadas para frequentar a escola. Os resultados são os mesmos.

Seção 7.4 Atividade (página 393)

1-2. As respostas irão variar.

Seção 7.5 (página 400)

1. Especifique o nível de significância α. Determine os graus de liberdade. Determine os valores críticos usando a distribuição χ^2. Para um teste unilateral à direita, use o valor que corresponde ao g.l. e a α; para um teste unilateral à esquerda, use o valor que corresponde ao g.l. e a $1 - \alpha$; para um teste bilateral use o valor que corresponde ao g.l. e a $\frac{1}{2}\alpha$, e g.l. e a $1 - \frac{1}{2}\alpha$.

3. À medida que α diminui, o valor crítico à direita para um teste bilateral aumenta e o valor crítico à esquerda para um teste bilateral diminui.

5. O requisito de uma distribuição normal é mais importante quando se está testando um desvio padrão do que quando se está testando uma média. Quando a população não é normal, os resultados de um teste qui-quadrado podem ser enganosos porque o teste qui-quadrado não é tão robusto quanto os testes para a média populacional.

7. Valor crítico: $\chi_0^2 = 38{,}885$; Região de rejeição: $\chi^2 > 38{,}885$

9. Valor crítico: $\chi_0^2 = 0{,}872$; Região de rejeição: $\chi^2 < 0{,}872$

11. Valor crítico: $\chi_E^2 = 60{,}391$; $\chi_D^2 = 101{,}879$;
Regiões de rejeição: $\chi^2 < 60{,}391$; $\chi^2 > 101{,}879$

13. (a) Não rejeita H_0 porque $\chi^2 < 6{,}251$.
(b) Não rejeita H_0 porque $\chi^2 < 6{,}251$.
(c) Rejeita H_0 porque $\chi^2 > 6{,}251$.

15. Não rejeita H_0. Não há evidência suficiente, ao nível de significância de 5%, para rejeitar a afirmação.

17. Não rejeita H_0. Não há evidência suficiente, ao nível de significância de 5%, para rejeitar a afirmação.

19. Não rejeita H_0. Não há evidência suficiente, ao nível de significância de 1%, para suportar a afirmação.

21. Rejeita H_0. Há evidência suficiente, ao nível de significância de 10%, para suportar a afirmação.

23. (a) A afirmação é "a variância dos diâmetros em certo modelo de pneu é 8,6".
H_0: $\sigma^2 = 8{,}6$ (afirmação); H_a: $\sigma^2 \neq 8{,}6$
(b) $\chi^2_0 = 1{,}735$; $\chi^2_0 = 23{,}589$;
Regiões de rejeição: $\chi^2 < 1{,}735$; $\chi^2 > 23{,}589$
(c) 4,5 (d) Não rejeita H_0.
(e) Não há evidência suficiente, ao nível de significância de 1%, para rejeitar a afirmação do fabricante de pneus de que a variância dos diâmetros em certo modelo de pneu é 8,6.

25. (a) A afirmação é "o desvio padrão de um teste de matemática dos alunos do último ano do Ensino Médio é menor que 37 pontos".
H_0: $\sigma \geq 37$; H_a: $\sigma < 37$ (afirmação)
(b) $\chi^2_0 = 18{,}114$; Região de rejeição: $\chi^2 < 18{,}114$
(c) 22,799 (d) Não rejeita H_0.
(e) Não há evidência suficiente, ao nível de significância de 10%, para suportar a afirmação do administrador escolar de que o desvio padrão de um teste de matemática dos alunos do último ano do Ensino Médio é menor que 37 pontos.

27. (a) A afirmação é "o desvio padrão dos tempos de espera dos pacientes é não mais que 0,5 minutos".
H_0: $\sigma \leq 0{,}5$ (afirmação); H_a: $\sigma > 0{,}5$
(b) $\chi^2_0 = 33{,}196$; Região de rejeição: $\chi^2 > 33{,}196$
(c) 47,04 (d) Rejeita H_0.
(e) Há evidência suficiente, ao nível de significância de 10%, para rejeitar a afirmação do hospital de que o desvio padrão dos tempos de espera dos pacientes é não mais que 0,5 minutos.

29. (a) A afirmação é "o desvio padrão dos salários anuais de especialistas em design gráfico de nível sênior é diferente de US$ 13.056".
H_0: $\sigma = 13.056$ (afirmação); H_a: $\sigma \neq 13.056$
(b) $\chi^2_E = 5{,}629$; $\chi^2_D = 26{,}119$
Regiões de rejeição: $\chi^2 < 5{,}629$; $\chi^2 > 26{,}119$
(c) 27,464 (d) Rejeita H_0.
(e) Há evidência suficiente, ao nível de significância de 5%, para suportar a afirmação de que o desvio padrão dos salários anuais de especialistas em design gráfico de nível sênior é diferente de US$ 13.056.

31. Valor-p = 0,304; Não rejeita H_0.

33. Valor-p = 0,0033; Rejeita H_0.

Usos e Abusos do Capítulo 7 (página 404)

1. H_0: $p = 0{,}5$; As respostas irão variar.

2-3. As respostas irão variar.

Exercícios de revisão do Capítulo 7 (página 406)

1. H_0: $\mu \leq 375$ (afirmação); H_a: $\mu > 375$

3. H_0: $p \geq 0{,}205$; H_a: $p < 0{,}205$ (afirmação)

5. H_0: $\sigma \leq 1{,}9$; H_a: $\sigma > 1{,}9$ (afirmação)

7. (a) H_0: $p = 0{,}81$ (afirmação) ; Ha: $p \neq 0{,}81$
(b) Um erro tipo I ocorrerá quando a verdadeira proporção de adultos estadunidenses que acreditam que a temperatura da Terra aumentou nos últimos 100 anos é de 81%., mas você rejeita H_0: $p = 0{,}81$.
Um erro tipo II ocorrerá quando a verdadeira proporção não é 81%, mas você não rejeita H_0: $p = 0{,}81$.
(c) Bilateral porque a hipótese alternativa contém $\neq$.
(d) Há evidência suficiente para rejeitar a afirmação da organização de pesquisa de que a proporção de adultos estadunidenses que acreditam que a temperatura da Terra aumentou nos últimos 100 anos é de 81%.
(e) Não há evidência suficiente para rejeitar a afirmação da organização de pesquisa de que a proporção de adultos estadunidenses que acreditam que a temperatura da Terra aumentou nos últimos 100 anos é de 81%.

9. (a) H_0: $\sigma \leq 2.900$ (afirmação) ; Ha: $\sigma > 2.900$
(b) Um erro tipo I ocorrerá quando o verdadeiro desvio padrão dos preços iniciais de seus veículos mais bem avaliados, para um ano recente, não é superior a US$ 2.900, mas você rejeita H_0: $\sigma \leq 2.900$.
Um erro tipo I ocorrerá quando o verdadeiro desvio padrão dos preços iniciais de seus veículos mais bem avaliados, para um ano recente, é superior a US$ 2.900, mas você não rejeita H_0: $\sigma \leq 2.900$.
(c) Unilateral à direita porque a hipótese alternativa contém >.
(d) Há evidência suficiente para rejeitar a afirmação da organização de consumidores sem fins lucrativos de que o desvio padrão dos preços iniciais de seus veículos mais bem avaliados, para um ano recente, não é superior a US$ 2.900.
(e) Não há evidência suficiente para rejeitar a afirmação da organização de consumidores sem fins lucrativos de que o desvio padrão dos preços iniciais de seus veículos mais bem avaliados, para um ano recente, não é superior a US$ 2.900.

11. 0,1736; Não rejeita H_0.

13. Valor crítico: $z_0 = -2{,}05$; Região de rejeição: $z < -2{,}05$

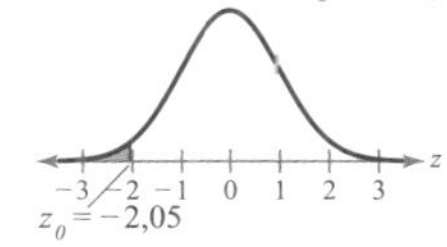

15. Valor crítico: $z_0 = 1{,}96$; Região de rejeição: $z > 1{,}96$

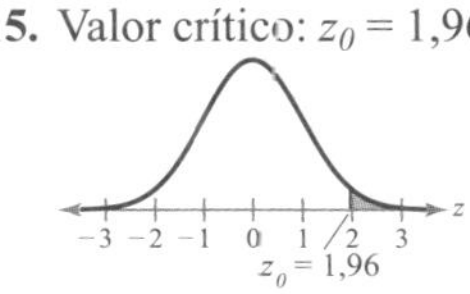

17. Não rejeita H_0 porque $-1{,}645 < z < 1{,}645$.

19. Não rejeita H_0 porque $-1{,}645 < z < 1{,}645$.

21. Não rejeita H_0. Não há evidência suficiente, ao nível de significância de 5%, para rejeitar a afirmação.

23. Não rejeita H_0. Não há evidência suficiente, ao nível de significância de 1%, para suportar a afirmação.

25. (a) A afirmação é "a concentração média de dióxido de nitrogênio no ar nas cidades dos Estados Unidos é de 9 partes por bilhão".
H_0: $\mu = 9$ (afirmação); H_a: $\mu \neq 9$
(b) –1,15 (c) 0,2502 (d) Não rejeita H_0.
(e) Não há evidência suficiente, ao nível de significância de 5%, para rejeitar a afirmação do pesquisador de que a concentração média de dióxido de nitrogênio no ar nas cidades dos Estados Unidos é de 9 partes por bilhão.

27. (a) A afirmação é "a taxa média anual de mortes por overdose de drogas para 50 estados é de pelo menos 25 mortes por 100.000 pessoas".
H_0: $\mu \geq 25$ (afirmação); H_a: $\mu < 25$
(b) $z_0 = -2{,}33$ Região de rejeição: $z < -2{,}33$
(c) –1,29 (d) Não rejeita H_0.
(e) Ao nível de significância de 1%, não há evidência suficiente para rejeitar a afirmação de que a taxa média anual de mortes por overdose de drogas para 50 estados é de pelo menos 25 mortes por 100.000 pessoas.

29. Valores críticos: $-t_0 = -2{,}093$; $t_0 = 2{,}093$;
Regiões de rejeição: $t < -2{,}093$; $t > 2{,}093$

31. Valor crítico: $t_0 = 2{,}098$; Região de rejeição: $t > 2{,}098$.

33. Valor crítico: $t_0 = -2{,}977$; Região de rejeição: $t < -2{,}977$.

35. Rejeita H_0. Há evidência suficiente, ao nível de significância de 0,5%, para suportar a afirmação.

37. Rejeita H_0. Há evidência suficiente, ao nível de significância de 1%, para rejeitar a afirmação.

39. Não rejeita H_0. Não há evidência suficiente, ao nível de significância de 10%, para rejeitar a afirmação.

41. (a) A afirmação é "o custo médio mensal de entrar para uma academia é US\$ 25".
H_0: $\mu = 25$ (afirmação); H_a: $\mu \neq 25$
(b) $-t_0 = -1{,}740$; $t_0 = 1{,}740$;
Regiões de rejeição: $t < -1{,}740$; $t > 1{,}740$
(c) 1,64 (d) Não rejeita H_0.
(e) Não há evidência suficiente, ao nível de significância de 10%, para rejeitar a afirmação do anúncio de que o custo médio mensal de entrar para uma academia é US\$ 25.

43. (a) A afirmação é "a pontuação média, para alunos do último ano do Ensino Médio, em um teste de desempenho em ciências é superior a 145".
H_0: $\mu \leq 145$; H_a: $\mu > 145$ (afirmação)
(b) 0,0824 (c) Rejeita H_0.
(d) Há evidência suficiente, ao nível de significância de 10%, para suportar a afirmação da publicação educacional de que a pontuação média, para alunos do último ano do Ensino Médio, em um teste de desempenho em ciências é superior a 145.

45. Pode usar a distribuição normal.
Não rejeita H_0. Não há evidência suficiente, ao nível de significância de 5%, para rejeitar a afirmação.

47. Pode usar a distribuição normal.
Rejeita H_0. Há evidência suficiente, ao nível de significância de 1%, para rejeitar a afirmação.

49. (a) A afirmação é "mais de 56% dos adultos estadunidenses acham que é provável que robôs e computadores farão a maioria dos trabalhos daqui a 25 anos".
H_0: $p \leq 0{,}56$; H_a: $p > 0{,}56$ (afirmação)
(b) $z_0 = 2{,}33$; Região de rejeição: $z > 2{,}33$
(c) 1,911 (d) Não rejeita H_0.
(e) Não há evidência suficiente, ao nível de significância de 1%, para suportar a afirmação de que mais de 56% dos adultos estadunidenses acham que é provável que robôs e computadores farão a maioria dos trabalhos daqui a 25 anos.

51. Valor crítico: $\chi^2_0 = 30{,}144$; Região de rejeição: $\chi^2 > 30{,}144$

53. Valor crítico: $\chi^2_E = 56{,}506$, $\chi^2_D = 55{,}758$ Regiões de rejeição: $\chi^2 < 56{,}506$, $\chi^2 > 55{,}758$

55. Rejeita H_0. Há evidência suficiente, ao nível de significância de 10%, para suportar a afirmação.

57. Não rejeita H_0. Não há evidência suficiente, ao nível de significância de 5%, para rejeitar a afirmação.

59. (a) A afirmação é "a variância das espessuras do parafuso é no máximo 0,01".
H_0: $\sigma^2 \leq 0{,}01$ (afirmação); H_a: $\sigma^2 > 0{,}01$
(b) $\chi^2_0 = 49{,}645$; Região de rejeição: $\chi^2 > 49{,}645$
(c) 172,8 (d) Rejeita H_0.
(e) Há evidência suficiente, ao nível de significância de 0,5%, para rejeitar a afirmação do fabricante de parafusos de que a variância é no máximo 0,01.

61. Você pode rejeitar H_0 ao nível de significância de 1% porque $\chi^2 = 172{,}8 > 46{,}963$.

Problemas do Capítulo 7 (página 410)

1. (a) A afirmação é "o tamanho médio do chapéu para um homem é de pelo menos 7,25".
H_0: $\mu \geq 7{,}25$ (afirmação); H_a: $\mu < 7{,}25$
(b) Unilateral à esquerda porque a hipótese alternativa contém <; teste z porque σ é conhecido e a população é normalmente distribuída
(c) *Exemplo de resposta*: $z_0 = -2{,}33$
Região de rejeição: $z < -2{,}33$; –1,28
(d) Não rejeita H_0.
(e) Não há evidência suficiente, ao nível de significância de 1%, para rejeitar a afirmação da empresa de que o tamanho médio do chapéu para um homem é de pelo menos 7,25.

2. (a) A afirmação é "o preço base diário médio para alugar um veículo de tamanho normal ou mais barato em Vancouver, British Columbia, é superior a US\$ 86".
H_0: $\mu \leq 86$; H_a: $\mu > 86$ (afirmação)
(b) Unilateral à direita porque a hipótese alternativa contém >; teste z porque σ é conhecido e $n \geq 30$
(c) *Exemplo de resposta*: $z_0 = 1{,}28$
Região de rejeição: $z > 1{,}28$; 1,582
(d) Rejeita H_0.
(e) Há evidência suficiente, ao nível de significância de 10%, para suportar a afirmação do analista de viagens de que o preço base diário médio para alugar um veículo de tamanho normal ou mais barato em Vancouver, British Columbia, é superior a US\$ 86.

3. (a) A afirmação é "o salário médio de trabalhadores em tempo integral com idade entre 18 e 24 anos, com nível superior, em um ano recente é US\$ 52.133".
H_0: $\mu = 52.133$ (afirmação); H_a: $\mu \neq 52.133$

(b) Bilateral porque a hipótese alternativa contém ≠; teste t porque σ é desconhecido e a população é normalmente distribuída
(c) *Exemplo de resposta*: $-t_0 = -2{,}145$, $t_0 = 2{,}145$
Região de rejeição: $t < -2{,}145$, $t > 2{,}145$; $-2{,}165$
(d) Rejeita H_0.
(e) Há evidência suficiente, ao nível de significância de 5%, para rejeitar a afirmação da agência governamental de que o salário médio de trabalhadores em tempo integral com idade entre 18 e 24 anos, com nível superior, em um ano recente é US$ 52.133.

4. (a) A afirmação é "os participantes do programa têm uma perda de peso média de pelo menos 10,5 libras após 1 mês".
H_0: $\mu \geq 10{,}5$ (afirmação); H_a: $\mu < 10{,}5$
(b) Unilateral à esquerda porque a hipótese alternativa contém <; teste t porque σ é desconhecido e $n \geq 30$
(c) *Exemplo de resposta*: $t_0 = -2{,}462$
Região de rejeição: $t < -2{,}642$; $-3{,}09$
(d) Rejeita H_0.
(e) Há evidência suficiente, ao nível de significância de 1%, para rejeitar a afirmação do programa de perda de peso de que os participantes do programa têm uma perda de peso média de pelo menos 10,5 libras após 1 mês.

5. (a) A afirmação é "menos de 25% dos televisores avaliados pela organização em um ano recente têm uma pontuação geral de 70 ou mais".
H_0: $p \geq 0{,}25$; H_a: $p < 0{,}25$ (afirmação)
(b) Unilateral à esquerda porque a hipótese alternativa contém <; teste z porque $np \geq 5$ e $nq \geq 5$
(c) *Exemplo de resposta*: $z_0 = -1{,}645$
Região de rejeição: $z < -1{,}645$; $-0{,}273$
(d) Não rejeita H_0.
(e) Não há evidência suficiente, ao nível de significância de 5%, para suportar a afirmação de que menos de 25% dos televisores avaliados pela organização em um ano recente têm uma pontuação geral de 70 ou mais.

6. (a) A afirmação é "o desvio padrão das pontuações de classificação da televisão é 10,1".
H_0: $\sigma = 10{,}1$ (afirmação); H_a: $\sigma \neq 10{,}1$
(b) Bilateral porque a hipótese alternativa contém ≠; teste qui-quadrado porque o teste é para um desvio padrão e a população é normalmente distribuída
(c) *Exemplo de resposta*: $\chi^2_E = 18{,}493$; $\chi^2_D = 43{,}773$
Região de rejeição: $\chi^2 < 18{,}493$; $\chi^2 > 43{,}773$; $39{,}599$
(d) Não rejeita H_0.
(e) Não há evidência suficiente, ao nível de significância de 10%, para rejeitar a afirmação de que o desvio padrão das pontuações de classificação da televisão é 10,1.

Estatísticas reais – Decisões reais do Capítulo 7
(página 412)

1. As respostas irão variar.
2. (a) Não aleatória; *exemplo de resposta*: alunos selecionados aleatoriamente de uma relação de alunos.
(b) Aleatória (c) Aleatória
3. Hipótese alternativa porque você não pode usar um teste de hipóteses para suportar sua afirmação se sua afirmação for a hipótese nula.
4. Não **5.** Não **6.** As respostas irão variar.

Capítulo 8

Seção 8.1 (página 424)

1. Duas amostras são dependentes quando cada elemento de uma amostra corresponde a um elemento da outra amostra. Exemplo: os pesos de 22 pessoas antes de iniciar um programa de exercícios e os pesos das mesmas 22 pessoas 6 semanas após iniciado o programa de exercícios.
Duas amostras são independentes quando a amostra selecionada de uma população não está relacionada com a amostra selecionada da outra população. Exemplo: Os pesos de 25 gatos e os pesos de 20 cachorros.
3. Use valores-p.
5. Dependente porque os mesmos jogadores de futebol americano foram selecionados.
7. Independente porque lanchas diferentes formas selecionadas.
9. Rejeita H_0.
11. Rejeita H_0. Há evidência suficiente, ao nível de significância de 1%, para rejeitar a afirmação.
13. Não rejeita H_0. Não há evidência suficiente, ao nível de significância de 5%, para suportar a afirmação.
15. (a) A afirmação é "as distâncias médias de frenagem são diferentes para as duas categorias de SUVs".
H_0: $\mu_1 = \mu_2$; H_a: $\mu_1 \neq \mu_2$ (afirmação)
(b) $-z_0 = -1{,}645$; $z_0 = 1{,}645$;
Regiões de rejeição: $z < -1{,}645$; $z > 1{,}645$
(c) $-0{,}409$ (d) Não rejeita H_0.
(e) Não há evidência suficiente, ao nível de significância de 10%, para suportar a afirmação de que as distâncias médias de frenagem são diferentes para as duas categorias de SUVs.
17. (a) A afirmação é "a velocidade do vento na região A é menor que na região B".
H_0: $\mu_1 \geq \mu_2$; H_a: $\mu_1 < \mu_2$ (afirmação)
(b) $z_0 = -1{,}645$; Região de rejeição: $z < -1{,}645$
(c) $-1{,}94$ (d) Rejeita H_0.
(e) Há evidência suficiente, ao nível de significância de 5%, para suportar a afirmação de que a velocidade do vento na região A é menor que na região B.
19. (a) A afirmação é "as pontuações de matemática e ciências no ACT são iguais".
H_0: $\mu_1 = \mu_2$ (afirmação); H_a: $\mu_1 \neq \mu_2$
(b) $-z_0 = -2{,}575$; $z_0 = 2{,}575$;
Regiões de rejeição: $z < -2{,}575$; $z > 2{,}575$
(c) $-0{,}399$ (d) Não rejeita H_0.
(e) Não há evidência suficiente, ao nível de significância de 1%, para rejeitar a afirmação de que as pontuações de matemática e ciências no ACT são iguais.
21. (a) A afirmação é "o preço médio de venda de casas em Casper, Wyoming, é o mesmo que em Cheyenne, Wyoming".
H_0: $\mu_1 = \mu_2$ (afirmação); H_a: $\mu_1 \neq \mu_2$
(b) $-z_0 = -2{,}575$; $z_0 = 2{,}575$;
Regiões de rejeição: $z < -2{,}575$; $z > 2{,}575$
(c) $-2{,}575$ (d) Não rejeita H_0.
(e) Não há evidência suficiente, ao nível de significância de 1%, para rejeitar a afirmação de que o preço médio de venda de casas em Casper, Wyoming, é o mesmo que em Cheyenne, Wyoming.

23. (a) A afirmação é "a precipitação em Seattle, Washington, foi maior do que em Birmingham, Alabama".
H_0: $\mu_1 \leq \mu_2$; H_a: $\mu_1 > \mu_2$ (afirmação)
(b) $z_0 = 1{,}645$; Região de rejeição: $z > 1{,}645$
(c) 1,019 (d) Não rejeita H_0.
(e) Não há evidência suficiente, ao nível de significância de 5%, para suportar a afirmação do sociólogo de que a precipitação em Seattle, Washington, foi maior do que em Birmingham, Alabama.

25. Elas são equivalentes por meio de manipulação algébrica da equação.
$\mu_1 = \mu_2 \Rightarrow \mu_1 - \mu_2 = 0$

27. H_0: $\mu_1 - \mu_2 \leq 4.000$; H_a: $\mu_1 - \mu_2 > 4.000$ (afirmação)
Não rejeita H_0. Não há evidência suficiente, ao nível de significância de 5%, para suportar a afirmação de que a diferença entre os salários médios anuais dos engenheiros de *software* iniciantes em Santa Clara, Califórnia, e Greenwich, Connecticut, é superior a US$ 4.000.

29. \$ 1.359 $< \mu_1 - \mu_2 <$ \$ 13.241

Seção 8.2 (página 432)

1. (1) Os desvios padrão populacionais são desconhecidos.
(2) As amostras são selecionadas aleatoriamente.
(3) As amostras são independentes.
(4) As populações são normalmente distribuídas ou cada tamanho de amostra é de pelo menos 30.

3. (a) $-t_0 = -1{,}714$; $t_0 = 1{,}714$
(b) $-t_0 = -1{,}812$; $t_0 = 1{,}812$

5. (a) $t_0 = -1{,}746$ (b) $t_0 = -1{,}943$

7. (a) $t_0 = 1{,}729$ (b) $t_0 = 1{,}895$

9. Não rejeita H_0. Não há evidência suficiente, ao nível de significância de 1%, para rejeitar a afirmação.

11. Rejeita H_0. Há evidência suficiente, ao nível de significância de 5%, para rejeitar a afirmação.

13. (a) A afirmação é "os custos médios anuais de alimentação para cães e gatos são os mesmos".
H_0: $\mu_1 = \mu_2$ (afirmação); H_a: $\mu_1 \neq \mu_2$
(b) $t_0 = -1{,}694$; $t_0 = 1{,}694$;
Regiões de rejeição: $t < -1{,}694$; $t > 1{,}694$
(c) 2,412 (d) Rejeita H_0.
(e) Há evidência suficiente, ao nível de significância de 10%, para rejeitar a afirmação associação para animais de estimação de que os custos médios anuais de alimentação para cães e gatos são os mesmos.

15. (a) A afirmação é "os estômagos dos siris-azuis de uma localidade contêm mais peixes do que os estômagos dos siris-azuis de outra localidade".
H_0: $\mu_1 \leq \mu_2$; H_a: $\mu_1 > \mu_2$ (afirmação)
(b) $t_0 = 2{,}429$; Região de rejeição: $t > 2{,}529$
(c) 1,80 (d) Não rejeita H_0.
(e) Não há evidência suficiente, ao nível de significância de 1%, para suportar a afirmação de que os estômagos dos siris-azuis de uma localidade contêm mais peixes do que os estômagos dos siris-azuis de outra localidade.

17. (a) A afirmação é "o rendimento domiciliar médio, em um ano recente, é maior no condado de York, Carolina do Sul, do que no condado de Elmore, Alabama".
H_0: $\mu_1 \leq \mu_2$; H_a: $\mu_1 > \mu_2$ (afirmação)
(b) $t_0 = 1{,}7341$; Região de rejeição: $t > 1{,}734$
(c) 049 (d) Não rejeita H_0.
(e) Não há evidência suficiente, ao nível de significância de 5%, para suportar a afirmação de que o rendimento domiciliar médio, em um ano recente, é maior no condado de York, Carolina do Sul, do que no condado de Elmore, Alabama.

19. (a) A afirmação é "um método experimental faz diferença na resistência à tração das barras de aço".
H_0: $\mu_1 = \mu_2$; H_a: $\mu_1 \neq \mu_2$ (afirmação)
(b) $-t_0 = -2{,}819$; $t_0 = 2{,}819$;
Regiões de rejeição: $t < -2{,}819$; $t > 2{,}819$
(c) $-2{,}64$ (d) Não rejeita H_0.
(e) Não há evidência suficiente, ao nível de significância de 1%, para suportar a afirmação de que um método experimental faz diferença na resistência à tração das barras de aço.

21. (a) A afirmação é "o novo método de ensino de leitura produz notas nos testes superiores aos do método antigo".
H_0: $\mu_1 \geq \mu_2$; H_a: $\mu_1 < \mu_2$ (afirmação)
(b) $t_0 = -1{,}303$; Região de rejeição: $t < -1{,}303$
(c) $-4{,}286$ (d) Rejeita H_0.
(e) Há evidência suficiente, ao nível de significância de 10%, para suportar a afirmação de que o novo método de ensino de leitura produz notas nos testes superiores aos do método antigo.

23. $-1{,}11 < \mu_1 - \mu_2 < 12{,}1$ **25.** $-20{,}8 < \mu_1 - \mu_2 < 24{,}8$

Seção 8.3 (página 442)

1. (1) As amostras são selecionadas aleatoriamente.
(2) As amostras são dependentes.
(3) As populações são normalmente distribuídas ou o número n de pares de dados é pelo menos 30.

3. Não rejeita H_0. Não há evidência suficiente, ao nível de significância de 5%, para suportar a afirmação.

5. Rejeita H_0. Há evidência suficiente, ao nível de significância de 10%, para rejeitar a afirmação.

7. Rejeita H_0. Há evidência suficiente, ao nível de significância de 1%, para rejeitar a afirmação.

9. (a) A afirmação é "injeções de onabotulinumtoxinA reduzem o número de dias por mês com dor de cabeça nas pessoas que sofrem de enxaqueca crônica".
H_0: $\mu_d \leq 0$; H_a: $\mu_d > 0$ (afirmação)
(b) $t_0 = 2{,}567$; Região de rejeição: $t > 2{,}567$
(c) $\bar{d} \approx 13{,}33$; $s_d \approx 7{,}146$ (d) 7,419 (e) Rejeita H_0.
(f) Há evidência suficiente, ao nível de significância de 1%, para suportar a afirmação de que injeções de onabotulinumtoxinA reduzem o número de dias por mês com dor de cabeça nas pessoas que sofrem de enxaqueca crônica.

11. (a) A afirmação é "um curso preparatório para o SAT melhora as notas do teste dos estudantes".
H_0: $\mu_d \geq 0$; H_a: $\mu_d < 0$ (afirmação)
(b) $t_0 = -2{,}821$; Região de rejeição: $t < -2{,}821$

(c) $\bar{d} = -60$; $s_d \approx 27,889$ (d) $-6,803$ (e) Rejeita H_0.
(f) Há evidência suficiente, ao nível de significância de 1%, para suportar a afirmação do curso preparatório para o SAT de que seu curso melhorará as notas do teste dos estudantes.

13. (a) A afirmação é "um treinamento específico de basebol ajudará os jogadores a aumentar suas médias de rebatidas".
H_0: $\mu_d \geq 0$; H_a: $\mu_d < 0$ (afirmação)
(b) $t_0 = -1,771$; Região de rejeição: $t < -1,771$
(c) $\bar{d} \approx -0,002$; $s_d \approx 0,015$ (d) $-0,499$ (e) Não rejeita H_0.
(f) Não há evidência suficiente, ao nível de significância de 5%, para suportar a afirmação de que treinamento específico de basebol ajudará os jogadores a aumentar suas médias de rebatidas.

15. (a) A afirmação é "os preços da gasolina nos Estados Unidos aumentaram de maio para junho de 2021".
H_0: $\mu_d \geq 0$; H_a: $\mu_d < 0$ (afirmação)
(b) $t_0 = -3,106$; Região de rejeição: $t < -3,106$
(c) $\bar{d} \approx -0,029$; $s_d \approx 0,0303$ (d) $-3,315$ (e) Rejeita H_0.
(f) Há evidência suficiente, ao nível de significância de 0,5%, para suportar a afirmação de que os preços da gasolina nos Estados Unidos aumentaram de maio para junho de 2021.

17. (a) A afirmação é "as avaliações de produto mudaram do ano passado para este ano".
H_0: $\mu_d = 0$; H_a: $\mu_d \neq 0$ (afirmação)
(b) $-t_0 = -2,365$; $t_0 = 2,365$
Região de rejeição: $t < -2,365$; $t > 2,365$
(c) $\bar{d} = -1$; $s_d \approx 1,309$
(d) $-2,161$ (*tecnologia*: $-2,160$)
(e) Não rejeita H_0.
(f) Não há evidência suficiente, ao nível de significância de 5%, para suportar a afirmação de que as avaliações de produto mudaram do ano passado para este ano.

19. (a) A afirmação é "ingerir um novo cereal como parte de uma dieta diária diminui os níveis de colesterol total no sangue".
H_0: $\mu_d \leq 0$; H_a: $\mu_d > 0$ (afirmação)
(b) $t_0 = 1,943$; Região de rejeição: $t > 1,943$
(c) $\bar{d} \approx 2,857$; $s_d \approx 4,451$ (d) 1,698
(e) Não rejeita H_0.
(f) Não há evidência suficiente, ao nível de significância de 5%, para suportar a afirmação de que o novo cereal diminui os níveis de colesterol total no sangue.

21. Sim; $p \approx 0,0058 < 0,05$, então você rejeita H_0.

23. $-1,76 < \mu_d < -1,29$

Seção 8.4 (página 451)

1. (1) As amostras são selecionadas aleatoriamente.
(2) As amostras são dependentes.
(3) $n_1\bar{p} \geq 5$, $n_1\bar{q} \geq 5$, $n_2\bar{p} \geq 5$ e $n_2\bar{q} \geq 5$.

3. Pode usar a distribuição normal; Não rejeita H_0. Não há evidência suficiente, ao nível de significância de 1%, para suportar a afirmação.

5. Pode usar a distribuição normal; Rejeita H_0. Não há evidência suficiente, ao nível de significância de 10%, para rejeitar a afirmação.

7. (a) A afirmação é "há uma diferença na proporção de indivíduos que não tiveram progressão de incapacidade confirmada em 12 semanas".
H_0: $p_1 = p_2$; H_a: $p_1 \neq p_2$ (afirmação)
(b) $-z_0 = -2,575$; $z_0 = 2,575$
Regiões de rejeição: $z < -2,575$, $z > 2,575$
(c) $-1,70$ (d) Não rejeita H_0.
(e) Não há evidência suficiente, ao nível de significância de 1%, para suportar a afirmação de que há uma diferença na proporção de indivíduos que não tiveram progressão de incapacidade confirmada em 12 semanas.

9. (a) A afirmação é "há uma diferença na proporção de empregados entre os dois grupos".
H_0: $p_1 = p_2$; H_a: $p_1 \neq p_2$ (afirmação)
(b) $-z_0 = -2,575$; $z_0 = 2,575$
Regiões de rejeição: $z < -2,575$, $z > 2,575$
(c) $-5,812$ (d) Rejeita H_0.
(e) Há evidência suficiente, ao nível de significância de 1%, para suportar a afirmação de que há uma diferença na proporção de empregados entre os dois grupos.

11. (a) A afirmação é "a proporção de motoristas que usam cinto de segurança é maior no oeste que no nordeste".
H_0: $p_1 \leq p_2$; H_a: $p_1 > p_2$ (afirmação)
(b) $z_0 = 1,645$; Região de rejeição: $z > 1,645$
(c) 2,08 (d) Rejeita H_0.
(e) Há evidência suficiente, ao nível de significância de 5%, para suportar a afirmação de que a proporção de motoristas que usam cinto de segurança é maior no oeste que no nordeste.

13. Não, não há evidência suficiente, ao nível de significância de 10%, para rejeitar a afirmação de que a proporção de jovens de 18 a 24 anos que se beneficiam mentalmente de se exercitar em parques é a mesma que se beneficiam mentalmente da socialização em parques.

15. Sim, há evidência suficiente, ao nível de significância de 10%, para suportar a afirmação de a proporção de jovens de 18 a 24 anos que se beneficiam mentalmente da socialização em parques é maior do que a proporção que se beneficia mentalmente de curtir a natureza em parques.

17. Sim, há evidência suficiente, ao nível de significância de 1%, para suportar a afirmação de que a proporção de jovens de 18 a 24 anos que se beneficiam mentalmente de curtir a natureza em parques é menor do que a proporção que se beneficia mentalmente de se exercitar em parques.

19. Sim, há evidência suficiente, ao nível de significância de 1%, para suportar a afirmação de que a proporção de homens que trabalham é maior do que a proporção de homens que socializam e se comunicam em um dia normal.

21. Sim, há evidência suficiente, ao nível de significância de 1%, para suportar a afirmação de que a proporção de mulheres que trabalham é menor do que a proporção de homens que trabalham em um dia normal.

23. $-0,0178 < p_1 - p_2 < -0,0022$

25. $0,0638 < p_1 - p_2 < 0,1362$. As respostas irão variar.

Usos e Abusos do Capítulo 8 (página 454)

1. As respostas irão variar.
2. Cego: Os pacientes não sabem a qual grupo (medicamento ou placebo) pertencem.
   Duplo cego: Ambos o pesquisador e o paciente não sabem a qual grupo (medicamento ou placebo) que o paciente pertence.

Exercícios de revisão do Capítulo 8 (página 456)

1. Dependentes porque os mesmos adultos foram amostrados.
3. Independentes porque veículos diferentes foram amostrados.
5. Não rejeita H_0. Não há evidência suficiente, ao nível de significância de 5%, para rejeitar a afirmação.
7. Rejeita H_0. Há evidência suficiente, ao nível de significância de 10%, para suportar a afirmação.
9. (a) A afirmação é "o teor médio de sódio dos sanduíches de frango do restaurante A é menor que o teor médio de sódio dos sanduíches de frango do restaurante B".
   H_0: $\mu_1 \geq \mu_2$; H_a: $\mu_1 < \mu_2$ (afirmação)
   (b) $z_0 = -1{,}645$; Região de rejeição: $z < -1{,}645$
   (c) –2,82 (d) Rejeita H_0.
   (e) Há evidência suficiente, ao nível de significância de 5%, para suportar a afirmação do pesquisador de que o teor médio de sódio dos sanduíches de frango do restaurante A é menor que o teor médio de sódio dos sanduíches de frango do restaurante B.
11. Rejeita H_0. Há evidência suficiente, ao nível de significância de 5%, para rejeitar a afirmação.
13. Não rejeita H_0. Não há evidência suficiente, ao nível de significância de 10%, para rejeitar a afirmação.
15. Rejeita H_0. Há evidência suficiente, ao nível de significância de 1%, para suportar a afirmação.
17. (a) A afirmação é "o novo método de ensino de matemática produz notas mais altas nos testes de matemática do que o método antigo".
   H_0: $\mu_1 \leq \mu_2$; H_a: $\mu_1 > \mu_2$ (afirmação)
   (b) $t_0 = 1{,}667$; Região de rejeição: $t > 1{,}667$
   (c) 2,313 (d) Rejeita H_0.
   (e) Há evidência suficiente, ao nível de significância de 5%, para suportar a afirmação de que o novo método de ensino de matemática produz notas mais altas nos testes de matemática do que o método antigo.
19. Rejeita H_0. Há evidência suficiente, ao nível de significância de 1%, para rejeitar a afirmação.
21. Rejeita H_0. Há evidência suficiente, ao nível de significância de 10%, para rejeitar a afirmação.
23. (a) A afirmação é "o número de corridas marcadas em uma temporada pelos times de beisebol da Divisão 1 da NCAA mudou de 2019 para 2021".
   H_0: $\mu_d = 0$; H_a: $\mu_d \neq 0$ (afirmação)
   (b) $-t_0 = -2{,}262$, $t_0 = 2{,}262$
   Região de rejeição: $z < -2{,}262$, $z > 2{,}262$
   (c) $\bar{d} = 38{,}1$; $s_d \approx 66{,}10$ (d) 1,823
   (e) Não rejeita H_0.
   (f) Não há evidência suficiente, ao nível de significância de 5%, para suportar a afirmação de que o número de corridas marcadas em uma temporada pelos times de beisebol da Divisão 1 da NCAA mudou de 2019 para 2021.
25. Pode usar a distribuição normal; Não rejeita H_0. Não há evidência suficiente, ao nível de significância de 5%, para suportar a afirmação.
27. Pode usar a distribuição normal; Rejeita H_0. Há evidência suficiente, ao nível de significância de 10%, para suportar a afirmação.
29. (a) A afirmação é "que a proporção de indivíduos que tiveram pelo menos 24 semanas de remissão acumulada é a mesma para os dois grupos".
   H_0: $p_1 = p_2$ (afirmação); H_a: $p_1 \neq p_2$
   (b) $-z_0 = -1{,}96$; $z_0 = 1{,}96$
   Regiões de rejeição: $z < -1{,}96$, $z > 1{,}96$
   (c) 4,03 (d) Rejeita H_0.
   (e) Há evidência suficiente, ao nível de significância de 5%, para rejeitar a afirmação da equipe de pesquisa médica de que que a proporção de indivíduos que tiveram pelo menos 24 semanas de remissão acumulada é a mesma para os dois grupos.

Problemas do Capítulo 8 (página 460)

1. (a) A afirmação é "a nota média na avaliação de leitura dos estudantes homens do Ensino Médio é menor que a nota média das estudantes mulheres do Ensino Médio".
   H_0: $\mu_1 \geq \mu_2$; H_a: $\mu_1 < \mu_2$ (afirmação)
   (b) Unilateral à esquerda porque H_a contém <; teste z porque σ_1 e σ_2 são conhecidos, as amostras são aleatórias, as amostras são independentes e $n_1 \geq 30$ e $n_2 \geq 30$.
   (c) $z_0 = -1{,}645$; Região de rejeição: $z < -1{,}645$
   (d) –1,616 (e) Não rejeita H_0.
   (e) Não há evidência suficiente, ao nível de significância de 5%, para suportar a afirmação de que a nota média na avaliação de leitura dos estudantes homens do Ensino Médio é menor que a nota média das estudantes mulheres do Ensino Médio.
2. (a) A afirmação é "as notas médias em uma avaliação de música para alunos do oitavo ano, em escolas pública e particular, são iguais".
   H_0: $\mu_1 = \mu_2$ (afirmação); H_a: $\mu_1 \neq \mu_2$
   (b) Bilateral porque H_a contém ≠; teste-t porque σ_1 e σ_2 são desconhecidos, as amostras são aleatórias, as amostras são independentes e as populações são normalmente distribuídas.
   (c) $-t_0 = -1{,}706$; $t_0 = 1{,}706$
   Regiões de rejeição: $t < -1{,}706$; $t > 1{,}706$
   (d) –0,814 (e) Não rejeita H_0.
   (e) Não há evidência suficiente, ao nível de significância de 10%, para rejeitar a afirmação de que as notas médias em uma avaliação de música para alunos do oitavo ano, em escolas pública e particular, são iguais.
3. (a) A afirmação é "o seminário ajuda os adultos a aumentarem sua pontuação de crédito".
   H_0: $\mu_d \geq 0$; H_a: $\mu_d < 0$ (afirmação)

(b) Unilateral à esquerda porque H_a contém <; teste-t porque ambas as populações são normalmente distribuídas e as amostras são dependentes.
(c) $t_0 = -2{,}718$; Região de rejeição: $t < -2{,}718$
(d) –5,07 (e) Rejeita H_0.
(f) Há evidência suficiente, ao nível de significância de 1%, para suportar a afirmação de que o seminário ajuda os adultos a aumentarem sua pontuação de crédito.

4. (a) A afirmação é "a proporção de adultos estadunidenses que aprovam o trabalho que a Suprema Corte está fazendo é maior do que era 3 anos antes".
H_0: $p_1 \leq p_2$; H_a: $p_1 > p_2$ (afirmação)
(b) Unilateral à direita porque H_a contém >; teste-z porque você está testando proporções, as amostras são aleatórias, as amostras são independentes e as quantidades $n_1\bar{p}$, $n_2\bar{p}$, $n_1\bar{q}$, e $n_2\bar{q}$ são pelo menos 5.
(c) $z_0 = 1{,}645$; Região de rejeição: $z < 1{,}645$
(d) 4,051 (d) Rejeita H_0.
(e) Há evidência suficiente, ao nível de significância de 5%, para suportar a afirmação de que a proporção de adultos americanos que aprovam o trabalho que a Suprema Corte está fazendo é maior do que era 3 anos antes.

Estatísticas reais – Decisões reais do Capítulo 8

(página 462)

1. (a) Exemplo de resposta: divida os registros em grupos de acordo com as idades dos pacientes internados e, então, selecione aleatoriamente registros de cada grupo.
(b) *Exemplo de resposta*: divida os registros em grupos de acordo com as regiões geográficas e, então, selecione aleatoriamente registros de cada grupo.
(c) *Exemplo de resposta*: atribua um número diferente para cada registro, escolha aleatoriamente um número inicial e, então, selecione cada 50º registro.
(d) *Exemplo de resposta*: atribua um número diferente para cada registro e, então, use uma tabela de números aleatórios para gerar uma amostra de números.

2. (a)-(b) As respostas irão variar.

3. Use um teste-t. Independentes. Sim, você precisa saber se as distribuições das populações são normais ou não; sim, você precisa saber se as variâncias populacionais são iguais ou não.

4. Há evidência suficiente, ao nível de significância de 5%, para suportar a afirmação de que há uma diferença no tempo médio de internação para os pacientes.
A decisão suporta a afirmação.

Revisão acumulada dos Capítulos 6-8 (página 466)

1. (a) (0,758; 0,782)
(b) Há evidência suficiente, ao nível de significância de 5%, para suportar a afirmação de que mais de 75% dos adultos americanos dizem que namorariam ou já namoraram alguém cuja religião fosse diferente da deles.

2. Há evidência suficiente, ao nível de significância de 10%, para suportar a afirmação de que o aditivo de combustível melhorou o desempenho.

3. (25,94; 28,00); distribuição z

4. (2,59; 4,33); distribuição t

5. (10,7; 13,5); distribuição t

6. (7,85; 8,57); distribuição z

7. H_0: $\mu \geq 33$; Ha: $\mu < 33$ (afirmação)

8. H_0: $p \geq 0{,}19$ (afirmação); H_a: $p < 0{,}19$

9. H_0: $\sigma = 0{,}63$(afirmação); H_a: $\sigma \neq 0{,}63$

10. H_0: $\mu = 2{,}28$; H_a: $\mu \neq 2{,}28$ (afirmação)

11. Há evidência suficiente, ao nível de significância de 10%, para suportar a afirmação do pediatra de que o peso médio ao nascer de um bebê único é maior que o peso médio ao nascer de um bebê que tem um gêmeo.

12. (a) (511,95; 2.283,75) (b) (22,63; 47,79)
(c) Não há evidência suficiente, ao nível de significância de 1%, para rejeitar a afirmação do analista de viagens de que o desvio padrão da tarifa média de quarto para dois adultos em hotéis de três estrelas em Cincinnati é de, no máximo, US$ 30.

13. Há evidência suficiente, ao nível de significância de 5%, para suportar a afirmação da organização de que as pontuações médias no SAT para homens atletas e não atletas em uma faculdade são diferentes.

14. (a) (54.793,65; 61.542,41)
(b) Não há evidência suficiente, ao nível de significância de 5%, para rejeitar a afirmação de que os ganhos médios anuais médios para serralheiros é US$ 55.000.

15. Não há evidência suficiente, ao nível de significância de 10%, para suportar a afirmação da equipe de pesquisa médica de que a proporção de redução mensal das crises convulsivas é maior para o grupo que recebeu o extrato do que para o grupo que recebeu o placebo.

16. (a) (41,5; 42,5)
(b) Há evidência suficiente, ao nível de significância de 5%, para rejeitar a afirmação do zoólogo de que o período médio de incubação para avestruzes é pelo menos 45 dias.

17. Um erro tipo I ocorrerá quando a verdadeira proporção das pessoas que compram seus óculos online for 0,05, mas você rejeita H_0. Um erro tipo II ocorrerá quando a verdadeira proporção das pessoas que compram seus óculos online for diferente de 0,05, mas você não rejeita H_0.

Capítulo 9

Seção 9.1 (página 481)

1. Decresce. Cresce

3. O coeficiente de correlação amostral r mede a força e a direção de uma relação linear entre duas variáveis; r = -0,932 indica uma correlação mais forte porque |-0,932| = 0,932 está mais próximo de 1 do que |0,918| = 0,918.

5. Uma tabela pode ser usada para comparar r com um valor crítico, ou um teste de hipótese pode ser realizado usando um teste t.

7. H_0: $\rho = 0$ (sem correlação significativa)
H_a: $\rho \neq 0$ (correlação significativa)
Rejeite a hipótese nula se t estiver na região de rejeição

9. Variável explicativa: quantidade de água consumida Variável resposta: Perda de peso.

11. Correlação linear negativa forte.

13. Sem correlação linear

15. c. Você esperaria uma correlação linear positiva entre idade e renda.

16. d; você não esperaria que idade e altura fossem correlacionadas.

17. b; você esperaria uma correlação linear negativa entre idade e saldo dos empréstimos estudantis.

18. a; você esperaria que a relação entre idade e temperatura corporal fosse relativamente constante.

19. *Exemplo de resposta*: As pessoas que podem comprar casas mais valiosas viverão mais porque têm mais dinheiro para cuidar de si mesmas.

21. *Exemplo de resposta*: As vendas de sorvete são maiores quando o tempo está quente e as pessoas saem com mais frequência. É quando as taxas de homicídio também aumentam.

23. (a)

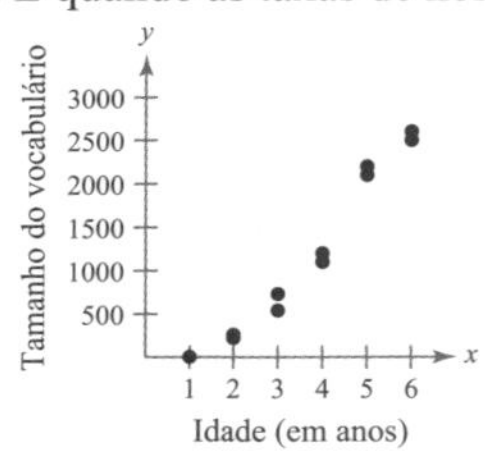

(b) 0,979

(c) Correlação positiva forte; conforme a idade aumenta, o número de palavras no vocabulários das crianças tende a aumentar.

(d) Há evidências suficientes, ao nível de significância de 1%, para concluir que há uma correlação linear significativa entre as idades das crianças e o número de palavras em seu vocabulário.

25. (a)

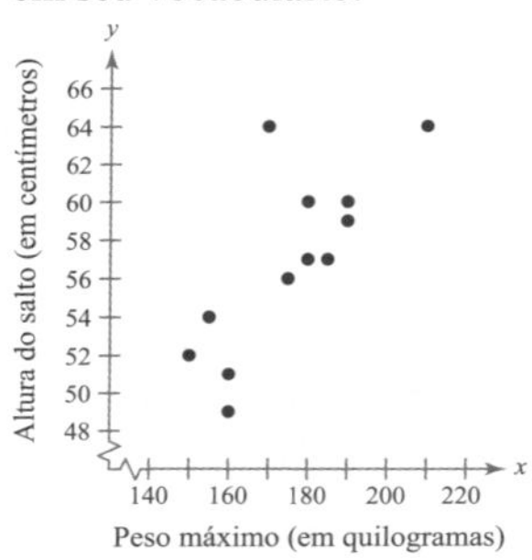

(b) 756

(c) Correlação linear positiva forte; conforme o peso máximo para uma repetição de meio agachamento aumenta, a altura do salto tende a aumentar.

(d) Há evidência suficiente, ao nível de significância de 1%, para concluir que existe uma correlação linear significativa entre o peso máximo para uma repetição de meio agachamento e a altura do salto.

27. (a)

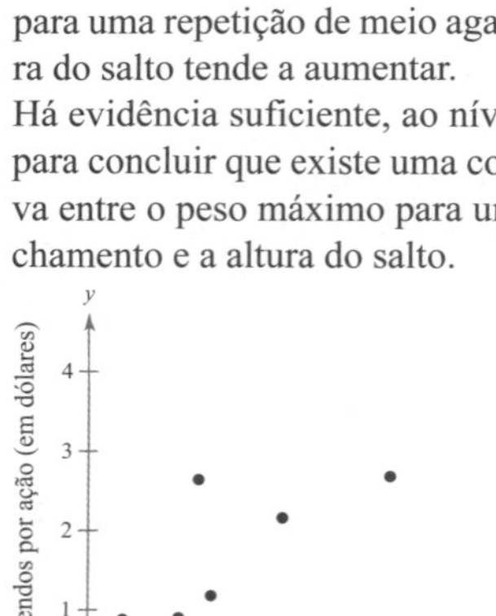

(b) 0,7257

(c) Correlação linear positiva forte; conforme os lucros por ação aumentam, os dividendos por ação tendem a aumentar.

(d) Não há evidência suficiente, ao nível de significância de 1%, para concluir que existe uma correlação linear significativa entre o lucro por ação das empresas e seus dividendos por ação.

29. O coeficiente de correlação fica mais fraco, indo de $r \approx 0{,}979$ para $r \approx 0{,}863$.

31. O coeficiente de correlação fica mais forte, indo de $r \approx 0{,}756$ para $r \approx 0{,}908$.

33. Não há evidência suficiente, ao nível de significância de 1%, para concluir que há uma correlação linear significativa entre o peso dos veículos e a variabilidade na distância de frenagem em uma superfície seca.

35. Há evidência suficiente, ao nível de significância de 5%, para concluir que há uma correlação linear significativa entre o peso máximo para uma repetição de meio agachamento e a altura do salto.

37. $r \approx -0{,}975$; O coeficiente de correlação permanece inalterado quando os valores de x e os valores de y são trocados.

Seção 9.1 Atividade (página 485)

1-4. As respostas irão variar.

Seção 9.2 (página 490)

1. Um predito é a diferença entre o valor observado de y e o valor previsto de y na reta de regressão para a coordenada x do dado. Um resíduo é positivo quando o ponto está acima da reta, negativo quando o ponto está abaixo da reta e zero quando o valor observado de y é igual ao valor predito de y.

3. Substitua um valor de x na equação de uma reta de regressão e resolva para $\hat{y}$.

5. A correlação entre variáveis deve ser significativa.

7. b **8.** a **9.** e **10.** c **11.** f

12. d **13.** b **14.** c **15.** d **16.** a

17. $\hat{y} = 0{,}092x - 18{,}834$

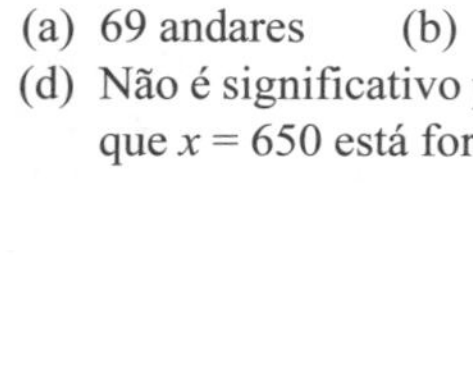

(a) 69 andares (b) 59 andares (c) 55 andares

(d) Não é significativo predizer o valor de y para $x = 650$ porque $x = 650$ está fora do intervalo dos dados observados.

19. $\hat{y} = 7{,}451x + 37{,}449$

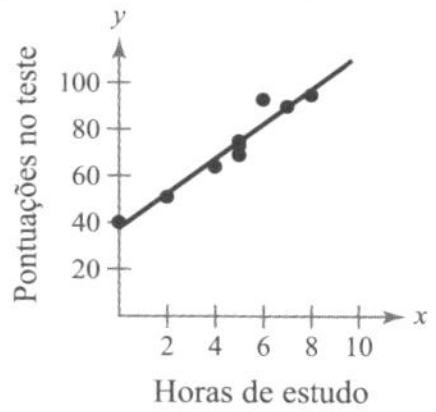

(a) 60 (b) 86

(c) Não é significativo predizer o valor de y para $x = 13$ porque $x = 13$ está fora do intervalo dos dados observados.

(d) 71

21. $\hat{y} = -2{,}044x + 520{,}668$

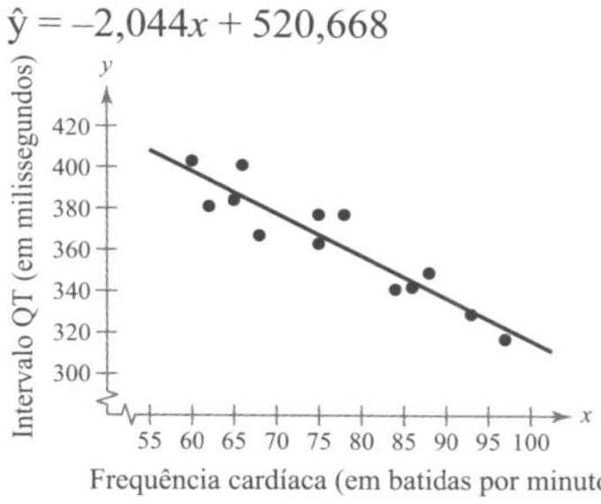

(a) Não é significativo predizer o valor de y para $x = 120$ porque $x = 120$ está fora do intervalo dos dados observados.

(b) 384 milissegundos (c) 337 milissegundos

(d) 351 milissegundos

23. $\hat{y} = 2{,}979x + 52{,}476$

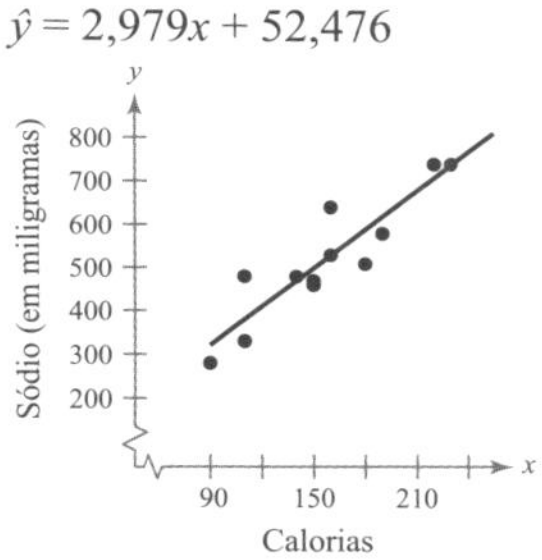

(a) 559 miligramas (b) 350 miligramas

(c) Não é significativo predizer o valor de y para $x = 260$ porque $x = 260$ está fora do intervalo dos dados observados.

(d) 678 miligramas

25. $\hat{y} = 1{,}870x + 51{,}360$

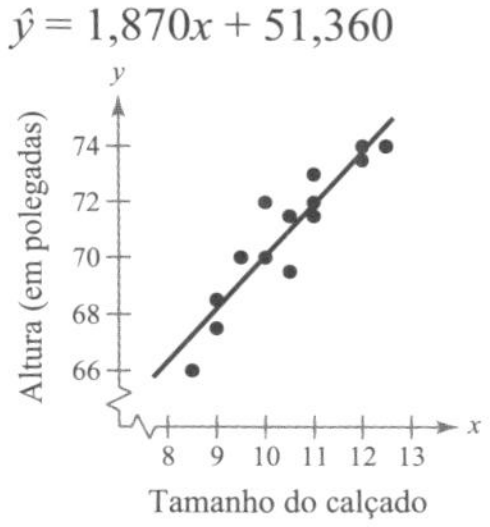

(a) 72,865 polegadas (b) 66,320 polegadas

(c) Não é significativo predizer o valor de y para $x = 15{,}5$ porque $x = 15{,}5$ está fora do intervalo dos dados observados.

(d) 70,060 polegadas

27. Correlação linear positiva forte; Conforme os anos de experiência das enfermeiras registradas aumentam, seus salários tendem a aumentar.

29. Não, não é significativo predizer um salário para uma enfermeira registrada com 28 anos de experiência porque x = 28 está fora do intervalo dos dados observados.

31. (a) $\hat{y} = -4{,}297x + 94{,}200$

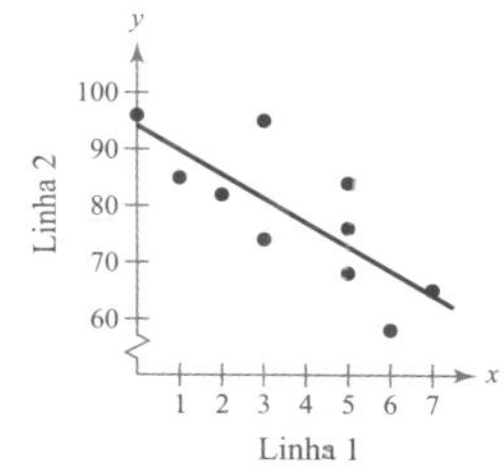

(b) $\hat{y} = -0{,}141x + 14{,}763$

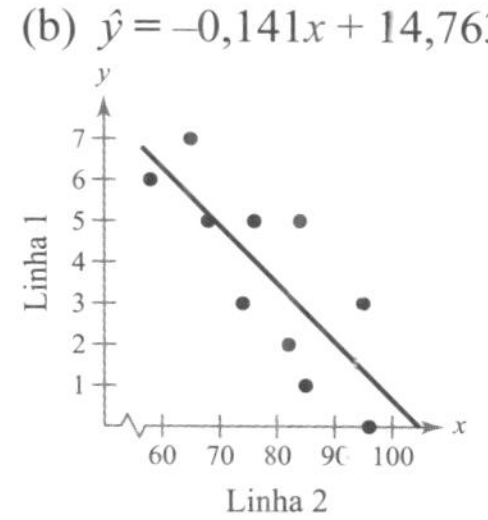

(c) A inclinação da reta mantém o mesmo sinal, mas os valores de m e b mudam.

33. (a) $\hat{y} = 0{,}139x + 21{,}024$

(b)

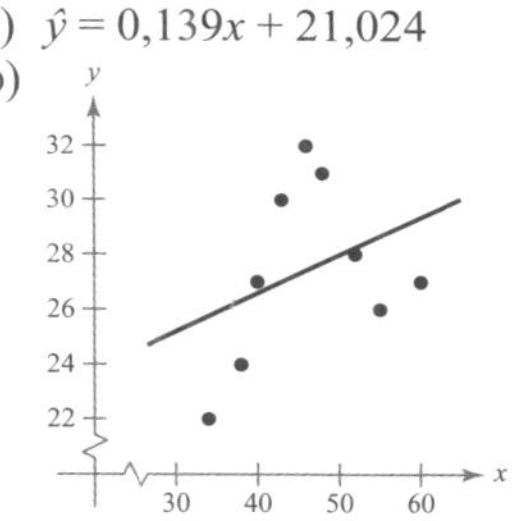

(c)

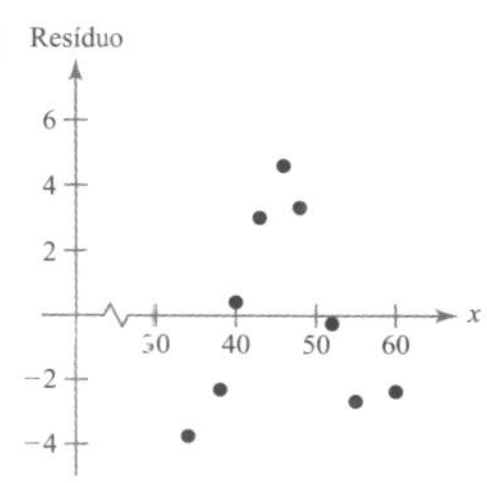

(d) O gráfico de resíduos mostra um padrão porque os resíduos não flutuam em torno de 0. Isso implica que a reta de regressão não é uma boa representação da relação entre as duas variáveis.

35. (a)

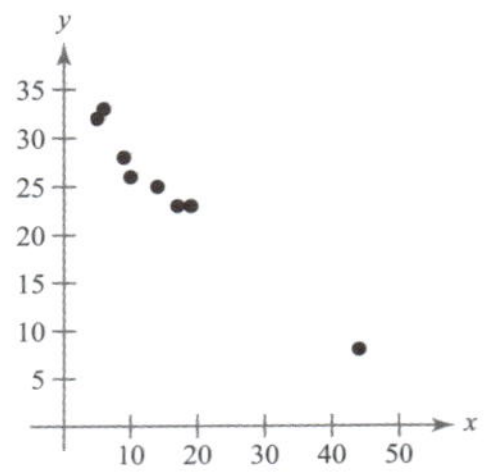

(b) O ponto (44.8) pode ser um *outlier*.

(c) O ponto (44.8) não é um ponto influente porque as inclinações e interceptos em y das retas de regressão com e sem o ponto incluído não são significativamente diferentes.

37. $\hat{y} = 654{,}536x - 1.214{,}857$

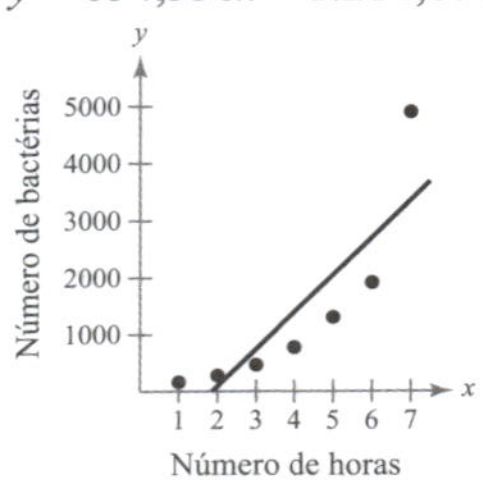

39. $y = 93{,}028(1{,}712)x$

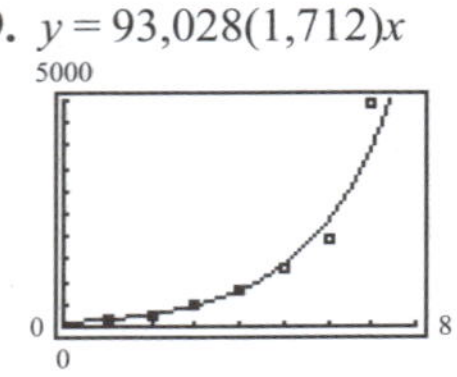

41. $\hat{y} = -78{,}929x + 576{,}179$

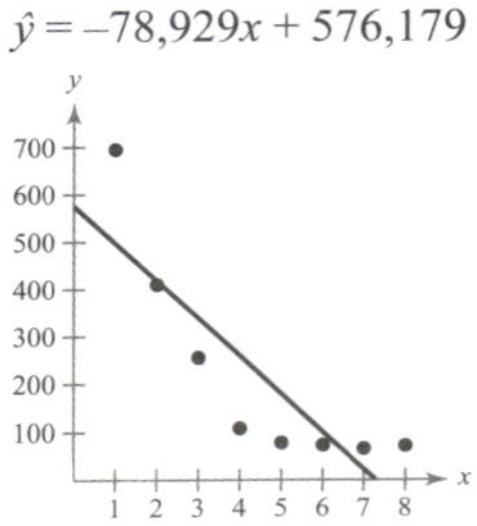

43. $y = 782{,}300x\text{–}1{,}251$

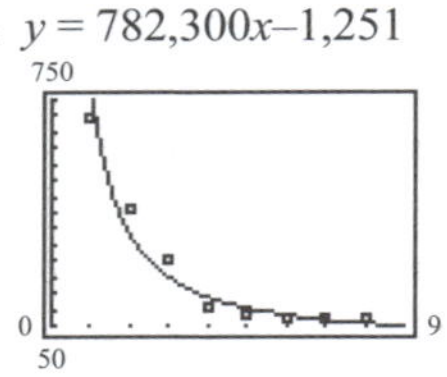

45. $y = 25{,}035 + 19{,}599 \ln x$

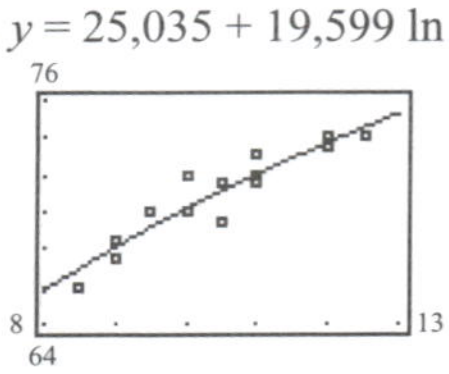

47. A equação logarítmica é um modelo melhor para os dados. O gráfico da equação logarítmica ajusta os dados melhor que a reta de regressão.

Seção 9.2 Atividade (página 496)

1-4. As respostas irão variar.

Seção 9.3 (página 504)

1. A variação total é a soma dos quadrados das diferenças entre os valores de y em cada para ordenado e a média dos valores de y dos pares ordenados, ou $\sum(y_i - \bar{y})^2$.

3. A variação não explicada é a soma dos quadrados das diferenças entre os valores de y observados e os valores de y preditos, ou $\sum(y_i - \hat{y}_i)^2$.

5. Duas variáveis que têm correlação linear positiva ou negativa perfeita possuem um coeficiente de correlação de 1 ou −1, respectivamente. Em ambos os casos, o coeficiente de determinação é 1, o que significa que 100% da variação na variável resposta é explicada pela variação na variável explanatória.

7. 0,216; cerca de 21,6% da variação é explicada. Cerca de 78,4% da variação é não explicada.

9. 0,916; cerca de 91,6% da variação é explicada. Cerca de 8,4% da variação é não explicada.

11. (a) 0,592; cerca de 59,2% da variação é explicada pela relação entre as ofertas e o lucro e cerca de 40,8% da variação é não explicada.

(b) 9.720,785; o erro padrão da estimativa do lucro para um número específico de ofertas é cerca de 9.270.785.000.

13. (a) 0,764; cerca de 76,4% da variação é explicada pela relação entre os gols sofridos e os pontos ganhos e, cerca de 23,6% da variação é não explicada.

(b) 6,593; o erro padrão da estimativa dos pontos para um número específico de gols sofridos é cerca de 6,593.

15. (a) 0,845; cerca de 84,5% da variação é explicada pela relação entre a porcentagem de emprego em ocupações CTEM e o salário médio anual e, cerca de 15,5% da variação é não explicada.

(b) 4,427; o erro padrão da estimativa do salário médio anual para uma porcentagem de emprego em ocupações CTEM é cerca de $ 4.727.

17. (a) 0,902; cerca de 90,2% da variação é explicada pela relação entre as produções comercializadas de gás natural nos Estados Unidos e as exportações de gás natural dos Estados Unidos e, cerca de 9,8% da variação é não explicada.

(b) 488,612; o erro padrão da estimativa das exportações de gás natural para uma produção comercializadas de gás natural é cerca de 488.612.000.000 pés cúbicos.

19. (a) 0,700; cerca de 70% da variação é explicada pela relação entre a venda de veículos novos da Ford e da General Motors e, cerca de 30% da variação é não explicada.

(b) 199,413; o erro padrão da estimativa das vendas de novos veículos da General Motors para uma quantidade específica de vendas de veículos novos da Ford é cerca de 199.413 veículos novos.

21. $25.681{,}536 < y < 73.259{,}544$

Você pode estar 95% confiante de que o lucro estará entre $ 25.681.536.000 e $ 73.259.544.000 quando o número de ofertas iniciais for 200 emissões.

23. $62{,}72 < y < 87{,}99$

Você pode estar 90% confiante de que o total de pontos ganhos estará entre 63 e 88 quando o número de gols sofridos for 140.

25. $83{,}332 < y < 111{,}788$
Você pode estar 99% confiante de que o salário médio anual estará entre \$ 83.332 e \$ 111.788 a porcentagem de emprego em ocupações CTEM for 13% na indústria.

27. $1.714{,}764 < y < 4.402{,}104$
Você pode estar 95% confiante de que a exportação de gás natural dos Estados Unidos estará entre 1.714.764.000.000 e 4.402.104.000.000 pés cúbicos quando a produção de gás natural nos Estados Unidos for 31 trilhões de pés cúbicos.

29. $2.060{,}436 < y < 3.015{,}384$
Você pode estar 95% confiante de que a venda de veículos novos da General Motors estará entre 2.060.436 e 3.015.384 quando as vendas de veículos novos da Ford for 2.028.000.

31.

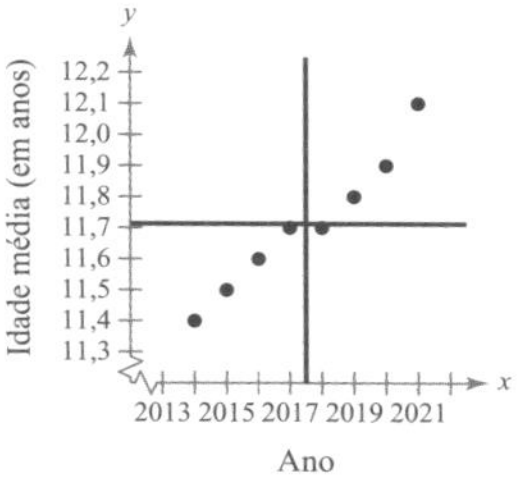

33. 0,960; Cerca de 96,0% da variação na idade média dos veículos pode ser explicada pela relação entre o ano e as idades médias dos veículos e, cerca de 4% da variação é não explicada.

35. Não rejeita H_0. Não há evidência suficiente, ao nível de significância de 1%, para suportar a afirmação de que existe uma relação linear entre peso e número de horas dormidas.

37. $-199{,}553 < B < 288{,}879$; $102{,}795 < M < 272{,}526$

Seção 9.4 (página 512)

1. o valor previsto de y, $\hat{y}$, mudará em –8,2 quando a variável x_2 é alterada em uma unidade e x_1 e x_3 são mantidos constantes.

3. (a) 18.832,7 libras por acre
(b) 18.016,4 libras por acre
(c) 17.350,6 libras por acre
(d) 16.190,3 libras por acre

5. (a) 7,5 pés cúbicos
(b) 16,8 pés cúbicos
(c) 51,9 pés cúbicos
(d) 62,1 pés cúbicos

7. (a) $\hat{y} = 27.641{,}224 - 1.597{,}534x_1 - 80{,}171x_2$
(b) 1.915,046 (c) 0,860
O erro padrão da estimativa do preço previsto, dada uma idade e quilometragem específicas dos sedãs Honda Civic, é de cerca de \$ 1.915,0. O modelo de regressão múltipla explica cerca de 86% da variação.

9. 0,838.

Usos e abusos do Capítulo 9 (página 514)

1-2. As respostas irão variar.

Exercícios de revisão do Capítulo 9 (página 516)

1. (a)

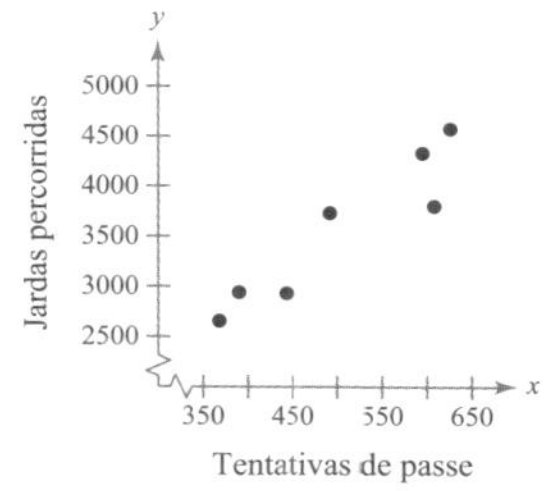

(b) 0,937
(c) Correlação linear positiva forte; Conforme o número de tentativas de passe aumenta, o número de jardas percorridas tende a aumentar.

3. (a)

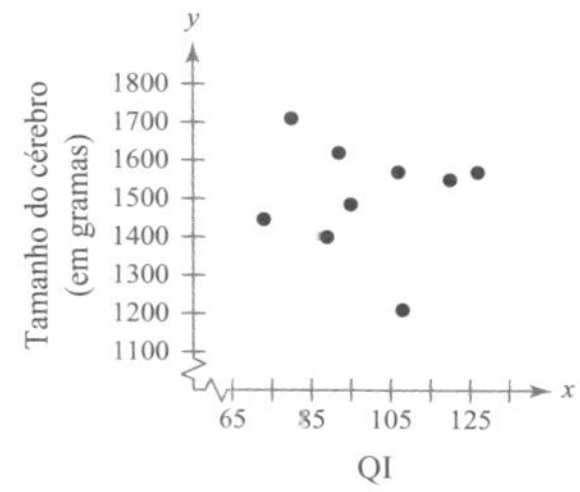

(b) –0,068
(c) Sem correlação linear; O QI não parece ser relacionado ao tamanho do cérebro.

5. Há evidência suficiente, ao nível de significância de 5%, para concluir que há uma correlação linear significativa entre as tentativas de passe do quarterback e as jardas percorridas.

7. Não há evidência suficiente, ao nível de significância de 1%, para concluir que há uma correlação linear significativa entre o QI e o tamanho do cérebro.

9. $\hat{y} = 0{,}097x - 695{,}161$

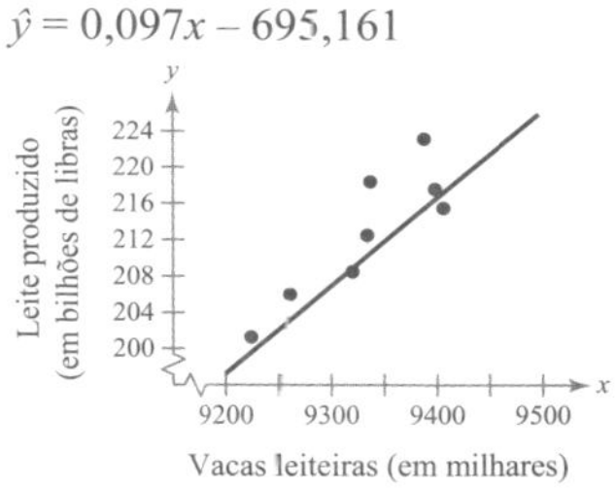

(a) Não é significativo predizer o valor de y para $x = 9.080$ porque $x = 9.080$ está fora do intervalo dos dados originais.
(b) 202,806 bilhões de libras
(c) 213,507 bilhões de libras
(d) 219,345 bilhões de libras

11. $\hat{y} = -0{,}086x + 10{,}450$

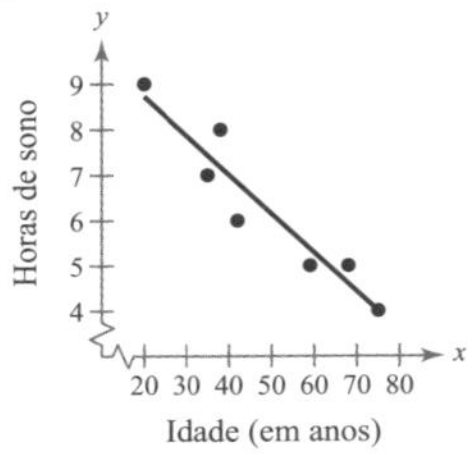

(a) Não é significativo predizer o valor de y para $x = 16$ porque $x = 16$ está fora do intervalo dos dados originais.
(b) 8,3 horas
(c) Não é significativo predizer o valor de y para $x = 85$ porque $x = 85$ está fora do intervalo dos dados originais.
(d) 6,15 horas

13. 0,203; Cerca de 20,3% da variação é explicada. Cerca de 79,7% da variação é não explicada.

15. 0,412; Cerca de 41,2% da variação é explicada. Cerca de 58,8% da variação é não explicada.

17. (a) 0,876; Cerca de 87,6% da variação é explicada pela relação entre o tempo para acelerar de 0 a 60 milhas por hora e as velocidades máximas para carros elétricos e, cerca de 12,4% da variação é não explicada.
(b) 9,411; O erro padrão da estimativa da velocidade máxima para um tempo específico de aceleração de 0 a 60 milhas por hora é cerca de 9,411 milhas por hora.

19. $196{,}393 < y < 212{,}635$
Você pode estar 90% confiante de que a quantidade total de leite produzido estará entre 196,393 bilhões de libras e 212,635 bilhões de libras quando o número médio de vacas for 9.275.

21. $4{,}866 < y < 8{,}294$
Você pode estar 95% confiante de que as horas de sono estarão entre 4,866 e 8,294 horas para um adulto que tenha 45 anos de idade.

23. $73{,}727 < y < 150{,}357$
Você pode estar 99% confiante de que a velocidade máxima de um carro elétrico estará entre 73,727 milhas por hora e 150,357 milhas por hora quando tiver um tempo de 5,9 segundos para acelerar de 0 a 60 milhas por hora.

25. (a) $\hat{y} = 1{,}639 + 3{,}469x_1 - 32{,}3261x_2$ (b) 0,838
(c) 0,943
O erro padrão da estimativa do teor de monóxido de carbono, para dado teor específico de alcatrão e nicotina, é cerca de 0,838 miligramas. O modelo de regressão múltipla explica cerca de 94,3% da variação.

27. (a) 21,705 milhas por galão
(b) 25,21 milhas por galão
(c) 30,1 milhas por galão
(d) 25,86 milhas por galão

Problemas do Capítulo 9 (página 520)

1. Os dados aparentam ter uma correlação linear positiva. Conforme x cresce, y tende a crescer.

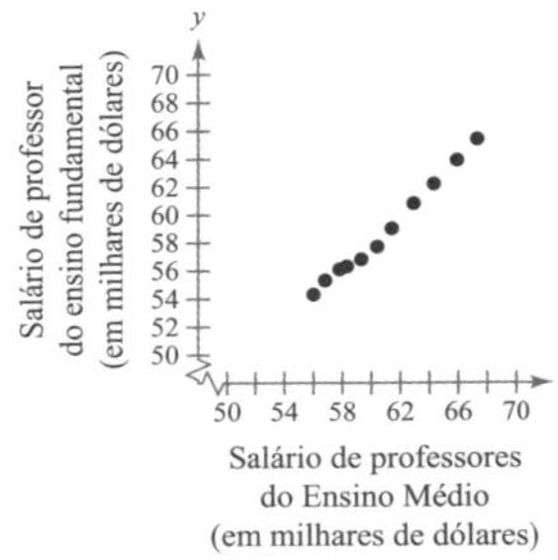

2. 0,995; correlação linear positiva forte; Conforme os salários médios anuais dos professores do Ensino Médio aumentam, os salários médios anuais dos professores do ensino fundamental tendem a aumentar.

3. Rejeita H_0. Há evidência suficiente, ao nível de significância de 5%, para concluir que há uma correlação linear significativa entre os salários médios anuais dos professores de Ensino Médio e os salários médios anuais dos professores do ensino fundamental.

4. $\hat{y} = 0{,}976x - 0{,}604$

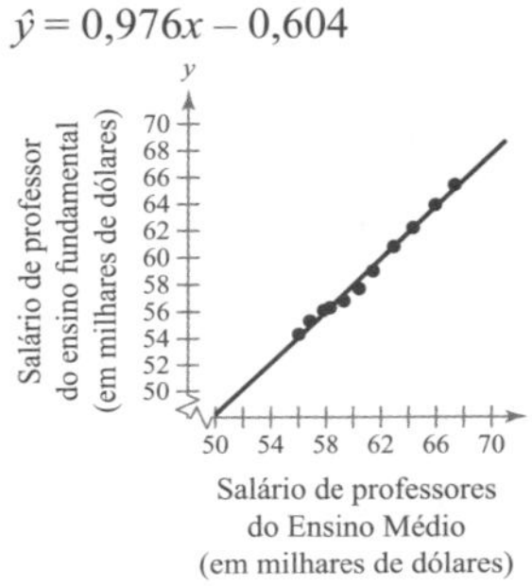

5. $ 61.372

6. 0,991; Cerca de 99,1% da variação nos salários médios anuais dos professores do ensino fundamental pode ser explicada pela relação entre os salários médios anuais dos professores do Ensino Médio e professores do ensino fundamental e, cerca de 0,9% da variação é não explicada.

7. 0,372; O erro padrão da estimativa do salário médio anual dos professores do ensino fundamental para um salário médio anual específico de professores de Ensino Médio é cerca de $ 372.

8. $60{,}486 < y < 62{,}283$
Você pode estar 95% confiante de que o salário médio anual de professores do ensino fundamental estará entre $ 60.486 e $ 62.283 quando o salário médio anual de professores do Ensino Médio for $ 63.500.

9. (a) $ 95,26 (b) $ 70,28 (c) $ 67,74 (d) $ 59,46

Estatísticas reais – Decisões reais do Capítulo 9

(página 522)

1. (a) Parece que há uma correlação linear positiva. À medida que a média anual da concentração máxima diária de dióxido de enxofre aumenta, a média anual da concentração máxima diária de dióxido de nitrogênio tende a aumentar.

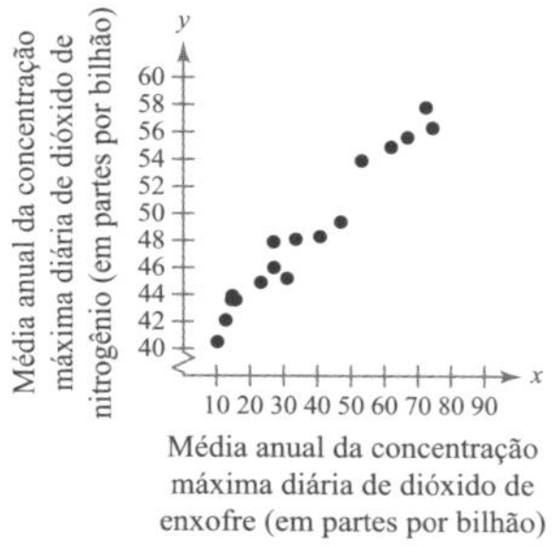

(b) 0,980; Há uma correlação linear positiva forte.

(c) Há evidência suficiente, ao nível de significância de 5%, para concluir que há uma correlação linear significativa entre as médias anuais da concentração máxima diária de dióxido de enxofre e dióxido de nitrogênio.

(d) $\hat{y} = 2{,}242x + 39{,}403$

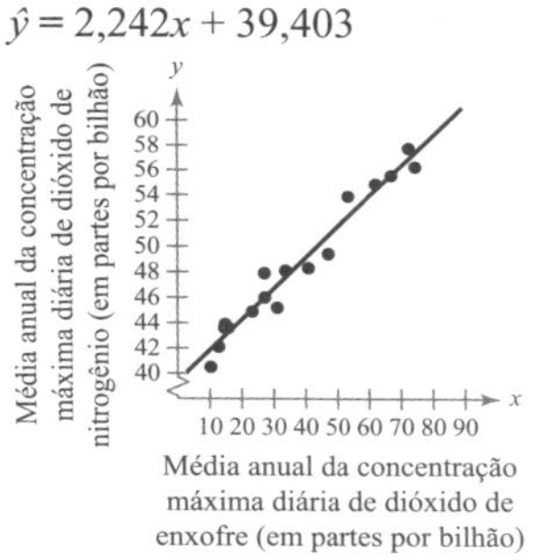

(e) Sim, para valores de x que estão dentro do intervalo do conjunto de dados.

(f) $r^2 \approx 0{,}961$; Cerca de 96,1% da variação nas concentrações de dióxido de nitrogênio pode ser explicada pela variação nas concentrações de dióxido de enxofre e, cerca de 3,9% da variação é não explicada.

$s_e \approx 1{,}106$; O erro padrão da estimativa da média anual da concentração máxima diária de dióxido de nitrogênio para uma média anual da concentração máxima diária de dióxido de enxofre específica é cerca de 1,106 partes por bilhão.

2. $43{,}742 < y < 48{,}616$

Você pode estar 95% confiante de que a média anual da concentração máxima diária de dióxido de nitrogênio estará entre 43,742 e 48,616 partes por bilhão quando a média anual da concentração máxima diária de dióxido de enxofre for 28 partes por bilhão.

Capítulo 10

Seção 10.1 (página 481)

1. Um experimento multinomial é um experimento probabilístico que consiste em um número fixo de tentativas independentes nas quais há mais que dois resultados possíveis para cada tentativa. A probabilidade de cada resultado é fixa, e cada resultado é classificado em categorias.

3. 45 **5.** 57,5

7. (a) H_0: A distribuição das idades dos espectadores é 15% com idades entre 2-11, 11% com idades entre 12-17, 11% com idades entre 18-24, 25% com idades entre 25-39, 13% com idades entre 40-49 e 25% com 50+ anos. (afirmação)

H_a: A distribuição de idades difere da distribuição esperada.

(b) $\chi_0^2 = 9{,}236$; Região de rejeição: $\chi^2 > 9{,}236$

(c) 7,295 (d) Não rejeita H_0.

(e) Não há evidência suficiente, ao nível de significância de 10%, para rejeitar a afirmação de que a distribuição das idades dos espectadores e a distribuição esperada são as mesmas.

9. (a) H_0: A distribuição dos dias em que as pessoas pedem pizza é 14% domingo, 10% segunda-feira, 11% terça-feira, 12% quarta-feira, 13% quinta-feira, 21% sexta-feira e 19% sábado

H_a: A distribuição dos dias difere da distribuição esperada. (afirmação)

(b) $\chi_0^2 = 16{,}812$; Região de rejeição: $\chi^2 > 16{,}812$

(c) 25,086 (d) Rejeita H_0.

(e) Há evidência suficiente, ao nível de significância de 1%, para concluir que a distribuição de dias difere da distribuição esperada.

11. (a) H_0: A distribuição do número de crimes de homicídio na Califórnia, por município, é uniforme. (afirmação)

H_a: A distribuição de homicídios por município não é uniforme.

(b) $\chi_0^2 = 30{,}578$; Região de rejeição: $\chi^2 > 30{,}578$

(c) 214,848 (d) Rejeita H_0.

(e) Há evidência suficiente, ao nível de significância de 1%, para rejeitar a afirmação de que distribuição do número de crimes de homicídio na Califórnia, por município, é uniforme.

13. (a) H_0: A distribuição das opiniões de pais democratas dos Estados Unidos sobre qual caminho eles prefeririam que seus filhos seguissem após o Ensino Médio é: 46% faculdade de quatro anos, 7% faculdade de dois anos, 19% programa de treinamento não universitário e 28% outros caminhos.

H_a: A distribuição de opiniões difere da distribuição esperada. (afirmação)

(b) $\chi_0^2 = 7{,}815$; Região de rejeição: $\chi^2 > 7{,}815$

(c) 63,059 (d) Rejeita H_0.

(e) Há evidência suficiente, ao nível de significância de 5%, para suportar a afirmação de que distribuição das opiniões de democratas e republicanos é diferente.

15. (a) H_0: A distribuição de possíveis compradores de casas pelo tamanho que eles querem que seja sua próxima casa é uniforme.
H_a: A distribuição de possíveis compradores de casas pelo tamanho que eles querem que seja sua próxima casa não é uniforme. (afirmação)
(b) $\chi^2_0 = 5{,}991$; Região de rejeição: $\chi^2 > 5{,}991$
(c) 10,308 (d) Rejeita H_0.
(e) Há evidência suficiente, ao nível de significância de 5%, para concluir que a distribuição de possíveis compradores de casas pelo tamanho que eles querem que seja sua próxima casa não é uniforme.

17. (a) As frequências esperadas são 17, 63, 79, 34 e 5.
(b) $\chi^2_0 = 13{,}277$; Região de rejeição: $\chi^2 > 13{,}277$
(c) 0,613 (d) Não rejeita H_0.
(e) Não há evidência suficiente, ao nível de significância de 1%, para rejeitar a afirmação de que as pontuações de teste são normalmente distribuídas.

Seção 10.2 (página 542)

1. Encontre a soma da linha e a soma da coluna na qual a célula está localizada. Encontre o produto dessas somas. Divida o produto pelo tamanho da amostra.

3. Exemplo de resposta: Tanto para o teste qui-quadrado para independência quanto para o teste qui-quadrado para a qualidade de ajuste, você está testando uma afirmação sobre dados que estão em categorias. Contudo, o teste qui-quadrado para a qualidade de ajuste tem somente um valor de dado por categoria, ao passo que o teste qui-quadrado para independência tem múltiplos valores de dados por categoria.
Ambos os testes comparam frequências observadas e esperadas. Todavia, o teste qui-quadrado para a qualidade de ajuste simplesmente compara as distribuições, enquanto o teste qui-quadrado para independência as compara e, depois, tira uma conclusão sobre a dependência ou independência das variáveis.

5. Falso. Se as duas variáveis de um teste qui-quadrado para independência são dependentes, então você pode esperar uma grande diferença entre as frequências observadas e as esperadas.

7. (a)–(b)

	Atleta		
Resultado	**Alongou**	**Não alongou**	**Total**
Lesionado	18 (20,82)	22 (19,18)	40
Não lesionado	211 (208,18)	189 (191,82)	400
Total	229	211	440

9.
(a)–(b)

	Preferência			
Bancário	**Novo procedimento**	**Antigo procedimento**	**Sem preferência**	**Total**
Caixa	92 (133,80)	351 (313,00)	50 (46,19)	493
Representante de serviço ao cliente	76 (34,20)	42 (80,00)	8 (11,81)	126
Total	168	393	58	619

11.
(a)–(b)

	Tipo de carro				
Gênero	**Compacto**	**Grande**	**Utilitário**	**Caminhonete/van**	**Total**
Masculino	28 (28,6)	39 (39,05)	21 (22,55)	22 (19,8)	110
Feminino	24 (23,4)	32 (31,95)	20 (18,45)	14 (16,2)	90
Total	52	71	41	36	200

13. (a) H_0: O resultado da lesão de um atleta é independente se o atleta se alongou ou não. (afirmação)
H_a: O resultado da lesão de um atleta é dependente se o atleta se alongou ou não.
(b) g.l. = 1; $\chi^2_0 = 6{,}635$; Região de rejeição: $\chi^2 > 6{,}635$
(c) 0,875 (d) Não rejeita H_0.
(e) Não há evidência suficiente, ao nível de significância de 1%, para rejeitar a afirmação de que o resultado da lesão de um atleta é independente se o atleta se alongou ou não.

15. (a) H_0: O resultado é independente do tipo de tratamento.
H_a: O resultado é dependente do tipo de tratamento. (afirmação)
(b) g.l. = 1; $\chi^2_0 = 2{,}706$; Região de rejeição: $\chi^2 > 2{,}706$
(c) 12,478 (d) Rejeita H_0.
(e) Há evidência suficiente, ao nível de significância de 10%, para concluir que o resultado é dependente do tipo de tratamento

17. (a) H_0: O número de vezes que ex-fumantes tentaram parar de fumar é independente do gênero.
H_a: O número de vezes que ex-fumantes tentaram parar de fumar é dependente do gênero. (afirmação)
(b) g.l. = 2; $\chi^2_0 = 5{,}991$; Região de rejeição: $\chi^2 > 5{,}991$
(c) 0,002 (d) Não rejeita H_0.
(e) Não há evidência suficiente, ao nível de significância de 5%, para concluir que o número de vezes que ex-fumantes tentaram parar de fumar é dependente do gênero.

19. (a) H_0: As razões são independentes do tipo de trabalhador.
H_a: As razões são dependentes do tipo de trabalhador. (afirmação)
(b) g.l. = 2; $\chi^2_0 = 9{,}210$; Região de rejeição: $\chi^2 > 9{,}210$
(c) 7,326 (d) Não rejeita H_0.
(e) Não há evidência suficiente, ao nível de significância de 1%, para concluir que as razões para a educação continuada são dependentes do tipo de trabalhador.

21. (a) H_0: A escolha da família de visitar faculdades antes de se matricular é independente de sua renda.
H_a: A escolha da família de visitar faculdades antes de se matricular é dependente de sua renda. (afirmação)
(b) g.l. = 6; $\chi^2_0 = 16{,}812$; Região de rejeição: $\chi^2 > 16{,}812$
(c) 53,012 (d) Rejeita H_0.
(e) Há evidência suficiente, ao nível de significância de 1%, para concluir que a escolha da família de visitar faculdades antes de se matricular é dependente de sua renda.

23. (a) H_0: O ponto de impacto inicial de colisões com mortes de ocupantes é independente do tipo de veículo.
H_a: O ponto de impacto inicial de colisões com mortes de ocupantes é dependente do tipo de veículo. (afirmação)
(b) g.l. = 2; $\chi_0^2 = 5{,}991$; Região de rejeição: $\chi^2 > 5{,}991$
(c) 30,947 (d) Rejeita H_0.
(e) Há evidência suficiente, ao nível de significância de 5%, para concluir que o ponto de impacto inicial de colisões com mortes de ocupantes é dependente do tipo de veículo.

25. (a) H_0: A preferência de procedimento é independente do funcionário do banco.
H_a: A preferência de procedimento é dependente do funcionário do banco. (afirmação)
(b) g.l. = 2; $\chi_0^2 = 5{,}991$; Região de rejeição: $\chi^2 > 5{,}991$
(c) 88,361 (d) Rejeita H_0.
(e) Há evidência suficiente, ao nível de significância de 5%, para concluir que a preferência de procedimento é dependente do funcionário do banco.

27. (a) H_0: O tipo de carro é independente do gênero. (afirmação)
H_a: O tipo de carro é dependente do gênero.
(b) g.l. = 3; $\chi_0^2 = 6{,}251$; Região de rejeição: $\chi^2 > 6{,}251$
(c) 0,808 (d) Não rejeita H_0.
(e) Não há evidência suficiente, ao nível de significância de 10%, para concluir que o tipo de carro é dependente do gênero.

29. Não rejeita H_0. Não há evidência suficiente, ao nível de significância de 5%, para rejeitar a afirmação de que as proporções de mortes em colisões de veículos motorizados envolvendo homens e mulheres são as mesmas para cada faixa etária.

31. Unilateral à direita.

33.

	Grau de instrução			
Situação	**Ensino médio Incompleto**	**Ensino médio Completo**	**Ensino superior incompleto**	**Ensino superior completo**
Empregado	0,037	0,148	0,088	0,335
Desempregado	0,004	0,009	0,005	0,011
Fora da força de trabalho	0,050	0,119	0,059	0,136

35. (a) 1,1% (b) 5,9%

37.

	Grau de instrução			
Situação	**Ensino médio Incompleto**	**Ensino médio Completo**	**Ensino superior incompleto**	**Ensino superior completo**
Empregado	0,061	0,243	0,145	0,551
Desempregado	0,127	0,317	0,175	0,381
Fora da força de trabalho	0,137	0,328	0,163	0,373

39. (a) 16,3% (b) 28,2%

Seção 10.3 (página 555)

1. Especifique o nível se significância α. Determine os graus de liberdade para o numerador e o denominador. Use a Tabela 7 do Apêndice B para encontrar o valor crítico F.

3. (1) As amostras devem ser aleatórias, (2) as amostras devem ser independentes e (3) cada população deve ter uma distribuição normal.

5. 2,54 **7.** 2,06 **9.** 9,16 **11.** 1,80

13. Não rejeita H_0. Não há evidência suficiente, ao nível de significância de 10%, para suportar a afirmação.

15. Não rejeita H_0. Não há evidência suficiente, ao nível de significância de 1%, para rejeitar a afirmação.

17. Rejeita H_0. Há evidência suficiente, ao nível de significância de 1%, para rejeitar a afirmação.

19. (a) H_0: $\sigma_1^2 \leq \sigma_2^2$; Ha: $\sigma_1^2 > \sigma_2^2$ (afirmação)
(b) $F_0 = 2{,}45$; Região de rejeição: $F > 2{,}45$
(c) 2,17 (d) Não rejeita H_0.
(e) Não há evidência suficiente, ao nível de significância de 2,5%, para suportar a afirmação da empresa A de que a variância da vida de seus eletrodomésticos é menor que a variância da vida dos eletrodomésticos da empresa B.

21. (a) H_0: $\sigma_1^2 = \sigma_2^2$; H_a: $\sigma_1^2 \neq \sigma_2^2$ (afirmação)
(b) $F_0 = 3{,}18$; Região de rejeição: $F > 3{,}18$
(c) 7,31 (d) Rejeita H_0.
(e) Há evidência suficiente, ao nível de significância de 10%, para concluir que as variâncias distâncias de tacada diferem entre os dois jogadores de golfe.

23. (a) H_0: $\sigma_1^2 = \sigma_2^2$ (afirmação); H_a: $\sigma_1^2 \neq \sigma_2^2$
(b) $F_0 = 2{,}635$; Região de rejeição: $F > 2{,}635$
(c) 1,282 (d) Não rejeita H_0.
(e) Não há evidência suficiente, ao nível de significância de 10%, para rejeitar a afirmação do administrador de que os desvios padrão das notas do teste de avaliação de ciências de alunos do oitavo ano são as mesmas nos bairros 1 e 2.

25. (a) H_0: $\sigma_1^2 \leq \sigma_2^2$; H_a: $\sigma_1^2 > \sigma_2^2$ (afirmação)
(b) $F_0 = 1{,}59$; Região de rejeição: $F > 1{,}59$
(c) 2,240 (d) Rejeita H_0.
(e) Há evidência suficiente, ao nível de significância de 5%, para concluir que o desvio padrão dos salários anuais para atuários é menor na Califórnia do que em Nova Iorque.

27. Unilateral à direita: 14,73; Unilateral à esquerda: 0,15

29. (0,340; 3,422)

Seção 10.4 (página 565)

1. H_0: $\mu_1 = \mu_2 = \mu_3 = \ldots = \mu_k$
H_a: Pelo menos uma das médias é diferente das demais.

3. O MSB mede as diferenças relacionadas ao tratamento dado a cada amostra. O MSW mede as diferenças relacionadas aos valores dentro da mesma amostra

5. (a) H_0: $\mu 1 = \mu 2 = \mu 3$
H_a: Pelo menos uma média é diferente das demais. (afirmação)
(b) $F_0 = 3{,}89$; Região de rejeição: $F > 3{,}89$
(c) 1,325 (d) Não rejeita H_0.
(e) Não há evidência suficiente, ao nível de significância de 5%, para concluir que pelo menos um custo médio por onça é diferente dos demais.

7. (a) H_0: $\mu 1 = \mu 2 = \mu 3$
H_a: Pelo menos uma média é diferente das demais. (afirmação)
(b) $F_0 = 6{,}36$; Região de rejeição: $F > 6{,}36$
(c) 16,11 (d) Rejeita H_0.
(e) Há evidência suficiente, ao nível de significância de 1%, para concluir que pelo menos um peso médio de aspirador de pó é diferente dos demais.

9. (a) H_0: $\mu 1 = \mu 2 = \mu 3 = \mu 4$
H_a: Pelo menos uma média é diferente das demais. (afirmação)
(b) $F_0 = 2{,}84$; Região de rejeição: $F > 2{,}84$
(c) 0,62 (d) Não rejeita H_0.
(e) Não há evidência suficiente, ao nível de significância de 5%, para concluir que pelo menos uma idade média é diferente das demais.

11. (a) H_0: $\mu 1 = \mu 2 = \mu 3 = \mu 4$ (afirmação)
H_a: Pelo menos uma média é diferente das demais.
(b) $F_0 = 2{,}28$; Região de rejeição: $F > 2{,}28$
(c) 3,67 (d) Rejeita H_0.
(e) Há evidência suficiente, ao nível de significância de 10%, para rejeitar a afirmação de que as pontuações médias são as mesmas para todas as regiões.

13. (a) H_0: $\mu 1 = \mu 2 = \mu 3 = \mu 4 = \mu 5 = \mu 6$
H_a: Pelo menos uma média é diferente das demais. (afirmação)
(b) $F_0 = 2{,}53$; Região de rejeição: $F > 2{,}53$
(c) 2,913 (d) Rejeita H_0.
(e) Há evidência suficiente, ao nível de significância de 5%, para concluir que pelo menos um salário médio é diferente dos demais.

15. Não rejeita todas as hipóteses nulas. A interação entre o meio de propaganda e a duração desta não tem efeito na avaliação e, portanto, não há diferença significativa nas médias das avaliações.

17. Não rejeita todas as hipóteses nulas. A interação entre idade e gênero não tem efeito nas notas finais e, portanto, não há diferença significativa nas médias das notas finais.

19. $CV_{Scheffé} = 12{,}72$
(1, 2) → 4,95 → Sem diferença
(1, 3) → 11,61 → Sem diferença
(2, 3) → 31,73 → Diferença significativa

21. CVScheffé = 17,48
(1, 2) → 10,06 → Sem diferença
(1, 3) → 42,99 → Diferença significativa
(1, 4) → 21,15 → Diferença significativa
(1, 5) → 29,00 → Diferença significativa
(2, 3) → 12,47 → Sem diferença
(2, 4) → 3,10 → Sem diferença
(2, 5) → 5,58 → Sem diferença
(3, 4) → 2,23 → Sem diferença
(3, 5) → 1,26 → Sem diferença
(4, 5) → 0,19 → Sem diferença

Usos e abusos do Capítulo 10 (página 570)

1-2. As respostas irão variar.

Exercícios de revisão do Capítulo 10 (página 572)

1. (a) H_0: A distribuição etária dos médicos dos Estados Unidos é: 20% com menos que 40 anos, 26% com 40-49 anos, 28% com 50-59 anos, 22% com 60-69 anos e 4% com 70 anos ou mais.
H_a: A distribuição etária dos médicos dos Estados Unidos difere da distribuição esperada. (afirmação)
(b) $\chi^2_0 = 13{,}277$; Região de rejeição: $\chi^2 > 13{,}277$
(c) 14,662 (d) Rejeita H_0.
(e) Há evidência suficiente, ao nível de significância de 1%, para concluir que a distribuição etária difere da distribuição esperada.

3. (a) H_0: A distribuição das opiniões dos jogadores de golfe sobre o que mais os irrita é: 65,1% jogo lento, 18,5% condições ruins do campo, 11,1% etiqueta ruim e 5,3% alta taxa de utilização. (afirmação)
H_a: A distribuição das opiniões dos jogadores de golfe sobre o que mais os irrita difere da distribuição esperada.
(b) $\chi^2_0 = 7{,}815$; Região de rejeição: $\chi^2 > 7{,}815$
(c) 4,256 (d) Não rejeita H_0.
(e) Não há evidência suficiente, ao nível de significância de 5%, para concluir que a distribuição das opiniões dos jogadores de golfe sobre o que mais os irrita difere da distribuição esperada.

5. (a)

	Anos de experiência de ensino em tempo integral			
	Menos de 3 anos	**3-9 anos**	**10-20 anos**	**20 anos ou mais**
Fundamental	93,1	293,4	423,7	240,8
Médio	216,9	683,6	987,3	561,2

(b) H_0: Os anos de experiência de ensino em tempo integral são independentes do nível de instrução.
H_a: Os anos de experiência de ensino em tempo integral são dependentes do nível de instrução. (afirmação)
(c) g.l. = 3; $\chi^2_0 = 11{,}345$; Região de rejeição: $\chi^2 > 11{,}345$
(d) 2,275 (e) Não rejeita H_0.
(f) Não há evidência suficiente, ao nível de significância de 1%, para concluir que os anos de experiência de ensino em tempo integral são dependentes do nível de instrução.

7. (a)

	Grupo vertebrado				
Condição	**Mamíferos**	**Aves**	**Répteis**	**Anfíbios**	**Peixes**
Em perigo	132,43	117,72	48,79	17,04	72,02
Ameaçadas	38,57	34,28	14,21	4,96	20,98

(b) H_0: A condição de uma espécie é independente do grupo vertebrado. (afirmação)
H_a: A condição de uma espécie é dependente do grupo vertebrado.
(c) g.l. = 4; $\chi^2_0 = 9{,}488$; Região de rejeição: $\chi^2 > 9{,}48$
(d) 44,751 (e) Rejeita H_0.
(f) Há evidência suficiente, ao nível de significância de 5%, para rejeitar a afirmação de que a condição de uma espécie (em perigo ou ameaçada) é independentes do grupo vertebrado.

9. 2,295 **11.** 2,39 **13.** 2,06 **15.** 2,08

17. (a) H_0: $\sigma_1 = \sigma_2$ (afirmação); H_a: $\sigma_1 \neq \sigma_2$
(b) $F_0 = 1{,}81$; Região de rejeição: $F > 1{,}81$
(c) 1,900 (d) Rejeita H_0.
(e) Há evidência suficiente, ao nível de significância de 10%, para rejeitar a afirmação de que os desvios padrão das diárias de hotel para Sacramento e São Francisco, na Califórnia, são as mesmas.

19. (a) H_0: $\sigma_1^2 = \sigma_2^2$;
H_a: $\sigma_1^2 \neq \sigma_2^2$ (afirmação)
(b) $F_0 = 5{,}32$; Região de rejeição: $F > 5{,}32$
(c) 1,37 (d) Não rejeita H_0.
(e) Não há evidência suficiente, ao nível de significância de 1%, para suportar a afirmação de que a variância das pontuações de redação é diferente da variância das pontuações de matemática.

21. (a) H_0: $\mu_1 = \mu_2 = \mu_3 = \mu_4$
H_a: Pelo menos uma média é diferente das demais. (afirmação)
(b) $F_0 = 2{,}26$; Região de rejeição: $F > 2{,}26$
(c) 2,18 (d) Não rejeita H_0.
(e) Não há evidência suficiente, ao nível de significância de 10%, para concluir que pelo menos uma conta mensal de energia elétrica é diferente das demais.

Problemas do Capítulo 10 (página 576)

1. (a) H_0: A distribuição do grau de instrução para as pessoas nos Estados Unidos com idade entre 30-34 anos é 3,5% com nenhum até o 8º ano, 5,5% do 9º ao 11º ano, 27,6% com Ensino Médio completo, 15,2% om ensino superior incompleto, 10,6% com grau de tecnólogo, 23,4% com grau de bacharel, 10,6% com mestrado e 3,6% com doutrorado.
H_a: A distribuição do grau de instrução para as pessoas nos Estados Unidos com idade entre 30-34 anos difere da distribuição das pessoas com 25 anos ou mais. (afirmação)
(b) $\chi_0^2 = 14{,}067$; Região de rejeição: $\chi^2 > 14{,}067$
(c) 3,958 (d) Não rejeita H_0.
(e) Não há evidência suficiente, ao nível de significância de 5%, para concluir que a distribuição para as pessoas nos Estados Unidos com idade entre 30-34 anos difere da distribuição de pessoas com 25 anos ou mais.

2. (a) H_0: Idade e grau de instrução são independentes.
H_a: Idade e grau de instrução são dependentes. (afirmação)
(b) $\chi_0^2 = 18{,}475$; Região de rejeição: $\chi^2 > 18{,}47$
(c) 8,187 (d) Não rejeita H_0.
(e) Não há evidência suficiente, ao nível de significância de 1%, para concluir que grau de instrução é dependente da idade.

3. (a) H_0: $\sigma_1^2 = \sigma_2^2$;
H_a: $\sigma_1^2 \neq \sigma_2^2$ (afirmação)
(b) $F_0 = 4{,}43$; Região de rejeição: $F > 4{,}43$
(c) 1,38 (d) Não rejeita H_0.
(e) Não há evidência suficiente, ao nível de significância de 1%, para concluir que as variâncias no salário anual para Ithaca, NY, e Little Rock, AR são diferentes.

4. (a) H_0: $\mu_1 = \mu_2 = \mu_3$ (afirmação)
H_a: Pelo menos uma média é diferente das demais.
(b) $F_0 = 2{,}44$; Região de rejeição: $F > 2{,}44$
(c) 15,02 (d) Rejeita H_0.
(e) Há evidência suficiente, ao nível de significância de 10%, para rejeitar a afirmação de que os salários médios anuais são os mesmos para todas as três cidades.

Estatísticas reais – Decisões reais do Capítulo 10
(página 578)

1. Não rejeita H_0. Não há evidência suficiente, ao nível de significância de 1%, para concluir que a distribuição de respostas difere da distribuição esperada.

2. (a) $E_{1,1} = 15$; $E_{1,2} = 120$; $E_{1,3} = 165$; $E_{1,4} = 185$;
$E_{1,5} = 135$; $E_{1,6} = 115$; $E_{1,7} = 155$; $E_{1,8} = 110$;
$E_{2,1} = 15$; $E_{2,2} = 120$; $E_{2,3} = 165$; $E_{2,4} = 185$;
$E_{2,5} = 135$; $E_{2,6} = 115$; $E_{2,7} = 155$; $E_{2,8} = 110$;
(b) Há evidência suficiente, ao nível de significância de 1%, para concluir que as idades das vítimas estão relacionadas com o tipo de fraude.

Revisão acumulada dos Capítulos 9 e 10 (página 580)

1. (a)

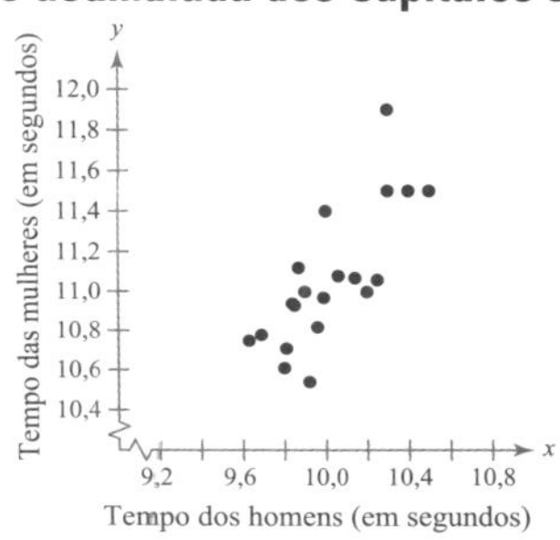

$r \approx 0{,}774$, correlação linear positiva forte
(b) Há evidência suficiente, ao nível de significância de 5%, para concluir que há uma correlação linear significativa entre os tempos dos vencedores das corridas de 100 metros para homens e mulheres.
(c) $y = 1{,}2283x - 1{,}2253$

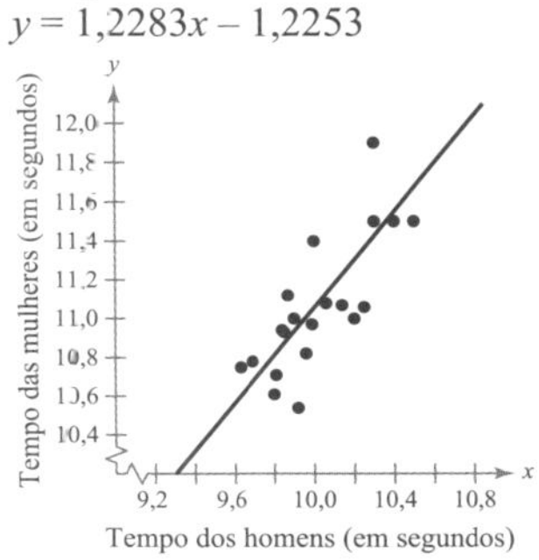

(d) 10,93

2. Há evidência suficiente, ao nível de significância de 10%, para rejeitar a afirmação de que as despesas médias são as mesmas para todas as quatro regiões.

3. (a) 12.426 libras por acre
(b) 12.201 libras por acre

4. Não há evidência suficiente, ao nível de significância de 10%, para rejeitar a afirmação do administrador de que os desvios padrão das notas de teste de leitura para alunos do oitavo ano são os mesmos em Illinois e na Georgia.

5. Não há evidência suficiente, ao nível de significância de 5%, para rejeitar a afirmação de que as distribuições são as mesmas.
6. Não há evidência suficiente, ao nível de significância de 5%, para concluir que as avaliações dos adultos sobre o filme são dependentes da geração.
7. (a) 0,743; Cerca de 74,3% da variação na altura pode ser explicada pela relação entre o comprimento do osso do metacarpo e a altura e, cerca de 25,7% da variação é não explicada.
   (b) 3,93; O erro padrão da estimativa da altura para um comprimento específico do osso do metacarpo é cerca de 3,93 centímetros.
   (c) $169{,}95 < y < 189{,}72$; Você pode estar 95% confiante de que a altura estará entre 169,95 e 189,72 centímetros quando o comprimento do osso do metacarpo for 50 milímetros.

Apêndice C

Apêndice C (página A30)

1. Os valores observados são geralmente representados no eixo horizontal. Os escores z esperados são representados no eixo vertical.
3. Como os pontos parecem seguir um padrão não linear, você pode concluir que dos dados não vêm de uma população que tem uma distribuição normal.
5. 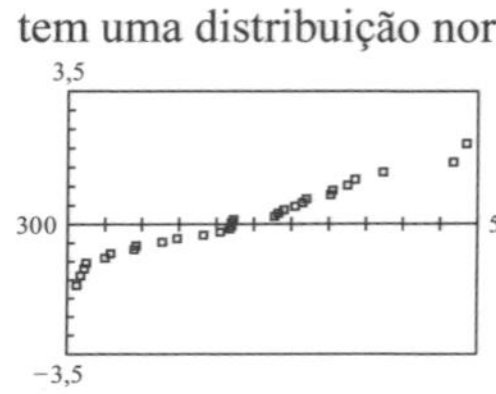

Como os pontos são aproximadamente lineares, você pode concluir que os dados vêm de uma população que tem uma distribuição normal.

ÍNDICE

E

F

G

H

I

L

S

T

U

V

Z

CRÉDITOS

Créditos da imagem de capa: Tuareg com camelos caminham pelo deserto: MondoRidz/Shutterstock; Aurora Boreal: Mike Mumemories/Shutterstock; Taj Mahal: Kalyan Boorla/Shutterstock; Edifícios no canal Damrak, Amsterdã: Mistervlad/Shutterstock; Tucano com fundo verde: Michiel Scheerhoorn/Shutterstock; Recife de coral colorido com muitos peixes e tartarugas marinhas: stockphoto-graf/ Shutterstock; Mão e lançamento de dados: Marco Martins/ Shutterstock; Dois andares na London Bridge: William Perugini/Shutterstock; Campo de arroz e paisagem do céu na fazenda: ABCDstock/Shutterstock; Esfera de salpicos de água no céu azul: klyaksun/Shutterstock.

Múltiplos usos: Menina com mochila vermelha: Sze Fei/ Shutterstock; Rapaz de pernas cruzadas com laptop: Hans Kim/Shutterstock; Menina com camisa laranja e livros: Hugo Felix/Shutterstock; Menina com camisa xadrez e mochila vermelha: Elnur/Shutterstock; Rapaz com camisa azul, mochila e livros: Odua Images/Shutterstock; Menina com camisa branca e livros: Hugo Felix/123RF; Rapaz com camisa cinza e mochila: Odua Images/Shutterstock; Menina com camisa branca e laptop: Lenetstan/Shutterstock; menino camisa azul e mochila: Viktor Gladkov/Shutterstock; Menina de pernas cruzadas com livro: Lithian/Shutterstock; Rapaz com barba: Antoniodiaz/Shutterstock; Rapaz com camisa azul e mochila: Viktor Gladkov/Shutterstock.

Todas as capturas de tela da TI são cortesia da Texas Instruments.

Crédito das imagens preliminares: **v** Shutterstock: Charles Knowles/Shutterstock; Alamy Stock Photo: Mike Segar/Reuters/Alamy Stock Photo; **vi** Getty Images: Steve Powell/Staff/Getty Images; Shutterstock: Beeboys/ Shutterstock; **vii** Shutterstock: Smereka/Shutterstock; 123RF: WavebreakMediaMicro/123RF; **viii** Getty Images: Fuse/ Corbis/Getty Images; Shutterstock: Kite_rin/Shutterstock; **ix** Getty Images: Stephen Dunn/Staff/Getty Images; Shutterstock: Benoist/Shutterstock.

Crédito de imagens do Capítulo 1: 1 Shutterstock: Charles Knowles/Shutterstock; **4** Shutterstock: Red shine studio/Shutterstock; **20** Shutterstock: Olinchuk/ Shutterstock; **22** Shutterstock: Michael Jung/Shutterstock; **27** Shutterstock:Icojam/Shutterstock.

Crédito de texto do Capítulo 1: 2 Pew Research Center: Pew Research Center; **2** Americans for the Arts: Americans for the Arts; **10** Pew Research Center: World Wildlife Fund; **14** Pew Research Center: Pew Research Center; **14** Marriott Bonvoy Bold from Chase: Marriott Bonvoy Bold from Chase; **14** Center for American Women and Politics: Center for American Women and Politics; **14** National Highway Traffic Safety Administrator: National Highway Traffic Safety Administrator; **16** Apple Inc.: Fonte: The Harris Poll; Amazon.com; Apple, Inc.; Netflix, Inc.; The Kraft Heinz Co.; Facebook, Inc.; Ford Motor Co.; Chipotle Mexican Grill, Inc.; Comcast Corp.; Exxon Mobil Corp.; Wells Fargo & Co.; **34** Fluent Pulse: Fluent Pulse.

Crédito de imagens do Capítulo 2: 38 Alamy Foto Stock: Mike Segar/Reuters/Alamy Foto Stock; **41** Shutterstock: Antoniodiaz/Shutterstock; **48** Minitab, LLC: Partes das informações contidas nesta publicação/livro foram impressas com permissão da Minitab, LLC. Todo esse material permanece propriedade exclusiva e direitos autorais da Minitab, LLC. Todos os direitos reservados; **57** Minitab, LLC: Partes das informações contidas nesta publicação/livro foram impressas com permissão da Minitab, LLC. Todo esse material permanece propriedade exclusiva e direitos autorais da Minitab, LLC. Todos os direitos reservados; **73** Shutterstock: Michael Jung/ Shutterstock; 86 Minitab, LLC: Partes das informações contidas nesta publicação/livro são impressas com permissão da Minitab, LLC. Todo esse material permanece propriedade exclusiva e direitos autorais da Minitab, LLC. Todos os direitos reservados; **87** Shutterstock: Antoniodiaz/Shutterstock; **101** Shutterstock: Michaeljung/Shutterstock; **103** Minitab, LLC: Partes de informações contidas nesta publicação/livro são impressos com permissão da Minitab, LLC. Todo esse material permanece propriedade exclusiva e direitos autorais da Minitab, LLC. Todos os direitos reservados; **106** Shutterstock: lnur/Shutterstock; **124** Minitab, LLC: Partes das informações contidas nesta publicação/livro são impressas com permissão da Minitab, LLC. Todo esse material permanece propriedade exclusiva e direitos autorais da Minitab, LLC. Todos os direitos reservados.

Crédito de texto do Capítulo 2: 39 Disney: Fonte: ESPN.com; **42** United States Census Bureau: U.S. Census Bureau; **46** Yellowstone National Park: Yellowstone National Park; **52** The White House: Fonte: The White House; **52** The U.S. National Archives and Records Administration: Fonte: The U.S. National Archives & Records Administration; **54** American Hospital Directory, Inc: Fonte: American Hospital Directory; **55** Pew Research Center: Adaptado de Pew Research; **58** National Center for Education and Statistics: U.S. National Center for Education Statistics; **59** U.S Department of Health and Human Services: Health, United States, 2015, Table 19; **59** U.S. Bureau of Labor Statistics: Based on U.S. Bureau of Labor Statistics; **59** Council of Better Business Bureaus: Council of Better Business Bureaus; **60** Larson, Ron: Fisher, R. A., 1936; **61** Federal Bureau of Investigation: Federal Bureau of Investigation, Crime in the United States; **63** Statista: Fonte: Statista; **63** U.S. Bureau of Economic Analysis: Fonte: U.S. Bureau of Economic Analysis; **63** Expedia: Fonte: Expedia; **63** American Pet Products Association: Fonte: American Pet

Products Association; **64** Forbes Media LLC: Fonte: Forbes Media LLC; **64** U.S. Census Bureau: Fonte: U.S. Census Bureau; **64** Britannica: Fonte: Britannica; **64** International Data Corporation: Fonte: International Data Corporation; **64** Institute for Health Metrics and Evaluation: Fonte: Institute for Health Metrics and Evaluation; **65** U.S. Department of Education: Fonte: U.S. Department of Education; **65** U.S. Bureau of Economic Analysis: Fonte: U.S. Bureau of Economic Analysis; **65** Ipsos: Ipsos Public Affairs; **66** U.S. Energy Information Administration: Fonte: U.S. Energy Information Administration; **69** Pew Research Center: Adaptado de Pew Research Center; **70** National Association of Realtors: Fonte: National Association of Realtors; **75** Public Broadcasting Service (PBS): Fonte: PBS; **75** Amazon: Fonte: Amazon; **75** U.S. News & World Report L.P.: Fonte: *U.S. News & World Report*; **75** U.S. Customs and Border Protection: Fonte: U.S. Customs and Border Protection; **75** Bipolar Network News: Fonte: Adaptado de Bipolar Network News; **75** Billboard Media, LLC.: Fonte: Billboard; **76** Pew Research Center: Fonte: Adaptado de Pew Research; **76** User Voice: Adaptado de User Voice; **76** Buffer: Fonte: Buffer; **76** United States Environmental Protection Agency: Fonte: United States Environmental Protection Agency; **77** Jobvite, Inc: Fonte: Jobvite; **78** U.S. Census Bureau: Fonte: U.S. Census Bureau; **79** U.S. Department of Commerce: Fonte: U.S. Department of Commerce; **85** SAGE Publications: Adaptado de *The American Journal of Sports Medicine*; **86** CoStar Group, Inc.: Adaptado de LoopNet.com; **88** National Center for Health Statistics: Adaptado de National Center for Health Statistics; **89** U.S Census Bureau: Based on U.S. Census Bureau; **91** National Association of REALTORS: Adaptado de National Association of Realtors; **91** Move, Inc: Adaptado de Move, Inc; **93** United States Census Bureau: U.S. Census Bureau; **93** National Highway Traffic Safety Administration: Fonte: National Highway Traffic Safety Administration; **96** Geyser Times: Adaptado de Geyser Times; **96** Major League Baseball: Fonte: Major League Baseball; **98** Ages and Caps: Fonte: U.S. Soccer; **98** Disney: Fonte: ESPN; **101** U.S. Census Bureau: U.S. Census Bureau; **102** Texas A&M Transportation Institute: Based on 2015 Urban Mobility Scorecard; **103** U.S. News & World Report L.P.: *U.S. News & World Report*; **105** National Weather Service: National Weather Service; **106** The College Board: The College Board; **111** Educational Testing Service: Adaptado de Educational Testing Service; **112** ASO: Fonte: Le Tour de France; **114** Procter & Gamble: Fonte: Procter & Gamble Corporation; **114** Public University Honors: Adaptado de Public University Honors; **116** Public University Honors: Adaptado de Public University Honors; **116** Numbeo: Adaptado de Numbeo; **116** Bureau of Labor Statistics: Fonte: Bureau of Labor Statistics; **117** STR GERMANY GMBH: Fonte: Emporis; **117** U.S. Bureau of Labor Statistics: Fonte: U.S. Bureau of Labor Statistics; **117** National Basketball Association: Fonte: National Basketball Association; **117** Gallup, Inc: Adaptado de Gallup; **118** Supreme Court of the United States: Fonte: Supreme Court of the United States; **118** National Aeronautics and Space Administration: Fonte: NASA; **119** U.S. Environmental Protection Agency: Fonte: U.S. Environmental Protection Agency; **119** Theodric Technologies LLC.: Fonte: Radio-Locator.com; **120** MLB Advanced Media, LP.: Fonte: Major League Baseball; **121** Recording Industry Association of America: Fonte: Recording Industry Association of America; **122** FortuneBuilders: Fonte: FortuneBuilders; **123** City of Toronto: Fonte: City of Toronto; **126** Association of Certified Fraud Examiners, Inc: Fonte: Association of Certified Fraud Examiners; **126** Pew Research Center: Fonte: Pew Research Center; **126** Gallup, Inc: Fonte: Gallup; **126** The JED Foundation: Fonte: The JED Foundation; **126** Massachusetts Institute of Technology: Fonte: Massachusetts Institute of Technology; **126** SAGE Publications: Fonte: *Journal of Attention Disorders*; **127** U.S. Census Bureau: Fonte: U.S. Census Bureau; **127** National Oceanic and Atmospheric Administration: Fonte: National Oceanic and Atmospheric Administration; **127** National Hockey League: Fonte: National Hockey League.

Crédito de imagens do Capítulo 3: 128 Getty Images: Steve Powell/Staff/Getty Images; **128** Shutterstock: Prostockstudio/Shutterstock; **149** Shutterstock: Michaeljung/Shutterstock; **150** Getty Images: DNY59/E+/Getty Images.

Crédito de texto do Capítulo 3: 135 Cornell University Press: Adaptado de Life: The Odds; **135** Pew Research Center: Adaptado de Pew Research Center; **136** Pew Research Center: Adaptado de Pew Research Center; **136** Statista: Adaptado de Statista; **137** U.S. Army Corps of Engineers: Army Corps of Engineers; **142** Ipsos: Ipsos; **142** U.S Census Bureau: U.S Census Bureau; **143** West Virginia State: West Virginia State; **143** Texas Secretary of State: Texas Secretary of State; **144** National Collegiate Athletic Association: Fonte: National Collegiate Athletic Association; **144** U.S. Bureau of Labor Statistics: U.S. Bureau of Labor Statistics; **147** The Harris Poll: Adaptado de The Harris Poll; **150** The Orthopedic Centre of St. Louis: The Orthopedic Center of St. Louis; **150** The Orthopedic Center of St. Louis: The Orthopedic Center of St. Louis; **151** National Resident Matching Program: National Resident Matching Program; **152** National Center for Educational Statistics: National Center for Educational Statistics; **153** University of Kansas: Fonte: University of Kansas; **153** *JAMA*: Fonte: *JAMA*; **153** The Royal Society Publishing: Fonte: The Royal Society Publishing; **153** Pollack Peacebuilding Systems: Fonte: Pollack Peacebuilding Systems; **153** National Cancer Institute: Fonte: National Cancer Institute; **154** *The Hollywood Reporter* : *The Hollywood Reporter* ; **154** University of New Hampshire: Adaptado de University of New Hampshire; **154** YouGov: Adaptado de YouGov; **155** American National Red Cross: American National Red Cross; **155** U.S. Department of Health & Human Services: *Morbidity and Mortality Weekly Report*; **155** Niche: Adaptado de Niche; **155** Inside Higher Ed: Adaptado de Niche; **159** Pew Research Center: Pew Research; **161** National Football League: National Football League; **163** U.S. Census Bureau: U.S. Census Bureau; **163** American College

Health Association: American College Health Association; **164** YouGov: Adaptado de YouGov; **164** Ipsos: Adaptado de Ipsos; **164** National Center for Educational Statistics: National Center for Educational Statistics; **164** Kaiser Family Foundation: Adaptado de Kaiser Family Foundation; **176** City of Saratoga Springs: City of Saratoga Springs; **176** University of Colorado: University of Colorado; **176** The Sound of AI: The Sound of AI; **180** U.S. Census Bureau: U.S. Census Bureau; **180** North American Industry Classification System: Adaptado de North American Industry Classification System; **181** National Council Licensure Examinations: Adaptado de National Council Licensure Examinations; **182:** U.S. National Center for Education Statistics: U.S. National Center for Education Statistics; **182** American College Health Association: American College Health Association; **184** U.S. National Center for Education Statistics: U.S. National Center for Education Statistics; **185** U.S. National Center for Education Statistics: U.S. National Center for Education Statistics; **186** Datagenetics: Datagenetics.com.

Crédito de imagens do Capítulo 4: 188 Shutterstock: Beeboys/ Shutterstock; **203** Shutterstock: Michael Jung/ Shutterstock; **205** Minitab, LLC: Partes das informações contidas nesta publicação/livro são impressas com permissão da Minitab, LLC. Todo esse material permanece propriedade exclusiva e direitos autorais da Minitab, LLC. Todos os direitos reservados; **207** Minitab, LLC: Partes das informações contidas nesta publicação/livro são impressas com permissão da Minitab, LLC. Todo esse material permanece propriedade exclusiva e direitos autorais da Minitab, LLC. Todos os direitos reservados; **215** Newscom: Mark Lomoglio/Icon Smi Ccx/Newscom; **231** Minitab, LLC: Partes das informações contidas nesta publicação/livro são impressas com permissão da Minitab, LLC. Todo esse material permanece propriedade exclusiva e direitos autorais da Minitab, LLC. Todos os direitos reservados.

Crédito de texto do Capítulo 4: 193 YouGov PLC: Adaptado de YouGov Plc; **197** U.S. Department of Justice: U.S. Department of Justice; **199** National Oceanic and Atmospheric Administration: National Oceanic & Atmospheric Administration; **199** Best Buy: Best Buy; **200** College Board: Adaptado de The College Board; **202** Pew Research Center: Adaptado de Pew Research Center; **205** The Harris Poll Hard Data: The Harris Poll; **206** Ipsos: Fonte: Ipsos; **207** U.S. Census Bureau: American Community Survey; **208** U.S. Census Bureau: American Cancer Society; **208** Pew Research Center: Pew Research Center; **209** National Oceanic and Atmospheric Administration: National Oceanic and Atmospheric Administration; **209** National Oceanic and Atmospheric Administration: National Oceanic and Atmospheric Administration; **210** Entertainment Software Association: Entertainment Software Association; **211** NBA Media Ventures, LLC.: Women's National Basketball Association; **211** Gallup, Inc.: Gallup; **211** Fonte of Actuaries: Society of Actuaries; **211** Transfermarkt GmbH & Co. KG: Transfermarkt; **211** Fashion Revolution Foundation: Fashion Revolution; **211** Quest Diagnostics Incorporated: Quest Diagnostics; **211** American Pecan Council: American Pecans; **212** U.S. News & World Report L.P.: *US News & World Report*; **212** Migration Policy Institute: Migration Policy Institute; **212** Stanford Center on Longevity: Stanford Center on Longevity; **212** Adecco Group AG: Adecco; **212** Sports Reference LLC: Hockey Reference; **212** Ipsos: Ipsos; **212** Gallup, Inc.: Gallup; **212** CareerBuilder, LLC: CareerBuilder; **212** Cable News Network: CNN; **213** Pew Research Center: Pew Research; **216** U.S. Bureau of Labor Statistics: U.S. Bureau of Labor Statistics; **217** U.S. Bureau of Labor Statistics: U.S. Bureau of Labor Statistics; **218** Washington State Department of Transportation: Adaptado de Washington State Department of Transportation; **220** U.S. Census Bureau: U.S. Census Bureau; **220** NFL Enterprises LLC.: National Football League; **221** Gallup, Inc.: Gallup; **221** U.S. Department of Health & Human Services: Organ Procurement and Transplantation Network; **221** National Oceanic & Atmospheric Administration: National Oceanic & Atmospheric Administration; **221** Pew Research Center: Pew Research; **221** WTA Tour, Inc.: Women's Tennis Association; **221** National Oceanic and Atmospheric Administration: National Oceanic and Atmospheric Administration; **221** T. Rowe Price: T. Rowe Price Group, Inc.; **222** PGA Tour, Inc: PGATour.com; **222** U.S. Courts: Administrative Office of the U.S. Courts; **226** Gallup, Inc.: Gallup; **226** U.S. Bureau of Labor Statistics: U.S. Bureau of Labor Statistics; **226** National Conference of Bar Examiners: National Conference of Bar Examiners; **226** Pew Research Center: Pew Research; **226** Proofpoint, Inc.: Proofpoint; **227** Insurance Research Council: Insurance Research Council; **227** Gallup, Inc.: Gallup; **227** National Center for Health Statistics: National Center for Health Statistics; **227** National Weather Service: National Weather Service; **227** Rasmussen Reports, LLC: Rasmussen Reports; **227** NHL.com: National Hockey League; **227** Florida Museum of Natural History: International Shark Attack File; **227** Pew Research Center: Pew Research; **228** Gallup, Inc.: Gallup; **228** Mayo Foundation for Medical Education and Research: Mayo Clinic; **228** ESPN Sports Media Ltd.: ESPN; **229** The Kiplinger Washington Editors: Kiplinger; **229** U.S. National Library of Medicine: National Center for Biotechnology Information; **229** U.S. Census Bureau: U.S. Census Bureau; **229** U.S. Department of Education: U.S. Department of Education; **230** U.S. Department of Health and Human Services: Centers for Disease Control and Prevention; **230** U.S. Department of Health and Human Services: Centers for Disease Control and Prevention.

Crédito de imagens do Capítulo 5: 232 Shutterstock: Smereka/Shutterstock; **234** Shutterstock: Ingram/Shutterstock; **237** Getty Images: Szefei/Getty Images; **262** Getty Images: Hexvivo/Getty Images; **263** Shutterstock: Michael Jung/ Shutterstock; **277** Shutterstock: Viktor Gladkov/ Shutterstock.

Crédito de texto do Capítulo 5: 235 U.S. Department of Health and Human Services: Adaptado de National Center for Health Statistics; **236** New York State Department of Education: Adaptado de New York State Education Department; **256** U.S. Department of Health and Human Services: Adaptado de National Center for Health Statistics; **265** U.S. Census Bureau: Adaptado de U.S. Census Bureau; **267** U.S. Department of Health and Human Services: Adaptado de National Center for Education Statistics.

Crédito de imagens do Capítulo 6: 296 123RF: WavebreakMediaMicro/123RF; **300** Shutterstock: Redshinestudio/Shutterstock; 301 Getty Images: Szefei/istock/Getty Images; Minitab, LLC: Partes das informações contidas nesta publicação/livro são impressas com permissão da Minitab, LLC. Todo esse material permanece propriedade exclusiva e direitos autorais da Minitab, LLC. Todos os direitos reservados; **311** Shutterstock: Michael Jung/Shutterstock; **314** Shutterstock: Redshinestudio/Shutterstock; **319** Shutterstock: HQualidade/Shutterstock; **320** Shutterstock: Antoniodiaz/Shutterstock; Shutterstock: Redshinestudio/Shutterstock; **330** Imagens Getty: Hexvivo/istock/Getty Images; **332** Shutterstock: Redshinestudio/Shutterstock; **333** Minitab, LLC: Partes das informações contidas nesta publicação/livro são impressas com permissão da Minitab, LLC. Todo esse material permanece propriedade exclusiva e direitos autorais da Minitab, LLC. Todos os direitos reservados; **344** Minitab, LLC: Partes das informações contidas nesta publicação/livro são impressas com permissão da Minitab, LLC. Todo esse material permanece propriedade exclusiva e direitos autorais da Minitab, LLC. Todos os direitos reservados.

Crédito de texto do Capítulo 6: 300 TechJury.net: Adaptado de TechJury; **306:** National Oceanic & Atmospheric Administration: NOAA; **321** Pew Research Center: Adaptado de Pew Research Center; **323** Pew Research Center: Adaptado de Pew Research Center; **324** U.S. Department of Health and Human Services: NCHS, National Health Interview Survey; **327** Pew Research Center: Fonte: Pew Research Center; Gallup, Inc.: Gallup; **334** NASA: NASA; **335** National Oceanic & Atmospheric Administration: NOAA.

Crédito de imagens do Capítulo 7: 346 Getty Images: Fuse/Corbis/Getty Images; **349** Shutterstock: Redshinestudio/Shutterstock; **354** Shutterstock: Michael Jung/Shutterstock; **371** Shutterstock: 1000 Words/Shutterstock; Shutterstock: Redshinestudio/Shutterstock; **372** Minitab: Minitab; **379** Shutterstock: Redshinestudio/Shutterstock; **381** Minitab: Minitab; **390** Shutterstock: Redshinestudio/Shutterstock; **395** Minitab: Minitab; **399** Shutterstock: Redshinestudio/Shutterstock; **413** Minitab: Minitab.

Crédito de texto do Capítulo 7: 349 Rhythm Pharmaceuticals, Inc.: Adaptado de Rhythm Pharmaceuticals, Inc.; **371** U.S. Department of Energy: U.S. Department of Energy; **392** Pew Research Center: Adaptado de Pew Research Center; **399** American Pool Supply, Inc.: Adaptado de American Pool Supply; **404** Gallup, Inc.: Gallup.

Crédito de imagens do Capítulo 8: 416 Shutterstock: Kite_rin/Shutterstock; **419** Getty Images: hexvivo/Getty Images; **420** Shutterstock: Michael Jung/Shutterstock; **421** Shutterstock: Redshinestudio/Shutterstock; **429** Alamy Stock Photo: Emily Lai/Alamy Stock Photo; Shutterstock: Redshinestudio/Shutterstock; **433** Shutterstock: Kletr/Shutterstock; **436** Shutterstock: ESB Professional/Shutterstock; **438** Shutterstock: Redshinestudio/Shutterstock; **463** Minitab, LLC: Minitab; **464** Minitab, LLC: Minitab.

Crédito de texto do Capítulo 8: 421 National Education Association: Adaptado de National Education Association; **427** Salary.com: Adaptado de Salary.com; **444** BioMed Central: Adaptado de BioMed Central, Ltd.; **444** U.S. Energy Information Administration: Adaptado de U.S. Energy Information Administration; **448** Cardiorenal Medicine: Cardiorenal Medicine; **451** *New England Journal of Medicine*: Adaptado de *The New England Journal of Medicine*; **452** National Recreation and Park Association: Adaptado de National Recreation and Park Association; **453** U.S. Bureau of Labor Statistics: Adaptado de U.S. Bureau of Labor Statistics; **458** NCAA: NCAA; **459** *New England Journal of Medicine*: *The New England Journal of Medicine*; **459** National Highway Traffic Safety Administration: Adaptado de National Highway Traffic Safety Administration.

Crédito de imagens do Capítulo 9: 468 Getty Images: Stephen Dunn/Staff/Getty Images; **473** Shutterstock: Michael Jung/Shutterstock; Minitab, LLC: Partes das informações contidas nesta publicação/livro são impressas com permissão da Minitab, LLC. Todo esse material permanece propriedade exclusiva e direitos autorais da Minitab, LLC. Todos os direitos reservados; 480 Shutterstock: Redshinestudio/Shutterstock; **486** Shutterstock: Szefei/Shutterstock; Minitab, LLC: Partes das informações contidas nesta publicação/livro são impressas com permissão da Minitab, LLC. Todo esse material permanece propriedade exclusiva e direitos autorais da Minitab, LLC. Todos os direitos reservados; **489** Shutterstock: Redshinestudio/Shutterstock; **499** Shutterstock: Redshinestudio/Shutterstock; **510** Shutterstock: Michael Jung/Shutterstock; Minitab, LLC: Partes das informações contidas nesta publicação/livro são impressas com permissão da Minitab, LLC. Todo esse material permanece propriedade exclusiva e direitos autorais da Minitab, LLC. Todos os direitos reservados; **511** Shutterstock: Redshinestudio/Shutterstock; **522** Shutterstock: Smileus/Shutterstock.

Crédito de texto do Capítulo 9: 489 U.S. Department of Agriculture: Fonte: U.S. Department of Agriculture; **497** American College of Sports Medicine: "Generalized Body Composition Prediction Equation for Men Using Simple Measurement Techniques" by K.W. Penrose et al. (1985). *Medicine and Science in Sports and Exercise*, vol. 17, no. 2, p. 189; Wolters Kluwer Health, Inc: Fonte: "Generalized

Body Composition Prediction Equation for Men Using Simple Measurement Techniques" by K.W. Penrose et al. (1985). *Medicine and Science in Sports and Exercise*, vol. 17, no. 2, p. 189; **505** U.S. Census Bureau: Fonte: U.S. Census Bureau; **506** U.S. Energy Information Administration: U.S. Energy Information Administration; **507** Bureau of Transportation Statistics: Bureau of Transportation Statistics, IHS Markit; **517** U.S. Department of Agriculture: U.S. Department of Agriculture; **517** U.S. Bureau of Labor Statistics: U.S. Bureau of Labor Statistics; **519** United States Department of Agriculture: United States Department of Agriculture; **520** U.S. Bureau of Labor Statistics: U.S. Bureau of Labor Statistics; **520** U.S. Bureau of Labor Statistics: Fonte: U.S. Bureau of Labor Statistics; **522** Environmental Protection Agency: Environmental Protection Agency.

Crédito de imagens do Capítulo 10: 524 Shutterstock: Benoist/Shutterstock; **536** Getty Images: hexvivo/iStock/Getty Images; **541** Shutterstock: Szefei/iStock/Getty Images; **541** Minitab: Minitab; **564** Shutterstock: Michael Jung/Shutterstock; **570** Shutterstock: Bogdan Vasilescu/Shutterstock.

Crédito de texto do Capítulo 10: 527 National Center for Health Statistics: National Center for Health Statistics; **535** National Center for Health Statistics: Adaptado de National Center for Health Statistics; **536** Sallie Mae Bank: Adaptado de Sallie Mae/Ipsos; **537** Sallie Mae Bank: Adaptado de Sallie Mae/Ipsos; **538** U.S. Bureau of Labor Statistics: U.S. Bureau of Labor Statistics; **545** Sallie Mae Bank: Adaptado de Sallie Mae; **545** Insurance Institute for Highway Safety, Highway Loss Data Institute: Adaptado de Insurance Institute for Highway Safety; **546** Insurance Institute for Highway Safety, Highway Loss Data Institute: Adaptado de Insurance Institute for Highway Safety; **547** U.S Census Bureau: Adaptado de U.S. Census Bureau; **566** U.S. Bureau of Labor Statistics: Adaptado de Bureau of Labor Statistics; **567** National Center for Health Statistics: Adaptado de National Center for Health Statistics; **573** U.S. Department of Education: Adaptado de National Center for Education Statistics; **575** U.S. Energy Information Administration: Adaptado de U.S. Energy Information Administration; **575** U.S Census Bureau: Adaptado de U.S. Census Bureau; **576** U.S Census Bureau: Adaptado de U.S. Census Bureau; **576** U.S. Bureau of Economic Analysis: Adaptado de U.S. Bureau of Economic Analysis; **577** U.S. Bureau of Labor Statistics: Adaptado de U.S. Bureau of Labor Statistics; **577** U.S Census Bureau: Adaptado de U.S. Census Bureau; **580** US Department of Agriculture: Adaptado de U.S. Department of Agriculture; **580** U.S. Energy Information Administration: Adaptado de U.S. Energy Information Administration; **581** U.S. Department of Education: Adaptado de National Center for Education Statistics.

Crédito de imagens do Apêndice A: Shutterstock: Szefei/Shutterstock.

Crédito de texto do Apêndice A: A1 Mosteller, Gale: Reimpresso com permissão de Frederick Mosteller

Crédito de texto do Apêndice B: A7 RAND Corporation: A Million Random Digits with 100,000 Normal Deviates by the Rand Corporation (New York: The Free Press, 1955); **A8 – A10** Cengage Learning: From Brase/Brase, *Understandable Statistics*, Sixth Edition; **A11 –A15** CRC Press: W. H. Beyer, *Handbook of Tables for Probability and Statistics*, 2e, CRC Press, Boca Raton, Florida, 1986; **A16** Pearson Education, Inc: Table A-3, pp. 681– 682 from *Probability and Statistics for Engineers and Scientists*, 6e by Walpole, Myers, and Myers. Copyright 1997. Pearson Prentice Hall, Upper Saddle River, N.J.; **A19** Pearson Education, Inc: D. B. Owen, *Handbook of Statistical Tables*, A.5, Published by Addison Wesley Longman, Inc.; **A20 –A24** Oxford University Press: From M. Merrington and C.M. Thompson, "Table of Percentage Points of the Inverted Beta (F) Distribution," *Biometrika* 33 (1943), pp. 74 – 87, Oxford University Press; **A25** American Statistical Association: From *Journal of American Statistical Association* Vol. 41 (1946), pp. 557–566. W. J. Dixon and A. M. Mood; **A25** American Cyanamid Company: From *Some Rapid Approximate Statistical Procedures*. Copyright 1949, 1964 Lederle Laboratories, American Cyanamid Co., Wayne, N.J.; **A26** Institute of Mathematical Statistics: From the Institute of Mathematical Statistics; **A27** Institute of Mathematical Statistics: From the Institute of Mathematical Statistics.